AF671099

Prozesskette Präzisionsschmieden

Friedrich-Wilhelm Bach • Kai Kerber
(Hrsg.)

Prozesskette Präzisionsschmieden

Herausgeber
Friedrich-Wilhelm Bach
Institut für Werkstoffkunde
Leibniz Universität Hannover
Garbsen
Deutschland

Kai Kerber
Institut für Werkstoffkunde
Leibniz Universität Hannover
Garbsen
Deutschland

ISBN 978-3-642-34663-7
ISBN 978-3-642-34664-4 (eBook)
DOI 10.1007/978-3-642-34664-4

Die Deutsche Nationalbibliothek verzeichnet diese Publikation in der Deutschen Nationalbibliografie; detaillierte bibliografische Daten sind im Internet über http://dnb.d-nb.de abrufbar.

Springer Vieweg

Gedruckt auf säurefreiem und chlorfrei gebleichtem Papier

Springer Vieweg ist eine Marke von Springer DE. Springer DE ist Teil der Fachverlagsgruppe Springer Science+Business Media
www.springer-vieweg.de

Vorwort

Die Stellung der deutschen Massivumformung am Weltmarkt kann nur durch die hohe Produktqualität der Schmiedeerzeugnisse und den technologischen Vorsprung in der Produktionstechnik nachhaltig gesichert werden. Der harte internationale Wettbewerb zwingt die deutschen Unternehmen dazu, bewährte Fertigungsverfahren zu optimieren und Prozessketten effizienter zu gestalten, um so der Konkurrenz eine Nasenlänge voraus zu sein. Etablierte Fertigungsverfahren und einzelne Fertigungsschritte in Prozessketten besitzen nur noch geringe Optimierungspotenziale, die im Allgemeinen durch lokale Optimierungsmaßnahmen ausgeschöpft werden. Signifikante Potenziale zur Optimierung der Produktqualität und Effizienz können heutzutage zumeist nur erkannt und genutzt werden, wenn der gesamte Herstellungsprozess sowohl unter technologischen als auch unter logistischen Gesichtspunkten berücksichtigt wird. Um nachhaltige Erfolge zu erzielen, müssen radikale Veränderungen der Prozesskette, wie beispielsweise der Einsatz von innovativen und wirtschaftlich risikoreichen Fertigungsverfahren, oder die vollständige Umgestaltung der bekannten Prozessketten in Betracht gezogen werden. Durch abgestimmte technologische sowie logistische Maßnahmenbündel besteht die Möglichkeit, bisher unbekannte Optimierungspotenziale bei der Herstellung von qualitativ hochwertigen Produkten zur Standortsicherung Deutschlands aufzuzeigen und gewinnbringend zu nutzen. Vor diesem Hintergrund befasste sich der Sonderforschungsbereich 489 „Prozesskette zur Herstellung von präzisionsgeschmiedeten Hochleistungsbauteilen“ basierend auf der Idee von Prof. Eckart Doege seit Januar 2000 im Zuge der zwölfjährigen Förderung durch die Deutsche Forschungsgemeinschaft mit der Prozesskette zur Herstellung von präzisionsgeschmiedeten Hochleistungsbauteilen und untersuchte diese sowohl unter technologischen als auch logistischen Aspekten.

Mehr als die Hälfte der durch die Massivumformung hergestellten Bauteile werden direkt oder indirekt an die Automobilindustrie geliefert. Aus diesem Grund wurden für die Forschungstätigkeiten des Sonderforschungsbereiches Demonstratorbauteile aus dem Motoren-, Triebwerks- und Getriebebau ausgewählt. Seit der Gründung des SFB 489 hat der Schwerpunkt der Forschungstätigkeiten auf der Prozesskette zur Herstellung von präzisionsgeschmiedeten, schrägverzahnten Zahnrädern gelegen. Im Mittelpunkt der Bemühungen stand eine Verkürzung der Prozesskette, die auf der vollständigen Substitution der spanenden Weichbearbeitung und dem Eingliedern der Wärmebehandlung in den Präzisionsschmiedeprozess beruht. Gegenüber der konventionellen Prozesskette für Zahnräder stellt sich die innovative Prozesskette des SFB 489 stark verkürzt und automatisiert dar und wird zudem durch eine prozessbegleitende Qualitätssicherung flankiert. Sie weist eine verbesserte Energiebilanz und gesteigerte Fertigungseffizienz auf und ist mit Hilfe der erarbeiteten Grundlagen und anwendungsorientierte Forschungsergebnisse aus technischer und logistischer Sicht auslegbar.

Des Weiteren wurden innovative Werkzeugtechnologien für die Massivumformung entwickelt, mit denen Langteile wie beispielsweise Kurbelwellen im geschlossenen Gesenk präzisionsgeschmiedet werden können. Die durch das Präzisionsschmieden erreichbare Genauigkeit ermöglicht es, die Bauteile durch einen einzigen Fertigungsschritt, die Hartfeinbearbeitung, fertigzustellen. Neben der Entwicklung der neuartigen Prozesskette, die im Rahmen des Forschungsprogramms in jedem Prozessschritt untersucht und lückenlos von den beteiligten Projektpartnern realisiert wurde, sind darüber hinaus wichtige Grundlagen auf den Forschungsgebieten der Massivumformung, Löt- und Beschichtungstechnik, Wärmebehandlung, Messtechnik, Adaptronik und Spanntechnik, der Hartfeinbearbeitung sowie der Fertigungsplanung und Logistik erarbeitet worden.

Dieses Buch beschreibt die erarbeiten Forschungsergebnisse des onderforschungsbereiches in den jeweiligen Fachgebieten. Die Autorinnen und Autoren sowie die am Sonderforschungsbereich beteiligten Mitarbeiterinnen und Mitarbeiter danken der Deutschen Forschungsgemeinschaft für die langjährige Förderung des Vorhabens. Zudem sei den Gutachterinnen und Gutachtern des Sonderforschungsbereiches gedankt, die mit ihrer konstruktiven Kritik und Anregungen gleichwohl zu der langfristigen Entwicklung des Projektverbundes beigetragen haben. Zu guter Letzt richtet sich mein Dank an die an den Projekten und Arbeitsgruppen des Sonderforschungsbereiches beteiligten Kollegen, Mitarbeiterinnen und Mitarbeitern sowie alle Beteiligten aus den Instituten der Fakultät für Maschinenbau der Leibniz Universität Hannover, die den SFB 489 bei der Forschung und technischen Umsetzung unterstützt haben.

im November 2012
Hannover

Prof. Dr.-Ing. habil.
Dr.-Ing. E.h. Dr. h.c. Friedrich-Wilhelm Bach

Inhaltsverzeichnis

1 **Prozesskette Präzisionsschmieden** 1
Dirk Odening und Kai Kerber

2 **Präzisionsschmieden** 15
Dirk Odening, Mathias Meyer, Andreas Klassen, Anas Bouguecha und Bernd-Arno Behrens

3 **Werkzeugtechnologie** 53
Andreas Klassen, Marcus Bistron, Philip Dellinger, Jörg Schaup, Todd Alexander Deißer, Leif Behrens, Jens Köhler, Anas Bouguecha, Kai Möhwald, Berend Denkena und Bernd-Arno Behrens

4 **Wärmebehandlung** 127
Zhuo Yu, Thorsten Gretzki, Florian Nürnberger, Markus Kästner, Klaus Haskamp, Friedrich-Wilhelm Bach, Mirko Schaper und Tomas Hassel

5 **Hartfeinbearbeitung** 221
Olaf Gümmer, Ruben Fischer und Berend Denkena

6 **Mess- und Prüftechnik** 311
Vera Böhm, Markus Kästner, Rüdiger Gillhaus, Klaus Haskamp, Wilfried Reimche, Friedrich-Wilhelm Bach und Eduard Reithmeier

7 **Logistische Erfassung, Steuerung und Bewertung** 431
Jan Henjes, Marco Kennemann, Sven Baumgarten, Michael Grigutsch, Berend Denkena, Rouven Nickel und Peter Nyhuis

Autorenverzeichnis

Friedrich-Wilhelm Bach Institut für Werkstoffkunde, Leibniz Universität Hannover, An der Universität 2, 30823 Garbsen, Deutschland
E-Mail: bach@iw.uni-hannover.de

Sven Baumgarten Institut für Integrierte Produktion Hannover gGmbH, Hollerithallee 6, 30419, Hannover, Deutschland
E-Mail: baumgarten.S@gmail.com

Bernd-Arno Behrens Institut für Umformtechnik und Umformmaschinen, Leibniz Universität Hannover, An der Universität 2, 30823 Garbsen, Deutschland
E-Mail: behrens@ifum.uni-hannover.de

Leif Behrens Institut für Fertigungstechnik und Werkzeugmaschinen, Leibniz Universität Hannover, An der Universität 2, 30823 Garbsen, Deutschland
E-Mail: behrens-l@ifw.uni-hannover.de

Marcus Bistron Institut für Umformtechnik und Umformmaschinen, Leibniz Universität Hannover, An der Universität 2, 30823 Garbsen, Deutschland
E-Mail: marcus.bistron@gmx.de

Vera Böhm Institut für Werkstoffkunde, Leibniz Universität Hannover, An der Universität 2, 30823 Garbsen, Deutschland
E-Mail: boehm@iw.uni-hannover.de

Anas Bouguecha Institut für Umformtechnik und Umformmaschinen, Leibniz Universität Hannover, An der Universität 2, 30823 Garbsen, Deutschland
E-Mail: bouguecha@ifum.uni-hannover.de

Todd Alexander Deißer Institut für Werkstoffkunde, Leibniz Universität Hannover, An der Universität 2, 30823 Garbsen, Deutschland
E-Mail: deisser@iw.uni-hannover.de

Berend Denkena Institut für Fertigungstechnik und Werkzeugmaschinen, Leibniz Universität Hannover, An der Universität 2, 30823 Garbsen, Deutschland
E-Mail: denkena@ifw.uni-hannover.de

Philip Dellinger Institut für Werkstoffkunde, Leibniz Universität Hannover, An der Universität 2, 30823 Garbsen, Deutschland
E-Mail: dellinger@iw.uni-hannover.de

Ruben Fischer Institut für Fertigungstechnik und Werkzeugmaschinen, Leibniz Universität Hannover, An der Universität 2, 30823 Garbsen, Deutschland
E-Mail: fischer@ifw.uni-hannover.de

Olaf Gümmer Institut für Fertigungstechnik und Werkzeugmaschinen, Leibniz Universität Hannover, An der Universität 2, 30823 Garbsen, Deutschland
E-Mail: guemmer@ifw.uni-hannover.de

Rüdiger Gillhaus Institut für Mess- und Reglungstechnik, Nienburger Straße 17, 30167 Hannover, Deutschland
E-Mail: ruediger.gillhaus@hella.com

Thorsten Gretzki Institut für Werkstoffkunde, Leibniz Universität Hannover, An der Universität 2, 30823 Garbsen, Deutschland
E-Mail: gretzki@iw.uni-hannover.de

Michael Grigutsch Insitut für Fabrikanlagen und Logistik, Leibniz Universität Hannover, An der Universität 2, 30823 Garbsen, Deutschland
E-Mail: grigutsch@ifa.uni-hannover.de

Klaus Haskamp Institut für Mess- und Reglungstechnik, Leibniz Universität Hannover, Nienburger Str. 17, 30167 Hannover, Deutschland
E-Mail: klaus.haskamp@zf.com

Thomas Hassel Institut für Werkstoffkunde, Leibniz Universität Hannover, An der Universität 2, 30823 Garbsen, Deutschland
E-Mail: hassel@iw.uni-hannover.de

Mathias Meyer Institut für Integrierte Produktion Hannover GmbH, Hollerithallee 6, 30419 Hannover, Deutschland
E-Mail: m.meyer@cdp.de

Jan Henjes Institut für Fertigungstechnik und Werkzeugmaschinen, Leibniz Universität Hannover, An der Universität 2, 30823 Garbsen, Deutschland
E-Mail: henjes@ifw.uni-hannover.de

Markus Kästner Institut für Mess- und Reglungstechnik, Leibniz Universität Hannover, Nienburger Str. 17, 30167 Hannover, Deutschland
E-Mail: markus.kaestner@imr.uni-hannover.de

Marco Kennemann Institut für Fabrikanlagen und Logistik, Leibniz Universität Hannover, An der Universität 2, 30823, Garbsen, Deutschland
E-Mail: marcokennemann@web.de

Kai Kerber Institut für Werkstoffkunde, Leibniz Universität Hannover, An der Universität 2, 30823 Garbsen, Deutschland
E-Mail: kaikerber@gmx.de

Andreas Klassen Institut für Umformtechnik und Umformmaschinen, Leibniz Universität Hannover, An der Universität 2, 30823 Garbsen, Deutschland
E-Mail: klassen@ifum.uni-hannover.de

Jens Köhler Institut für Fertigungstechnik und Werkzeugmaschinen, Leibniz Universität Hannover, An der Universität 2, 30823 Garbsen, Deutschland
E-Mail: koehler@ifw.uni-hannover.de

Kai Möhwald Institut für Werkstoffkunde, Leibniz Universität Hannover, An der Universität 2, 30823 Garbsen, Deutschland
E-Mail: moehwald@iw.uni-hannover.de

Rouven Nickel Institut für Integrierte Produktion Hannover gGmbH, Hollerithallee 6, Demminer Str. 6, 30419, 30916 Hannover, Isernhagen, Deutschland
E-Mail: rouven.nickel@t-online.de

Florian Nürnberger Institut für Werkstoffkunde, Leibniz Universität Hannover, An der Universität 2, 30823 Garbsen, Deutschland
E-Mail: nuernberger@iw.uni-hannover.de

Peter Nyhuis Insitut für Fabrikanlagen und Logistik, Leibniz Universität Hannover, An der Universität 2, 30823 Garbsen, Deutschland
E-Mail: nyhuis@ifa.uni-hannover.de

Dirk Odening Institut für Umformtechnik und Umformmaschinen, Leibniz Universität Hannover, An der Universität 2, 30823 Garbsen, Deutschland
E-Mail: dirk.odening@gmx.de

Wilfried Reimche Institut für Werkstoffkunde, Leibniz Universität Hannover, An der Universität 2, 30823 Garbsen, Deutschland
E-Mail: reimche@iw.uni-hannover.de

Eduard Reithmeier Institut für Mess- und Reglungstechnik, Leibniz Universität Hannover, Nienburger Straße 17, 30167 Hannover, Deutschland
E-Mail: eduard.reithmeier@imr.uni-hannover.de

Mirko Schaper Institut für Werkstoffkunde, Leibniz Universität Hannover, An der Universität 2, 30823 Garbsen, Deutschland
E-Mail: schaper@iw.uni-hannover.de

Jörg Schaup Institut für Werkstoffkunde, Leibniz Universität Hannover, An der Universität 2, 30823 Garbsen, Deutschland
E-Mail: schaup@iw.uni-hannover.de

Zhuo Yu Institut für Werkstoffkunde, Leibniz Universität Hannover, An der Universität 2, 30823 Garbsen, Deutschland
E-Mail: yu@iw.uni-hannover.de

1 Prozesskette Präzisionsschmieden

Dirk Odening und Kai Kerber

Inhaltsverzeichnis

1.1 Gesenkschmiedeprozesse zur Herstellung von Verzahnungen und Kurbelwellen 2
1.1.1 Prozessentwicklung bei der umformtechnischen Verzahnungsherstellung 4
1.1.2 Prozessentwicklung bei der umformtechnischen Kurbelwellenfertigung 5
1.2 Prozesskette zur Herstellung von geschmiedeten Verzahnungen und Kurbelwellen 6
1.3 Die Prozesskette des SFB 489 7
Literatur 13

Mit dem Aufkommen von Dampfmaschinen und der beginnenden Industrialisierung im 18. Jahrhundert wurden für den Einsatz von Antriebs- und Getriebekomponenten neue Anwendungen erschlossen. Dieses zog einen deutlich erhöhten Bedarf an belastbaren Komponenten nach sich. Dieser Trend ist bis heute ungebrochen. Im modernen Maschinen- und Fahrzeugbau zählen Stirnradverzahnungen mit zu den am häufigsten eingesetzten Konstruktionsteilen. Ein weiteres Beispiel stellt die Nutzung von Kurbelwellen dar. Erste Motoren, wie der atmosphärische Gasmotor von Nikolaus August Otto, kamen 1867 noch ohne eine Kurbelwelle aus. Stattdessen wurde eine Zahnstangenverbindung zwischen Kolben und Schwungrad verwendet. 1876 mit der Entwicklung des Viertaktmotors wurde die Zahnstangenverbindung durch die Kurbelwelle und Pleuelstange verdrängt. Seitdem ist der Entwicklungsfortschritt und der Bedarf an der Kurbelwelle eng mit dem Verbrennungsmotor verknüpft [NN05].

D. Odening (✉)
Institut für Umformtechnik und Umformmaschinen, Leibniz Universität Hannover,
An der Universität 2, 30823 Garbsen, Deutschland
E-Mail: dirk.odening@gmx.de

K. Kerber
Institut für Werkstoffkunde, Leibniz Universität Hannover,
An der Universität 2, 30823 Garbsen, Deutschland

F.-W. Bach, K. Kerber (Hrsg.), *Prozesskette Präzisionsschmieden*,
DOI 10.1007/978-3-642-34664-4_1, © Springer-Verlag Berlin Heidelberg 2014

1.1 Gesenkschmiedeprozesse zur Herstellung von Verzahnungen und Kurbelwellen

Die Umformtechnik geht in ihrer heutigen Form auf eines der ältesten Handwerke, dem Schmieden, zurück. Mit der Einführung von dampfangetriebenen Maschinen im 19. Jahrhundert löste sich die Umformtechnik aus dem hauptsächlich handwerklichen Umfeld und entwickelte sich bis heute zu einer in Teilen hoch automatisierten Fertigungstechnik [Doe10]. Die Ansprüche an Form und Funktionalität gesenkgeschmiedeter Bauteile nahmen bei gleichzeitig steigender Anfrage kontinuierlich zu.

Im Bereich des Werkzeugbaus ermöglichen der Einsatz moderner Werkzeugstähle, Fertigungsverfahren (Hochgeschwindigkeits-Frästechnik etc.) und Oberflächenbehandlungsverfahren (Nitrieren, Beschichten etc.) die wirtschaftlichere Herstellung prozessoptimierter und langlebiger Schmiedewerkzeuge und Gesenke. Die eingesetzten Umformmaschinen entwickelten sich ausgehend von den rein energiegebundenen Schmiedehämmern und Spindelpressen zu kraftgebundenen Hydraulikpressen sowie weggebundenen mechanischen Pressen mit Kurbel- oder Exzenterantrieb. Bis heute führen kontinuierlich Neu- und Weiterentwicklungen im Bereich der Maschinentechnik zu immer leistungsfähigeren Schmiedeanlagen. Durch die zunehmende Mechanisierung und Automatisierung entlang der der gesamten Prozesskette von Schmiedeprozessen konnten immer höhere Mengenleistungen bei steigender Arbeits- und Reproduziergenauigkeit erzielt werden. Heute lassen sich über verschiedene Umformverfahren der Warm-, Halbwarm- und Kaltmassivumformung und deren Kombination eine Vielzahl verschiedener Bauteilgeometrien, mit Bauteilgewichten von wenigen Gramm bis zu mehreren Tonnen herstellen. Weiterentwicklungen im Bereich der eingesetzten Werkstoffe führten zu hochwertigen Schmiedevormaterialen, welche in zunehmendem Maße durch Einsatz entsprechender Anlagen- und Prozesstechnik unmittelbar aus der Umformwärme bauteilgerecht und wirtschaftlich wärmebehandelt werden können.

Das starke Wachstum der Automobilindustrie brachte in den vergangenen Jahrzehnten einen erheblichen Bedarf an Antriebs- und Getriebekomponenten mit sich. Gleichzeitig stiegen die Anforderungen an diese Bauteile hinsichtlich Belastbarkeit und Einsatzverhalten. Dieser Trend ist bis heute ungebrochen und löste immer wieder neue Entwicklungen auf dem Maschinen- und Werkzeugsektor aus [Fel08]. Der wachsende Konkurrenzdruck auf dem globalen Markt verstärkt den stetig steigenden Qualitäts und -kostendruck, welcher Forderungen nach Neu- und Weiterentwicklungen im Bereich der Fertigungs- und Produktionstechnologien nach sich zieht.

Die Zahnradfertigung ist durch ein ständiges Bestreben zur Rationalisierung und Kostensenkung gekennzeichnet. Die Zielsetzung nach erhöhter Wirtschaftlichkeit verlangt den Einsatz neuer leistungsfähiger Verzahnungstechnologien. Unter diesem Aspekt gewinnen spanlose Verfahren zur Herstellung von Stirnverzahnungen im Substitutionswettbewerb ständig an Bedeutung [Jüe86]. In Abb. 1.1 sind aktuelle Produktbeispiele aus dem Bereich präzisionsgeschmiedeter Verzahnungen zusammengefasst dargestellt.

Abb. 1.1 Produktbeispiele aus aktuellen Anwendungen. (Quelle: SONA BLW Präzisionsschmiede)

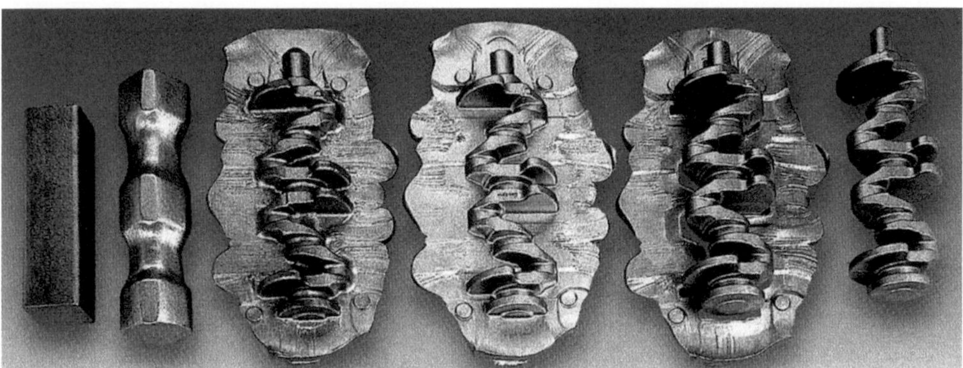

Abb. 1.2 Stadienfolge zum Schmieden einer Kurbelwelle mit Materialüberschuss [NN05]

Trotz der wesentlichen Vorteile der umformtechnischen Prozessroute hat sich die Herstellung schrägverzahnter Stirnradverzahnungen durch Prozesse der Massivumformung bis heute nicht durchsetzen können. Unzureichende Werkzeugstandzeiten und ungenügenden Verzahnungsqualitäten gelten als wesentliche Herausforderungen bei der Etablierung in der industriellen Praxis und stellen weiterhin Forschungsbedarf dar [Vuc04].

Die Kurbelwelle (s. Abb. 1.2) ist eines der am höchsten belasteten Bauteile im Motorenbau [Spe09]. Aufgrund der hohen Ansprüche bezüglich der mechanischen Festigkeit erfolgt die industrielle Massenproduktion von Kurbelwellen hauptsächlich durch umformtechnische Fertigungsverfahren, wie Freiform- oder Gesenkschmieden mit Hammer oder Presse. Welches dieser Verfahren angewendet wird, hängt u. a. von dem Anwendungsbereich und der zu fertigenden Stückzahl ab. Die Herstellung von PKW-Kurbelwellen erfolgt bei einer größeren Stückzahl durch Gesenkschmieden auf einer Presse und einem Materialüberschuss von bis zu 30 %.

Der Materialüberschuss findet sich größtenteils im Gratanteil der Kurbelwelle wieder. Ein geringer Anteil des Materialüberschusses wird für das sog. Aufmaß benötigt, das durch eine anschließende Zerspannung abgetragen wird. Dadurch werden die geforderten Maßtoleranzen und Oberflächengüten realisiert [Spe09]. Industrielle Forderungen zur besseren Nutzung von Ressourcen sowie das Bestreben zu kürzeren Fertigungsprozessen, lassen im Schmiedebereich den Forschungsbedarf hinsichtlich des gratlosen Präzisionsschmiedens für Langteile mit innovativen Werkzeugkonzepten erkennen.

1.1.1 Prozessentwicklung bei der umformtechnischen Verzahnungsherstellung

Die Entwicklung von Gesenkschmiedeprozessen zur Verzahnungsherstellung besitzt eine lange Tradition. Bereits 1902 stellte MÄGDEFRAU Pressformen zur bildsamen Herstellung von Zahnrädern durch Gesenkschmieden vor [Mäg02]. Vorerst wurde hauptsächlich die umformtechnische Umsetzung von Kegel- und Kronenrädern mit einem Stofffluss in Pressrichtung betrachtet. 1941 wurde erstmals ein Presswerkzeug zum Warmpressen von Stirn- oder Kegelrädern im geschlossenen Gesenk vorgestellt [Sin41a, Sin41b]. Durch stetige Weiterentwicklungen konnte die Prozessstabilität und erreichbare Bauteilgenauigkeit kontinuierlich verbessert werden. In dem Ende der 1950er Jahre vorgestellten Präzisionsschmiedeprozess zur Herstellung von Kegelrädern wiesen die erzeugten Verzahnungen bereits Genauigkeiten auf, welche mit den Güten konventioneller spanabhebender Fertigungsverfahren damaliger Zeit vergleichbar waren [Sch59, Bay56, Sch60]. Durch Übertragung und Anpassung dieser Technologie wurde das Bauteilspektrum kontinuierlich erweitert. Mitte der 1980er Jahre wurde ein Präzisionsschmiedeverfahren zur Herstellung von Gangradrohteilen mit einbaufertiger Kupplungsverzahnung zur Serienreife gebracht [Gut98, Gut09]. Ende der 1990er Jahre folgten Entwicklungen zur umformtechnischen Herstellung gerad- und schrägverzahnter Laufverzahnungen [Doe87, Doe89, Doe90, Ada90]. Aufbauend auf den genannten Arbeiten von Doege wurde im Jahr 1992 die Forschergruppe „Präzisionsumformung von schrägverzahnten Zahnrädern, Herstellung, Wärmebehandlung und Prüfung" initiiert, die den Grundstein für den im Jahr 2000 gestarteten Sonderforschungsbereich 489 „Prozesskette zur Herstellung präzisionsgeschmiedeter Hochleistungsbauteile" darstellte und dessen Forschungsergebnisse in diesem Buch vorgestellt werden.

1.1.2 Prozessentwicklung bei der umformtechnischen Kurbelwellenfertigung

Heutzutage werden Kurbelwellen durch Gießen und vornehmlich durch Schmieden hergestellt. Der Anteil gegossener Kurbelwellen war vor Mitte der 1950er und Anfang der 1960er Jahre gering, da sich mit derzeitigen Gießverfahren und -werkstoffen nicht die geforderte Festigkeiten einstellen ließen [NN05]. Die schmiedetechnische Herstellung von Kurbelwellen wird seit mehr als 100 Jahren untersucht. Ein erster Ansatz wurde 1904 von Brophy in „Verfahren zur Herstellung von Kurbelwellen" verfolgt [Bro04]. Dabei wird ein modularer Aufbau der Kurbelwelle durch Segmente beschrieben, die zu einer kompletten Kurbelwelle verschweißt werden. Die Segmente, die aufgrund der derzeit vorhandenen Prozesstechnik annähernd in den gewünschten Abmessungen geschmiedet wurden, bestanden aus einer Kurbelwange sowie einem Haupt- und einem Pleuellager. Um die industrielle Massenproduktion durch Schmieden weiter voranzutreiben, wurde 1918 von Becker und Suchoparek ein „Verfahren zur Herstellung von mehrfach gekröpften Kurbelwellen mit versetzten Hüben" vorgestellt [Bec18]. Dieses Verfahren beinhaltet das gleichzeitige Gesenkschmieden von zwei nebeneinanderliegenden Wellen aus einem Halbzeug. Aufgrund der Unwirtschaftlichkeit des Gesenkschmiedens von Kurbelwellen ab einer bestimmten Größe (Großkurbelwellen) werden diese in der Regel durch Freiformschmiedeprozesse hergestellt. Allerdings kann mit dem Freiformschmieden kein günstiger Faserverlaufs erreicht werden. Daher wurde 1974 von Detzel und Maier ein Verfahren zum gratlosen Schmieden von Kurbelwellen im Einzelhubschmieden dargelegt [Det74]. Mit diesem Verfahren kann bei größeren Kurbelwellen durch das gratlose Schmieden ein geschlossener Faserverlauf realisiert werden, der die mechanischen Eigenschaften der Kurbelwelle bei dynamischer Beanspruchung verbessert.

Um Kurbelwellen im Gesenkschmiedeverfahren gratlos herstellen zu können, ist eine Stoffverschiebung in den Pleuellagerstellen erforderlich. Dies kann durch den Einsatz mehrdirektionaler Werkzeuge realisiert werden [Spe09]. Im Jahr 1914 wurde ein „Verfahren und Vorrichtung zur Herstellung von gekröpften Kurbelwellen und dgl." von White vorgestellt [Whi14]. Bei diesem Verfahren wird der erwärmte Stangenabschnitt mittels einer Vorrichtung über ein feststehendes Gesenkmittelteil in die gekröpfte Stellung gebogen und am Stangenabschnittsende gestaucht. In dem „Verfahren zum Pressen von Kurbelwellen" wurde 1918 von Jakowitch ein mehrdirektional wirkendes Umformwerkzeug beschrieben [Jak18]. Bei diesem Verfahren wird die Kröpfung der Kurbelwelle aus einem Rundstahl durch einen Stempel, mit einer gleichzeitigen Einwirkung von zwei quer zur Welle angeordneten beweglichen Druckbacken, herausgepresst. Ein weiteres mehrdirektional wirkendes Werkzeug wurde 1971 von Rut vorgestellt: In „Vorrichtung zum Schmieden von Kurbelwellen" wird eine Werkzeugvorrichtung, bestehend aus zwei getrennten Ober- und Unterwerkzeugen, zum Schmieden von Kurbelwellen durch gleichzeitiges Stauchen und Biegen beschrieben [Rut71]. Des Weiteren hat Rut 1981 in „Verfahren zum Schmieden von Kurbelkröpfungen" ein Schmiedeverfahren dargelegt, bei dem die Kurbelkröpfungen durch das Stauchen und Biegen des Mittelteils, senkrecht

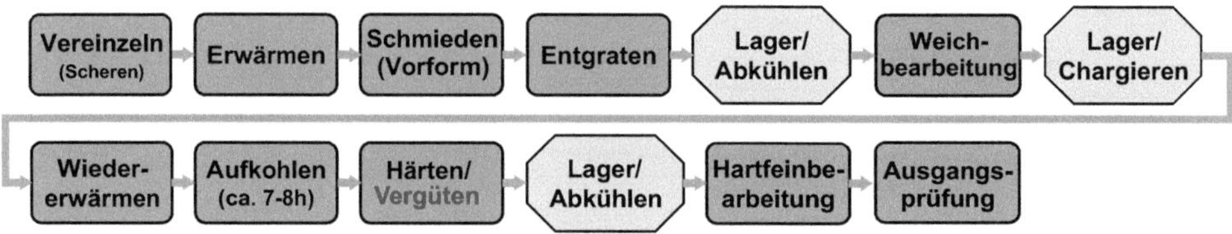

Abb. 1.3 Konventionelle Prozesskette zur Fertigung von Schmiedeteilen aus Stahl

zur Stauchrichtung, eines Stababschnittes hergestellt werden [Rut81]. Ferner wurde eine Vorrichtung zum mehrdirektionalen Schmieden der Kurbelkröpfungen entwickelt, die Keile und Kniehebel verwendet. 1983 wurde von Rut die Verwendung des Kniehebelprinzips in „Preßvorrichtung, insbesondere Vorrichtung zum Pressen von achsstummelfreien Kurbelhüben" vorgestellt [Rut83]. Eine „Vorrichtung zum Schmieden von Kurbelhüben in einer vertikal wirkenden Schmiedepresse" hat 1984 Ruget beschrieben [Rug84]. Mit dieser Vorrichtung können winkelversetzte Kurbelhübe axial auf einer vertikal wirkenden Schmiedepresse geschmiedet werden. Ein mehrdirektionales Umformwerkzeug mit Keilprinzip wurde 1996 in der Patentschrift „Gesenk zur Herstellung von Werkstücken mit exakt definierter Masseverteilung entlang der Längsachse" von Doege und Broß vorgestellt [Doe87]. Mit dem Werkzeug kann in vertikaler und horizontaler Richtung mit einem Arbeitshub umgeformt werden. Im Rahmen des Forschungsprogrammes des Sonderforschungsbereichs 489 „Prozesskette zur Herstellung präzisionsgeschmiedeter Hochleistungsbauteile" wurden diese und weitere Werkzeugkonzepte erprobt und zum Teil erstmals in Form von Versuchswerkzeugen technisch umgesetzt.

1.2 Prozesskette zur Herstellung von geschmiedeten Verzahnungen und Kurbelwellen

Während das Zahnrad bereits sehr lange als Maschinenelement genutzt wurde, begann die teilautomatisierte mechanische Fertigung Mitte des 19. Jahrhunderts. Ausgelöst durch das im Jahre 1900 offengelegte sogenannte PFAUTER-Patent „Verfahren und eine Maschine zum Fräsen von Schraubenrädern mittelst Schneckenfräsers" begann das Zeitalter der industriellen Zahnradfertigung [Fel08]. Hierauf aufbauend entwickelte sich eine bis heute weitestgehend unveränderte Prozesskette für die Herstellung von Verzahnungen tragenden Schmiedeteilen beziehungsweise Kurbelwellen aus Stahlwerkstoffen, die sich im Wesentlichen aus den in Abb. 1.3 dargestellten Fertigungsschritten zusammensetzt.

Durch Scheren wird das in der Regel durch Strangguss hergestellte stangenförmige Halbzeug aus Einsatzstahl in Rohteile verarbeitet. Durch ein Vorschmieden der Rohteile kann eine angepasste Vorform erzeugt und das in der Weichbearbeitung abzutragende Spanvolumen reduziert werden. Durch die Massivumformung des Rohteils wird ein poren- und lunkerfreies Gefüge mit hervorragenden Festigkeitseigenschaften für die hochbelasteten Antriebs- und Getriebekomponenten erzeugt. Die endgültige Bauteilgestalt und insbesondere die Funktionsflächen, wie die Verzahnung, Innenbohrungen und Lagersitze, wird in der konventionellen Prozesskette durch spanenden Verfahren der Weichbearbeitung hergestellt. Die eigentliche Zahnformung erfolgt hierbei durch Wälzfräsen, -stoßen oder -schaben. Im Anschluss an die Wärmebehandlung, dem Einsatzhäten bestehend aus den Prozessschritten Aufkohlen, Härten und Anlassen, zur Einstellung der mechanischen Materialeigenschaften der Funktionsflächen und des Kerns des Bauteils folgt die spanende Hartfeinbearbeitung entsprechender Funktionsflächen durch Schleifen, Honen, Schälwälzfräsen oder Hartschälen. Kontinuierliche Weiter- und Neuentwicklungen, insbesondere in den Bereichen der Schneid- und Schleifwerkzeuge sowie der Maschinentechnik und -regelung, führten zu einer stetigen Verbesserung der Fertigungsgenauigkeiten und Zunahme der Leistungsfähigkeit dieser Prozesskette.

1.3 Die Prozesskette des SFB 489

Das Präzisionsschmieden ist ein Near-Net-Shape Verfahren, das es erlaubt, Stähle endkonturnah mit einer Genauigkeit von etwa ± 100 Mikrometern warmmassiv umzuformen. Beim Präzisionsschmieden werden die Bauteile gratfrei im geschlossenen Gesenk hergestellt (s. Kap. 2). Der Gratanteil, der beim konventionellen Schmieden bis zu 30 % der Einsatzmasse betragen kann, entfällt. Neben der direkten Kostenersparnis durch Reduzierung des Einsatzmaterials entfallen zudem Prozessschritte der herkömmlichen Prozesskette, wie beispielsweise das Abgraten. Indirekte Effekte führen zu weitergehenden Kostensenkungen. Hier sind beispielsweise Kostenersparnise durch die nahezu vollständige Einsparung der Weichbearbeitung der Schmiedeteile zu nennen. Neben den wirtschaftlichen Vorteilen bietet die Präzisionsumformung im geschlossenen Gesenk zudem den technischen Vorteil, dass der Faserverlauf im Gefüge des Werkstoffs ununterbrochen der Kontour des Bauteils folgt und so zu erhöhten Dauerfestigkeiten führt.

Die resultierenden geometrischen Toleranzen der Präzisionsschmiedeteile bedingen Werkzeugkonzepte, die innovative Ansätze bei der Stadienplanung und Werkzeuggestaltung erforderlich machen (s. Kap. 2.3 und 2.4). Eine Zielsetzung innerhalb des Forschungsprogramms des Sonderforschungsbereichs bestand in der Entwicklung innovativer, mehrdirektional wirkender Werkzeuge, die in konventionellen Schmiedepressen betrieben werden können. Diese Technologie erlaubt beispielsweise das aufwändige „Twisten“, das Verdrehen der Hub- und Hauptlager einer Kurbelwelle, im Anschluss an den mehrstufigen Umformprozess in den geometriegebenden Umformvorgang zu integrieren und so den nachgeschalteten Prozessschritt einzusparen (s. Abschn. 2.3.2).

Bei der Herstellung von in der Massenverteilung komplexen Schmiedeteilgeometrien wird die Massenvorverteilung im Roh- bzw. Halbfertigteil in der Regel durch vorgelagerte Umformschritte in der Stadienfolge eingestellt. Zur Erzeugung von geeigneten Massenvorverteilungen kann neben der schmiedepressegebundenen Umformung zudem ein ein- oder

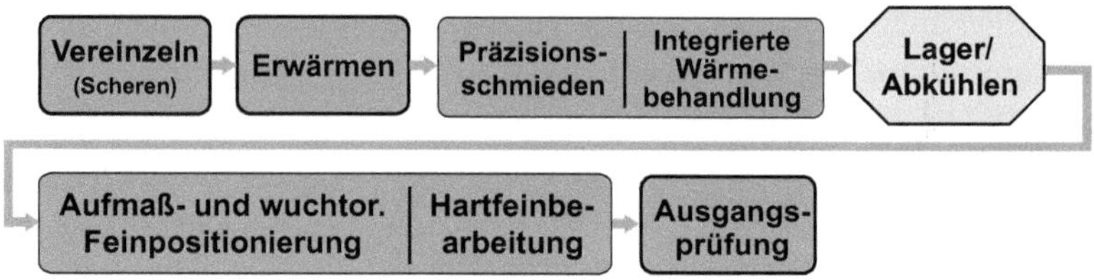

Abb. 1.4 Prozesskette des Sonderforschungsbereichs 489

mehrschrittiger Umformvorgang durch einen Querkeilwalzprozess angewendet werden (s. Abschn. 2.3.3).

Aufgrund der Umformung im geschlossenen Gesenk wird beim Präzisionsschmieden insbesondere an die Genauigkeit der Geometrie und des Volumens der Rohteile hohe Ansprüche gestellt. Um in der Prozesskette des SFB 489 den Aufwand bei der Rohteilherstellung zu reduzieren, eine gleichbleibende Bauteilqualität zu gewährleisten und den Gesenkverschleiß zu verringern, werden Masseschwankungen der Rohteile durch sogenannte Ausgleichsräume in der Gesenkkontour kompensiert (s. Abschn. 2.3.2). Durch eine geschickte Positionierung und Ausgestaltung der Augleichsräume wird das überschüssige Material bei der späteren spanenden Bearbeitung, beispielsweise der Funktionsflächen, mit minimalem Aufwand entfernt. Aufgrund der geringen Dimensionierung der Bearbeitungsaufmaße von Präzisionsschmiedebauteilen ist neben der thermischen und elastischen Aufweitung der Schmiedewerkzeuge zudem das Schrumpfungsverhalten der warmumgeformten Bauteile bei der geometrischen Abstimmung der Gesenkkontour bei der Werkzeugauslegung zu berücksichtigen (s. Abschn. 2.3.4).

Bei der Prozesskette des Sonderforschungsbereiches 489 handelt es sich um eine verkürzte Prozesskette mit zumeist direkt verbundenen Prozessen, die eine Einzelteilfertigung realisieren (s. Abb. 1.4). Schwankungen relevanter Prozessparameter, schleichende Prozessänderungen oder auch sporadisch auftretende Störungen müssen möglichst früh erkannt werden, um den Wertschöpfungsverlust aufgrund der Weiterverarbeitung von Ausschussteilen in der Prozesskette zu vermeiden. Basierend auf dieser Zielsetzung wurden im Rahmen des SFB 489 eine Prozessüberwachung des Präzisionsschmiedes von Zahnrädern, Ritzelwellen und Kurbelwellen entwickelt. Die wegsynchrone Betrachtung des transienten Umformvorganges mit hochfrequenten Körperschall- und Schallemissionsaufnehmern erlaubt die Identifikation von signifikante Informationen über den Prozessablauf, das Umformverhalten, den Einfluss relevanter Störgrößen sowie die Formfüllung und Bauteilprägung im Hinblick auf die zu bewertende Bauteilqualität (s. Kap. 6.3). Durch die kontinuierliche Analyse der transienten Körperschall- und Schallemissionssignale im Zeit-Frequenzbereich mit Hilfe der Wavelet-Transformation sowie die vektorielle Betrachtung signifikanter Merkmale im Vergleich mit Referenz-Gutteilen wird eine mehrdimensionale Klassifizierung mit einer hohen Trennschärfe hinsichtlich des Materialeinflusses, der Prozessparameter, der Störgrößen sowie der Bauteilqualität erreicht.

Schmiedewerkzeuge für das Präzisionsschmieden sind aufgrund ihrer komplexen und filigranen Geometrie verschleißanfälliger als konventionelle Umformwerkzeuge. Die geringeren Fertigungstoleranzen der Präzisionsschmiedeteile bedingen zudem eine entsprechend verringerte Toleranz gegenüber den unterschiedlichen Verschleißerscheinungen (s. Kap. 3.1). Zur Verbesserung des Verschleißverhalten von Präzisionsschmiedewerkzeugen sowie konventioneller Umformwerkzeuge befasste sich der SFB 489 in einem Schwerpunkt mit der Entwicklung von Keramik-Stahl-Hybridwerkzeugen sowie dem Verschleißschutz durch Mehrlagenbeschichtungen (s. Kap. 3.3). Besonders durch Verschleiß beanspruchten Bereiche der Umformwerkzeuge können bereits während der Prozessauslegung durch numerische Berechnungen identifiziert werden (s. Kap. 3.2). Entsprechende Bereiche können mit Keramikeinsätzen versehen werden, die durch Aktivlöten mit dem Gesenkgrundkörper gefügt werden. Die mechanische, chemische und thermische Beständigkeit der Keramik bewirkt eine deutliche Standzeiterhöhung bei der Massivumformung (s. Abschn. 3.3.3). Die Entwicklung einer Feinbearbeitungstechnoligie für Keramik-Stahl-Verbunde erlaubt darüber hinaus die Herstellung von komplexen und freigeformten Gesenkgeometrien (s. Kap. 3.4). Bei flächig durch Verschleiß beanspruchten Umformwerkzeugen ist die Verwendung von Mehrlagenbeschichtungen zielführend. Durch die Verwendung von Mehrlagen-Schichtsysteme der Gattung TiN-TiCN-TiC kann die Standzeit von Massivumformwerkzeugen deutlich erhöht werden (s. Abschn. 3.3.2).

In herkömmlichen Prozessketten zur Herstellung von Schmiedebauteilen wird eine Wärmebehandlung in dem Umformvorgang nachgelagerten Prozessschritten durchgeführt. Die nach der Formgebung abgekühlten Bauteile werden chargiert, erneut erwärmt und wärmebehandelt. Dieser mit wiederholt auftretenden Erwärmungsvorgängen behaftete Fertigungsablauf bedingt entsprechend hohe Energiekosten. In der verkürzten Prozesskette des Sonderforschungsbereiches 489 wird die Wärmebehandlung direkt aus der Prozesswärme des formgebenden Umformvorgangs durchgeführt und somit die Energiebilanz der Prozesskette deutlich verbessert (s. Kap. 4). Verzahnungen tragende Bauteile wie Zahnräder und Ritzelwellen sowie Kurbelwellen werden in der Regel durch Flamm-, Einsatz- oder Induktionshärten wärmebehandelt (s. Abschn. 4.1.2). Aufgrund der direkten Verkettung der Wärmebehandlung mit der geometriegebenden Massivumformung, werde die Präzisionsschmiedeteile Vergütet (s. Abschn. 4.2.2).

Nach der Entnahme aus der Präzisionsschmiedepresse besitzen die Schmiedeteile eine Temperatur von ca. 900 °C. Sie werden von einer Zuführungseinrichtung in einem Düsenfeld platziert und mit einem Spray aus Wasser und Luft lokal und zeitlich angepasst abgekühlt (s. Kap. 4.5). Bei der konventionellen Wärmebehandlung tritt beim Abschrecken in Wasser- oder Ölbädern aufgrund des so genannten Leidenfrosteffekts in Grenzen eine inhomogene und nicht kontrollierbare Abkühlung im Bauteilvolumen auf. Durch das geometrisch und zeitlich kontrolloerbare Wasser-Luft-Spray werden die Bauteile gezielt, mit verringertem Verzug und reproduzierbarer abgeschreckt (s. Abschn. 4.5.4). Zudem kann das Bauteil gezielt abgekühlt werden, um beispielsweise werkstofftechnische Eigenschaften auf die Bauteilbelastung bei der Anwendung einzustellen (s. Abschn. 4.5.3). Durch die Anwendung der Sprayfeldtechnologie können die Bauteile mit der selben Anlagentechnik beispielsweise Randschichtvergütet oder Bainitisiert werden (s. Kap. 6.4). Die Flexibilität der Wärmebehandlungstechnologie erlaubt sogar, den Verzug von Bauteilen gezielt durch asymmetrische Abkühlung zu beeinflussem. Mit Hilfe eines optischen Messsystems werden die wärmezubehandelnden Bauteile warm gemessen. Auf Basis der Messwerte erfolgt die Berechnung geeigneter Sprayparameter und die gezielte asymmetrische Abkühlung im Hinblick auf die geforderten Werkstoffeigenschaften sowie der minimierung des Verzugs des Bauteils (s. Abschn. 4.5.4).

Zur Auslegung der Sprayfelder und des Wärmebehandlungsprozesses können numerische Berechnungen Anwendung finden. Die Basis der Berechnungen bildet die Kenntniss über die relevanten Einflussgrößen, die auf die Ausprägung des Wasser-Luft-Sprays einfluss nehmen (s. Abschn. 4.4.1). Durch die Abbildung der wesentlichen Sprayfeldeigenschaften kann die Bauteilabkühlung berechnet werden. Wird zudem die Berechnung der Wärmebehandlung mit der Umformsimulation gekoppelt, ist eine hochgenaue Prognose der resultierenden Gefügeeigenschaften des wärmebehandelten Präzisionsschmiedeteils möglich (s. Abschn. 4.6.1). Die Basis der Modellierung bildet eine umfassende Werkstoffcharakterisierung der verwendeten Vergütungsstähle (s. Kap. 4.3). Die lokale Gefügezusammensetzung wird anschließend genutzt, um die mechanischen Eigenschaften zu bestimmen. Beispielsweise ist eine Prognose der Randschichthärte und Einhärttiefe in Abhängigkeit des Schmiedeprozesses, der Wärmebehandlungsparameter der Spraykühlung sowie eines nachgeschalteten Anlassvorgangs möglich. Entsprechend gekoppelte Berechnungsmodelle sind rechenintensiv und können beispielsweise nicht für die oben genannten Parameterbestimmung für die Einstellung einer asymmetrischen Wärmebehandlung Verwendung finden. Für die rasche Abschätzung entsprechender Prozessparameter können beispielsweise Einschrittlöser auf Basis von Künstlichen Neuronalen Netzen verwendet werden (s. Abschn. 4.6.2).

In der traditionellen Prozesskette zur herstellung von Verzahungen, findet im Anschluss an die umformtechnische Herstellung der Halbfertigteile eine weichbearbeitung statt. Die Bearbeitungsaufmaße der Funktionsflächen können in Einzelfällen mehrere Millimeter aufweisen (s. Kap. 2). Beispielsweise wird bei Zahnrädern zuerst die Mittelbohrung hergestellt, die dann als Referenz für die Fertigung der Verzahnung dient. In der Prozesskette des SFB 489 wird die Mittelbohrung sowie die Verzahnung durch den Präzisionsschmiedeschritt endkonurnah geformt. Die Mittelbohrung weist, unvermeidbare Form- und Lagefehler auf, die durch Versatz des ber und Untergesenks sowie Montagespiel im Umformwerkzeug entstehen. Resultierend kann eine Exzentrizität der Bohrung in Bezug auf die Verzahnung festgestellt werden (s. Abschn. 5.1.1). Entsprechende Fehler können durch die Zugabe eines erhöhten Bearbeitungsaufmaßes kompensiert werden. Diese Lösung widerspricht jedoch dem Grundgedanken des Präzisionsschmieprozesses sowie der Prozesskette des SFB 489. Gelöst wird die Problematik daher durch einen adaptronischen Feinpositioniervorgang mit anschließender Hartbearbeitung (s. Kap. 5.1). Im Rahmen der Forschungstätigkeiten des Sonderforschungsbereiches wurden Adaptronische Spannvorrichtungen für Drehprozesse in zwei, Exzenterfehler von Zahnrädern (s. Abschn. 5.1.3), und vier Freiheitsgraden, Exzenter und Taumelfehler von Ritzelwellen (s. Abschn. 5.1.4), entwickelt und erprobt. Die Korrektur in zwei bzw. vier Freiheitsgraden erfolgete auf Basis einer optischen Messung der Funktionsflächen durch konoskopische Senoren, die in die Bearbeitungsmaschine integriert würden und eine anschließende aufmaßorientirte Berechnung eines Verschiebungs- bzw. Verkippungsvektors auf Basis der Messdaten eines jeden Bauteils (s. Kap. 6.2). Durch übergabe des Korrekturvektors und Auslenkung der Bauteile durch die adaptronischen Spannfutter werden die Halbfertigteile bei der anschließenden Hartbearbeitung der ersten Funktionsfläche, die darüber hinaus in nachfolgenden Prozessschritten als Referenzfläche fungiert, optimal bearbeitet. Prozessschwankungen beim Umformprozess oder bei der Wärmebehandlung, die bei einem Bearbeitungsaufmaß von beispielsweise 150 μm bereits im kleinen Umfang zum Ausschuss der Teile führen können, werden so kompensiert. Durch die individuelle Bearbeitung jedes Bauteils wird zudem eine deutliche Qualitätssteigerung der Funktionsflächen erzielt.

Als abschließender Fertigungsschritt ist das Schleifen der Funktionsflächen, der Verzahnung der Zahnrader bzw. der Haupt- und Hublager der Kurbelwelle vorgesehen. Insbesondere die im Vergleich zur herkömmlichen Prozesskette auftretenden Aufmaßschwankungen und die aufgrund des Wegfalls der spanenden Weichbearbeitung vergleichsweise hohen Aufmaße vor dem Schleifprozess (s. Abschn. 5.2.2), machten die Entwicklung eines angepassten kontinuierlichen Wälzschleifprozesses notwendig (s. Abschn. 5.2.4). Zum Einsatz kommen bei der Herstellung von Verzahnungen CBN-Schleifwerkzeuge, die sich duch eine hohe Werkzeugstandzeit auszeichen (s. Abschn. 5.2.5).

Bei der Bearbeitung von präzisionsgeschmiedeten Kurbelwellen treten aufgrund der beschrieben Prositionierfehler und Prozessschwankungen sowohl Exzenter- als auch Taumelfehler auf, die durch den Einsatz einer adaptronischen Feinpositioniereinrichtung, in Form eines zwei Freiheitsgrad-Feinpositioniersystems und eines aktiven Reitstocks (s. Abschn. 5.3.4), sowie der Integration von optischen Messsystemen in die Schleifmaschine (s. Abschn. 6.2.2), kompensiert werden können. Mit Hilfe des Feinpositioniersystems, einer Prozessvorsteuerung zur Kompensation der Werkstückabdrengung (s. Abschn. 5.3.2) sowie einer adaptiven Prozessteuerung (s. Abschn. 5.3.3) können trotz der lokal schwankenden Aufmaße der Präzisionsschmiedeteile qualitativ hochwertige Prozessergebnisse unter wirtschaftlichen Voraussetzungen erzielt werden. Durch die integration der optischen messtechnik in die Schleifmaschine, der Entwicklung von Mess- und Auswerteverfahren zur optischen Bestimmung der Aufmaßverteilung und Unwucht und die Übergabe dieser Werte an die Feinpositioniereinrichtung sowie die adaptive Prozessteuerung kann der Aufwand für das Auswuchten der Kurbelwellen bereits durch die Schleifbearbeitung der Funktionsflächen minimiert werden (s. Abschn. 6.2.3).

Für hochbeanspruchte und sicherheitsrelevante Bauteile wird eine hohe Qualität vorausgesetzt, die für jedes Bauteil ermittelt und protokolliert werden muss. Dies ist in der Regel nur mit zerstörungsfreien Mess- und Prüftechniken möglich, die die Qualitätsmerkmale der Bauteile prozessbegleitend ermitteln können. Aufgrund der hohen Taktraten der Umformprozesse müssen entsprechende Mess- und Prüfmethoden rasch die Beurteilung der Bauteilqualität vornehmen können. Im Rahmen des Forschungsprogramms des SFB 489 wurden eine Wirbelstrom-Scantechnik zur prozessnahen zerstörungsfreien Bauteil-Fehlerprüfung sowie Impuls-Thermografie mit induktiver Anregung zum schnellen empfindlichen Nachweis systematischer Bauteil-Oberflächenfehler, wie Schmiedefehler, Härte- und Ermüdungsrisse, in Bereichen von hochbeanspruchten Funktions- und profilierten Bauteilflächen entwickelt (s. Kap. 6.3.3). Neben der Fehlerfreiheit sind die in einer Prozesskette für Hochleistungsbauteile eingestellten Werkstoffeigenschafften im Bauteil und der Bauteilrandzone von wesentlicher Bedeutung für die Bauteileigenschaft und die Bauteilqualität. Diesbezüglich liefert die neue entwickelte Technologie der Harmonischen Analyse von Wirbelstromsignalen mit speziell an die Prüfaufgabe und die Bauteilgeometrie angepassten Spulensystemen und eine werkstoff- und bauteilspezifische Systemkalibrierung eine schnelle zerstörungsfreie Bestimmung von lokalen und integralen Härtekennwerten, wie der Rand- und Kernhärte sowie der Einhärtungstiefe (s. Kap. 6.3.4), die zur Regelung von einzelnen vorgelagerten Prozessschritten wie dem Umformvorgang (s. Kap. 2) sowie der Wärmebehandlung (s. Kap. 4) und damit zur inline Qualitätssicherung der Bauteileigenschaften in der Prozesskette Präzisionsschmieden eingesetzt werden können.

Zur flächigen hochauflösenden Qualitätsprüfung der Funktionsflächen in der getakteten Fertigung können optische Messverfahren zum Einsatz kommen (s. Kap. 6.1.1). Verwendung findet ein Streifenprojektionsmessverfahren anwendung. Analyse und Einpassverfahren erlauben so beispielsweise die Messung von Prozessbedingten Fehlern wie dem Bauteilverzug bei der Wärmebehandlung (s. Abschn. 6.1.2) oder Störungen bei der Schleifbearbeitung der präzisionsgeschmiedeten Verzahnungen. Die Kombination des Streifenprojektionsverfahrens, des Schattenprojektsionsverfanrens sowie der konoskopischen Messung der Funktoonsflächen erlaubt zudem die Fertigungsnahe vollständige Beurteilung der Qualität der Funktionsflächen von Langteilen wie beispielsweise Kurbelwellen (s. Abschn. 6.1.3). Eine Auslegung entsprechender Messaufgaben im turbulentenProduktionsumfelt mit häufigen Produktionsumstellungen kann beispielsweise mit der Virtuellen Multisensortechnik erfolgen (s. Abschn. 6.1.4).

Zur Verifikation der Leistungsfähigkeit von durch die Prozesskette des SFB 489 Hergestellten präszisionsgeschmiedenten Hochleistungsbauteilen, wie Zahnrädern und Ritzelwellen, erfolgt die abschließende Prüfung der Bauteileigenschaften hinsichtlich der Laufeigenschaften, Flankentragfähigkeit und Zahnfußfestigkeit, in einem Verzahnungs-Getriebeprüfstand für schrägverzahnte Zahnräder (s. Kap. 6.4). Durch die Entwicklung und Einsatz neuartiger innovativer Prüf- und Analysetechnik, wie einer Hochfrequenz-Wirbelstromtechnik zur Überwachung des Verzahnungszustandes unter Einsatzbedingungen und der Installation von Körperschall- und Schallemissionsaufnehmern am Getriebegehäuse und vorteilhaft an den umlaufenden Radsatzwellen, wird mit einer hohen Empfindlichkeit eine frühzeitige Erkennung und Ortung von Verzahnungsschäden, Rissinitiierung, Graufleckigkeit und Grübchenbildung ermöglicht.

Neben der technologisch ausgerichteten Forschungthemen widmete sich der Sonderforschungsbereich 489 zudem der Untersuchung der technischen, logistischen und wirtschaftlichen Wechselwirkungen innerhalb der Prozesskette Präzisionsschmieden (s. Kap. 7). Zur nachhaltigen und effektiven Optimierung bereits etablierter Fertigungsverfahren und Prozessketten ist eine umfassende technische, logistische und wirtschaftliche Optimierung der gesamten Prozesskette notwendig (s. Kap. 7.1). Die umfangreichen technologisch-logistischen Wechselwirkungen der einzelnen Teilprozesse der Prozesskette werden in ganzheitlichen Beschreibungs- und Simulationsmodellen erfasst. Zur Auslegung, Steuerung und Analyse der Prozesskette werden die technologischen Schnittstellen zwischen den einzelnen Teilprozessen untersucht und eine Bewertung der verschiedenen Einflussgrößen durchgeführt (s. Kap. 7.2). Die wirtschaftlich-logistischen Zusammenhänge in der Prozesskette werden durch logistische Kennlinien festgehalten (s. Kap. 7.4). Abgerundet wird diese Betrachtung der Prozesskette durch die Auslegung und Untersuchung von flexiblen Lieferketten sowie der Risikobewertung der eng verketteten Einzelteilfertigung in der Prozesskette des SFB 489 (s. Kap. 7.3).

Literatur

[Ada90] Adams B (1990) Verfahren und Fertigungssystem zum Präzisions-schmieden von Zylinderrädern; Dissertation, Universität Hannover, 1990

[Bay56] Bayerisches Leichtmetallwerk AG (1956) Improvements in method of an apparatus for Hot Forging Toothed Wheels. The Patent Office London, Specification Published: 08.08.1956

[Bec18] Becker E, Suchoparek R (1918) Verfahren zur Herstellung von mehrfach gekröpften Kurbelwellen mit versetzten Hüben. (29.04.1918)

[Bro04] Brophy J (1904) Verfahren zur Herstellung von Kurbelwellen. (26.04.1904)

[Det74] Detzel H, Maier A (1974) Patentiert für: Maschinenfabrik Alfing Keßler KG: Verfahren und Vorrichtung zum Schmieden hochwertiger Kurbelwellen. (24.01.1974)

[Doe87] Doege E, Hartke G, Adams B (1987) Verfahren und Vorrichtung zum Schmieden von Zahnrädern. Deutsches Patentamt, Tag der Patenterteilung: 20.08.1987

[Doe89] Doege E, Adams B (1989) Verfahren und Vorrichtung zum Schmie-den von Zahnrädern. Deutsches Patentamt, Tag der Offenle-gung: 29.06.1989

[Doe90] Doege E, Adams, B (1990) Verfahren und Vorrichtung zum Schmie-den von schrägverzahnten Zahnrädern, Tag der Offenlegung: 22.11.1990

[Doe10] Doege E, Behrens, B-A (2010) Handbuch Umformtechnik: Grundla-gen, Technologien; Maschinen. 2. bearbeitet Auflage, Springer Verlag Berlin, 2010

[Fel08] Felten K (2008) Verzahntechnik – Das aktuelle Grundwissen über Herstellung und Prüfung von Zahnrädern; 2., neuüberarbeitete Auflage, expert Verlag, 2008

[Gut98] Gutmann, P (1998) Precision Formed Powertrain Components. 4th International Precision Forging Conference, Ohio, 1998

[Gut09] Gutmann P (2009) Gangräder mit präzisionsgeschmiedeter Kupp-lungsverzahnung; Schmiedejournal, September, 2009

[Jak18] Jakowitsch J (1918) Verfahren zum Pressen von Kurbelwellen. (14. 09.1918)

[Jüe86] Jütte F (1986) Beitrag zum Präzisionsschmieden; Dissertation, Uni-versität – Gesamthochschule – Paderborn, 1986

[Mäg02] Mägdefrau H (1902) Pressform zur Herstellung von Zahnrädern und dgl., Kaiserliches Patentamt, Ausgegeben am: 15.04.1902

[NN05] NN (2005) Kraftfahrzeug-Kurbelwellen – Konstruktion, Berechnung, Herstellung. 2. Auflage, sv corporate media, München 2005

[Rug84] Ruget, G (1984) Patentinhaber: Creusot-Loire: Vorrichtung zum Schmieden von Kurbelhüben in einer vertikal wirkenden Schmiedepresse. (14.06.1984)

[Rut71] Rut T (1971) Anmelder: Centralne Laboratorium Obrobki Plastyczenej: Vorrichtung zum Schmieden von Kurbelwellen. (11.02.1971)

[Rut81] Rut T (1981) Patentinhaber: Instytut Obrobki Plastycznej: Verfahren zum Schmieden von Kurbelkröpfungen. (16.04.1981)

[Rut83] Rut T (1983) Patentinhaber: Instytut Obrobki Plastycznej: Preßvorrichtung, insbesondere Vorrichtung zum Pressen von achsstummelfreien Kurbelhüben. (10.03.1983)

[Sin41a] Singer, F (1941) Werkzeug zum Warmpressen von Zahnrädern. Reichspatentamt, Ausgegeben am 07.03.1941

[Sin41b] Singer F (1941) Preßwerkzeug zum Warmpressen von Stirn- oder Kegelrädern. Reichspatentamt, Ausgegeben am 27.03.1941

[Sch59] Schober F (1959) Gesenk zum Warmschmieden von Kegelzahnrä-dern, Ausgabe der Patentschrift: 10.12.1959

[Sch60] Schober F (1960) Method of Pressing Bevel Gear Wheels and the like form Steel, United States Patent Office, Patented: 20.12.1960

[Spe09] Specker A (2009) Untersuchungen zum gratlosen Gesenkschmieden von Kurbelwellen. In: Behrens B-A, Nyhuis P, Overmeyer L (Hrsg.) Berichte aus dem IPH, Bd.04/2009, PZH Produktionstechnisches Zentrum GmbH, Garbsen 2009

[Vuc04] Vucetic D, Klocke F (2004) Ansätze zur Optimierung des Kaltfließ-pressens von Strinverzahnungen. 45. Arbeitstagung „Zahnrad- und Getriebeuntersuchungen", WZL, Aachen, 2004

[Whi14] Williams White & Co (1914) Verfahren und Vorrichtung zur Herstellung von gekröpften Kurbelwellen und dgl. (14.07.1914)

2 Präzisionsschmieden

Dirk Odening, Mathias Meyer, Andreas Klassen, Anas Bouguecha und Bernd-Arno Behrens

Inhaltsverzeichnis

2.1 Bauteilspektrum ... 20
2.2 Werkstoffspektrum ... 20
2.3 Prozess- und Werkzeugauslegung ... 22
2.3.1 Funktions- und prozessgerechte Bauteilgestaltung ... 23
2.3.2 Werkzeugkonzepte ... 24
2.3.3 Stadienplanung beim Präzisionsschmieden ... 31
2.3.4 Werkzeugkorrektur ... 36
2.4 Prozesssimulation ... 41
2.4.1 Grundlagen der FEM ... 42
2.4.2 Aufbau von FE-Systemen ... 43
2.4.3 Standardanwendungen ... 45
Literatur ... 48

Nach DIN 8580 versteht man unter dem Begriff „Umformen" das Fertigen durch bildsames oder plastisches Ändern der Form eines festen Körpers. Hierbei werden sowohl die Masse als auch der Stoffzusammenhalt des zu bearbeiteten Körpers beibehalten. Für die Umformung metallischer Werkstoffe ergänzt SIEGERT diese Definition um die gezielte Beeinflussung der Oberflächen- und Produkteigenschaften durch den Umformvorgang.

Die teilweise oder vollständige umformtechnische Umsetzung von Fertigungsprozessen bietet aufgrund verschiedener technologischer, konstruktiver sowie produktionstech-

D. Odening (✉) · A. Klassen · A. Bouguecha · B.-A. Behrens
Institut für Umformtechnik und Umformmaschinen, Leibniz Universität Hannover,
An der Universität 2, 30823 Garbsen, Deutschland
E-Mail: dirk.odening@gmx.de

D. Odening
Am Schelmenbusch 4, 76307 Karlsbad, Deutschland

M. Meyer
Institut für Integrierte Produktion Hannover GmbH, Hollerithallee 6,
30419 Hannover, Deutschland

F.-W. Bach, K. Kerber (Hrsg.), *Prozesskette Präzisionsschmieden*,
DOI 10.1007/978-3-642-34664-4_2, © Springer-Verlag Berlin Heidelberg 2014

Abb. 2.1 Zahnradrohling geschmiedet aus dem Vollen gefräst [Lao97]

nischer und ökonomischer Gesichtspunkte diverse Vorteile. Aufgrund ihrer guten mechanischen Eigenschaften werden Schmiedeteile in sicherheitsrelevanten Bereichen hoher statischer und dynamischer Belastungen eingesetzt. Sie eigenen sich insbesondere für kraft- und bewegungsübertragende Komponenten im Fahrzeug- und Turbinenbau [Imu08]. Neben den guten mechanischen Eigenschaften zeichnen sich geschmiedete Bauteile des Weiteren durch eine reduzierte Verzugsneigung in der abschließenden Wärmebehandlung aus [Sil03]. In Zeiten der globalen Energie- und Rohstoffverknappung und gesellschaftspolitischen Forderungen nach einem sparsamen Umgang der natürlichen Ressourcen gewinnen umformende Fertigungsverfahren immer mehr an Bedeutung. Je nach eingesetzter Prozess- und Anlagentechnologie müssen für die Erzeugung von 1 kg Kohlenstoffstahl 18 MJ bis 36 MJ aufgewendet werden [Doe10]. Nach TEKKAYA entfallen für warmumgeformte Stahlbauteile bis zu 90 % der insgesamt aufzuwendenden Energie bereits auf den grundlegenden Urformprozess zur Stahlerzeugung [Tek09]. HERBERTZ beziffert bezogen auf den Primärenergiebedarf für die Herstellung von Massivbauteilen ca. zwei Drittel auf die Vormaterialerzeugung und zirka ein Drittel auf die Weiterverarbeitung in den Unternehmen der Warm- und Massivumformung [Her11]. Durch die gute Rohstoffausnutzung umformtechnischer Fertigungsverfahren ergibt sich somit trotz erhöhtem Energiebedarf zur Rohteilerwärmung und Umformung insgesamt eine positive Energiebilanz. In einer vergleichenden Betrachtung am Beispiel eines konventionell gespanten und geschmiedeten Rücklaufrades zeigt LAOURINE eine mögliche Materialeinsparung von 43 % durch ein verringertes Rohteilvolumen und eine verbesserte Werkstoffausnutzung der umformtechnischen Fertigungsroute auf. Zusätzlich gelingt es durch die zeitgleiche Ausformung einer funktionsgerechten Stirnkontur im Übergangsbereich zwischen Nabe und Zahnkranz das spätere Bauteilgewicht ohne zusätzlichen Fertigungsaufwand um 22 % gegenüber der einfach gespanten Variante zu reduzieren (s. Abb. 2.1).

Im Vergleich zu der konventionellen Prozesskette mit Vorschmieden und spanender Weichbearbeitung der Bauteil- bzw. Verzahnungskontur (s. Abb. 2.1) ist durch Einsatz des gratlosen Präzisionsschmiedens neben der Erhöhung der Materialeffizienz eine Einsparung von Fertigungsschritten und eine Verkürzung der gesamten Prozesskette zu erreichen.

Nach dem Formgebungsprozess ist oftmals nur noch eine abschließende Hartfeinbearbeitung definierter Funktionsflächen mit minimalen Spanvolumina erforderlich. Die Substitution der spanenden Weichbearbeitung und die hohen Prozesstemperaturen von bis zu 1250 °C beim Schmieden von Stahlwerkstoffen ermöglichen eine integrierte Wärmebehandlung der geschmiedeten Bauteile direkt aus der Schmiedewärme. Durch die Vermeidung einer Grobkornbildung aufgrund sekundärer Rekristallisation bei Wiedererwärmung und die Ausbildung eines sehr feinen Martensits während der Abschreckbehandlung können festigkeitsoptimierte Gefügezustände in den Schmiedeteilen erreicht werden (s. Kap. 4).

Neben der zumeist im Vordergrund stehenden äußeren Formgebung des Werkstoffs können die werkstoffimmanenten Materialeigenschaften, wie der Faserverlauf und die Gefüge- und Kornstruktur, durch den Formgebungsprozess positiv beeinflusst werden. Der Erhalt der grundsätzlichen Werkstoff- und Faserstruktur sowie die verformungsinduzierte Kornfeinung beeinflussen die bei Wärmebehandlung ablaufenden Umwandlungs- und/oder Ausscheidungsvorgänge und tragen zur Festigkeitssteigerung bei [Lan93a]. Durch eine weitestgehende Entkopplung von den fertigungsbedingten Randbedingungen konkurrierender spanender Fertigungsverfahren (Zustellwege, Werkzeugausläufe etc.) begünstigen umformtechnische Fertigungsverfahren eine funktions- und belastungsoptimierte Bauteilgestaltung [Wit11] Hierdurch sind neben einer verbesserten Funktionalität eine weitere Steigerung der Leistungsfähigkeit bei unveränderter Baugröße oder verringerte Abmessungen bei gleichbleibender Festigkeit möglich. Dies unterstützt den Trend zum „Downsizing" und Leichtbau [Ado95].

Als ein wesentliches Klassifizierungsmerkmal wird die Umformtemperatur herangezogen. Eine vorherige Erwärmung des Umformgutes führt zu einer deutlichen Reduzierung der erforderlichen Umformkräfte bei gleichzeitiger Erhöhung des Umformvermögens. Traditionell wird zwischen Kalt-, Halbwarm- und Warmumformung unterschieden (s. Abb. 2.2). Stahlwerkstoffe werden im Allgemeinen oberhalb 1000 °C warm umgeformt [Doe10].

Nach DIN 8583-1 wird das Gesenkformen oder Gesenkschmieden als Druckumformen mit gegeneinander bewegten Formwerkzeugen (Gesenken) definiert. Es wird zwischen Gesenkschmieden mit und ohne Grat unterschieden. Während bei Gesenkschmiedeprozessen mit Grat überschüssiger Werkstoff durch einen Gratspalt abfließen kann und in einem nachfolgenden Fertigungsschritt entfernt werden muss, erfolgt das Gesenkschmieden ohne Grat im vollständig geschlossenen Gesenk. Das gratlose Schmieden zeichnet sich insbesondere durch die optimale Werkstoffausnutzung, den geringen Nachbearbeitungsaufwand sowie den gänzlich geschlossenen Faserverlauf der Schmiedeteile aus.

Gesenkschmiedeteile aus Stahl werden überwiegend nach DIN EN 10243-1 toleriert und hinsichtlich ihrer Fertigungstoleranzen klassifiziert. Je nach gestellten Genauigkeitsanforderungen wird zwischen der Schmiedegüte „F" für allgemeine Anwendungsfälle und „E" für Schmiedeteile mit erhöhten Genauigkeitsanforderungen unterschieden. Eine weiter-

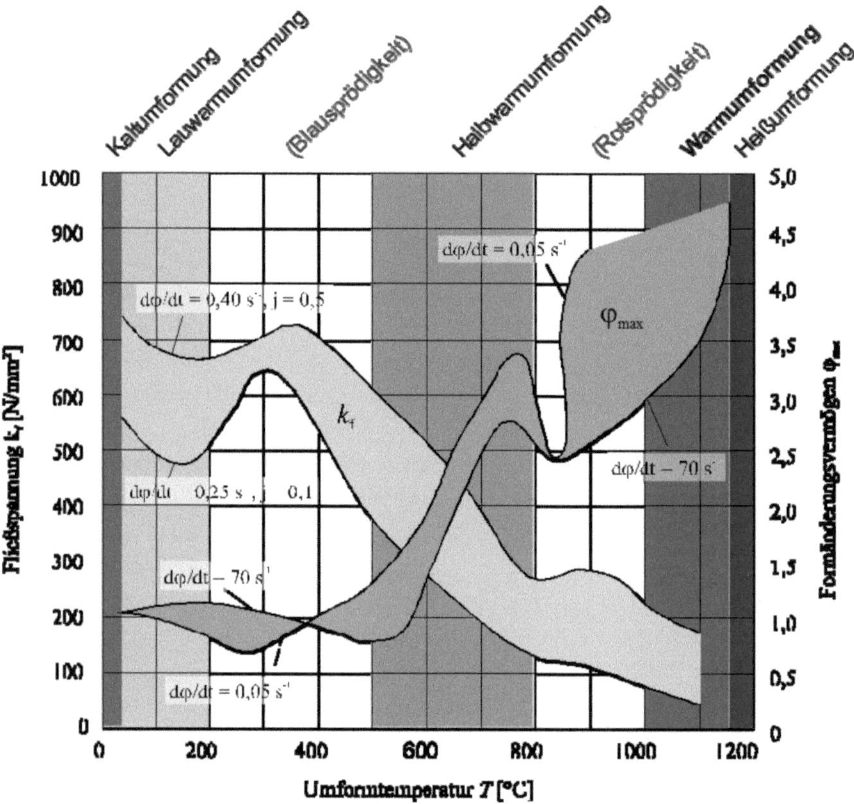

Abb. 2.2 Fließkurve/Formänderung über der Umformtemperatur von Schmiedestählen [Doe10]

führende Klassifizierung der Fertigungsgenauigkeiten erfolgt in der DIN EN ISO 286 nach dem sogenannten ISO-Toleranzsystem (IT). Hiernach entsprechen die klassischen Schmiedegüten „F" und „E" je nach Nennmaß den Grundtoleranzgraden IT 16 bis IT 14. Durch Erhöhung des technischen Aufwands können die Fertigungsgenauigkeiten von Schmiedeteilen weiter gesteigert werden. Durch ein Gesenkschmieden mit anschließendem Maßprägen (Genauschmieden) sind Fertigungstoleranzen bis IT 10 erreichbar. Durch weitere Maßnahmen können Präzisionsschmiedeprozesse mit Fertigungstoleranzen bis IT 7 umgesetzt werden. Die erreichbaren Genauigkeiten sind hierbei mit denen spanender Schlichtarbeitsgänge vergleichbar. In Tab. 2.1 sind die erreichbaren Fertigungstoleranzen verschiedener Fertigungsverfahren gegenübergestellt.

Die erhöhten Ansprüche an die Maß- und Formgenauigkeiten von Präzisionsschmiedeteilen stellen erhöhte Anforderungen an die Werkzeug- und Prozessgestaltung. Hierzu sind insbesondere:

- eine genaue Werkzeugauslegung und -fertigung,
- eine hohe Volumen- und Geometriegenauigkeit,

Tab. 2.1 Fertigungstoleranzen verschiedener Fertigungsverfahren im Vergleich [Doe10, Imu08]

Verfahren	ISO-Toleranzreihe (IT) entspricht DIN ISO 286 Teil 1									
	7	8	9	10	11	12	13	14	15	16
Gesenkschmieden (Schmiedegüte E u. F)								■	■	■
Genauschmieden (Gesenkschmieden und Maßprägen)				■	■	■	■			
Präzisionsschmieden	■	■	■							
Warmfließpressen						■	■	■	■	■
Halbwarmfließpressen			■	■	■	■				
Kaltfließpressen	■	■	■	■	■					
Drehen	■	■	■	■						

- eine genaue Temperaturführung,
- eine genaue Werkzeug- bzw. Stößelführung,
- eine genaue Prozessführung,
- eine hohe Prozessstabilität sowie eine hohe Reproduzierbarkeit der Prozess- und Maschinenparameter

zu nennen [Sil03, Doe10].

Die Steigerung der Präzision von Umformteilen in Bezug auf Form-, Lage- und Maßgenauigkeit sowie die Verbesserung der Oberflächengüte haben zur Folge, dass immer mehr Funktionselemente oder komplette Werkstücke ohne oder mit nur geringer Nachbearbeitung einbaufertig hergestellt werden können. Das Fertigungsverfahren Umformen steht damit vielfach in Konkurrenz zu gesamten Fertigungsfolgen und nicht mehr nur zu einzelnen Fertigungsprozessen [Klo06].

2.1 Bauteilspektrum

Die Untersuchungen im Sonderforschungsbereich 489 stützen sich auf Demonstratorbauteile aus der Gruppe der rotationssymmetrischen und länglichen Bauteile des Motoren-, Triebwerks- und Getriebebaus. In der Anfangsphase wurden vorerst kompakte Demonstratorbauteile am Beispiel einer schrägverzahnten Zahnradgeometrie sowie einer Elementarzelle einer Kurbelwellengeometrie be-trachtet. Im weiteren Verlauf wurde die Komplexität der Geometrie erhöht und das Bauteilspektrum auf Langteile in Form einer Ritzelwelle sowie einer Ein- und Zweizylinderkurbelwellen erweitert. In Abb. 2.3 und 2.4 sind die Demonstratorbauteile mit den wesentlichen technischen Daten aufgeführt.

2.2 Werkstoffspektrum

Für Schmiedeteile werden mit einem Anteil von 97 % überwiegend Stahlwerkstoffe eingesetzt [Imu08]. Stähle weisen eine gute Kalt- und Warmumformbarkeit auf. Die mechanischen Eigenschaften von Stahlwerkstoffen werden maßgeblich durch den Kohlenstoffgehalt bestimmt. Durch die Zugabe weiterer Legierungselemente und eine gezielte Wärmebehandlung lassen sich Eigenschaften, wie Härte, Streckgrenze, Zugfestigkeit, Bruchdehnung, Zähigkeit, Dauerschwingfestigkeit, Warmfestigkeit, Zerspanbarkeit und Korrosionsbeständigkeit des Stahls vielseitig variieren und an die jeweils gestellten Anforderungen anpassen. Neben der grundlegenden Unterscheidung zwischen unlegierten und legierten Qualitäts- und Edelstählen sowie nichtrostenden Stählen erfolgt die weitere Klassifizierung über die Einteilung nach den jeweiligen Verarbeitungs- und Gebrauchseigenschaften. Für Gesenkschmiedestücke werden je nach Verwendungszweck vorwiegend Baustähle sowie Einsatz- und Vergütungsstähle eingesetzt.

Baustähle mit einem Kohlenstoffgehalt zwischen 0,02 und 0,6 % sind meist unlegiert und nur teilweise wärmebehandelt. Je nach Kohlenstoffgehalt können Zugfestigkeiten von 350 bis 900 N/mm^2 erzielt werden. Baustähle finden typischer Weise im allgemeinen Stahl- und Maschinenbau Anwendung. Die Verarbeitungs- und Gebrauchseigenschaften von Einsatz- und Vergütungsstählen werden maßgeblich durch ihren Kohlenstoffgehalt bestimmt. Während Einsatzstähle aufgrund ihres geringen Kohlenstoffgehalts erst durch ein zusätzliches Aufkohlen gezielt im Bereich der Randschicht gehärtet werden können, weisen Vergütungsstähle mit einem Kohlenstoffgehalt von ca. 0,3 bis 0,6 % bereits einen ausreichenden Kohlenstoffanteil zum Vergüten in die Martensit- oder Bainitstufe auf. Dies ermöglicht eine integrierte Wärmebehandlung aus der Schmiedewärme (s. Kap. 4). Je nach Legierungszusammensetzung und Wärmebehandlung können Einsatz- und Vergütungsstähle Zugfestigkeiten von 500 bis 1500 N/mm^2 erreichen. Sie werden laut DIN EN 10020 daher vielfach für hochbelastete kraft- und bewegungsübertragende Komponenten im Getriebebau eingesetzt [Lan77, Bei01].

Schrägverzahntes Zahnrad

Normalmodul	m_n	2
Zähnezahl	z	37
Teilkreisdurchmesser	d	78,75 mm
Kopfkreisdurchmesser	d_k	82,75 mm
Fußkreisdurchmesser	d_f	73,75 mm
Eingriffswinkel	α	20°
Schrägungswinkel	β	20°

Ritzelwelle

Normalmodul	m_n	2
Zähnezahl	z	30
Teilkreisdurchmesser	d	63,85 mm
Kopfkreisdurchmesser	d_k	67,85 mm
Fußkreisdurchmesser	d_f	58,85 mm
Eingriffswinkel	α	20°
Schrägungswinkel	β	20°

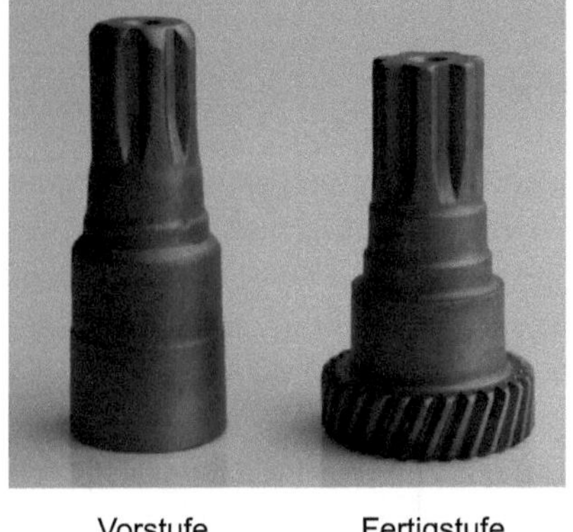

Ritzelwelle mit Keilverzahnung

Ritzelverzahnung:		
Normalmodul	m_n	2
Zähnezahl	z	37
Teilkreisdurchmesser	d	78,75 mm
Kopfkreisdurchmesser	d_k	82,75 mm
Fußkreisdurchmesser	d_f	73,75 mm
Eingriffswinkel	α	20°
Schrägungswinkel	β	20°
Keilverzahnung:		
Zähnezahl	z	7
Kopfkreisdurchmesser	d_k	35 mm
Fußkreisdurchmesser	d_f	26 mm

Abb. 2.3 Verzahnungen tragende Demonstratorbauteile des SFB 489: Schrägverzahntes Zahnrad, Ritzelwelle und Ritzelwelle mit Keilverzahnung

Im Rahmen des Forschungsprogramms des Sonderforschungsbereiches wurden verschiedene niedrig und höher legierte Schmiedestähle eingesetzt. Neben dem Vielfach zur konventionellen Zahnradfertigung verwendeten Einsatzstahl 16MnCr5 fanden die verschiedenen Vergütungsstähle C45, Cf53, C60 und 42CrMo4 Verwendung. Des Weiteren kam der für Getriebebauteile bisher eher untypische Wälzlagerstahl 100Cr6 zum Einsatz.

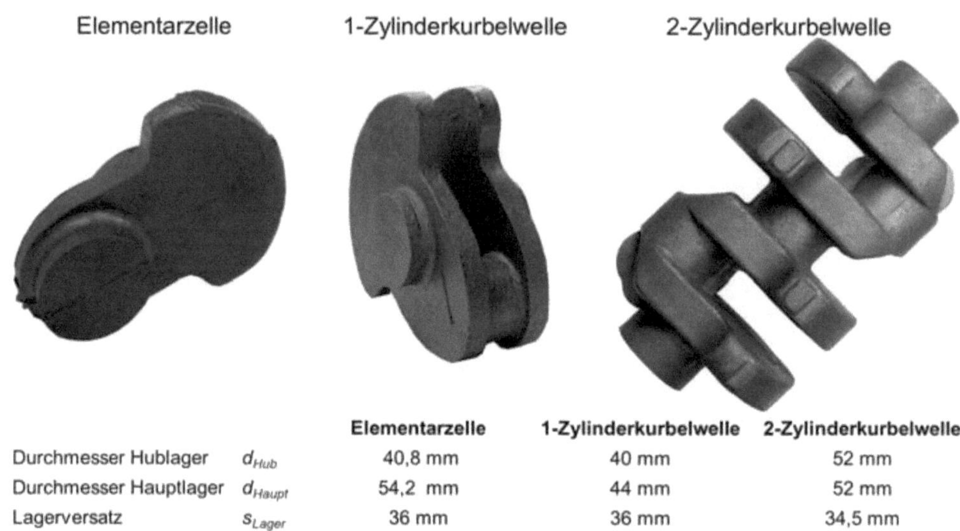

		Elementarzelle	1-Zylinderkurbelwelle	2-Zylinderkurbelwelle
Durchmesser Hublager	d_{Hub}	40,8 mm	40 mm	52 mm
Durchmesser Hauptlager	d_{Haupt}	54,2 mm	44 mm	52 mm
Lagerversatz	s_{Lager}	36 mm	36 mm	34,5 mm

Abb. 2.4 Elementarzelle, 1- und 2-Zylinderkurbelwelle

2.3 Prozess- und Werkzeugauslegung

Die erhöhten Ansprüche an Maß- und Formgenauigkeit präzisionsgeschmiedeter Bauteile stellen erhöhte Anforderungen an die Prozessauslegung und -führung sowie die eingesetzten Schmiedewerkzeuge und Umformmaschinen. Präzisionsschmiedeprozesse reagieren empfindlich auf schwankende Prozessgrößen. Bereits geringfügige Änderungen im Schmiedeprozess haben Einfluss auf den Prozessablauf und die letztendliche Bauteilqualität. In Abb. 2.5 ist eine Auswahl der Haupteinflussgrößen auf das Schmiedeergebnis exemplarisch in Form eines Ishikawa-Diagramms zusammengefasst dargestellt.

Neben den dargestellten direkten Abhängigkeiten bestehen auch Wirkzusammenhänge zwischen den einzelnen Einflussgrößen. Die Kenntnis der komplexen Wechselbeziehungen zwischen den Eingangsgrößen und den resultierenden Prozessgrößen ermöglicht die erreichbare Fertigungsgenauigkeit von Schmiedeprozessen deutlich zu steigern. Dazu ist eine funktions- und prozessgerechte Bauteilgestaltung und eine hieran angepasste Werkzeugauslegung und Prozessführung notwendig. Neben der prozessgerechten Ausgestaltung der Bauteilgeometrie (s. Abschn. 2.3.1) ist die Entwicklung geeigneter Werkzeugkonzepte (s. Abschn. 2.3.2) zur genauen Umsetzung der erforderlichen Stofffluss von besonderer Bedeutung. Der Stofffluss erfolgt in Abhängigkeit der Schmiedeteilform in einer oder mehreren Stufen. Die Auslegung dieser Stufen erfolgt in einer Stadienplanung. Durch eine angepasste Stadienplanung kann eine optimale Verteilung des Volumens vor der Fertigschmiedung erfolgen. Damit wird dem komplexen Stofffluss bei komplizierten Schmiedeteilen zur Erreichung der Formfüllung Rechnung getragen. Des Weiteren

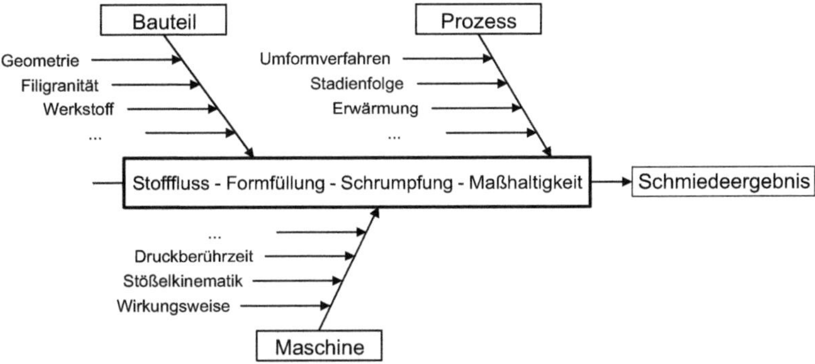

Abb. 2.5 Ishikawa-Diagramm mit Einflussgrößen auf das Schmiedeergebnis

können durch eine dem Bauteil angepasste Stadienplanung die benötigten Umformkräfte reduziert und verfahrenstechnische Grenzen zur Vermeidung von Schmiedefehlern, wie Falten oder Risse, eingehalten werden [Doe10] (s. Abschn. 2.3.3). Zur Steigerung des Formänderungsvermögens erfolgt die Massivumformung von herkömmlichen Stahlwerkstoffen bei Rohteiltemperaturen von bis zu 1250 °C. Mit steigender Temperatur erhöht sich die Schrumpfung der warm ausgeformten Bauteile. Dieses beeinträchtigt die erreichbare Bauteilgenauigkeit und ist durch eine Korrektur der formgebenden Matrize zu kompensieren (s. Abschn. 2.3.4).

2.3.1 Funktions- und prozessgerechte Bauteilgestaltung

Die funktions- und prozessgerechte Auslegung und Gestaltung der Bauteilgeometrie bestimmen das Fließ- und Formfüllungsverhalten und somit das sich einstellende Schmiedeergebnis. Verzahnungsgeometrien mit großem Modul und Eingriffswinkel begünstigen das Fließ- und Formfüllungsverhalten. Hierbei bestimmt insbesondere die Wahl des Eingriffswinkels das Oberflächen-Volumen-Verhältnis im Bereich der Verzahnung und somit das Auskühl- und resultierende Fließverhalten im Schmiedeprozess [SFB02, Dre02, Sil03]. Neben der filigranen Verzahnungsgeometrie wirkt sich auch die Gestalt des Zahnradgrundkörpers unmittelbar auf das Umformverhalten aus. Die Zunahme der Reibkontaktflächen führt neben erhöhten Reibungsverlusten auch zu einem verstärkten Wärmetransfer zwischen Werkstück und Werkzeug. Dieses zieht insgesamt eine Veränderung der Umformbedingungen nach sich. Neben den Kontaktbedingungen beeinflusst die grundlegende Bauteilgeometrie stattfindende Wärmeausgleichsvorgänge im Umformgut und somit die resultierenden Wärme-/Temperaturverteilung zum Zeitpunkt der Formgebung. Am Beispiel einer schrägverzahnten Zahnradgeometrie zeigt sich eine Zunahme der radialen Qualitätsgröße „Kopfkreisdurchmesser" bei stärkerer Konturierung des Zahnradgrundkörpers trotz identischer Rohteilmasse und -temperatur. Dieses Verhalten ist auf eine geminderte Bauteilschrumpfung aufgrund eines verstärkten Wärmeverlusts im Schmiedeprozess zurückzuführen. In Abb. 2.6 ist die Abhängigkeit der radialen Qualitätsgröße

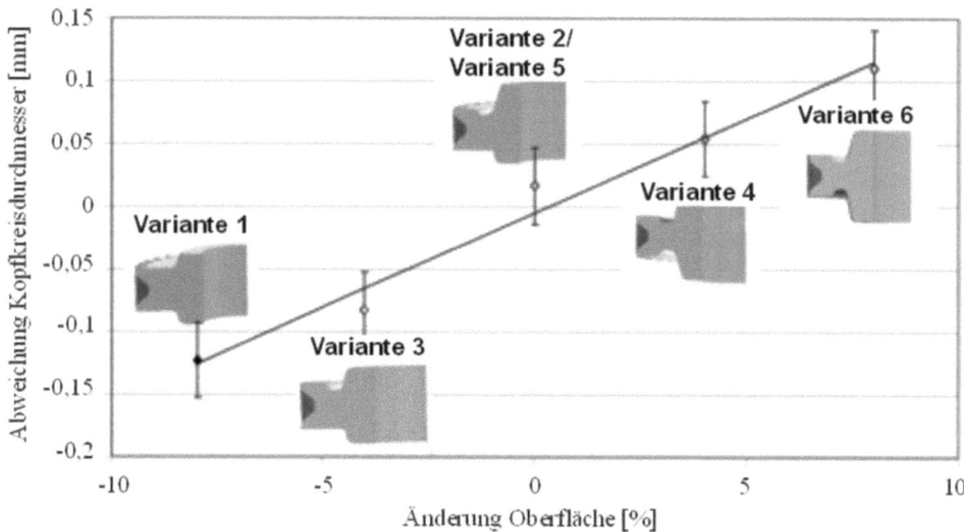

Abb. 2.6 Abhängigkeit des Kopfkreisdurchmessers von Grundkörpergestalt

„Kopfkreisdurchmesser" von der Gestalt des Zahnradgrundkörpers, hier beschrieben über die resultierende Bauteiloberfläche, dargestellt [SFB02]. Untersuchungen von BOHNSACK zeigten insgesamt eine Zunahme der Sensibilität der prozess- und bauteilbezogenen Zielgrößen mit zunehmender Bauteilkomplexität [Boh99].

2.3.2 Werkzeugkonzepte

Der entscheidende Unterschied zwischen dem konventionellen Schmieden und dem gratlosen Präzisionsschmieden im geschlossen Gesenk besteht in der einzusetzenden Werkzeugtechnologie. Während beim konventionellen gratbehafteten Schmieden auftretende Prozessungenauigkeiten und -schwankungen (Rohteilvolumen, Schmiedetemperatur, Einlegefehler, Werkzeug- und Maschinenkinematik) durch einen unregelmäßigen Materialabfluss in den Grat ausgeglichen werden können, ist dieses zur Sicherstellung der geforderten Fertigungstoleranzen beim gratlosen Präzisionsschmieden zu vermeiden [Doe10]. Neben einer unerwünschten zusätzlichen Abgratoperation zur präzisen Trennung von Grat und Bauteil, führt ein variierender Stofffluss zu schwankenden thermischen und mechanischen Gesenkbelastungen. Je nach Prozess und Bauteilgeometrie führt dies zu Veränderungen in der Gesenkaufweitung und letztendlich zur Beeinträchtigung der Fertigungsgenauigkeit. Zur Gewährleistung konstanter Prozessbedingungen ist ein unkontrolliertes Abfließen des Materials im Bereich der Teilungsebene zwischen den Werkzeugkomponenten des Ober- und Unterwerkzeugs durch ein sicheres Verschließen der Kavität im Umformprozess zu zwingend zu vermeiden.

Die zur Realisierung lokal stark schwankender Materialverschiebung bei konventionellen Schmiedeprozessen in Kauf genommene Gratbildung kann beim gratlosen Präzisionsschmieden durch mehrdirektional wirkende Schmiedewerkzeuge vermieden werden [Spe09]. Bei diesem Werkzeug erfolgt durch eine Kraftumleitung eine Umformung in der vertikalen und in der horizontalen Ebene. Die Umsetzung dessen kann mit verschiedenen Konzepten realisiert werden (s. Abschn. 2.3.2.3).

Die Herstellung endkonturnaher Bauteile erfordert zumeist den Verzicht von Aushebeschrägen am Bauteil. Hier kommt der Entwicklung geeigneter Auswerfermechanismen zum Ausstoßen des geschmiedeten Bauteils aus der Werkzeuggravur eine besondere Bedeutung zu. Insbesondere beim Auswerfen von in sich axial hinterschnittenenBauteilgeometrien besteht die Gefahr einer nachträglichen Deformation der erzeugten Bauteilkontur. Am Beispiel schrägverzahnter Zahnradgeometrien wurde mit zunehmendem Schrägungswinkel eine Erhöhung der zum Entformen aufzubringenden Auswerferkräfte festgestellt. Überschreiten die wirkenden Kontaktkräfte hierbei die Fließspannung des noch warmen Werkstückmaterials, ist eine bleibende Verformung des Schmiedeteils zu erwarten. Durch die Gestaltung aktiv drehender Auswerferbewegungen ist die Reduzierung der Auswerfer- und resultierenden Kontaktkräfte möglich und nachträgliche Deformationen am warmen Schmiedeteil vermeidbar [NN78].

2.3.2.1 Schließkonzepte

Um eine Gratbildung durch unkontrolliertes Abfließen des Materials im Bereich der Teilungsebene zu vermeiden, existieren verschiedene Schließkonzepte. In dem von DOEGE und ADAMS vorgestellten Schmiedewerkzeug wird das Verschließen durch einen in die Matrize eintauchenden Stempel erreicht [Doe87, Ada90]. Die Außenkontur des Stempels entspricht hierbei der Innenkontur der Matrize. Zum sicheren Prozessablauf setzt dies eine präzise Abstimmung der Werkzeugkomponenten und eine genaue Maschinen- und Werkzeugführung voraus. Durch die Überlagerung einer Drehbewegung zwischen Stempel und Matrize ist es möglich, dieses Werkzeugkonzept auch zur umformtechnischen Erzeugung von Schrägverzahnungen zu nutzen [Doe89]. Der Ausbildung eines feinen Flittergrats zwischen den zueinander geführten Werkzeugkomponenten kann durch Integration eines elastisch verformbaren Dichtelements entgegengewirkt werden [Doe01].

Zur Vereinfachung des Werkzeugaufbaus entwickelte und qualifizierte WESTERKAMP alternative Schließkonzepte. Hierbei erfolgt das Verschließen des Gesenks durch eine sogenannte Schließplatte, welche sich beim Herabfahren des Stößels auf dem Gesenk ablegt und somit verschließt. Die erforderliche Schließkraft wird über eine federnde Lagerung der Matrize und/oder der Schließplatte aufgebracht [Wes96]. In Abb. 2.7 sind die unterschiedlichen Schließkonzepte schematisch gegenübergestellt.

Auf Grundlage der Arbeiten von WESTERKAMP wurde zur Umsetzung der präzisionsgeschmiedeten Zahnradgeometrie ein einstufiges Werkzeugsystem mit schwimmend gelagerter Matrize (Schließkonzept II) eingesetzt [Doe99, SFB02, SFB05]. Der Schmiedeprozess zur Herstellung der Ritzelwellengeometrie erfolgt zum Einstellen der Materialverteilung in einem zweistufigen Schmiedeprozess [SFB11, Beh09, Beh09b]. Für mehrstufige

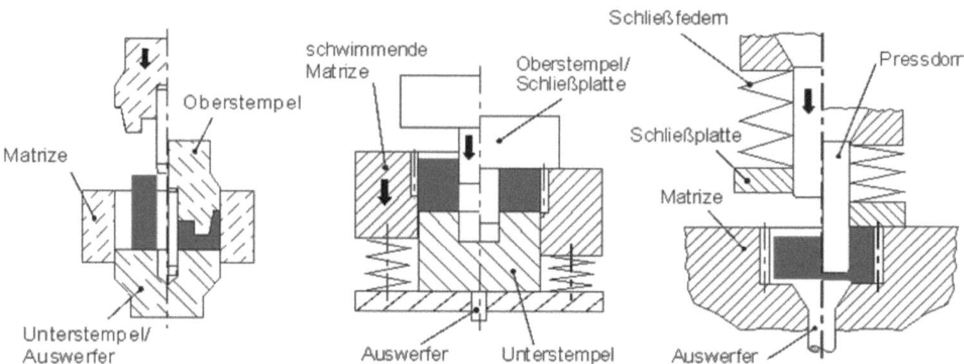

Abb. 2.7 Konzepte zum Schließen der Kavität beim gratlosen Schmieden

Prozesse dieser Art ist aufgrund variierender Umformwege und Schließkräfte in den einzelnen Umformstufen die Umsetzung eines Werkzeugsystems mit schwimmend gelagertem Unterwerkzeug ungünstig. Insbesondere für den Betrieb automatisierter Prozesse mit mechanischen Transfereinrichtungen wirken sich instationäre Unterwerkzeuge nachteilig auf die Prozesssicherheit aus. In [Sil03] wird ein Werkzeugkonzept mit ortsfester Matrize und einer in das Oberwerkzeug verlagerten Schließeinheit vorgestellt (Schließkonzept III). Hierauf aufbauend folgte die Entwicklung einer über Stickstofffedern in den Maschinenstößel integrierten Schließeinrichtung mit Schließplatte. Die Montage umfangreicher Federsysteme im Einbauraum entfällt. Gerade beim Schmieden von Langteilen ist neben der Presskraft und dem Arbeitsvermögen der zur Verfügung stehende Einbauraum ein wichtiges Entscheidungskriterium bei der Pressenauswahl [SFB11].

2.3.2.2 Volumenkompensation

Durch das Schmieden im geschlossenen Gesenk kommt der Volumen- und Positioniergenauigkeit der eingesetzten Rohteile eine besondere Bedeutung zu. Das Formfüllungsverhalten und die erreichbare Maßhaltigkeit von Schmiedeteilen werden wesentlich durch das eingesetzte Rohteilvolumen bestimmt [Ada90, Boh99, Dre02, Sil03, Däe11]. Für Präzisionsschmiedeprozesse sind Volumengenauigkeiten von $\Delta V < 0{,}5\,\%$ für die eingesetzten Rohteilgeometrien einzuhalten [SFB02, Doe10]. In der industriellen Praxis werden überwiegend gescherte Stangenabschnitte als Rohmaterial zum Schmieden eingesetzt. Trotz Einsatz moderner hochautomatisierter Knüppelscheren mit mittleren Massentoleranzen von $\pm$ 1 % bei blank geschältem Stangenmaterial können Fehlproduktion bei Stangenwechsel oder Maschinenstörungen nicht ausgeschlossen werden. Bereits die mittlere Streuung der Masse um $\pm$ 1 % zeigt sich in einer schwankenden Formfüllung und Bauteilqualität. Bei deutlichen Volumenüberschüssen besteht die Gefahr der Überfüllung und einer ungewollten Gratbildung. Kann das überschüssige Material nicht abfließen, führt dies bei Erreichen des zulässigen Werkzeuginnendrucks zur Überlastung und Schädigung des Schmiedewerkzeugs.

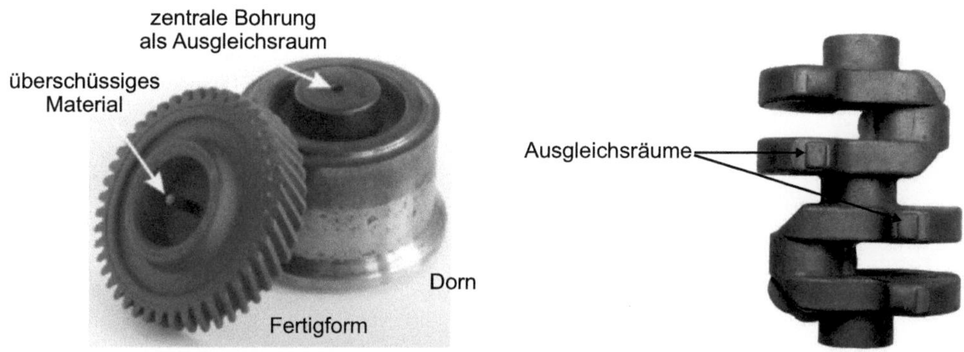

Abb. 2.8 Werkzeugseitige Volumenkompensation durch Ausgleichsräume für Zahnrad und Ritzelwelle (*links*) und Kurbelwelle (*rechts*)

Neben der Volumengenauigkeit ist auch die Einhaltung bestimmter geometrischer Toleranzen, z. B. hinsichtlich der Planparallelität der Oberflächen oder Zentrizität von Zylindermantelfläche, entscheidend für einen stabilen Prozessablauf und eine gleichbleibende hohe Fertigungsqualität. Auftretende Geometrieabweichungen in Form deformierter Scherflächen oder Sägegraten können einer gleichmäßigen Ausformung entgegenwirken und so die Oberflächengüte des Schmiedeteils beeinträchtigen [SFB05]. Die Lage und Ausrichtung des Rohteilvolumens im Gesenk bestimmt den Kraft- und Stofffluss und somit die Formfüllung und Maßhaltigkeit des Schmiedeteils. Zur Gewährleistung konstanter Prozessbedingungen ist durch eine entsprechende Konturierung der Werkzeugoberfläche eine geeignete Zentriermöglichkeit zur exakten und reproduzierbaren Rohteilpositionierung vorzusehen [Wes96].

Um trotz Verzicht auf hoch präzise, zeit- und kostenintensive Trennverfahren zur Bereitstellung der Schmiederohteile einen sicheren Prozessablauf und eine gleich-bleibende hohe Fertigungsqualität gewährleisten zu können, können die nachfolgenden Methoden zur Kompensationen von Volumenschwankungen angewendet werden. Hierbei kann zwischen werkzeug-, prozess- und maschinenseitigen Lösungsansätzen unterschieden werden [SFB05, Beh07, Beh10, Däe11, Beh04].

Zur werkzeugseitigen Kompensation werden innerhalb der geschlossenen Kavität so genannte Ausgleichsräume vorgehalten, welche nach Ausformung der eigentlichen Bauteilgeometrie überschüssiges Material aufnehmen (s. Abb. 2.8). Bei Auslegung dieser Ausgleichsräume ist eine Beeinträchtigung der sich zusätzlich ausformenden Nebenformelemente auf den Formgebungsprozess sowie auf die technische Funktion des Schmiedeteils zu vermeiden [SFB08, Däe11].

Trotz der werkzeugseitigen Aufnahme des überschüssigen Materials ist mit Zunahme des eingebrachten Rohteilvolumens eine Zunahme der letztendlichen Bauteilabmaße verbunden. Als mögliche Ursachen sind die erhöhten Gesenkinnendrücke zu nennen, die zum einen eine verstärkte elastische Auffederung der Gesenkgravur sowie einen erhöhten Wärmetransfer ins Gesenk zur Folge haben. Im Vergleich zu Temperatur- und Material-

Abb. 2.9 Prozessseitige Volumenkompensation durch Abgraten der Vorform für Zahnräder

einflüssen (s. Abschn. 2.3.4) sind die rohteilvolumenbedingten Maßunterschiede hierbei jedoch sehr gering und können vernachlässigt werden [Däe11].

Die prozessseitige Kompensation erfolgt durch eine gezielte Gestaltung und Auslegung einer alternativen Stadienfolge. In einem mehrstufigen Umformprozess wird ein gering überdimensioniertes Rohteilvolumen über eine Vorform mit Grat im offenen Gesenk vorgeformt. Das überschüssige Werkstückmaterial bildet sich hierbei im Grat ab und wird durch eine nachgeschaltete Abgratoperation aus dem Prozess entfernt (s. Abb. 2.9). Abschließend erfolgt die präzise Ausformung der volumengenau bereitgestellten Vorform in einem geschlossenen Gesenk. Im Vergleich zum konventionellen Schmieden mit Grat ist durch die relativ einfache Gestalt der Vorformgeometrie der erforderliche Gratanteil zur Formfüllung deutlich reduziert. Durch diese Methode können auch Einlege- und Geometriefehler, wie scherbedingte unebene bzw. verkippte Auflageflächen, durch einen unsymmetrischen Materialabfluss in den Grat ausgeglichen werden.

Durch Integration einer hydraulischen Überlastsicherung in Form eines Freischaltzylinders im Kraftfluss zwischen Maschine und Werkzeug kann ein Überlasten des Werkzeugs maschinenseitig verhindert werden. Die maschinenseitig aufgebrachte Kraft wird hierzu über ein hydraulisches Polster geführt. Übersteigt die wirkende Kraft einen zulässigen Maximalwert öffnet ein Überdruckventil und der Kraftfluss und Umformprozess wird unterbrochen (s. Abb. 2.10) [SFB05].

2.3.2.3 Mehrdirektionales Schmieden

Das mehrdirektionale Schmieden ist ein Verfahren zur Vorformung und vergleichbar mit einem Schmiedevorgang in einem partiell umschlossenen Gesenk (Freiformverfahren). Das Werkstück wird beim mehrdirektionalen Schmieden durch Umleitung der vertikalen Stößelbewegung in der vertikalen und horizontalen Richtung umgeformt, so dass eine Längenreduzierung mit einer Breitenzunahme einhergeht (s. Abb. 2.11). Die Gesamtumformung kann dabei zeitlich so eingestellt werden, dass die vertikale und die horizontale Umformung zeitgleich oder gezielt nacheinander erfolgt. Das Beispiel in Abb. 2.11 zeigt eine horizontale gefolgt von einer vertikalen Umformung.

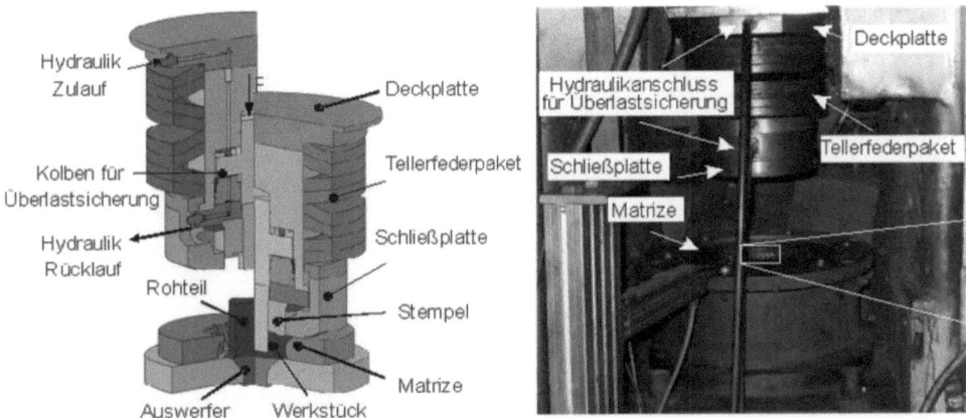

Abb. 2.10 Maschinenseitige Volumenkompensation durch hydraulische Überlastsicherung

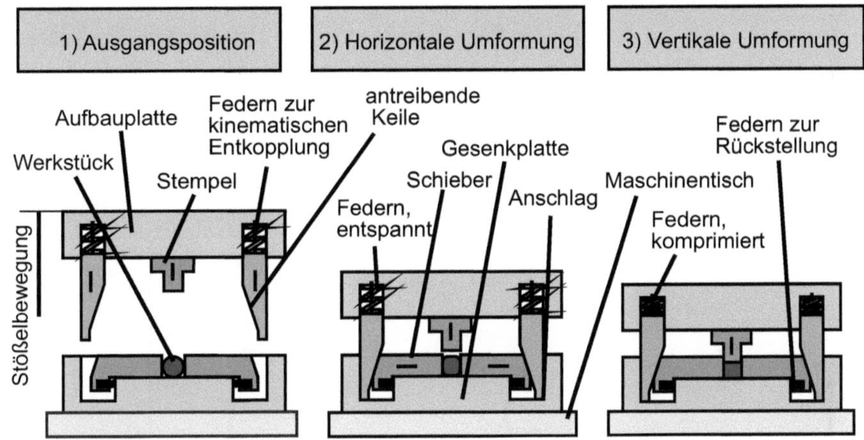

Abb. 2.11 Prinzipielle Funktionsweise des mehrdirektionalen Schmiedens (am Beispiel Keilantrieb)

Durch die Schieberelemente kann ein Versatz am Werkstück herbeigeführt werden [SFB08]. In Abb. 2.12 ist beispielhaft der Versatz von Hublagern bei einer Kurbelwellenvorform durch das mehrdirektionale Schmieden dargestellt.

Die mehrdirektionale Bewegung zum Verschieben der Gesenkplatten kann mit einem Kniehebel-, Keil- oder Hydraulikantrieb realisiert werden. Die Antriebselemente können einzeln oder in Kombination miteinander ausgeführt werden. Bei einem Kniehebelantrieb (s. Abb. 2.13 oben links) erfolgt die Krafteinleitung auf die inneren Gesenkplatten einseitig oder direkt. Mit der Antriebsart Kniehebel sowie durch eine Antriebskombination in Form von Kniehebel und Keilen (s. Abb. 2.13 oben rechts) ist eine direkte Krafteinleitung möglich. Bei der einseitigen Krafteinleitung entsteht ein nachteiliges Verkippmoment, das durch eine direkte Krafteinleitung vermieden werden kann. Allerdings

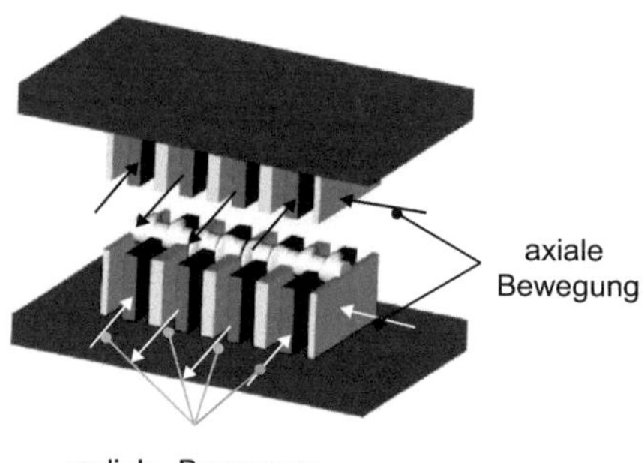

Abb. 2.12 Mehrdirektionales Schmieden (Horizontale und Radiale Richtung) zum Hublagerversatz bei Kurbelwellenvorformen

besteht bei der direkten Krafteinleitung auf die inneren Gesenkplatten die Gefahr des Knickens der Kniehebel. Des Weiteren ist die Führung der inneren Gesenkplatten bei der direkten Krafteinleitung im Gegensatz zu der einseitigen Krafteinleitung aufgrund der freiliegenden Führungen nicht vor Verschmutzung (Zunder, Schmierstoff etc.) geschützt. Eine integrierte Führung der inneren Gesenkplatten in die Druckplatte des Werkzeuges kann zum einen vor Verschmutzung schützen und zum anderen den Platzbedarf für das Werkzeug reduzieren sowie zu einer kompakten Bauweise führen [SFB11].

Beim Antrieb der äußeren und inneren Gesenkplatten mit Keilen (s. Abb. 2.13 unten links) sind die Führungen zum Schutz vor Verschmutzung in die Druckplatte integriert.

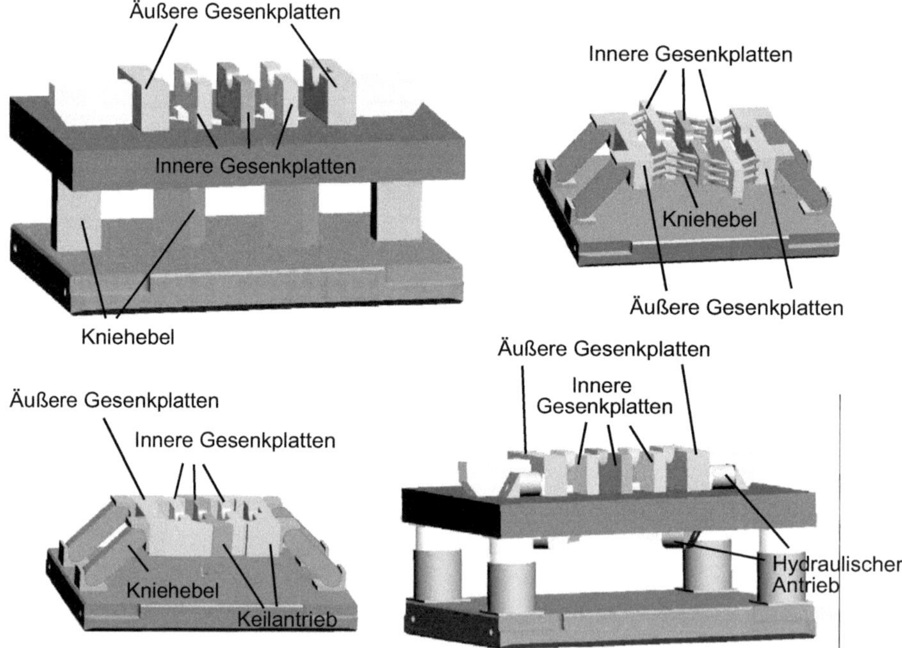

Abb. 2.13 Mehrdirektionales Schmiedewerkzeug mit Kniehebelantrieb (*oben links*), Kniehebelantrieb im direkten Kraftfluss (*oben rechts*) und Kombination von Kniehebel- und Keilantrieb (*unten links*) und hydraulischem Antrieb (*unten rechts*)

Nachteilig sind die erhöhten Reibverluste. Des Weiteren greift die Kraft außermittig an den Gesenkplatten an, so dass die Führungen der Keilantriebe mit hohen Momenten beaufschlagt werden. Aufgrund dieser Momente entstehen an den Führungen hohe Biegemomente, die zu einer Verformung der Gesenkplatten führen können. Um die Biegemomente zu reduzieren, ist eine Kombination von Keilführungen zur seitlichen Abstützung der Gesenkplatten vorteilhaft. Ferner kann hierdurch die Bauweise des Werkzeuges kompakter ausfallen. Nachteilig ist allerdings die zunehmende Reibung aufgrund der sich addierenden Reibkräfte [SFB11].

Der mehrdirektionale Bewegungsablauf des Schmiedewerkzeugs kann neben den Antriebsarten Kniehebel und Keil auch über einen externen hydraulischen Antrieb (s. Abb. 2.13 unten rechts) umgesetzt werden. Vorteilhaft bei dieser Antriebsart ist die gleichmäßige und gesteuerte Kraftflusseinleitung an den äußeren Gesenkplatten. Bei den inneren Gesenkplatten kann aufgrund des Verfahrwegs in der horizontalen x-z-Ebene keine direkte Krafteinleitung erfolgen. Durch eine versetzte Krafteinleitung und dem daraus resultierenden Hebelarm entstehen Biegemomente, wodurch eine Verlagerung der Elemente des Werkzeuges stattfinden kann [SFB11]. Eine Verlagerung der Werkzeugelemente kann eine fehlerhafte Werkstückform zur Folge haben und das Schmiedeergebnis beeinträchtigen.

Bisher realisierte mehrdirektionale Werkzeugkonzepte zur Herstellung von Kurbelwellenvorformen beruhen auf dem Keilantriebsprinzip. Im Nachfolgenden sind die Werkzeuge für die Schmiedeteile Elementarzelle, Ein- und Zweizylinderkurbelwelle (vgl. Kap. 2.1) dargestellt. Die Elementarzelle kann über ein Keilschiebersystem mit fünf Wirkflächen hergestellt werden (s. Abb. 2.14) [Alt06].

Das mehrdirektionale Schmiedewerkzeug (s. Abb. 2.15) zur Herstellung der Einzylinderkurbelwelle hat einen axialen und radialen Keilantrieb (kombinierter Keilantrieb). Mit dem radialen Keilantrieb wird das Versetzen des Pleuellagers realisiert. Der axiale Keilantrieb ist für den Stauchvorgang in der Längsachse der Einzylinderkurbelwelle notwendig [Spe09].

Beim Schmieden mit dem mehrdirektionalen Werkzeug (s. Abb. 2.16) zur Herstellung der Zweizylinderkurbelwelle werden die Hauptlager in ihrer Position fixiert. Beim Einleiten der vertikalen Kraft vom Pressenstößel verfahren die äußeren von den Keilen geführten Werkzeugkomponenten entlang der Längsachse der Kurbelwelle, so dass diese eine Stauchung erfährt. Die Werkzeugkomponente für das mittige Hauptlager steht zu jeder Zeit fest. Die inneren Komponenten des Werkzeugs verfahren zeitgleich mit den äußeren Werkzeugkomponenten entlang des Keilwinkels und realisieren den Lagerversatz der Pleuellager [Beh09, Mül08a].

2.3.3 Stadienplanung beim Präzisionsschmieden

Die Prozessauslegung eines Schmiedeprozesses umfasst u. a. die Planung der Stadienfolge. Je nach Kompliziertheit des zu schmiedenden Bauteils kann die Stadienfolge einen oder

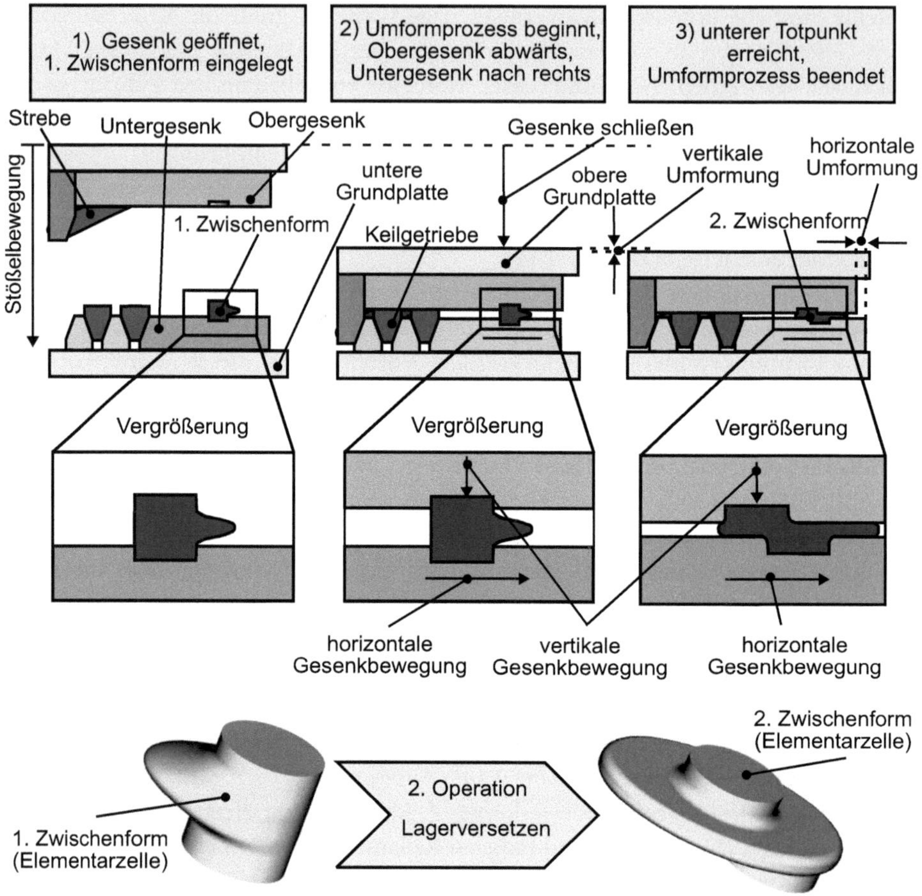

Abb. 2.14 Mehrdirektionales Werkzeug zum Schmieden der Elementarzelle [Alt06]

mehrere Umformschritte beinhalten. Die Anzahl der Umformschritte innerhalb der Stadienfolge richtet sich zum einen nach wirtschaftlichen und zum anderen nach technischen Faktoren. Die Verknüpfung der technischen und wirtschaftlichen Faktoren muss als Ergebnis eine für das zu schmiedende Bauteil optimale Stadienfolge sein. Hierbei werden aufgrund des komplexen Stoffflusses zur Erreichung der Formfüllung beim Bauteil die minimal benötigte Anzahl an Stadien umgesetzt. Mit der Auslegung einer Stadienfolge und die daraus resultierende Aufteilung der Umformung auf mehrere Schritte wird neben der Einstellung eines optimalen Stoffflusses zur Formfüllung eine Reduzierung der Gesenkbelastung erreicht [Doe10]. Mittels dessen wird eine Steigerung der Werkzeugstandzeit angestrebt, um die Wirtschaftlichkeit zu erhöhen.

Die Planung einer Stadienfolge für das gratlose Präzisionsschmieden orientiert sich weitestgehend an dem Trial-and-Error-Prozess zur Auslegung einer Stadienfolge für einen

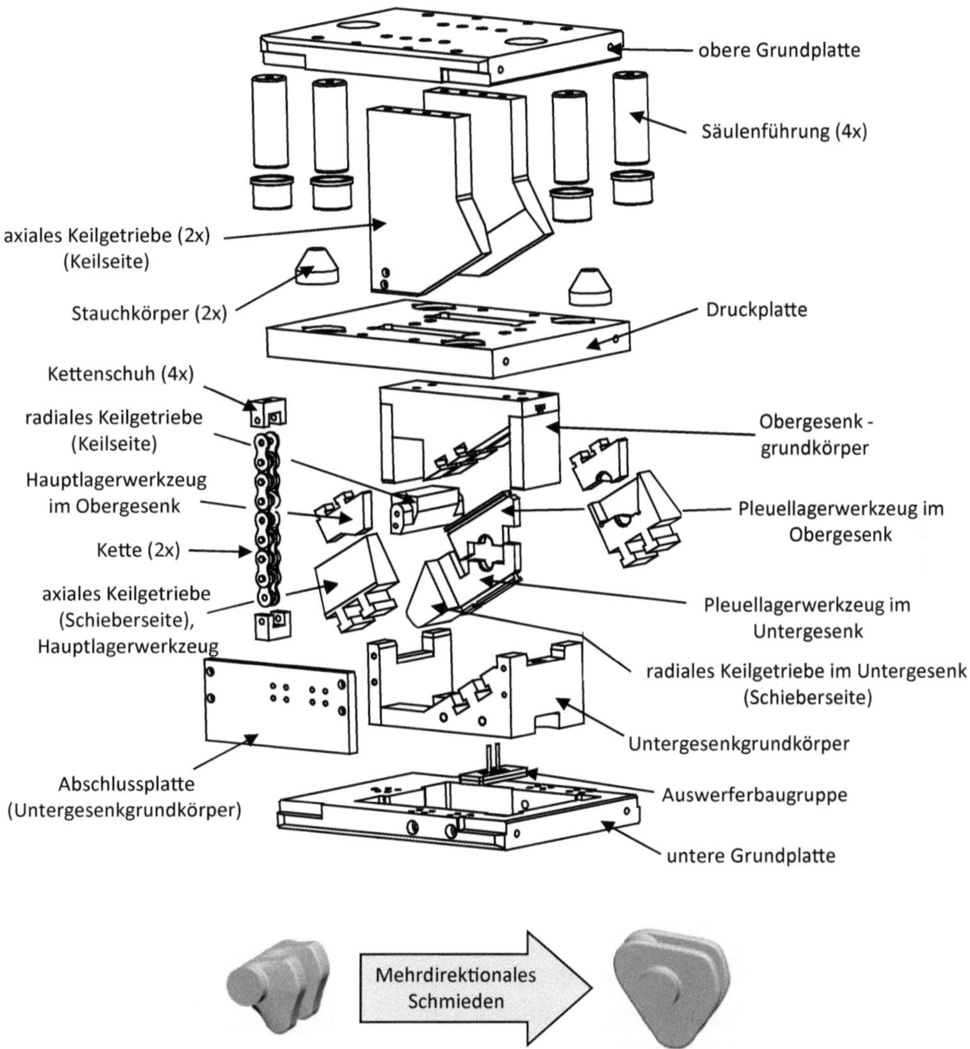

Abb. 2.15 Mehrdirektionale Werkzeug zum Schmieden der Einzylinderkurbelwelle

konventionellen Gesenkschmiedeprozess. Unterschiede bestehen jedoch in den Anforderungen. Um gratlos schmieden zu können, muss die Anforderung der Volumenkonstanz in allen Stufen der Stadienfolge erfüllt sein, so dass am Prozessende ein vom Fertigteil gefordertes Bauteilvolumen gewährleistet wird. Hierbei ist der entstehende Zunder oder Abbrand beim Erwärmen des Materials zu beachten, der zu einer Verringerung des Volumens führt (vgl. Abschn. 2.3.1). Beim konventionellen Schmieden wird der Volumenverlust nicht betrachtet, da bei diesem Verfahren mit einem deutlichen Volumenüberschuss geschmiedet wird, der in den Grat abfließt. Bei der Herstellung von in der Massenverteilung komplexen Schmiedeteilgeometrien wird die Massenvorvertei-

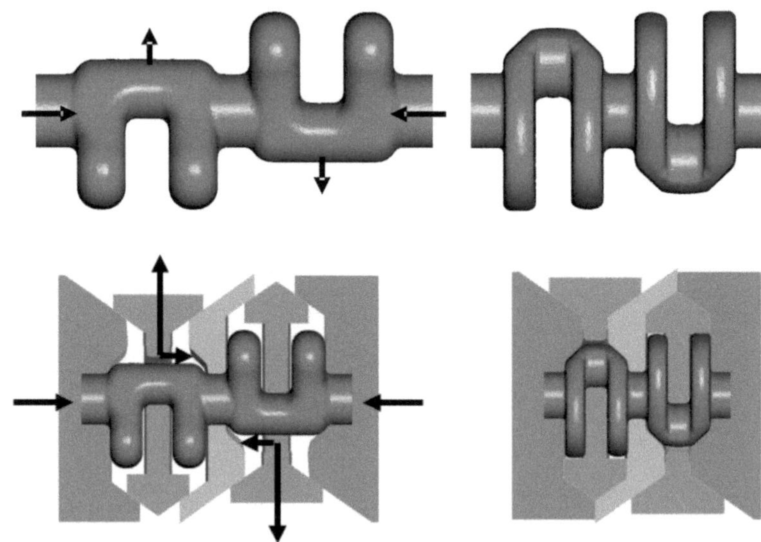

Abb. 2.16 Mehrdirektionales Werkzeug zum Schmieden der Zweizylinderkurbelwelle [Lüc11]

lung im Roh- bzw. Halbfertigteil in der Regel durch vorgelagerte Umformschritte in der Stadienfolge eingestellt. Zur Erzeugung von geeigneten Massenvorverteilungen kann neben der schmiedepressegebundenen Umformung zudem ein ein- oder mehrschrittiger Umformvorgang durch einen Querkeilwalzprozess angewendet werden.

Die Auslegung einer Stadienfolge erfolgt iterativ nach der Top-Down- und Buttom-Up-Methode (s. Abb. 2.17). Ausgehend vom Fertigteil wird die Stadienfolge schrittweise rückwärtsgerichtet bis zum Rohteil ausgelegt (Top-Down-Methode). Beim gratlosen Präzisionsschmieden wird hierbei insbesondere auf die Einhaltung kurzer Fließwege geachtet, um Schmiedefehler, wie Falten oder Risse, zu vermeiden. Dagegen werden die Schmiedefehler beim konventionellen Schmieden in den Grat ausgeschmiedet, um ein fehlerfreies Schmiedebauteil zu bekommen. Im Anschluss an die Top-Down-Methode erfolgt eine vorwärtsgerichtete Überprüfung der einzelnen Stadien durch FEM-Simulationen (Buttom-Up-Methode) [Mül11b, Spe09]. Die Überprüfung durch die FEM dient zur Ermittlung der Umformgrade und Werkzeugbelastungen in den Stadien und als Grundlage zur Bewertung der entwickelten Stadienfolge. Beim Auftreten von zu hohen Umformgraden, Werkzeugbelastungen oder Schmiedefehlern müssen entsprechende Anpassungen durchgeführt werden, bis ein fehlerfreies Fertigteil erreicht ist. Besonders in der letzten Stufe zum gratlosen Präzisionsschmieden können hohe Werkzeugbelastungen auftreten, da die finale Ausformung einen verhältnismäßig hohen Kraftbedarf mit sich bringt.

Zur Durchführung der Top-Down-Methode werden die Modelle Massenverteilungsschaubild und Mittellinienverlauf herangezogen [Mül11b, Spe09]. Mit dem Massenverteilungsschaubild (s. Abb. 2.18) kann die Massenverteilung eines Bauteils an jeder Stelle der Bauteillängsachse bestimmt werden, um hinsichtlich der Geometrie anforderungsgerechte Fließwege zum gratlosen Präzisionsschmieden zu gestalten.

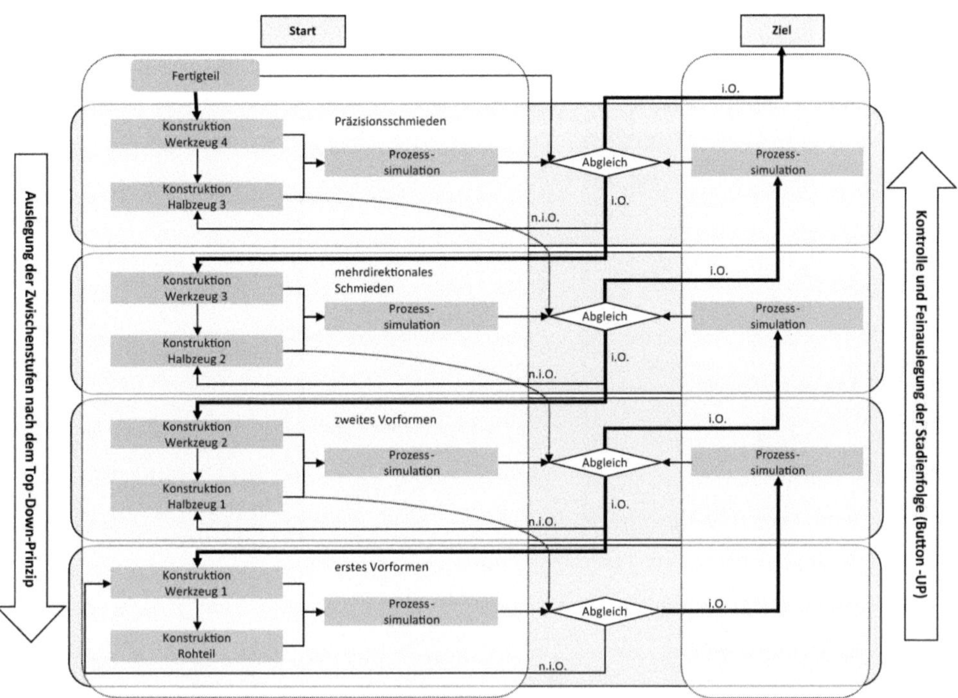

Abb. 2.17 Methodik zur iterativen Stadienfolgenentwicklung am Beispiel der Zweizylinderkurbelwelle [Müll1b]

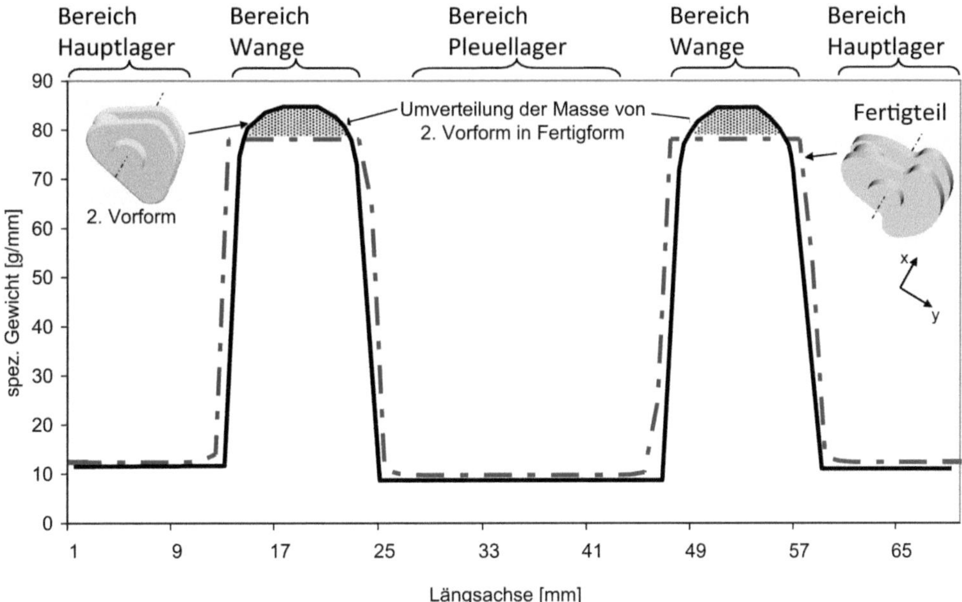

Abb. 2.18 Massenverteilungsschaubild am Beispiel einer Einzylinderkurbelwelle [Spe09]

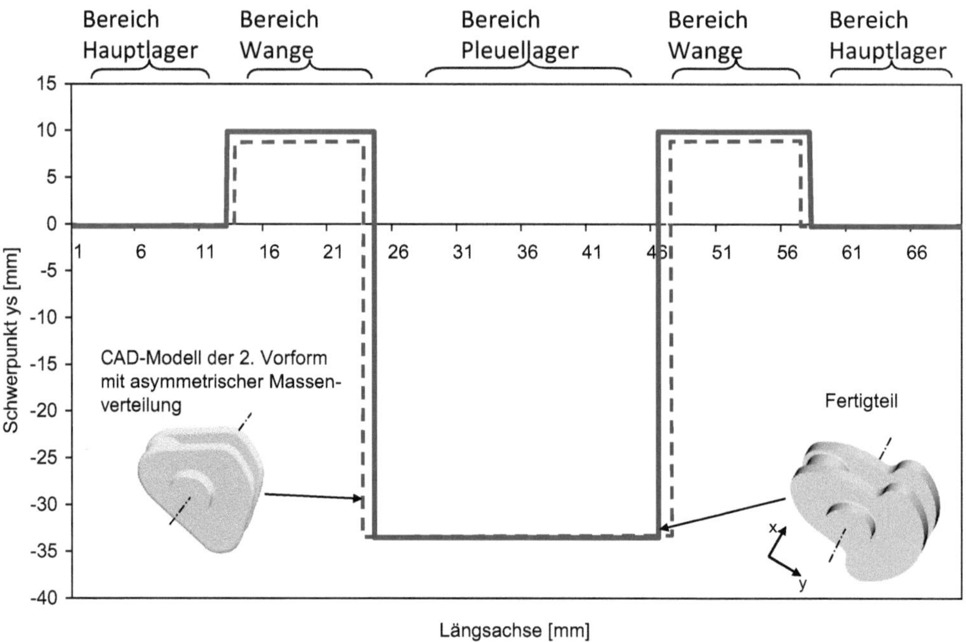

Abb. 2.19 Mittellinienverlauf am Beispiel einer Einzylinderkurbelwelle [Spe09]

Mit dem Mittellinienverlauf (s. Abb. 2.19) können entlang der Bauteillängsachse die einzelnen Schwerpunkte der Geometrie bestimmt werden, um ein geeignetes Vorformverfahren zur Erreichung der geforderten Geometrie auswählen zu können. Im Gegensatz zum konventionellen Schmieden ist die Vorformung beim gratlosen Präzisionsschmieden von immenser Bedeutung, da zu große Massen an einer Stelle nicht durch den Grat ausgeglichen werden können. Des Weiteren kann durch eine ungenügende Vorformung und damit einer unzureichenden Massenverteilung die Formfüllung beim gratlosen Präzisionsschmieden gefährdet sein. Dies wird beim konventionellen Schmieden durch den Volumenüberschuss vermieden.

Die Anwendung der Top-Down- und Buttom-Up-Methode ist beispielhaft für die Auslegung einer Stadienfolge für eine Zweizylinderkurbelwelle dargestellt (s. Abb. 2.20). In vier Stufen wird die Kurbelwelle gratlos präzisionsgeschmiedet. Die Massenverteilung erfolgt über zwei Querfließpressoperationen. Im dritten Umformschritt werden die Pleuellager durch den Einsatz eines mehrdirektionalen Schmiedewerkzeugs um 14,5 mm versetzt (s. Abschn. 2.3.2). Im abschließenden vierten Umformschritt erfolgt die vollständige Ausformung der Zweizylinderkurbelwellengeometrie.

2.3.4 Werkzeugkorrektur

Auf Grundlage theoretischer Betrachtungen und praktischer Schmiedeversuche ermittelten die elastische und thermische Matrizenaufweitung unter Last sowie die elastische

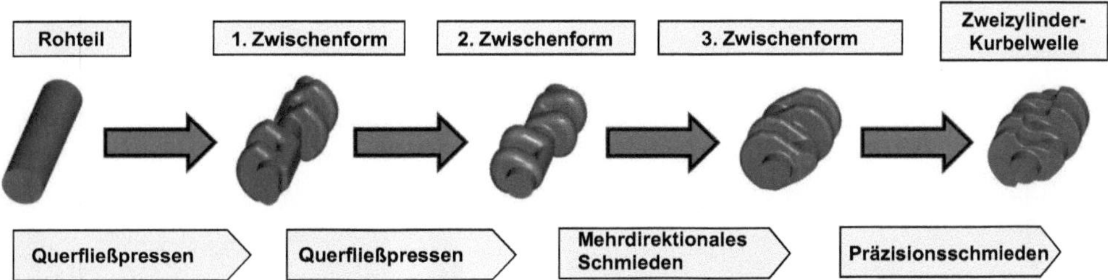

Abb. 2.20 Stadienfolge der gratlosen Herstellung einer Zweizylinderkurbelwelle in vier Schritten

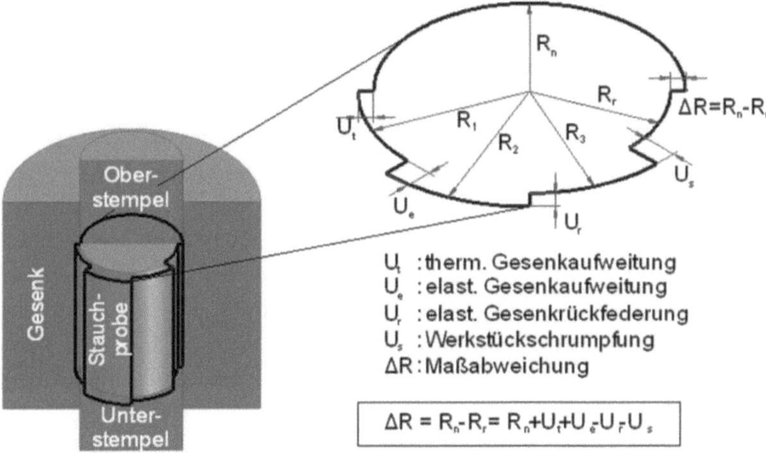

Abb. 2.21 Zylinderstauchversuch zur Ermittlung der Bauteilschrumpfung

Rückfederung und Schrumpfung der Bauteile bei Entlastung und Abkühlung als Haupteinflussfaktoren für die resultierende Maßhaltigkeit präzisionsgeschmiedeter Bauteile. Während die elastische und thermische Matrizenaufweitung zu einer Vergrößerung der formgebenden Kontur führen, haben die elastische Rückfederung und insbesondere die Schrumpfung warmumgeformter Bauteile eine nachträgliche Abnahme der Bauteilabmaße zur Folge. Die Gewichtung der Einflussfaktoren ist prozessabhängig und wird durch die jeweils herrschenden Prozesstemperaturen, die Formkompliziertheit der Bauteile und den allgemeinen Werkzeugaufbau bestimmt. Am Beispiel des in Abb. 2.21 dargestellten Zylinderstauchversuchs identifizierten SADEGHI und DEAN für den Temperaturbereich der Warmmassivumformung die nachträgliche Bauteilschrumpfung mit 90 % als den Haupteinflussfaktor auf die Maßhaltigkeit der untersuchten Proben.

Zum Erreichen der geforderten Maßgenauigkeiten präzisionsgeschmiedeter Bauteile ist dieses Schrumpfungsverhalten der warm umgeformten Bauteile zu berücksichtigen und durch eine entsprechende geometrische Korrektur der formgebenden Matrize zu kompensieren.

Abb. 2.22 Realbild und Thermographieaufnahme eines präzisionsgeschmiedeten Zahnrads mit Schrägverzahnung

Beim konventionellen Gesenkschmieden wird mit einem einheitlichen Korrekturmaß zur Auslegung der formgebenden Gesenkkontur gerechnet. Bei erhöhten Genauigkeitsanforderungen an das Schmiedeteil ist dieses Vorgehen jedoch zu ungenau [Köe79]. Bereits die Ausprägung der Bauteilgestalt bestimmt durch die geometrie- bzw. volumenabhängige Zusammensetzung der axialen, radialen und tangentialen Schrumpfungsbeiträge das jeweils vorzuhaltende Schrumpfmaß [Ada90]. Des Weiteren ist trotz homogener Bauteilerwärmung bereits während dem Formgebungsprozess eine prozess- und geometriebedingt ungleichmäßige Auskühlung und Wärmeverteilung im Umformgut festzustellen. In Abb. 2.22 ist ein präzisionsgeschmiedetes Zahnrad kurz nach der Umformung dargestellt. Bereits anhand der Glühfarben ist die ungleichmäßige Wärmeverteilung im ausgeformten Schmiedeteil deutlich zu erkennen.

Das Auskühlverhalten im Schmiedeprozess wird wesentlich durch die Druckberührzeit und Kontaktbedingungen zwischen dem warmen Umformgut und dem Schmiedewerkzeug bestimmt. Die Wahl der Umformmaschine und die Art der Pressenkine-matik haben hier einen entscheidenden Einfluss [SFB05]. Untersuchungen von RÜSCH zum Maschineneinfluss auf die Fertigungsgenauigkeiten beim Gesenkschmieden zeigen deutliche Zusammenhänge in der Ursache-Wirkungs-Kette zwischen der eingesetzten Umformmaschine, den resultierenden Prozessgrößen und dem letztendlichen Schmiedeergebnis [Rue02]. Die im Schmiedeteil örtlich und zeitlich variierenden Umformtemperaturen bestimmen neben dem lokalen Formänderungsverhalten auch das nachträgliche Schrumpfungsverhalten während der Abkühlung. Bereits geringfügige Änderungen der Stößelgeschwindigkeit und der daraus resultierenden Druckberührzeit zeigen sich in einer veränderten Maßhaltigkeit der Schmiedeteile.

WIARDA entwickelte einen mathematischen Ansatz zur Rückführung der Schrumpfmaße und Vorkorrektur von Schmiedegesenken. Ausgehend von der vorgebenden Soll-Geometrie finden hierbei sowohl konstante Geometrieabweichungen durch vorzuhaltende Schleifaufmaße und Fertigungsungenauigkeiten durch Fräserradien oder Erodierspalte als auch geometrie- und lageabhängige Schrumpfungsvorgänge Berücksichtigung [Wia97]. Am Beispiel einer Zahnradgeometrie erfolgt die Vorkorrektur der formgebenden Matrize in Abhängigkeit von der jeweiligen Zahngeometrie über den Radius r (s. Gl. 3.1). Die Kor-

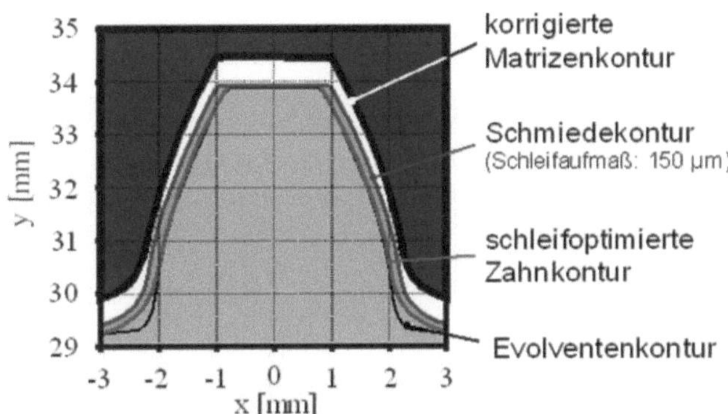

Abb. 2.23 Verzahnungskorrektur am Beispiel der Ritzelwellenverzahnung

rekturfaktoren Δk und Δf für Kopf- und Fußkreisdurchmesser sind empirisch ermittelte Korrekturwerte, die gegebenenfalls an die jeweiligen vorliegenden Bauteilgeometrien und Prozessbedingungen anzupassen sind.

$$r_{korr} = r_{soll} \times \left[1 + \frac{\frac{d_k - d_{soll}}{d_k - d_f} \times \left(\Delta_f - \Delta_k\right) + \Delta_k}{100} \right] \tag{2.1}$$

In Abb. 2.23 ist eine Verzahnungskorrektur am Beispiel der Ritzelwellenverzahnung dargestellt.

Temperatur- und prozessbedingte Oberflächenfehler wie Poren oder Mikrorisse wirken sich nachteilig auf die Bauteilfestigkeiten und Laufeigenschaften und sind daher zwingend nachgeschaltet zu eliminieren. Hierzu ist ein vollständiger Abtrag der sogenannten „Schmiedehaut" im Bereich der Funktionsflächen durch eine abschließende Hartfeinbearbeitung sicherzustellen. Um nach der integrierten Wärmebehandlung (s. Kap. 4) und der anschließenden Hartfeinbearbeitung (s. Kap. 5) ein Fertigteil im geforderten Toleranzbereich zu erhalten, ist ein konstantes Schleifaufmaß im Bereich Zahnflanke und des Zahngrunds vorzusehen [SFB08, SFB11]. Beim Beispiel der Ritzelwelle führt ein Aufmaß von 150 µm zu einem guten Ergebnis.

In praktischen Schmiedeversuchen konnte der Zusammenhang zwischen Umformtemperatur und resultierender Bauteilgröße bestätigt werden. Des Weiteren wurde durch Verwendung verschiedener Schmiedestähle ein deutlicher Materialeinfluss auf die resultierende Bauteilgröße nachgewiesen. In Abb. 2.24 sind die erreichten Fußkreisdurchmesser von Zahnrädern (geschmiedet aus den Schmiedestählen 16MnCr5, 42CrMo4 und 100Cr6) bei Rohteiltemperaturen von 1150, 1200 und 1250 °C vergleichend gegenübergestellt.

Die mit zunehmender Umformtemperatur abnehmende Bauteilgröße ist auf die zunehmende Schrumpfung der warm umgeformten Bauteile zurückzuführen. Der festgestellte Materialeinfluss ist im Wesentlichen von den legierungsabhängigen thermophysikalischen Eigenschaften der eingesetzten Stähle abhängig.

Insbesondere das werkstoffspezifische Wärmeausdehnungs- und Schrumpfungsverhalten der Stähle zeigt sich hier als bestimmender Einflussfaktor. In Abb. 2.25 ist das

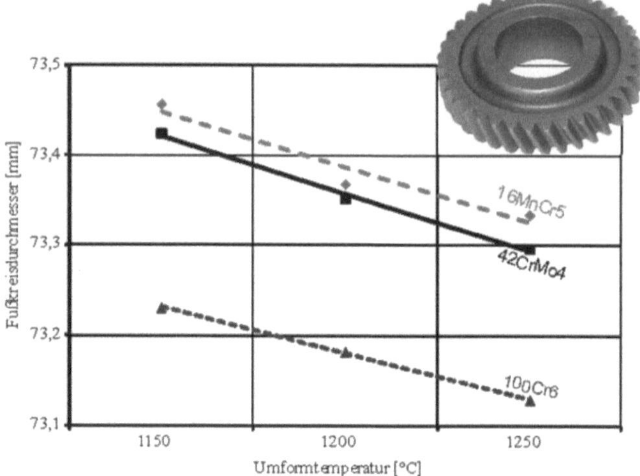

Abb. 2.24 Fußkreisdurchmesser in Abhängigkeit der Umformttemperatur am Beispiel der Schmiedewerkstoffe 16MnCr5, 42CrMo4 und 100Cr6

Wärmeausdehnungsverhalten der eingesetzten Schmiedestähle für den schmiederelevanten Temperaturbereich bis 1200 °C dargestellt. Während die untersuchten Stähle im unteren Temperaturbereich ein vergleichbares Wärmeausdehnungsverhalten aufweisen, ist nach der Phasenumwandlung ein signifikanter Materialeinfluss festzustellen [Beh10a]. Langzeituntersuchungen haben gezeigt, dass bereits der Wechsel der Liefercharge aufgrund der zulässigen Legierungstoleranzen zu einem veränderten Prozessverhalten und Abweichungen der Maßtoleranzen führen können [SFB11].

Neben den genannten prozessspezifischen Einflussgrößen wird das Schmiedeer-gebnis auch durch die nachgeschaltete Abkühlroute und die hierbei auftretenden Umwandlungsplastizitäten beeinflusst (s. Kap. 4). Zur Sicherstellung der geforderten Maß- und Form- und Lagegenauigkeit präzisionsgeschmiedeter Bauteile sind sämtliche Einflussfaktoren im Herstellprozess bei der grundlegenden Werkstoffauswahl und Prozessentwicklung zu berücksichtigen und durch eine temperatur- und werkstoffangepasste geometrische Korrektur der formgebenden Matrize zu kompensieren. Auftretenden Chargeneinflüssen kann durch eine angepasste Prozessführung durch Regulierung der Umformtemperatur korrigierend entgegengewirkt werden [SFB08, SFB11].

Aufgrund der Komplexität des dargestellten Wirkkollektivs der verschiedenen Einflussgrößen unterliegen konventionelle Schmiede- und Präzisionsschmiedeprozesse trotz der entwickelten Korrekturmaßnahmen gewissen Fertigungsschwankungen. Zusätzlich führt auftretender Gesenkverschleiß zu kontinuierlich veränderten Prozessbedingungen, was letztendlich einen Verlust der geforderten Maßhaltigkeit zur Folge haben kann (s. Kap. 3). Um diesen prozessbedingten Fertigungsschwankungen nicht wie konventionell üblich durch eine Erhöhung des Aufmaßes zur abschließenden Nacharbeit zu begegnen, kann zur bauteilgerechten Weiterverarbeitung eine messtechnische Erfassung und adaptive Positionierung jedes einzelnen Schmiedeteils erfolgen(s. Kap. 5). So ist eine aufmaß- und/oder unwuchtorientierte Feinpositionierung trotz minimal vorgehal-

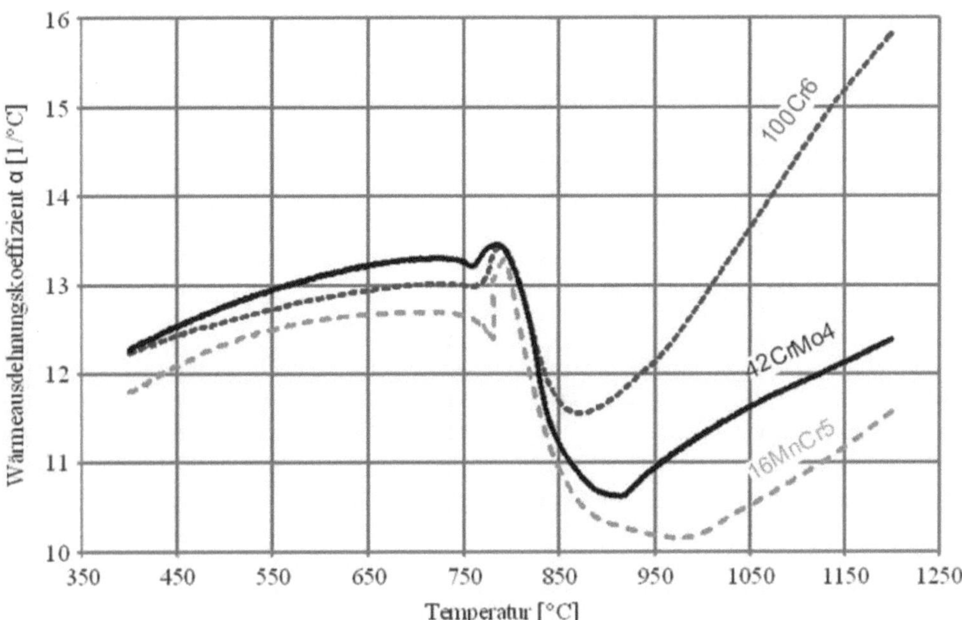

Abb. 2.25 Wärmeausdehungsverhalten der Schmiedestähle 16MnCr5, 42CrMo4 und 100Cr6 in Abhängigkeit der Umformtemperatur

tener Schleifaufmaße und ein fertigungs- und bauteilgerechter Materialabtrag innerhalb der abschließenden Hartfeinbearbeitung möglich. Ein Messsystem zur Messung verzugsbedingter Geometrieabweichungen ermöglicht, anhand des gemessenen Bauteilverzugs in Kombination mit der flexiblen Wärmebehandlung im Zweiphasenspray eine gezielte asymmetrische Wärmebehandlung zur Verzugskompensation (s. Kap. 4).

2.4 Prozesssimulation

Die endkonturnahe Fertigung von Schmiedeteilen erfordert einen erheblichen Entwicklungsaufwand in der Prozessauslegung. Die genaue Dimensionierung des Werkstücks, die Auslegung einer Stadienfolge und die Berechnung der maximalen Werkzeugbelastungen stellen große Herausforderungen an die Schmiedeunternehmen [Wie04]. Eine wirtschaftliche Fertigung von Präzisionsschmiedeteilen ist heutzutage ohne eine rechnergestützte Prozessauslegung undenkbar [Kle12, Doe10]. Als geeignetes Berechnungswerkzeug zur Prozessoptimierung hat sich daher der Einsatz der nichtlinearen Finite-Element-Methode (FEM) etabliert [Bat02]. Die FEM-Simulation von Umformprozessen ermöglicht nicht nur eine Stoffflussberechnung des Werkstückmaterials, sondern es kann bereits in der Konzeptionsphase für das Schmiedewerkzeug eine realitätsnahe Werkzeuganalyse erfolgen. Aufgrund der besonders hohen thermischen und mechanischen Belastungen und zur genauen Auslegung der Rohteilvolumen für Präzisionsschmiedeprozesse ist der Einsatz der FEM besonders wichtig. Vor dem Hintergrund immer kürzer werdender Produktentwicklungszeiten kann die FE-gestützte Auslegung von Umformprozessen einen wichtigen Beitrag für eine effiziente und wirtschaftliche Prozessentwicklung und -optimierung leisten [Alt05].

2.4.1 Grundlagen der FEM

Die FEM ist ein mathematisches Verfahren, bei dem ein durch ein Variationsprinzip bzw. durch ein System von Differenzialgleichungen beschriebenes Problem, welches analytisch nicht lösbar ist, in ein algebraisches Problem umgewandelt wird. Durch eine Unterteilung des Gesamtsystems in eine Vielzahl kleiner Teilgebiete (finite Elemente) wird ein numerisch lösbares Berechnungsmodell erstellt. Die finiten Elemente sind Knoten miteinander verbunden und bilden eine Gesamtstruktur. Eine Beschreibung des Gesamtstrukturverhaltens erfolgt durch Ansatzfunktionen für die Elemente. Durch diesen Ansatz können abhängig von der Problemstellung Verschiebungen, Spannungsfelder, Temperaturfelder etc. im System ermittelt werden [Arg65, Zie90, Vaz00, Kle12, Bat02].

Der Berechnungsverfahren der FEM liefert dabei lediglich eine Näherungslösung des Problems. Eine Erhöhung der Berechnungsgenauigkeit an die exakte Lösung ist durch eine feinere Diskretisierung des Systems, also durch eine höhere Elementanzahl möglich. Mit einer steigenden Elementanzahl steigt jedoch der Berechnungsaufwands zur Lösung des Problems exponentiell an. Vor diesem Hintergrund muss immer ein Kompromiss zwischen dem Berechnungsaufwand und der Ergebnisgenauigkeit gewählt werden. In Hinblick auf die weiter ansteigende Leistungsfähigkeit von Rechnern lassen sich jedoch immer komplexere Modelle mit einem feineren Finite-Elemente-Diskretisierung modellieren und berechnen.

2.4.1.1 Stoffgesetz der Plastizitätsrechnung

Die mechanischen Eigenschaften der Werkstoffe werden für die Berechnung für elastische und plastische Problemstellungen in idealisierter Form durch Werkstoff-modelle abgebildet. Diese beschreiben mathematisch den wichtigen Zusammenhang zwischen den Spannungen (Lasten) und Verschiebungen bzw. Verformungen. Die resultierenden Beziehungen werden als Stoffgesetze bezeichnet. In der Plastizitätsrechnung sind Stoffgesetze gebräuchlich, welche die Spannungen mit dem Zuwachs der Formänderungen und damit den Formänderungsgeschwindigkeiten verknüpfen. Ein Stoffgesetz der Plastizitätsrechnung beschreibt das Materialverhalten mittels einer Fließbedingung, einer Fließregel und einem Verfestigungsgesetz (s. Abb. 2.26).

1. Die Fließbedingung (auch Fließkriterium oder Fließhypothese genannt) gibt an, wann der Werkstoff eine plastische Formänderung erfährt, also zu fließen beginnt. Im Rahmen der Fließbedingung wird eine Vergleichsspannung- ermittelt, welche auf einem

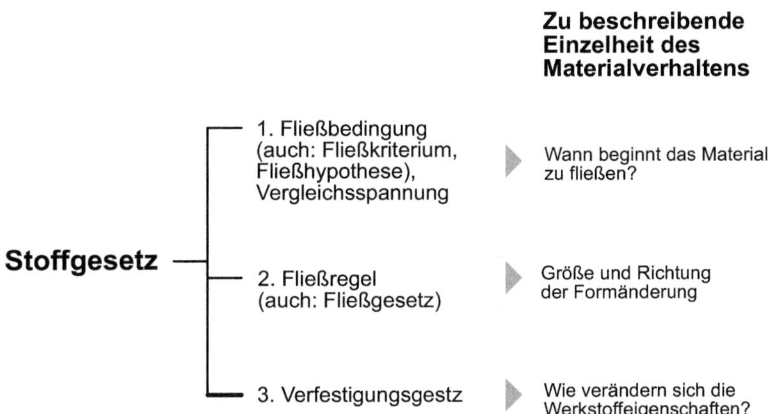

Abb. 2.26 Elemente eines Stoffgesetzes der Plastizitätsrechnung

mehrachsigen Spannungszustand beruht. Mit der Fließbedingung wird durch Einführung der Vergleichsspannung der mehrachsige Spannungszustand im Werkstück auf die Gegebenheiten des einachsigen Zug- oder Druckspannungszustands zurückgeführt. Für die Beschreibung der Metallplastizität klassische Fließbedingungen sind die nach Tresca und v. Mises [Mis13, Tre72].

2. Die Fließregel (auch Fließgesetz genannt) bestimmt Größe und Richtung der bleibenden Formänderung. Unter Einbeziehung der Fließbedingung sind die Berechnung der Umformkraft und der plastischen Formänderung beim Umformen möglich [Kop98, Ree00]. Im Weiteren dient sie zur Ermittlung der plastischen Formänderungsgeschwindigkeiten [SFB02].
3. Verändern sich die mechanischen Eigenschaften des Werkstoffs während der plastischen Formgebung (z. B. durch Kaltverfestigung), muss dies durch eine Modifikation der Fließbedingung berücksichtigt werden. Diese Modifikation beschreibt das Verfestigungsgesetz [Lip81].

Bei isotroper Verfestigung vergrößert sich die Fließfläche, ohne ihre Position im Spannungsraum zu verändern. Bei kinematischer Verfestigung bleibt die Größe der Fließfläche konstant, ihre Position verschiebt sich aber in Lastrichtung. Die kinematische Verfestigung ist dadurch gekennzeichnet, dass nach einer vorherigen Zugbeanspruchung bei anschließender Druckbeanspruchung die plastische Verformung vorzeitig einsetzt (Bauschinger-Effekt). Sowohl die isotrope als auch die kinematische Verfestigung bilden zwei ideale Werkstoffeigenschaften ab. In vielen Fällen zeigt der Werkstoff eine Mischform aus isotroper und kinematischer Verfestigung [Ree00].

2.4.2 Aufbau von FE-Systemen

Konventionell erhältliche FE-Systeme haben drei Bestandteile, den Pre-Prozessor, Solver und Post-Prozessor (s. Abb. 2.27).

Pre-Prozessor: (Erstellung eines FEM-Modells)

Definition der Werkstück- und Werkzeuggeometrien:

- Geometrische Abbildung und Diskretisierung des Werkstücks und der Werkzeuge mit finiten Elementen

Beispiel: FEM-Modell eines Voll-Vorwärts-Fließpressprozesses

Definition der Materialeigenschaften des Werkstücks sowie u.U. der Werkzeuge:

- elastische Eigenschaften [E(T), n(T)]
- plastische Eigenschaften [k_f(T, j, j˙)]
- thermische Koeffizienten [a(T), l(T), c(T)],

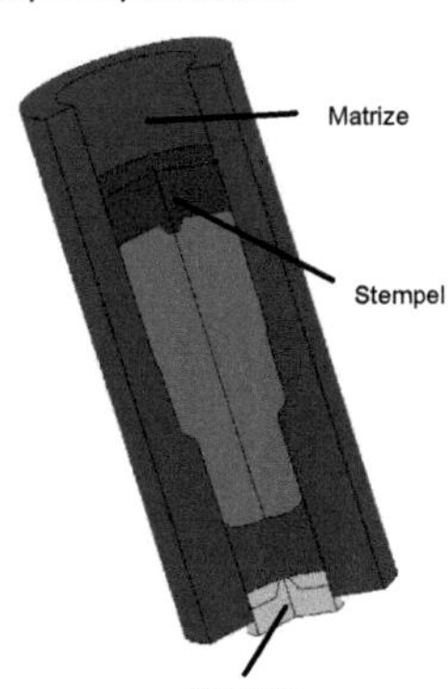

Definition der Anfangs- und Randbedingungen:

- Werkstück- und Werkzeugtemperaturen
- Wärmestrahlung und Wärmeübergang von Werkstück und Werkzeug
- Reibung zwischen Kontaktkörpern
- Definition der Werkzeugkinematik

Solver: Berechnung des betrachteten Umformprozesses auf Basis des FEM-Modells

- mathematisches Berechnungsmodell nach dem ein Variationsproblem bzw. Differentialgleichungen wird mit Hilfe der FEM in ein algebraisches Matrix-Gleichungssystem überführt und gelöst

- Berechnung z.B.
  - Stofffluss
  - Temperaturfeld
  - Umformkraft
  - Spannungs- und verzerrungsfelder
  - mechanische und thermische Werkzeugbelastung

Übergabe der Berechnungsergebnisse an den Post-Prozessor

Post-Prozessor:

Visualisierung der erzielten Berechnungsergebnisse mit Hilfe einer grafischen Benutzeroberfläche

Werkstoff: Cf53 (1.1213)
Rohteilanfangstemperatur: 1.200°C

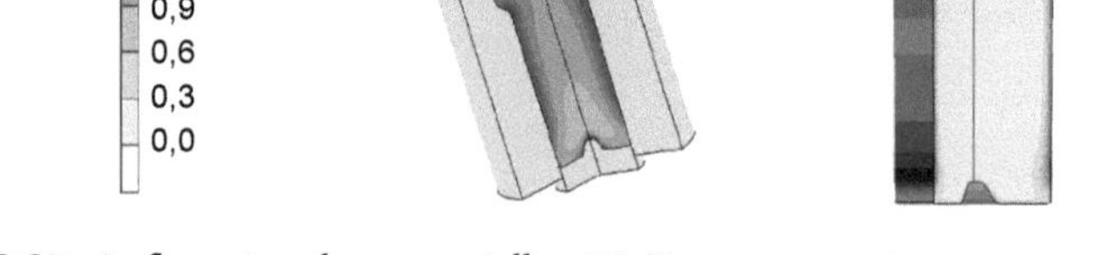

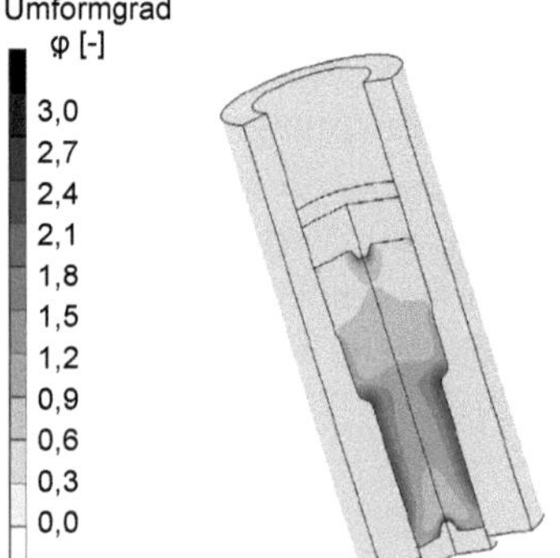

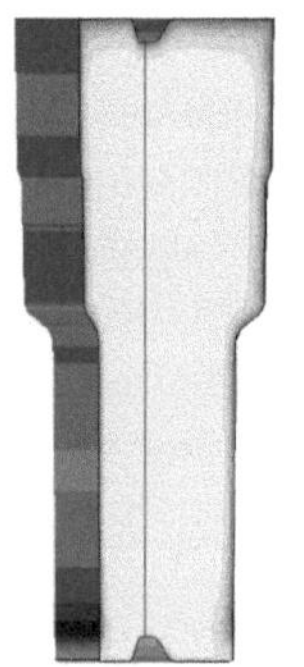

Abb. 2.27 Aufbau eines kommerziellen FE-Programmsystems

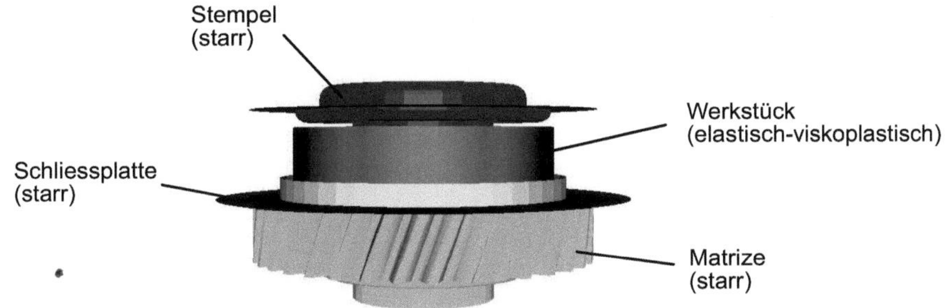

Abb. 2.28 Simulationsmodell des schrägverzahnten Zahnrads

Für die numerische Berechnung umformtechnischer Prozesse wird eine Reihe kommerzieller FEM-Programme angeboten. Neben den standardmäßig vorgesehenen Anwendungen für die Ermittlung und Darstellung der Prozessgrößen ist bei den meisten FE-Programmsystemen die Einbindung von Unterroutinen möglich. Dies bietet dem Nutzer eine problemspezifische Erweiterung des Berechnungsprogramms.

2.4.3 Standardanwendungen

Die FE-gestützte Berechnung des Stoffflusses, der Formfüllung, der Temperaturverteilung, des Umformgrades am Werkstück und der Umformkraft sind sog. Standardanwendungen bei dem Einsatz der FEM für die Auslegung von Umformprozessen [Doe10]. In allen kommerziell erhältlichen FEM-Programmen sind die Auswertetools zur Berechnung dieser Prozessgrößen vorhanden. Die Standardanwendungen werden exemplarisch an dem Umformprozess zur Herstellung des schrägverzahnten Zahnrads aus Kap. 2.3 durchgeführt.

Dazu erfolgt in einem ersten Schritt die Erstellung eines Simulationsmodells des Schmiedeprozesses auf Basis der CAD-Geometrie. Zur Reduzierung der benötigten Rohteilmasse und Realisierung einer endkonturnahen Fertigung wird als Rohteilgeometrie ein Hohlzylinder eingesetzt. Da das betrachtete Zahnrad keine Symmetrien besitzt wird ein dreidimensionales Simulationsmodell, bestehend aus Stempel, Matrize, Schließplatte und Werkstück erstellt (s. Abb. 2.28). In dem Simulationsmodell wird auf die Modellierung von federnder Lagerung oder kinematische aufwändiger Beschreibung der Schließplattenkinematik verzichtet. Das Werkstück wird mit Tetraeder-Elementen vernetzt und es wird ihm ein elasto-viskoplastisches Materialverhalten zugewiesen.

Als Reibmodell wurde ein kombinierte Reibmodell (Coulomb-Reibfaktor) eingesetzt. Der Reibwert μ wurde mit 0,3 und als Reibfaktor m 0,15 gewählt. Um den Berechnungsaufwand gering zu halten werden alle Werkzeuge starr modelliert. Die Umformmaschine ist in diesem Fall eine Exzenterpresse. Die kinematischen Maschinendaten wurden im Simulationsmodell berücksichtigt.

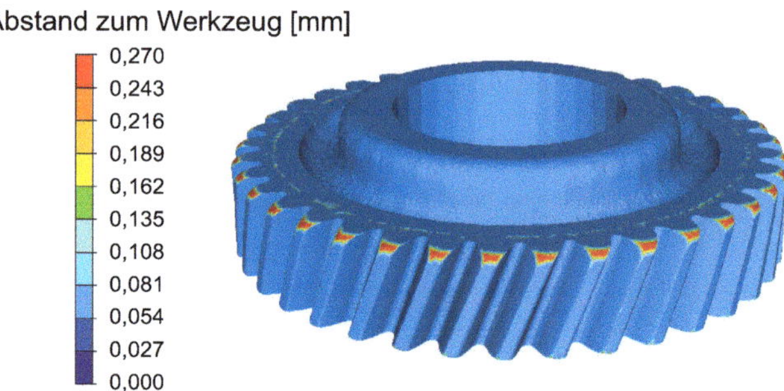

Abb. 2.29 Kontaktdifferenz am Ende des Umformprozesses für das Zahnrad

2.4.3.1 Formfüllung

Zur Beurteilung der Formfüllung kann das Kriterium „Abstand zum Werkzeug" genutzt werden, bei dem der Abstand der Bauteiloberfläche zur Gesenkkontur auf der Oberfläche des umgeformten Volumens visualisiert wird. Insbesondere beim Präzisionsschmieden, bei dem durch die in Abschn. 2.3.1 und 2.3.4 genannten Auskühlungseffekte, Rohteilmassenschwankung Volumenkompensation usw. ist die Formfüllung eine wichtige Auswertegröße für Präzisionsschmiedeprozesse. In dem gezeigten Beispiel in Abb. 2.29 ist die Rohteilmasse zu gering und tritt führt eine Unterfüllung des Werkzeugs von 0,270 mm in der Laufverzahnung auf.

2.4.3.2 Temperaturverteilung

Die Berechnung Temperaturverteilung des Werkstücks dient einer optimalen Prozessplanung. Dadurch kann die minimal erforderliche Schmiederohteiltemperatur in Abhängigkeit von Transport- und Liegezeiten sowie der maximal zur Verfügung stehenden Umformkraft bereits in der Auslegungsphase bestimmt werden. Bei der Herstellung endkonturnaher Schmiedeteile ist das Verhältnis der Oberfläche zum Volumen größer als bei konventionellen Schmiedeteilen. Da dies zu einer starken Auskühlung in den dünnwandigen Bauteilbereichen führt, ist die Temperaturverteilung bereits in der Auslegephase zu berücksichtigen. Die Wahl der Umformmaschine hat über die Kontaktberührzeit einen großen Einfluss auf den Wärmeübergang in die Werkzeuge und damit auf die Temperaturverteilung im Schmiedeteil [Jai90, Alt05]. Daher sind die thermischen Koeffizienten bei der Erstellung des Simulationsmodells möglichst realitätsnah anzugeben [Sem87, Gra03, Ros03]. Im Weiteren wird die Berechnung des Temperaturfeldes am Werkstück für die Gestaltung einer Wärmebehandlung aus der Schmiedewärme zugrunde gelegt.

Die Temperaturverteilung am Zahnrad zeigen eine maximale Temperatur von 1200 °C der in der Zahnradmitte und eine starke Abkühlung in der Verzahnung auf bis zu 400 °C (s. Abb. 2.30). Der Grund für die starke Temperaturverringerung in der Verzahnungsgeometrie ist der Wärmeübergang während der Umformung in die Werkzeugmatrize.

2.4.3.3 Umformgrad

Die Prozessgröße Umformgrad gibt an, wie stark die einzelnen Bereiche des Schmiedeteils umgeformt werden. Ein höherer Umformgrad führt zu einer Kornfeinung und damit zu

Abb. 2.30 Temperaturverteilung für das Zahnrad am Ende der Umformung

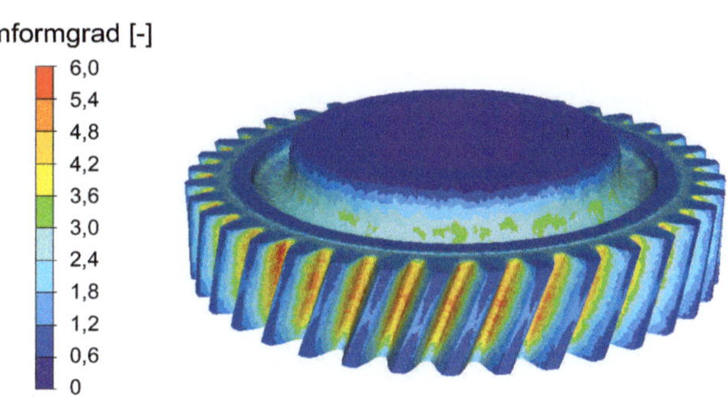

Abb. 2.31 Darstellung des Umformgrads für das Zahnrad

einer Festigkeitssteigerung [Tsu99, Bau94, Las86]. Dies kann für die Einstellung hochfester Bauteilbereiche berücksichtigt werden. Außerdem ist die Kenntnis über den maximal sich einstellenden Umformgrad während des Schmiedens für die Aufnahme der Materialkennwerte nötig. Im Weiteren kann bei mehrstufigen Prozessen durch eine gleichmäßige Verteilung des Umformgrads über alle Umformstufen die maximal benötigte Umformkraft reduziert werden. In Kap. 2.3 wurde dies bei der Stadienplanung der Kurbelwelle betrachtet.

Der sich einstellende Umformgrad ist in der Zahnradmitte am geringsten, da ein Hohlzylinder als Rohteilgeometrie eingesetzt wurde. Von der Mitte zur Verzahnung hin steigt der Umformgrad bis auf 6 im Zahnfuß an (s. Abb. 2.31). Da mit dem Umformgrad eine Materialverfestigung einhergeht, erfolgt auf diese Weise die belastungsgerechte Einstellung einer hohen Festigkeit in der Verzahnung und eines duktilen Materialeigenschaft in der Zahnradmitte.

2.4.3.4 Umformkraft

Die Umformkraft ist für die Wahl bzw. die Einstellung der Umformmaschine zur umformtechnischen Herstellung wichtig. Einflüsse auf den Umformkraftverlauf haben die Rohteiltemperatur, der Umformgrad in der betrachteten Umformstufe, die Reibung zwischen Werkzeug und Werkstück und die Fließspannung des umzuformenden Rohteils. Bei weggebundenen Pressen, wie der Exzenterpresse ist die Auslegung des Werkzeugsystems und insbesondere der Einstellung des Werkzeugabstands hinsichtlich der Formfüllung

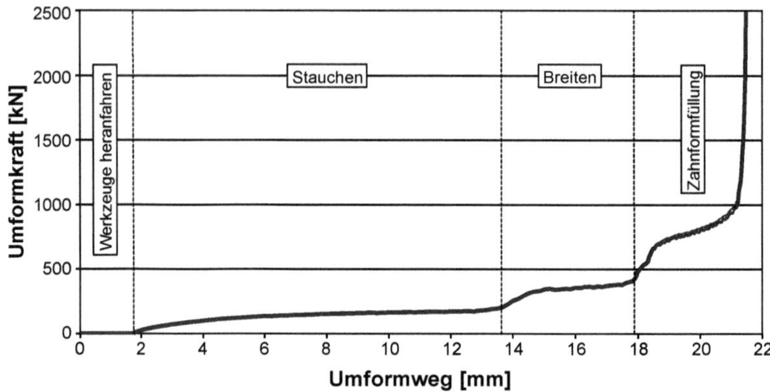

Abb. 2.32 Kraft-Weg-Verlauf bei der Herstellung des präzisionsgeschmiedeten Zahnrads

besonders wichtig. Bekannt ist, dass die Umformkraft nach Erreichen einer vollständigen Formfüllung stark ansteigt. In Abb. 2.32 ist die numerisch berechnete Umformkraft über den Umformweg für die Herstellung des präzisionsgeschmiedeten Zahnrads dargestellt. Der Verlauf der Umformkraft lässt sich in vier Bereiche unterteilen. Der erste Bereich beschreibt das Heranfahren des Stempels bis zum Kontakt mit dem Werkstück. Die Umformkraft hat zu dieser Zeit keinen Betrag. Anschließend erfolgt das Stauchen des Rohlings. Die Umformkraft steigt bis zu einem Betrag von 210 kN an. Die Breitung und das Vorfüllen der Zahnradverzahnung haben einen Anstieg der Umformkraft bis auf etwa 500 kN zur Folge. Im letzten Bereich, dem Ausformen der endkonturnahen Verzahnung, kommt es zu einer starken Steigerung der Umformkraft auf etwa 1000 kN. Der enorme Umformkraftanstieg am Ende des Umformprozesses liegt an einer bereits abgeschlossenen Formfüllung. Da die maximale Umformkraft bei Präzisionsschmiedeprozessen aufgrund einer endkonturnahen Formfüllung höher als bei konventionellen Schmiedeprozessen liegt ist eine diesbezügliche optimale Werkzeuggestaltung notwendig [Cai04]. Die höhere mechanische Belastung hat einen größeren Verschleißbetrag zur Folge und ist bei der Stadienplanung (s. Kap. 2.3.3) und für verschleißmindernde Maßnahmen (s. Kap. 3) zu beachten [Jun09].

Literatur

[Ada90] Adams B (1990) Verfahren und Fertigungssystem zum Präzisionsschmieden von Zylinderrädern. IFUM, Hannover

[Ado95] Adolf W (1995) Fachbuch Schmiedeteile – Gestaltung, Anwendung, Beispiele, Informationsstelle Schmiedstück-Verwendung im Industrieverband Deutscher Schmieden e. V. (IDS)

[Alt05] Altan T, Ngaile G, Shen G (2005) Cold and hot forging: fundamentals and applications. ASM International, Ohio

[Alt06] Altmann H-C (2006) Beitrag zum Präzisionsschmieden von Kurbelwellen. In: Bernd-Arno B (Hrsg) Berichte aus dem IFUM, Bd 4. PZH Produktionstechnische Zentrum GmbH, Hannover

[Arg65] Argyris JH (1965) Continua and Discontinua. Proceedings, conference on matrix methods. Structural Mechanics, 11–189

[Bat02] Bathe KJ (2002) Finite Elemente-Methoden, 2. Aufl. Springer, Berlin

[Bau94] Baudelet B, Languillaume J, Kapelski G (1994) Microstructure and mechanical properties of ultrafine-grained materials. Key Eng Mater 97–98:125–140

[Beh04a] Behrens BA, Huskic A, Hornhardt C (2004) Präzisionsschmieden schrägverzahnter Zahnräder – Werkzeugkonzept für das Präzisionsschmieden von Zahnrädern aus gescherten Stangenabschnitten. Werkstattstechnik

[Beh07b] Behrens BA, Lüken I, Odening D, Bistron M, Müller S, Schott A (2007) Forschungstrends in der Warmmassivumformung. 2. Massivumformung: Produkte – Partner – Perspektive. In: VDI-Berichte, 7. Tagung, Bd 1993. Leonberg, S 71–82

[Beh09c] Behrens BA, Nickel R, Müller S (2009) Flashless precision forging of a two-cylinder crankshaft. Prod Eng 3(4):381–389

[Beh09d] Behrens BA, Reithmeier E, Odening D, Gillhaus R, Kästner M (2009) Fertigungsintegrierte Messeinrichtung zur Lageerfassung präzisionsgeschmiedeter Ritzelwellen. UTFSciene

[Beh09e] Behrens BA, Odening D, Reithmeier E, Kästner M, Gillhaus R (2009) Feiner Beitrag zur Effizienz. Umformtechnik

[Beh10f] Behrens BA, Bouguecha A, Klassen A, Schäfer F, Bistron M, Dähndel H, Odening D (2010) Anforderungen an Umformwerkzeuge für das gratlose Präzisionsschmieden. 2. AutoMetForm/17. Sächsische Fachtagung Umformtechnik Tagungsband. Freiberg, S 299–311

[Beh10g] Behrens BA, Odening D (2010a) Material influence on the shrinkage behaviourof precision-forged parts. Steel Res Int (Japan) 81:9

[Bei01] Beitz W, Grote KH (2001) Dubbel – Taschenbuch für den Maschinenbau, 20. Aufl. Springer, Berlin

[Boh99] Bohnsack R (1999) Untersuchungen zum Präzisionsschmieden von Laufverzahnungen. Bohnsack, Hannover

[Cai04] Cai J, Dean TA, Hu ZM (2004) Alternative die designs in net-shape forging of gears. J Mater Process Technol 150:48–55

[Däe11] Dähndel H (2011) Beitrag zur Systematisierung der Prozessauslegung für das Präzisionsschmieden von Zahnrädern. PZH Produktionstechnische Zentrum GmbH, Hannover

[Dah93] Dahl W, Kopp R, Pawelski O (Hrsg) (1993) Umformtechnik Plastomechanik und Werkstoffkunde. Springer, Berlin

[Doe87] DE3743231A1 Verfahren und Vorrichtung zum Schmieden von Zahnrädern

[Doe89] DE3915969 Verfahren und Vorrichtung zum Schmieden von schrägverzahnten Zahnrädern. Patent 1989

[Doe01] DE10105798 Umformungsstempel für die Massivumformung in geschlossenen Gesenken. Patent 2001

[Doe99] Forschergruppe Do 190/92 „Präzisionsumformung vonschrägverzahnten Zahnrädern, Herstellung, Wärmebehandlung und Prüfung“ Abschlussbericht (1999)

[Doe10] Doege E, Behrens BA (2010) Handbuch Umformtechnik: Grundlagen, Technologien, Maschinen, 2. bearbeitet Aufl. Springer, Berlin

[Dre02] Dreyer G (2002) Untersuchungen zur Herstellung von komplexen Antriebsbauteilen durch Präzisionsschmieden. IFUM, Hannover

[Gra03] Grass H, Krempaszky C, Reip T, Werner E (2003) 3-D simulation of hot forming and microstructure evolution. Comput Mater Sci. 28:469–477

[Her11] Herbertz R, Licht W, Fuss F (2011) Materialeffizienz in der Massivumformung. Schmiede J

[IMU08] Industrieverband Massivumformung (2008) Massivumformung in Deutschland – Branchenpräsentation der Massivumformung, Infostelle Industrieverband Massivumformung e. V., 2008

[Jai90] Jain VK (1990) Determination of heat transfer coefficient for forging applications. J Mater Shap Technol 8:193–202

[Jun09] Jung SY, Kang MC, Kim C, Kim CH, Chang YJ, Han SM (2009) A study on the extrusion by a two-step process for manufacturing helical gear. Int J Advant Manuf Technol 41:684–693

[Kle12] Klein, B. (2012) FEM: Grundlagen und Anwendungen der Finite-Element-Methode im Maschinen- und Fahrzeugbau. 9. Auflage, Wiesbaden, Springer Vieweg

[Klo06] Klocke F, König W (2006) Fertigungsverfahren 4 – Umformtechnik, 5. neu bearbeitete Aufl. Springer, Berlin

[Koe79] König J (1979) Untersuchungen zur Verbesserung der Maßgenauigkeit beim Gesenkschmieden. IFUM, Hannover

[Kop98] Kopp R, Wiegels H (1998) Einführung in die Umformtechnik, 1. Aufl. Verlag der Augustinus Buchhandlung, Aachen

[Lan93a] Lange K (1993) Umformtechnik – Handbuch für Industrie und Wissenschaft, Bd 2: Massivumformung, 2. Aufl. Springer, Berlin

[Lan77] Lange K, Meyer-Nolkemper H (1977) Gesenkschmieden, 2. Aufl. Springer, Berlin

[Las86] Lasalmonie A, Strudel JL (1986) Influence of grain size on the mechanical behaviour of some high strength materials. J Mater Sci 21:1837–1852

[Lip81] Lippmann H (1981) Mechanik des Plastischen Fließens. Springer, Berlin

[Lüc11] Lücke M, Krause A, Behrens BA (2011) Forging complex parts without flash. In: Proceedings of the 14th International ESAFORM Conference on Material Forming, AIP Conference Procedings 1353, Belfast, S 386–390

[Mis13] Mises Rv (1913) Periodicalissue – Nachrichten von der Gesellschaft der Wissenschaften zu Göttingen, Mathematisc, S 582–592

[Mül08a] Müller S, Lau P, Nickel R (2008) Influence of the process parameters on the multidirectional forging operation of a two cylinder crankshaft. In: TMS 2008 137th Annual Meeting and Exhibition: Proceedings of the Ninth Global Innovations Symposium, 9th–13th March 2008, New Orleans, Louisiana, USA, S 121–127

[Mül11b] Müller S (2011) Methode zur Auslegung schrumpfungskorrigierter Schmiedewerkzeuge für komplizierte Langteile. In: Behrens BA, Nyhuis P, Overmeyer L (Hrsg) Berichte aus dem IPH, Bd 3. PZH Produktionstechnisches Zentrum GmbH, Garbsen

[NN78] NN: Vorrichtung zum Schmieden schräg- oder bogenverzahnter Kegelzahnräder. Patentnummer DE2429543, DeutschesPatentamt, Ausgegeben am: 23.03.1978

[Ree00] Rees DWA (2000) Mechanics of solid and structure. Imperial College Press, Singapore

[Ros03] Rosochowska M, Balendra R, Chodnikiewicz K (2003) Measurements of thermal contact conductance. J Mater Process Technol 135:204–210

[Rue02] Rüsch S (2002) Kennzahlen zur Berücksichtigung des Maschineneinflusses beim Gesenkschmieden mit Grat. Hannover

[Sem87] Semiatin SL, Collings EW, Wood VE, Altan T (1987) Determination of the interface heat transfer coefficient for non-isothermal bulk-forming processes. Trans ASME J Eng Ind 109A:49–57

[SFB02] Sonderforschungsbereich 489 „Prozesskette zur Herstellung präzisionsgeschmiedeter Hochleistungsbauteile"; Arbeits- und Ergebnisbericht 2000–2001–2002

[SFB05] Sonderforschungsbereich 489 „Prozesskette zur Herstellung präzisionsgeschmiedeter Hochleistungsbauteile"; Fortsetzungsantrag 2003–2004–2005

[SFB08] Sonderforschungsbereich 489 „Prozesskette zur Herstellung präzisionsgeschmiedeter Hochleistungsbauteile"; Fortsetzungsantrag 2006–2007–2008

[SFB11] Sonderforschungsbereich 489 „Prozesskette zur Herstellung präzisionsgeschmiedeter Hochleistungsbauteile"; Fortsetzungsantrag 2009–2010–2011

[Sil03] Silbernagel C (2003) Beitrag zum Präzisionsschmieden von Zahnrädern für Pkw-Getriebe. Hannover

[Spe09] Specker A (2009) Untersuchungen zum gratlosen Gesenkschmieden von Kurbelwellen. In: Behrens BA, Nyhuis P, Overmeyer L (Hrsg) Berichte aus dem IPH, Bd 4. PZH Produktionstechnisches Zentrum GmbH, Garbsen

[Tek09] Tekkaya E et al (2009) Innovation by formingtechnology – motivation for research. In: 12th International ESAFORM, Conference on Material Forming, University of Twente (NL), 27.04.09

[Tre72] Tresca H (1972) Memoire sur lécoulement des corps solides, Memoirs Par Divers Savants. Acad Sci (Paris) 20:754–764

[Tsu99] Tsuji N, Saito Y, Utsunomiya H, Tanigawa S (1999) Ultra-Fine grained bulk steel produces by accumulative roll-bonding (arb) process. ScriptaMateriali 40(7):795–800

[Vaz00] Vazquez V., Altan T. (2000) New concepts in die design-physical and computer medeling applications. Journal of Materials Processing Technology 98 (2000) 212–223

[Wes96] Westerkamp C (1996) Präzisionsschmieden verzahnter Antriebselemente am Beispiel schrägverzahnter Zahnräder. VDI-Verlag, Hannover

[Wia97] Wiarda M (1997) Rechnergestützte Konstruktion von Gravuren für das Präzisionsschmieden von Zahnrädern. VDI-Verlag, Hannover

[Wie04] Wienströer M (2004) Prozesssimulation der Stadienfolge beim Schmieden mittels Rückwärtssimulation. Hannover, Dissertation, Universität Hannover

[Wit11] Witt S, Gutmann P (2011) Präzisionsschmieden im Wandel. Umformtechnik – Innovationen aus Industrie und Wissenschaft, 20. Umformtechnisches Kolloquium, Hannover

[Zie90] Zienkiewicz OC, Cheung YK (1990) The finite element method in structural and continuum mechanics, 4. Aufl, Bd 1. McGraw-Hill, New York (1967, 1989/1990)

Normen, Richtlinien

DIN 8580 (2003) Fertigungsverfahren – Begriffe, Einteilung. DIN Deutsches Institut für Normung e. V. Beuth

DIN 8583-1 (2003) Fertigungsverfahren Druckumformen – Teil 1: Allgemeines; Einordnung, Unterteilung, Begriffe. DIN Deutsches Institut für Normung e. V. Beuth

DIN EN 10020 (2000) Begriffsbestimmungen für die Einteilung der Stähle. DIN Deutsches Institut für Normung e. V. Beuth

DIN EN 10243-1 (2000) Gesenkschmiedeteile aus Stahl – Maßtoleranzen, Teil 1: Warm hergestellt in Hämmern und Senkrecht-Pressen. DIN Deutsches Institut für Normung e. V. Beuth

DIN EN ISO 286 (2010) Geometrische Produktspezifikation (GPS) – ISO-Toleranzsystem für Längenmaße – Teil 1: Grundlagen für Toleranzen, Abmaße und Passungen. DIN Deutsches Institut für Normung e. V. Beuth

Werkzeugtechnologie

3

Andreas Klassen, Marcus Bistron, Philip Dellinger, Jörg Schaup, Todd Alexander Deißer, Leif Behrens, Jens Köhler, Anas Bouguecha, Kai Möhwald, Berend Denkena und Bernd-Arno Behrens

Inhaltsverzeichnis

3.1 Werkzeuganforderungen 54
  3.1.1 Belastung der Schmiedegesenke 54
3.2 Vorhersage der Werkzeugstandmenge mittels FEM 61
  3.2.1 Werkzeugbelastungsanalyse 61
  3.2.2 Verschleißberechnung 65
  3.2.3 Ermüdungsversagen von Schmiedewerkzeugen 66
3.3 Maßnahmen zum Verschleißschutz 71
  3.3.1 Traditionelle Verschleißschutzmaßnahmen 71
  3.3.2 Keramische Beschichtungen 75
  3.3.3 Keramische Werkzeugeinsätze 82
3.4 Feinbearbeitung von Keramik-Stahl-Verbunden 92
  3.4.1 Feinbearbeitung von Werkstoffverbunden für Umformgesenke 93
  3.4.2 Auslegung des Schleifwerkzeugs und der Prozessparameter für die Verbundbearbeitung 96
  3.4.3 Erkennung des Materialübergangs zur Stufenvermeidung durch materialgerechte Anpassung der Prozessparameter 104
  3.4.4 Schleifen komplexer Werkzeuggeometrien 114
Literatur 120

A. Klassen (✉) · M. Bistron · A. Bouguecha · B.-A. Behrens
Institut für Umformtechnik und Umformmaschinen, Leibniz Universität Hannover,
An der Universität 2, 30823 Garbsen, Deutschland
E-Mail: klassen@ifum.uni-hannover.de

P. Dellinger · J. Schaup · T. A. Deißer · K. Möhwald
Institut für Werkstoffkunde, Leibniz Universität Hannover, An der Universität 2,
30823 Garbsen, Deutschland

L. Behrens · J. Köhler · B. Denkena
Institut für Fertigungstechnik und Werkzeugmaschinen, Leibniz Universität Hannover,
An der Universität 2, 30823 Garbsen, Deutschland

F.-W. Bach, K. Kerber (Hrsg.), *Prozesskette Präzisionsschmieden*,
DOI 10.1007/978-3-642-34664-4_3,

3.1 Werkzeuganforderungen

3.1.1 Belastung der Schmiedegesenke

Im folgenden Abschnitt werden die auf das Schmiedewerkzeug einwirkenden Beanspruchungsarten erläutert. Schmiedewerkzeuge werden unterschiedlichen Belastungen ausgesetzt [Bob91]. Diese unterteilen sich in thermische, mechanische, tribologische und chemische Beanspruchungen [Doe10b]. Im Folgenden Abschnitt werden die einzelnen Belastungsarten näher erläutert.

3.1.1.1 Thermische Beanspruchung

Während eines Schmiedezyklus stellt sich innerhalb des Gesenks ein zeitlich und örtlich variables Temperaturfeld infolge der eingebrachten und abgeführten Wärmeenergie ein. Insbesondere die hohen Werkstücktemperaturen und die erzeugte Reibungswärme führen während der Umformphase zu einer großen Wärmezufuhr in die Schmiedegesenke. Nach der Entnahme des Schmiedeteils erfolgt eine Abgabe der Wärme durch Wärmeleitung und Konvektion.

Grundsätzlich ist zwischen einer Wärmedauerbeanspruchung und einer Wärmewechselbeanspruchung zu unterscheiden. Die Wärmedauerbeanspruchung ergibt sich aus dem Gleichgewichtszustand zwischen der über die Gesenkoberfläche eingebrachten Wärmemenge und der maschinenseitig (z. B. durch eine Werkzeugheizung) an die Umgebung abgeführten Wärmeenergie. Durch diese zyklisch auftretenden Wärmeströme und die hohe Wärmeleitfähigkeit metallischer Werkstoffe stellt sich innerhalb des gesamten Schmiedegesenks eine Temperatur ein, die als Grundtemperatur bezeichnet wird. Sie liegt üblicherweise in einem Bereich von 150 bis 350 °C [Bob91].

Neben der thermischen Dauerbeanspruchung ist das Schmiedewerkzeug einer starken Wärmewechselbeanspruchung ausgesetzt. Aufgrund der hohen Rohteiltemperatur, die beim Schmieden von Stahl zwischen 1000 und 1250 °C liegt, werden große Wärmemengen während der Umformung auf das kühlere Werkzeug übertragen. Ein sehr hoher Wärmeübergangskoeffizient, bedingt durch die hohe Flächenpressung, ermöglicht dabei eine gute Wärmeübertragung (s. Kap. 2.4.5) [Lui93]. Zudem entsteht infolge der Relativbewegung zwischen Werkstück und Werkzeug Reibungswärme, die eine zusätzliche Wärmequelle darstellt. Die bei jedem Schmiedezyklus erzeugten Temperaturen und die anschließende Abkühlung mittels Kühlschmierung führen zu einer hohen Wärmewechselbeanspruchung im oberflächennahen Bereich des Gesenks [Lui93].

Die kurzzeitig auftretenden Maximaltemperaturen in der Werkzeugrandschicht am Ende des Umformprozesses können die Anlasstemperatur der eingesetzten Gesenkwerkstoffe überschreiten. Diese ziehen thermische Erholungsvorgänge in den oberflächennahen Bereichen sowie eine Reduzierung der Oberflächenhärte nach sich. Die wichtigsten Einflussfaktoren auf die Gesenkoberflächentemperatur sind [Bob91]:

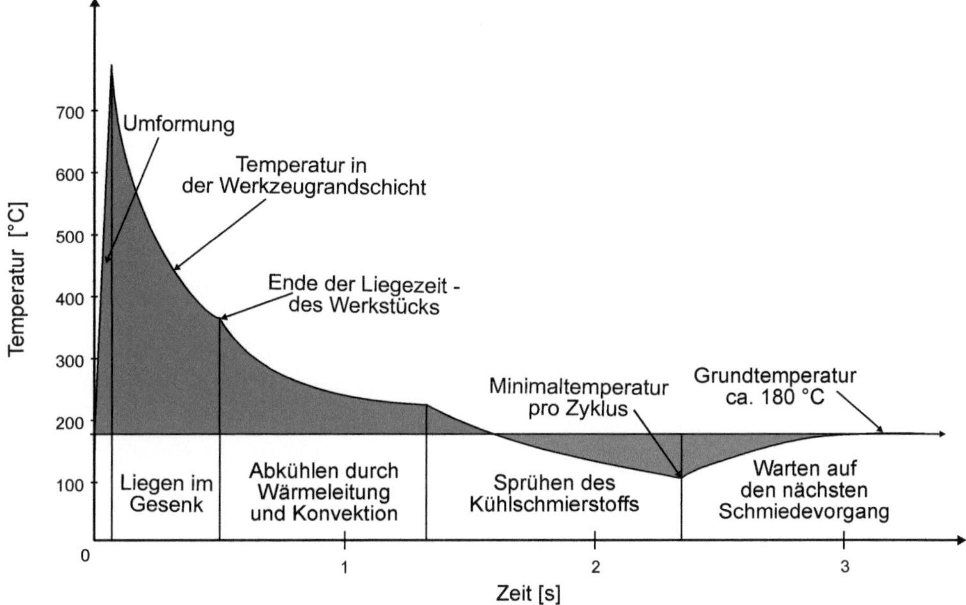

Abb. 3.1 Temperaturverlauf an der Gesenkoberfläche während eines Schmiedezyklus [Stu81]

- Werkstoff von Werkzeug und Werkstück,
- Schmiedestücktemperatur und Gesenkgrundtemperatur,
- Kühlschmiermethode und Kühlschmierstoff,
- Schmiedezykluszeit und Druckberührzeit sowie
- Relativbewegung zwischen Werkstück und Werkzeug.

In Abb. 3.1 ist der Temperaturverlauf an der Gesenkoberfläche während eines Schmiedezyklus dargestellt. Deutlich erkennbar sind der schnelle Temperaturanstieg während der Druckberührphase und die sich daran anschließende Abkühlung der Werkzeugoberfläche infolge von Wärmeleitung und Konvektion.

Während der Kühl- und Schmierphase unterschreitet die Oberflächentemperatur die Grundtemperatur des Gesenks. Die erzeugte Temperaturdifferenz wird jedoch nach dem Verdampfen des Wassers im Kühlschmierstoff durch Wärmeleitung innerhalb des Gesenks wieder ausgeglichen. Für eine Beurteilung der Wärmewechselbeanspruchung ist die Temperaturdifferenz zwischen Grundtemperatur und Maximaltemperatur entscheidend. Je größer die Temperaturdifferenz, desto größer ist die Gefahr der thermischen Schädigung der Oberfläche [Lui93].

3.1.1.2 Mechanische Beanspruchung

Während des Umformvorgangs wird dem Werkstück von der Umformmaschine Arbeit in Form von Energie zugeführt. Die eingebrachte Energie dient dazu, den Formänderungswiderstand des Werkstoffs zu überwinden und die Verformung des Werkstücks einzuleiten und aufrecht zu erhalten. Hieraus ergeben sich die hohen Kräfte bzw. Spannungen, die zu einer mechanischen Beanspruchung für das Umformwerkzeug führen [Bob91]. Abhängig von der Rohteiltemperatur stellen sich im Schmiedegesenk unterschiedliche maximale Spannungen ein [Neu03]. Das erzeugte Spannungsfeld im Gesenk zeigt wie das Temperaturfeld starke zeitliche und örtliche Unterschiede.

An der Werkzeugoberfläche wirken in Abhängigkeit von der Werkzeuggeometrie hohe Spannungen. Die Spannungen haben eine elastische und ggf. eine plastische Dehnung im Werkzeug zur Folge. Diese steigen mit zunehmender Gravurfüllung an und erreichen gegen Ende der Umformung aufgrund des Staudrucks ihr Maximum. In der Umgebung von Hohlkehlen, die sich aus der Form des Werkzeugs ergeben, treten die höchsten Spannungen bzw. Dehnungen auf. Dort überlagern sich die Spannungen aus axialer Stauchung und Biegung (Aufweitung der Gravur).

Neben den rein mechanischen Spannungen treten zudem Wärmespannungen auf, die sich aus den verschiedenen Werkstoffausdehnungen unterschiedlich erwärmter Gesenkbereiche ergeben. Diese Faktoren können zu mechanischen Schädigungen des Gesenks führen. Für eine Reduzierung der mechanischen und thermischen Spannungen müssen vor allem die Werkzeuggeometrie und Werkstoffkennwerte wie Wärmedehnung und Wärmeleitung bei der konstruktiven Gestaltung der Gesenke berücksichtigt werden [Doe97a, Stu81].

3.1.1.3 Tribologische Beanspruchung

Unter der tribologischen Beanspruchung wird die Belastung der Werkzeuge und Werkstücke infolge der auftretenden Relativbewegungen zwischen der Reibpaarung Werkzeug/Werkstück unter Berücksichtigung der jeweiligen Wirkmedien verstanden. In der Kontaktzone bewirken laut DIN 50320 und [Gft02, Lui90] die grundlegenden Verschleißmechanismen Abrasion, Adhäsion, Oberflächenzerrüttung und Reiboxidation Werkstoffveränderungen in der Werkzeugoberfläche und führen damit zu Verschleißerscheinungen (s. Abb. 3.2). Im Vergleich zu anderen Umformprozessen liegen bei Warmformgebungsprozessen besonders ungünstige Tribosysteme vor [Wal99]. Hierfür sind beim Schmieden insbesondere die folgenden Ursachen zu nennen:

- Die örtlich auftretenden Drücke im Gesenk sind vergleichsweise hoch, da die Fließspannung des Werkstücks erreicht wird und das Werkstückmaterial fließt tritt geometriebedingt ein zusätzlicher hydrostatischer Spannungszustand im Werkzeug auf.
- Bei der Erwärmung der Rohteile auf die übliche Stahlschmiedetemperatur von 1000–1250 °C bildet sich an den Oberflächen Zunder, der sehr spröde ist, eine hohe Härte besitzt und bei Relativbewegung zu einer abrasiven Beanspruchung der Werkzeugoberfläche führt [Lui93].
- Die Temperaturen in der Wirkzone zwischen Werkzeug und Schmiedeteil liegen im Bereich von 600 bis 900 °C, was den Verschleißwiderstand der Werkzeugrandzone herabsetzt und adhäsive Vorgänge stark fördert.

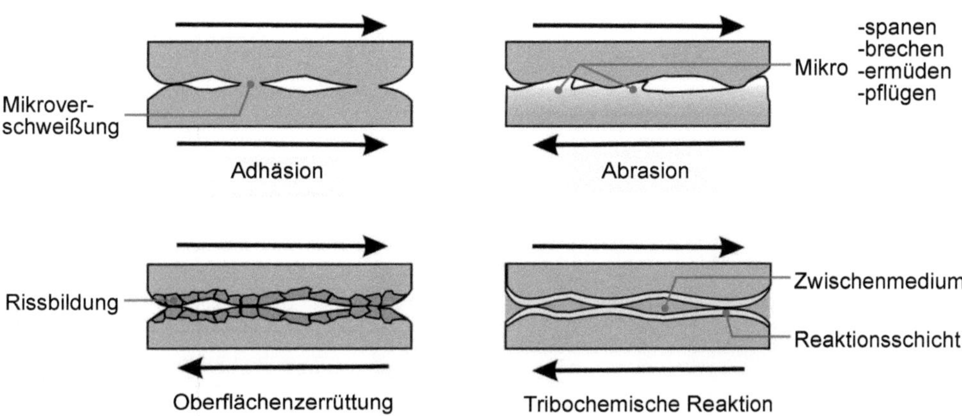

Abb. 3.2 Verschleißerscheinungen an Schmiedegesenken nach [Doe10b, Lui93]

- Durch die plastische Verformung des Werkstücks tritt während der Umformung heißes Material aus dem Werkstückinneren an die Oberfläche und erhöht zusätzlich die thermische Belastung. Entscheidend für die Schädigung der Werkzeuge sind die Vorgänge in der Kontaktzone zwischen Werkzeug und Werkstück.

Die Reibungszustände sind zum Teil sehr unterschiedlich und treten in Abhängigkeit von der Werkzeuggeometrie, des Schmierzustandes, des Werkstoffs der Reibpartner und den Drücken zwischen Werkstück und Werkzeug zeitlich und örtlich unterschiedlich auf.

3.1.1.4 Chemische Beanspruchung

Begünstigt durch die hohen Prozesstemperaturen besteht zwischen Werkzeug, Werkstück, Zwischenschicht und Atmosphäre eine chemische Wechselwirkung. Während der Umformphase tauschen die Reaktionspartner unterschiedliche Elemente untereinander aus, so dass die Gesenkoberfläche chemisch verändert wird. Zu nennen sind hier Oxidationsvorgänge und mögliche Kohlenstoffanreicherungen, die auf den Einsatz von Schmiermitteln mit hohen Grafitanteilen zurückzuführen sind [Bob91].

3.1.1.5 Schadensformen von Schmiedegesenken

Aus den beschriebenen Beanspruchungsarten lassen sich unterschiedliche Schadensformen für Schmiedegesenke ableiten. Im Allgemeinen wird zwischen Verschleiß, der mechanischen und der thermischen Rissbildung sowie der plastischen Verformung unterschieden. Die Schadensarten treten in Bereichen mit hoher Beanspruchung auf und führen gewöhnlich in einem langsam fortschreitenden Prozess zu einer starken Schädigung der Gesenkoberfläche. Eine Überschreitung der zulässigen Maßtoleranzen des Werkzeugs bzw. -stücks durch diese Schadensarten führt zum Austausch des Werkzeugs. In Abb. 3.3 sind die auftretenden Schadensformen dargestellt und in die unterschiedlichen prozentualen

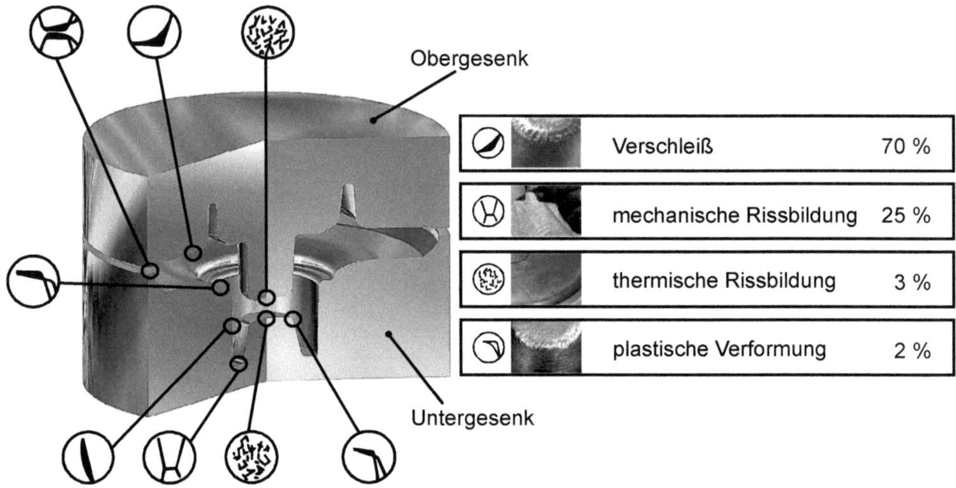

Abb. 3.3 Ausfallursachen von Schmiedegesenken [Doe10b, Kan69]

Anteile aufgeteilt. Mit etwa 70 % ist dabei der Verschleiß die Hauptursache für einen Gesenkausfall [Hus05, Sch93].

3.1.1.6 Verschleiß

Verschleiß lässt sich als unerwünschte Veränderung der Oberfläche z. B. durch das Lostrennen kleiner Materialteilchen infolge mechanischer Ursachen beschreiben. Verschleißvorgänge treten immer da auf, wo es zu einer relativen Bewegung zwischen einem festen Körper und einem festen, flüssigen oder gasförmigen Gegenkörper kommt. Diese Relativbewegung tritt auch beim Gesenkschmieden während des Umformvorgangs auf. Dabei gleiten während des Umformvorgangs große Mengen des Werkstückmaterials unter hoher Flächenpressung über die Oberfläche des Werkzeugs. Hierbei stellt sich ein Zustand von Grenzreibung ein, der zu den typischen Verschleißerscheinungen führt. Es wird zwischen den vier Verschleißmechanismen Adhäsion, Abrasion, Oberflächenzerrüttung und tribochemische Reaktion unterschieden. Die am meisten verbreiteten Verschleißmechanismen die Adhäsion und Abrasion sind [Hus05].

Adhäsion beruht auf den atomaren bzw. molekularen Wechselwirkungen von Festkörperoberflächen. Aufgrund der hohen Temperaturen und Presskräfte, treten lokale Verschweißungen zwischen Werkstück und Werkzeug auf. Im weiteren Verlauf der Umformung werden diese Werkstoffbrücken durch die Relativbewegung der Körper wieder abgeschert. Die Trennung kann in der ursprünglichen Kontaktebene oder unterhalb dieser im randnahen Materialbereich der Festkörper (Werkzeug bzw. Werkstück) erfolgen. In Abhängigkeit der Bruchstelle entsteht materieller Auf- oder Abtrag [Hus05, Sch93].

Abrasion ist ein Vorgang bei dem ein härterer Körper in die weichere Oberfläche eines anderen Körpers eindringt und durch eine parallel ablaufende Relativbewegung eine Pflugwirkung entsteht. Es kommt zu einer Furchenbildung bzw. einer Mikrozerspanung.

Hauptursache für Abrasion beim Schmieden sind kleine, harte Partikel in der Zwischenschicht, die sich aus abgetrennten Teilchen aus dem Werkzeug und abgeplatztem Zunder vom Werkstück zusammensetzen [Bob91].

Eine exakte Abgrenzung der Verschleißarten untereinander erweist sich in der Praxis allerdings als schwierig, da die vier Verschleißmechanismen meistens überlagert auftreten. Zudem ist eine direkte Beobachtung des Verschleißprozesses in der Regel nicht möglich. Auch eine Unterscheidung zu den anderen Schadensformen gestaltet sich als nicht einfach, da z. B. mikroskopische Risse infolge der thermischen und mechanischen Belastung als Ausgangspunkt für den einsetzenden Verschleiß gelten. Im Allgemeinen tritt Verschleiß an Schmiedegesenken als ein fortschreitender Prozess auf. Die wesentlichen Einflussgrößen für diesen Prozess sind [Doe10b]:

- Werkzeuggrundtemperatur/Werkstücktemperatur,
- Kontaktnormalspannung,
- Werkzeug- bzw. Werkstückgeometrie,
- Kühlschmierung,
- Werkstoff von Werkzeug und Werkstück sowie
- weitere Prozessparameter (Umformgrad, Umformgeschwindigkeit, Druckberührzeit etc.).

Hieraus lassen sich unterschiedliche Ansätze für eine Verschleißreduzierung ableiten. In Bezug auf den hohen Prozentsatz, bei dem Verschleiß als Hauptausfallursache für Gesenke auftritt, kann die Verschleißreduzierung als wichtigster Ansatzpunkt für die Erhöhung der Standmenge von Schmiedegesenken angesehen werden.

3.1.1.7 Mechanische Schädigung

Schadensfälle aufgrund mechanischer Belastung können als Dauer- (Ermüdungs-) oder Gewaltbrüche auftreten (s. Abb. 3.4). Ausgangspunkt beider Bruchartensind feinste Anrisse in der Gesenkoberfläche, die mechanischen oder thermischen Ursprungs sind. Wächst der Riss über einen längeren Zeitraum bzw. über mehrere Schmiedezyklen an, wird von einem Dauerbruch gesprochen. Der Gewaltbruch hingegen erfolgt während eines Schmiedezyklus. Die immer weiter verbesserten Werkstoffe, Wärmebehandlungsverfahren und Fertigungsverfahren führen zu einem stetigen Rückgang von Dauer- und Gewaltbrüchen [Bob91, Hei76].

3.1.1.8 Thermische Schädigung

Die thermische Beanspruchung von Schmiedegesenken kann auf zwei Arten erfolgen. Zum einen treten infolge der hohen Temperaturen Gefügeänderungen in oberflächennahen Bereichen auf, die zu einer Entfestigung oder Aufhärtung der Randzone führen. Diese Bereiche sind der Ausgangspunkt für weitere Schädigungen der Oberfläche. Zum anderen treten durch die thermische Wechselbeanspruchung Risse in der Gesenkoberfläche auf.

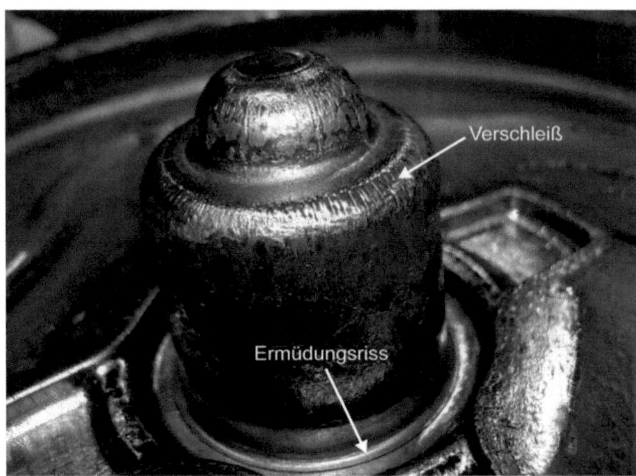

Abb. 3.4 Extremer Verschleiß und Ermüdungsriss [Buc11]

Abb. 3.5 Schädigung durch Verschleiß und Brandrissigkeit [Buc11]

Grund für diese Rissbildung sind die hohen Eigenspannungen innerhalb des Schmiedegesenks. Während der Druckberührphase wird die Oberfläche des Gesenks stark erwärmt. Die wärmeren Gesenkbereiche streben ein ihrer Temperatur entsprechendes Volumen an, werden jedoch von den tiefer liegenden, kühleren Bereichen des Gesenks dabei behindert.

Die Folge sind Druckspannungen innerhalb der oberflächennahen Schichten. Beim anschließenden Abkühlen durch die Kühlschmierung zieht sich die Oberfläche, unter Ausbildung von Zugspannungen im oberflächennahen Bereich, wieder zusammen. Diese Wechselbelastungen zwischen Zug- und Druckspannungen führen im Laufe der Zeit zur Bildung von Rissen (Brandrissigkeit), durch die sich die entstehenden Spannungen abbauen (s. Abb. 3.5). Das Ergebnis ist ein feinmaschiges Rissnetz an der Gesenkoberfläche [Hus05, Hei76]. Behrens et al. haben diese thermische Schädigung durch die Auslegung und Entwicklung einer Werkzeug- und Sprühtechnologie für das Präzisionsschmieden auf schnell laufenden Kurbelpressen mit einer an den Prozess angepassten Kühlschmieranlage reduzieren können [Beh11i, Beh11k]. Zusätzlich wird durch Abb. 3.4 und Abb. 3.5 verdeutlicht, dass trotz einer ähnlichen Geometrie sich die Versagensfälle bei Schmiedegesenken unterscheiden können.

3.1.1.9 Plastische Verformung

Übersteigen die erzeugten Spannungen die Streckgrenze des Werkstoffs, treten plastische Verformungen im Werkzeug auf. Gefährdete Stellen sind insbesondere jene die hohen thermischen als auch hohen mechanischen Beanspruchungen ausgesetzt sind. Zu diesen Bereichen zählen z. B. Zapfenrundungen und Dorne, da die dort eingebrachte Wärmenergie geometriebedingt schlecht abfließen kann. Mögliche Schäden wie eine Gravuraufweitung und die Veränderung ganzer Gravurbereiche sind die Folge [Bob91].

3.2 Vorhersage der Werkzeugstandmenge mittels FEM

Wie bereits erwähnt unterliegen Werkzeuge der Warmmassivumformung in jedem Schmiedezyklus hohen thermischen, mechanischen, chemischen und tribologischen Belastungen (s. Kap. 3.1). Infolge der zyklischen Belastung kommt es zu einer Werkzeugwerkstoffermüdung, die zu einem vorzeitigen Werkzeugversagen überwiegend in Form von Verschleiß und Rissbildung führen kann. Um bereits in der Auslegung des Schmiedeprozesses und der Konzeptionsphase der Werkzeuge diesbezüglich Optimierungen durchführen zu können ist eine Werkzeugbelastungsanalyse durchzuführen. Diese erfolgt heutzutage durch Einsatz der Finite-Element-Methode (FEM) (s. Kap. 2.5).

3.2.1 Werkzeugbelastungsanalyse

Die Belastungsanalyse der Schmiedewerkzeuge geht über eine Berechnung des Materialflusses hinaus und hat als Ziel eine Abschätzung und Bewertung der Werkzeugbelastung während des Umformprozesses. Um die dazu benötigten Prozessgrößen wie Temperatur, Spannungen und Dehnungen an dem Werkzeug zu bestimmen ist eine thermomechanische Werkzeugmodellierung durchzuführen. Dieser Modellierungsansatz berücksichtigt neben dem elastischen Materialverhalten auch die thermomechanische Kopplung zwischen Werkstück und Werkzeug. Dadurch ist eine realitätsnahe Berechnung des Schmiedeprozesses möglich [Kno95, Oud00].

3.2.1.1 Thermo-mechanische Werkzeugmodellierung

Für die Berechnung des sich einstellenden Temperaturfeldes im Werkzeug ist die Angabe der thermischen Materialkennwerte sowie der thermischen Übergangskoeffizienten

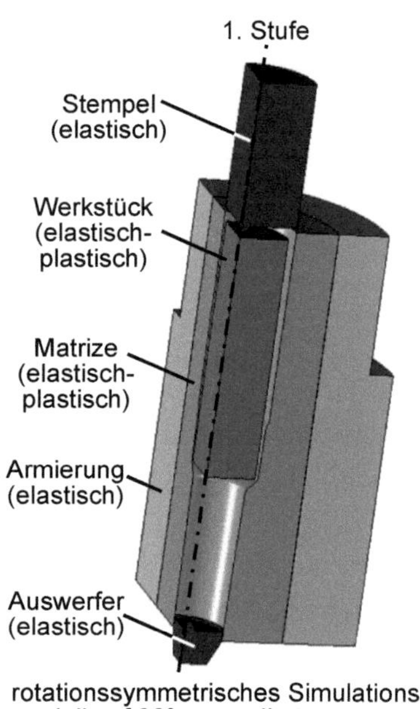

Abb. 3.6 Simulationsmodell der ersten Umformstufe zur Herstellung einer Ritzelwelle

zwischen dem Werkstück und der Umgebung sowie zwischen dem Werkstück und dem Werkzeug nötig [Gra03, Ros03]. Den Werkzeugen wird hierbei ein elastisches oder elasto-plastisches Materialverhalten zugewiesen. Dies hat einen erhöhten Berechnungsaufwand zur Folge. So ist beispielsweise im Fall der ersten Umformstufe der Ritzelwelle (s. Kap. 2.1) die benötigte Berechnungszeit bei elastischer Werkzeugmodellierung um den Faktor 3,5 höher als bei einer starren Werkzeugmodellierung. Eine Verringerung der Rechenzeit kann des Weiteren durch die Berücksichtigung von Symmetrien herbeigeführt werden.

Die Belastungsanalyse für Schmiedewerkzeuge wird exemplarisch an dieser ersten Schmiedestufe zur Herstellung einer Ritzelwelle gezeigt. Das Simulationsmodell besteht aus dem Stempel, der Matrize, dem Auswerfer, der Armierung und dem Werkstück (s. Abb. 3.6). Die Werkzeuge sind elastisch modelliert und dem Werkstück ist ein elasto-viskoplastisches Materialverhalten zugewiesen. Das Werkstück wird ist aus dem Vergütungsstahl 42CrMo4 und die Werkzeuge werden aus dem Warmarbeitsstahl X38CrMoV5-3 gefertigt. Die Schmiedetemperatur des Rohteils beträgt 1200 °C. Als Werkzeuggrundtemperatur wird eine Betriebstemperatur von 200 °C angenommen. Bei der Modellierung wird die Rotationssymmetrie genutzt. Für eine deutlichere Darstellung wird das Modell in Abb. 3.6 um 90° expandiert dargestellt.

3.2.1.2 Berechnete Werkzeugbeanspruchung

Die erweiterte thermomechanische Werkzeugmodellierung ermöglicht die Berechnung des Wärmeübergangs bei der Warmumformung vom Werkstück in die Werkzeuge und der elastischen sowie plastischen Dehnungen in Abhängigkeit der vorliegenden Span-

Abb. 3.7 Normalspannungsverteilung an der Werkzeugmatrize

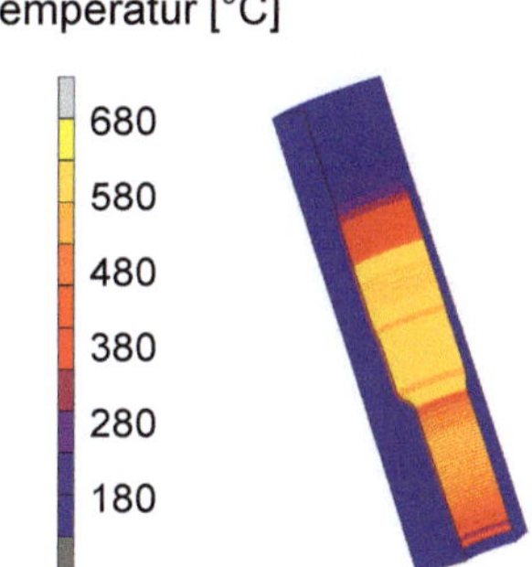

Abb. 3.8 Temperaturverteilung an der Werkzeugmatrize

nungen. Für die Werkzeugauslegung und -auswertung der wirkenden mechanischen Belastungen sind die mechanischen Materialkennwerte in Abhängigkeit von der Temperatur zugrunde zu legen. Exemplarisch wird im Folgenden eine Belastungsanalyse für die Werkzeugkomponente Matrize durchgeführt.

Eine wichtige Prozessgröße für die Einschätzung der thermischen und mechanischen Belastungen ist die Temperaturverteilung und der aktuelle Spannungszustand. Die Temperatur- und Normalspannungsverteilung zeigt am Ende des Umformvorgangs jeweils ein Maximum an der oberen Schräge und dem Absatz der Werkzeugmatrize. Die größte Druck-Normalspannung liegt bei 940 MPa (s. Abb. 3.7) und die maximale Temperatur beträgt 680 °C (s. Abb. 3.8)

Zur ganzheitlichen Werkzeuganalyse der mechanischen Belastung ist die Betrachtung der v. Mises-Vergleichsspannung $\sigma_{v.Mises}$ und der ersten Hauptspannung $\sigma_{I,\ max}$ notwendig. Die Vergleichsspannung nach v. Mises ist richtungsunabhängig und gibt an, wann es zu einer Plastifizierung des Materials kommt. Erreicht die im Werkzeug berechnete erste Hauptspannungen die Zugfestigkeit R_m kann mit einem Werkzeugversagen gerechnet werden.

Die erste Hauptspannung gibt einen Hinweis, ob die plastische Verformung infolge von Zug- oder Druckbeanspruchung erfolgt. In dem Beispiel weist die v. Mises Spannung

Abb. 3.9 Erste Hauptspannung an der Werkzeugmatrize

Haupt-
spannung $\sigma_{I,max}$ [MPa]
60
-292
-644
-996
-1.348
-1.700

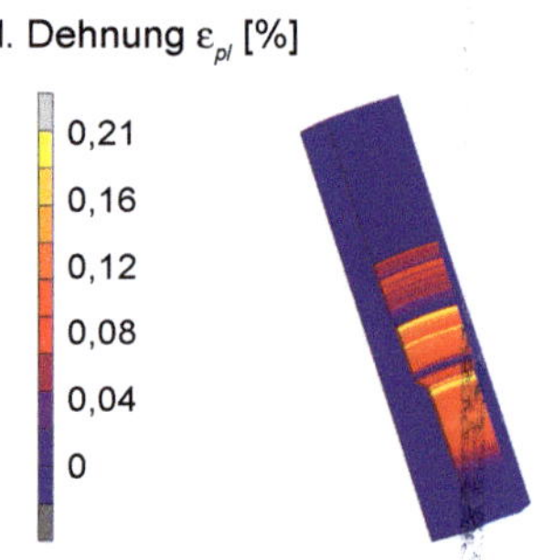

Abb. 3.10 Plastische Dehnung der Werkzeugmatrize

einen maximalen Wert von 1390 MPa auf und die erste Hauptspannung $\sigma_{I,\,max}$ beträgt -1700 MPa (s. Abb. 3.9).

Die elastische und plastische Dehnung der Werkzeuge bei Maximalbelastung ist ein Kriterium für die Beurteilung der Maßhaltigkeit der Schmiedebauteile und die Eingangsgrößen für die Lebensdauerberechnung der Schmiedewerkzeuge (s. Kap. 3.2). In dem Beispiel zeigt sich, dass im ersten Schmiedezyklus eine plastische Werkzeugverformung von maximal 0,021 % auftritt (s. Abb. 3.10). Dies weist auf eine Überbelastung hin und soll das Ziel durch die FE-gestützte Auslegung vermieden werden.

Während der elastische Dehnungsanteil zu einer reversiblen Aufweitung der Matrize führt, hat die plastische Verformung eine Verfestigung der Werkzeugmatrize als Konsequenz. Die plastische Verformung der Matrize tritt bei Annahme eines konstanten Rohteilvolumens nur in den ersten Schmiedezyklen auf. Ist diese abgeschlossen, erfährt das Werkzeug in jedem Zyklus lediglich eine elastische Dehnung. Dies ist bei der Toleranzangabe, sowie für die Auslegung einer Werkzeugarmierung und der erweiterten Werkzeuganalyse zu berücksichtigen [Ber98, Alv03, Har06, Gro10].

Die Kontaktnormalspannung zwischen Werkzeug und Werkstück sowie die Werkzeugtemperatur finden für die erweiterte Berechnung des Verschleißes Verwendung. Die elastische und plastische Dehnung der Werkzeuge sind Eingangsgrößen für die Vorhersage der Schmiedezyklen bis zur Risseinleitung im Werkzeug.

3.2.2 Verschleißberechnung

3.2.2.1 Erweitertes Verschleißmodell

Da Verschleiß die häufigste Ausfallursache von Schmiedegesenken ist, soll bereits in der Auslegungs- und Konzeptionsphase von Schmiedegesenken eine FE-gestützte Vorhersage des zu erwartenden Werkzeugverschleißes erfolgen. Die Möglichkeit der Verschleißberechnung in kommerziellen FE-Programmsystemen ist nicht oder nur sehr eingeschränkt und mit einfachen Modellen möglich. Damit ist eine realitätsnahe Vorhersage des zu erwartende Verschleißbetrags nicht möglich.

Ein weit verbreiteter Ansatz zur Verschleißberechnung ist der Ansatz von Archard [Arc53, Suh73, Sob92]. Dieser berücksichtigt den zu erwartenden Werkzeugverschleiß w in Abhängigkeit von der wirkenden Kontaktnormalspannung σ_N, dem Gleitweg von Werkstück auf Werkzeug L, sowie der Werkzeughärte H (s. Gl. 3.1). Der Verschleißkoeffizient K ist prozessabhängig zu ermitteln.

$$w = K\frac{\sigma_N \cdot L}{H} \tag{3.1}$$

Dieses Verschleißmodell berücksichtigt nicht die Abhängigkeit der Werkzeughärte von der Temperatur und der Prozesszeit. Daher ist eine Erweiterung des Berechnungsansatzes nach Archard von entscheidender Bedeutung [Beh05d]. Hierbei berücksichtigt das erweiterte Verschleißmodell nach Behrens den Verschleißabtrag Δw pro Schmiedezyklus (s. Gl. 3.2). Ferner wird die Werkzeughärte $H(t, T)$ in Abhängigkeit von der Prozesszeit t und der Werkzeugtemperatur T bestimmt.

$$\Delta w = \frac{k}{H(t,T)} \sum_{inc=1} \sigma_N v_{rel} \Delta t \tag{3.2}$$

Dabei ist k eine prozessabhängige Verschleißkonstante, v_{rel} die Relativgeschwindigkeit, Δt der Zeitschritt des aktuellen Recheninkrements und σ_N die Kontaktnormalspannung. Dieser innovative Verschleißansatz wurde bereits in kommerzielle FE-Programmsysteme implementiert und erfolgreich für Berechnung des Verschleißes bei Schmiedeprozessen angewandt [Beh08a, Beh10g].

3.2.2.2 Kalibrierung des Verschleißmodells

Die Verifikation des Verschleißmodells und die Ermittlung der Verschleißkonstante sind anhand experimenteller Schmiedeuntersuchungen möglich. Nachfolgend wird die Validierung des Verschleißmodells exemplarisch an einem Napfherstellungsprozess gezeigt [Beh07e, Beh05c]. In Abb. 3.11 sind der gemessene und der numerisch berechnete Verschleißverlauf am Schmiededorn für 2000 Zyklen gegenübergestellt.

Das Verschließmodell zeigt auch für die Verschleißbestimmung komplexer Schmiedeteile aus der Industrie gute Ergebnisse [Beh10h, Beh11i]. Die Anwendung des Verschleißansatzes auf die zweite Umformstufe zur Herstellung von Ritzewellen (s. Kap. 2.1)

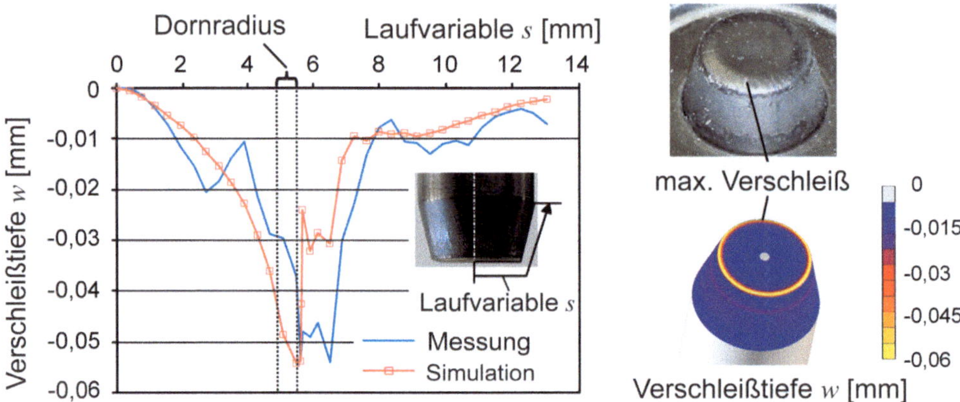

Abb. 3.11 Gegenüberstellung des Verschleißes aus Messung und Simulation nach 2000 Schmiedezyklen

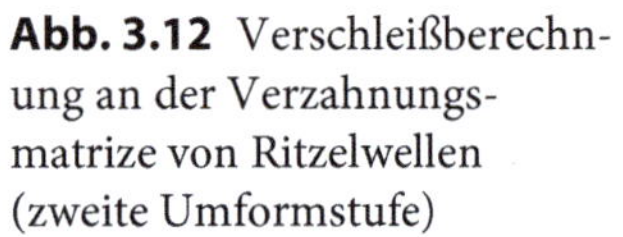

Abb. 3.12 Verschleißberechnung an der Verzahnungsmatrize von Ritzelwellen (zweite Umformstufe)

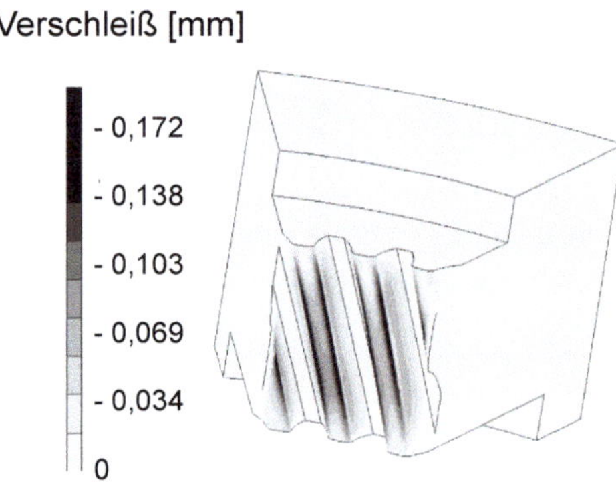

zeigt an den Verzahnungen in der Werkzeugmatrize den größten abrasiven Materialabtrag (s. Abb. 3.12). Hierbei stellt sich nach 2000 Schmiedezyklen eine gesamte Verschleißtiefe von 0,172 mm ein.

In Abb. 3.13 ist eine verschlissene Verzahnungsmatrize für die Herstellung schräg verzahnter Zahnräder dargestellt. Ein Vergleich der numerischen Verschleißvorhersage am Verzahnungswerkzeug und der experimentellen Daten zeigt eine gute Übereinstimmung mit in der industriellen Praxis auftretendem Verschleiß an Verzahnungswerkzeugen [Beh04b].

3.2.3 Ermüdungsversagen von Schmiedewerkzeugen

Die zweithäufigste Ausfallursache von Schmiedegesenken ist die mechanische Werkzeugrissbildung aufgrund von Materialermüdung. Die Beanspruchung während des

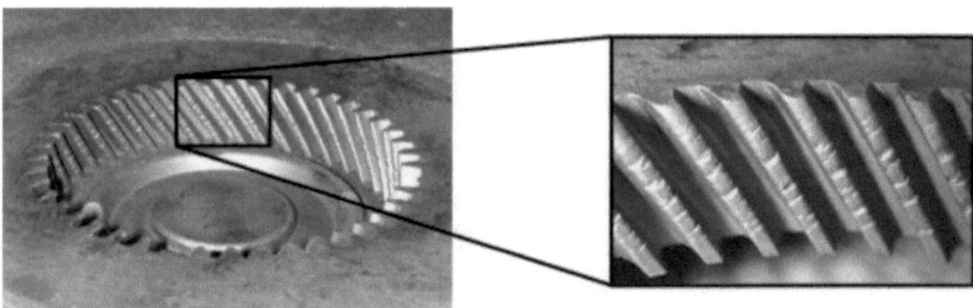

Abb. 3.13 Verschlissene Zahnradmatrize [Beh04a]

Umformprozesses kann in kritischen Werkzeugbereichen zu einer lokalen Plastifizierung und zeitabhängigen Ver- oder Entfestigungsvorgängen des Werkstoffs führen. Tritt das Werkzeugversagen währen der ersten 10.000 Schmiedezyklen auf spricht man von Kurzzeitfestigkeit (Low Cycle Fatigue). Für die exakte Berechnung der Werkzeugbeanspruchung und eine darauf basierende Lebensdauervorhersage ist es somit zwingend erforderlich, das reale Verhalten des Werkzeugwerkstoffs insbesondere unter zyklischer Belastung abzubilden [Rez05, Ber05]. Da für die in der Warmmassivumformung verwendeten Warmarbeitsstähle keine zyklischen Werkstoffkennwerte bei schmiedetypischer thermisch-mechanischer Belastung vorliegen ist eine Ermittlung entsprechender Kennwerte für den betrachteten Werkzeugstahl durchzuführen.

3.2.3.1 Untersuchungen zu thermo-mechanischer Ermüdung

Aufnahme von Materialkennwerten Die numerische Abschätzung der Schmiedezyklen bis zum Anriss erfolgt durch Gegenüberstellung der berechneten Beanspruchung und der durch den Werkstoff ertragbaren Beanspruchung aus einer Wöhlerkurve. Eine Möglichkeit die Beanspruchbarkeit des Werkstoffs aus dem einachsigen Versuch auf einen mehr-achsigen Belastungsfall zu übertragen ist die Verwendung der maximalen Hauptspannungen und -dehnungen in den kritischen Werkzeugbereichen. Diese Überlegung basiert darauf, dass Ermüdungsrisse bei Umformwerkzeugen hauptsächlich in Übergangsradien, wo hohe Zugspannungen wirken, auftreten [Kno95]. In diesem Fall kann davon ausgegangen werden, dass die senkrecht zum Kerbgrund vorliegende maximale Dehnung für die Werkstoffschädigung verantwortlich ist. Daher wird die maximale Hauptdehnung zur Bewertung der Lebensdauer verwendet. Die Bestimmung der während eines Umformzyklus auftretenden Dehnungsamplitude erfolgt anhand der Werkzeugdehnungen im be- und entlasteten Zustand. Hierfür wird zunächst der Umformprozess berechnet und die maximale Hauptdehnung in kritischen Werkzeugbereichen bestimmt. Im nächsten Schritt erfolgt die Ermittlung der Werkzeugdehnung nach der Abkühlung des Werkzeugs. Aus der Dehnungsdifferenz kann die Dehnungsamplitude für die Bestimmung der Schmiedezyklen bis zur Rissinitiierung ermittelt werden.

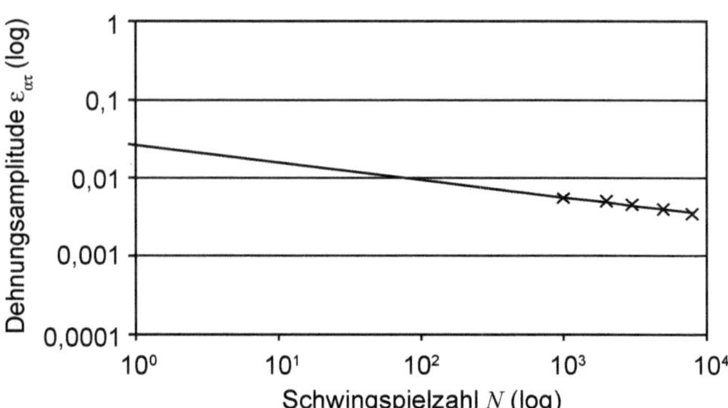

Abb. 3.14 Lebensdauerkurve unter thermisch-mechanischer Wechselbeanspruchung

Während des Umformprozesses kommt es durch den Wärmeaustausch zu einer starken Randschichterwärmung des Werkzeugs gefolgt von einer starken Abkühlung auf die Betriebstemperatur [Bro02]. Die Temperatur der Werkzeugrandschicht kann ein Maximum von 600 °C bei einer Grundtemperatur von 200 °C [Stu81, Bar04b].

Diese Methodik wird exemplarisch am Werkzeugarbeitsstahl 1,2367 (38XCrMoV5-3) dargestellt. Wichtig bei der Aufnahme solcher Wöhlerkurven ist die Berücksichtigung von schmiedeähnlichen Randbedingungen.

Daher wird als untere Temperaturgrenze werden für die Versuche 200 °C angenommen. Die obere Temperaturgrenze beträgt 600 °C. Die realisierte Dauer eines Beanspruchungszyklus beträgt elf Sekunden. Hierbei wird die Probe mit einer Geschwindigkeit von 300 K/s in weniger als zwei Sekunden von 200 °C auf 600 °C aufgeheizt. Zeitgleich dazu erfolgt das Aufbringen der mechanischen Belastung, so dass thermische und mechanische Belastungen zeitgleich ihren Maximalwert erreichen. Im Grundlagenversuch werden die Gesamtdehnungsamplituden von 0,35 %, 0,4 %, 0,45 %, 0,5 % und 0,55 % berücksichtigt.

Aus den in den Ermüdungsversuchen für verschiedene Gesamtdehnungsamplituden bestimmten Anrissschwingspielzahlen erfolgt die Ermittlung der in Abb. 3.14 gezeigten Lebensdauerkurve für den zugrunde gelegten thermisch-mechanischen Belastungszyklus. Unterhalb von 1000 Schwingspielen bzw. $\varepsilon_{at} = 0{,}0055$ wurde eine Extrapolation durchgeführt.

3.2.3.2 Berechnung der Werkzeugstandmenge

Die Vorhersage der Schmiedezyklen bis zur Anrissbildung unter Verwendung der aufgenommenen Materialkennwerte erfolgt exemplarisch für den in Abb. 3.15 dargestellten Praxisprozess, bei dem Werkzeugversagen durch Rissbildung infolge thermisch-mechanischer Werkstoffermüdung nach 1700 Schmiedezyklen auftrat.

Für die Berechnung der Werkzeugbeanspruchung ist ein thermisch-mechanisch gekoppeltes Simulationsmodell in einem FE-Programmsystemen zu erstellen (s. Abb. 3.16).

Da als Rohteilgeometrie ein Vierkantquerschnitt verwendet wird, kann der Prozess nur mit Hilfe eines dreidimensionalen FE-Modells abgebildet werden. Aufgrund der Symmetrie ist hierbei die Betrachtung eines 90°-Segments ausreichend. Das versagensbehaftete

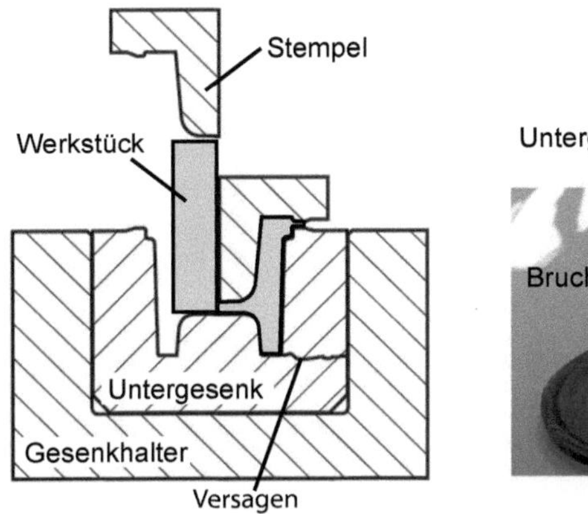

Abb. 3.15 Betrachteter Praxisprozess

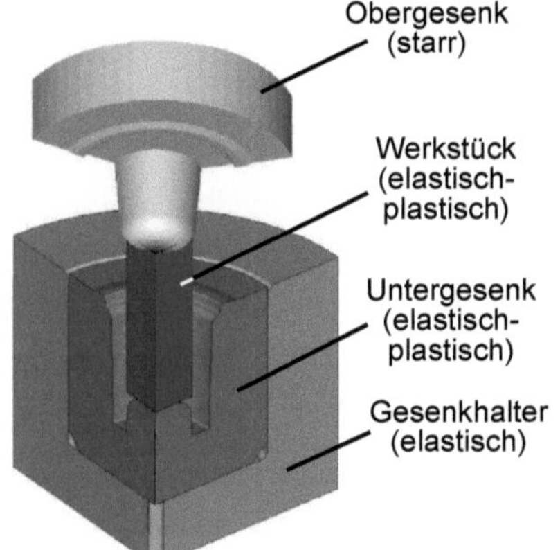

Werkstück:
Werkstoff: 1.7225 (42CrMo4)
Abmessungen:
Vierkantquerschnitt: 80x80 mm
Höhe: 180 mm
Anfangstemperatur: 1200 °C

Werkzeug:
Werkstoff: 1.2367 (X38CrMoV5-3)
Härte: 54 HRC
Temperatur: 200 °C

Abb. 3.16 Simulationsmodell des Praxisprozesses

Untergesenk wird mit elastisch-plastischem Materialverhalten unter Verwendung der für den Werkzeugwerkstoff ermittelten Fließkurven modelliert. Um eine genaue Berechnung der Spannungen und Dehnungen zu ermöglichen, erfolgt die Vernetzung des Untergesenks mit Hexaederelementen. Die thermischen Werkstoffkennwerte sind der Literatur zu entnehmen. In der Simulation ist die Temperaturabhängigkeit der mechanischen und thermischen Eigenschaften des Werkzeugwerkstoffs zu berücksichtigen. Für die genaue Berechnung des Beanspruchungszustands, erfolgt in dem Praxisbeispiel die Abbildung des aufgeschrumpften Gesenkhalters.

Der erste Schritt bei der Bestimmung der Lebensdauerberechnung ist die Berechnung der Werkzeugbeanspruchung, um festzustellen, ob im Untergesenk zur Werkstoffermüdung führende lokale plastische Verformungen auftreten. Wie aus Abb. 3.17 hervorgeht, liegen in dem betrachteten Beispiel im Gravurradius plastische Dehnungen in Kombi-

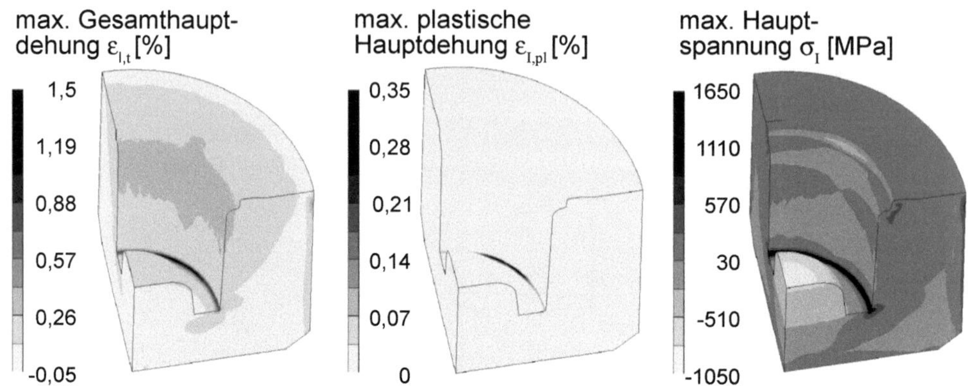

Abb. 3.17 Beanspruchungszustand im Untergesenk unter Maximallast

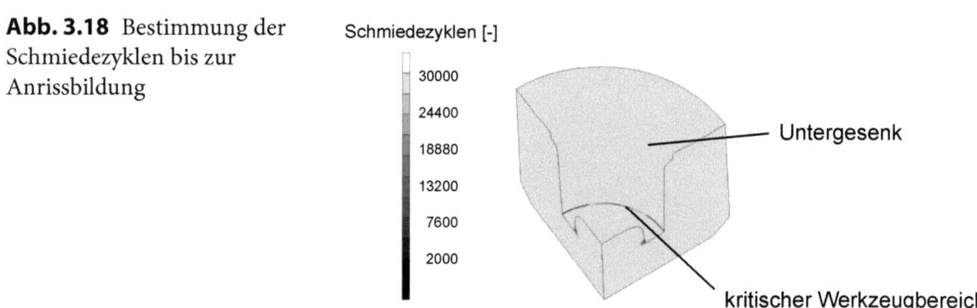

Abb. 3.18 Bestimmung der Schmiedezyklen bis zur Anrissbildung

nation mit den größten Zugspannungen vor. Da auch dieser Bereich als Anrissort am Umformwerkzeug identifiziert wird, ist davon auszugehen, dass ein Ermüdungsversagen im Kurzzeitfestigkeitsbereich stattgefunden hat. Im unteren Totpunkt beträgt die maximale plastische Dehnung 0,31 %.

Sollte ein Ermüdungsriss auftreten, dann wird es in diesem kritischen Werkzeugbereich in dem plastische Deformationen und maximale Hauptspannungen auftreten.

Anhand der im Gravurradius berechneten maximalen Gesamtdehnung unter Maximallast und nach der Entlastung erfolgt die Berechnung der Anzahl der Schmiedezyklen bis zur Anrissbildung mit Hilfe der ermittelten Lebensdauerkurve. Bislang ist den kommerziellen FE-Programmsystemen keine Möglichkeit zur Berechnung des Werkzeugversagens aufgrund von Rissbildung möglich. Daher ist die Lebensdauerkurve anhand von Unterroutinen in die FE-Software zu implementieren. Das Ergebnis der maximal ertragbaren Schmiedezyklen bis zur Rissbildung ist in Abb. 3.18 dargestellt [Beh12].

Nach 2000 Schmiedezyklen setzt bei der vorliegenden Dehnungsamplitude die Bildung eines wachstumsfähigen Risses ein. In dem Fertigungsprozess ist es wie bereits erwähnt zu einem Werkzeugversagen nach 1700 Schmiedezyklen gekommen. Mit Hilfe der FEM kann eine realitätsnahe Vorhersage der Werkzeugstandmenge infolge einer mechanischen Rissbildung erfolgen.

3.3 Maßnahmen zum Verschleißschutz

3.3.1 Traditionelle Verschleißschutzmaßnahmen

Zur Reduzierung des Werkzeugverschleißes und somit zur Erhöhung der Wirtschaftlichkeit der Schmiedeprozesse werden bislang mehrere Methoden einge-setzt. Eine Möglichkeit ist die den Belastungen entsprechende Auswahl des Grundwerkstoffs des Schmiedewerkzeugs. Ferner bietet die Oberflächentechnologie weitere Möglichkeiten und hat das Ziel, die Eigenschaften einer Oberfläche zu verändern, um das Werkzeug an ein bestimmtes Anforderungsprofil anzupassen. Die Grundidee besteht in der Funktionstrennung zwischen dem Werkzeug und seiner Oberfläche. Somit lässt sich jeweils ein Anforderungsprofil für die Oberfläche des Schmiedewerkzeugs und des Grundwerkstoffs aufstellen [Lui93]. Der Grundwerkstoff erfüllt hierbei hauptsächlich die Funktion der Formgebung [Dre02].

Der Grundwerkstoff sollte folgende Eigenschaften besitzen [Lui93]:

- eine hohe Grundfestigkeit und Härte, um ein plastisches Verformen zu vermeiden und die Stützwirkung der Oberflächenschicht zu gewährleisten,
- eine ausreichend große Duktilität, um die mechanischen Belastungen ohne Rissbildung aufzunehmen,
- eine hohe Temperaturbeständigkeit, um eine Gefügeänderung auch bei ho-her thermischer Beanspruchung zu vermeiden,
- eine hohe Wärmeleitfähigkeit, um die Wärme möglichst schnell von der Oberfläche ins Gesenkinnere abzuführen,
- einen geringen Wärmeausdehnungskoeffizienten und eine hohe spezifische Wärmekapazität, um Wärmerisse zu vermeiden und
- eine hohe Maßbeständigkeit gegen Wärmeverzug, um einen Verzug beim Beschichtungsprozess zu unterbinden.

Dies sollte durch ein Warmarbeitsstahl mit hohem Verschleißwiderstand z. B. mit hohem Chrom- und Vanadiumanteil oder eine harte Nickelbasislegierung weitestgehend zu gewährleisten sein [Weg11]. An die Gesenkoberfläche werden weiterhin die folgenden Anforderungen gestellt:

- eine sehr hohe Oberflächenhärte bei ausreichender Zähigkeit zur Vermeidung von Abrasion,
- geringe adhäsive Bindungskräfte, um ein Verschweißen der Oberfläche mit Werkstückmaterial zu vermeiden,
- eine hohe Anlassbeständigkeit zur Vermeidung von Wärmewechselrissen,
- eine hohe chemische Beständigkeit gegen Oxidation und Korrosion,
- eine geringe Deformationsneigung und
- gute Gleiteigenschaften, um die Reibung zwischen Werkzeug und Werkstück zu minimieren.

Die Auflistung verdeutlicht, dass die Anforderungen an den Grundwerkstoff und an dessen Oberfläche hoch und teilweise gegenläufig sind. Die Behandlung der Oberfläche muss deshalb auf den jeweiligen Anwendungsfall abgestimmt werden, wobei aus einer Vielzahl von Verfahren ausgewählt werden kann. Nur so ist ein angepasster Verschleißschutz für die Gesenkoberfläche zu gewährleisten [Lui93, Joo80].

3.3.1.1 Oberflächenbehandlung

Die in Frage kommenden Verfahren lassen sich nach DIN 8580 den Fertigungsverfahren Stoffeigenschaftsänderung oder Beschichten zuordnen. Einige Verfahren können jedoch in beide Bereiche eingeordnet werden. Die Verfahren der Gruppe „Stoffeigenschaften ändern" beruhen auf einer Veränderung des Zustands der Oberfläche. Diese werkzeugseitigen Verschleißreduzierungsmaßnahmen können entweder über eine thermische Behandlung oder das Einbringen bestimmter Elemente in den Werkstoff erfolgen. Charakteristisch für diese Gruppe ist der meist fließende Übergang der behandelten Randschicht zum Grundwerkstoff. Dem gegenüber stehen z. B. das Auftragschweißen und das Beschichten. Hier wird eine festhaftende Schicht auf einem Trägerwerkstoff erzeugt, zu dem ein Phasenübergang mit fester Abgrenzung besteht. Das Ändern der Stoffeigenschaften kann über eine thermische oder eine thermochemische Behandlung erfolgen. Die thermische Behandlung bewirkt durch eine gezielte Wärmebehandlung der Randschicht eine Umwandlung des Werkstoffgefüges und damit die Härtung des Werkstoffs. Um beide Vorteile zu nutzen, werden zur Verbesserung des Verschleißverhaltens von Schmiedewerkzeugen häufig diese Verfahren in Kombination mit einer thermochemischen Behandlung genutzt [Doe10b, Mic98].

Thermochemische Oberflächenbehandlungen beruhen auf der Veränderung der chemischen Zusammensetzung der obersten Werkzeugschicht. Insbesondere sind hier Verfahren zu nennen, die auf Diffusionsvorgängen beruhen. Hierbei diffundieren metallische oder nichtmetallische Elemente in das Metallgitter des Werkzeugwerkstoffs ein. Verfahren, wie das Nitrieren, gehören dieser Gruppe an.

Das Nitrieren ist eines der am häufigsten eingesetzten Verfahren in der Anwendung bei Schmiedegesenken [Lie91, Ede74]. Es beruht auf dem Ein-diffundieren von atomarem Stickstoff in die Stahloberfläche. Durch chemische Reaktionen und durch das interstitielle Einlagern der Stickstoffatome in das Eisengitter wird eine Härtesteigerung der Werkzeugoberfläche erzielt. Je länger die Nitrierdauer, desto größer die Nitrierhärtetiefe (*Nht*). Umso höher die Temperatur gewählt wird (verfahrensabhängige Temperaturspannen von 350–600 °C sind möglich), desto tiefer kann der Stickstoff bei gleicher Behandlungszeit in den Werkstoff eindringen. Üblicherweise erfolgt die Nitrierbehandlung in einem Temperaturbereich von 500–530 °C. Da beim Stahl in diesem Bereich lediglich geringe thermische Belastungen und keine Gefügeumwandlungen stattfinden, handelt es sich um ein sehr verzugsarmes Oberflächenhärteverfahren [IHT06, Fre87].

Der Stahl bildet bei seiner Nitrierung eine Randschicht aus, die sich im Wesentlichen in zwei Bereiche unterteilen lässt. Die äußere, relativ homogene Schicht wird als Verbindungsschicht bezeichnet. Darunter befindet sich eine Diffusionszone, bei der die

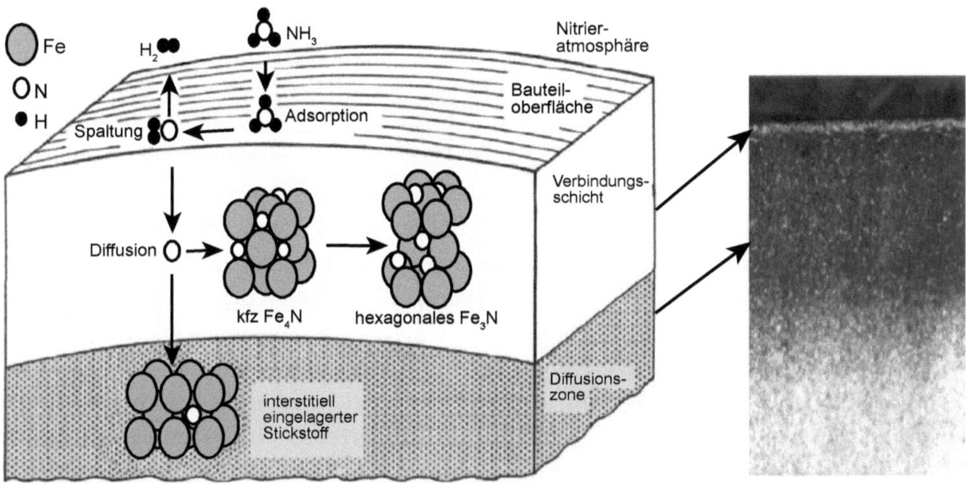

Abb. 3.19 Schematischer Nitriervorgang und Schliffbild einer Nitrierung [IHT06]

Konzentration des eindiffundierten Stickstoffgehalts mit zunehmender Tiefe abnimmt. Die harte, oberflächennahe Verbindungsschicht erreicht eine Schichtdicke von bis zu 30 μm und besteht je nach Prozessparametern aus Eisennitriden, die sich in zwei im Gittertyp unterschiedlichen Phasen als ε Phase und γ Phase ausbilden. Eisennitride der Form Fe_2N und Fe_3N mit einem hexagonalen Gitterbau werden als ε-Phase bezeichnet und die sich daraus bildenden Verbindungen der Form Fe_4N (kubisch-flächenzentrierter Gitteraufbau) als γ Phase. Zudem können bei legierten Stählen neben den Eisennitriden sogenannte Sondernitride entstehen, die der Stickstoff mit den Legierungselementen Aluminium, Chrom, Titan, Molybdän und Vanadium bildet. Diese tragen neben den Eisennitriden zu einer großen Härtesteigerung der Verbindungsschicht bei und besitzen zudem die Eigenschaften hoher chemischer und thermischer Beständigkeit. Zusätzlich entstehen aus dem Einbau von Stickstoff in Eisenkarbiden und Karbiden der Legierungselemente Karbonitride. Zusammen mit den Sondernitriden entsteht hieraus eine verschleißfeste und thermisch stabile Werkzeugoberfläche, die zudem verbesserte Reibeigenschaften und eine höhere Korrosionsbeständigkeit aufweist. Die maximal erreichbare Härte der Verbindungsschicht beträgt ca. 1.200 HV und die Eindringtiefe bis zu 1.000 μm. Aufgrund der hohen Prozessdauer wird jedoch selten eine höhere Eindringtiefe als 300 μm verwendet. Die Diffusionszone kann je nach Werkstoff eine Härte von 1.100 HV erreichen [Fre87]. Abhängig vom Werkstoff und der gewünschten Nitrierhärtetiefe kann ein Nitrierprozess bis zu 160 Stunden dauern. In Abb. 3.19 sind schematisch der Aufbau eines nitrierten Stahls sowie die Stickstoffeinlagerung dargestellt.

Die Schichtdicken von Verbindungs- und Ausscheidungsschicht können über die Werkstoffauswahl, die Nitrierdauer und die Nitriertemperatur gesteuert werden. Der Stickstoffgehalt und die damit korrelierende Härte nehmen entsprechend den Diffusionsgesetzen von außen nach innen ab. Entscheidend für Härte, Dicke und Wachstumsrate der Nitrierschicht ist der Gehalt an Nitrid bildenden Elementen. Enthält der Stahl einen hohen Anteil an Nitrid bildenden Legierungselementen, wird ein großer Teil des eindiffundierenden Stickstoffs schon relativ früh gebunden. Hierdurch weist der Werkstoff zwar eine höhere Nitrierhärte auf, jedoch reduziert sich gleichzeitig die Stickstoffeindringtiefe und die Wachstumsgeschwindigkeit. Das Maß zur Beurteilung der Schichtdicke ist die Nitrierhärtetiefe mit der entsprechenden Grenzhärte. Unter Grenzhärte wird die Härte verstanden, die 50 HV über der Kernhärte des Werkstücks liegt. Zu den am häufigsten bei Schmiedewerkzeugen eingesetzten Nitrierverfahren zählen das Gasnitrieren und das Salzbadnitrieren [Lui93]. Das Plasmanitrieren, auch bekannt als Ionitrieren, stellt eines der Oberflächenhärteverfahren dar. Umgeben von einem elektrisch isolierten Vakuumbehälter werden die Werkzeuge in eine Nitrierkammer eingebracht. Anschließend wird bei einem Gasdruck von 1–250 Pa eine Gleichspannung von mehreren 100 V angelegt, wobei das Gesenk als Kathode und die geerdete Nitrierkammer als Anode geschaltet sind. Die Gasmoleküle werden infolge der Hochspannung ionisiert und damit elektrisch leitend. Positiv geladene Stickstoffionen werden entsprechend der anliegenden Betriebsspannung beschleunigt und treffen mit hoher Aufprallgeschwindigkeit auf die Gesenkoberfläche. Infolge der hohen kinetischen Energie kommt es zur Erwärmung und Aufstickung der Werkstoffoberfläche. Eine Nitrierung dieser Art erfolgt üblicherweise in einem Temperaturbereich von 350–550 °C. Zu den Vorteilen dieses Nitrierverfahrens zählen kurze Prozesszeiten, ein anwendungsbezogener Schichtaufbau sowie die Möglichkeit einer verbindungsschichtfreien Nitrierung [Doe97a, Lui93].

Neben den genannten Behandlungsmethoden existieren weitere Verfahren, bei denen neben dem Stickstoff auch Kohlenstoff in die Randzone von Bauteilen eingelagert wird (Nitrocarburieren). Das Gasnitrocarburieren, das Plasmanitro-carburieren und das (Salz-) Badnitrocarburieren zählen ebenfalls zu dieser Verfahrensgruppe.

3.3.1.2 Kühlen und Schmieren

Einen wesentlichen Beitrag zur Verschleißreduzierung von Schmiedegesenken leisten die Kühl- und Schmiertechnik. Das Ziel dieser prozessseitigen Maßnahmen ist es, die Wärmeabfuhr aus den thermisch gefährdeten Werkzeugbereichen zu gewährleisten und zusätzlich die Reibeigenschaften der Werkzeugoberfläche zu verbessern. Oft kommt es zum Einsatz einer Kombination von Kühl- und Schmierverfahren, der Kühlschmierung. Diese hat das Ziel, die thermische und tribologische Beanspruchung für das Schmiedegesenk und dessen Oberfläche in einem Arbeitsschritt zu reduzieren. Zu den Hauptfunktionen eines Kühlschmierstoffs zählen:

- hohe mechanische und thermische Trennwirkung,
- Verringerung der Reibung,
- Kühlwirkung und
- verminderter Wärmeübergang (Isolation).

Zusätzlich neben ökologischen und ökonomischen Anforderungen werden hohe Ansprüche, wie eine gute Benetzbarkeit und Haftfähigkeit sowie eine gute Sprüh-barkeit an einen Kühlschmierstoff gestellt. In der Warmmassivumformung kommt es hauptsächlich zum Einsatz von flüssigen Kühlschmiermitteln, wie bspw. Wasser-Grafit-Suspensionen oder wasserlöslichen metallischen Salzen [Gul06, Mel80].

3.3.2 Keramische Beschichtungen

Die deutliche Standmengenerhöhung durch den Einsatz von keramikartigen Hartstoffschichten an Werkzeugen in der Kaltmassivumformung und Zerspanung ergab die Motivation zur Erprobung auch an Schmiedegesenken. Hierzu wurden bisher vorwiegend Titannitrid (TiN), Titancarbid (TiC) und Titancarbonitrid (TiCN) als Monolagenbeschichtung eingesetzt.

Aufbauend auf den vielversprechenden Ergebnissen aus dem Bereich der Kaltumformung wurden ebenfalls TiN, TiCN und TIC als Beschichtungsmaterialien eingesetzt [Hus05]. Diese drei Schichten werden beispielhaft in Form eines Mehrlagenschichtsystems in Kombination mit Plasmanitrieren der Schmiedegesenke hinsicht-lich ihrer Verschleiß-reduzierenden Wirkung betrachtet. Während das TiC (3.200 HV) über die höchste Härte bzw. Verschleißfestigkeit verfügt, zeichnet sich TiN (2.400 HV) durch eine höhere Oxidationsbeständigkeit aus [Beh04b]. Der kontinuierliche Härteübergang von einem Schichtsystem (TiN) zum anderen (TiC) wird durch TiCN, das eine Härte von 2.400–3.200 HV besitzt, erreicht. Für den Aufbau des Schichtsystems mit der Reihenfolge TiN-TiCN-TiC ist eine Vielzahl von Möglichkeiten realisierbar. Neben der Dicke der einzelnen Lagen werden ihre Anzahl und die Gesamtdicke variiert. Als Referenz zu den Mehrlagenhartstoffschichten wird ein nitriertes Werkzeug untersucht. Als Gesenkgrundwerkstoff wird der Warmarbeitsstahl X38CrMoV5-3 (1,2367) verwendet. Das Plasmanitrieren und das anschließende Beschichten erfolgen durch ein PACVD-Verfahren bei einer Temperatur von ca. 500 °C ohne Unterbrechung des Prozesses (Duplexverfahren). In Abhängigkeit der Prozessbedingungen beim Nitrieren bildet sich in der Randschicht des behandelten Gesenkes eine Verbindungsschicht und eine Diffusionsschicht aus. Die Verbindungsschicht ist spröde und besitzt oft eine poröse Struktur die durch aus der Oberfläche wachsende Nitride entsteht. Dies kann sich nachteilig auf die Haftfestigkeit der anschließend abgeschiedenen Hartstoffbeschichtung auswirken. Sie wird daher bei der Beschichtung der hier betrachteten Werkzeuge durch die Verwendung einer Plasmanitrierung unterdrückt.

Für diese Untersuchung wurde der folgende Prozess berücksichtigt. Es wird für den Einsatz im Bereich der Warmmassivumformung exemplarisch ein Werkzeugsystem zum Präzisionsschmieden von schräg verzahnten Zahnrädern verwendet (s. Kap. 2.2 und Abschn. 2.4.5). Durch die im Werkzeug integrierte hydraulische Überlastsicherung kann die Untersuchung der Hartstoffschichten beim Präzisionsschmieden von schräg verzahnten Zahnrädern ohne die Gefahr der Überlastung des Werkzeugs erfolgen. Der Kopfbereich der Matrizenverzahnung ist während des Schmiedeprozesses besonders hohen thermi-

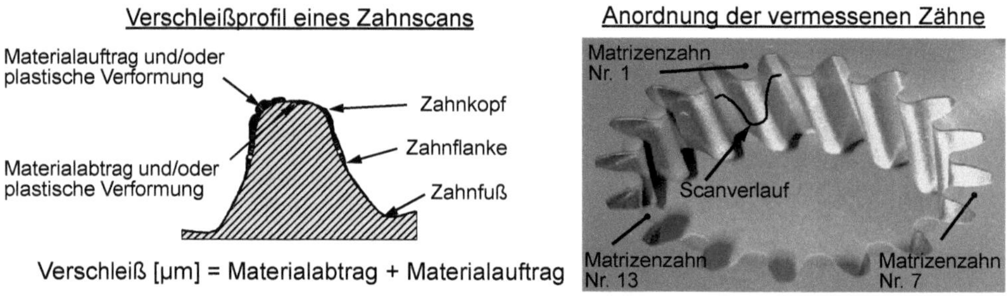

Abb. 3.20 Prinzip der Verschleißmessung an Matrizen für das Präzisionsschmieden von schräg verzahnten Zahnrädern

schen und mechanischen Beanspruchungen ausgesetzt. Diese können so hoch sein, dass es zu einem Anstauchen bzw. zu einer plastischen Verformung der Matrizenzähne kommt und in einer Zunahme des Fußkreisdurchmessers des geschmiedeten Zahnrades resultiert. Die Verschleißmessung erfolgt taktil und beschränkt sich daher auf den hoch belasteten Kopfbereich und die Zahnflanke der Matrizenverzahnung. Hierfür wurden drei Matrizenzähne vor dem Schmieden und nach 1.000 sowie 2.000 geschmiedeten Zahnrädern vermessen. Der Verschleiß wird bei den Versuchen als Summe des Materialabtrages und des Materialauftrages an den verschleißkritischen Bereichen im Kopfbereich der Matrizenverzahnung ermittelt. Abbildung 3.20 stellt exemplarisch ein Verschleißprofil sowie eine Matrize mit der Anordnung der zu vermessenden Zähne dar.

Die Verschleißuntersuchung der beschichteten Matrizen erfolgte auf einer automatisierten Exzenterpresse, mit einer Presskraft von bis zu 3150 kN. Die Rohteile wurden dabei auf eine Temperatur von 1.150 °C und das Werkzeug auf ca. 150 °C erwärmt. Bei einer Prozesstaktzeit von ca. dreizehn Sekunden wurden die Werkzeuge mit einer Wasser-Grafit-Suspension gekühlt und geschmiert.

Die Verschleißmessungen sind für die nitrierte Werkzeug- und zwei Beschichtungsvarianten (9 Lagen und 18 Lagen) in Abb. 3.21 dargestellt. Sowohl nach 1.000 als auch nach 2.000 geschmiedeten Zahnrädern werden bei den plasmanitrierten höhere Verschleißwerte als bei den beschichteten Matrizen ermittelt. Während der maximale Materialauftrag (plastische Verformung und Adhäsion) bei plasmanitrierten Matrizen nach 2.000 geschmiedeten Zahnräder 209 μm beträgt, wird bei den mit 18 Lagen beschichteten Matrizen nur ein Wert von 70 μm gemessen. Dazu wird der maximale Materialabtrag von 32 μm bei plasmanitrierten Matrizen addiert. Bei der 18 Lagen beschichteten Matrizen ist dieser vernachlässigbar und so ist nach 2.000 geschmiedeten Zahnrädern eine Verschleißreduzierung um den Faktor 3,5 durch eine Mehrlagenhartstoffbeschichtung erzielbar [Hus05].

Eine weitere Verbesserung des Verschleißverhaltens kann durch eine Anpassung der Beschichtungsmaterialien erreicht werden. Dabei sollte die gewählte Kombination eine höhere thermische Stabilität und Thermoschockbeständigkeit sowie mindestens die gleiche Schichthärte haben, wie sie durch eine TiN/TiC Kombination gegeben ist. In Frage

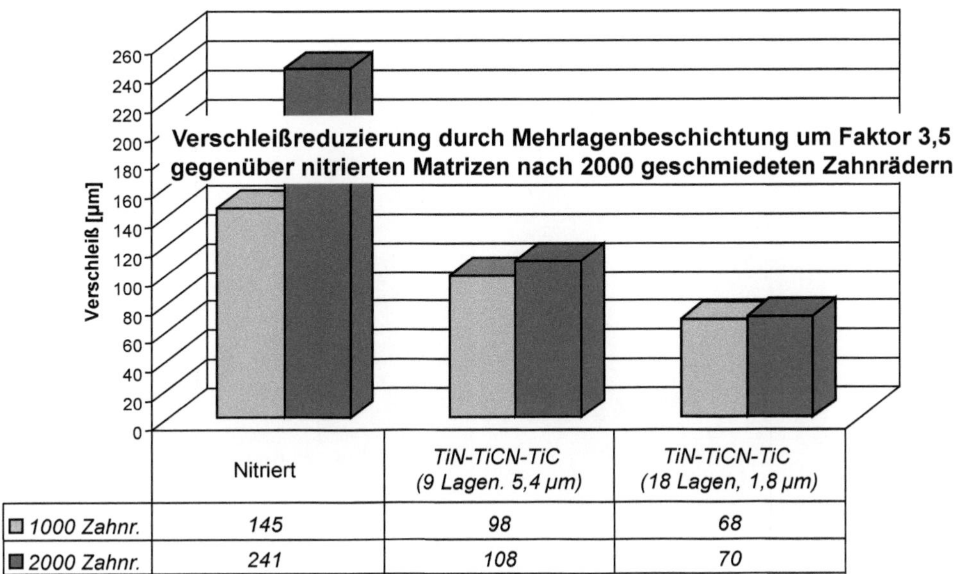

	Nitriert	TiN-TiCN-TiC (9 Lagen. 5,4 µm)	TiN-TiCN-TiC (18 Lagen, 1,8 µm)
1000 Zahnr.	145	98	68
2000 Zahnr.	241	108	70

Abb. 3.21 Verschleißwerte an formgebenden Matrizen für das Präzisionsschmieden von schräg verzahnten Zahnrädern

kommen dabei z. B. Titanbornitrid oder -diborid mit einer Schichthärte von 4.000–5.000 HV und einer Einsatztemperatur von bis zu 900 °C [Pas07].

Zur Feststellung des geeignetsten Beschichtungsverfahrens werden sowohl durch PACVD als auch durch Magnetronsputtern (PVD) aufgetragene Beschichtungen betrachtet. Beide Verfahren bieten den Vorteil einer niedrigen Beschichtungstemperatur von unter 500 °C. Dadurch verliert der Grundwerkstoff während des Beschichtungsprozesses durch die Vermeidung von Anlassvorgängen nicht an Härte. Damit eine zusätzliche Stützwirkung des Grundmaterials gewährleistet werden kann, sind alle Werkzeuge zuvor nitriert worden. Für beide Beschichtungsprozesse wurden verbindungsschichtfreie Nitrierungen (ca. 1.200 HV) mit gleicher Grundhärte des Werkzeugwerkstoffs (ca. 52 HRC) und Nitriertiefe (ca. 180 µm) verwendet. Die Prozesszykluszeit wurde auf ca. 9 Sekunden reduziert und dadurch die zyklische, thermische Belastung gesteigert. Während die nitrierte Referenz am Ende der Untersuchungen einen massiven Verschleiß von über 300 µm aufweist, ist bei einer mit dem PACVD-Verfahren abgeschiedenen gradierten TiB_2 Beschichtung nur ein Verschleiß von ca. 55 µm messbar [Beh11j].

Eine Möglichkeit der Weiterentwicklung, die im Folgenden betrachtet wird, ist der Aufbau mehrlagig gradierter borhaltiger Schichtsysteme. Dabei wird eine mehrlagige borhaltige Beschichtung auf das Präzisionsschmieden von schräg verzahnten Zahnrädern übertragen. Vor Beginn der Untersuchungen wurde die Geometrie der Zahnradmatrize geringfügig angepasst, um einen höheren Verschleiß am Werkzeug zu provozieren. Eine Änderung der Zahnhöhe um 2 mm (von 15 mm auf 17 mm) resultiert in höheren

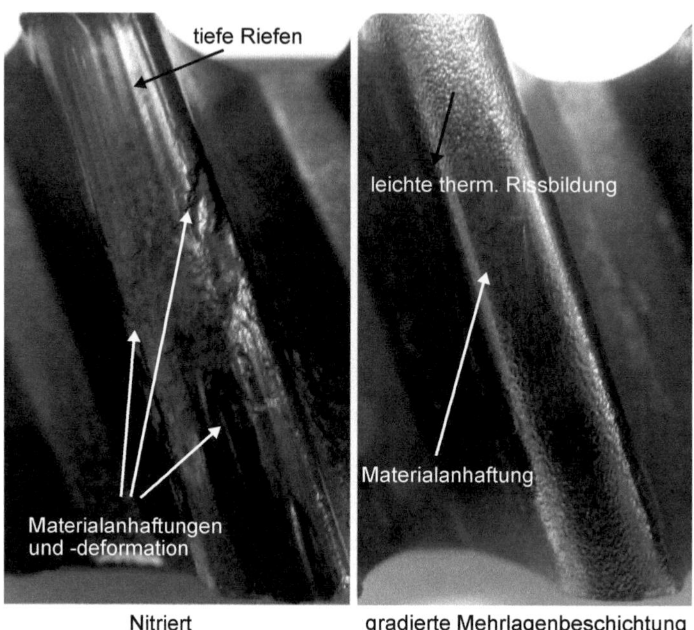

Abb. 3.22 Optischer Vergleich der geschmiedeten Matrizen nach 2.000 Zyklen

Fließwegen. Gleichzeitig musste die Rohteilmasse an das neue Volumen des entstehenden Bauteils angepasst werden. Durch das höhere Rohteilvolumen steigen folglich die für die Umformung benötigten Prozesskräfte an. Die hydraulische Überlastsicherung verhindert während des Schmiedeprozesses einen zu hohen Gesenkinnendruck sowie eine Schädigung des Werkzeugs durch Volumenschwankungen der gescherten Rohteile (s. Abschn. 2.4.5). Während des Schmiedeprozesses durchgeführte Messungen der Umformkraft ergaben eine Steigerung von ca. 50 % (Umformkraft vor Anpassung ca. 1.150 kN, Umformkraft nach Anpassung ca. 1.750 kN). Zur Durchführung der Untersuchung wurden die zuvor beim Präzisionsschmieden von Zahnrädern verwendeten Prozessparameter, wie z. B. die Rohteiltemperatur, Taktzeit und das Schmiermittel, beibehalten.

Bereits ein Vergleich der Werkzeuge nach 2.000 Schmiedezyklen lässt deutliche Unterschiede an der Werkzeugoberfläche erkennen (s. Abb. 3.22). Die nitrierte Matrize zeigt tiefe Riefen an der Oberfläche, die beim Ausstoßen der Zahnräder entstanden sind. Zusätzlich sind in der Mitte der Verzahnung starke Verformungen und Materialanhaftungen erkennbar. An der Oberfläche des mit der borhaltigen Mehrlagenbeschichtung beschichteten Werkzeugs sind hingegen keine Verformungen erkennbar. Neben einer sich in der Mitte der Verzahnung befindlichen Materialanhaftung sind lediglich leichte thermische Rissbildungen, also insgesamt geringe Veränderungen der Werkzeugoberfläche im Vergleich zum Ursprungszustand, festzustellen.

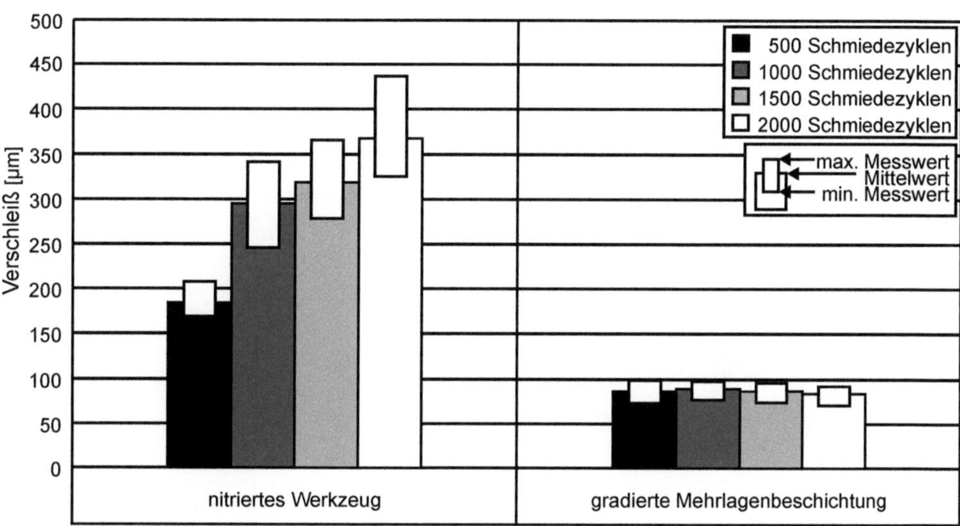

Abb. 3.23 Verschleißwerte der gradierten borhaltigen Mehrlagenbeschichtung

Die Werkzeuge wurden nach jeweils 500 Schmiedezyklen ausgebaut und taktil vermessen. Der Abgleich der Messwerte mit der Ursprungsgeometrie liefert die Abweichungen von der Ursprungsgeometrie. In Abb. 3.23 ist der ermittelte Verschleiß in Form der Gesamtabweichung, errechnet aus den Beträgen von Materialauf- und abtrag, dargestellt.

Die Messwerte des nitrierten Werkzeugs steigen kontinuierlich von Messung zu Messung an. In Kombination mit der fortschreitenden Rissbildung und Entfestigung der Randschicht kann das Werkzeugmaterial den Belastungen nicht lange standhalten. Die ermittelten Messwerte liegen nach 500 geschmiedeten Zahnrädern bei ca. 180 µm und steigen während der nächsten 500 Schmiedezyklen um weitere ca. 110 µm an. Am Ende der Verschleißuntersuchung wurden ca. 365 µm als durchschnittliche Abweichung von der Ursprungsgeometrie ermittelt. Damit liegen die ermittelten Abweichungen durch die Werkzeuganpassung um ca. 65 µm (ca. 20 %) höher. Deutlich anders als das nitrierte Werkzeug verhielt sich in den Untersuchungen die gradierte Mehrlagenbeschichtung. Alle ermittelten Messwerte befinden sich bei ca. 85 µm (s. Abb. 3.23). Es ergibt sich somit eine Verschleißreduzierung um ca. 450 %. Damit ist das Verschleißverhalten sehr ähnlich zu der zuvor untersuchten TiB_2 Beschichtung. Die gemessenen Verschleißwerte haben sich durch die Steigerung der Werkzeugbelastung lediglich um ca. 30 µm erhöht. Im Vergleich schneidet demnach bei einer Erhöhung der Umformkraft und des Fließwegs das mit einem borhaltigen Mehrlagensystem beschichtete Werkzeug deutlich besser ab.

Die deutliche Verschlechterung der Oberfläche des nitrierten Werkzeugs und die kaum beeinflusste beschichtete Werkzeugoberfläche sind auch auf REM-Aufnahmen erkennbar (s. Abb. 3.24). Am Zahnkopf des nitrierten Werkzeugs sind die Spuren des Ausstoßvorgangs der Zahnräder und in der Vergrößerung eine hohe Rauigkeit der Oberfläche festzustellen.

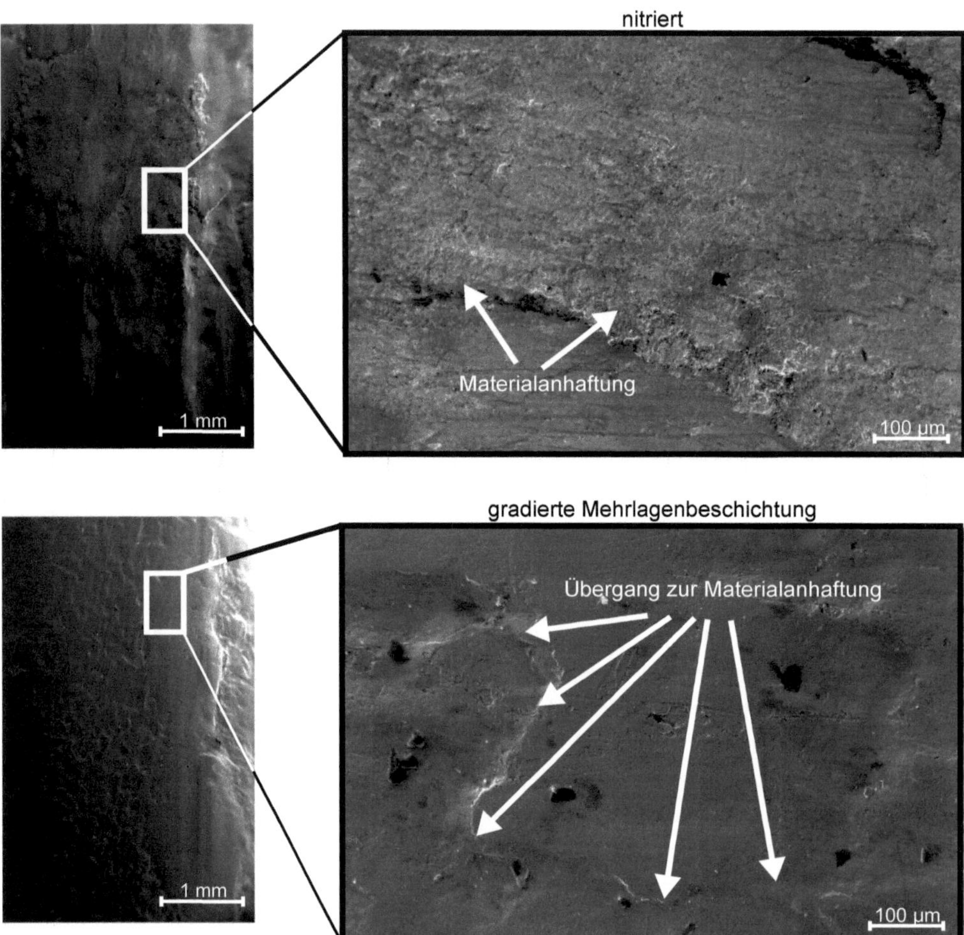

Abb. 3.24 REM-Aufnahme der gradierten Mehrlagenbeschichtung nach 2.000 geschmiedeten Zahnrädern im Vergleich zum nitrierten Werkzeug

Auffallend ist, dass trotz des schlechten Verschleißverhaltens keine Rissbildungen oder Materialausbrüche an der Werkzeugoberfläche erkennbar sind. Diese wurden aller Wahrscheinlichkeit nach direkt nach dem Entstehen durch Materialanhaftungen aufgefüllt, so dass die Werkzeugoberfläche auch nach 2.000 Schmiedezyklen rissfrei jedoch verformt erscheint. Während die Oberfläche des nitrierten Werkzeugs durch starke Materialanhaftungen und Verformungen gekennzeichnet ist, lässt sich im Vergleich bei dem beschichteten Werkzeug noch eine hügelige Struktur erkennen. Bei der Werkzeugherstellung ist diese durch den eingesetzten Erodierprozess erzeugt worden. Im Übergang vom Zahnkopf zur Flanke hat sich beim beschichteten Werkzeug eine Materialanhaftung gebildet. Bei der Betrachtung der Vergrößerung des Anhaftungsbereichs wird deutlich,

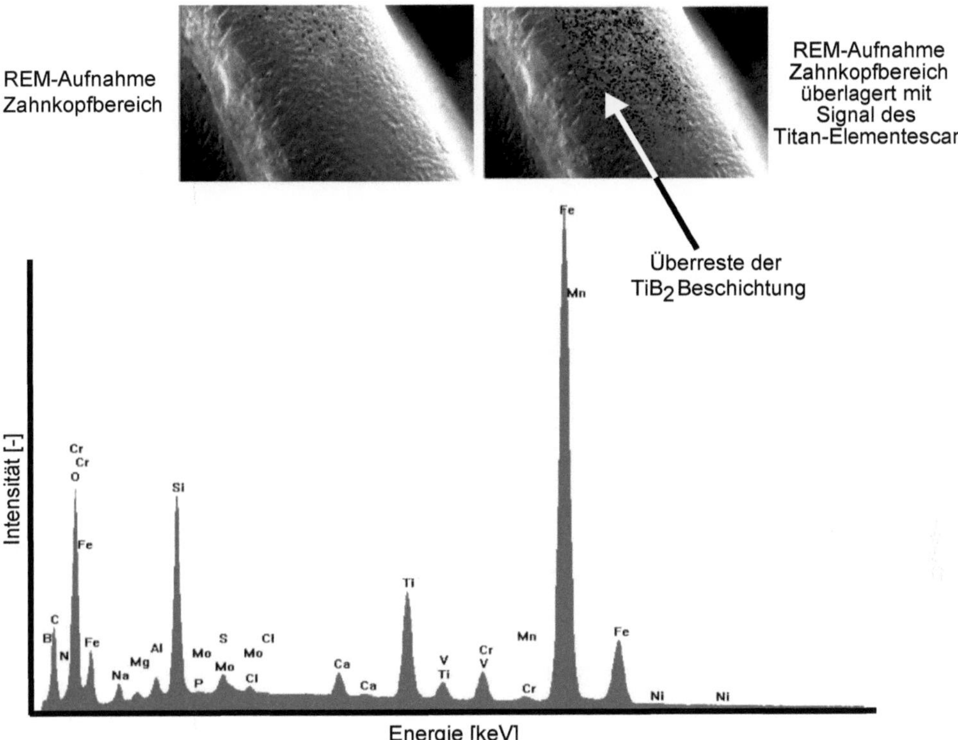

Abb. 3.25 EDX-Analyse der gradierten Mehrlagenbeschichtung

dass die Oberfläche in diesem Bereich eingeebnet bzw. durch die Anhaftung Bereiche aufgefüllt und eingeglättet wurden. Die im optischen Vergleich (s. Abb. 3.24) feststellbare thermische Rissbildung ist durch die REM-Aufnahmen nicht zu bestätigen. Dies lässt auf eine sehr gute thermische Beständigkeit des Schichtsystems auch unter hohen Beanspruchungen schließen. Die Beschaffenheit der Oberfläche des beschichteten Werkzeugs lässt ein noch Vorhandensein der Beschichtung vermuten. Durch eine EDX-Analyse des Zahnkopfbereichs kann zerstörungsfrei festgestellt werden, ob die Beschichtung zumindest noch teilweise an der Werkzeugoberfläche vorhanden ist. Zur Identifikation der Beschichtung wird auf das Element Titan als Hauptbestandteil der Beschichtung zurückgegriffen. Im oberen Teil von Abb. 3.25 ist eine REM-Aufnahme des untersuchten Zahnkopfbereichs und eine Überlagerung dieses Bereichs mit dem Ergebnis des Titan-Elementscans dargestellt. Durch die dunklen Partikel in dem Überlagerungsbild sind die ermittelten Titananteile gekennzeichnet. Im unteren Bereich von Abb. 3.25 ist das Ergebnis der EDX-Analyse mit einem deutlichen Titan Peak abgebildet. Anhand der REM-Aufnahmen wird erkennbar, dass in dem Werkzeugbereich, der nicht von der Materialanhaftung bedeckt wird, die Beschichtung noch vorhanden sein muss. Da die EDX-Analyse nur wenige Mikrometer in die

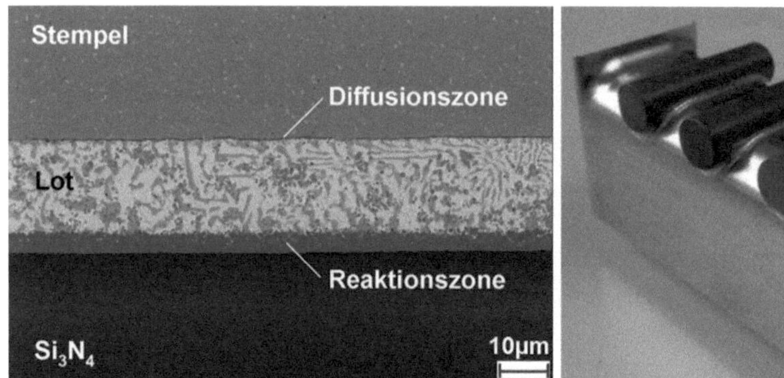

Abb. 3.26 *links*: Schliffbild der Fügezone einer aktivgelöteten Stahl-Keramik-Verbindung, Vergrößerung 1000fach, Lot: AgCu26,5Ti3; rechts: ein aktivgelütetes Schmiedegesenk aus dem Warmarbeitsstahl 1.2365 mit eingelötet Siliziumnitridsegmenten [LotCB4]

Oberfläche eindringen kann, sind im Bereich der Materialanhaftung keinerlei Titanspuren detektierbar, auch wenn unter der Anhaftung die Beschichtung noch vorhanden sein kann.

3.3.3 Keramische Werkzeugeinsätze

Heutzutage werden in der Produktionstechnik üblicherweise Gesenkschmiedeteile aus Warmarbeitsstahl eingesetzt. Aufgrund der hohen thermischen, mechanischen und tribologischen Beanspruchungen der Werkzeuge gibt es allerdings seit den neunziger Jahren auch vermehrt Bestrebungen, Matrizeneinsätze aus verschleißfesteren Werkstoffen, wie Hartmetallen/Cermets oder Keramiken in Erwägung zu ziehen [Sei94, Ohu90]. Keramische Werkstoffe besitzen aufgrund ihrer starken ionischen und kovalenten Bindungen hohe Festigkeiten (auch bei hoher Temperatur), hohe Härte sowie eine gute Verschleißbeständigkeit. Von Nachteil ist allerdings ihre hohe Sprödigkeit bzw. geringe Duktilität und Bruchzähigkeit, weshalb sie sich bisher auch nicht für alle Umformwerkzeuge etabliert haben. Da Werkzeuge der Warmmassivumformung aufgrund der Belastungen nicht vollständig aus Keramik gefertigt werden können, besteht daher der Ansatz, dass Werkzeuge aus Warmarbeitsstahl gefertigt und mit Einsätzen aus Keramik verstärkt werden. Diese können z. B. mittels Lötens gefügt werden, welches aus geometrischer Sicht die flexibelste Möglichkeit zum Einbringen der Einsätze ist.

3.3.3.1 Grundlagen des Lötens von Keramik

Für das stoffschlüssige Fügen von Keramik-Metall-Verbunden werden sogenannte Aktivlote verwendet. Die Lotlegierungen basieren auf Kupfer, Silber bzw. eutektischen Kupfer-Silber-Legierungen, denen eine aktive, sauerstoffaffine Komponente (Ti, Zr, Hf, ...) zulegiert ist, welche innerhalb des Lötprozesses mit der keramischen Oberfläche reagiert und dort eine fest haftende Reaktionsschicht ausbildet, (s: Abb. 3.26, links).

Diese Reaktionsschicht bildet die Grundlage der Benetzung für den daraufhin an Aktivmetall verarmten metallischen Lotwerkstoff. Bedingt durch die hohe Sauerstoffaffinität der Aktivelemente dieser Lotlegierungen können die Fügeprozesse nicht unter atmosphärischen Bedingungen durchgeführt werden, sondern müssen unter Schutzgasverwendung oder besser in Vakuumprozessen stattfinden. Die physikalisch-chemischen Grundlagen für das Zustandekommen der Grenzflächenreaktionen an Keramik-Lot-Übergängen wurden ausführlich von NICHOLAS und CRISPIN [Nic85] beschrieben.

Aufgrund der geforderten Löttemperaturen finden Lote Einsatz, die dem Bereich des Hartlötens (Löttemperatur > 450 °C) und des Hochtemperaturlötens (Löttemperatur > 900 °C) zugeordnet werden. Damit eine gute Korrosionsbeständigkeit des Verbundes erreicht werden kann, sollte das Lot, wie die übrigen Komponenten, eine hohe Resistenz gegen chemische Angriffe aufweisen. Von besonderer Bedeutung ist die Duktilität des Lotes, da sich aufgrund der stark unterschiedlichen thermischen Ausdehnungskoeffizienten der Fügepartner Metall und Keramik während der Abkühlphase des Lötprozesses im Verbund z. T. hohe thermisch induzierte Eigenspannungen aufbauen können. Das Lot muss daher über eine ausreichend hohe Duktilität verfügen, damit diese Spannungen durch plastische Verformung auf ein möglichst geringes Maß reduziert werden und nicht zur unerwünschten Schädigung des Verbundes, beispielsweise in Form von Abplatzungen oder Rissen, führen. Gleichzeitig soll die Fügezone über eine hohe Festigkeit verfügen, damit ein hoch beanspruchbares Verbundbauteil erzeugt werden kann. Die geometrische Gestaltung aktivgelöteter Metall-Keramik-Verbindungen ist somit von entscheidender Bedeutung für einen erfolgreichen Lötprozess [Dei06]. Dabei ist zu berücksichtigen, dass die Verbundfestigkeit bzw. die Bruchwahrscheinlichkeit nicht wie bei rein metallischen Verbindungen normal verteilt ist, sondern der Weibull-Statistik unterliegt [Bac99d]. Abbildung 3.26 (rechts) zeigt ein aktivgelötetes, industriell eingesetztes Bauteil [Zil11].

Als Alternative zum Aktivlöten besteht auch die Möglichkeit, zunächst das Aktivelement mittels eines PVD-Prozesses (Physical Vapour Deposition) auf die Keramik zu applizieren und anschließend in einem zweiten Prozessschritt mit einem konventionellen Lot zu löten. Für das Löten metallisierter Keramiken steht dadurch ein breiteres Spektrum von Weich-, Hart- und Hochtemperaturloten zur Verfügung [Möh96].

Beim Löten treten Eigenspannungen auf, die beim Abkühlprozess zum Versagen der Keramik führen. Daher ist die Auslegung mittels FEM von entscheidender Bedeutung.

3.3.3.2 Numerische Berechnung der Eigenspannungen

Zunächst werden die Werkzeugbereiche charakterisiert, die für den Einsatz der Keramik sinnvoll sind. Dies wird exemplarisch an einem Schmiedeprozess der gerad verzahnten Matrize zur Herstellung von Zahnrädern durchgeführt. Wie aus der simulationsgestützten Belastungsanalyse der Werkzeuge hervorgeht (s. Abb. 3.27) sind während der Umformung die Zahnkopfe der Werkzeugmatrize hohe thermische Belastungen ausgesetzt. Daher bieten sich diese Bereiche für den Einsatz der Keramik an.

Die Keramikeinsätze werden mittels Hartlöten gefügt. Die Werkzeugkontur ist vorher mittels Erodieren vorzubereiten (s. Kap. 3.4). Da keramische Einsätze nur geringe

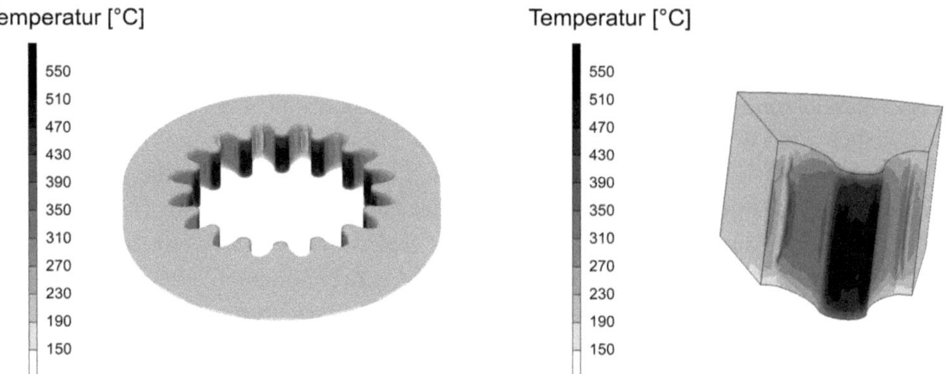

Abb. 3.27 Temperaturverteilung an der Werkzeugmatrize nach einem Schmiedezyklus

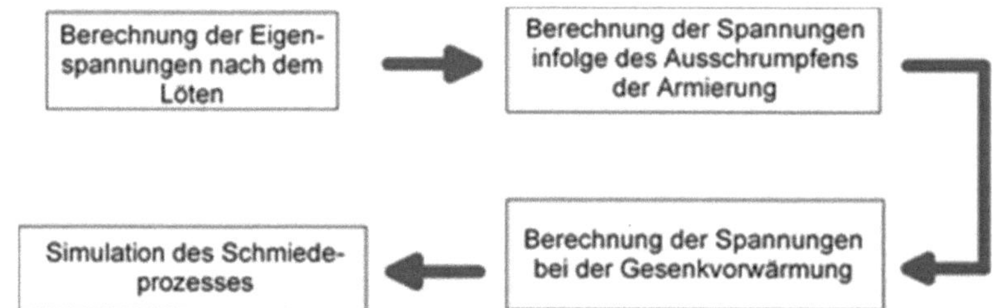

Abb. 3.28 Vorgehensweise bei der Auslegung eines Keramik-Stahl-Verbundes für Schmiedewerkzeuge

Zugspannungen ertragen können, ist eine Auslegung bezüglich der Eigenspannungsverteilung nach dem Löten durchzuführen. Dazu ist der Spannungszustand beginnend bei dem Lötprozess bis zu dem Schmiedeprozesses numerisch zu berechnen (s. Abb. 3.28).

Für den Lötvorgang ist das in Abb. 3.29 gezeigte Simulationsmodell bestehend aus dem Werkzeug, dem Verbindungslot und dem Keramikeinsatz zu erstellen. Das Lot (AgCu26,5Ti3) und die Werkzeugmatrize (X38CrMoV5-3) sollten thermoelastisch-plastisch modelliert werden und die Keramik (Si_3N_4) thermoelastisch. Für die genaue Beschreibung der mechanischen und thermischen Eigenschaften sind die entsprechenden Materialkennwerte zu ermitteln.

Zur Gewährleistung einer hohen Ergebnisgüte erfolgt die Vernetzung der Komponenten (Keramik, Lot, Matrize) mit Hexaederelementen. Um eine möglichst hohe Auflösung der resultierenden Spannungsverteilung nach dem Löten in den Keramikinlays zu erreichen, ist die Modellkomponente „Lot" sehr fein diskretisiert. In dem Beispiel beträgt die Elementkantenlänge 0,1 mm. Um Berechnungsungenauigkeiten im Übergang

Simulationsmodell

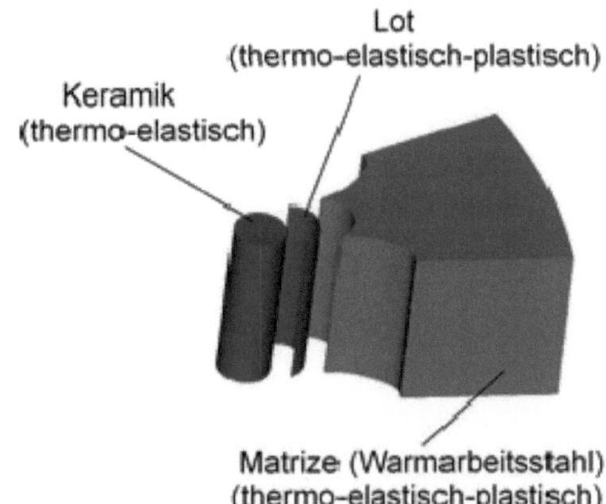

Abb. 3.29 Simulationsmodell für den Lötvorgang

Abb. 3.30 Erste Hauptspannung an dem Keramikinlay nach dem Löten

nach dem Löten

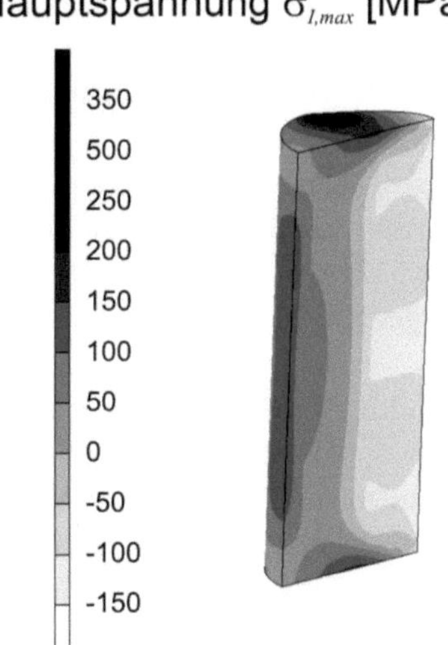

zu den Komponenten Keramik und Stahl zu vermeiden sollte die Elementgröße der Verbundpartner im Kontakt zur Lötzone der Elementgröße des Lotwerkstoffs entsprechen.

Das Berechnungsergebnis der Eigenspannungen nach dem Lötvorgang ist in Abb. 3.30 gezeigt. Die Spannungen an den Keramiken sind dabei längs der Zahnkontur dargestellt. An dem verwendeten Beispiel stellen sich aufgrund der unter-schiedlichen Wärmeausdehungskoeffizienten des Lots und der Keramik nach dem Löten Zugeigenspannungen von bis zu 350 MPa und Druckeigenspannungen von -150 MPa ein (s. Abb. 3.30 links).

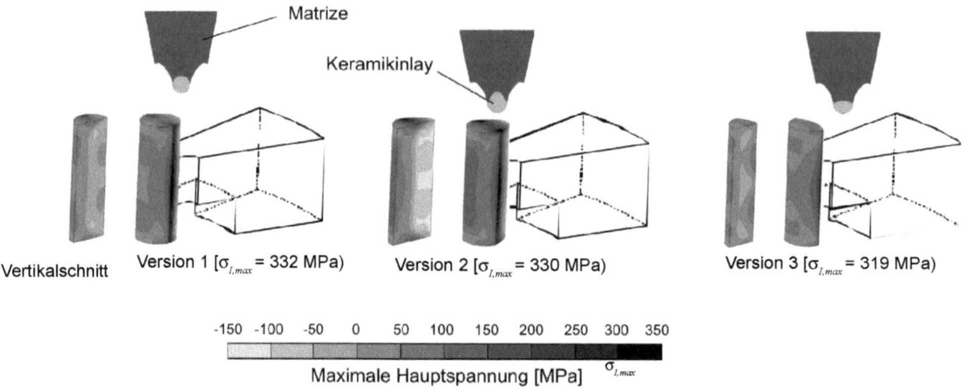

Abb. 3.31 Eigenspannungsfelder in den keramischen Inlays für verschiedene Fügezonengeometrie nach dem Löten

Übersteigt der Eigenspannungswert die Dehngrenze der Keramik, dann kommt es zum Versagen durch Sprödbruch. Die hohen mechanischen Druckbelastungen während des Schmiedens verändern das an den Keramikinlays wirkende Spannungsfeld. In dem gezeigten Beispiel steigt die Druckbelastung in der Mitte des Keramikinlays auf –400 MPa und an den Außenbereichen der Inlays kommt es zu einer Zugbelastung von 150 MPa.

Sollte eine Reduzierung der thermisch induzierten Eigenspannungen in den Keramikinlays nach dem Lötvorgang nötig sein, kann dies durch eine Variation der Fügenzonengeometrie oder durch die Verwendung eines anderen Lotwerkstoffs erfolgen. In Abb. 3.31 ist die Reduzierung der ersten Hauptspannung $\sigma_{I,\ max}$ in der ersten Version von 332 MPa, 330 MPa in der Version 2 bis zu einem Minimum von 319 MPa (Version 3) dargestellt.

3.3.3.3 Festigkeit der Verbunde aus Warmarbeitsstahl und Keramik

Neben Aktivlötprozessen existiert mit dem Einschrumpfen keramischer Werkstoffe in einen metallischen Grundkörper ein weiteres Verfahren zur Herstellung von Metall-Keramik-Verbundwerkzeugen. Diesbezügliche Untersuchungen von [Bar01a] zeigen, dass durch das Einschrumpfen eines dornförmigen Si_3N_4-Einsatzes in ein konturiertes Modellgesenk der Verschleiß im Vergleich zu einem nicht verstärkten Gesenk aus Warmarbeitsstahl X32CrMoV3-3 um ca. 60 % gesenkt werden kann. An den Keramiken kommt es weder zu einer Riefenbildung noch zu einer plastischen Deformation, wie bei den zu Vergleichszwecken untersuchten Gesenken aus Warmarbeitsstahl, sondern lediglich zu einem chemischen und mechanischen Abtrag. Bei höheren Betriebstemperaturen verringert sich allerdings die Armierungswirkung (Kontaktspannung) des Keramik-Stahl-Verbundes, wodurch die Stützwirkung des keramischen Einsatzes nachlässt.

Mit Keramikeinsätzen (Si_3N_4) verstärkte Schmiedegesenke (Warmarbeitsstähle X32CrMoV3-3 bzw. X38CrMoV5-3) lassen sich mittels Aktivlötens in einem Vakuumlötprozess herstellen. Hierfür in Frage kommende kommerzielle Aktivlote sind

AgCu23,5In14,5Ti1,25, AgCu26,5Ti3 sowie CuSi3Al2Ti2,25. Die ideale Löttemperatur der beiden Silberbasislote liegt zwischen 850 °C und 890 °C. Zu niedrige Temperaturen führen zu einer unzureichenden Benetzung der Keramik, wohingegen bei Temperaturen oberhalb von 900 °C der Lotbestandteil Silber zunehmend abdampft. Die optimale Löttemperatur des silberfreien Kupferbasislots CuSi3Al2Ti2,25 liegt aufgrund seines höheren Schmelzbereichs bei 1055 °C. Da alle Aktivlote aufgrund des enthaltenen Aktivelements (u. a. Ti, Zr oder Hf) eine minimale Löttemperatur von 850 °C erfordern, kann es zu unerwünschten Gefügeänderungen des metallischen Grundwerkstoffs während des Lötprozesses kommen. Eine in den Lötprozess integrierte Wärmebehandlung (Härten aus der Lötwärme) wirkt diesem Umstand aber entgegen. Für die fehlerfreie Herstellung solcher Verbunde ist es vor dem Hintergrund der unterschiedlichen thermischen Ausdehnungskoeffizienten von Lot, Keramik und Warmarbeitsstahl wichtig, zunächst die optimalen Prozessparameter, wie Aufheiz- und Abkühlraten sowie Löt- und Haltetemperaturen bzw. Haltezeiten festzulegen. Aufheizraten von mehr als 20 K/min erfordern eine hohe Leistung der Ofenheizung, was dazu führt, dass der erste Haltepunkt, die sog. Durchwärmzeit, durch ein Überschwingen der Temperatur überschritten werden kann. Dies ist unbedingt zu vermeiden, da ansonsten – insbesondere bei großen Bauteilen – aufgrund der unterschiedlichen Wärmeleitung von Stahl, Lot und Keramik das Lot schmelzflüssig ist, bevor die Keramik die notwendige Löttemperatur erreicht hat. Geeignete Aufheizraten liegen für diese Werkstoffkombination zwischen 6 K/min und 10 K/min vom ersten Haltepunkt bis zur Löttemperatur, wie Untersuchungen von [Beh09e] gezeigt haben. Zu langsame Aufheizraten führen dazu, dass Silber aus dem Lot abdampft.

Bei Verwendung der Lote AgCu23,5In14,5Ti1,25 und AgCu26,5Ti3 sind Abkühlraten von < 6 K/min erforderlich, um thermisch induzierte Eigenspannungen in der Keramik, verursacht durch die starke Differenz der Wärmeausdehnungskoeffizienten der Fügepartner Metall und Keramik, möglichst gering zu halten [Dei06]. Ab einer Temperatur von 500 °C kann dann durch Ausschalten der Ofenheizung ungeregelt abgekühlt werden. Im Falle des Kupferbasislotes CuSi3Al2Ti2,25 hat eine ungeregelte Abkühlung direkt aus der Lötwärme keinen nennenswerten Einfluss auf die Verbundfestigkeit [Bac02a]. Daher ist es gegenüber den Ag-haltigen Aktivloten besser für ein Härten aus der Lötwärme geeignet.

Zur Bestimmung der mechanisch-technologischen Eigenschaften der Metall-Keramik-Verbunde und somit zur Auslegung der Verbunde eignen sich Vierpunktbiegeprüfungen an gelöteten Proben. Dabei werden neben der Fügezone selbst auch die angrenzenden Probenbereiche, insbesondere der spannungsbeeinflusste Bereich im keramischen Grundwerkstoff, von der Biegeprüfung erfasst. Die Fügezonen sollten sowohl metallografischen als auch analysentechnischen ESMA-Untersuchungen (Elektronenstrahlmikro-Analyse) unterzogen werden. Letztere ermöglichen eine Analyse der einzelnen Phasen innerhalb der Fügezone, bestehend aus Stahl, Übergangszone Stahl/Lot, Lotmatrix, Reaktionsschicht und Keramik.

Bei den Biegeprüfungen treten in erster Linie zwei Arten von Verbundversagen auf. Ein Bruch in der Keramik spricht für ein gutes Lötergebnis, wohingegen Biegebrüche in der Fügezone auf eine Fehlpositionierung von Lotfolie, Stahl und Keramik (Kantenversatz an

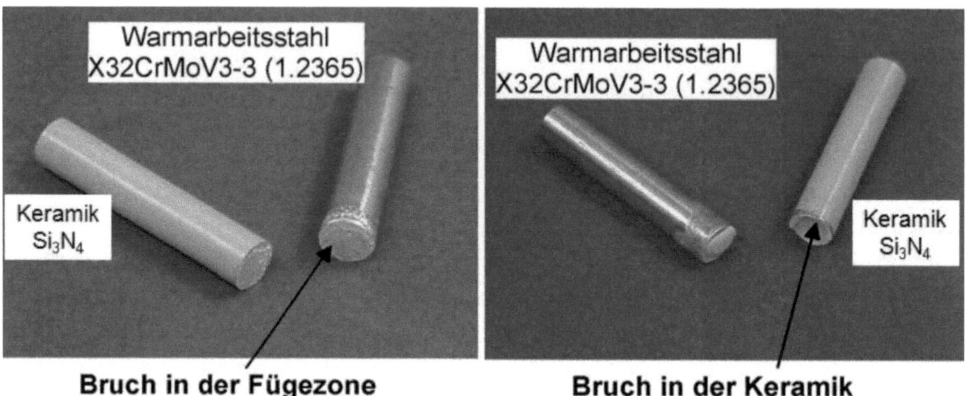

Abb. 3.32 Versagen des Keramik-Metall-Verbundes bei der Vierpunktbiegeprüfung

der Fügestelle) hindeuten. Die Bruchverläufe in den Keramiken lassen Rückschlüsse auf die während des Lötprozesses thermisch induzierten Eigenspannungen zu. Typische Bruchbilder in der Fügezone bzw. in der Keramik sind in Abb. 3.32 dargestellt. Sie zeigen einen konkav ausgebildeten Kalottenbruch an der Keramik in der sogenannten Wärmeeinflusszone unmittelbar hinter dem Lötspalt. Mit CuSi3Al2Ti2,25 gelötete Proben erreichen unter gegebenen Umständen laut [Bac02b] ca. 50 bis 60 % der Grundwerkstofffestigkeiten, wobei berücksichtigt werden muss, dass die Verbunde ohne eigenspannungsabbauende, duktile Zwischenschichten gelötet wurden. Höhere Festigkeiten können erreicht werden, wenn durch Einlöten von z. B. Nickel auf der Stahlseite und Wolfram auf der Keramikseite, ein wärmeausdehnungsangepasster gradierter Aufbau erzeugt wird [Bac02a]. Dies ist i. d. R. allerdings nur bei einfachen Geometrien möglich.

Die metallografischen und analysentechnischen ESMA-Untersuchungen der Fügezonen offenbaren, dass bei Verbunden mit gutem Lötergebnis (Bruch erfolgt in der Keramik) stets Anreicherungen der Aktivlotkomponente Titan, die für die Verbindungsausbildung von Lot zur Keramik maßgeblich verantwortlich ist, an der Grenzfläche Lot-Keramik vorzufinden ist. Die deutlich höheren Verbundfestigkeiten des Kupferlotes (CuSi3Al2Ti2,25) haben ihre Ursache zum einen in der höheren Löttemperatur von 1055 °C, bei der notwendige Diffusionsprozesse schneller ablaufen, zum anderen darin, dass neben Silizium das Kupfer sehr weit in den Warmarbeitsstahl hinein diffundiert und zu einer zusätzlichen Festigkeitssteigerung führt (s. Abb. 3.33). Bei Verwendung der beiden Silberbasislote ist die Diffusion des Elements Silber in den metallischen Fügepartner hingegen vernachlässigbar gering. Ebenso wenig kommt es zu einer nennenswerten Diffusion von Eisen aus dem Warmarbeitsstahl in die Silberbasislote. Anders verhält es sich beim Kupferbasislot CuSi3Al2Ti2,25. Über die gesamte Fügezone bis zur Grenze Lot-Keramik diffundiert dort Eisen aus dem Stahl in das Lot.

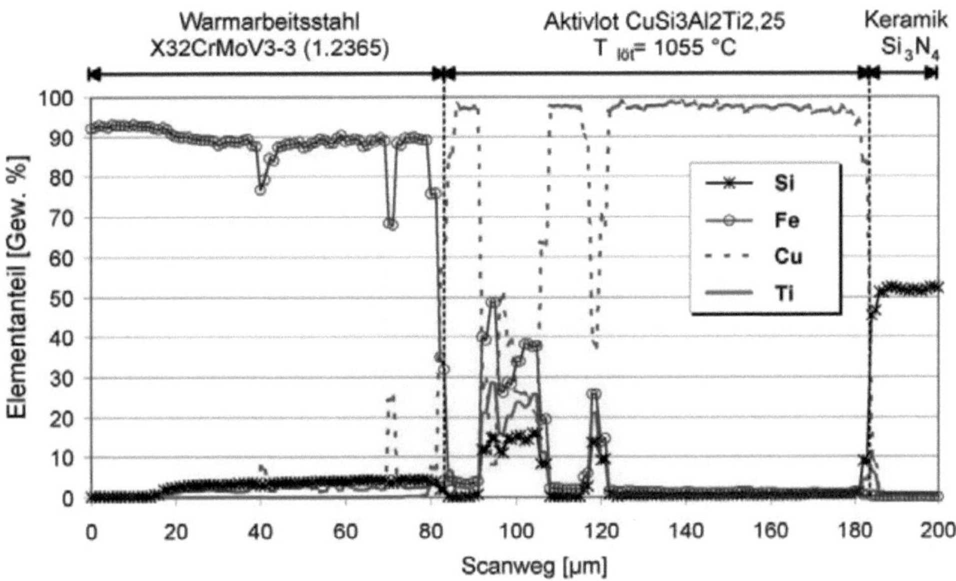

Abb. 3.33 Quantitative Elementanalyse in der Fügezone (Kupferbasislot: CuSi3Al2Ti2,25, $T_{löt} = 1055\,°C$)

Nach der grundlegenden Qualifizierung der Verbindungsmöglichkeiten von Stahl und Keramik wird im folgenden Abschnitt exemplarisch auf die Einsatzmöglichkeiten in Schmiedeprozessen eingegangen.

3.3.3.4 Schmiedeversuche mit Flachstauchbahnen

Die Eignung von aktiv gelöteten keramischen Einsätzen lässt sich in einfachen Zylinderstauchversuchen prüfen. Es handelt sich hierbei um einen einfachen Umformvorgang, bei dem ein Zylinder (Durchmesser 20 mm, Länge 30 mm) zwischen zwei parallelen Flachstauchbahnen auf einer Schmiede-Exzenterpresse gestaucht wird. In der Mitte einer Flachstauchbahn ist ein keramischer Einsatz (Durchmesser 10 mm) eingelötet. Die Werkzeuge werden nach definierten Schmiedezyklen ausgebaut und auf Rissbildung sowie Verschleiß untersucht. Die Überprüfung der Rissbildung, insbesondere im Übergang Metall-Keramik, erfolgt mit Hilfe eines Lichtmikroskops und mittels ESMA.

Ein Verbund aus Warmarbeitsstahl X32CrMoV3-3 und Si_3N_4 (Lot: AgCu26,5Ti3) weist nach 2000 Schmiedezyklen keinen sichtbaren Verschleiß des keramischen Einsatzes und des Lotes auf, wohingegen der umgebende Warmarbeitsstahl deutliche Riefen zeigt (s. Abb. 3.34). Auch ESMA-Untersuchungen belegen, dass keine Veränderungen des Lotmaterials hinsichtlich Verschleiß und Korrosion auftreten [Bac02a].

3.3.3.5 Anwendung der keramischen Einsätze in komplexeren Prozessen

Wie im Abschn. 3.3.3 beschrieben wurde, eignen sich keramische Einsätze als Zahnkopf in Schmiedegesenken. Für die Entwicklung eines geeigneten Aktivlötprozesses wird die

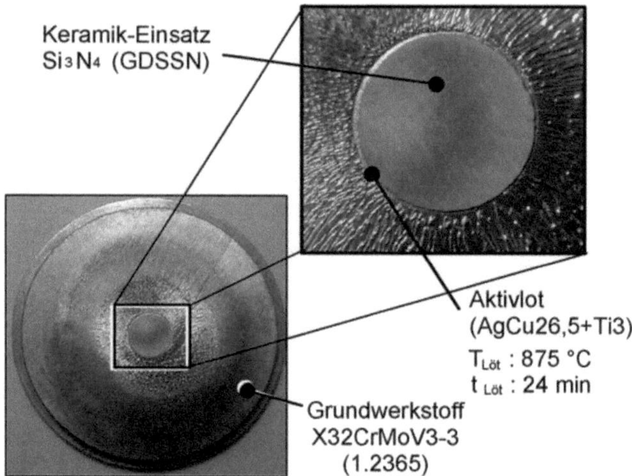

Abb. 3.34 Flachstauchbahn mit keramischem Einsatz nach 2.000 Schmiedezyklen

Anzahl der verwendeten Keramikinlays schrittweise erhöht. Die zuvor beschriebene Problematik des Aktivlötens von Metall-Keramik-Verbindungen macht dieses schrittweise Vorgehen für die Prozessentwicklung notwendig, um mit vertretbarem Aufwand die benötigten Parameter für die Prozessführung bestimmen zu können. Um Zahnräder mit einer evolventen Verzahnung schmieden zu können, müssen die keramischen Inlays nach dem Fügen auf Maß geschliffen werden (s. Kap. 3.4). Der Schleifprozess kann erst nach dem Fügen erfolgen, da auch der Übergang von der Keramik zum Metall nachbearbeitet werden muss (Entfernen von überflüssigem Lot, einebnen von Versatz etc.). In Abb. 3.35 sind Modellmatrizen mit Si_3N_4-Inlays dargestellt. Diese Modelle wurden zunächst nicht auf Maß geschliffen, sondern dienen der Untersuchung der Fügezonen zwischen Keramik und Metall unter Einsatzbedingungen (im Schmiedeprozess).

Durch die Verwendung eines Aktivlotes auf Silberbasis kann die Löttemperatur auf 875 °C für das Lot AgCu26,5Ti3 bzw. auf 950 °C für das Lot AgCu28Ti3 herabgesetzt werden. Die durch den Lötprozess verursachten Spannungen in der Fügezone beeinflussen die Standmenge des Verbundes. Um die theoretische Belastung, welche im Abschn. 3.3.3 beispielhaft simuliert wurde, im Realfall zu klassifizieren, werden Modellmatrizen für Praxisversuche verwendet. Für die Herstellung der Modellmatrizen ist es notwendig, den Lötprozess zu optimieren. Dies geschieht durch die Anpassung der Temperaturführung und durch den Einsatz einer spezifischen Lötlehre. Diese ermöglicht die exakte Positionierung der Keramiken, der Lotfolien und der Matrize zueinander sowohl beim Aufheizen (wobei die unterschiedlichen Wärmeausdehnungen berücksichtigt werden) als auch beim Härten aus der Prozesswärme. Die in der Abb. 3.35 dargestellte Modellmatrize zeigt durch den Einsatz eines Silberbasislots und eine damit verbundene Reduzierung der Löttemperatur auf 875 °C eine deutliche Verbesserung der Festigkeit im Vergleich zu einer mittels eines Cu-Basislots hergestellten Verbindung [Beh04c].

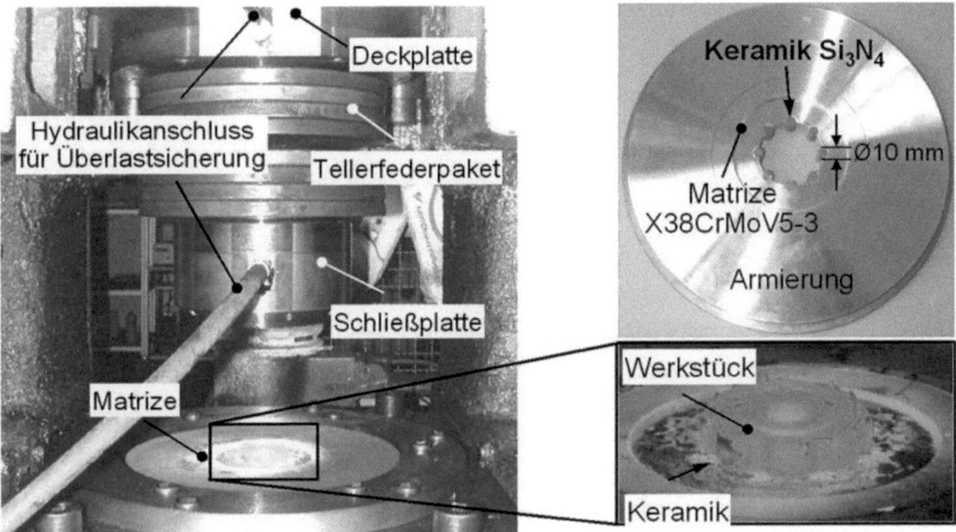

Abb. 3.35 Modellmatrizen mit keramischen Einsätzen

Wie im Abschn. 3.3.3 beschrieben wird, ist die endgültige Form der keramischen Zähne sowohl von dem Einsatzzweck als auch von den durch den Lötprozess induzierten Spannungen in der Fügezone abhängig. Bei dem folgenden Beispiel handelt es sich um ein Modell welches in [Bac06c, Beh09f] verwendet wurde, um sich einer Matrize für das Schmieden von schräg verzahnten Zahnrädern geometrisch anzunähern. Durch die Verlagerung der keramischen Einsätze in den Kopfbereich der Matrizenverzahnung kann eine Reduzierung der Eigenspannungen erwartet werden. Dabei nimmt die Endbearbeitung durch Innenschleifen der Keramik-Metall-Verbunde, wie bereits oben erwähnt, eine entscheidende Stellung ein (s. Kap. 3.4). In Abb. 3.36 wurde ein Ag-Basislot bei einer Löttemperatur von 875 °C verwendet (Lötzeit 20 min). Die an dem dargestellten Modellgesenk durchgeführten Versuche zeigten, dass der Verschleiß an den keramischen Einsätzen minimiert wurde. Die Fügezone zeigte bei diesem Modellversuch die Grenzen der möglichen Belastung auf. Eine gezielte Anpassung der Verbindung wird die Versagensgrenzen weiter Richtung optimales Bauteil verschieben.

Es kann zusammenfassend festgehalten werden, dass trotz der hohen technologischen Anforderungen bei der Herstellung der Matrizen mit keramischen Einsätzen für das Präzisionsschmieden von Zahnrädern Erfolge im Schmiedeprozess erzielt werden. Die Standfestigkeit der aktiv gelöteten keramischen Verbunde ist dabei maßgeblich von dem eingesetzten Lot sowie der Lötqualität abhängig. Neben der Realisierung eines optimalen Lötprozesses ist die Weiterentwicklung der Endbearbeitung von Keramik-Metall-Verbunden durch das Innenschleifen essenziell. Somit ist es möglich, die Matrizen für das Präzisionsschmieden mit aktiv-gelöteten keramischen Einsätzen von Zahnrädern herzustellen. Für die Großserienpräzisionsschmiedeproduktion spielen hinsichtlich der

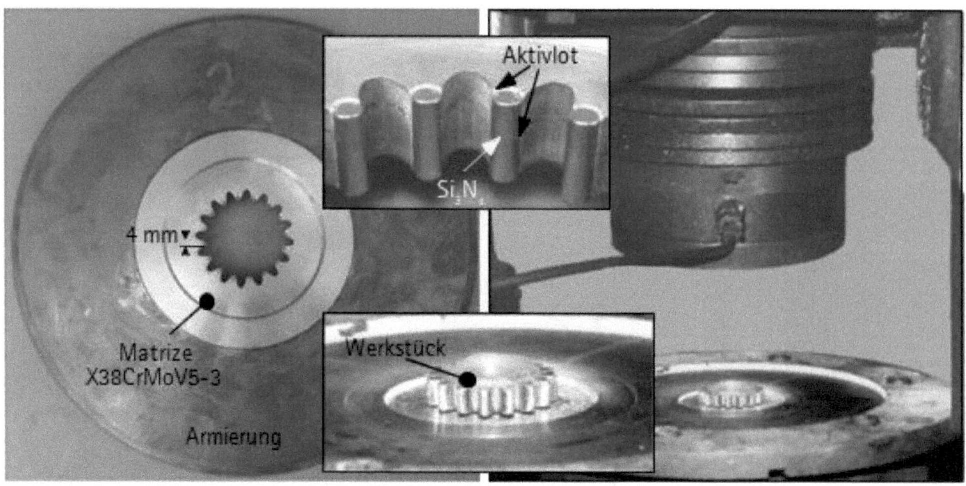

Abb. 3.36 Modellmatrize für das Schmieden von gerad verzahnten Zahnrädern

Standmenge allerdings neben einer hohen Metall-Keramik-Verbindungsfestigkeit und einem geringen Verschleißverhalten dieser verstärkten Gesenkbereiche auch die Form und Maßhaltigkeit der Gesenkkontur eine wesentliche Rolle. Daher werden für die Serienproduktion in der Regel gehärtete Gesenkeinsätze erforderlich. Da ein Härten aus dem Lötprozess, wie dargestellt, die Verbindungsfestigkeit empfindlich herabsetzten kann, ist die Auswahl des Gesenkstahls mitentscheidend für den Erfolg dieser Technologie.

3.4 Feinbearbeitung von Keramik-Stahl-Verbunden

Keramik-Stahl-Verbunde bieten ein großes Potenzial hinsichtlich Standzeitverlängerungen von Präzisionsschmiedewerkzeugen und damit für die Erhöhung der Wirtschaftlichkeit und der Qualität des Prozessergebnisses des gesamten Schmiedeprozesses (s. Kap. 1 und 2). Jedoch gehen diese Potenziale auch mit neuen Herausforderungen bei der Herstellung dieser Komponenten einher. So kann der Verbund aufgrund der hohen Härte der Keramik nur durch das Schleifen mit Diamant produktiv bearbeitet werden. Allerdings limitieren chemische Diffusionsprozesse den Einsatz von Diamantwerkzeugen an eisenhaltigen Werkstoffen. Es müssen also Fragen hinsichtlich Werkzeugauslegung und Schleifparameterwahl beantwortet werden um eine produktive gleichzeitige Bearbeitung beider Materialien zu ermöglichen ohne kritischen Werkzeugverschleiß zu verursachen.

Die richtige Prozessauslegung spielt auch bei der erzielbaren Bauteilqualität eine zentrale Rolle. Als primäres Qualitätskriterium gelten die Formgenauigkeit und somit auch ein stufenloser Übergang zwischen den beiden Komponenten des Materialverbundes (s. Abschn. 3.3.3). Hierbei werden Ansätze hinsichtlich der automatisierten Anwendung von materialspezifischen Schleifparametern verfolgt, welche eine Berücksichtigung der unterschiedlichen Materialeigenschaften ermöglicht.

Zur wirtschaftlichen Feinbearbeitung der zum Teil komplex geformten Schmiedegesenke eignet sich im Besonderen die 5-Achs-Technologie. Zur erfolgreichen Anwendung dieser Technologie zum Schleifen von Gesenkkonturen müssen jedoch die Zusammenhänge zwischen flexibler, simultaner Werkzeugführung und der resultierenden thermomechanischen Prozessbelastung bekannt sein, um die geforderten Formgenauigkeit zu erreichen.

3.4.1 Feinbearbeitung von Werkstoffverbunden für Umformgesenke

Der Verschleiß von Umformgesenken ist für das Präzisionsschmieden von Ritzel- oder Kurbelwellen von besonderem Interesse, da dieser in thermomechanisch hoch belasteten Bereichen maßgeblich die Standzeit des Umformgesenks begrenzt (s. Kap. 3.1). Der Einsatz verschleißfester, keramischer Verstärkungen im Stahlgesenk weist hierbei ein hohes Potenzial zur Verlängerung der Standzeit der Gesenke sowie zur Qualitätsverbesserung der geschmiedeten Werkstücke auf (s. Abschn. 3.3.3). Die Kombination der materialspezifischen Eigenschaften, wie z. B. der hohen Härte, der Temperatur- und der Verschleißfestigkeit der Keramik mit der hohen Zähigkeit des Stahls, bieten somit die Möglichkeit, den Verbund optimal an die lokalen Lastkollektive beim Präzisionsschmieden anzupassen. Diese genannten Eigenschaften bergen somit große Herausforderungen bei der Herstellung des Gesenks. Eine Prozessstrategie für eine wirtschaftliche und prozesssichere Feinbearbeitung des Verbundes existiert nicht.

Aufgrund der hohen Härte lassen sich Keramiken bisher nur durch Schleifen wirtschaftlich bearbeiten [Fri06, Mee11, Pet05, Wür11]. In den letzten zehn Jahren sind bei der Bearbeitung von Keramiken große Fortschritte erzielt worden [Mar01, Mee11]. So bietet das Schleifen neben hohen Abtragsleistungen auch die erforderliche Flexibilität zur Bearbeitung von komplexen Geometrien [Pet05]. Zum Einsatz kommen hierbei vorrangig Diamantschleifscheiben, da der Einsatz alternativer Schneidstoffe, wie Kubisches Bornitrid (CBN) oder Korund, aufgrund des hohen Verschleißes nicht wirtschaftlich ist [Möh94, Wür11].

Im Gegensatz dazu werden beim Schleifen von Stahl, insbesondere bei hohen Schnittgeschwindigkeiten und Zeitspanvolumina, CBN-Werkzeuge eingesetzt. Die höhere Härte sowie Verschleißfestigkeit des CBN gegenüber konventionellen Schneidstoffen, wie Korund und Siliziumkarbid, führen zu einer deutlich höheren Leistungsfähigkeit bzw. Prozesssicherheit. Dies ist insbesondere bei der Bearbeitung schwer zerspanbarer Werkstoffe, wie Werkzeugstählen und Nickelbasislegierungen, unabdingbar [Guo07, Kop06, Oli09]. Diamant wird in erster Linie für die Bearbeitung von Keramiken eingesetzt. Für die Bearbeitung von Stahl mit Diamantwerkzeugen sind niedrige Kontaktzonentemperaturen erforderlich, um den, auf der Kohlenstoffaffinität basierenden, chemischen Verschleiß des Diamanten einzugrenzen [Mar01]. Im Vergleich zu Diamant bietet CBN aufgrund seiner

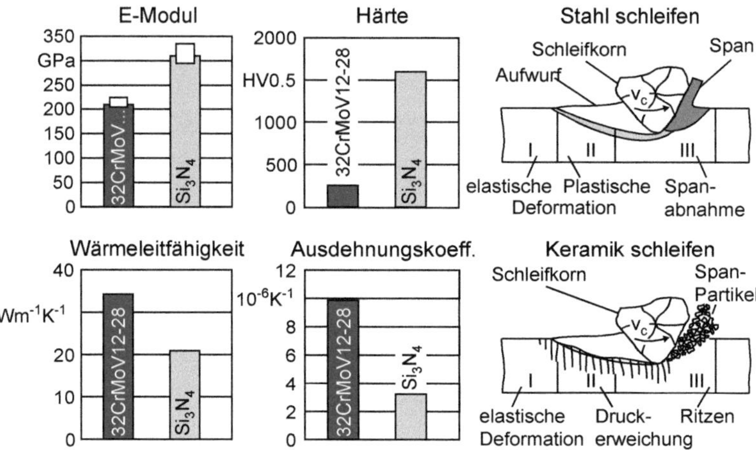

Abb. 3.37 Modellmatrize für das Schmieden von gerad verzahnten Zahnrädern

besseren chemischen Beständigkeit bei hohen Temperaturen daher wesentliche Vorteile bei der Feinbearbeitung von Stahl. So liegt die Härte des CBN-Korn ab einer Temperatur von 900 °C über der des Diamant-Korns. Darüber hinaus zeigt CBN keine chemische Affinität gegenüber kohlenstoffhaltigen Materialien [DeV72].

Für eine wirtschaftliche Bearbeitung eines Materialverbundes aus Keramik und Stahl ergeben sich daher weitere Herausforderungen an die Prozessauslegung. Die unterschiedlichen Eigenschaften der Werkstoffe begründen grundsätzlich unterschiedliche Spannbildungsmechanismen (s. Abb. 3.37). Der Elastizitätsmodul und die Härte der betrachteten Siliziumnitridkeramik (Si_3N_4) liegen um ca. 45 % höher als die des Warmarbeitsstahls (1.2365- 32CrMoV12-28). Demgegenüber stehen die höhere Wärmeleitfähigkeit und der höhere Ausdehnungskoeffizient des Stahls [Lie98]. Bei der Schleifbearbeitung wird der Abtrag beim Stahl im wesentlichen durch eine duktile Spannbildung vollzogen. Beim Keramikschleifen erfolgt der Materialabtrag hingegen durch Rissinitiierung und -ausbreitung (s. Abb. 3.37) [Fri06].

Die bekannten Zusammenhänge aus der Einzelbearbeitung können aufgrund von Wechselwirkungen (s. Abschn. 3.1.2) jedoch nicht ohne Weiteres auf die Bearbeitung des Werkzeugverbundes übertragen werden. Folglich sind speziell auf die simultane Bearbeitung von Keramik- und Stahlwerkstoffen angepasste Werkzeugspezifikationen, Konditionierverfahren und Schleifstrategien notwendig. Ein zentraler Punkt ist hier die materialspezifische Auslegung der Schleifparameter hinsichtlich Schnitt- und Vorschubgeschwindigkeit. Aufgrund der genannten materialspezifischen Eigenschaften sowie der unterschiedlichen Trennmechanismen reagieren die Materialen unterschiedlich auf die während der Schleifbearbeitung induzierten thermomechanischen Belastungen. Dies führt bei Anwendung nicht materialspezifisch angepasster Schleifparameter zu Konturabweichungen und Stufenbildung am Verbundübergang. Diese liegen im Wesentlichen in der endlichen Steifigkeit der Schleifmaschine sowie der unterschiedlich elastischen Verformung und Wärmeausdehnung des Verbundes begründet.

Ein Ansatz zur Feinbearbeitung von Materialverbunden an Zerspanwerkzeugen ist in der Arbeit von WÜRZ dargestellt [Wür11]. Würz untersucht die Einflüsse der Schleifscheibenbindung sowie der Prozessparameter Schnittgeschwindigkeit und Vorschubgeschwindigkeit auf die Schleifbearbeitung eines Keramik-Hartmetall-Schichtverbundes. Hierbei erwies sich eine kunstharzgebundene Diamantschleifscheibe mit der Diamantkorngröße 64 μm und Konzentration C100 (8,8 Kt/cm^3) aufgrund ihres günstigeren Verschleißverhaltens infolge hoher Kornhaltekräfte als wirtschaftlicher als eine vergleichbare Schleifscheibe mit keramischer Bindung. So lässt sich in diesem Fall der Verbund mit einer Kunstharzbindung mit doppelter Vorschubgeschwindigkeit bei gleicher thermischer Belastung bearbeiten. Ferner ist eine Schleifbearbeitung senkrecht zum Materialübergang von Vorteil, da so ein gleichmäßiger Verschleiß des im Eingriff befindlichen Schleifscheibenbelags abwechselnd durch beide Materialanteile generiert wird [Wür11].

Bei keramikverstärkten Präzisionsschmiedegesenken liegen die Verbundpartner mit deutlichen Volumenunterschieden vor. Um sicher zu gehen, dass bei der Bearbeitung jeder Werkstoff mit den entsprechenden materialspezifischen Parametern geschliffen wird, ist eine In-Prozess-Identifizierung des momentan im Eingriff befindlichen Materials notwendig. Hierfür eignet sich im Besonderen Acoustic-Emission (AE) Analyseverfahren [Mey91, Klu94]. Dies sind Körperschallsignale im Frequenzspektrum des Ultraschalls, welche bei der Schleifbearbeitung in erster Linie aus dem Korneingriff in das Material hervorgehen. Sie breiten sich somit von der eigentlichen Wirkstelle durch das Werkstück und das Werkzeug aus. Entstehungsursachen für die Körperschallsignale sind die Effekte der Spannabnahme, des Schleifscheibenverschleißes, aber auch Randzonenveränderung. Aufgrund des schnellen Ansprechverhaltens und der hohen Empfindlichkeit werden AE-Signale schon seit geraumer Zeit zur Kollisions- bzw. Anschnitterkennung, sowie für die Überwachung bei der Konditionierung von Schleifscheiben eingesetzt [Bou08, Min10, Oli01]. Hierbei wird die Differenz zwischen einer Bewegung in Luft, ohne Scheibe-Werkstück-Kontakt, und einer Berührung der beiden Wirkpartner ausgewertet. Der zeitliche Amplitudenverlauf kann während der Bearbeitung zur Überwachung der Werkzeug-Werkstückdurchdringung (Zustellungsüberwachung) genutzt werden. Ferner können mit Hilfe der AE-Signalleistungen Schleifscheibeneigenschaften, wie Kornmaterial und –härte sowie Bindungshärte charakterisiert werden. Spektralanalysen des AE-Signals werden des Weiteren genutzt, um Rückschlüsse auf unterschiedliche Werkstoffeigenschaften zu erhalten [Den08h, Mey91, Klu94].

Gesenke, welche zum Schmieden von Kurbel- oder Ritzelwellen eingesetzt werden, verfügen über komplexe Geometrieelemente von einfach-, über mehrfach- bis hin zu frei geformten Oberflächen. Das sogenannte Formschleifen bietet eine Möglichkeit, diese komplex geformten Oberflächen fein zu bearbeiten. Je nach geometrischer Beschaffenheit des Bauteils bieten sich die Verfahren Bandschleifen oder das Schleifen mit torischen Schleifscheiben oder –stiften an [Boe07, Den10m, Jan07, Mee11]. Beim Bandschleifen handelt es sich entsprechend DIN 8589-12 um ein NC-Formschleifverfahren, bei dem ein Schleifband, welches um mindestens zwei rotierende Rollen läuft, in der Kontaktzone an die zu schleifende Oberfläche gepresst wird. Hierbei wird das Werkzeug zumeist von Industrierobotern oder Werkzeugmaschinen geführt. Gravierende Nachteile dieses Verfahrens sind der geringe Materialabtrag sowie der hohe Schleifbandverschleiß, wodurch die Produktivität eingeschränkt ist. Darüber hinaus lassen sich die Schleifbänder nicht durch Abrichten neu konditionieren, so dass die Bänder gewechselt werden müssen [Boe07, Cab03, Töns02].

Eine wirtschaftliche Alternative zum Bandschleifprozess stellt das Formschleifen mit torischen Werkzeugen dar [DIN8589–11]. Mehrschichtige torische Werkzeuge lassen sich durch Abrichten neu konditionieren. Durch eine geeignete Führung des Werkzeugs mittels simultaner Bewegung von mindestens fünf NC-gesteuerten Achsen erlaubt die torische Form eine flexible Anpassung der Werkzeuganstellung an eine komplexe Werkstückoberfläche. Für eine effiziente Bearbeitung von großflächigen Bauteilen sind Schleifscheiben zu bevorzugen, da sie im Vergleich zu Schleifstiften über eine wesentlich größere effektive Schleifscheibenoberfläche verfügen. Der Materialabtrag erfolgt hierbei zeilenweise durch mehrere nebeneinander liegende Schleifbahnen. Im Gegensatz zum Profil- oder Flachschleifen ist bei diesem Verfahren die Kontaktzone zwischen Werkzeug und Bauteil eher klein, so dass die thermomechanischen Belastungen deutlich geringer sind [Den10m, Heg99, Zan95]. Gerade bei der Fertigung kleiner Losgrößen mit variabler Bauteilgeometrie lassen sich durch das universell einsetzbare Formschleifen mit Torusschleifscheibe die Werkzeug- und somit die Herstellkosten deutlich senken [Dam04].

3.4.2 Auslegung des Schleifwerkzeugs und der Prozessparameter für die Verbundbearbeitung

3.4.2.1 Schneidstoff und Bindungsspezifikation

Keramikwerkstoffe werden in der industriellen Fertigung vornehmlich durch Diamantwerkzeuge bearbeitet, da nur diese die notwendige Härte und Abrasionsbeständigkeit zur Verfügung stellen. Bei der Stahlbearbeitung mit Diamant tritt jedoch ein erhöhter Verschleiß aufgrund von Kohlenstoffdiffusion vom Diamantkorn in die Stahloberfläche auf (s. Abb. 3.38). Diese Tatsache stellt bei der Verbundbearbeitung das wesentliche Kriterium für die Prozessauslegung dar. Kohlenstoff-Diffusionsprozesse sind immer temperaturabhängig. Analogieuntersuchungen, in denen Diamantkörner mit einer definierten Kraft in eine erhitzte Stahlprobe gedrückt wurden, zeigen, dass ab einer Temperatur von 650 °C deutlich angeraute oder eingeebnete Diamantoberflächen hervorgerufen werden. Darüber hinaus treten oberhalb dieser Temperatur zunehmend Materialanhaftungen am Diamantkorn auf. Bei einer Temperatur von 700 °C sind sogar deutlich Absplitterungen am Diamant zu erkennen. Ferner nimmt ab einer Temperatur von 600 °C der Kohlenstoffgehalt der Stahlprobe zu, welches auf einen Diffusionsfortschritt hinweist (s. Abb. 3.38) [Tön02b].

Daher ist beim Schleifen des Keramik-Stahl-Verbundes mit Naturdiamant maßgeblich darauf zu achten, dass die dargestellte kritische Temperatur von 600 °C in

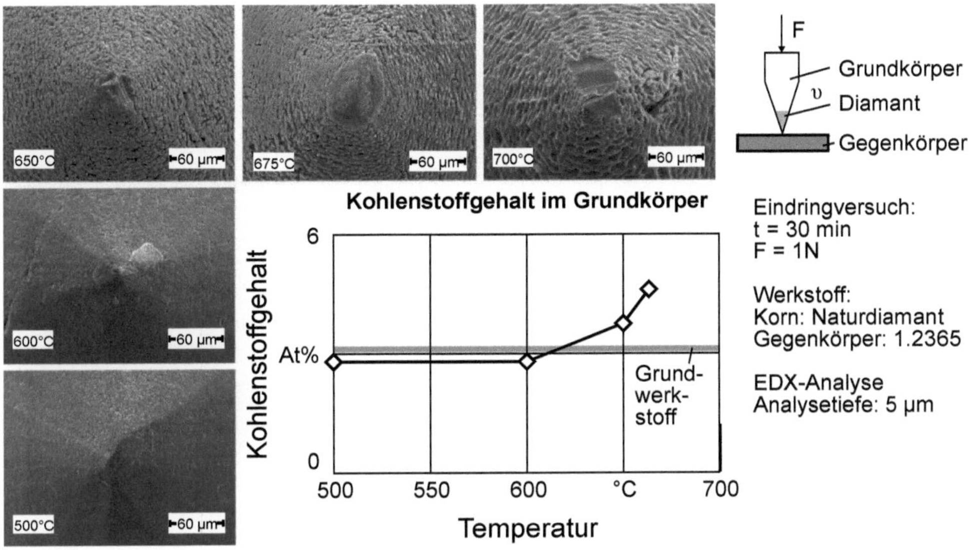

Abb. 3.38 Kohlenstoffdiffusion zwischen Diamant und Stahl [Tön02b]

der Werkzeug-Werkstück-Kontaktzone nicht überschritten wird, um einen erhöhten chemischen Verschleiß des Werkzeugs zu verhindern.

Beim Schleifen beeinflussen die Prozessstellgrößen Schnitt- und Vorschubgeschwindigkeit und Zustellung über die Größen Zerspanvolumen, Einzelkornspanungsdicke und Kontaktlänge die Prozesskraftkomponenten. Dies ist von Bedeutung, da die tangentiale Schleifkraft direkte Auswirkung auf die Temperatur in der Kontaktzone besitzt [Jae42]. In Abb. 3.39 sind die beim Schleifen des Verbundes vorliegenden Normal- und Tangentialkräfte jeweils für ein Schleifwerkzeug mit keramischer Bindung sowie Kunstharzbindung aufgetragen. Bei Betrachtung der Normalkraftverläufe ist bei Verwendung einer Kunstharzbindung eine steigende Tendenz mit fortschreitendem Zerspanvolumen zu erkennen. Dahingegen sinken die Normalkräfte beim Einsatz der keramischen Schleifscheibe kontinuierlich. Bei Einsatz der Kunstharzbindung bleiben die Tangentialkräfte weitestgehend konstant, wohingegen diese der Keramikbindung fortwährend abnehmen.

Diese Verläufe der Kraftkomponenten können im Wesentlichen durch den während der Bearbeitung fortschreitenden Werkzeugverschleiß erklärt werden, wie in Abb. 3.40 zu sehen ist. Die Rasterelektronenmikroskopaufnahme (REM) zeigt hier die Oberfläche einer kunstharzgebundenen Schleifscheibe nach der Parallelbearbeitung eines Verbundes aus Stahl und Keramik. Oben ist der Bereich der Schleifscheibe dargestellt, mit dem Keramik bearbeitet worden ist. Die Oberfläche weist eine schneidfreudige Topografie auf. Der untere Bereich hat die Stahlkomponente bearbeitet. Dieser Bereich zeigt hingegen eine abgestumpfte, eingeebnete Oberfläche mit teilweise freien Porenräumen in denen Schleifkörner ausgebrochen sind. Hierdurch erklärt sich das Ansteigen der Normalkräfte

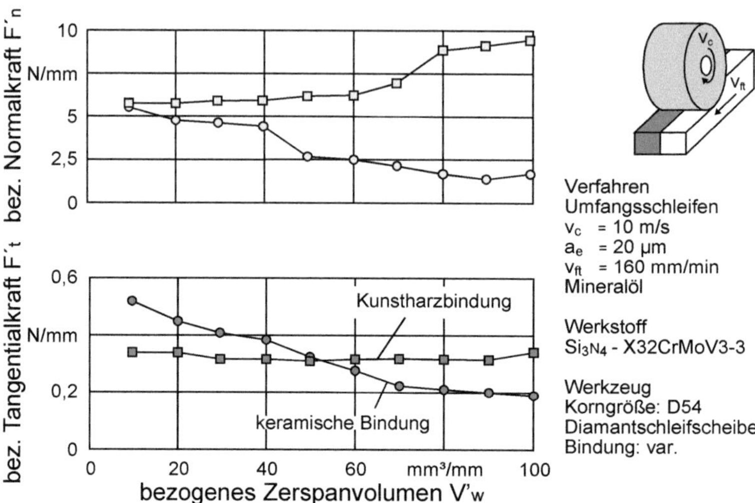

Abb. 3.39 Kohlenstoffdiffusion zwischen Diamant und Stahl

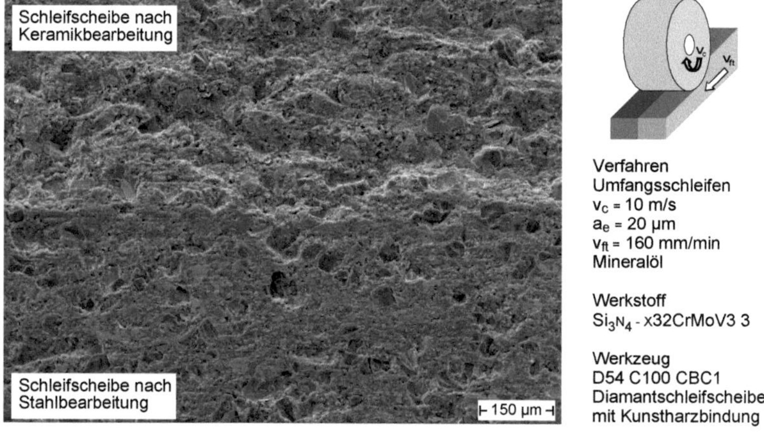

Abb. 3.40 REM-Aufnahme der Werkzeugtopografie nach Parallelbearbeitung eines Keramik-Stahl-Verbundes

bei gleichzeitig konstanten Tangentialkräften infolge des erhöhten ausgeübten Drucks des Schleifwerkzeugs.

Im Gegensatz zur Kunstharzbindung zeichnen sich keramisch gebundene Schleifscheiben durch hohe härtebedingte Verschleißfestigkeit, hohe Porosität und gute thermische Beständigkeit aus [Den05b, Den05c]. Darüber hinaus liegt auch ein besonderer Vorteil in der guten Abrichtbarkeit, welche gerade bei der Erzeugung geometrisch komplexer Schleifscheibenkonturen notwendig ist. Die großen Porenräume vermindern ferner das Zusetzen durch Stahlspäne, wodurch im Prozess weniger Reibung und somit weniger Wärme gene-

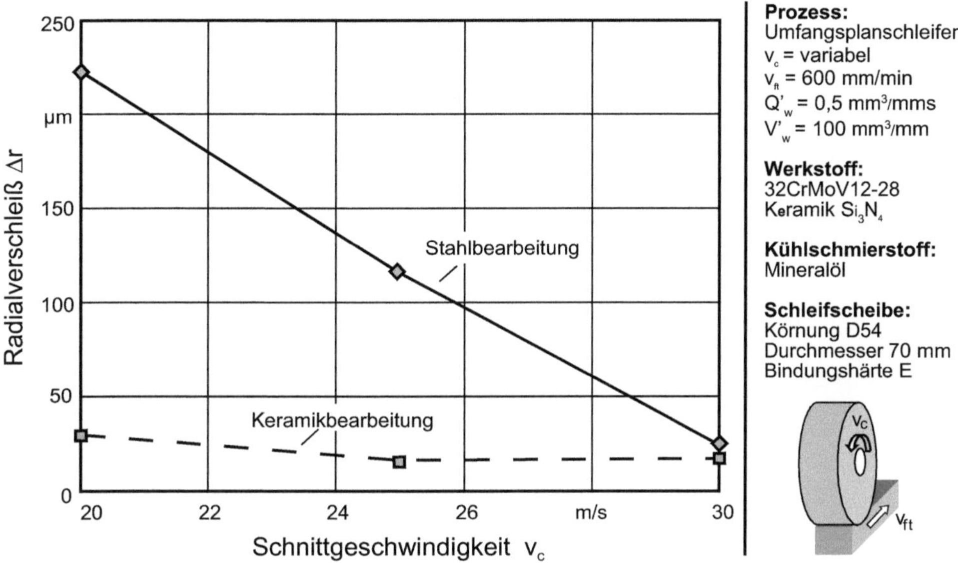

Abb. 3.41 Einfluss der Schnittgeschwindigkeit und der Schleifscheibenspezifikation auf den radialen Verschleiß

riert wird. Aus diesem Grund besitzen Diamantschleifscheiben mit keramischer Bindung ein weitaus höheres Potenzial beim Einsatz an Keramik-Stahl-Verbunden.

3.4.2.2 Korngröße und Bindungshärte

Eine Erhöhung der Bindungshärte sowie Reduzierung der Korngröße führt im Allgemeinen zum höheren Widerstand gegen das Ausbrechen der Körner, welches eine der Hauptverschleißursachen neben den Diffusionseffekten beim Schleifen von Stahl mit keramisch gebundenen Schleifscheiben darstellt. Durch den Einsatz einer gröberen Diamantkörnung wird der Spanraum des Schleifbelags erhöht, so dass die Zusetzungen des Schleifbelags reduziert werden. Die Wirkung dieser Variationen wird in Abb. 3.5 anhand des Radialverschleißes Δr dargestellt. Hierbei wird neben der Bindungsspezifikation und der Korngröße auch der Einfluss der Schnittgeschwindigkeit in einem Bereich von $v_c = 20$ – 30 m/s aufgezeigt. Der wesentliche Verschleißanteil wird hierbei durch die Stahlbearbeitung hervorgerufen. Mit Erhöhung der Schnittgeschwindigkeit von $v_c = 20$ m/s auf $v_c = 30$ m/s nimmt der Verschleißunterschied zwischen Stahl- und Keramikbearbeitung immer weiter ab. Dies ist auf die Reduzierung der Einzelkornspanungsdicke und damit auf eine Abnahme der mechanischen Werkzeugbelastung zurückzuführen. Bei der Stahlbearbeitung hat die Wahl der Bindungshärte einen großen Einfluss auf den Radialverschleiß. Wie erwartet nimmt mit erhöhter Bindungshärte der Radialverschleiß deutlich ab, da der Widerstand gegen Kornausbruch infolge größerer Kornhaltekräfte steigt [Den05b, Den05c] (Abb. 3.41).

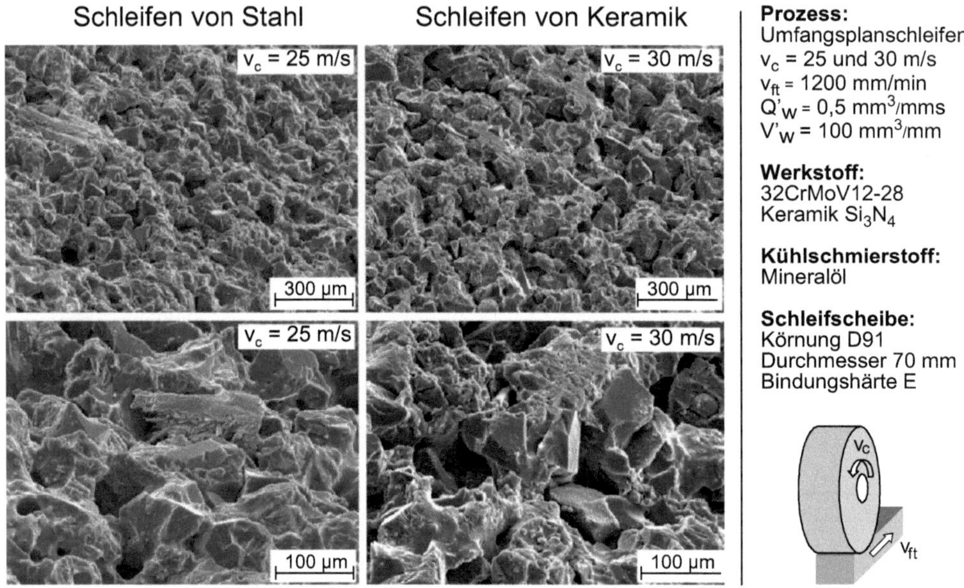

Abb. 3.42 Schleifscheibentopografie nach dem Schleifen von Stahl und Keramik

Im Vergleich zum Verschleißverhalten kunstharzgebundener Schleifscheiben, welche hauptsächlich durch die abrasive Wirkung der Stahlspäne zurückgesetzt und eingeebnet werden, stellt sich bei der Keramikbindung ein anderer Verschleißmechanismus ein. Da die keramische Bindung eine höhere Härte als Stahl aufweist, entsteht beim Schleifen von Stahl keine abrasive Zurücksetzung der Bindung (s. Abb. 3.42 links). Außerdem zeichnet sich im Gegensatz zur Kunstharzbindung die keramische Bindung durch eine hohe Porosität aus. Die beim Schleifen von Stahl entstehenden Späne setzen die Poren im Scheibenbelag zu, wodurch das spröde Bindungsmaterial sofort oder erst durch den Druck der nachkommenden Späne aufbricht. Dies kann in kleinen Ausbrüchen resultieren oder im geringeren Umfang zum Ausbrechen ganzer Bindungsbereiche führen.

Die Bilder der Scheibentopografie nach dem Schleifen des Keramikwerkstoffs zeigen, dass das Bindungsmaterial durch die abrasive Wirkung der härteren Keramikpartikel abgetragen wird (s. Abb. 3.42 rechts) [Den05b, Den05c].

Bei der geringeren Schnittgeschwindigkeit entsteht eine offene Belagstopografie. Bei diesen Prozessbedingungen kommt es, aufgrund der Zusetzungen und den damit verbundenen größeren Spanungsdicken der aktiv am Prozess beteiligten Körner, in erster Linie zu einem deutlichen Zurücksetzen des Bindungsbelages. Dies führt zu einem großen Verschleiß [Den05d]. In Abb. 3.43 oben sind sehr gut die Bereiche zu erkennen, aus welchen komplette Bindungskollektive ausgebrochen wurden. Im Vergleich dazu weist der Oberflächenzustand, der beim Schleifen mit der höheren Schnittgeschwindigkeit entstanden ist, eine relativ geschlossene Belagstopografie auf, da die geringeren Spanungsdicken kei-

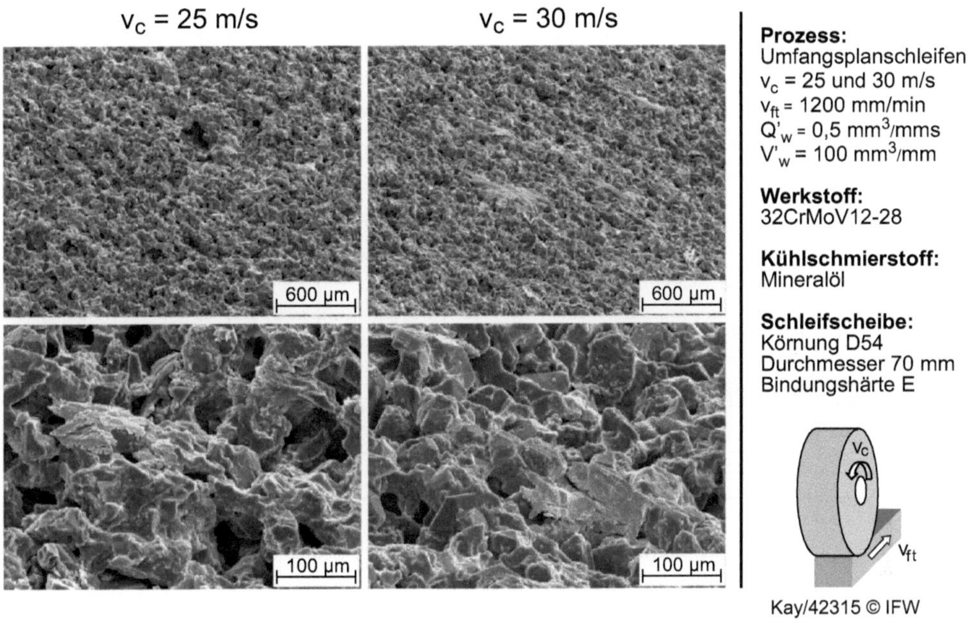

Abb. 3.43 Einfluss der Schnittgeschwindigkeit auf die Schleifscheibentopografie bei der Stahlbearbeitung

ne Ausbrüche des Bindungsmaterials hervorrufen. Jedoch kommt es hierbei vermehrt zu Zusetzungseffekten (s. Abb. 3.43 rechts).

Die mechanischen Belastungen besitzen den Haupteinfluss auf den radialen Verschleiß Δr. Eine Größe, welche in Zusammenhang mit der mechanischen Belastung gebracht werden kann, ist die Einzelkornspanungsdicke hcu [Lie98]. In Abb. 3.44 wird der Einfluss der Einzelkornspanungsdicke auf das Radialverschleißverhältnis $\Delta r(Stahl)/\Delta r(Keramik)$ bei unterschiedlichen Stell- und Systemgrößen beschrieben.

Für jede Schleifscheibenspezifikation sind die Bereiche zu erkennen, in welchen die Steigung des Verschleißverhältnisses ab einer bestimmten Spanungsdicke stark zunimmt. Beim Einsatz der Schleifscheibenspezifikation mit der Korngröße D91 sind darüber hinaus Prozessbereiche mit nahezu konstantem Verschleißverhältnis erkennbar. Da sich beim Schleifen von Keramik der radiale Werkzeugverschleiß kaum ändert, sind diese Sprünge nach diesem konstanten Verlauf ausschließlich auf die Verschleißvorgänge bei der Stahlzerspanung zurückzuführen. Diese Ergebnisse lassen darauf schließen, dass bei Überschreiten einer Einzelkornspanungsdicke $h_{cu,\,Grenz}$ die Stahlspäne zu einem verstärkten Verschleiß führen. Ab dieser Grenz-Einzelkornspanungsdicke wird das Bindungsmaterial so stark zurückgesetzt, dass Körner nicht mehr in der Bindung gehalten werden können. Dieser Effekt wird dadurch unterstützt, dass es bei größeren Spanungsdicken zu Zusetzungen an einzelnen Körnern kommt. Diese führen zu einer Reduzierung

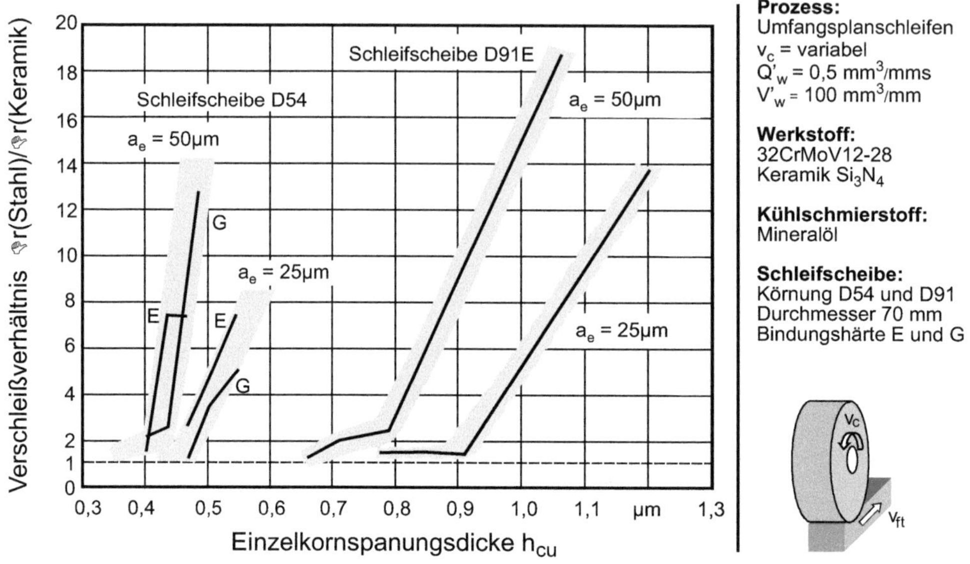

Abb. 3.44 Einfluss der Einzelkornspanungsdicke auf das Radialverschleißverhältnis

der aktiv am Schleifprozess beteiligten Körner und somit wiederum zur Erhöhung der Einzelkornspanungsdicke.

Die Ermittlung der maximalen Einzelkornspanungsdicke $h_{cu,max}$ beim Schleifen von Keramik-Stahl-Verbunden lässt sich in diesem Zusammenhang nutzen, um die Bearbeitungsparameter zu berechnen, welche einen zulässigen Werkzeugverschleiß initiieren. Auf Basis eines Regressionsmodells ergeben sich in Abhängigkeit der Diamantkorngröße d_g, der Bindungshärte sowie dem Arbeitseingriff a_e folgende Zusammenhänge:

$$h_{cu,max} \sim f(d_g) \cdot f(a_e) \tag{3.3}$$

Die Einzelkornspanungsdicke verhält sich über der Korngröße, als auch über dem Arbeitseingriff logarithmisch. Daher wird folgender Ansatz gewählt:

$$h_{cu,max} < c_{dg} \cdot {d_g}^{e1} \cdot c_{1g} \cdot {a_e}^{e2} \tag{3.4}$$

Aus den Ergebnissen und den gegebenen Bedingungen resultieren daraus auf Basis einer Regressionsrechnung folgende Konstanten:

$$h_{cu,max} < 10{,}91 \cdot {d_g}^{1,33} \cdot {a_e}^{-0,2} \tag{3.5}$$

Die Bindungsart- und härte sowie die verwendeten Diamantkorngröße besitzen somit einen wesentlichen Einfluss auf den makroskopischen radialen Schleifscheibenverschleiß. Darüber hinaus kann durch eine geeignete Wahl der Zustellung ein gleichmäßiges Verschleißverhältnis bei Stahl- und Keramikbearbeitung eingestellt werden.

Tab. 3.1 Experimentell untersuchte Stellgrößenvariation

Stellgröße		
Schnittgeschwindigkeit	v_c	20/30/40 m/s
Einzelkornspanungsdicke Material	$h_{c,max}$	0,45/0,90 µm Stahl/Keramik/Verbund
Korntyp		D91 MBG600/RVG

3.4.2.3 Korntyp

Neben dem makroskopischen Werkzeugverschleiß ist jedoch auch das mikroskopische Verschleißverhalten des Schneidstoffes von großer Bedeutung, da dieses direkt mit der Schneidfreudigkeit und somit mit der Leistungsfähigkeit der Schleifscheibe in Zusammenhang steht. Hierbei spielt die Wahl der geeigneten Kornform eine zentrale Rolle. Die Verbundbearbeitung ist durch einen erhöhten Kornverschleiß des Schleifscheibenbelags gekennzeichnet, da gleichzeitig hohe tribochemische als auch starke mechanische Beanspruchungen vorliegen. Die Diamanten unterscheiden sich durch ihre Kristallform, welche als „blockig" oder „splittrig" bezeichnet werden, sowie durch ihre Schlagzähigkeit und thermische Stabilität. Exemplarisch werden bei der Feinbearbeitung von Keramik-Stahl-Verbunden ein sehr blockiges, schlagzähes MBG-Korn sowie ein splitterfreudiges RVG-Korn verwendet. Allgemein wird das Verschleißverhalten der unterschiedlichen Korntypen anhand von Längsritzexperimenten ermittelt. Um ein Vergleichbarkeit zu gewährleisten werden die Analogieuntersuchungen unter Beibehaltung einer dem realen Schleifprozess entsprechenden Einzelkornspanungsdicke hc, max durchgeführt. Hierfür werden auf der Umfangsfläche einer gewuchteten Scheibe mit dem Durchmesser $d_s = 407$ mm Ritzstifte befestigt. Unter Berücksichtigung der veränderten Schneidenzahl und des Schleifscheibendurchmessers wird für eine identische Einzelkornspanungsdicke hc, max beim Längsritzen eine Vorschubgeschwindigkeit $v_{ft=}$ 81,2 mm/min berechnet [Kas69]. In Tab. 3.1 sind für einen solchen Versuchsaufbau die eingestellten System- und Stellgrößen beispielhaft aufgelistet.

Um während der Analogieuntersuchungen ähnliche Randbedingungen wie beim realen Schleifprozess zu erzielen, sind die Diamanten in eine keramische Bindung eingebettet. Anhand von REM-Aufnahmen lassen sich die vorliegenden Verschleißarten der Diamantkörner vor und nach dem Einsatz charakterisiert (s. Abb. 3.45).

Bei der Bearbeitung von Verbunden aus Stahl und Keramik tritt das Schleifkorn nach einer Schleiflänge von $l_s = 10$ mm in den jeweils anderen Werkstoff ein. Dies führt abwechselnd zu unterschiedlichen Verschleißphänomenen, welche sich wechselseitig beeinflussen. Die Anflachungen durch die Stahlbearbeitung führen beim Eintritt in die Keramik zu einer Bearbeitung mit stark negativem Spanwinkel und zu einer großen Einzelkornkontaktfläche. Aufgrund der hohen Härte der Keramik entstehen hierbei hohe Flächenpressungen, Reibkräfte sowie Schlagbelastungen. Die daraus resultierende Scherbelastung innerhalb des Diamanten begünstigt dessen Splitterung. Diese kombinierte Belastung ist in Abb. 3.45 am MBG-Korn erkennbar. Die dargestellten angegriffenen Kornflanken sind bei keinem Versuchsdurchgang, bei dem Stahl oder Keramik separat geritzt wurde, aufgetreten.

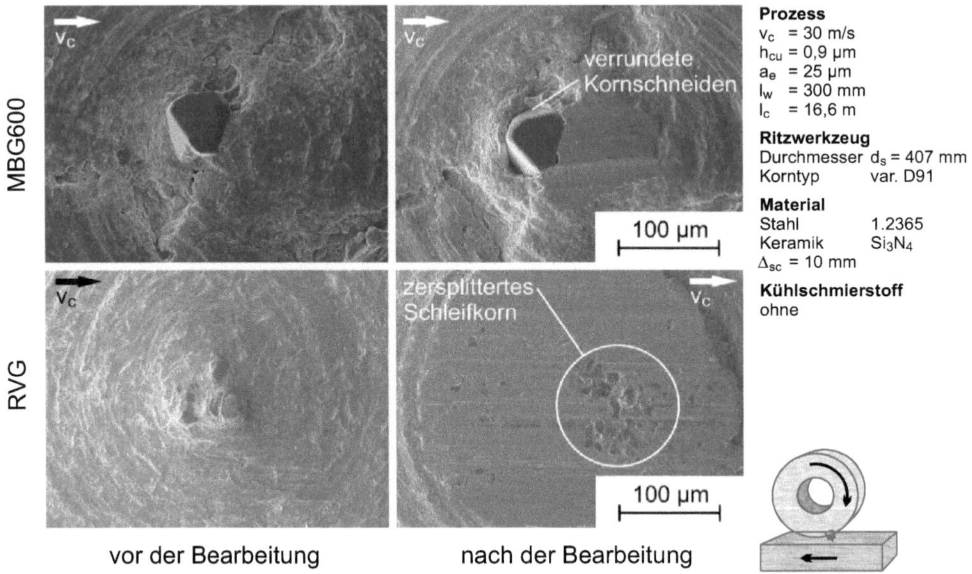

Abb. 3.45 Verschleißverhalten bei der Verbundbearbeitung in Abhängigkeit des Diamantkorntyps

Die splittrigen RVG-Körner versagen bei der Verbundbearbeitung aufgrund vollständiger Zersplitterung (s. Abb. 3.45 unten). Die Fragmente des zerstörten Schleifkorns arbeiten sich hierbei in den Ritzstiftgrundkörper ein. Bei der getrennten Stahl- oder Keramikbearbeitung splittern Teile die Schneide zwar auch ab, das Korn bleibt jedoch im Gesamten noch erhalten.

Für die Bearbeitung von Keramik-Stahl-Verbunden sind keramisch gebundene Diamantschleifscheiben mit blockigem Korn am besten geeignet. Die hohe Härte der keramischen Bindung gepaart mit großen blockigen Diamantkörnern (D91) sorgen für einen großen Widerstand gegen makroskopischen Verschleiß infolge Abrasion und Kornausbruch. Die vorteilhafte Porosität der keramischen Bindung sorgt darüber hinaus für eine exzellente Abricht- und Profilierbarkeit. Ferner wird durch den großen Porenraum die Kühlung der Wirkzone begünstigt und somit thermischer Verschleiß der Diamanten bei der Stahlbearbeitung vermindert [Den08j].

3.4.3 Erkennung des Materialübergangs zur Stufenvermeidung durch materialgerechte Anpassung der Prozessparameter

3.4.3.1 Materialspezifische Parameteranpassung

Beim Schleifen von Materialverbunden kommt es an den Materialübergängen zu Geometriefehlern durch die Ausbildung einer Übergangsstufe. Diese kann im späteren Einsatz der keramikverstärkten Gesenke zu frühzeitigem Versagen des Werkzeugs führen. An

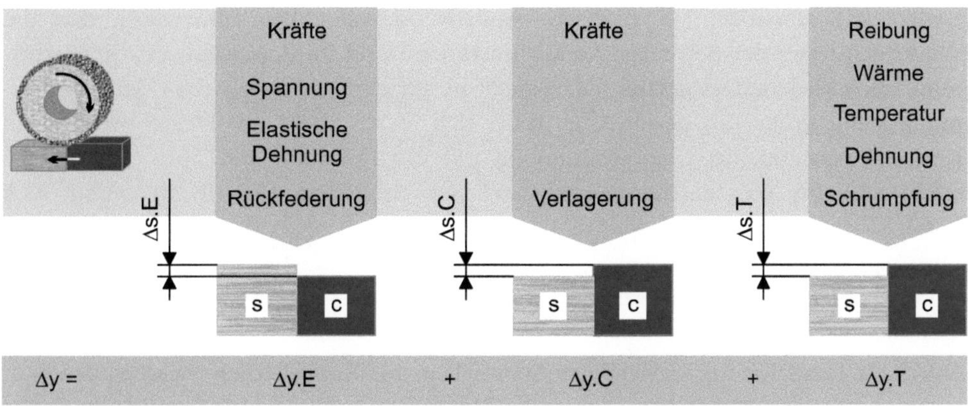

Abb. 3.46 Modell zur Erklärung der Stufenbildung bei der Verbundbearbeitung

dem Materialübergang können sich lokale Spannungsspitzen ausbilden, welche in einem Ausbruch und damit in einer irreparablen Schädigung des gesamten Gesenks resultieren (s. Abschn. 3.3.3). Diese Stufenbildung ist durch einen an den zu bearbeitenden Werkstoff angepassten Schleifprozess zu vermeiden.

Zur Auslegung des Schleifprozess für die Feinbearbeitung von Keramik-Stahl-Verbunden ist die Kenntnis der Wechselwirkungen zwischen eingesetzten Parametern, den thermomechanischen Belastungen sowie den materialspezifischen elastischen Verformungen der Werkstoffe notwendig [Den08i].

Die messbare Stufenhöhe Δs beschreibt den relativen Versatz am Übergang der Materialien. Dieser ist darauf zurückzuführen, dass Abweichungen Δy während der Schleifbearbeitung in Abhängigkeit des Werkstoffs entstehen und diese für jedes Material unterschiedlich ausgeprägt sind. Die Abweichung Δy ist in Richtung des Maschinenkoordinatensystems definiert und beschreibt die Abweichungen des Berührpunktes zwischen Bauteiloberfläche und Werkzeug zum Zeitpunkt der Bearbeitung. Dabei ist die Summe der Abweichungen aus elastischer Dehnung $\Delta y.E$, Maschinennachgiebigkeit $\Delta y.C$ sowie thermischer Dehnung $\Delta y.T$ zusammengesetzt (s. Abb. 3.46).

Gemessen wird die Stufenhöhe Δs am Übergang Stahl-Keramik vom Stahl in Richtung der Keramik, wobei eine überstehende Keramik als positiver Überstand definiert ist:

$$\Delta \mathrm{s} = -(\Delta \mathrm{y.s} - \Delta \mathrm{y.c}) \tag{3.6}$$

Durch Überlagerung der genannten Einflüsse ergibt sich für jeden Werkstoff eine materialspezifische Abweichung $\Delta y.s$ bzw. $\Delta y.c$, wohingegen die Differenz dieser Abweichungen die zurückbleibende Stufenhöhe Δs bedingt. Zur Prognose der Stufenhöhe Δs durch ein Modell ist es daher erforderlich, die Abweichungen Δy für jedes Material getrennt zu bestimmen und daraus die Stufenhöhe Δs abzuleiten.

Im Folgenden werden die drei Anteile des vorgestellten Modellansatzes der Abweichung Δy basierend auf physikalischen Vorgängen während der Schleifbearbeitung analytisch beschrieben. Die elastische Bauteilverformung $\Delta y.E$ führt dazu, dass das Werkstück unter der Schleiflast komprimiert wird und im Anschluss an die Bearbeitung, zurückfedert. Das geschliffene Bauteil ist aufgrund der elastischen Bauteilverformung somit größer als gewünscht, wobei sich dieser Effekt mit kleiner werdendem E-Modul verstärkt. In Übereinstimmung mit der Definition der Stufe aus Gl. 3.6 ergibt sich für die Stufenhöhe aufgrund der elastischen Bauteilverformung $\Delta s.E$ (s. Gl. 3.7):

$$\Delta \text{s.E} = -(\Delta \text{y.E.s} - \Delta \text{y.E.c}) = -\left(\frac{F_{n.s}}{l_k \cdot a_p \cdot \text{E.s} \cdot l_y} - \frac{F_{n.c}}{l_k \cdot a_p \cdot \text{E.c} \cdot l_y}\right) \tag{3.7}$$

Durch die Elastizität der verwendeten Materialien, den Koppelstellen zwischen den Bauteilen und dem geometrischen Aufbau des Maschinengestells, führen Bearbeitungskräfte zu einem Auffedern der Werkzeugmaschine [Den09l, Wec06]. Die Steifigkeit ist somit begrenzt und es entstehen Abweichungen zwischen der Soll- und der Ist-Position des Schleifwerkzeugs. Eine solche Werkzeugabdrängung führt dazu, dass das Bauteil größer wird als beabsichtigt. Hierzu wurde die Steifigkeit cn des Maschinensystems in Normalkraftrichtung experimentell bestimmt und zur Berechnung der materialspezifischen Abweichung $\Delta y.C$ sowie der daraus resultierenden Stufenhöhe $\Delta s.C$ herangezogen (s. Gl. 3.8).

$$\Delta \text{s.C} = -(\Delta \text{y.C.s} - \Delta \text{y.C.c}) = -\left(\frac{F_{n.s}}{c_{n(F_{n.s})}} - \frac{F_{n.c}}{c_{n(F_{n.c})}}\right) \tag{3.8}$$

Durch die Schleifbearbeitung kommt es in der Kontaktzone zu Reibvorgängen, elastischen Verformungen und Umformvorgängen sowie zur Spanabnahme. Dies führt zu einer Wärmeentstehung, die in das Werkstück, das Werkzeug sowie den Kühlschmierstoff abfließt, welches u. a. in der Erwärmung des Werkstücks resultiert. Da die meisten technischen Materialien über einen positiven Temperaturausdehnungskoeffizienten verfügen, führt diese Bauteilerwärmung zu einer Ausdehnung des Werkstoffs, wodurch die effektive Zustellung steigt. Hieraus kann, gemäß der von Gl. 3.6 vorgegebenen Definition, die verbleibende Stufenhöhe aufgrund von thermischer Dehnung Δs.T prognostiziert werden (s. Gl. 3.9):

$$\Delta \text{s.T} = -((-\Delta \text{y.T.s}) - (-\Delta \text{y.T.c})) \tag{3.9}$$

Durch die kombinierte Anwendung aus thermischer Simulation nach dem Vorbild der Moving Heat Source nach Jaeger [Jae42] und abgeleiteten Regressionsmodellen aus experimentellen Untersuchungen kann die thermische Dehnung des Keramik-Stahl-Verbunds inklusive der sich ausbildenden Stufe prognostiziert werden (s. Gl. 3.10 und 3.11):

$$\Delta \text{y.T.s} = 3{,}15 \cdot F_t' + 0{,}024 \tag{3.10}$$

und

$$\Delta \text{y.T.c} = 0{,}916 \cdot v_{ft} + 1{,}587 \cdot F_t' + 0{,}517. \tag{3.11}$$

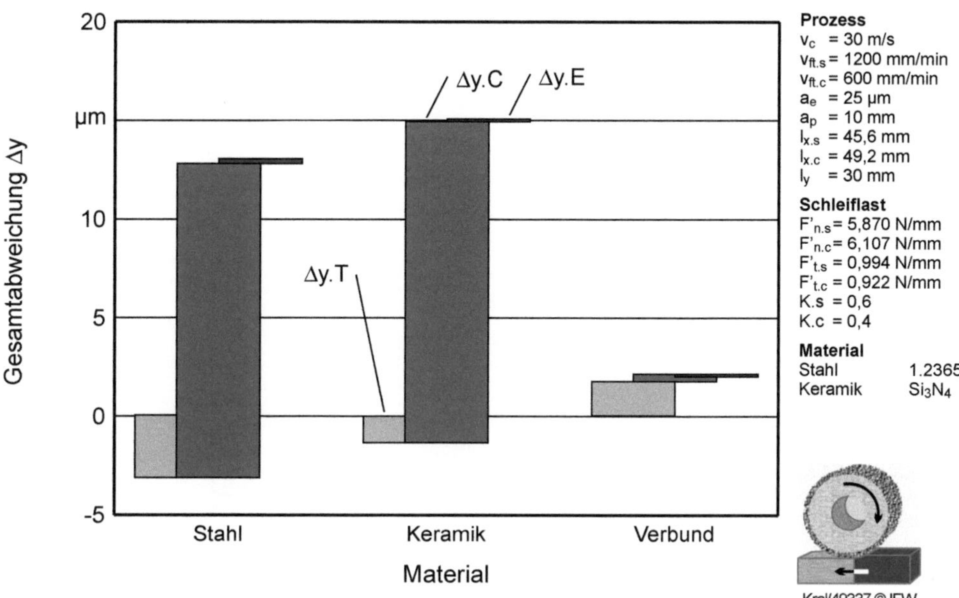

Abb. 3.47 Analyse des Einflusses von thermischen Effekten sowie Steifigkeiten auf Gesamtabweichung

Diese Modelle berücksichtigen elastische Verformungen, Verlagerungen sowie thermische Effekte. Abbildung 3.47 zeigt beispielhaft für eine Bearbeitung, wie sich diese Effekte für Stahl bzw. Keramik zu einer Gesamtabweichung Δy summieren.

Bei der Schleifbearbeitung führt die thermische Ausdehnung des Werkstücks dazu, dass es am fertigen Teil zu einer Schrumpfung kommt. Hierdurch entsteht eine negative Abweichung $\Delta y.T$. Das Bauteil ist kleiner als beabsichtigt. Die Auffederung aufgrund der Prozesskräfte führt zu Verlagerung des Werkzeugs $\Delta y.C$ und resultiert in einem zu großen Bauteil. Die elastische Verformung $\Delta y.E$ verursacht eine Rückfederung der Bauteiloberfläche, so dass auch hier die Bauteilhöhe zunimmt.

Im Vergleich zeigt sich, dass die Verlagerung der Maschine den größten Anteil an den materialspezifischen Abweichungen Δy besitzt. Die thermische Dehnung wirkt dem entgegengesetzt.

Die elastische Rückfederung $\Delta y.E$ bedingt hingegen vergleichsweise geringe Maßabweichungen. Die Einflüsse der Stellgröße Vorschubgeschwindigkeit $vft.c$ bei der Keramikbearbeitung auf die einzelnen Anteile der Abweichung Δy verhalten sich konträr. Gesteigerte Vorschubgeschwindigkeiten führen zu erhöhten Prozesskräften, so dass die Abweichung aufgrund der Maschinenauffederung $\Delta y.C$ zunimmt. Gleichzeitig reduziert eine hohe Vorschubgeschwindigkeit den Wärmeeintrag in das Bauteil, so dass die thermische Dehnung $\Delta y.T$ abnimmt. Die in Folge des Schleifprozesses messbare Stufenhöhe Δs am Übergang des Materialverbundes resultiert jedoch nur indirekt aus den Abweichungen

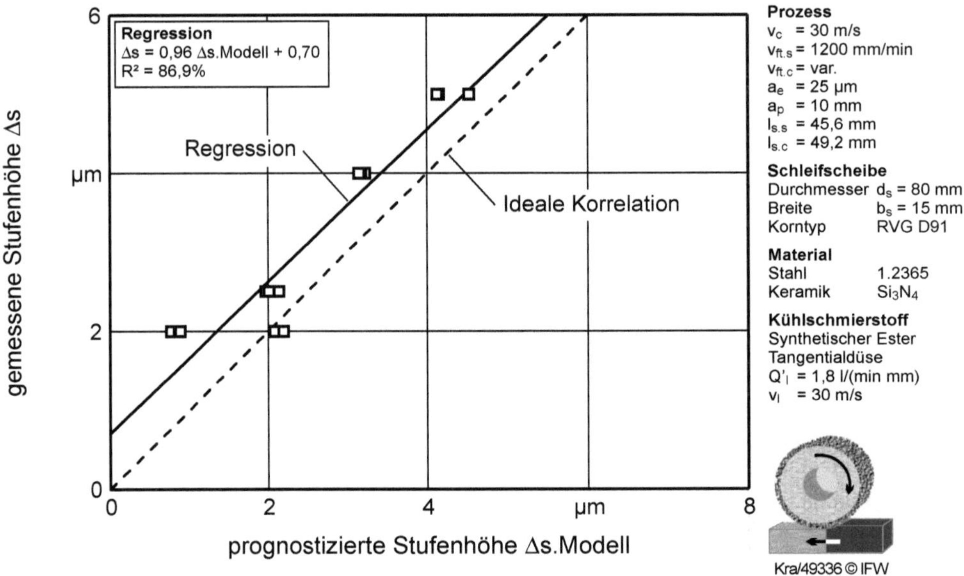

Abb. 3.48 Verifikation des Erklärungsmodells zur verbleibenden Stufe am Materialübergang

Δy der Materialien Stahl und Keramik. Denn nur dann, wenn sich diese Abweichungen unterscheiden, kommt es zu einer verbleibenden Stufe, vollkommen unabhängig von der allgemeinen Maßabweichung des Bauteils. Hinzu kommt, dass unterschiedliche Wirkrichtungen und Beträge der Abweichungen durch Überlagerung an einem Werkstoff zur Reduzierung der Gesamtabweichung Δy führen, am Übergang jedoch additiv die Stufenhöhe Δs bilden. Dieses komplexe, nicht-lineare Verhalten zeigt, dass eine einfache Korrelation der Bearbeitungskräfte zur gemessenen Stufenhöhe Δs nicht möglich ist.

In Abb. 3.48 sind die anhand des Modells prognostizierten Stufen $\Delta s.Modell$ sowie die im Experiment gemessenen Stufen Δs gegenübergestellt. Der direkte Vergleich zeigt, dass eine hohe Übereinstimmung zwischen berechneten und gemessenen Werten vorliegt. Die Residuen liegen in der Größenordnung von $F < 0{,}5\ \mu m$ und damit im Bereich der Anzeigegenauigkeit des verwendeten Feinzeigers zur Ermittlung der Stufe Δs. Die direkte Linearität der Korrelation weist darauf hin, dass in dem Modellansatz alle wichtigen Effekte Berücksichtigung finden und die Stufenentstehung hinreichend genau erklärt wird.

Das vorgestellte Modell, das die Einflüsse der Stell- und Prozessgrößen auf die Materialstufenbildung beschreibt, kann genutzt werden, um diejenigen Prozessparameter zu identifizieren, welche eine stufenlose Bearbeitung von Materialverbunden aus Stahl und Keramik erlauben. Dies ist notwendig, um gleichmäßige Funktionsflächen herzustellen und Verbunde in technischen Anwendungen nutzen zu können.

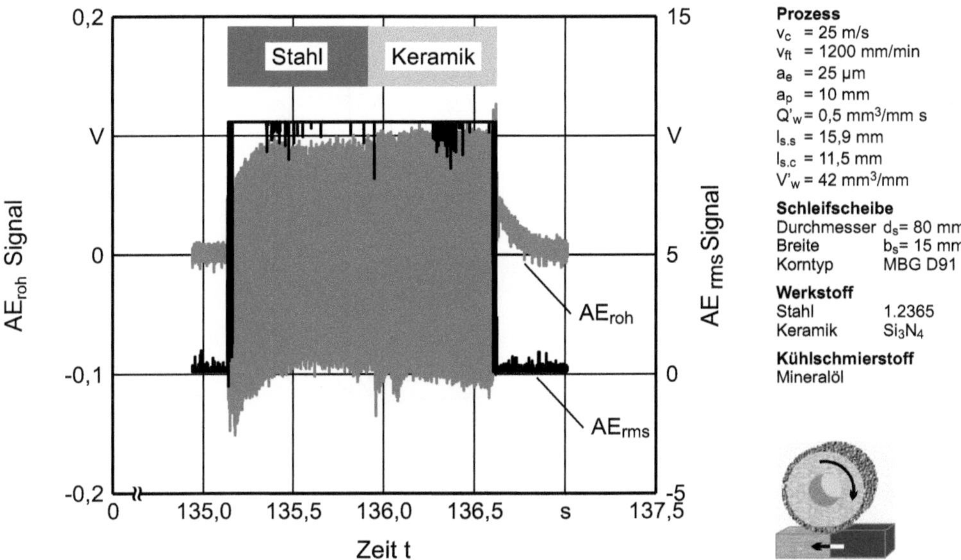

Abb. 3.49 Verlauf des AE_{rms} und des AE_{roh}-Signals bei der Stahl-Keramik-Verbundbearbeitung

3.4.3.2 Erkennung des Materialübergangs mittels Acoustic Emission-Signalanalyse

Zur effektiven Nutzung von materialspezifischen Prozessparametern zur Reduzierung der Stufenbildung muss das aktuell im Schleifprozess bearbeitete Material (in-prozess) identifiziert werden. Hierfür ist eine Sensortechnologie erforderlich, welche während der Bearbeitung Signale aufnimmt, den Umgebungsbedingungen des Schleifprozesses widersteht sowie das Einsatzpotenzial in der industriellen Fertigung bietet. Diese Anforderungen werden bei der Prozessüberwachung durch Acoustic-Emission-Signale (AE) erfüllt. Während der Bearbeitung werden AE-Signale sowohl als Effektivwert (RMS) sowie auch als Rohsignal aufgezeichnet. Durch Schleifuntersuchungen am Werkstoffverbund Stahl-Keramik können charakteristische Signaleigenschaften ermittelt werden, welche eine zuverlässige Materialidentifizierung erlauben [Kra07].

Abbildung 3.49 zeigt den zeitdiskreten Signalverlauf für einen Überschliff über den Materialverbund. Geschliffen wird zuerst der Stahl, bevor die Bearbeitung der Keramik folgt. Die Informationen, welches Material aktuell bearbeitet wird, sind zur Veranschaulichung im Bild aufgeführt. Es ist zu erkennen, dass das AE_{roh}-Signal für die beiden Materialbereiche über die Zeit zunächst keine signifikanten Unterschiede aufweist. Das AE_{rms}-Signal kann nur genutzt werden, um zwischen den Zuständen Bearbeitung und Keine Bearbeitung zu unterscheiden.

Die AE_{roh}-Signale können jedoch einer Signalanalyse unterzogen werden. Dazu wird das AE_{roh}-Signal in Zeitbereiche von je 1 ms unterteilt und für jeden dieser Bereiche das Signalspektrum durch eine Fast-Fourier-Transformation (FFT) berechnet [Kie08]. Wie Abb. 3.50

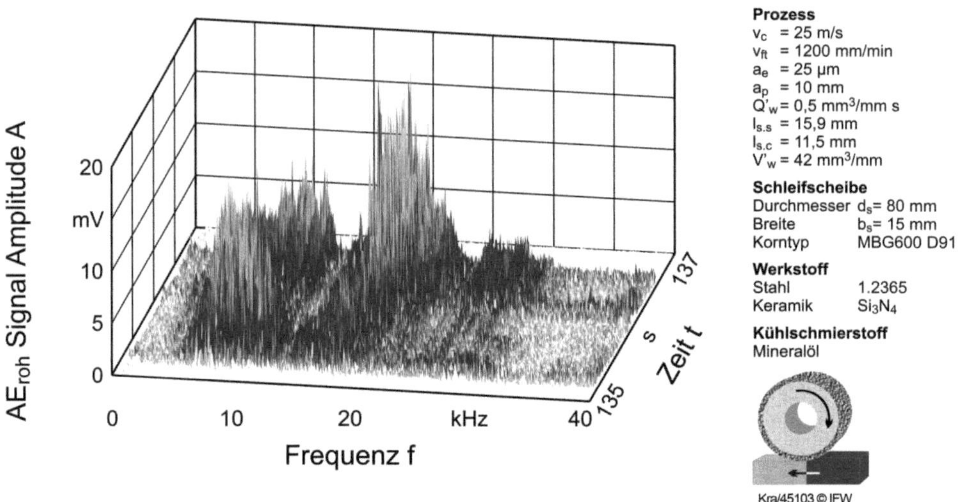

Abb. 3.50 Frequenzspektrum des AE_{roh}-Signals eines Überschliffs über der Zeit

zeigt, werden permanent dominante Frequenzbereiche um 8 kHz bzw. 18 kHz angeregt. Die Amplituden im Bereich um 8 kHz sind während der Stahlbearbeitung dominant, während bei der Keramikbearbeitung maßgeblich der Frequenzbereich um 18 kHz angeregt wird. Dieser Unterschied der Frequenzgänge kann nachfolgend zur Materialidentifikation genutzt werden.

Um den Verlauf der dominanten Amplituden in den jeweiligen Frequenzbereichen zu identifizieren, werden die zeitlich diskretisierten, bereits in den Frequenzraum transformierten Signale durch zwei Bandpassfilter beschnitten. Die, gemäß dieser Strategie, gefilterten Daten sind in Abb. 3.51 in ihrem zeitlichen Verlauf über den Überschliff dargestellt. Die Anregung bestimmter Frequenzbereiche für Stahl (8 kHz) und für Keramik (16 kHz) wird in dieser Darstellung verdeutlicht.

Um aus den gezeigten Signalverläufen (s. Abb. 3.51) eine logische Information zu gewinnen, müssen die Signale in einen Zahlenwert überführt werden, für den eine Entscheidungsschwelle definiert werden kann. Dazu wird aus den dominanten Amplituden, je eine mittlere Amplitude $\overline{As}$ bzw. $\overline{Ac}$ gebildet. Dabei entspricht $\overline{As}$ dem Mittelwert der drei dominanten Amplituden aus dem Frequenzbereich 8 ± 3 kHz und $\overline{Ac}$ dem Mittelwert der drei dominanten Amplituden aus dem Frequenzbereich 18 $\overline{As}$ 3 kHz. Der Verlauf dieses Amplitudenverhältnisses ist in Abb. 3.52 dargestellt.

Eine gewählte Entscheidungsschwelle von 1 besagt, ob momentan Stahl oder Keramik bearbeitet wird, davon abhängt, ob die mittlere Amplitude $\overline{As}$ bzw. $\overline{Ac}$ den höheren Wert aufweist. Damit ist die Bewertung unabhängig von der generellen Signalstärke, also dem Amplitudenlevel im Zeitbereich. Vorteil einer solchen Vorgehensweise ist, dass eine Variation der Zustellung oder der Kontaktflächenbreite sowie veränderte Verstärkungsfaktoren bei der Signalgewinnung das Ergebnis nicht beeinflussen. Die logarithmische Darstellung des Amplitudenverhältnisses sorgt für eine gleiche Gewichtung des Ampli-

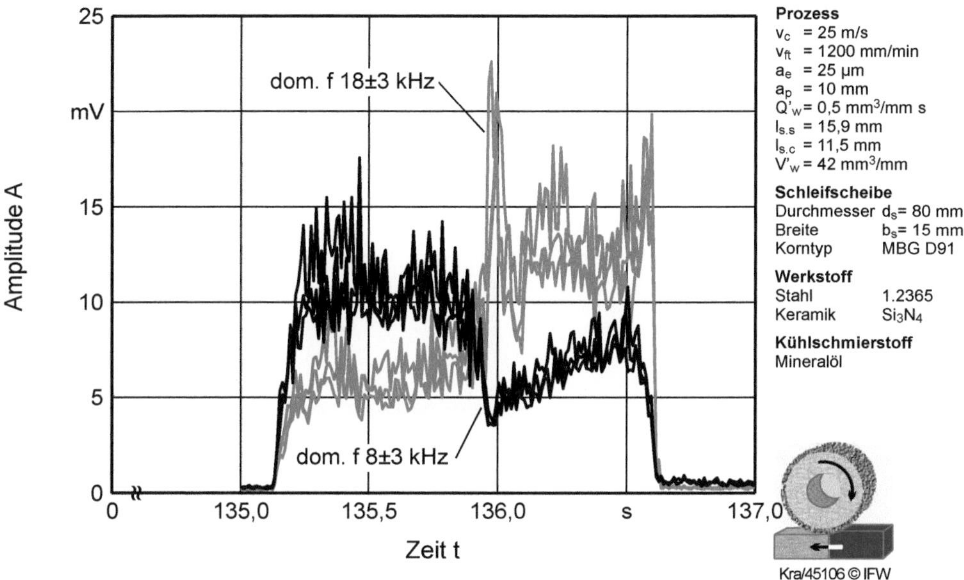

Abb. 3.51 Amplitudenverlauf der dominanten Amplituden in den Frequenzbereichen 8 ± 3 kHz und 18 ± 3 kHz

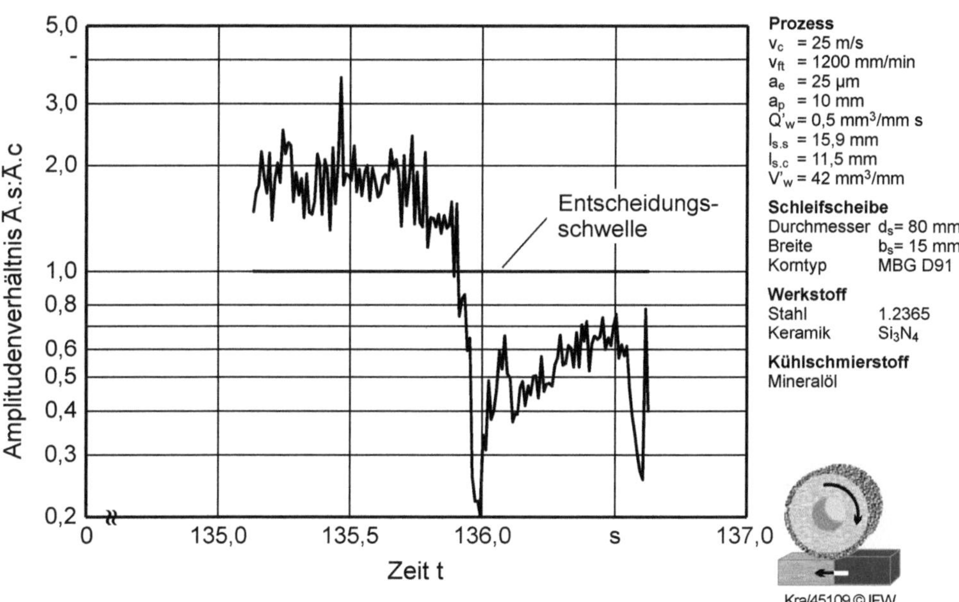

Abb. 3.52 Amplitudenverhältnis der drei dominanten Frequenzen aus den Bereichen 8 ± 3 kHz und 18 ± 3 kHz

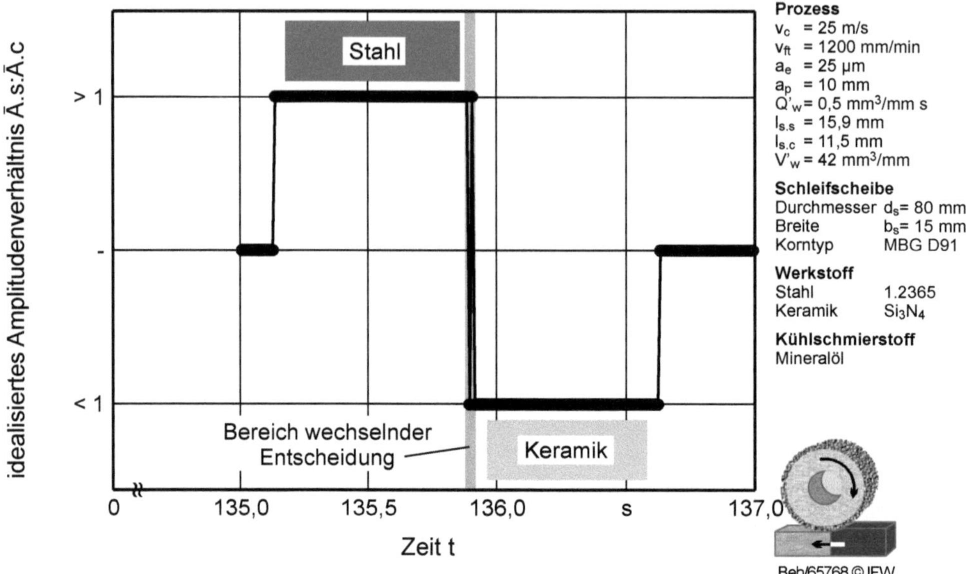

Abb. 3.53 Über das idealisierte Amplitudenverhältnis identifizierte Materialbearbeitung

tudenverhältnisses im Bereich $\overline{A}s$: $\overline{A}c = 0 - 1$ sowie $\overline{A}s$: $\overline{A}c = 1 - \infty$. Werte nahe der Entscheidungsschwelle weisen auf nur geringe Unterschiede in der Amplitudenhöhe von $\overline{A}s$ sowie $\overline{A}c$ hin. Je weiter das Verhältnis sich von der Entscheidungsschwelle entfernt, umso eindeutiger ist die Entscheidung, ob Keramik oder Stahl bearbeitet wird. Abbildung 3.53 zeigt das idealisierte Amplitudenverhältnis. Dabei wird die folgende Logik verwendet:

- (AE_{rms}-Signal < 1V) $= 0$ $\Rightarrow 0$ (= keine Bearbeitung)
- (AE_{rms}-Signal > 1V) $= 1$ & ($\overline{A}st : \overline{A}c > 1$) $= 1$ $\Rightarrow 1$ (= Stahlbearbeitung)
- (AE_{rms}-Signal > 1V) $= 1$ & ($\overline{A}st : \overline{A}c < 1$) $= 1$ $\Rightarrow -1$ (= Keramikbearbeitung)

Die Logikbewertung ermöglicht eine zuverlässige Identifizierung der Bearbeitung des Materialverbunds. Aus dem idealisierten Amplitudenverhältnis lässt sich exakt ableiten, zu welchen Zeiten eine Bearbeitung stattfand und welches Material bearbeitet wurde. Im Übergang zwischen beiden Signalen ist zu erkennen, dass die Identifizierung einmal von Stahl zu Keramik wechselt, dann noch mal Stahl identifiziert, bevor dauerhaft Keramik identifiziert wird. Diese wechselnde Entscheidung findet über drei Bewertungszyklen und damit innerhalb von 30 ms statt. Dies entspricht bei gewählter Vorschubgeschwindigkeit von 1200 mm/min einem zurückgelegten Werkzeugweg von 0,6 mm. Dieser Werkzeugweg ist damit deutlich kürzer als die kinematische Kontaktlänge $l_k = 1{,}41$ mm. In diesem Bereich findet daher tatsächlich eine gleichzeitige Bearbeitung beider Materialien statt.

Zur Online-Bewertung des momentan vorliegenden Bearbeitungsfalls können die AE-Signale durch eine Signalanalysesoftware direkt nach der beschriebenen Methode aus-

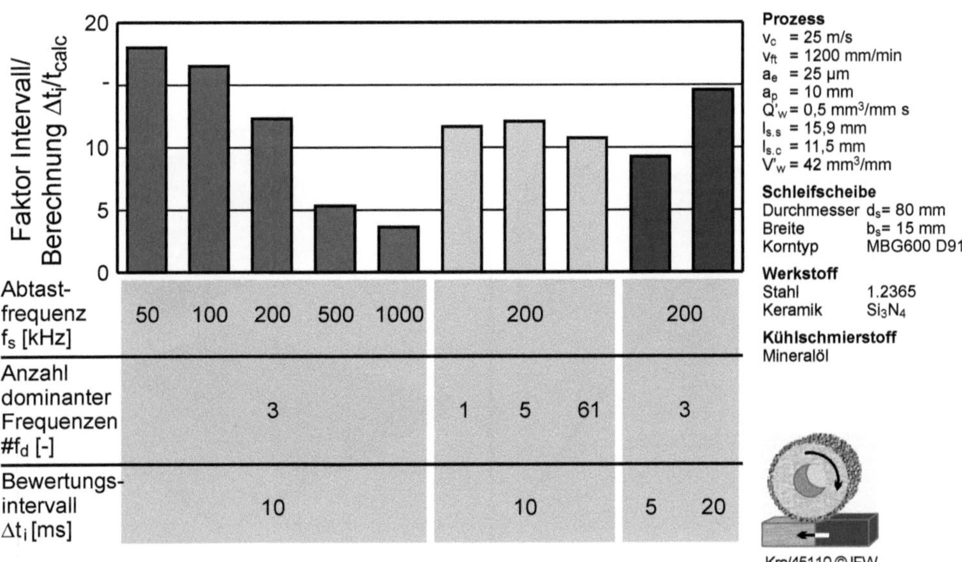

Abb. 3.54 Berechnungszeitfaktor der In-Prozess Signalanalyse

gewertet werden. Hierbei ist entscheidend, dass die Abtastfrequenzen f_s, die Anzahl der betrachteten dominanten Frequenzen $\#f_d$, sowie zeitlichen Bewertungsintervalle Δt_i für die FFT so gewählt werden, dass die Bestimmung des Bearbeitungsfalles nahezu in Echtzeit abläuft. Hierfür ist es notwendig, dass die Berechnungszeit der FFT kürzer ist als die Messzeit der zur Verfügung gestellten zeitlichen Bereiche der Messsignale. In Abb. 3.54 sind die Zusammenhänge dargestellt. Der Berechnungsfaktor $\Delta t_m/t_c$ zeigt eine starke Abhängigkeit von der gewählten Abtastfrequenz unterscheidet sich aber nur unwesentlich bei variierender Anzahl der dominanten Frequenzen.

Es ist dargestellt worden, dass durch die Anwendung von materialspezifischen Schleifparametern und in Verbindung mit der In-Prozess-Materialerkennung mittels Acoustic-Emission eine Feinbearbeitung von Keramik-Stahl-Verbunden ohne Stufenbildung möglich ist. Ein wesentlicher Schritt zur erfolgreichen Anwendung und Auslegung dieser Methodik sind die Kenntnisse der Zusammenhänge zwischen Schleifparametern und den generierten thermomechanischen Prozessbelastungen.

Die beschriebenen Erkenntnisse sind durch die Feinbearbeitung an geometrisch einfachen, flachen Stahl-Keramik Verbunden hergeleitet worden. Zur Anwendung an realen Bauteilen, wie dem Präzisionsschmiedegesenk für eine 2-Zylinder-Kurbelwelle eine Erweiterung dieser Kenntnisse erforderlich. Im Folgenden Abschnitt werden wichtige Zusammenhänge zwischen thermomechanischen Belastungen und den komplexen Eingriffsverhältnissen beim 5-Achs-Schleifprozess gezeigt. Diese Technologie ermöglicht die Bearbeitung von komplex geformten Bauteilen und Werkzeugen.

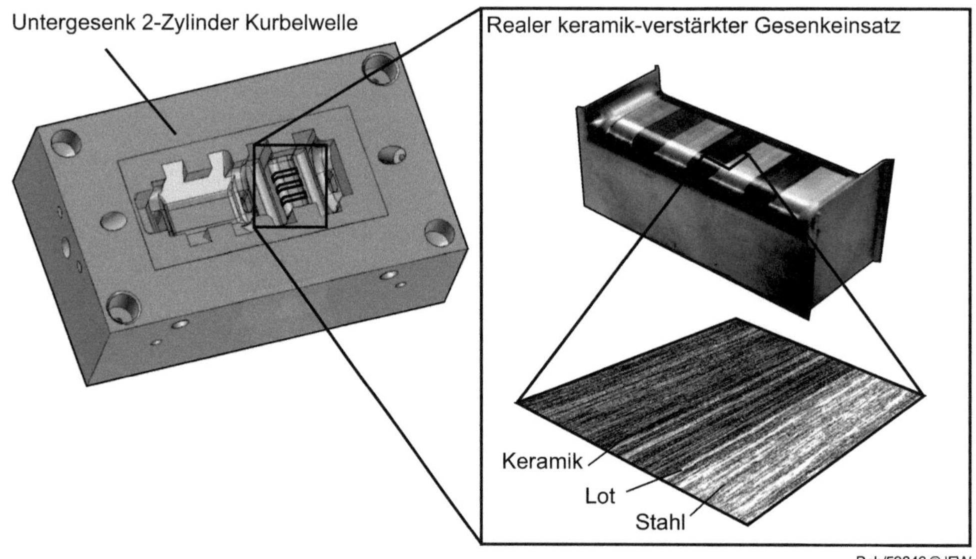

Abb. 3.55 Berechnungszeitfaktor der In-Prozess Signalanalyse

3.4.4 Schleifen komplexer Werkzeuggeometrien

Die Bauteiloberflächen von Gesenken, wie sie z. B. für das Schmieden von Kurbelwellen eingesetzt werden, setzen sich zum Teil aus einfach bis mehrfach gekrümmten Flächen zusammen (s. Kap. 2). In Abb. 3.55 ist ein Untergesenkt einer 2-Zylinder Kurbelwelle dargestellt, welches teils modular aus Gesenkeinsätzen zusammengesetzt ist. Diese werden an thermomechanisch hoch belasteten Bereichen durch Keramiken verstärkt, können die Materialübergange des Keramik-Stahl-Verbundes auch in diesen gekrümmten Bereichen liegen. Für eine Fertigung dieser komplexen Geometrie des Gesenkes in Verbindung mit der Herausforderungen an das Verbundschleifen sind insbesondere 5-Achs-Bearbeitungsstrategien notwendig. Diese Technologie ermöglicht eine variable Anstellung des Schleifwerkzeugs in der Maschine durch die simultane Bewegung von bis zu fünf NC-Achsen. Hierdurch kann die relative Anstellung zur Werkstückoberfläche konstant gehalten werden. Dies ermöglicht eine gleich bleibende Prozessbelastung hinsichtlich Schleifkräften und -temperaturen, welche wiederum eine konstante Werkstück-Werkzeug-Abdrängung und Formabweichung generiert.

Beim 5-Achs-Schleifen werden bevorzugt Schleifscheiben mit Radiusprofil eingesetzt, welche in der Literatur auch torische Schleifscheiben genannt werden [Jan07]. Die torische Schleifscheibenform, welche durch den Hauptringradius RWZ und den Nebenringradius r_{WZ} definiert wird, ermöglicht eine flexible Anstellung an lokale Oberflächenkrümmungen (s. Abb. 3.56). In Abb. 3.55 sind auf der linken Seite zwei Strategien für die Bearbeitung von mehrfachgekrümmten Oberflächen dargestellt. Im Fokus steht hierbei die flächennormale

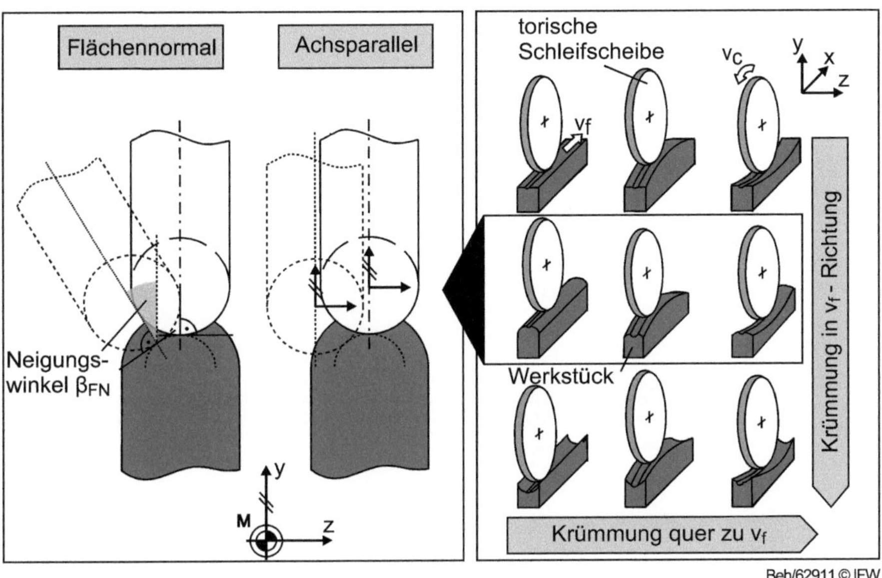

Abb. 3.56 Bearbeitungsstrategien zum Schleifen von einfach und mehrfach gekrümmten Flächen

Bearbeitung, welche dadurch charakterisiert ist, dass die Schleifscheibenhochachse immer orthogonal auf der Tangente der Oberflächenkrümmung steht. Zum Vergleich ist rechts daneben die achsparallele Strategie dargestellt, welche typisch für die 3-Achs-Bearbeitung ist.

Auf der rechten Seite in Abb. 3.56 sind weiterhin die neun Analogieoberflächen dargestellt, in die sich mehrfach gekrümmte Bauteile einteilen lassen. Diese sind im Wesentlichen durch ihre Krümmung in Vorschubrichtung sowie ihre Krümmung quer zur Vorschubrichtung definiert und können planar, konvex oder konkav geformt sein.

Wie bereits in Abschn. 3.3.1 dargestellt, besitzen die mechanischen Prozessbelastungen primär Einfluss auf die Bearbeitungsabweichungen infolge elastischer Verformung von Maschine, Schleifwerkzeug und Werkstück. Aus diesem Grund ist eine detaillierte Beschreibung der Schleifkräfte infolge der komplexen Eingriffsbedingungen für eine formgenaue 5-Achs-Schleifbearbeitung von Keramik-Stahl-Verbunden von zentraler Bedeutung.

Für das flächennormale Schleifen der dargestellten planaren, konvexen und konkaven Oberflächengeometrien sind daher analytische Modelle zur Prognose der lokalen Eingriffskenngrößen, wie die Eingriffsfläche A_w und das Zeitspanvolumen Q_W, erforderlich (s. Abb. 3.57). Dies gilt zum einen für die erste Werkzeugbahn, dem sogenannten Initialschnitt, als auch für die darauf folgenden Schnittbahnen mit dem Bahnabstand ab. Der dargestellte Graph zeigt den Zusammenhang zwischen Arbeitseingriff ae und dem resultierenden Zeitspanvolumen Q_W unter Verwendung einer torischen Schleifscheibe mit dem Nebenradius $r_{WZ} = 7{,}5$mm, einer Vorschubgeschwindigkeit vom $v_f = 000$ mm/min

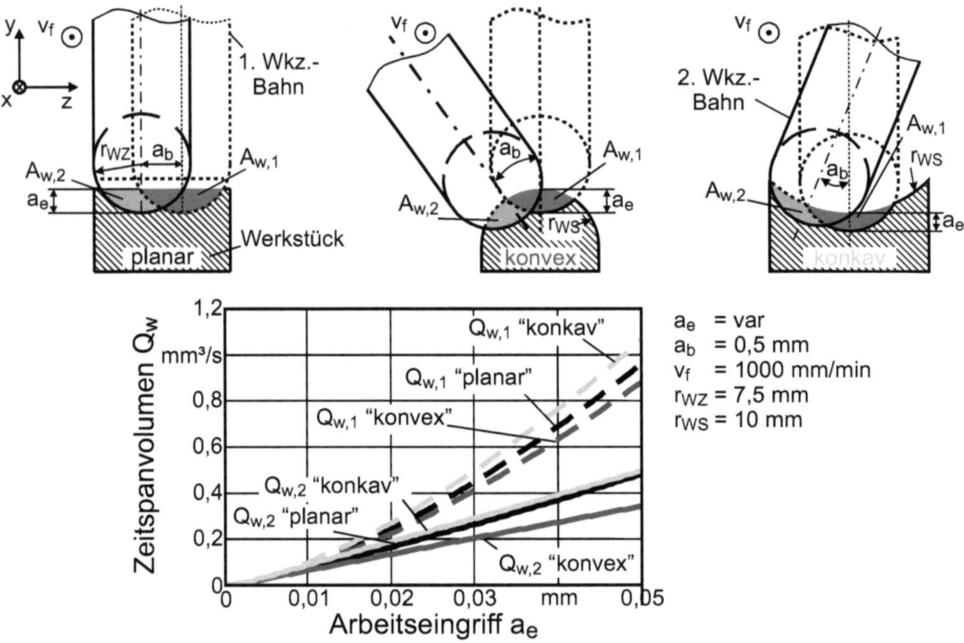

Abb. 3.57 Eingriffsbedingungen beim Schleifen mit torischer Schleifscheibe

sowie einen Bahnabstand von $a_b = 0{,}5\,\text{mm}$. Mit zunehmendem Arbeitsangriff steigt das Zeitspanvolumen quadratisch an. Grund hierfür ist die ebenfalls quadratisch ansteigende Eingriffsfläche A_w, welche einem Kreisabschnitt entspricht und in der Berechnung von Q_w wie folgt integriert ist [Den10n]:

$$Q_W = A_W \cdot V_f \tag{3.12}$$

In dem Graph in Abb. 3.57 sind verschiedene Verläufe des Zeitspanvolumens in Abhängigkeit des Arbeitseingriffs ae für die Bearbeitung von planen, konvexen und konkaven Oberflächen dargestellt. Hierbei stellt $Q_{w,1}$ das Zeitspanvolumen für den Initialschnitt und $Q_{w,2}$ für den Folgeschnitt dar. Im Allgemeinen steigen alle Verläufe mit zunehmen Arbeitseingriff aufgrund der größeren resultierenden Eingriffsfläche an. Darüber hinaus sind die die Werte des Zeitspanvolumens für eine „konkave" Bearbeitung am höchsten und für eine „konvexe" Bearbeitung am geringsten.

Das Zeitspanvolumen Q_w eignet sich besonders zu Beschreibung der Prozessbelastungen beim 5-Achs-Schleifen mit torischer Schleifscheibe. Durch die Zuhilfenahme der Eingriffsfläche A_w werden alle variablen geometrischen Größen, wie Zustellparameter, Werkstückkrümmungen sowie geometrische Abmessungen der Schleifscheibe berücksichtigt. Der mathematische Zusammenhang ist an dieser Stelle an dem Initialschnitt der Bearbeitung einer konvexen und konkav gekrümmten Oberfläche in Gl. 3.13 bis 3.14

beispielhaft gezeigt [Den10n].

$$A_{W,1} = \frac{r_{WZ}^2}{2}\left(\frac{\pi \cdot \sin^{-1}\left(\frac{s}{2 \cdot r_{WS}}\right)}{90} - \sin\left(2 \cdot \sin^{-1}\left(\frac{s}{2 \cdot r_{WS}}\right)\right)\right) \pm \frac{r_{WZ}^2}{2}\left(\frac{\pi \cdot \sin^{-1}\left(\frac{s}{2 \cdot r_{WZ}}\right)}{90} - \sin\left(2 \cdot \sin^{-1}\left(\frac{s}{2 \cdot r_{WZ}}\right)\right)\right) \quad (3.13)$$

Hierbei gilt für die Sehne s:

$$s = 2 \cdot \left|\sqrt{r_{WS^2} - \left(\frac{r_{WZ^2} - r_{WS^2} - (r_{WS} + r_{WZ} - a_e)^2}{2 \cdot (r_{WS} + r_{WZ} - a_e)}\right)}\right|. \quad (3.14)$$

Für den Initialschnitt wird die Eingriffsfläche $A_{w,1}$ zur Bearbeitung konvexer Flächen durch die Addition der in Gl. 3.13 dargestellten Terme berechnet. Zur Ermittlung der Eingriffsfläche bei der Bearbeitung von konvexen Flächen werden diese subtrahiert.

In experimentellen Untersuchungen sind die mechanischen Belastungen in Form der Normal- und Tangentialkräfte während des Schleifens experimentell gemessen worden (s. Abb. 3.58). Hierbei wurden die Vorschubgeschwindigkeit in einem Bereich von $v_f = 500$ bis 1200 mm/min, der Arbeitseingriff in einem Bereich von $a_e = 10$ bis 50 µm und der Bahnabstand im Bereich $a_b = 0{,}25$ bis 1 mm variiert. Ferner ist die Schleifrichtung relativ

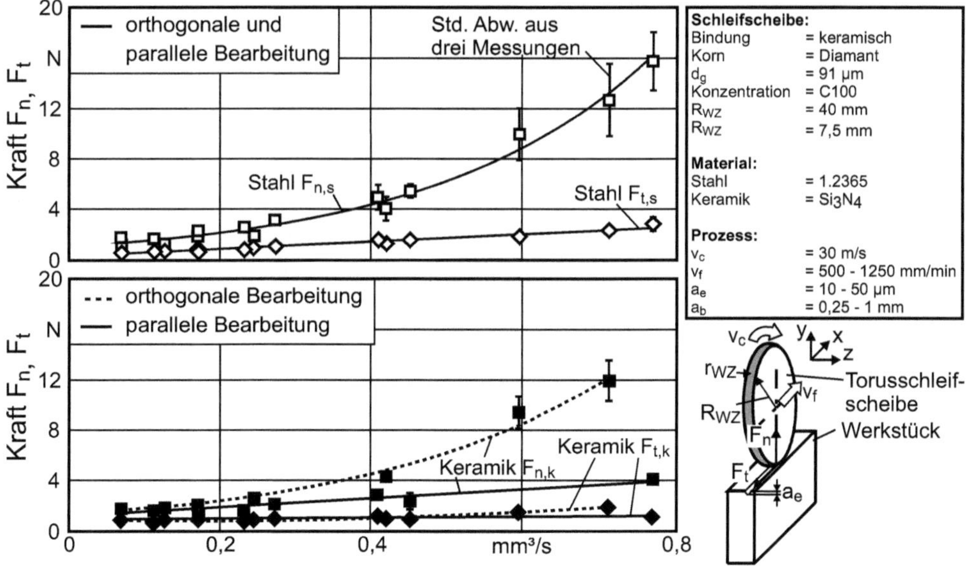

Abb. 3.58 Prozesskräfte in Abhängigkeit des Zeitspanvolumens und der Schleifstrategie

zum Materialübergang im Stahl-Keramik-Verbund verändert worden. Zum einen wurde orthogonal zum Übergang gearbeitet, so dass der Schleifscheibenbelag zuerst die Stahlkomponente und daraufhin die Keramikkomponente bearbeitet. Zum anderen wurde die Bearbeitung parallel zum Übergang ausgeführt.

Bei der Stahlbearbeitung zeigt sich eine exponentielle Beziehung zwischen dem Zeitspanvolumen Q_w und den Normalkräften. Die Tangentialkräfte zeigen hingegen eine lineare Korrelation und steigen mit höherem Q_w. Diese Zusammenhänge gelten sowohl für die orthogonale als auch die parallele Bearbeitung. Zu erklären ist dies durch Zusetzungseffekte. Die Steigerung des Zeitspanvolumens ist primär durch die Erhöhung des Arbeitseingriffes ae sowie der Vorschubgeschwindigkeit v_f eingestellt worden. Dies führt zu einer Erhöhung der vorliegenden Kontaktlänge, zur Steigerung der Einzelkornspanungsdicke h_{cu} und damit zu größeren Spänen, welche die Schleifscheibenporen stärker zusetzen (s. Abschn. 3.1.2).

Die Kräfte bei der Bearbeitung der Keramikkomponente zeigen einen deutlichen Einfluss durch die relative Schleifrichtung. Wird bei der Bearbeitung der Schleifscheibenbelag infolge der parallelen Verfahrrichtung nur durch die Keramikkomponente beeinflusst, zeigt sich zwischen den mechanischen Prozessbelastungen und dem Zeitspanvolumen Q_w ein linearer Zusammenhang. Bei der orthogonalen Schleifrichtung bildet sich hingegen ein exponentieller Zusammenhang aus. Dies ist auf Zusetzungen des Schleifbelags durch die vorangegangene Stahlbearbeitung zurückzuführen.

Mit Hilfe der Zusammenhänge aus Abb. 3.58 können die Prozessbelastungen beim Schleifen von Stahl-Keramik-Verbunden mit torischen Schleifscheiben in Abhängigkeit der Prozessparameter und der Schleifstrategie prognostiziert werden. Diese können dann wiederum zur Berechnung der Stufenbildung infolge der Maschinenverlagerung analog zum bereits beschriebenen Methode aus Abschn. 3.1.3 genutzt werden. Mithilfe der materialspezifischen Anpassung der Bearbeitungsparametern wie Vorschub v_f, Arbeitseingriff a_e oder Bahnabstand a_b kann eine Stufenausbildung vermieden werden. In Abb. 3.59 ist das um die 5-Achs-Bearbeitung erweiterte Stufenteilmodell infolge der endlichen maschinenspezifischen Steifigkeiten dargestellt. Die Modifikation des Teilmodells bezieht sich im Wesentlichen auf die Bestimmung der Steifigkeit c_y der Schleifmaschine, welche um die Kraftangriffsrichtung der Normalkräfte erweitert worden ist. Die Kraftangriffsrichtung wird durch den Neigungswinkel β_{fN} an der torischen Schleifscheibe bestimmt.

Zur Ermittlung dieser Abhängigkeit wird ein Kraftarm (s. Abb. 3.59 oben links) eingesetzt, welcher zwischen Schleifscheibenaufnahme und Werkstücktisch montiert wird. Mit Hilfe dieser Vorrichtung können beliebige Kräfte und Kraftangriffsrichtungen im Maschinensystem realisiert werden. Darüber hinaus können parallel zur Kraftvariation selbige auch durch einen integrierten piezoelektrischen Kraftmessring gemessen werden. Verlagerungen an der Schleifscheibenaufnahme sind in allen Raumrichtungen des Maschinenkoordinatensystem mittels Feinzeiger erfasst worden.

In Abb. 3.59 ist zu erkennen, dass mit positivem Neigungswinkel die Steifigkeit c_y deutlich größer ist als die Steifigkeit bei einem negativen Neigungswinkels. Dies ist auf die asymmetrische Ausführung der Schleifscheibenaufnahme zurückzuführen und muss bei der Bahnplanung entsprechend berücksichtigt werden. Darüber hinaus ist eine Ab-

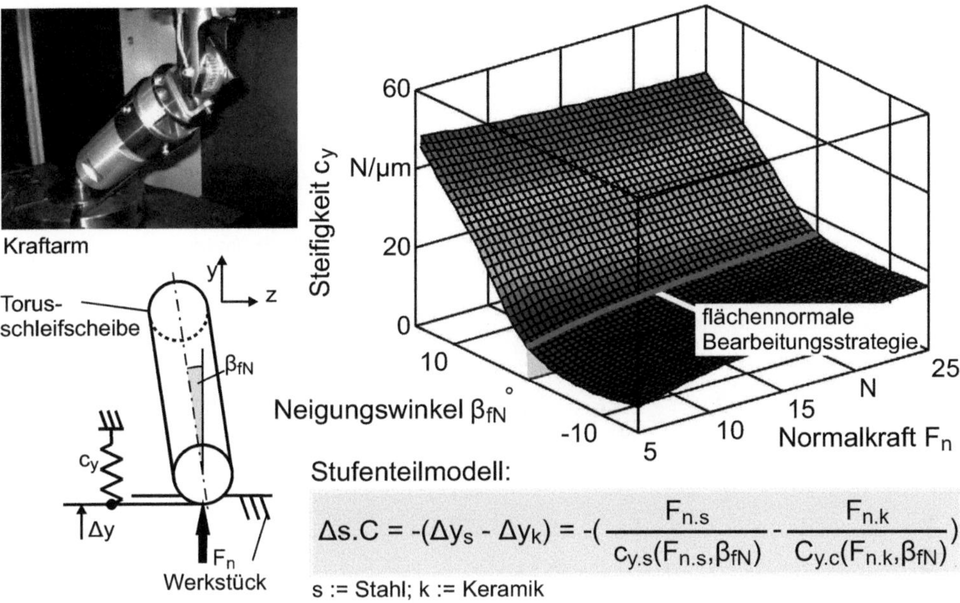

Abb. 3.59 Dreidimensionale Maschinensteifigkeit in Abhängigkeit der Schleifscheibenanstellung

hängigkeit der Steifigkeit von der angreifenden Normalkraft zu erkennen. Dies lässt sich auf die stark nicht linearen Steifigkeiten der im Maschinensystem integrierten Wälzlager zurückführen. Der Neigungswinkel β_{fN} spielt bei der Anwendung der flächennormalen und achsparallelen Bearbeitungsstrategie eine zentrale Rolle (s. Abb. 3.56). Bei der flächennormalen Strategie wird die Schleifscheibenhochachse senkrecht auf dem aktuell bearbeitenden Oberflächensegment geführt. Aus Sicht des Werkzeugkoordinatensystems greifen die Normalkräfte mit einem Neigungswinkel $\beta_{fN} = 0°$ an. Bei der achsparallelen Bearbeitung liegt der Neigungswinkelbereich arbeitsraumbedingt bei $-15° < \beta_{fN} < 15°$.

Einen weiteren zentralen Einfluss auf die Stufenbildung zwischen den Materialkomponenten besitzt die Temperatur, welche während der Schleifbearbeitung in das Werkstück eingeleitet wird. Der beim Schleifen eingebrachte Wärmestrom leitet sich direkt aus der zur Materialtrennung benötigten Spindelleistung P_c ab, welche nach Gl. 3.15 von der Schnittgeschwindigkeit und der Tangentialkraft F_t abhängt [Jae42].

$$P_c = F_t \cdot v_c \tag{3.15}$$

In experimentellen Untersuchungen für die Keramik-Stahl-Bearbeitung können mit Hilfe von Temperaturfühlern Typ K oberflächennah Temperaturen gemessen werden. Durch Variation des Abstandes zwischen Temperaturfühler und Werkstück-Werkzeug-Kontaktzone werden hierbei durch Extrapolation die Kontaktzonentemperaturen errechnet. In Abb. 3.60 sind die Kontakttemperaturen für die Stahl- und Keramikbearbeitung in Abhängigkeit der Bearbeitungskräfte dargestellt. Die Korrelationen zeigen, wie nach

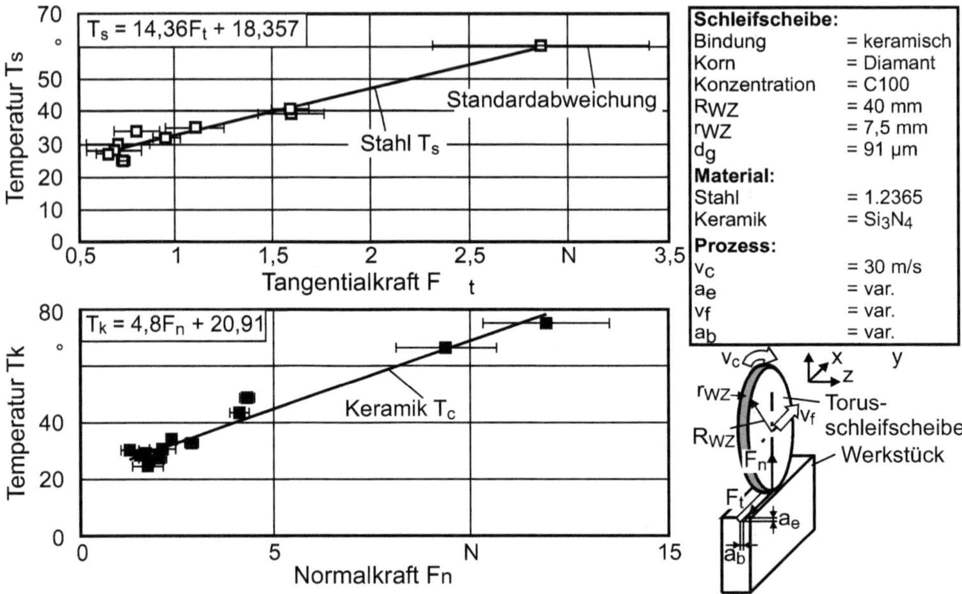

Abb. 3.60 Dreidimensionale Maschinensteifigkeit in Abhängigkeit der Schleifscheibenanstellung

Gl. 3.15 zu erwarten einen linearen Zusammenhang. Jedoch korrelieren die Kontaktzonentemperaturen bei der Keramikbearbeitung deutlich besser mit den auftretenden Normalkräften als mit den Tangentialkräften. Die in Abb. 3.60 gezeigten Zusammenhänge sind hierbei unabhängig von der gewählten Schleifrichtung relativ zum Materialübergang.

Die Ergebnisse der Temperaturmessungen zeigen, dass auch für die 5-Achsbearbeitung mit torischen Schleifwerkzeug ein linearer Zusammenhang zwischen Schleifkräften und auftretender thermischer Bauteilbelastung vorliegt. Mit Hilfe der in Abschn. 3.1.3 beschreibenden Methodik zur Berechnung der thermisch bedingten Bauteilverzügen kann ein geeigneter Parameterbereich ausgewählt werden, welche eine Minimierung der Stufenbildung bei komplex geformten Stahl-Keramik-Verbunden ermöglicht.

Literatur

[Alv03] Alve ML, Rodrigues JMC, Martins PAF (2003) Simulation of threedimensional bulk forming processes by finite element flow formulation. Model Simul Mater Sci Engr 11:803–821

[Arc53] Archard JF (1953) Contact and rubbing of flat surfaces. J Appl Phys 24:981–988

[Bac02a] Bach Fr-W, Kutlu I, Huskic A (2002) Aktivlöten von keramischen Segmenten für den Einsatz in verschleißkritischen Bereichen von Schmiedegesenken. Materialwissenschaft und Werkstofftechnik, 33(11):673–678

[Bac02b] Bach Fr-W, Doege E, Möhwald K, Huskic A (2002) Brazing of metal forming tools (DIE FORGING) made of steel and ceramic charges

[Bac06c] Bach Fr-W, Möhwald K, Deißer TA (2006) Ceramic-metal composites in forging applications. Proceedings of the 3rd International Soldering and Brazing Conference IBSC2006, Stephens JJ, Weil KS(Hrsg) ASM International, Materials Park

[Bac99d] Bach Fr-W, Steffens H-D, Möhwald K, Berthold M (1999) Keramische Verbundwerkstoffe. In: Metallische und metall-keramische Verbundwerkstoffe. KONTEC-Verlag

[Bar01a] Barnert L, Schober R, Schäperkötter M (2001) Verschleißminderung durch Gesenkeinsätze aus Keramik und Hartmetall. Schmiedejournal Nr 9, ISSN: 0933-8330:20–21

[Bar04b] Barnert L, Bartz W J (2004) Tribologie und Schmierung bei der Massivumformung. Expertverlag, Renningen

[Beh08a] Behrens B-A (2008) Finite element analysis of die wear in hot forging processes. CIRP General Assembly, 24.-30.08.2008, CIRP Annals – Manufacturing Technology 57(1):305–308

[Beh04b] Behrens B-A, Huskic A, Gulde M, Küper A (2004) The performance of ceramic coatings for the use in hot massive forming. The XVI international scientific

[Beh04c] Behren B-A, Barner L, Huskic A (2004) Use of ceramic inserts for reduction of wear in forging tools. Metal Forming 2004, 10th International Conference

[Beh05c] Behrens B-A, Schäfer F (2005) Berechnung des Werkzeugverschleißes beim Schmieden. Wt online, 95(10):765–770

[Beh05d] Behrens B-A, Schäfer F (2005) Prediction of wear in hot forging tools by means of Finite-Element-Analysis. J Mater Process Tech 167:309–315

[Beh07e] Behrens B-A, Hundertmark A, Schäfer F (2007) Simulationsgestützte Vorhersage des Werkzeugversagens in der Warmmassivumformung. Sächsische Fachtagung Umformtechnik TU Freiberg, Institute für Metallkunde, 04.12–05.12.2007

[Beh09e] Behrens B-A, Bach Fr-W, Denkena B et al (2009) Manufacturing of reinforced high precision forging dies. Steel Res Int 80(12):878–884

[Beh09f] Behrens B-A, Bach Fr-W, Denkena B, Moehwald K, Deisser T A, Kramer N, Bistron M (2009) Manufacturing of reinforced high precision forging dies. Steel Res Int 80:878–886

[Beh10g] Behrens B-A, Schäfer F, Klassen A (2010) Numerische Verschleißberechnung für Präzisionsschmiedewerkzeuge. In: Tagungsband 12. Roundtable, Simulation in der Massivumformung, Bamberg

[Beh10h] Behrens B-A, Bouguecha A, Klassen A, Schäfer (2010) Anforderungen an Umformwerkzeuge für das gratlose Präzisionsschmieden. AutoMetForm/17. Sächsische Fachtagung Umformtechnik, Freiberg

[Beh11i] Behrens B-A, Bouguecha A, Lüken I et al (2011) Numerische Auslegung der Kühlschmiermenge für Warmmassivumformprozesse. METALL 65,Oktober

[Beh11j] Behrens B-A, Bouguecha A, Klassen A et al (2011) Verschleißreduzierung durch Beschichtungen und numerische Verschleißvorhersage in der Massivumformung. In: Tagungsband XXX. Verformungskundliches Kolloquium, 26.02.-01.03.2011, Planneralm, Steiermark, ISBN 978-3-902078-15-5, S. 37–42

[Beh11k] Behrens B-A, Klassen A, Lüken I (2011) Sprühtechnik für Pressen. Umformtechnik 4:30–31

[Beh12] Behrens B-A, Bouguecha A, Hadifi T, Klassen A (2012) Numerical and experimental investigations on the service life estimation for hot-forginh Dies. The 15th international Esaform conference on material forming, key engineering material 504–506:163–168

[Ber05] Berti G A, Monti M (2005) Thermo-mechanical fatigue life assessment of hot forging die steel. Fatig Fract Eng Mater Struct 28:1025–1034

[Ber98] Berns H, Melander A, Weichert D et al (1998) A new material for cold forging tool. Comp Mater Sci 11:166–180

[Bob91] Bobke T (1991) Randschichtphänomene bei Verschleißvorgängen von Umformwerkzeugen. In: Fortschritt-Berichte VDI, Reihe 5, Grund- und Werkstoffe, Nr. 237. Universität, Hannover

[Boe07] Böß V (2007) Werkzeugwege für das Bandschleifen von Freiformflächen. Universität, Hannover

[Bou08] Bourne B-A, Jun M B G, Kapoor S et al (2008) An acoustic emission-based method for determining contact between a tool and workpiece at the microscale. J Manuf Sci E T ASME 130(3):031101

[Bro02] Brockhaus H-W, Guderjahn A, Schruff I (2002) Improving the performance of forgig – a case study. 6th International Tooling Conference. Karlstad

[Buc11] Buchmayr B (2011) Reparaturtechnologien – Übersicht der Möglichkeiten. Workshop Schmiedewerkzeuge Technologien – Entwicklungen – Analysen, 24.10–25.10.2011. Congress, Salzburg

[Cab03] Cabaravdic M, Kneupner K, Kuhlenkötter B (2003) Belt grinding models for sculptured surfaces. In: Weinert K (Hrsg) Simulation aided offline process design and optimization in manufacturing sculptured surfaces. Witten Bommerholz, Witten

[Der99] D'Errico G E, Bugliosi S, Calzavarini R et al (1999) Wear of advanced ceramics for tool materials. Wear 225(229):267–272

[Dam04] Damm H (2004) Werkzeugschleifen kompakt präsentiert. Werkstatt und Betrieb 5:35–40

[Dei06] Deißer T (2006) Werkzeugkonzepte für aktivgelötete Si3N_4-Metall-Verbunde.Universität Hannover

[Den05b] Denkena B, Becker J C, Karyazin A (2005) Process development in grinding of ceramic steel compound. In: Annals of the German Academic Society for Production Engineering (WGP), Vol. XII/1

[Den05c] Denkena B, Reichstein M, Karyazin A (2005) Grinding of Ceramic-Steel-Compounds. In: The 37th CIRP International Seminar on Manufacturing Systems. Florianópolis, Brazil

[Den05d] Denkena B, Reichstein M, Karyazin A (2005) Schleifbearbeitung von Verbundwerkstoffen aus Stahl und Keramik mit Diamantwerkzeugen. Industrial Diamond Review 39:4:308–312

[Den08h] Denkena B, Boehnke D, Konopatzki B et al (2008) Sonic analysis in cut-off grinding of concrete. In: Prod Eng Res Devel (WGP) 2(2):209–218

[Den08i] Denkena B, Kramer N (2008) Stufenloses Schleifen von Materialverbunden. Werkstatttechnik online 6:437–445

[Den08j] Denkena B, Kramer N (2008) Wear characteristics of diamond grain-types in steel-ceramic-compound grinding. International Conference on Friction, Wear and Wear Protection (DGM), Aachen

[Den09l] Denkena B, Kramer N (2009) Model-based compensation of geometry when grinding material compounds. Key Eng Mater 389–390:240–245

[Den10m] Denkena B, de Leon L, Turger A, et al (2010) Prediction of contact conditions and theoretical roughness in manufacturing of complex implants by toric grinding tools. Int J Mach Tool Manuf 50(7):630–636

[Den10n] Denkena B, de Leon L, Behrens L (2010) Contact conditions in 5-axis-grinding of double curved surfaces with toric grinding wheels. Adv Mater Res 126–128:41–46

[DeV72] De Vries R C (1972) Cubic boron nitride. In:Handbook of Properties, General Electric CRD Report No. 72CRD178. Schenectady, New York

[Doe97a] Doege E (1997) Kombinierte Oberflächenbehandlung von Umformwerkzeugen durch Plasmanitrieren und PACVD/PVD-Verfahren. AiF-Abschlussbericht 10080

[Doe10b] Doege E, Behrens B-A (2010) Handbuch Umformtechnik, 2. Aufl. Springer, New York

[Dre02] Dreyer G (2002) Untersuchungen zur Herstellung von komplexen Antriebsbauteilen durch Präzisionsschmieden. In: VDI-Fortschrittsberichte, Reihe 2, Fertigungstechnik, Nr, 619. VDI-Verlag, Düsseldorf

[Ede74] Edenhofer B (1974) Vergleich verschiedener Nitrierverfahren unter besonderer Berücksichtigung des Ionitrierens. Fachbereich für Oberflächentechnik 4:97–102

[Fre87] Frey H, Kienel G (1987) Dünnschichttechnologie. VDI-Verlag, Düsseldorf

[Fri06] Friemuth T, Hessel D, Reichstein M et al (2006) Bearbeitung keramischer Werkstoffe. Tribologie und Schmierungstechnik 53(1):29–36

[Gft02] Arbeitsblatt Gft (2002) „7 Tribologie - verschleiß." Reibung, Definitionen, Begriffe, Prüfung. Gesellschaft für Tribologie eV, Aachen, GfT-Arbeitsblatt 7, Tribologie

[Gra03] Grass H, Krempaszky C, Reip T et al (2003) 3-D Simulation of hot forming and microstructure evolution. Computation Material Science 28:469–477

[Gro10] Groseclose AR (2010) Estimation of forging die wear and cost. Ohio State University, Ohio

[Gul06] Gulde M (2006) Elektrostatisches Auftragen von pulverförmigen Schmierstoffen in der Warmmassivumformung und in daran angrenzenden Verfahren. In: Berichte aus dem IFUM, Bd. 06. Universität Hannover

[Guo07] Guo C, Shi Z, Attia H et al (2007) Power and Wheel Wear for Grinding Nickel Alloy with Plated CBN Wheels. Ann CIRP-Manuf Technol 56(1):343–346

[Har06] Hartley P, Pillinger I (2006) Numerical simulation of the forging process. Comp Meth Appl Mech Eng 195(48/49):6676—6690

[Heg99] Hegener G (1996) Technologische Grundlagen des Hochleistungs Außenrund-Formschleifens. Berichte aus der Produktionstechnik, Bd. 11/99. Shaker, Aachen

[Hei76] Heinemeyer D (1976) Untersuchungen zur Frage der Haltbarkeit von Schmiedegesenken. Universität, Hannover

[Hus05] Huskic A (2005) Verschleißreduzierung an Schmiedegesenken durch Mehrlagenbeschichtung und keramische Einsätze. In: Berichte aus dem IFUM, Bd. 06. Universität, Hannover

[IHT06] Fa. EFD Härterei, Industrieverband für Härtetechnik (IHT), www.efd-haerterei.de/ (Stand: 03.03.11)

[Jae42] Jaeger JC (1942) Moving source of heat and the temperature at sliding contacts. J Proc Roy SocNew South Wales 76:203–204

[Jan07] Jansen T (2007) Entwicklung einer Simulation für den NC-Formschleifprozess mit Torusschleifscheiben. Universität, Dortmund

[Joo80] Joost H-G (1980) Untersuchung über die Anwendbarkeit von beschichteten und oberflächenbehandelten Gesenkschmiedewerkzeugen. Universität, Hannover

[Kan69] Kannappan A (1969) Wear in forging dies. A review of world experience. Metal forming 36:335–342

[Kas69] Kassen G (1969) Beschreibung der elementaren Kinematik des Schleifvorganges. RWTH, Aachen

[Kie08] Kiencke U, Schwarz M, Weickert T (2008) Signalverarbeitung: Zeit-Frequenz-analyse und Schätzverfahren. Oldenbourg Wissenschaftsverlag

[Klu94] Klumpen T (1994) Acoustic Emission (AE) beim Scheifen. RWTH, Aachen

[Kno95] Knörr M (1995) Auslegung von Massivumformprozessen gegen Versagen durch Ermüdung. In: Bericht aus dem Institut für Umformtechnik. Springer, Berlin

[Kop06] Kopac J, Krajnik P (2006) High-performance grinding – A review. J Mater Process Technol 175:278–284

[Kra07] Kramer N (2007) In-Process Identification of material-properties by acoustic emission signals. Ann CIRP - Manuf Techn 56:1:331–334

[Lie91] Liedtke D, Jönsson R (1991) Wärmebehandlung – Grundlagen und Anwendung für Eisenwerkstoffe. Expert-Verlag Kontakt & Studium 349, Ehningen bei Böblingen

[Lie98] Lierse T (1998) Mechanische und thermische Wirkungen beim Schleifen keramischer Werkstoffe. In: Fortschrittberichte VDI, Reihe 2, Fertigungstechnik Nr. 471. Universität, Hannover

[Lui90] Luig H, Bobke Th (1990) Beansprüchung und Schadensarten an Schmiedegesenken. Tribiologie und Schierungdtechnik, 37(2):76–81

[Lui93] Luig H (1993) Einfluss von Verschleißschutzschichten und Rohteilverzunderung auf den Verschleiß beim Schmieden. In: Fortschritt-Berichte VDI, Reihe 5, Grund- und Werkstoffe, Nr. 315. Universität Hannover

[Mar01] Marzenell C (2001) Verzahnungshonen mit Diamantwerkzeugen. Universität, Hannover

[Mee11] van der Meer M (2011) Bearbeitung keramischer Funktionsflächen für Knieimplantate. Universität, Hannover

[Mel80] Melching R (1980) Verschleiß. Reibung und Schmierung beim Gesenkschmieden. Universität, Hannover

[Mey91] Meyen H P (1991) Acoustic Emission (AE) – Mikroseismik im Schleifprozess. RWTH, Aachen

[Mic98] Michler T, Brand J (1998) Verschleißschutzschichten für Umformwerkzeuge. Blech, Rohre, Profile 45(10): 144, 146, 148

[Min10] Min S, Lidde J, Raue N, Dornfeld D (2010) Acoustic Emission Based Tool Contact Detection for Ultra-precision Machining. Ann CIRP – Manuf Tech 60:141–144

[Möh94] Möhlen H (1994) Ein Beitrag zum Schleifen hochfester keramischer Werkstoffe. TU Braunschweig

[Möh96] Möhwald K (1996) Einsatz des Ionenplattierens beim Löten. Universität Dortmund

[Neu03] Neumaier T (2003) Optimierung der Verfahrensauswahl von Kalt-. Halbwarm- und Warmmassivumformverfahren. Universität, Hannover

[Nic85] Nicholas M G, Crispin R M (1985) Role of Titanium in Active Metal and Activated Brazing of Alumina. In: DKG-Fortschrittsberichte Bd. 1, Heft 2, S. 3–12

[Ohu90] Ohuchi K, Nakazawa K, Matsuno K (1990) Dies and molds for isothermal forging. Sokeizai 31(9):6–11

[Oli01] Oliveira J F G, Dornfeld D A (2001) Application of AE Contact Sensing in Reliable Grinding Monitoring. Ann CIRP – Manuf Tech 50(1):217–220

[Oli09] Oliveira J F G, Silva E J, Guo C, Hashimoto F (2009) Industrial Challenges in Grinding. Ann CIRP – Manuf Tech 58:663–680

[Oud00] Oudin A, Rezai-Aria F (2000) Temperature dependence of thermo-mechanical fatigue behaviour of a martensitic 5 % chromium steel. EUROMAT 2000 Advances in Mechanical Behaviour, Plasticity and Damage 2:1053–1058

[Pas07] Paschke H, Weber M (2007) Coating systems for hot forming tools. 6th Int. Conference of the THE-Coatings

[Pet05] Peters C (2005) Herstellung und Einsatzverhalten von Keramik-Hartmetall-Verbundbohrwerkzeugen. Universität, Dortmund

[Rez05] Rezai-Aria F, Oudin A, Jean S et al (2005) An investigation of thermal and thermo-mechanical fatique of X38CrMoV5 (AISI H11) tool steel. 21st International Die Casting Congress & Exposition

[Ros03] Rosochowska M, Balendra R, Chodnikiewicz K (2003) Measurements of thermal contact conductance. J Mater Process Technol 135:204–210

[Sch93] Schliephake U (1993) Analyse des Werkzeugverschleißes beim Gesenkschmieden. In: Fortschritt-Berichte VDI, Reihe 2, Fertigungstechnik, Nr.306. Universität, Hannover

[Sch93] Schruff I (1989) Zusammenstellung der Eigenschaften und Werkstoffkennwerte der Warmarbeitsstähle X38CrMoV51, X40CrMo51, X32CrMoV33 und X38CrMoV53. Thyssen Edelstahl Technische Berichte:15

[Sei94] Seino J (1994) Trend of metal mold for forging utilizing ceramics, cermet, etc. Sokeizai 35(8):11–16

[Sob92] Sobis T, Engel U, Geiger M (1992) A theoretical study on wear simulation in metal forming process. J. Mater. Process. Technol 34:233–240
[Stu81] Stute-Schlamme, W (1981) Konstruktion und thermomechanisches Verhalten rotationssymetrischer Schmiedegesenke. Universität Hannover
[Suh73] Suh N P (1973) The delamination theory of wear. Wear 25:111–124
[Tön02b] Tönshoff H K, Denkena B, Friemuth T et al (2002) Ceramics and steel – two different materials – one grinding process? In: Materials week 2002, European Congress on Advanced Materials, their Processes and Applications, 30. September 2. November München
[Tön03] Tönshoff H K, Denkena B, Friemuth, T (2003) Grinding of a ceramic steel compound. Annals of the German Academic Society for Production Engineering (WGP) 1
[Töns02] Tönshoff H K, Böß V, Urban B (2002) Schleifen im Werkzeug- und Formenbau. In: Hoffmeister H-W, Tönshoff H K (Hrsg) Jahrbuch Schleifen, Hohnen, Läppen und Polieren, 60. Ausgabe, S. 161–174.Vulkan, Essen
[Wal99] Walter S (1999) Beitrag zu den Versagensmechanismen beim Gesenkschmieden. Universität, Hannover
[Wec06] Weck M, Brecher C (2006) Werkzeugmaschinen – Messtechnische Untersuchung und Beurteilung, dynamische Stabilität, 7. Aufl. Springer, Berlin
[Weg11] Wegst C W, Wegst M (2010) Stahlschlüssel – Key to Steel 2010. Stahlschlüssel, 22. Aufl
[Wür11] Würz E (2011) Schleifbearbeitung von Keramik-Hartmetall-Verbunden. Universität Dortmund
[Zan95] Zander M (1995) Potentiale beim Mehrachs-Fräsen mit Toruswerkzeugen im Formenbau. RWTH, Aachen
[Zil11] Zils, R.: Einsatz von Keramik im Werkstoffverbund, Fachartikel der FRIATEC AG, URL: http://www.friatec.de/content/friatec/de/Keramik/FRIALIT-DEGUSSIT-xidkeramik/Downloads/Einsatz-von-Keramik-im-Werkstoffverbund.pdf (08.11.2011)

Normen, Richtlinien

DIN 50320 Verschleiß; Begriffe, Systemanalyse von Verschleißvorgängen, Gliederung des Verschleißgebietes, DIN Deutsches Institut für Normung e. V., Beuth Verlag, 1978
DIN 8580 Fertigungsverfahren Begriffe, Einteilung, DIN Deutsches Institut für Normung e. V., Beuth Verlag, 2003
DIN 8589-11 Fertigungsverfahren Spanen. Teil 11: Schleifen mit rotierenden Werkzeug: Einordnung, Unterteilung, Begriffe. DIN Deutsches Institut für Normung e. V., Beuth Verlag, 2003
DIN 8589-12 Fertigungsverfahren Spanen. Teil 12: Schleifen mit rotierenden Werkzeug: Einordnung, Unterteilung, Begriffe. DIN Deutsches Institut für Normung e. V., Beuth Verlag, 2003

Wärmebehandlung

4

Zhuo Yu, Thorsten Gretzki, Florian Nürnberger, Markus Kästner, Klaus Haskamp, Friedrich-Wilhelm Bach, Mirko Schaper und Thomas Hassel

Inhaltsverzeichnis

4.1 Grundlagen ... 128
4.1.1 Wärmebehandlung der Stähle ... 130
4.1.2 Wärmebehandlung von Verzahnungen ... 143
4.2 Werkstoffe für die Wärmebehandlung aus der Warmformgebungshitze ... 148
4.2.1 Integration der Wärmebehandlung in den Schmiedeprozess ... 148
4.2.2 Randschichtvergüten mittels Spraykühlung ... 149
4.3 Werkstoffcharakterisierung ... 154
4.3.1 Metallographische Untersuchungen und Härtemessungen ... 154
4.3.2 Zeit-Temperatur-Umwandlungs-Schaubilder ... 155
4.4 Spraykühlung ... 167
4.4.1 Spraycharakteristik ... 168
4.4.2 Bestimmung der Spraycharakteristik ... 172
4.5 Sprayfeldtechnologie ... 175
4.5.1 Grundstruktur ... 175
4.5.2 Sprayfelder ... 178
4.5.3 Kontrollierte Bauteilabkühlung ... 182
4.5.4 Verzugskompensation durch Spraykühlung ... 186

Z. Yu (✉) · T. Gretzki · F. Nürnberger · F.-W. Bach · M. Schaper · T. Hassel
Institut für Werkstoffkunde, Leibniz Universität Hannover,
An der Universität 2, 30823 Garbsen, Deutschland
E-Mail: yu@iw.uni-hannover.de

M. Kästner · K. Haskamp
Institut für Mess- und Reglungstechnik, Leibniz Universität Hannover,
Nienburger Str. 17, 30167 Hannover, Deutschland

F.-W. Bach, K. Kerber (Hrsg.), *Prozesskette Präzisionsschmieden*,
DOI 10.1007/978-3-642-34664-4_4, © Springer-Verlag Berlin Heidelberg 2014

4.6 Numerische Prozessabbildung ... 192
4.6.1 Prozessauslegung mittels Finiter-Elemente-Methoden ... 195
4.6.2 Einschrittprognose mittels Künstlicher Neuronaler Netze ... 207
Literatur ... 211

4.1 Grundlagen

Hochleistungsbauteile wie Zahnräder, Ritzelwellen oder Kurbelwellen unterliegen im Betrieb einem komplexen Belastungsprofil. Bei miteinander im Eingriff stehenden Verzahnungen kommt es bedingt durch die Zahnnormalkräfte zu drei primären Belastungsarten am Zahn: Zahnfußbiegung, Flankenpressung und Gleitbeanspruchung [Bre00]. Diesen kann durch ein gradiertes Eigenschaftsprofil von einer verfestigten Randschicht hin zu einem duktilen Kern entgegengewirkt werden. Deswegen besitzen Technologien der Randschichtverfestigungen durch Härten sowie Vergüten einen hohen Stellenwert in der Zahnradfertigung [Bre00].

Bei Kurbelwellen kommt es im Betrieb bei allen mit anderen Teilen in Kontakt stehenden Oberflächen zu Verschleißerscheinungen. Des Weiteren werden insbesondere die Hub- und Hauptlagerradien auf Biegung und die Randschicht auf Torsion beansprucht [Kra01]. Mit einer Behandlung der Kurbelwellenoberfläche, durch eine Erhöhung der Oberflächenhärte, kann sowohl die Verschleißfestigkeit der Laufflächen als auch die Dauerfestigkeit gegen Biege- und Torsionsbelastung verbessert werden. Überdies kann die Dauerbiegefestigkeit durch ein zusätzliches Einbringen von Druckeigenspannungen in der Oberfläche erhöht werden [Kra01]. Eine Steigerung der Oberflächenhärte kann z. B. durch eine dem Werkstoff entsprechende Wärmebehandlung erzielt werden.

Nach DIN EN [10052] ist die Wärmebehandlung eine Abfolge von Wärmebehandlungsprozessen, in deren Folge ein Werkstück ganz oder teilweise Zeit-Temperatur-Zyklen unterzogen wird, um eine Veränderung seiner Eigenschaften und/oder seines Gefüges zu erwirken. Hierbei kann es auch zu einer Änderung in der chemischen Zusammensetzung des Werkstoffes kommen. Die Ziele einer Wärmebehandlung sind die Verbesserung der Gebrauchs- bzw. Bearbeitungseigenschaften, die Reduzierung von Spannungen, die Beseitigung von Kaltverfestigungen oder die Bildung eines homogenen Gefüges [Läp06, Ros11].

Grundsätzlich lassen sich die Wärmebehandlungsverfahren für Stähle in die drei Hauptgruppen Glühen, Härten und Vergüten unterteilen.

Zum Glühen werden alle Verfahren zusammengefasst, die sich mit dem Erwärmen des Werkstückes beschäftigen. Hierbei wird das Bauteil einem definierten Zeit-Temperatur-Verlauf bestehend aus Erwärmen, Halten und Abkühlen unterzogen [Ben78, Dah93, Eck70, Gro81a, Hou90b, Lie91, Stü60, Ver84].

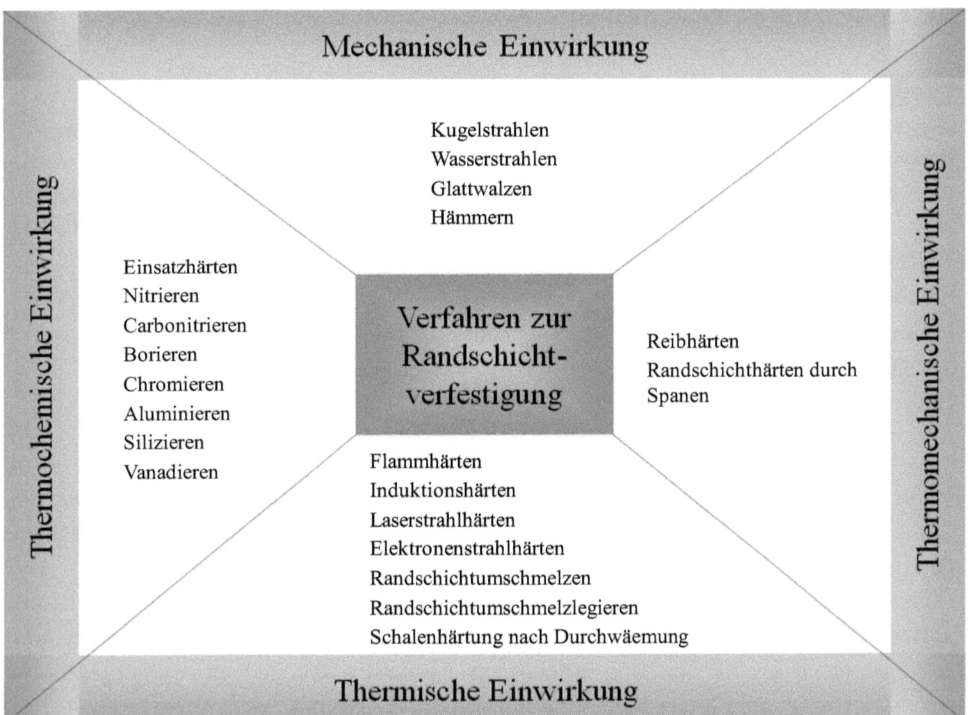

Abb. 4.1 Einteilung der Randschichtverfestigungsverfahren. [Hir06]

Härten ist nach DIN EN [10052] eine Wärmebehandlung, in deren Verlauf das Werkstück auf Austenitisierungstemperatur erwärmt wird und danach so rasch abkühlt wird, dass es zu einer Härtesteigerung infolge einer mehr oder weniger völligen Umwandlung des Austenits in Martensit und möglicherweise Bainit erfolgt. Hierbei unterscheidet man zwischen einem durchgreifenden Härten und dem Härten der Randschicht. Beim durchgreifenden Härten findet der Härtevorgang im gesamten Werkstückquerschnitt statt, während beim Oberflächenhärten die Härte nur bis zu einer bestimmten Tiefe gesteigert wird. Der Kern sollte dabei nicht beeinflusst werden. Gerade die Kombination aus duktilem Kern und gehärteter Randschicht verleiht dem Bauteilsehr gute Betriebseigenschaften bei dynamischen Belastungen.

Einen Überblick über die Einteilung der Verfahren zur Randschichtverfestigung gibt Abb. 4.1. Die Wahl des Verfahrens richtet sich nach dem Werkstoff, dem Beanspruchungsprofil des Bauteils, den Zielgrößen der Behandlung (z. B. der Wirktiefe) und der Wirtschaftlichkeit. Nach HIRSCH [Hir06] lassen sich die Verfahren des Randschichthärtens in vier Gruppen, thermische, thermochemische, thermomechanische sowie mechanische Verfahren einteilen (s. Tab. 4.1).

Tab. 4.1 Verfahren der Randschichtverfestigung für Getriebebauteile. [Bre00, Bar05a]

Verfahren der Randschichtverfestigung für Getriebebauteile		
Thermische Einwirkung	*Thermochemische Einwirkung*	
ohne Veränderung der Randschichtzusammensetzung	mit Veränderung der Randschichtzusammensetzung	
Randschichthärten:	mit weiterer Wärmebehandlung	ohne weitere Wärmebehandlung
Tauchhärten	Einsatzhärten	Nitrieren
Induktionshärten	Aufkohlen und Härten	Nitrocarburieren
Flammhärten	Carbonitrieren und Härten	Borieren
Sprühhärten	Borieren und Vergüten	
Laser-, Elektronenstrahlhärten		

Für den Bereich der Getriebebauteile haben sich Verfahren gemäß Tab. 4.1 etabliert. In Kap. 4.1.2 werden die Verfahren des Induktionshärtens, Flammhärtens und Einsatzhärtens näher erläutert, da sich diese Verfahren am Markt durchgesetzt haben.

Der Prozess des Vergütens ist eine Kombination aus den Wärmebehandlungsschritten Härten mit einem anschließenden Anlassen bei höherer Temperatur. Anlassen führt dabei im Allgemeinen zu einer Senkung der Härte, in Ausnahmefällen jedoch zu einer Härtesteigerung, sowie zu einer Steigerung der Zähigkeit und Duktilität. Nach DIN [17022-1] liegt beim Vergüten die Anlasstemperatur unterhalb von Ac1, zwischen 540 °C und 680 °C. Im Anschluss an eine Randschichthärtung bewegt sich die Anlasstemperatur in einem Bereich bis zu 200 °C. Ein Vergüten bei höheren Temperaturen ist im Allgemeinen nicht üblich [Lie09c]. Die Gebrauchseigenschaften werden dabei durch die Höhe der Temperatur und die Anlassdauer bestimmt (s. Tab. 4.2).

Anlassen bewirkt eine gezielte Änderung der Härte, Verbesserung der Zähigkeit, Abnahme von Eigenspannungen, Rissgefahr und Restaustenitmenge sowie Maß- und Formänderungen. Zwischen 250 °C und 550 °C kann es, durch Bildung von Karbiden und Sonderkarbiden, zu Anlasssprödigkeiten kommen.

4.1.1 Wärmebehandlung der Stähle

4.1.1.1 Kristallstruktur und Gefüge metallischer Werkstoffe

Metallische Werkstoffe besitzen in der Regel einen kristallinen Aufbau [Wei07]. Es wird zwischen Einkristallen und Polykristallen unterschieden. Aufgrund der aufwendigen Herstellung werden einkristalline Bauteile in der Regel nur für Hochleistungsanwendungen, z. B. in Form von Turbinenschaufeln, eingesetzt. Einkristalle bilden zudem das Ausgangsmaterial zur Herstellung von Wafern in der Halbleiterindustrie. Technische Metalle werden nahezu ausschließlich in polykristalliner Form eingesetzt. Drei wichtige Gitterformen sind das kubisch-raumzentrierte Kristallgitter (krz), das kubisch-flächenzentrierte Kristallgitter (kfz) und das hexagonal dichtest gepackte Kristallgitter (hdp). Reineisen weist unter Normaldruck zwei Gittertypen, das kubisch-raumzentrierte und das kubisch-flächenzentrierte Kristallgitter, auf. Unterhalb von ca. 911 °C ist Reineisen kubisch-raumzentriert (α-Eisen). Zwischen 911 °C und 1392 °C ist das Kristallgitter kubisch-flächenzentriert (γ-Eisen). Oberhalb von 1392 °C bis zur Schmelztemperatur von 1536 °C ist das Kristallgitter kubisch flächenzentriert (δ-Eisen) [Eck69]. Kristallite, Körner, Fremdphasen und Ausscheidungen in metallischen Legierungen bilden das Gefüge des Werkstoffes [Läp06]. Kristallite bzw. Körner sind dabei räumlich ausgedehnte Bereiche mit einheitlich ausgerichtetem Kristallgitter [Läp06]. Die Grenzen zwischen den Körnern werden als Korngrenzen bezeichnet. Die Korngröße besitzt einen entscheidenden Einfluss auf die mechanischen Eigenschaften des Materials, es wird zwischen grob- und feinkörnigen Gefügen unterschieden. Feinkörnige Gefüge besitzen eine vergleichsweise höhere Festigkeit, Zähigkeit und Verformbarkeit. Grobkörnige Gefüge weisen eine verbesserte Zerspanbarkeit auf. Die Korngröße wird beeinflusst durch Erstarrungs-, Umform-, und Wärmebehandlungs prozesse [Bar94b].

4.1.1.2 Eisen-Kohlenstoff-Schaubild

Abbildung 4.2 zeigt das Eisen-Kohlenstoff-Schaubild EKS für eine stabile (Fe-C) und metastabile (Fe-Fe3C) Erstarrung. Bei Temperaturen oberhalb der Liquiduslinie ABCD liegen Eisen-Kohlenstoff-Lösungen als Schmelze vor. Sie erstarren in Temperaturbereichen, die zwischen der Liquiduslinie ABCD und der Soliduslinie AHIECF liegen. Mit abnehmender Temperatur nimmt der Anteil der ausgeschiedenen Kristalle in der Schmelze zu, bis an der Soliduslinie die Schmelze vollständig erstarrt ist. Das am niedrigsten Erstarrungspunkt aller Schmelzen einheitlich erstarrende Gefüge wird als Eutektikum bezeichnet. Die Zustandsfelder der einzelnen Phasen werden von Linien begrenzt, die durch die Buchstaben ihrer Endpunkte bezeichnet werden. Diese Linien können als Verbindungslinien der Haltepunkte, die als Verzögerungen bei Erwärmung oder Abkühlung infolge Gefügeumwandlung auftreten, angesehen werden. Im erstarrten Zustand ergeben sich für verschiedene Bereiche von C-Gehalt und Temperatur unterschiedliche Phasen und Gefüge. [Bar94b, Wei07]. Als Stähle werden dabei Eisen-Kohlenstoff-Legierungen mit Legierungsgehalten von weniger als 2,06 % Kohlenstoff bezeichnet, die ohne weitere Nachbehandlung schmiedbar sind.

4.1.1.3 Mikrostruktur- und Gefügeentwicklung bei der Austenitisierung

Bei der Wärmebehandlung von Stählen unter Nutzung der α-γ-Umwandlungen wird das Gefüge zunächst austenitisiert. Die Austenitisierungsbedingungen und der damit resultierende Zustand des Austenits, insbesondere die Korngröße, sind für das resultierende Gefüge von großer Bedeutung [Hu99]. Das Gefüge unlegierter, untereutektoider Stähle (C-Gehalt bis 0,8 m-%) besteht im normalisierten Zustand aus Ferrit und Perlit, während übereutektoide Stähle (C-Gehalt über 0,8 m-%) aus Perlit und

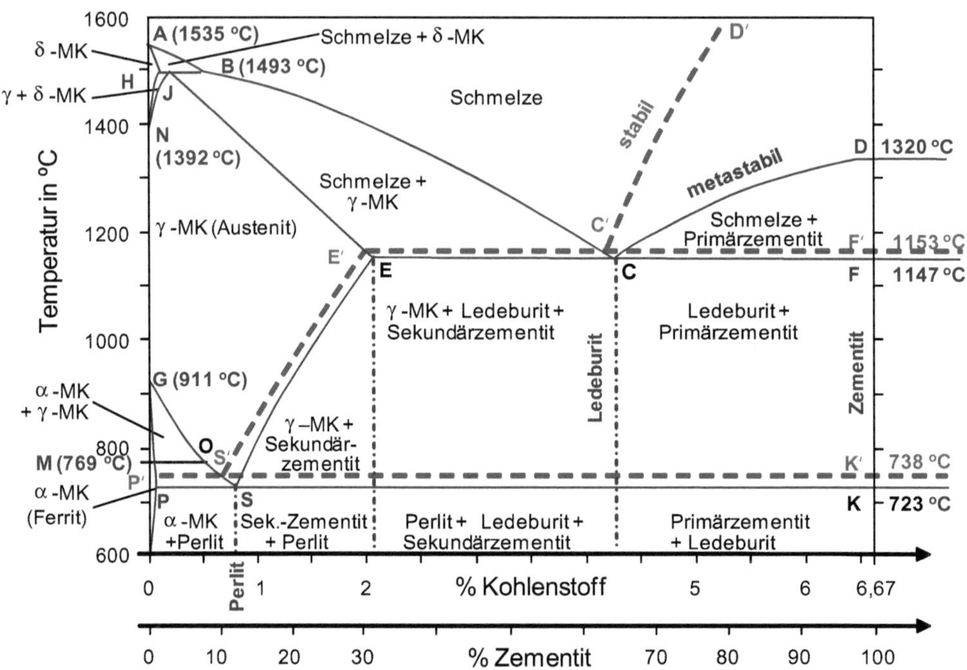

Abb. 4.2 Eisen-Kohlenstoff-Schaubild (EKS) für stabile (Fe-C, gestrichelte Linie) und metastabile (Fe-Fe3C, durchgezogene Linie) Ausbildung des Kohlenstoffes. [Bar94b]

Zementit zusammengesetzt sind. Werden Stähle auf Temperaturen oberhalb der Ac_{1b}-Temperatur (Beginn der Austenitbildung) erwärmt, entstehen nach einer Inkubationszeit Austenitkeime an der Phasengrenze zwischen Ferrit und Karbiden, an der die Eisenkarbide zerfallen. Der Kohlenstoff diffundiert von den Karbiden zum Ferrit [Läp06, Hu99]. Bei untereutektoiden Stählen beginnt die Umwandlung des Perlits dort, wo Ferrit und Karbid dicht beieinander liegen, da die Diffusionswege des Kohlenstoffs kurz sind. Bei übereutektoidem Stahl beginnt die Umwandlung ebenfalls mit der Auflösung des Perlits und ist mit dem Zementitzerfall abgeschlossen. Zeit-Temperatur-Austenitisierungs-Schaubilder (ZTA-Schaubilder) zeigen in diesem Zusammenhang die Abhängigkeit der Austenitbildung von der Austenitisierungszeit und -temperatur sowie die Auflösung von Karbiden, die Homogenisierung und die Korngrößenveränderung auf [Brü04]. Es werden Schaubilder für isotherme und kontinuierliche Erwärmung unterschieden. Zur Aufnahme isothermer ZTA-Schaubilder werden dünne Probenplättchen zuerst auf definierte Temperaturen erwärmt, bei denen eine Umwandlung des Austenits auftreten kann. Bei diesen Temperaturen werden sie mit unterschiedlich langen Austenitisierungszeiten gehalten. Nach dem Abschrecken werden die Proben metallographisch bezüglich der umgewandelten Gefügeanteile und der Korngrößen analysiert. Ein isothermes ZTA-Schaubild für den untereutektoiden Stahl C45 ist in Abb. 4.3 dargestellt [Brü04].

Oberhalb der als Ac_{1b} eingezeichneten Kurve beginnt die Austenitbildung. Ac_{1e} bezeichnet das Ende der Karbidauflösung bei den untereutektoiden Stählen (Ende der Perlitum-

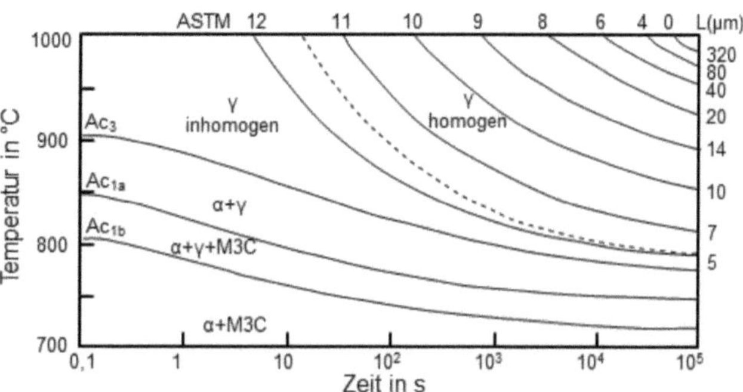

Abb. 4.3 ZTA-Schaubild für ein isothermisches Austenitisieren des Vergütungsstahles C45 sowie Austenitkorngrößen nach Hougardy. [Brü04] Erwärmungsgeschwindigkeit: 130 K/s

wandlung bei übereutektoiden Stählen). Oberhalb von Ac_3 ist der Ferrit vollständig umgewandelt und die ehemaligen Karbide vollständig in dem γ-Mischkristall gelöst, allerding verteilt sich der Kohlenstoff im Austenitgitter nicht gleichmäßig (inhomogener Austenit). Nach einer längeren Haltedauer im Austenitgebiet verteilt sich der Kohlenstoff gleichmäßig im Austenitgitter (homogener Austenit). Der Beginn des homogenen Austenits ist durch die gestrichelte Linie in dem ZTA-Schaubild dargestellt. Oberhalb Ac_3 setzt ein Austenitkornwachstum ein, so dass die Korngröße mit zunehmender Austenitisierungsdauer ansteigt, was durch Korngrößenlinien in dem ZTA-Schaubild gekennzeichnet wird.

Kontinuierliche ZTA-Schaubilder beschreiben die Austenitisierung für variierte kontinuierliche Aufwärmgeschwindigkeiten und unmittelbar anschließendes Abkühlen. Analog zu dem isothermen ZTA-Schaubild werden die Ac_{1b}-, A_{c1e}- bzw. A_{c3}-Temperaturen, Korngrößenlinien, gegebenenfalls Härtelinien und der Beginn des homogenen Austenits sowie zusätzlich die Aufwärmgeschwindigkeiten angegeben.

4.1.1.4 Mikrostruktur- und Gefügeentwicklung bei der Abkühlung

Die infolge der Wärmebehandlung eingestellten Gefügebestandteile des Stahls bestimmen die mechanischen Werkstoffeigenschaften. Neben der Austenitisierung bei der Erwärmung ist die darauf folgende Abkühlung entscheidend für die späteren Eigenschaften. Bei der Abkühlung wandelt sich das kubisch-flächenzentrierte kfz-Gitter des Austenits in ein kubisch-raumzentriertes krz-Gitter um. Je nach Abkühlgeschwindigkeit und Legierungszusammensetzung bilden sich die Gefüge Ferrit, Perlit, Bainit und Martensit. Kubischflächenzentrierte Gitter besitzen eine höhere Kohlenstofflöslichkeit als kubisch raumzentrierte Gitter, daher ist die Abkühlung in der Regel mit der Diffusion von Kohlenstoff- bzw. Eisenatomen verbunden. Es werden diffusionsgesteuerte und diffusionslose Umwandlungen unterschieden. Bei letzteren ist eine Diffusion der Legierungsatome nicht möglich. Die Ferrit- und Perlitbildung erfolgen diffusionsgesteuert, während die Martensitbildung eine diffusionslose Umwandlung ist. Die Bainitbildung erfolgt schrittweise mit diffusionslosem und diffusionsgesteuertem Umwandlungscharakter. Die Diffusion der Eisen- und Kohlenstoffatome im Stahl ist im Wesentlichen temperaturabhängig.

Bei langsamen Abkühlgeschwindigkeiten werden die auf Zwischengitterplätzen in das kfz-Gitter eingelagerten Kohlenstoffatome aus dem Gitter gedrängt und bilden mit Eisenatomen das Eisenkarbid Zementit (Fe_3C). Ausgehend von den Austenitkorngrenzen wächst der aus parallel angeordneten Ferrit- und Zementitlamellen bestehende Perlit in das Innere des Austenitkornes, bis der Austenit vollständig umgewandelt ist. Aufgrund der vergleichsweise hohen Umwandlungstemperaturen erfolgt bei der Perlitbildung sowohl eine Diffusion von Kohlenstoff- als auch von Eisenatomen [Läp06].

Bei sehr hohen Abkühlgeschwindigkeiten unterbleibt die Diffusion von Kohlenstoff und Eisen, so dass der Kohlenstoff zwangsgelöst im Gitter verbleibt und die krz-Gitterzelle bei der γ-α-Umwandlung tetragonal verspannt. Dieses Gefüge wird als Martensit bezeichnet. Die Verspannung des Gitters wächst mit der Anzahl der zwangsgelösten Kohlenstoffatome, so dass für eine Härtbarkeit ein gewisser Anteil an Kohlenstoff vorhanden sein muss. Üblicherweise gelten Stähle ab einem Kohlenstoffgehalt von ca. 0,3 % als härtbar [Läp06, Bar94b, Wei07].

Bei Abkühlgeschwindigkeiten bzw. Umwandlungstemperaturen, die zwischen denen der Perlit- und Martensitbildung liegen, erfolgt eine Umwandlung des Austenits zu Bainit. Während die Kohlenstoffdiffusion aufgrund der tieferen Umwandlungstemperaturen im Vergleich zur Perlitbildung nur bedingt stattfinden kann, ist die Diffusion von Eisenatomen nicht möglich. Gemäß den Umwandlungsmechanismen erfolgt eine Unterscheidung in oberen und unteren Bainit.

Oberer Bainit wird in höheren Temperaturbereichen gebildet. Der Umwandlung zum oberen Bainit geht eine Diffusion der Kohlenstoffatome mit der Folge einer lokalen Kohlenstoffverarmung des Austenits voraus. In diesen Bereichen erfolgt anschließend ein diffusionsloses Umklappen des kfz-Gitters des Austenits in das krz-Gitter unter der Bildung von Ferritplatten. Aufgrund der vergleichsweise hohen Umwandlungstemperatur diffundieren die Kohlenstoffatome in den Bereich vor der Phasengrenze Ferrit-Austenit und bilden dort schließlich Zementitkristalle, die sich zwischen den Ferritplatten ausscheiden.

Bei vergleichsweise niedrigen Umwandlungstemperaturen geht der Bildung des unteren Bainits keine Diffusion der Kohlenstoffatome voraus. Stattdessen klappt das Austenitgitter diffusionslos um und der Kohlenstoff wird im Ferritkristall zunächst zwangsgelöst. Da das krz-Gitter im Vergleich zum kfz-Gitter allerdings bessere Diffusionsbedingungen für den Kohlenstoff bietet, kann dieser im Folgenden in den Ferrit diffundieren, so dass sich nach dem Umklappen stäbchenförmigen Zementitkristalle in den Ferritplatten ausscheiden.

4.1.1.5 Mikrostruktur-, Gefüge- und Härteentwicklung beim Anlassen

Nach DIN EN [10052] versteht man unter Anlassen das Erwärmen eines (in der Regel) martensitisch gehärteten Werkstücks auf eine Temperatur unterhalb A_{c1}, das Halten bei dieser Temperatur sowie das nachfolgende zweckentsprechende Abkühlen [Läp06].

Der nach dem Abschrecken gebildete Martensit mit der tetragonal verspannten raumzentrierten Gitterzelle besitzt im Allgemeinen eine relativ hohe Härte und Sprödigkeit, die in der Regel nicht erwünscht ist. Es wird von Glashärte gesprochen, d. h. der Werkstoff ist so hart, dass er wie Glas zersplittern kann. Durch ein nachfolgendes Erwärmen kann diese Sprödigkeit beseitigt werden. Festigkeit und Zähigkeit lassen sich gezielt einstellen. Für dieses Anlassen sind Anlassdauer und Anlasstemperatur entscheidend. Erstere wird

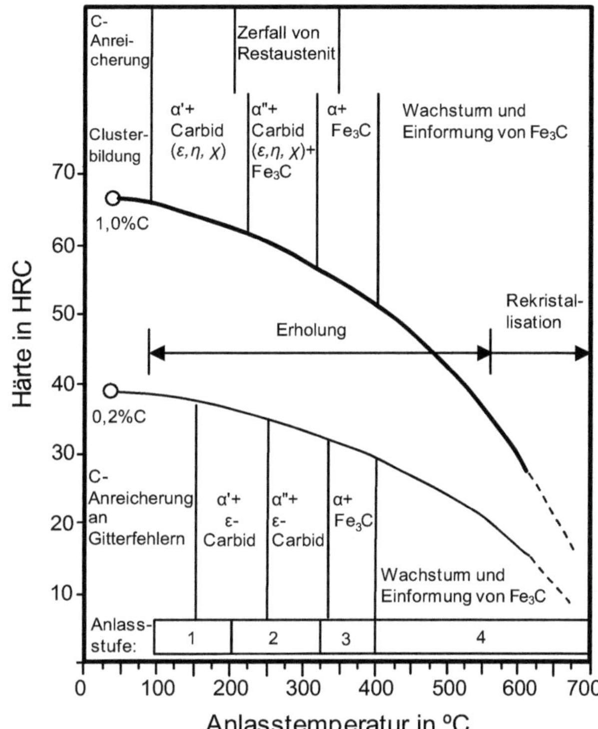

Abb. 4.4 Gefügeveränderung beim Anlassen vollmartensitisch gehärteter, unlegierter Stähle mit 0,2 % und 1,0 % Kohlenstoffgehalt (Anlassdauer 2h). [Läp06]

an den Werkstückquerschnitt angepasst, zweitere entsprechend der angestrebten Härte [Läp06, Wei07].

Bei unlegierten und niedriglegierten Stählen werden in der Regel vier Anlassstufen unterschieden. Die Gefügeveränderungen beim Anlassen für martensitisch gehärtete, unlegierte Stähle mit Kohlenstoffgehalten von 0,2 % bzw. 1,0 % sind in Abb. 4.4 bzw. Tab. 4.2 dargestellt.

Anlassstufe 1 Bei Temperaturen von ca. 100 °C bis 200 °C wird die Glashärte beseitigt und die mit innerer Spannung verbundene Rissgefahr vermindert [Bar94b, Läp06]. Die tetragonale Verzerrung des kubischen Raumgitters geht zurück und einzelne Kohlenstoffatome können der Zwangslösung im Martensit entweichen, so dass es zur Bildung von Karbiden kommt. Der tetragonale Martensit wandelt sich in kubischen Martensit um, der ein geringeres Volumen als der tetragonal verspannte Martensit besitzt. Das Anlassen in Stufe 1 ist deshalb mit einer Volumenabnahme verbunden, während die Härte des Werkstoffes nahezu unverändert bleibt. Diese Stufe des Anlassens wird auch als Entspannen bezeichnet [Läp06, Dub08, Wei07, Bar94b].

Anlassstufe 2 In dem Temperaturbereich von ca. 200 °C bis 320 °C nimmt infolge der höheren Temperaturen die Beweglichkeit des im Martensit zwangsgelösten Kohlenstoffs

Tab. 4.2 Vorgänge beim Anlassen. [Läp06]

Anlassstufe	Temperaturbereich in°C	Auswirkung auf			Physikalische Vorgänge
		Festigkeit	Zähigkeit	Härte	
-	< 100	≈	≈	≈	Kohlenstoffärmere Stähle: Anreicherung von C an Gitterfehlstellen Kohlenstoffreiche Stähle: Anreicherung von C an Gitterfehlstellen und Bildung einphasiger Entmischungszonen
1	100...200	↓	↑	(↓)	Kohlenstoffatome entweichen aus Zwangslösung tetragonaler Martensit geht in kubischen Martensit über (C > 0,2 %) Bildung von ε-Carbid (Fe_xC; x = 2,4) und ggf. η-Carbid (Fe_2C) bzw. χ-Carbid ($Fe_{2,5}C$) Volumenabnahme/Verzug
2	200...320	↓	↓	↓	Bildung von Zementit (Fe_3C) aus ε- und ggf. η- oder χ-Carbid Ausscheidung von Carbiden im Restaustenit Restaustenit wandelt sich in kubischen Martensit um Volumenzunahme/Verzug 300 °C-Versprödung (zwischen 250 °C und 400 °C)
3	320...400	↓↓	↑↑	↓↓	Kubischer Martensit verarmt an Kohlenstoff – > Ferritbildung Zementitbildung aus dem noch verbliebenen ε-Carbid 500 °C-Versprödung (zwischen 370 °C und 500 °C)
4		unlegierte Stähle			Kristallerholung bzw. ab 550 °C Rekristallisation Vergröberung des Zementits
	400... A_{C1}	↓	↑	(↓)	
		legierte Stähle			Sekundärhärtung durch Sondercarbide (Cr, Mo, V, Ti, W)
		↑↑	↓	↑↑	
≈ kaum Veränderung					↓↓ stark abnehmende Tendenz
(↓) geringfügig abnehmende Tendenz					↑ zunehmende Tendenz
↓ abnehmende Tendenz					↑↑ stark zunehmende Tendenz

zu und Zementit wird in feinverteilter Form ausgeschieden. Bruchdehnung, Kerbschlagzähigkeit und Brucheinschnürung steigen, während Festigkeit und Härte abnehmen. Durch Ausscheiden von Karbiden nimmt der Kohlenstoffgehalt im Restaustenit ab, so dass die Martensitstarttemperatur des Restaustenits in den Temperaturbereich der 2. Anlassstufe ansteigt. Dies führt zur Umwandlung des Restaustenits zu kubischem Martensit oder unterem Bainit [Läp06, Dub08].

Anlassstufe 3 In der dritten Anlassstufe bei Temperaturen von 320 °C bis 400 °C verlassen praktisch alle zwangsgelösten Kohlenstoffatome das Martensitgitter und der kubische Martensit wandelt sich zu Ferrit um. Bei längerer Anlasszeit besteht das Gefüge schließlich aus Ferrit mit feinsten eingelagerten Karbidkörnchen. Die in der zweiten Anlassstufe auftretenden Werkstoffänderungen setzten sich in verstärkter Weise fort [Läp06, Dub08, Wei07].

Anlassstufe 4 Mit weiter steigender Temperatur vergrößern sich die zuvor fein verteilten Zementitausscheidungen in der Ferritmatrix, was zu einer weiteren Abnahme der Festigkeit und Härte bzw. einer Zunahme der Zähigkeit und Verformbarkeit führt. Infolge der Rekristallisation kommt es zur Rückbildung der nadligen Martensitstruktur. Das Gefüge ähnelt körnigem Perlit [Läp06, Dub08, Wei07].

4.1.1.6 Entstehung von Eigenspannungen und Verzug beim Abschrecken und Anlassen

Unter Eigenspannungen versteht man Spannungen in einem Bauteil, auf das keine äußeren mechanischen Beanspruchungen einwirken, und das einem räumlich homogenen und zeitlich konstanten Temperaturfeld unterliegt [Tie82]. Die mit den Eigenspannungen verbundenen inneren Kräfte und Momente sind im mechanischen Gleichgewicht [Mac73]. Eigenspannungen entstehen durch inhomogene Deformationen unterschiedlicher Ursachen. Eigenspannungen werden entsprechend der Entstehungsursachen wie folgt unterteilt [Tie82]:

- thermische Eigenspannungen treten bei der Erwärmung bzw. Abkühlung aufgrund unterschiedlicher Verformungen in verschiedenen Querschnittsbereichen bedingt durch unterschiedliche thermische Ausdehnungskoeffizienten in unterschiedlichen Querschnittsbereichen auf [Tie82]
- Verformungseigenspannungen bilden sich aufgrund inhomogener plastischer Verformung infolge äußerer Kräfte
- Umwandlungseigenspannungen werden durch Volumenveränderungen bei einer inhomogenen bzw. ungleichzeitigen Gefügeumwandlung verursacht.

Spannungen infolge von Temperaturunterschieden bzw. Verformungen ohne eine damit verbundene partielle plastische Deformation gehören nicht zu den Eigenspannungen, da diese Spannungen nach Wegnahme des Temperaturfeldes bzw. der Verformung verschwinden. [Tie82].

Mit objektbezogener, örtlicher Verteilung als Unterscheidungskriterium wurden Eigenspannungen nach MASING Anfang des 20. Jahrhundert in Eigenspannungen I., II. und III. Art unterteilt. Während der stetigen Entwicklung wichen die meisten Formulierungen der drei verschiedenen Arten der Eigenspannungen mehr oder weniger von der masingschen Definition ab [Mac73]. Hinsichtlich des kontinuumstheoretischen Aspektes der Entstehung von Eigenspannungen wird auf [Kro58] und [Deh59] verwiesen. In [Deh59] und [Mac73]wurden Eigenspannungen I. Art und II. Art in Bezug auf Körner bzw. Kristallite definiert.

Eigenspannungen I. Art entstehen z. B. aufgrund des Temperaturgradienten von Körpern bei der Erwärmung bzw. Abkühlung. Eigenspannungen II. Art werden durch unterschiedliche mechanische oder physikalische Eigenschaften der Kristallite z. B. aufgrund einer Streckgrenzenanisotropie der Kristallite bei der Verformung oder unterschiedlicher thermischer Ausdehnungskoeffizienten der Kristallite bei der Wärmebehandlung verursacht [Dan00]. Eigenspannungen III. Art treten z. B. in der Umgebung von Versetzungen auf.

Neben dem oben erwähnten Einteilungsprinzip werden Eigenspannungen in Makro- und Mikroeigenspannungen mit folgenden Definitionen unterteilt. Nach diesem Einteilungsprinzip in TIETZ [Tie82] sind Eigenspannungen I. Art Makroeigenspannung und Eigenspannungen höherer Art Mikroeigenspannungen. Im Weiteren werden Eigenspannungen II. Art als homogene Mikroeigenspannungen und Eigenspannungen III. Art als inhomogene Mikroeigenspannungen bezeichnet.

4.1.1.7 Eigenspannungsentwicklung beim Abschrecken

Beim Abschrecken von Werkstücken aus Stahl entsteht eine komplexe Spannungsverteilung infolge der Überlagerung von durch instationären Temperaturverteilungen verursachten thermischen Eigenspannungen und Umwandlungseigenspannungen, insbesondere wenn plastische Deformationen auftreten. Für eine grundsätzliche Betrachtung der Spannungsbildung beim Abschrecken wird im Folgenden zunächst vom linearelastischen Werkstoffverhalten bei der umwandlungsfreien oder umwandlungsbehafteten Abkühlung ausgegangen.

Abkühlungsspannungen bilden sich bei dem umwandlungsfreien Abschrecken aufgrund der inhomogenen Temperaturverteilung bzw. der Wärmedehnung und -stauchung aufgrund unterschiedlicher Wärmeausdehnungskoeffizienten. Als Beispiel sei hier das Abschrecken eines isotropen und umwandlungsfreien Zylinders angeführt: Zu Beginn schrumpft der Randbereich des Zylinders stärker als der Kernbereich infolge der viel schnelleren Abkühlung (s. Abb. 4.5a). Dadurch gerät der Randbereich unter Längs- und Tangentialzugspannungen und der Kernbereich aus Gleichgewichtsgründen unter Längs- und Tangentialdruckspannungen (s. Abb. 4.5b). Radialeigenspannungen seien hier vernachlässigt. Die Eigenspannungen nehmen stets bis zum Erreichen der größten Temperaturdifferenz ΔT_{max} zum Zeitpunkt t_{max} zu. Danach schrumpft der Kern stärker als

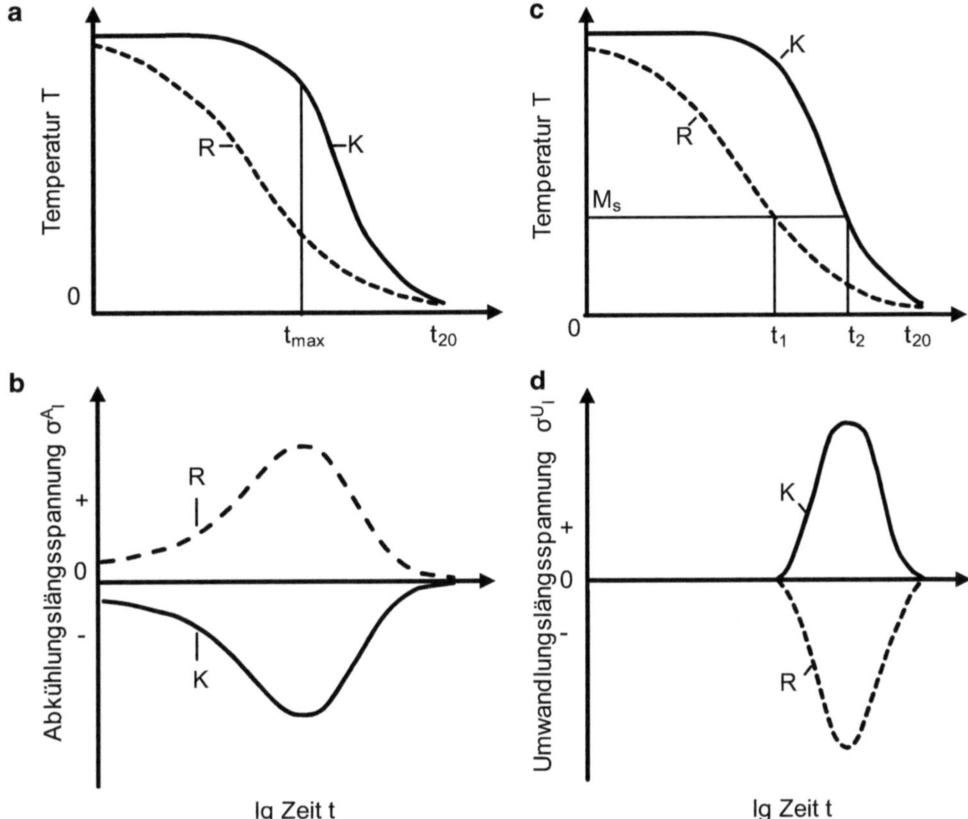

Abb. 4.5 Zeitabhängigkeit der Rand- und Kerntemperatur (**a**), der im Rand und Kern auftretenden Abkühlungslängsspannung bei der Abkühlung eines Zylinders (**b**), sowie Zeitabhängigkeit der Rand- und Kerntemperatur mit Martensitstarttemperatur Ms (**c**), und Umwandlungsspannungen bei dem Abschrecken eines Zylinders aus einem martensitisch umwandelnden Werkstoff (**d**), *R* Rand, *K* Kern [Gue87]

der Rand, was zu einem Abbau der Eigenspannungen und evtl. zur Spannungsumkehr führt [Ehl00]. Die Eigenspannungen verschwinden letztendlich, weil keine plastischen Verformungen in linear-elastischen Werkstoffen auftreten.

Im Folgenden wird die Entwicklung der Umwandlungsspannungen am Beispiel eines umwandlungsbehafteten Zylinders aus Stahl mit einem Wärmeausdehnungskoeffizienten, der gegen Null geht, dargestellt. Der kubisch-flächenzentrierte Austenit wandelt bei der Abkühlung unterhalb von A_{c1} in ein kubisch-raumzentriertes Gefüge um, dessen Packungsdichte geringer ist. Infolgedessen ist die Bildung von Ferrit, Perlit, Bainit oder Martensit aus Austenit mit einer Volumendilatation verbunden, was zu Umwandlungsdruckspannungen führt. Abbildung 4.5c verdeutlicht den Temperaturverlauf bei der Abkühlung von Rand und Kern. Nachdem die Temperatur am Rand die Martensitstarttemperatur unterschreitet, bildet sich Martensit, was dort zu Druckeigenspannungen führt.

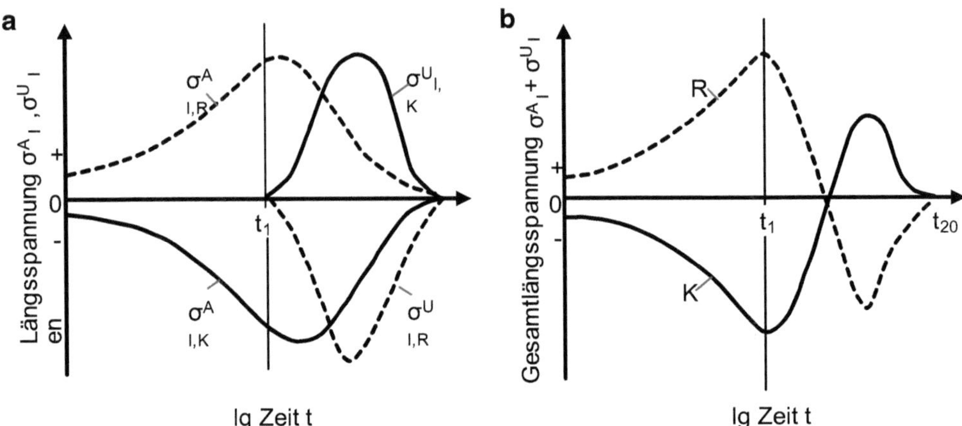

Abb. 4.6 Zeitlicher Verlauf der einzelnen Spannungsanteile (**a**), zeitlicher Verlauf der Gesamtspannung (**b**). [Gue87]

Im Kern entstehen dadurch Zugspannungen. Die Spannungsbeträge nehmen bis zum Erreichen der Martensitstarttemperatur im Kern zu und verringern sich danach infolge der Volumendilatation im Kern. Am Ende der Abkühlung existieren keine Eigenspannungen in Hinsicht auf den Idealfall des linear-elastischen Werkstoffs (s. Abb. 4.5d). Reine Umwandlungsspannungen im Zylinder weisen einen entgegengesetzten Verlauf im Vergleich zu reinen Abkühlspannungen auf. Abbildung 4.6 zeigt die Überlagerung der in Rand und Kern von Zylindern auftretenden Abkühlungs- und Umwandlungsspannungen.

In Realbauteilen ist zudem das plastische Werkstoffverhalten beim Abschrecken zu berücksichtigen. Für die Beurteilung auftretender Plastizierung ist die Kenntnis der jeweiligen Temperatur und Streckgrenze erforderlich [Sch84b]. Die Streckgrenze ist werkstoff- und temperaturabhängig. Abbildung 4.7a zeigt schematisch die Temperatur- und Streckgrenzenverläufe für Rand und Kern eines umwandlungsfreien elastisch-plastischen Zylinders. Die Streckgrenze ist annähend umgekehrt proportional zur Temperatur. Plastische Verformung tritt bei der Abkühlung sowohl am Rand als auch im Kern auf, wenn die Eigenspannungen die Streckgrenze erreichen, wobei die Eigenspannungen nicht die Warmstreckgrenze überschreiten können. Dabei ist der Rand plastisch gedehnt und der Kern plastisch gestaucht. Maximale Eigenspannungsbeträge sind bei größter Temperaturdifferenz zum Zeitpunkt t_{max} erreicht und kehren danach um. Am Ende stehen der Rand unter Druckeigenspannungen und der Kern aus Gleichgewichtsgründen unter Zugeigenspannungen.

Die Temperatur- und Streckgrenzenverläufe für einen umwandlungsbehafteten elastisch-plastischen Zylinder aus Stahl mit einem Wärmeausdehnungskoeffizienten, der gegen Null geht, sind in Abb. 4.7b dargestellt. Die Streckgrenze steigt wegen der Bildung des Martensit stark an. Gegenüber der Abkühlung ist der Rand infolge der Umwandlung nach dem Erreichen der Streckgrenze plastisch gestaucht und der Kern plastisch gedehnt. Am Ende stellen sich im Rand Zugspannungen und im Kern Druckspannungen ein.

Treten beim Abschrecken eines Metallzylinders sowohl abkühlungs- als auch umwandlungsbedingte plastische Verformungen auf, so entstehen nach dem Temperaturausgleich

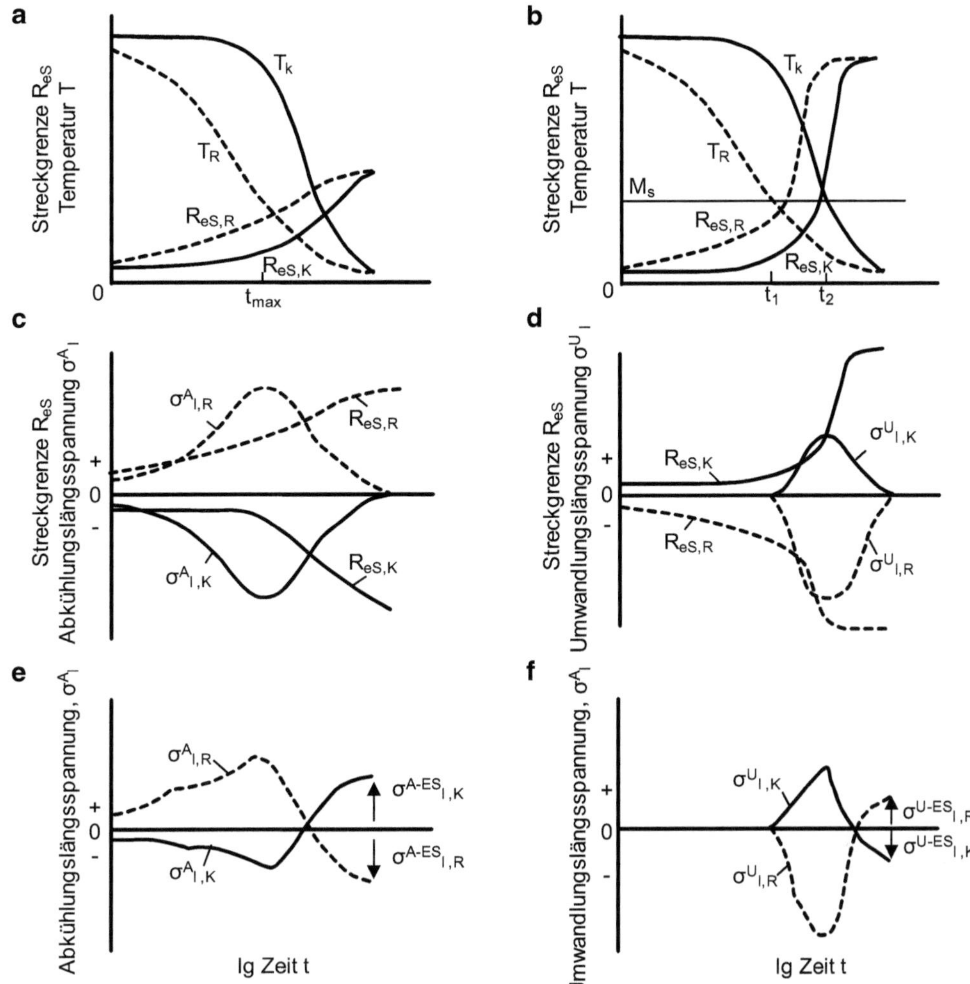

Abb. 4.7 Entwicklung von Abkühlungseigenspannungen (*links*) und Umwandlungseigenspannungen (*rechts*). [Gue87]. a) zeitlicher Verlauf der Temperaturen und Streckgrenzen von Rand (R) und Kern (K) bei umwandlungsfreier Abkühlung von Zylindern, b) zeitlicher Verlauf der Temperaturen und Streckgrenzen bei Umwandlungsbehafteter Abkühlung von Zylindern, c) Streckgrenzen und Abkühlungslängsspannungen ohne Berücksichtigung plastischer Verformungen, d) Streckgrenzen und Umwandlungslängsspannung ohne Berücksichtigung plastischer Verformung, e) Abkühlungslängsspannung bei Berücksichtigung plastischer Verformungen, f) Umwandlungslängsspannungen bei Berücksichtigung plastischer Verformungen t_1 Zeitpunkt des Umwandlungsbeginns im Rand, t_2 Zeitpunkt des Umwandlungsbeginns im Kern, t_{max} Zeitpunkt der maximalen Temperaturdifferenz zwischen Rand und Kern, $\sigma^{A-ES}{}_l$ Längskomponente der Abkühlungseigenspannung, $\sigma^{U-ES}{}_l$ Längskomponente der Umwandlungseigenspannung, M_s Martensitstarttemperatur, M_f Martensitfinishtemperatur

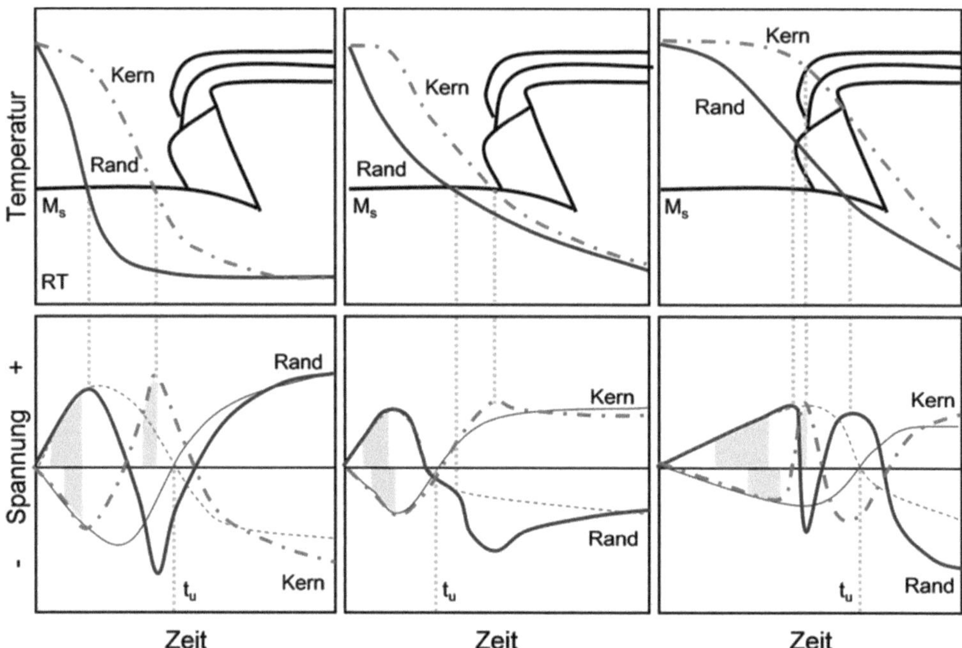

Abb. 4.8 Schematische ZTU-Schaubilder mit Abkühlkurven für Rand und Kern sowie schematische Verläufe der dazugehörigen Längsspannungen (dick ausgezogen bzw. gestrichelt) und der reinen Abkühlungsspannungen (dünn ausgezogen bzw. gestrichelt). [Gue87, Sch84b]

Härteeigenspannungen [Gue87]. Die resultierenden Härteeigenspannungen beim Abschrecken ergeben sich aus der Überlagerung von Abkühlungs- und Umwandlungseigenspannungen.

Mit dem Beginn der Umwandlung beim Abschrecken werden die Härteeigenspannungen verstärkt oder abgeschwächt, evtl. mit Umkehr des Vorzeichens der Eigenspannungen. Infolgedessen sind die Umwandlungsstartzeitpunkte für Rand und Kern bezüglich des Zeitpunktes T_u, bei dem die Vorzeichen der reinen Abkühleigenspannungen für Rand und Kern erstmals wechseln, für die Härteeigenspannungsverteilung nach dem Temperaturausgleich von großer Bedeutung [Sch84b, Gue87, Wei07]. Das obere Teilbild zeigt schematisch die ZTU-Schaubilder und Temperaturverläufe im Rand und Kern. Das untere Teilbild verdeutlicht die reinen Abkühleigenspannungsverläufe für Rand bzw. Kern mit durchzogenen und gestrichelten Linien. Umwandlungseigenspannungen aufgrund der Martensitbildung sind dabei berücksichtigt. Die überlagerten Härteeigenspannungen in Rand und Kern sind mit stärker durchzogenen bzw. gestrichelten Linien dargestellt. Tritt der Umwandlungsbeginn in Rand und Kern vor T_u auf, dann wechselt das Vorzeichen zweimal infolge der Martensitbildung, zuerst im Rand und danach im Kern. Nach dem Temperaturausgleich liegen Zugeigenspannungen im Randbereich und Druckeigenspannungen im Kernbereich vor (s. Abb. 4.8) [Ros66, Mac83]. Liegt im Gegensatz dazu der Umwandlungsbeginn nach T_u, erfolgt eine Zunahme der Eigenspannungsbeträge aufgrund der Martensitbildung im Rand und anschließend im Kern. Nach dem Temperaturausgleich stellen sich Druckeigenspannungen im Rand und Zugeigenspannungen im Kern

Eigenspannungen nach dem Abschrecken

Makroeigenspannung:
Plastische Deformation durch inhomogene Abkühlungs- und Umwandlungsprozesse [Hof99e, Tot02b]

Mikroeigenspannung:
Hohe Versetzungsdichten infolge der Austenitumwandlung und Zwangslösung des Kohlenstoffs in Martensit [Hof97, Hof99]

Anlassen

Thermisch aktivierte Verringerung der lokalen Unterschiede des spezifischen Volumens

Verringerung der Versetzungsdichte infolge von Martensit- und Restaustenitumwandlung

Verringerung der Versetzungsdichte durch Ausscheidung von Kohlenstoffatomen und Karbidbildung [Qia05]

Eigenspannungen nach dem Anlassen

Thermischer Eigenspannungsabbau:
Einflussfaktoren im Anlasstemperaturbereich $T<T_s$ (Solidustemperatur in K):
Anlasszeit , Anlasstemperatur,
Art der Eigenspannungserzeugung (normalisiert/gehärtet),
der Betrag der Eigenspannungen,
der Werkstoffzustand (Kohlenstoffgehalt, Legierungselemente usw.) [Hol94a]

Abb. 4.9 Abbau von Eigenspannungen infolge des Anlassens nach dem Abschrecke

ein (s. Abb. 4.8 mitte). Treten Bainit- und Martensitbildung im Rand ein, wechselt das Vorzeichen der Härteeigenspannungen mehrfach (s. Abb. 4.8 rechts).

4.1.1.8 Eigenspannungsentwicklung beim Anlassen

Die martensitische Härtung von kohlenstoffhaltigen Eisenbasiswerkstoffen beruht auf der diffusionslosen Umwandlung der Hochtemperaturphase Austenit bei ausreichend rascher Abkühlung auf hinreichend tiefe Temperaturen [Hof96, Mac86b]. Beim Abschrecken hält die diffusionslose, extrem schnelle Umwandlung den Kohlenstoff im tetragonal verzerrten Martensit zwangsgelöst, was zu einer hohen Sprödigkeit des Werkstoffes und zur Instabilität der Eigenspannungen führt. Daher sind die Verringerung der Sprödigkeit und ein Abbau von Eigenspannungen wichtigste Aspekte einer nachfolgenden Wärmebehandlung [Loe02]. Ein Vergüten, d. h. Anlassen des beim Härten erzeugten Martensits, stellt eine der wichtigsten Wärmebehandlungen von Stählen dar. Durch das Anlassen werden die beim Härten erzeugten homogenen und inhomogenen Gittereigendeformationen und die damit verbundenen Eigenspannungen gezielt abgebaut [Hof99e]. Dazu wird das Bauteil auf eine Temperatur erwärmt, bei der eine Reduzierung der Dehngrenze zum Abbau von Spannungen führt bzw. eine Umwandlung des Martensits in die Gleichgewichtsphasen α-Ferrit und Fe_3C erfolgt. Festigkeit und Sprödigkeit verringern sich und Zähigkeit bzw. Duktilität steigen an. Für die Beurteilung des mechanischen Werkstoffverhaltens, wie z. B. für die Abschätzung von Dehngrenze oder Fließspannungen, ist die Kenntnis von Mikroeigenspannungen und Versetzungsdichten von Bedeutung [Hof97], [Wan06]. Daher sind nicht nur Makroeigenspannungen sondern auch Mikroeigenspannungen unter der Berücksichtigung variierter Anlasstemperatur und -zeit sowie unterschiedlichen Kohlenstoffgehalten bzw. Gehalten an Legierungselementen für aussagekräftige Prognosen notwendig (s. Abb. 4.9).

4.1.2 Wärmebehandlung von Verzahnungen

Wie in Kap. 4.1 erläutert, werden Zahnräder bzw. Ritzelwellen zur Verbesserung der Gebrauchseigenschaften im Bereich der Verzahnung sowie im Schaftbereich oberflächengehärtet. Dies führt zu verbesserten Eigenschaften in Bezug auf Zahnfußbiegung,

Flankenpressung und Gleitbeanspruchung sowie zu einer Erhöhung des Verschleißwiderstandes. Hierfür kommen z. B. Verfahren des Induktions- und Flammenhärtens sowie des Einsatzhärtens zum Einsatz.

4.1.2.1 Flammhärten

Das Flammhärten ist eines der ältesten Randschichthärteverfahren. Mit Hilfe einer Flamme aus einem Gemisch aus Brenngas und Sauerstoff wird die oberflächennahe Schicht des Werkstoffes temporär auf Härtetemperatur erwärmt. Die verwendeten Brenngase sind Ethin, Stadtgas, Methan oder Propan [Läp06]. Direkt nach Erreichen der Härtetemperatur wird der Rand mittels einer Wasserbrause abgeschreckt. So entsteht in der Oberfläche eine Struktur aus hartem Martensit, während der Kern vergleichsweise weich und duktil bleibt. Mit diesem Verfahren sind Einhärtungstiefen von 0,8 mm bis 6,4 mm und mehr möglich. Die erreichbare Tiefe ist dabei von dem verwendeten Brenngas, dem Flammbild, der Erwärmungsdauer, der Härtbarkeit des Werkstoffs, dem Abschreckmedium sowie dem Abschreckverfahren abhängig. Durch die lokale Erwärmung kann eine örtlich gehärtete und verschleißfeste Randschicht erzeugt werden. Des Weiteren wird das Flammhärten zur Verbesserung von Biege-, Torsions- und Dauerfestigkeit eingesetzt [Hea91, Dav02].

Gewöhnlich wird das Flammhärten bei sehr großen Teilen, bei denen andere Methoden aufgrund der Größe ausgeschlossen oder unwirtschaftlich sind bzw. kleinem Härtungsbereich eines Bauteils oder komplizierten Bauteilgeometrien, bei denen ein gleichmäßiges Erwärmen des gesamten Bauteils nicht möglich ist, verwendet. Es werden prinzipiell die folgenden Betriebsarten unterschieden: stationäres Härten, Vorschubhärten, Umlaufhärten und Umlauf-Vorschub-Härten. Je nach Verfahren werden zum Abschrecken Wasserbrausen oder Tauchbäder eingesetzt. Da beim Flammhärten bevorzugt große Bauteile wärmebehandelt werden, ist ein Anlassen im Ofen oft impraktikabel. Ein Anlassen kann anschließend mit einem Flammkopf durchgeführt werden, der in gewisser Distanz zum Abschreckring platziert ist. Bei diesem Verfahren ist darauf zu achten, dass die Flamme den Anlassparametern unter Berücksichtigung der Größe der Härtungszone und der Härtungsgeschwindigkeit gerecht wird. Bei Einhärtungstiefen von 6,4 mm oder größer ist die Restwärme im Bauteil nach dem Abschrecken ausreichend, um ein Anlassen der gehärteten Randschicht durchzuführen. Die Verwendung von Luft-Brenngas-Gemischen, die pro Zeiteinheit weniger Wärme in den Werkstoff einbringen, um die Randschicht zu austenitisieren, unterstützt das Anlassen aus der Restwärme, da dadurch mehr Wärme im Bauteil verbleibt. Auch ein Vorwärmen bei größeren Bauteilen wirkt unterstützend auf die verbleibende Anlasswärme. Die Vorwärmtemperatur hängt dabei von der Dicke des Bauteiles und den Werkstoffeigenschaften ab [Hea91, Mer69].

4.1.2.2 Einsatzhärten

Eisenwerkstoffe mit einem geringen Kohlenstoffgehalt $\leq$ 0,25 % zeichnen sich durch ihre gute Zerspanbarkeit, gute Schweißbarkeit und Zähigkeit aus, sind jedoch in der Regel nicht martensitisch härtbar. Oftmals wird von diesen Stählen eine harte und verschleißfeste Oberfläche verlangt. Um dieser Forderung nach hoher Randhärte und duktilem Kern zu erfüllen, werden solche Bauteile einsatzgehärtet [Läp06]. Nach DIN [17022-3] besteht das

Verfahren des Einsatzhärtens aus den Prozessschritten Aufkohlen oder Karbonitrieren mit folgendem Härten. Dieses kann entweder direkt im Anschluss oder nach einem Zwischenglühen und Wiedererwärmen auf eine zweckdienliche Härtetemperatur erfolgen. Beim Aufkohlen wird der Randbereich mit Kohlenstoff (Aufkohlen) oder mit Kohlenstoff sowie Stickstoff (Karbonitrieren) angereichert. Nach dem Härten wird je nach Bauteilverwendung bzw. den Anforderungen der nachfolgenden Bearbeitung (z. B. Schleifen) angelassen oder tiefgekühlt und angelassen. Nach DIN [17022-3] stehen für das Aufkohlen unterschiedliche Varianten zur Verfügung: Aufkohlen in Gas, in Salzschmelzen oder in festen Mitteln (Granulat, Pulver oder Pasten). Das Aufkohlen in Gas gehört zu den am häufigsten verwendeten Verfahren. Je nach Ausgangsstoff und verwendetem Aufkohlungsgas, liegen die Kohlungstemperaturen zwischen 850 °C und 950 °C, in Ausnahmefällen bis 1050 °C. Die Aufkohlungsatmosphäre besteht im Allgemeinen aus den Komponenten Kohlenmonoxid (CO), Kohlendioxid (CO_2), Wasserstoff (H), Wasserdampf (H_2O), Sauerstoff (O) und gelegentlich Methan (CH_4) [Läp06]. In der einfachsten Variante der Gasaufkohlung ist die eingesetzte Kohlenstoffkonzentration des Gases so hoch, dass die Löslichkeitsgrenze des Austenits erreicht wird. In modernen Aufkohlungsanlagen wird diese Konzentration mit dem Ziel geregelt, den Kohlenstoffgehalt in der Randschicht zu steuern und einzustellen. Erreicht wird dieses durch den Gebrauch von zwei Gasen, einem Gemisch aus einem Trägergas und einem Anreicherungsgas. Letzteres dient dabei als Kohlenstoffquelle. Die Menge an verwendetem Gas ist direkt abhängig von der erforderlichen Menge an Kohlenstoff, der wiederum durch die Absorptionsrate des Bauteils reglementiert wird. Der Kohlenstoffpegel ist gemeinsam mit der Aufkohlungstemperatur ein entscheidender Parameter für eine erfolgreiche Aufkohlung [Hea91]. Für die Bestimmung des Kohlenstoffpegels während eines Aufkohlungsprozesses werden in der Regel Sauerstoffsonden und Kohlendioxid/Kohlenmonoxid-Analysatoren eingesetzt. Nach DIN [17022-3] kommen zum Abschrecken beim Einsatzhärten Laugen, Wasser-Polymer-Mischungen, Öle, Salzschmelzen oder gasförmige Mittel zum Einsatz.

4.1.2.3 Induktionshärten

Induktionshärten bzw. Induktivhärten ist eine Form der Wärmebehandlung bei der metallische Bauteile bzw. Bauteilbereiche induktiv erwärmt und anschließend abgeschreckt werden.

Die induktive Erwärmung erfolgt durch die Verwendung eines alternierenden Magnetfelds, dessen Feldlinien auf das Werkstück einwirken. Über das Magnetfeld wird eine Spannung induziert, die ihrerseits Ströme induziert, die von der Beschaffenheit und den elektrischen Eigenschaften des Bauteils abhängen. Die mit den Wirbelströmen beaufschlagten Bereiche werden durch den elektrischen Widerstand des Werkstückes erwärmt. Da sämtliche Metalle elektrisch leitend sind, wird die induktive Erwärmung bei vielen Prozessen, wie z. B. Schmelzen, Schweißen, Löten und der Wärmebehandlung, eingesetzt [Hea91, Awi07].

Die gebräuchlichste Anwendung ist die induktive Erwärmung von Eisenwerkstoffen [Hea91]. Diese kann im Vergleich zur Ofenerwärmung Energie und Kosten einsparen. Die Aufwärmgeschwindigkeit ist deutlich höher als bei Prozessen, die auf konvektiver Wärmeübertragung beruhen, wie z. B. dem Erwärmen mit einer Flamme. Weitere Vorzüge des Induktionshärtens sind eine gute Automatisierbarkeit, der geringere Flächenbedarf, die Arbeitsplatz- und Umweltfreundlichkeit, die Möglichkeit der Selbstüberwachung, der geringere Verzug und die Möglichkeit partiell zu Härten [Han06, Hea91].

Die Hauptbestandteile einer Induktionsanlage sind die Induktionsspule (Induktor), eine Wechselspannungsquelle und das jeweils zu härtende Bauteil [Awi07]. Wird der Induktor mit einer Spannung versorgt, entsteht ein Magnetfeld, dessen Stärke vom Strom und der Anzahl der Spulenwindungen abhängt. Befindet sich ein elektrisch leitendes Objekt in der Nähe der Spule, entstehen im Bauteil Wirbelströme, die nach dem Faraday'schen Induktionsgesetz [Kuc04] beschrieben werden können.

Der wesentliche Vorgang zur Wärmeentwicklung im Bauteil ist die Induktion der Wirbelströme. Dabei ist die Aufwärmgeschwindigkeit von der Feldstärke, dem Abstand vom Werkstück zur Spule sowie den elektrischen und magnetischen Eigenschaften des Materials abhängig [Hea91]. Die Aufwärmgeschwindigkeit wird über die Spulenspannung geregelt. Eine ungleichmäßige Wärmeentwicklung und unterschiedliche thermische und elektrische Eigenschaften von Werkstoffen machen eine Berechnung komplexer Geometrien aufwendig. Daher ist vor allem Routine der Ausgangspunkt für die Auslegung einer induktiven Erwärmungsanlage [Hea91].

Die entscheidenden Einflussfaktoren auf die Einhärtungstiefe sind die Frequenz und Leistung der Erwärmungsanlage. Für einen Einsatz mit geringen bis mittleren Lasten sind Tiefen von 0,25 mm bis 1,5 mm ausreichend und bieten genügend Schutz vor Verschleiß [Gie05]. Dazu werden Leistungsdichten zwischen 800 W/cm^2 bis 8000 W/cm^2 in einem Frequenzbereich von 10 kHz bis 2 MHz verwendet. Die Austenitisierungsdauer beträgt nur wenige Sekunden. Bei hochbeanspruchten Bauteilen wie Zahnrädern und Achswellen beträgt die Einhärtungstiefe ca. 1,5 mm bis 6,4 mm. Der Frequenzbereich liegt in diesem Fall bei ca. 1 kHz und 10 kHz mit einer Leistungsdichte von 80 W/cm^2 bis 1550 W/cm^2 [Hea91].

Die sehr hohen Aufwärmgeschwindigkeiten sind der wesentliche Unterschied zwischen einer Erwärmung im Ofen und einer induktiven Erwärmung. Die charakteristischen Kenngrößen, die das Ergebnis der induktiv gehärteten Bauteile beeinflussen, sind gefahrene Zeit-Temperaturprofile, die elektrischen und magnetischen Eigenschaften des Materials, die Frequenz der Magnetfeldänderung und deren Leistung sowie die Mikrostruktur des Werkstoffes im Ausgangszustand [Hea91, Gro89b].

Bei der Erzeugung des Härteprofils spielt die chemische Zusammensetzung des Werkstoffes eine untergeordnete Rolle. Von größerer Bedeutung ist die Austenitisierung, die vom Ausgangszustand des Materials und von der Austenitisierungstemperatur abhängt. Die Umwandlungsgeschwindigkeit in den Austenit ist vor allem an die Diffusionsgeschwindigkeit des Kohlenstoffes, die mit steigender Temperatur zunimmt, gebunden. Dabei spielt die Kohlenstoffverteilung im Ausgangszustand eine ausschlaggebende Rolle [Hea91, Gro89b]. So wandelt sich eine martensitische oder bainitische Struktur rascher in Austenit um, als eine perlitische, da der Kohlenstoff bzw. die Karbide sehr fein verteilt vorliegen. Um sehr hohe Aufwärmgeschwindigkeiten zu erzielen, werden deutlich höhere Austenitisierungstemperaturen als bei einer Erwärmung im Ofen genutzt. Die erreichbaren Härten beim Induktivhärten liegen etwas höher als beim konventionellen Ofen-Härtungsverfahren. Verantwortlich dafür sind geringere Mengen an Restaustenit, der Eigenspannungszustand und die auftretenden Kohlenstoffausscheidungen [Hea91]. Im Falle von lokal auf eine Bauteiloberfläche angewendeten Induktionshärtungen können hohe Druckeigenspannungen zur Steigerung der Dauerfestigkeit erzielt werden [Wei83]. Aufgrund der sehr schnellen Erwärmung beim Induktivhärten entstehen Inhomogenitäten der Kohlenstoffkonzentration im Austenit. Es bildet sich Martensit mit verschiedenen Kohlenstoffgehalten, wobei der kohlenstoffreiche Martensit die wesentliche Härtesteigerung erzeugt.

Ein an das Härten angeschlossener Anlassprozess kann durch eine induktive Erwärmung durchgeführt werden. Prozessbedingt wird dabei eine höhere Temperatur zugunsten einer geringeren Prozesszeit angewendet [Hea91].

Typische Werkstoffe für ein Induktives Randschichthärten sind Stähle für Flamm- und Induktionshärten nach DIN [17212] und Vergütungsstähle nach DIN EN [10083] [Han06].

Einen wesentlichen Einfluss auf das Härteergebnis haben die Abschreckverfahren, mit denen die Bauteile gekühlt werden. Maßgeblich für die Auswahl sind Bauteilgröße und Geometrie, die Art der Härtung (Randschichthärten oder Durchhärten) sowie die Härtbarkeit des Stahles.

Am häufigsten kommen dabei die Methoden der Tauchkühlung oder der Kühlung durch eine Brause zum Einsatz. Hauptsächlich werden bei der Tauchkühlung dieselben Kühlmittel wie beim Härten aus dem Ofen verwendet. Konventionell wird oftmals Wasser eingesetzt. Beim Härten von kohlenstoffreichen Stählen werden Härteöle verwendet, da diese durch eine sanftere Abkühlung der hohen Härtbarkeit und der damit verbundenen Neigung zu Härterissen und Verzug entgegenwirken [Gie05, Hea91, Han06]. Ein Abschrecken mittels Brause wird bei rotationssymmetrischen Bauteilen wie Zahnrädern verwendet. In diesem Falle sind Brausen als Ringe ausgeführt, die kon- oder exzentrisch zum Werkstück ausgerichtet sind. Auf dem Umfang der Ringe sind Düsen verteilt, aus denen Wasser unter Druck direkt nach der induktiven Erwärmung auf die Bauteiloberfläche gesprüht wird. Das Bauteil wird im Ring bewegt, um so ein kontinuierliches Abschrecken zu gewährleisten [Hea91].

Weitere verbreitete Kühlmittel beim Induktivhärten sind Druckluft und Polyvinyl-Alkohol-Lösungen. Erstere wird für Stähle mit hoher Härtbarkeit genutzt, bei denen eine vergleichsweise geringe Abkühlgeschwindigkeit ausreicht, um eine entsprechende Oberflächenhärte zu erreichen. Polyvinyl-Alkohol-Lösungen werden vor allem bei Stählen mit relativ geringer Härtbarkeit eingesetzt. Diese sind nicht brennbar, bilden keinen Qualm und führen nicht zu Hautreizungen. [Hea91, Gie05].

Typische Fehler, die bei einer induktiven Wärmebehandlung auftreten können, sind weiche nicht gehärtete Stellen, Verzug und Härterisse. Zur Bildung von weichen Stellen kommt es bei der Verwendung von Wasser und Polymeren als Kühlmittel durch den auftretenden Leidenfrosteffekt [Kar97]. Das Auftreten von Härterissen ist oftmals die Folge einer zu intensiven Abschreckung verbunden mit einer zu hohen Härte sowie Eigenspannungen. Diese entstehen vermehrt an Kanten, Kerben und großen Geometrieänderungen des Werkstückes sowie bei hohen Oberflächenrauhigkeiten oder bei einer inhomogenen Bauteilabkühlung. Der entstehende Verzug nach einer Wärmebehandlung ist abhängig

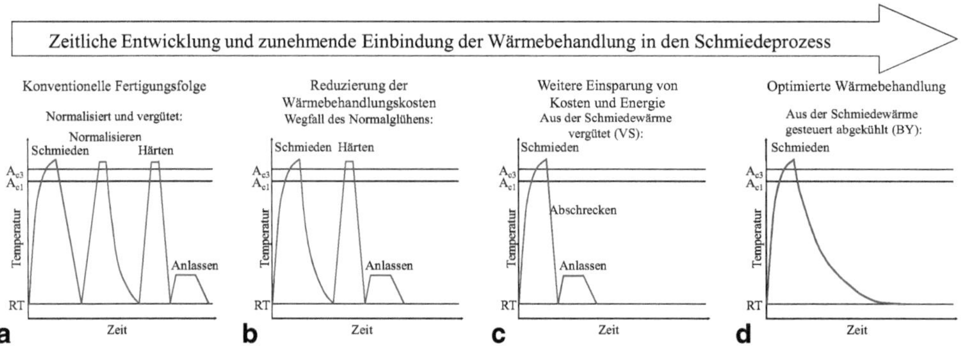

Abb. 4.10 Zunehmende Einbindung der Wärmebehandlung in den Schmiedeprozess und das sich daraus ergebenden Potenzial der gezielten Gefügeeinstellung. [nach Dit02, Doe80a, Bre00]

von der Geometrie des Bauteils und von der Eigenspannungsverteilung. Dieser wird durch ein inhomogenes Abschrecken und durch ungleichmäßiges Erwärmen verstärkt [Hea91].

4.2 Werkstoffe für die Wärmebehandlung aus der Warmformgebungshitze

4.2.1 Integration der Wärmebehandlung in den Schmiedeprozess

Zur Reduzierung von Prozesskosten unter Verringerung von Prozesszeiten und thermisch eingesetzter Energie wird die Integration der Wärmebehandlung in den Warmformgebungsprozess verfolgt. Abbildung 4.10 veranschaulicht in diesen Zusammenhang die zunehmende Einbindung der Wärmebehandlung in den Schmiedeprozess. Abb. 4.10a zeigt den konventionellen Ablauf zur Herstellung vergüteter Schmiedebauteile. Der Wärmebehandlungsprozess ist der Warmumformung nachgeschaltet und besteht aus einem Normalisieren, Härten und Anlassen. Das Normalisieren wird dem Vergüten vorgeschaltet, wenn das Werkstück vor dem Härten spanend bearbeitet werden muss [Bre00]. Die Schmiedeteile werden von der Umformtemperatur oberhalb AC_3 langsam auf Raumtemperatur abgekühlt und gesammelt, um in den Wärmebehandlungsbetrieb transportiert zu werden. Dort erfolgen ein erneutes Austenitisieren und der eigentliche Wärmebehandlungsprozess. Durch Entfall des vorgeschalteten Normalisierens können Energie sowie Zeit eingespart werden und damit die Kosten für die Wärmebehandlung reduziert werden (s. Abb. 4.10b).

Um weitere Prozessschritte zu substituieren, kann der Vergütungsprozess direkt im Anschluss an die Umformung durchgeführt werden (s. Abb. 4.10c). Grundlage hierfür ist, dass die Werkstücke nach dem Schmiedeprozess eine endkonturnahe Geometrie und eine Temperatur oberhalb von AC_3 aufweisen. Bedingt durch die hohen Schmiedetemperaturen kann eine Wärmebehandlung aus der Umformwärme aufgrund der großen Temperaturgradienten zu einer erhöhten Werkstoffbelastung führen. Deshalb kommt es beim direkten Abschrecken unter Umständen zu Härterissen sowie zu erhöhten Maß- und Formänderungen [Hou90b, Bob68, Weg98]. Eine weitere Verkürzung der Prozesskette stellt die gesteuerte Abkühlung aus der Warmformgebungshitze, wie z. B. die Best-Yield-Behandlung (BY-Behandlung), dar. Bei dieser werden die gewünschten Werkstoffeigenschaften über den gezielten Zeit-Temperatur-Verlauf eingestellt (s. Abb. 4.10d). Auch die gesteuerte Abkühlung unter Verwendung einer Zweiphasenströmung auf Basis eines Wasser-Luft-Gemisches [Pus03, Don07, Brz06, Kay07] hat sich als sehr flexibel erwiesen, da sowohl vergleichsweise niedrige Wärmeübergänge wie bei der Gasabschreckung als auch hohe Abkühlgeschwindigkeiten analog zur Tauchkühlung in Wasser erzielt werden können. So konnten BREUER [Bre00] und KRAUSE [Kra08c] Randschichtvergütungen aus der Schmiedewärme mit komplexen Sprayfeldern am Beispiel von Zahnrädern und Ritzelwellen realisieren [Bre00, Kra08c].

4.2.2 Randschichtvergüten mittels Spraykühlung

Bei der Randschichtvergütung mittels Spraykühlung werden auf austenitisierte Bauteile mit einem Wasser-Luft-Gemisch an der Oberfläche abgeschreckt und unter Nutzung der Restwärme selbstangelassen. Die Spraykühlung basiert auf einer Kombination von Gasabschreckung und der Tauchkühlung: der Wärmeübergang beim Abschrecken wird erzielt durch ein durch Druckluft fein zerstäubtes und auf die Bauteiloberfläche aufgesprühtes Wasserspray. Infolge der Zerstäubung ist die Oberfläche des Wassers stark vergrößert, wodurch eine höhere Wärmeübertragung erzielt werden kann [Brz06]. Mittels der Mediendrücke von Luft und Wasser können die Tropfengrößen und -geschwindigkeiten variiert werden. Im Hinblick auf die Benetzungskinematik zeigt die Spraykühlung Parallelitäten zur herkömmlichen Tauchkühlung. Durch eine präzise Einstellung des Wasser-Druckluft-Gemisches kann jedoch der für die Tauchkühlung charakteristische Dampffilm weitgehend unterbunden werden. Der Wärmeübergang wird nach PUSCHMANN [Pus03] dadurch erhöht, bzw. die üblicherweise beim Filmsieden realisierbaren Abkühlraten überschritten [Hor03]. Die durch den verbesserten Verdampfungseffekt erhöhten Abkühlwirkungen werden mit der guten Einstellbarkeit des Wärmeübergangs und der homogenen Abkühlwirkung der Gaskühlung verbunden. Die Abkühlgeschwindigkeiten liegen im Bereich der Tauchkühlung und erreichen mehrere Hundert Kelvin pro Sekunde [Kra08a]. Die Verwendung der Spraykühlung ermöglicht eine Beeinflussung der bei der Tauchkühlung auftretenden Leidenfrosttemperatur. Durch die Verschiebung der Leidenfrosttemperatur auf Temperaturen oberhalb der Bauteiltemperatur kann eine Abkühlung im Bereich sehr hoher Wärmestromdichten realisiert werden [Bre00]. Das Verfahren bietet durch die Regelung des Luft- und Wasserdruckes, der Kühldauer und der Position der Düsen zum Bauteil ein hohes Maß an Kontrolle während des Abschreckprozesses. Eine zeitliche und örtliche Beeinflussung des Wärmeübergangs zwischen dem Abschreckmedium und dem Bauteil

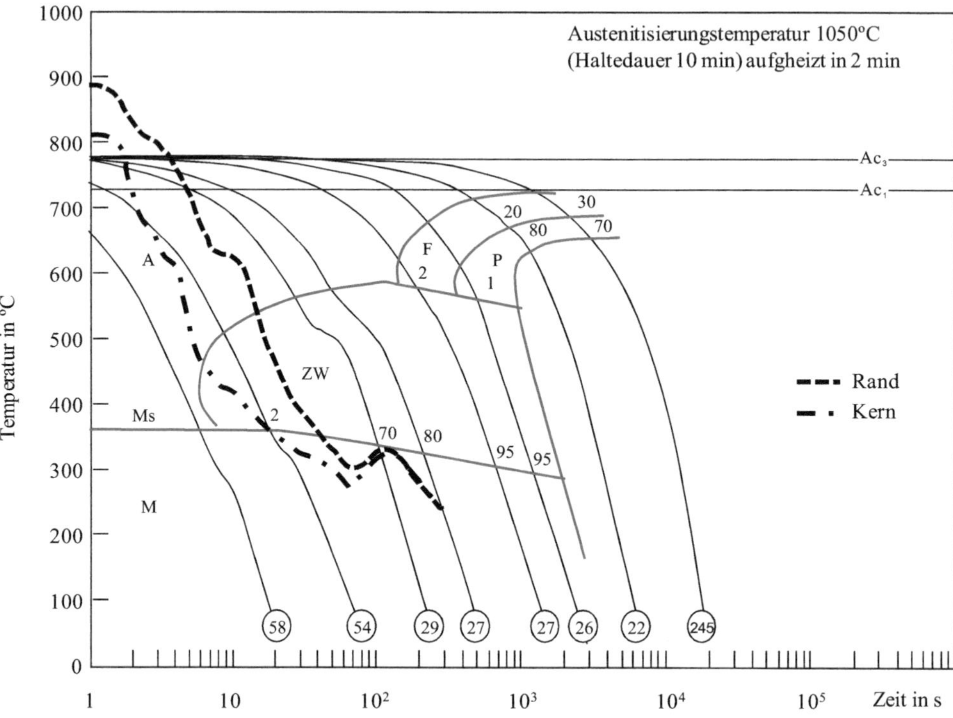

Abb. 4.11 Zeit-Temperatur-Verlauf beim Vergüten einer Ritzelwelle in einem ZTU-Schaubild (42CrMo4)

ist durch Variation der Sprayparameter realisierbar. Dadurch kann ein lokal definierter Zeit-Temperatur-Verlauf im Bauteil eingestellt werden (s. Abb. 4.11).

Durch eine zeitliche Begrenzung der Kühldauer kann der Abschreckprozess gezielt ab- bzw. unterbrochen werden, um den gehärteten Bereich mit der im Bauteil verbliebenen Restwärme anzulassen. Dieser Vorgang wird als Selbstanlassen bezeichnet und ist nach ECKSTEIN [Eck70] als ein Härteprozess durch Erwärmung und anschließender oberflächlichen Abkühlung oder Kühlung eines Teilbereiches des Werkstückes sowie ein Anlassen aus der restlichen inneren Wärme definiert. Dieser Vorgang dient zur Erzeugung eines angelassenen Martensits oder ein Gefüge, das aus Zerfallsprodukten des Martensits besteht. Diese Art des Anlassens ist beim Induktionshärten und Flammhärten Stand der Technik und wird zum Entspannen der Werkstücke und zur Verkürzung der Taktzeiten genutzt [Hea91, Lie00, Mer69, Gez04]. Die Spraykühlung erzeugt im Vergleich zu konkurrierenden Verfahren der Randschichtvergütung einen sukzessiven Härteübergang, was den tatsächlichen Werkstoffbeanspruchungen besser entspricht als ein schroffer Härtegradient [Kra08c], so dass die Spraykühlung das Potential bildet höhere dynamische Festigkeiten und verlängerte Lebensdauern zu erzielen.

Die Anwendungsgebiete für eine Spraykühlung sind zahlreich. So wird z. B. ein Abschrecken mit Mischungen von Gasen und Sprühwassernebeln bereits seit langer Zeit für die Wärmebehandlung von Drähten und Bändern angewendet [Hof94a]. In Arbeiten von BACH [Bac99d] und BREUER [Bre00] wird das Randschichtvergüten von massiven Schmiedebauteilen aus dem Vergütungsstahl C60 mittels der Sprayfeldkühlung beschrieben. Die Randschichthärtung erfolgt im direkten Anschluss an den Umformprozess mit einer Eingangstemperatur von ca. 950 °C [Bac05] zur Verkürzung der konventionellen Produktionskette [Kra08a]. Ein weiteres Anwendungsfeld ist die Wärmebehandlung beim Strangpressen oder -gießen von aushärtbaren Aluminiumwerkstoffen [Dei89, Hal97, Nür09c, Rei10, Dan10]. Zudem untersuchten u. a. MOREAUX den Einsatz eines Wasser-Luft-Spraygemisches beim Induktivhärten [Mor89, Rod11, Gre11b].

4.2.2.1 Werkstoffe zum Vergüten aus der Warmformgebungshitze

Eine Wärmebehandlung aus der Umformwärme resultiert in hohen Werkstoffbelastungen aufgrund der beträchtlichen Temperaturgradienten infolge der hohen Schmiedetemperaturen. Dieses führte zur Entwicklung von härtbaren, weichmartensitischen Stählen mit verminderter Anfälligkeit zur Rissbildung wie den Stählen 10MnB6 oder 5CrB4. Diese besitzen einen verringerten Kohlenstoffgehalt und bilden beim Härten einen spannungsarmen, hochfesten duktilen Lanzettmartensit, der nicht angelassen werden muss [Weg98]. Aufgrund der hohen Martensitstarttemperatur kann es bei dickwandigen Werkstücken zu einer Härtereduzierung infolge eines Selbstanlassens aufgrund verringerter Abkühlgeschwindigkeiten kommen. Mit der Zugabe oder dem Austausch von Legierungselementen können die Eigenschaften des Werkstoffes gezielt beeinflusst werden. So erhöht der Zusatz von Molybdän die Einhärtungstiefe. Durch den Austausch von Mangan durch Chrom (7CrMoBS 5) kann das Auftreten von Seigerungen herabgesetzt werden. Die Zugabe von Schwefel erhöht die Spanbarkeit. Bei dem Stahl X3CrMnNiMo2-2-1-1 ermöglichen die Legierungszusätze den Einsatz von sanfteren Abschreckmitteln aufgrund geringerer notwendiger kritischer Abkühlgeschwindigkeiten. Dies führt zu einer Verzugsminderung.

Die Best-Yield-Behandlung (BY) wird aufgrund des eingestellten Gefüges Perlit auch P-Behandlung genannt. Mittels einer gezielten Abkühlung wird ein perlitisches Schmiedegefüge eingestellt. Zur Anwendung kommt dieses Verfahren bei ausscheidungshärtenden ferritisch-perlitischen Stählen (AFP-Stähle). Der Hauptmechanismus zur Steigerung der Härte bei AFP-Stählen ist nicht die Erzeugung von Martensit durch eine rasche Abkühlung, sondern eine Ausscheidungshärtung und Mischkristallverfestigung. Auf diese Weise ist mit AFP-Stählen eine verzugsarme Wärmebehandlung aus der Umformwärme möglich. Die Festigkeitssteigerung beruht auf dem Zusatz von Mikrolegierungselementen [Ble10b], die eine Ausscheidungshärtung der weichen Ferritphase bewirken. In der Regel werden diese Stähle mit Vanadium, aufgrund der hohen Löslichkeit bei Schmiedetemperatur, legiert. Weitere Legierungselemente sind Mangan und Silizium, die die Bildung von Perlit in dickwandigen Werkstücken unterstützen, und Schwefel, das die spanende Verarbeitung verbessert. AFP-Stähle werden aus der Formgebungshitze zunächst zügig auf ca. 650 °C abkühlt. Hierbei bildet sich ein feinstreifiger Perlit. In einem zweiten Schritt findet eine vergleichsweise langsame gesteuerte Abkühlung von 600 °C auf 500 °C statt, bei der die Festigkeitssteigerung durch die Ausscheidung von Vanadiumkarbiden stattfindet.

Tab. 4.3 Schmiedewerkstoffe für Zahnräder und Ritzelwellen. [Bre00]

Bezeichnung	Norm	Behandlungszustand	Beispiele
Legierter Vergütungsstahl	DIN EN [10083]	Vergütet	34CrMo4V
(C-Gehalt > 0,32 %)			34NiCrMo12.8V
Vergütungs- und Einsatzstahl	DIN EN [10084]	normalisiert oder vergütet, nitrokarburiert	16MnCr5 42CrMo4, C60
Vergütungs- und Einsatzstahl	DIN EN [10084]	vergütet, nitriert	42CrMo4 16MnCr5
Unlegierter Vergütungsstahl	DIN EN [10083]	vergütet, flamm- oder induktionsgehärtet	Cf53
Nitrierstahl (ohne Al)	DIN EN [10085]	vergütet, nitriert	31CrMoV9 16CrMoV6.9
Vergütungsstahl	DIN EN [10083]	flamm- oder induktionsgehärtet	Ck45 34CrNiMo6
Legierter Einsatzstahl	DIN EN [10084]	einsatzgehärtet	Ck45 34CrNiMo6

BY-behandelte Bauteile sind im Verhältnis zu konventionell wärmebehandelten, bei einer leicht verringerter Duktilität und nahezu unveränderter Schwingfestigkeit und Härte, gut spanbar, günstig, weisen einen geringen Verzug auf und sind frei von Härterissen [Doe07b]. Funktionsflächen wie Verzahnungsbereiche und Lagersitze müssen bei Bedarf im Anschluss mit herkömmlichen Prozessen wie dem Flamm- oder Induktivhärten nachbehandelt werden. Typische AFP-Stähle sind die Werkstoffe 30MnVS 6, 38MnVS 6 oder 46MnVS 3. Durch reduzierte Kohlenstoffgehalte kann die Zähigkeit auf Kosten der Festigkeit gesteigert werden. Laufende Untersuchungen streben daher neben einer Steigerung der Festigkeit zusätzlich eine Anhebung der Bruchdehnungen an. So wurde die Streckgrenze mit weiterentwickelten AFP-Stählen auf Werte oberhalb 25 % verbessert [Arn04a, Arn05b], wobei die Festigkeiten herkömmlicher Vergütungsstähle wie dem Werkstoff 42CrMo4 im geschmiedeten und vergüteten Zustand bislang nicht erreicht werden konnten [Muc08].

Für die Herstellung von Schmiedebauteilen wie Zahnräder, Ritzelwellen oder Kurbelwellen eignen sich Stähle, die direkt oder nach einer Anreicherung mit Kohlenstoff und/oder Stickstoff wärmebehandelt werden können. Vornehmlich werden hierfür die Einsatz-, Vergütungs- und AFP-Stähle verwendet. In der modernen Fertigung werden vermehrt Vergütungs- und Einsatzstähle zur Randschichtverfestigung durch thermische oder thermochemische Verfahren verwendet (Tab. 4.3). Grund sind die hohen Dauerfestigkeiten bzw. Dauerschwingfestigkeiten, die mit den Stahlsorten realisiert werden können. Abbildung 4.13 zeigt einen Vergleich der Dauerfestigkeiten von wärmebehandelten Stählen. Es ist zu erkennen, dass die höchsten Lebensdauern unter die Verwendung von Einsatzstählen und randschichtgehärteten Vergütungsstählen erzielt werden können [Bre00, Lie09c].

Mit einsatzgehärteten Bauteilen lassen sich hohe Zeit- und Dauerfestigkeiten im Zahnfuß und in Zahnflanken erreichen [Bre00]. Soll die Wärmebehandlung direkt im Anschluss

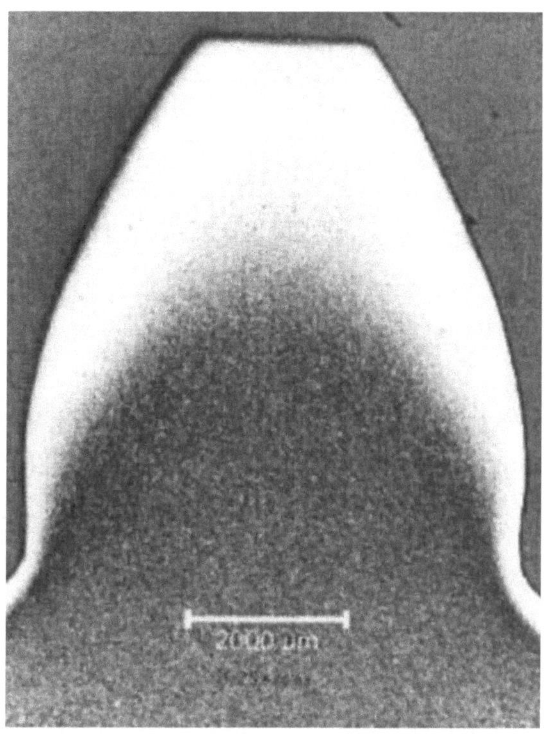

Abb. 4.12 Nach dem Aufkohlen umgeformter Zahn eines Zahnrades. [Haf96]

an den Präzisionsschmiedeprozess durchgeführt werden, müssen die Rohlinge aus Einsatzstahl vor der Umformung zunächst aufgekohlt werden. Nachteilig ist dabei, dass es aufgrund des Stoffflusses während der Umformung zu einer heterogenen Ausbreitung der aufgekohlten Randschicht kommt.

In Abb. 4.12 ist ein aufgekohlter und umgeformter Zahn eines Zahnrades dargestellt. Es ist deutlich zu erkennen, dass sich aufgrund der Umformung der größte aufgekohlte Bereich im Zahnkopf befindet. Für einen Ausgleich müsste die Behandlungsdauer des Rohlings deutlich verlängert werden [Bre00]. Die herkömmliche Aufkohlungsdauer eines geschmiedeten Zahnrades aus 16MnCr5 beträgt für eine Einsatzhärtungstiefe (CHD) von 0,7 mm ca. 7 Stunden bis 9 Stunden [Nie97]. Für die benötigte CHD von 2,2 mm müsste das Rohteil vor dem Schmieden für ca. 36 Stunden bis 40 Stunden aufgekohlt werden [Bre00]. Diese Tiefe ist notwendig, da ansonsten nach dem Schmieden keine ausreichend aufgekohlte Randschicht im Zahnfuß vorliegen und das Zahnrad somit nicht die geforderte Dauerfestigkeit erreichen würde. Aufgekohlte Stähle könnten auf diese Weise prozessintegriert wärmebehandelt werden, unter ökologischen Gesichtspunkten ist jedoch infolge der hohen Behandlungsdauer der Rohlinge das Verfahren in Frage zu stellen. Zudem ist durch den langen Aufkohlungsprozess bei hohen Temperaturen mit einer vermehrten Grobkornbildung zu rechnen [Bre00, Dah93, Hou90b, Lie09c].

Für die Integration der Wärmebehandlung in den Schmiedeprozess bieten sich Vergütungsstähle an, mit denen den Einsatzstählen vergleichbare Eigenschaften zu erreichen

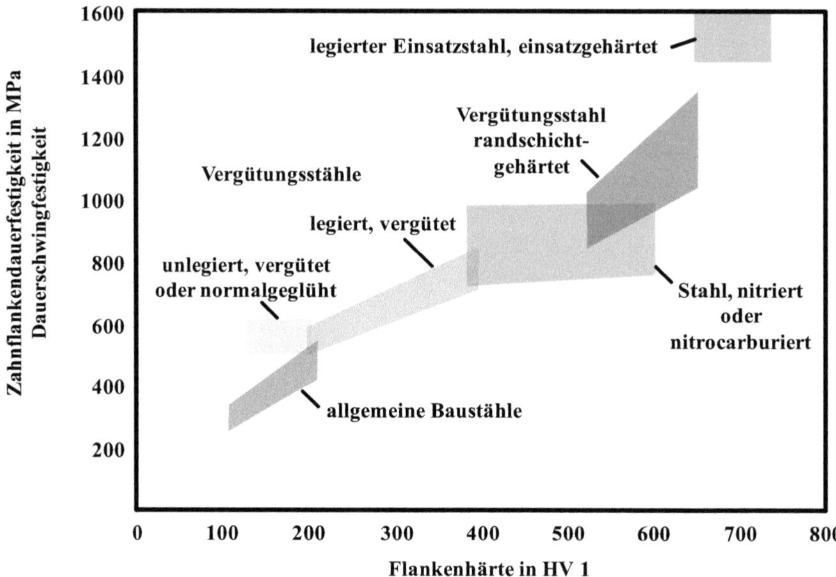

Abb. 4.13 Zahnflankenfestigkeit in Abhängigkeit der Flankenhärte bei Stirn- und Kegelrädern. [Bre00, Lie09c]

sind. Typischerweise werden für die Herstellung von Zahnrädern, Ritzelwellen und Kurbelwellen die Vergütungsstähle 42CrMo4 und Cf53 verwendet [Neu03, Som11], die oftmals für eine weitere Oberflächenhärtung eingesetzt werden [Som11] (Abb. 4.13).

4.3 Werkstoffcharakterisierung

4.3.1 Metallographische Untersuchungen und Härtemessungen

Eine Werkstoffcharakterisierung erfolgt in der Regel mittels metallographischer Analysen, um die makroskopische und mikroskopische Gefügestruktur einer Probe sichtbar zu machen [Kro07]. Für die Untersuchung sind Art, Menge, Größe, Form, örtliche Verteilung, Orientierungsbeziehungen und die Realstruktur der Gefügeelemente bzw. -bestandteile von Interesse [Sch05, Sal10]. Die Gefügeidentifikation erfolgt unter Zuhilfenahme von Härtemessungen, die beispielsweise Auskunft geben über die lokalen mechanischen Eigenschaften von einzelnen Gefügebestandteilen, den Härtentiefenverlauf infolge einer Randschichthärtung bzw. mechanische Kenngrößen wie Zugfestigkeit oder Dehngrenze [Wei90]. Härte ist dabei „der Widerstand, den ein Körper aus einem bestimmten Werkstoff gegen das Eindringen eines Prüfkörpers aus einem anderen (härteren) Werkstoff entgegensetzt“ [Läp06]. Im Rahmen der klassischen Härteprüfverfahren nach DIN EN ISO 6507-1 wird nahezu ausnahmslos der bleibende Härteeindruck vermessen [Han54, Wei52, Läp06, Spu87]. Bei den statischen Härteprüfverfahren wird dazu ein definierter Prüfkörper aus Stahl, Diamant oder anderen geeigneten Stoffen mit einer festgelegten Prüfkraft und in einer bestimmten Zeit senkrecht in die Probe gedrückt. Unter der Last des Eindringkörpers verformt sich das belastete Material. Es entsteht ein Eindruck, dessen Projektion oder Tiefe vermessen werden kann und zur Berechnung der Härte dient [Wei52].

4.3.2 Zeit-Temperatur-Umwandlungs-Schaubilder

Für die Auslegung von klassischen Wärmebehandlungsprozessen wird die von der Abkühlgeschwindigkeit abhängige Gefügeentwicklung in Abhängigkeit des zeitlichen Temperaturverlaufes in geeigneten Schaubildern dargestellt. Die resultierenden Gefügebestandteile, Volumenanteile und Härtewerte eines Stahls nach der Umwandlung aus dem austenitisierten Zustand bzw. die Zeit- und Temperaturintervalle der Umwandlung werden dazu in so genannten Zeit-Temperatur-Umwandlungs-Schaubildern (ZTU-Schaubildern) in Abhängigkeit des Abkühlverlaufes dargestellt. Entsprechend des jeweiligen Zeit-Temperatur-Verlaufes werden üblicherweise zwei verschiedene Varianten von ZTU-Schaubildern unterschieden [Orl73, Wei07]:

- Bei kontinuierlichen ZTU-Schaubildern erfolgt eine stetige Abkühlung der Werkstoffproben von der Austenitisierungstemperatur bis auf Raumtemperatur (RT) in Wasser, Öl, Luft oder mit kalten Gasen
- Für isotherme ZTU-Schaubilder erfolgt zunächst eine sehr rasche Abkühlung des Austenits auf die jeweils betrachteten Umwandlungstemperaturen im Temperaturintervall von ca. 300 °C bis 750 °C; die jeweilige Temperatur wird daraufhin über einen gewissen Zeitraum, üblicherweise bis zur vollständigen Gefügeumwandlung, konstant gehalten und die Werkstoffprobe anschließend auf Raumtemperatur abgeschreckt (Abb. 4.14).

ZTU-Schaubilder werden mittels dilatometrischer Messungen und ergänzender metallographischer Analysen sowie anhand von Härtemessungen erstellt. Das Prinzip der dilatometrischen Messungen sind die mit den Gefügeumwandlungen verbundenen Volumenänderungen, die zu einer Längenänderung der jeweiligen untersuchten Werkstoffprobe führen. Die Packungsdichte des kubisch flächenzentrierten Eisens (Austenit) ist größer als die Packungsdichte des kubisch raumzentrierten Eisens (Ferrit, Perlit, Bainit und Martensit). Infolgedessen entsteht ein Volumensprung der Dilatometerkurve bei der Abkühlung bzw. Erwärmung von Reineisen zwischen 911 °C und 1401 °C (s. Abb. 4.15).

Die Werkstoffproben werden im Dilatometer induktiv erwärmt und mittels Gasstrom abgeschreckt. Mittels der detektierten Längenänderungen bei gesteuerter Temperaturführung werden die Dilatometerkurven aufgenommen. Dilatometerkurven für eine kontinuierliche Abkühlung mit der Umwandlung des Austenits in Ferrit, Bainit und Martensit sind in Abb. 4.16 links, schematisch dargestellt. Die thermisch bedingte Vo-

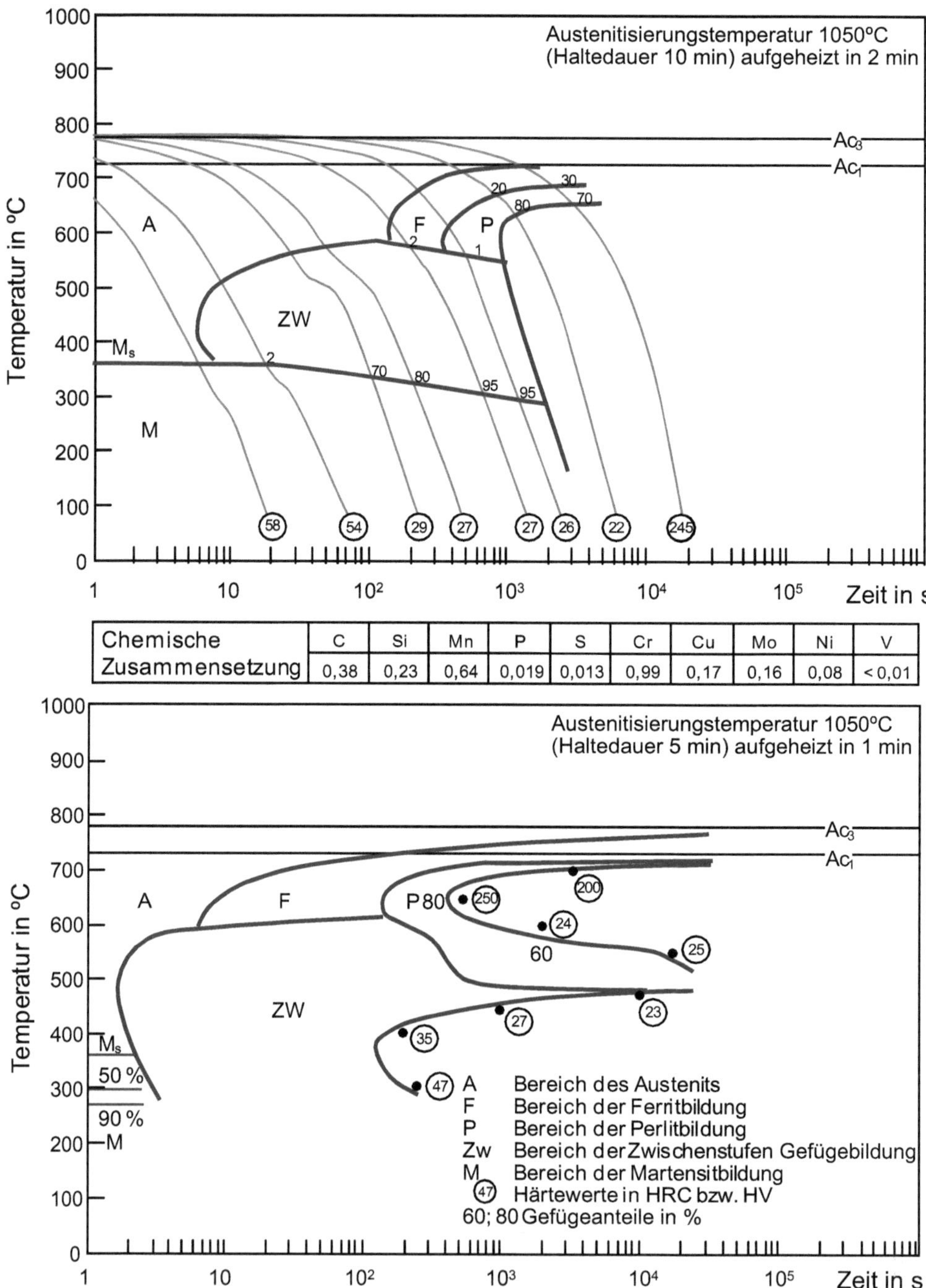

Chemische Zusammensetzung	C	Si	Mn	P	S	Cr	Cu	Mo	Ni	V
	0,38	0,23	0,64	0,019	0,013	0,99	0,17	0,16	0,08	< 0,01

Abb. 4.14 Isothermes (*oben*) und kontinuierliches (*unten*) ZTU-Schaubild des Vergütungsstahles 42CrMo4. [Orl73]

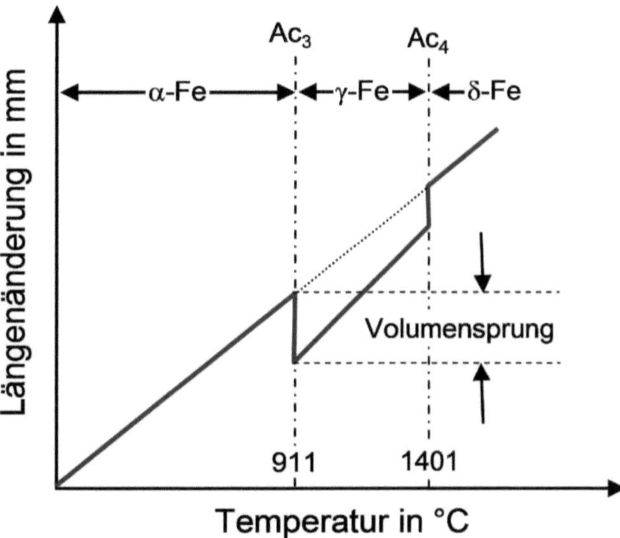

Abb. 4.15 Schema der Dilatometerkurve von Reineisen. [Wei07]

lumenkontraktion im umwandlungsfreien Temperaturbereich führt zu einer linearen Längenänderung, bis die γ-α Umwandlung einsetzt. Die Punkte, an denen die Kurve von den Tangenten abweicht, weisen Start und Ende einer Umwandlung aus. Abbildung 4.16 rechts, zeigt die Längenänderungs-Zeit-Verläufe für eine isotherme Umwandlung in einen bzw. zwei Gefügebestandteile. Während einer isothermen Umwandlung tritt keine thermisch bedingte Schrumpfung auf, infolgedessen verläuft die Kurve der Längenänderung horizontal bis zur Gefügeumwandlung.

Die Einflussfaktoren auf das in ZTU-Schaubildern dargestellte Umwandlungsverhalten sind vielfältig. Der Einfluss des Legierungs- und Austenitisierungszustandes auf die

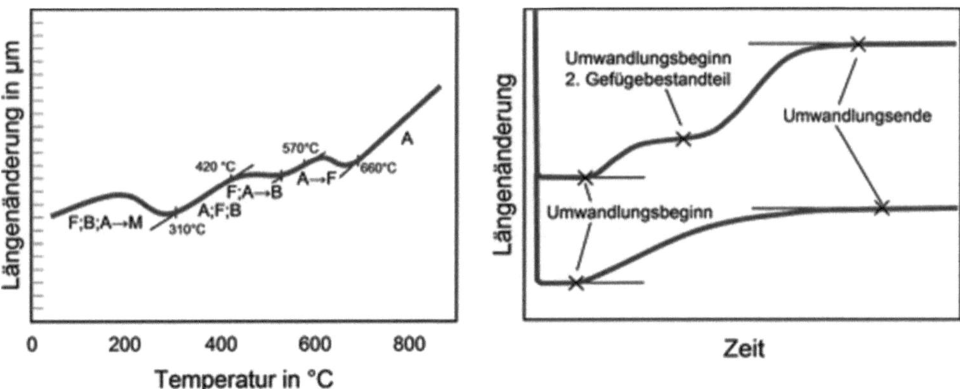

Abb. 4.16 *Links*: Längenänderungs-Temperatur-Kurven für Vergütungsstähle bei kontinuierlicher Umwandlung (schematisch); *A* Austenit; *F* Ferrit; *P* Perlit; *B* Bainit, *M* Martensit; *rechts*: Längenänderungs-Temperatur-Kurven bei isothermer Umwandlung (schematisch). [SEP 1681]

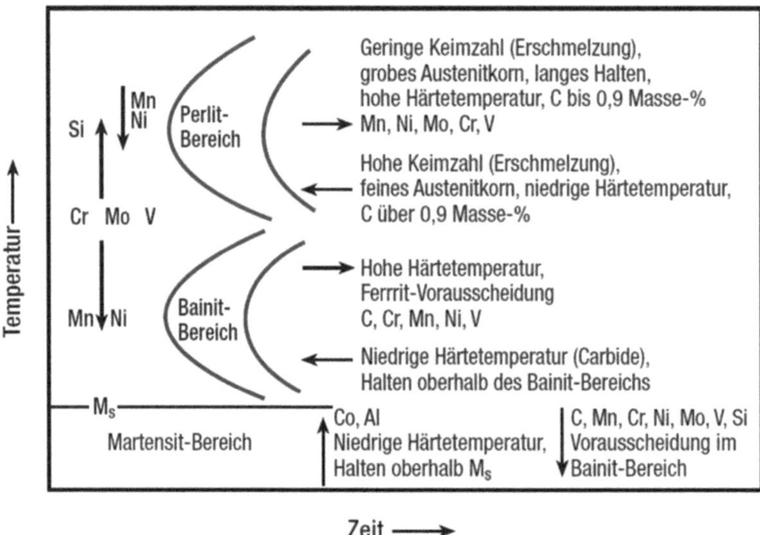

Abb. 4.17 Einfluss von Legierungselementen sowie andere Faktoren auf die isotherme Umwandlung des Austenits. [Lie91, Ble09a]

isotherme Umwandlung von Perlit und Bainit sind in Abb. 4.17 schematisch dargestellt. Die Legierungselemente können die Diffusionsfähigkeit des Kohlenstoffs behindern, was zur Verzögerung der Umwandlung des Austenits in Perlit führt [Läp06]. Nachdem sich die Karbide während der Austenitisierung aufgelöst haben, findet Kornwachstum statt. Mit zunehmender Austenitisierungstemperatur und dauer vergrößern sich die Körner. Große Körner bewirken eine Verzögerung der von den Austenitkorngrenzen ausgehenden Perlitumwandlung sowie ein Absinken der Martensitstarttemperatur [Nür10e]. Große Körner bewirken eine Verzögerung der von den Austenitkorngrenzen ausgehenden Perlitumwandlung sowie ein Absinken der Martensitstarttemperatur [Nür10e].

4.3.2.1 Umform-Zeit-Temperatur-Umwandlungs-Schaubildern

Die Gefügeumwandlung verzögert oder beschleunigt sich infolge der thermomechanischen Bearbeitung wie zum Beispiel beim Schmieden. Bei einer Warmumformung mit 770 °C zeigt sich im kontinuierlichen ZTU-Schaubild eines untereutektoiden Stahles eine beschleunigte Umwandlung des Austenits zu Ferrit und Perlit sowie variierte Temperaturintervalle der Gefügeumwandlungen (s Abb. 4.18). Dies ist auf die Existenz zusätzlicher Keimbildungsorte wie Gitterdefekte, Gleitbänder und erhöhte Korngrenzendichten zurück zu führen [Kas94].

Für den Werkstoff 42CrMo4 verschiebt sich die Bainitumwandlung bei einer Deformationen von ca. 60 % und einer Austenitisierungstemperatur von 850 °C zu kürzeren Zeiten. Bei geringeren Deformationen (ca. 30 %) ist nahezu keine Beeinflussung des Bainitgebietes zu beobachten [Wei98]. Die Martensitstarttemperatur unterliegt ebenfalls vielfältigen Ein-

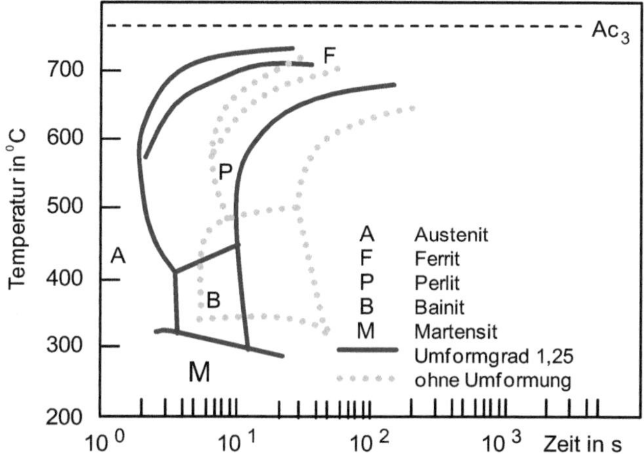

Abb. 4.18 Einfluss einer Warmumformung auf das ZTU-Schaubild eines Stahles mit 0,45 % C. [Kas94]

flussfaktoren. Sie sinkt bei Umformung, wenn homogene Versetzungsstrukturen bestehen. Falls bei einer niedrigen Temperatur inhomogene Versetzungsstrukturen wie Gleitbänder vorliegen, kann die Martensitstarttemperatur mit zunehmender Umformung ansteigen [Jos87, Kas94].

Der Prozess des Präzisionsschmiedens ist durch eine Massivumformung bei vergleichsweise hohen Umformtemperaturen von ca. 1200 °C gekennzeichnet. Für eine integrierte Wärmebehandlung der präzisionsgeschmiedeten Bauteile sind die Einflüsse von Legierungselementen sowie des Austenitisierungs- und Verformungszustandes auf das Umwandlungsverhalten der verwendeten Vergütungsstähle zu berücksichtigen. Für die jeweiligen Prozessparameter beim Präzisionsschmieden sind die für die Beschreibung der Gefügeumwandlungen notwendigen ZTU-Schaubilder bei der Abkühlung aus der Warmformgebungshitze in der Regel nicht bekannt. Aus diesem Grund wurden in den letzten Jahren zunehmende Anstrengungen unternommen, sogenannte Umform-ZTU-Schaubilder von Vergütungsstahlen unter definierten Austenitisierungs- und Verformungsbedingungen in Bezug auf Warmumformungen zu erstellen. NÜRNBERGER et al. untersuchten beispielsweise den Einfluss der Warmumformung beim Präzisionsschmieden Nür09a, Nür10e, Nür10d. untersuchten beispielsweise den Einfluss der Warmumformung beim Präzisionsschmieden Nür09a, Nür10e, Nür10d. Unter Berücksichtigung verschiedener Verformungen (bis 70 %) erfolgte eine Aufnahme der Umform-ZTU-Schaubilder gemäß der Richtlinien der Stahl-Eisen-Prüfblätter SEP 1680 und SEP 1681. In Abb. 4.19 ist das ermittelte isotherme ZTU-Schaubild des Vergütungsstahls 42CrMo4 bei einer Austenitisierungstemperatur von 1200 °C dargestellt. Über die entsprechenden Gefügebestandteile und -anteile sowie die Härtewerte gibt Tab. 4.4 Auskunft.

Ferrit und Perlit bilden sich hier im Temperaturbereich von 575 °C bis 700 °C. Eine Trennung zwischen oberem und unterem Bainit im Temperaturbereich von 450 °C bis 550 °C ist nachweisbar, was auf einen relativ hohen Gehalt karbidbildendender Legierungselemente, wie beispielsweise Chrom und Molybdän, zurück geführt werden kann [Läp06]. Die Martensitstarttemperatur beträgt 350 °C.

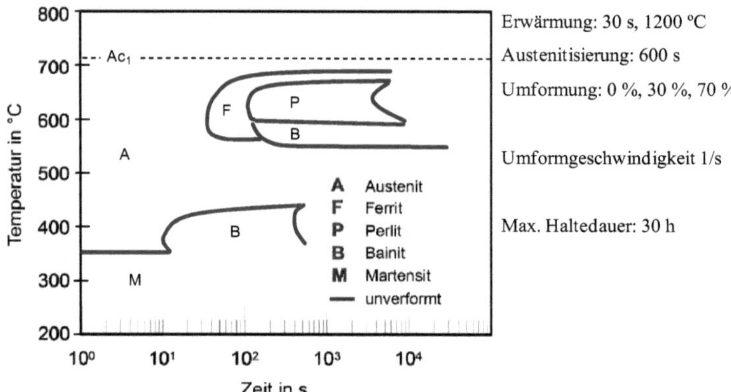

Abb. 4.19 Isothermes ZTU-Schaubild des Vergütungsstahls 42CrMo4 bei einer Austenitisierungstemperatur TA von 1200 °C. [Nür09a]

Tab. 4.4 Metallographisch bestimmte Gefügebestandteile und Korngrößen sowie Härtewerte des Vergütungsstahls 42CrMo4 für variierte isotherme Haltetemperaturen (*F* Ferrit, *P* Perlit, *B* Bainit, *M* Martensit). [Nür09a]

42CrMo4, 0 % Verformung, Austenitisierungstemperatur von 1200°C						
Temperatur	Korngröße	F	P	B	M	Härte
°C	G	%	%	%	%	HV10
700	2	100	–	–	–	687
675	2–3	1	99	–	–	238
650	2–3	2	98	–	–	253
620	3	2	98	–	–	277
600	3	2	13	85	< 1	317
575	3–4	2	–	97	1	372
560	4–5	–	–	100	< 1	390
550	4–5	–	–	95	5	391
535	–	–	–	1	99	640
525	2–3	–	–	1	99	678
440	–	–	–	100	–	340
380	1	–	–	100	–	363
330	2–3	–	–	–	100	498

Die isothermen Umform-ZTU-Schaubilder für 30 % und 70 % Verformung bei der Austenitisierungstemperatur von 1200 °C sind zum Vergleich in Abb. 4.20 dargestellt. Die ferritisch-perlitische Umwandlung bei einhergehender Umformung verschiebt sich deutlich zu einem späteren Zeitpunkt. Die Umwandlungstemperatur ist bei einer Umformung von 70 % im Vergleich zu 30 % höher. Der Start der Bainitbildung verschiebt sich mit

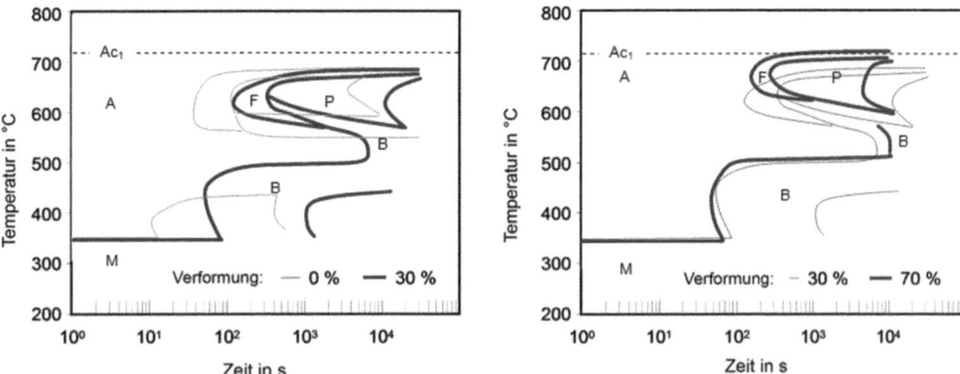

Abb. 4.20 Isotherme ZTU-Schaubilder des Vergütungsstahls 42CrMo4 bei einer Austenitisierungstemperatur TA von 1200 °C. [Nür09a]

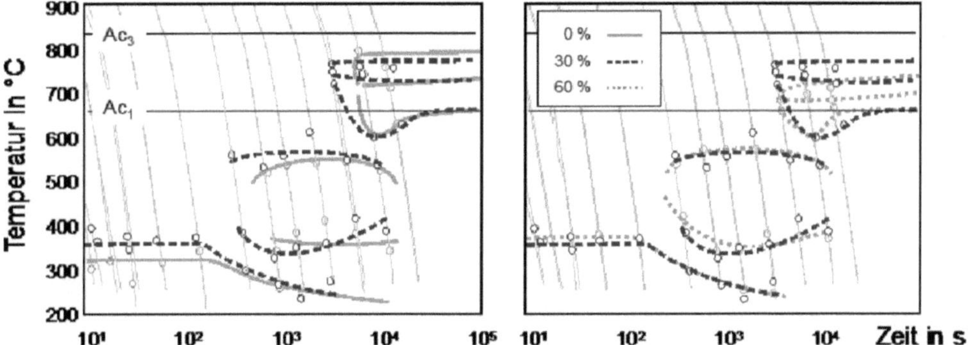

Abb. 4.21 Kontinuierliche (U-)ZTU-Schaubilder des Werkstoffes 42CrMo4 für 0 %, 30 % und 60 % Verformung, Austenitisierungstemperatur TA von 1200 °C (Erwärmung: 30 s; Austenitisierung: 600 s; Umformgeschwindigkeit: 1/s; lineare Abkühlung). Nür10e

der Umformung auf höhere Temperaturen. Bei der Martensitstarttemperatur zeigen sich keine wesentlichen Unterschiede.

Während bei den isothermen Umform-Zeit-Temperatur-Umwandlungs-Schaubildern eine deutliche Beeinflussung der Umwandlungsintervalle infolge einer Umformung vorliegt, ergibt sich bei kontinuierlichen Umform-Zeit-Temperatur-Schaubildern ein geringer Effekt auf die Änderung der Umwandlungskinetik. Untersuchungen zeigen vor allem einen Anstieg der Martensitstarttemperatur infolge der Umformung, vgl. Abb. 4.21 Nür10e. Die entsprechenden Gefügebestandteile und -anteile sowie Härte sind in Tab. 4.4 aufgeführt.

Zur Ermittlung des Einflusses der Austenitisierungstemperatur auf das Umwandlungsverhalten wurden zudem kontinuierliche Umform-ZTU-Schaubilder bei einer Austenitisierungstemperatur von 850 °C mit identischen Abkühl- und Verformungsbedingungen erstellt [Nür11f]. Die Umform-Zeit-Temperatur-Umwandlungs-Schaubilder linearer Abkühlung in Abb. 4.23 zeigen ferritische, perlitische, bainitische und martensitische

Tab. 4.5 Metallographisch bestimmte Gefügeanteile sowie Härtewerte an Werkstoffproben des Vergütungsstahles 42CrMo4 für variierte lineare Abkühlgeschwindigkeiten und Umformgrade. [Nür10e]

42CrMo4, 0 % Verformung									
Ks^{-1}	30	15	6	1	0.6	0.3	0.15	0.07	0.04
F	–	–	–	–	–	–	–	4	4
P	–	–	–	–	–	–	–	60	96
B	–	–	–	56	60	90	100	36	–
M	100	100	100	44	40	10	–	–	–
HV	727	704	732	467	385	347	322	313	253
42CrMo4, 30 % Verformung									
Ks^{-1}	30	15	6	1	0.6	0.3	0.15	0.07	0.04
F	–	–	–	–	–	–	1	2	15
P	–	–	–	–	–	–	5	45	85
B	–	–	Spuren	70	95	100	94	53	–
M	100	100	100	30	5	–	–	–	–
HV	686	699	690	455	356	329	309	317	216
42CrMo4, 60 % Verformung									
Ks^{-1}	30	15	6	1	0.6	0.3	0.15	0.07	0.04
F	–	–	–	–	–	–	< 1	1	2
P	–	–	–	–	–	–	2	8	95
B	–	–	–	65	90	98	98	91	3
M	–	100	100	35	10	2	–	–	–
HV	–	681	685	472	373	334	322	328	322

Umwandlungen (s. Abb. 4.23). Ein vollständig ferritisch-perlitisches Gefüge kann bei Abkühlgeschwindigkeiten von 0,04 Ks^{-1} und geringer festgestellt werden (s. Tab. 4.5). Es zeigt sich die Tendenz sinkender Bildungstemperaturen von Ferrit und Perlit mit steigender Umformung. Die Umwandlungen verschieben sich im Vergleich zu undeformiertem Material hin zu einem früheren Zeitpunkt. Bainit bildet sich bei Abkühlgeschwindigkeiten zwischen 1 $Ks-^1$ und 0.07 $Ks-^1$. Der Start der Bainitbildung wird durch eine Deformation von 30 % tendenziell zu leicht erhöhten Temperaturen verschoben. Steigende Umformgrade von 60 % bewirken nahezu keine weiteren Änderungen bei der Bainitbildung. Eine Umformung von 30 % und 70 % zeigt bis auf einen Anstieg der Martensitstarttemperatur lediglich geringfügige Änderungen des Umwandlungsverhaltens im Vergleich zum Zeit-Temperatur-Umwandlungs-Schaubild.

Abbildung 4.22 verdeutlicht die Verringerung der Austenitkorngröße infolge der Umformung bei Abkühlgeschwindigkeiten von 15 Ks^{-1} (links) bzw. reduzierte Volumenanteile von Perlit bei Abkühlgeschwindigkeiten von 0,07 Ks^{-1} (rechts). Die den größten Martensitnadeln zugeordnete Korngrößenkennzahl *G* nach [DIN EN ISO 643] zeigt bei

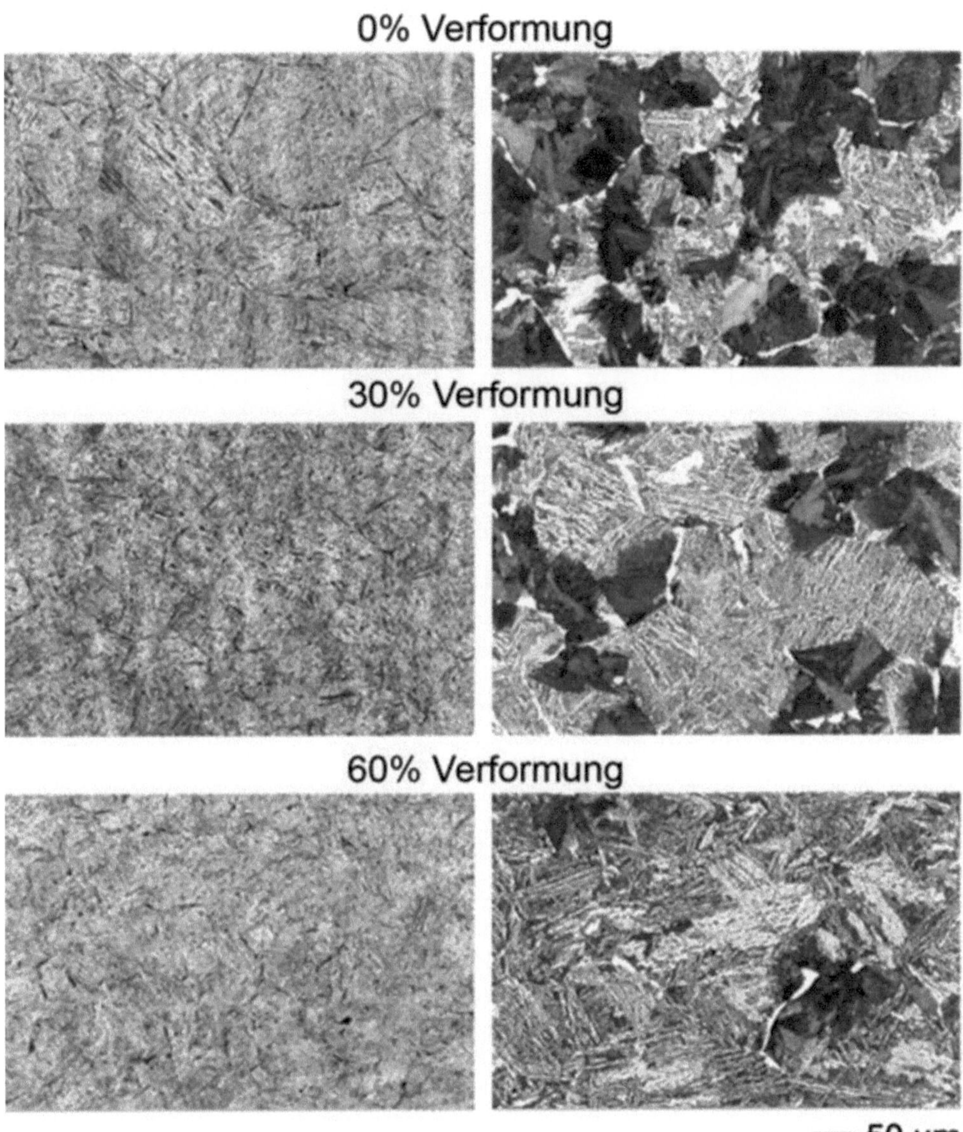

Abb. 4.22 Mikrostruktur des Vergütungsstahles 42CrMo4 bei den Abkühlgeschwindigkeiten 15 Ks^{-1} (links) bzw. 0.07 Ks^{-1} (rechts). Oben: ohne Umformung, Mitte: Umformgrad 30 %, unten: Umformgrad 60 %. Nür10e

einer Abkühlgeschwindigkeit von 15 Ks^{-1} einen Anstieg von 1 bis 2 im unverformten auf ca. 4 im verformten Zustand (Umformgrad 30 %) bzw. 4 bis 5 (Umformgrad 60 %).

Die kontinuierlichen Umform-Zeit-Temperatur-Umwandlungs-Schaubilder für Austenitisierungstemperaturen von 850 °C (s. Abb. 4.23) weisen im Vergleich zu den kontinu-

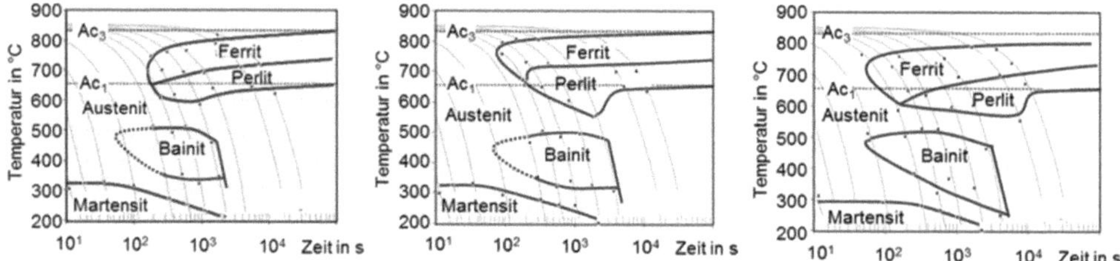

Abb. 4.23 Kontinuierliche (U-)ZTU-Schaubilder des Werkstoffes 42CrMo4 für 0 %, 30 % und 60 % Umformung, Austenitisierungstemperatur TA 850 °C. [Nür11f]

ierlichen (U-)ZTU-Schaubildern bei einer Austenitisierungstemperatur von 1200 °C eine Verschiebung der ferritisch-perlitischen und bainitischen Umwandlung mit 0 %, 30 % und 60 % Umformung zu einem früheren Zeitpunkt auf. Dies kann auf eine verringerte Korngröße des Austenits aufgrund der niedrigeren Austenitisierungstemperatur zurückgeführt werden.

4.3.2.2 Berechnung isothermer U-ZTU-Schaubilder aus kontinuierlichen U-ZTU-Schaubildern

Zur numerischen Auslegung von Wärmebehandlungsprozessen mittels FE-Software wird die Gefügeentwicklung beim Abkühlen in der Regel auf Basis isothermer (U-)ZTU-Schaubilder berechnet. Die Erstellung dieser isothermen Schaubilder ist im Vergleich zu den kontinuierlichen kosten- und zeitaufwändig. Außerdem können für niedrig legierte Stähle nur bedingt isotherme (U-)ZTU-Schaubilder mittels Dilatometer erstellt werden, da die Umwandlungen bereits vor Erreichen der isothermen Umwandlungstemperatur einsetzen: die benötigten hohen Abkühlgeschwindigkeiten lassen sich mit Abschreckgasen nahezu nicht verwirklichen. Aus diesem Grund wurden von BUZA et al. [Buz86a, Buz90b] und RIOS [Rio05] Berechnungsverfahren entwickelt, mit denen isotherme (U-)ZTU-Schaubilder aus kontinuierlichen Dilatometerkurven berechnet werden können.

Nach dem Ansatz von RIOS werden die Abkühlverläufe zunächst mit unterschiedlichen konstanten Abkühlgeschwindigkeiten angenähert. Für die Annäherung des Abkühlverlaufes durch eine große Anzahl isothermer Zeitschritte kommt eine Additivitätsregel auf Basis der Theorie von SHEIL zum Einsatz [Wie91]. Die isotherme Umwandlungszeit für einen Gefügeanteil wird dann aus der nach der Abkühlgeschwindigkeit abgeleiteten Temperaturkurve für einen konstanten Gefügeanteil bestimmt. Die Berechnung eines isothermen U-ZTU-Schaubildes nach der Methodik von RIOS ist für den Stahl 34CrMo4, 60 % Deformation, beispielhaft in Abb. 4.1 anhand der Linien für Umwandlungsstart und -ende gezeigt. Im linken Teil der Abbildung sind die aus Messungen bei linearer Abkühlung ermittelten Umwandlungslinien des U-ZTU-Schaubildes dargestellt. Rechts in der Abbildung sind die daraus berechneten isothermen Umwandlungslinien angegeben (berechnete Umwandlungspunkte sowie genäherte Trendlinien). Die auf diese Weise berechneten

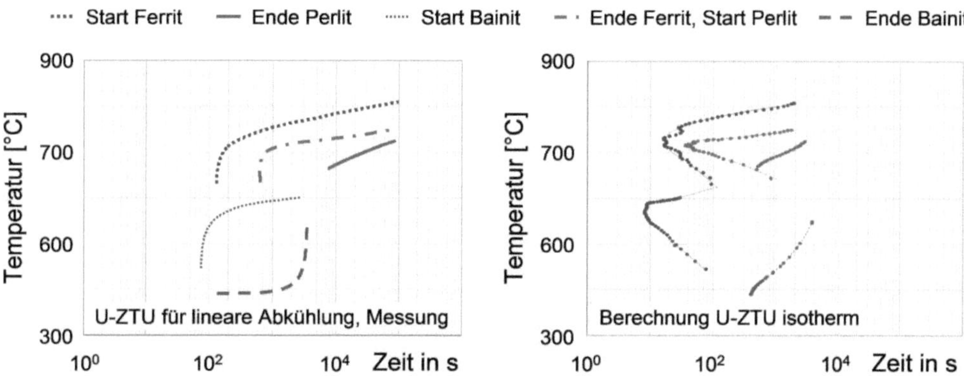

Abb. 4.24 Berechnungsergebnis des Beginns isothermer Gefügeumwandlungen aus einem U-ZTU-Schaubild linearer Abkühlung nach der Methodik von RIOS, 34CrMo4, 60 % Umformung

isothermen Schaubilder können anschließend als Ausgangsdaten für eine numerische Berechnung der Gefügeumwandlungen mittels FE-Software bei einem beliebigen Zeit-Temperatur-Verlauf, wie z. B. infolge einer Spraykühlung aus der Warmformgebungshitze, eingesetzt werden (s. Kap. 4.6.1) (Abb. 4.24).

Der Ansatz nach BUZA basiert auf dem Johnson-Mehl-Avrami-Modell [Joh39, Avr41], mit dem isotherm umgewandelte Gefügeanteile in Abhängigkeit des Zeitverlaufes berechnet werden können. Dazu sind jeweils zwei Parameter der Gleichung anhand experimenteller Daten zu fitten. Nach BUZA wird zudem die zeitliche Ableitung der Johnson-Mehl-Avrami-Gleichung ermittelt [Buz86a, Buz90b] und das Optimierungsproblem für den Fall gelöst, dass die Abweichungen zwischen gemessenen und mittels des JMA-Ansatzes berechneten Gefügeanteilen bzw. den entsprechenden zeitlichen Ableitungen minimal sind.

Die für diese Optimierungsberechnung benötigten Werte von Gefügeanteile bzw. deren zeitliche Änderungen für die verschiedenen Zeit-Temperatur-Sequenzen können dazu aus Dilatometerkurven abgeleitet werden (s. Abb. 4.25). Die im Folgenden verwendeten Gefügeanteil-Zeit-Kurven stammen aus dilatometrischen Messergebnissen kontinuierlicher (U-)ZTU-Schaubilder mit Austenitisierungstemperaturen von 1200 °C (s. Abb. 4.21). Abbildung 4.26 verdeutlicht die resultierenden Isothermen für Start- und Endumwandlungskurven des Bainits für eine Verformung von 0 %, 30 % und 60 %. Im Vergleich zu Umwandlungskurven ohne Verformung verschiebt sich die Umwandlungskurve mit Umformung zu einem früheren Zeitpunkt sowie einer höheren Umwandlungstemperatur. Dies kann derart interpretiert werden, dass sich bei kontinuierlichen (U-)ZTU-Schaubildern die Umwandlungskurve des Bainits mit einer Umformung tendenziell zu leicht erhöhten Temperaturen verschiebt (s. Abb. 4.21). Gemäß den dargestellten Messergebnissen kann auf diese Weise eine zufriedenstellende Übereinstimmung zwischen der Berechnung und Messung für die Umwandlung von Bainit mittels des Buza-Ansatzes erreicht werden. Bei einer begrenzten Anzahl vorliegender Messergebnisse

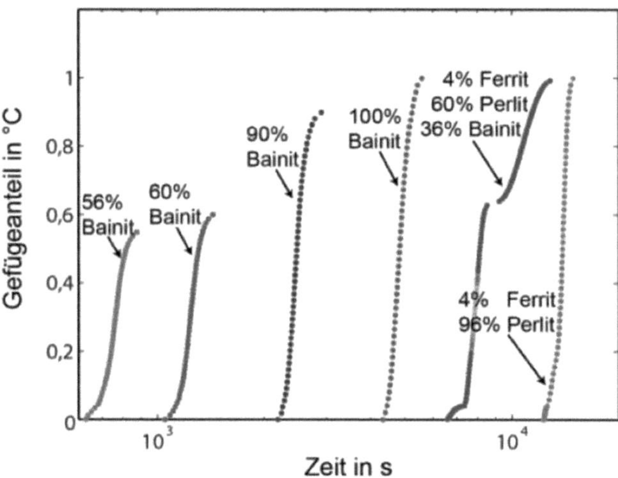

Abb. 4.25 Gefügeanteil-Zeit-Kurven bei den unterschiedlichen Abkühlgeschwindigkeiten für 0 % Verformung (Abkühlgeschwindigkeit von links nach rechts: 1 Ks^{-1}, 0.6 Ks^{-1}, 0.3 Ks^{-1}, 0.15 Ks^{-1}, 0.07 Ks^{-1}, 0.04 Ks^{-1}) [Bac10c]

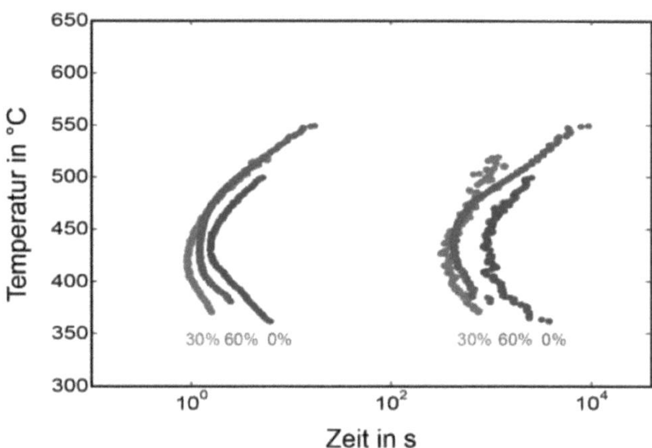

Abb. 4.26 Berechnete isotherme Umwandlungskurve des Bainits für 0 %, 30 % und 60 % Verformung. [Bac10c]

können mit dem Rios-Ansatz nur Teile der isothermen (U-)ZTU-Schaubilder erzeugt werden. Eine Kombination des Rios-Ansatzes und dem Johnson-Mehl-Avrami-Ansatz kann hier zu verbesserten Ergebnissen führen [Jia07].

4.3.2.3 Prognose von U-ZTU-Schaubildern mittels Künstlicher Neuronaler Netze

Für eine rechnergestützte Auslegung von Wärmebehandlungsprozessen mittels FE-Software werden U-ZTU-Schaubilder für eine Vielzahl von Prozessparametern benötigt, da zum einen die lokal nach dem Präzisionsschmieden im Bauteil vorliegenden Umformgrade und damit die U-ZTU-Schaubilder variieren und das U-ZTU-Schaubild zudem von der jeweiligen Umformtemperatur und -geschwindigkeit beeinflusst wird. Aufgrund des großen Messaufwandes können allerdings nicht für alle relevanten Prozessparameter (U-)ZTU-Schaubilder gemessen werden. Um dennoch den Einfluss des Präzisionsschmiedens auf die Gefügetransformation in (U-)ZTU-Schaubildern zu berechnen, können künstliche neuronale Netze eingesetzt werden.

Bisher wurden insbesondere zur Ermittlung des Einflusses einer Variation der chemischen Zusammensetzung eines Stahles isotherme oder kontinuierliche ZTU-Schaubilder mittels Künstlicher Neuronaler Netze berechnet. Malinov et al. verwendeten beispielsweise Multilayer-Feedforward-Netzwerke mit Back-Propagation-Algorithmus, um isotherme ZTU-Schaubilder von Titanlegierungen vorherzusagen [Mal00a, Mal03b]. Berechnungen der Umwandlungstemperaturen von Bainit und Martensit für eine große Anzahl an Stählen wurden von GARCIA-MATEO et al. [Gar07] durchgeführt. Mittels Multilayer-Perzeptrons wurden zudem von Doktorowski anhand einer großen Datenbasis isotherme und kontinuierliche ZTU-Schaubilder ermittelt [Dok02]. Auf der Basis von hierarchischen Feed-Forward-Netzwerken mit Backpropagation konnten WANG et al. den Einfluss der Kohlenstoffkonzentration auf die Umwandlungseigenschaften verschiedener Stähle zeigen [Wan99]. Ansätze zur Entwicklung neuer Stahlwerkstoffe unter Einsatz von künstlichen neuronalen Netzen wurden von TRZASKA und DOBRZANSKI aufgezeigt [Trz07, Dob04a, Dob04b]. Der Einfluss einer Deformation auf die Umwandlungsbedingungen beim Präzisionsschmieden wurde in [Kuz08, Nür09a] mittels Feed-Forward-Netzwerken abgebildet. Die Prognose von Beginn und Ende der Gefügeumwandlung wird dazu als Näherungsproblem betrachtet. Somit kann die Prognose der Umwandlungslinien von Start und Ende als Approximation von mehreren einzelnen Funktionen betrachtet werden. Für die Lösung dieses Problems können Splines, Wavelets, Fuzzy-Logic-Methoden o. ä. zum Einsatz kommen (s. Kap. 4.6.2). Von der Umformung abhängige Gefügeumwandlungen am Beispiel des Werkstoffes 50CrMo4 sind in Abb. 4.27 dargestellt. Bei den Linien für einen Umformgrad von 0,3 bzw. 0,6 handelt es sich um Messwerte, bei der Linie für 0,45 um einen approximierten Zwischenwert. Die gemittelten Werte der Korrelationskoeffizienten, bestimmt aus den Netzausgabedaten, zeigen, im Vergleich zu den Trainingsdaten, für alle Start- und Endlinien der Gefügeumwandlung eine sehr gute Korrelation von über 0,99 [Nür09a].

4.4 Spraykühlung

Bei der integrierten Wärmbehandlung mittels Spraykühlung werden an die jeweiligen Bauteilgeometrien angepasste Düsenfelder verwendet, um die Bauteile gezielt mittels eines Wasser-Luft-Sprays abzukühlen. Der Wärmeübergang kann zeitlich und örtlich an geforderte Bauteileigenschaften wie Festigkeit, Härte oder Gefüge angepasst werden.

Vorteile der integrierten Wärmbehandlung mittels Spraykühlung gegenüber anderen Verfahren sind insbesondere die Energieersparnis, die Möglichkeit einer lokalen partiellen Wärmebehandlung bei hohen Kühlleistungen, die umweltfreundlichen Abschreckmedien Wasser und Druckluft sowie die einfache und investitionsarme Anlagentechnik mit guter Steuerbarkeit des Abkühlverlaufes.

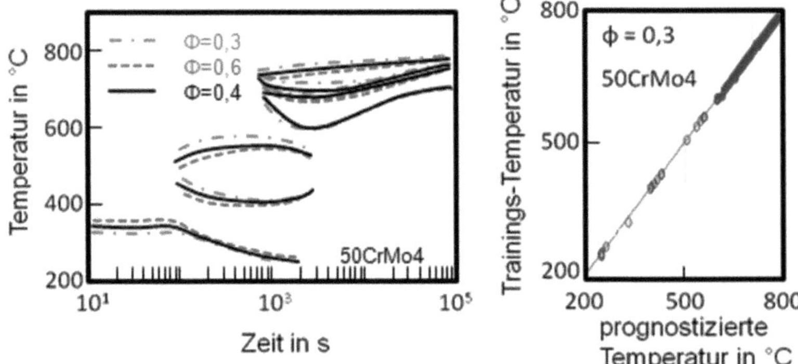

Abb. 4.27 *Links*: Vergleich des prognostizierten U-ZTU-Schaubildes für eine Umformung von 45 % mit gemessenen U-ZTU-Schaubildern für eine Umformung von 30 % und 60 % für den Werkstoff 50CrMo4 (strichpunktierte Linie: 30 %; durchgezogene Linie: 45 %; punktierte Linie: 60 %); *Rechts*: Genauigkeit der Prognose der eingesetzten Netzwerke für das Umwandlungsverhalten. [Nür09a]

Nachteilig ist das oftmals enge Prozessfenster, der hohe Temperaturgradient in der Randschicht während des Härtens und daraus ggf. resultierende Härterisse. Zudem muss für jede spezifische Bauteilgeometrie ein individuelles Sprayfeld ausgelegt werden, in dem darüber hinaus lediglich eine Einzelteilabschreckung erfolgen kann.

4.4.1 Spraycharakteristik

Für eine reproduzierbare prozessintegrierte Randschichthärtung mittels Spraykühlung müssen sämtliche Randbedingungen in einem engen Bereich konstant gehalten werden. Dies umfasst unter anderem die Schmiedetemperatur, den Umformprozess, die Temperatur im Anschluss an die Formgebung mit Beginn der Spraykühlung und die Benetzungskinematik.

Die entscheidenden Faktoren bezüglich der Spraykühlung sind auf mikroskopischer Ebene die Tropfengrößen und Geschwindigkeitsverteilungen bzw. auf makroskopischer Ebene die Wasserbeaufschlagungsdichte, die von dem Düsentyp, der Düsenanzahl, den Mediendrücken und den Abständen der Düsen zu den besprühten Oberfläche abhängen.

Das in Abb. 4.28 dargestellte Diagramm zeigt die Entwicklung der abgeführten Wärmestromdichte über der Temperatur des Werkstückes bei einer Spraykühlung. Die Werkstücktemperatur liegt zu Beginn der Abkühlung oberhalb des Siedepunktes von Wasser.

Trifft ein Tropfen auf die warme Werkstückoberfläche, kommt es zu einer spontanen Erwärmung der Kontaktfläche und der Tropfen beginnt an dieser Stelle zu verdampfen. Die Verdampfung erfolgt, bevor die Form des Tropfens eine Veränderung erfahren konnte [Tot93a]. Der sich bildende Dampffilm verhindert anschließend den Kontakt zwischen Tropfen und Bauteiloberfläche und stellt somit eine isolierende Trennschicht

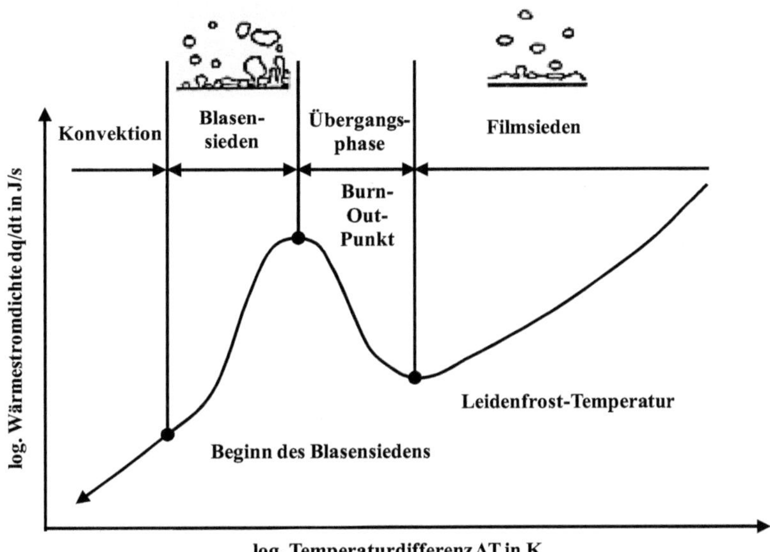

Abb. 4.28 Abgeführte Wärmestromdichte bei der Spraykühlung in Abhängigkeit der Werkstücktemperatur. [Bre00]

dar, die den Aufprall nachfolgender Tropfen an dieser Position behindert. Tropfen mit ausreichender kinetischer Energie können diesen Dampffilm durchschlagen und auf die Werkstückoberfläche treffen [Tot93a, Bol81, Ber97], Wei93, [Wac66]. Beim Auftreffen vieler Tropfen kann es, analog zur Tauchkühlung, zum Filmsieden mit einer ausgeprägten Dampfhaut kommen, was als Leidenfrosteffekt bezeichnet wird. Der Wärmeübergang ist in dieser Abkühlphase vergleichsweise gering [Läp06, Spu87, Tot93a]. Mit sinkender Bauteiltemperatur verringert sich die Dicke des Dampffilmes und mit Erreichen der Leidenfrost-Temperatur fangen die Tropfen an, den Dampffilm zu durchbrechen. Unterhalb der Leidenfrost-Temperatur kann so eine Benetzung der Oberfläche erfolgen. Es beginnt die Phase des Übergangssiedens, die mit einem steigenden Wärmeübergang einhergeht [Tot93a, Ste96]. Am Burn-Out-Punkt ist die gesamte Oberfläche mit siedender Flüssigkeit umgeben, weshalb dieser Zeitpunkt auch als Blasensieden bezeichnet wird. Der Wärmeübergang erreicht, analog zur Tauchkühlung, sein Maximum [Tot93a, Yan93, Ber97]. Ein weiteres Absinken der Temperatur führt zum Abklingen des Siedens. Ab diesem Punkt wird die Wärme rein konvektiv übertragen [Bre00]. Die Leidenfrosttemperatur unterliegt starken Schwankungen, die speziell durch Austenitisierungstemperatur, Oberflächenrauhigkeit, Strömungsbedingungen und Werkstückgeometrie verursacht werden. Dadurch können an einem Werkstück, sehr ungleichmäßige Abkühlgeschwindigkeiten auftreten. Zum Erzielen einer hohen Härte ist idealerweise zu Beginn im Austenitbereich eine schnelle Abkühlung zur Unterdrückung der diffusionsgesteuerten Phasenumwandlung notwendig. Eine im Bereich der diffusionslosen Martensitumwandlung anschließende geringere Abkühlung vermeidet Verzug und Rissbildung. Bei Wasser als Abkühlmedium verhält es sich entgegensetzt dieser optimalen Abkühlstrategie, da aufgrund der Dampffilmbildung bei hohen Temperaturen eine geringe Abkühlgeschwindigkeit vorliegt und durch das Blasensieden bei niedrigeren Temperaturen die Abkühlgeschwindigkeit stark ansteigt [Nür10d].

Ein Kennzeichen für eine hohe Wärmeübertragung bei der Spraykühlung ist eine große Verdampfungseffektivität ε_v der Einzeltropfen, die nach Gl. 4.1 definiert ist als

$$\varepsilon_v = \frac{Q_{Tr}}{m_{Tr} \cdot \Delta h_v} \tag{4.1}$$

mit dem Verhältnis von abgeführter Tropfenwärme Q_{Tr} zur Tropfenmasse m_{Tr} und der Verdampfungsenthalpie Δh_v [Pus03]. Die Verdampfungseffektivität steigt mit sinkender Tropfenmasse bzw. geringeren Tropfendurchmessern. Zusätzlich kann der Tropfenzerfall beim Aufprall auf die Werkstückoberfläche mit der Weberzahl We charakterisiert werden [Bol81]. Die Weberzahl beschreibt die kinetische Energie des Tropfens mit dem Energiegehalt aufgrund der Oberflächenspannung (s. Gl. 4.2):

$$We = \frac{u^2 \rho d}{\sigma} \tag{4.2}$$

Hierbei sind u die Strömungsgeschwindigkeit, σ die Oberflächenspannung des Mediums, ρ die Dichte des Mediums sowie d der Tropfendurchmesser des verwendeten Mediums. Nach WACHTERS und WESTERLING [Wac66] kommt es bei einer Weberzahlen oberhalb 80 zu den höchsten Wärmeübergängen.

Die Autoren klassifizieren den Zerfallsvorgang eines auf eine 400 °C heiße metallische Platte prallenden Tropfens in drei Bereiche:

den Bereich des Tropfenrückpralls mit $We < 30$ Im Vergleich zur Oberflächenenergie besitzt der Tropfen bei Weberzahlen unter 30 eine geringere kinetische Energie. Der Tropfen verformt sich beim Zusammenstoß bis zu seinem maximalen Durchmesser zu einer flachen Linse. Anschließend zieht sich der deformierte Tropfen wieder zusammen und die Tropfenflüssigkeit zieht sich aus den Randzonen zurück in das Tropfeninnere bedingt durch den höheren inneren Druck an den Randbereichen. Letztlich prallt der Tropfen zurück.

den Übergangsbereich bei $30 \leq We \leq 80$ In diesem Bereich steigen die Deformationen beim Aufprall an. Trotzdem erreicht der Tropfen nach dem Rückprall wieder seine Kugelform. Es kommt in diesem Bereich zur Bildung von Sekundärtropfen durch die Abschnürung einzelner Tropfen [Pus03].

den Bereich des Flüssigkeitsfilm bei $We > 80$ Beim Auftreffen des Tropfens auf die Oberfläche kommt es zur Bildung eines Flüssigkeitsfilms, der anschließend in zahlreiche kleinere Tropfen zerfällt. Die so erzeugten Einzeltropfen haben in diesem Weberzahlbereich den längsten Kontakt mit der Oberfläche. Durch die hohe kinetische Energie der Tropfen

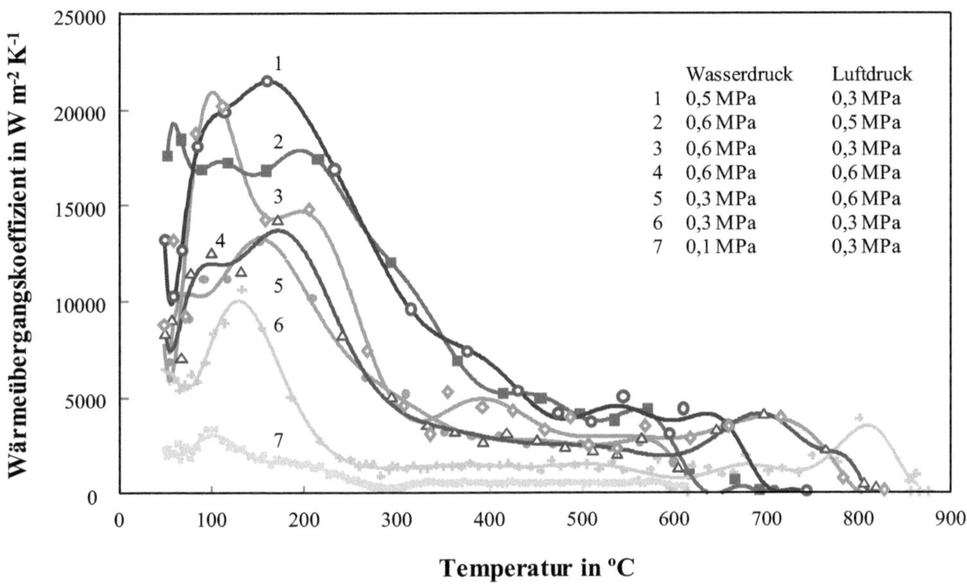

Abb. 4.29 Temperaturverlauf für den Mittelpunkt der Platte, unterschiedliche Drücke [Kra08a]

kann der entstehende Dampffilm permanent durchdrungen werden. Die Wiederbenetzungsgeschwindigkeit korreliert mit der Tropfengeschwindigkeit und ist im Vergleich zur Tauchkühlung um ein Vielfaches höher [Wac66, Iss03].

Auf makroskopischer Ebene betrachtet wird ein Spray durch eine Vielzahl an Tropfen gebildet. Prallen eine große Anzahl an Tropfen mit hohem Tempo und großem Durchmesser auf einer Oberfläche auf, erzeugt dies eine hohe Beaufschlagungsdichte. Nach BREUER [Bre00] kommt es zu einem direkten Kontakt zwischen dem Tropfen und der zu kühlenden Oberfläche und sowohl die Leidenfrost- als auch die Burn-Out-Temperatur werden zu höheren Temperaturen verschoben.

KRAUSE [Kra08c] stellte in seinen Untersuchungen einen direkten Zusammenhang zwischen den eingestellten Wasser- und Luftdrücken und den erzielbaren Weberzahlen und Wärmeübergangskoeffizienten fest. Er teilt den Abkühlungsprozess in vier unterschiedliche Abschnitte ein. In der Startphase des Abkühlungsprozesses, in einem Temperaturbereich von 900 °C bis 800 °C, erreicht der α-T-Verlauf sein erstes Maximum. In dieser Phase treffen die ersten Tropfen auf die Oberfläche und verdampfen, was sich in einer erhöhten Abkühlrate niederschlägt (Abb. 4.29).

Im zweiten Abschnitt evaporieren immer mehr auftreffende Tropfen, sodass sich ein Dampffilm bildet, der ein direktes Auftreffen des Sprays auf die warme Bauteiloberfläche verhindert. In dieser Phase wird die Wärme mittels Wärmeleitung durch den Dampffilm an die Umgebung übertragen. Der Wärmeübergangskoeffizient ist in dieser Zeit konstant auf einem niedrigeren Niveau, bis zum Erreichen einer Temperatur von ca. 400 °C. Obwohl die zu den Parametern gemessenen Weberzahlen deutlich über 80 liegen (s. Abb. 4.30),

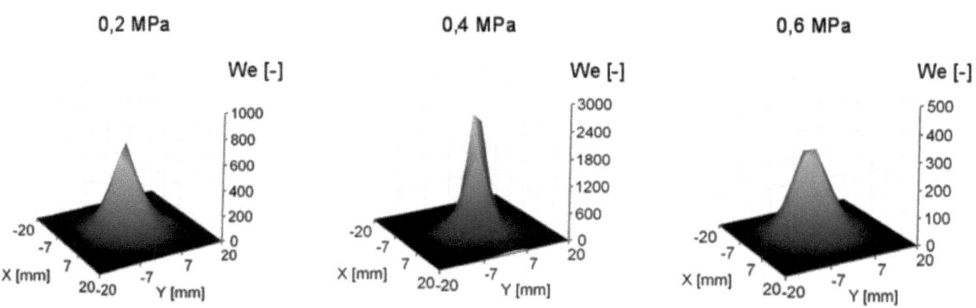

Abb. 4.30 Berechnete Weberzahlen

konnte der Leidenfrosteffekt nicht unterbunden werden. Die Weberzahl hat somit keinen signifikanten Einfluss auf den Wärmeübergang [Kra08c, Kra08b].

Durch Variation des Wasser- und des Luftdruckes lassen sich der Burn-Out-Punkt sowie die Leidenfrost-Temperatur verschieben. So führen höhere Drücke zum Anstieg der Burn-Out-Temperatur sowie zu höheren Leidenfrost-Temperaturen.

Analog zur Tauchkühlung löst sich zu Beginn der dritten Phase der zuvor geschlossene Dampffilm allmählich auf. Die Tropfen können die Oberfläche wieder benetzen und verdampfen. Die entstehenden Blasen verhindern einen geschlossenen Film auf der Bauteiloberfläche, in Folge dessen die Abkühlung erheblich schneller verläuft. In dieser Phase tritt im Temperaturbereich zwischen 200 °C und 150 °C ein zweites Maximum im α-T-Verlaufs auf, welches auf eine beschleunigte Abkühlung zurückzuführen ist. Unter 100 °C findet dann kein Blasensieden mehr statt. Dies ist der Beginn der vierten Phase. In dieser verdampft das versprühte Wasser nicht mehr auf der Oberfläche, wodurch weniger Wärme abgeführt wird.

KRAUSES Untersuchungen haben eine starke Abhängigkeit zwischen dem gemessenen Wärmeübergangskoeffizienten und den eingestellten Düsendrücken gezeigt, wobei der Wasserdruck die entscheidendere Rolle spielt.

4.4.2 Bestimmung der Spraycharakteristik

Zur Bestimmung der Weberzahl werden, neben der aus der Literatur bekannten Oberflächenspannung und Dichte des Wassers, die Tropfengröße und -geschwindigkeit benötigt. Diese können mittels eines Phasen-Doppler-Anemometers (PDA) bestimmt werden. Das dabei eingesetzte optische Messverfahren zeichnet sich durch eine hohe räumliche und zeitliche Auflösung aus ohne das Spray zu beeinflussen. Ein typisches PDA besteht aus einem Dauerstrich-Argon-Ionen-Laser und einer Empfangseinheit (s. Abb. 4.31). Das vom Laser erzeugte kohärente Licht gelangt über eine Glasfaser in die Sendeoptik. Zwei Strahlenpaare mit leicht unterschiedlicher Wellenlänge werden durch Linsen zur Überschneidung gebracht, wodurch sich im Ellipsoid des Messvolumens ein Interferenzmuster aus hellen

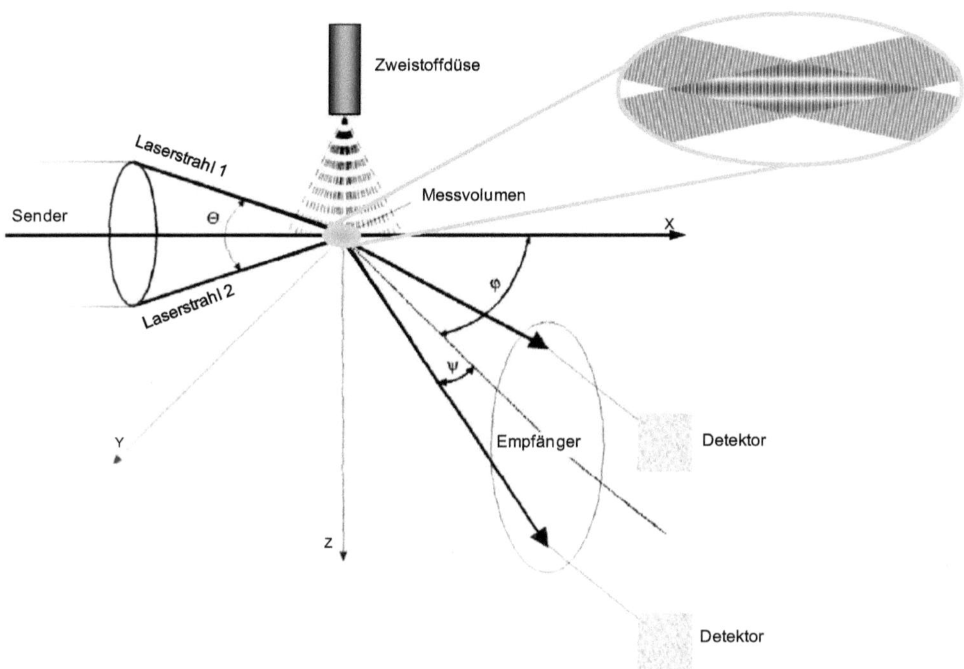

Abb. 4.31 Schematischer PDA-Messaufbau nach. [Bre00]

und dunklen Streifen ausbildet. Der Abstand und die Anzahl der Streifen werden durch den Schnittwinkel und die Brennweite der Sendeoptik bestimmt. Der Empfänger besteht aus zwei Fotodetektoren, deren Anordnung äquidistant zur Hauptebene des Interferenzfeldes und der optischen Achse sowie parallel zur Hauptbewegungsrichtung der Tropfen ausgerichtet ist [Bre00]. Sende- und Empfangsoptik sind auf einer 3-Achsen-Traverse montiert, so dass ein beliebiger Punkt im Spray angefahren werden kann. Durchquert ein Tropfen das Messvolumen, wird ein Teil der Laserstrahlen reflektiert, gebrochen bzw. gebeugt. Am Empfänger wird dieses Licht mit wechselnder Intensität, gemäß dem Durchtritt durch einen hellen oder dunklen Streifen des Interferenzmusters, aufgefangen. Aus der Signalfrequenz kann bei bekanntem Abstand der Interferenzstreifen die Geschwindigkeit des Tropfens berechnet werden. Betrachtet man das vom Tropfen zurückgestreute Licht mit zwei Detektoren aus unterschiedlichen Winkeln, so kann eine Phasenverschiebung zwischen den Signalen gemessen werden. Diese entsteht durch eine unterschiedliche Reflektion an der Krümmung der Tropfenoberfläche. Aus der Phasenverschiebung und der Annahme, dass der Tropfen eine Kugel ist, kann die Größe des Tropfens errechnet werden. Aufgrund der Streuung der Messwerte empfiehlt sich für jede Messposition die Erfassung von einigen Tausend Tropfen, um einen aussagefähigen Mittelwert zu bestimmen [Bre00, Kra08c].

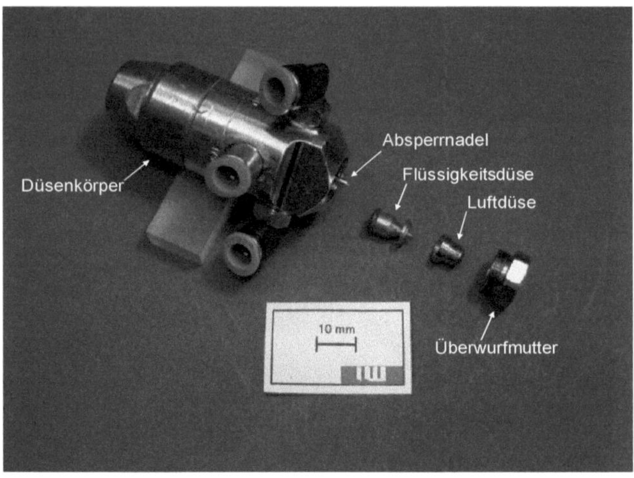

Abb. 4.32 Zweistoffdüse der Fa. Spraying Systems©Modell 1/8 JJAU

4.4.2.1 Düsen

Nach WOZNIAK lassen sich die technischen Zerstäuber in Einstoff-Druckdüsen (hydraulische Zerstäubung), Zweistoffdüsen (pneumatische Zerstäubung), Rotationszerstäuber, Ultraschall-Zerstäuber oder -Vernebler sowie in Sonderzerstäubungsverfahren einteilen [Woz03].

Technisch relevant für den Einsatz bei Wärmebehandlungen sind vor allem Ein- und Zweistoffdüsen. Zahlreiche Autoren [Bre00, Kra08c, Rod11, Gre09a] verwenden Überdruck-Zweistoffdüsen mit innerer Mischung, da diese ein homogenes Spritzbild besitzen und hohe Tropfengeschwindigkeiten erzeugen. Ein Beispiel für diesen Düsentyp ist das Modell 1/8 JJAU der Fa. Spraying Systems (s. Abb. 4.32). Im Gegensatz zu Einstoffdüsen kann mit dem Zerstäubergas (Druckluft) gezielt Einfluss auf Tropfengeschwindigkeiten und -größen genommen werden [Bre00]. Bei der dargestellten Düse kann zudem mittels eines internen Zylinders mit Rückstellfeder eine Absperrnadel über eine separate Druckluftleitung betätig werden, um die Wasserdurchflussmenge gezielt zu beeinflussen. Ein weiterer Vorteil gegenüber Einstoff-Düsen ist, dass bei gleicher Beaufschlagungsdichte höhere Wärmeübergangskoeffizienten erzielt werden können (s. Abb. 4.33) [Ste96].

Der Spritzbildcharakter von Zweistoff-Düsen kann mittels austauschbarer Luft- und Flüssigkeitsdüsen verändert werden. Insbesondere die Form der Luftdüse beeinflusst das Erscheinungsbild des Spraykegels. Es können rechteckige, runde, ringförmige und elliptische Strahlbilder durch die verschiedenen Einsätze erzeugt werden (s. Abb. 4.34).

Zudem kann über verschiedene Spritzwinkel sowie durch Variation des Abstandes zwischen Düse und abgeschrecktem Bauteil die beaufschlagte Oberfläche variiert werden. Separate Wasser- und Luftanschlüsse erlauben eine unabhängige Regelung der Mediendrücke zur Einstellung der Spraycharakteristik und damit der Abkühlwirkung. Diese Flexibilität ermöglicht eine bauteilangepasste Abkühlung. Einzelne Funktionsflächen können individuell abkühlt werden. Da das Zerstäubungsgas den Volumenstrom des Wassers beeinflusst, kann es bei Düsen mit innerer Mischung unter ungünstigen Druckverhältnissen allerdings zu einer Verdrängung des Wasserstromes kommen.

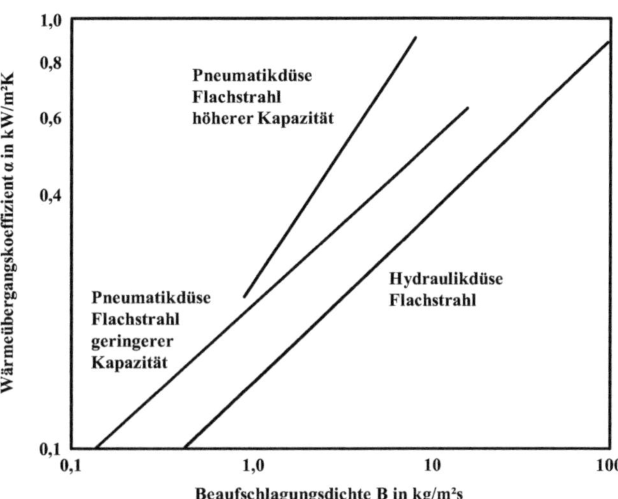

Abb. 4.33 Wärmeübergangskoeffizienten im Vergleich Einstoffdüse und Zweistoffdüse nach. [Ste96]

4.5 Sprayfeldtechnologie

4.5.1 Grundstruktur

Sprayfelder bestehen in der Regel aus einem Düsenfeld, der Medienversorgung sowie einer rechnergestützten Steuer- bzw. Regelungseinheit.

Die einzelnen Düsen sowie Vorrichtungen, zu deren flexiblen Positionierung gegenüber den abzuschreckenden Bauteilen, bilden das Düsenfeld. Die Düsen können in ihrer Anordnung beispielsweise in einer Reihe, kreisförmig, zylindrisch oder rechteckig bzw. frei ausgerichtet sein. Als Grundlagen für die Konstruktion von Düsenfeldern können Erfahrungen mit Gasdüsenfeldern herangezogen werden, da die Sprayausbildung eines pneumatischen Zerstäubers hauptsächlich durch das Zerstäubergas geprägt wird [Woz03]. Um vergleichbare Abkühlbedingungen an unterschiedlichen Positionen der Bauteiloberfläche zu erzielen, sollten die Düsen nach Möglichkeit äquidistant zur Oberfläche des Werkstückes ausgerichtet sein. Bei kreis- und zylinderförmigen Sprayfeldern ist der Winkel der einzelnen Düsen zueinander bezogen auf das Bauteilzentrum, die Teilung y, ein wichtiger Auslegungsparameter (s. Abb. 4.35). Zusätzlich ist der Abstand x vom Düsenaustritt zur Werkstückoberfläche von großer Bedeutung. Am Beispiel von Gasdüsenfeldern wurden von GROMOLL [Gro78] grundlegende Untersuchungen zur Auslegung senkrecht besprühter ebener Platten durchgeführt. Nach BREUER [Bre00] ist die Bauteilabkühlung bei kleinerer Teilung und größerem Abstand gleichmäßiger, während die abgeführte Wärmestromdichte mit verringertem Abstand und verringerter Teilung zunimmt.

Zur gesteuerten Bauteilabkühlung bei der Spraykühlung werden in der Regel der an den Düsen anliegende Wasser- und Luftdruck sowie die Beaufschlagungszeit variiert. Demzu-

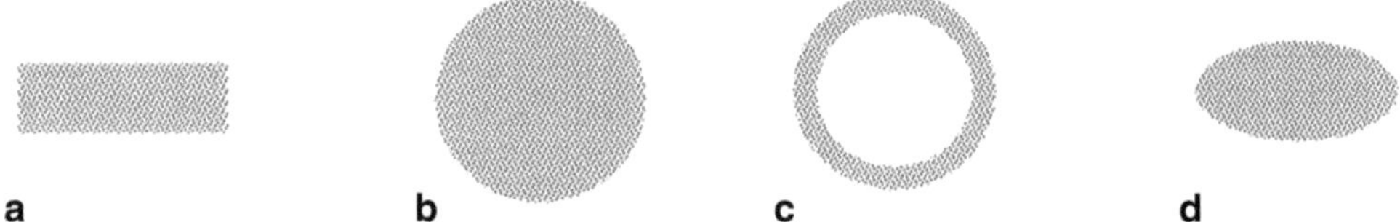

Abb. 4.34 Idealisierte Düsen-Spritzbilder: (**a**) Flachstrahl-Spritzbild (**b**) Rundstrahl-Spritzbild (**c**) Ringstrahl-Spritzbild (**d**) Elliptisches Spritzbild

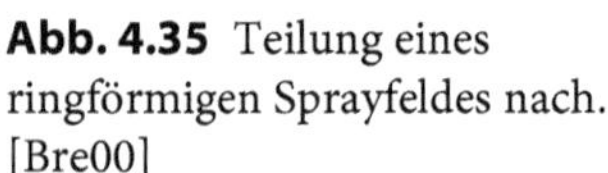

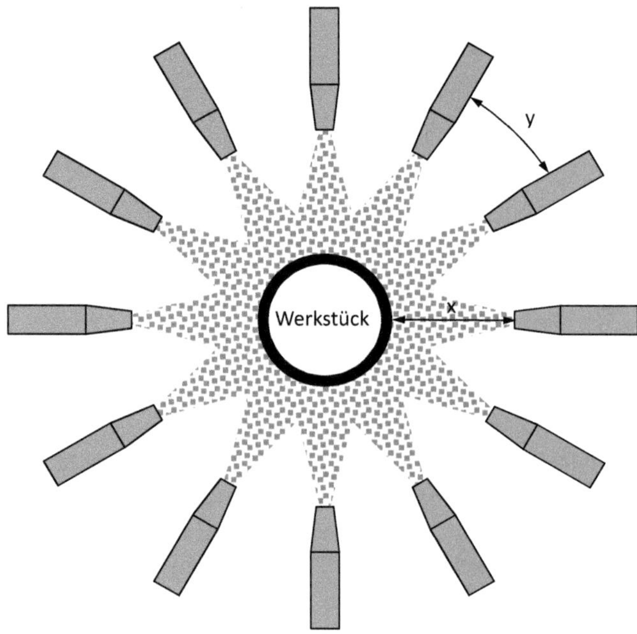

Abb. 4.35 Teilung eines ringförmigen Sprayfeldes nach. [Bre00]

folge bestimmen diese Parameter die Randschichtabkühlung des Werkstückes und damit die resultierende Mikrostruktur- und Härteverteilung sowie Maß- und Formänderungen. Die Medienversorgung muss dazu eine stufenlose und rasche Regelung des Wasser- und Luftdruckes sowie einen gleichmäßigen Wasser- bzw. Luftdruck in allen Düsen ermöglichen. Zudem muss ein unmittelbares Zu- und Abschalten der Steuerluft gewährleistet sein.

In Abb. 4.36 ist beispielhaft ein typischer Schaltplan für die Wasser- und Druckluftaufbereitung dargestellt.

Eine schnelle, flexible und stufenlose Regelung des Luft- bzw. Wasserdruckes kann über Proportional-Druck-Regelventile realisiert werden. Mit diesen Ventilen wird der gewünschte Druck proportional über eine elektrische Spannung geregelt. Über einen elektrischen Sollwert wird ein definierter Druck eingestellt. Ein im Ventil integrierter Drucksensor überwacht den Ausgangsdruck und vermeidet Schwankungen während des Betriebes. Der Volumenstrom der Druckluft kann im Anschluss durch elektrische We-

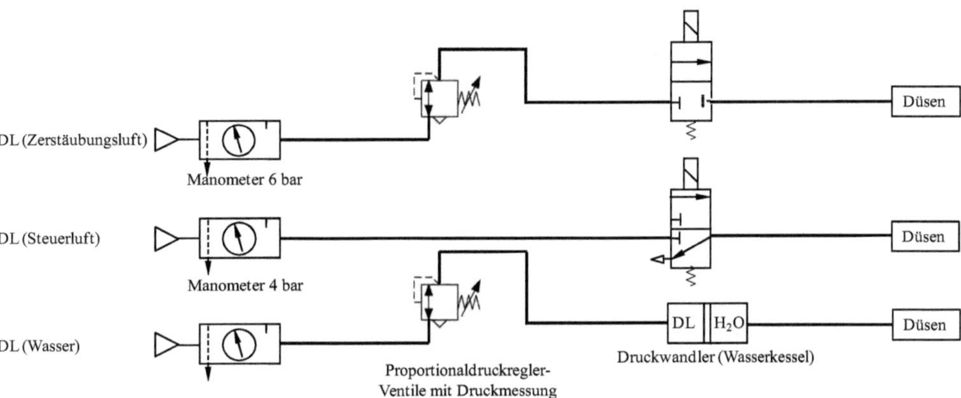

Abb. 4.36 Schaltplan einer Wasser- und Druckluftaufbereitung

geventile geöffnet oder geschlossen werden. Für die Bereitstellung von Wassers sind zusätzlich Druckbehälter vorzusehen. Über diese ist eine indirekte Steuerung des Wasserdruckes möglich, indem Druckluft oberhalb des Wasserpegels in den Behälter eingeleitet wird. Durch eine Steigleitung kann dann das Wasser aus dem Kessel mit definiertem Druck entnommen werden. Die Steuerluft wird über einstellbare Manometer auf einen konstanten Druck eingestellt und direkt an elektrisch betätigte Wegeventile weitergeleitet. Diese ermöglichen das Ein- und Ausschalten der Steuerluft zum Öffnen oder Schließen der Flüssigkeitsdüse.

Manometer dienen zur Begrenzung der Druckluft, da Druckbehälter und Düsen in der Regel für einen maximalen Druck ausgelegt sind. Am Ende befinden sich Verteiler für Druck-, Steuerluft und Wasser, an die die jeweiligen Düsen mittels einer Schlauchverbindung angeschlossen werden können. Um eine unterschiedliche Abkühlung verschiedener Funktionsflächen zu erreichen, können mehrere voneinander unabhängige Kreisläufe eingesetzt werden.

Die Ansteuerung der Sprayfelder erfolgt vom Anwender z. B. mittels einer grafischen Benutzeroberfläche wie LabView©oder Daisylab©. Handelsübliche Industrie-PCs mit analogen und/oder digitalen Mess- und Regelkarten bilden die Verbindung zwischen Rechner, Medienversorgung und Sprayfeld. Über Ein- und Ausgänge können die Proportional-Druckregelventile und die Magnetventile für die Einstellung der Wasser- und Luftdrücke gesteuert werden. Über das Ausgangssignal werden Sollwerte vorgegeben, während die Eingänge die anliegenden Istwerte überprüfen. Zudem werden ggf. Schrittmotoren über die Benutzerschnittstelle gesteuert, um eine Relativbewegung zwischen Sprayfeld und Bauteil zu erzeugen. Die Software fungiert dabei als Frequenzgenerator, Richtungsgeber sowie als Ein- und Ausschalter. Die eigentliche Ansteuerung der Schrittmotoren erfolgt in diesem Fall über extern verbaute Steuerplatinen, die die digitalen Signale der Software umsetzt. Die Anzahl der Impulse bzw. die Frequenz des Eingangssignals bestimmt die Anzahl der zurückgelegten Schritte sowie die Umdrehungszahl bzw. Drehgeschwindigkeit bzw. den

Abb. 4.37 Sprayfeld von KRAUSE für die Spraykühlung von Zahnrädern

Drehwinkel zwischen Düsen und Bauteil. Zudem können mittels geeigneter Messkarten Prozessparameter wie Wasser- und Luftdrücke bzw. mittels Thermoelementen oder Pyrometern erfasste Temperaturen aufgezeichnet werden.

4.5.2 Sprayfelder

BREUER [Bre00] entwickelte ein Sprayfeld zur Wärmebehandlung von Zahnrädern mit innenmischenden Zweistoffdüsen. Auf jeden Zahnzwischenraum war jeweils eine Düse ausgerichtet. Mit dieser Anlage konnte ein gradierter Gefüge- und Härteverlauf in den Zahnrädern realisiert werden. Durch Inhomogenität des verwendeten Sprays ist eine solche Einzelzahnabschreckung allerdings nicht für einen geringen Verzahnungsmodul geeignet. Zudem ist dieses System bei abweichenden Bauteilgeometrien vergleichsweise unflexibel. Aufbauend auf dieser Anlagentechnik wurde ein modifiziertes Sprayfeld von KRAUSE [Kra08a] entwickelt, um komplexe Bauteilgeometrien mit einer höheren Prozessstabilität abkühlen zu können. Das derart modifizierte Sprayfeld besteht aus einer Grundplatte, auf der bis zu 18 Zweistoffdüsen ringförmig angeordnet werden können (s. Abb. 4.37). Die Düsen sind einzeln auf Schlitten montiert, um den Abstand zur Werkstückoberfläche stufenlos variieren zu können. Die Anordnung ist so gewählt, dass sich die Spraykegel in der Mitte dieses Ringes treffen. Eine größere Anzahl an Düsen und ein vergrößerter Abstand zwischen Düsenaustritt und Werkstückoberfläche erzeugen ein gleichmäßiges und stabiles Spritzbild. Im Zentrum befindet sich das abzuschreckende Bauteil, das während der Abkühlung mit einem 3-Backengreifer fixiert und mittels eines Schrittmotors oszillierend gedreht wird, um etwaige Abweichungen im Spritzbild und der Bauteilgeometrie auszugleichen.

Zur Randschichtvergütung von Ritzel- bzw. Einzylinderkurbelwellen wurden von Krause und Gretzki weitaus komplexe Sprayfelder entwickelt, die die für die Wärmebehandlung von Langteilen benötigte Abkühlung in mehreren Bauteilebenen ermöglichen. Realisiert wurden Versuchsaufbauten zur lokalen Wärmehandlung von Verzahnung und Schaft ei-

Abb. 4.38 Sprayfeld mit vertikalen Trägerringen für die Wärmebehandlung einer Ritzelwelle: *1* Trägerring *2* Riementrieb *3* Antriebsräder mit -welle *4* Führungsrollen *5* Klemmvorrichtung mit Ritzelwelle *6* Düsenhalter mit Gewindestange und Düse

ner Ritzelwelle bzw. von Haupt- und Hublagern einer Einzylinder-Kurbelwelle. Aufgrund der Rotationssymmetrie solcher Bauteile bietet sich in diesem Fall eine ringförmige Positionierung der Düsen an. Bei Kurbelwellen bildet das Pleuel- bzw. Hublager mit den Hauptlagern einen Exzenter. Dieses schließt ein Rotieren des Bauteiles während der Wärmebehandlung aus, da sich der Abstand von Düsen und Lageroberfläche während einer Umdrehung sehr stark ändern würde. Dies führte zur Entwicklung rotierender exzentrisch angeordneter Düsen- bzw. Trägerringe [Kra08c]. Abbildung 4.38 zeigt die Detailansicht eines solchen Sprayfeldes. Zu sehen sind u. a. die Trägerringe mit den Düsen, die Fixierungseinheit für eine Ritzelwelle sowie die Antriebstechnik. Die aus Aluminium gefertigten Düsenringe haben einen Außendurchmesser von 500 mm. Zur Aufnahme der Düsen sind senkrecht zur Rotationsachse Gewindebohrungen in die Ringe eingebracht. Um eine Justierung zur Bauteiloberfläche zu gewährleisten, sind die Düsen über eine Gewindestange mit dem Trägerring verbunden. Auf der Innen- und Außenseite sind Nuten eingebracht, die über Führungsrollen die Fixierung und Führung der Ringe sicherstellen. Die Drehung der Ringe erfolgt mit einem Rundriementrieb. Über einen Schrittmotor werden die auf einer Welle befestigten Antriebsräder in Rotation versetzt, um die Trägerringe oszillierend um bis zu 60° zu drehen. Der flexible Versuchsaufbau gewährleistet, dass die Anzahl der Trägerringe geändert werden kann, um mit diesem Sprayfeld Bauteile mit 2 oder mehr Funktionsebenen abkühlen zu können.

Zur Wärmebehandlung der Ritzelwelle wird eine Klemmvorrichtung am Grundgestell angebracht. Diese fixiert die Ritzelwelle auf dem mittleren Absatz zwischen Verzahnung und Schaft und positioniert diese im Sprayfeld. Der Greifvorgang erfolgt durch

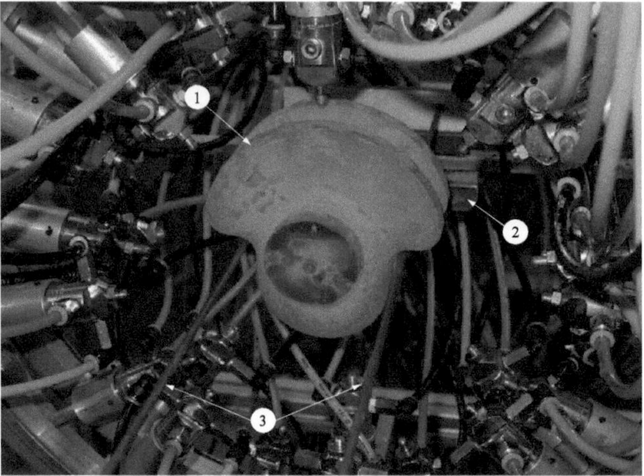

Abb. 4.39 Sprayfeld mit exzentrischen vertikalen Trägerringen zur Wärmebehandlung einer Einzylinderkurbelwelle: *1* Einzylinderkurbelwellen-Modellgeometrie *2* Anschlag *3* Auflagen

einen doppelt wirkenden Druckluftzylinder, der über ein Magnetventil betätigt wird. Die Klemmbacken sind aus Titan gefertigt und verhindern so eine intensive Wärmeleitung in den Greifer. Für die Wärmebehandlung der Kurbelwelle wird ein zusätzlicher Ring eingebaut und die Klemmvorrichtung gegen ein geeignetes Auflagesystem, das aus verspannten Rundstäben besteht, ausgetauscht (s. Abb. 4.39).

Für größere Bauteile wie Zweizylinderkurbelwellen ist das dargestellte Auflagesystem aus verspannten Rundstäben aufgrund des hohen Bauteilgewichtes nicht zweckmäßig. Stattdessen bietet sich statt der horizontalen eine vertikale Bauteillagerung an, bei der das Bauteil auf einer Platte ruhen kann, ohne dass eine gleichmäßige Wasserbeaufschlagung der Lager beeinträchtig wäre. Dementsprechend wurde bei der abgebildeten Konstruktion das Düsenfeld um 90° Grad gedreht, sodass die Kurbelwelle senkrecht durch das Sprayfeld eingeführt werden kann. Durch die aufrechte Position der Welle ist diese durch geringe Anpressdrücke auf die Stirnflächen fixierbar und dadurch vor Kippen geschützt (Abb. 4.40).

Die Trägerringkonstruktion mit einem Außendurchmesser von 500 mm und Düsenhaltern mit Gewindestangen ist in Abb. 4.41 gezeigt. Die Düsenringe enthalten Bohrungen für die Druckluft- und Wasserversorgung. Zusätzlich enthalten die Trägerringe auf der Unterseite Kugelrollen (s. Abb. 4.41 links). Zur horizontalen Anordnung wurden Auflagerringe entwickelt, die auf einem Trägersystem (s. Abb. 4.41 rechts) fixiert werden. In diesen befindet sich auf der Oberseite eine Nut, in der die Kugelrollen der Düsenfelder geführt werden. Zudem sorgen Führungsrollen dafür, dass die Düsenringe in der gewünschten Position verbleiben. Zusätzlich zum Trägersystem, welches koaxial zur Achse der Kurbelwelle ausgerichtet ist, gibt es noch zwei weitere exzentrisch angeordnete Ringe, die zur Kühlung der Hublager bestimmt sind.

Die Rotation der fünf Düsenringe um das Bauteil erfolgt unabhängig voneinander. Den Antrieb gewährleistet jeweils ein Schrittmotor über eine Zahnradpaarung. Ein Riemen-

Abb. 4.40 Sprayfeld mit horizontalen Trägerringern für die Wärmebehandlung von Zweizylinderkurbelwellen

trieb würde hohe Querkräfte bewirken und die Ringe u. U. aus der gewünschten Position drücken.

Für die vertikale Bewegung und zur stabilen Positionierung der Kurbelwelle wird eine Hebe-Klemm-Vorrichtung mit zwei doppeltwirkenden Pneumatik-Zylindern und einem Hubweg von 250 mm verwendet. Am oberen Ende befindet sich ein weiterer Zylinder, der die Kurbelwelle vor dem Absenken ins Düsenfeld klemmt und vor Verkippung schützt.

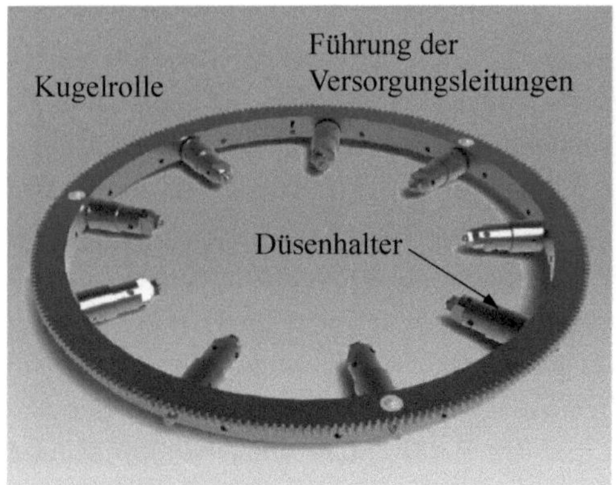

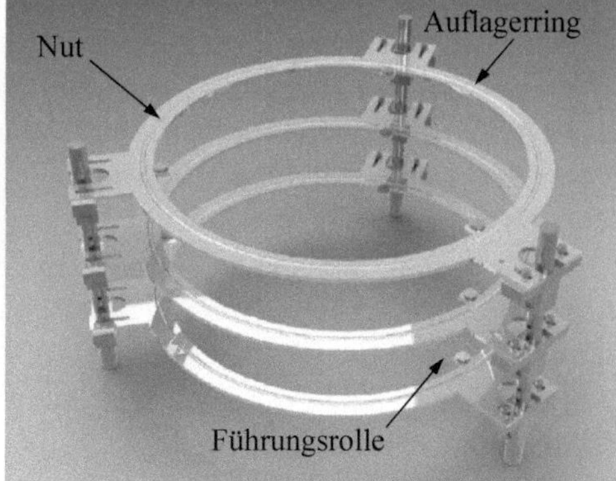

Abb. 4.41 *Links*: Trägerring mit Düsenhalter und Düsen; *Rechts*: Auflagerring für die Trägerringe des Haupt- und das Mittenlagers

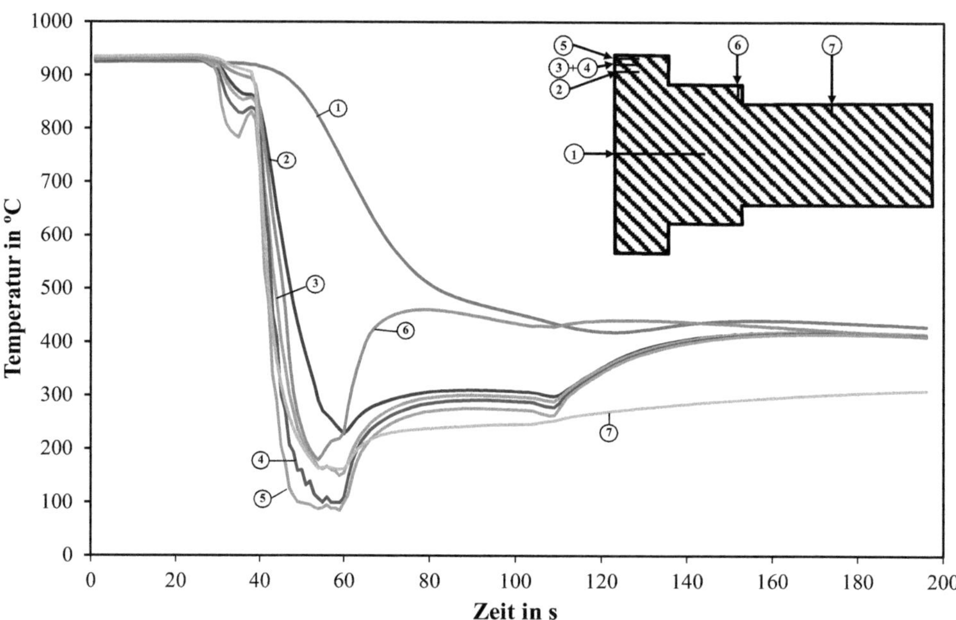

Abb. 4.42 Temperaturverlauf in einer präzisionsgeschmiedeten Ritzelwelle aus 42CrMo4 bei einer Wärmebehandlung mittels Spraykühlung (*links*); Messung mittels Thermoelementen [Kra08c]: *1* Kern, *2* Zahnfuß, *3* Zahnflanke links, *4* Zahnflanke rechts, *5* Zahnkopf, *6* Übergang Absatz – Schaft, *7* Schaftmitte

4.5.3 Kontrollierte Bauteilabkühlung

Die Beurteilung eines Wärmebehandlungsergebnisses erfolgt anhand charakteristischer Merkmale wie Härteverläufen, Gefügestrukturen, Verzug und Eigenspannungen.

Mit der Spraykühlung steht eine hoch flexible Technologie zum Vergüten präzisionsgeschmiedeter Bauteile zur Verfügung. Durch eine gezielte Auswahl und Aneinanderreihung von Druckparametern sind Temperaturverläufe präzise einstellbar. In Abb. 4.42 ist der typische Temperaturverlauf einer Wärmebehandlung einer Ritzelwelle mit einer Zwei-Phasen-Spraykühlung dargestellt. Der Temperaturverlauf wurde mit Hilfe von Thermoelementen aufgezeichnet.

In der ersten Phase der Abkühlung, in der mit hohen Wasser- und Luftdrücken gearbeitet wird, fällt die Temperatur in den Zähnen und an der Schaftoberfläche deutlich unter die Martensitstarttemperatur (ca. 370 °C). Die geringste Abkühlgeschwindigkeit tritt im Absatz auf, der nicht direkt mit dem Spray beaufschlagt wird. Die zweite Phase der Abkühlung, bei der versucht wird, die Temperatur der Randschicht auf einer konstanten Temperatur zu halten, während sich das Bauteilinnere langsam abkühlt, ist durch einen Temperaturanstieg in der Verzahnung von ca. 100 °C gekennzeichnet. Ein starker Anstieg der Temperatur tritt im Absatz auf (ca. 200 °C), während an der Oberfläche des Schaftes

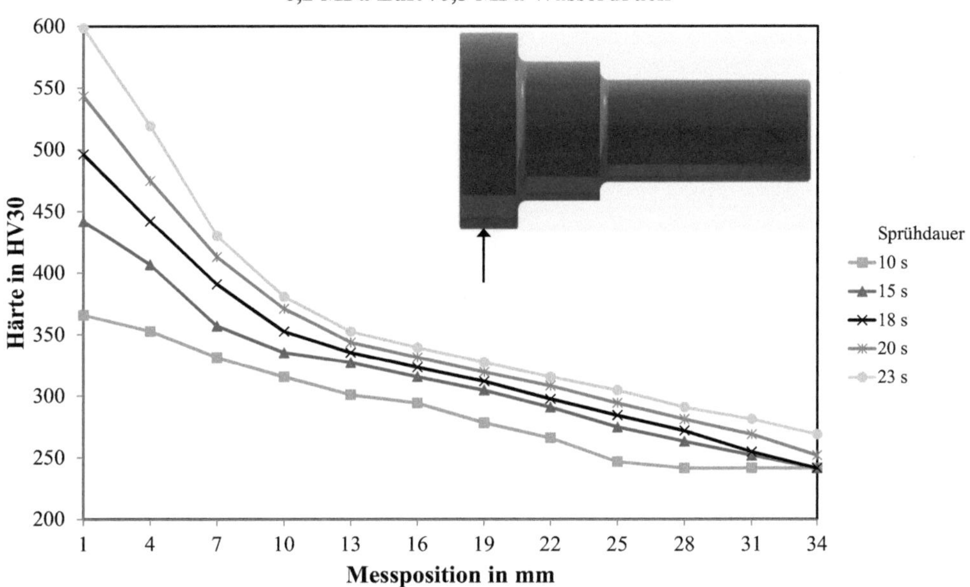

Abb. 4.43 Gemittelter Härteverlauf im Modellgeometrie-Kopf bei konstantem Druck und variierter Sprühdauer

die geringste Erhöhung zu verzeichnen sind (50 °C). Die Temperaturen werden während der zweiten Abschreckphase annähernd auf dem gleichen Niveau gehalten. Nach dem Beenden der zweiten Periode ist der Abschreckprozess abgeschlossen und die Wärme fließt allmählich in die Randbereiche des Bauteiles zurück. Die Kernwärme (Temperatur ca. 425 °C) wird zum Vergüten der zuvor gehärteten Randschicht genutzt [Kra08c]. Es ist deutlich zu erkennen, dass die Abkühlkurve bzw. -rate und damit der Wärmeübergang, je nach eingestelltem Druck, beeinflusst werden kann

Dieser Zusammenhang spiegelt sich direkt im Wärmebehandlungsergebnis wieder. In Abb. 4.42 und Abb. 4.43 sind die erreichten Härtewerte in dem zum Verzahnungsbereich der Ritzelwelle äquivalenten Wellenabsatz einer Modellgeometrie dargestellt. Es ist zu erkennen, dass in radialer Richtung, mit zunehmendem Abstand von der Oberfläche die Härte im Bauteil abnimmt. Sowohl durch die Verlängerung der Sprühdauer als auch durch die Erhöhung des Wasserdruckes kann eine Erhöhung der Oberflächenhärte erzielt werden. Bei einer Verlängerung der Abschreckdauer wird das komplette Härteniveau, nahezu parallel angehoben (s. Abb. 4.43).

Durch die Druckerhöhung wird hingegen fast ausschließlich die Oberflächenhärte erhöht. Ab einer Tiefe von ca. 13 mm sind die erzielten Härten wieder nahezu identisch (s. Abb. 4.44). Der größte Einflussfaktor auf die Härteverläufe ist somit die Wasserbeaufschlagungsdichte, die sowohl über der Sprühdauer als auch über den eingestellten Wasser- bzw. Luftdruck variiert werden kann. Überträgt man die Ergebnisse aus z. B. Abb. 4.43 in

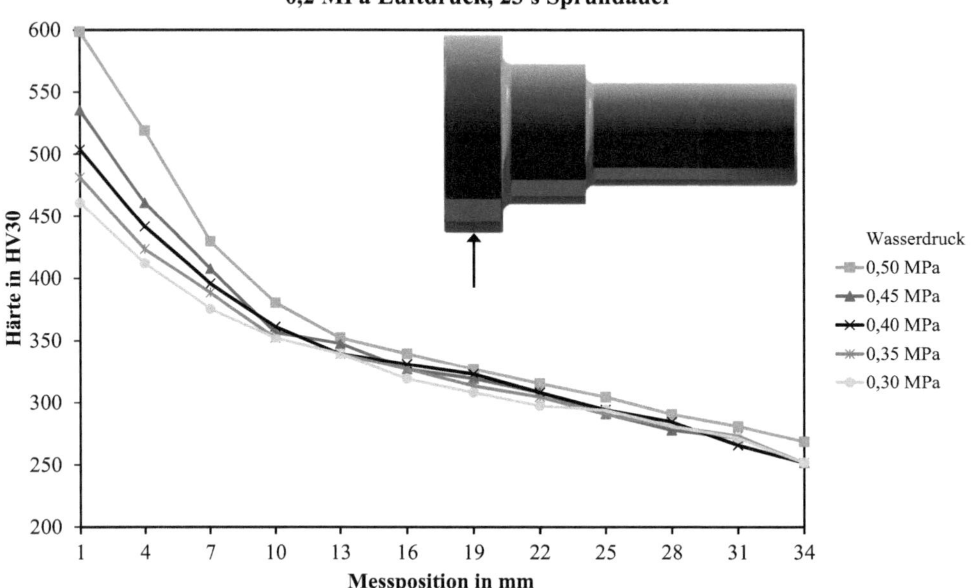

Abb. 4.44 Gemittelter Härteverlauf im Modellgeometrie-Kopf bei konstantem Luftdruck, variiertem Wasserdruck und einer Sprühdauer von 23s

ein Schaubild Härte über Wasserverbrauch, so ergibt sich ein annähernd linearer Zusammenhang zwischen erzielter Härte und Wasserverbrauch (s. Abb. 4.45). Aufbauend auf diesen Erkenntnissen und durch eine definierte Anordnung der Düsen ist eine gesteuerte Wärmebehandlung möglich.

Abbildung 4.46 zeigt eine Modellgeometrie mit einer Keilverzahnung. Beispielhaft ist hier die Anordnung der Spraykegelzentren eingezeichnet, die zum Erreichen der bei diesem Bauteil verfolgten Wärmebehandlungsstrategie verwendet wurde.

Im Bereich des Schaftes überlagern sich zwei Gebiete mit unterschiedlichem Beanspruchungsprofil, einem unverzahnten Bereich und den mit der Keilverzahnung. Durch die höhere Belastung der Verzahnung muss die Wärmebehandlung dem jeweiligen Bereich angepasst werden.

In Abb. 4.47 ist ein solches, dem Belastungsprofil angepasstes, Härtungsergebnis zu erkennen. Für jeden Bereich wurden verschiedene Drücke und Sprühzeiten verwendet, um dadurch die entsprechenden Härten in den einzelnen Teilbereichen zu erzielen. Für einen hohen Verschleißschutz wurden im Verzahnungsbereich z. B. die höchsten Härten eingestellt.

In Abb. 4.48 ist ein typischer Härteverlauf dargestellt. Bei dieser Messung wurde die Härte jeweils um 90° versetzt über den ganzen Durchmesser aufgenommen. Sowohl die erzeugte Oberflächenhärte als auch die Härteverläufe stimmen gut überein. Aus dieser homogenen Abkühlung resultieren geringen Verzüge).

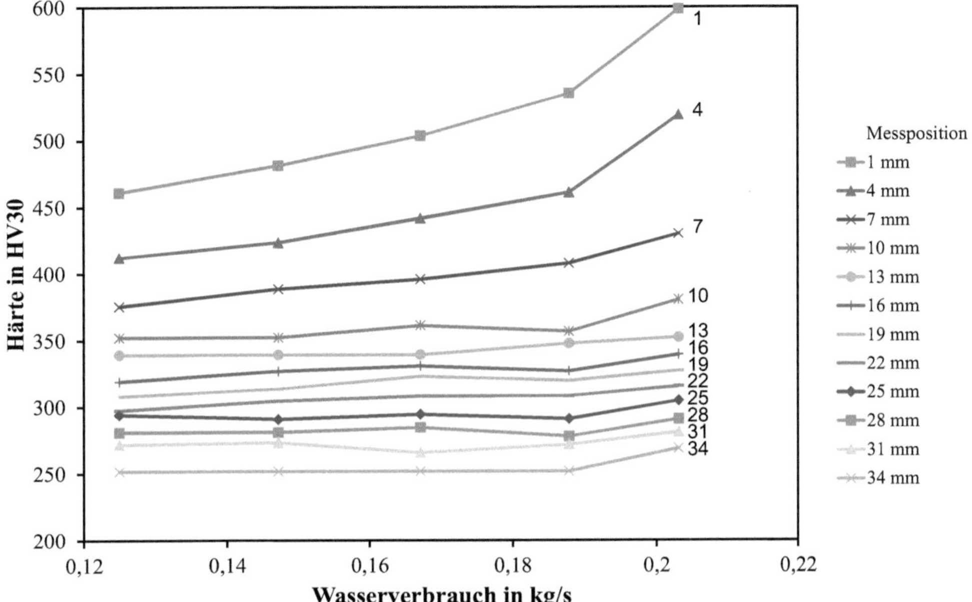

Abb. 4.45 Härteverläufe im Zusammenhang mit dem Wasserverbrauch

Abb. 4.46 Modell einer Ritzelwelle mit Keilverzahnung mit eingezeichneten Spraykegelzentren

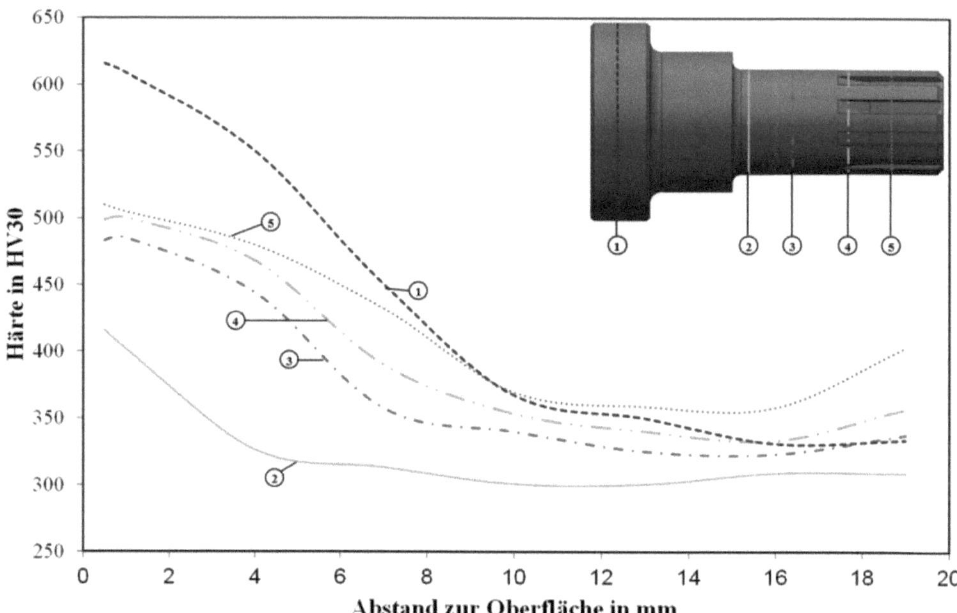

Abb. 4.47 Härteprofil einer keilverzahnten Ritzelwellengeometrie aus dem unlegierten Vergütungsstahl Cf53

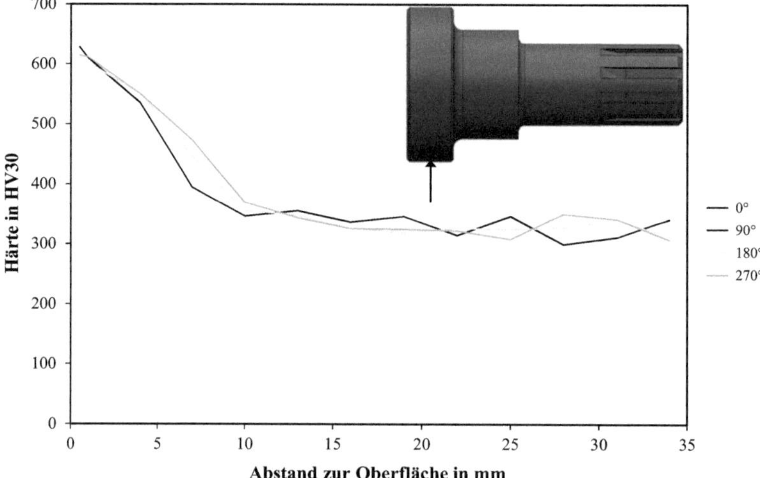

Abb. 4.48 Härteverlauf senkrecht und waagerecht in einer Ritzelwelle

4.5.4 Verzugskompensation durch Spraykühlung

Der Vorteil der Spraykühlung eine Wärmebehandlung gezielt und gesteuert sowie gleichmäßig und reproduzierbar durchzuführen, kann dazu genutzt werden, ein inhomogenes

Endergebnis zu erzielen. Durch eine asymmetrische Abkühlung durch z. B. punktuelle Spraybeaufschlagung kann eine einseitige Wärmeabfuhr eingestellt werden. Untersuchungen an Zweizylinderkurbelwellen-Modellgeometrien haben gezeigt, dass es möglich ist, gewünscht einen gerichteten Verzug zu erzeugen.

In einem weiteren Schritt wurden diese Bauteile wiedererwärmt und in einer „entgegengesetzten“ Wärmebehandlung gerichtet. Die Ergebnisse zweier dieser Versuche sind in Abb. 4.49 grafisch dargestellt. Es ist deutlich zu erkennen, dass nach der ersten Wärmebehandlung der Graph (mitte) stark von der Referenzmessung (links) abweicht. Nach dem „Richtprozess“ (rechts) liegen die beiden Kurven wieder übereinander. Es konnte damit gezeigt werden, dass mit der Spraykühlung etwaige Verzüge kompensiert werden können.

Für die Bestimmung der thermisch bedingten Verzüge präzisionsgeschmiedeter Kurbelwellen direkt nach dem Schmiedeprozess wurde ein Messsystem auf Basis der Schattenprojektion aufgebaut. Das Messprinzip ist ausführlich in Kap. 6 beschrieben. Mit Hilfe dieses Messsystems können innerhalb weniger Sekunden mehrere Rotationsschnitte der funktionsrelevanten Geometrieelemente aufgenommen werden. Anschließend erfolgt im Hinblick auf eine Verzugsanalyse die Auswertung, die die Grundlage für den asymmetrischen Härteprozess zur Verzugskorrektur darstellt.

Abbildung 4.50 zeigt den Versuchsstand zur Erfassung der thermisch bedingten Verzüge. Das Kernstück des Messsystems stellt das Schattenprojektionssystem DO 150/35 RO-W der Firma BA-Messtechnik GmbH dar. Für die Erfassung von kartesischen 3D-Daten wurde das Schattenprojektionssystem mit einer Drehachse kombiniert sowie eine Linearachse der Firma ISEL in die Anlage integriert. Die Linearachse ermöglicht eine hochgenaue Zustellung des Messobjektes gegenüber dem Messsystem.

Während der Messung rotiert der Messkopf mit einer konstanten Winkelgeschwindigkeit um das Messobjekt und es erfolgt eine winkeläquidistante Abtastung der Werkstückkontur. Nach einer halben Umdrehung liegen N Wertepaare mit den Parametern D_i dem Durchmesser, l_i der Position des Lichtspalts, l_i der Winkelstellung der Messstelle sowie z_i der Position der Linearachse bzw. des Messobjektes mit dem Index i vor. Im industriellen Einsatz wird das Messgerät für die In-Line Durchmesser- und Profilmessung kalter sowie heißer Bauteile eingesetzt. Mit dem Messsystem können Bauteile mit einem Durchmesser von 5 mm bis 130 mm erfasst werden. Die Messgenauigkeit der Durchmesserwerte beträgt $\pm$ 10 μm und die Messgenauigkeit der Lichtspaltwerte $\pm$ 30 μm.

Die Positionierung des Messobjekts in Richtung der Drehachse erfolgt mit einer Positionierachse vom Typ LF5, die eine unidirektionale Wiederholgenauigkeit von $\pm$ 20 μm und eine Genauigkeit in Achsrichtung von $\pm$ 12,5 μm besitzt.

Vor der eigentlichen Messung muss eine metrische Kalibrierung des Schattenprojektionssystems sowie eine Kalibrierung der gesamten Messanlage erfolgen. Die metrische Kalibrierung des Schattenprojektionssystems erfolgt nach dem Prinzip der Zweipunktkalibrierung. Hierfür werden verschiedene Zylindernormale mit unterschiedlichen und bekannten Durchmessern von der Messanlage gemessen. Die bekannten und gemessenen Durchmesserwerte ergeben Punkte, aus denen die Steigung und der Offset einer Geradengleichung zur Umrechnung der Messwerte in mm bestimmt werden kann.

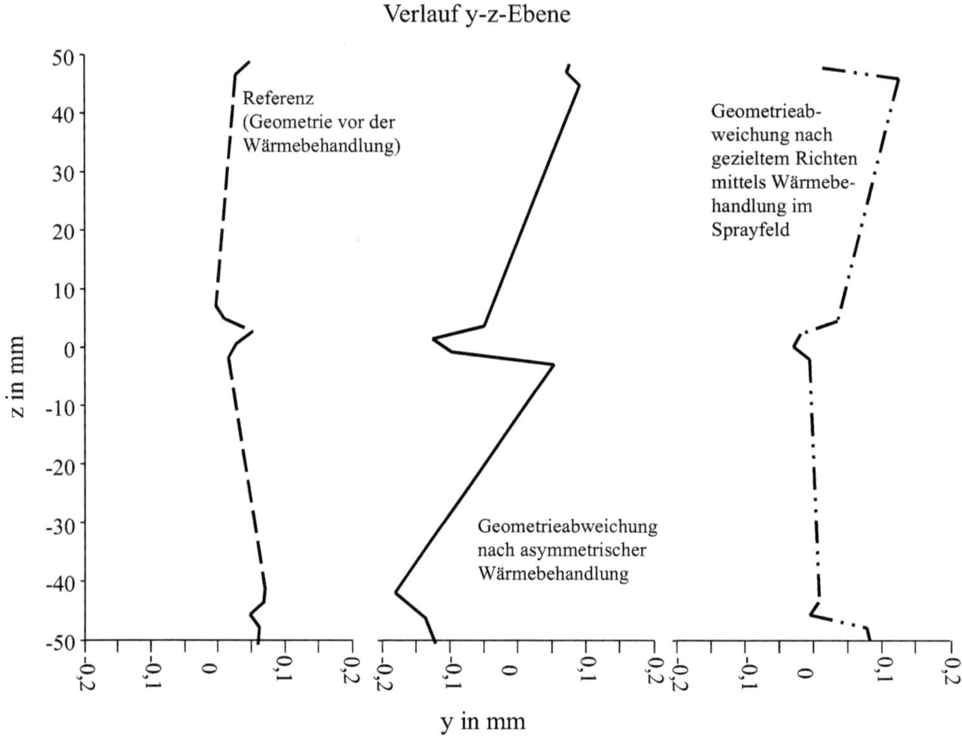

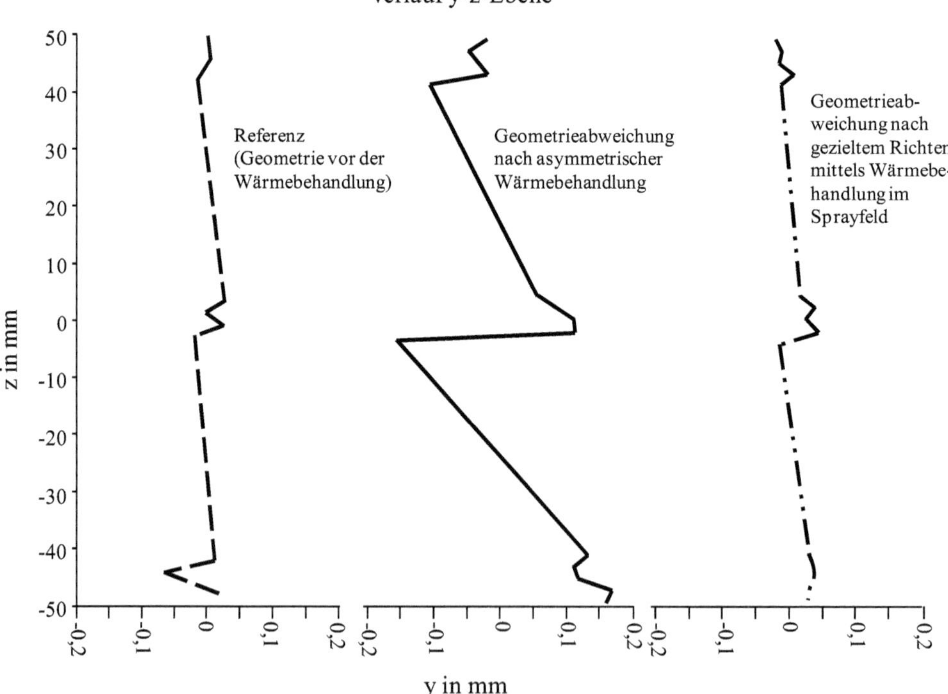

Abb. 4.49 Messergebnisse zur Verzugskompensation bei Zweizylinderkurbelwellen

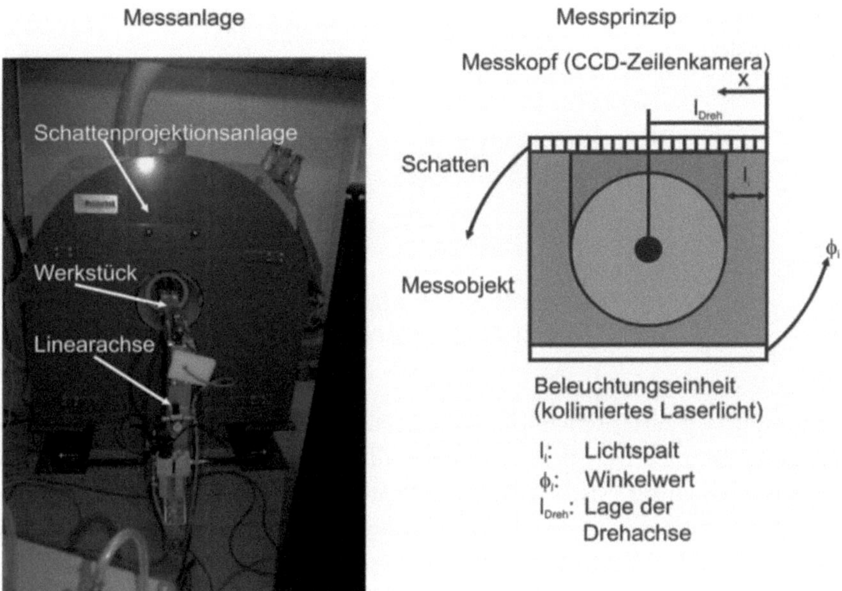

Abb. 4.50 Versuchsstand zur Erfassung thermisch bedingter Verzüge

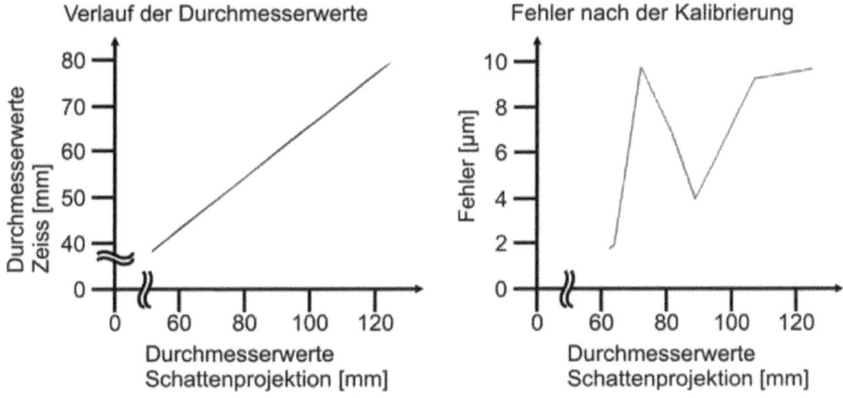

Abb. 4.51 Ergebnisse der metrischen Kalibrierung des Schattenprojektionssystems

Die Referenzwerte der Durchmesser wurden mit einem taktilen Koordinatenmessgerät der Firma Zeiss vom Typ KMG-Zeiss ZMC 550 ermittelt, das eine Längenmessunsicherheit von $\pm(1{,}5\ \mu\text{m} + \text{l(mm)}/250\ \mu\text{m})$ aufweist. Abbildung 4.51 zeigt die Ergebnisse der metrischen Kalibrierung. Der maximale Fehler bei der Messung von Durchmesserwerten ist kleiner 10 µm und liegt somit innerhalb der spezifizierten Messgenauigkeit.

Der Lichtspalt stellt in Kombination mit dem Winkel zunächst keine Polarkoordinaten dar, da die Lichtspaltwerte in Bezug zum Anfang des Zeilensensors ausgegeben werden. Für

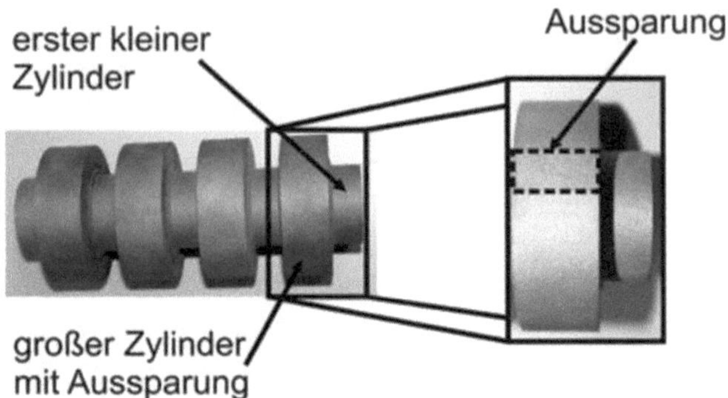

Abb. 4.52 Ersatzbauteil für die Verifikation des Messsystems

die Berechnung von kartesischen Koordinaten ist es erforderlich, die Lage der Drehachse zu bestimmen. Ist diese Lage bekannt können die Lichtspaltwerte umgerechnet und mit den Winkelwerten zu kartesischen 2D-Koordinaten kombiniert werden:

Die Kalibrierung der Lage der Drehachse erfolgt durch Umschlagsmessung eines Zylindernormals. Für die Umschlagsmessung werden in zwei um 180° zueinander gedrehten Stellungen die linke und die rechte Kante des Zylinders erfasst und für jede Stellung die Mittelachse berechnet. Im letzten Schritt ergibt sich die Lage der Drehachse als Symmetrieachse der beiden Mittelachsen

Für die Messdatenfusion muss im letzten Schritt der Kalibrierung die Verkippung zwischen der Dreh- und der Verfahrachse bestimmt werden. Die Verfahrachse ist gegenüber der Drehachse, die als Einheitsvektor in z-Richtung betrachtet wird, um die x-und die y-Achse des Schattenprojektionssystems um die Winkel θ und ψ verkippt. Die Berechnung der Drehwinkel erfolgt iterativ.

Am Ende einer Iteration werden die 3D-Koordinaten auf einen Zylinder als Ersatzgeometrieelement eingepasst und die maximale Abweichung bestimmt. Während der Optimierung werden die Drehwinkel und so variiert, dass die maximale Abweichung der Messpunkte zum Ersatzzylinder minimal wird. Der Algorithmus bricht ab, wenn der Fehler hinreichend klein ist

Die Eignung des Messsystems soll an den in Abb. 4.52 gezeigten Ersatzbauteilen verifiziert werden. Einer der großen Zylinder weist eine Aussparung auf und wird bei der Auswertung als Referenz benötigt. Für die Erfassung der thermisch bedingten Verzüge werden die kleinen Zylinder in mehreren Rotationsschnitten entlang der Bauteilachse erfasst und in jeden Messschnitt eine Ellipse als Ersatzgeometrieelement eingepasst. Zusätzlich erfolgt die Messung des großen Zylinders mit der Aussparung. Anschließend wird die Messdatenfusion mit den zuvor bestimmten Werten durchgeführt.

Für die Auswertung bietet sich ein werkstückbezogenes Koordinatensystem an. Die z-Achse des Werkstückkoordinatensystems wird definiert durch die Zylinderachse des ersten kleinen Zylinders. Die x-Achse steht senkrecht auf der z-Achse und zeigt in Richtung der Aussparung. Die y-Achse ergibt sich aus dem Kreuzprodukt der x- und der z-Achse.

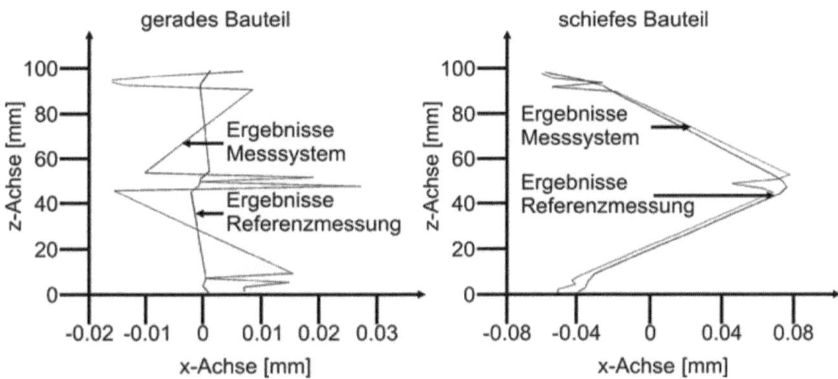

Abb. 4.53 Vergleichsmessungen am kalten Bauteil

Für die Verzugsauswertung sollen die Mittelpunkte der Rotationsschnitte, die im Werkstückkoordinatensystem vorliegen, in der *x*-*z*-Ebene und der *y*-*z*-Ebene verwendet und dem Sprayfeld zur Verfügung gestellt werden. Für Vergleichsmessungen an kalten Bauteilen steht ein optisches Wellenmesssystem AMV923V der Firma Hommel-Etamic GmbH zur Verfügung, welches eine Durchmessergenauigkeit von $\pm(2\ \mu\text{m} + \text{D[mm]}/100\ \mu\text{m})$ sowie eine Längengenauigkeit von $\pm(5\ \mu\text{m} + \text{L[mm]}/100\ \mu\text{m})$ aufweist (s. Kap. 6). In Abb. 4.53 sind die Verläufe der Mittelpunkte der Rotationsschnitte von einem geraden und einem verzogenen Bauteil dargestellt. Die Messungen wurden mit den Messsystemen jeweils am kalten Bauteil durchgeführt. Ein Vergleich der Ergebnisse zeigt eine gute Übereinstimmung.

Am Beispiel der Zweizylinder-Kurbelwelle lassen sich die Grenzen der Spraykühlungstechnologie aufzeigen. An diesem Bauteil sollen die Haupt- und Hublager einer integrierten Wärmebehandlung unterzogen werden. Die Wangen hingegen sollten für eine bessere Duktilität und damit höhere Dauerfestigkeit unbehandelt bleiben. Hieraus ergibt sich ein ungünstiges Verhältnis zwischen besprühter Oberfläche und Bauteilvolumen. Für die vorherige Umformung wurde das gesamte Werkstück auf Umformtemperatur erwärmt. Diese Wärmemenge muss aus dem Werkstück entfernt werden, damit durch die zurückbleibende Restwärme das Werkstück nicht zu hoch angelassen und somit die Härte zu stark reduziert wird.

Durch das angesprochene kleine Oberflächen-Volumen-Verhältnis kommt es zu einer geringen Abkühlrate im Bauteilinneren. Dieser Verhältniseinfluss ist in Abb. 4.54 dargestellt. Die Abkühlrate im Kern des Bauteils (ø30 mm), rechts im Diagramm, kann stark durch unterschiedliche Drücke und damit variierenden Wasserbeaufschlagungsmengen, beeinflusst werden. Diese Stärke nimmt mit kleiner werdendem Verhältnis ab. Selbst eine Verdoppelung der Düsen Anzahl (s. Bauteil ø60 mm), infolgedessen auch die Beaufschlagungsdichte verdoppelt wird, hat keine signifikante Auswirkung auf die Abkühlrate im Kern. Die Folge sind lange Sprühzeiten, um hohe Härten und niedrigen Anlasstemperaturen zu erzielen.

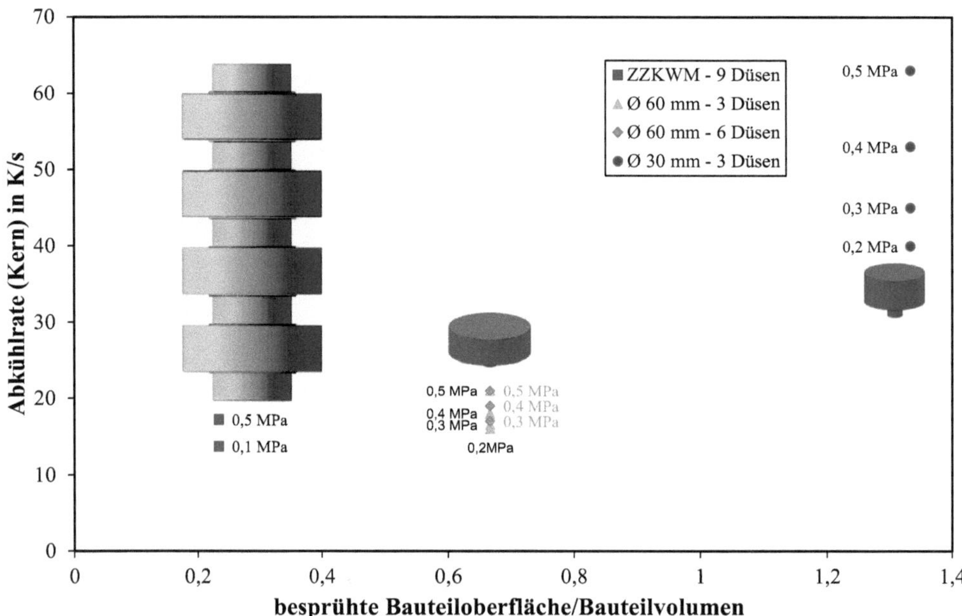

Abb. 4.54 Einfluss der Bauteilgeometrie auf die Abkühlrate im Bauteilinneren

Dies führt wiederum zu einer hohen Einhärtungstiefe (s. Abb. 4.55). Bei einem Verhältnis von besprühter Oberfläche zum gesamten Bauteilvolumen kleiner 1 [1/m] können in diesem Fall hohe Härten nur bei gleichzeitigen hohen Einhärtungstiefen erreicht werden.

4.6 Numerische Prozessabbildung

Numerische Verfahren zur Berechnung von Prozessschritten oder vollständiger Prozesketten gewinnen zunehmend an Bedeutung, da mit diesen der Umfang an aufwendigen experimentellen Untersuchungen zur Prozessauslegung verringert werden kann. Neben Kosteneinsparungen fördert der Einsatz numerischer Verfahren das Prozessverständnis und erschließt Optimierungspotentiale. Dieses ist insbesondere bei der Realisierung neuartiger Prozessabläufe wie dem Präzisionsschmieden mit folgender Wärmebehandlung aus der Umformwärme von großem Vorteil.

Das Ziel der Wärmebehandlung ist die Anpassung der Werkstückeigenschaften durch das Einstellen einer gewünschten Gefügeverteilung und Eigenspannungsverteilung, die die Dauerfestigkeit des Werkstücks erhöhen. Aus diesen Gründen ist die Kenntnis der im Werkstück vorliegenden Gefüge- und Eigenspannungsverteilung sowie der Mechanismen, die diesen zugrunde liegen, von großer Bedeutung. Eine analytische Vorhersage der

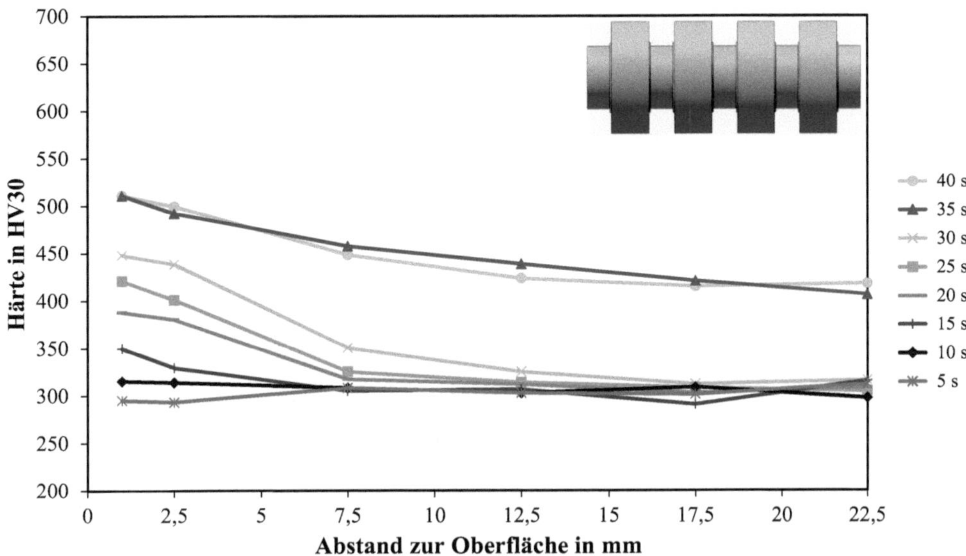

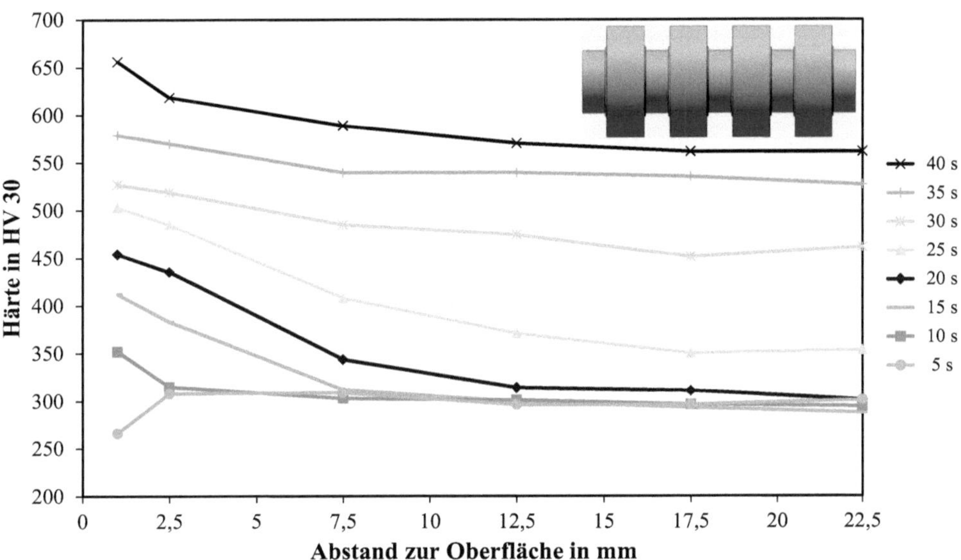

Abb. 4.55 Härtetiefenverläufe in Abhängigkeit der Sprühdauer und des Sprühdruckes

durch eine Wärmebehandlung bewirkten Eigenspannungsverteilung sowie des dadurch hervorgerufenen Verzugs ist in der Regel nicht möglich. Dies liegt unter anderem an den komplexen Wechselwirkungen zwischen Temperaturfeld, Gefügeumwandlungen sowie der Spannungsentwicklung und den dadurch hervorgerufenen Dehnungen (s. Abb. 4.56).

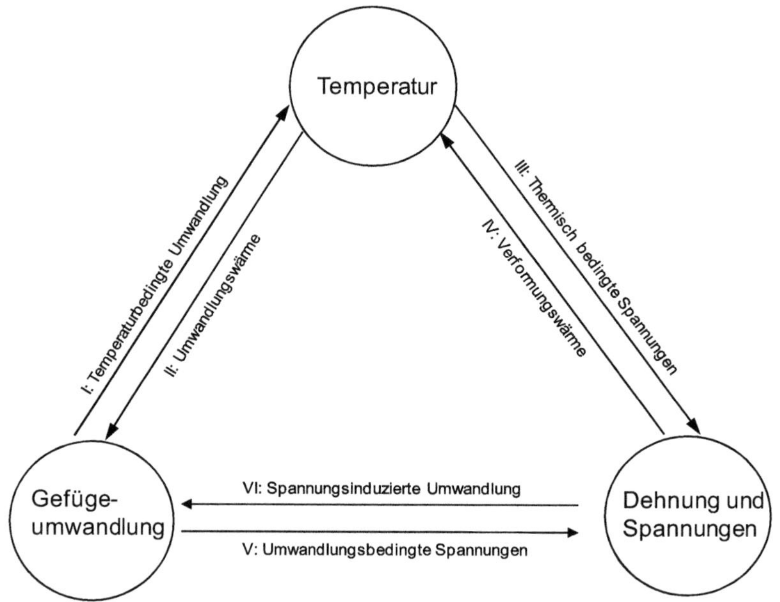

Abb. 4.56 Wechselwirkungen von Temperatur, Gefüge und Spannungen. [Wei98, Bör89]

Zu den Wechselwirkungen nach Abb. 4.56 zählen:

1. Die ablaufenden Gefügeumwandlungen werden durch die zeitliche Temperaturentwicklung bestimmt. Bei der Wärmebehandlung kann diese Gefügeentwicklung bei der Abkühlung anhand von Zeit-Temperatur-Umwandlungs-Schaubildern abgebildet werden (s. Abschn. 4.3.2).
2. Die bei einer Gefügeumwandlung freigesetzte Umwandlungswärme beeinflusst ihrerseits die zeitliche Temperaturentwicklung. Die Umwandlungswärme resultiert aus der Enthalpiedifferenz des Gefüges vor und nach der Umwandlung.
3. Lokale Temperaturunterschiede, insbesondere zwischen Rand und Kern eines Bauteiles während der Bauteilabkühlung, bewirken thermische Eigenspannungen mit der Folge von Verzug. Diese thermischen Eigenspannungen können unter Zuhilfenahme des thermischen Wärmeausdehnungs-koeffizienten berechnet werden.
4. Während thermische Eigenspannungen eine plastische Verformung bei Erreichen der Fließgrenze bewirken, führt die bei plastischer Verformung freiwerdende Umformwärme ihrerseits zu einer Beeinflussung der Temperaturentwicklung.
5. Durch das unterschiedliche spezifische Volumen der Gefüge von Austenit, Ferrit, Perlit, Bainit und Martensit entstehen infolge der Gefügeumwandlungen umwandlungsbedingte Spannungen. Zudem kann es bei Gefügeumwandlungen zu einer erhöhten Plastizität kommen, da sich der umwandelnde Gefügebestandteil derart ausrichtet,

dass er einer wirkenden Belastung nachgibt. Dies wird als Umwandlungsplastizität bezeichnet.

6. Eine plastische Verformung bzw. der lokale Spannungszustand bewirken eine Veränderung der Gefügeumwandlungskinetik. Der Einfluss der bei einer integrierten Wärmebehandlung auftretenden plastischen Verformungen auf die Gefügeumwandlungen kann mittels geeigneter Umform-Zeit-Temperatur-Umwandlungs-Schaubilder beschrieben werden (s. Abschn. 4.3.2).

Für die numerische Prozessauslegung werden klassischerweise Verfahren wie die finite Elemente Methode verwendet, mit der das Problem beschreibende partielle Differentialgleichungen näherungsweise gelöst werden können. Dazu wird das Berechnungsobjekt in endlich kleine Teilbereiche (finite Elemente) unterteilt. Für diese Elemente werden geeignete Ansatzfunktionen definiert. Unter Berücksichtigung von Anfangs-, Rand- und Übergangsbedingungen lässt sich schließlich ein numerisch lösbares Gleichungssystem aufstellen. Heutzutage kommen zahlreiche kommerzielle FE-Programme zu Einsatz, mit denen z. B. thermische, strukturmechanische oder elektromagnetische Fragestellungen analysiert werden können.

Da Berechnungen mittels FE-Software bei großen Modellen, transienten Vorgängen oder umfangreichen Parameterstudien sehr zeitaufwendig sein können, wurden in den letzten Jahre zunehmend „schnelle Algorithmen" zur Auslegungen von Prozessen bzw. ganzer Prozessketten entwickelt [Cwi08]. Verfahren der künstlichen Intelligenz wie künstliche Neuronale Netze ermöglichen es in diesem Zusammenhang, Berechnungen nahezu in Echtzeit vorzunehmen, indem biologische Neuronen nachempfundene Netze zuvor mittels geeigneter Trainingsdaten und algorithmen in ihrem Vorhersageverhalten problemspezifisch trainiert wurden.

4.6.1 Prozessauslegung mittels Finiter-Elemente-Methoden

Bei der Berechnung prozessintegrierter Wärmebehandlungen mittels finiter-Elemente-Methoden unter Berücksichtigung der Wechselwirkungen von Temperaturfeld, Gefügeentwicklung und Eigenspannungen stehen zwei Vorgehensweisen zur Berechnung zur Verfügung [Gro09b]:

- Die thermische Problemstellung und die strukturmechanische werden mit zwei Modellen bzw. in zwei Berechnungsschritten getrennt durchgeführt. Das Temperaturfeld wird zunächst mit Hilfe des thermischen Modells und daran ggf. gekoppelter Gefügeumwandlungen berechnet. Die Ergebnisse der Temperaturanalyse werden anschließend in das zweite Modell übertragen, in dem die strukturmechanische Berechnung der Dehnungen und Spannung erfolgt.
- Die thermische Problemstellung und die strukturmechanische werden in einem Modell durchgeführt, bei dem sowohl die Temperaturen als auch die Verformung berücksichtigt werden.

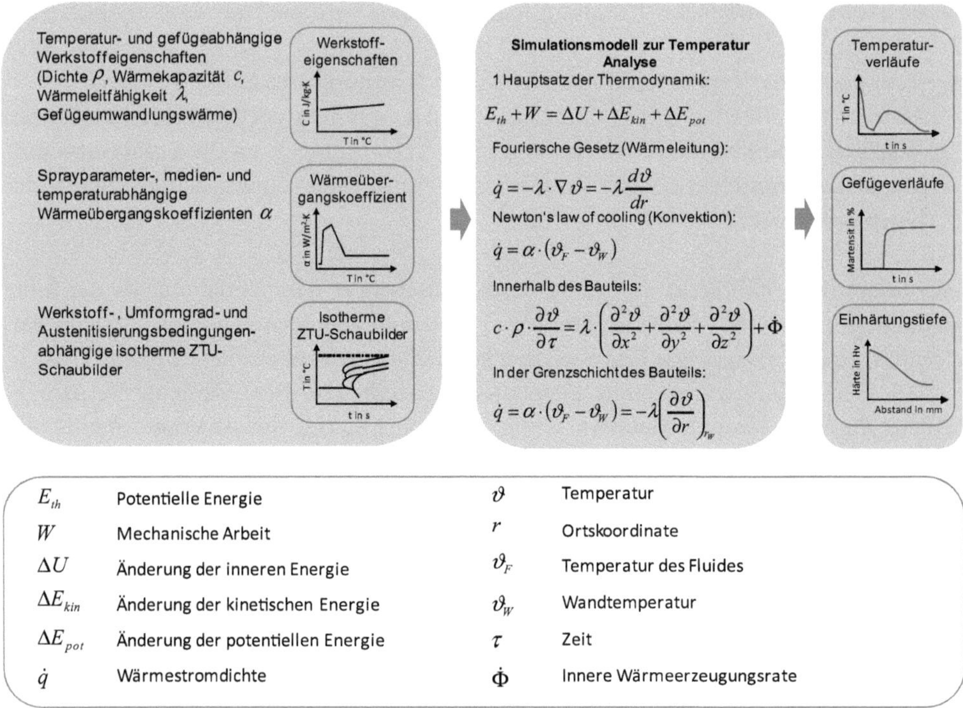

Abb. 4.57 Berechnungsablauf der thermischen Analyse

Die erste Vorgehensweise wird häufig in der Praxis angewendet und erfordert vergleichsweise wenig Rechenaufwand. Voraussetzung ist, dass die mechanischen Auswirkungen auf das Temperaturfeld vernachlässigbar sind. Die zweite Vorgehensweise ist von Vorteil, wenn die Wechselwirkungen zwischen Temperatur- und Strukturmechanikeffekten sehr intensiv sind.

Bei der thermischen Analyse dienen Werkstoffeigenschaften, Wärmeübergangkoeffizienten sowie passende isotherme (U-)ZTU-Schaubilder als Eingangsgrößen für das Simulationsmodell. Ausgangsgrößen sind Temperatur- und Gefügeverläufe sowie die Härteverteilung (s. Abb. 4.57) Die für die Berechnungen notwendigen Werkstoffkennwerte wie z. B. Wärmeleitfähigkeit und Wärmekapazität sind sowohl von der Temperatur als auch dem jeweiligen Gefüge abhängig. Dies lässt sich in der Simulation berücksichtigen, indem beispielsweise jedes finite Element individuelle Werkstoffeigenschaften in Abhängigkeit der jeweiligen Temperatur- und Gefügeentwicklung zugewiesen bekommt. Werkstoffkennwerte für Vergütungsstahl wie den Werkstoff 42CrMo4 können der Literatur entnommen werden.

Bei der strukturmechanischen Analyse werden die Ergebnisse der thermischen Analyse als Belastung der Knoten auf das mechanische Modell übertragen (s. Abb. 4.58). Die temperatur- und gefügeabhängigen Werkstoffeigenschaften, wie z. B. Elastizitätsmodul,

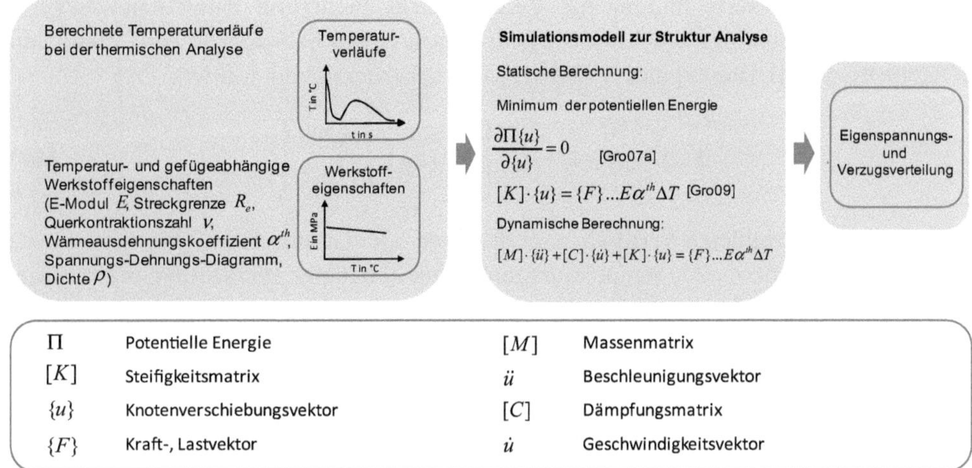

Abb. 4.58 Berechnungsablauf der strukturmechanischen Analyse

Querkontraktionszahl und Wärmeausdehnungskoeffizient werden nach jedem Berechnungszyklus aktualisiert und dienen als Berechnungsgrößen im nächsten Zeitschritt. Berechnungsergebnis ist die Entwicklung von Spannungen bzw. Dehnungen während der Bauteilabkühlung.

4.6.1.1 Thermische Analyse

Gefügeentwicklung Der Anteil des beim Abkühlen diffusionslos gebildeten Martensits ξ_M beträgt nach einem von vielen Autoren verwendeten Ansatz nach KOISTINEN und MARBURGER [Koi59] bzw. einer Erweiterung von WILDAU und HOUGARDY [Hou84a, Wil87]:

$$\xi_M = 1 - \exp\left[-\kappa(M_s - \vartheta)^{\nu}\right] \qquad \text{für} \vartheta < M_s \tag{4.3}$$

wobei die Koeffizienten κ und υ die Abhängigkeit der Martensitumwandlung vom Kohlenstoffgehalt der Legierung berücksichtigen und ϑ die lokale Werkstofftemperatur angibt. M_S ist die Martesitstarttemperatur, bei deren Unterschreiten die Umwandlung des Austenits in den Martensit einsetzt. Die Koeffizienten κ und υ ergeben sich entsprechend nach WILDAU et al. [Wil87] zu

$$\kappa = 0{,}36 \cdot 10^{-3} + 0{,}10 \cdot 10^{-4} \cdot M_s - 0{,}34 \cdot 10^{-6} \cdot M_s^2 + 0{,}32 \cdot 10^{-8} \cdot M_s^3 - 0{,}52 \cdot 10^{-11} \cdot M_s^4 \tag{4.4}$$

bzw.

$$\nu = 2{,}08 - 0{,}76 \cdot 10^{-2} \cdot M_s + 0{,}16 \cdot 10^{-4} \cdot M_s^2 - 0{,}9 \cdot 10^{-8} \cdot M_s^3 \tag{4.5}$$

Die diffusionsgesteuerte Bildung der Gefüge Ferrit, Perlit und Bainit kann entsprechend der Keimbildungs-Wachstums-Theorie nach einem halbempirischen Ansatz von JOHNSON, MEHL [Joh39] und AVRAMI [Avr41] berücksichtigt werden:

$$\xi(t)_{F,P,B} = 1 - \exp\left[-k(\vartheta)\left(\frac{t}{t_0}\right)^{n(\vartheta)}\right] \tag{4.6}$$

wobei $\xi_{F,P,B}$ die gebildeten ferritischen, perlitischen oder bainitischen Gefügebestandteile bezeichnen, $k(\vartheta)$ bzw. $n(\vartheta)$ temperatur- und gefügeabhängige Werkstoffkennwerte darstellen, t die Umwandlungszeit und t_0 eine Referenzzeit angeben. Die Koeffizienten k und n werden aus isothermen ZTU-Schaubildern bestimmt und beschreiben die Abhängigkeiten der Umwandlungskinetik von Temperatur und Umwandlungsfortschritt.

Gemäß der Regel der Additivität kann der Temperaturverlauf bei einer kontinuierlichen Abkühlung wie dem. Abschrecken mit einer Reihe von isothermen Teilschritten angenähert werden:

$$\int_0^t \frac{dt}{(\xi_0, T)} = 1. \tag{4.7}$$

wobei $\tau(\xi_0, T)$ für die isotherme Umwandlungszeit für den umwandelnden Gefügeanteil $\xi = \xi_0$ bei der Temperatur T und t die gesamte Umwandlungszeit ist.

Auf Basis der Regel der Additivität sowie Gl. 4.6 kann die Gefügeentwicklung für den ganzen Abkühlprozess bestimmt werden [Tzi73].

Die bei einer Gefügeumwandlung freiwerdende Umwandlungswärme q kann mittels der Enthalpiedifferenz Δh der verschiedenen Gefüge ξ_n mittels Gl. 4.8 berechnet werden:

$$q = \Delta h \frac{d\xi_n}{dt} \tag{4.8}$$

Die Umwandlungswärme führt dabei zu einer Verzögerung der Abkühlung.

Mechanische Eigenschaften Anhand des umgewandelten Gefüges nach Beenden der Abkühlung können mechanische Kennwerte wie Härte, Zugfestigkeit oder Biegewechselfestigkeit aus der Gefügezusammensetzung berechnet werden.

Bei der prozessintegrierten Wärmebehandlung werden die präzisionsgeschmiedeten Bauteile mittels Wasser-Luft-Spray soweit abgekühlt, dass die Randschicht nach dem Abschrecken einen hohen Martensitgehalt besitzt, während der Bauteilkern noch Temperaturen oberhalb von 400 °C aufweist. Anschließend wird die Wärme im Bauteilinneren dazu genutzt, die Randschicht anzulassen. Für die Berechnung der Randschichthärte nach dem Abschrecken, jedoch vor dem Anlassen können aus Messwerten von kontinuierlichen ZTU-Schaubildern ermittelte Polynome verwendet werden, die die Abhängigkeit der Härte vom Martenisitgehalt beschreiben. Ein solches Polynom ist für den Vergütungsstahl 42CrMo4 in Gl. 4.9 [Bac06b] angegeben. Eine Berücksichtigung anderer Gefügeanteile für

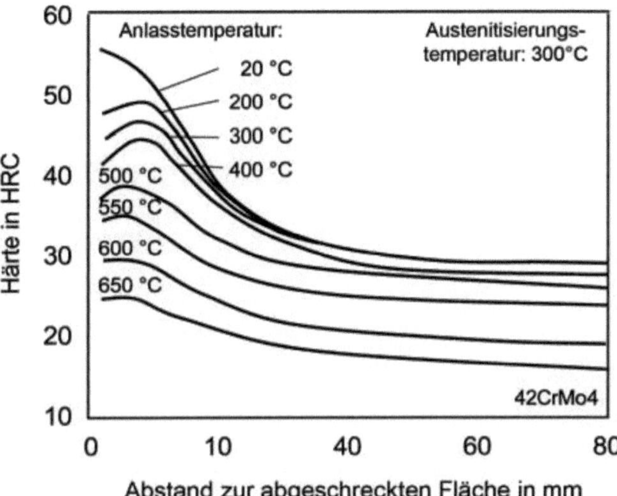

Abb. 4.59 Härtekurven angelassener Stirnabschreckkurven des Werkstoffes 42CrMo4. [Wev61]

die Bestimmung der Härte ist in diesem Fall nicht zweckmäßig, da die Phasenumwandlungen im Bauteilinneren im Gegensatz zur martensitischen Umwandlung in der Randschicht noch nicht abgeschlossen sind.

$$Harte = -400\zeta_M{}^4 + 15000\zeta_M{}^3 - 1399\zeta_M{}^2 + 752{,}62\zeta_M + 270{,}05 \qquad (4.9)$$

Die Härtereduktion in der martensitischen Randschicht während des Anlassens aus der Restwärme lässt sich aus Anlassschaubildern bestimmen [Wev61, Nür10d]. Der Zusammenhang zwischen der Abschreckhärte und der Anlasstemperatur für eine Anlassdauer von 2 Stunden ist in diesen für eine Reihe von Stirnabschreckversuchen nach DIN EN ISO 642 bei unterschiedlichen Anlasstemperaturen dargestellt. Das Anlassschaubild des Vergütungsstahles 42CrMo4 zeigt Abb. 4.59.

Das Anlassen aus der Restwärme dauert im Vergleich zu den in der Literatur vorhandenen Schaubildern in der Regel eine vergleichsweise kurze Zeit, was sich nach einem Ansatz von HOLLOMON und JAFFE [Lie09c] mittels Gl. 4.10 berücksichtigen lässt [Hol45]:

$$T_1(c + \log t_1) = T_2(c + \log t_2) \qquad (4.10)$$

wobei T die Anlasstemperatur in Kelvin ist, t die Anlassdauer bei der Anlasstemperatur T und c eine vom Kohlenstoffgehalt abhängige Konstante. Sind Anlassdauer und -temperatur für einen bestimmten Ausgangshärtewert vor dem Anlassen bekannt, kann die Vergleichstemperatur für die Anlassdauer von z. B. zwei Stunden berechnet werden. Mit dem Ausgangshärtewert und der Vergleichsanlasstemperatur können die Härtewerte nach dem Anlassen gemäß Abb. 4.59 bestimmt werden.

Die Zugfestigkeit Rm und die Biegewechselfestigkeit σ_{bW}können für Stähle näherungsweise aus der Brinellhärte HB über eine proportionale Beziehung nach DIN 743–3 berechnet werden (s. Gl. 4.11).

$$\sigma_{bW} = 0.5 \cdot R_m = 0{,}5 \cdot (3.6 \cdot HB). \tag{4.11}$$

4.6.1.2 Strukturmechanische Analyse

Eigenspannung und Verzug Die Modellierung von Eigenspannungen und Verzugs bei der integrierten Wärmebehandlung von Vergütungsstählen kann auf der Basis des Gesamtdeformationsinkrementes $d\varepsilon_{ij}$ erfolgen, das sich aus elastischen, plastischen, thermischen, umwandlungsbedingten und umwandlungsplastischen Anteilen zusammensetzt [Wei98]:

$$d\varepsilon_{ij} = d\varepsilon_{ij}{}^{el} + d\varepsilon_{ij}{}^{pl} + d\varepsilon_{ij}{}^{th} + d\varepsilon_{ij}{}^{tr} + d\varepsilon_{ij}{}^{tp} \tag{4.12}$$

Das Hooke'sche Gesetz beschreibt das linear elastische Werkstoffverhalten:

$$\varepsilon_{ij}{}^{el} = E^{-1}[(1+\nu)\sigma_{ij} - \nu\sigma_m\delta_{ij}] \tag{4.13}$$

E bezeichnet den E-Modul, υ die Querkontraktionszahl und δ_{ij} das Kronecker-Symbol. σ_{ij} ist der Spannungstensor und σ_m die mittlere Normalspannung.

Das plastische Deformationsinkrement ist gegeben durch:

$$d\varepsilon_{ij}^{pl} = \frac{3}{2}\frac{d\varepsilon_v^{pl}}{\sigma_v}s_{ij} \tag{4.14}$$

mit dem Spannungsdeviator s_{ij}, der Fließbedingung nach v. Mises σ_v und dem plastischen Vergleichsdeformationsinkrement $d\varepsilon_v^{pl}$.

Für die thermischen Dehnungsinkremente, die aus einer Volumenänderung des Werkstoffes infolge von Temperaturänderungen resultieren, gilt die Beziehung:

$$d\varepsilon_{ij}^{th} = \alpha^{th}(T - T_{ref})\delta_{ij} \tag{4.15}$$

wobei αth den thermischen Ausdehnungskoeffizienten, T die Temperatur und T_{ref} eine Referenztemperatur bezeichnet, bei der das Werkstück spannungs- und verzugsfrei ist.

Die Volumenänderungen bei einer Phasenumwandlung bewirken umwandlungsbedingte Dehnungsinkremente $d\varepsilon_{ij}^{tr}$:

$$d\varepsilon_{ij}^{tr} = \frac{1}{3}\left(\frac{\Delta V}{V}\right)_{\gamma\to\alpha,100\%} dw_A\delta_{ij} \tag{4.16}$$

Hierbei bezeichnet $\Delta V/V_{\gamma\to\alpha,100\,\%}$ die Volumenänderung bei vollständiger γ-α-Umwandlung und dw_A die im jeweiligen Inkrement umgewandelte Menge an Austenit. Sofern die eingesetzte FE-Software keine Funktionen zur Abbildung von Volumenänderungen infolge von Gefügeumwandlungen aufweist, können umwandlungsbedingte Dehnungen mittels Manipulation des thermischen Ausdehnungskoeffizienten berechnet

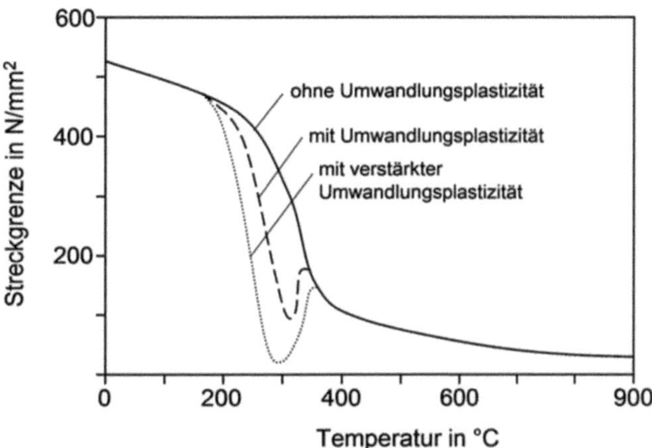

Abb. 4.60 Absenkung der Streckgrenze während der Gefügeumwandlung zur Abbildung der Umwandlungsplastizität. [Ram81]

werden. Dazu werden umwandlungsbedingte und thermische Dehnungen aufsummiert und durch die Differenz von Temperatur und Referenztemperatur geteilt:

$$\alpha^*(T) = \frac{\varepsilon^{th} + \varepsilon^{tr}}{T - T_{ref}}. \tag{4.17}$$

Der auf diese Weise bestimmte Ausdehnungskoeffizient $\alpha^*(T)$ dient damit sowohl zur Berechnung umwandlungsbedingter als auch thermischer Spannungen.

Für das umwandlungsplastische Dehnungsinkrement infolge plastischer Verformungen während der Gefügeumwandlungen kann Gl. 5.18 verwendet werden [Bes93]:

$$d\varepsilon_{ij}{}^{tp} = 3Ks_{ij}(1 - \xi_m)d\xi_M, \tag{4.18}$$

mit K als Umwandlungskonstante, die vom jeweiligen Werkstoff und der Umwandlungsart abhängt, ξ_M als bereits vorhandene und $d\xi_M$ als die im jeweiligen Inkrement neu gebildete Menge an Martensit. Sofern mittels der eingesetzten FE-Software während des Berechnungsablaufes nicht auf den Spannungsdeviator s_{ij} zugegriffen werden kann, steht für die Berechnung der Umwandlungsplastizität eine alternative Methode auf Basis einer Streckgrenzenabsenkung (s. Abb. 4.60) während der Gefügeumwandlungen zur Verfügung [Mit87, Wil86, Den88]. Diese Art der Berücksichtigung der Umwandlungsplastizität wurde u. a. von RAMMERSTORFER et al. Oder THUWANDER eingesetzt [Ram81, Thu95].

Thermischer Eigenspannungsabbau Der thermische Eigenspannungsabbau im Anlassprozess wird bei nicht allzu hohen Temperaturen durch Versetzungsbewegung hervorgerufen [Voe83]. Die Beeinflussung der Versetzungsbewegung auf den Eigenspannungsabbau kann nicht mittels Gl. 4.12 beschrieben werden. Eine Berechnung des Makroeigenspannungsabbaus im isothermen Anlassprozess ist stattdessen mittels eines Avrami-Ansatzes möglich [Fin65, Loe02]. Anlasstemperatur T_a und -dauer t_a sind dabei zwei wichtige Parameter für

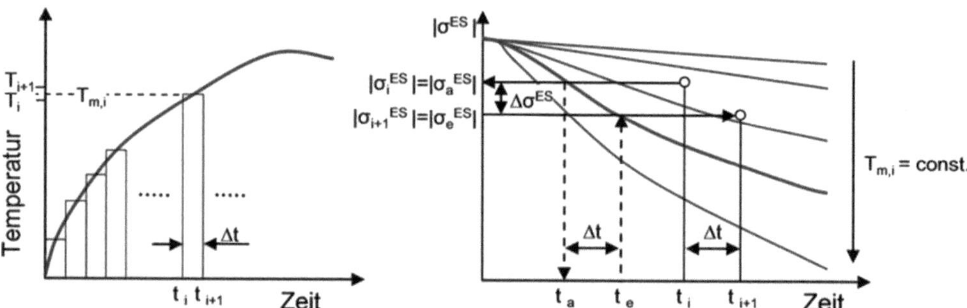

Abb. 4.61 Schematische Darstellung der Aufspaltung des Temperatur-Zeit-Verlaufs (*links*) sowie der Spannungs-Transienten-Methode (*rechts*) nach SCHULZE. [Sch93]

die thermisch aktivierte Reduzierung von Eigenspannungen. Zur Ermittlung des Eigenspannungsabbaus muss dazu der quantitative Einfluss von Anlasstemperatur und dauer bekannt sein. Der Einfluss der Anlassdauer auf die Eigenspannungsentwicklung kann dann wie folgt beschrieben werden [Hol98b]:

$$\frac{\sigma^{rs}(T_a, t_a)}{\sigma_0^{rs}} = \exp\left[-\left(C \exp\left[-\frac{\Delta H_A}{kT_a}\right] \cdot t_a\right)^m\right], \tag{4.19}$$

wobei m ein Exponent, C eine Geschwindigkeitskonstante, k die Boltzmann-Konstante und ΔH_A die Aktivierungsenthalpie für den Anlassprozess sind. σ^{rs} entsprechen den Makroeigenspannungen bei Anlasstemperatur und σ_0^{rs} die Ausgangseigenspannung bei Raumtemperatur, d. h. den Eigenspannung im abgeschreckten Zustand. Zur Bestimmung der Avrami-Parameter wird die Methode der kleinsten Fehlerquadrate bei einer Optimierungsrechnung verwendet. Die bei der Optimierungsrechnung und FE-Simulation benötigten Eigenspannungswerte können mittels röntgenograpischer Eigenspannungsanalysen bestimmt werden.

SCHULZE et al. konnten zeigen, dass beim nicht isothermen Anlassen eine Berechnung der Makrospannungsänderung mittels Spannungs-Transienten-Methode der Zeit-Transienten-Methode vorzuziehen ist [Sch93]. Demnach ist die Eigenspannungsänderung $\Delta\sigma_i^{ES}$ im Zeitintervall Δt abhängig von dem Spannungsabbau seit Aufheizbeginn. Deshalb wird ausgehend von dem Spannungszustand beim vorherigen Zeitpunkt ($\Delta\sigma_i^{ES}|$, t_i) zunächst das Wertepaar ($|\sigma_a^{ES}|$, t_a) auf der zur aktuellen Temperatur zugehörigen Isothermen $T_{m,\,i}$ bestimmt, wobei $\Delta\sigma_i^{ES} = |\sigma_a^{ES}|$ gilt. Anschließend wird von diesem Wertepaar die Eigenspannungsänderung auf der isothermen für die Zeit $t_a + \Delta t$ mit dem neuen Wertepaar ($|\sigma_e^{ES}|$, t_e) ermittelt (s. Abb. 4.61). Damit entspricht der Eigenspannungsabbau im Zeitintervall Δt der Differenz $\sigma_i^{ES} = |\sigma_a^{ES} - \sigma_e^{ES}|$. Für den folgenden Berechnungsschritt gilt das neue Wertepaar ($|\sigma_{i+1}^{ES}| = |\sigma_e^{ES}|$, $t_{i+1} = t_i + \Delta t$).

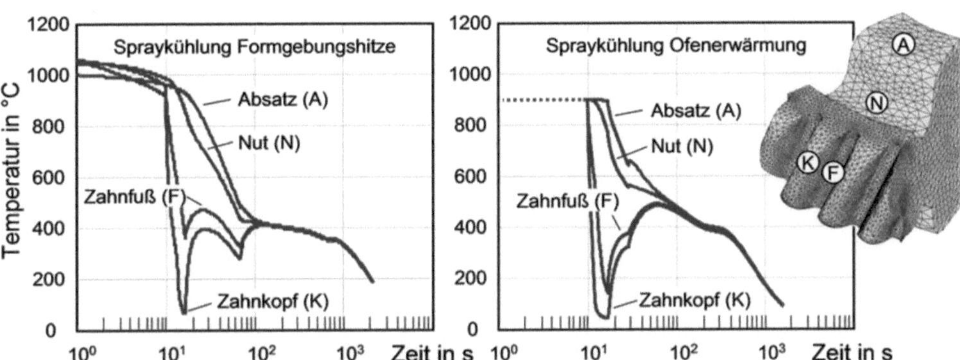

Abb. 4.62 Berechneter Temperaturverlauf auf der Bauteiloberfläche eines Zahnrades für eine zweistufige Spraykühlung mit anschließendem Anlassen; *Links*: Abkühlung aus der Formgebungshitze; *Rechts*: Abkühlung nach einer Ofenerwärmung. [Nür10d]

4.6.1.3 Exemplarische Berechnungsergebnisse

In Abb. 4.62 ist ein Vergleich berechneter Abkühlverläufe für zwei Wärmebehandlungsmodi Ofenerwärmung und Formgebungshitze für Absatz (A), Nut (N), Zahnkopf (Z) und -fuß (F) auf der Oberfläche eines Zahnrad dargestellt. Bei dem Wärmebehandlungsmodi Formgebungshitze wurden die Proben nach einer Transportverzögerung von circa 10 s zur Abkühlung in ein Sprayfeld eingesetzt (s. Abb. 4.62 links). Die Temperatur sinkt in der ersten Abkühlstufe nach wenigen Sekunden aufgrund des großen Wärmeübergangskoeffizienten des eingesetzten Wasser-Luft-Sprays mit 6 bar Wasserdruck (W) und 6 bar Luftdruck (L) sehr schnell. Anschließend wurden die Proben in der zweiten Stufe mit Druckluft bei 5 bar für 55 s abgekühlt. In dieser Phase kommt es zu einem Temperaturausgleich zwischen der zuvor intensiv gekühlten Verzahnung und dem Rest des Bauteiles, so dass die Temperaturen in der Verzahnung auf Werte oberhalb von 400 °C ansteigen. Nach Beenden der Druckluftkühlung steigt die Temperatur in Verzahnung an ruhender Luft erneut an infolge der im Inneren des Zahnrades vorliegenden Restwärme. Die zuvor gebildeten Martensitanteile werden angelassen. Die Temperatur an den Positionen Absatz und Nut nimmt während des gesamten Prozesses ständig ab.

Nach einem Temperaturausgleich zwischen der Verzahnung und dem Inneren des Zahnrades bei ca. 400 °C nimmt die Temperatur bei der Variante Ofenerwärmung einen ähnlichen Verlauf (s. Abb. 4.62 rechts). Die Dauer der Luftkühlung mit 3 bar Druckluft in der zweiten Stufe ist ca. 40 s kürzer als bei der Variante aus der Formgebungshitze. Infolgedessen liegt der Temperaturausgleich zwischen Verzahnung und Inneren des Zahnrades auf einem höheren Temperaturniveau von 450 °C.

Ein Vergleich von berechneten und der mittels Thermoelementen gemessenen Termperaturverläufe für eine Ritzelwelle mit dem Wärmebehandlungsmodus Ofenerwärmung ist in Abb. 4.63 dargestellt. Die Verzahnung der Ritzelwelle wurde nach einer 20 s dauernden Abkühlung mit den Sprayparametern 3 bar L und 5 bar W und anschließender

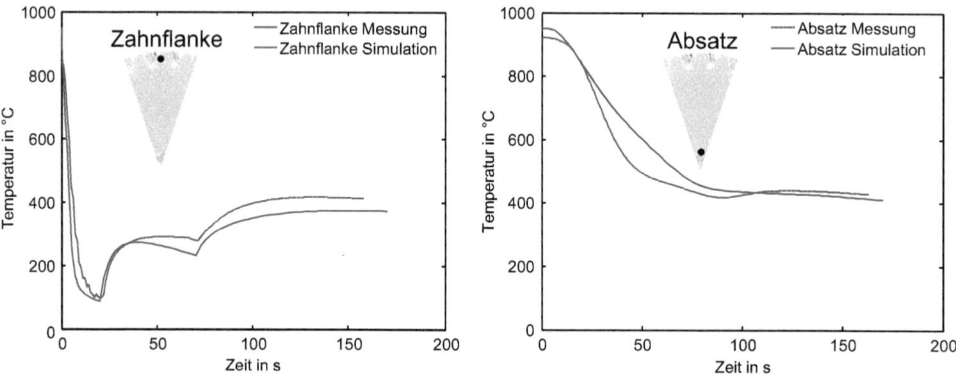

Abb. 4.63 Vergleich von Thermoelementmessungen und berechneten Temperaturverläufen in einer spraygekühlten Ritzelwelle. [Yu10a, Beh12]

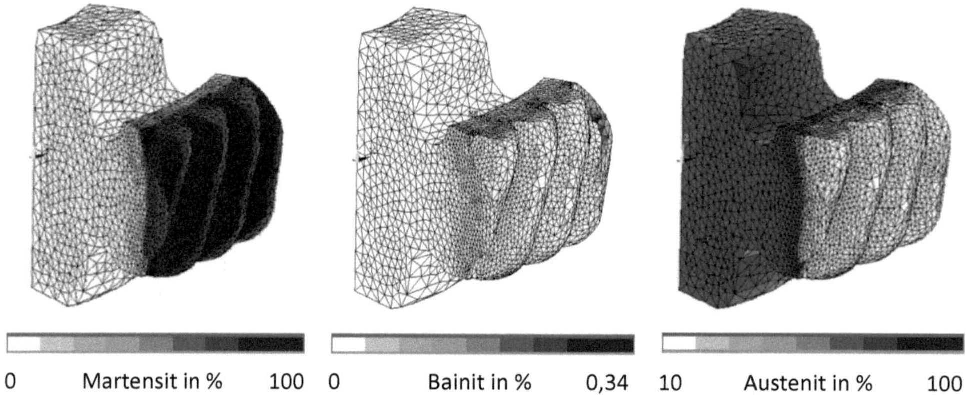

Abb. 4.64 Gefügeverteilung des Bainits, Martensits und Austenits in dem Zahnradsegment 11 s nach Beginn einer Spraykühlung geringer Intensität unmittelbar vor dem Anlassen aus der Umformwärme [Nür10d].

Druckluftabkühlung von 50 s bei 3 bar, an ruhender Luft angelassen. Hier kann eine gute Übereinstimmung zwischen Berechnung und Messungen erkannt werden (s. Abb. 4.63).

Gefüge und mechanische Eigenschaften Abbildung 4.64 verdeutlicht die Gefügeverteilung des Bainits, Martensits und Austenits in dem Zahnradsegment 11 s nach Beginn einer Spraykühlung vor dem Anlassen aus der Umformwärme. Aufgrund der niedrigen Temperatur von bis zu unter 100 °C (s. Abb. 4.62) ist der Austenit auf der Oberfläche der Verzahnung nach 11 s nahezu vollständig in Martensit umgewandelt worden, während im Kern der Verzahnungsebene weitgehend Austenit vorliegt.

Abbildung 4.65 zeigt die Härteverteilung in der Ritzelwelle (links) und den Vergleich zwischen berechneten und gemessenen radialen Härteverläufen vom Rand bis zur Mitte des Zahnkopfes der Ritzelwelle (rechts). Bis ca. 13 mm liegt die maximale Abweichung bei

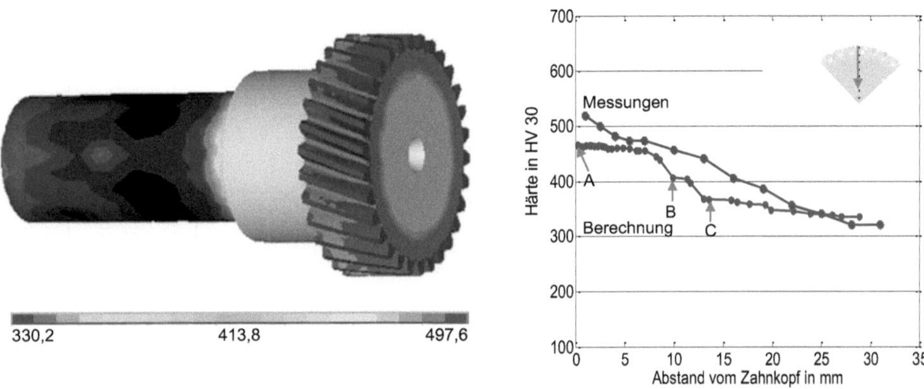

Abb. 4.65 *Links*: Härteverteilung in der Ritzelwelle nach 370 s; *Rechts*: Vergleich der berechneten und gemessenen Härteverläufe

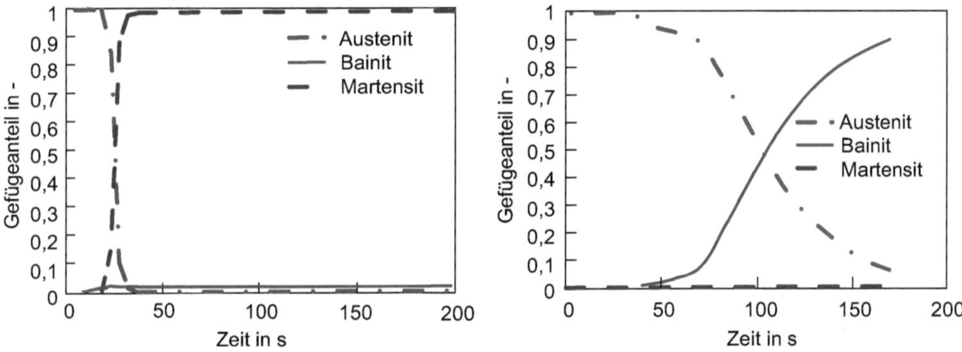

Abb. 4.66 Gefügeentwicklung in den Punkten A und B

ca. 18 %. Die Gefügeverläufe der Punkte A und B in der Verzahnungsebene sind in der Abb. 4.66 dargestellt.

Am Punkt A im Zahnkopf ist schon nach ca. 4 s ein Martensitgehalt von 98 % erreicht. Desweiteren liegt auch der maximale Härtewert von 466 HV nach dem Anlassen an diesem Punkt vor. Am Punkt B wird kein Martensit sondern ausschließlich Bainit gebildet. Der Bainitgehalt beträgt nach 170 s ca. 90 %, was unter der Berücksichtigung der Härte von Bainit zu einer Härte 370 HV führt.

Eigenspannung und Verzug Abbildung 4.67 verdeutlicht die Spannungsentwicklung in horizontaler und vertikaler Richtung im Zahnkopf (I), dem Zahnfuß (II) und dem Zahnradinneren (III). Zum Vergleich wurden die Eigenspannungen für vier Abkühlungsvarianten bis zum Temperaturausgleich im Bauteil berechnet: Spraykühlung Ofenerwärmung, Spraykühlung Formgebungshitze, Tauchkühlung mit Wärmeübergän-

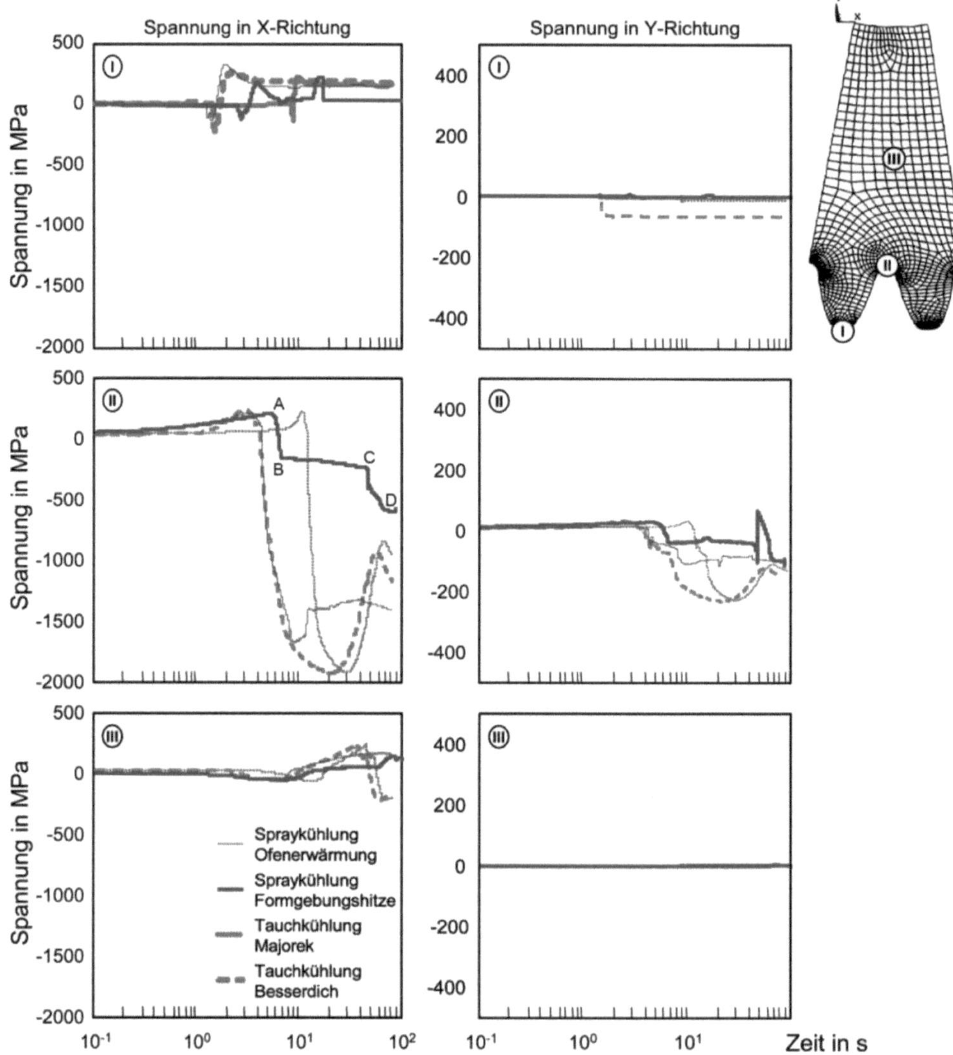

Abb. 4.67 Berechnete horizontale und vertikale Spannungsentwicklungen für Tauchkühlungen mit Wärmeübergangskoeffizienten nach BESSERDICH und MAJOREK bzw. Spraykühlungen nach einer Ofenerwärmung und Spraykühlung aus der Formgebungshitze im Bereich des Zahnkopfes, des Zahnfußes sowie dem Bauteilinneren. [Nür10d]

gen nach BESSERDICH [Bes93] und Tauchkühlung nach MAJOREK [Maj95].

I: Wegen der raschen Abkühlung bildet sich zunächst im Zahnkop Martensit, was zu einer Volumendilation bzw. Druckspannung in der horizontalen Richtung führt. Diese Umwandlungsspannung überlagert sich mit der thermischen Spannung, so dass sich die Eigenspannung im weiteren Verlauf infolge dessen zu Zugspannungen umkehren. Wie bei den klassischen Tauchkühlungen nach BESSERDICH oder MAJOREK ergeben sich bei den Spraykühlungen geringe Eigenspannungen in der vertikalen Richtung im Zahnkopf.

II: Mit Beginn der Spraykühlung tritt eine thermisch bedingte Volumenabnahme im Zahnfuß auf, so dass sich horizontale Zugspannungen ausbilden. Anschließend führt eine mit der Martensitbildung verbundene Volumenzunahme zu einem raschen Abfall der Zugspannung und der Ausprägung intensiver horizontaler Druckspannungen nach nur wenigen Sekunden. Es zeigen sich deutliche Unterschiede zwischen der Tauchkühlung und der Spraykühlung. Bei der Tauchkühlung fällt die Eigenspannung unmittelbar bis zur max. Druckspannung ab; mit der Martensitbildung im Kern reduzieren sich diese Druckspannungen anschließend um ca. die Hälfte. Bei der Spraykühlung ist ein gestufter Eigenspannungsverlauf sichtbar, der auf die mehrstufige Abkühlung zurückgeführt werden kann. Die Spannungsentwicklungen in der vertikalen Richtung weisen für alle Abkühlungsvarianten einen ähnlichen Verlauf auf, wie die Spannungen in horizontaler Richtung, allerdings mit einem deutlich niedrigeren Spannungsniveau von max. 220 MPa.

III: Punkt III befindet sich im Inneren des Zahnrades. Aus Gleichgewichtgründen weisen die Spannungsverläufe in der horizontalen Richtung für alle Wärmebehandlungsvarianten eine im Vergleich zum Zahnfuß umgekehrte Entwicklungstendenz auf. Letztendlich ergeben sich geringe Eigenspannungen in der vertikalen Richtung im Zahnradinneren für alle Abkühlungsvarianten.

4.6.2 Einschrittprognose mittels Künstlicher Neuronaler Netze

Für eine gekoppelte Berechnung von Temperaturfeldern, Gefügeumwandlungen sowie Härteverläufen mittels FE-Software sind erhebliche Rechenzeiten notwendig. Um ein für Parameterstudien relevantes Prozessfeld ohne zeitintensive Berechnungen oder kostspielige Wärmebehandlungsversuche rasch zu identifizieren, bieten sich deshalb Prognosen mittels künstlicher neuronaler Netze (KNN) an. Die Berechnung erfolgt ohne Berücksichtigung des physikalischen Hintergrundes, indem zunächst ein künstliches neuronales Netz modelliert und dieses anhand einer geeigneten Datenbasis zur Abbildung des jeweiligen Sachverhaltes trainiert wird. Innerhalb des von den Trainingsdaten abgebildeten Bereiches können anschließend bei sehr kurzen Berechnungszeiten Prognosen für variierte Prozessparameter ermittelt werden.

Gemäß dem Theorem von KOLMOGOROV [Kol57] steigt die Anzahl etablierter Approximations-Algorithmen ständig. In der Tat finden mittlerweile zahlreiche Algorithmen Anwendung, wie beispielsweise neuronale Feedforward-Netze (FNN) [Hor91], Backpropagation-Netze (BP), adaptive Neuro-Fuzzy-Inferenzsysteme (ANFIS) [Jan97], Group Methods For Data Handling (GMDH) [Mad94] usw. Häufig wurden in der Vergangenheit neuronale Netze mit radialer Basisfunktionen (RBF) [Par91] als eine Art

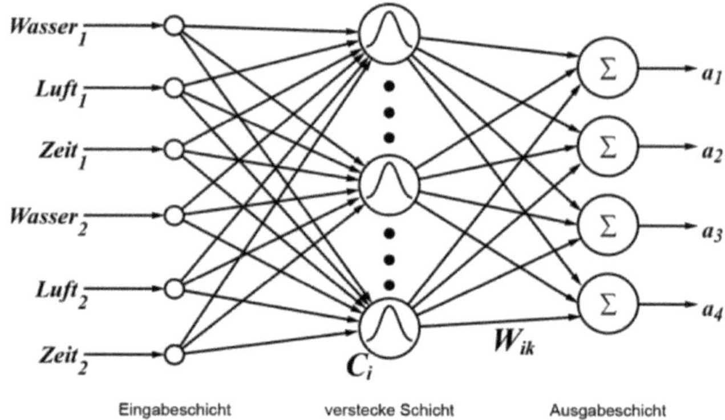

Abb. 4.68 Schematische Darstellung des RBF-Netzwerkes zur Prognose der Härteverläufe

von Feedforward-Netzen aufgrund einer hohen Rekursionsgeschwindigkeit und einfacher Steuerbarkeit der Generalisierungsfähigkeiten verwendet.

In Abb. 4.68 ist der Aufbau eines RBF-Netzwerkes zur Prognose von Härteverläufen entlang einer Messlinie L in der Verzahnungsebene einer Ritzelwelle dargestellt. Diese Ritzelwelle wurde nach dem Präzisionsschmieden mittels eines zweistufigen Wasser-Luft-Sprays abgekühlt und aus der Restwärme angelassen. RBF-Netzwerke bestehen aus sogenannten Neuronen, die in drei Schichten angeordnet sind: einer Eingabeschicht (Input Layer), einer versteckten Schicht (Hidden Layer) und einer Ausgabeschicht (Output Layer). Jedes Neuron in der Eingabeschicht entspricht einem Parameter der Spraykühlung X, d. h. Wasser- bzw. Luftdruck oder Spraydauer für die erste und zweite Stufe der Abkühlung. Das Netz besitzt eine einzelne versteckte Schicht, deren Neuronenanzahl der Anzahl der Proben entspricht. Jedes Neuron in der Eingabeschicht ist mit allen Neuronen der versteckten Schicht verbunden. Die Aktivierungsfunktion der Neuronen in der versteckten Schicht ist eine Gauß'sche Radiale Basisfunktion:

$$\Phi(\,\|X - c_i\|\,) = \exp\left(-\frac{1}{2}\left(\frac{\|X - c_i\|}{\sigma_i}\right)^2\right) \tag{4.20}$$

wobei $\|.\|$ den Euklidischen Abstand bezeichnet, c_i den Schwerpunkt und σ_i die Breite der Basisfunktion von dem i-ten versteckten Neuron in der versteckten Schicht.

Die gemessene Härte nimmt entlang der Linie L ab und zeigt einen sigmoiden Verlauf. Infolgedessen können die Härteverläufe in diesem Fall mittels einer Regressionsberechnung anhand einer sigmoiden Funktion beschrieben werden:

$$H(x) = a_4 \cdot \frac{1}{(1 + e^{-a_2\cdot(x-a_1)})} + a_3. \tag{4.21}$$

Hierbei sind a_1, a_2, a_3 und a_4 die Koeffizienten der sigmoiden Funktion und x der Abstand vom Zahnkopf (s. Abb. 4.69). Das Ziel des RBF-Netzes ist die mathematische Beschreibung des wechselseitigen Zusammenhangs zwischen dem 6-dimensionalen Parameterraum der

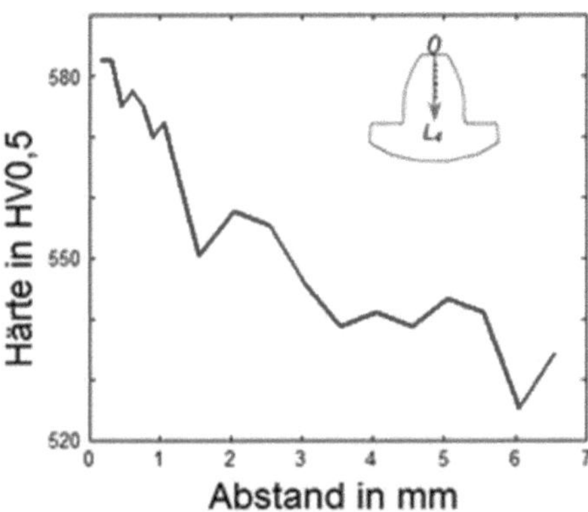

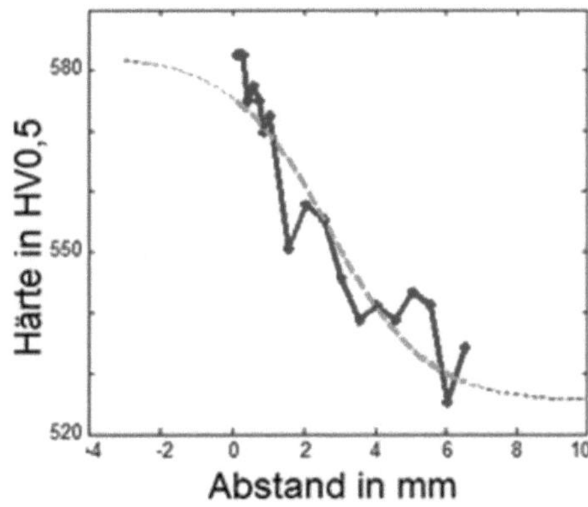

Abb. 4.69 *Links*: Experimentell ermittelter Härteverlauf entlang der Messlinie L; *Rechts*: Approximation des Härteverlaufs durch eine sigmoide Funktion. [Yu12b]

Spraykühlung X und dem 3-dimensionalen Raum der Koeffizienten der sigmoiden Funktion. Die Ausgabeschicht des Netzes kombiniert den Gewichtsfaktor w_{ik} mit den Ergebnissen der Basisfunktionen in der versteckten Schicht:

$$a_k = \sum_i w_{ik}\varphi_i \tag{4.22}$$

wobei in diesem Fall a_k die Koeffizienten der sigmoiden Funktion mit $k = 4$ bezeichnet werden.

Die Prozessparameter der Spraykühlung als Eingabewerte und die Koeffizienten als erwartete Ausgabe sind die Datenbasis zum Trainieren des Netzes für die Prognose der Härteverläufe. Die einzigen überwachten Parameter beim Trainieren des RBF-Netzes sind die Gewichte der Neuronen zwischen der versteckten Schicht und der Ausgabeschicht, während der Schwerpunkt c_j und die Breite σ_j der Basisfunktion durch eine nicht überwachte Lernregel erhalten bleiben. Die Gewichte werden durch Minimierung einer Fehlerfunktion modifiziert, die typischerweise die Summe der Quadrate der Residuen für die erwartete und berechnete Ausgabe des Netzes ist [Yee01].

Eine Netzstruktur zur Prognose von Prozessparametern ist in der Abb. 4.70 dargestellt. Die Eingabe und Ausgabe wurden im Vergleich zur Struktur für die Prognose der Härteverläufe umgekehrt. Die Koeffizienten der sigmoiden Funktion sind die Eingabe- und die Prozessparameter die Ausgabewerte.

Ein Problem bei der Arbeit mit RBF-Netzwerken ist eine mögliche Überanpassung des Netzes beim Training. Durch Modifikation der Gewichte und eine Erhöhung der Anzahl von versteckten Neuronen des Netzes ist es möglich, die Residuen auf Null zu reduzieren. Ein solches Netzwerk zeigt allerdings eine schlechte Generalisierungsfähigkeit. In diesem Fall liefert das trainierte Netz keine gültigen Prognoseergebnisse für eine erweiterte Eingabe.

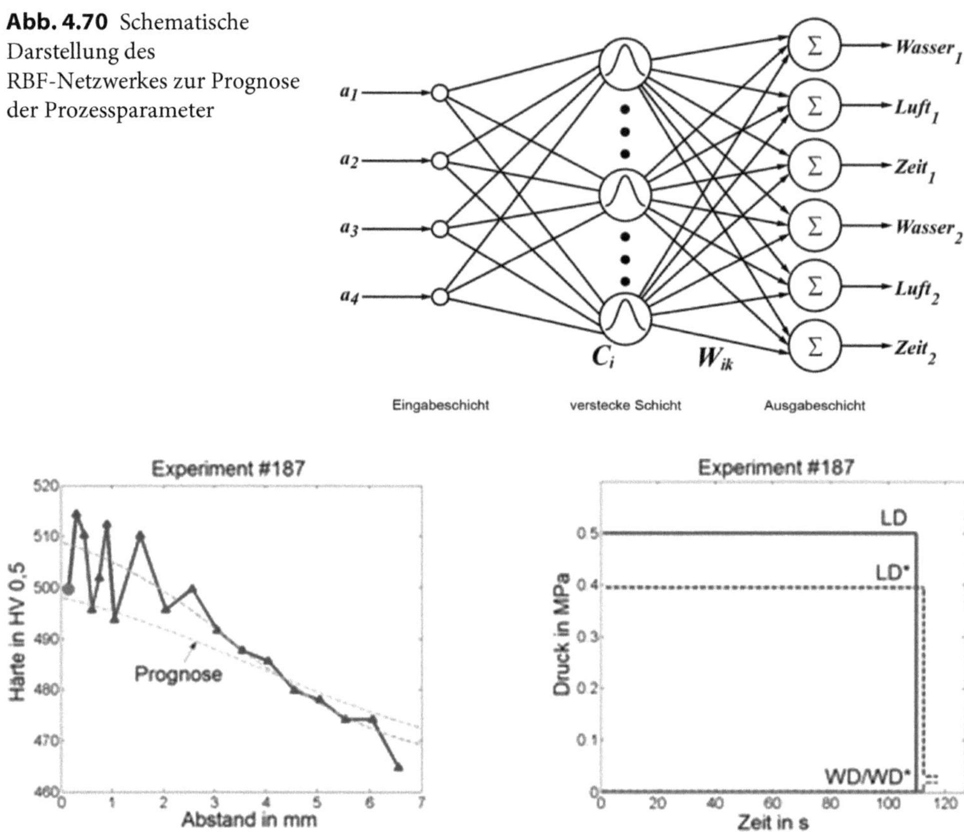

Abb. 4.70 Schematische Darstellung des RBF-Netzwerkes zur Prognose der Prozessparameter

Abb. 4.71 *Links*: Prognose des Härteverlaufs entlang von L; *Rechts*: Prognose der Prozessparameter

Eine Vorgehensweise zur Vermeidung einer Überpassung ist die Fuzzifizierung der Eingabevektoren. RBF-Netzwerke können durch die Erweiterung der Eingabe und Ausgabe und/oder der Gewichte fuzzifiert werden. In der Literatur wurden bereits eine Vielzahl von Algorithmen für fuzzifizierte neuronale Netze vorgeschlagen [Ish98].

Abbildung 4.71 zeigt beispielhaft die Prognoseergebnisse eines Härteverlaufs und der entsprechenden Prozessparameter desselben Experiments. Die Prognose erfolgte durch ein RBF-Netz (s. Abb. 4.68 und Abb. 4.70) mit fuzzifizierter Eingabe (Fuzzy-RFB-Netzwerk) auf Basis der Ergebnisse von 16 Experimenten.

Ein Fuzzy-RFB-Netzwerk lässt sich, wie alle universellen Approximatoren, nur korrekt mit Testdaten verwenden, die auch innerhalb der Trainingssets liegen. Die Verteilung der Datenbasis zum Trainieren und Testen des Netzes ist deswegen für eine zweckmäßige Prognose von großer Bedeutung. Dazu wurde ein k-faches Kreuzvalidierungsverfahren verwendet, mit einem in k Teilmengen aufgeteilten Datensatz. Jede Teilmenge wird anschließend in insgesamt k Durchläufen einzeln als Testmenge für die verbleibenden Mengen, die gemeinsam die Trainingsmenge bilden, verwendet. Aus dem Durchschnitt

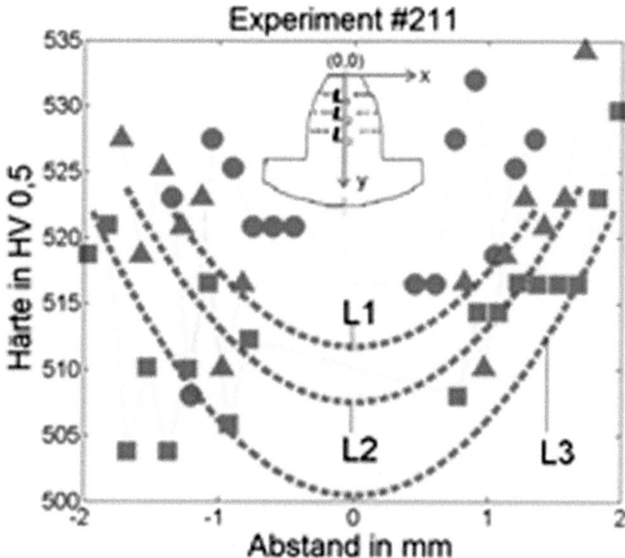

Abb. 4.72 Prognose der Härteverteilung entlang von L_1, L_2 und L_3. [Yu12b]

aller Fehlerquoten wird dann die Gesamtfehlerquote errechnet. Mehr als 10 Teilmengen zeigen keine weitere Verbesserung des Trainingsergebnisses [Mal03b], deshalb wurden in diesem Fall ein Probenpaar als Testsatz (12 % der Daten) und die jeweils 14 restlichen Proben (88 % der Daten) als Trainingssätze verwendet. Das Ergebnis der somit 8-fachen Kreuzvalidierung ist der durchschnittliche Fehler über allen Modellen.

Abbildung 4.72 zeigt die Prognose der Härteverteilung entlang der Messlinie L_1, L_2 und L_3 in dem Zahn einer Ritzelwelle anhand von 16 Experimenten, die in diesem Fall durch eine parabolische Funktion approximiert wurden:

$$H(x,y) = b_1/x^2 - b_2/y^2 + b_3 \tag{4.23}$$

wobei b_1, b_2 und b_3 die Koeffizienten der parabolischen Funktion sind.

Die mit dem vorgeschlagenen Netz berechneten Ergebnisse zeigen die Beziehung zwischen Spraykühlungsparametern und Härteverteilung in Ritzelwellen. Auf der Grundlage der prognostizierten Resultate können optimale Prozessparameter bestimmt werden, um ein gewünschtes Härteprofil einzustellen.

Literatur

[Arn04a] Arndt J (2004) Neue AFP-Stähle für hochbeanspruchte Fahrwerksteile. Schmiede J 17–18

[Arn05b] Arndt J, Roller M, Witt M (2005) Einsatz von neuen hochfesten AFP-Stählen für massivumgeformte Pkw-Fahrwerkskomponenten. Schmiede J 20–21

[Avr41] Avrami M (1941) Kinetics of phase change. J Chem Phys 7(1939) 1103–1112, 8(1940) 212–224 9(1941):177–184

[Awi07] Awiszus B (Hrsg) (2007) Grundlagen der Fertigungstechnik, 3. Aufl. Carl Hanser, München

[Bac05] Bach Fr-W, Behrens B-A, Dähndel H et al (2005) Integration of heat treatment in precision forging of gear wheels. Arabian J Sci Eng 6(30):103–112

[Bac06b] Bach Fr-W, Schaper M, Nürnberger F et al (2006) HTM 61(3):142

[Bac10c] Bach Fr-W, Schaper M, Yu Z et al (2010) Computation of isothermal transformation diagrams of 42CrMo4 steel from dilatometer measurements with continuous cooling. Int Heat Treat Surf Eng 4(4):171–175

[Bac99d] Bach Fr-W, Bohnsack R, Breuer M et al (1999) Advances in geer wheel manufacturing. In: IEEE, International Symposium on Industrial Electronics, Bled, Slovenien, 12.–16. Juli S 1355–1360

[Bar05a] Hilbrans H (2005) In: Bargel H-J Schulze G (Hrsg), Werkstoffkunde, 9. Aufl. Springer Verlag Berlin, New York

[Bar94b] Bargel HJ, Schulze G (1994) Werkstoffkunde. VDI-Verlag

[Beh12] Behrens B-A, Bach Fr-W, Bouguecha A et al (2012) Numerische Berechnung einer integrierten Wärmebehandlung für präzisionsgeschmiedete Bauteile. J Heat Treat Mater 67:337–343

[Ben78] Benninghoff H (1978) Wärmebehandlung der Bau- und Werkzeugstähle, 3. Aufl. BAZ Buchverlag, Basel

[Ber97] Bernadin J D, Stebbins C J, Mudawar I (1997) Mapping of impact and heat transfer regimes of water drops impinging on a polished surface. Int J Heat Mass Transf 40(2):247–267

[Bes93] Besserdich G (1993) Untersuchungen zur Eigenspannungs- und Verzugsausbildung beim Abschrecken von Zylindern aus den Stählen 42CrMo4 und Ck45 unter Berücksichtigung der Umwandlungsplastizität. Universität, Karlsruhe

[Ble09a] Bleck W (2009) Spezielle Werkstoffkunde der Stähle für Studium und Praxis, 1. Aufl. Verlag Mainz, Wissenschafts, Aachen

[Ble10b] Bleck W, Keul C, Zeislmair B (2010) Entwicklung eines höherfesten mikrolegierten ausscheidungshärtenden ferritisch/perlitischen Schmiedestahls AFP-M. Schmiede J 03:42–44

[Bob68] Bobbert D (1968) Untersuchungen über das Vergüten aus der Schmiedewärme. Universität, Hannover

[Bol81] Bolle L, Moureau J C (1981) Spray cooling of hot surfaces. In: Multiphase science and technology S. 1–97

[Bör89] Börnsen M (1989) Zum Einfluß von Gefügeumwandlungen auf Spannungen und Formänderungen bei thermischer und mechanischer Belastung. Universität Hannover

[Bre00] Breuer M (2000) Verknüpfung von Wärmebehandlung und Formgebung beim Präzisionsschmieden von Verzahnungen. In:. Fortschritt Berichte VDI.VDI Verlag GmbH, Düsseldorf

[Brü04] Brühl F, Diederichs R, Geisler S et al (2004) Werkstoffkunde Stahl für Studium und Praxis. Institut für Eisenhüttenkunde der Rheinisch-Westfälischen Technischen Hochschule Aachen, Wolfgang B (Hrsg), 2. Aufl. Verlag Mainz, Wissenschaftsverlag, Aachen

[Brz06] Brzoza M (2006) Reduzierung von Eigenspannungen und Verzug durch örtliche Beeinflussung der Abkühlung. Otto-von-Guericke-Universität, Magdeburg

[Buz86a] Buza G, Hougardy HP Gergely M (1986) Calculation of the isothermal transformation diagram from measurements with continuous cooling. Steel res 57(12):650–653

[Buz90b] Buza G, Hougardy HP, Gergely M (1990) Calculation of the isothermal transformation into two different microstructures from measurements with continuous cooling. Steel res 61(10):478–481

[Cwi08] Cwiekala T, Brosius A, Tekkaya AE et al (2008) Efficient modelling and simulation of process chains in sheet metal forming and processing. Steel Res Int 79(10):731–737

[Dah93] Dahl W (1993) Eigenschaften und Anwendung von Stählen. In: Institut für Eisenhüttenkunde, RWTH Aachen, Bd 1: Grundlagen, 1 Aufl 1993, Bd 2. Stahlkunde 1 Aufl 1993. Verlag der Augustinus Buchhandlung, Aachen

[Dan00] Dantz D (2000) Eigenspannungen in mikrowellengesinterten Ni/8Y-ZrO2 und NiCr8020/8Y-ZrO2 Gradientenwerkstoffen. Technischen Universität, Berlin

[Dan10] Danchenko V, Golovko O, Belyaev S et al (2010) Extrusion and Air-Water Cooling of AlSi1MgMn Alloy Extruded Profiles. Metallurgical and mining industry 2(5):355–362

[Dav02] Davis J-R (2002) Surface Hardening of Steels. Understanding the Basics., ASM international

[Deh59] Dehlinger U (1959) Die Entstehung von inneren Spannung bei Vorgängen in Metallen. Z Metallkde 50:126–130

[Dei89] Deiters TA, Mudawar I (1989) Optimization of spray quenching for aluminium extrusion, forging, or continuous casting. J Heat Treating 7(1):9–18

[Den88] Denis S, Gautier A, Simon A (1988) Modelling of the Mechanical Behaviour of Steels During Phase Transformation: A Review. In: Beck G, Denis S, Simon A (Hrsg) International conference on residual stresses (ICRS 2, Nancy 1988). Elsevier Applied Science, London, S 393–398

[Dit02] Dittman J (2002) Mikrostruktur und mechanische Eigenschaften von geschmiedeten Bauteilen. Universität, Hannover

[Dob04a] DobrzaŠski L A, Trzaska J (2004) Application of neural networks to forecasting the CCT diagrams. J Mater Process Technol 157–158:107–113

[Dob04b] DobrzaŠski LA, Trzaska J (2004) Application of neural networks for the prediction of continuous cooling transformation diagrams. Comput Mater Sci 30(3–4):251–259

[Doe80a] Doege E (1980) Vereinfachte Wärmebehandlung. 10. Umformtechnische Kolloquium Hannover, HEF-Bericht Nr. 6, 12./13. März 1980, S. 10/1–10/13

[Doe07b] Doege E, Behrens B-A (2007) Handbuch Umformtechnik. Springer-Verlag. Berlin, Heidelberg

[Dok02] Doktorowski A (2002) Datenbasierte Modellierung der Gefügebildung bei der gamma/alpha-Umwandlung von Stählen. TU Bergakademie, Freiberg

[Don07] Dontchev D (2007) Untersuchung inverser Probleme zur Bestimmung von Wärmeübergangskoeffizienten bei der Spraykühlung. Otto-von-Guericke-Universität, Magdeburg

[Dub08] Grote K-H, Feldhusen J (2008) Taschenbuch für den Maschinenbau, 22. Aufl. Springer, Heidelberg

[Eck69] Eckstein H J (1969) Wärmebehandlung von Stahl. Dt. Verl. F, Grundstoffindustrie

[Eck70] Eckstein H-J (1970) Wärmebehandlung von Stahl, 2. Aufl. Deutscher Verlag für Grundstoffindustrie, Leipzig

[Ehl00] Ehlers M (2000) Numerische und experimentelle Untersuchungen zur Eigenspannungs- und Verzugsausbildung beim martensitischen Härten von Stufenzylindern und Quadern in verdampfenden Flüssigkeiten. Universität (TH), Karlsruhe

[Fin65] Fine M W (1965) Introduction. to phase transformations in condensed systems., Macmillan

[Gar07] Garcia-Mateo C, Capdevila C, Garcia Caballero F et al (2007) Artificial neural network modeling for the prediction of critical transformation temperatures in steels. J Mater Sci 42(14):5391–5397

[Gez04] Gezarzick W, Schwarz HR (2004) Induk1tionshärtung von Kurbelwellen – Highlights einer konventionellen fortschrittlichen Technologie. In: Elektrowärme international. Vulkan-Verlag GmbH, Essen

[Gie05] Gießmann H (2005) Wärmebehandlung von Verzahnungsteile. expert, Renningen

[Gue87] Günter S, Stöferle Th (1987) Handbuch der Fertigungstechnik, Bd. 4/2 Wärmebehandlung. Carl Hanser, München

[Gre09a] Gretzki T, Krause C, Frolov I (2009) Manufacturing surface hardened components of 42CrMo4 by Water-Air Spray Cooling. Steel Res Int 80(12):906–915

[Gre11b] Gretzki T, Rodman D, Wolf L (2011) Economic surface hardening by spray cooling. HTM – J Heat Treat Mater 66(5):290–296

[Gro07a] Groth C, Müller G (2007) FEM für Praktiker, Bd 1. Grundlagen. Expert, 8. Aufgabe, S. 374

[Gro09b] Groth C, Müller G (2009) FEM für Praktiker, Bd. 3. Temperaturfelder, Expert, 5. Aufgabe, S. 127

[Gro78] Gromoll B (1978) Experimentelle Untersuchungen des Wärmeübergangs an von Düsensystemen senkrecht angeströmten ebenen Flächen. RWTH, Aachen

[Gro81a] Grosch J (1981) Grundlagen der Technischen Wärmebehandlung von Stahl. Werkstofftechnische Verlagsgesellschaft, Karlsruhe

[Gro89b] Grosch J (1984) Werkstoffseitige Grundlagen des induktiven Randschichthärtens. HTM 44:4:205–209. Carl Hanser, München

[Gry06] Grydin O, Nürnberger F, Schaper M (2006)

[Haf96] Haferkamp H, Doege E, Bach Fr-W et al (1996) Präzisionsumformung schrägverzahnter Zahnräder. VDI-Z, S. 58–61

[Hal97] Hall D, Mudawar I, Morgan R (1997) Validation of a systematic approach to modeling spray quenching of aluminium alloy extrusions, composites, and continous casting. J Mater Eng Perform 6(1):77–92

[Han06] Hanisch G (2006) Qualität von Induktionshärteprozessen und –anlagen in der Serienfertigung. HTM 61:2:71–75. Carl Hanser, München

[Han54] Hanke E (1954) Prüfung metallischer Werkstoffe. Technik, Berlin

[Hea91] ASM Handbook Volume 4; Heat Treating; ASM international, 1991

[Hir06] Hirsch K, Stile H (2006) Grundlagen der Wärmebehandlung und Härtetechnik. In: Handbuch über die Grundlagen der Wärmetechnik EFD Induction GmbH; www.efd-haertrei.de; 2006

[Hof94a] Hoffmann R (1994) Übersichtsvortrag: Eigenschaften von Abkühl-/Abschreckmedien. IVA GmbH, Dortmund, ATTT/AWT Tagungsbericht Abkühlen – Abschrecken, 20. und 21. April 1994. Strasbourg, France

[Hof96] Hoffmann B (1996) Einfluss des Anlassens auf die Mikrostruktur und das Verformungsverhalten gehärteter Stähle. Universität, Karlsruhe

[Hof97] Hoffmann B, Vöhringer O, Macherauch E (1997) Effect of compressive plastic deformation on mean lattice strains, dislocation densities and flow stresses of martensitically hardened steels. Mater Sci Eng A234-(236):707–710

[Hof99e] Hoffmann B, Vöhringer O (1999) Mikro- und Makroeigenspannungen von Stählen nach Härten und Anlassen. In: Deutsche Forschungsgemeinschaft „Eigenspannung und Verzug durch Wärmeeinwirkung“ Aurich A, Kloos K-H, Lange E, Macherauch E (Hrsg), Forschungsbericht. Wiley-VCH Verlag Gmbh, Weinheim, S 160–174

[Hol45] Hollomon JH, Jaffe LD (1945) Trans. ASM 162:223

[Hol94a] Holzapfel Hubert (1994) Das Abbauverhalten kugelstrahlbedingter Eigenspannungen bei 42CrMo4 in verschiedenen Wärmebehandlungszuständen. Universität, Karlsruhe

[Hol98b] Holzapfel H, Schulze V, Vöhringer O et al (1998) Residual stress relaxation in an AISI 4140 steel due to quasistatic and cyclic loading at higher temperatures. Mater Sci Eng A248:9–18

[Hor91] Hornik K (1991) Approximation capabilities of multilayer feedforward networks. Neural Netw 4(2):251–257

[Hor03] Horacek B, Kim J, Kiger K T (2003) Effects of noncondensable gas and subcooling on the spray cooling of an isothermal surface. University of Maryland, Proceedings of ASME IMECE Washington DC

[Hou84a] Hougardy HP (1984) Darstellung der Umwandlungen für technische Anwendungen und Möglichkeiten ihrer Beeinflussung. In: Werkstoffkunde Stahl, Grundlagen, Bd 1. Springer-Verlag, Heidelberg, S 198–231

[Hou90b] Hougardy H P (1990) Umwandlung und Gefüge unlegierter Stähle, 2. Aufl. Stahleisen GmbH, Düsseldorf

[Hu99] Hu X, Madeiros Fonesca AS, Hougardy H (1999) Simulation von Wärmebehandlungszyklen. In: Abschlussbericht. Max-Planck-Institut für Eisenforschung GmbH, Düseldorf

[Ish98] Ishibuchi H, Nii M (1998) Fuzzification of input vectors for improving the generalization ability of neural networks. Fuzzy Systems Proceedings, IEEE World Congress on Computational Intelligence

[Iss03] Issa R J (2003) Numerical modeling of the dynamics and heat transfer of impacting sprays for a wide range of pressures. University of, Pittsburgh

[Jan97] Jang J S R, Sun C-T, Mizutani E (1997) ANFIS: Adaptive neuro-fuzzy inference systems. Neuro-Fuzzy and Soft Computing: A Computational Approach to Learning and Machine Intelligence (1997), Prentice-Hall, S 335–368

[Joh39] Johnson W A, Mehl R F (1939) Reaction kinetics in process of nucleation and growth. Trans. AIME 135:416–458

[Jos87] Jost N, Hornbogen E (1987) Martensitic transformations after precipitation and work-hardening of austenite in FE-Ni-Co-Ti alloys. Phase Transformations '87, July 6th to 10th, 1987, Cambridge, 405

[Jia07] Jia T, Liu Z Y, Yuan X Q Liu et al (2007) Conversion between non-isothermal and isothermal transformation kinetics of of γ to α for C-Mn and Nb microalloyed steels. Mater Sci Technol 23:7

[Kar97] Karl A (1997) Untersuchung. der Wechselwirkung von Tropfen mit Wänden oberhalb der Leidenfrost Temperatur., Shaker

[Kas94] Kaspar R, Lotter U, Biegus C (1994) The influence of thermomechanical treatment on the transformation behaviour of steels. Steel Res 65(6):242–247

[Kay07] Kaymak Y (2007) Simulation of Metal Quenching Processes for the Minimization of Distortion and Stresses. Otto-von-Guericke-Universität Magdeburg, Magdeburg

[Kol57] Kolmogorov A N (1957) On the representation of continuous functions of several variables by superpositions of continuous functions of one variable and addition. Doklady AN USSR, 114 S 679–681

[Koi59] Koistinen D P, Marburger R E (1959) A general equation prescribing the extent of the austenite-martensite transformation in pure iron-carbon alloys and plain carbon steels. Acta Met 7:59–60

[Kra01] Kraftfahrzeug-Kurbelwellen Konstruktion: Berechnung, Herstellung; Die Bibliothek der Technik Bd 211, (Krupp-Gerlach). – Landsberg/Lech, Verl. Moderne Industrie, 2001, ISBN 3478-93243-2

[Kra08a] Krause C (2008) Randschichtvergüten verzahnter Bauteile mittels einer Wasser-Luft-Spraykühlung. Universität Hannover, Hannover

[Kra08b] Krause C, Hassel Th, Frolov I et al (2008) Randschichtvergüten von Ritzelwellen mittels Wasser-Luft-Sprühkühlung. HTM 63(1):22–26. Carl Hanser, München

[Kra08c] Krause C, Wulf E, Nürnberger F et al (2008) Wärmeübergangs- und Tropfencharakteristik für eine Spraykühlung im Temperaturbereich von 900°C bis 100°C. Forschung im Ingenieurwesen 72(3):163–173

[Kro07] Grote K H, Feldhusen J (2007) Dubbel-Taschenbuch für den Maschinenbau, 21. Aufl. Springer, Berlin

[Kro58] Kröner E (1958) Kontinuumstheorie der Versetzungen und Eigenspannungen. Ergebnisse der angewandten Mathematik, Springer-Verlag, Berlin

[Kuc04] Kuchling H (2004) Taschenbuch der Physik, 17. Aufl. Fachbuchverlag, Leipzig

[Kuz08] Kuznetsov KA, Mozgova IV, Perederieieva OI et al (2008) The neuroapproximation of an isothermal transformation diagram. Questions of applied mathematics and mathematical modeling. Dnipropetrovsk National University Publisher, Dnipropetrovsk, S 192–202

[Läp06] Läpple V (2006) Wärmebehandlung des Stahls: Grundlagen, Verfahren und Werkstoffe, 9. Aufl. Europa Lehrmittel, Haan-Gruiten

[Lie00] Liebmann G (2000) Verbesserung von Bauteileigenschaften durch Randschichthärten. Antriebstechnik, Sonderdruck

[Lie95a] Liedtke D (1995) Wärmebehandlung von Stahl-Härten, Anlassen, Vergüten. Merkblatt 450. Stahl Informations-Zentrum, Düsseldorf

[Lie91] Liedtke D, Jönsson R (1991) Wärmebehandlung: Grundlagen und Anwendung für Eisenwerkstoffe. Kontakt & Studium, Bd, 349. Expert-Verlag, Renningen bei Malmsheim

[Lie09c] Liedtke D, Stiele H (2009) Merkblatt 236 „Wärmebehandlung von Stahl – Randschichthärten", Ausgabe 2009. Stahl-Informations-Zentrum, Düsseldorf

[Loe02] Löhe D, Vöhringer O (2002) Stability of Residual Stress. In: Totten, G, Howes M, Inoue T (Hrsg) Handbook of residual stress and deformation of steel. Materials Park. ASM International, Ohio, S. 54–69

[Mac73] Macherauch E, Wohlfahrt H, Wolfstieg U (1973) Zur zweckmäßigen Definition von Eigenspannungen. HTM 28(3):201–211

[Mac83] Macherauch E, Hauk V (1983) Entstehung-Messung-Bewertung. Bd. 1. Deutsche Gesellschaft für Metallkunde e. V., Oberursel

[Mac86b] Macherauch E, Vöhringer O (1986) Verformungsverhalten gehärteter Stähle. HTM 41:71–91

[Mad94] Madala H, Ivakhnenko AG (1994) Inductive learning algorithms for complex systems modeling. CRC Press, Inc, Boca Raton

[Maj95] Majorek A (1995) Der Einfluß des Wärmeübergangs auf die Eigenspannungs- und Verzugsausbildung beim Abschrecken von Stahlzylindern in verdampfenden Flüssigkeiten. Universität, Karlsruhe

[Mal00a] Malinov S, Sha W, Guo Z (2000) Application of artificial neural network for prediction of time-temperature-transformation diagrams in titanium alloys. Materials Science and Engineering A 283: 1–2:1–10

[Mal03b] Malinov S, Sha W (2003) Software products for modeling and simulation in materials science. Comput Mater Sci 28(2):179–198

[Mcl04] Mclachlan G J, Do K-A, Ambroise C (2004) Analyzing Microarray Gene Expression Data. In: Wiley series in probability and statistics. Wiley-Interscience, New Jersey

[Mer69] Merkblatt Stahl 153, Flammhärten als Verschleißschutz. 3. Aufl.

[Mit87] Mitter W (1987) Umwandlungsplastizität und ihre Berücksichtigung bei der Berechnung von Eigenspannungen. Gebrüder Borntraeger, Berlin

[Mor89] Moreaux F, Archamboult P, Beck G et al (1989) Induktives Randschichthärten von Stahl Ck 45 durch Abschrecken in zerstäubten Wasser. HTM 44:3129–132. Carl Hanser, München

[Muc08] Muckelbauer M, Arndt J (2008) Schmiedeteile behaupten sich erfolgreich im Technologiewettbewerb. Schmiede J 36–38

[Neu03] Neugebauer R, Hartwig H, Geiger M et al (2003) Halbwarmumformung von Stahl: Prozessgrundlagen Schmiede Journal, Hrsg. Informationsstelle Deutsche Massivumformung e. V., http://homepages.fh-regensburg.de/~ heh39273/auf-saetze/halbwarm.pdf; http://www.metalform.de/periodica/00000687.pdf. Zugegriffen: Sept. 2003

[Nie97] Niemeyer F (1997) Beitrag zur Wärmebehandlung von Zahnrädern durch flüssige und gasförmige Abschreckmedien. In: Fortschritt Berichte VDI, 2 (458). Universität Hannover, Düsseldorf

[Nür10d] Nürnberger F (2010) Vorhersage von Mikrostruktur und mechanischen Eigenschaften präzisionsgeschmiedeter Bauteile bei einer integrierten Wärmebehandlung. Universität Hannover, Institut fürWerkstoffkunde, Diss.,

[Nür09a] Nürnberger F, Grydin O, Schaper M et al (2009) Isothermal Microstructural Transformations of the Heat-treatable Steel 42CrMo4 during Heat-treatment following Hot-forming. Steel Res Int 80(12):892–898

[Nür09b] Nürnberger F, Schaper M, Bach Fr-W et al (2009) Prediction of continuous cooling diagrams for the precision forged tempering steel 50CrMo4 by means of artificial neural networks. Hindawi Publishing Corporation. Advances in materials science and engineering article ID 582739

[Nür09c] Nürnberger F, Rodman D, Grydin O et al (2009) Spray cooling of aluminium chassis frames. Sucasni probl metalurhii 12:92–99

[Nür10e] Nürnberger F, Grydin O, Schaper M et al (2010) Microstructure transformations in tempering steels during continuous cooling from hot forging temperatures. Steel Res 81(3):224–233

[Nür11f] Nürnberger Florian, Grydin O, Yu Z (2011) Microstructural Behaviour of Tempering Steels during Precision Forging and Quenching from Hot-forming Temperatures. Metall Min Ind 3(7):79–86

[Orl73] Orlich J, Rose A, Wiest P (1973) Atlas zur Wärmebehandlung der Stähle Bd. 3. Stahleisen, Düsseldorf

[Par91] Park J, Sandberg I W (1991) Universal approximation using radial-basis-function network. Neural Comput 3:246–257

[Pus03] Puschmann F (2003) Experimentelle Untersuchung der Spraykühlung zur Qualitätsverbesserung durch definierte Einstellung des Wärmeübergangs. Universität, Magdeburg

[Qia05] Qian H, Xi B T (2005) Experimental analysis of residual stress of hardened circular blades under different tempering processes. J Beijing For Univ 27(2):107–110

[Ram81] Rammerstorfer F G, Fischer D F (1981) On thermo-elastic-plastic analysis of heat-treatment processes including creep and phase changes. In: Computers & Structures 13 S 771–779

[Rei10] Reich A, Schöne O, Keßler O et al (2010) Simulation of gas and spray quenching during extrusion of aluminium alloys. Key Eng Mater 424:57–64

[Rod11] Rodman D, Krause C, Nürnberger F et al (2011) Induction hardening of spur gearwheels made from 42CrMo4 hardening and tempering steel by employing spray cooling. Steel Res Int 82(4):329–336

[Ros11] Ross E, Maile K (2011) Werkstoffkunde für Ingenieure. Grundlagen, Anwendung, Prüfung, Springer-Verlag

[Ros66] Rose A (1966) Eigenspannungen als Ergebnis von Wärmebehandlung und Umwandlungsverhalten. HTM 21(1):1–5

[Rio05] Rios P R (2005) Relationship between non-isothermal transformation curves and isothermal and non-isothermal kinetics. Acta Mater 53:4893–4901

[Sal10] Salbert G (2010) Metallographie, 14. Aufl. Gebrüder Borntraeger, Stuttgart

[Sch05] Schumann H, Oettel H (2005) Metallographie, 14. Aufl. WILEY-VCH, Weinheim

[Sch84b] Schröder R, Scholtes B, Macherauch E (1984) Rechnerische und röntgenographische Analyse der Eigenspannungsausbildung in abgeschreckten Stahlzylindern. HTM 39(6):280–292

[Sch93] Schulze V, Burgahn F, Vöhringer O et al (1993) Zum thermischen Abbau von Kugelstrahl-Eigenspannungen bei vergütetem 42CrMo4. Mat-wiss und Werkstofftech 24:258–267

[Sie59] Siebel E et al (1959) Handbuch der Werkstoffprüfung Bd 1 und 2. 2 Aufl. Springer-Verlag, Berlin

[Som11] Dr. Sommer Werkstofftechnik Werkstoffdatenblatt 42CrMo4, 1.7225, 2011

[Spu87] Spur G, Stöferle Th (1987) Handbuch der Fertigungstechnik, Bd. 4/2 Wärmebehandeln. Carl Hanser, München

[Ste96] Stewart I, Massingham J D (1996) Heat Transfer Coeffizient Effects on Spray Cooling. Iron and Steel Engineer 73(7):17–23

[Stü60] Stüdemann H (1960) Wärmebehandlung der Stähle. Hanser-Verlag, München
[Thu95] Thuvander A (1995) Numerical. Simulation of Distortion due to Heat Treatment., Stockholm, Dep. of Materials Science and Engineering, Royal Institut of Technology, Diss.
[Tie82] Horst-Dieter Tietz (1982) Grundlagen der Eigenspannung: Entstehung in Metallen. Hochpolymeren und silikatischen Werkstoffen Meßtechnik und Bewertung. VEB Deutscger Verlag für Grundstoffindustrie, Leipzig
[Tot93a] Totten G, Bates C E, Clinton N A (1993) Handbook of Qúenchants and Quenching Technology. ASM International, Ohio
[Tot02b] Totten G, Howes M, Inoue T (2002) Handbook of residual stress and deformation of steel. ASM International, Ohio
[Tzi73] Tzitzelkov I (1973) Eine mathematische Methode zur Beschreibung des Umwandlungsverhaltens eutektoider Stähle. Universität, Aachen
[Trz07] Trzaska J, DobrzaŠski L A (2007) Modelling of CCT diagrams for engineering and constructional steels. J Mater Process Technol 192-193:504–510
[Ver84] Verein Deutscher Eisenhüttenleute (Hrsg) Werkstoffkunde Stahl. Bd. 1: Grundlagen, Bd 2. Anwendungen. Springer-Verlag, New York
[Voe83] Vöhringer O, Wohlfahrt H (1982) Abbau von Eigenspannungen. In: Eigenspannungen und Lastspannungen. Moderne Ermittlung- Ergebnisse- Bewertung. Härterei Technische Mitteilungen S 144–156
[Wac66] Wachters LH, Westerling NA (1966) The heat transfer from a hot wall to impinging water drops in the Spheriodal State. Chemical Engineering Science 21
[Wan99] Wang J, van der Wolk PJ, van der Zwaag S (1999) Effects of carbon concentration and cooling rate on continuous cooling transformations predicted by artificial neural network. ISIJ Int 39(10):1038–1046
[Wan06] Wang Y, Appolaire B, Denis S et al (2006) Study and modelling of microstructural evolutions and thermomechanical behaviour during the tempering of steel. Int J Microstruct Mate Prop 1(2):197–207
[Weg98] Wegner K-W (1998) Werkstoffentwicklung für Schmiedeteile im Automobilbau. Automobiltechnische Zeitschrift 100(12):918–927
[Wei07] Weißbach W (2007) Werkstoffkunde, 16. Aufl. Vieweg, Wiesbaden
[Wei52] Weingraber H v (1952) Technische Härtemessung. Carl Hanser, München
[Wei83] Weiß T (1983) Zum Festigkeits- und Verzugsverhalten von randschichtgehärteten Zahnrädern. Universität, München
[Wei90] Weiler WW (1990) Härteprüfung an Metallen und Kunststoffen. Kontakt und Studium Bd 155, 2. Aufl. Expert-Verlag, Remingen bei Malmsheim
[Wei98] Weise A (1998) Entwicklung von Gefüge und Eigenspannungen bei der thermomechanischen Behandlung des Stahls 42CrMo4. FLUX, Chemnitz
[Wev61] Wever F, Rose A (1961) Atlas zur Wärmebehandlung der Stähle.Vol 1. Stahleisen, Düsseldorf, 136–137
[Wie91] WierszyŠŠowski I A (1991) The effect of the thermal path to reach isothermal temperatur on transformation kinetics. Metallurgical and mater transactions a 22(5):993–999
[Wil86] Wildau M, Hougardy HP (1987) Examples for the influence of input data on the results of stress calculations. In: Macherauch E, Hauk V (Hrsg) International conference on residual stresses (ICRS 1) (Residual Stresses in Science and Technology, Garmisch-Partenkirchen 1986), Bd 1-2. DGM. Oberursel, S 573–580
[Wil87] Wildau M, Hougardy H (1987) Zur Auswirkung der Ms-Temperatur auf Spannungen und Maßänderungen. HTM 42(5):261–268
[Woz03] Wozniak G (2003) Zerstäubungstechnik – Prinzipien. Verfahren, Geräte. Springer-Verlag, Heidelberg

[Yan93] Yang J, Pais R G, Chow L C (1993) Critical heat flux limits in secondary gas atomized liquid spray cooling. Experimental heat transfer 6:55–67

[Yee01] Yee P V, Haykin S (2001) Regularized radial basis function networks: Theory and Applications. Wiley, New York

[Yu10a] Yu Z, Nürnberger F, Gretzki T et al (2010) Simulation der Eigenspannungsentwicklung beim Abschrecken von Ritzelwellen aus 42CrMo4 mittels Spraykühlung. ANSYS Conference & 28th CADFEM Users' Meeting 2010

[Yu12b] Yu Z, Kuznietsov K, Mozgova I et al (2012) Modeling the relationship between hardness and spray cooling parameters for pinion shafts using a neuro-fuzzy model strategy. J Heat Treat Mater 67(1):39–47

Normen, Richtlinien

[743-3] DIN 743-3 Tragfähigkeitsberechnung von Wellen und Achsen. Normenausschuss Maschinenbau (NAM). DIN Deutsches Institut für Normung e. V., Beuth, 2000

[17022-1] DIN 17022-1 Wärmebehandlung von Eisenwerkstoffen – Verfahren der Wärmebehandlung, Teil 1: Härten, Bainitisieren, Anlassen und Vergüten von Bauteilen, DIN Deutsches Institut für Normung e. V., Beuth, 1994

[17022-3] DIN 17022-3 Wärmebehandlung von Eisenwerkstoffen – Verfahren der Wärmebehandlung, Teil 3: Einsatzhärten. DIN Deutsches Institut für Normung e. V., Beuth, 1989

[17212] DIN 17212 Stähle für Flamm- und Induktionshärten; Gütevorschriften. DIN Deutsches Institut für Normung e. V., Beuth, 1972

[642] DIN EN ISO 642 Stahl – Stirnabschreckversuch (Jominy-Versuch). Deutsches Institut für Normung e. V., Beuth, 2007

[643] DIN EN ISO 643 Stahl – Mikrophotographische Bestimmung der scheinbaren Korngröße. Deutsches Institut für Normung e. V., Beuth, 2003

[6507-1] DIN EN ISO 6507-1 Metallische Werkstoffe – Härteprüfung nach Vickers, Teil 1: Prüfverfahren. DIN Deutsches Institut für Normung e. V., Beuth, 2006

[10052] DIN EN 10052 Begriffe der Wärmebehandlung von Eisenwerkstoffen. DIN Deutsches Institut für Normung e. V., Beuth, 1994

[10083] DIN EN 10083 Vergütungsstähle – Teil 1: Allgemeine technische Lieferbedingungen; DIN Deutsches Institut für Normung e. V., Beuth, 2006

[10084] DIN EN 10084 Einsatzstähle – Technische Lieferbedingungen. DIN Deutsches Institut für Normung e. V., Beuth, 2008

[10085] DIN EN 10085 Nitrierstähle – Technische Lieferbedingungen. DIN Deutsches Institut für Normung e. V., Beuth, 2001

[1680] SEP 1680 Aufstellung von Zeit-Temperatur-Umwandlungsschaubildern für Eisenlegierungen. STAHL-EISEN-Prüfblätter (SEP) des Vereins Deutscher Eisenhüttenleute, 3. Ed. Dec 1990

[SEP 1681] SEP (1681) Guidelines for preparation, execution and evaluation of dilatometric transformation test on iron alloys. STAHL-EISEN-Prüfblätter (SEP) des Vereins Deutscher Eisenhüttenleute, 2. ed. June 1998

5 Hartfeinbearbeitung

Olaf Gümmer, Ruben Fischer und Berend Denkena

Inhaltsverzeichnis

5.1 Aufmaßorientiertes Hartdrehen 222
5.1.1 Aus der Prozesskette resultierende Besonderheiten 222
5.1.2 Stand der Technik 225
5.1.3 2-Freiheitsgrad-Spannfutter 227
5.1.4 4-Freiheitsgrad-Spannfutter 235
5.1.5 Lösungsansatz 237
5.2 Verzahnungsschleifen 246
5.2.1 Technologie der Verzahnungsbearbeitung 246
5.2.2 Aus der Prozesskette resultierende Besonderheiten 250
5.2.3 Technologische Kenngrößen für das diskontinuierliche Profilschleifen 251
5.2.4 Technologische Kenngrößen für das kontinuierliche Wälzschleifen 254
5.2.5 Leistungssteigerung durch Einsatz von CBN-Wälzschleifwerkzeugen 258
5.3 Kurbelwellenschleifen 266
5.3.1 Aus der Prozesskette resultierende Besonderheiten 266
5.3.2 Bahngesteuertes Kurbelwellenschleifen 270
5.3.3 Adaptive Prozessführung 286
5.3.4 Ausrichtung von Kurbelwellen 293
Literatur 306

O. Guemmer (✉) · R. Fischer · B. Denkena
Institut für Fertigungstechnik und Werkzeugmaschinen, Leibniz Universität Hannover,
An der Universität 2, 30823 Garbsen, Deutschland
E-Mail: Guemmer@ifw.uni-hannover.de

F.-W. Bach, K. Kerber (Hrsg.), *Prozesskette Präzisionsschmieden*,
DOI 10.1007/978-3-642-34664-4_5,

5.1 Aufmaßorientiertes Hartdrehen

5.1.1 Aus der Prozesskette resultierende Besonderheiten

Aufgabe der Hartfeinbearbeitung ist es, Makrogeometrie (Form, Lage) und Mikrogeometrie (Oberflächenrauheit) der Bauteile in der vorgegebenen Qualität zu erzeugen und dabei die notwendigen Randzoneneigenschaften (Gefüge, Härte und Eigenspannungen) sicherzustellen. Diese Bauteileigenschaften bestimmen in maßgeblicher Weise das Geräuschverhalten, das Tragfähigkeitsverhalten und die Dauerfestigkeit des Fertigteils [Bou94, Esc96, Mar01]. Demnach nimmt die Hartfeinbearbeitung innerhalb der gesamten Prozesskette als letzter qualitätsbestimmender Fertigungsschritt einen besonderen Stellenwert ein.

Hochleistungsbauteile wie Zahnräder und Kurbelwellen stehen im Spannungsfeld zwischen stetig steigenden Anforderungen hinsichtlich der Leistungsübertragung und der gleichzeitigen Reduzierung der Baugröße und der Herstellungskosten. Deshalb wird heute ein Großteil der Bauteile nach der Weichbearbeitung durch geometrisch bestimmte Zerspanprozesse aufgrund der günstigen Festigkeitseigenschaften gehärtet. Jedoch kommt es dabei unvermeidlich zu Härteverzügen. Diese führen zu Qualitätseinbußen. Im Falle von Verzahnungen kommt es zu einer Verschlechterung der Flankenqualität gegenüber der Genauigkeit nach der Weichbearbeitung. Hochbelastete Bauteile erfordern aufgrund der geforderten Bauteileigenschaften und der geometrischen Genauigkeitsanforderung eine abschließende Hartfeinbearbeitung, was zu technologisch aufwendigen Prozessketten führt [Bau11, Den11s].

Das Verfahren des Präzisionsschmiedens ermöglicht die Herstellung endkonturnaher Bauteile, jedoch ist das Präzisionsschmieden den bereits hochentwickelten, konventionellen spanenden Vorbearbeitungsverfahren bisher qualitativ unterlegen. Die geringen Aufmaße aus dem Präzisionsschmiedeprozess weisen gegenüber konventionellen spanenden Prozessen noch verhältnismäßig große Ungleichmäßigkeiten auf. Aufmaßschwankungen resultieren in der nachfolgenden spanenden Bearbeitung in einer örtlichen Veränderung der Bearbeitungskräfte, was zu Maß- und Formabweichungen des Fertigbauteils führt. Ferner fehlt es den präzisionsgeschmiedeten Bauteilen an einer Referenzfläche für die abschließende Hartfeinbearbeitung. Bei konventionell hergestellten Bauteilen werden, ausgehend von einer Referenzfläche, alle übrigen Bauteilflächen sequentiell eingebracht. Bei Zahnrädern kann die definiert vorbearbeitete, wälzgefräste Rohverzahnung genutzt werden. Beim Präzisionsschmieden hingegen erfolgt die Herstellung sämtlicher Funktionsflächen mit dem für folgende Prozessschritte erforderlichen Aufmaß in einem Schritt. Aufgrund von ungleichmäßiger Formfüllung, Gesenkverschleiß sowie einem geringen Versatz zwischen Ober- und Untergesenk kann eine gleichmäßige Aufmaßverteilung auf den relevanten Funktionsflächen nicht garantiert werden. Daher ist schon beim Spannen des präzisionsgeschmiedeten Bauteils eine Einpassung der übrigen Funktionsfläche(n) erforderlich, um die Durchführung nachgelagerter Bearbeitungsschritte gewährleisten zu können.

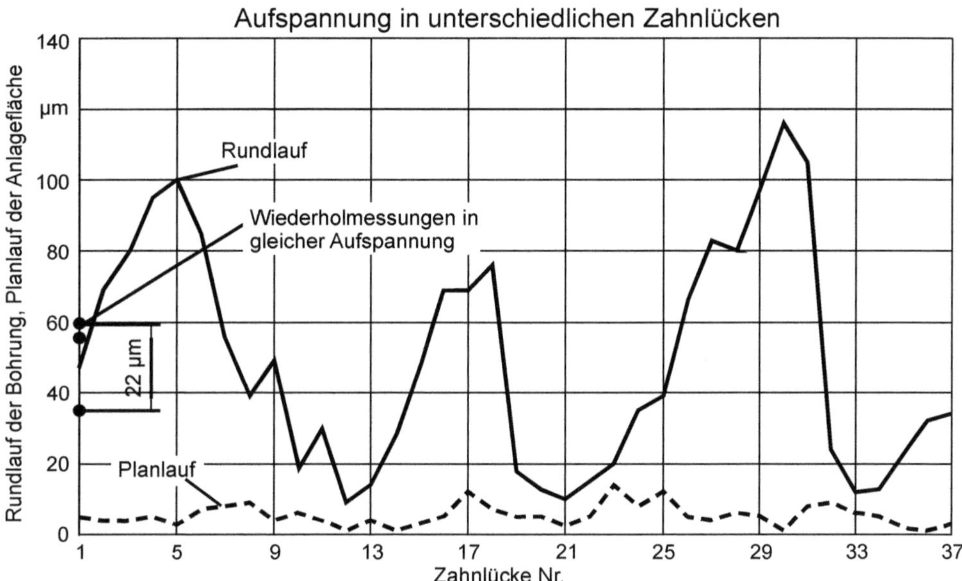

Abb. 5.1 Zahnradexzentrizität bei Aufspannung in unterschiedlichen Zahnlücken

Die direkte Abbildung der endkonturnahen Geometrie des Hochleistungsbauteiles hat jedoch auch Auswirkungen auf die nachfolgende Hartfeinbearbeitung, da die relative Lage einzelner Funktionsflächen im Halbfertigteil streuen kann. Diese Streuungen resultieren aus der parallelen Erzeugung der Halbfertigteilfunktionsflächen im umformenden Fertigungsverfahren. Untersuchungen an präzisionsgeschmiedeten Zahnrädern haben ergeben, dass die Position der Bohrungsmitte aufgrund einer exzentrischen Einspannung variieren kann. In Abb. 5.1 ist dies beispielhaft für die Einspannung eines Zahnrads in drei Lücken der Laufverzahnung dargestellt. Der Rundlauf der unbearbeiteten Bohrung bei Aufspannung in unterschiedlichen Zahnlücken führt zu hoher Streuung. Selbst wiederholte Aufspannungen in denselben Zahnlücken ergaben, dass der Rundlauf variiert. Demgegenüber weist der Planlauf an der Stirnfläche des gedrungenen Bauteils eine deutlich höhere Genauigkeit auf.

Die Abweichungen aufgrund der beschriebenen Fehlerarten können in Bereiche vordringen, bei denen die Schleifbearbeitung nach TÜRICH und WOBKER [Tür02a, Wob95] in ungünstigen Fällen nicht sichergestellt werden kann. Das ungleich verteilte Aufmaß wirkt sich negativ auf die Bearbeitung aus. Dabei kann die Aufmaßverteilung auf den Zahnflanken aufgrund eines Exzenterfehlers so ungünstig verteilt sein, dass die harte Randzone vollständig abgetragen wird, das Bauteil im Prozess thermisch geschädigt wird oder schlimmstenfalls die Sollgeometrie nicht erreicht werden kann (s. Abb. 5.2). Aus diesen Prozessfehlern resultieren variierende Oberflächen und Randzoneneigenschaften, die sich letztendlich in einer unzureichenden Dauerfestigkeit des Bauteils widerspiegeln.

Abb. 5.2 Spannfehler und daraus resultierende Bearbeitungsfehler am Beispiel der Verzahnung

Um das Aufmaß nicht erhöhen zu müssen und damit die Schleifbearbeitungszeit zu reduzieren, besteht ein neuer Ansatz darin, die nach fertigungstechnischen Gesichtspunkten optimale Lage der präzisionsgeschmiedeten Bauteile zu bestimmen. Mittels aktiver Spannsysteme soll die optimale Lage ohne erneutes Einrichten während des Hartdrehprozesses so eingestellt werden, dass ein Verzahnungsschleifen mit minimalem Aufmaß ohne Vorbearbeitung der Verzahnung möglich ist.

Zur Realisierung eines aufmaßorientierten Hartdrehprozesses sind adaptronische Spannsysteme entwickelt worden, welche die Spannlage von Zahnrädern in zwei Freiheitsgraden und die Spannlage von Ritzelwellen in vier Freiheitsgraden korrigieren können. Die entwickelten Feinpositionierspannfutter sind in der Lage, Werkstücke für die Bearbeitung steif zu spannen, das für die Bearbeitung erforderliche Drehmoment zu übertragen und gleichzeitig Positionierfreiheitsgrade für eine Ausrichtung in zwei bzw. vier Freiheitsgraden zuzulassen.

Zur Messung der Bauteillage in der Werkzeugmaschine sind zusätzlich Messsysteme entwickelt worden, die eine Messung des Bauteils in zwei bzw. vier Freiheitsgraden zulassen. Über Einpassalgorithmen kann anhand einer hinterlegten Sollgeometrie ein Korrekturvektor ermittelt werden, der die Stellwege bzgl. des Exzenters und die Stellwinkel zur Taumelkorrektur an die Software der Aktorik übergibt. Details zu den entwickelten, maschinenintegrierten Messsystemen werden in Abschn. 6.2.3 beschrieben.

5.1.2 Stand der Technik

5.1.2.1 Hartdrehen

Um an hochbelasteten Bauteilen eine lange Lebensdauer zu ermöglichen, werden besondere Anforderungen an die Funktionsflächen bezüglich Maß- und Formgenauigkeit sowie Oberflächentopographie gestellt. Eine gehärtete Oberfläche bietet einen höheren Widerstand gegen das Eindringen eines anderen Körpers. Eine hohe Härte geht daher oftmals mit einer höheren Festigkeit einher [Mül08]. Aus diesem Grund werden die Funktionsflächen von hochbelasteten Bauteilen im Allgemeinen gehärtet.

Bei der Bearbeitung von Stahlwerkstoffen spricht man von Hartbearbeitung, wenn die Rockwell-Härte mehr als 47 HRC beträgt [Den11s]. Als Hartfeinbearbeitung wird die Bearbeitung bezeichnet, wenn diese den letzten Fertigungsschritt in der Prozesskette darstellt. Um Funktionsflächen entsprechend der Qualitätsanforderungen des Bauteils herzustellen, werden verschiedene, unter anderem auch spanende Feinbearbeitungsverfahren angewendet.

Das Bearbeitungsverfahren des Hartdrehens hat als Hartfeinbearbeitungsverfahren in den letzten Jahren zunehmend an Bedeutung in der Industrie gewonnen. Durch die Entwicklung leistungsfähigerer Schneidstoffe (Mischkeramiken, polykristallines Bornitrid) können gehärtete Stähle mit Härten von über 47 HRC mit geometrisch bestimmter Schneide bearbeitet werden. Zuvor war die Hartfeinbearbeitung aus technologischer und wirtschaftlicher Sicht nur durch Schleifen sinnvoll [Mül08].

Beim Schleifen wird die Form der herzustellenden Funktionsfläche durch die Schleifscheibengeometrie bestimmt. Dazu muss die Schleifscheibe aufwändig profiliert werden, weshalb oft die Bearbeitung mit mehreren Schleifmaschinen für die Herstellung eines Bauteils nötig ist. Im Gegensatz zum Schleifen ermöglicht das Hartdrehen durch die gesteuerte Werkzeugführung eine große Vielfalt an geometrischen Formen herzustellen. Die höhere Flexibilität des Hartdrehens wirkt sich positiv auf die Wirtschaftlichkeit gegenüber dem Schleifen aus [Mül08].

Hinsichtlich der Maß-, Form- und Lageabweichungen vom geforderten Sollwert sind bei der Verwendung konventioneller Hartdrehmaschinen vergleichbare Bauteilqualitäten mit dem Schleifen erreichbar. Ein wesentlicher Unterschied im Vergleich des Hartdrehens mit dem Schleifen besteht bei den Zerspankräften. Beim Schleifen ist das Zerspankraftniveau ungefähr nur halb so groß wie beim Hartdrehen [Tön97b]. Dies führt zum einen zu einer Einschränkung des Hartdrehens für die Bearbeitung langer, schlanker Bauteile. Zum anderen steigen die Zerspankraftkomponenten, insbesondere die Passivkraft, beim Hartdrehen kontinuierlich über der Schnittzeit an, während beim Schleifen durch Abrichten ein nahezu stationärer Verlauf einstellbar ist [Mül08].

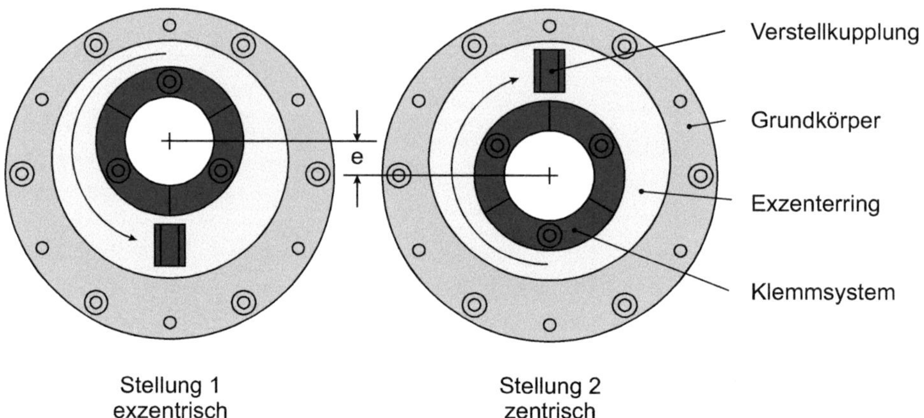

Abb. 5.3 Spannfutter zum exzentrischen Spannen von Bauteilen [Imm09]

5.1.2.2 Spannfutter

Bauteile mit einer hohen Genauigkeit und geringem Aufmaß verlangen nach einer präzisen Ausrichtung vor bzw. während der Bearbeitung, um die Ausschussquote zu senken. Bekannte Spannfutter ermöglichen eine steife Einspannung mit guter Präzision, jedoch fehlt die Möglichkeit eines Einmessens von Funktionsflächen und der anschließenden Ausrichtung des Bauteils. In der Regel wird zunächst eine Bezugsfläche erzeugt, die in den folgenden Bearbeitungsschritten als Referenz- bzw. Spannfläche dient. Bei einer fehlerhaften Ausrichtung des Werkstücks bleibt lediglich die Möglichkeit eines erneuten Einspannens, wobei eine exakte Lage auch bei dem folgenden Spannen nicht vorgegeben werden kann.

Mit Hilfe von Exzenterspannfuttern können Exzenter ohne Umspannung auf einem Werkstück gedreht werden. In BEYER [Bey01] wird ein Exzenterspannfutter vorgestellt, das Exzentrizitäten in einem Bereich von 0 mm bis ca. 15 mm ermöglicht. Das Prinzip basiert auf einer Exzenterscheibe. Diese ist, wie in Abb. 5.3 dargestellt, exzentrisch zum Futterkörper angeordnet. Wiederum exzentrisch zu der Exzenterscheibe ist die eigentliche Spannvorrichtung gelagert. Mittels eines NC-gesteuerten Greifarms wird im Stillstand der Maschinenspindel die Verstellkupplung die Mechanik des Spannfutters entriegelt und die Exzenterscheibe kann verschoben werden. Durch gezielte, relative Drehung des Futterkörpers wird der Exzenter mit einer Genauigkeit von 10 μm bei Verwendung von CNC-Maschinen eingestellt. Nachteilig ist jedoch, dass aufgrund der Exzentrizität Unwuchten auftreten, welche zu ungewünschten Schwingungen führen können und Spindel und Lager stark beanspruchen. Um Ungenauigkeiten aufgrund der Unwucht zu vermeiden, muss die Drehzahl stark reduziert werden [Wec05].

Eine winkelabhängige Einstellung des Exzenters ist mit diesem Spannfutter nicht möglich. Es kann nur der Exzenter eingestellt werden, die Winkellage des Bauteils wird dabei nicht berücksichtigt und muss bei Bedarf manuell eingestellt werden. Alle am Markt vorhandenen Spannsysteme arbeiten passiv und bieten keine Möglichkeit, Form- und Lagefehler gezielt auszugleichen [Jag98].

Mechatronik in Werkzeugmaschinen Zur Verbesserung der Präzision und des dynamischen Verhaltens werden zunehmend mechatronische bzw. adaptronische Komponenten für Werkzeugmaschinen entwickelt. Es können damit die Durchbiegung des Werkzeuges in Folge von Bearbeitungskräften kompensiert [Wil08], thermische Verzüge ausgeglichen oder Ratterschwingungen durch dynamisch wirkende Aktorik vermieden [Neu05a, TT07, Bre07a, Den04b] werden. In NEUGEBAUER und FLEISCHER [Neu07b, Fle06] werden Aktoren zur Feinpositionierung in Spannvorrichtungen integriert, um bei der statischen Werkstückaufspannung eine hochpräzise Ausrichtung des Werkstücks vor der Bearbeitung zu erreichen.

In ABELE [Abe08] wird ein piezoaktorischer Werkstückhalter für Fräsmaschinen vorgestellt. Mit diesem Werkstückhalter kann das Werkstück feinpositioniert und es können Prozessschwingungen gedämpft werden.

5.1.2.3 Feinpositioniereinheiten

Ferner existieren Feinpositioniersysteme für die Ausrichtung von Bauteilen bis in den Nanometerbereich. Hochdynamische Nanostelltische mit einem Stellweg von 15 bis 20 μm bei einer Auflösung von 0,1 nm werden in [NN08] vorgestellt. Diese werden direkt von einem Piezoaktor angetrieben und verfügen über Festkörpergelenke. Die Bewegung wird mit kapazitiven Wegsensoren erfasst. Durch ein spezielles Design und geringe Massen werden das Einschwingverhalten und die Stabilität des Gesamtsystems verbessert. Der Nanostelltisch kann mit bis zu 30 N belastet werden. Anwendungsbereiche sind in der Faseroptik, der Scanning-Mikroskopie, Interferometrie und der Biotechnologie zu finden.

Ein hochpräzises, parallelkinematisches Stellsystem für komplexe Mehrachsen–Justageaufgaben wird ebenfalls in [NN08] behandelt. Mittels Piezoaktoren, Flexureführungen und Streben konstanter Länge kann im Vergleich zu den klassischen Hexapoden mit variabler Strebenlänge eine bessere Auflösung und Wiederholgenauigkeit erreicht werden. Dabei sind Stellwege von -8 bis $+5{,}7$ mm um die Mittelposition bei einer kleinsten Schrittweite von 100 nm in den drei Raumrichtungen erreichbar. Anwendungsgebiete liegen z. B. in der Justage, der Photonik und der Mikrobearbeitung.

5.1.3 2-Freiheitsgrad-Spannfutter

Die bereits erwähnte Zielsetzung einer fehlerfreien Schleifbearbeitung der Verzahnung von Zahnrädern erfordert aufgrund der verkürzten Prozesskette des SFB 489 (s. Kap. 1) zum einen ein adaptronisches Spannfutter mit zwei Freiheitsgraden, welches eine exzentrische Einspannung des Zahnrades während des Hartdrehprozesses korrigiert. Zum anderen ist ein maschinenintegriertes Messsystem nötig, um die exzentrische Lage der Verzahnung zu erfassen.

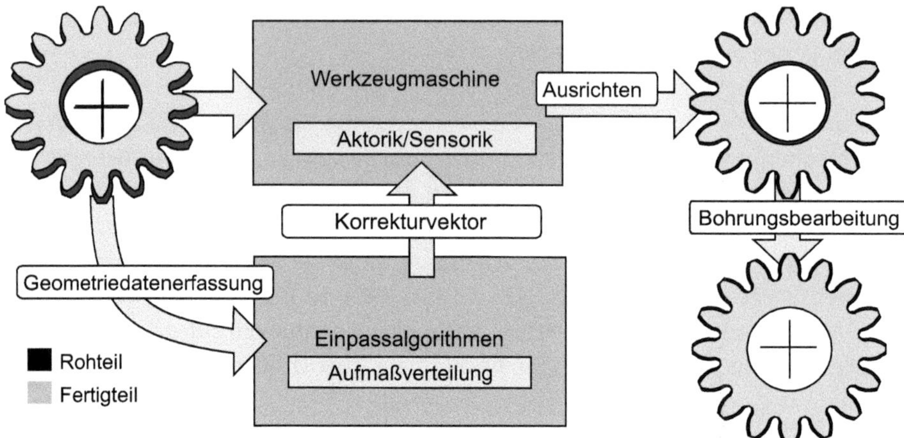

Abb. 5.4 Prinzip der aufmaßorientierten Feinpositionierung

Der Lösungsansatz sieht hierbei vor, dass das Halbfertigteil mittels eines Membranspannfutters gemäß IMMEL [Imm09] aufgespannt und anschließend die Lage und Form der relevanten Funktionsflächen messtechnisch bestimmt wird. Mit entsprechenden Auswertalgorithmen ist dann ein Korrekturvektor zu bestimmen und an das adaptronische Spannfutter zu übergeben, so dass die exzentrische Einspannung korrigiert wird. Abschließend findet die Bearbeitung der Mittenbohrung in einem Hartdrehprozess mit korrigierter Spannposition statt. Abbildung 5.4 stellt den Lösungsansatz der aufmaßorientierten Feinpositionierung von präzisionsgeschmiedeten Zahnrädern und das Zusammenwirken vom sensorischen und aktorischen Teil dar.

5.1.3.1 Anforderungen

Aus Voruntersuchungen, den Qualitätsanforderungen und dem Hartdrehprozess der präzisionsgeschmiedeten Zahnräder sind folgende Anforderungen bei der Konstruktion und Entwicklung des adaptronischen Spannfutters zu berücksichtigen.

Zur Kompensation einer exzentrischen Aufspannung des Zahnrades soll ein Stellweg von mindestens $\pm 100\ \mu m$ jeweils in x- und y-Richtung mit Hilfe des adaptronischen Spannfutters möglich sein. Dabei sollte eine Positioniergenauigkeit im Bereich von wenigen Mikrometern erreicht werden.

Während der Hartdrehbearbeitung treten Bearbeitungskräfte von bis zu 200 N auf, so dass die Übertragung eines entsprechenden Moments von der Spannvorrichtung gewährleistet werden muss. Ferner ist für die Prozessstabilität eine radiale Abtriebssteifigkeit von mindestens 15 N/μm erforderlich.

Zur Integration in eine konventionelle Drehmaschine sollten die Abmessungen des adaptronischen 2-FHG-Spannfutters die Größe von Ø 300 mm $\times$ 60 mm nicht überschreiten. Ferner muss die Energie- und Datenübertragung berührungslos erfolgen und die Elektronik einer Fliehkraft bei einer Drehzahl von bis zu 1500 U/min widerstehen.

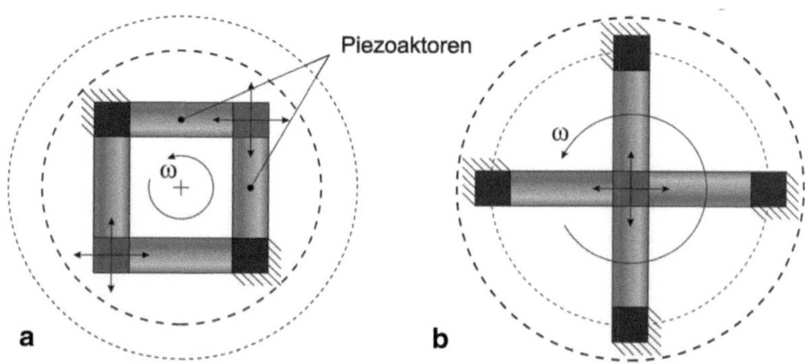

Abb. 5.5 Mögliche Anordnungen: **a**) Ringanordnung, **b**) Sternanordnung [Den05d]

Die Entwicklung des maschinenintegrierten Messsystems zur Erfassung der Exzentrizität des Zahnrades wird in Kap. 6 näher erläutert.

5.1.3.2 Konzept der Aktorik

Piezoaktoren verfügen über eine kompakte Bauweise und können hohe Kräfte aufnehmen. Sie sind sehr steif und für hochgenaues Positionieren in Genauigkeitsbereichen bis hin zu wenigen Nanometern geeignet [NN08]. Ihre Ansteuerung ist zudem für Anwendungen in Präzisionsspannfuttern sehr gut möglich, da sie im quasistatischen Betrieb im Gegensatz zu elektromotorischen Antrieben kaum elektrische Leistung aufnehmen. Weiterhin bringen Piezoaktoren hohe Kräfte im Bereich mehrerer kN auf. Ein genereller Nachteil von Piezoaktoren ist der begrenzte Stellweg von ca. 0,1 % ihrer Länge, so dass bei einer Aktorlänge von 100 mm lediglich ein Leerstellweg von ca. 100 μm erreichbar ist. Dieser Nachteil kommt bei Anwendungen in Präzisionsspannfuttern nur begrenzt zum Tragen, da die erforderlichen Stellwege nach den anfangs definierten Anforderungen in einer ähnlichen Größenordnung liegen. Auch der geringe Bauraum von Piezoaktoren wirkt sich positiv auf die Eigenschaften eines Gesamtsystems aus [Haa06].

Zur exzentrischen Verschiebung des Werkstücks mittels Piezoaktoren kommt im Wesentlichen eine Ring- und eine Sternanordnung in Frage (s. Abb. 5.5). Ein elastokinematisches Gelenk verbindet dabei jeweils einen Befestigungsflansch mit den positionierbaren Rahmenelementen, auf denen das präzisionsgeschmiedete Werkstück über eine Klemmvorrichtung gehalten wird.

Die Ringanordnung ist kompakt und in der Lage, auch ein Drehmoment zu übertragen. Jedoch wirken bei den benötigten Drehzahlen bis 1500 U/min Fliehkräfte von ca. 540 N auf die Aktoren, welche diese unzulässig hoch auf Biegung belasten. Um diesen Einfluss aufzufangen, ist die Abstützung der Aktoren in einer mit einem elastischen Werkstoff gefüllten Hülse denkbar, z. B. Silikon.

Neben einer Ringanordnung der Aktoren besteht die Möglichkeit, diese sternförmig anzuordnen. Bei einer Sternanordnung ist eine Einbettung der Aktoren nicht notwendig,

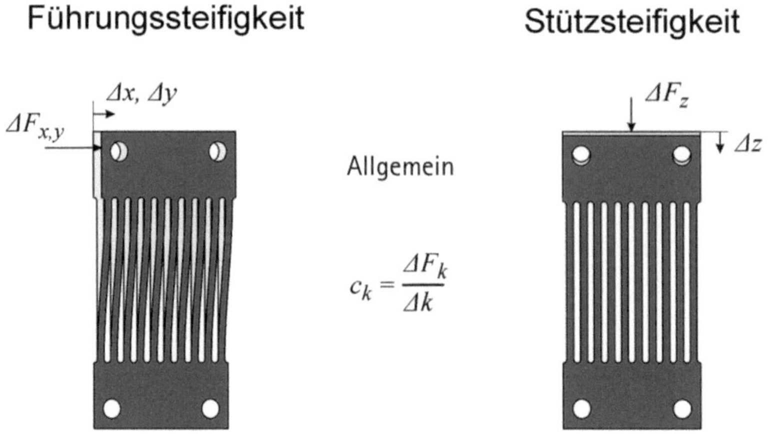

Führungssteifigkeit

Stützsteifigkeit

Δx, Δy

$\Delta F_{x,y}$

Allgemein

$$c_k = \frac{\Delta F_k}{\Delta k}$$

ΔF_z

Δz

Abb. 5.6 Belastungsarten der Gitterstrukturen [Den05d]

da diese durch die Fliehkräfte nur axial auf Druck belastet werden. Diese Anordnung kann kein Drehmoment übertragen, weshalb das Spindelmoment über weitere Mechanismen übertragen werden muss.

Um zum einen das System in einen definierten Ausgangszustand zu bringen und zum anderen den Betrieb der Aktoren unter Druckspannung zu gewährleisten, muss eine Vorspannung auf die Aktoren sowie die Gelenkkette aufgebracht werden. So sind beidseitig an den Aktoren Kegelpfannen-Kugelscheiben-Gelenkstrukturen angeordnet, um Querkräfte auszukoppeln. In deren Kontaktbereich liegt eine Linienberührung mit ihrer typischen Hertz'schen Pressung vor. Der Kontaktbereich ist umso steifer, je höher die Vorspannung ist. Weiterhin bewirkt die Vorspannung, dass sich die Unebenheiten der Kontaktflächen insgesamt setzen, womit ein stetiger Kraft-Dehnungsverlauf unterstützt wird.

Um die Werkstückaufnahme gegenüber dem Flansch in der Planebene verschieben zu können, sind Führungen notwendig, die die benötigten Stellfreiheitsgrade senkrecht zur Drehrichtung mit Stellwegen im Bereich von 0,1 mm ermöglichen. Gleichzeitig müssen die Führungen sehr steif gegenüber den anderen Freiheitsgraden (Stützfreiheitsgraden) sein, da zu niedrige Steifigkeiten sich negativ auf den Hartdrehprozess auswirken.

Elastokinematische Gelenke in Form von Biegebalken können zwei Ringe zu einem Käfig verbinden, so dass der eine Ring gegenüber dem anderen in der Ebene verschoben werden kann. Diese Anordnung ist sehr leicht und kompakt gegenüber Linearführungen mit Wälzkörpern, jedoch sind nur sehr kurze Stellwege möglich. Ein solcher Aufbau ist zudem nicht in der Lage, das Drehmoment zu übertragen, da die Ringe gegeneinander verdreht werden können. Für die Feinpositioniervorrichtung werden elastische Biegebalken verwendet, da sie sehr kompakt gestaltet werden können, in axialer Richtung sehr steif sind und zudem ein lineares Übertragungsverhalten aufweisen. Abbildung 5.6 stellt die Belastungsarten der für das 2-Freiheitsgrad-Spannfutter entwickelten elastokinematischen Gelenke dar.

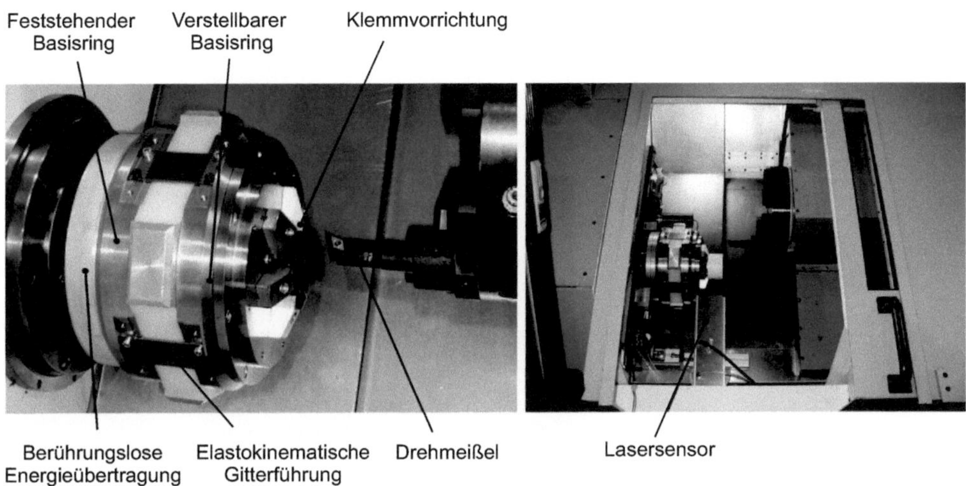

Abb. 5.7 Feinpositioniervorrichtung in eine CNC-Drehmaschine integriert [Den05f]

Pro Gitter wird eine Führungssteifigkeit unter 1 N/μm und eine Stützsteifigkeit von über 100 N/μm angestrebt. Dies wird hier mit Gitterelementen à zehn Streben mit quadratischem Querschnitt erreicht. Die Streben haben jeweils eine Kantenlänge von 2 mm und eine Länge von 52 mm. Messungen haben gezeigt, dass ein Gitterelement eine Steifigkeit von 0,19 N/μm in Führungsrichtung besitzt [Den06h].

Anhand der Anforderungen ist eine Exzentrizität im Bereich von bis zu 100 μm zu korrigieren. Unter Berücksichtigung eines Sicherheitsaufschlages von 20 % ist ein kalkulatorischer Stellweg von ca. ± 120 μm erforderlich. Direkt wirkende, also nicht übersetzte Aktoren können innerhalb des zur Verfügung stehenden Bauraums jedoch nur einen Leerstellweg von maximal 120 μm bzw. ± 60 μm ausführen. Um den geforderten Stellweg (gegen Systemsteifigkeiten) zu erreichen, wird ein zusätzlicher Übersetzungsmechanismus mit einem Faktor von 1:2 in die Struktur integriert.

5.1.3.3 Aufbau des Gesamtsystems

In Abb. 5.7 ist der Gesamtaufbau der Feinpositioniervorrichtung dargestellt. Diese wird über einen feststehenden Basisring mit der Drehmaschine verbunden. Am Basisring ist auch der rotierende Ring der berührungslos erfolgenden Energieübertragung befestigt. Zwischen feststehendem und verstellbarem Basisring sind elastokinematische Gitterführungen sowie Aluminiumblöcke zum Vorspannen der Aktoren zu erkennen (s. Abb. 5.8). An dem verstellbaren Basisring schließt die sechs Spannbacken umfassende, pneumatisch betriebene Membranspanneinheit [Imm09] an, in der die Zahnräder über den Kopfkreis eingespannt werden. Nach dem Vorgang des Feinpositionierens wird die Mittenbohrung als Initialreferenz über einen Drehmeißel eingebracht.

Den inneren Aufbau des Zwei-Freiheitsgrad-Spannfutters (2-FHG-Spannfutter) stellt die in Abb. 5.8 abgebildete Skizze dar. Dieser Aufbau ermöglicht eine Übersetzungs-

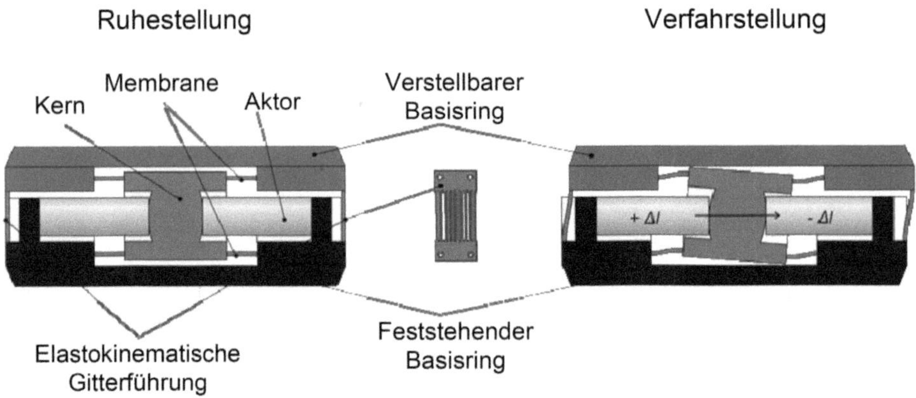

Abb. 5.8 Prinzipielle Wirkungsweise des 2FHG-Spannfutters [Den05d]

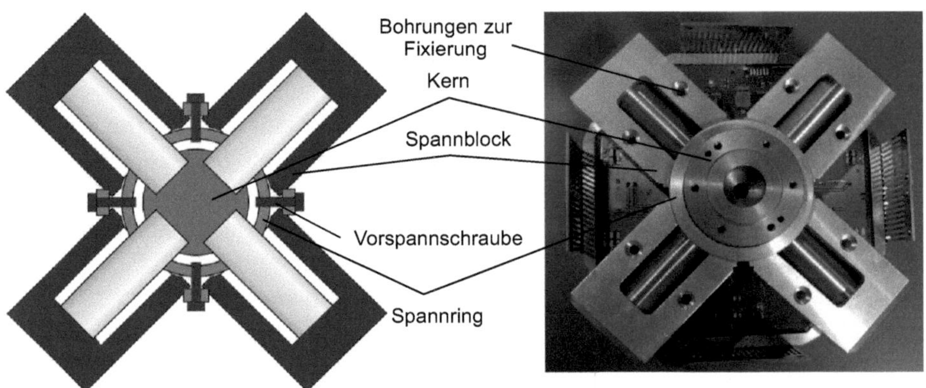

Abb. 5.9 Anordnung des Aktorsystems

funktion in Form eines Hebelübersetzers und legt zudem den bis jetzt noch freien Torsionsfreiheitsgrad durch Membrane fest [Den05e]. Zentrales Element ist ein verkippbarer Kern, der am oberen und unteren Ende mit den Basisringen verbunden ist und in der Mitte von den sternförmig um den Kern angeordneten Aktoren verkippt wird. Die Übertragung der translatorischen Bewegung erfolgt über zwei Membrane, welche gleichzeitig dafür sorgen, dass sich die beiden Basisringe nicht gegeneinander verdrehen können. In der Konstruktion ist somit ein piezoelektrisch betätigtes, übersetztes, elastokinematisches System verwirklicht [Den05b].

Aufgrund von Fertigungstoleranzen der Aktoren sowie der übrigen Komponenten ist eine genaue Vorspannung der Piezoaktoren nicht möglich. Aus diesem Grund sind u-förmige Aluminiumblöcke (s. Abb. 5.9) so konstruiert worden, dass sie neben der Vorspannung der Piezoaktoren auch eine Vorjustierung des verstellbaren Basisrings ermöglichen. Dazu werden die Blöcke gegenüber einem innen angeordneten Aluminiumzylinder verspannt. Der feststehende Basisring ist somit mit den Blöcken kraftschlüssig

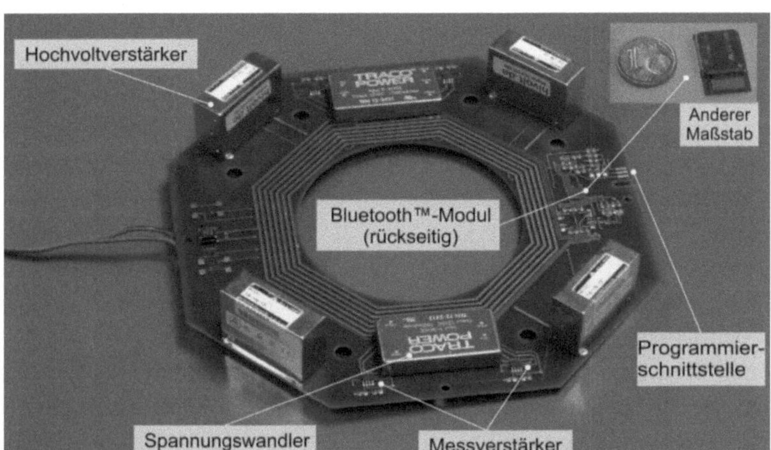

Abb. 5.10 Anordnung der elektronischen Elemente/Aufbau der Platine [Den05c]

verbunden. Die Blöcke wiederum übertragen die Kraft auf das äußere Ende der Piezoaktoren, die an ihrem zweiten Ende am zentralen, für die Positionierung verantwortlichen Kern Kraft einleiten. Somit lässt sich durch beidseitiges Anziehen zweier gegenüber angeordneter Vorspannschrauben die Vorspannung der Aktoren erhöhen. Andererseits kann durch einseitiges Anziehen bzw. durch Lockern auf der gegenüberliegenden Seite die Position des zentralen Kerns für die Vorjustierung verändert werden.

Sobald das Vorjustieren und das Vorspannen der Aktoren abgeschlossen sind, werden die Aluminiumblöcke über Reibschluss mit Schrauben auf dem feststehenden Basisring fixiert. Zum zusätzlichen Schutz der Aktoren bei Montagearbeiten sind diese mit einer Stahlhülse umgeben.

Für die Ansteuerung der Piezoaktoren und die Kommunikation mit einem Messrechner werden sämtliche elektronischen Komponenten auf einer Platine angeordnet. Dieses umfasst die Elemente zur Spannungsversorgung der Piezoaktoren, die Bauelemente zur Auswertung der Signale aus den Dehnungsmessstreifen der Piezoaktoren, entsprechende AD- und DA-Wandler. Die in Abb. 5.10 dargestellte Platine ist zwischen den Piezoaktoren und dem feststehenden Basisring in der Feinpositioniereinheit angeordnet.

Zur Energieversorgung des rotierenden adaptronischen Spannsystems wurde eine drahtlose Energieübertragung bestehend aus zwei Induktionsringen realisiert [Den05d]. Der Sekundärkreis der Energieübertragung stellt der auf der rotierenden Feinpositioniervorrichtung angeordneten Elektronik eine Wechselspannung zwischen 12 V und 14 V zur Verfügung. Die Schwankungen rühren unter anderem aus unterschiedlichen Luftspaltbreiten her. Über zwei Shottky-Dioden wird die Wechselspannung gleichgerichtet und anschließend auf Gleichspannungswandler geschaltet. Diese stellen auf der Platine stabilisierte Gleichspannungen von 3,3 V, 5 V und 12 V zur Verfügung.

Die Datenverbindung zum Messrechner ist ebenfalls drahtlos via Bluetooth [Den05c] realisiert worden. Die Ansteuerung der Aktoren erfolgt über eine I^2C-Schnittstelle. Für die Steuerung der Feinpositioniervorrichtung über den PC wurde in C++ eine komfortable Bedieneroberfläche programmiert.

5.1.3.4 Verifikation der Systemeigenschaften

Experimentelle Untersuchungen ergaben, dass die radiale Abtriebssteifigkeit des 2-FHG-Spannfutters 24 N/μm beträgt [Fle06]. Zum Vergleich wurde ebenfalls die radiale Abtriebssteifigkeit des Werkzeugs ermittelt. Mit 13 N/μm liegt diese erheblich unter der erreichten Abtriebssteifigkeit der Feinpositioniereinheit.

Positionierversuche bestätigen den vermuteten Stellwegverlust aufgrund von Systemsteifigkeiten. In der Drehmaschine wurde ein Stellweg von ± 100 μm in den Hauptachsenrichtungen erreicht. Somit ergibt sich gegenüber dem theoretisch möglichen Stellweg von ± 120 μm im eingebauten Zustand ein Stellwirkungsgrad von 83 % [Den05f]. In Untersuchungen zur Wiederholgenauigkeit der Feinpositioniervorrichtung wurde eine mittlere Abweichung von 0,83 μm über alle Messwerte ermittelt [Den06g]. Damit erfüllt das entwickelte adaptronische 2-FHG-Spannfutter die Anforderung bezüglich Stellweg und Positioniergenauigkeit ebenfalls.

In Hartdrehversuchen werden die präzisionsgeschmiedeten Zahnräder mit der Seite des Untergesenkes in die Feinpositioniervorrichtung eingespannt. Auf diese Weise wird sichergestellt, dass das Zahnrad mit der senkrecht zur Verzahnung stehenden Anlagefläche eingespannt wird. Die Dauer einer Messung beträgt ca. 4 s. Nach der Messung wird automatisch ein Korrekturvektor berechnet und über die Feinpositioniervorrichtung ausgeglichen. Die Eingabe und die Korrektur dauern ca. 5 s. Danach erfolgt eine zweite Messung, in welcher der Erfolg des Positioniervorgangs überprüft wird. Im Allgemeinen liegen die gemessenen Exzentrizitäten nach dem ersten Positioniervorgang im Bereich von 5 μm, teilweise wird schon eine komplette Korrektur der Exzentrizität beim ersten Positioniervorgang erreicht. Die Abweichungen resultieren aus dem Hysterese-Effekt der Piezoaktoren im gesteuerten Betrieb. Aus diesem Grund erfolgt gegebenenfalls eine Feinkorrektur bis die Restexzentrizität kleiner als 2 μm ist. Eine noch genauere Korrektur hat sich als nicht sinnvoll herausgestellt, da die Maschinenachsen eine begrenzte Genauigkeit aufweisen.

Der Hartdrehprozess, exemplarisch in Abb. 5.11a dargestellt, dauert ca. 3 min, wobei gleichzeitig während der Bearbeitung die Stirnfläche, die für die anschließende Schleifbearbeitung erforderlich ist, mit gefertigt wird. Nach der Bearbeitung erfolgt eine erneute Messung zur Kontrolle, ob die Zahnräder durch den Bearbeitungsvorgang ihre Position verändert haben.

Bei der feinpositionierten Hartfeinbearbeitung von zehn präzisionsgeschmiedete Zahnrädern lag die Exzentrizität nach dem Einspannen ohne Feinpositionierung im Mittel bei ca. 38 μm, wobei die einzelnen Werte in einem weiten Bereich zwischen 10 μm und 90 μm schwanken. Nach der ersten Korrektur wurde die Exzentrizität bereits im Mittel

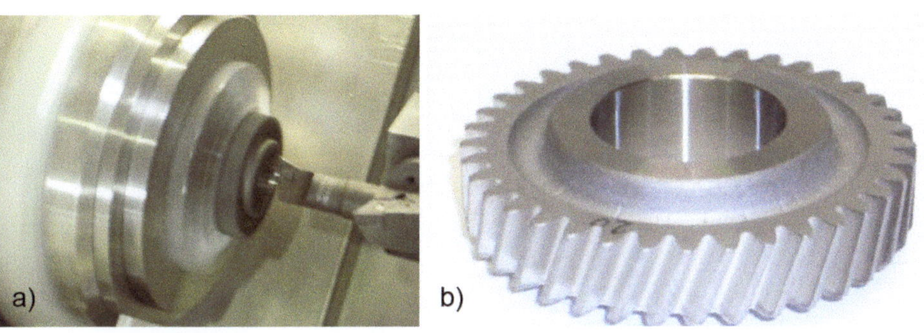

Abb. 5.11 Bearbeitung der Mittenbohrung mit adaptronischem 2FHG-Spannfutter

auf ca. 5 μm gesenkt. Im Feinschritt konnte dieser Wert dann vor der Bearbeitung auf durchschnittlich ca. 2 μm Restexzentrizität reduziert werden.

Nach der Bearbeitung wurde dann wieder eine leicht erhöhte Exzentrizität von im Durchschnitt 3 μm gemessen. Die Ursache hierfür ist aber nicht nur auf Einflüsse der Feinpositioniereinheit zurückzuführen. Aufgrund von Prozesskräften, die auch auf die Lager der Drehmaschine wirken, kann es zu Abweichungen in der Größenordnung von wenigen Mikrometern kommen.

In der abschließenden Schleifbearbeitung der Verzahnung konnten alle feinpositionierten Zahnräder ohne Ausschuss bearbeitet werden. Abschließende taktile Messverfahren haben gezeigt, dass die präzisionsgeschmiedeten und feinpositionierten Zahnräder hohen Ansprüchen genügen.

5.1.4 4-Freiheitsgrad-Spannfutter

Die bereits erwähnte Zielsetzung einer fehlerfreien Schleifbearbeitung der Verzahnung von präzisionsgeschmiedeten Ritzelwellen erfordert neben der Korrektur eines Exzenterfehlers auch die Korrektur des Taumelfehlers zwischen Wellenschaft und Verzahnung, um eine ausschussfreie Schleifbearbeitung der Verzahnung sicherzustellen. In Voruntersuchungen am exemplarisch untersuchten Bauteil Ritzelwelle hat sich herausgestellt, dass die Exzentrizitäten bis zu 70 μm und der Taumel bis zu 0,06° betragen können. Der Rundlauffehler der Verzahnung führt zu einer ebenso großen Fehllage der in der Aufspannung gefertigten Bohrung. Aus einer fehlerhaften Aufspannung der Ritzelwelle folgt eine ebenso große Fehllage des bearbeiteten Wellenschafts. Im nächsten Prozessschritt wird die Verzahnung relativ zu den Referenzen Bohrung und Schaft eingebracht. Die auftretenden Fehlerarten für die betrachteten Demonstrator Bauteile (s. Kap. 2) sind in Abb. 5.2a dargestellt. Bei der Einspannung präzisonsgeschmiedeter Ritzelwellen kann zusätzlich zum in Abschn. 5.1.1 vorgestellten Exzenterfehler aufgrund der Bauteillänge ein Taumelfehler vorliegen.

Mit Hilfe eines adaptronisches Spannfutters mit vier Freiheitsgraden, welches ein präzisionsgeschmiedetes Bauteil für einen Bearbeitungsprozess steif in vier Freiheitsgraden

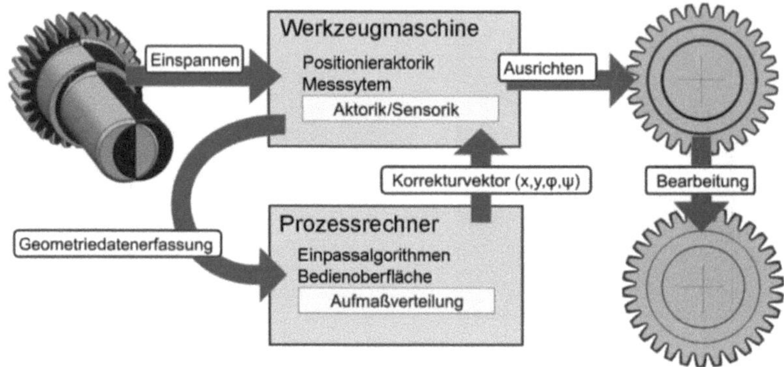

Abb. 5.12 Kompensation von Exzenter- und Taumelfehler präzisionsgeschmiedeter Ritzelwellen

ausrichten kann und so zusätzlich zur Exzenterfehlerkompensation auch eine Taumelfehlerkompensation ermöglicht, ist diese Zielsetzung realisierbar. Ferner ist ein Messsystem nötig, das anhand einer hinterlegten Sollgeometrie einen Korrekturvektor bzgl. des Exzenters und der Taumelkorrektur ermittelt. Abbildung 5.12 stellt den Lösungsansatz der aufmaßorientierten Feinpositionierung von präzisionsgeschmiedeten Ritzelwellen und das Zusammenwirken vom sensorischen und aktorischen Teil dar.

5.1.4.1 Anforderungen

Aus Voruntersuchungen, den Qualitätsanforderungen und dem Hartdrehprozess der präzisionsgeschmiedeten Ritzelwellen ergeben sich Anforderungen an das 4-Freiheitsgrad-Spannfutter.

Zur Kompensation der Exzentrizität präzisionsgeschmiedeter Ritzelwellen wird ein Stellweg von mindestens $\pm$ 80μm jeweils in x- und y-Richtung benötigt. Dabei sollte eine Positioniergenauigkeit im Bereich von wenigen Mikrometern erreicht werden. Zum Ausgleich eines Taumelfehlers soll das 4-Freiheitsgrad-Spannfutter zusätzlich eine Verkippung von mindestens $\pm 0,06°$ jeweils in φ- und ψ-Richtung ermöglichen.

Während des Hartdrehprozesses des Wellenschafts treten Bearbeitungskräfte von bis zu 1000 N auf, so dass die Übertragung der entsprechenden Kräfte und Momente von der Spannvorrichtung und dem Spannfutter selbst gewährleistet werden muss. Ferner ist für die Prozessstabilität eine radiale Abtriebssteifigkeit am Ende eines Werkstücks mit der Länge von 135 mm von mindestens 5,5 N/μm erforderlich.

Zur Integration in eine konventionelle Drehmaschine sollten auch die Abmessungen des adaptronischen 4-FHG-Spannfutters die Größe von Ø 300 mm × 80 mm nicht überschreiten. Ferner muss die Energie- und Datenübertragung berührungslos erfolgen und die Elektronik einer Fliehkraft bei einer Drehzahl von bis zu 3000 U/min widerstehen.

Die Entwicklung des maschinenintegrierten Messsystems zur Erfassung der Exzentrizität und des Taumels der präzisionsgeschmiedeten Ritzelwellen wird in Kap. 6 näher erläutert.

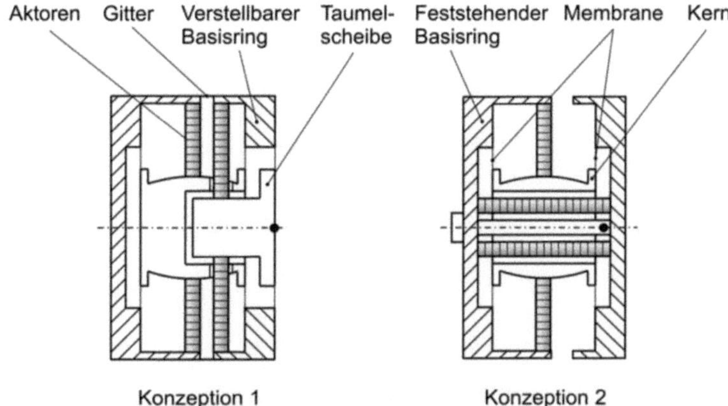

Abb. 5.13 Entkoppelte und gekoppelte Kinematik eines 4-FHG-Feinpositionierspannfutters [Imm09]

5.1.5 Lösungsansatz

Die Erarbeitung der konzeptionellen Umsetzung eines Feinpositionierspannfutters mit vier Freiheitsgraden basiert auf den Erfahrungen mit dem bereits entwickelten 2-FHG-Spannfutter (s. Kap. 5.1.3). Die Hauptfunktion eines derartigen Systems stellt die mikrometergenaue und gleichzeitig steife Bauteilpositionierung vor und während der Bearbeitung dar. Durch die positive Erfahrung mit Piezoaktoren im 2-FHG-Spannfutter werden diese auch als Aktorik im 4-FHG-Spannfutter Verwendung finden.

Bei der Konzeption einer kinematischen Struktur mit vier Freiheitsgraden besteht die Möglichkeit, die translatorischen und rotatorischen Freiheitsgrade durch zwei getrennte, in Reihe geschaltete Teilpositioniersysteme zur Verfügung zu stellen. Eine derartige Lösung bietet Vorteile bzgl. der Entkopplung der Freiheitsgrade und damit der Steuerung/Regelung des Systems. Eine Herausforderung stellt bei einer derartigen Konzeption die Bereitstellung einer ausreichenden Systemsteifigkeit dar, da die Reihenschaltung zu einer erheblichen Reduktion der Gesamtsteifigkeit im Vergleich der Steifigkeiten der Einzelsysteme führt.

Eine weitere Struktur stellt die Parallelkinematik dar, bei der die Antriebe nicht einzelnen Freiheitsgraden zugeordnet werden können. Derartige Konzepte ermöglichen durch lediglich eine mechanische Struktur Lösungen auf kleinstem Bauraum. Die Herausforderungen liegen in der durch die Struktur gegebenen Verkopplung der Freiheitsgrade und der erhöhten Komplexität der Kalibrierung und der Regelung.

Entworfen wurde zum einen eine serielle Kinematik mit zwei mechanischen Strukturen zur Entkopplung der Freiheitsgrade. Die zweite Konzeption stellt eine gekoppelte Kinematik dar (s. Abb. 5.13). Beide Systeme nutzen Piezoaktoren als Antriebselemente aufgrund einer präzisen Ansteuerbarkeit im Submikrometerbereich sowie deren hohe Eigensteifigkeit. Die Anbindung an den Spindelflansch erfolgt für beide Entwürfe über einen feststehenden Basisring.

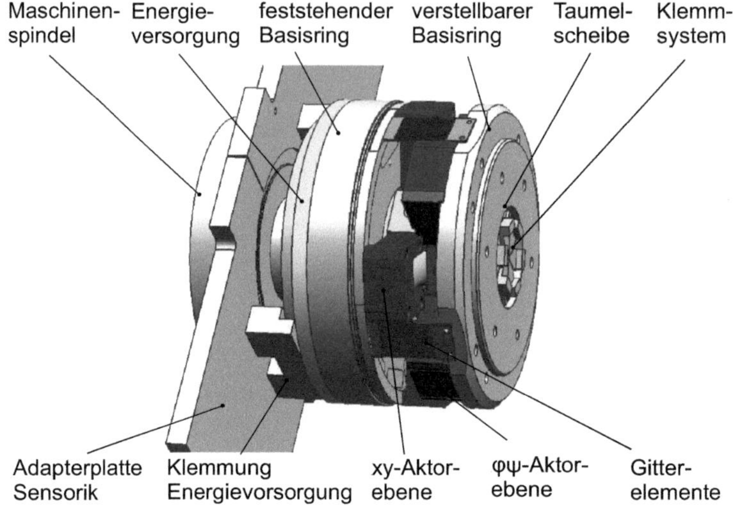

Abb. 5.14 Gesamtansicht des Konzepts 1 des 4-FHG-Feinpositionierspannfutters [Imm09]

Die erste Konzeption verfügt über eine getrennte mechanische Struktur zur Kompensation des Taumelfehlers, welche sich auf dem verstellbaren Basisring aufsetzt. An einer zentral angeordneten Taumelscheibe greifen die Aktorkräfte an. Diese verursachen durch eine antagonistische Ansteuerung eine Verkippung der Taumeleinheit. Die Aufnahme von Momenten wird über die bereits von 2-FHG-Spannfutter bekannten Membrane realisiert, die über eine hohe radiale Steifigkeit verfügen. Positiv wirkt sich hier aus, dass der Drehpunkt bei der Taumelfehlerkompensation an der Anlagefläche des Werkstücks liegt. Eine Aktuierung erzeugt somit keinen Exzenterfehler, der zusätzlich kompensiert werden muss.

Die Taumelkompensation des zweiten Konzepts erfolgt durch achsparallel im Kern angeordnete Aktoren. Diese sind direkt zwischen feststehendem und verstellbarem Basisring integriert und werden über eine zentral angeordnete Spannschraube vorgespannt. Eine Ansteuerung der Aktoren nach dem Gegenspielerprinzip erzeugt eine Verkippung des verstellbaren Basisrings, wobei die erforderlichen Stellwinkel in einem Abstand von bis zu ca. 50 mm von der Drehachse erreicht werden.

5.1.5.1 Konstruktive Umsetzung

Anhand analytischer Modelle wurden zunächst die Stellwege und Steifigkeiten der einzelnen Konzepte untersucht und optimiert [Den07, Den07k, Imm09], bevor beide Konzepte konstruktiv umgesetzt wurden. Abbildung 5.14 zeigt für die konstruktive Umsetzung eines 4-FHG-Feinpositionierspannfutters nach Konzeption 1. Über einen Adapterflansch wird das Spannfutter an die Werkzeugmaschine angebunden. Der feststehende Basisring übernimmt neben der Aufnahme der Aktorkräfte auch die Funktion der Abstützung der größeren elektronischen Bauteile. Um eine kompakte Einheit zu erreichen, werden die Aktoren des xy-Positioniersystems (Exzenterkorrektur) gegenüber den Aktoren des

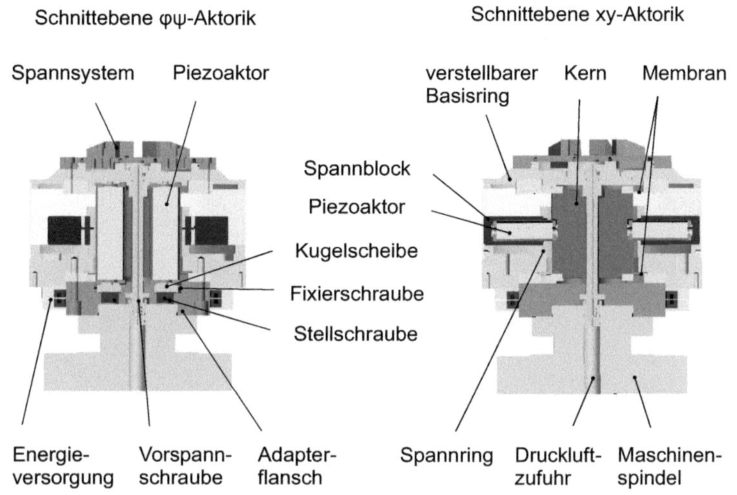

Abb. 5.15 Schnitt durch das Konzept 2 des 4-FHG-Feinpositionierspannfutters [Imm09]

$\varphi\psi$-Systems (Taumelkorrektur) um 45° gedreht angeordnet. In das $\varphi\psi$-System ist eine Spannvorrichtung eingelassen, so dass eine Werkstückaufnahme auf Höhe der Membran erfolgt.

Die konstruktive Umsetzung der Konzeption 2 ist in Abb. 5.15 dargestellt. Die Vorspannung und Justage der achsparallelen Aktoren erfolgt über in den Adapterflansch integrierte Gewindeschrauben, welche den aus Piezoaktor, Kugelscheiben/Kegelpfannengelenken bestehenden Antriebsstrang einzeln verspannen. Nach dem Vorspann- und Justageprozess ermöglichen radiale Fixierschrauben eine reibschlüssige Übertragung der Aktorkraft auf den Adapterflansch. Setzvorgänge in den Gewinden werden vermieden, so dass eine dauerhaft präzise Ansteuerung des Systems gewährleistet wird.

In der Konzeption 2 werden Piezoaktoren achsparallel angeordnet. Die Fliehkraft belastet die Aktoren somit auf Scherung bzw. Biegung. In Fliehkraftversuchen wurden jedoch keine negativen Auswirkungen auf das Verhalten der Piezoaktoren festgestellt.

Die Justierung und Vorspannung der Piezoaktoren des xy-Teilpositioniersystems erfolgt für beide Konzeptionen durch vier paarweise gegenüberliegend angeordnete Spannblöcke. Diese werden über Vorspannschrauben gegenüber dem feststehenden Basisring fixiert. Ein gleichzeitiges Anziehen aller Schrauben führt zu einer Erhöhung der Vorspannung, wohingegen es bei paarweisem Anziehen bzw. Lösen auf der gegenüberliegenden Seite zu einer Verschiebung des Systems kommt. Nach der Zentrierung und Vorspannung der Aktoren erfolgt eine Fixierung über weitere Fixierschrauben, so dass eine reibschlüssige Kraftübertragung der Aktorkraft auf den feststehenden Basisring für den Einsatz des Systems im Bearbeitungsprozess gewährleistet wird.

Da bei beiden Konzepten ein Zusammenhang zwischen Stellweg, Stellwinkel und Steifigkeit besteht, wird zur Optimierung dieser Kenngrößen auf die Pareto-Optimierung zurückgegriffen.

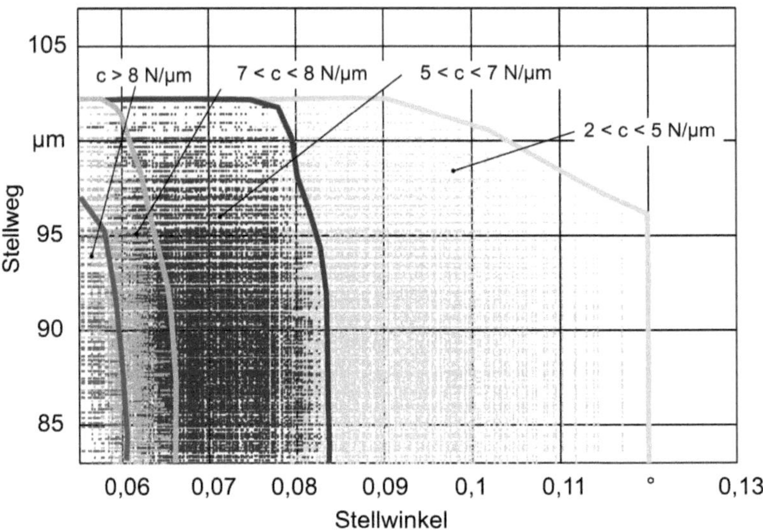

Abb. 5.16 Pareto-Diagramm des Gesamtsystems der Konzeption 1 [Imm09]

5.1.5.2 Pareto-Optimierung

Bei der Aufgabe handelt es sich um ein mehrkriterielles Optimierungsproblem. Als Zielgrößen werden der erreichbare Stellweg, Stellwinkel sowie die Abtriebssteifigkeit des Gesamtsystems definiert. Abbildung 5.16 stellt ein erweitertes Pareto-Diagramm für die erste Konzeption dar, aus dem zu erkennen ist, dass die Stellwege und Stellwinkel mit steigender Systemsteifigkeit abnehmen. Der Stellwinkel verringert sich um ca. 0,1°/(N/µm), der Stellweg nimmt erst im betrachteten Bereich bei 7 N/µm um ca. 4 µm/(N/µm) ab.

Die Untersuchungen wurden analog für die zweite Konzeption durchgeführt [Imm09]. Der Systemsteifigkeit wird bei der Auswahl optimierter Systemparameter Vorrang eingeräumt, um einen ratterfreien Prozess zu gewährleisten. Die übrigen Randbedingen werden auf einer Paretofront von 7 N/µm erfüllt. Die letztendliche Auswahl erfolgt im zweiten Schritt auch nach Kriterien eines minimalen Bauraums, den die jeweiligen Parametersätze ermöglichen.

5.1.5.3 Optimierung anhand von FEM und MKS

Um eine abschließende Bewertung der Konzeptionen durchführen zu können, wurden zur Analyse der Bauteileigenschaften FEM-Simulationen und Mehrkörpersimulationen durchgeführt [Den07a, Den07c, Imm09]. Die Ergebnisse der Untersuchungen sind in Tab. 5.1 dargestellt. Die Simulationen ermöglichten eine exakte Auslegung der Bauteileigenschaften nach den Vorgaben der Pareto-Optimierung, so dass die Steifigkeiten und Stellwege anhand der numerischen Verfahren annähernd bestätigt wurden. Weiterhin ergibt sich für beide Systeme ein lineares Stellverhalten, so dass von einer konstanten Übersetzung zwischen Aktorauslenkung und Stellbewegung bei Verwendung von elastokinematischen Gelenken und Piezoaktoren in Feinpositionierspannfuttern ausgegangen

Tab. 5.1 Bewertung der Konzeptionen anhand der zentralen Anforderungen [Imm09]

Merkmal	Forderung	Konzeption 1	Konzeption 2
Max. Stellweg	± 80 µm	± 95 µm	± 59 µm
Max. Stellwinkel	± 0,06°	± 0,07°	± 0,055°
Verkippung der Ritzelwelle bei xy-Ausgleich	< 0,01°	0,0003°	0,021°
Verschiebung der Ritzelwelle bei φΨ- Ausgleich	< 1 µm	0,2 µm	96 µm
Lineares Stellverhalten	-	ja	ja
Übersetzung xy – Ausgleich	~ 2	2	2,54

Legende	
(hell)	Forderung erfüllt
(dunkel)	Forderung nicht erfüllt

werden kann. Eine Verkopplung der Freiheitsgrade tritt bei der ersten Konzeption nicht auf. Die Verkippung bei maximalem Stellweg um 0,0003° schränkt die Taumelkompensation nur in vernachlässigbarem Umfang ein. Ebenso vernachlässigbar ist die auftretende Translation von 0,2 µm bei maximalem Kippwinkel.

Die zweite Konzeption erfüllt dagegen die Anforderungen bezüglich der Stellwege, Stellwinkel sowie der Verkopplungen nicht. Ursache ist insbesondere die zentrale Vorspannschraube, die die achsparallelen Aktoren mit einer Kraft von ca. 8000 N vorspannen muss. Die Auslegung gelingt nicht ausreichend biegeweich, um eine Verkopplung zwischen den Freiheitsgraden zu vermeiden bzw. ausreichend gering zu halten. Bei maximaler translatorischer Auslenkung entsteht eine Verkippung von 0,021°, was ca. 30 % des möglichen Stellwinkels entspricht. Bei maximaler Verkippung tritt in den Simulationen weiterhin ein Exzenter von ca. 96 µm auf, der durch das xy-Teilpositioniersystem nicht kompensiert werden kann. Tabelle 5.1 fasst die Merkmale der beiden Konzeptionen zusammen.

Konzeption 1 kann alle Anfoderungen an die aufmaßorientierte Feinpositionierung in vier Freiheitsgraden von präzisonsgeschiedeten Ritzelwellen erfüllen. Eine Schnittansicht dieses Konzepts ist in Abb. 5.17 noch einmal dargestellt.

5.1.5.4 Aufbau des Gesamtsystems

Das Gesamtsystem wird gemäß Konzeption 1 weiterentwickelt. Die Energieübertragung wird mit den bereits für das 2-FHG-Spannfutter entwickelten Induktionsringen berührungslos realisiert [Den07j, Imm09]. Die elektronischen Bauteile wie Gleichspannungswandler, DA-Wandler, Vor- und Messverstärker sowie Hochvoltverstärker werden ebenfalls auf einer Platine (s. Abb. 5.18) angeordnet. Zur Vermeidung von Unwuchten wird die Platine samt allen elektronischen Komponenten rotationssymmetrisch aufgebaut. Zur Spannungsversorgung der einzelnen Bauteile stellt die mit zwei Layern ausgeführte Platine mittels entsprechender Spannungswandler, wie auch bei dem 2-FHG-

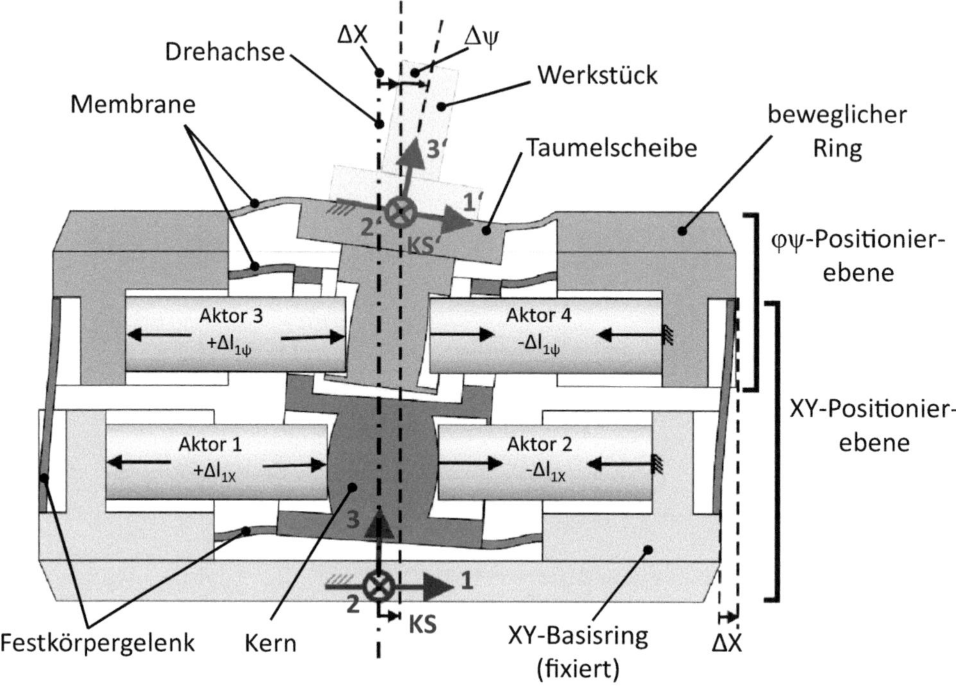

Abb. 5.17 Schematischer Aufbau des 4-FHG-Spannfutters [Den10o]

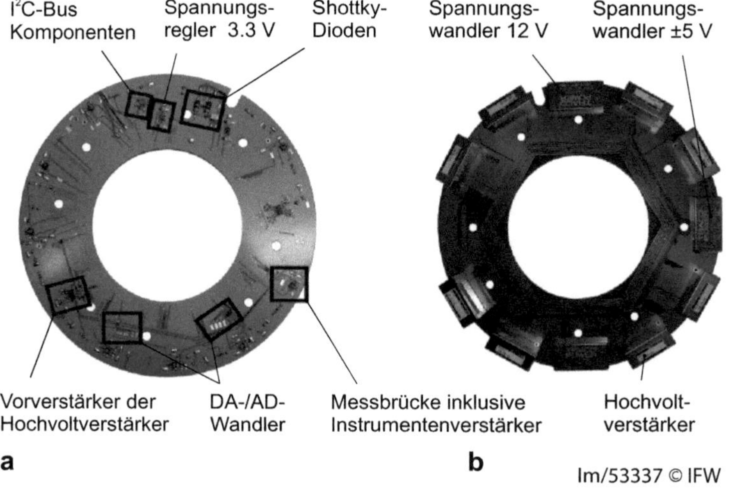

Abb. 5.18 Elektronischer Systemaufbau. **a** Oberseite **b** Unterseite [Imm09]

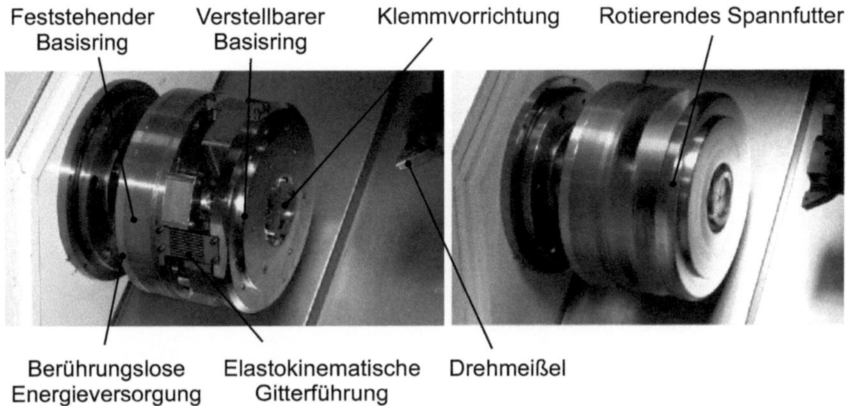

Abb. 5.19 4-FHG-Feinpositionierspannfutter integriert in eine CNC-Drehmaschine [Den07]

Tab. 5.2 Stellwege und Steifigkeiten des Feinpositionierspannfutters

	XY-System	$\varphi\psi$-System	Wellenende (Länge: 120 mm)
Stellweg	± 83 µm	$\pm 0,06°$	/
Steifigkeit	23,2 N/µm	12,8 N/µm	7,6 N/µm

Spannfutter, Spannungen von 3,3 V, ± 5 V und 12 V zur Verfügung. Zur Messung der Piezoaktorausdehnung werden die auf den Piezoaktoren applizierten Dehnungsmessstreifen genutzt.

Erfahrungen mit der Platine des 2-FHG-Spannfutters haben gezeigt, dass die Elektronik auch unter Fliehkrafteinfluss zuverlässig funktioniert. Die Kommunikation zwischen der Feinpositioniervorrichtung und dem Messrechner wurde über eine berührungslose Datenübertragung realisiert. Sowohl mit Bluetooth, WLan als auch ZigBee kann eine fehlerfreie Ansteuerung des Feinpositionierspannfutters gewährleistet werden [Imm09].

Abbildung 5.19 zeigt das in eine Drehmaschine integrierte 4-FHG-Feinpositionierspannfutter. Die Anbindung an die Werkzeugmaschine erfolgt über den feststehenden Basisring. An diesem ist ebenfalls einer der Ringe der berührungslosen Energieversorgung angeordnet. Zwischen feststehendem und verstellbarem Basisring sind die Stützecken der Aktoren sowie die Gitterführungen zu erkennen. An dem verstellbaren Basisring schließt die Spannvorrichtung an, in die das Werkstück für die Bearbeitung gespannt wird.

5.1.5.5 Verifikation der Systemeigenschaften

In Tab. 5.2 sind die Daten der Verifikation der Systemeigenschaften zusammengefasst. Für das xy–Teilpositioniersystem ergeben sich in Achsrichtung maximale Stellwege von 162 µm in x-Richtung bzw. 170 µm in y-Richtung. Im Durchschnitt ist das Feinpositionierspannfutter in der Lage, Werkstücke aus der Mittelstellung um ± 83 µm translatorisch zu positionieren. Die Unterschiede in den Stellwegen der Achsen von ca. ± 4 µm rühren zum einen aus leicht unterschiedlichen Aktoreigenschaften her, zum anderen können kleine Unterschiede bei der Anbindung der Aktoren in das mechanische System einen entsprechenden Einfluss hervorrufen.

Zur Messung der Verkippung der Taumelscheibe wurde jeweils in einem Abstand von 50 mm von der Rotationsachse die Abhebung und Absenkung der Taumelscheibe gemessen. Zur Bestimmung des maximal erreichbaren Stellwinkels bei beiden Achsen wurde eine Auslenkung von 103 μm gemessen. Da annähernd derselbe Wert sowohl für die Hebung als auch die Absenkung der Taumelscheibe an der gegenüberliegenden Seite gemessen wurde, konnte die in den Simulationen angenommene, gleichmäßige Verkippung um das Zentrum der Membran bestätigt werden.

Die Ermittlung der Steifigkeit des 4-FHG-Spannfutters wurde bei aktiver Elektronik mit einer Spannung von 500 V an jedem Aktor durchgeführt. Die Gesamtsteifigkeit am Wellenende (Länge: 120 mm) liegt bei 7,6 N/μm, die des xy–Teilpositioniersystems bei 23,2 N/μm und die des $\varphi\psi$–Systems bei 12,8 N/μm. Weitergehende Informationen zur Steifigkeitsmessung sind in [Imm09] zu entnehmen.

5.1.5.6 Dynamische Systemeigenschaften

Zur Bestimmung der Eigenfrequenzen und den dazugehörigen Schwingungsformen wurde eine Modalanalyse des in der Werkzeugmaschine integrierten Feinpositionierspannfutters durchgeführt, wodurch möglichst nah an die Betriebsbedingungen angepasste Randbedingungen erreicht werden. Es wurden sowohl die Eigenmoden der aus der Werkzeugmaschine herrührenden Komponenten aufgenommen als auch die des Spannfutters selbst [Imm09].

Tabelle 5.3 zeigt die ermittelten dominanten Eigenmoden. Eigenschwingungen der Maschinenspindel treten ab einer Frequenz von 113 Hz in Form von Biegeschwingungen auf, wobei erst der 10. und 11. Mode mit einer Frequenz von ca. 180 Hz stark ausgeprägt schwingen. Eigenfrequenzen des Spannfutters wurden ab 176 Hz detektiert.

Die Modalanalyse zeigt, dass keine kritischen Eigenmoden in dem angestrebten Schlichtdrehprozess angeregt werden, da hier die Drehzahlen nur einem Bereich bis max. 3.000 U/min liegen. Erst ab Drehzahlen von ca. 10.000 U/min erfolgt eine Anregung von Eigenfrequenzen des in der Maschine integrierten Systems. Somit sind die dynamischen Voraussetzungen für einen stabilen Prozess erfüllt.

5.1.5.7 Bearbeitung von Ritzelwellen

In Vorversuchen mit Werkstücken aus Aluminium und Stahl erfolgte eine Bearbeitung mit einer Drehzahl von 600 U/min bei einem Vorschub von 0,06 mm/U unter den Bedingungen eines Schlichtprozesses. Als Werkzeug diente eine mit Aluminiumoxid beschichtete Wendeschneidplatte. Die Vorversuche lieferten gute Ergebnisse, so dass im Anschluss mittels des 4-FHG-Spannfutters der Wellenschaft präzisionsgeschmiedete Ritzelwellen hartgedreht wurden. Abbildung 5.20 zeigt das integrierte Spannfutter und die Sensorik in der Drehmaschine sowie die Bearbeitung einer Ritzelwelle.

Für den Schlichtprozess des Wellenschaftes präzisionsgeschmiedeter Ritzelwellen wurden aufgrund ihrer hohen Verschleißfestigkeit CBN-Schneidplatten verwendet. In IMMEL

Tab. 5.3 Eigenmoden von Werkzeugmaschine und Feinpositionierspannfutter [Imm09]

Mode	Frequenz [Hz]	Komponente	Beschreibung	Drehzahl [U/min]
1	5,9	Fundament	Translatorische Schwingung des Fundaments in axialer Richtung	354
2	13,5	Fundament	Drehschwingung um die y-Achse des Granitblocks	810
3	25,4	Fundament	Drehschwingung um die hintere, untere Kante des Granitblocks	1.524
10	176,2	Spindel	Biegeschwingung der Spindel	10.572
11	182,4	Spindel	Biegeschwingung der Spindel	10.944
14	207	Spindel	Biegeschwingung der Spindel	12.420
20	267,5	Spannfutter	Radiale Parallelverschiebung der Basisringe	16.050
21	279,6	Spannfutter	Radiale Parallelverschiebung der Basisringe	16.776
28	426,1	Spannfutter	Translatorische Schwingung der Taumelscheibe gegenüber dem verstellbaren Basisring	25.566

Abb. 5.20 Versuchsaufbau und Bearbeitung einer Ritzelwelle [Imm09]

[Imm09] werden die Ergebnisse der Feinpositionierprozesse an einer präzisiongeschmiedeten Ritzelwelle exemplarisch vorgestellt. In drei Iterationsschritten wurde zunächst die Exzentrizität mit Hilfe der in die Maschine integrierten optischen Messtechnik ermittelt und mittels Feinpositionierung korrigiert. Die Anfangsexzentrizität lag nach der Einspannung bei 75 μm in X- und -110 μm in Y-Richtung. Eine Exzentrizität von mehr als

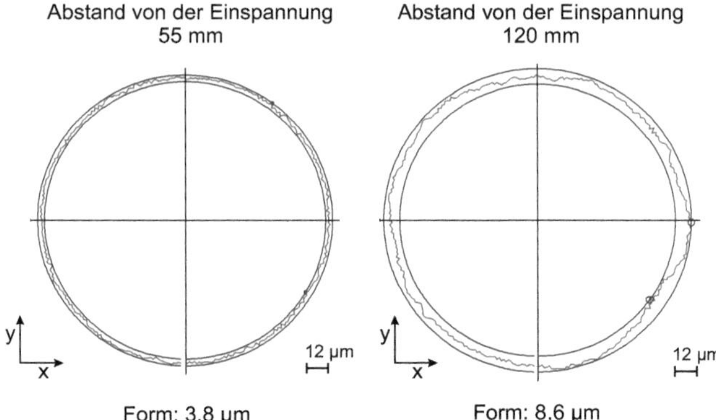

Abb. 5.21 Form eines Wellenschafts in Abhängigkeit der Entfernung zur Einspannung [Imm09]

80 µm konnte, aufgrund einer nicht zentrischen Stellung des verstellbaren Basisrings in y-Richtung vor der Messung, mit Hilfe des Feinpositionierspannfutters kompensiert werden. Eine Exzenterkorrektur ist bei verbleibenden Restexzentrizität geringer als 5 µm erreicht, denn eine weitergehende Korrektur im Bereich eines Mikrometers ist mit dem System zwar möglich, hat sich aber als nicht mehr sinnvoll aufgrund der Rauheit der geschmiedeten Oberflächen und der begrenzten Genauigkeit der hydrodynamischen Spindellagerung herausgestellt.

In den folgenden drei Iterationsschritten wurde der Taumel der Ritzelwelle gemessen und korrigiert. Hier wurde eine Taumelkompensation bei einem Resttaumel von 0,001° beendet. Dies entspricht, bei einem Abstand von 120 mm von der Einspannung, einem Exzenter von ca. 2 µm.

Aufgrund der abnehmenden Steifigkeit bei zunehmendem Abstand der Einspannung wurden die Formabweichungen des Wellenschafts in Abhängigkeit der Entfernung zur Einspannung untersucht. Abbildung 5.21 zeigt die Form des Wellenschafts der in [Imm09] exemplarisch dargestellten Ritzelwelle im Abstand von 55 mm und 120 mm zur Einspannung. Erwartungsgemäß steigt die Formabweichung von 3,8 µm auf 8,6 µm an.

Durch die Versuche konnte die Durchführbarkeit von feinpositionierten Drehprozessen mit einem 4-FHG-Feinpositionierspannfutter nachgewiesen werden. Die ratterfreien Versuche bestätigen, dass eine ausreichend hohe Steifigkeit auch am Ende des Werkstücks im Abstand von 120 mm von der Einspannstelle entfernt erreicht und Oberflächenqualität und Formtoleranzen eingehalten werden.

5.2 Verzahnungsschleifen

5.2.1 Technologie der Verzahnungsbearbeitung

5.2.1.1 Prozesskette zur Herstellung von Stirnverzahnungen

Zahnräder gehören bei der Leistungsübertragung in Maschinen- und Fahrzeugbau zu den wichtigsten Maschinenelementen. Aufgrund der günstigen, gleichmäßigen Abwälzung hat sich die Evolvente als Zahnform durchgesetzt. In DIN 867 wird dabei ein Bezugsprofil

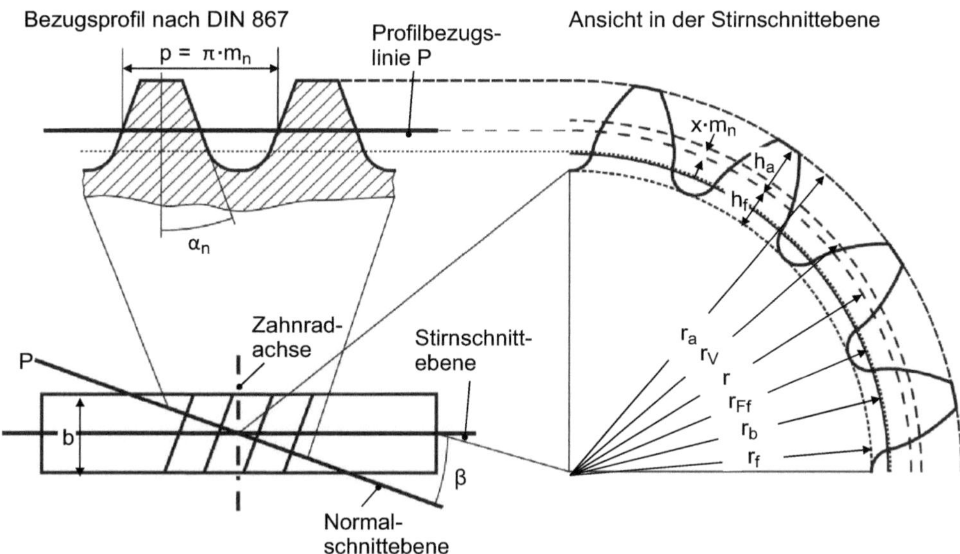

Abb. 5.22 Bestimmungsgrößen eines Evolventenzahnrades nach DIN 3960

festgelegt, welches durch den Normaleneingriffswinkel α_N, der Höhe des Zahnkopfes ha und des Zahnfußes h_f bestimmt ist. Dabei ist die unmodifizierte Zahnform durch das Normalenmodul mn, die Zähnezahl z, die Zahnbreite x, den Schrägungswinkel β und den Profilverschiebungsfaktor x gemäß DIN 3960 vollständig beschrieben. Weitere in Abb. 5.22 dargestellte Bezugsgrößen leiten sich daraus ab.

Bei der Herstellung durchläuft das verzahnte Bauteil vom Halbzeug bis zum einbaufertigen Zustand diverse Schritte einer mehrstufigen Prozesskette. Nachdem in der konventionellen Prozesskette das Schmiederohteil oder der gedrehte Zahnradrohling hergestellt wurde, wird die Rohverzahnung spanend erzeugt. Dabei gibt es aufgrund unterschiedlicher Verzahnungsgrößen und -arten eine große Verfahrensvielfalt [Bau11]. Neben dem Wälzhobeln, dem Wälzstoßen, dem Wälzschälen und dem Schaben kommt für kleine Module und große Stückzahlen hauptsächlich das Wälzfräsen zum Einsatz. Nach der Weichbearbeitung erfolgt das Härten durch Erwärmen, Halten unter kohlenstoffhaltiger Atmosphäre (Aufkohlen) und anschließendes Abschrecken. Rand und Kernhärte können dabei in einem weiten Bereich über die Prozessführung eingestellt werden. Für Verzahnungen mit martensitischem Gefüge sind dabei Randhärten von etwa 60 HRC bei Einhärtetiefen vom 0,2-fachen des Moduls üblich [Bau11]. Beim Präzisionsschmieden wird die Verzahnung durch das Umformen eingebracht. Das direkt anschließende Wärmebehandeln erlaubt dabei den Einsatz von Vergütungsstahl und bietet somit Potential zum Einsparen von Zeit, Energie und Kosten (s. Kap. 1 und Kap. 2).

Sowohl bei konventionellen Härteverfahren als auch beim Präzisionsschmieden sind durch die Wärmebehandlung Formänderungen und eine Verschlechterung der

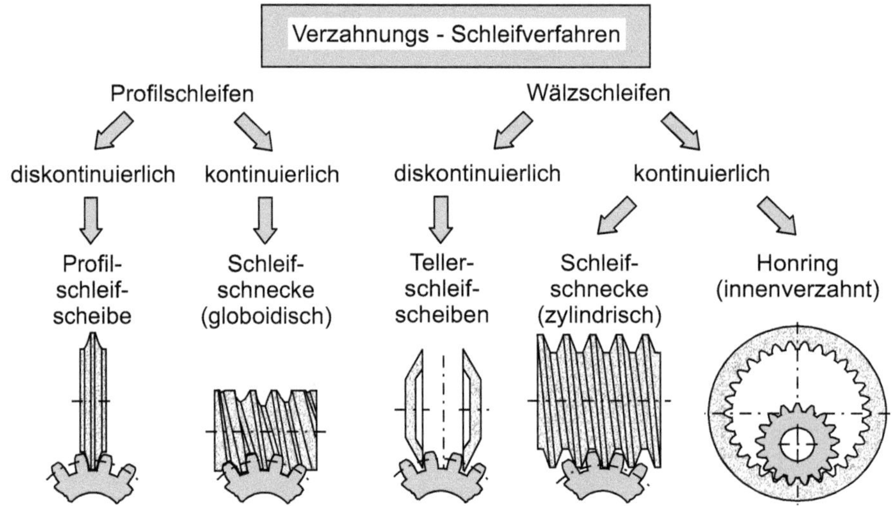

Abb. 5.23 Einordnung der Zahnflankenschleifverfahren nach DIN 8589

Oberflächenqualität zu erwarten. Die nach DIN 3961 definierte Verzahnungsqualität kann dabei um ca. 1-2 Stufen sinken [Bou94]. Aufgrund dieser technologischen Grenze werden Verzahnungen nach dem Härten oft spanend nachgearbeitet, um eine hohe Qualität sicherzustellen. Bei der Hartfeinbearbeitung werden diese Fehler korrigiert, die endgültige Verzahnungsgeometrie wird eingestellt. Hierfür steht eine große Anzahl von Verfahren zur Verfügung, welche sich in Verfahren mit geometrisch bestimmter und geometrisch unbestimmter Schneide einteilen lassen. Zu den geometrisch bestimmten Verfahren zählen das Schälwälzfräsen und -stoßen, Hartschaben und das Hartschälen.

5.2.1.2 Schleifen von Verzahnungen

Aufgrund der höheren Prozesssicherheit dominieren bei der Hartbearbeitung geometrisch unbestimmte Verfahren. Diese lassen sich nach DIN 8589 entsprechend der Erzeugung der Evolvente in die beiden Hauptbereiche Profil- und Wälzschleifverfahren einteilen. Beim Profilschleifen wird die Evolvente komplett durch die Werkzeuggeometrie abgebildet, während die Verzahnungsgeometrie beim Wälzschleifen aus der Werkzeuggeometrie über die Prozesskinematik generiert wird. Weiterhin können beide Verfahren im teilenden (diskontinuierlichen) und nicht teilenden (kontinuierlichen) Schleifprozess ablaufen. In Abb. 5.23 sind diese Verfahren dargestellt.

5.2.1.3 Profilschleifen

Das Profilschleifen ist Gegenstand intensiver Forschung. Es stehen vor allem Fragestellungen nach der Erhöhung der Leistungsfähigkeit des Prozesses im Vordergrund. Weiterhin wird die Steigerung der Verzahnungstragfähigkeit durch die Bearbeitung des Zahnfußes und die Reduzierung des Geräuschverhaltens wissenschaftlich untersucht. Beim diskontinuierlichen Profilschleifen wird mit entsprechend profilierten Werkzeugen die komplette Zahnlücke bearbeitet. Aufgrund der Flexibilität des Verfahrens findet es insbesondere bei der Bearbeitung von großen Verzahnungen und kleinen Stückzahlen häufig Anwendung. Durch die bahngesteuerten Abrichtverfahren lassen sich so Flankenvariationen in höchster Präzision einstellen. Dabei werden überwiegend konventionelle Schneidstoffe eingesetzt. Aufgrund der Formtreue kommen in der Fertigung für große Stückzahlen galvanisch gebundene Schleifwerkzeuge zum Einsatz [Kem00]. Zwecks Minimierung des Überlaufs am Auslauf der Verzahnung wird der Einsatz von stiftförmigen Schleifwerkzeugen untersucht. Wellenförmige Bauteile mit störenden Nebenelementen (Störkontur) können hiermit bearbeitet werden. Kontinuierliche, abbildende Verfahren mit Schleifschnecken (Globidschnecke) werden aufgrund der komplexen, unflexiblen Werkzeuggeometrie nur verwendet, wenn wellenförmige Bauteile mit Störkontur in großen Losen gefertigt werden [Wöl10].

5.2.1.4 Wälzschleifen

Beim generierenden Wälzschleifen wird ebenfalls zwischen kontinuierlichen und diskontinuierlichen Verfahren unterschieden. Wie auch beim Profilschleifen zielen die Entwicklungen beim Wälzschleifen im Wesentlichen auf die Erhöhung der Leistungsfähigkeit des Prozesses und der Erzielung geräuscharmer und tragfähiger Verzahnungen ab. Das diskontinuierliche Wälzschleifen ist unter dem Namen Teilwälzschleifen oder aufgrund des Verfahrensentwicklers als „Maag-Schleifen“ bekannt. Es wird mit Doppelkegelscheiben, Tellerscheiben oder einer Planscheibe durchgeführt. Bei dem Verfahren wird das Zahnprofil aus der ebenen Werkzeugkontur über eine gekoppelte Bewegung von Schleifscheibe und Werkstück generiert. Es lassen sich höchste Verzahnungsgüten mit dem Nachteil der langen Bearbeitungszeit erzielen.

Beim kontinuierlichen Wälzschleifen nimmt die Bearbeitung mit einem Honring eine Sonderstellung ein, da sich Kinematik und Verfahrensmerkmale deutlich von den anderen Schleifverfahren unterscheiden. Bereits in den siebziger Jahren entwickelt, ist der Prozess in den letzten Jahren von verschiedenen Werkzeugmaschinenherstellern durch Verwendung leistungsfähiger Maschinenkonzepte und Werkzeuge verbessert worden [Vuc08]. Bei dem Verfahren lassen sich aufgrund der Wirkrichtung der Schnittgeschwindigkeit sehr gute Oberflächenqualitäten erzielen. Da nur niedrige Abtragsraten erzielt werden können, wird das Verfahren auch als Verzahungshonen bezeichnet, obwohl es sich nicht um ein Honverfahren im Sinne der DIN 8589 handelt. Die niedrige relative Schnittgeschwindigkeit erlaubt die Nutzung von keramisch gebundenem Korund, galvanisch gebundenem CBN oder auch Diamant [Mar01].

Das kontinuierliche, generierende Schleifen mit einer zylindrischen Wälzschnecke wurde im Jahr 1945 durch die Fa. Reishauer entwickelt und ist aus diesem Grund unter der Bezeichnung ‚Reishauer-Schleifen‘ bekannt. Grundsätzlich lassen sich hier aufgrund der Prozessführung sehr kleine Teilungs- und Rundtoleranzen realisieren. Es werden vorwiegend konventionelle Schleifstoffe oder galvanisch gebundene CBN-Schleifscheiben verwendet. Bei generierenden Verfahren wird die Lage von Schleif- und Werkstückspindel gekoppelt. Bei modernen Werkzeugmaschinen erfolgt dies elektronisch über die NC-Steuerung. Der wesentliche Vorteil des kontinuierlichen Wälzschleifens liegt in den sehr geringen Nebenzeiten, da im Vergleich zum diskontinuierlichen Profilschleifen keine Verfahrwege zwischen zwei Zahnlücken notwendig sind. Somit ist es für Bauteile mit großer Zähnezahl insbesondere in der Serienproduktion gut geeignet [Sti09].

Grundsätzlich stellt sich bei der Bearbeitung von Verzahnungen die Frage der Prozesssicherheit. Einerseits muss der lokal unterschiedliche Werkzeugverschleiß aufgrund von nachfolgenden Geometriefehlern am Werkstück gering gehalten werden. Andererseits führt das ungleich verteilte Aufmaß bei der zeitoptimierten Bearbeitung zu erhöhter Zustellung, was zu thermischer Werkstückschädigung führen kann. Somit kann die Bearbeitung Einfluss auf die Dauerfestigkeit haben und die Bildung von Rissen im Zahngrund und Pittingbildung auf den Flanken der präzisionsgeschmiedeten Bauteile begünstigen. Deshalb wurde die Prozessführung beim diskontinuierlichen Profilschleifen eingehend untersucht. Aufgrund der angestrebten Mengenleistung wurden diese Ergebnisse auf das kontinuierliche Wälzschleifen übertragen. Zur weiteren Steigerung der Prozessleistung wird der Einsatz von keramisch gebundenen CBN Werkzeugen beim kontinuierlichen Wälzschleifen erstmalig erforscht [Rei06].

5.2.2 Aus der Prozesskette resultierende Besonderheiten

Gegenüber der beschriebenen konventionellen Prozesskette weicht die Bearbeitung der gratfrei geschmiedeten, aus der Schmiedewärme vergüteten, präzisionsgeschmiedeten Bauteile stark ab. Wie in Kap. 5.1.1 beschrieben, liegen auch nach der feinpositionierten Bearbeitung der Referenzfläche auf dem Bauteil hohe Aufmaße auf der Stirnverzahnung vor. Diese müssen im vergüteten Zustand nachbearbeitet werden.

Ursache für ebenfalls auftretende Aufmaßschwankungen der Rohteile ist der bisher unvermeidliche Verschleiß des Schmiedewerkzeugs, der mit steigenden Aufmaßen am geschmiedeten Bauteil verbunden ist und sich somit unmittelbar auf die Hartfeinbearbeitung auswirkt (s. Kap. 2). Insbesondere die in Hauptfließrichtung hervorstehenden Bereiche im Schmiedewerkzeug, wie beispielsweise die Zahnfüße einer Verzahnung, sind höchsten Belastungen beim Schmieden ausgesetzt. In diesen Bereichen tritt somit ein erhöhter Verschleiß auf. Das damit verbundene, steigende Aufmaß ist in diesem Bereich aufgrund der erhöhten Bearbeitungskräfte in Normalenrichtung für die Hartfeinbearbeitung kritisch.

Da die qualitätsbestimmende Hartfeinbearbeitung am Ende der technologischen Prozesskette steht, lautet die Zielsetzung daher, geeignete Hartfeinbearbeitungsverfahren zu entwickeln, die aufgrund ihrer Robustheit Aufmaßschwankungen der präzisionsgeschmiedeten Halbfertigteile kompensieren oder zulassen.

Für die geometrisch unbestimmte Bearbeitung von Verzahnungen wird dabei zunächst das diskontinuierliche Profilschleifen von präzisionsgeschmiedeten Zahnrädern untersucht. Insbesondere die Modellbildung von Verzahnungsabweichungen führt zur Befähigung des Prozesses. Aufgrund der hohen Mengenleistung werden Erkenntnisse auf den Prozess des kontinuierlichen Wälzschleifens übertragen. Dabei ist das effiziente Formabrichten von keramisch gebundenem CBN Hauptschwerpunkt.

5.2.3 Technologische Kenngrößen für das diskontinuierliche Profilschleifen

5.2.3.1 Analyse und Kalibrierung des Maschinenfehlers

Geometrische Bauteilqualitäten im einstelligen μm-Bereich stellen bei der Hartfeinbearbeitung hohe Anforderungen an den Prozess und die Werkzeugmaschine. Fehlstellung, Verkippung und falsche Positionierung der Achsen wirken sich unmittelbar auf die Verzahnungsqualität aus. Aufgrund der Überlagerung verschiedener Fehlereinflüsse sind diese in der geometrischen Messung am Bauteil nicht eindeutig zuzuordnen. Zur Rekonstruktion dieser Fehlereinflüsse ist deshalb die geometrische Simulation des Bearbeitungsprozesses sinnvoll. Mit einem Simulationsmodell kann der Einfluss verschiedener geometrischer Fehler nachgewiesen werden. Diese Modellbildung erlaubt es, die Fehler unterschiedlicher Achsstellungen nachzustellen. Fehlerhafte Profillinien, welche zum Beispiel durch die Verkippung der Schleifscheibe, die Verdrehung des Werkstücks oder überlagerte Fehlstellungen entstehen, können so quantitativ auf die Profilform des Werkstücks bezogen werden. Zur Korrektur der Bauteilfehler werden Korrekturbeträge in Δx_s und Δy_s aus den geometrischen Verhältnissen zwischen Profilschleifscheibe und Zahnlücke berechnet. Die ausführliche Rechnung ist in [Tür02b] erläutert.

Dies wird nachfolgend genutzt, Fehlstellungen der Achsen zu korrigieren. In einem ersten Schritt wird hierzu die Schleifscheibe gegenüber der Verzahnungsachse in Maschinenkoordinaten positioniert, eine Zahnlücke geschliffen und anschließend vermessen (Ausgangszustand). Aus den ermittelten Profillinienwinkelabweichungen der linken und rechten Zahnflanke wird die Verschiebung der Schleifscheibe berechnet und korrigiert. Bereits nach der ersten Korrektur tritt eine erhebliche Verbesserung der Verzahnungsqualität ein. Da die Zielqualität Stufe 5 jedoch nicht im ersten Schritt erreicht wird, ist eine zweite Korrektur notwendig. Die Ergebnisse zeigen, dass das aufgestellte Korrekturmodell insbesondere bei geringen Profilwinkelfehlern angewendet werden kann. Abbildung 5.24 veranschaulicht die Vorgehensweise. Damit liegt ein leistungsstarkes Werkzeug zur Korrektur verlagerungsbedingter Abweichungen vor.

5.2.3.2 Analyse der Stellgrößen

Bei der diskontinuierlichen Verzahnungsbearbeitung kommt es aufgrund einer endlich steifen Bearbeitungsmaschine zu Bauteilfehlern. Aufmaßschwankungen führen zu unterschiedlichen Zeitspanvolumina über der Bearbeitungsdauer, woraus variierende mechanische Belastungen resultieren. Diese führen zu Werkstückverlagerungen und Bauteilabweichungen. Weiterhin erhöhen die schwankenden thermischen Belastungen die Gefahr einer thermisch geschädigten Bauteilrandzone.

Die Untersuchung des Einflusses von Aufmaßschwankungen erfolgte durch die Bearbeitung von konventionell spanend vorbearbeiteten Zahnrädern. Um die Auswirkungen

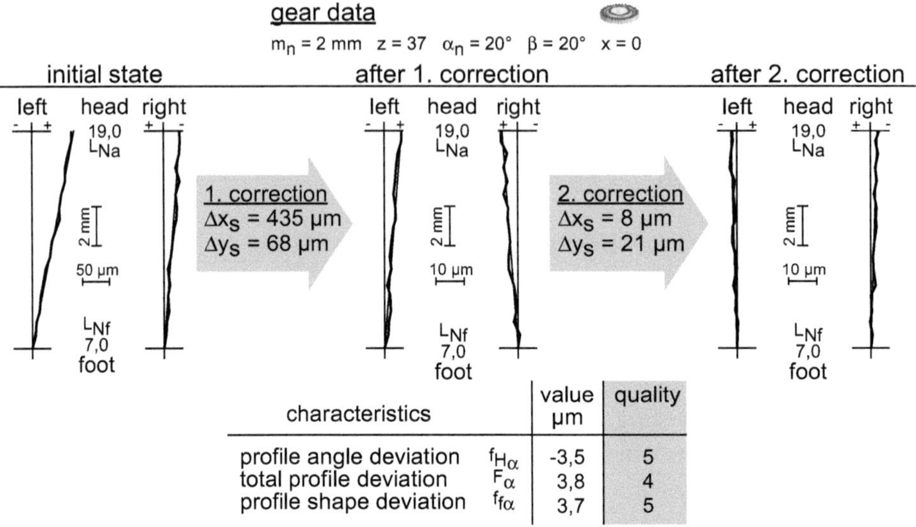

Abb. 5.24 Einstellen der Schleifscheibenposition unter Zuhilfenahme der Korrekturmodelle

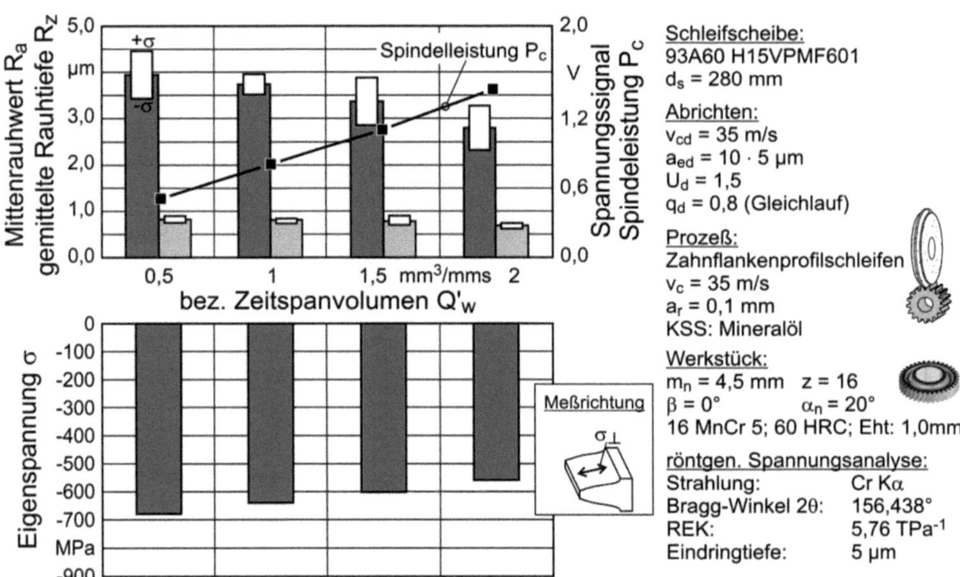

Abb. 5.25 Einfluss des bez. Zeitspanvolumens auf Rauheit, Spindelleistung und Eigenspannungen

zu bewerten, wurde das auf die Eingriffsbreite a_p bezogene Zeitspanvolumen Q'_w herangezogen [Tür02a]. Das bezogene Zeitspanvolumen Q'_w dient in allen Schleifprozessen als Vergleichsgröße. Den Einfluss dieser Auslegungsgröße auf die am Bauteil generierte Werkstückrauheit R_z und R_a, sowie die Oberflächeneigenspannungen σ und die im Prozess benötigte Spindelleistung P_c veranschaulicht (s. Abb. 5.25).

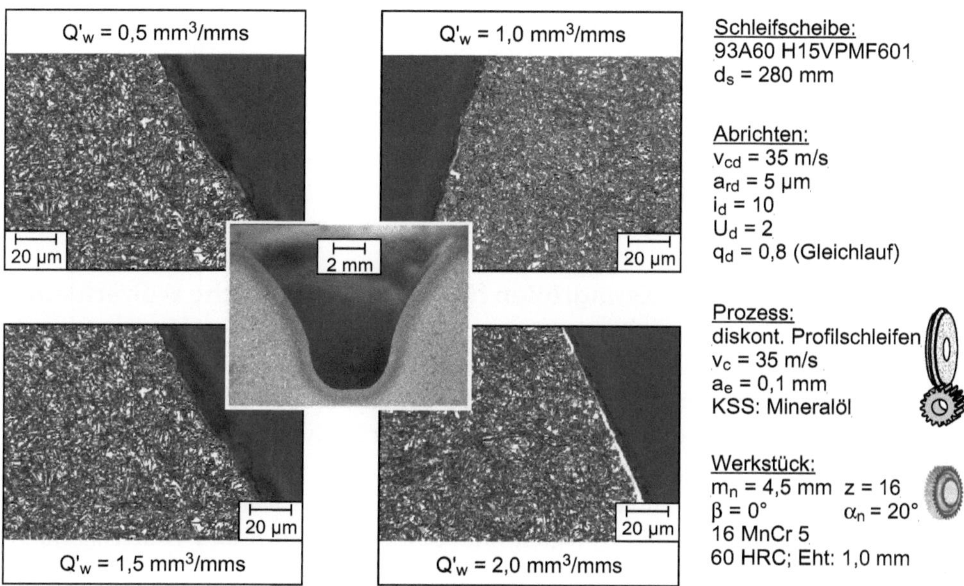

Abb. 5.26 Gefügebeeinflussung infolge unterschiedlicher bez. Zeitspanvolumina

Es wird deutlich, dass mit steigendem bezogenem Zeitspanvolumen Q'_w die Rauheiten R_z am Werkstück abnehmen und die Spindelleistung P_c infolge der erhöhten Prozesskräfte nahezu linear ansteigen. Durch die höheren Kräfte sind die Körner einem erhöhten Verschleiß ausgesetzt. Dabei kommt es zunächst zu einem Abstumpfen der Einzelkornschneiden und damit zu einer Verbesserung der Oberflächenrauheit am Werkstück. Bei Überschreitung der Haltekräfte in der Bindung brechen die Körner aus und die Oberflächenrauheit verschlechtert sich zunehmend. Das Absinken der Zahnflankenrauheit mit steigendem bezogenen Zeitspanvolumen ist auf ein Abstumpfen der Körner zurückzuführen. Gleichzeitig steigt der Anteil der Reibarbeit im Prozess an und wirkt sich unmittelbar auf die Oberflächeneigenspannungen aus. Durch die erhöhte thermische Wirkung bei einem größeren bezogenen Zeitspanvolumen nehmen die Druckspannungen an der Oberfläche des Bauteils leicht ab.

Abbildung 5.26 gibt die thermische Wirkung des hohen bez. Zeitspanvolumens Q'_w wieder. Diese Gefügeschliffbilder zeigen exemplarisch, wie bis zu einem bezogenen Zeitspanvolumen von $Q'_w = 1{,}5\,\text{mm}^3/\text{mm s}$ keine Gefügeschädigungen in Form von Anlasszonen oder Neuhärtungszonen beziehungsweise weiße Schichten auftreten. Darüber hinaus gehende Zeitspanvolumina führen zu einer thermischen Schädigung der Randzone, die im Schliffbild als weiße Schicht erkennbar ist.

Bei der Prozesslegung für präzisionsgeschmiedete Zahnräder wird das mittlere, gesamte Aufmaß von etwa 200 µm normal zur Flanke auf mehrere Prozessschritte aufgeteilt. Um Verzahnungsabweichungen in Folge schwankender Aufmaße zu minimieren, erfolgte die Bearbeitung im Vergleich zu wälzgefrästen Varianten mit einem reduzierten Vorschub und entsprechend geringerem Zeitspanvolumen von etwa $Q'_w = 0{,}5\,\mathrm{mm}^3/\mathrm{mm\ s}$. So kann mit konventionellen Schleifmitteln eine DIN-Qualität der Stufe 5 erreicht werden.

Für die Hartfeinbearbeitung ist eine Reduzierung der Bearbeitungszeit entscheidend. Um eine wettbewerbsfähige Prozesskette zur Herstellung von Zahnrädern anbieten zu können, werden die hier ermittelten Kenntnisse nachfolgend auf den Prozess des kontinuierlichen Wälzschleifens übertragen.

5.2.4 Technologische Kenngrößen für das kontinuierliche Wälzschleifen

Im zylindrischen Schleifwerkzeug für die kontinuierliche Bearbeitung von Stirnverzahnungen ist ein trapezförmiges Gewinde eingebracht. Im Normalschnitt gleicht das Profil dieses Werkzeuges dem Bezugszahnstangenprofil einer Evolvente. Aufgrund der Erscheinung wird dieses Werkzeug häufig als Wälzschnecke bezeichnet. Während der Bearbeitung werden die Position von Zahnrad und Wälzschnecke elektronisch über die Achsen der NC-Steuerung synchronisiert. Der Schrägungswinkel von Zahnrad β und Wälzschnecke β_0 wird über eine Schrägstellung der Werkzeugachse korrekt eingestellt. Die Zustellbewegung erfolgt schrittweise radial zum Werkstück und wird in Normalenrichtung als Zahnflankenaufmaß Δs angegeben, während die axiale Vorschubgeschwindigkeit v_f direkt angegeben wird.

5.2.4.1 Analyse und Kalibrierung der Prozesskinematik

Ähnlich wie beim diskontinuierlichen, abbildenden Verfahren haben beim kontinuierlichen Wälzschleifen mit Zylinderschnecken Geometriefehler Einfluss auf die Güte der Wälzflanken. Im Gegensatz hierzu hat ein falsch positioniertes Werkzeug verfahrensbedingt im Prozess wenig Auswirkungen auf die Profillinienabweichung im Normalschnitt. Flankenfehler stammen maßgeblich aus der Geometrie des Werkzeuges oder Fehlern im Abrichtprozess. Zum besseren Verständnis dieser Abweichungen hilft die Simulation des Prozesses durch numerische Analyse. Eine Profilwinkelabweichung $f_{H\alpha}$ kann so über eine Korrektur der Steigung auf der Wälzschnecke, was gleichbedeutend mit der Anpassung des Werkzeug Modules m_{n0} ist, korrigiert werden. Voraussetzung hierfür ist, dass zwischen rechter und linker Flanke ein gleichverteilter Fehler vorliegt. Das Beispiel in Abb. 5.27 zeigt diesen Anwendungsfall. Der Fehler wurde in einer ersten Messung zu $\Delta\alpha_n = 0.1067°$ ermittelt. Daraus lässt sich ein Ersatzmodul der Wälzschnecke von $m_{n0} = 4{,}456\,\mathrm{mm}$ berechnen und kompensieren [Tür02a]. Mit diesem Verfahren ist es möglich, die Qualität gemäß DIN 3961 von Stufe 9 auf Stufe 5 zu verbessern.

5.2.4.2 Optimierung der Werkzeuggeometrie

Aufgrund der Prozesskinematik kommt es beim kontinuierlichen Wälzschleifen zu periodisch wechselnden Eingriffsverhältnissen und somit zu Kraftschwankungen. Zusammen mit der Maschinennachgiebigkeit können diese sich negativ auf die Bearbeitung auswirken. Die Kontaktfolge beim kontinuierlichen Wälzschleifen stellt somit einen Einflussfaktor

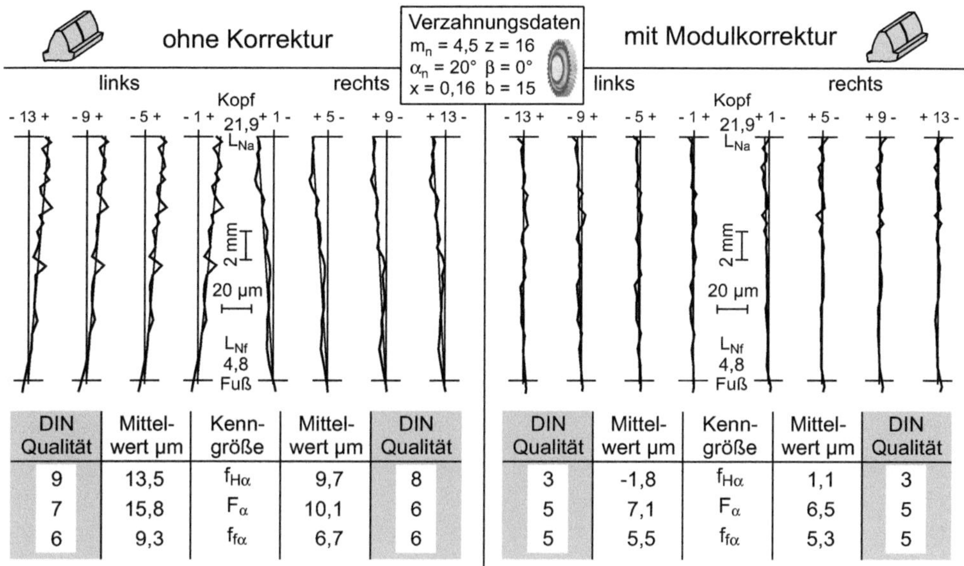

ohne Korrektur:

DIN Qualität	Mittelwert µm	Kenngröße	Mittelwert µm	DIN Qualität
9	13,5	$f_{H\alpha}$	9,7	8
7	15,8	F_α	10,1	6
6	9,3	$f_{f\alpha}$	6,7	6

mit Modulkorrektur:

DIN Qualität	Mittelwert µm	Kenngröße	Mittelwert µm	DIN Qualität
3	-1,8	$f_{H\alpha}$	1,1	3
5	7,1	F_α	6,5	5
5	5,5	$f_{f\alpha}$	5,3	5

Abb. 5.27 Profillinienabweichung vor und nach der Korrektur

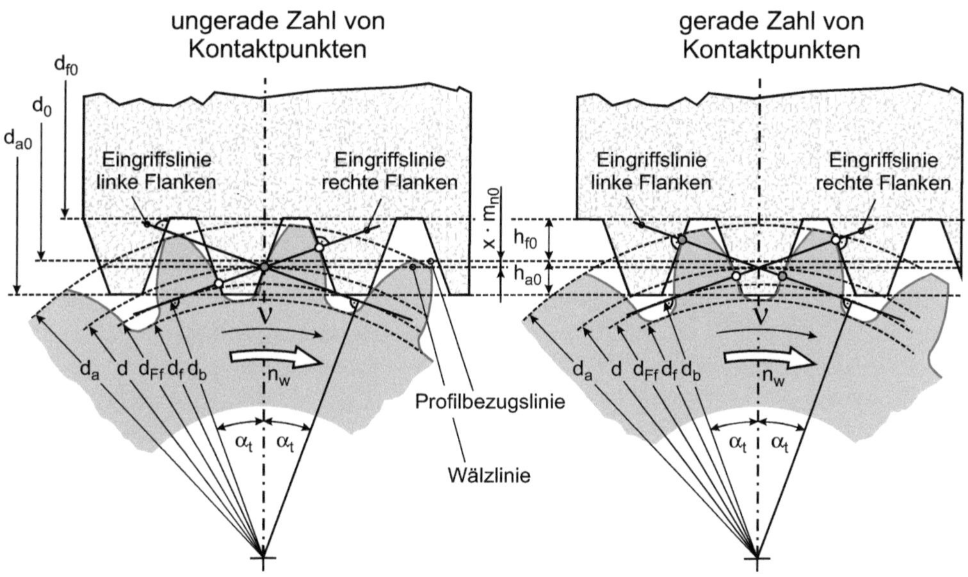

Abb. 5.28 Kontaktverhältnisse beim kontinuierlichen Wälzschleifen

auf inhomogenen Kräfte beim kontinuierlichen Wälzschleifen dar. Es sind stets mehrere Zahnflanken gleichzeitig in Kontakt mit der Wälzschnecke. Die Anzahl hängt dabei vom Abwälzwinkel ν und von der Zahnstangengeometrie des Bezugsprofils ab. Abb. 5.28 veranschaulicht die Anzahl und Lage der Kontaktpunkte der rechten und linken Zahnflanken für zwei unterschiedliche Wälzstellungen. Das linke Schema stellt zwei rechte und nur eine linke Flanke im Eingriff dar. Rechts ist die Wälzposition abgebildet, bei der die Anzahl der linken und rechten Kontaktpunkte gleich ist. Die aus der Zerspanung resultierenden Zerspankräfte greifen in den jeweiligen Kontaktpunkten an. Daher wird angenommen, dass eine periodisch schwankende Anzahl an Kontaktpunkten zu Kraftschwankungen führt, die den Prozessablauf stören. Im Folgenden werden daher Möglichkeiten aufgezeigt, die Anzahl der Kontaktpunkte zu beeinflussen, um einen möglichst homogenen Kraftverlauf zu erreichen.

Das Schema gibt wieder, dass die Anzahl der Kontaktpunkte maßgeblich von der Länge der Eingriffslinie abhängt. Diese kann verzahnungsseitig durch die Schneckenkopfhöhe und den Kopfkreisdurchmesser beeinflusst werden. Darüber hinaus besteht werkzeugseitig die Möglichkeit, den Eingriffswinkel α_{n0} und das Modul m_{n0} der Wälzschnecke zu verändern.

Zur Simulation des Abwälzvorganges wird eine numerische Analyse verwendet. Mit Unterstützung von Computerprogrammen lassen sich die komplexen Geometrieverhältnisse analysieren [Den04a]. Die Kontaktpunkte werden dabei mit Hilfe einer Vektorrechnung durch Schnittbildung der Eingriffslinien ermittelt. Auch dreidimensionale parametrische Berechnungen sind damit möglich [Sti09]. Für den Anwendungsfall ist diese nicht erforderlich, es wird der Abwälzwinkel in bestimmten Grenzen analysiert. Für jede Wälzstellung werden die Verzahnungs- sowie die Bezugsprofilgeometrie und die Kontaktpunkte berechnet. Damit besteht die Möglichkeit, verschiedene Szenarien wie zum Beispiel die Kontaktfolge zu untersuchen.

Um die Kontaktfolge, nicht aber die Verzahnungsgeometrie zu beeinflussen, wird nur der veränderte Eingriffswinkel α_{n0} und das Werkzeugmodul m_{n0} der Wälzschnecke simuliert. Dies entspricht dem Abwälzen von zwei Verzahnungen, bei denen die Normaleingriffsteilungen beider Wirkpartner gleich groß sind. Abbildung 5.29 stellt die Anzahl der Kontaktpunkte in Abhängigkeit des Eingriffswinkels dar. Die dargestellten Flächen repräsentieren die Bereiche, in denen die Anzahl der Kontaktpunkte konstant ist. Darüber hinaus ist der Winkelbereich, der zum Durchwälzen einer Zahnlücke benötigt wird, durch zwei gestrichelte Linien ebenfalls mit aufgeführt. Die Darstellung zeigt, dass es einen optimalen Betriebspunkt gibt, bei dem die Anzahl der Kontaktpunkte der linken und rechten Flanken konstant ist. Dieser homogene Betriebszustand wird bei einem Eingriffswinkel von $\alpha_{n0} = 16{,}7°$ erreicht. Demgegenüber schwankt die Zahl der Kontaktpunkte beim nominellen Eingriffswinkel von hier $\alpha_{n0} = 20°$ periodisch zwischen 3 und 4.

Die Ergebnisse zeigen, dass es möglich ist, die Kontaktfolge durch geringfügige Veränderungen der Werkzeuggeometrie positiv zu beeinflussen. Somit kommt es zu einem möglichst homogenen Kontaktverlauf. Dies ist für die Einhaltung hoher Verzahnungsqualitäten bei schwankenden Aufmaßen von großer Bedeutung.

5.2.4.3 Berechnung des bezogenen Zeitspanvolumens

Die komplexe Betrachtung der Punkte über dem Abwälzwinkel gibt wieder, dass die Eingriffsbedingungen prozessbedingt stark schwanken. Für die Berechnung des bezogenen

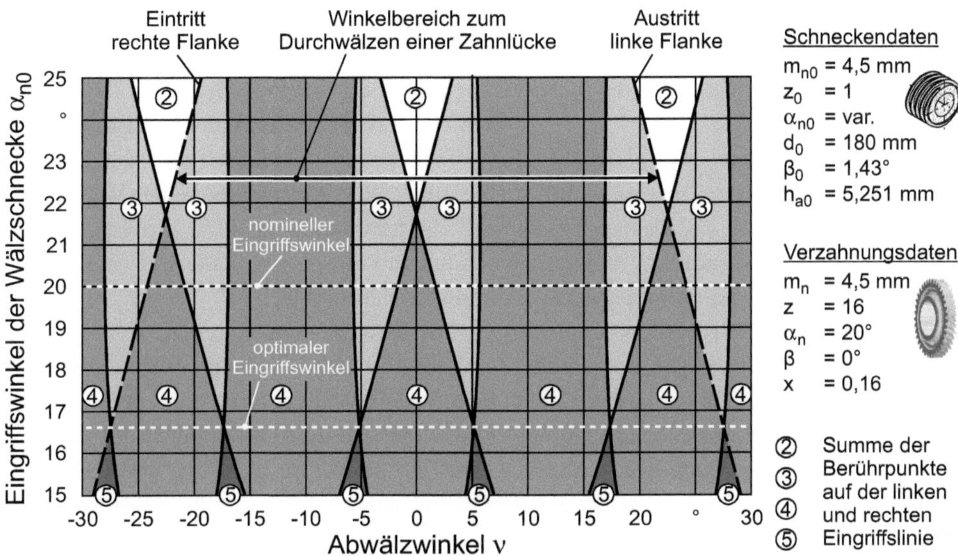

Abb. 5.29 Einfluss des Eingriffswinkels auf die Kontaktfolge

Zeitspanvolumens Q'_w beim kontinuierlichen Wälzschleifen ist deshalb in der Literatur keine eindeutige Berechnungsgrundlage zu finden. In DENKENA [Den11s] werden zwei für das Präzisionsschmieden entwickelte Ansätze zur Berechnung dieser Größe gezeigt. Zunächst wird die Berechnung eines über den gesamten Prozess gemittelten Wertes Q'_{wm} erläutert. Dieser Wert ist vor allem für die Prozessauslegung hilfreich. Darauf aufbauend gibt es einen erweiterten Ansatz, der die lokalen Eingriffsverhältnisse auf den Zahnflanken berücksichtigt und so Aufschluss über die lokale Verteilung des bezogenen Zeitspanvolumens Q'_{wl} gibt. Somit können Stellen der Flanken ermittelt werden, an denen die maximalen und minimalen Abtragsraten auftreten.

Für die Prozesskette Präzisionsschmieden ist davon auszugehen, dass das Schleifaufmaß nach dem Präzisionsschmieden im Vergleich zu konventionell spanend vorbearbeiteten Zahnrädern höher ist. Aus den Verläufen der lokalen bezogenen Zeitspanvolumina Q'_{wl} kann berechnet werden, dass eine erhöhte Zustellung Δs unkritischer zu bewerten ist als eine Steigerung der Vorschubgeschwindigkeit v_f, da das jeweilige maximale bezogene Zeitspanvolumen etwa 45 % geringer ist. Darüber hinaus kann ein Unterschied zwischen dem mittleren und dem lokalen bezogenen Zeitspanvolumen analysiert werden. Am Zahnkopf kann das lokale bezogene Zeitspanvolumen Q'_{wl} um den Faktor 2,5 höher sein als das mittlere bezogene Zeitspanvolumen Q'_{wm}. Dies muss bei der Prozessauslegung in jedem Fall berücksichtigt werden. Der Einfluss eines infolge Abrichtens abnehmenden Schleifschneckendurchmessers ist in der Praxis als eher gering einzustufen. Die Haupteinflussgrößen sowohl des mittleren als auch des lokalen bezogenen Zeitspanvolumens sind daher die Zustellung ar und die Vorschubgeschwindigkeit v_f.

Studien zeigen, dass die Tragfähigkeit des Zahnfußes steigt, wenn dieser mitgeschliffen wird. Ist dies nicht der Fall, entsteht bei der Bearbeitung eine Kerbe. Diese wirkt sich negativ auf die Dauerfestigkeit der Verzahnung aus. Beim kontinuierlichen Wälzschleifen wirkt die Zahnfußbearbeitung störend, da sich ein linienförmiger Kontakt ausbildet. Um ungleichförmigen Profilverschleiß auf dem Werkzeug zu vermeiden, wird der Zahnfuß häufig nicht bearbeitet. Dies kann durch eine angepasste Aufmaßgeometrie weitgehend unterbunden werden. Zu diesem Zweck wird die Simulation genutzt, um äquidistante Aufmaße über dem gesamten Verzahnungsbereich im Rohteil vorzuhalten. Hierzu werden in der Schmiedematrize entsprechende Aufmaße berücksichtigt.

In STIMPEL [Sti09] werden Methoden zur Prozessauslegung durch Analyse weiterer technologischer Kenngrößen vorgestellt. Anhand eines 3D-Vektorschnittmodells lassen sich die Kontaktverhältnisse so auch für übliche Profilmodifikationen analysieren. Neben dem flächenbezogenen Zeitspanvolumen Q'_w werden weitere technologische Größen wie die geometrische Kontaktlänge l_g und die Einkelkornspanungsdicke h_{cu} berechnet. Für die Prozessauslegung und die Wahl der Werkzeugeigenschaften sind diese Bezugsgrößen hilfreich. Beim Wälzschleifen lassen sie sich im zweidimensionalen nicht berechnen. Aus diesem Grund wurde die numerische Berechnung genutzt, um die Signifikanz und den Einfluss einzelner Stellgrößen auf diese Prozessgrößen abzuleiten und somit den Prozess auch bei ungleich verteiltem Aufmaß weiterführend zu bewerten.

5.2.5 Leistungssteigerung durch Einsatz von CBN-Wälzschleifwerkzeugen

5.2.5.1 Schleifen mit kubisch kristallinem Bornitrid (CBN)

Für Serienprozesse mit hoher Mengenleistung und die hochgenaue Schleifbearbeitung sind hochharte Schleifmittel wie kubisch kristallines Bornitrid (CBN) und Diamant gängig. Mit den im englischen Sprachgebrauch als ‚Superabrasives' bekannten Körnern sind gegenüber konventionellen Schleifmitteln (Korund und Siliziumcarbid) deutlich höhere Abtragsleistungen möglich. Des Weiteren steigt die Prozesssicherheit aufgrund des niedrigen geometrischen Verschleißes. Aufgrund von chemischem Verschleiß und Graphitisierung wird Diamant zur Bearbeitung von Stahl nur in Ausnahmefällen eingesetzt.

Das Schleifen mit kubischem Bornitrid (CBN) wird seit den 80er Jahren wissenschaftlich untersucht. Gegenüber konventionellen Schleifmitteln kann bei der Bearbeitung mit CBN mit höheren Schnittgeschwindigkeiten von bis zu 200 m/s gearbeitet werden. Sofern die Kühlschmierung im Prozess ausreicht, werden dabei deutlich bessere Oberflächen, verringerte Schleifkräfte und verminderter Werkzeugverschleiß erwartet. Aufgrund der guten Wärmeleitfähigkeit beim Einsatz von CBN wird der Wärmeeintrag in das Bauteil als geringer gegenüber Korund angenommen. Somit ist es möglich, die Zustellung mit CBN deutlich zu steigern, beim Rundschleifen kann das bezogene Zeitspanvolumen Werte von bis zu 64 $mm^3/mm\,s$ erreichen [Bec04]. In industriellen Prozessen fällt die Wahl aus diesem Grund häufig auf Maschinenkonzepte mit CBN als Schneidstoff.

Die Körner können dabei galvanisch, einschichtig gebunden werden. Nach der Standzeit des Werkzeuges sind die Körner stumpf oder zugesetzt. Das Werkzeug ist nicht konditionierbar und muss deshalb ersetzt oder neu belegt werden. In Rund- und Flachschleifoperationen wird dieses Bindungssystem häufig für Vorschleifoperationen mit sehr großen Abtragsraten eingesetzt, da aufgrund der festen Bindung und des guten Wärmeabtransportes über das Werkzeug große Körnungen realisiert werden können. Alternative Anwendung findet dieses Bindungssystem aufgrund der guten Formhaltigkeit für Formschleifprozesse.

Keramisch gebundenes CBN kann aufgrund der möglichen Abrichtbarkeit häufig wirtschaftlicher eingesetzt werden. Das Einsatzverhalten kann durch die kontrollierbar hergestellte Porosität in weiten Bereichen beeinflusst werden. Zur Konditionierung des Schleifmittels kann dabei meist nicht auf stehende Diamant-Abrichter (Körner oder Fliesen) zurückgegriffen werden, da diese im Vergleich zur Bearbeitung mit konventionellen Schleifmitteln zu stark verschleißen würden. Mit rotierenden Diamant-Abrichtwerkzeugen kann der Verschleiß über die Prozessparameter gering gehalten werden. Weiterhin ist es möglich, Einfluss auf die Schleifscheibentopografie zu nehmen und somit die Schnittfreudigkeit der Scheibe einzustellen [Den11s]. Die Art des Prozesses wird über die Abrichtkinematik unterschieden. Falls das Abrichtwerkzeug als Profilrolle ausgeführt ist, bildet es die Form auf der Schleifscheibe ab. Im anderen Fall wird das Schleifscheibenprofil über ein NC-Programm abgebildet. Die Kontaktlänge zwischen Abrichter, der sogenannten Formrolle, und Schleifscheibe beträgt in diesem Prozess nur wenige µm.

Werkzeuge für das kontinuierliche Wälzscheifen

Wälzschnecken mit CBN als Schleifstoff bieten für die Bearbeitung erhebliche Vorteile, da sie aufgrund ihrer Verschleißfestigkeit viele bearbeitete Werkstücke ohne Profilverlust bearbeiten können. Aus diesem Grund werden hierfür galvanisch belegte CBN-Schnecken eingesetzt. Unter der Voraussetzung einer offenporigen Belagtopografie ergeben sich darüber hinaus weitere Vorteile wie geringere Prozesskräfte, bessere Kühlschmierung des Prozesses und somit eine höhere Prozesssicherheit. Dies erweist sich gerade im Zusammenhang mit schwankenden Aufmaßen der präzisionsgeschmiedeten Verzahnung als vorteilhaft. Die für präzisionsgeschmiedete Bauteile typischen Aufmaßschwankungen (s. Kap. 5.1) führen zu lokal erhöhten Belastungen der Schleifwerkzeuge. Um die Profilhaltigkeit der Wälzschnecke bei der Bearbeitung großer Lose zu gewährleisten, sind verschleißfeste Werkzeuge notwendig.

Das eingesetzte Verfahren des Profilabrichtens von Wälzschnecken ist von der Kinematik her mit einem Gewindedrehprozess vergleichbar, wobei das Abrichterprofil die Zahnlücke einer Zahnstange wiedergibt (s. Abb. 5.30). Die Drehzahl der Schleifschnecke ist dabei mit der axialen Vorschubbewegung des Schleifspindelstocks synchronisiert. Dies erfolgt durch eine elektronische Kopplung der NC-Achsen der Schleifmaschine. Aufgrund der begrenzten Vorschubgeschwindigkeit der Linearachse muss auch die Drehzahl der Schleifspindel dabei begrenzt werden. Somit ist es nicht möglich, den Abrichtprozess bei der Schnittgeschwindigkeit des Schleifprozesses durchzuführen.

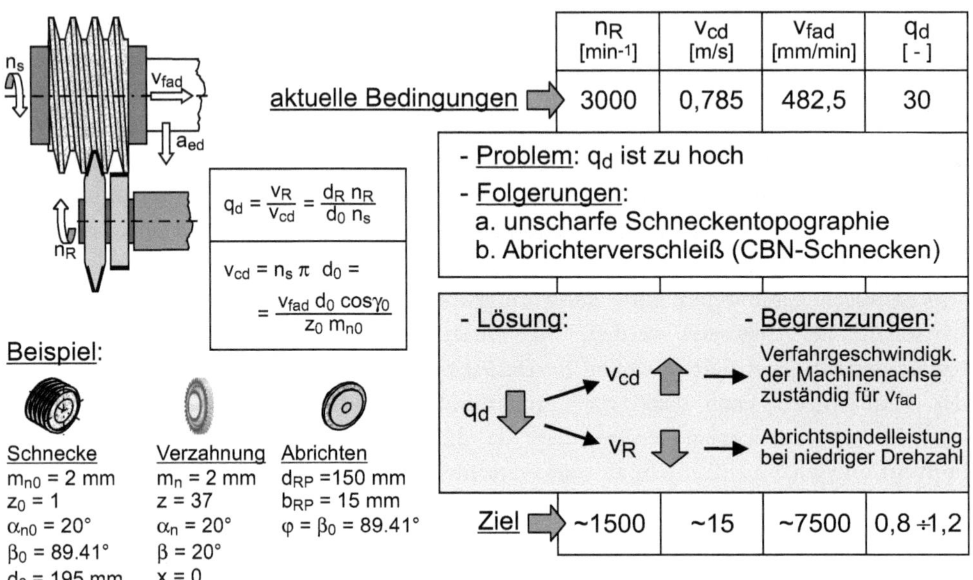

Abb. 5.30 Herausforderungen beim Profilabrichten von Wälzschnecken

Beim Abrichten von Korundschnecken verschleißt die eingesetzte Diamatprofilrolle nur langsam, der Prozess kann wirtschaftlich ausgelegt werden. Für keramisch gebundene CBN-Schnecken ergibt sich zusätzlich die Problematik der optimalen Prozessbedingungen, da im Profilabrichtprozess gleichzeitig profiliert und geschärft wird. Die Prozessfenster zum Erzeugen einer schnittfreudigen Schleifscheibenoberfläche sind für CBN somit sehr eng. Nur mit einer optimalen Schleifscheibentopografie ist es möglich, die Potentiale eines Werkzeuges voll auszuschöpfen und gleichzeitig den Verschleiß des kostenaufwändigen Diamantabrichters gering zu halten. Um keramisch gebundene CBN-Werkzeuge für das wirtschaftliche Wälzschleifen nutzbar zu machen, wird deshalb zunächst der Abrichtprozess analysiert. Dabei wird das Geschwindigkeitsverhältnis qd über die Drehzahl des Abrichters gesenkt. Da die Abrichtscheibe dabei mit dem kompletten Profil im Eingriff ist, wird im Prozess viel Energie umgesetzt. Aus diesem Grund wurde eine leistungsstarke Abtrichtspindel, die auch im niedrigen Drehzahlbereich viel Drehmoment liefert, implementiert.

5.2.5.2 Technologische Untersuchung des Abrichtprozesses

Mit Hilfe dieser Spindel können die Prozessparameter in weiten Grenzen variiert werden. Mit technologisch optimierten Abrichtbedingungen ist es möglich, die Verzahnungsgeometrie der schrägverzahnten Zahnräder (s. Kap. 2) optimal zu bearbeiten. Ein direkter Vergleich ist dabei über das erste geschliffene Bauteil nach dem Abrichten möglich. Neben den Bearbeitungskräften, welche in speziellen Schleifmaschinen über 3D-Piezo-Dynamometer ermittelt werden können, werden die Rauheitskennwerte der geschliffenen

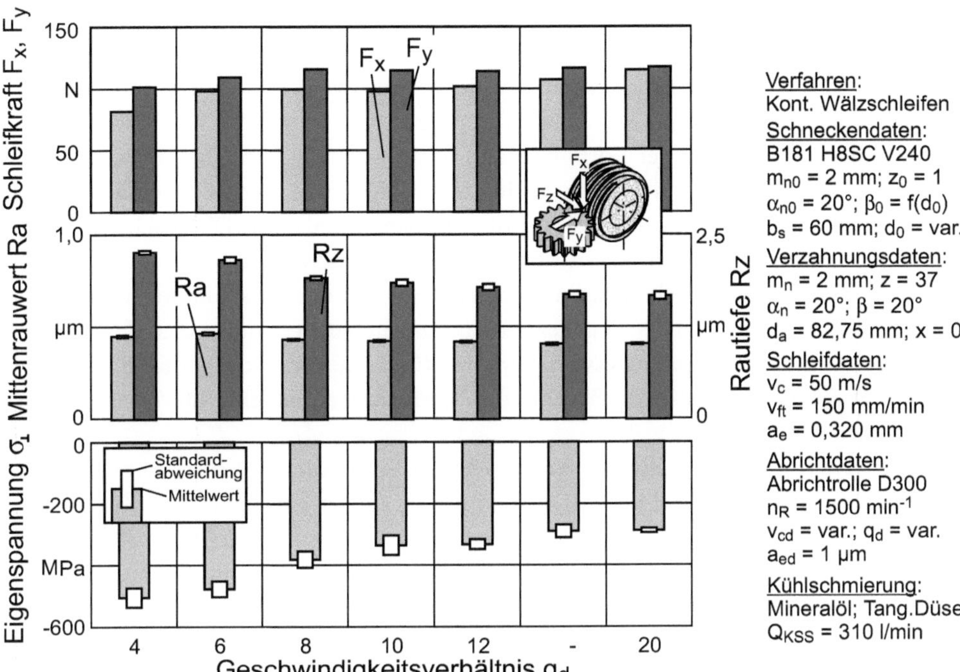

Abb. 5.31 Einfluss des Abrichtgeschwindigkeitsverhältnisses auf die Schleifergebnisse am Bauteil

Zahnflanke in Abwälzrichtung herangezogen. Unmittelbar nach dem Konditionieren ermöglicht ein Vergleich der Schleifkräfte, Aussagen über die Auswirkungen des Abrichtprozesses zu treffen. Die oberflächennahen Eigenspannungen werden im mittleren Bereich der Verzahnung an jeweils drei Zähnen mit einem Röntgendiffraktometer ermittelt und dienen als Indikator für eventuelle thermische Schädigung des Bauteiles. Damit die Ergebnisse dieser Messung vergleichbar sind, muss dabei auf exakt spanend vorbearbeitete, in der gleichen Charge gehärtete Rohteile zurückgegriffen werden. Weiterhin muss die Schleifbearbeitung einstufig erfolgen, damit Überlagerungen von Eigenspannungen wie der sogenannte ‚verdeckte Schleifbrand' ausgeschlossen werden können.

Um das Prozessfenster zu ermitteln, wurde das Geschwindigkeitsverhältnis variiert. Ausgehend von der kleinstmöglichen Abrichtdrehzahl wird das Geschwindigkeitsverhältnis über die Schnittgeschwindigkeit eingestellt. Die Auswirkungen dieser Variation auf die Schleifkräfte und das Schleifergebnis werden in Abb. 5.31 dargestellt. Die Schleifkräfte sind ein wichtiger Indikator für den Zustand des Schleifbelages. Eine scharfe, schneidfreudige Schleifscheibe führt in der Regel zu geringeren Kräften als eine geschlossene Belagtopografie.

Die gemessenen Prozesskräfte sinken bei einer Reduzierung des Geschwindigkeitsverhältnisses beim Abrichten tendenziell leicht (s. Abb. 5.31 oben). Durch ein Abrichten bei geringerem Geschwindigkeitsverhältnis werden somit günstigere Bedingungen hinsichtlich der Belagtopografie für die nachfolgende Schleifbearbeitung eingestellt. Dies spiegelt sich auch in den gemessenen Rauheiten wider (s. Abb. 5.31 Mitte). Die Rauheitswerte steigen mit abnehmendem Geschwindigkeitsverhältnis. Durch die Erhöhung der Abrichtgeschwindigkeit wird der Kornüberstand vergrößert. Die günstigere Belagtopografie verringert die Schleifkräfte und führt zu einer Ausbildung von raueren Oberflächenstrukturen. Dieser Effekt wirkt sich auch auf die Eigenspannungen in Oberflächennähe aus, wie durch Abb. 5.31 unten belegt werden kann. Mechanische Belastung führt zu Druckeigenspannungen, thermische Belastung in der Regel zu Zugeigenspannungen. Aufgrund der gemessenen Abnahme der Druckeigenspannungen wird vermutet, dass der geringere Kornüberstand zu höheren Prozesstemperaturen führt. Aufgrund der glatten Schleifscheibentopografie fließt die Wärme stärker in das Werkstück, da sie schlechter über die Späne ausgetragen werden kann.

Eine weitere wichtige Stellgröße im Abrichtprozess ist die Abrichtzustellung aed. Bei CBN beträgt diese aufgrund der festen Bindung meist nur einstellige µm. Zur Wiederherstellung des geometrisch verschlissenen Profils (Profilieren) ist jedoch meist mehr Zustellung erforderlich. Deshalb besteht ein Abrichtzyklus aus mehreren Hüben, deren Anzahl proportional zum aufgetretenen Verschleiß ist. Eine Erhöhung der Abrichtzustellung führt zu einer Reduzierung der Abrichtzeit. Auf der anderen Seite resultiert hieraus auch eine große Belastung des Schleifwerkzeugs und des Abrichters. In den Untersuchungen wurde die radiale Zustellung pro Abrichthub zwischen 1 µm und 3 µm variiert. Eine größere Zustellung wird dabei nicht untersucht, da die Flankenzustellung diesen radialen Betrag deutlich überschreitet und der linienförmige Kontakt zwischen Schleifscheibe und Abrichter zu einer sehr hohen Leistungsaufnahme im Prozess führt. Weiterhin ist beim Abrichten des hochharten CBN ein erhöhter Abrichtverschleiß zu erwarten. Aus einer Erhöhung der radialen Abrichtzustellung resultiert eine Steigerung der Schleifspindelleistung sowie des AE-Signals. Dies ist in erster Linie auf den höheren Materialabtrag pro Abrichthub zurückzuführen. Die stufenweise Steigerung der radialen Zustellung führt dazu, dass die Menge an abgetragenem Schleifscheibenbelag pro Abrichthub verdoppelt bzw. verdreifacht wird. Dementsprechend verkürzt sich die Dauer des Abrichtzyklus bei gleichbleibendem Gesamtmaterialabtrag auf die Hälfte bzw. ein Drittel.

In Abb. 5.32 sind die mit den Abrichtbedingungen eingestellten Schleifkräfte dargestellt. Eine Erhöhung der radialen Abrichtzustellung bewirkt zunächst einen Abfall der Prozesskräfte beim Wälzschleifen. Ähnlich wie die vorher wiedergegebene Auswirkung des Geschwindigkeitsverhältnisses, kann dies mit einer für die Schleifbearbeitung günstigeren Belagtopografie erklärt werden. Dies ist mit der höheren Durchdringung der Diamantkörner der Abrichtrolle zu erklären. Die mechanische Belastung steigt somit und führt bei keramischen Bindungen zum Ausbrechen der Körner. Hierdurch ergeben sich ab $a_{ed} = 2$ µm keine nennenswerten Änderungen im Kraftverhältnis. Diese Aussage kann durch die unten dargestellten Eigenspannungsmessungen belegt werden. Die Druckeigenspannungen steigen bei einer Erhöhung der Zustellung von $a_{ed} = 1$ auf 2 µm, während bei

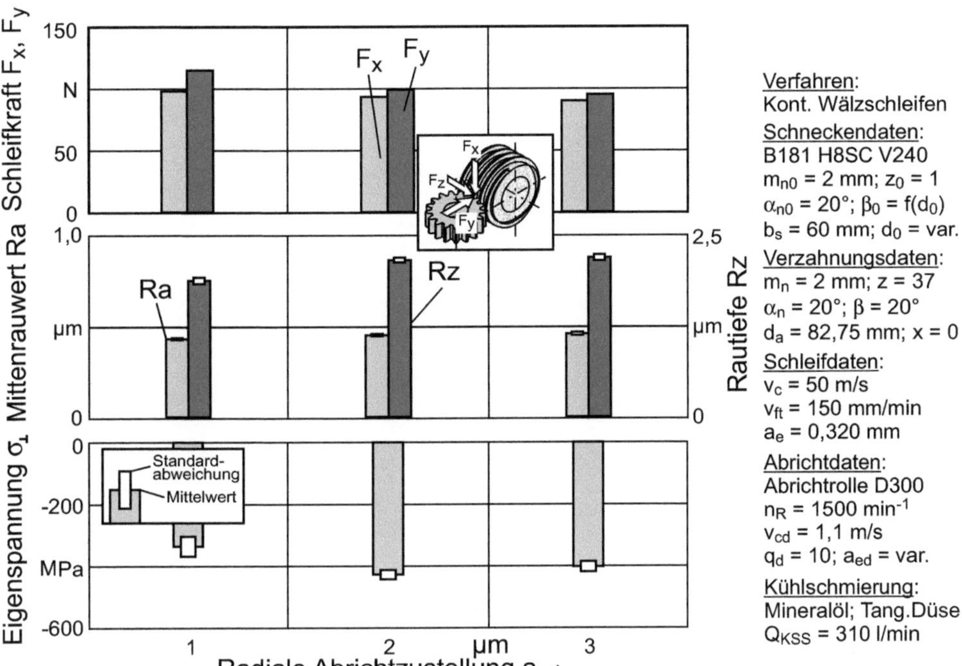

Abb. 5.32 Einfluss der Abrichtzustellung a_{ed}

einer weiteren Steigerung auf $a_{ed} = 3$ µm pro Abrichthub keine nennenswerte Änderung zu verzeichnen ist.

Zusammenfassend kann festgehalten werden, dass durch die Wahl der Abrichtparameter die Schleifscheibentopographie entsprechend der Bearbeitungsaufgabe eingestellt werden kann. Niedrigere Geschwindigkeitsverhältnisse und höhere Zustellungen beim Profilabrichten führen zu rauen Bauteiloberflächen, geringeren Bearbeitungskräften und thermischer Belastung. Die Belagtopografie kann bei einer keramisch gebundenen CBN-Wälzschnecke eingestellt werden, wenn die Bindungsspezifikation den Anforderungen entsprechend ausgelegt ist und geeignete Abrichtparameter gewählt werden. Durch eine leistungsstärkere, lagegeregelte Spindel ist es möglich, den Abrichtüberdeckungsgrad über die Abrichtgeschwindigkeit weiter zu senken.

5.2.5.3 Technologische Untersuchung des Schleifprozesses

Nach der Auslegung des Abrichtprozesses wird der Schleifprozess eingerichtet, die Methodik zum Einstellen des mehrstufigen Prozesses wird nachfolgend dargestellt. Diese Untersuchungen dienen zum einen zur Ermittlung von günstigen Arbeitsbereichen der CBN-Wälzschnecke, zum anderen werden die Leistungsgrenzen des Werkzeugs ermittelt. Dazu werden maßgeblich zwei Stellparameter variiert. Neben der Schnittgeschwindigkeit

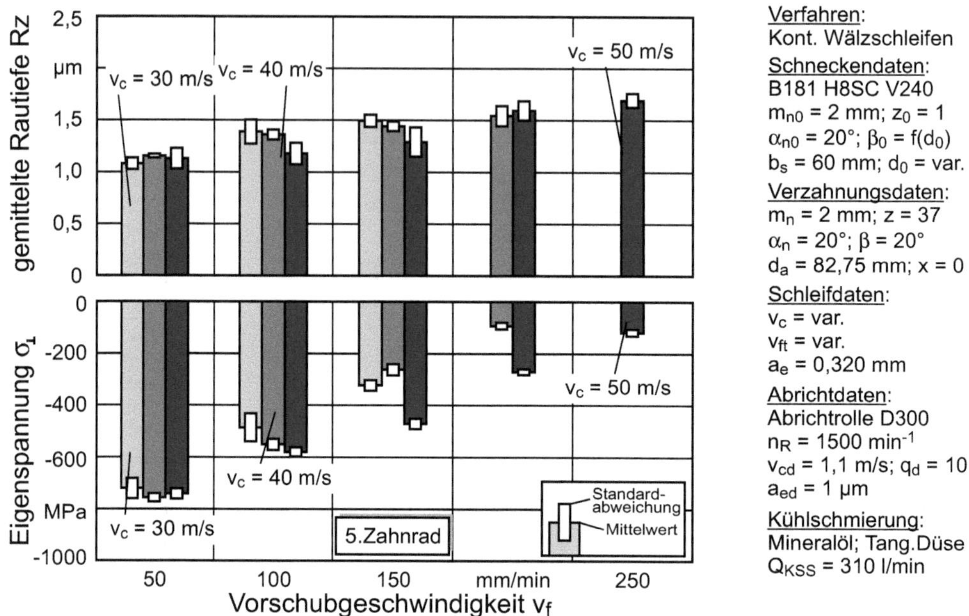

Abb. 5.33 Einfluss von Schnitt- und Vorschubgeschw. auf die Bauteilrandzone

vc wird auch die Vorschubgeschwindigkeit v_{ft} in axialer Richtung geändert. Zusätzlich wird der Einfluss unterschiedlicher Aufteilung zwischen Schlichten und Schruppen analysiert.

Die Auswirkungen unterschiedlicher Prozessparameter auf die Oberflächenrauheit sind in Abb. 5.33 dargestellt. Aus dem Diagramm ist zu erkennen, dass die Rauheitswerte mit zunehmender Vorschubgeschwindigkeit steigen. Die Rauheiten nehmen bei höherer Schnittgeschwindigkeit bis zu einer Vorschubgeschwindigkeit $v_{ft} = 150$ mm/min leicht ab.

Die Wirkungen der Variation von Schnitt- und Vorschubgeschwindigkeit auf die Randzoneneigenschaften sind in Abb. 5.33 unten dargestellt. Die Messwerte sinken mit zunehmender Vorschubgeschwindigkeit vom hohen in den niedrigen Druckeigenspannungsbereich. Dies ist mit dem höheren Anteil an Prozesswärme bei steigendem Zweitspanvolumen zu erklären. Bei weiterer Steigerung von v_{ft} sind thermische Schädigungen durch Zugeigenspannungen und Schleifbrand zu erwarten. Die aus der thermischen Schädigung ermittelte Grenzvorschubgeschwindigkeit kann durch die Steigerung der Schnittgeschwindigkeit in Richtung höheres Zeitspanvolumina verschoben werden. Dementsprechend könnten die höchsten Druckeigenspannungen bei den niedrigsten Schnitt- und Vorschubgeschwindigkeiten erzielt werden. Im Gegensatz zu den Oberflächenrauheiten können hier signifikante Unterschiede der Eigenspannung in Abhängigkeit von v_c festgestellt werden, insbesondere bei den höheren Vorschüben.

Zur Erzielung der geforderten Verzahnungsqualität nimmt man das Aufmaß in der Regel in zwei Überschliffen ab. Das gewählte Schrupp- und Schlichtaufmaß muss dabei

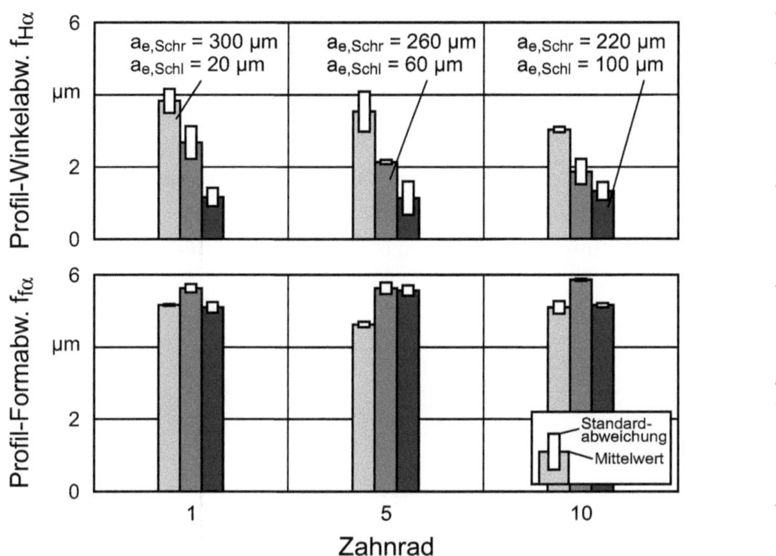

Verfahren:
Kont. Wälzschleifen
Schneckendaten:
B181 H8SC V240
m_{n0} = 2 mm; z_0 = 1
α_{n0} = 20°; β_0 = f(d_0)
b_s = 60 mm; d_0 = var.
Verzahnungsdaten:
m_n = 2 mm; z = 37
α_n = 20°; β = 20°
d_a = 82,75 mm; x = 0
Schleifdaten:
v_c = 50 m/s
v_{ft} = 100 mm
a_e = var.
Abrichtdaten:
Abrichtrolle D300
n_R = 1500 min^{-1}
v_{cd} = 1,1 m/s; q_d = 10
a_{ed} = 1 µm
Kühlschmierung:
Mineralöl; Tang.Düse
Q_{KSS} = 310 l/min

Abb. 5.34 Einfluss der Bearbeitungsstrategie auf die Verzahnungsqualität

bezüglich der Formabweichungen am Fertigteil und Werkzeugverschleiß eingestellt werden. Der Werkzeugverschleiß muss dabei anhand der Bearbeitung unterschiedlicher Werkstücke untersucht werden. Über die Bearbeitung von zehn Rädern kann ermittelt werden, dass sich die Schleifkräfte über die gesamte Anzahl an Werkstücken auf einem konstanten Niveau befinden. Lediglich die Schruppkräfte weisen einige Schwankungen auf, welche auf die Aufmaßschwankungen der bearbeiteten Bauteile zurückzuführen sind. Hieraus lässt sich folgern, dass die Topografie des CBN-Werkzeugs in allen Untersuchungen konstant bleibt. Es findet keine Zusetzung des Schleifbelages statt.

Das wichtigste Kriterium bei der Prozessauslegung ist die geometrische Qualität des fertig bearbeiteten Bauteils. Die Ergebnisse (s. Abb. 5.34) zeigen, dass die Profilformabweichung nur eine geringe Abhängigkeit von der gewählten Bearbeitungsstrategie zeigt. Hingegen ist bei der Profilwinkelabweichung ein deutlicher Unterschied zwischen den drei untersuchten Bearbeitungsstrategien festzustellen. Bei der Strategie mit dem höchsten Schlichtbetrag wurden die höchsten Profilabweichungen erzeugt. Dies kann durch die höheren verursachten Bearbeitungskräfte und die damit verbundenen Systemdurchbiegenden erklärt werden. Erwartungsgemäß ergibt sich durch eine Verringerung des Schlichtaufmaßes eine Verbesserung der Bauteilqualität. Anhand der erzielten Qualitäten kann die Aussage getroffen werden, dass eine Auslegung des Prozesses mit einem geringeren Schlichtbeitrag zu bevorzugen ist. Dabei muss berücksichtigt werden, dass damit eine Erhöhung der Schruppzustellung einhergeht.

Um diese Erkenntnisse wirtschaftlich umzusetzen, ist ein zweistufiger Schleifprozess notwendig, anhand dessen das Aufmaß möglicherweise in nur einem Schruppvorgang abgetragen werden kann. Dies erfordert die Anwendung leistungsfähiger Schleifwerkzeuge, um hohe Abtragsraten sicher zu gewährleisten.

Die Qualitäten, die bei der jeweiligen Strategie erzielt wurden, konnten über die gesamte Versuchsreihe konstant gehalten werden. Dies steht im Zusammenhang mit den konstanten Kräften und bestätigt den stabilen Prozessverlauf. Somit konnte dargestellt werden, dass eine Wälzschnecke mit CBN als Schleifstoff, deren Bindung entsprechend den Anforderungen dieser speziellen Anwendung – insbesondere des Abrichtprozesses – ausgelegt ist, für diese Aufgabe der Hartfeinbearbeitung präzisionsgeschmiedeter Verzahnungen prädestiniert ist.

5.3 Kurbelwellenschleifen

5.3.1 Aus der Prozesskette resultierende Besonderheiten

5.3.1.1 Qualitätsanforderungen an das Fertigteil

In Verbrennungsmaschinen ist die Kurbelwelle das zentrale Element zur Kraftübertragung. Dabei können die lokalen Bauteilanforderungen sehr stark variieren. Aus diesem Grund werden insbesondere Kurbelwellen von Dieselmotoren aus Vergütungsstählen hergestellt. Die Funktionsanforderungen an das Bauteil sind dabei sehr vielfältig. Die Anbindung an Steuerkette, Schwungrad und Getriebe kann als Flansch oder als Verzahnung ausgeführt sein. Um durch Unwucht erregte Schwingungen nahe am Entstehungsort zu kompensieren, gleichen Kurbelwangen die Massenkräfte von Kolben und Pleuel aus, während die Gesamtunwucht der Kurbelwelle auf bis zu G 6,3 tariert wird (s. Abschn. 6.3.3). Das wichtigste Funktionselement der Kurbelwelle sind die hydrodynamisch geschmierten Lagerzapfen, welche die Kurbelwelle im Motorblock und die Pleuelstangen lagern. Neben den Tieflochbohrungen zur inneren Ölversorgung der Lager ist die Oberfläche entscheidend für den langen Betrieb des Motors [Mol07]. Da beim Starten Kontakt zwischen den Lagerschalen nicht ausgeschlossen werden kann, werden die Funktionsflächen gehärtet. Um dabei die Dauerfestigkeit des Bauteils nicht zu beeinflussen, werden die Lager nur in der Randschicht gehärtet und im letzten Fertigungsschritt an den Einlaufbünden festgewalzt. Aufgrund der Art der Lagerung sind an die Geometrie und Oberflächeneigenschaften des Bauteils sehr hohe Anforderungen gestellt. Neben den Anforderungen an Durchmesser und Exzenterlage stellen die geforderte Rundheit und Welligkeiten die Fertigungstechnik vor große Herausforderungen (s. Abb. 5.35).

5.3.1.2 Spanende Vorbearbeitung von Kurbelwellen

In der konventionellen Prozesskette werden Kurbelwellen mit Grat geschmiedet, um eine ausreichende Formfüllung zu erreichen [Thy05]. Beim nachfolgenden Entgraten kann es somit zu Gewichtsverlusten von bis zu 30 % kommen. Aufgrund unterschiedlicher Zündwinkel werden einzelne Kröpfungen der Kurbelwelle nachfolgend warm verdreht

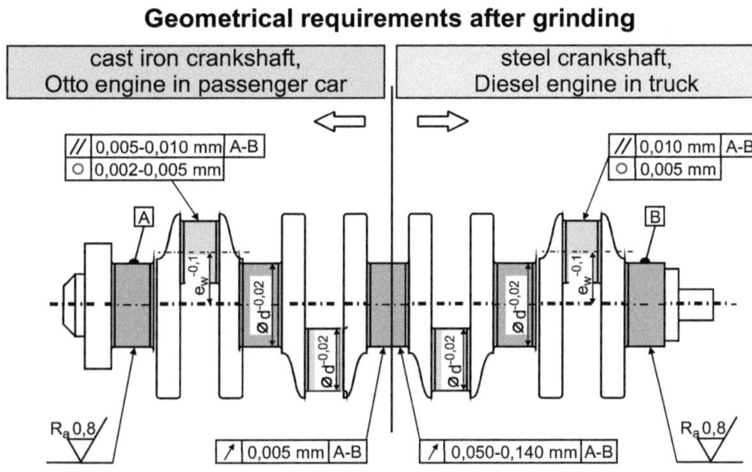

Geometrical requirements after grinding
cast iron crankshaft, Otto engine in passenger car
steel crankshaft, Diesel engine in truck
// 0,005-0,010 mm A-B
○ 0,002-0,005 mm
// 0,010 mm A-B
○ 0,005 mm
A
B
Ra 0,8
↗ 0,005 mm A-B
↗ 0,050-0,140 mm A-B
Ra 0,8

Abb. 5.35 Qualitätsanforderungen an Kurbelwellen nach dem Schleifen [Bec04]

(„getwistet"). Auch deshalb muss die Kurbelwelle mit einem Aufmaß auf Lagerzapfen und Kurbelwangen geschmiedet und nach dem Umformen spanend (geometrisch bestimmt) bearbeitet werden.

Wegen der sehr hohen Variantenvielfalt gibt es hierzu unterschiedliche Verfahren. Diese unterscheiden sich in Produktivität und Flexibilität. Das Fräsen mit Stirnfräsern findet bei der Serienfertigung aufgrund der geringen Mengenleistung nur selten Einsatz. Häufiger wird die endkonturnahe Geometrie der Lagersitze durch Innenfräsen (Wirbelfräser) oder Außenfräsen (große Umfangsfräser) erzeugt. Zur Drehfräsbearbeitung der Pleuellager wird der Fräser oder das Werkstück radial mittels einer Pendelhubbewegung positioniert. Im Gegensatz zur Fräsbearbeitung wird beim Drehen und Drehräumen die Schnittgeschwindigkeit durch Rotation der Kurbelwelle erreicht. Vorteil hierbei ist die höhere Flexibilität, da neben der Änderung der Lagerbreiten auch eine Wangen-, Stirnflächen- und Konturbearbeitung sowie Ein- und Hinterstiche möglich sind. Über Exzenterspannfutter können auch die Pleuellager mittels Drehen bearbeitet werden. Dazu werden die Kurbelwellen exzentrisch eingespannt, so dass die Lager rotationssymmetrisch auf der Drehachse liegen [Wec05].

Es wird ersichtlich, dass ein hoher Anteil des Rohmaterials entfernt werden muss und für eine weitere Wiederverwendung erst einem Recyclingprozess zugeführt wird. Durch die Prozesskette Präzisionsschmieden entfällt die spanende Vorbearbeitung durch den endkonturnahen, mehrdirektionalen Schmiedeprozess (s. Kap. 2). Die sonst übliche Induktionshärtetechnik kann somit durch das Vergüten aus der Schmiedewärme substituiert werden. Bei Kurbelwellen kommt es bei der Härtung durch Erwärmung der Lagersitze zu geometrischem Verzug der Bauteilachse, welcher minimiert aber nicht vermieden werden kann (s. Abschn. 4.5.3).

5.3.1.3 Schleifen von Kurbelwellen

Aufgrund herausragender Eigenschaften von Randzone und Geometrie geschliffener Bauteile ist der Schleifprozess ein favorisiertes Bearbeitungsverfahren bei der formgebenden Bearbeitung der Lagersitze von Kurbelwellen. Nach dem Härten ist dafür ein sehr kleines Aufmaß von wenigen zehntel Millimetern üblich. Die Randhärte und Anforderungen an die Prozesssicherheit erfordern dabei ein geometrisch unbestimmtes Bearbeitungsverfahren. In der Serienfertigung dient aufgrund der hohen Produktivität meist CBN als Schneidstoff. Aufgrund der unterschiedlichen Geometrieeigenschaften von Lagern gibt es unterschiedliche Schleifstrategien. Werden die Einstichradien bearbeitet, kommen analog zur Zahnradbearbeitung (s. Kap. 5.2), galvanisch belegte Scheiben zum Einsatz, um den Formverlust der Schleifscheibe gering zu halten. Falls dies nicht erfolgt, kommen abrichtbare, keramisch gebundene CBN-Scheiben zum Einsatz [Thy05, Tön01c, Bec04].

Im fertigen Bauteil dient das mittlere Hauptlager zur axialen Lagerung der Welle. Diese Passlager werden aufgrund der hohen Kontaktlängen und möglicher thermischer Schädigung mit unterschiedlichen Strategien bei axialem Vorschub geschliffen („Kiss-Grinding“). Meist erfolgt die Hartfeinbearbeitung in einem Einstich ohne axialen Vorschub. Somit ist es möglich auch konkave oder ballige Lager für Dieselmotoren zu schleifen. Dennoch kommt es im Bereich der Anlaufbünde dabei zu enorm hohen Zustellungen.

Mitten- oder Hauptlager werden in einem Einstich bearbeitet. Abhängig von der Spezialisierung der Fertigungsstraße kommen dabei Schleifmaschinen mit mehreren Scheiben zum Einsatz, mit denen alle Mittenlager parallel bearbeitet werden können. Somit ist es möglich Haupt- und Nebenzeiten zu parallelisieren und so Stückzeiten bei der Bearbeitung zu minimieren.

Einstichschleifprozesse werden zumeist mehrstufig ausgelegt. Um den Spagat zwischen Bearbeitungszeit und guter Oberflächenqualität (Rauheit und Randzoneneigenschaften) zu meistern, wird der Prozess zunächst mit sehr hohen Vorschüben und Zeitspanvolumen begonnen. Im sogenannten Schruppprozess wird von der Vorschleifzugabe auf das Schruppaufmaß geschliffen. Dabei kann der Vorschub durchaus so hoch gewählt werden, dass thermische Schädigungen am Bauteil resultieren. Beim hier dargestellten dreistufigen Prozess erfolgt anschließend das Schlichten auf das Endmaß. Schädliche Zugeigenspannungen und andere Schädigungen der Randzone können dabei abgebaut werden. Nachfolgend verbleibt die Schleifscheibe für eine oder mehrere Umdrehungen auf der Endposition. Im sogenannten Ausfunk- oder Ausfeuerprozess wird die Endgeometrie des Lagers eingestellt, indem die Systemverspannung abgebaut wird. Der dreistufige Prozess kann dabei zwecks Prozessoptimierung beliebig erweitert werden [Cze00, Den11s].

Aufgrund der Funktionsgeometrie der Kurbelwelle ist es mit Standardschleifverfahren nicht möglich, die Pleuel- oder Hublager in der gleichen Aufspannung zu schleifen. Grundsätzlich können hierzu Exzenterfutter verwendet werden. Bei dieser Anwendung wirken sich Unwuchtkräfte auf das Arbeitsergebnis aus. Weiterhin kann es bei der Bearbeitung verschiedener Pleuellager zu großen Geometrieabweichungen aufgrund von Spannfehlern kommen. Aus diesem Grund werden Kurbelwellenhublager seit Ende der neunziger

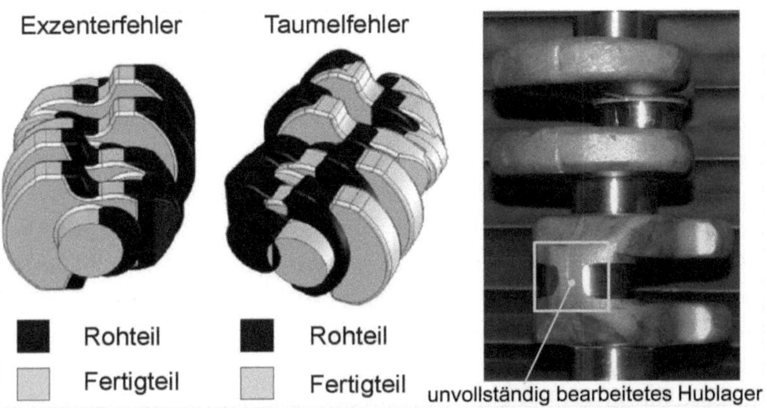

Abb. 5.36 Exzenter- und Taumelfehler einer Kurbelwelle und die mögliche Auswirkung auf das Bearbeitungsergebnis

Jahre häufig bahngesteuert geschliffen. Zwecks Stückzeitreduzierung wird dabei mit zwei Schleifscheiben gearbeitet. Eine Weiterentwicklung dieser Technik stellt das gleichzeitige Bearbeiten eines Lagers mit mehreren Scheiben dar [Wec05, Wal04].

Die Pleuel- und Hauptlager der präzisionsgeschmiedeten Kurbelwellen werden entsprechend der in Kap. 1 vorgestellten Prozesskette nach der integrierten Wärmebehandlung durch einen Außenrundschleifprozess nachbearbeitet. Die Welle wird dabei gratfrei und endkonturnah geschmiedet; die Lager werden direkt aus der Schmiedewärme gehärtet. Durch die Präzisionsschmiedetechnik kann somit der Anteil an nicht genutztem Rohmaterial deutlich reduziert und die Bearbeitungszeit verkürzt werden. Vor der abschließenden Hartfeinbearbeitung findet in der Prozesskette des SFB 489 (s. Kap. 1) keine spanende Vorbearbeitung statt. Das direkte Schmieden der endkonturnahen Geometrie hat deshalb Auswirkungen auf die Endbearbeitung. Die Zentrierbohrungen werden innerhalb der Prozesskette des Sonderforschungsbereichs ohne Referenz eingebracht, so dass die Aufspannachse der Kurbelwelle von der idealen Bearbeitungsachse abweichen kann. Abbildung 5.36 zeigt die Formen der Abweichung der Aufspannachse zur idealen Bearbeitungsachse. Wie auch bei der Ritzelwelle können Taumel- und Exzenterfehler der Aufspannachse auftreten (s. Abschn. 5.1.1).

Wird die Aufspannachse nicht korrigiert, kann es dazu führen, dass das Material ungleichmäßig abgetragen wird und die Sollkontur aufgrund der ungleichmäßigen Aufmaßverteilung nicht gefertigt werden kann. Um den sicheren Prozess auch bei hohen, ungleich verteilten Aufmaßen mit angemessenen Bearbeitungszeiten gewährleisten zu können, werden Methoden zur Prozessregelung und Vorsteuerung bei bahngesteuerten Einstechschleifen von Kurbelwellen angewendet. Zur weiteren Senkung der Schmiedeaufmaße ist die Aufmaßverteilung der Kurbelwellen zu verifizieren. Die messtechnische Untersuchung ermittelt in Abhängigkeit des Aufmaßes, ob eine Bearbeitung möglich ist. Dazu muss eine entsprechende Messeinrichtung in die Schleifmaschine integriert werden. Details hierzu werden in Kap. 6 vorgestellt. Es wird ein Korrekturvektor berechnet, um die Aufspannachse hinsichtlich Taumel- und Exzenterfehler zu korrigieren. Der Korrekturvektor optimiert die Restunwucht der Kurbelwelle nach dem Schleifprozess, sofern genügend Aufmaß vorhanden ist. Zum Schleifen von Kurbelwellen eingesetzte Pendelhubschleifmaschinen verfügen über die Fähigkeit zur Nachführung der Schleifscheibe synchron zu der Drehung des Werkstücks. Damit ist maschinenseitig die Möglichkeit zur Kompensation eines Exzenterfehlers gegeben. Eine Korrektur des Taumelfehlers kann durch die Kreispositionierung einer Spannspitze synchron zur Drehzahl der Kurbelwelle erreicht werden. Dies ist maschinenseitig nicht möglich, so dass innerhalb des SFB 489 hierfür eine neuartige, dynamisch wirkende Feinpositioniereinheit in Form eines aktiven Reitstocks entwickelt wurde.

Bei der Hartfeinbearbeitung von Kurbelwellen ist auch nach der aufmaßorientierten Feinpositionierung ein erhöhtes Aufmaß zu erwarten. Die abschließende Hartfeinbearbeitung der vergüteten Bauteile steht dabei im Zielkonflikt zwischen einer kurzen Bearbeitungszeit, welche gleichbedeutend mit einer hohen Mengenleistung einer Maschine ist und den hohen Qualitätsanforderungen an das Fertigteil. Dabei stellt die prozesssichere Bearbeitung mit erhöhter Zustellung eine Herausforderung dar. Aus diesem Grund muss die geometrisch unbestimmte Endbearbeitung der präzisionsgeschmiedeten Bauteile unempfindlich gegenüber Störgrößen wie Aufmaßschwankungen und inhomogenen Randzoneneigenschaften ausgelegt werden.

Um den Prozess robuster zu gestalten, wird die Prozessführung (Schruppen, Schlichten, Ausfeuern) optimiert. Dabei wird insbesondere Wert auf die Werkstückendgeometrie und durch Nachgiebigkeit hervorgerufene Abweichungen gelegt. Der makrogeometrische Schleifscheibenverschleiß kann sich auf die Werkstückendgeometrie auswirken. Durch Einsatz von hochharten Schleifmitteln, den sogenannten Superabrasives, wird dieser reduziert. Gegenüber dem Einsatz von konventionellen Schneidstoffen lassen sich durch den nachfolgend vorgestellten Einsatz von CBN deutlich produktivere Prozesse realisieren.

5.3.2 Bahngesteuertes Kurbelwellenschleifen

5.3.2.1 Prozesskinematik

Ursprünglich aus der Bearbeitung von Nockenwellen unter dem Begriff Unrundschleifen bekannt, werden auch Kurbelwellen aufgrund der oben genannten Vorzüge bahngesteuert geschliffen [Fuj05]. Das heißt, dass die NC-Steuerung mindestens zwei Achsen elektronisch verkoppelt. Abbildung 5.37 stellt diesen Prozess anhand der präzisionsgeschmiedeten ‚Zweizylinderkurbelwelle' dar.

Bei der Bearbeitung von präzisionsgeschmiedeten Bauteilen können so Lagetoleranzen der hydrodynamisch geschmierten Lager zueinander mit höchster Präzision sichergestellt werden (s. Abschn. 2.4.2). Bei der Endbearbeitung mit – gegenüber konventionellen spanend weich bearbeiteteten Bauteilen – erhöhten und ungleich verteilten Werkstückauf-

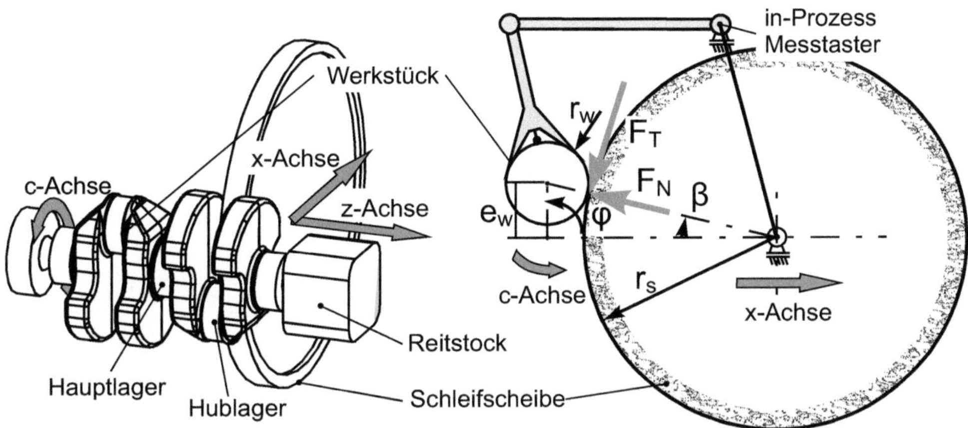

Abb. 5.37 Prozesskinematik beim bahngesteuerten Kurbelwellenschleifen

maßen ergibt sich hier die Möglichkeit zur flexiblen Anpassung des Bearbeitungsprozesses an das vorliegende Aufmaß über die Steuerung der Achsen im Prozess.

Dafür wird während der Drehung um die Hauptachse (C) die nachgeführte Vorschubachse (X) so bewegt, dass die Schleifscheibe im Eingriff bleibt. Die Kinematik des Pendelhubschleifens ist dabei vergleichbar mit dem Bewegungsablauf des Schubkurbelgetriebes. Bei konstanter Werkstückdrehzahl treten dabei Relativgeschwindigkeiten auf und ändern die Vorschubgeschwindigkeit. Um ein gleichmäßiges Zeitspanvolumen Q'_w und somit einen gleichmäßigen Prozessverlauf zu ermöglichen, wird eine konstante tangentiale Vorschubgeschwindigkeit v_{ft} eingestellt. Dies erfolgt, indem die Werkstückdrehzahl n_w gemäß Gl. 5.1 abhängig vom Schleifscheibendurchmesser DS, Werkstückdurchmesser DW und dem Exzenter e_w über dem Winkel der C-Achse φ angepasst wird [Bec04]. Bei Maschinen mit mehreren Schleifspindelstöcken zur parallelen Bearbeitung mehrerer Pleuellager ist dies nicht möglich, in diesem Fall wird eine konstante Werkstückdrehzahl vorgegeben. Daraus folgt, dass das Zeitspanvolumen über dem Achswinkel variiert. Winkelbezogen kann dies durch Gl. 5.2 berechnet werden.

$$\mathrm{n_w}(\varphi) = \frac{\mathrm{v_{ft}}}{0.5 \cdot \mathrm{D_w}} \cdot \frac{\sqrt{1-\lambda^2 \sin^2\varphi}}{\lambda \cos\varphi + \sqrt{1-\lambda^2 \sin^2\varphi}} \tag{5.1}$$

mit $$\lambda = \frac{2 \cdot \mathrm{e_w}}{\mathrm{D_w} + \mathrm{D_s}}$$

Auch bei bahngesteuert bearbeiteten Pleuellagern muss der Schleifprozess die Makrogeometrie am Bauteil sicherstellen. Aufgrund der Anforderung an die Geometrie der hydrodynamisch geschmierten Lagersitze von üblichen 2 bis 5 μm Rundheit, liegt besonderer Fokus auf diesem Aspekt. Beeinflusst wird die Rundheit, neben nachfolgend diskutierten, prozessbedingten Einflüssen wie Verschleiß des Schleifwerkzeugs und die bei präzisionsgeschmiedeten Bauteilen besonders fatalen Materialinhomogenitäten,

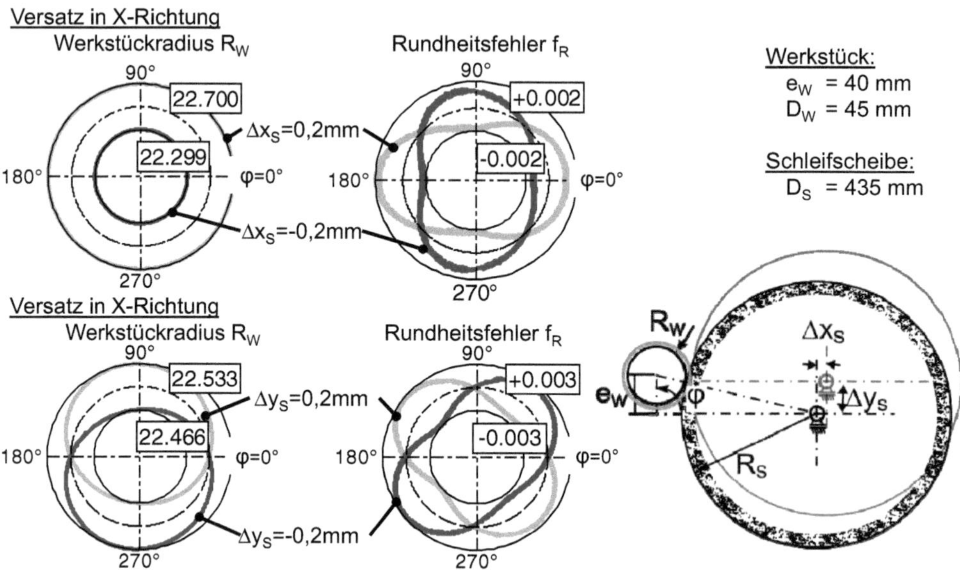

Abb. 5.38 Einfluss der Maschinenkinematik auf die Werkstückgeometrie

auch durch maschinenbedingte Einflüsse. In die Berechnung der Bahnkurve fließen die Maschinen- und Werkzeuggeometrie ein. Durch die kinematische Kopplung der X- und C-Achse lässt sich dieser Fehler berechnen.

Aufgrund des geometrischen Verschleißes beim Abrichten des keramisch gebundenen CBN-Werkzeuges kommt es beim bahngesteuerten Schleifen zu Differenzen zwischen programmiertem und dem tatsächlichem Werkzeugdurchmesser. Der Schleifscheibendurchmesser ist nicht abhängig vom Kurbelwinkel φ und geht in die Berechnung des Werkstückdurchmessers direkt ein. Somit führt ein fehlerhaft programmierter Schleifscheibendurchmesser ΔD_S ausschließlich zu Durchmesserfehlern am Werkstück, Rundheitsfehler werden nicht hervorgerufen. Aufgrund einer schnelleren Bahninterpolation wird das Bahnprofil vor dem Schleifprozess generiert. Der Werkzeugdurchmesser wird im laufenden Betrieb anhand des gemessenen Werkstückdurchmessers ausschließlich über die Zustellachse (X) korrigiert. Bei dieser Korrektur liegt eine Abweichung Δx_S gegenüber der programmierten Bahnkurve vor. Diese Abweichung führt am Werkstück neben den gewollten Durchmesseränderungen auch zu Formfehlern, welche sich maßgeblich als Rundheitsfehler äußern. Liegt eine positive Verschiebung des Achsennullpunktes vor, werden elliptische Lager mit großer Halbachse in vertikaler Richtung (0 bis 180°) geschliffen. Bei negativer Verschiebung des Achsennullpunktes wird die Hauptachse der Ellipse in der Horizontalen (90 bis 270°) geschliffen (s. Abb. 5.38).

Ein weiterer relevanter Fehler ergibt sich aus dem Höhenversatz Δy_S. Dieser liegt vor, wenn sich die Schleifscheibe und die Werkstückaufspannung, beispielsweise durch thermische Einflüsse, auf unterschiedlichen Höhen befinden. Während der Höhenversatz beim zentrischen Schleifen der Hauptlager praktisch keinen Einfluss auf die Geometrie hat, führt

Tab. 5.4 Werkstückfehler in Folge von Abweichungen der Maschinengeometrie

Abweichung in	Durchmesserfehler ΔDW	Rundheitsfehler fR	Exzenterfehler ΔeW
ΔDS	$= \|\Delta D_S\|$	$= 0$	$= 0$
ΔxS	$\approx 2 \cdot \Delta x_S$	$= \|\Delta x_S\| \left(\sqrt{1-\lambda^2} - 1\right)$	$= 0$
ΔyS	≈ 0	$\approx \lambda^2 \|\Delta y_S\|$	$\approx \lambda^2 \|\Delta y_S\|$

er bei der Pleuellagerbearbeitung maßgeblich zu Ex-zenterfehlern. Gegenüber der Solllage des Exzenters stellt sich ein Höhenversatz ein. Neben dem Exzenterfehlern hat der Höhenversatz zusätzlich einen Formfehler zur Folge. Durch die in DIN ISO 1101 definierte Gaußeinpassung kann dieser Einfluss vom Exzenterfehler getrennt und als Rundheitsfehler f_R beziffert werden. Liegt die Schleifscheibe höher als das Werkstück, hat dies eine Exzenterverschiebung in positive Richtung zur Folge ($\varphi = 90°$), der Rundheitsfehler stellt eine Ellipse mit schräger Hauptachse dar (135 bis 305°). Dieser Zusammenhang ist in Abb. 5.38 dargestellt. Tabelle 5.4 gibt ergänzend die Fehleranteile bei den drei genannten Abweichungen betragsmäßig wieder.

5.3.2.2 Kalibrierung der Maschinenkinematik

Diese Erkenntnisse können genutzt werden, um die Maschinenkinematik zu kalibrieren. Mit Kenntnis der Fehleranteile lassen sich die Bahnkurven neu berechnen, um die korrekte Sollkontur zu schleifen. Während bei konventionellen Schleifoperationen der Werkzeugdurchmesser aus dem geschliffenen Radius bestimmt werden kann, ist beim bahngesteuerten Schleifen ein erhöhter Aufwand erforderlich. Deshalb wird eine präzisionsgeschmiedete Zweizylinderkurbelwelle (s. Kap. 2.2) bearbeitet. Die Lagerendgeometrie wird mittels Koordinatenmessmaschine (KMM) erfasst. Dabei muss ein bauteileigenes Koordinatensystem erstellt werden. Durch die beidseitige Einspannung der Welle treten die Fehlereinflüsse des Höhenversatzes und des Versatzes der Zustellachse zwischen Werkstückspindel und Reitstock in unterschiedlicher Ausprägung auf. Weiterhin treten wegen der geringen Amplituden im Bereich von wenigen µm nur sehr kleine Fehler auf, die die Koordinatenmesstechnik vor große Herausforderungen stellen. Bei der Berechnung des Korrekturvektors fließen deshalb Durchmesser und Formabweichung aller Lager ein. Dabei werden für jeden erfassten Messpunkt die Sollwerte der Achsen berechnet. Über den Simplex-Algorithmus lassen sich Korrekturwerte der Achsen bestimmen. Aufgrund der oben genannten Schwierigkeit bei der Ermittlung des Exzenterfehlers hat sich herausgestellt, dass es hilfreich ist, diesen als geschätzten Parameter zu berücksichtigen. Durch Schleifen in korrigierten Achsen lässt sich der gemessene Rundheitsfehler von maximal 17 µm auf 3 µm senken. Der entstehende Fehler liegt im Bereich des thermischen Maschinenfehlers. Unter Voraussetzung einer warmgelaufenen Maschine lässt sich die Formabweichung weiter reduzieren, allerdings muss dabei aufgrund der großen Ausprägung des Y-Fehlers ein zweistufiges Verfahren angewandt werden.

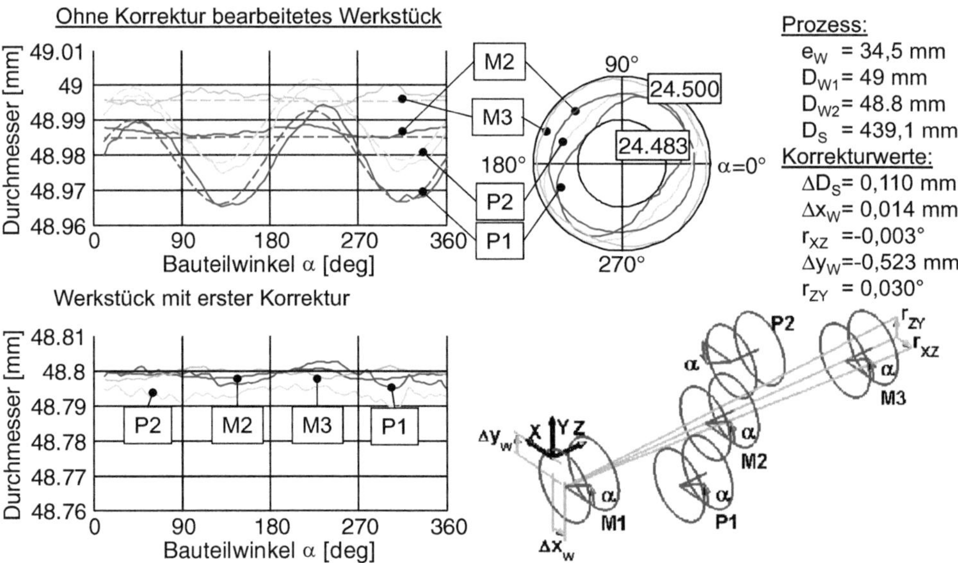

Abb. 5.39 Einfluss der Maschinenkinematik auf die Werkstückgeometrie

Das vorgestellte Verfahren zur Maschinenkalibrierung ist nicht auf die Messung von Exzenterfehlern angewiesen. Aus diesem Grund kann auch die in die Maschine integrierte taktile Sensorik verwendet werden. Abbildung 5.39 veranschaulicht diese Kalibrierungsmethode anhand eines Beispiels.

5.3.2.3 Einfluss der Kühlschmierstoffzufuhr

Die Art der Kühlschmierstoffzufuhr beeinflusst das Arbeitsergebnis der Bearbeitung. Insbesondere bei der Bearbeitung der nicht spanend vorbearbeiteten, präzisionsgeschmiedeten Bauteile (s. Kap. 2.2) ist eine gute Kühlung unerlässlich, da hohe Schleifaufmaße auch zu hohen Bauteilerwärmungen führen können. Nach dem Abkühlen wirkt sich dieser Wärmeeintrag in relevanten Formfehlern aus. Die Kühlschmierstoffversorgung wird lediglich auf dem Werkzeugtisch mitgeführt, jedoch nicht der wechselnden Kontaktstelle auf dem Umfang der Schleifscheibe beim Pendelhubschleifen. Hier kommt es zu stark unterschiedlichen Abständen zwischen dem Austritt des Kühlschmiermittels aus der Düse und der Kontaktzone von Werkzeug und Werkstück. Die Nachführung der Düse kann entweder über ein mechanisches Abgreifen der Lagerbewegung oder eine angetriebene weitere NC-Achse erfolgen. Dies birgt zusätzlichen konstruktiven Aufwand an der Bearbeitungsmaschine. Auch das Düsenkonzept der Schuhdüse, bei dem die Schleifscheibe durch eine Flutung in einer Kammer mit KSS benetzt wird [Wit07], stellt bei der Bearbeitung von Kurbelwellen keine brauchbare Alternative dar, da die konstruktive Umsetzung der Düsenkammer durch die sehr eng anliegenden Kurbelwangen erschwert wird. Insbesondere die kritischen Radien können damit nur schwer erreicht werden.

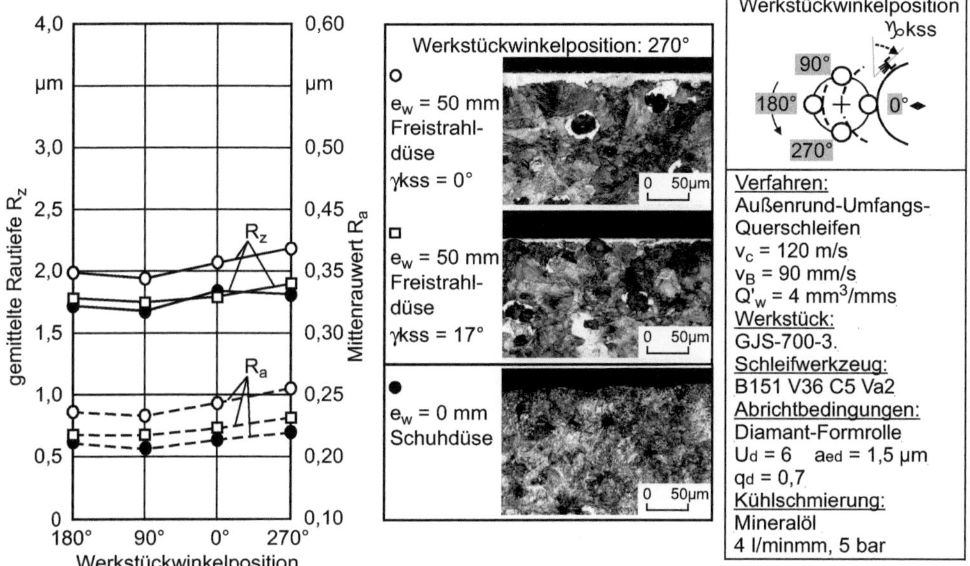

Abb. 5.40 Einfluss der Kühlschmierstoffzufuhr beim Schleifen von Kreisexzentern

Schleiftechnologisch betrachtet sind die Auswirkungen einer einachsig nachgeführten Kühlschmierstoffzufuhr von Interesse, da die Orientierung der Düse die Richtung des Kühlschmierstoffstrahles bestimmt. Es kommt somit zu unterschiedlichen Winkeln, mit denen das Kühlschmiermittel auf den Umfang der Schleifscheibe auftrifft. Zwei Varianten werden zunächst betrachtet, wobei die Kühlschmierstoffdüse aufgrund der nur einachsigen Nachführung jeweils auf den obersten Punkt des Kontaktbogens ausgerichtet wird. Die Ergebnisse dieser Untersuchungen sind in Abb. 5.40 veranschaulicht. Dargestellt sind die Rauheit über dem Umfang des Werkstücks sowie Gefügeschliffbilder der Werkstückrandzone für einen Werkstückwinkel von 270°. Diese Winkellage entspricht der größten Entfernung zwischen Kühlschmierstoffdüse und Kontaktzone bei der Bearbeitung von exzentrischen Werkstücken.

Die Rauheit der Proben, die mit einer Freistrahldüse und einem Anstellwinkel von $\gamma_{kss} = 0°$ bearbeitet wurden, weisen verglichen mit den deutlich stumpferen Anstellwinkeln auf eine deutlich schlechtere Versorgung mit Kühlschmierstoff hin. Bei der Werkstückposition von 90° liegt der kürzeste Abstand zwischen Düse und Kontaktzone vor. Selbst hier wurde mit der orthogonal ausgerichteten Tangentialdüse eine schlechtere Rauheit als mit einer Schuhdüse bzw. einer Freistrahldüse in orthogonaler Anordnung ($\gamma_{kss} = 17°$) erzeugt. Die Gefügeschliffbilder bestätigen die offensichtlich geringe Versorgung der Kontaktstelle mit Kühlschmierstoff bei einer Bearbeitung mit Freistrahldüse im Anstellwinkel von $\gamma_{kss} = 0°$. Es kommt an der Werkstückoberfläche zu einer durchgehenden Aufhärtung des Materials in einer Schicht von etwa 15 µm. Durch die Differenz der Rauheit bei 0° und

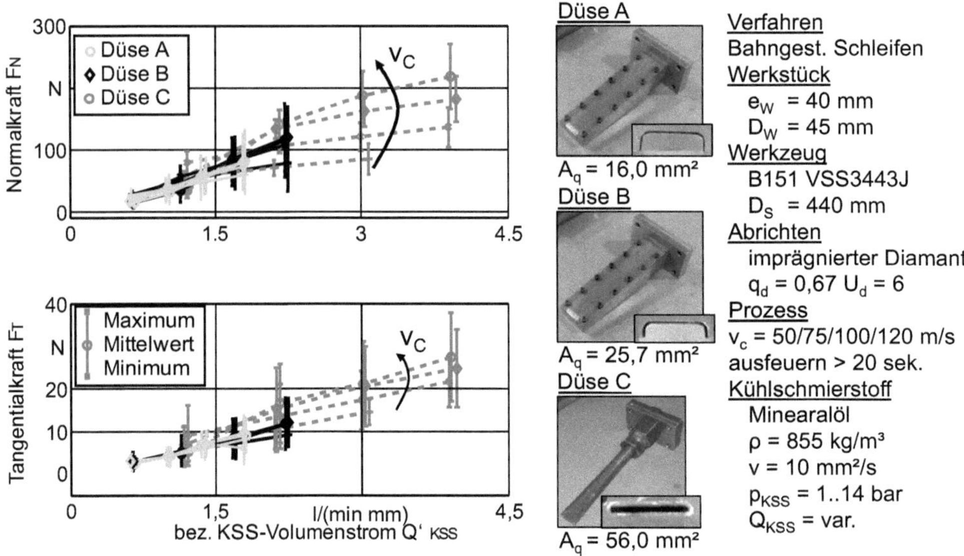

Abb. 5.41 Einfluss der KSS-Zufuhr auf die Bearbeitungskraft

180° Kurbelwinkel wird ersichtlich, dass die Versorgung des Schleifspaltes maßgeblich von hier nicht berücksichtigten Einflussfaktoren bestimmt wird.

Die optimale Auslegung der KSS-Düsen wird durch die sehr eng anliegenden Kurbelwangen erschwert. Das bei den eingesetzten Durchflussmengen und Austrittsgeschwindigkeiten unvermeidbare Aufweiten des KSS-Strahles führt zur Kollision mit dem Werkstück. Um bei einer üblichen Austrittsgeschwindigkeit vom etwa 0,6-fachen der Schnittgeschwindigkeit dennoch eine angemessene Kühlwirkung im unteren Totpunkt zu realisieren, müssen hohe Volumenströme und Drücke eingesetzt werden. Der hydrodynamische Druck beim Schleifen mit CBN führt dabei zu Kräften, die in der Größenordnung der Schleifkräfte liegen können [Bec01]. Aufgrund der verminderten KSS-Wirkung im unteren Totpunkt kommt es dabei zu Kraftschwankungen. Aus diesem Grund werden für die Bearbeitung präzisionsgeschmiedeter Bauteile unterschiedliche Tangentialdüsen verglichen (s. Abb. 5.41). Die ermittelten Kräfte sind nach einem sehr langen Ausfeuerprozess über einer Werkstückumdrehung aufgenommen. Nach über 20 s Ausfeuern und Umdrehungen wird erwartet, dass die Prozesskräfte zu vernachlässigen sind. Wichtig erscheint in diesem Zusammenhang die Keilwirkung von Werkstück und Werkzeug vor der Kontaktstelle, die den Kühlschmierstoff hineinzieht. Wird der gleiche Versuch mit einem Spalt von 1 mm zwischen Schleifscheibe und Werkstück durchgeführt, fallen die Kräfte in Normalenrichtung auf 5 % und tangentialer Richtung auf ca. 30 % ab. Dies zeigt, dass die Prallkräfte einen vergleichbar geringen Einfluss auf die Bearbeitung haben. Deutlich größerer Einfluss wird der Zuführung des Kühlschmierstoffes und den Prozessparametern (maßgeblich die Schnittgeschwindigkeit v_C) zugeordnet.

Diese Untersuchung der KSS-Kräfte beim Hochgeschwindigkeitsschleifen mit bis zu 120 m/s zeigt, dass die Kühlschmierstoffkräfte durch die bahngesteuerte Bearbeitung und die funktionsbedingte Geometrie des Bauteils stark schwanken. In technologisch relevanten Mengen sind die Kräfte nicht zu vernachlässigen. Wie nachfolgend gezeigt wird, führen die KSS-Kräfte zur Verlagerung des Werkstücks und somit zu Formfehlern am gefertigten präzisionsgeschmiedeten Bauteil.

5.3.2.4 Untersuchung der technologischen Wechselwirkungen

Aufgrund von wirkenden Kräften und einer endlichen Steifigkeit von Bearbeitungsmaschine und Werkstück kommt es im Schleifprozess zur Verformung von Werkstück und Werkzeug. Die im Schleifprozess maßgebliche Normalkraft führt beim Querschleifen zu einer Verspannung des Systems und somit zu effektiv größer geschliffenen Bauteildurchmessern. Da die Bearbeitungskräfte maßgeblich von den Stellgrößen abhängen, kann dieser Effekt über die Prozessführung (Schruppen, Schlichten, Ausfeuern) beeinflusst werden. Bei der Bearbeitung spanend vorbearbeiteter Bauteile kann dies durch längenabhängige Bearbeitungsparameter ausgeglichen werden. Bei der Auslegung des Schleifens der präzisionsgeschmiedeten Kurbelwelle ist eine möglichst kurze Bearbeitungszeit bei sicherer Prozessauslegung die wirtschaftliche Zielsetzung. Zwecks Minimierung der Bearbeitungszeit werden die Einflussfaktoren der Prozessstellgrößen und Maschinen- bzw. Bauteilsteifigkeit nachfolgend untersucht. Besonderer Schwerpunkt liegt dabei auf Sicherstellung der hohen Anforderungen an das Fertigteil, auch bei hohen Schleifaufmaßen.

Neben einem Acoustic Emission (AE-) Sensor ist hierfür in die verwendete Schleifmaschine ein 3D-Dynamometer integriert, mit dem die Bearbeitungskräfte hochgenau erfasst werden können. Zusätzlich ist ein kommerziell verfügbares, taktiles Messsystem in der Maschine im Einsatz. Mit dem System [NN05] ist es möglich, während der Bearbeitung den Durchmesser des geschliffenen Lagers zu erfassen (s. Abb. 5.37). Bei der Bearbeitung wird der Taster genutzt, um die Bearbeitungsaufmaße (Schruppen, Schlichten, Ausfeuern) mit dem Istmaß zu koppeln. Der induktive Messtaster liegt während der Messung über ein Messprisma auf dem geschliffenen Lager auf. Aus diesem Grund ist es nicht möglich, den geschliffenen Exzenter in Bezug zum Maschinenkoordinatensystem zu erfassen. Bei konstantem Durchmesser kann die Rundheit ermittelt werden. Im praktischen Einsatz können somit thermische Fehler und Werkzeugverschleiß korrigiert werden. Ein neu entwickeltes, signalbasiertes Verfahren ermöglicht zusätzlich die Erfassung der Rundheit während der Bearbeitung. Somit ist die Kompensation von Prozessfehlern, welche durch die Bearbeitung entstehen, möglich.

In Parameterstudien kann damit der Einfluss der Stellgrößen auf die Prozess- und Ergebnisgrößen beziffert werden. Für die Auslegung des Bearbeitungsprozesses sind die primären Stellgrößen Schnittgeschwindigkeit v_C, Zustellung f_R und die Werkstückdrehzahl n_W von Interesse. Sekundäre Stellgrößen wie KSS-Volumenstrom und Abrichtbedingungen wirken sich stark auf die Oberflächeneigenschaften aus. Aus diesem Grund werden diese vor der Auslegung der Prozessstufen gewählt. Bei der Analyse der Stellgrößen wer-

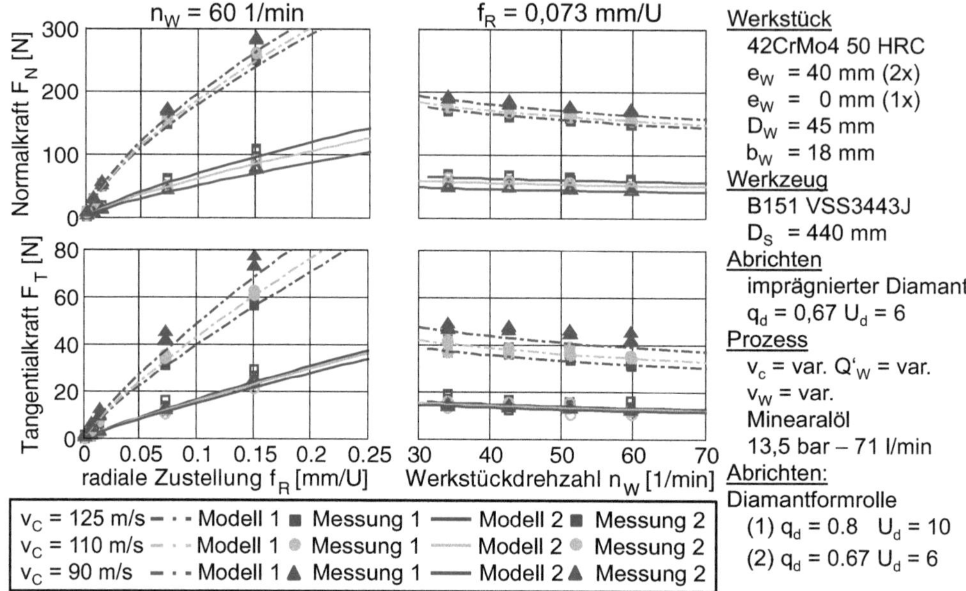

Abb. 5.42 Modellierung der Bearbeitungskräfte bei unterschiedlichen Stellgrößen

den je ein Mitten- und zwei Pleuellager mit identischen Parametern bearbeitet. Um den Einfluss der Nachgiebigkeit auf die Bearbeitungskräfte gering zu halten, wird die Kraft bei der vierten Zustellumdrehung auf die Wirkrichtung transformiert und über einer gesamten Bauteilumdrehung ermittelt [Den08m]. Durch Berücksichtigung der KSS-Kräfte und die der Kinematik angepassten Werkstückdrehzahl liegt auch bei der Bearbeitung der Pleuellager ein homogener Kraftverlauf vor. Exemplarisch wird der Einfluss der primären Stellgrößen in Abb. 5.42 dargestellt. Die dabei ermittelten, vollparametrisch durchgeführten Einzelversuche sind in einer Projektion abgebildet.

Nachfolgend werden die durchgeführten Versuche nach Czenkusch zusammengefasst [Cze00]. Die Parameter des multiplikativen Modells (s. Gl. 5.3) werden mit der linearen Regression aus den Daten ermittelt. Die Parameter bei unterschiedlichen Abrichtbedingungen und Werkstoffen sind in Tab. 5.5 wiedergegeben.

$$F_{n,t} = A \cdot v_C^{e1} \cdot q^{e2} \cdot {Q'_W}^{e3} \tag{5.2}$$

Die dargestellten Modelle zeigen auf, dass die Abrichtparameter bei gleichem Werkzeug signifikanten Einfluss auf die Bearbeitungskräfte und somit das Prozessergebnis haben. Dem mikroskopischen Werkzeugverschleiß wird somit ein hoher Stellenwert bemessen. Die Untersuchungen an bainitisierten, präzisionsgeschmiedeten Kurbelwellen zeigen auf, dass der Einfluss des Werkstoffs auf die Bearbeitungskräfte hoch ist. Während bei den spanend vorbearbeiteten Demonstratorbauteilen die Modellgüte sehr hoch ist, variieren die Bearbeitungskräfte bei der Bearbeitung der präzisionsgeschmiedeten Kurbelwellen trotz optimaler

Tab. 5.5 Parameter unterschiedlicher Schleifkraftmodelle

Richtung	Abrichten			Material	Parameter				R^2
	qd	Ud	schärfen		A	e1	e2	e3	
Normal	0,8	10		1.7225 50HRC	2,3e6	−0,52	0,22	0,74	0,996
Tangential	0,8	10		1.7225 50HRC	11,9e6	−0,88	0,22	0,87	0,996
Normal	0,67	6	X	1.7225 50HRC	3,9e3	0,72	0,20	0,79	0,993
Tangential	0,67	6	X	1.7225 50HRC	57,1e3	0,03	0,28	0,91	0,990
Normal	0,67	6		1.7225 geschm. 55HRC	13,9e6	−0,99	0,24	0,75	0,98
Tangential	0,67	6		1.7225 geschm. 55HRC	34,9e6	−1,49	0,38	0,83	0,90

Versuchsbedingungen. Für die wirtschaftliche Bearbeitung präzisionsgeschmiedeter, bainitisierter Kurbelwellen sind die nachfolgend vorgestellten Verfahren zur Prozessregelung somit von besonderem Interesse.

Neben den Bearbeitungskräften wirkt sich auch die Nachgiebigkeit von Bauteil und Maschine auf das Arbeitsergebnis aus. Aus diesem Grund wird auch dieser Einfluss systematisch untersucht. Die kraftabhängige Verlagerung der Schleifmaschine kann dabei mit der integrierten Kraftmesstechnik und Wirbelstromsensoren, oder mit externer Referenzkraftanregung erfasst werden. Bauteilseitig ist die analytische Erfassung der Nachgiebigkeit aufgrund der komplexen Geometrie und der daraus folgenden stellungsabhängigen Nachgiebigkeit der Kurbelwelle nicht möglich. Bei Einspannung zwischen den Spitzen wird dies mit der Finiten Elemente Methode (FEM) analysiert. Abbildung 5.43 beschreibt die Analyse verschiedener geschliffener Demonstratorbauteile. Die Ergebnisse zeigen, dass Nachgiebigkeit sich maßgeblich auf die statische Nachgiebigkeit auswirkt. Der winkelabhängige Anteil lässt sich abhängig vom Bauteilwinkel α in sehr guter Näherung als trigonometrische Funktion des Drehwinkels beschreiben (s. Gl. 5.4). Aufgrund der unterschiedlichen Wirkrichtungen wird die Nachgiebigkeit dabei als Tensor dargestellt [Den09n]. Bei der Ermittlung wurde zunächst die Kraft in Wirkrichtung angenommen. Abhängig von der gewählten Winkelauflösung sind dabei viele Berechnungsschritte notwendig, um den Nachgiebigkeitsverlauf mit verschiedenen Lastfällen über dem Kurbelwinkel zu ermitteln. Bei der linearen FEM werden dabei redundante Informationen ermittelt. Um zusätzlichen Rechen- und Parametrierungsaufwand der Modelle zu vermeiden, wird die Berechnung auf die Anregung in Hauptachsen vereinfacht. Die somit vorliegende Nachgiebigkeit in Bauteilkoordinaten kann auf die wirkenden Kraftrichtungen umgerechnet werden.

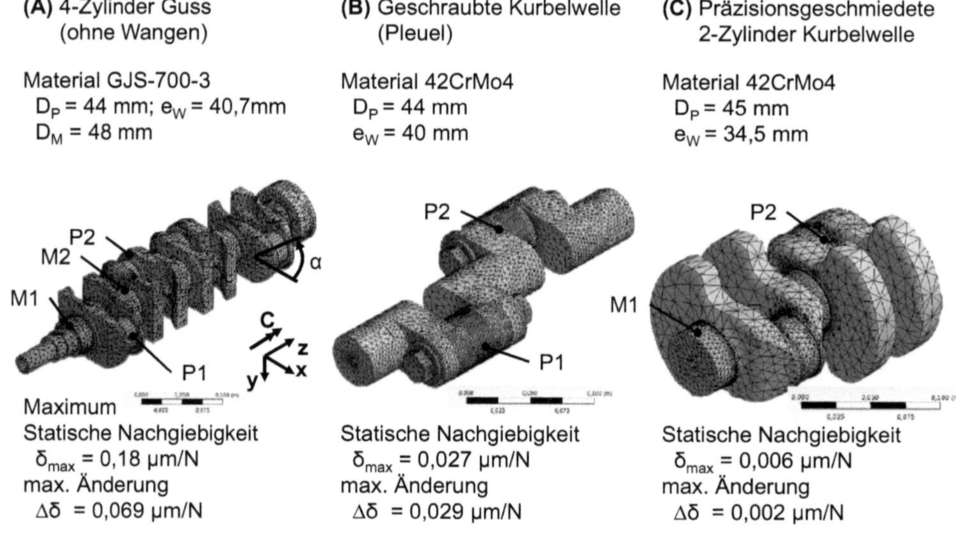

Abb. 5.43 FE-Modellierung und Nachgiebigkeit unterschiedlicher Wellen

$$\delta(\alpha) = \delta_{stat} + \delta_{S1} \cdot \sin(\alpha) + \delta_{C1} \cdot \cos(\alpha) + \delta_{S2} \cdot \sin(2\alpha) + \delta_{C2} \cdot \cos(2\alpha) \tag{5.3}$$

mit

δ: Nachgiebigkeitsmatrix in Abhängigkeit vom Bauteilwinkel
δ_{stat}: Konstanter Anteil
δ_{S1}: Sinusanteil der Ersten Harmonischen
δ_{C1}: Cosinusanteil der ersten Harmonischen
δ_{S2}: Sinusanteil der zweiten Harmonischen
δ_{C2}: Cosinusanteil der zweiten Harmonischen

Das Analogiewerkstück „Geschraubte Kurbelwelle“ (s. Abb. 5.43b) wurde so ausgelegt, dass die Nachgiebigkeit etwa einer präzisionsgeschmiedeten Vierzylinderkurbelwelle entspricht. Aufgrund der vorgespannten Schrauben müssen die Lastfälle in der FEM bei diesem Werkstück mit Kontakt als nichtlinear angenommen werden. Dabei hat sich herausgestellt, dass realistische Schleifkräfte keinen Einfluss auf die vorgespannten Schrauben nehmen.

Auch die Einspannung des Werkstücks zeigt Einfluss in der seriellen Kette der Nachgiebigkeit. Um die Kraftermittlung in der Schleifmaschine ermitteln zu können, ist eine momentfreie Aufnahme realisiert. Das Bauteil wird dabei über zwei Zentrierspitzen unter axialer Spannkraft gehalten, über einen Metallfaltenbalg wird die Momentübertragung vom Werkstück auf die Werkstückspindel querkraftfrei gestaltet. Der Kontakt zwischen Werkzeug und Zentrierspitze wird ebenfalls mit der FEM analysiert und fließt in die Betrachtung der Gesamtnachgiebigkeit ein.

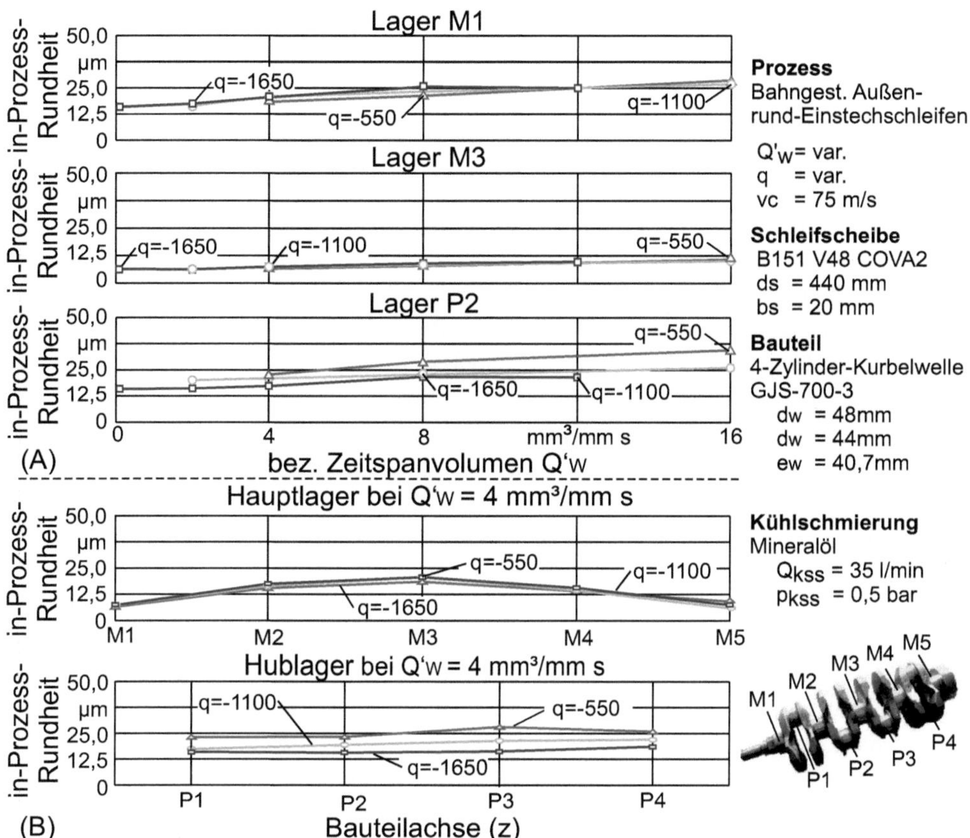

Abb. 5.44 Einfluss von Stellgrößen und Bearbeitungsposition auf Geometriefehler

Der Einfluss von Bearbeitungskräften und Nachgiebigkeit kann über den integrierten in-Prozess-Messtaster erfasst werden. Da der Durchmesser im Schleifprozess abnimmt, kann die Rundheit nicht nach Norm ermittelt werden. Zur Ermittlung der im Prozess entstehenden Rundheit wird das Messsignal deshalb vorverarbeitet. Aus der Prozessführung wir dafür die aktuelle Schleifscheibenposition ermittelt und auf das Lagerkoordinatensystem bezogen. Die verbleibende Abweichung im Durchmesser wird als Durchmesserfehler interpretiert. Der Restfehler prägt sich entsprechend der berechneten Nachgiebigkeit als Sinus mit doppelter Drehfrequenz aus [Den11p]. Die auf eine Bauteilumdrehung bezogene Varianz im Signal wird nachfolgend als In-Prozess-Rundheit verstanden. Exemplarisch ist dies für die Bearbeitung der Vierzylinderkurbelwelle in Abb. 5.44 dargestellt. Teil „A" beschreibt dabei den Verlauf bei unterschiedlichen Prozessstellgrößen. Der Einfluss der Bearbeitungsposition ist in Abb. 5.44 „B" wiedergegeben.

Die hier dargestellte Messreihe gibt exemplarisch wieder, wie der Rundheitsfehler mit höherer Zustellung ansteigt. Analog zu den Bearbeitungskräften steigt der Verlauf über dem Zeitspanvolumen Q'_w degressiv an. Das Geschwindigkeitsverhältnis q wurde in der Versuchsreihe über die Werkstückdrehzahl n_W variiert, zeigt bei der Bearbeitung der Mittenhauptlager ebenfalls einen sehr kleinen Einfluss auf die Rundheitsentwicklung. Diese Beobachtungen zeigen auf, dass ein linearer Zusammenhang zwischen Bearbeitungskraft und Rundheitsfehler vorliegt.

Die deutlich höheren Rundheitsfehler ergeben sich aus den zuvor beschriebenen Fehlereinflüssen „Kalibrierung der Bahnkurve" und ‚Schwankung der KSS-Kraft'. Sehr deutlich fällt allerdings auf, dass die Bearbeitungsfehler mit sinkendem Geschwindigkeitsverhältnis q, welches hier einer steigenden Werkstückdrehzahl n_W entspricht, schlechter werden. Dies ist durch geschwindigkeitsabhängige Positionierfehler der Bearbeitungsmaschine begründet und wird nachfolgend ausgiebig analysiert.

5.3.2.5 Einfluss der Bahnregelung auf die Werkstückgeometrie

Bei der bahngesteuerten Bearbeitung entstehen in der nachgeführten X-Achse mit steigender Werkstückdrehzahl hohe Beschleunigungen. Die Berechnung der auftretenden Maximalgeschwindigkeiten und -beschleunigung ist in BECKER [Bec04] dargestellt. Um die Lagerendgeometrie nicht durch Bahnabweichungen zu beeinflussen ist dabei eine hochwertige Vorschubachse wie beispielsweise ein Lineardirektantrieb oder ein hydrostatischer Gewindetrieb erforderlich. Dennoch müssen die maximalen Werkstückdrehzahlen, bei PKW-Kurbelwellen beispielsweise auf ca. 70 min^{-1}, begrenzt werden. Zur Steigerung des Zeitspanvolumens Q'_w muss somit die Zustellung erhöht werden. Verglichen mit für Rundschleifoperationen üblichen Werkstückdrehzahlen handelt es sich somit um einen Tiefschleifprozess, der zuvor bezüglich der Prozessfehler der Werkstückgeometrie und thermischer Schädigung untersucht wurde. Die Werkstückdrehzahl ist somit insbesondere bei der Bearbeitung von präzisionsgeschmiedeten Bauteilen möglichst weit zu steigern, um thermische Fehler, Geometriefehler und Ausschussteile zu vermeiden.

Eine niedrige Spanungsdicke bei gleichbleibendem Zeitspanvolumen wirkt sich grundsätzlich positiv auf die Randzonen- und Oberflächeneigenschaften aus. Somit ist eine hohe Werkstückdrehzahl beim Außenrundschleifen erwünscht. Beim bahngesteuerten Schleifen steht dies jedoch im Konflikt mit der erzielten Endkontur der Lager. Aus diesem Grund ist die Art der Bahninterpolation in der Vergangenheit untersucht worden [Meu91]. Dabei können Soll- und Istwert bezogene Bahninterpolationen der nachgeführten Achse verwendet werden. Neben der Bahninterpolation zeigt insbesondere die Bandbreite der Achsregelungen Einfluss auf die Lagerendgeometrie. Ergänzend zu den oben dargestellten statischen Achskorrekturen sind deshalb auch geschwindigkeitsabhängige Korrekturen der Sollkontur üblich [Ste95].

Aufgrund der komplexen kaskadierten Lageregelung wird dieser Einfluss nachfolgend dargestellt. Zu diesem Zweck wird die Achsregelung, ausgehend vom Stromregelkreis, über den adaptiven PI-Drehzahlregler bis hin zum Lageregler mit Vorsteuerung untersucht. Die Struktur dieser Regelung entspricht dem vorhandenen Regelkreis industriell üblicher Siemenskomponenten, die wichtigsten Parameter sind bespielhaft für die nachgeführte X-Achse in Abb. 5.45 aufgeführt.

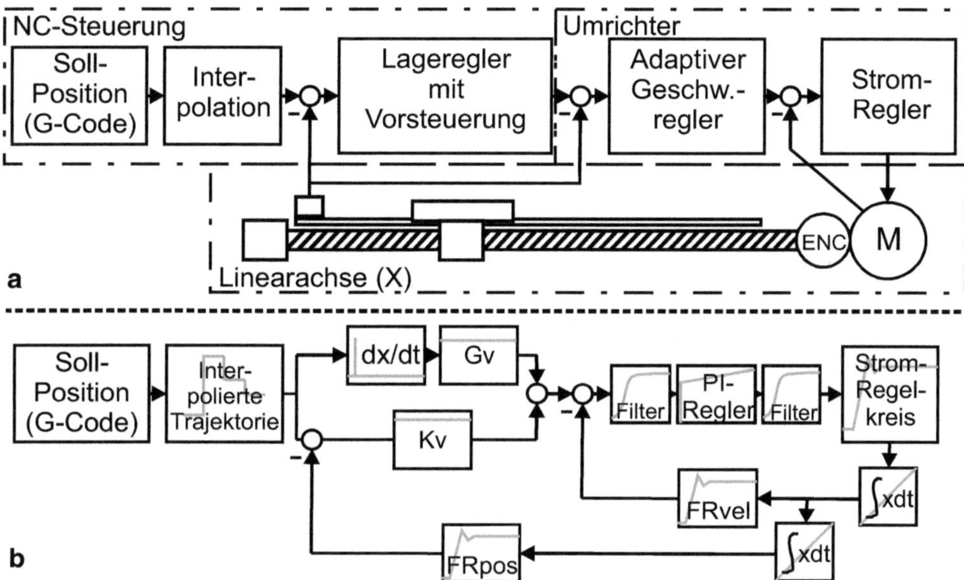

Abb. 5.45 Schema kaskadierte Lageregelung der X-Achse

Um auch die Wirkung unterschiedlicher Reglungsparameter auf den Bearbeitungsprozess beurteilen zu können, wird eine parameterunabhängige Identifikation des Regelkreises realisiert. Dafür bieten sich bei modernen Werkzeugmaschinen steuerungsintegrierte Inbetriebnahmefunktionen. Mit Hilfe von Referenzsignalen lässt sich das Übertragungsverhalten direkt in Form von Bodediagrammen ermitteln. Dieses Übertragungsverhalten wird für den Fall des mechanischen Übertragungsverhaltens von Sollmoment zu Ist-Drehzahl der im Eingriff befindlichen Achsen X und C durchgeführt. Anschließend kann ein linear zeitinvariantes System daraus identifiziert werden [Den11p]. Dies ist beispielhaft in Abb. 5.46 dargestellt. Aufgrund der Art der Messung unter Offsetgeschwindigkeit wirkt sich die Hysterese dabei nicht aus. Die Begrenzung der Führungsgröße führt bei der Messung des Bodediagramms bei hohen Frequenzen zu verrauschten Ergebnissen. Die Identifikation des Systems führt zu genaueren Ergebnissen, wenn dies gesondert berücksichtigt wird.

Das identifizierte Übertragungsverhalten wird nachfolgend genutzt, um die Bandbreite der Lageregelung bei unterschiedlichen Regelungsparametern zu bewerten. Dafür wird die Struktur des Antriebsreglers inklusive der unterschiedlichen Abtastzeiten simuliert. Grundsätzlich können dabei alle Reglerparameter simulativ untersucht werden. Zur Verifizierung wird das Übertragungsverhalten der eingestellten Parameter berechnet. Exemplarisch ist ein Vergleich mit den gemessenen Führungsfrequenzgängen in Abb. 5.47 dargestellt, wobei auch das Zeitverhalten (Sprungfunktion, Rampen, Bahnbetrieb) gute Übereinstimmungen von Messung zu Simulation zeigen.

Zur Analyse des Bahnverhaltens zählt zusätzlich die Generierung der feininterpolierten Soll-Bahnkurven. Auf Basis der Struktur der eingestellten Maschinendaten werden diese

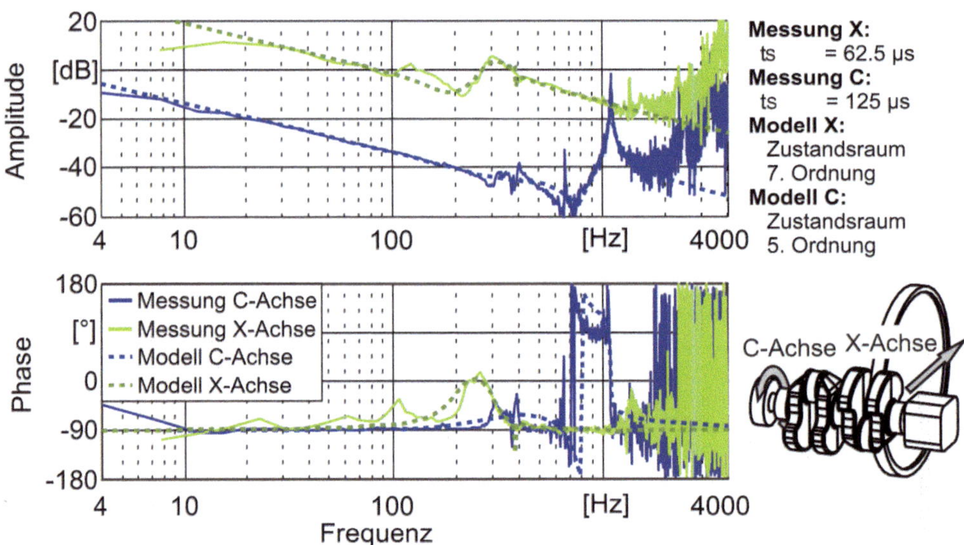

Abb. 5.46 Gemessenes und identifiziertes mechanisches Übertragungsverhalten der Achsen

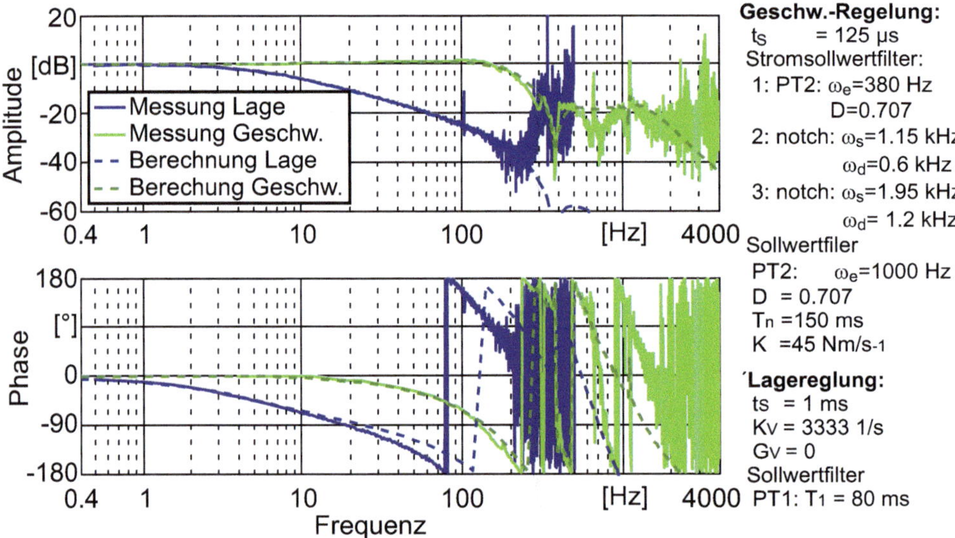

Abb. 5.47 Simulation und Verifikation des Führungsverhaltens der Werkstückdrehachse (C)

Sollkurven analysiert. Im vorliegenden Beispiel wird die Bahnkurve mit 722, das Geschwindigkeitsprofil mit 361 Stützpunkten erzeugt. Um eine bessere Sollkontur zu generieren wird mit 125 Hz feininterpoliert. Die Achskopplung erfolgt sollwertbezogen, da nachfolgende Geometriefehler so direkt auf die einzelnen Achsfehler zurückgeführt werden können.

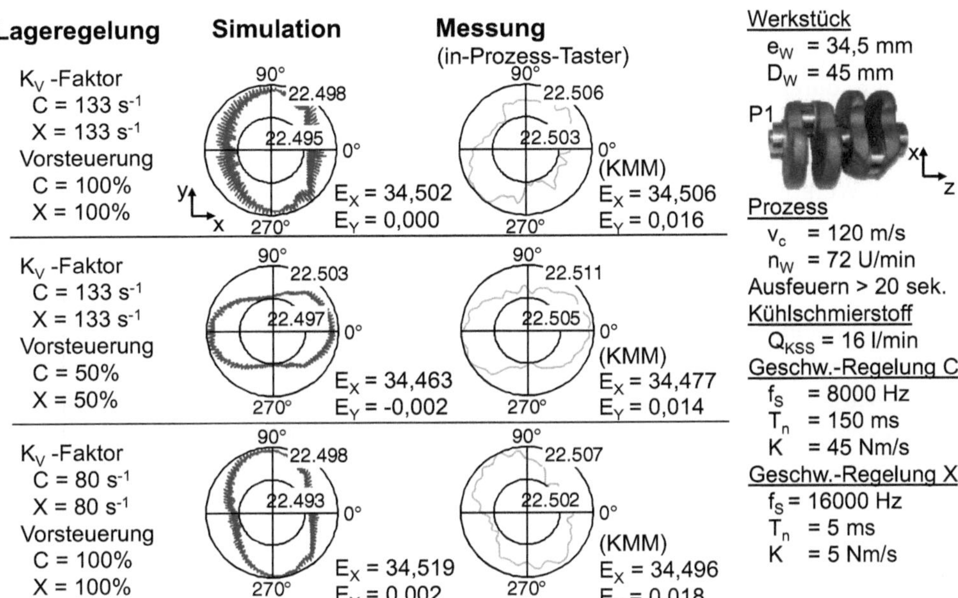

Abb. 5.48 Simulation und Messung der Lagerendkontur bei unterschiedlichen Regelungsparametern

Um den Einfluss der Reglerbandbreite auf den Bearbeitungsprozess zu charakterisieren, werden die Stützpunkte der Bahnkurve analysiert und Istwerte berechnet. Mit Hilfe des zeitlichen Verlaufes über einer Werkstückumdrehung kann die daraus folgende Werkstückkontur ermittelt werden. Hierzu wird, wie vorangehend im Abschn. 5.2.4 beschrieben, die numerische Simulation des Werkstückabtrages genutzt.

Die hier dargestellte Simulationsmethodik erlaubt es auf Basis einer vorliegenden oder neu zu entwickelnden Maschine zu bewerten, ob die Maschine ein Werkstück in der geforderten Genauigkeit fertigen kann und welche Prozessparameter dabei mit der Achsregelung realisiert werden können. Insbesondere ist damit möglich, den Einfluss unterschiedlicher Regelungsparameter auf die möglichen Bahnprofile zu analysieren oder auftretende Fehler nachzustellen und zu beheben. Aus dem Stand der Technik ist die Analyse der geschwindigkeitsabhängigen Lageregelungsfehler bekannt [Ste95]. Das hier angewendete Verfahren kann diese Betrachtung um viele weitere Einflussfaktoren, wie beispielsweise bei der Bahnsteuerung standardmäßig verwendeten Geschwindigkeitsvorstellung, Nichtlinearitäten der Antriebsreglung, Einfluss des adaptiven PI-Geschwindigkeitsreglers und vieles mehr, ergänzen.

Exemplarisch wurde dies für die Pleuellagerbearbeitung mit drei unterschiedlichen Regelparametersätzen durchgeführt. Selbst kleine Änderungen in der Reglerbandbreite lassen sich als Einfluss der in-Prozess Messtechnik und der Koordinaten-messmaschine feststellen. Die in Abb. 5.48 dargestellten Reglerparametersätze wirken sich auf die Werkstückkontur aus. Dieser Einfluss kann mit der Simulation prognostiziert werden. Auch die nachträglich mit der KMM ermittelte Exzentrizität gibt ähnliche Trends wieder, allerdings kommt es durch das Umspannen und die begrenzte Genauigkeit der KMM zu größeren Abweichungen in der Y-Achse.

Die hier verwendete Simulation des Bearbeitungsprozesses eignet sich auch zur Analyse der Werkstückabdrängung. Auf Basis der individuellen Aufmaßgeometrie und der Achspositionen lässt sich die aktuelle Eingriffsbedingung zwischen Schleifscheibe und Werkstück berechnen. Die aktuellen Eingriffsbedingungen lassen sich mit den empirischen Modellen auf die Bearbeitungskraft beziehen. Mit Hilfe der berechneten Nachgiebigkeit kann dabei simuliert werden, wie sich das Werkstück während der Bearbeitung deformiert. Somit kann der Einfluss des Aufmaßes und der Aufmaßverteilung der Bearbeitungsstrategie (Schruppen, Schlichten, Ausfeuern) auf die Endkontur ermittelt werden. Durch die Berücksichtigung entsprechend feiner Auflösungen ist es möglich, auch dynamische Effekte, wie z. B. die Unwucht der Schleifscheibe, bis zu einer Frequenz von ca. 140 Hz abzubilden. Bei der Bearbeitung der präzisionsgeschmiedeten Kurbelwellen hat sich dieses Simulationswerkzeug zur optimalen Prozessauslegung bewährt [Den11p].

5.3.3 Adaptive Prozessführung

Die Bearbeitung der Kurbelwellenlager in großen Stückzahlen und den geforderten Qualitätsanforderungen stellt Werkzeugmaschinenhersteller und Technologen vor große Herausforderungen. Beim Umspannen des bearbeiteten Werkstücks können Spannfehler nicht ausgeschlossen werden. Aus diesem Grund wird die Bearbeitung in einer Aufspannung bevorzugt. Neben der hier untersuchten Pendelhubschleifmaschine gibt es Maschinenkonzepte, bei denen Haupt- und Nebenzeit durch synchrone Bearbeitung mit mehreren Schleifwerkzeugen an einem Bauteil reduziert werden können. Die Untersuchung der technologischen Wechselwirkungen hat gezeigt, dass Werkstückabdrängungen während der Bearbeitung maßgeblich zu geometrischen Werkstückfehlern führen. Insbesondere bei der Bearbeitung der präzisionsgeschmiedeten, nicht weich vorbearbeiteten Langteile (s. Kap. 2.2) hat dies großen Einfluss auf das Ergebnis der Bearbeitung. Eventuell entstehende, abhängig von der Stadienfolge am mehrdirektional wirkenden Schmiedegesenk (s. Abschn. 2.4.3), Rundheitsfehler am geschmiedeten Rohteil sowie Restverzüge bei der Wärmebehandlung (s. Abschn. 4.5.3) führen zu lokal unterschiedlichen Aufmaßen. Ziel der mehrstufigen Prozessauslegung ist, neben der Sicherstellung der Werkstückoberfläche in Rauheit und Randzoneneigenschaften, der möglichst schnelle Abbau des Bearbeitungsaufmaßes und die Sicherstellung der hochgenauen Werkstückgeometrie. Die oben dargestellten Untersuchungen ergeben einen weiteren Ansatz zur Reduzierung der Hauptzeit bei der Bearbeitung von präzisionsgeschmiedeten Langteilen, der nachfolgend als adaptive Bearbeitung vorgestellt wird.

Beim Querschleifen sind verschiedene Ansätze zur adaptiven Prozessführung bekannt. Maßgeblich unterscheiden sich die Ansätze dabei durch die Zielgrößen. Die Abrichtüberwachung mit Hüllkurven zielt auf einen geringen Werkzeugverschleiß ab. Grenzregelung oder Adaptive Control Constraint (ACC) dienen dabei zur Herbeiführung eines konstanten Prozessverlaufes bezüglich einer bestimmten Prozessgröße. Beispielsweise die Ausnutzung der Spindelleistung beim Schruppen von Innenrund- oder Formschleifprozessen ist häufig Ziel der ACC. Optimierungsregelungen oder Adaptive Control Optimization (ACO) dienen zur Optimierung des Prozessverlaufes bezüglich einer vorgegebenen Zielfunktion. Meist werden die Prozessstellgrößen zur Verkürzung der Bearbeitungszeit mit der Randbedingung eines bestimmten Prozessergebnisses angepasst. Wobei neben dem Aspekt der Oberflächenrauheit oder der Temperaturbeeinflussung fast immer die Maß- und Formhaltigkeit des Werkstücks als Nebenbedingungen der Optimierung dienen [Mem97, Wal95, Pop92].

Eine Form der ACC, die auch beim bahngesteuerten Schleifen zum Einsatz kommt, ist die Anschnitterkennung. Beim Rundschleifen ist es damit möglich, den Bereich der Rohteiltoleranz mit erhöhtem Vorschub zu fahren. Beim Anfahren an das Werkstück wird dabei so lange mit erhöhter Zustellung bearbeitet, bis die Schleifscheibe in Kontakt mit dem Werkstück kommt. Zur Erkennung des Anschnittes dient häufig das AE-Signal. Der Einzelschneideneingriff führt beim Schleifen zu hochfrequenter Schwingungsanregung von Schleifscheibe und Werkstück. Dieser Einfluss kann mit Piezowandlern erfasst und sicher auf den Kontakt zwischen Werkstück und Werkzeug zurückgeführt werden [Zin91].

Bei sehr kleinen Durchmessertoleranzen kommen taktile in-Prozess-Messvorrichtungen zum Einsatz (s. Abb. 5.37). Durch die Erfassung des Bauteil-durchmessers in der Bearbeitungsmaschine kann der geometrische, teilweise auch der mikroskopische Verschleiß oder Welligkeit der Schleifscheibe festgestellt werden. Dies bietet die Möglichkeit, den Werkzeugverschleiß in der Schleifmaschine ohne externe Messeinrichtung zu kompensieren. Weiterhin ist über die in-Prozess-Messvorrichtung eine Istwert-bezogene Schaltung der Prozessstufen (Schruppen-Schlichten-Ausfeuern) möglich.

Ein weiterer typischer Anwendungsfall der ACO ist der prozessinterne Ausgleich der instationären Maschinenauffederung. Dies wurde in Vergangenheit für Rundschleifprozesse auf Basis von Kraftmessung, Durchmessererfassung und/oder auf Basis von AE-Sensorik realisiert. Durch gezielte Steuerung der Vorschubgeschwindigkeit ist es möglich, den Abbau der Schleifkraft und daraus folgend den Abbau von Geometriefehlern zu beschleunigen. Bei der Bearbeitung der Kurbelwellenlager stellen die Bearbeitungskraft und die stellungsabhängige Nachgiebigkeit ein Problem dar. Aus diesem Grund sind die dargestellten adaptiven Regelungsverfahren bei der Bearbeitung von präzisionsgeschmiedeten Kurbelwellen nicht anwendbar.

Um die Bearbeitungszeit zu verkürzen, bietet sich stattdessen eine modellbasierte Vorsteuerung an. Das in Abb. 5.49 dargestellte Konzept beschreibt den Ansatz, bei dem die Bauteilabdrängung kompensiert wird. Mit Kenntnis des Bauteilwinkels und des programmierten Vorschubs kann die Bearbeitungskraft mit den empirischen Kraftmodellen geschätzt werden. Die berechnete und gemessene Nachgiebigkeit wird genutzt, um die prozessabhängige Maschinenauffederung zu berechnen. Dieser Fehler wird nach der Transformation in das Maschinenkoordinatensystem auf die Position der Vorschubach-

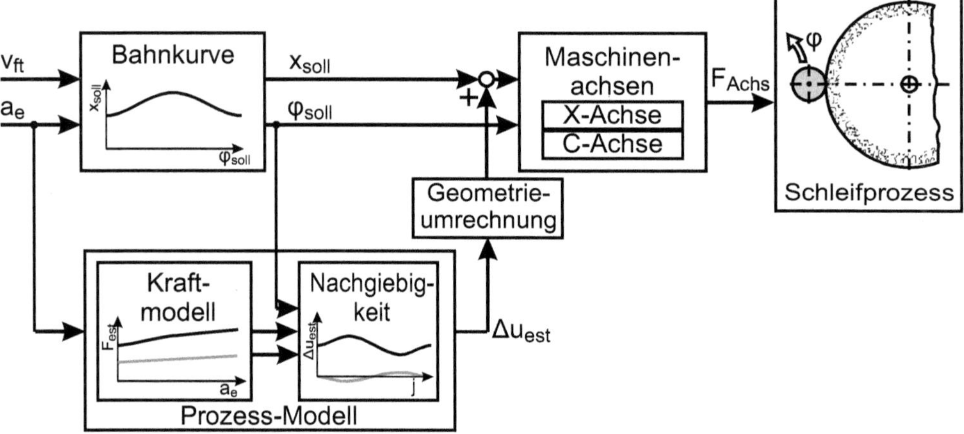

Abb. 5.49 Signalflussbild der Vorsteuerung

se addiert. Grundsätzlich kann diese Vorsteuerung bei der Erzeugung der Bahnkurven berücksichtigt werden. Da parallel zur Vorsteuerung auch die adaptive Vorsteuerung und Prozessregelung untersucht werden, kommt ein digitaler Signalprozessor zum Einsatz. Maschinenseitig lässt sich die adaptive Vorgabe der Bearbeitungsposition über eine inkrementelle Schnittstelle realisieren [Den08m].

Die addierte Position hat im Prozess erhöhte Kräfte und somit eine Änderung der Spanungsdicke zur Folge. Dieser Effekt wird berücksichtigt, indem der Einfluss der steigenden Kraft berechnet wird. Bei konstanter Schnittgeschwindigkeit und Werkstückdrehzahl wird dafür das Kraftmodell (s. Gl. 5.2) linearisiert. Mit der bekannten Steifigkeit kann auf die Änderung der Spanungsdicke geschlossen werden. Die Linearisierung ist nicht zwingend erforderlich. Durch Iteration kann das multiplikative Modell direkt auf die Spanungsdicke bezogen werden. Allerdings bringt der zusätzliche Rechenaufwand aufgrund der geringen Änderung der Spanungsdicke keine messbare Genauigkeitssteigerung.

Der direkte Vergleich von Prozessen mit und ohne Vorsteuerung mit verringerter Kühlschmierstoffzufuhr zeigt, dass sich abhängig von der Bearbeitungsposition und somit der Steifigkeit der Welle eine Verbesserung der Rundheit einstellt (s. Abb. 5.50). Dabei wurde eine Vierzylinderkurbelwelle vorbearbeitet. Exemplarisch ist der Schlichtprozess mit dem Zeitspanvolumen von 4 mm^3/mm s an einer vorbearbeiteten Welle dargestellt. Im direkten Vergleich der Bearbeitungskräfte ist deutlich zu erkennen, dass die Bearbeitungskraft ohne Vorsteuerung nach der ersten Zustellumdrehung weiter ansteigt. Dies ist auf den Einfluss der Nachgiebigkeit zurückzuführen. Wird diese durch die modellbasierte Vorsteuerung kompensiert, steigt und fällt sie deutlich schneller auf das statische Niveau. Dies hat auch zur Folge, dass der Enddurchmesser deutlich früher erreicht wird. Der „Rundheitsfehler", welcher in Abb. 5.50 als Varianz des taktilen Messsignals über einer Bauteilumdrehung dargestellt ist, baut sich ohne Vorsteuerung durch die statisch wirkende Prozesskraft sehr

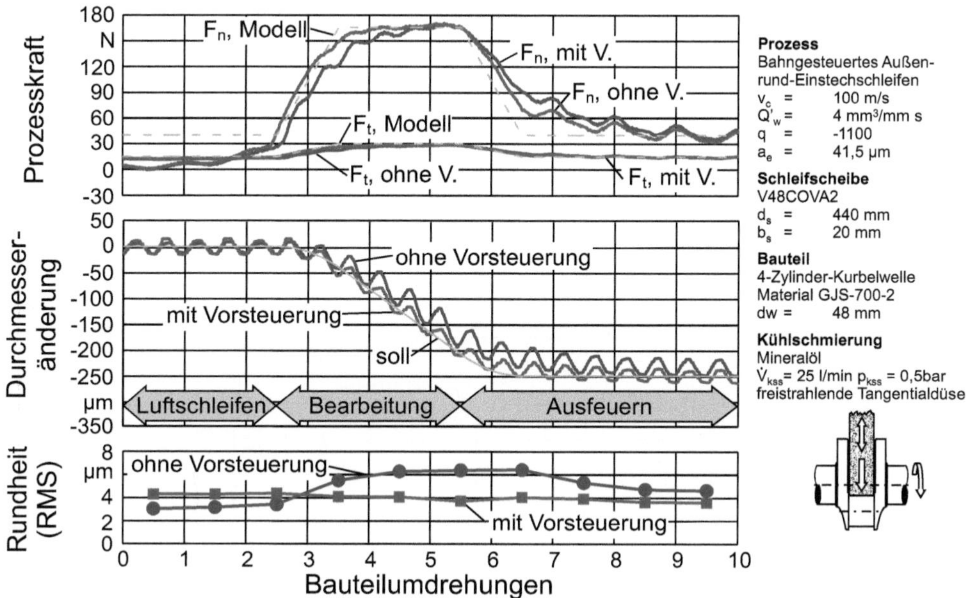

Abb. 5.50 Vorteile der Vorsteuerung bei Hauptlagerbearbeitung

deutlich auf. Es bedarf des Ausfeuerprozesses von fünf Bauteilumdrehungen, um die endgültige Rundheit zu erreichen. Durch die modellbasierte Vorsteuerung kann der Einfluss kompensiert werden. Während der Bearbeitung entsteht kein zusätzlicher Rundheitsfehler. Deshalb wirkt sich die Vorsteuerung auch im Übergang von Schruppen zum Schlichten positiv auf den Prozess aus. Die Spanungsdicke bleibt über einer Umdrehung homogen.

Auch bei der Bearbeitung der Pleuellager lässt sich durch die modellbasierte Vorsteuerung eine Verkürzung der Bearbeitungszeit erreichen. In Abb. 5.51 ist ein repräsentativer Verlauf wiedergegeben. Fehler in der Bahnkurve führen zu deutlich größeren Abweichungen. Insbesondere bei hohem Kühlschmierstoffeinsatz führen die hydrodynamischen Kräfte weiter zu großen Durchmesserfehlern. Diese müssen als Formkorrektur in der Bahnkurve berücksichtigt werden. Die begrenzte Reglerbandbreite der Achsregelung führt bei der Auslegung der Programme zu fehlerhaften Ist-Positionen der Achsen. Dies kann mit der zuvor entwickelten Simulationsmethodik durch korrigierte Sollprofile kompensiert werden. Zum besseren Vergleich der Bearbeitungskräfte sind in Abb. 5.51 die modellierten KSS-Kräfte von den gemessenen Kräften abgezogen worden. In der Darstellung sind die aktuelle Vorschubposition und der Messwinkel des taktilen Gerätes im Winkel korrigiert. Die Differenz aus beiden Messgrößen gibt als „nomineller Durchmesser" die Abweichung der Maschinenauffederung wieder. In den Kräften und dem nominellen Durchmesser lässt sich analog zur Hauptlagerbearbeitung gut erkennen, dass der Prozess instationär verläuft. Die modellbasierte Vorsteuerung kompensiert

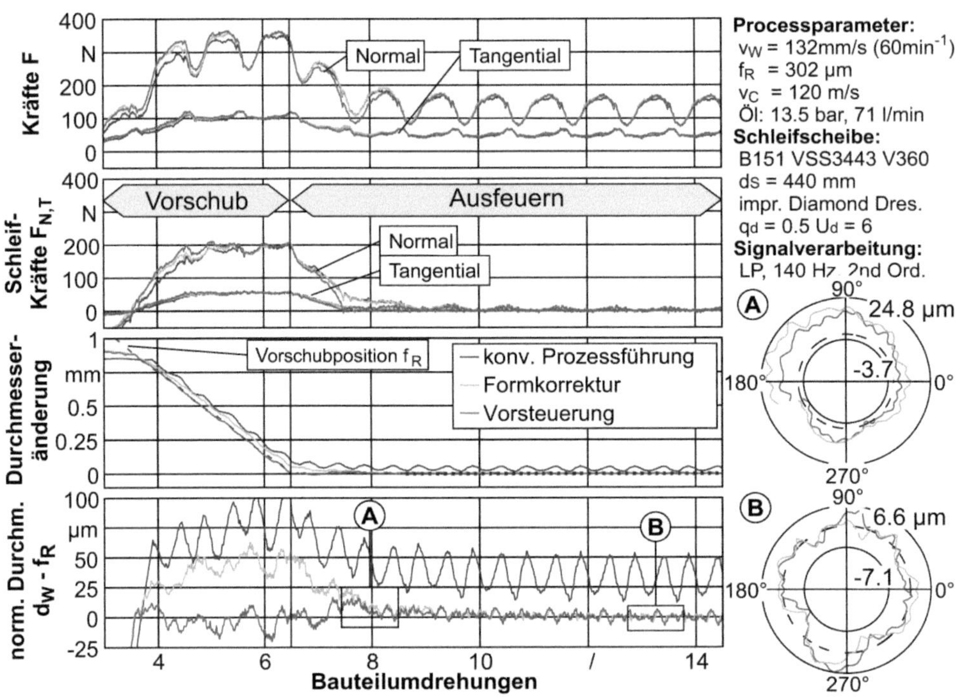

Abb. 5.51 Modellbasierte Prozessvorsteuerung bei der Bearbeitung eines Pleullagers

diesen Einfluss. Bei dem hier dargestellten Lager lässt sich der Ausfeuerprozess durch die Prozessvorsteuerung um zwei Umdrehungen verkürzen.

Das Konzept zur Verkürzung der Bearbeitungszeit setzt voraus, dass die vorliegende Nachgiebigkeit exakt abgebildet wird. Restabweichungen durch Modellierungsfehler, zum Beispiel durch eine fehlerhaft modellierte Nachgiebigkeit der Zentrierspitzen, wirken sich im Prozess negativ aus. Durch Rückführung der gemessenen Kräfte kann der Prozess auch durch die Kraftregelung verkürzt werden. Dafür wurde die Vorschubposition so eingestellt, dass die Bearbeitungskräfte dem modellierten Sollwertverlauf folgen. Auf Basis der nahezu konstanten Bearbeitungskräfte beim Schruppen folgt der Prozess dem Aufmaß. Allerdings stellen sich durch die Kraftregelung und durch Aufmaßschwankungen im Rohteil Fehler ein, die beim Ausfeuern nicht abgebaut werden können. Weiterhin führen KSS-Kräfte, welche nicht hinreichend genau modelliert werden können, zu bleibenden Positionsabweichungen auf dem Bauteil. Mit unterschiedlichen untersuchten Regelungskonzepten ist es nicht gelungen, Rundheitstoleranzen von unter 7 µm mit der Kraftregelung beim bahngesteuerten Schleifen zu erreichen. Dies ist auch auf die sehr anfällige Messkette zurückzuführen. Aufgrund von thermischem Drift sind die verwendeten, hochgenauen Piezosensoren nur bedingt zum Einsatz im industriellen Umfeld geeignet. Die hohen

Kosten und die Notwendigkeit zur Installation im Kraftfluss der Maschine senken die Akzeptanz weiter.

Der Einsatz der Anschnitterkennung für die bahngesteuerte Kurbelwellenbearbeitung kann dieses Problem beheben. Bei der Bearbeitung der präzisionsgeschmiedeten Kurbelwellen liegen, verglichen mit spanend vorbearbeiteten Wellen, relative hohe Varianzen des Aufmaßes vor. Durch die sichere Erkennung des Kontaktes zwischen Schleifscheibe und Werkstück wird beim Vorschruppen der radiale Vorschub deutlich gesenkt. Der Nutzen dieser Strategie hängt stark von den gewählten Prozessparametern und der Rohteilkontur ab. Bei der präzisionsgeschmiedeten Kurbelwelle mit hohen Durchmesserschwankungen lässt sich bei einem optimierten Prozess eine Einsparung der Hauptzeit von bis zu 5 % erreichen.

Aufgrund der Rundheitstoleranz und Exzentrizität bietet sich eine andere Strategie zur Regelung des Luftschleifens an. Dabei wird die Werkstückdrehzahl bei Kontakt zur Schleifscheibe gesenkt. Die in der Simulation ermittelte Einsparung der Hauptzeit liegt hier mit ca. 10 % höher, da im Bereich ohne Kontakt die Werkstückdrehzahl beim Vorschruppen wieder angehoben wird. Allerdings führt die sprungförmige Änderung der Bahngeschwindigkeit beim Pleuellagerschleifen zu Formfehlern am Bauteil. Weiterhin kann das Verfahren bei Verwendung von Maschinenkonzepten mit mehreren, parallel bearbeiteten Pleuellagern nicht umgesetzt werden. Aus diesem Grund wurde nur die Regelung über den radialen Vorschub untersucht.

Auch die optisch erfasste Bauteilkontur (s. Abschn. 6.2.3) kann zur Verkürzung der Hauptzeit verwendet werden. Durch die Ermittlung der Werkstückhüllkurve kann das Bearbeitungsprogramm direkt für die gemessenen Aufmaße erstellt werden. Die Rückführung eines Messsignals (AE-Signal oder Spindelleistung) ist dabei während der Bearbeitung nicht notwendig. Der Vorteil in der Hauptzeit wird durch den langen Messzyklus egalisiert.

Die bereits ausgiebig beschriebene Vorsteuerung hat zum Nachteil, dass die Bearbeitungskraft empirisch ermittelt werden muss. Dazu ist die integrierte Kraftmesstechnik notwendig. Wie bereits dargestellt wurde, hat der Abrichtprozess signifikanten Einfluss auf die Bearbeitungskräfte und somit den Bearbeitungsprozess. Auch der Einfluss des mikroskopischen Schleifscheibenverschleißes nach einem gewissen Zerspanvolumen oder einer bestimmten Anzahl an Werkstücken ist nicht zu vernachlässigen. Deshalb wird nachfolgend ein realisiertes Konzept vorgestellt, mit dem es möglich ist, ohne die empirischen Kraftmodelle eine optimierte Bearbeitung zu gewährleisten. Ausgangspunkt ist dabei der über die Formkorrektur ermittelte stabile Prozess. Um dabei unter thermischer Beeinflussung der Maschine höchste geometrische Bearbeitungsqualitäten sicherzustellen, werden der geschliffene Enddurchmesser und die Werkstückkontur bei der Bearbeitung des nächsten Werkstücks berücksichtigt. Da bei der in-Prozess-Messtechnik Messfehler auftreten können und im stabilen Prozess keine plötzliche Änderung der Geometrie erwartet wird, werden die Historiendaten mehrerer bearbeiteter Werkstücke herangezogen. Durch einen „Tiefpassfilter" über mehrere Werkstücke wird nur der Trend berücksichtigt. In der Anwendung hat sich hierzu der Mittelwert der letzten fünf Bauteile bewährt.

Der in Abb. 5.51 dargestellte „nominelle Durchmesser" ergibt sich aus der Differenz von Messtastersignal und Vorschubposition der Schleifscheibe. Er wird bei jedem bearbeiteten Bauteil ermittelt. Dabei wird die Vorschubposition aus der Bahnkurve berechnet und auf Werkstückkoordinaten transformiert. Die letzte Werkstückumdrehung bei konstantem Vorschub wird dabei genutzt, um den Einfluss von Zustellung auf die Auffederung absolut zu ermitteln. Um auszuschließen, dass die Rohteilgeometrie Einfluss auf das bearbeitete Bauteil hat, wird das AE-Signal herangezogen. Erst nach der dritten Umdrehung, bei der die Schleifscheibe bei gleichbleibendem Vorschub Kontakt zum Werkstück hat, wird die Durchmesserdifferenz zur Trendkorrektur verwendet. Zum Ausgleich der winkelabhängigen Nachgiebigkeit wird der in Gl. 5.5 wiedergegebene Korrekturterm verwendet. Die stellungsabhängige Nachgiebigkeit wird, abhängig vom bearbeiteten Lager, für jedes Bauteil konstant angenommen. Zur Parametrierung wird ein Probewerkstück herangezogen und exemplarisch mit stark verringertem KSS-Volumenstrom bearbeitet. Aus der dabei gemessenen Differenz der Geometrie kann die winkelabhängige Deformation aller Lager direkt ermittelt werden. Es wird über die Senkung der KSS-Menge eine konstante Minderung der Bearbeitungskraft angenommen. Somit kann das Verhältnis von statischem und winkelabhängigem Nachgiebigkeitsanteil und die Ausprägung der winkelabhängigen Nachgiebigkeit aus dieser Messung ermittelt werden.

$$\Delta f_R = f_R \cdot K(f_R) \cdot \left(1 + \frac{\delta_{S1}}{\delta_{stat}} \sin(\alpha) + \frac{\delta_{C1}}{\delta_{stat}} \cos(\alpha) + \frac{\delta_{S2}}{\delta_{stat}} \sin(2\alpha) + \frac{\delta_{C2}}{\delta_{stat}} \cos(2\alpha)\right) \quad (5.4)$$

Da die Werkstückdrehzahl und die Schnittgeschwindigkeit während der Serienfertigung von Bauteil zu Bauteil nicht angepasst werden, wird ein Koeffizient K für jeden Vorschub geschätzt. Auch dieser Einfluss wird über die Bearbeitung mehrerer Bauteile im Trend korrigiert. So ist es möglich, Ausreißer und Messfehler auszumitteln und gleichzeitig den Einfluss einer abstumpfenden oder selbstschärfenden Bearbeitungswerkzeugs zu berücksichtigen.

Durch diese Adaption ist die Vorsteuerung ohne aufwändige Messungen und weitestgehend ohne FE-Berechnungen anwendbar. Es konnte nachgewiesen werden, dass sich bei der Bearbeitung der präzisionsgeschmiedeten Bauteile die Vorteile analog zur aufwändig parametrierten Vorsteuerung nutzen lassen. Somit ist die Verkürzung der Hauptzeit universell für unterschiedliche Werkzeuge, Abrichtbedingungen und Werkstücktypen anwendbar.

Wie auch bei der Anschnitterkennung lässt sich das Einsparpotential dabei nur schwer beziffern, da der Nutzen der Prozessvorsteuerung stark von der Prozessführung und der Nachgiebigkeit abhängt. In Tab. 5.6 sind exemplarisch die Ergebnisse einer entwickelten Prozesssimulation wiedergegeben [Den11p]. Als Referenz dient dabei ein Schlichtprozess mit dem bez. Zeitspanvolumen Q'_w von 4 mm³/mm s und der Werkstückdrehzahl nw von 60 U/min. Mit dem Kraftmodell 2 aus Abschn. 5.3.2 ergibt sich dabei eine Bearbeitungsnormalkraft von max. 120 N.

Durch die vorgestellten Methoden zur Auslegung des Bearbeitungsprozesses lässt sich die Hauptzeit bei der bahngesteuerten Bearbeitung von Kurbelwellenlagern

Tab. 5.6 ermitteltes Potential der Vorsteuerung bei unterschiedlichen Nachgiebigkeiten

Nachgiebigkeit von Werkstück und Maschine					
Mittelwert 0,18 μm/N	Änderung 0,069 μm/N	Mittelwert 0,027 μm/N	Änderung 0,029 μm/N	Mittelwert 0,006 μm/N	Änderung 0,002 μm/N
Min. notwendige Ausfeuerumdrehungen im konventionellen Prozess					
5,66		2,62		1,82	
Min. notwendige Ausfeuerumdrehungen mit Vorsteuerung					
1,25		1,25		1,25	
Einsparung der Hauptzeit pro Lager					
4,41 s		1,27 s		0,57 s	

deutlich verkürzen. Neben der vorgestellten Anschnitterkennung führt die modellbasierte adaptive Prozessvorsteuerung vor allem bei geringer Steifigkeit des Werkstücks zu einer sicheren Verkürzung der Bearbeitungszeit unter Sicherstellung der sehr eng tolerierten Bauteilgeometrie.

5.3.4 Ausrichtung von Kurbelwellen

Um eine ausschussfreie Bearbeitung aller präzisionsgeschmiedeten Kurbelwellen trotz ungleicher Aufmaßverteilung zu erreichen, soll eine Ausrichtung der Bearbeitungsachse der Kurbelwellen während des Schleifprozesses stattfinden. Ferner kann aufgrund einer ungleichen Formfüllung der Ausgleichsgewichte eine erhöhte Unwucht der Kurbelwelle vorliegen. Soweit es die Aufmaßverteilung zulässt, soll neben der aufmaßorientierten Ausrichtung auch eine Optimierung der Restunwucht der Kurbelwelle mittels Ausrichtung ermöglicht werden.

Für das aufmaß- und unwuchtorientierte Ausrichten von Kurbelwellen wird eine Feinpositioniereinrichtung benötigt, welche sowohl einen Exzenterfehler als auch einen Taumelfehler kompensieren kann. Dazu ist zunächst ein maschineninternes Messsystem notwendig um die Geometrie der zweiseitig gespannten Kurbelwelle in der Schleifmaschine zu erfassen (s. Kap. 6). Ein Auswertalgorithmus prüft anhand der aktuellen Aufspannung die Bearbeitbarkeit der Kurbelwellenlager und berechnet anhand der Geometriedaten die ideale Bearbeitungsachse hinsichtlich Aufmaßverteilung und Restunwucht. Es wird ein Korrekturvektor bestimmt, damit eine ausschussfreie Bearbeitung sichergestellt werden kann [Gil11]. Der Korrekturvektor beinhaltet einen Wert zur Exzenterfehler- und einen Wert zur Taumelfehlerkompensation. Der Exzenterfehler kann über den Pendelhub der Schleifmaschine kompensiert werden. Der Taumelfehler wird mit Hilfe eines aktiven Reitstocks korrigiert, der dafür eine Seite der Kurbelwelle drehwinkelsynchron während der Schleifbearbeitung auf einer Kreisbahn positioniert.

Abbildung 5.52 zeigt den Lösungsansatz zur aufmaß- und unwuchtorientierten Ausrichtung präzisionsgeschmiedeter Kurbelwellen während des Schleifprozesses. Zur

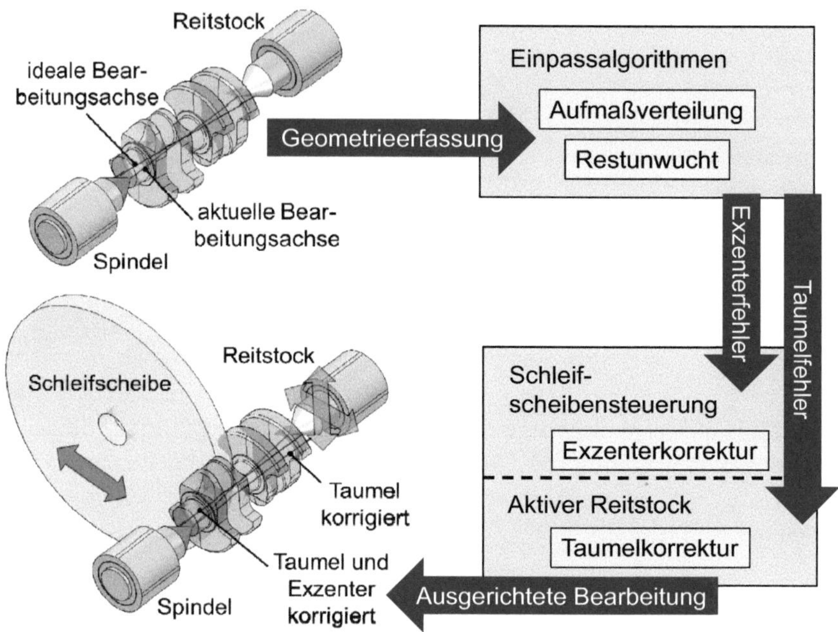

Abb. 5.52 Aufmaß- und unwuchtorientierte Ausrichtung von Kurbelwellen

maschineninternen Geometrieerfassung der Kurbelwellen wurde ein Messsystem, bestehend aus einer Schattenprojektionseinheit und einem konoskopischen Sensor entwickelt. Das Messsystem und der Auswertalgorithmus zur Korrekturvektorberechnung werden in Kap. 6 näher erläutert.

5.3.4.1 Anforderungen an den aktiven Reitstock

Zur Taumelfehlerkompensation wird ein aktiver Reitstock mit zwei Freiheitsgraden benötigt. Dabei ist die Reitstockspitze drehwinkelsynchron zur Kurbelwelle auf einer Kreisbahn zu führen. Eine Anbindung zur Schleifmaschine ist somit erforderlich, um Informationen über die Winkelstellung der Spindel zu erhalten. Die Herausforderungen liegen im Vergleich zu den statisch positionierenden Systemen in Kap. 5.1 in der höheren Dynamik, einer exakten Synchronisation der Positionierbewegungen und hohen Anforderungen an die Einhaltung der Solltrajektorie. Zur Erfüllung der Rundheitsanforderungen der Lager wird eine Positioniergenauigkeit des Reitstocks im Bereich von $\pm$ 1,5 μm gefordert. Ferner haben Messungen des konventionellen Reitstocks ergeben, dass eine Steifigkeit der Reitstockspitze von mindestens 25 N/μm anzustreben ist.

Die Dynamik des Reitstocks soll 10 Hz erreichen, um Schleifprozesse mit einer Drehzahl der Kurbelwelle von 600 U/min zu ermöglichen. Aufgrund des definierten Aufmaßes der Lager soll der Reitstock eine Kreisbahn bis zu einem Durchmesser von 4 mm erzeugen können. Die Kräfte während der Schleifbearbeitung können 500 N erreichen und müssen vom aktiven Reitstock aufgenommen werden können.

Der Bauraum des aktiven Reitstocks ist aufgrund des Maschinenkonzeptes auf 275 × 300 × 500 mm (Höhe x Breite x Länge) begrenzt.

5.3.4.2 Hydraulik in Werkzeugmaschinen

Hydraulische Stellantriebe in Werkzeugmaschinen in Form von Hydromotoren oder Hydraulikzylindern wurden überwiegend durch elektrische Antriebe ersetzt. Verbreitet ist die Hydraulik jedoch noch zum Spannen von Werkzeugen oder Werkstücken. Hierbei zeichnet sich die Hydraulik besonders durch die gute Automatisierbarkeit aus. Hydraulische Stellantriebe bieten die Vorteile einer hohen Leistungsdichte, einer stufenlosen Positionierung und eines einfachen Schutzes gegen Überlast mittels Druckbegrenzungsventilen. Nachteilig ist die Erwärmung des Öls und die damit verbundenen Positionsabweichungen [Bög09].

In [Bre00] wird ein Konzept einer hydraulisch gelagerten Frässpindel vorgestellt. Ziel des Konzepts ist es mittels drei Hydraulikkammern die Spindel aktiv zu bedämpfen und die Prozessstabilität zu erhöhen.

5.3.4.3 Piezo-hydraulische Systeme

In Abschn. 5.1.2 wurde bereits die Verbesserung der Eigenschaften von Werkzeugmaschinen durch die Integration mechatronischer Komponenten dargestellt [Bre10b]. Piezoaktoren werden häufig dort eingesetzt, wo eine hohe Dynamik und Präzision gefordert ist. Nachteilig ist der begrenzte Stellweg von etwa 1/1000 ihrer Länge. Aufgrund des benötigten Stellwegs und der kleinen Abmaße kommen die in den Feinpositionierspannfuttern verwendeten Piezoaktoren nicht in Frage. Piezohydraulische Systeme versuchen daher die Vorteile von Hydraulik und Piezoaktorik zu verbinden. In [Göt06] gelang es, einen piezohydraulischen Stellwegübersetzer zur aktiven Regelung der Vorspannung der Wälzlagerung einer Werkzeugspindel aufzubauen. Hier wird mit Hilfe der Hydraulik der Stellweg des Piezoaktors um den Faktor neun vergrößert. Ein weiteres Beispiel ist ein piezohydraulischer Stellwegübersetzer mittels Piezofolie, der für die Aktoren eines Tripods zur Positionierung von Objekten unter einem Mikroskop verwendet wird [Kal98].

Eine weitere Möglichkeit der Kombination von Piezoaktorik und Hydraulik bietet die Verwendung eines Piezoaktors als Pumpe [Den07l]. Mittels eines Piezoaktors wird Öl angesaugt und in einen Zylinder gepumpt. Zur Erreichung eines geeigneten Volumenstroms wird die hohe Dynamik der Piezoaktorik genutzt. Das Umschalten zwischen Saug- und Druckseite geschieht ebenfalls über angesteuerte Piezoventile. Die Piezopumpe kann so zur mikrometergenauen, statischen Positionierung mit großen Stellwegen genutzt werden.

5.3.4.4 Lösungsansatz des aktiven Reitstocks

Die Hauptaufgabe des aktiven Reitstocks stellt die mikrometergenaue und gleichzeitig steife Positionierung der Reitstockspitze auf einer Kreisbahn mit einstellbarem Durchmesser während des Schleifprozesses dar.

Zur Realisierung dieser Hauptaufgabe kommen verschiedene kinematische Lösungen in Frage. Eine Kreisbahn stellt eine ebene Positionierung mit zwei Freiheitsgraden

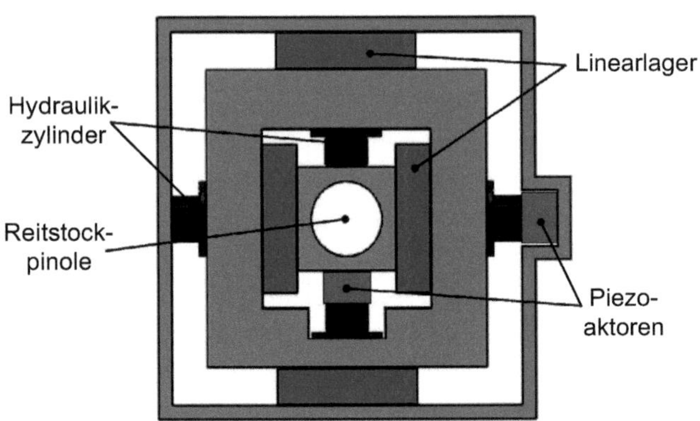

Abb. 5.53 Kinematik des aktiven Reitstocks

dar. So kann die Kreisbahnpositionierung als Kombination von einer Linear- und einer Drehachse ermöglicht werden. Ferner kann auch eine Zweifreiheitsgradpositionierung mit zwei Linearachsen erreicht werden. Hierbei können die Achsen gekoppelt (z. B. Scherenkinematik) oder durch aufbauende Achsen entkoppelt sein.

Im Hinblick auf die Anforderungen bezüglich Stellweg, Kraft, Dynamik, Steifigkeit und Bauraum wurde eine Aktorrecherche durchgeführt. Es wurden Piezo-, Magnet- und Hydraulikaktoren mit Linearmotoren und Kugelgewindetrieben verglichen. Mögliche Konzeptionen der Kinematik für die jeweilige Aktorik wurden erarbeitet und bewertet. Letztendlich stellten sich der Stellweg und der begrenzte Bauraum als kritische Anforderungen heraus.

Abbildung 5.53 stellt schematisch einen Lösungsansatz des aktiven Reitstocks zur Kreisbahnpositionierung dar. Als Kinematik wird eine Box-in-a-Box Anordnung zweier Linearachsen verwendet. Mit dieser Anordnung sind die beiden Achsen voneinander entkoppelt, da sie aufeinander aufbauen. Als Aktorik kommen pro Achse zwei einfachwirkende Hydraulikzylinder in Gegenspieleranordnung zum Einsatz. Die Hydraulikaktoren sind pro Achse mit einem Piezoaktor zu einer neuartigen piezo-hydraulischen Hybridkinematik kombiniert.

Durch die Kombination von Piezo- und Hydraulikaktorik werden die Vorteile beider Positioniersysteme verbunden. Die Hydraulik ist sehr kompakt und hat eine hohe Leistungsdichte, weil die Hydraulikpumpe außerhalb des Reitstocks platziert werden kann. Des Weiteren hat die Hydraulik im Verhältnis zur Baugröße einen großen Stellweg bei konstanter Kraft. Die Piezoaktorik besticht durch eine hohe Positioniergenauigkeit und eine hohe Dynamik. Durch die piezo-hydraulische Hybridpositionierung werden Dynamik und Positioniergenauigkeit der Hydraulik durch die in Reihe angeordneten Piezoaktoren verbessert.

5.3.4.5 Konstruktive Umsetzung

Zur Erfüllung der Anforderungen an den Stellweg und Bauraum wurden hydraulische Spannzylinder mit einem Hub von 4 mm ausgewählt. Die Spannzylinder sind kompakt, da sie in die Struktur einschraubbar sind. Die Kolben haben einen Durchmesser von 20 mm und erzeugen bei einem Druck von 210 bar eine Kraft von über 8.000 N. Als Piezoaktoren wurden Hochvoltaktoren ausgewählt, die mit einer Spannung von bis zu 1000 V betrieben werden. Diese haben einen Hub von 60 μm bei einer Länge von 54 mm. Der Durchmesser der Piezoaktoren beträgt 39 mm. Sie sind in der Lage eine maximale Kraft von 20.000 N zu erzeugen. Durch die antagonistische Anordnung der Hydraulikzylinder können die piezo-hydraulischen Achsen jeweils bei entsprechenden Servoventilen vorgespannt und so ein Umkehrspiel bei der Positionierung vermieden werden. Dies bietet einen Vorteil gegenüber anderen Konzepten und ist für eine hohe Positioniergüte auschlaggebend.

Zur Regelung der Position der Reitstockspitze ist eine geeignete Sensorik nötig. Hier fiel die Wahl auf Wirbelstromsensoren mit einem Messbereich von 6 mm und einer Auflösung von 0,3 μm. Die Wirbelstromsensoren sind ebenfalls sehr kompakt und können, wie die Spannzylinder, in die Struktur eingeschraubt werden.

Zur Regelung der Hydraulikzylinder wird pro Achse ein Servoventil eingesetzt, welches die beiden Zylinder pro Achse gegensinnig ansteuert. Um ein gutes Regelverhalten und damit eine hohe Positioniergenauigkeit zu gewährleisten, muss die Reaktionszeit des Servoventils möglichst gering sein. Die Sprungantwort (0 bis 90 %) der verwendeten Servoventile beträgt 3,5 ms. Um eine Vorspannung bei guten Positionierverhalten in der jeweiligen Achse zu erreichen, wird ein Überdeckungsgrad der Ventilkolben von null gewählt. Ferner muss auch der hydraulische Druck überwacht werden. Entsprechende Drucksensoren wurden bei der Konstruktion ebenfalls berücksichtigt.

Neben der aktiven Reitstockspitzenpositionierung muss der aktive Reitstock alle Funktionen des konventionellen Reitstocks besitzen. Dies beinhaltet einen Hub der Reitstockpinole in Richtung der Drehachse der Kurbelwelle von 40 mm zum Spannen der Kurbelwelle. Dabei muss eine Spannkraft (Druckkraft) von bis zu 1000 N einstellbar sein. Ferner ist die Reitstockpinole gegen Mitdrehen während des Schleifprozesses zu sichern. Die Montage am Maschinenbett ist so zu gestalten, dass eine Verschiebung auf dem Maschinentisch möglich ist und der Reitstock in beliebiger Position geklemmt werden kann. Abbildung 5.54 zeigt die konstruktive Lösung des aktiven Reitstocks.

Die Verschiebung der Reitstockpinole in Z-Richtung nimmt die Reitstockspitze auf. Diese Funktion wurde prototypisch über ein Handrad realisiert. Ist die Kurbelwelle zwischen den Spitzen fixiert, kann durch weiterdrehen des Handrads über eine Spannfeder eine einstellbare Spannkraft erzeugt werden. Die Reitstockpinole selbst ist über Kugelbuchsen gelagert, welche eine Bewegung in Z-Richtung zulassen. Die Pinole ist mechanisch gegen eine Rotationsbewegung gesichert. Über eine an das Maschinenbett angepasste Anbindung kann der Reitstock in beliebiger Position mittels Klemmschuhen auf dem Maschinenbett fixiert werden.

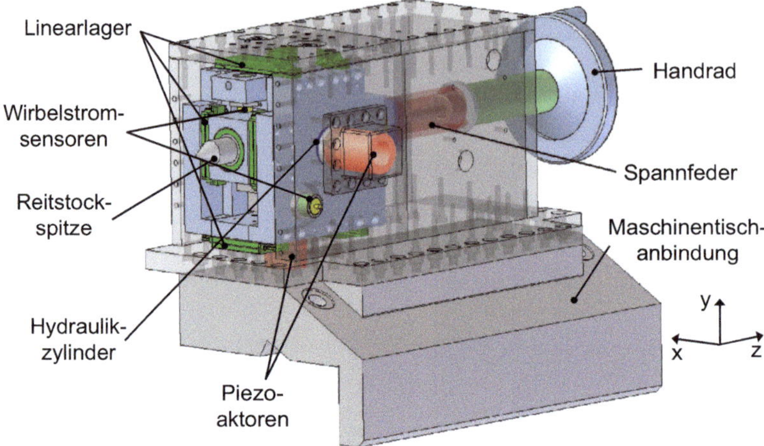

Abb. 5.54 Konstruktion des aktiven Reitstocks

Abb. 5.55 Hydraulik des aktiven Reitstocks

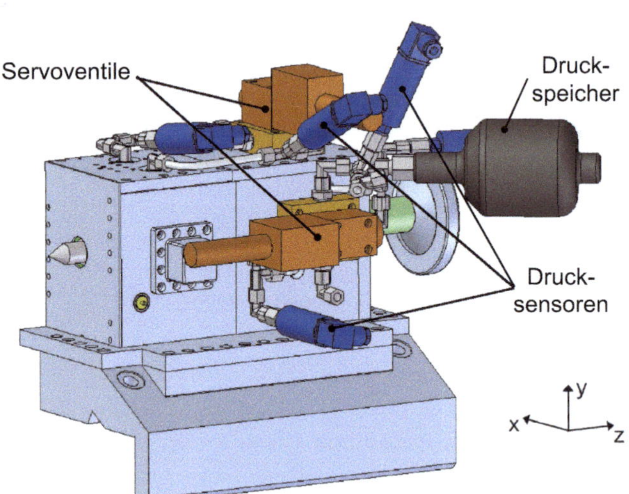

Die Kinematik der Kreisbahnerzeugung wurde nach dem Box-in-a-Box Prinzip von Abb. 5.53 entsprechend umgesetzt. Zum Schutz der Piezoaktoren gegenüber Scherkräften sind die Piezoaktoren gegenüber den Hydraulikzylindern mit einer Kugelscheibe-Kegelpfanne-Paarung gelagert.

Zur Regelung der Hydraulik wurden die Steuerleitungen zu den Servoventilen möglichst kurz ausgeführt, um die Steifigkeit der Hydraulik nicht unnötig herabzusetzen. Aus diesem Grund sind die Servoventile direkt am Gehäuse des aktiven Reitstocks montiert. Abbildung 5.55 zeigt die Hydraulik mit den Drucksensoren zur Überwachung der hydraulischen Drücke in den einzelnen Leitungen. Eine Herausforderung bei der Anordnung der Servoventile stellte der Konflikt zwischen kurzen Steuerleitungen und dem zur Verfügung stehenden Bauraum dar. Im vorderen Bereich des Reitstocks kann die zulässige Höhe nur durch einen flach angeordneten Drucksensor erreicht werden. Ab der Z-Position der Servoventile ist eine größere Bauhöhe in Y-Richtung unkritisch.

Zur Erhöhung der Regelgüte wurde ein Druckspeicher in die Versorgungsleitung der Servoventile integriert, um Druckspitzen des Versorgungsdrucks der Hydraulikpumpe zu vermeiden.

5.3.4.6 Regelungskonzept

Zur Identifikation der piezo-hydraulischen Positioniereigenschaften ist parallel zu einem Versuchstand nach DENKENA und MÖHRING [Den11r, Möh11] ein Modell einer piezohydraulischen Positionierachse erstellt worden. Durch verschiedene Systemanregungen und der Aufzeichnung der Systemantworten in Form von Sprung- und Sweepantworten ist das Hydraulikmodell bestehend aus Servoventil, Steuerleitungen und Zylinder an entsprechende Versuchsergebnisse am Versuchsstand angepasst worden. Der Versuchsstand wurde, wie später auch der aktive Reitstock, über eine Signalprozessorkarte geregelt.

Mit Hilfe des Modells ist eine Regleroptimierung durchgeführt worden. Es wurden verschiedene Reglertypen (PID-, Kompensations-, Prädiktiv-, Zustandsregler, etc.) zur hydraulischen Positionierung einer Ersatzmasse von 50 kg am Modell entworfen und bewertet. Bei der Simulation des Positionierverhaltens stellte sich ein IMC-Regler (Internal Model Control) mit Smith-Prädiktor als am geeignetsten heraus. Sprungfunktionen regelt dieser bei minimalem Überschwingen am schnellsten aus.

Generell hat jedes Positioniersystem einen Schleppabstand bei einer dynamischen Positionierung. Die Höhe des Schleppabstands wird durch die Dynamik des Antriebs bestimmt. Im Falle der hydraulischen Positionierung wird der Schleppabstand durch die Reaktionszeit der Servoventile und der Länge der Steuerleitungen zur Änderung des hydraulischen Drucks definiert.

Für den geforderten Fall der Positionierung der Reitstockspitze auf einer Kreisbahn ist ein Sinussignal notwendig. Bei der dynamischen Positionierung dieses Signals konnte die geforderte Positioniergenauigkeit von $\pm 1{,}5\ \mu m$ mit dem IMC-Regler aufgrund des Schleppabstands nicht erreicht werden. Zwar konnte, durch Erweiterung der Aktorik um einen Piezoaktor (s. Abb. 5.53), die Dynamik verbessert und damit der Schleppabstand reduziert werden, die geforderte Positioniergenauigkeit wurde dennoch nicht erreicht (s. Abb. 5.56).

Um den Schleppabstand zu reduzieren, wird häufig eine Vorsteuerung eingesetzt. Da es sich bei der Kreisbahnpositionierung um einen zyklischen Vorgang handelt, kann in diesem Fall eine Iterativ Lernende Versteuerung (ILC – Iterativ Learning Control) eingesetzt werden. Bei der iterativen Vorsteuerung werden für jeden neuen Zyklus die Regelabweichungen des vorangegangen Zyklus berücksichtigt [Bri06]. So kann die Vorsteuerung zyklisch optimiert werden.

In Abb. 5.56 ist das Regelungsmodell einer Achse des aktiven Reitstocks zu sehen. Das Servoventil zur hydraulischen Positionierung wird mittels IMC-Regler mit Smith-Prädiktor geregelt. Zusätzlich wird für eine dynamische Sollwertfolge eine iterativ lernende

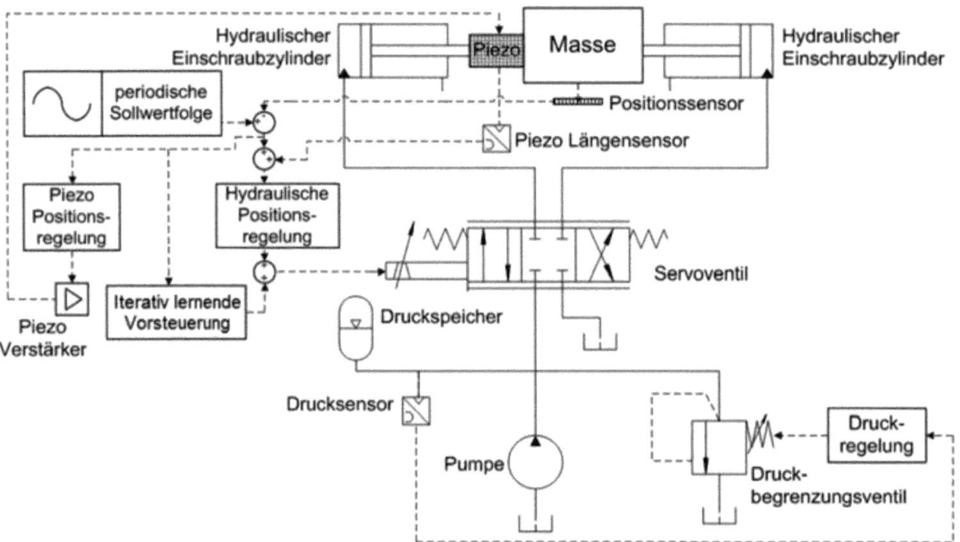

Abb. 5.56 Regelungsmodell einer Achse des aktiven Reitstocks

Vorsteuerung hinzugeschaltet, um den Schleppabstand der Hydraulik und damit die Positioniergenauigkeit zu verbessern. Damit die iterativ lernende Vorsteuerung funktioniert, wird die Verzögerungszeit der Regelstrecke entsprechend berücksichtigt.

Parallel zur hydraulischen Positionierung wird die Regelabweichung auch dem Piezo-Regler zugeführt. Bei dem Piezo-Regler handelt es sich um einen einfachen P-Regler. Damit versuchen sowohl der Piezo- als auch der Hydraulikregler gleichzeitig eine auftretende Regelabweichung zu kompensieren. Der Piezo-Regler ist nur als P-Regler ausgeführt, damit der Piezo bei erreichter Sollposition (Regelabweichung gleich null) in seine Mittelstellung zurückkehrt und folgenden Regelabweichungen genügend Hub zur Verfügung steht. Die Auslenkung des Piezos wird zusätzlich noch der Regelabweichung der Hydraulik hinzuaddiert. Es stellte sich heraus, dass dies die Regeldynamik der Hydraulik zusätzlich verbessert.

Vergleiche des Regelverhaltens von Modell und realem Versuchsstand zeigen, dass das Modell das reale Verhalten gut nachbilden kann und im Modell entwickelte Regler auf den Versuchsstand übertragbar sind. Folglich wurde das in Abb. 5.56 dargestellte Regelungsmodell einer Achse für beide Achsen des aktiven Reitstocks verwendet. Trotz der unterschiedlichen zu positionierenden Massen der Achsen konnten durch die Box-in-a-Box Anordnung die gleichen Regelparameter für beide Achsen verwendet werden, da der IMC-Regler auch bei geringen Modellfehlern ein gutes Regelungsverhalten besitzt.

5.3.4.7 Aufbau des Gesamtsystems

Entsprechend der bereits vorgestellten Konstruktion wurde der aktive Reitstock aufgebaut. In Abb. 5.57 ist dieser in der Pendelhubschleifmaschine zu sehen. Neben dem aktiven

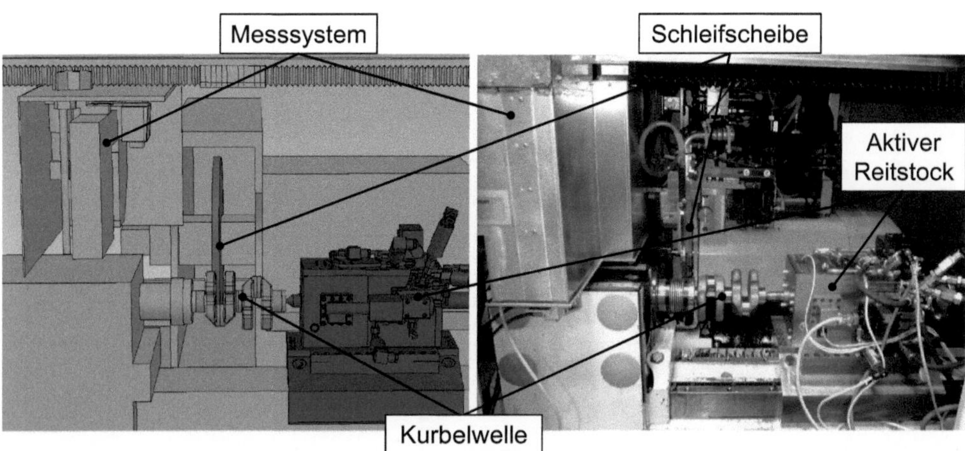

Abb. 5.57 Aktiver Reitstock in der Pendelhubschleifmaschine

Reitstock ist auch das Inline-Messsystem zur Vermessung der Kurbelwellen bereits in die Schleifmaschine integriert.

Zur drehzahlsynchronen Positionierung der Reitstockspitze während des Schleifprozesses ist die Kenntnis der genauen Winkellage der Kurbelwelle nötig. Aus diesem Grund wurde das Drehwinkelsignal der Schleifmaschine mittels einer Signalweiche gesplittet und einem Eingang der Signalprozessorkarte zugeführt. Durch das Einlesen des Winkelsignals kann die Reitstockspitze mit entsprechender Regelung drehwinkel- bzw. drehzahlsynchron auf einer Kreisbahn positioniert werden.

5.3.4.8 Verifizierung der Systemeigenschaften

Nach dem Aufbau des aktiven Reitstocks ist dessen Positioniergenauigkeit verifiziert worden. Mittels der integrierten Wirbelstromsensoren wurden die Positionen der einzelnen Achsen während einer Kreisbahnpositionierung gemessen. Abbildung 5.58 zeigt den Vergleich zwischen hydraulischer und piezo-hydraulischer Positionierung einer Kreisbahn mit einem Solldurchmesser von 1 mm bei einer Frequenz von 1 Hz.

Es ist zu erkennen, dass es bei einer rein hydraulischen Positionierung zu einem bereits angesprochenen Schleppabstand und Fehlpositionierungen, besonders in den Umkehrpunkten der Achsen, bedingt durch Reibung und Stick-Slip Effekte der Lagerung, kommt. Durch die zusätzliche Piezo-Regelung kann die Genauigkeit insbesondere in den Umkehrpunkten durch die höhere Dynamik der Piezoaktorik verbessert werden. Auch der Schleppabstand wird reduziert. Das Konzept der piezo-hydraulischen Positionierung nutzt somit die Vorteile der Piezoaktorik zu einer Verbesserung des hydraulischen Positionierverhaltens.

In Abb. 5.59 sind die Ergebnisse der Kreisbahnpositionierungen rein hydraulisch, jedoch mit Iterativ Lernender Vorsteuerung für einen Solldurchmesser von 1 mm bei unterschiedlichen Frequenzen von 1 bis 10 Hz zu sehen.

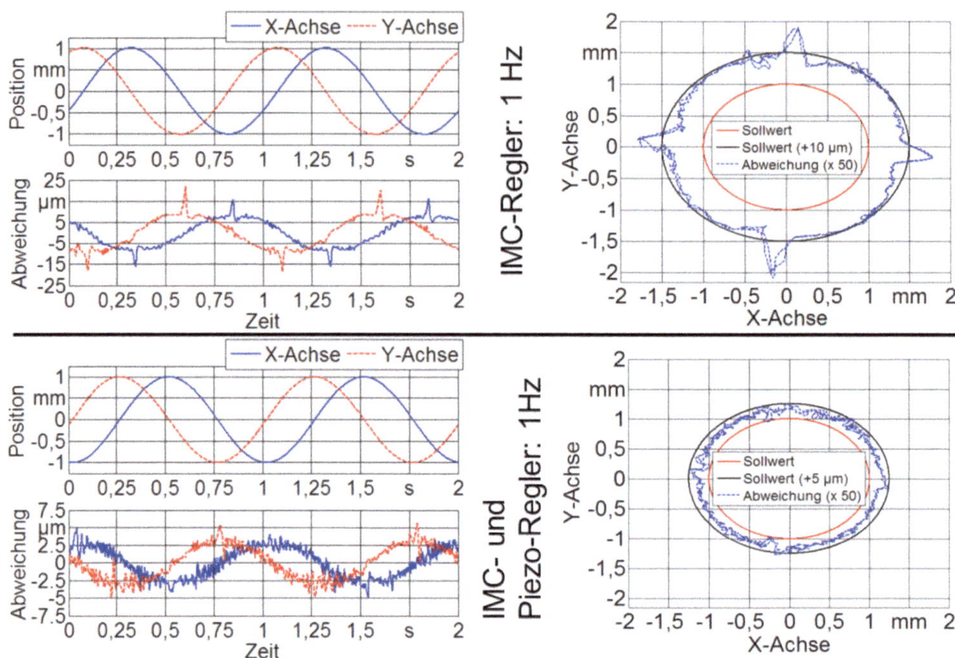

Abb. 5.58 Regelungsverhalten ohne und mit Piezoaktorik

Mit Hilfe der Iterativ Lernenden Vorsteuerung ist es möglich, alle zyklisch auftretenden Positionierungsabweichungen zu kompensieren. So ist erkennbar, dass die Positionsabweichungen in den Umkehrpunkten durch Reibung und Skip-Slip Effekte ebenso wie der Schleppabstand kompensiert werden können. Es kann rein mit der Hydraulik eine Positioniergenauigkeit auf einer Kreisbahn im störungsfreien Fall von etwa $\pm$ 1,5 µm bis zu einer Frequenz von 10 Hz erreicht werden. Die Anforderung einer hohen Positioniergenauigkeit kann der Reitstock mit Hilfe der Iterativ Lernenden Vorsteuerung damit erfüllen. Die Piezoaktorik kann die Positioniergenauigkeit, insbesondere bei auftretenden Störkräften und nicht zyklischen Einflüssen, weiter verbessern.

Neben der hohen Positioniergenauigkeit verlangt der Schleifprozess auch eine hohe Steifigkeit der Reitstockspitze, um die Anforderungen an Rundheit und Durchmesser der hydrodynamischen Lager zu erfüllen. Eine Analyse der statischen und dynamischen Nachgiebigkeit der X-Achse des aktiven Reitstocks ist in Abb. 5.60 dargestellt. Mit Hilfe eines Shakers wurden Kräfte auf die Reitstockpinole aufgebracht. Die Verlagerung der Pinole der Reitstockspitze wurde mit einem Laservibrometer gemessen, die Verlagerung der Box der X-Achse, dessen Position geregelt wird, wurde mit dem internen Wirbelstromsensor der X-Achse gemessen.

Es ist zum einen zu erkennen, dass die Nachgiebigkeit der Reitstockpinole höher ist, als die der X-Achse selbst. Zum anderen wird deutlich, dass die Nachgiebigkeit durch

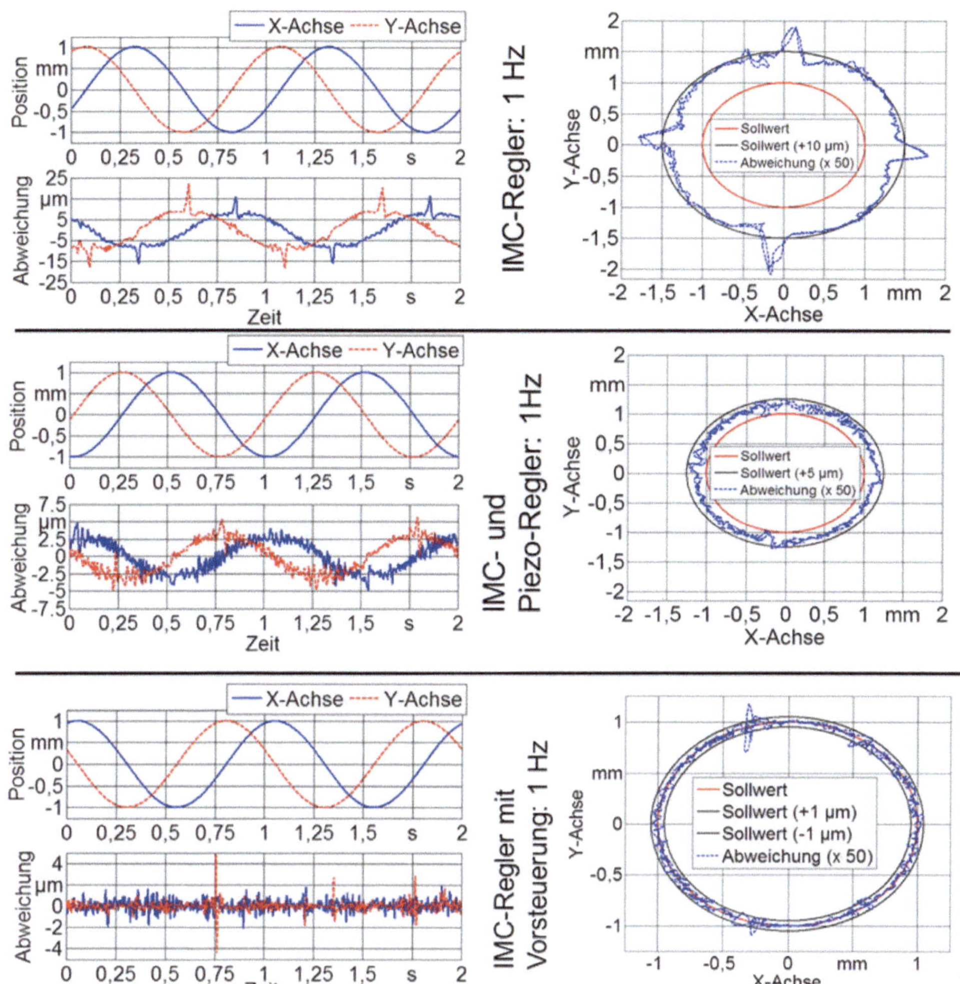

Abb. 5.59 Kreisbahn-Positionierungsergebnisse des aktiven Reitstocks

Hinzuschalten der Piezo-Regelung im Vergleich zu der hydraulischen Positionsregelung verbessert werden kann. Die statische Nachgiebigkeit der X-Achse geht gegen Null und somit die statische Steifigkeit gegen unendlich, da die Position nachgeregelt wird. Bis zu einer Frequenz von 60 Hz kann die hydraulische Nachgiebigkeit der X-Achse von 0,0 µm/N auf 0,027 µm/N durch das hinzuschalten der Piezo-Regelung verbessert werden.

Die statische Steifigkeit der Pinole in X-Richtung liegt bei 0,1 µm/N. Dies zeigt, dass die Verbindung zwischen der Box der X-Achse und der Pinole nicht als ideal steif angenommen werden kann. Insbesondere die Steifigkeiten der Kugelbuchsen sind somit nicht zu vernachlässigen.

Abb. 5.60 Nachgiebigkeitsfrequenzgang der X-Achse

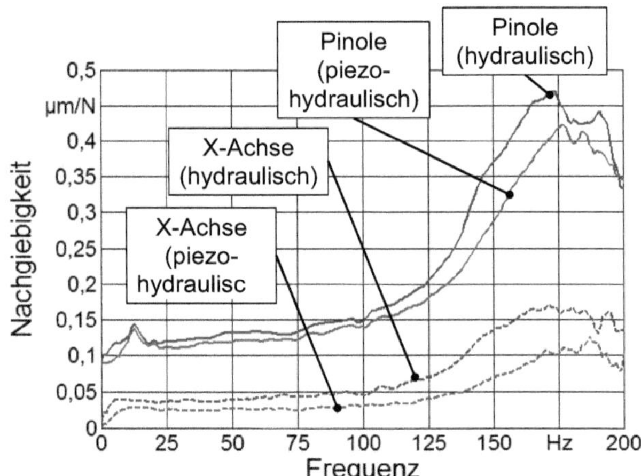

Abbildung 5.60 macht deutlich, dass die piezo-hydraulische Positionierung eine Steifigkeit von 37 N/µm bis zu einer Frequenz von über 60 Hz erreicht und damit die Anforderung von mindestens 25 N/µm erfüllt, jedoch ist die Steifigkeit an der Pinole bislang mit 10 N/µm noch nicht ausreichend, da die Nachgiebigkeit insbesondere der Lagerbuchsen der Pinole zu hoch ist. Eine Verbesserung kann durch eine höhere Vorspannung der Kugelbuchsen (andere Passung von Welle und Lager) oder durch eine Überkompensation mittels Kraftmessung erreicht werden.

5.3.4.9 Schleifversuche mit aktivem Reitstock

Schleifversuche mit und ohne Taumelkorrektur sollen die Eignung des aktiven Reitstocks für die Schleifbearbeitung von präzisionsgeschmiedeten Kurbelwellen verifizieren. Abbildung 5.61 zeigt eine Welle mit einer Gesamtlänge von 19 mm, in welche sechs Lagerflächen mit einem Solldurchmesser von 47 mm bei unterschiedlicher Exzentrizitäts- und Taumelkorrektur geschliffen wurden. Die Lagerflächen 1 und 5 sind Referenzflächen. Hier wurde keine Exzentrizität über den Pendelhub der Schleifmaschine erzeugt und auch keine Taumeländerung über eine Kreispositionierung des aktiven Reitstocks durchgeführt. Der Reitstock wurde lediglich auf die Nullposition geregelt.

Die Lager 2 und 4 wurden mittels Pendelhub exzentrisch um 1 mm in X-Richtung verschoben. Bei Lager 3 wurde zusätzlich zur Exzentrizität von 1 mm in X-Richtung ein Taumel von 0,294° um die X-Achse aufgebracht. Der Winkel entspricht einer reitstock-

Abb. 5.61 Welle für Schleifversuche mit aktivem Reitstock

Tab. 5.7 Messergebnisse der Schleifversuche mit aktivem Reitstock

	Lagerverschiebung X in mm		Lagerverschiebung Y		Durchmesser		Rundheit in µm
	Soll	Ist	Soll	Ist	Soll	Ist	
Lager 1 (A = 100 mm)	0	0	0	0	47	46,997	3,3
Lager 2 (A = 84 mm)	1	1,003	0	0	47	46,976	3,9
Lager 3 (A = 65 mm)	1	1,010	– 0,667	– 0,674	47	46,981	5,1
Lager 4 (A = 47 mm)	1	1,000	0	0,004	47	46,988	4,1
Lager 5 (A = 30 mm)	0	0	0	0	47	46,995	3,0
Lager 6 (A = 11 mm)	0,056	0,054	0	– 0,002	47	46,997	4,6

seitigen Verschiebung des Aufspannpunktes um 1 mm in negativer Y-Richtung. Bei der Lagerfläche 6 wurde der gleiche Versuch wie bei Lagerfläche 3 durchgeführt, jedoch wurde hier ein Taumel von $-0{,}294°$ um die Y-Achse erzeugt. Der so erzeugte Taumel wirkt der eingestellten Exzentrizität in X-Richtung entgegen.

Allgemein stellt der Taumel eine Verkippung der Bearbeitungsachse des zwischen den Spitzen gespannten Bauteils dar. Der Taumel wird durch den aktiven Reitstock durch eine drehwinkelsynchrone Kreisbahnpositionierung erzeugt bzw. korrigiert. Dabei bestimmt der Startpunkt der Kreisbahn die Richtung und den Radius der Kreisbahn, um welchen Betrag die Bauteilachse verkippt wird. Der Taumel verschiebt somit den Lagermittelpunkt in Abhängigkeit des Lagerabstands zur Reitstockspitze. Die folgende Formel gibt den Zusammenhang zwischen der Verschiebung des Lagermittelpunkts Δs in Abhängigkeit der Bauteillänge L, des Abstands von der Reitstockspitze A und dem Radius R der Kreispositionierung des aktiven Reitstocks wieder.

$$\Delta \mathrm{s} = \mathrm{R} - \frac{\mathrm{A}}{\mathrm{L}} \tag{5.5}$$

Durch die Aufnahme von Linienschnitten der sechs Lagerflächen kann die Verlagerung der Lagermittelpunkt bestimmt werden. Tabelle 5.7 zeigt die Ergebnisse der Vermessung sowie die Abweichungen zu den Sollwerten. Der Sollwert der Lagerverschiebung in neg. X-Richtung ergibt sich aus der Taumelverschiebung gemäß Gl. 5.5 für den Lagerabstand $A = 11$ mm zu:

$$\Delta \mathrm{s} = 1\,\mathrm{mm} - \frac{11\,\mathrm{mm}}{195\,\mathrm{mm}} = 0{,}944\,\mathrm{mm}$$

Da aber gleichzeitig eine Exzenterkorrektur von 1 mm in X-Richtung über die Schleifscheibensteuerung aufgebracht wird, beträgt die Sollverschiebung für Lager 6 in X-Richtung nur 0,056 mm.

Die Rundheiten und Durchmesser aller Lager erfüllen die Anforderungen der Lagersitze von Kurbelwellen. Die eingestellten Taumel von Lager 3 und Lager 5 konnten messtechnisch mit einer maximalen Abweichung von 7 µm nachgewiesen werden. Die Ergebnisse zeigen, dass eine stabile Schleifbearbeitung mit Taumel- und Exzenterkorrektur durch den aktiven Reitstock möglich ist.

Literatur

[Abe08] Abele E, Hanselka H, Haase F (2008) Development and design of an active work piece holder driven by piezo actuators. Production Engineering: Research and Development. S 437–442

[Bau11] Bausch T (2011) Innovative Zahnradfertigung. Expert Verlag

[Bec01] Beck T (2001) Kühlschmierstoffeinsatz beim Schleifen mit CBN. Schake, RWTH Aachen

[Bec4] Becker JC (2004) Bahngesteuertes Schleifen von Kurbelwellen. PZH Verlag, Universität Hannover

[Bey01] Beyer R (2001) Exzenterdrehteile komplettbearbeiten, Sonderdruck aus der Fachzeitschrift mav – Maschinen Anlagen Verfahren, Heft 1/2-2001, INDEX-Werke GmbH & Co. KG Hahn & Tessky

[Bög09] Böge A (2009) Handbuch Maschinenbau, Kapitel Baugruppen von Werkzeugmaschinen. Springer

[Bou94] Boucke T (1994) Zahnflankenprofilschleifen mit keramisch gebundenen CBN Schleifscheiben. Shaker, RWTH Aachen

[Bre00] Breit H, Murrenhoff H (2000) Aktiv gedämpfte Maschinenspindel erhöht Produktivität beim Fräsen. MM – Maschinenmarkt 106:36:S 62–65

[Bre07a] Brecher C, Schauerte G (2007) IntiBo – Intelligent Adaptronic Drilling Tool. 11th Adaptronic Congress, Göttingen

[Bre10b] Brecher C, Guralnik A, Hannig S (2010) Adaptronik in Schleifmaschinen. Prozessregelung über hochdynamische Aktoreinheiten. 3rd European Conference on Grinding 2010

[Bri06] Bristow DA, Tharayil M, Alleyne AG (2006) A survey of iterative learning control. Control Systems, IEEE 26:3

[Cze00] Czenkusch C (2000) Technologische Untersuchungen und Prozessmodelle zum Rundschleifen. In: Fortschritt-Berichte VDI. Universität Hannover

[Den04a] Denkena B, Becker J, Catoni F, Türich A (2004) Kontinuierliches Wälzschleifen von Verzahnungen. In: Jahrbuch Schleifen, Honen, Läppen und Polieren. Vulkan Verlag, Essen

[Den04b] Denkena B, Harms A, Hesse P (2004) Adaptronischer Werkzeughalter zur aktiven Schwingungsdämpfung in CNC-Drehmaschinen. Adaptronic Congress, Hildesheim

[Den05c] Denkena B, Götz T (2005) Aktive, rotierende Spannvorrichtung mit Bluetooth^{TM}-Anbindung. WT-Online, Nr. 3, S 181–121

[Den05d] Denkena B, Götz T (2005) Rotierende Spannvorrichtung mit Aktorik zur Feinpositionierung. wt Werkstattstechnik online, S 309–313

[Den05e] Denkena B, Immel J, Götz T (2005) Drehspannfutter mit integrierter, mechatronischer Feinpositioniervorrichtung. Internationales Forum Mechatronik, 15./16.6.2005, Augsburg

[Den05f] Denkena B, Immel J, Götz T (2005) Einsatz adaptronischer Systeme zur Feinpositionierung in Drehmaschinen. 9. Adaptronic Congress, Göttingen

[Den06g] Denkena B, Immel J, Götz T (2006) Entwurfsprozess von Feinpositioniersystemen am Beispiel eines mechatronischen Drehspannfutters zur Ausrichtung präzisionsgeschmiedeter Bauteile. 4. Paderborner Workshop „Entwurf mechatronischer Systeme“, 30. und 31. März 2006, Heinz Nixdorf Institut, S 411–42

[Den06h] Denkena B, Immel J, Götz T (2006) Mechatronic Chuck with Integrated Precision-Positioning-System. 10th International Conference on New Actuators, ACTUATOR 2006, 14–16 Juni 2006, Bremen, S 804–807

[Den07i] Denkena B, Immel J (2007) 4 FHG Feinpositionierspannfutter – Exzenter- und Taumelfehlerkompensation vor der Bearbeitung. wt Werkstattstechnik online 97:11

[Den07j] Denkena B, Immel J (2007) Wireless Bluetooth Data Transmission in Production Environment. Wireless Congress “Systems & Application”, 7.-8. November 2007, München

[Den07k] Denkena B, Möhring H, Immel J et al (2007) Design and Optimization-Methods of an Adaptronic Chuck System. 11th Adaptronic Congress, 23.-24. Mai 2007, Göttingen, S 18/1–5

[Den07l] Denkena B, Möhring H-C, Hesse P et al (2007) Präzision im Kleinformat. Konzeption eines piezohydraulischen Servo-Mikrostellsystems. wt Werkstattstechnik online S 115–119

[Den08m] Denkena B, Hesse P et al (2008) Rundheitsoptimierung beim Pendelhubschleifen von Kurbelwellen. wt Werkstattstechnik online S 458–463

[Den09n] Denkena B, Henning H, Fischer R (2009) Wirtschaftliche Prozessführung bei der Hartfeinbearbeitung von Kurbelwellen. ZWF S 141–145

[Den10o] Denkena B, Immel J et al (2010) Mechatronic chuck with 4 degrees of freedom precision positioning. Proceedings of the euspen 10th International Conference, S 225–228

[Den11p] Denkena B, Fischer R (2011) Theoretical and experimental determination of geometry deviation in continuous path controlled OD grinding processes. Advanced Materials Research S 784–793

[Den11r] Denkena B, Gümmer O, Gillhaus R (2011) Precise alignment of precision forged crankshafts in a grinding machine. Proceedings of the euspen 11th International Conference, S 418–421

[Den11s] Denkena B, Tönshoff HK (2011) Spanen – Grundlagen, Springer Verlag

[Esc96] Escher C (1996) Simulation und Optimierung der Erzeugung von Zahnflankenmodifikationen an Zylinderrädern. RWTH Aachen

[Fle06] Fleischer J, Denkena B, Winfough B et al (2006) Workpiece and tool handling in metal cutting machines. Annals of the CIRP 55/2 S 817–841

[Fuj05] Fujiwara T, Tsukamoto S, Miyagawa M (2005) Analysis of the grinding mechanism with wheel head oscillating type CNC crankshaft pin grinder. Key Engineering Materials 291–292:163–170

[Gil11] Gillhaus R, Gümmer O, Kästner M et al (2011) Aktive Bauteilausrichtung, QZ – Qualität und Zuverlässigkeit, 56 1, Carl Hanser Verlag, S 42–45

[Göt06] Götz T (2006) Hydraulisch übersetzter Piezostapelaktor zur Vorspannungsregelung einer wälzgelagerten Werkzeugspindel. Universität Hannover

[Haa06] Haase R, Kästner M, Immel J et al (2006) Kürzere Prozessketten durch Feinpositioniersysteme. wt Werkstattstechnik online 96:5

[Imm09] Immel J (2009) Mechatronisches Feinpositionierspannfutter mit berührungsloser Energie- und Datenübertragung. PZH Verlag, Universität Hannover

[Jag98] Jagodzinski V (1998) 3D-Abweichungsanalyse zur Qualitätsbewertung in der Produktentwicklung. Universität Hannover

[Kal98] Kallio P, Lind M, Quan Z et al (1998) A 3-DOF piezohydraulic parallel micromanipulator. In: IEEE International Conference on Robotics and Automation, Bd 2, S 1823–1828

[Kem00] Kempa B (2000) Zahnflankenprofilschleifen mit galvanisch-gebundenem CBN. Shaker, RWTH Aachen

[Mar01] Marzenell C (2001) Verzahnungshonen mit Diamantwerkzeugen. Fortschritt-Berichte VDI, Universität

[Mem97] Memis F (1997) Prozessregelung mit Hilfe der Acousic Emission beim Außenrundeinstechschleifen Fortschritt-Berichte VDI, RWTH Aachen

[Meu91] Meusburger P (1991) Bahngesteuertes schleifen unter besonderer Berücksichtigung des Kreisexzenters. TU Graaz

[Möh11] Möhring H-C, Gümmer O, Fischer R (2011) Active error compensation in contour-controlled grinding. CIRP Annals-Manufacturing Technology 60 S 429–432

[Mol07] Mollenhauer H, Klaus andTschöke (2007) Handbuch Dieselmotoren. Springer Verlag

[Mül08] Müller C (2008) Prozessgrößen und Randzoneneigenschaften beim Drehen gehärteter Stähle. PZH Verlag, Universität Hannover

[Neu05a] Neugebauer R, Wittstock B, Gebhardt S et al (2005) Strukturintegrierte Aktorik im Maschinenbau. 9th Adaptronic Congress, 31. Mai/1. Juni 2005, Göttingen, S 20/1–8

[Neu07b] Neugebauer R, Denkena B, Wegener K (2007) Mechatronic systems for machine tools. Annals of the CIRP 56/2

[NN05] NN (2005) Fenar L System zur in-Prozess messung von Kurbelwellen, Produktbroschüre Fa. Marposs S.p.A., Italien

[NN08] NN (2008) Die ganze Welt der Nano- und Mikropositionierung, Gesamtkatalog, Physikinstrumente (PI) GmbH & Co. KG, Karlsruhe

[Pop92] Popp C (1992) Optimierung und Sicherung des Außenrundschleifprozesses durch ein adaptives Regelungssystem. Fortschritt-Berichte VDI, Universität Hannover

[Rei06] Reichstein M, Catoni F (2006) Grinding of gears with vitreous bonded CBN-Worms. CIRP Annals - Manufacturing Technology 55(1):355–358

[Ste95] Steffen T (1995) Optimierung des Nockenform-Schleifprozesses auf der Basis von Simulation und Geometrischer Messtechnik. RWTH Aachen

[Sti09] Stimpel F (2009) Technologische Kenngrößen für das kontinuierliche Wälzschleifen von Evolventenverzahnungen. Universität Hannover

[Thy05] Thyssen Krupp Gerlach GmbH (2005) Kraftfahrzeug-Kurbelwellen, Konstruktion, Berechnung, Herstellung, Verlag Moderne Industrie

[Tön99a] Tönshoff HK (1999) Potentiale Abgestimmter Prozessketten am Beispiel der Feinbearbeitung von Schmiedeteilen. Umformtechnik 200 PLUS, S 351–363

[Tön97b] Tönshoff HK, Karpuschewski B, Borbe C (1997) Comparison of basic mechanisms in cutting and grinding of hardened steels. Annals of the German Academic Society for Production Engineering 4(2):5–8

[Tön01c] Tönshoff HK., Becker JC (2001) Prozesskettengestaltung beim Kurbelwellenschleifen, Jahrbuch Schleifen, Honen, Läppen und Polieren. Vulkan Verlag, Essen

[TT07] Torrez-Torres J, Zornemann, M, Rose M (2007) Damping of structural vibrations on a circular saw-blade dummy using an adaptive hybrid electromechanical network with piezoelectric devices. 11th Adaptronic Congress. Göttingen

[Tür02a] Türich A (2002) Schleifen von Verzahnungen. Jahrbuch Schleifen, Honen, Läppen und Polieren. Vulkan Verlag, Essen

[Tür02b] Türich A (2002) Werkzeug-Profilerzeugung für das Verzahnungsschleifen. Universität Hannover

[Vuc08] Vucetic D (2008) Zerspan- und Verschleißmechanismen beim Verzahnungshonen. Shaker, RWTH Aachen

[Wal04] Walsh A (2004) Mathematical modelling of the crankshaft pin grinding process. Deakin University

[Wal95] Walter A (1995) Prozessinterne Optimierregelung für das Innenrundschleifen mit unscharfer Logik. Fortschritt-Berichte VDI, Universität Hannover

[Wec05] Weck M, Brecher C (2005) Werkzeugmaschinen – Maschinenarten und Anwendungsbereiche. 6. neu bearbeitete Aufl. Springer Verlag

[Wil08] Will JC (2008) Adaptronische Spindeleinheit zur Abdrängungs- und Schwingungskompensation in Fräsprozessen. Universität Hannover

[Wit07] Wittmann M (2007) Bedarfsgerechte Kühlschmierung beim Schleifen. Universität Bremen

[Wob95] Wobker HG, Brunner G (1995) Hartfeinbearbeitung präzisionsgeschmiedeter Zahnräder. Technica 20:16–23

[Wöl10] Wölfel F (2010) Hartfeinbearbeitung von Verzahnungen mit Störkontur. MM – Maschinenmarkt. Das IndustrieMagazin S 32–34

[Zin91] Zinngrebe M (1991) Adaptive Prozessführung beim Innenrundschleif en mit digitalen Grenzregelungen. Fortschritt-Berichte VDI, Universität Hannover

Normen, Rechtlinien

DIN 867 Bezugsprofile für Evolventenverzahnungen an Stirnrädern (Zylinderrädern) für den allgemeinen Maschinenbau und den Schwermaschinenbau. DIN Deutsches Institut für Normung e. V., Beuth Verlag, 1986

DIN EN ISO 1101 Geometrische Produktspezifikation (GPS)-Geometrische Tolerierung- Tolerierung von Form, Richtung, Ort und Lauf. DIN Deutsches Institut für Normung e. V., Beuth Verlag, 2005

DIN 3960 Begriffe und Bestimmungsgrößen für Stirnräder (Zylinderräder) und Stirnradpaare (Zylinderradpaare) mit Evolventenverzahnung. DIN Deutsches Institut für Normung e. V., Beuth Verlag, 1987

DIN 3961 Toleranzen für Stinradverzahnungen. DIN Deutsches Institut für Normung e. V., Beuth Verlag, 1998

DIN 8589 Fertigungsverfahren Spanen. DIN Deutsches Institut für Normung e. V., Beuth Verlag, 2003

Mess- und Prüftechnik 6

Vera Böhm, Markus Kästner, Rüdiger Gillhaus, Klaus Haskamp, Wilfried Reimche, Friedrich-Wilhelm Bach und Eduard Reithmeier

Inhaltsverzeichnis

6.1 Fertigungsnahe optische Geometrieprüfung ... 313
  6.1.1 Fertigungsnahe Messverfahren ... 313
  6.1.2 Hochauflösende Erfassung von Funktionsflächen ... 319
  6.1.3 Form-, Maß- und Lageabweichungen bei Langbauteilen ... 333
  6.1.4 Virtuelle Multisensortechnik ... 340
6.2 Prozessintegrierte Messtechnik zur Bauteillagekorrektur ... 345
  6.2.1 Optische Messtechnik in der Produktion ... 345
  6.2.2 Materialaufmaßorientierte Mess- und Auswertestrategien/-verfahren ... 348
  6.2.3 Unwuchtorientierte Mess- und Auswertestrategien/-verfahren ... 362
6.3 Online Prozessüberwachung und zerstörungsfreie Bauteilprüfung ... 372
  6.3.1 Überwachung des Schmiedevorgangs ... 372
  6.3.2 Überwachung und Qualitätsbewertung durch Körperschall- und Schallemissionsmesstechnik ... 374
  6.3.3 Zerstörungsfreie Bauteilfehlerprüfung ... 387
  6.3.4 Zerstörungsfreie Charakterisierung der Bauteil- und Randzoneneigenschaften ... 396
6.4 Betriebsfestigkeitsprüfung von Zahnrädern im Verzahnungsprüfstand ... 403
  6.4.1 Umlauf-Belastungsprüfstand für Schrägverzahnungen ... 403
  6.4.2 Online Schadensfrüherkennung von Verzahnungen unter Betriebsbedingungen ... 406
  6.4.3 Schallemissionsanalyse zur frühzeitigen Schadensanalyse ... 410

V. Böhm (✉) · W. Reimche · F.-W. Bach
Institut für Werkstoffkunde, Leibniz Universität Hannover, An der Universität 2, 30823 Garbsen, Deutschland
E-Mail: boehm@iw.uni-hannover.de

M. Kästner · R. Gillhaus · K. Haskamp · E. Reithmeier
Institut für Mess- und Reglungstechnik, Leibniz Universität Hannover, Nienburger Str. 17, 30167 Hannover, Deutschland

F.-W. Bach, K. Kerber (Hrsg.), *Prozesskette Präzisionsschmieden*,
DOI 10.1007/978-3-642-34664-4_6, © Springer-Verlag Berlin Heidelberg 2014

6.4.4 Schallemissionsanalyse zur Detektion und Zuordnung von Verzahnungsschäden 410
6.4.5 Charakterisierung von Schadensentwicklungen – Wavelet Analyse 412
6.4.6 Ortung von schadensspezifischen Ereignissen 413
6.4.7 Betriebsfestigkeit schrägverzahnter Zahnräder 415
6.4.8 Zulässige Dauerbelastungen der Verzahnung 415
6.4.9 Zahnräder aus 42CrMo4 vergütet aus der Schmiedewärme 417
6.4.10 Zahnräder aus 100Cr6 bainitisiert im Salzbad 419
6.4.11 Zahnräder aus 42CrMo4 mit umwandlungsgesteuerter Wärmebehandlung aus der Schmiedewärme 419
Literatur 421

Die verkürzte Prozesskette des Sonderforschungsbereiches 489 ermöglicht, im Vergleich zur konventionellen Bauteilfertigung in separaten Fertigungsstufen, zum Beispiel durch Schmieden, mechaniche Bearbeitung, Einsatzhärten, Vergüten etc., neben der Einsparung einer Vielzahl von Arbeitschritten und Bauteil-Zwischenlagerungen neue Möglichkeiten zur wirtschaftlichen, ressourcenschonenden und energieeffizienten inline Fertigung von Hochleistungsbauteilen (s. Kap. 1). Diese erfordern neben der Entwicklung neuer Verfahren, Werkzeugkonzepte und Prozessstrategien die Entwicklung einer verfahrensbegleitenden Überwachung einzelner Prozessschritte. Nur durch eine in die Fertigungslinie integrierte Überwachung der qualitätsbestimmenden Prozesse, einer Bauteil-Geometrievermessung und zerstörungsfreien Bauteilprüfung hinsichtlich der mechanisch-technologischen Bauteileigenschaften sowie der Bauteilfehler ist eine qualitätsgesicherte, inline Fertigung mit eng verketteten Prozessen realisierbar. Die unmittelbare Erfassung und objektive Bewertung relevanter Prozessgrößen, der Bauteilgeometrie und Bauteileigenschaften im Prozessablauf sind in einer verkürzten Prozesskette von wesentlicher Bedeutung zur Realisierung einer effizienten Prozessregelung, der Erreichung einer hohen Prozesssicherheit und damit einer Bauteil-Qualitätssicherung in der Fertigungslinie. Weiterhin erfordert eine ganzheitliche Beurteilung der Bauteileigenschaften zur Bewertung der Fertigungsschritte und Bauteilqualität eine Betriebsfestigkeitsprüfung unter angepassten realistischen Betriebsbedingungen.

Im Kap. 6 Technologien zur Überwachung des Präzisionsschmiedevorgangs, der Bauteilgeometrievermessung und Bauteilpositionierung sowie zur zerstörungsfreien Bauteil-Fehlerprüfung und Charakterisierung der eingestellten Werkstoffeigenschaften und Härtekennwerte im Bereich der Funktionsflächen, für den prozessintegrierten Einsatz in der Prozesskette Präzisionsschmieden vorgestellt.

Optische Messmethoden, wie Streifen- und Schattenprojektionsanwendungen bis hin zu Multisensorsystemen und deren Umsetzung in virtuelle Prüfansätze, werden zur Geometrievermessung können zum Nachweis von Imperfektionen von Zahnrädern, Ritzelwellen und Kurbelwellen genutzt werden. Die direkte Weiterbearbeitung präzisionsgeschmiedeter Bauteile in der Schleifmaschine erfordert eine exakte Bauteilpositionierung, Strategien zur Kompensat von Aufmaßschwankungen und zur Optimierung des Unwucht- und Pendelverhaltens von Langteilen wie Kurbelwellen. Entsprechende Lösungsansätze werden im nachfolgenden Kapitel beschrieben.

Zur Überwachung des Umformvorgangs kann das Werkzeug mit Weg-, Körperschall- und Schallemissionsaufnehmern instrumentiert werden, die eine wegsynchrone Aufnahme und Analyse des transienten Präzisionsschmiedevorgangs ermöglichen. Die im Kap. 6 vorgestellten Auswertestrategien erlauben den Umformvorgang differenziert über dem Umformweg zu analysieren sowie Aussagen über die Formfüllung der Matrize, Prägung des Bauteils und Störeinflüsse zu treffen. Weiterhin können auch schleichende oder verdeckte Veränderungen der Prozessparameter des Schmiedeproesses, zum Beispiel der Einfluss verschiedener Schmiedewerkstoffe, der Rohteiltemperaturen und des Schmiermittelzustandes im Prozessablauf erfasst werden, um deren Auswirkungen auf die Bauteilqualität zu bewerten.

Zur Erfassung von Überschmiedungen, Fehlstellen, Härte- und Ermüdungsrissen können Verfahren der Wirbelstromtechnik zum lokalen Nachweis im Verzahnungs- und Wellenbereich in Scantechnik und die Impuls-Thermographie mit hochfrequenter induktiver Anregung zur schnellen bildgebenden Bauteil-Fehlerprüfung verwendet werden. Die Harmonischen Analyse von Wirbelstromsignalen kann zur zerstörungsfreien Charakterisierung der Bauteil- und Randzoneneigenschaften von Zahnrädern und Ritzelwellen Verwendung finden, die eine messtechnische Erfassung und Bewertung des eingestellten Gefüges, der Werkstoffkennwerte und des Werkstoffzustandes nach erfolgter Wärmebehandlung ermöglicht. Basierend auf FEM-Simulationsberechnungen ist eine Sensor- und Prüfprozessauslegung mit Hilfe von Regressionsverfahren durchführbar. Auslegbar sind Prüfverfahren und Sensoren zur zur schnellen inline Erfassung integraler Härtewerte im Schaft- und Verzahnungsbereich (Randhärte und Einhärtungstiefe) sowie Tastsensoren und Einzelzahnsonden zur Ermittlung von Härteverläufen in Funktionsflächen und der Erkennung von Unregelmäßigkeiten im Verzahnungsbereich.

Den Nachweis, dass die Lebensdauer der in der Prozesskette des SFB 489 hergestellten präzisionsgeschmiedeten Zahnrädern und Ritzelwellen unter dynamischer und tribologischer Belastung mit konventionell hergestellten Zahnrädern vergleichbar ist, erfolgt unter Umlauf-Beanspruchung für Schrägverzahnungen in einem instrumentierten Getriebeprüfstand mit frühzeitigen Schadenserkennung, Verfolgung der Schadensentwicklung und Klassifizierung von Verzahnungsschäden.

6.1 Fertigungsnahe optische Geometrieprüfung

6.1.1 Fertigungsnahe Messverfahren

Die Verfahren der Koordinatenmesstechnik eignen sich für die Erfassung geometrischer Merkmale [Pfe01a]. Hierbei werden üblicherweise eine Oberfläche oder ein Werkstück punkt-, linien- oder flächenhaft in einem zuvor definierten Koordinatensystem gemessen. Anschließend steht die Werkstückgeometrie in einer idealisierten Form in kartesischen, in Zylinder- oder in Kugelkoordinaten für die weitere Auswertung zur Verfügung. Beispielsweise können Form-, Maß- und Lagetoleranzen nach DIN ISO 1101 bestimmt werden, um zu prüfen, ob das gefertigte Werkstück den Vorgaben entspricht [Wec99a]. Für die Erfassung der geometrischen Merkmale stehen sowohl taktile als auch optische Messverfahren zur Verfügung. Aufgrund der mechanischen Entkopplung von Messobjekt und Messsystem, hohen Messgeschwindigkeiten sowie hohen Datendichten eignen sich insbesondere die Streifen- als auch die Schattenprojektion, um die stochastisch auf der Oberfläche verteilten Geometrieabweichungen von präzisionsgeschmiedeten Hochleistungsbauteilen sicher detektieren zu können.

6.1.1.1 Geometrieabweichungen bei präzisionsgeschmiedeten Hochleistungsbauteilen

Die Geometrie präzisionsgeschmiedeter Bauteile kann durch eine Vielzahl von Ursachen von der vorgesehenen Sollgeometrie abweichen. In den Kap. 2 und 3 sind die Abweichungsursachen detailliert beschrieben und sollen daher hier nur kurz aufgegriffen werden. Eine typische Abweichungsursache stellt der Verschleiß der Schmiedegesenke dar. Durch die hohen thermischen und mechanischen Belastungen während des Schmiedeprozesses kann es zu kleinen, zufällig verteilten Materialausbrüchen an den formgebenden Elementen des Gesenks kommen. Diese Materialausbrüche führen während der Umformung zu ebenfalls zufällig verteilten und lokal begrenzten Fehlstellen auf der Werkstückoberfläche mit einer individuellen Ausprägung.

Eine weitere häufige Ursache für Geometrieabweichungen ist aufgrund eines unvollständigen Schließens des Gesenkes gegeben. Ist das Rohteilvolumen zu klein, wird das Werkstück im Extremfall nicht vollständig ausgeformt. In der Regel kommt es in diesem Fall jedoch meist nur zu Schwankungen des für die abschließende Hartfeinbearbeitung vorgehaltenen Bearbeitungsaufmaßes. Solange sich die vorgesehene Sollgeometrie des Bauteils trotz der Aufmaßschwankungen noch realisieren lässt, kann das Bauteil an die nachfolgenden Prozessschritte weitergegeben werden.

Durch die Wärmebehandlung (s. Kap. 4) können ebenfalls Formabweichungen in das Bauteil eingebracht werden. Die gerade aus dem Schmiedegesenk entnommenen Bauteile werden mit einem Wasser-Luft-Gemisch in einem Sprayfeld abgeschreckt. Durch eine fehlerhafte Wahl der Sprayfeldparameter oder den Ausfall von Spraydüsen können stark ausgeprägte Eigenspannungen in das Werkstück eingebracht werden. Durch diese Eigenspannungen kann es zu Härteverzügen kommen, die insbesondere bei der Fertigung von Langteilen, wie Ritzel- und Kurbelwellen, einen negativen Einfluss im Hinblick auf die Durchführung der nachfolgenden Prozessschritte bzw. die erreichbare Bauteilqualität haben kann.

Präzisionsgeschmiedete Bauteile verfügen aufgrund der Abformung im Schmiedegesenk über so genannte optisch raue Oberflächen, an denen einfallendes Licht diffus gestreut wird. Häufig befinden sich noch Zunderrückstände auf den Werkstückoberflächen, die dem Bauteil oftmals eine inhomogene dunkle Färbung geben. Nach der Beseitigung der Zunderrückstände sind die Bauteile sehr gut für eine Vielzahl von optischen Messtechniken zur Formerfassung zugänglich.

6.1.1.2 Koordinatenmesstechnik

Die Koordinatenmesstechnik eignet sich für die Erfassung geometrischer Merkmale komplexer Bauteile [Pfe01a]. Durch entsprechende Auswerteverfahren ist, neben einer Abweichungsanalyse der Istgeometrie in Bezug zur Sollgeometrie [Wec99a], eine Ermittlung von Merkmalen wie Form-, Maß- und Lage sowie die Prüfung ihrer Toleranzen nach DIN ISO 1101 möglich Die geometrischen Merkmale können sowohl mit taktiler als auch mit optischer Messtechnik erfasst werden [Neu05]. Beispielsweise werden taktile Methoden zur Prüfung von Automobilzahnrädern eingesetzt. Die Messzeit für die Einzelprüfung liegt im Bereich von drei bis vier Minuten, wenn eine Erfassung der Profil- und Flankenlinien an drei bis vier Zähnen und eine Bestimmung der Teilung und des Rundlaufs an allen Zähnen erfolgt [Goc02b, Goc05a, Gra05].

Bei präzisionsgeschmiedeten Bauteilen wird jedes Funktionselement, wie beispielsweise die Zahnflanken einer Verzahnung, einzeln abgeformt, so dass sich individuelle und zudem auch lokal begrenzte Ausprägungen von Fehlstellen ergeben. Das bedeutet, dass die Abweichungen zum einen zufällig auftreten und zum anderen stochastisch über die gesamte Bauteiloberfläche verteilt sind. Eine umfassende Beurteilung aller Fehlstellen erfordert somit die flächenhafte Erfassung der gesamten Bauteiloberfläche und kann durch taktile Messmethoden nur durch einen enormen Zeit- und somit Kostenaufwand erreicht werden. Gegenstand neuer Entwicklungen ist daher der Einsatz optischer Sensoren zur Formerfassung [Pfe01a, Neu07]. Für die flächenhafte Erfassung eignen sich insbesondere die Streifen- und die Schattenprojektion, da sie berührungslos arbeiten, sehr robust in Bezug auf die Störsicherheit sind und eine hohe Informationsdichte in kurzer Zeit zur Verfügung stellen [Str94b].

6.1.1.3 Streifenprojektion

Streifenprojektionssysteme sind aus einer oder mehreren Kameras und einem Projektor aufgebaut [Pfe01a]. Abbildung 6.1 zeigt das Prinzip moderner Streifenprojektionssysteme sowie die Deformation eines projizierten Musters durch das Messobjekt. Das Licht einer Weißlichtquelle wird durch einen Kollimator parallelisiert, auf einen Digital Micromirror Device, kurz DMD, gestrahlt und anschließend durch die Projektionsoptik mit dem Projektionszentrum c auf die Messobjektoberfläche abgebildet. Jeder Mikrospiegel kann elektrostatisch in zwei verschiedene Positionen gekippt werden. In der ersten Position wird das Licht auf einen Absorber gestrahlt und in der zweiten Position durch die Projektionsoptik auf die Messobjektoberfläche abgebildet. Durch eine zeitliche Pulsweitenmodulation bei der Ansteuerung der Spiegel wird für die CCD-Kamera eine Variation der Lichtintensität von bis zu 256 Graustufen erreicht. Das projizierte Muster wird in Abhängigkeit der Werkstückkontur deformiert und anschließend von der Kamera unter dem Triangulationswinkel aufgezeichnet. Durch spezielle bildverarbeitende Algorithmen erfolgt die Ermittlung der Projektorphase φ für jedes Kamerapixel $\{i, j\}$. Durch die Projektorphase kann mathematisch eine Lichtebene und durch das Kamerapixel ein Lichtstrahl beschrieben werden. Der Schnittpunkt von Lichtebene und Lichtstrahl spiegelt den rekonstruierten Objektpunkt wieder.

Für die Musterprojektion bietet sich der Einsatz von Projektoren mit mechanischen Gittern [Hof92, Nad96], von schaltbaren LCD-Gittern [Wol02] oder von digital ansteuerbaren Mikrospiegel-Arrays (DMD – *D*igital *M*icromirror *D*evice) an. Der Vorteil bei der

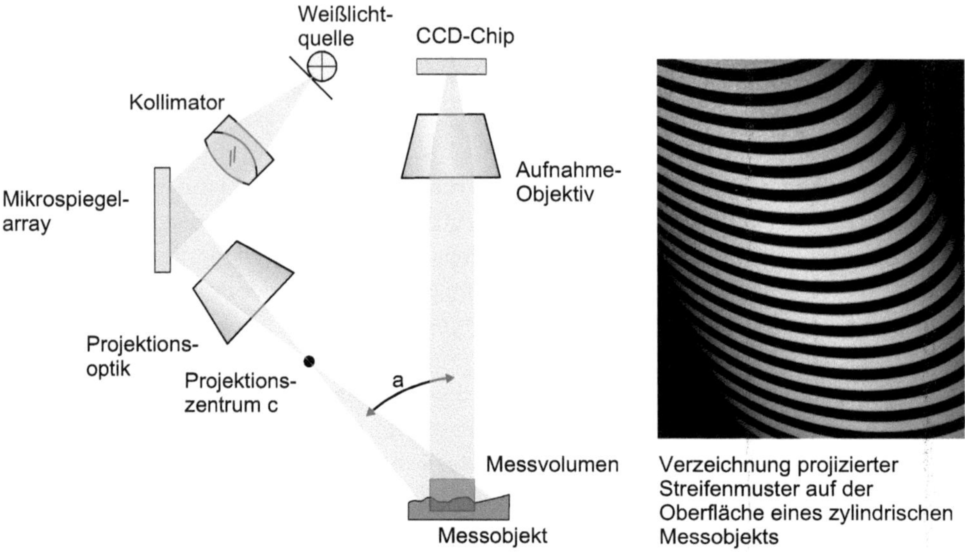

Abb. 6.1 Funktionsprinzip moderner Streifenprojektionsgeräte (*links*) und die Deformation projizierter Muster durch die Objektoberfläche (*rechts*)

Verwendung von DMDs liegt in der deutlich höheren Lichtausbeute von ca. 80 % [Fra98], wohingegen bei anderen Verfahren nur ca. 25 % erreicht werden.

Für die Berechnung der 3D Koordinaten mittels Triangulation ist es erforderlich, jedem Kamerapixel eine Lichtebene, die sog. Projektorphase, zuzuordnen. Für die Bestimmung der Projektorphase wird bei der Musterprojektion häufig eine Kombination aus Gray-Code- und Phase-Shift-Sequenzen verwendet [Sta90a, Sta90b, Wah86]. Die Eindeutigkeit bei der Auswertung kann durch den Graycode sichergestellt und die Pixelgenauigkeit durch das Phase-Shift-Verfahren erzielt werden [Bre93]. Für das Phase-Shift-Verfahren wird ein Streifenmuster mit einer nahezu $\cos^2$-förmigen Intensitätsverteilung projiziert, wobei die Phasenlage der Streifenmuster während der Messung variiert. Häufig findet eine Sequenz aus $N = 4$ Mustern mit einem Phasenunterschied von $\Delta\varphi = \pi/4$ Anwendung [Käs08a]. Der Graycode stellt einen Binärcode dar und zeichnet sich dadurch aus, dass zwei benachbarte Zustände durch ein Bit ihrer Bitfolge unterschieden werden können [Käs08a, Str94b]. Beim Graycode wird jeder Streifen durch eine definierte Abfolge von Hell-Dunkel-Zuständen charakterisiert.

Eine weitere Möglichkeit zur Lichtkodierung wird in Peng [Pen06] vorgestellt. Hier werden nacheinander drei verschiedene $\cos^2$-förmige Muster, die sich hinsichtlich der Streifenfrequenz unterscheiden, auf die Oberfläche projiziert und anschließend mittels Algorithmen zur Phasenanalyse zur absoluten Projektorphase kombiniert.

Für die Messung von absoluten 3D-Koordinaten ist es erforderlich, das Messsystem zu kalibrieren. Das Ziel liegt hierbei in der Umrechnung der Sensorinformation, der Projektorphase und der zugehörigen Kamerapixel, in eine Höheninformation. Grundsätzlich

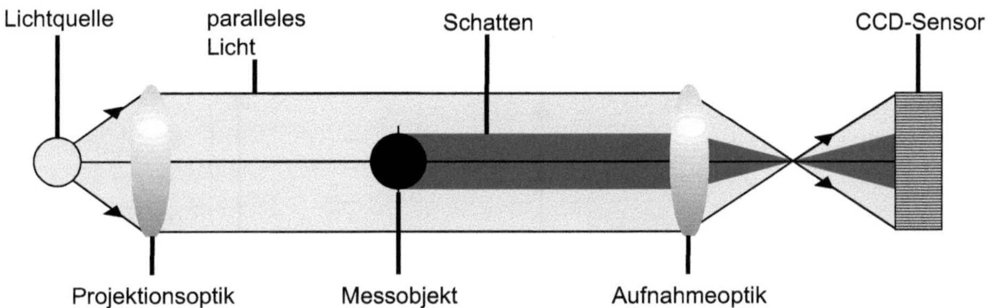

Abb. 6.2 Funktionsprinzip der Schattenprojektionsmesstechnik

werden hierfür zwei verschiedene Ansätze verfolgt. Die Black-Box-Kalibrierverfahren bilden den Zusammenhang zwischen den Sensorkoordinaten und kartesischen Koordinaten durch eine mathematische Funktion q ab, die häufig auf Polynomen basiert. Die Parameteridentifikation erfolgt durch die Messung von Referenznormalen in verschiedenen und zueinander bekannten Positionen im Messvolumen [And92, Häu96, Niv03a, Niv04b]. Die zweite Gruppe stellen die modellbasierten Kalibrierverfahren dar und beruhen auf einem physikalischen bzw. geometrischen Sensormodell. Die Parameteridentifikation basiert in diesem Fall häufig auf photogrammetrischen Methoden sowie Methoden zur Bündelausgleichung [Kir97, Kow99, Pfe97b, Str93a, Zha06].

Der Einsatz von Streifenprojektionssystemen ist vielfältig. Beispielsweise findet das Messprinzip Anwendung in der Kosmetik zur Faltenmessung [Kef08] oder in der Medizin zur Charakterisierung des Heilungsverlaufs von Wunden [Fer07, Hai02]. Im Bereich des Reverse Engineering wird die Streifenprojektion für die Messung von prototypischen Bauteilen eingesetzt [Bur02, Sch98]. Der resultierende Datensatz kann anschließend an ein CAD-System weitergegeben werden, um Pläne für die Fertigung abzuleiten.

6.1.1.4 Schattenprojektion

Das Prinzip der Schattenprojektion ist in Abb. 6.2 gezeigt. Das Messobjekt wird von einer Seite mit parallelem Licht beleuchtet. Das Strahlenbündel wird durch das Messobjekt unterbrochen, gebeugt und anschließend auf der Detektorseite durch eine objektseitig telezentrische Aufnahmeoptik auf einen CCD-Zeilensensor abgebildet.

Aufgrund der Lichtbeugung ergibt sich auf dem CCD-Sensor kein scharfer Übergang zwischen beleuchteten und unbeleuchteten Pixeln. Die Bestimmung der Schattengrenzen erfolgt durch Anwendung von Subpixelmethoden, in dem die Grauwerte im Kantenbereich mit einer Polynomfunktion interpoliert werden, siehe Abb. 6.3. Die Schattengrenze befindet sich an der Stelle, wo der interpolierte Grauwertverlauf eine zuvor festgelegte Digitalisierungsschwelle über- bzw. unterschreitet. Die Ausdehnung des Messobjektschattens ergibt sich durch die Berechnung der Differenz der linken und der rechten Kantenposition. Für die Angabe von metrischen Werten ist es erforderlich, das Messgerät zu kalibrieren. Dazu bietet sich beispielsweise die Zweipunktkalibrierung an, bei der zwei Zylinder mit bekannten und unterschiedlich großen Durchmessern gemessen werden. Die gemessenen und die zuvor bestimmten Durchmesserwerte ergeben jeweils ein Punktepaar. Aus

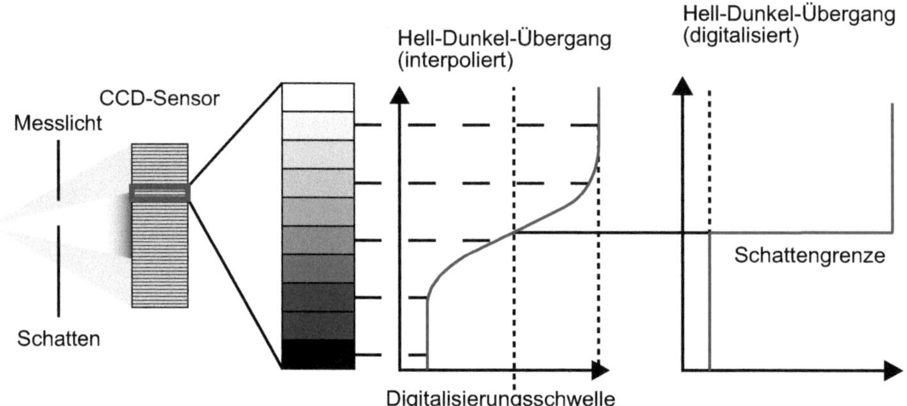

Abb. 6.3 Subpixelauswertung bei der Schattenprojektionsmesstechnik

den beiden Punkten kann dann die Steigung und der Offset einer Geradengleichung zur Umrechnung der Werte ermittelt werden.

Schattenprojektionssysteme eignen sich für die Erfassung von Form-, Maß- und Lagetoleranzen. Hierfür ist es erforderlich, das Messgerät mit zusätzlichen Dreh- und/oder Linearachsen zu kombinieren. Wird das Messsystem beispielsweise durch eine Vertikalachse entlang des Bauteils bewegt und findet zudem eine Rotation des Bauteils statt, dann kann in jeder festen Position des Messgeräts ein Messschnitt aufgenommen werden. Der Messschnitt ergibt sich dabei aus der Kombination des Drehwinkels mit den Schattengrenzen, wobei die Lage des Messgeräts die 3D-Information verkörpert.

6.1.1.5 Virtuelle Messtechnik

Für eine sichere Bauteilprüfung muss gewährleistet werden, dass die erreichbare Messunsicherheit um ein Vielfaches geringer ist als die geforderte Toleranz. Hierfür bieten sich die Methode A und die Methode B der GUM (Guide to the expression of uncertainty in measurement – Leitfaden zur Angabe der Unsicherheit beim Messen) an [Int95]. Auf Basis virtueller Messgeräte ist es möglich, bereits vor der realen Messung eine Abschätzung der erreichbaren Messunsicherheit vorzunehmen. Virtuelle Messgeräte stellen ein mathematisches und physikalisches Modell dar [Sch08]. Mit dem Modell ist es möglich, den Beitrag der Komponenten bzw. Parameter auf die Messunsicherheit zu analysieren.

In Böttner [Böt08] wird ein virtuelles Streifenprojektionssystem auf Basis von Monte-Carlo-Methoden entwickelt. Anschließend wird anhand des virtuellen Modells abgeschätzt, wie groß der Einfluss der Kalibrierstrategie auf die Güte des Messergebnisses ist. In Weckenmann und Weickmann [Wec08b, Wec09c, Wei10b] wird eine Methode zur GUM-konformen Berechnung von Messunsicherheiten bei Streifenprojektionssystemen vorgestellt. Neben Einflussgrößen wie der Oberflächenreflexion wird auch die Breite der vom Projektor ausgesendeten Lichtstreifen modelliert.

6.1.2 Hochauflösende Erfassung von Funktionsflächen

Um den Fertigungsprozess hochbeanspruchte Bauteile, wie sie beispielsweise im Antriebsstrang von Kraftfahrzeugen eingesetzt werden, zu kontrollieren zu können, ist eine prozessbegleitende Geometrieprüfung der Funktionsflächen unerlässlich. Durch die besonderen Charakteristiken, die Geometrieabweichungen bei präzisionsgeschmiedeten Bauteilen aufweisen (s. Abschn. 6.2.1), ist bei ihnen insbesondere im Rahmen der Einstellung des Produktionsprozesses eine hochauflösende und flächenhafte Erfassung aller Funktionsflächen notwendig. Nach der erfolgreichen Einstellung ist eine stichprobenhafte Kontrolle ausreichend. Die Beschreibung und Quantifizierung der Geometrieabweichungen geschieht auf Basis geeigneter Kenngrößen. Die hochauflösende Geometrieerfassung kann durch die Kombination der Streifenprojektionstechnik mit einer Präzisionsdrehachse realisiert werden. Die Vorgehensweise bei der Geometrieerfassung und Auswertung auf Basis von Kenngrößen wird im Folgenden exemplarisch an den Bauteilen Zahnrad und Ritzelwelle vorgestellt.

6.1.2.1 Zahnradmessung

Die flächenhafte und vollständige Erfassung von Zahnrädern kann mit Hilfe eines Messsystems, bestehend aus einem Streifenprojektionssensor, einer Präzisionslinear- und Präzisiondrehachse, realisiert werden [Mee02c, Mee05f, Käs05b, Käs08a]. Mit Hilfe dieses Messaufbaus können eine teilungsbezogene Messdatenaufnahme realisiert sowie rein geometrische Fusionsmethoden zur Rekombination der Gesamtgeometrie der Verzahnung auf Basis der Teildatensätze verwendet werden. Der Versuchsstand ist in Abb. 6.4 gezeigt. Die Präzisionsdrehachse verfügt über eine Spannvorrichtung zur Aufnahme der Messobjekte, die optische Achse der Kamera des Streifenprojektionssystems ist orthogonal zur Lauffläche der Verzahnung ausgerichtet. Eine zusätzliche Schwenkeinrichtung ermöglicht eine horizontale Ausrichtung der Drehachse des Zahnradrohlings entsprechend des Schrägungswinkels, so dass Abschattungen bei der Messung von schrägverzahnten Zahnrädern vermieden werden.

Das verwendete Streifenprojektionssystem besteht aus einer CCD-Kamera mit 1024 × 1008 Pixel und einem DMD-Projektor mit 1024 × 768 einzeln ansteuerbaren Mikrospiegeln. Der Triangulationswinkel zwischen der optischen Achse der Kamera und des Projektors beträgt 45°. Die Kamera betrachtet das Messobjekt durch eine objektseitig telezentrische Optik, so dass bei der Aufnahme des auf die Oberfläche projizierten Streifenmusters keine perspektivischen Verzerrungen entstehen. Ein weiterer Vorteil der Optik ist, dass die optischen Bildverzeichnungen über den gesamten Tiefenmessbereich als vernachlässigbar klein angenommen werden können. Mit dem Streifenprojektionssystem wird ein Messbereich von ca. 40 × 40 × 18 mm abgedeckt.

Die Drehachse stellt eine zentrale Komponente dar, da rein geometrische Fusionsmethoden für das Zusammensetzen der einzelnen Datensätze in ein globales Koordinatensystem angewendet werden. Dabei muss die Unsicherheit der Positioniereinrichtung hinreichend klein sein, so dass sie nicht wesentlich zur Messunsicherheit des Gesamtsystems beiträgt. Die verwendete Drehachse ist luftgelagert und mit einem Servo-Antrieb sowie einem hochauflösenden inkrementalen Drehgeber mit einer Auflösung von 0,4 Win-

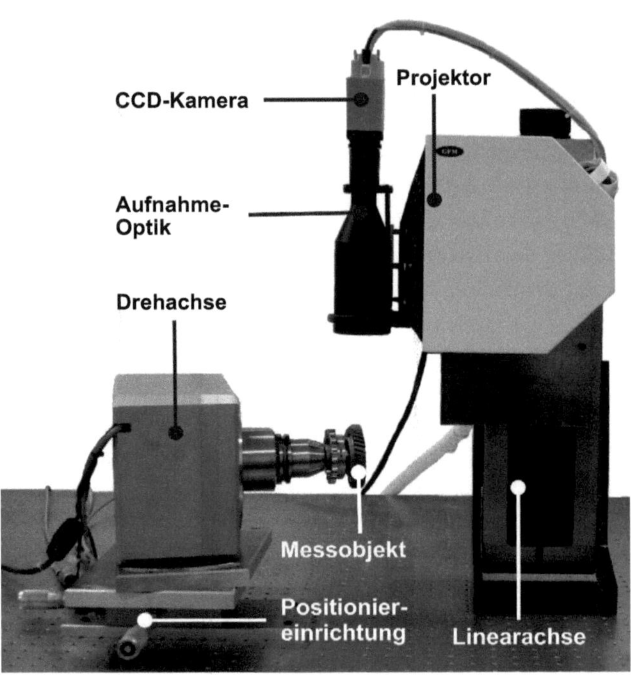

Abb. 6.4 Versuchsstand zur flächenhaften Verzahnungsmessung

kelsekunden ausgestattet. Die erreichbare Positionsunsicherheit ist spezifiziert zu $\pm 3{,}6$ Winkelsekunden. Weiterhin wird eine Rundlaufgenauigkeit von $< 0{,}5\,\mu$m angegeben. Die gemessenen Zahnräder besitzen einen maximalen Teilkreisradius von 40 mm, so dass die Drehachse einen Fehler von maximal 1,4 μm verursacht und somit nicht wesentlich zur Messunsicherheit des Gesamtsystems beiträgt.

Eine hochgenaue Erfassung des gesamten Bauteils erfordert eine Kalibrierung des Messvolumens und der Lage der Drehachse bzgl. des Messgeräts. Die Lage der Drehachse im Raum stellt eine zentrale Komponente dar, da diese Achse das vorläufige Werkstückkoordinatensystem für die Datenerfassung definiert.

Die Sensorkalibrierung identifiziert die Systemparameter des physikalischen Modells, welches neben optischen Verzeichnungen die Projektor- und die Kamerakoordinaten in Beziehung setzt. Für die Kalibrierung bietet sich ein auf photogrammetrischen Methoden basierender Ansatz an, der in die folgenden Schritte unterteilt werden kann [Mee03a, Mee05b]:

- Bestimmung einer Referenzebene,
- laterale Kalibrierung,
- vertikale Kalibrierung.

Zur Bestimmung der Referenzebene, die parallel zur x-y-Ebene des Kamerakoordinatensystems ausgerichtet ist und einen Tiefenwert von $z = 0$ besitzt, wird ein Ebenen-Normal gemessen. Das Normal sollte möglichst mittig im Messvolumen und senkrecht zur optischen Achse der Kamera liegen. Für die laterale Kalibrierung des objektseitig-telezentrischen Kameraobjektivs wird die Annahme getroffen, dass sowohl die Skalierung als auch die optische Bildverzeichnung über die gesamte Tiefe des Messbereichs nahezu konstant ist. Ein optisches Kreuzgitter mit bekannten Abmessungen stellt den Kalibrierkörper dar. Die Auswertung des mit der Kamera aufgenommenen Gitters erfolgt mittels Fourier-Analyse mit dem Ziel der Abschätzung der photogrammetrischen System- sowie der lateralen Korrekturparameter. Durch die Messung eines Rillennormals mit einer bekannten Tiefe in fünf verschiedenen Positionen wird die vertikale Kalibrierung durchgeführt. Dabei ist es wichtig, dass das Normal jeweils parallel zur Referenzebene ausgerichtet ist. Dies kann über die vertikale Positioniereinheit des Messaufbaus gewährleistet werden. Weiterhin erfolgt die Messung von zwei schräg im Messvolumen ausgerichteten Ebenen. Aufgrund der objektseitigen Telezentrie wird die Auswertung nicht über ein Lochkameramodell sondern über ein neuronales Netz, welches auf photogrammetrischen Ansätzen beruht, durchgeführt.

Die Kalibrierung der Drehachse basiert auf einer direkten optischen Erfassung mit dem ortsfesten Streifenprojektionssystem, so dass keine zusätzlichen Vorrichtungen, wie z.B. ein taktiler Sensor, notwendig sind [Mee03a, Mee04d]. Die Drehachsbestimmung erfolgt durch eine Umschlagsmessung eines Zylindernormals, wobei sowohl Zylinder- als auch Drehachse außerhalb des Messvolumens des Streifenprojektionssystems liegen [Käs05d, Käs06f]. Für die Umschlagsmessung wird das optisch kooperative Zylindernormal in zwei um 180° zueinander gedrehten Stellungen erfasst. Anschließend wird für jede Messung ein Ersatzzylinder sowie dessen Mittelachse berechnet. Im letzten Schritt ergibt sich der Vektor der Drehachsen Dreh als Symmetrieachse der beiden Mittelachsen. Um eine statistische Absicherung bei der Identifikation der Drehachse zu erhalten, werden mehrere gegenüberliegende Zylindersegmente gemessen und jeweils die Zylinderachse bzw. der Vektor der Drehachse $n_{Dreh,\,i}$ bestimmt. Danach ergeben sich die Komponenten des Drehachsvektors als Mittelwert über alle $n_{Dreh,\,i}$.

Die Kalibrierung von Messsystem und Drehachse stellt die Grundlage für die teilungsbezogene Datenerfassung und die Rekombination der Gesamtgeometrie dar. Die Datenaufnahme erfolgt in dem ortsfesten Koordinatensystem des Messgeräts und die Drehachse nimmt eine rotatorische Positionierung des Zahnrads nach jeder Einzelmessung vor [Käs06f]. Vor der ersten Messung wird das Messobjekt so ausgerichtet, dass sich die erste Zahnlücke in der Mitte des Messfelds befindet. In dem Fall, dass schrägverzahnte Zahnräder gemessen werden sollen, wird die Drehachse mit der Schwenkeinrichtung so ausgerichtet, dass die Zähne orthogonal zu den projizierten Streifen stehen [Mee03a]. Hierdurch erfolgt eine quasi parallele Beleuchtung in Bezug zur Verzahnung mit dem Ziel, Abschattungen zu vermeiden. Um das Messvolumen vollständig auszunutzen, wird das Messgerät so positioniert, so dass das Zahnrad in vertikaler Richtung symmetrisch um die Referenzebene liegt.

Nach der Datenaufnahme erfolgt die Datenvorverarbeitung, um ungültige Messpunkte zu eliminieren. Fehlstellen können beispielsweise hervorgerufen werden durch Ab-

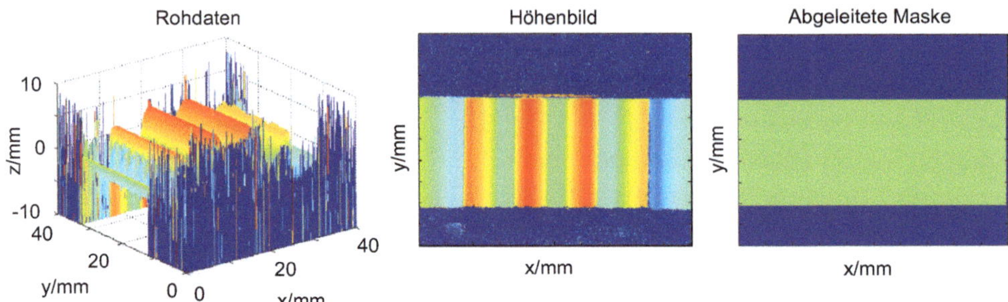

Abb. 6.5 Erstellung einer Binärmaske zur Eliminierung irrelevanter Messdatenpunkte

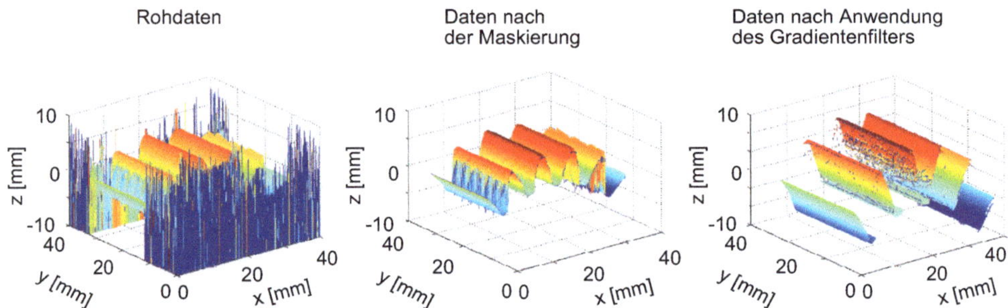

Abb. 6.6 Erstellung einer Binärmaske zur Eliminierung irrelevanter Messdatenpunkte

schattungen, zu große Oberflächensteigungen oder Überbelichtungen des CCD-Chips. Weiterhin müssen Bereiche, die außerhalb des Messvolumens liegen oder nicht der Verzahnung zuzuordnen sind, eliminiert werden. Abbildung 6.5 zeigt die mit dem Messsystem erfassten Datenpunkte eines geradverzahnten Zahnrads. Aus der Abbildung wird ersichtlich, dass ein Großteil der Datenpunkte keine Geometrieinformationen liefert und eliminiert werden kann.

Im ersten Schritt wird manuell eine Binärmaske M auf Basis des Höhenbilds erstellt, um den Bereich, in dem die Verzahnung liegt, zu isolieren, s. Abb. 6.5. Da sich die Aufnahmekonfiguration während der Messung nicht verändert hat, ist die Maske für alle Aufnahmen gültig. Anschließend werden alle Datenpunkte, für die M einen Wert von 0 aufweist, entfernt. Im nächsten Schritt erfolgt eine Filterung der verbleibenden Daten mit Hilfe eines Gradientenfilters. Damit werden die Geometriebereiche, deren Steigung größer als ein zuvor festgelegter Schwellwert ist, unterdrückt. Abbildung 6.6 zeigt die Ergebnisse der einzelnen Schritte bei der Datenvorverarbeitung [Käs05c]. Durch das Eliminieren der unerwünschten bzw. fehlerhaft detektierten Bereiche tritt das Problem auf, dass für die Verzahnung nur stückhafte Teilbereiche für die weitere Auswertung zur Verfügung stehen. Da aus der teilungsbezogenen Datenerfassung eine Aufnahme redundanter Geometriebereiche resultiert, brauchen die Lücken in den vorverarbeiteten Einzeldatensätzen nicht durch eine Interpolation geschlossen werden.

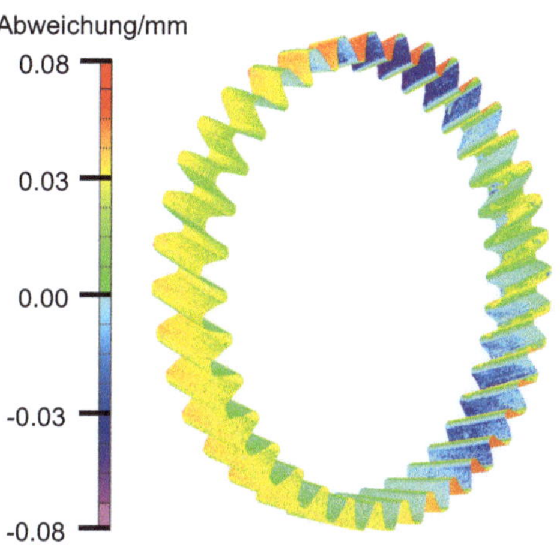

Abb. 6.7 3D-Darstellung der Geometriesabweichungen einer flächenhaft gemessenen Verzahnung

Bevor die eigentlichen Verzahnungsabweichungen identifiziert werden können, muss eine Rekombination der Teildatensätze erfolgen, so dass diese anschließend in einem globalen Koordinatensystem vorliegen. Hierfür ist zunächst die Definition des Werkstückkoordinatensystems notwendig. Der Ursprung des Koordinatensystems $p_{Dreh,0}$ ergibt sich aus dem Schnittpunkt des Vektors der Drehachse n_{Dreh} mit der xz-Ebene des Objektkoordinatensystems. Weiterhin wird definiert, dass die y-Achse des Werkstückkoordinatensystems in Richtung von n_{Dreh} zeigt. Hieraus ergibt sich die x- sowie die z-Achse zu:

$$x = \begin{pmatrix} \mathrm{n_{Dreh,y}} \\ -\mathrm{n_{Dreh,x}} \\ 0 \end{pmatrix} \quad \text{und} \quad \mathrm{z} = \mathrm{x} \times \mathrm{y} \tag{6.1}$$

Die x-, y- und z-Achse stellen die neue Orthogonalbasis R_{Ortho} dar, die für die Rotation der Messdaten in die Nullstellung verwendet wird. Zu jedem Teildatensatz steht die Drehwinkelinformation α_i der Drehachse zur Verfügung. Mit $p_{Dreh,0}$, R_{Ortho} und α_i können alle Messpunkte p in ein übergeordnetes Koordinatensystem transformiert werden. Das Vorgehen ist ausführlich in Meeß [Mee03a] beschrieben. Die Messpunkte werden nach der Transformation als p_{mess} bezeichnet.

Abbildung 6.7 zeigt beispielhaft ein aus 37 Einzelmessdatensätzen rekombiniertes Geometriemodell eines Zahnrades mit 37 Zähnen, welches erkennen lässt, dass keine signifikanten Fehlstellen vorliegen.

Für eine qualitative Charakterisierung von Geometrieabweichungen wird die erfasste Zahnradgeometrie in ein Polygonmodell umgewandelt [Käs05a]. Anschließend wird das Polygonmodell auf ein CAD-Modell des Zahnrads, was somit die Sollgeometrie darstellt, eingepasst und die Abweichungen der beiden Modelle voneinander orthogonal zur Oberfläche des Referenzmodells berechnet. Für eine qualitative Auswertung eignet sich eine farbcodierte 3D-Darstellung (s. Abb. 6.7) [Käs05a, Käs07].

Im nächsten Schritt erfolgt eine quantitative Analyse der Verzahnungsabweichungen.

Die Grundlagen der Verzahnungstechnik, die für diese Abweichungsanalyse herangezogen wurden, sind in Goch [Goc02b, Goc05a] ausführlich beschrieben. Hierfür stellt das rekombinierte Zahnrad zusammen mit der Sollevolventengeometrie die Eingangsdaten für die Identifikation der Verzugsabweichungen $a_{evol,i}$ dar. Da die unbearbeitete Bohrung des Zahnrads für den Messvorgang eingespannt wird, resultieren Formfehler in Form von Taumel und Exzenter, die zu unbrauchbaren Ergebnissen führen. Durch die Definition eines Bezugssystems direkt auf den Verzahnungen können die Formfehler weitestgehend eliminiert und eine fertigungsorientierte Bewertung realisiert werden. Hierfür erfolgt eine rechnergestützte und iterative Einpassung des digitalisierten Werkstücks auf die Sollevolventengeometrie mit dem Ziel, eine virtuelle Verzahnungsachse als Bezug für die Abweichungsbestimmung zu ermitteln.

Die iterative Einpassung sowie die flächenhafte Bewertung der Funktionsflächen erfordern die Bestimmung der Verzahnungsabweichungen $\mathrm{a}_{\mathrm{evol,i}}$. Diese basiert auf dem lotrechten Abstand der Messpunkte $\mathrm{p}_{\mathrm{mess,i}} = [\mathrm{x}_{\mathrm{mess,i}}, \mathrm{y}_{\mathrm{mess,i}}, \mathrm{z}_{\mathrm{mess,i}}]$ zu einer idealen Evolvente mit dem Grundkreisradius r_{b}. Für die Berechnung wird vorausgesetzt, dass die rechte bzw. die linke Zahnflanke auf der y-Achse beginnt. Dazu müssen die Messpunkte $\mathrm{p}_{\mathrm{mess,i}}$ um den Winkel $\theta = 90°$ um die x-Achse gedreht werden. Weil die Kamera auf die Zahnlücke ausgerichtet ist, muss eine zusätzliche Rotation um den Grunddickenhalbwinkel $\phi = \Psi_{\mathrm{b}}$ um die z-Achse erfolgen. Danach ist es möglich, den Wälzweg des Messpunkts $\mathrm{L}_{\mathrm{k,i}}$ sowie den Wälzweg des auf der Evolvente zugeordneten Punktes $\mathrm{L}_{\mathrm{evol,i}}$ und damit die absolute Abweichung $\mathrm{a}_{\mathrm{evol,i}}$ zu ermitteln:

$$a_{evol,i} = L_{k,i} - L_{evol,i}. \tag{6.2}$$

Die Vorgehensweise zur Berechnung von $\mathrm{L}_{\mathrm{k,i}}$ sowie $\mathrm{L}_{\mathrm{evol,i}}$ ist in Meeß [Mee05a] ausführlich dargestellt. Für die spätere iterative Einpassung müssen noch die den Messpunkten zugeordneten Sollpunkte auf der Evolvente $\mathrm{p}_{\hat{\mathrm{e}}\mathrm{vol,i}}$ sowie die Abweichungsvektoren $\mathrm{a}_{\hat{\mathrm{e}}\mathrm{vol,i}}$ bestimmt werden:

$$\mathrm{p}_{\mathrm{evol,i}} = \begin{bmatrix} \mathrm{r}_{\mathrm{b}} \cdot \sin\left(\xi_{\mathrm{mess,i}}\right) - \mathrm{L}_{\mathrm{evol,i}} \cdot \cos\left(\xi_{\mathrm{mess,i}}\right) \\ \mathrm{r}_{\mathrm{b}} \cdot \cos\left(\xi_{\mathrm{mess,i}}\right) + \mathrm{L}_{\mathrm{evol,i}} \cdot \sin\left(\xi_{\mathrm{mess,i}}\right) \\ \mathrm{z}_{\mathrm{mess,i}} \end{bmatrix}$$

$$\text{und} \qquad \mathrm{a}_{\mathrm{evol,i}} = \mathrm{p}_{\mathrm{evol,i}} - \mathrm{p}_{\mathrm{mess,i}}. \tag{6.3}$$

$\xi_{\mathrm{mess,i}}$ gibt den Wälzwinkel an. Da in der Berechnung nur die Funktionsflächen berücksichtigt werden, ist es nicht möglich, Aussagen über die Zahnfuß- bzw. Zahnkopfgeometrie zu treffen.

Um die aus dem Herstellungsprozess bedingten lageunabhängigen Abweichungen von den Formfehlern zu trennen, werden die Messpunkte iterativ in das Koordinatensystem der Sollgeometrie transformiert [Mee04e]. Ziel ist es dabei, Transformationsparameter zu bestimmen, die eine Lageverbesserung der Messpunkte in Bezug zur Sollgeometrie erreichen und somit zu einer Minimierung der Summe der quadratischen Abweichungen führen:

$$f_{Ziel} = \sum_{i=1}^{N} \left|a_{evol,i}\right|^2 \rightarrow \min. \tag{6.4}$$

Ein Iterationsschritt besteht dabei im Wesentlichen aus einem translatorischen und einem rotatorischen Schritt. Zunächst werden die Messpunkte anhand des Mittelwerts der Komponenten der Abweichungsvektoren verschoben:

$$v = -\frac{1}{N} \times \sum_{i=1}^{N} a_{evol,i}. \tag{6.5}$$

Für den rotatorischen Schritt werden Rotationswinkel Φ auf Basis der Eulerwinkel ermittelt:

$$\Phi = \frac{\sum_{i=1}^{N} p_{mess,i} \times a_{evol,i}}{\sum_{i=1}^{N} \left|p_{mess,i}\right|^2} \tag{6.6}$$

Das Vorgehen hierzu ist in Meeß [Mee05b] sowie in Kromke [Kro97] ausführlich beschrieben. Die Ausgangslage der Iteration wird durch das Sensorkoordinatensystem gegeben. Der Drehpunkt für die Rotation kann aufgrund der rotationssymmetrischen Sollkontur entweder in den Nullpunkt des Werkstückkoordinatensystems oder den Schwerpunkt der Sollpunktemenge gelegt werden. Abbruchkriterium des sog. Zweischrittverfahrens ist eine Minimaländerung der Transformationsparameter.

Nach der Ermittlung der idealen Transformationsparameter ist es möglich, Abweichungen zu identifizieren. Anschließend lässt sich eine objektive Prüfung durchführen, so dass Grenzabmaße festgelegt und Fertigungsfehler rückgeführt werden können. Die Prüfung basiert zum einen auf grundkreisbezogenen Abweichungen in Profilrichtung und zum anderen auf schrägungswinkelbezogenen Abweichungen in Flankenrichtung, so dass sich die nicht modifizierte Nenn-Evolventenfläche als Ebene ergibt. Dies stellt eine erhebliche Vereinfachung im Vergleich zu taktilen Methoden dar.

Die Abweichungen teilen sich in die flächenbezogene Abweichungen sowie in Formabweichungen auf und werden getrennt voneinander ermittelt. Die Kenngrößen werden in den Arbeiten Kästner und Meeß [Käs07, Mee05b] ausführlich beschrieben. Zunächst erfolgt die Beschreibung der Ermittlung der flächenbezogenen Abweichungen, die teilweise auf Wengler [Wen01] beruht.

Die Flankenflächen-Gesamtabweichung $F_{\sum}$ stellt ein sog. Zweipunktmaß der minimalen und der maximalen Flankenabweichung dar, s. DIN 3960. Die Kenngröße wird beschrieben durch den normalen Abstand von zwei parallelen Flächen, die die Ist-Flanke einschließen, zur Soll-Evolventenfläche. Das Prinzip hierzu ist in Abb. 6.8 gezeigt. Diese Kenngröße wird erheblich von Profil- und Flankenwinkelabweichungen beeinflusst.

Abbildung 6.9 zeigt die Flankenflächen-Formabweichung $F_{f\sum}$. $F_{f\sum}$ gibt den normalen Abstand von zwei parallelen Ausgleichsflanken, die die Ist-Flanke einschließen, an. Durch die Ausgleichsflanken werden sowohl Profil- als auch Flankenwinkelabweichungen weitestgehend eliminiert, so dass $F_{f\sum}$ als Maß für die Ebenheit der Flanke angesehen werden kann.

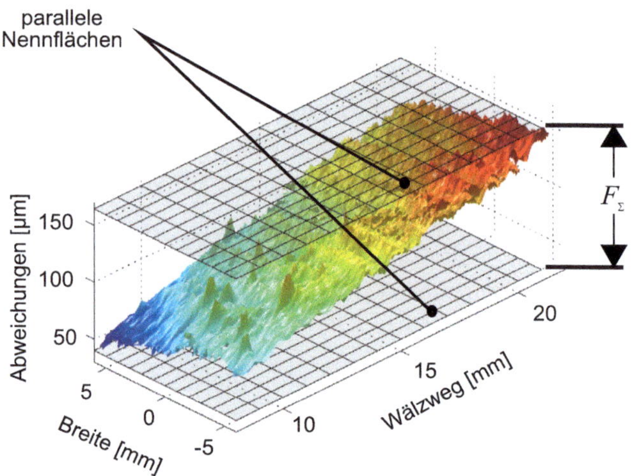

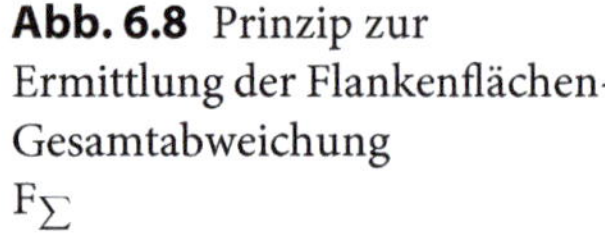
Abb. 6.8 Prinzip zur Ermittlung der Flankenflächen-Gesamtabweichung F_Σ

Der normale Abstand von zwei parallel zueinander ausgerichteten Nenn-Flankenflächen gibt die Flankenflächen-Profilwinkelabweichung $F_{\sum\alpha}$ an (s. Abb. 6.10). Dabei schneiden die Nenn-Flankenflächen die Ausgleichs-Flankenflächen am Fuß- und am Kopfende des Messbereichs. Die Flankenmitte stellt den Bezug der Kenngröße und für die Schnittgeradenberechnung dar. Das Maß der Kenngröße ist der Mittelwert der Profilwinkelabweichung und ist positiv, wenn ein Anstieg der Ausgleichs-Flankenfläche in Richtung des Zahnkopfs bzgl. der Nenn-Flankenfläche zur werkstofffreien Seite vorliegt.

Die Flankenflächen-Flankenwinkelabweichung $F_{\sum\beta}$ stellt den Abstand zwischen zwei parallelen Nenn-Flankenflächen, die die Ausgleichs-Flankenflächen am rechts- und am linksseitigen Ende des Messbereichs schneiden, dar (s. Abb. 6.11). In diesem Fall wird der dem Wälzweg zugeordnete Radius des Teilkreises als Bezug für das Maß der Kenngröße und die Schnittgeradenberechnung verwendet. Der Mittelwert der Flankenwinkelabwei-

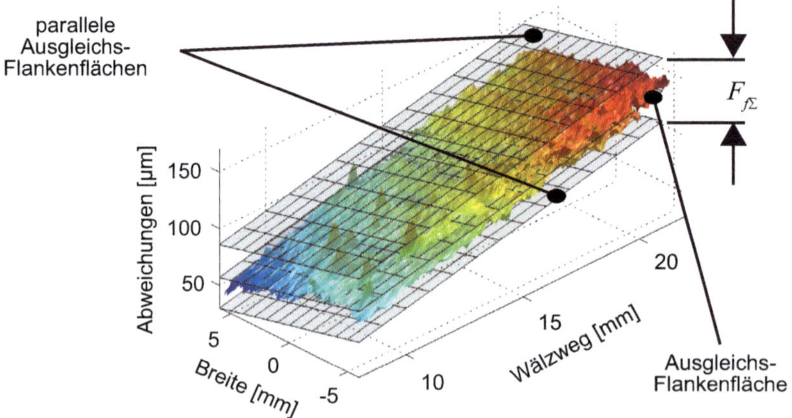

Abb. 6.9 Prinzip zur Ermittlung der Flankenflächen-Formabweichung $F_{f\Sigma}$

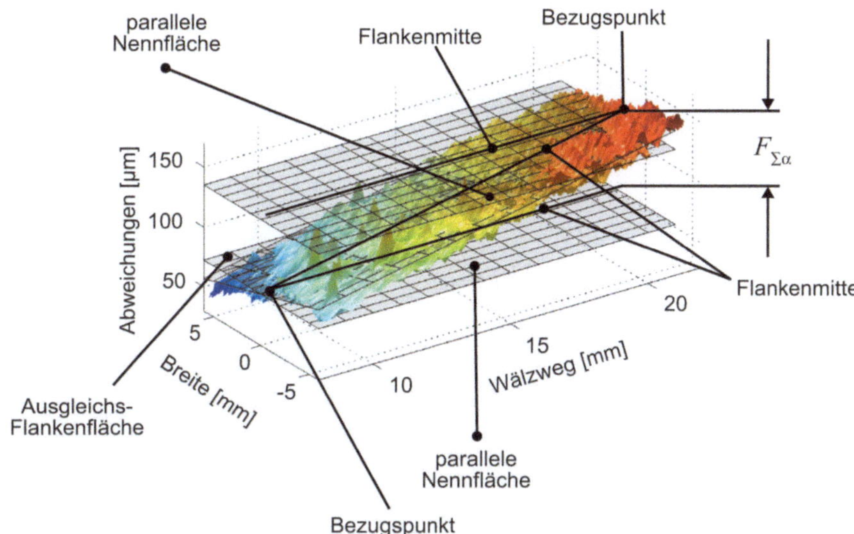

Abb. 6.10 Prinzip zur Ermittlung der Flankenflächen-Profilwinkelabweichung $F_{\sum\alpha}$

chung der gesamten Evolventenfläche gibt den Wert von $F_{\sum\beta}$ an. $F_{\sum\beta}$ gilt als positiv, wenn eine Vergrößerung des Schrägungswinkels erfolgt.

Die Ausgleichsebenen werden jeweils mit Hilfe der L2-Norm bestimmt.

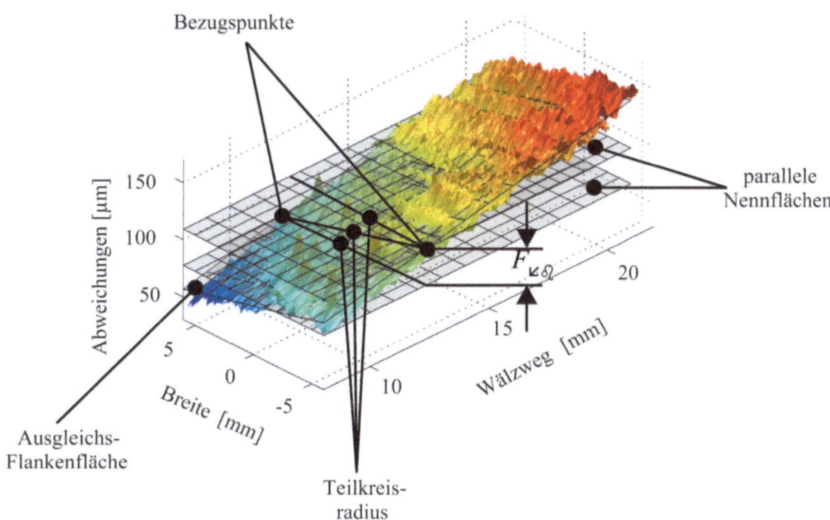

Abb. 6.11 Prinzip zur Ermittlung der Flankenflächen-Flankenwinkelabweichung $F_{\sum\beta}$

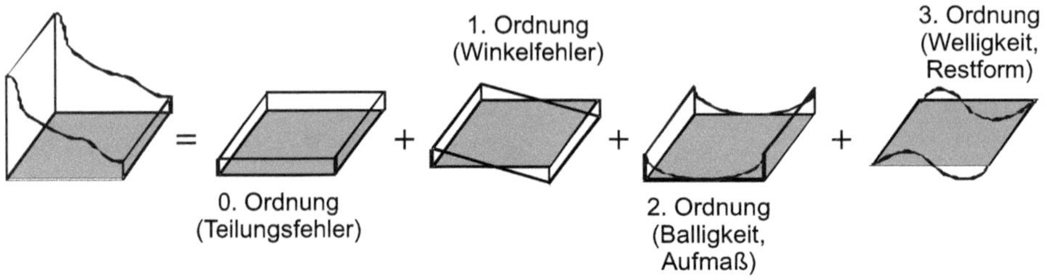

Abb. 6.12 Vorgehensweise zur Separation von Formabweichungen

Im Folgenden wird das Prinzip zur Ermittlung der Formabweichungen näher erläutert. Der Separationsansatz ist bereits in Pfeifer [Pfe02] für Kegelräder näher beschrieben und unterteilt die Gesamtabweichungen in Formabweichungen 0. bis 3. Ordnung:

- Formabweichungen 0. Ordnung: Teilungs- und Zahndickenabweichungen,
- Formabweichungen 1. Ordnung: Profil- und Flankenwinkelabweichungen,
- Formabweichungen 2. Ordnung: Flankenmodifikation durch Balligkeit,
- Formabweichungen 3. und höherer Ordnung: Restform, Welligkeit und Rauheit.

Die Vorgehensweise zur Separation der einzelnen Formabweichungen ist in Abb. 6.12 gezeigt. In die Gesamtformabweichung werden geometrische Ersatzelemente, Ebenen steigender Ordnung, eingepasst und anschließend subtrahiert [Mee05b]. Da bei den betrachteten Zahnrädern konstruktiv keine ballige Flankenmodifikation vorgesehen ist, werden nur die Formabweichungen 0. und 1. Ordnung untersucht.

Die Formabweichung 0. Ordnung ergibt sich, in dem eine Ebene in die Messdaten eingepasst wird, die parallel zur Soll-Evolvente liegt. Anschließend ergibt sich die Restform 0. Ordnung durch Differenzbildung zwischen der Gesamtabweichung und der Formabweichung 0. Ordnung. Zur Identifikation der Formabweichungen 1. Ordnung erfolgt die Einpassung einer Ausgleichsebene in die Restform der 0. Ordnung. Die Differenz aus der Restform 0. Ordnung und der Formabweichung 1. Ordnung enthält die Abweichungsformen der verbliebenen Ordnungen. In Abb. 6.13 ist ein Beispiel zur Separation der Flankenformabweichungen gezeigt. In der Gesamtformabweichung ist ein Defekt auf der Flankenfläche zu erkennen, der sich in Richtung des Zahnfußes stärker ausprägt. Durch die Separation der Formabweichungen wird allerdings ersichtlich, dass sich die Einwölbung gleichmäßig über die gesamte Zahnflanke erstreckt. Durch den Separationsansatz wird somit eine detaillierte Analyse und Zuordnung der Abweichungen ermöglicht.

Die vorgestellten Methoden zur Identifikation von flächenbezogenen Formabweichungen sowie zur Separation der Formabweichungen wurden mit taktilen Referenzmessungen verifiziert. Die Ergebnisse werden ausführlich in Kästner und Meeß [Käs05c, Mee05b, Mee05f] diskutiert. Ein Vergleich der taktil gemessenen Werte mit den mit dem Streifenprojektionssystem bestimmten Parametern hat eine gute Übereinstimmung gezeigt.

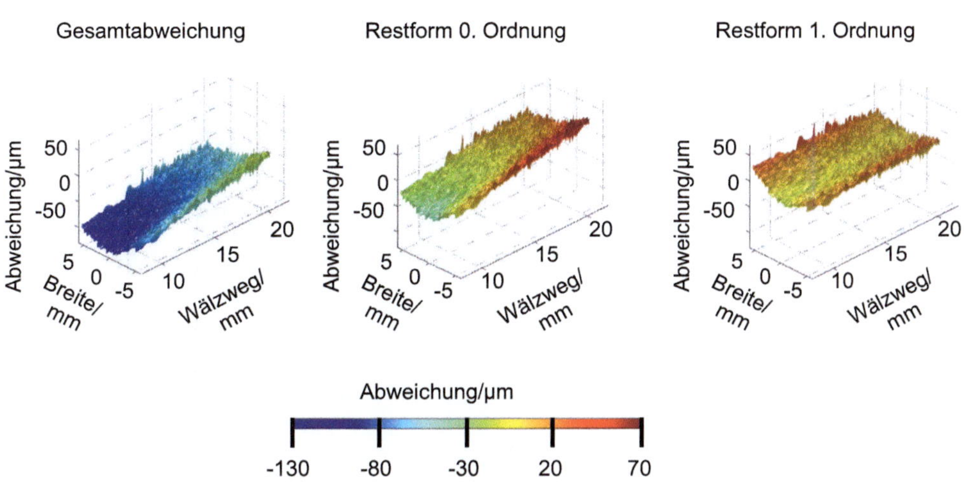

Abb. 6.13 Beispiel zur Separation der Flankenformabweichungen

6.1.2.2 Ritzelwellenmessung

Eine Ritzelwelle besteht aus den Komponenten Verzahnung sowie Wellenschaft. Die Prüfung der Verzahnung kann beispielsweise über eine funktionsorientierte Prüfung mit dem 2-Flanken-Wälzverfahren oder mit taktilen Methoden stichprobenhaft geprüft werden. Der Wellenschaft stellt ein Langbauteil dar, dass aufgrund von Härteverzügen oder durch den Schmiedeprozess selbst durchgebogen werden kann. Hierfür eignen sich taktile Methoden, um die Ausprägung der Durchbiegung hinsichtlich Form und Größe zu charakterisieren.

Für die flächenhafte, vollständige sowie schnelle Erfassung von Ritzelwellen bietet sich auch hier eine Kombination von einem Streifenprojektionssystem mit einer Präzisionslinear- sowie einer Präzisionsdrehachse an. Bei der Ritzelwellenmessung steht neben der Erfassung der Verzahnung der Lagersitz als zweites Funktionselement im Mittelpunkt der Geometrieprüfung. Durch die Integration eines Streifenprojektionssystems in ein Koordinatenmessgerät (KMG) ist es möglich, das Messsystem über die Präzisionsführungen hochgenau und flexibel entlang der Bauteilachse zu positionieren und somit eine vollständige Erfassung der Werkstückoberfläche zu gewährleisten [Käs08a, Käs08i]. Über eine luftgelagerte Präzisionsdrehachse und eine Spannvorrichtung wird die teilungsbezogene Datenaufnahme der Verzahnung (siehe Zahnradmessung) realisiert. Der für diesen Versuchsaufbau verwendete Streifenprojektionssensor der Firma GF Messtechnik (GFM) unterscheidet sich im Vergleich zu dem für die Zahnradprüfung eingesetzten Messsystem in der lateralen Ausdehnung des Messfelds (47,6 × 35,2 × 18 mm) sowie in der Anzahl der Pixel der CCD-Kamera (1600 × 1200 Pixel). Wie zuvor ist die Kamera mit einer objektseitig telezentrischen Aufnahmeoptik ausgestattet, um die durch die Objektive hervorgerufenen Bildverzeichnungen und somit systematische Messfehler zu reduzieren.

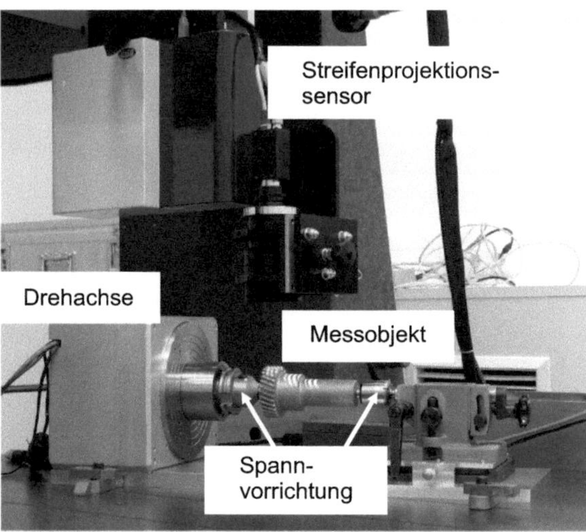

Abb. 6.14 Versuchsstand zur flächenhaften Erfassung von Ritzelwellen

Die eingesetzte Drehachse ist identisch mit der Drehachse, die für die Zahnradmessung eingesetzt wird.

Der Streifenprojektionssensor ist über eine z-Pinole in ein optotaktiles Koordinatenmessgerät vom Typ VC IP 3D der Firma Werth Messtechnik GmbH integriert. Der Versuchsstand sowie das Koordinatenmessgerät ist in Abb. 6.14 gezeigt.

Für die flächenhafte Erfassung von Verzahnung und Lagersitz in einem übergeordneten und globalen Koordinatensystem ist es erforderlich, den Zusammenhang zwischen dem Koordinatensystem des Koordinatenmessgerätes und dem Koordinatensystem des Streifenprojektionssensors zu bestimmen [Käs08a]. Anschließend ist es möglich, eine teilungsbezogene Datenaufnahme der Verzahnung sowie eine Erfassung des Lagersitzes in mehreren und gleichmäßig über den Vollkreis verteilten Winkelpositionen zu realisieren und alle Daten in einem gemeinsamen Werkstückkoordinatensystem darzustellen. Die Daten des Lagersitzes stellen die Basis zur Bestimmung der Drehachse der Ritzelwelle dar, die analog zur Ermittlung der Drehachse eines Zylindernormals durchgeführt wird.

Der Abgleich der Koordinatensysteme erfolgt durch die Messung einer hochgenau gefertigten Referenzkugel mit diffus streuender Oberfläche [Käs08a]. Hierfür wird das Streifenprojektionssystem über das Koordinatenmessgerät zunächst so positioniert, dass der Mittelpunkt der Kugel mit dem Mittelpunkt des Messvolumens übereinstimmt. Die Position des Koordinatenmessgeräts stellt danach die Referenzposition dar. Ausgehend von der Referenzposition werden 6 Positionen entlang der Achsen des Koordinatenmessgeräts angefahren. In jeder angefahrenen Position erfolgt eine Kugelmessung. Anschließend wird eine Einpassung der Kugel als Ersatzgeometrieelement auf die Messdaten mit dem Ziel der Bestimmung des jeweiligen Kugelmittelpunktes im Koordinatensystem des Streifenprojektionssensors durchgeführt. Im nächsten Schritt werden die Vektoren berechnet, welche die Kugelmittelpunkte der Messungen, die zu einer Sensorpositionierung entlang einer Koordinatenachse des KMG gehören, verbinden. Beispielsweise ergibt sich der Einheitsvektor $e_{x,KMG-SPS}$, in dem die Differenz der Mittelpunkte der Messung 1 und 2 gebildet wird. Die Vektoren $e_{y,KMG-SPS}$ und $e_{z,KMG-SPS}$ ergeben sich analog. Die Vektoren $e_{x,KMG-SPS}$, $e_{y,KMG-SPS}$ und $e_{z,KMG-SPS}$ bilden eine Rotationsmatrix $M_{KMG-SPS}$ [Käs08a]:

$$M_{KMG-SPS} = [e_{x,KMG-SPS} e_{y,KMG-SPS} e_{z,KMG-SPS}] \tag{6.7}$$

Die Inverse der Matrix gibt die Transformation vom Streifenprojektionskoordinatensystem ins KMG-Koordinatensystem an. Hiermit ist es möglich, die bekannte Drehachse der Ritzelwelle in KMG-Koordinaten umzurechnen und beide Geometrieelemente in ein gemeinsames Koordinatensystem zu transformieren.

Für die Messung der Verzahnung ist es erforderlich, das zwischen Drehachse und Gegenhalter gespannte Messobjekt so auszurichten, so dass die Symmetrieebene zwischen zwei Zahnflanken einer Verzahnung nahezu parallel zur optischen Achse der Kamera des Messgeräts ist. Weiterhin erfolgt, wie bei der Zahnradmessung, eine Ausrichtung bzgl. des Schrägungswinkels der Verzahnung, so dass Abschattungen weitestgehend vermieden werden.

Im ersten Schritt wird das Messgerät mit dem KMG über den Lagersitz positioniert und dessen Oberfläche in 8 bis 16 äquidistanten über den Vollkreis verteilten Winkelpositionen erfasst [Käs08a]. Anschließend kann aus den Daten die Drehachse im Koordinatensystem des Streifenprojektionssystems berechnet werden. Die Drehachse und die Matrix $M_{KMG-SPS}$ bilden die Grundlage für die Berechnung der Verzahnungsmessposition. Die erste Komponente des Translationsvektors entspricht dem Abstand zwischen Lagersitz und Verzahnung entlang der Bauteilachse. Die Komponente in z-Richtung ergibt sich aus dem Betrag der Differenz zwischen dem Lagersitzradius und dem Kopfkreisradius. Nach der Positionierung des Sensors kann die teilungsbezogene Messdatenerfassung für die Verzahnung durchgeführt werden.

Die Messdaten werden mit den bei der Geometrieprüfung von Zahnrädern angewendeten Methoden vorverarbeitet und anschließend in ein gemeinsames Werkstückkoordinatensystem rekombiniert. In diesem Fall wird die Lagersitzachse als Bauteilachse betrachtet und für die Definition des Werkstückkoordinatensystems verwendet, da der Lagersitz einer Ritzelwelle das Primärbezugselement für die nachfolgende Hartfein-Bearbeitung darstellt [Käs08a, Käs08i].

Nach der Messdatenfusion erfolgt die Geometrieprüfung des Lagersitzes und der Verzahnung getrennt voneinander [Käs08i]. Für die Geometrieprüfung des Lagersitzes wird ein Zylinder als Ersatzgeometrieelement mit veränderlichem Radius auf die Messdaten eingepasst. Hierfür wird die Abstandsquadratsumme mit Hilfe numerischer Optimierungsmethoden minimiert, so dass neben dem Ist-Zylinderradius auch Lage und Orientierung der Lagersitzachse im vorläufigen Werkstückkoordinatensystem vorliegen. Im Anschluss an die Einpassung werden die Abweichungen von der Sollgeometrie orthogonal zur Oberfläche des Ersatzzylinders berechnet. Die Ergebnisse werden in drei verschiedenen Darstellungsformen aufbereitet (s. Abb. 6.15) [Käs08a]. Mit Hilfe der Abb. 6.15a kann ein schneller Überblick über die Zylinderformabweichungen gewonnen

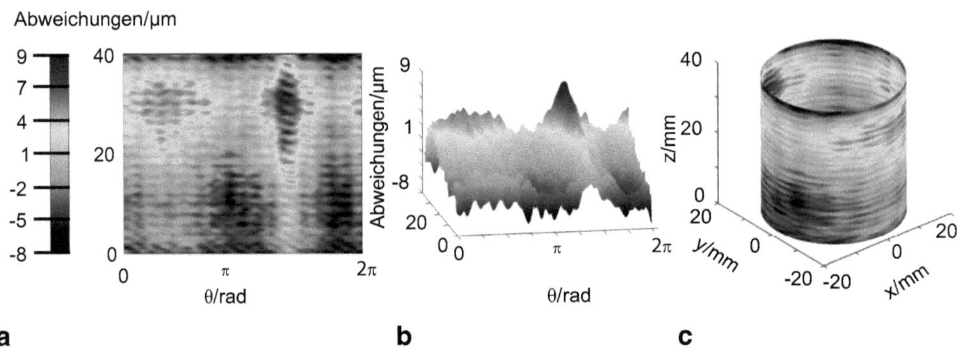

Abb. 6.15 Abweichungen des Lagersitzes einer Ritzelwelle von der Zylinderform in drei verschiedenen Darstellungsvarianten

werden, wohingegen Abb. 6.15b die betragsmäßigen Unterschiede in der Höhenkoordinate des Messobjekts besser verdeutlicht. In Abb. 6.15c sind die Abweichungen auf der Mantelfläche aufgetragen und dienen auch hier einer übersichtlichen Darstellung. Nach der Einpassung der Messdaten auf einen idealen Zylinder können die Abweichungen quantifiziert werden. Die Charakterisierung soll in diesem Fall über die Zylindrizität und die Differenz zwischen Soll- und Ist-Radius erfolgen. Die Zylindrizität gibt den Abstand zwischen zwei koaxialen Zylindern an, welche die gemessene Mantelfläche in radialer Richtung begrenzen.

Für die Geometrieprüfung der Verzahnung der Ritzelwelle erfolgt nach der Rekombination der Messdatensätze zunächst die Extraktion der Evolventenflächen. Anschließend werden die extrahierten Daten numerisch auf ein Modell der Verzahnung eingepasst und die Abweichungen orthogonal zur jeweiligen Evolventenfläche berechnet und dargestellt [Käs08a]. Die Quantifizierung der Verzahnungsabweichungen erfolgt analog zur Geometrieprüfung eines Zahnrades.

Für die Charakterisierung von Härteverzügen ist es notwendig, die Bauteilgeometrie vor und nach dem Härteprozess zu erfassen und anschließend die Messpunkte in ein Polygonmodell zu wandeln [Käs08i]. Anschließend erfolgt mit dem Polyworksmodul IM-Inspect eine Einpassung des Polygonmodells der Messdaten nach der Wärmebehandlung auf das Polygonmodell der Messdaten vor der Wärmebehandlung, was somit die Referenz darstellt. Die Abweichungen der beiden Modelle voneinander werden danach orthogonal zur Oberfläche des Referenzmodells berechnet und für eine qualitative Auswertung in einer farbcodierten 3D-Darstellung abgebildet, s. Abb. 6.16. Die bei der Geometrieprüfung von Zahnrädern vorgestellten Kenngrößen zur Bewertung flächenhafter Verzahnungsabweichungen werden auch hier wieder für eine Quantifizierung der (in diesem Fall verzugsbedingten) Abweichungen der Ritzelwellenverzahnung herangezogen.

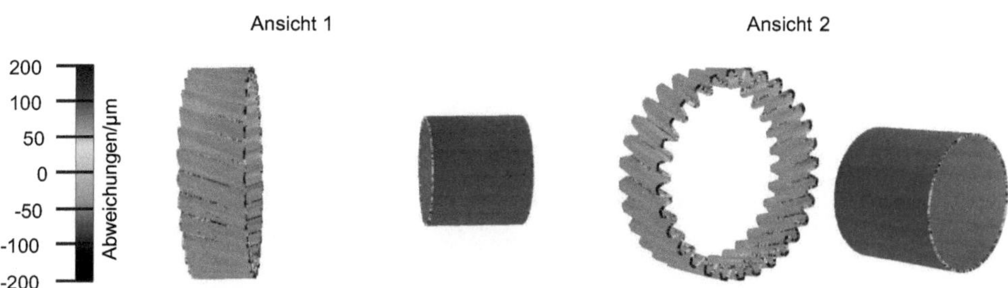

Abb. 6.16 Beispielhafte farbcodierte 3D-Darstellung von Härteverzügen

6.1.3 Form-, Maß- und Lageabweichungen bei Langbauteilen

Kurbelwellen stellen typische Langbauteile dar und werden beispielsweise fertigungsnah geprüft, in dem diese in zwei gegenüberliegende Prismen eingespannt und anschließend rotiert werden. Eine Messuhr mit Feinzeigern charakterisiert bei der Drehung die Ausrichtung der Lagersitze zueinander. Für eine stichprobenhafte Prüfung von Kurbelwellen werden taktile Koordinatenmessgeräte und auch immer häufiger optische Messverfahren, wie die Schattenprojektion, eingesetzt. Weiterhin können die Unwuchten von Kurbelwellen durch einen iterativen Auswuchtprozess in speziellen Vorrichtungen durch das Setzen von Bohrungen in den Gegengewichten oder dem äußeren Radius der Kurbelwangen korrigiert werden.

Die Unwuchtbestimmung von Langbauteilen, wie beispielsweise Kurbelwellen, kann auf Basis volumetrischer Messdaten durchgeführt werden. Für die Erfassung der volumetrischen Messdaten eignet sich sowohl die Schatten- als auch die Streifenprojektion bzw. eine Kombination beider Messsysteme zu einem Multisensorsystem, da sie das Werkstück berührungslos mit einer hohen Informationsdichte in einer kurzen Messzeit digitalisieren. Die erarbeiteten Methoden sollen am Bauteil Kurbelwelle aufgezeigt werden.

Für die flächenhafte Erfassung von Kurbelwellen bietet sich die Kombination verschiedener Messsysteme, wie beispielhaft in Abb. 6.17 gezeigt, zu einem Multisensorsystems an. Das Kernstück des gezeigten Multisensorsystems stellt das Wellenmesssystem AMV 923 V der Firma Hommel-Etamic GmbH dar. Für die Messung der Haupt- und Hublagersitze wurde ein Streifenprojektionssensor in die Anlage integriert, welches über ein Drei-Achs-Positioniersystem hochgenau dem Messobjekt zugestellt werden kann.

Das Wellenmesssystem beruht auf dem Schattenprojektionsprinzip und kann innerhalb von wenigen Sekunden berührungslos Werkstückkonturen in unterschiedlichen Winkelstellungen der integrierten Rotationsachse aufnehmen (s. Abb. 6.17). Im industriellen Einsatz wird das Messgerät für die Geometrieprüfung eng tolerierter Bauteile, wie Nocken- oder Gelenkwellen, eingesetzt und übernimmt zunehmend die Aufgaben taktiler Messsysteme. Mit dem Messsystem können Bauteile mit einem Durchmesser von 0,2 bis 230 mm und einer Länge von 900 mm erfasst werden. Die Durchmesser- und Längenauflösung beträgt hierbei 0,5 µm und die Winkelauflösung der Rotationsachse 0,0018°. Weiter-

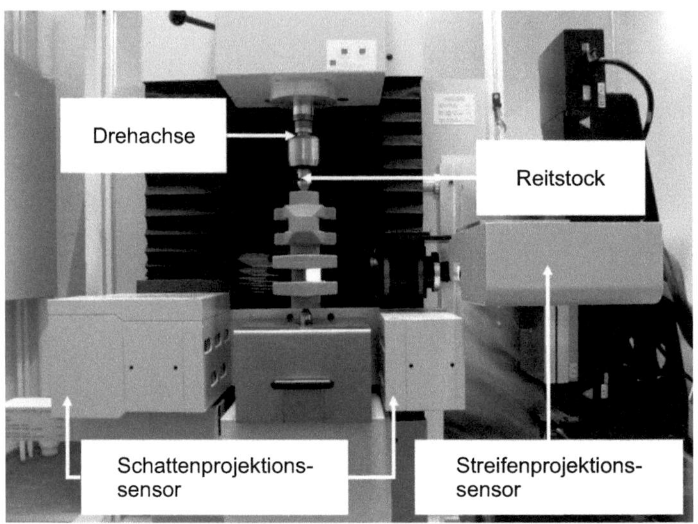

Abb. 6.17 Multisensorsystem zur flächenhaften Erfassung von Langbauteilen

hin ist die Durchmessergenauigkeit spezifiziert zu $\pm(2\ \mu\text{m} + D[\text{mm}]/100\ \mu\text{m})$ sowie die Längengenauigkeit zu $\pm(5\ \mu\text{m} + L[\text{mm}]/100\ \mu\text{m})$. Für die Konturerfassung werden die Bauteile über den Zentrierkegel des Spindelstocks sowie einer mitlaufenden Zentrierspitze des Reitstocks gespannt.

Das Drei-Achs-Positioniersystem ist aus drei nahezu orthogonal zueinander ausgerichteten Linearachsen der Firma Newport (s. Abb. 6.17) aufgebaut, wobei der Streifenprojektionssensor an dem Drei-Achs-Positioniersystem befestigt ist. Die Positionierung des Streifenprojektionssensors entlang der xy-Ebene erfolgt mit Positionierachsen, die eine unidirektionale Wiederholgenauigkeit von 1,25 μm und eine Genauigkeit in Achsrichtung von 15 μm besitzen. Für die vertikale Bewegung wird eine Positionierachse eingesetzt, welche speziell für Lasten bis zu 100 N ausgelegt ist und eine unidirektionale Wiederholgenauigkeit von 0,5 μm sowie eine Genauigkeit entlang der Achse von 10 μm aufweist.

Für die Geometrieerfassung mittels Streifenprojektion wird die Oberfläche der Haupt- und Hublager der Kurbelwelle in mehreren gleichmäßig über den Vollkreis verteilten Winkelpositionen erfasst. Für die Messung der exzentrisch liegenden Hublager ist es notwendig, das Messgerät dem Hublager auf einer Kreisbahn nachzuführen. Das Schattenprojektionssystem wird für die Aufnahme von Werkstückeinhüllenden eingesetzt, in dem in einer Vielzahl von definierten Winkelpositionen Längskonturen des Werkstücks aufgenommen werden. Anschießend werden die gewonnenen Messdaten über geeignete Fusionsmethoden in ein gemeinsames Koordinatensystem transformiert. Hierfür ist ein Koordinatensystemabgleich notwendig, der durch die Messung eines Zylindernormals sowie des in Abb. 6.18 gezeigten Normals durchgeführt wird. Das Normal besteht aus zwei Referenzkugeln, die an einem Zylindernormal befestigt sind. Ziel des Koordi-

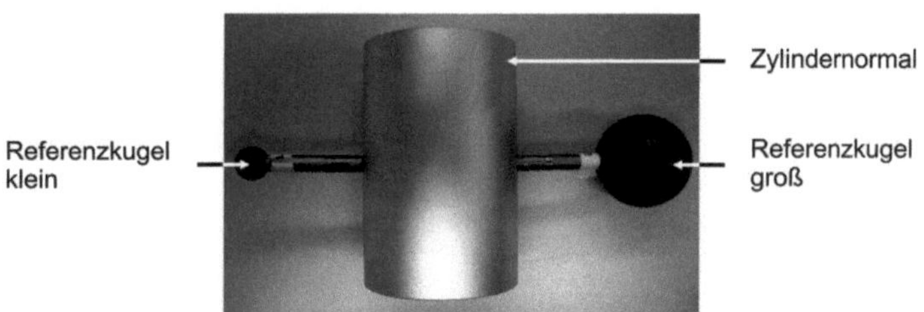

Abb. 6.18 Normal für den Koordinatensystemabgleich des Multisensorsystems

natensystemabgleichs ist es, die Transformation zwischen dem Koordinatensystem des Wellenmesssystems und des Drei-Achs-Positioniersystems zu bestimmen.

Im ersten Schritt wird die Verkippung der Koordinatensysteme von dem Streifenprojektionssensor und dem Wellenmesssystem berechnet. Hierzu erfolgt die Bestimmung der Drehachse eines im Wellenmesssystem eingespannten Zylinders. Die Vorgehensweise ist analog zu der Vorgehensweise bei der Zahnradmessung. Die Drehachse stellt die z-Achse des Koordinatensystems des Streifenprojektionssystems dar. Im nächsten Schritt wird der Zusammenhang zwischen dem Koordinatensystem des Wellenmesssystems und des Drei-Achs-Positioniersystems bestimmt, indem die diffus streuende Kugel in mehreren Positionen von dem Streifenprojektionssensor erfasst wird. Die Vorgehensweise zur Bestimmung des Zusammenhangs ist identisch mit dem Vorgehen, dass für den Koordinatensystemabgleich bei der Ritzelwellenmessung angewendet wurde. Durch die Einheitsvektoren, die sich aus den in verschiedenen Positionen gemessenen Kugeln ergeben, kann eine Transformationsmatrix aufgestellt werden. Die Umrechnung einer Translation vom Koordinatensystem des Wellenmesssystems in das Koordinatensystem des Positioniersystems wird auf Basis der Matrix berechnet. Mit der Transformationsmatrix ist es möglich, die Messpositionen für das Streifen-projektionssystem auf Grundlage des CAD-Modells des Messobjekts zu bestimmen.

Nach dem Koordinatensystemabgleich kann die flächenhafte Erfassung der Funktionsflächen von Kurbelwellen mittels Streifenprojektion sowie die Erfassung einer Werkstückeinhüllenden mittels Schattenprojektion erfolgen. Vor dem Messvorgang ist zunächst eine Bauteilausrichtung im Koordinatensystem des Wellenmesssystems erforderlich. In diesem Fall wird die Ausrichtung so durchgeführt, dass das untere Hublager in Richtung der y-Achse des Koordinatensystems des Wellenmesssystems zeigt. Für die Berechnung der Winkelposition wird ein Rotationsschnitt des unteren Hublagers aufgenommen. Zur Aufnahme der Rotationskontur wird das Schattenprojektionssystem in eine feste Messposition gefahren und anschließend die Kontur des rotierenden Bauteils in Abhängigkeit von der Winkelposition erfasst. Die Winkelposition, die den größten positiven Wert in y-Richtung aufweist, entspricht der Ausgangswinkelposition.

Die Hauptlagermessung wird analog zur Vorgehensweise zur Erfassung des Lagersitzes einer Ritzelwelle durchgeführt. Vor dem Messprozess wird der Streifenprojektionssensor mit Hilfe des Drei-Achs-Positioniersystems so über dem Lagersitz positioniert, dass die La-

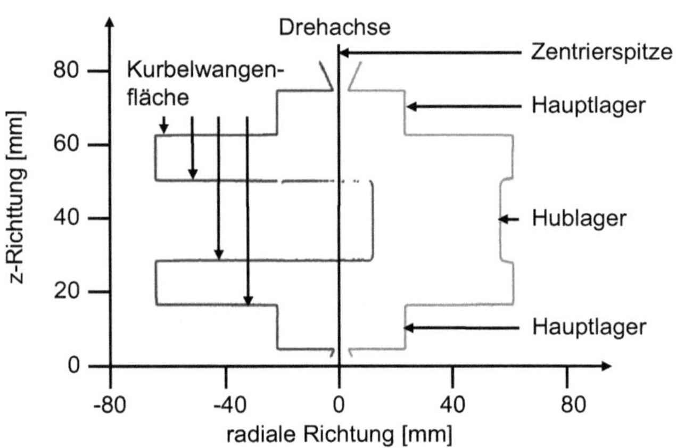

Abb. 6.19 Mittels Schattenprojektion erfasste links- und rechtsseitige Teilkontur einer Einzylinderkurbelwelle

gersitzachse näherungsweise den Mittelpunkt des Messvolumens in Bezug zur x-y-Ebene durchläuft. Anschließend wird die Oberfläche des Lagersitzes in 8 bis 16 äquidistant über den Vollkreis verteilten Winkelpositionen der Drehachse gemessen. Nach der Messung erfolgt eine Ausrichtung des Bauteils anhand der zuvor bestimmten Ausgangswinkelposition. Auf Basis der beim Koordinatensystemabgleich ermittelten Transformationsmatrix wird der Streifenprojektionssensor entlang der Drehachse des Wellenmesssystems in die Messposition zur Aufnahme des zweiten Hauptlagersitzes bewegt. Für die weiteren Funktionsflächen wird analog vorgegangen.

Für die Messung der Hublagersitze ist es erforderlich, das Messgerät dem Werkstück nachzuführen, da die Hublager exzentrisch in Bezug zur Bauteilachse angeordnet sind. Für jede der 8 bis 16 durchzuführenden Messungen wird der Streifenprojektionssensor im vorläufigen Werkstückkoordinatensystem in die jeweilige Messposition verfahren.

Das Schattenprojektionssystem bietet die Möglichkeit, neben Rotationskonturen auch Längskonturen des Werkstücks aufzunehmen. Für die Aufnahme einer Längskontur befindet sich das Messobjekt in einer festen Winkelposition und das Schattenprojektionssystem wird parallel zur Bauteilachse bewegt. Eine Längskontur besteht aus einer links- und einer rechtsseitigen Teilkontur, die sich in Bezug auf die Drehachse des Messsystems um 180° gegenüberliegen. Abbildung 6.19 zeigt eine links- und rechtsseitige Teilkontur einer Einzylinderkurbelwelle.

Für die Aufnahme der Werkstückeinhüllenden wird das Bauteil zunächst in die Ausgangswinkelposition gedreht. Anschießend wird eine Vielzahl an Längskonturen der Kurbelwelle in äquidistanten Winkelpositionen der Drehachse des Wellenmesssystems aufgezeichnet. Da bei einer Aufnahme gegenüberliegende Teilkonturen erfasst werden, muss das Werkstück nur in einem Winkelintervall von [0, 180°] gemessen werden.

Nach der Messdatenaufnahme erfolgt die Abweichungsanalyse, welche Methoden zur Rekombination, Fusion, Abweichungsberechnung, Visualisierung und Quantifizierung der mit Hilfe des Streifen- und des Schattenprojektionssystems gewonnenen Messdaten beinhaltet. Im ersten Schritt werden die Messdaten mit den bei der Zahn- und Ritzelwel-

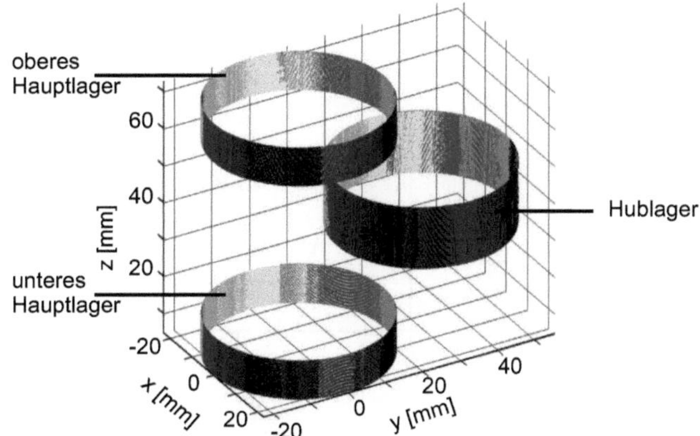

Abb. 6.20 Rekombinierte Messdatensätze der Haupt- und Hublagersitze einer Einzylinderkurbelwelle

lenmessung beschriebenen Methoden aufbereitet und rekombiniert. Die Vorgehensweise für das Zusammensetzen der Haupt- und Hublagersitze ist analog zu dem Vorgehen zur Rekombination der Verzahnungs- und Lagersitzgeometrie der Ritzelwellen. Durch die Nachführung des Streifenprojektionssensors während der Hublagermessung findet eine Kompensation der Exzentrizität bezüglich der Drehachse des Messsystems statt, so dass dieser Lagertyp wie ein Hauptlager rekombiniert werden kann. Abbildung 6.20 zeigt beispielhaft die zusammengesetzten Haupt- und Hublager einer Einzylinderkurbelwelle.

Die mit dem Schattenprojektionssystem aufgenommene Werkstückeinhüllende besteht aus einer Vielzahl an links- und rechtsseitigen Konturen und beinhaltet neben den Geometrieinformationen der Lagersitze und Teilen der Kurbelwange auch die Zentrierkegel und Übergangsbereiche zwischen den einzelnen Geometrieelementen 6.19). Aufgrund von Abschattungen ist eine sichere Erfassung der Übergangsbereiche nicht möglich. Diese werden zusammen mit den Informationen der Zentrierkegel aus den Messdatensätzen entfernt. In Abb. 6.21 sind die unbearbeiteten und die vorverarbeiteten Konturrohdaten aller mit dem Schattenprojektionssystem aufgenommenen links- und rechtsseitigen Konturen der Werkstückeinhüllenden dargestellt.

Die Winkelinformation bezüglich zur Drehachse und der radiale Abstand stellen Zylinderkoordinaten dar, so dass die zu den Hauptlagersitzen und Kurbelwangen gehörenden Bereiche sofort zu einer Werkstückeinhüllenden des jeweiligen Geometrieelements rekombiniert werden können. Für das Zusammensetzen der Hublagersitze muss zunächst eine Korrektur der radialen Komponenten um die winkelabhängige Exzentrizität in Richtung der Drehachse erfolgen. Anschließend kann die Werkstückeinhüllende analog zu dem Vorgehen der Hauptlager berechnet sowie um die Hublagerexzentrizität in radialer Richtung zurückverschoben werden. Abbildung 6.22 zeigt das Ergebnis einer vollständigen Rekombination der mit dem Schattenprojektionssystem gewonnenen Messdaten. Aus den Teilabbildungen (a) und (b) geht hervor, dass eine vollständige Erfassung der Hinterschnittbereiche der Kurbelwangen mit dem Schattenprojektionssystem nicht möglich ist.

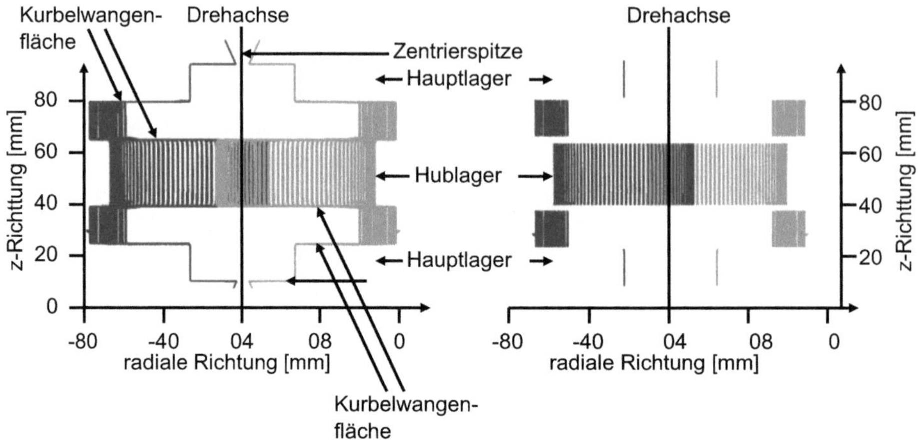

Abb. 6.21 Unbearbeitete und vorverarbeitete Konturrohdaten aller links- und rechtsseitigen Konturen der Werkstückeinhüllenden

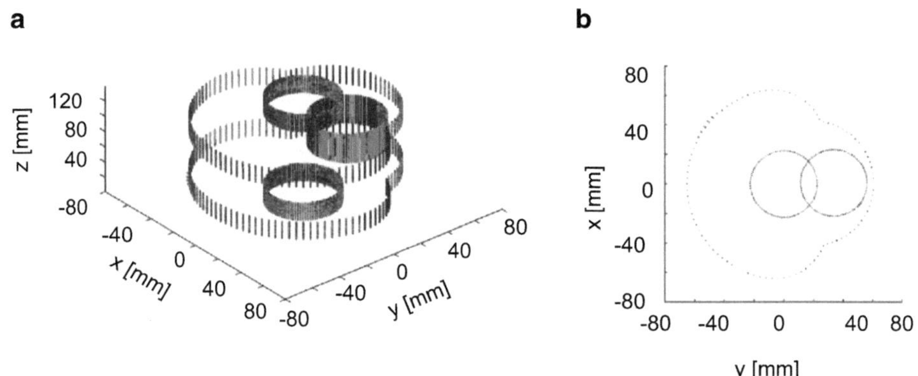

Abb. 6.22 Zu einer Werkstückeinhüllenden einer Einzylinderkurbelwelle kombinierte Messdatensätze

Im Anschluss an die Rekombination kann eine flächenhafte Geometrieprüfung der Lagersitze sowie eine Auswertung der Werkstückeinhüllenden erfolgen. Die Geometrieprüfung der Lagersitze wird analog zur Auswertung von Ritzelwellenlagersitzen durchgeführt, indem ein Zylinder als Ersatzgeometrieelement mit veränderlichem Radius in die Messdaten eingepasst wird. Hierdurch ist es möglich, die Position der Kurbelwellenlagersitze im vorläufigen Werkstückkoordinatensystem sowie deren Ist-Radien zu bestimmen.

Die Werkstückeinhüllende wird hinsichtlich Form-, Maß- und Lageparameter der einzelnen Geometrieelemente analysiert. Weiterhin erfolgt die Bestimmung von werkstückspezifischen Kenngrößen wie der Lagersitzradien oder der Hublagerexzentrizitäten.

Abb. 6.23 Farbcodierte Darstellung der Abweichungen der fusionierten Messdaten in Bezug zum CAD-Modell

Im ersten Schritt wird in die jeweiligen Lagersitzdaten ein Zylinder als Ersatzgeometrieelement eingepasst und der Radius und die Achse bestimmt. Hieraus kann später die Zylindrizität sowie die Koaxialität der Lagersitzachsen bezüglich zur Bauteilachse ermittelt werden. Weiterhin werden die äußeren Kurbelwangenflächen der unteren und der oberen Kurbelwange aus den Konturrohdaten extrahiert und eine Ebene als Ersatzgeometrieelement in die Daten eingepasst. Anschließend wird die Rechtwinkligkeit der Kurbelwangen zur Bauteilachse auf Grundlage der ermittelten Normalenvektoren der eingepassten Ebenen geprüft.

Für einen Soll-Ist-Vergleich ist es erforderlich, die mit dem Streifen- und dem Schattenprojektionssensor gewonnenen Messdaten anhand der durch den Koordinatensystemabgleich bestimmten Transformationsmatrix in ein gemeinsames Werkstückkoordinatensystem zu fusionieren. Der Soll-Ist-Vergleich wird mit Hilfe des Softwarepaketes Polyworks durchgeführt. Das CAD-Modell der Kurbelwelle stellt hierbei die Referenz dar. Für eine Abweichungsanalyse wird mit dem Polyworksmodul IMInspect das Polygonmodell der Kurbelwellenmessdaten auf das Polygonmodell der Referenzgeometrie durch minimieren der Summe der orthogonalen Abstände eingepasst. Da die Hinterschnittbereiche der Kurbelwangen mit dem Schattenprojektionssystem falsch erfasst werden (s. Abb. 6.22), werden diese Bereiche bei der Abweichungsanalyse nicht betrachtet. Nach der Einpassung werden die Abweichungen farbcodiert auf dem CAD-Modell dargestellt. Abbildung 6.23 zeigt beispielhaft die Abweichungen in mehreren Ansichten.

Die geometrischen Messdaten können im nächsten Schritt für die Unwuchtbestimmung der Kurbelwelle eingesetzt werden. Da sich die Schattenprojektion nicht zur Erfassung der konkaven Hinterschnittbereiche eignet, erfolgt zunächst eine Substitution dieser Bereich anhand idealgeometrischer Daten. Durch diese Vorgehensweise werden eventuelle Geometrieabweichungen in den Hinterschnittbereichen vernachlässigt. Für die Approximation des Werkstückvolumens erfolgt eine getrennte Betrachtung der Geometrieelemente Hauptlager, Hublager und Kurbelwange. Zunächst werden Konturen der jeweiligen Geometrieelemente durch äquidistante und zur Bauteilachse orthogonale Querschnitte, die die gesamte Höhe des Bauteils abdecken, extrahiert. Der vertikale Abstand Δz zwischen zwei Querschnitten beträgt 100 µm. Anschließend werden die zu den Geometriekonturen zugehörigen Messpunkte durch Anwendung von kubischen Splines interpoliert, so dass sich eine analytische Beschreibung s(t) = (x(t), y(t)) der Geometrieelementkontur des jeweiligen Querschnitts ergibt. *x(t)* und *y(t)* stellen die Komponenten der Spline-Funktion dar. Mit dem folgenden Integral ergibt sich der durch die Randkurve *C* eingeschlossene Flächeninhalt F zu:

$$F = \int_C y(t) \cdot \dot{x}(t)dt. \tag{6.8}$$

In Kombination mit dem vertikalen Abstand Δz und der Dichte ρ des verwendeten Werkstoffs kann das jeweilige Volumen V_G und die Masse M_G des Geometrieelements sowie das Gesamtvolumen der Kurbelwelle *V* abgeschätzt werden zu:

$$V_G = \Sigma_i F_i \cdot \Delta z \quad M_G = \rho \cdot V_G \quad V = \Sigma_i V_{G,i} \tag{6.9}$$

Hierbei wird angenommen, dass eine homogene Dichteverteilung im Werkstück vorliegt. Für die Berechnung des Bauteilschwerpunkts erfolgt anhand der Spline-Funktionen zunächst die Berechnung der Flächenschwerpunkte der einzelnen Querschnitte:

$$S_x = \frac{\int_C x(t) \cdot y(t) \cdot \dot{x}(t)dt}{\int_C y(t) \cdot \dot{x}(t)dt}, \quad S_y = \frac{\int_C y(t) \cdot y(t) \cdot \dot{x}(t)dt}{\int_C y(t) \cdot \dot{x}(t)dt}$$

und
$$S_z = \frac{z_i + z_{i+1}}{2}, \tag{6.10}$$

mit S_x, S_y, S_z als Schwerpunktskoordinaten und z_i als z-Koordinate des betrachteten Querschnitts. Anschließend ergibt sich der Schwerpunkt S_G des jeweiligen Geometrieelements und der Schwerpunkt der betrachteten Kurbelwelle S zu:

$$S_G = \frac{1}{M_{Gesamt}} \cdot \sum_i M_i \cdot (S_{x,i}, S_{y,i}, S_{z,i}) \quad S = \sum_i S_{G,i}, \tag{6.11}$$

mit M_i als Masse der auf den Querschnittsflächen basierenden Teilvolumina. In Abb. 6.24 ist die Differenz des Soll- und des Istbauteilschwerpunkts einer Einzylinderkurbelwelle gezeigt. Die Abbildung zeigt, dass der Istbauteilschwerpunkt gegenüber seiner Sollposition auf der Bauteilachse um ca. 2.25 mm in Richtung der Hublagergegengewichte verschoben ist. Aus dem Abstand e des Istbauteilschwerpunkts zur Drehachse des Werkstücks und der Bauteilmasse *M* kann die Unwucht *U* berechnet werden zu:

$$U = M \cdot e \tag{6.12}$$

6.1.4 Virtuelle Multisensortechnik

Für die Prüfung von Bauteilen, wie Zahnräder oder Kurbelwellen, müssen umfangreiche Untersuchungen zur Charakterisierung der erreichbaren Messunsicherheit durchgeführt

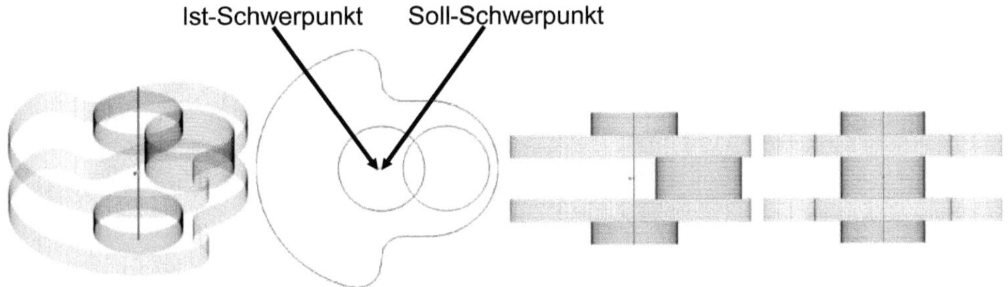

Abb. 6.24 Lage des Soll- und des Istbauteilschwerpunkts einer Einzylinderkurbelwelle

werden. Ziel ist es dabei, abzuschätzen, ob das Merkmal hinsichtlich der vom Konstrukteur geforderten Toleranz geprüft werden kann. Die Messunsicherheit hängt von vielen Faktoren, wie der verwendeten Kalibrierstrategie oder der Erfahrung und Motivation des Bedieners, nach Hehenberger und Weickmann [Heh11, Wei10a] und kann mit Hilfe der Methode A oder der Methode B der GUM (Guide to the Expression of Uncertainty in Measurement) ermittelt werden [Int95]. Methode A beruht auf einem statistischen Ansatz und Methode B stellt eine wissenschaftliche Beurteilung dar, die eine mathematische Beschreibung des Messprozesses sowie aller Einflussfaktoren benötigt. Für die wissenschaftliche Beurteilung bietet sich der Einsatz virtueller Messtechnik an, um die Eignung des Messsystems vor der eigentlichen Messung abzuschätzen [Böt08, Wei10a]. Ein virtuelles Messsystem kann durch eine numerische Simulation des Messvorgangs beschrieben werden und bildet die physikalischen Vorgänge durch mathematische Modelle ab. Durch die Kombination mit Monte-Carlo-Methoden können anschließend Unsicherheitsanalysen, beispielsweise anhand von CAD-Modellen, durchgeführt werden.

Die Unsicherheitsanalyse sowie die Messbarkeitsprüfung kann mit Hilfe virtueller Messtechnik erfolgen. Verschiedene virtuelle Messsysteme können anschließend zu einem virtuellen Multisensor-Assistenzsystem verknüpft werden. Das hier betrachtete Assistenzsystem ist aus einem Streifenprojektionssensor, der an drei nahezu kartesisch zueinander ausgerichteten Achsen fixiert ist, und einem Schattenprojektionssensor, der mit einer Rotations- und einer Vertikalachse zur Generierung von kartesischen 3D-Koordinaten kombiniert ist, aufgebaut.

6.1.4.1 Virtuelle Streifenprojektion

Das verwendete Streifenprojektionssystem ist aus einer Kamera mit einem objektseitig telezentrischen Objektiv und einem Projektor mit einer nicht telezentrischen Projektionsoptik aufgebaut (s. Abb. 6.25). Das Messobjekt wird von dem Projektor mit einem codierten Lichtmuster (Graycode und Phase-Shift) beleuchtet. Die durch die Geometrie des Messobjekts deformierten Streifen werden anschließend durch die Kamera erfasst. Durch bildverarbeitende Methoden erfolgt für jedes Kamerapixel $\{i, j\}$ im nächsten Schritt die Bestimmung der Projektorphase φ, die zur Objektrekonstruktion mittels Triangulation verwendet wird.

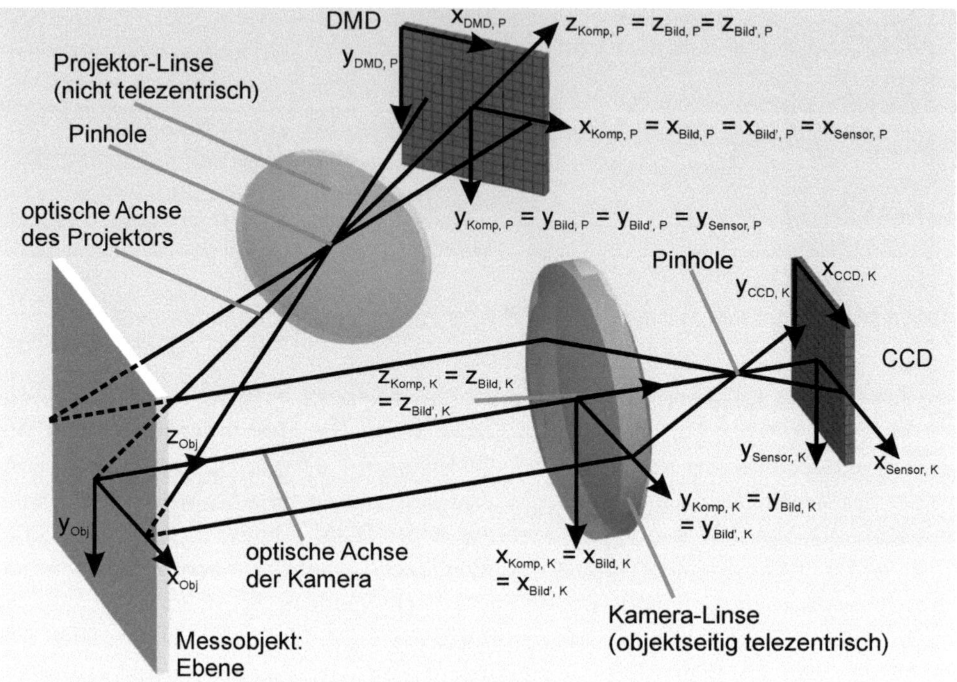

Abb. 6.25 Virtuelles Modell des Streifenprojektionssystems

Das virtuelle Streifenprojektionssystem basiert auf den physikalischen Grundlagen der geometrischen Optik [Har04, Sch05a]. Der geometrische Aufbau, die Position und Orientierung der Koordinatensysteme, die zur Beschreibung der linearen Transformationen notwendig sind, sowie die Abbildungen zwischen den einzelnen Koordinatensystemen werden ausführlich in Haskamp [Has10c] beschrieben. Dabei ist eine Besonderheit des Modells, dass die objektseitige Telezentrie des Kameraobjektivs berücksichtigt wird, siehe [Has09a].

Zu Beginn einer Simulation erfolgt die Initialisierung des virtuellen Bauteils basierend auf der Beschreibung von dreieckförmigen Polygonmodellen. Im zweiten Schritt werden die Systemkomponenten auf Basis einer vorausgegangenen Kalibrierung, die in Haskamp [Has10c, Has11g] detailliert beschrieben ist, initialisiert und die Systemparameter mit geeigneten Wahrscheinlichkeitsdichtefunktionen versehen. Auf Basis der Parameter und der Dichtefunktionen werden viele Einzelsimulationen durchgeführt, wobei sich die Parameter in jeder Simulation (auf Basis der Dichtefunktionen) unterscheiden. Der Ablauf einer Einzelsimulation wird ausführlich in Haskamp [Has10b] beschrieben. Am Ende einer Einzelsimulation steht für jedes Kamerapixel ein 3D-Objektpunkt für die weitere Analyse zur Verfügung. Aufgrund der Streuung der Systemparameter streut der 3D-Objektpunkt für jeden einzelnen Kamerapixel in jeder Einzelsimulation. Hieraus können flächenhafte Antastunsicherheiten sowie Merkmalsunsicherheiten des Bauteils bestimmt werden [Wei10a].

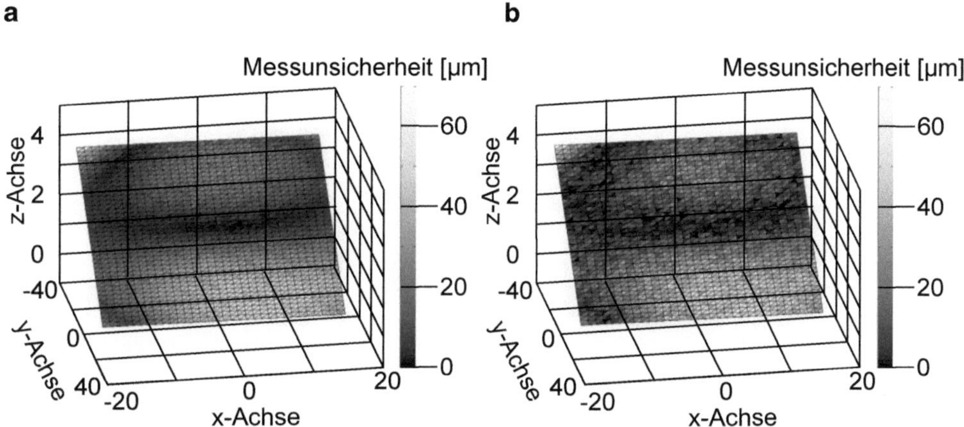

Abb. 6.26 Real ermittelte (**a**) und virtuell abgeschätzte (**b**) Antastunsicherheit einer Ebene

Beispiele für Merkmale sind die Mittelpunktskoordinaten und der Radius einer Kugel sowie alle Form-, Maß- und Lagetoleranzen. Um die zu erwartende Unsicherheit der Merkmale für eine feste Bauteilausrichtung abschätzen zu können, werden für jede Einzelmessung bzw. –simulation die Parameter durch eine entsprechende Ausgleichsrechnung ermittelt. Die Unsicherheit der Parameter kann durch die Standardabweichung aller Werte abgeschätzt werden. In Haskamp [Has11d] wird die Methodik zur Abschätzung von Messunsicherheiten ausführlich beschrieben. Zur Validierung der erarbeiteten Methodik werden die mit dem virtuellen System abgeschätzten Antast- und Merkmalsunsicherheiten mit Werten verglichen, die mit dem realen System ermittelt wurden. Da die Unsicherheitsanalyse mit dem virtuellen System die Lage und die Orientierung des Messobjekts erfordert, wird zunächst die Analyse am realen System durchgeführt und anschließend auf Basis der abgeschätzten besten Lage und Orientierung der Ebene die virtuelle Positionierung vorgenommen. Abbildung 6.26 zeigt die mit dem realen System ermittelten und die mit dem virtuellen System abgeschätzten Antastunsicherheiten einer Ebene. Ein Vergleich zeigt eine gute Übereinstimmung der Ergebnisse, so dass sich das virtuelle System prinzipiell für die Vorhersage von erreichbaren Messunsicherheiten eignet.

6.1.4.2 Virtuelle Schattenprojektion

Um den Effekt der Lichtbeugung an Kanten, die einen erheblichen Einfluss auf die Messunsicherheit nehmen kann, zu berücksichtigen, basiert die Schattenprojektion auf den Grundlagen der Wellenoptik. Die Simulation startet – wie bei der Streifenprojektion – mit der Initialisierung des Bauteils und der Systemparameter, die auf Basis von Wahrscheinlichkeitsdichtefunktionen gesetzt werden. Der geometrische Aufbau, die Position und Orientierung der Koordinatensysteme der einzelnen Komponenten, sowie die Berechnungsmethodik zur Lösung des Beugungsintegrals werden ausführlich in [Has11f] beschrieben. Abbildung 6.27 zeigt das virtuelle Modell des Schattenprojektionssystems.

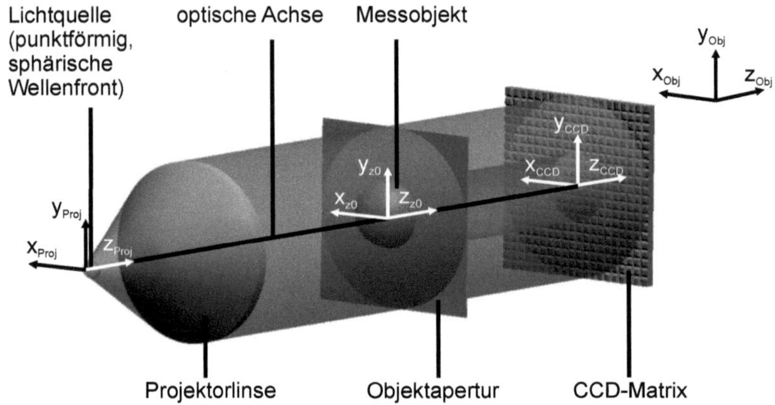

Abb. 6.27 Virtuelles Modell des Schattenprojektionssystems

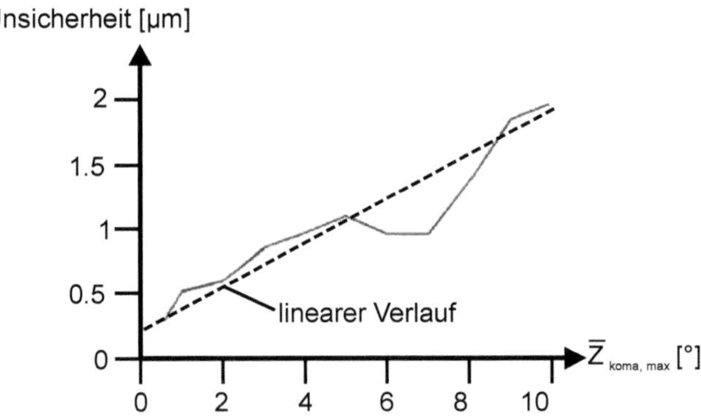

Abb. 6.28 Mit dem Schattenprojektionssystem abgeschätzte Standardabweichung der Position der linken Kante in Abhängigkeit des Bildfehlers Koma

Die Zielgröße einer Einzelsimulation stellt die Intensität auf dem CCD-Sensor dar. Die Simulation berechnet hierfür das elektrische Feld für verschiedene Beobachtungsapertuten sukzessive von der Beleuchtungseinheit bis zum CCD-Sensor, in dem das Helmholtz-Kirchhoff-Integral mit der Rayleigh-Sommerfeld-Lösung berechnet wird. Anschließend steht, wie bei einem realen Schattenprojektionssystem, die Intensitätsverteilung des CCD-Sensors für die subpixelgenaue Kantenauswertung zur Verfügung. Dadurch, dass die Systemparameter als Zufallszahlen modelliert sind und in jeder Simulation variieren, streut die Position der detektierten Kante. Hieraus kann die Messunsicherheit und der zu erwartende Mittelwert abgeschätzt und ähnlich wie bei der Streifenprojektion eine flächenhafte Antast- sowie eine Merkmalsunsicherheit abgeschätzt werden.

Beispielhaft wurde die Positionsunsicherheit der linken und der rechten Kante eines Zylinders mit einem Radius von 23 mm hinsichtlich des maximalen Bildfehlers Koma $Z_{\text{koma,max}}$ (s. [Gro05]) analysiert. Hierfür erfolgte die Bestimmung der Positionsunsicherheit für einen ansteigenden Bildfehler (s. Abb. 6.28). Aus der Abbildung geht hervor, dass die Koma einen nahezu linearen Einfluss auf die Größe der Unsicherheit nimmt.

6.2 Prozessintegrierte Messtechnik zur Bauteillagekorrektur

Präzisionsgeschmiedete Hochleistungsbauteile können aufgrund des Herstellungsprozesses stochastisch verteilte Abweichungen auf den Funktionsflächen aufweisen, welche zu Fehlpositionierungen der Bearbeitungslage in der nachfolgenden Hartfeinbearbeitung führen, sodass eine Endbearbeitbarkeit nicht zwangsläufig gewährleistet ist. Die Lösung dieses Problems liegt in einer aktiven Bauteillagekorrektur vor der eigentlichen Bearbeitung. Basis dieses Vorgehens sind geometrische Daten von prozessintegrierter Messtechnik, die innerhalb dieses Abschnitts näher erläutert werden.

6.2.1 Optische Messtechnik in der Produktion

Innerhalb der Fertigungsmesstechnik wird die Inline-Messtechnik zu einem immer bedeutenderen Element, welches sich an den Zuwachsraten von Inline-Messsystemen zeigt Benteler [Ben07]. Definitionsgemäß beinhaltet die Inline-Messtechnik die taktgebundene Erfassung von Messdaten in einer Fertigungslinie, die sowohl für die Prozesssteuerung als auch für die Qualitätssicherung genutzt werden kann [Sch08a]. Die Einteilung von Inline-Messsystemen findet anhand des jeweiligen Integrationsgrads statt. Nach den fertigungsfernen bzw. -nahen Messsystemen folgen die Inline-Messsysteme, die in inline, maschinenintegriert und In-Prozess/prozessintegriert aufgeteilt werden [Sch08a]. Zum Einsatz kommen hierbei hauptsächlich optische Sensoren, da diese gegenüber der taktilen Messtechnik erhebliche Vorteile, wie eine höhere Datendichte, eine kürzere Messzeit oder auch die mechanische Entkopplung zum Werkstück, aufweisen [Neu07, Pfe01a]. Gerade die kürzere Messzeit, besonders bei komplexen Geometrien, ist ein bedeutender Faktor für den Einsatz optischer Sensoren, da die taktzeitgebundene Erfassung von Daten einen entscheidenden Punkt in der Inline-Messtechnik darstellt.

Das Potenzial und die Bedeutung von Inline-Messtechnik auf Basis optischer Messsysteme verdeutlicht die Vielzahl von Umsetzungen sowohl in der Industrie als auch in der Forschung, von denen eine kleine Auswahl die positive Entwicklung zeigen soll. Ein häufig in Inline-Messsystemen eingesetzter optischer Sensor ist der Triangulationssensor. Als eindimensionale Punktsensoren werden diese beispielsweise zur Erfassung von Form- und Maßparametern bei Nockenwellen eingesetzt. Hierfür werden vier Lasertriangulationssensoren mit Hilfe von Linearachsen in eine Fertigungslinie integriert und bestimmen bei der rotierenden Nockenwelle im Prozesstakt Geometriemerkmale wie Durchmesser, Länge oder Rundlauf [Kre06]. Bei der Prüfung von Bremsscheiben als weitere Automobilkomponente werden ebenfalls mehrere Lasertriangulationssensoren eingesetzt, um die Ebenheit oder Dickengleichheit im Prozesstakt zu bestimmen [Nol08]. Des Weiteren ist ein scannender Lasertriangulationssensor, wie in Abb. 6.29 gezeigt, in eine 5-Achs-Fräsmaschine integriert worden, um Freiformflächen von bearbeiteten Bauteilen zu erfassen [Bic05a, Bic07b].

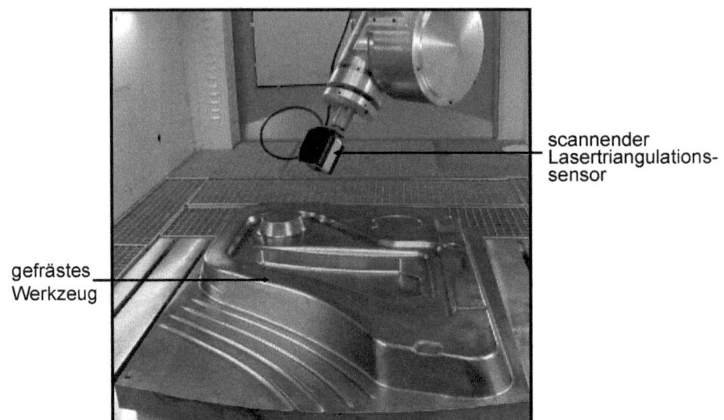

Abb. 6.29 Integration eines Lasertriangulationssensors in eine 5-Achs-Fräsmaschine (mit freundlicher Genehmigung von Herrn Dr.-Ing. Stephan Bichmann)

Mittels der Nutzung der fünf Maschinenachsen ist eine optimale Zustellung des Sensors ge-währleistet und eine automatisierte Lichtintensitätsanpassung ermöglicht die Messung bei unterschiedlichen Oberflächenbeschaffenheiten. Auch in der zweidimensionalen Ausführung werden Triangulationssensoren eingesetzt. Die sogenannten Lichtschnittsensoren erfassen beispielsweise innerhalb einer Rohrbiegemaschine ein Rohr nach dem Biegevorgang und auf Basis der Daten wird der tatsächlich erreichte Biegewinkel errechnet [Bau05]. Ebenfalls finden sich Kombinationen unterschiedlicher Ausführungen der Triangulationsverfahren in Inline-Messsystemen wieder [Spe07, Kla06].

Die konoskopische Holographie stellt ein optisches Verfahren dar, dass in der Inline-Messtechnik eingesetzt wird. Dieses nutzt die wellenoptischen Eigenschaften des Lichts aus. In Form des konoskopischen Sensors ist die gewünschte Abstandsinformation direkt in dem auf dem CCD-Sensor entstandenen Interferenzmuster kodiert. Die konoskopische Holographie verwendet im Gegensatz zu der konventionellen Holographie den gleichen optischen Weg für den Signal- und Referenzstrahl, jedoch bei unterschiedlichen Weglängen [Sir88b]. 1999 ist die lineare konoskopische Holographie patentiert worden [Sir99c]. Der prinzipielle Aufbau und die Funktionsweise eines konoskopischen Sensors sind in Abb. 6.30 dargestellt.

Mit Hilfe eines Strahlteilers und eines Linsensystems wird das emittierte Licht einer Laserdiode auf die Oberfläche des Messobjekts projiziert. Dort wird das Licht gestreut und gelangt über den gleichen optischen Weg auf einen doppelbrechenden Kristall. Das zuvor polarisierte Licht fällt abhängig vom Abstand des Sensors zum Messobjekt in unterschiedlichen Winkelstellungen auf den Kristall, der für unterschiedliche Polarisationsrichtungen verschiedene Brechungsindizes aufweist. So wird das zurückgestreute Licht in einen ordentlichen und außerordentlichen Strahl aufgeteilt [Bus00]. Diese beiden zueinander orthogonal polarisierten Strahlen weisen nach der Doppelbrechung einen Phasenunterschied auf, der abhängig vom Winkel des einfallenden Lichts ist, und die Abstandsinformation

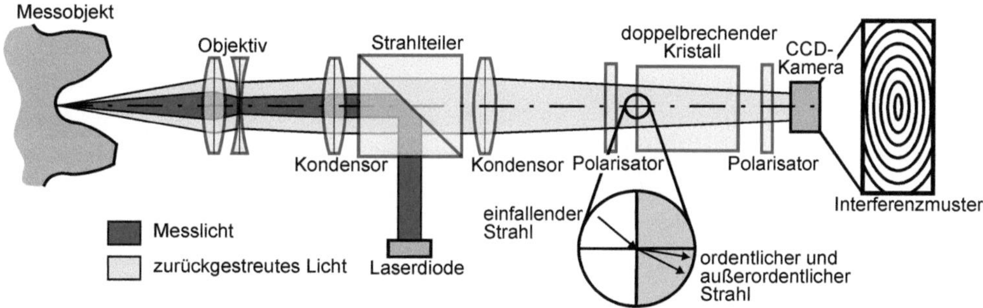

Abb. 6.30 Aufbau und Funktionsweise des konoskopischen Sensors

Tab. 6.1 Kennwerte von ausgewählten Linsensystemen für konoskopische Sensoren [NN01a]

Brennweite (mm)	50	75	100
Messunsicherheit (μm)	< 6	< 10	< 15
Reproduzierbarkeit (k = 1) (μm)	< 1	< 2	< 4
Messbereich (ca.) (mm)	8	18	35

zwischen Sensor und Messobjekt beinhaltet [Sir10d]. Nach dem Durchlauf eines weiteren Polarisators bilden sich Fresnelsche Zonenplatten (ringförmige Interferenzmuster) aufgrund der optischen Weglängendifferenzen aus. Diese Interferenzmuster, auch konoskopische Hologramme genannt, werden anschließend von einem CCD-Sensor erfasst [Sir85a]. Die Abstandsinformation zwischen Sensor und Messobjekt ist in dem Abstand der Streifen der Interferenzmuster kodiert. Ein eng-maschiges Interferenzmuster bedeutet einen großen und ein weitmaschiges Interferenzmuster einen geringen Abstand zwischen Messobjekt und Sensor. Mit Hilfe der Fourier-Transformation kann die Frequenz des jeweiligen Interferenzmusters ermittelt und anhand einer Weglängenkalibrierung ein Abstand zwischen Sensor und Messobjekt zugeordnet werden.

Die Messfrequenz von konoskopischen Sensoren kann je nach Bauart bis zu 3000 Hz betragen. Für die Anpassung an die jeweilige Messaufgabe kann das Linsensystem ausgewechselt und damit der Messbereich und die Messunsicherheit variiert werden. Mit sogenannten Extended-Linsensystemen wird eine Verdopplung des Arbeitsabstands ermöglicht, was gerade für die Inline-Messtechnik eine wichtige Eigenschaft bedeutet. In Tab. 6.1 ist eine Auswahl von Linsensystemen mit einigen Kennwerten zusammengefasst [NN01a, NN01b].

Ein wesentlicher Vorteil dieses Messprinzips gegenüber anderen Messverfahren ist der erfassbare Winkelbereich gegenüber der Oberflächennormalen eines Messobjekts. Mit einem Winkelbereich von bis zu $\pm 85°$ können sehr komplexe Geometrien, wie beispielsweise Verzahnungen, gut erfasst werden [Sir10d, Pfe01a].

Der konoskopische Sensor wird ebenfalls für die Inline-Messtechnik genutzt. So wird beispielsweise durch den Einsatz zweier konoskopischer Sensoren die Konzentrizität von zylindrischen Walzen erfasst [NN10]. Ebenfalls können mit diesem Messaufbau sowohl Taumelfehler als auch Unebenheiten auf der Walze detektiert werden.

Ein weiteres optisches Messverfahren, welches als Inline-Messtechnik eingesetzt wird, ist die Schattenprojektionstechnik. Die Funktionsweise und das Prinzip dieser Systeme sind in Abschn. 6.1.3 ausführlich beschrieben. Innerhalb einer Fertigungslinie von Walzwerken wird beispielsweise ein Schattenprojektionssystem eingesetzt, welches die Durchmesser und Dicken der produzierten Bauteile misst [Tuz09]. Mit diesem System sind ebenfalls rechteckige und sechseckige Profile erfassbar. Die Schattenprojektionstechnik wird auch zur Messung von Strangprofilen genutzt. Die gesamte Messanordnung wird als Bi-Sensor-Messsystem bezeichnet, da neben der Schattenprojektion auch ein Lichtschnittsystem auf Basis von Triangulationssensoren genutzt wird [Wec09d, Wec09e]. Mit Hilfe der Schattenprojektion werden die Profilquerschnitte hochgenau erfasst, während die konvexen Zonen des Strangprofils mit dem Lichtschnittsystem detektiert werden. Durch eine Messdatenfusion ist somit die vollständige Geometrie des Strangprofils ermittelt.

Die beiden letztgenannten Messverfahren eignen sich sehr gut für die Umsetzung von Inlinemesssystemen innerhalb der Prozesskette Präzisionsschmieden, da die dort gefertigten Bauteile sehr komplexe Geometriebereiche aufweisen und diese sicher erfasst werden müssen. In den beiden nachfolgenden Abschnitten werden die prozessintegrierten Mess- und Auswertestrategien vorgestellt, welche für eine aktive Bauteillagekorrektur erforderlich sind.

6.2.2 Materialaufmaßorientierte Mess- und Auswertestrategien/-verfahren

Die in der Prozesskette präzisionsgeschmiedeten Bauteile weisen für eine nachfolgende Hartfeinbearbeitung ein Materialaufmaß auf den Funktionsflächen auf. Aufgrund von Rohteilvolumenschwankungen, Gesenkverschleiß und Härteverzügen treten jedoch Spannfehler in den Hartfeinbearbeitungsschritten auf, sodass eine sichere Bearbeitung der hergestellten Bauteile nicht gewährleistet ist (s. Abschn. 5.1.1). Auch die Schwankungen von weiteren Prozessparametern, wie beispielsweise der Einfluss der Charge und den Legierungselementen oder auch die Schrumpfung können zu geometrischen Abweichungen führen (s. Abschn. 2.2.2.). Dieser Problematik kann mit zwei Ansätzen entgegengewirkt werden. Zum einen ist eine wesentliche Erhöhung des Materialaufmaßes auf den Funktionsflächen möglich. Dieses Vorgehen widerspricht jedoch dem Ziel der Präzisionsschmiedekette, da dieses wiederum eine längere und intensive Hartfeinbearbeitung erfordert und das Einsparpotenzial der Prozesskette ungenutzt bleibt. Zum anderen ist eine aktive Bauteillagekorrektur vor der Hartfeinbearbeitung ein vielversprechender Ansatz, wie in Kap. 5.1 gezeigt wird. Der nachfolgende Abschnitt befasst sich mit Mess- und Auswertestrategien für eine materialaufmaßorientierte Ausrichtstrategie.

Das durch Präzisionsschmieden hergestellte schrägverzahnte Zahnrad gehört zu den gedrungenen Bauteilen. Wird das Bauteil innerhalb einer Drehmaschine eingespannt, tre-

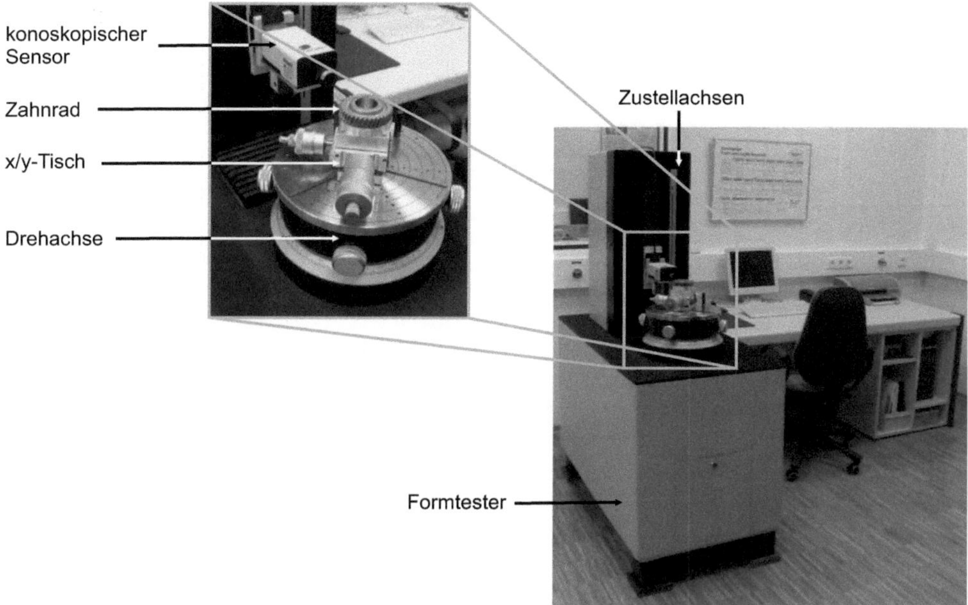

Abb. 6.31 Laboraufbau zur Erfassung präzisionsgeschmiedeter Zahnräder

ten aufgrund von stochastisch verteilten Geometrieabweichungen Spannfehler in Form von Exzenter und Taumel auf. Die Taumelfehler sind jedoch aufgrund der gedrungenen Bauform des Zahnrads gegenüber den Exzenterfehlern vernachlässigbar klein. Daher ist in diesem Fall eine Korrektur in zwei translatorischen Richtungen ausreichend und zielführend. Für die messtechnische Erfassung eines Stirnschnitts des Zahnrads wird der in Abschn. 6.3.1 beschriebene konoskopische Abstandssensor eingesetzt. Mit diesem wurde zunächst ein Laboraufbau realisiert, um sowohl die Messung, Auswertung als auch die Feinpositionierung zu testen. Die Basis des Laboraufbaus, ist ein Formtester MFU 7 der Firma Mahr GmbH, der in Abb. 6.31 zu sehen ist.

Mit Hilfe der zwei Linearachsen kann der Sensor dem Messobjekt zugestellt werden und die vorhandene Drehachse mit einer Winkelauflösung von 0,0005° versetzt das zu messende Zahnrad in Rotation. Des Weiteren ist ein manuell zu bedienender xy-Tisch auf der Drehachse montiert, um die anschließende Bauteillagekorrektur in zwei Freiheitsgraden durchführen zu können.

In Abb. 6.32 ist schematisch die digitalisierte Messdatenerfassung im Laboraufbau gezeigt. Über einen Controller wird der konoskopische Sensor gesteuert und mittels einer parallelen Schnittstelle können die Daten an den Messcomputer übermittelt werden. Der in diesem Fall eingesetzte konoskopische Sensor arbeitet mit einer Messfrequenz von 850 Hz. Um ein Profilschnitt des Messobjekts zu erhalten, müssen die Abstandsdaten des optischen Sensors mit den Drehwinkeldaten (TTL-Signale) synchronisiert werden. Hierfür wird eine Zählerkarte 6602 von der Firma National Instruments und eine eigens entwickel-

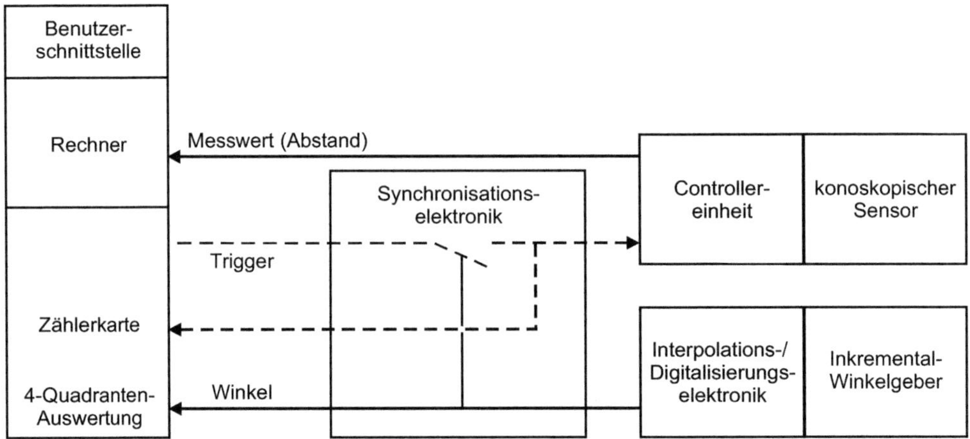

Abb. 6.32 Synchronisation von Abstandswert des optischen Sensors mit dem Drehwinkelsignal

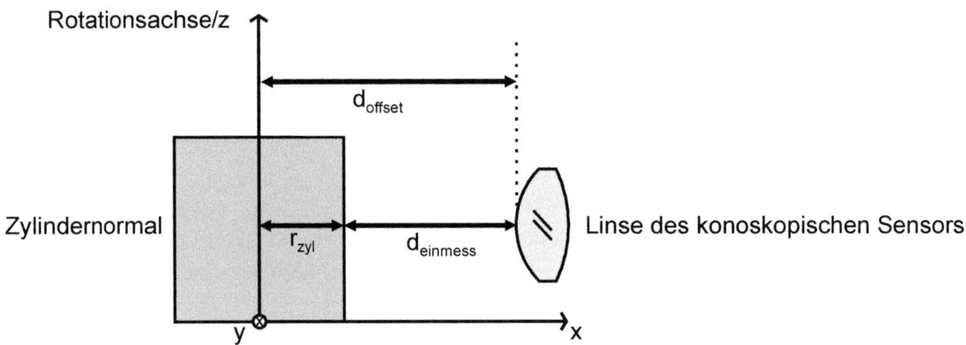

Abb. 6.33 Einmessvorgang des optischen Sensors mit Hilfe eines Zylindernormals

te Synchronisationselektronik genutzt. Der konoskopische Sensor wird mittels einer von der Zählerkarte ausgelösten Impulsfolge extern getriggert, sodass der Beginn und das Ende einer Messung definiert ist. Zeitgleich triggert die Impulsfolge durch die Rückführung zur Zählerkarte das Auslesen der Winkelinkremente des Drehwinkelgebers. Das Triggersignal wird vorab von der Synchronisationselektronik verarbeitet, um eine möglichst geringe Messunsicherheit des Winkels zu erhalten. Somit können schlussendlich der Abstand und der Winkel zusammengefügt werden. Um den Profilschnitt des Messobjekts zu erhalten, müssen die Abstandsdaten noch in einen Radius konvertiert werden. Hierfür muss der konoskopische Sensor vorab eingemessen werden. Abb. 6.33 zeigt exemplarisch das Vorgehen der Einmessprozedur.

Von einem Zylindernormal, welches sich durch eine vorherige taktile Messung exzenter- und taumelfrei in der Rotationsachse befindet, wird ein vollständiger Messschnitt erfasst. Der Radius r_{zyl} ist vorab ermittelt worden und mittels des gemittelten Ab-

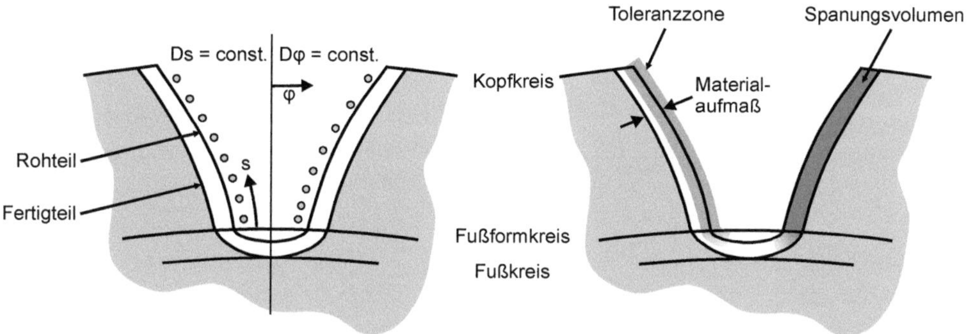

Abb. 6.34 Modell der Messpunkte- und Materialaufmaßverteilung am Beispiel einer Zahnlücke

stand $d_{einmess}$ ist die genaue Lage des Sensors zur Rotationsachse d_{offset} bekannt. Folglich kann die Konvertierung des Abstands in einen auf die Rotationsachse bezogenen Radius durchgeführt werden. Schlussendlich liegt der Profilschnitt des Messobjekts in Zylinderkoordinaten vor. Des Weiteren kann es zu einer konstanten Winkelabweichung zwischen Erfassungs- und Positionierkoordinatensystem kommen. Die Strategie zur Bestimmung des Winkels ist in Haase [Haa06f] beschrieben.

Die schematisch gezeigte Messdatenerfassung wird ebenfalls für den prozessintegrierten Einsatz genutzt. Einziger Unterschied ist die geringere Winkelauflösung des in der Drehmaschine eingesetzten Winkelgebers. Das prozessintegrierte Messsystem ist in Abb. 6.38 visualisiert und und im begleitenden Text beschrieben.

Für die Korrektur der exzentrischen Bauteillage nach dem technologisch sinnvollen Kriterium der möglichst äquidistanten Materialaufmaßverteilung auf den zu bearbeitenden Funktionsflächen, müssen die durch das optische Messsystem erfassten geometrischen Daten ausgewertet werden. Hierzu kann das in Abb. 6.34 dargestellte geometrische Modell verwendet werden.

Das durch das Aufmaß beschriebene Volumen zwischen Rohteil und Fertigteil entspricht dem in Abb. 6.34 dargestellten Spanungsvolumen und wird nach der Bearbeitung der Bohrung des Zahnrads durch einen Schleifprozess entfernt. Die Geometrie des Fertigteils bzw. der Referenzgeometrie ist im Rechner hinterlegt und durch die Parameter des Zahnrads wie beispielsweise das Modul m, die Zähnezahl z, der Eingriffswinkel α, der Schrägungswinkel β oder der Profilverschiebungsfaktor x spezifiziert. Die Verläufe der Zahnflanken werden im vorliegenden Fall durch Evolventen beschrieben, grundsätzlich möglich sind jedoch auch andere Verzahnungsformen, wie beispielsweise eine Splineverzahnung.

Während die Referenzgeometrie im Rechner hinterlegt ist, wird die Geometrie des rotierenden Rohteils messtechnisch durch einen konoskopischen Sensor in radialer Richtung gemessen, um den Stirnschnitt des Zahnrads in Polarkoordinaten zu erhalten. Im Gegensatz zu einer beispielsweise taktilen Messung einer Verzahnung, bei der die Schrittweiten Δs äquidistant sind, liegt bei der durchgeführten Messdatenaufnahme ein konstanter Winkel $\Delta\varphi$ zwischen den Messpunkten vor, sodass die Schrittweite der Messpunkte längs der Flanke vom Zahnkopf zum Zahnfuß zunimmt.

Das Spanungsvolumen V einer Flanke wird berechnet, indem die Abstände di der Messpunkte i zum Fertigteil mit der jeweiligen Schrittweite Δsi, d. h. mit der jeweils halben Entfernung zum rechten und linken benachbarten Messpunkt, gewichtet werden:

$$V = b \cdot \sum_i \Delta s_i \cdot d_i, \tag{6.13}$$

mit b als Breite des Zahnrads [Haa05e]. Das mit der obigen Gleichung zu berechnende Spanungsvolumen an den Zahnflanken eignet sich für die Detektion von Teilungsfehlern bei Verzahnungen, welche maßgeblich die Qualität eines Zahnrads ausmachen. Auf Basis der Spanungsvolumina der rechten und linken Zahnflanken einer Verzahnung kann das Differenz-Spanungsvolumen wie folgt definiert werden:

$$\Delta V_i = V_{l,i} - V_{r,i}. \tag{6.14}$$

eines Funktionselementes $i = 1..z$ definiert werden kann. Als Funktionselement dienen hierfür zwei Zahnflanken, die entweder zu einem Zahn oder einer Zahnlücke zusammengefasst sind. Das nach Gl. 6.14 definierte Differenz-Spanungsvolumen eines Funktionselements ergibt sich damit als Differenz der Spanungsvolumina eine rechten und einer linken Zahnflanke. So kann ein vorhandener Teilungsfehler einer Verzahnung folgendermaßen detektiert werden:

- $\Delta V = 0$ für Funktionselemente ohne ausgeprägten Teilungsfehler und
- $\Delta V \neq 0$ für Funktionselemente mit ausgeprägtem Teilungsfehler.

Mit Hilfe des Vorzeichens des Differenz-Spanungsvolumens kann eine Aussage darüber getroffen werden, an welcher der beiden Funktionsflächen eines Funktionselements der Teilungsfehler auftritt, d. h. mehr Materialaufmaß vorhanden ist.

Für die Ausrichtung bzw. für die qualitative und quantitative Beurteilung von Bauteilen können unterschiedliche Ansätze genutzt werden. Der in diesem Fall einzusetzende Ansatz muss beispielsweise robust gegenüber Signalen mit einer größeren Unsicherheit sein, wie sie aufgrund der Verwendung schneller optischer Messtechnik auftreten. Weiterhin müssen möglich auftretende Teilungsfehler in adäquater Weise berücksichtigt werden, ohne dass diese jedoch das Ergebnis in unzulässiger Weise beeinträchtigen. Bei der in diesem Fall durchgeführten Einpassung (minimale Betragssumme) wird ein (Lage-) Korrekturvektor für die Bauteillagekorrektur der endzubearbeitenden Zahnräder berechnet. Zu diesem Zweck wird die Zielfunktion $Q(\underline{a})$ mit Hilfe eines Parametervektors a minimiert, welche auf die L_1-Norm zurückgreift und das Differenz-Spanungsvolumen ΔV heranzieht:

$$Q(\underline{a}) = \sum_i |\Delta V_i| \overset{!}{\rightarrow} \min\nolimits_{\underline{a}} \tag{6.15}$$

Die Zielfunktion $Q(\underline{a})$ ergibt sich aus der Summe der Beträge der Differenz-Spanungsvolumina. Die Einpassung auf Basis des Differenz-Spanungsvolumens erlaubt die angemessene Berücksichtigung von Teilungsfehlern und eine bestmögliche Ausrichtung der erfassten Messpunkte zur Positionierung des Werkstücks.

Die für die Einpassung erforderlichen Freiheitsgrade des auszurichtenden Zahnrads sind in einem Parametervektor a zusammengefasst. Er beinhaltet unter anderem die erforderlichen Translationen in x- und y- Richtung des Zahnrads in Form eines Korrekturvektors, um das Zahnrad in die bestmögliche Bearbeitungsposition auszurichten.

Voruntersuchungen an präzisionsgeschmiedeten Zahnrädern haben gezeigt, dass Exzenterfehler in der Größenordnung bis ca. 80 μm auftreten (s. Kap. 5.1). Für eine simulative Verifikation der Algorithmen wurden Daten generiert, die Exzentrizitäten von 8 bis 80 μm aufweisen. Die Werte der durch die Algorithmik berechneten Korrekturvektoren weichen nur um wenige Mikrometer von den simulativ vorgegebenen Werten ab, sodass die Auswertung grundsätzlich für den angestrebten Zweck geeignet ist.

Die in Kap. 6.2 und 6.3 gezeigten Messsysteme liefern Messdaten in Form von Polarkoordinaten, die aus dem Winkel und dem Radius des Messpunkts bestehen. Dabei sind jedoch beide Messgrößen (Radius und Winkel) dem Einfluss unterschiedlicher Fehlerquellen unterworfen und eine nicht exakte Erfassung der Meßgrößen führt zu einer Messunsicherheit des berechneten Korrekturvektors. Die Größe der Messunsicherheit kann mit Hilfe von Simulationen abgeschätzt werden. Hierbei wurden die Fehler der Messgrößen durch Rauschen abgebildet.

Für den fertigungsnahen Laboraufbau und dem prozessintegrierten Messsystem ist, angepasst an die Hardwarekomponenten, eine Gleichverteilung bei der Unsicherheit des Winkels mit einer äquivalenten Standardabweichung angenommen worden. Demgegenüber wird für den konoskopischen Sensor mit dem eingesetzten Linsensystem eine vom Hersteller normalverteilte erweiterte Standardunsicherheit angegeben. Die bereits im Rechner generierten Daten, die exzentrisch verschoben sind, werden daher noch in rotatorischer Richtung mit einem gleichverteilten und in radialer Richtung mit einem normalverteilten Rauschen entsprechender Größenordnungen überlagert, um so eine Messung zu simulieren.

Zur statistischen Absicherung der Ergebnisse werden für jede Einstellung (Größe und Richtung der Verschiebung) Monte-Carlo-Simulationen durchgeführt. Die mittels Optimierung geschätzte Position des Zahnrads in der Rotationsebene weicht geringfügig von der Referenzposition ab und die Abweichungen sind in Abb. 6.35 dargestellt.

Die Verteilungen der Abweichungen entsprechen einer Normalverteilung. Die Normalverteilung ist für die Abweichung Δy exemplarisch in Abb. 6.35 eingezeichnet. Mit Hilfe eines χ^2-Tests (95 %) ist nachgewiesen worden, dass sich die Abweichungen annähernd normalverteilt sind und somit ergibt sich aus den Abweichungen Δx und Δy eine Rayleigh-verteilte Restexzentrizität Δr. Sie ist ebenfalls beispielhaft in Abb. 6.35 eingezeichnet. Mögliche Fehlerquellen wurden empirisch anhand von Wiederholmessungen identifiziert. Hieraus resultieren die in der nachstehenden Tab. 6.2 gezeigten spezifizierten Standardunsicherheiten für einen einzelnen Messpunkt.

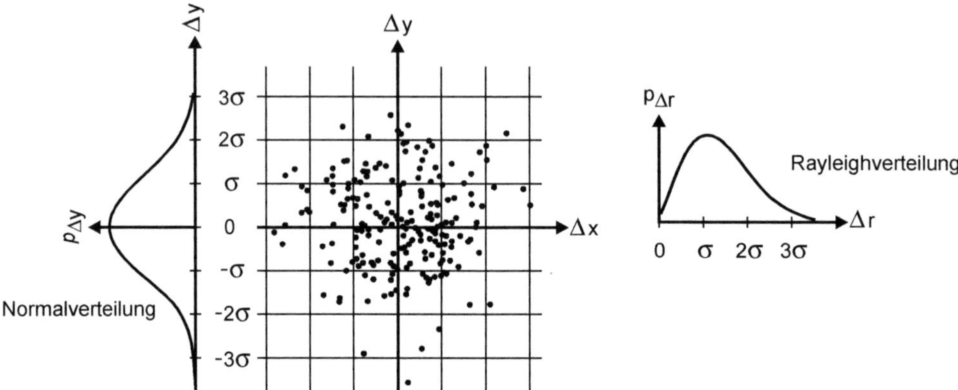

Abb. 6.35 Abweichungen von der Referenzposition mit zugehörigen Verteilungen

Tab. 6.2 Standardunsicherheiten der Messwerterfassung

	Laboraufbau	Fertigungsintegrierter Aufbau
Drehgeschwindigkeit	60°/s	100 °/s
Standardunsicherheit Winkel	5"	9"
Standardunsicherheit Radius	2 μm	

Die im Vergleich mit der taktilen Messtechnik etwas größeren Unsicherheiten für einen einzelnen Messpunkt werden im Rahmen der verwendeten optischen Messtechnik durch eine wesentlich größere Messpunktanzahl statistisch kompensiert.

Für die Auswertung von gemessenen Stirnschnitten präzisionsgeschmiedeter ist sowohl das Spanungsvolumen sowie das Differenz-Spanungsvolumen eingeführt worden, die sensitive Kriterien für auftretende Teilungsfehler bei Verzahnungen darstellen [Haa06f]. Zur Berechnung des Korrekturvektors in zwei Freiheitsgraden für die Feinpositionierung präzisionsgeschmiedeter Zahnräder ist die L_1-Norm (minimale Betragssumme) vorgestellt worden. Das Verfahren lässt sich anschaulich geometrisch deuten und ermöglicht das Ausrichten von Verzahnungen unter Berücksichtigung von Teilungsfehlern und zur Korrektur von Exzenterfehlern. Die L_1-Norm ist aufgrund ihrer Zielfunktion sehr robust gegenüber Ausreißern, wie sie bei der Verwendung schneller optischer Messtechnik auftreten können. Weiterhin kann durch die Formulierung geeigneter Randbedingungen die Einhaltung der Toleranzzone des Bearbeitungsaufmaßes, d. h. das minimal erforderliche bzw. das maximal zulässige Materialaufmaß, sichergestellt oder das Werkstück rechtzeitig als Ausschuss klassifiziert werden. Die theoretische Verifikation der Einpassung präzisionsgeschmiedeter Zahnräder zur Korrektur von Exzenterfehlern auf Basis der L_1-Norm ist durch umfangreiche Simulationen verifiziert worden. Die Standardunsicherheiten der ermittelten Position gegenüber der simulierten Sollposition und somit verbleibende Restexzentrizitäten sind in Tab. 6.3 geführt.

Tab. 6.3 Standardunsicherheiten und Restexzentrizitäten

	Laboraufbau	Fertigungsintegrierter Aufbau
Standardunsicherheit Position	0,1 μm	0,2 μm
Restexzentrizität (95 %)	0,2 μm	0,5 μm

Wie ersichtlich, ist die umgesetzte L_1-Norm auf Basis des Differenz-Spanungsvolumens für die Bestimmung des Korrekturvektors in zwei translatorischen Freiheitsgraden zur Feinpositionierung präzisionsgeschmiedeter Zahnräder für die Umsetzung in der Praxis geeignet, da die Restexzentrizitäten gegenüber der bisherigen Exzentrizität von bis zu 80 μm eine erhebliche Verbesserung darstellt.

Die Einpassung anhand präzisionsgeschmiedeter Zahnräder zur Korrektur von Exzenterfehlern ist durch umfangreiche Experimente sowohl im Laboraufbau als auch im prozessintegrierten Aufbau verifizierbar. Abbildung 6.36 zeigt exemplarisch für ein präzisionsgeschmiedetes Zahnrad den errechneten Korrekturvektor vor und nach der Feinpositionierung (jeweils hundertfach überhöht). Nach der Umsetzung des Korrekturvektors und der bestmöglichen Bearbeitungsposition ist anschließend in der Drehmaschine die Mittenbohrung des Zahnrads bearbeitet worden (s. Kap 1). Diese wird anschließend als Primärbezugselement für das Verzahnungsschleifen genutzt. Alle feinpositionierten präzisionsgeschmiedeten Zahnräder konnten somit im nachfolgenden Schleifprozess vollständig bearbeitet werden (s. Abschn. 5.1.3). Auch eine Qualitätskontrolle endbearbeiteter Zahnräder mittels eines taktilen Koordinatenmessgeräts ergab im Mittel sehr gute Qualitäten für die Teilungs-Einzel- und -summenabweichungen sowie den Rundlauf im Bereich IT 3 bis IT 5.

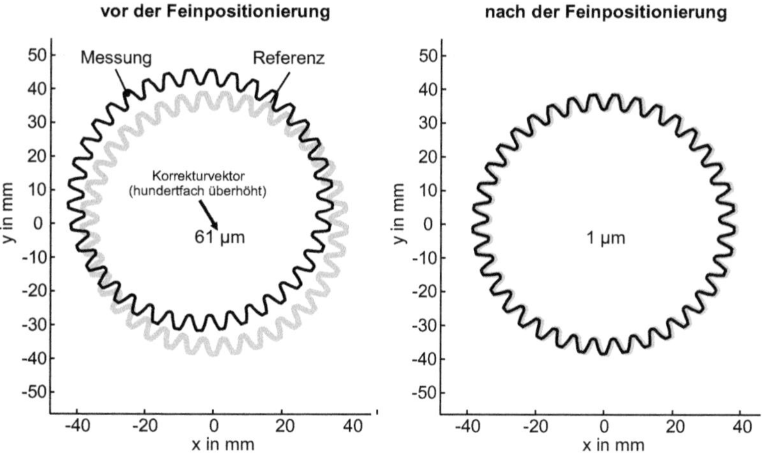

Abb. 6.36 (Lage-) Korrekturvektor für ein präzisionsgeschmiedetes Zahnrad vor und nach der Feinpositionierung

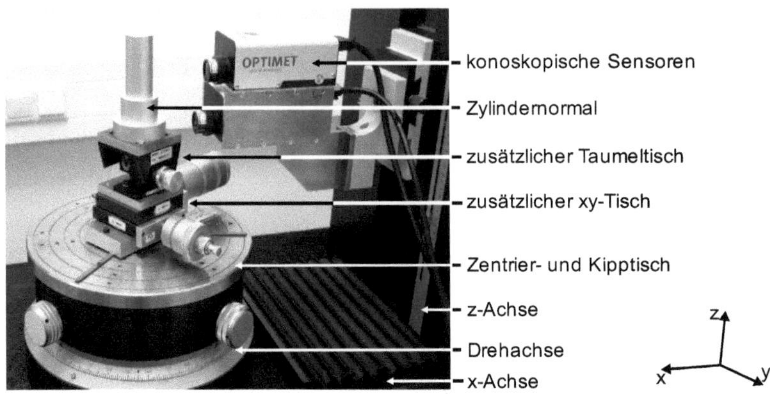

Abb. 6.37 Laboraufbau für Messungen von Ritzelwellen

Für nicht gedrungene Bauteile reicht jedoch eine translatorische Korrektur nicht aus. Bei Bauteilen, die ein Längen-Durchmesser-Verhältnis größer eins aufweisen, spielt auch die Verkippung des Bauteils eine erhebliche Rolle. Somit müssen bei den so genannten Langbauteilen neben Exzenterfehlern auch Taumelfehler für eine bestmögliche Bearbeitung der Funktionselemente korrigiert werden. Dieses erfordert eine Ausrichtung in vier Freiheitsgraden (v_x, v_y, φ_x, φ_y), wie in dem Abschn. 5.1.4 dargestellt, und weist somit wesentliche Änderungen hinsichtlich der Sensorik, der Messdatenaufnahme und –auswertung auf. Exemplarisch gezeigt wird dieses anhand der präzisionsgeschmiedeten Ritzelwelle, bei der ebenfalls ein möglichst äquidistantes Materialaufmaß an den noch zu bearbeitenden Geometrie- bzw. Funktionselementen vorliegen soll. Eine Ritzelwelle weist die zwei wesentlichen Funktionselemente Verzahnung und oberen Lagersitz auf. Sind beispielsweise die Achsen dieser beiden Elemente nicht koaxial, was aufgrund des Schmiedeprozesses und der integrierten Wärmebehandlung auftreten kann (s. Kap. 2), dann ist die Endbearbeitung beider Elemente nicht sichergestellt. Um Fehlpositionierungen detektieren und das vorhandene Materialaufmaß optimal über das gefertigte Bauteil verteilen zu können, werden beide Funktionselemente mit mindestens einem linienhaften Profilschnitt erfasst, der repräsentativ für das Geometrieelement sein muss. Der Laboraufbau für die Messdatenaufnahme ist ausführlich in Gilhaus [Gil08b] beschrieben.

Wie in Abb. 6.37 zu sehen, werden für die Messdatenaufnahme zwei konoskopische Sensoren genutzt. Diese sind, wie bei dem Anwendungsbeispiel Zahnrad erläutert, sehr gut geeignet, um die komplexe Geometrie der Schrägverzahnung erfassen zu können, da sie bis zu einem Winkel von $\pm 85°$ zur Oberflächennormalen des Messobjekts Daten erfassen können. Der untere Sensor erfasst einen linienhaften Profilschnitt der Verzahnung, während der obere Sensor einen Profillinienschnitt des Lagersitzes erfasst. Für die Messung ist der Einsatz von zwei Sensoren notwendig, da die Geometrieelemente aufgrund der zu geringen Messbereiche der eingesetzten Linsensysteme nicht mit einem Sensor vollständig erfasst werden können. Aus diesem Grund sind auch die beiden Sensoren zueinander versetzt

Abb. 6.38 Integration der Messtechnik in den Fertigungsprozess

angeordnet. Die Synchronisation der Abstandsdaten der konoskopischen Sensoren mit den Winkeldaten der Drehachse erfolgt mit einer modifizierten Synchronisationseinheit, die dem in Abb. 6.32 gezeigten Prinzip ähnelt.

Für die Feinpositionierung in vier Freiheitsgraden eignet sich eine Kombination aus einem xy-Tisch zur Korrektur von Exzenterfehlern sowie einem Kipptisch zur Korrektur von Taumelfehlern. Weiterhin ist in Abb. 6.37 ein Ritzelwellennormal abgebildet, mit dem die Sensorik nach Abb. 6.33 eingemessen wird. Die Messdatenaufnahme im prozessintegrierten Aufbau erfolgt ähnlich wie im Laboraufbau. Neben einer unterschiedlichen Drehgeschwindigkeit und Drehwinkelauflösung im Vergleich zum Laboraufbau kommt es zu drei weiteren notwendigen Modifikationen.

Um mit den Sensoren an unterschiedlichen Stellen des Bauteils messen zu können, ist eine hochpräzise Linearachse in die Werkzeugmaschine integriert, was in Abb. 6.38 zu sehen ist.

Wie in der Abbildung gezeigt, sind beide Sensoren auf einer Linearachse befestigt, welche die erforderliche Bewegung in Längsrichtung des zu messenden Bauteils durchführt. Ebenfalls kann die Sensorik während der Bearbeitung des Lagersitzes in eine „Parkposition“ verfahren werden, die möglichst weit von der Bearbeitung der Ritzelwelle entfernt liegt, um eine Beschädigung der Messtechnik zu verhindern. Mit Hilfe von zwei Ausrichtmöglichkeiten wird die Sensorik möglichst orthogonal zur Drehachse ausgerichtet und mit dem Ritzelwellennormal eingemessen. Die zweite Änderung gegenüber dem Laboraufbau ist der Einsatz von so genannten „Extended“-Linsen, die gegenüber den normalen Linsensystemen einen wesentlich größeren Arbeitsabstand aufweisen. Dieser ist hinsichtlich der Einspannung des Bauteils in der Feinpositioniervorrichtung notwendig, um eine Kollision von der Sensorik und dem 4-FHG-Spannfutter, welches in Abschn. 5.1.4 ausführlich beschrieben ist, zu vermeiden. Um auch im prozessintegrierten Einsatz im optimalen Messbereich arbeiten zu können, sind die beiden Sensoren ebenfalls zueinander versetzt. Die dritte Änderung ist die Kapselung der Sensorik in der Werkzeugmaschine durch Schutzumhausung, um die Sensorik zusätzlich vor Beschädigung durch Späne zu verhindern.

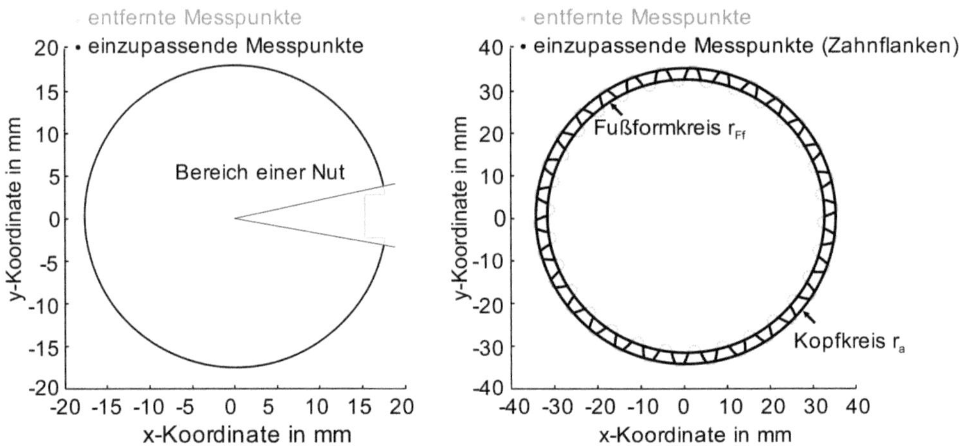

Abb. 6.39 Extraktion der Messdaten

Mit Hilfe der beiden beschriebenen Messaufbauten wird eine profillinienhafte Erfassung der Geometrieelemente der präzisionsgeschmiedeten Bauteile ermöglicht. Die Daten liegen wiederum in Polarkoordinaten vor und werden zu xy-Koordinaten transformiert. Die für die Auswertung erforderliche z-Koordinate für einen dreidimensionalen Datensatz liefert die jeweilige Linearachse. Anschließend werden die Daten auf eine Referenzgeometrie eingepasst. Vorab werden jedoch die Messdaten für die Algorithmik vorverarbeitet. Hierfür werden Filter- und Extraktionsverfahren angewendet. Hinsichtlich der Filterung bedeutet dieses beispielsweise eine Eliminierung von Messpunkten, die unter einem vom Benutzer einzustellenden Signal-Rausch-Verhältnis liegen oder die gewählte Anzahl von übersättigten Pixeln auf dem CCD-Sensor übersteigen. Bei der Extraktion der Messdaten werden hinsichtlich der Verzahnung alle Messpunkte entfernt, die nicht zu den Zahnflanken gehören. Anhand des Kopfkreisdurchmessers und des Fußformkreisdurchmessers werden die Zahnkopf- und Zahnlückenpunkte detektiert und beseitigt. Hinsichtlich der Extraktion bei den Profillinienschnitten des Lagersitzes ist implementiert, dass beispielsweise Punkte von Nuten oder Passfedern aus dem Messdatensatz entfernt werden, da diese die anschließende Einpassung negativ beeinflussen würden. Grundsätzlich ist dieser Prozess jedoch ein Filterprozess, der Messausreißer in den Lagersitzmessdatensätzen entfernt. Abbildung 6.39 zeigt die Extraktion der Messdaten für beide Geometrieelemente.

Bei dem Präzisionsschmiedeprozess und der integrierten Wärmebehandlung treten hohen mechanische und thermische Belastungen auf, die sich in Maß-, Form- und Lageabweichungen widerspiegeln. In Kap. 4 werden die durch die Wärmebehandlung verursachten Abweichungen ausführlich beschrieben. Für die anschließende Bearbeitung sowohl des Lagersitzes als auch der Verzahnung ist aufgrund dieser Abweichungen kein geeignetes Primärbezugselement für diese Bearbeitungsschritte vorhanden. Mit Hilfe der oben beschriebenen Messtechnik und der in Kap. 5.1 gezeigten Aktorik und eines an den Geometrieelementen vorgesehenen minimalen Materialaufmaß kann das Bauteil vor der

Bearbeitung so ausgerichtet werden, dass das materialaufmaß möglichst äquidistant verteilt ist und eine jeweilige Endbearbeitung gewährleistet werden kann. Nach Ausrichtung des Bauteils in vier Freiheitsgraden kann in einem ersten Schritt der Lagersitz bearbeitet werden, so dass durch die vorherige Ausrichtung die noch zu schleifende Verzahnung optimal zu dem Lagersitz liegt und dieser als Bezugselement für den Schleifprozess genutzt werden kann. Zur Ausrichtung der präzisionsgeschmiedeten Ritzelwellen muss somit ein Korrekturvektor in vier Freiheitsgraden errechnet werden, der die erforderlichen zwei Translationen (v_x, v_y) und zwei Rotationen (φ_x, φ_y) beinhaltet. Für die Berechnung dieses Korrekturvektors werden die gemessenen Daten auf eine im Rechner hinterlegte Referenzgeometrie eingepasst, dessen Lage in einem unveränderlichen, raumfesten Koordinatensystem definiert ist. Grundsätzlich lässt sich die Ermittlung der Abweichungen und die Berechnung des Korrekturvektors wiederum als Optimierungsproblem formulieren, bei dem in diesem Fall die Abstände di zwischen Referenzmodell und gemessenem Werkstück minimiert werden. Mathematisch hat die Zielfunktion $Q(\underline{a})$ die Form

$$Q(\underline{a}) \overset{!}{\rightarrow} \min_{\underline{a}}. \tag{6.16}$$

Der Parametervektor a, mit dem die Zielfunktion minimiert wird, liefert die erforderlichen Korrekturparameter. Auch in diesem Fall kann die Zielfunktion $Q(\underline{a})$ verschiedene Ausprägungen aufweisen. Die hier gewählte Einpassalgorithmik nutzt die in der Messtechnik oft verwendete L_2-Norm und minimiert die Summe aller Abstandsquadrate (Gauß-Einpassung). Ihre Zielfunktion lautet in allgemeiner Form

$$Q(\underline{a}) = \sum_i d_i(a)^2 \overset{!}{\rightarrow} \min_{\underline{a}} \tag{6.17}$$

Für die Einpassung auf die Referenzgeometrie wird jeweils der lotrechte Abstand vom Messpunkt zum Referenzelement ermittelt. Die Abstandsvektoren hinsichtlich der Lagersitzmesspunkte werden mit Hilfe eines Referenzkreises und der Bestimmung des Lotfußpunkts berechnet. Die Ermittlung der Abstandsvektoren und des lotrechten Abstands bei einer vorliegenden Schrägverzahnung ist komplex. Abbildung 6.40 veranschaulicht die Problematik.

Aufgrund des Schrägungswinkels β stimmen die z-Koordinaten des Messpunkts P und des Lotfußpunkts L nicht überein. Die Ermittlung des lotrechten Abstands und dem dazugehörigen Abstandsvektor kann jedoch ebenfalls eindeutig bestimmt werden. Anhand von festen Zahnradkenngrößen, wie dem Schrägungswinkel β, dem Grundkreisradius r_b, dem Zahnlücken-Halbwinkel η und den Polarkoordinaten des Messpunkts können der lotrechte Abstand und der dazugehörige Abstandsvektor berechnet werden.

Anschließend kann die dreidimensionale iterative Einpassung der Daten auf eine Referenzgeometrie durchgeführt werden. Hierfür eignet sich das Zweischritt-Iterationsverfahren nach Kromke, welches wie oben beschrieben die Zielfunktion nach der L_2-Norm minimiert. Bei dieser Einpassungsmethode wird, wie in Abschn. 6.2.2 ausführlich erklärt, abwechselnd ein Translations- und Rotationsvektor errechnet. Endergebnis

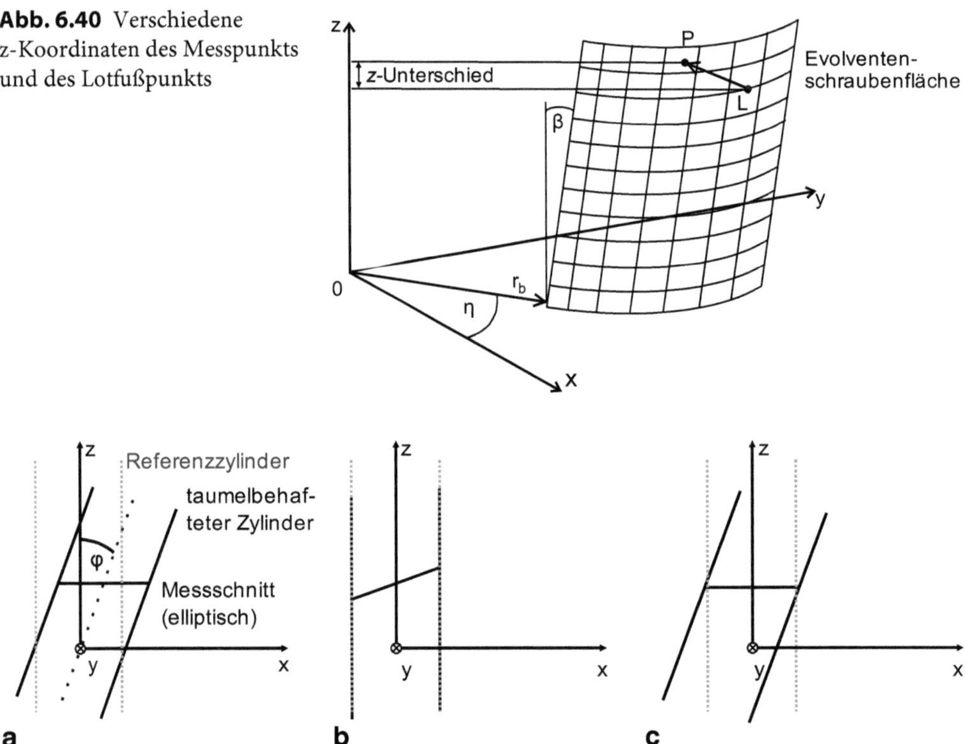

Abb. 6.40 Verschiedene z-Koordinaten des Messpunkts und des Lotfußpunkts

Abb. 6.41 Problem der Einpassung eines Messschnitts

der Minimierung der Abstandsquadratsumme aller Abstände ist ein Ausrichtungsvektor in vier Freiheitsgraden zur Bauteillage und -positionskorrektur. Dieser kann anschließend im Laboraufbau manuell oder im prozessintegrierten System durch das in Abschn. 5.1.4 vorgestellte 4-FHG-Spannfutter umgesetzt werden.

Für die Analyse der Funktionsfähigkeit der erstellten Auswertealgorithmik zur Bestimmung des Korrekturvektors bietet sich eine simulativ gestützte Verifikation an. Grundlage bilden hierfür synthetische Messdatensätze sowohl von dem Lagersitz als auch von der Verzahnung. Hinsichtlich des Lagersitzes sind die Radien, Materialaufmaße, Exzentrizitäten und Verkippungen variiert worden. Anstelle des Radius ist bei der Verzahnung der Schrägungswinkel verändert worden, um die Einpassung sowohl an Gerad- als auch an Schrägverzahnungen zu erproben. Um auch den Taumelfehler detektieren zu können, müssen stets mindestens zwei Messschnitte ausgewertet werden, da sonst ein Verkippungsfehler nicht korrekt detektiert wird. Abbildung 6.41 visualisiert die Problematik anhand von Lagersitzdaten.

Abbildung 6.41a zeigt die Ausgangssituation, in der ein Zylinder um den Winkel φ gegenüber einem Referenzzylinder gekippt ist. Um einen Messschnitt zu simulieren, wird in einer Höhe z der rotierte Zylinder mit einer Ebene geschnitten, sodass dieser eine

Tab. 6.4 Exemplarisch eingestellte Fehlpositionen

Eingestellte Position	vx in μm	vy in μm	φx in arcsec	φy in arcsec
1	– 100	0	0	0
2	0	0	0	95
3	0	0	0	0

Tab. 6.5 Ermittelte Korrekturvektoren durch die Algorithmik

Ermittelte Position	vx in μm	vy in μm	φx in arcsec	φy in arcsec
1	100,8 ± 0,5	– 1,5 ± 0,6	6,6 ± 1,3	– 17,6 ± 1,3
2	– 3,2 ± 0,5	3,9 ± 0,7	31,4 ± 1,9	– 99,0 ± 1,3
3	5,5 ± 0,5	– 1,0 ± 0,3	1,1 ± 0,9	– 2,4 ± 1,4

elliptische Ausprägung hat. Die richtige Lösung des Einpassungsproblems ist in Abb. 6.41b ist die korrekte Lösung dargestellt. Der Messschnitt ist um den Winkel φ zurückgekippt und der eingepasste Zylinder stimmt somit mit dem Referenzzylinder überein. Die iterative Einpassung kompensiert den Taumelfehler durch eine translatorische Bewegung, welche ein lokales Minimum darstellt, wie in Abb. 6.41c veranschaulicht. Um dieses zu vermeiden, sind zwei Messschnitte in einem ausreichenden z-Abstand zu nutzen. Bei der Einpassung eines Ritzelwellendatensatzes kann dieser Effekt grundsätzlich nicht auftreten, da sowohl ein Lagersitz- als auch ein Verzahnungsdatensatz vorliegen und ausgewertet werden.

Für die Simulation bietet es sich an, die synthetischen Datensätze mit einem Rauschen zu überlagern. Die statistischen Parameter können ähnlich wie bei dem Zahnrad durch ein gleichverteiltes Rauschen hinsichtlich des Winkels und durch ein normalverteiltes Rauschen hinsichtlich des Abstands/Radius gewählt werden. Die berechnete Einpassung der simulierten Daten weicht im wenige Mikrometer von den vorgegebenen Exzentrizitäten und Verkippungenab, sodass die umgesetzte Algorithmik für die Ermittlung des Korrekturvektors in vier Freiheitsgraden grundsätzlich geeignet ist.

Als Messobjekt für die Verifikation im Laboraufbau kann ein Ritzelwellennormal verwendet werden, welches aus einem passgenauen Lagersitz und einem Lehrzahnrad aufgebaut ist. Mit Hilfe des im Laboraufbau integrierten xy- und Kipptischs ist das Ritzelwellennormal unterschiedlich exzentrisch und taumelnd positioniert und anschließend Messdatensätze aufgenommen worden. Die Ergebnisse werden exemplarisch an drei eingestellten Positionen gezeigt, die in Tab. 6.4 zusammengefasst sind.

Zur statistischen Absicherung sind jeweils 25 Messungen durchgeführt worden. Tabelle 6.5 fasst die von der Algorithmik ermittelten Korrekturvektoren zusammen.

Wie ersichtlich weichen die ermittelten Korrekturen hinsichtlich der Translation um maximal 5,5 μm von den zu erwartenden Werten ab. Bei der errechneten Korrektur hinsichtlich des Winkels ergibt sich eine maximale Abweichung von 31,4 Winkelsekunden. Die Abweichungen können einerseits von der Messunsicherheit der eingesetzten Sensorik und andererseits von der manuellen Verschiebe- und Kippeinheit verursacht werden. Die nicht vollständige Entkopplung der Achsen und geringe Führungsabweichungen führen zu Abweichungen dieser Größenordnung. Durch weitere Positionierschritte kann jedoch der Unterschied zwischen der eingestellten und errechneten Fehlpositionierung beseitigt werden, sodass die bestmöglich Position mit sehr geringen Lage- und Positionskorrekturen erreicht ist.

Im letzten Schritt sind für eine Verifikation der entwickelten Einpassalgorithmik Ritzelwellen in der aktiven Feinpositioniervorrichtung (s. Abschn. 5.1.4) eingespannt, gemessen und ausgewertet worden. Anschließend wurde der ermittelte Korrekturvektor umgesetzt und die Ritzelwelle erneut gemessen, um die Wirkung des Ausrichtprozesses und der Einpassung nachzuweisen. In Abb. 6.42 ist beispielhaft die Verteilung des Aufmaßes vor und nach der Feinpositionierung an der Verzahnung und des Lagersitzes einer Ritzelwelle ersichtlich.

Das an beiden Funktionselementen vorgehaltene Aufmaß ist nach der Einpassung wesentlich gleichmäßiger verteilt als vor der Einpassung. Die notwendigen Korrekturen liegen innerhalb der Stellgrenzen des 4-FHG-Spannfutters.

6.2.3 Unwuchtorientierte Mess- und Auswertestrategien/-verfahren

Die in Abschn. 6.3.2 vorgestellten Mess- und Auswertestrategien beruhen auf einen materialaufmaßorientierten Ansatz, um die Endbearbeitbarkeit der Funktionselemente in den nachfolgenden Bearbeitungsschritten gewährleisten zu können. In diesem Unterabschnitt wird eine weitere Strategie vorgestellt, die das Ziel verfolgt, durch eine Bauteillagekorrektur und anschließender Bearbeitung der Lagersitze die statische Unwucht des zu bearbeitenden Bauteils zu reduzieren bzw. zu eliminieren. Als Beispielbauteil fungiert die ebenfalls präzisionsgeschmiedete Kurbelwelle. Eine Nebenbedingung stellt hier die Endbearbeitbarkeit (s. Abb. 5.36 in Abschn. 5.3.1) jedoch nicht ein äquidistantes Materialaufmaß an den Haupt- und Hublagersitzen dar. Um eine unwuchtminimierende Einpassung anhand geometrischer Daten umsetzen zu können, müssen alle Geometrieelemente einer Kurbelwelle messtechnisch erfasst werden.

Das fertigungsnahe Messsystem ist mit seinen wesentlichen Komponenten in Abschn. 6.2.2 sowie in Abb. 6.17 beschrieben. Einzige Änderung ist der Einsatz eines konoskopischen Sensors anstatt des dort genutzten Streifenprojektionssensors, die jeweils über ein Dreiachs-Positioniersystem dem Messobjekt zugestellt werden. Für eine volumetrische Analyse eines Bauteils auf Basis geometrischer Daten und eine anschließende unwuchtorientierte Auswertung werden alle drei Elemente mit einem linienhaften Profilschnitt erfasst. Mit dem in Abb. 6.17 gezeigten Schattenprojektionssystem sind grundsätzlich zwei Typen von Messungen durchführbar. Exemplarisch sind diese anhand einer Kurbelwelle in Abb. 6.43 visualisiert.

Zur Aufnahme eines Querschnitts wird das Bauteil in Umfangsrichtung gescannt. Dabei wird die Kurbelwelle über eine Rotationsachse gedreht, während sich die Messoptik an der fest definierten Aufnahmeposition befindet (s. Abb. 6.43a). Mit dieser Art der Messung

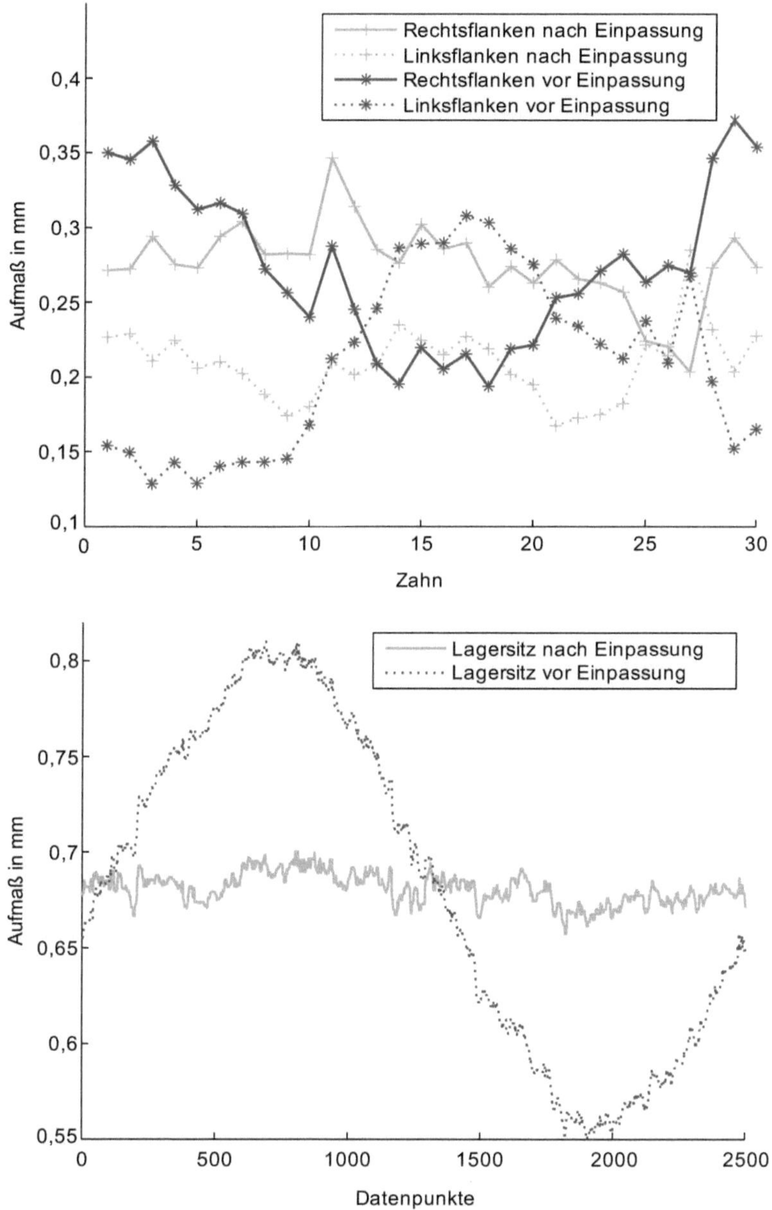

Abb. 6.42 Aufmaßverteilung vor und nach der Einpassung an der Verzahnung und des Lagersitzes

werden die Haupt- und Hublagersitze profillinienhaft erfasst. Demgegenüber wird ein Längsschnitt erzeugt, indem die Kurbelwelle in Längsrichtung gescannt wird. Hierbei wird die Messoptik auf einer hochpräzisen Vertikalachse verfahren, während die Kurbelwelle

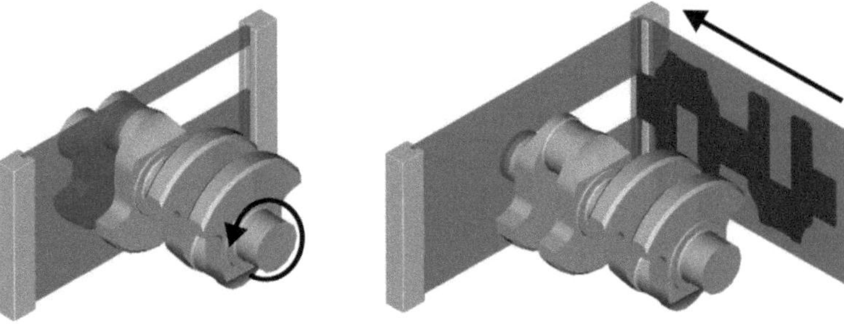

Abb. 6.43 Aufnahmemöglichkeiten mit der Schattenprojektionseinheit

Abb. 6.44 Aufnahmemöglichkeiten mit der Schattenprojektionseinheit

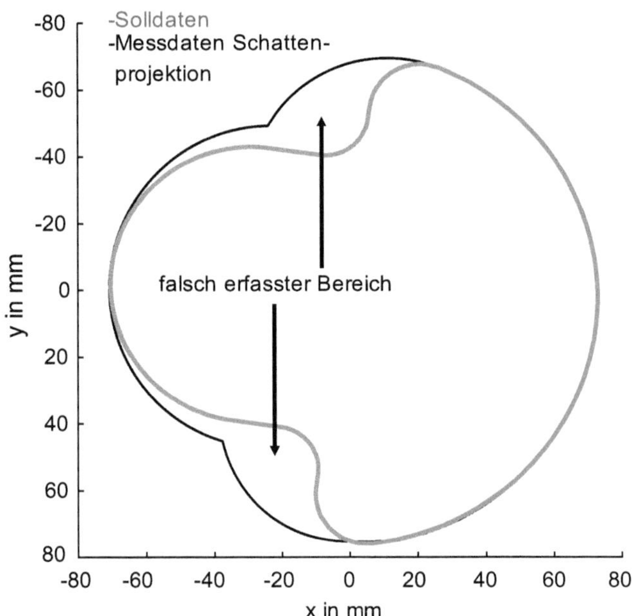

keine Rotationsbewegung vollzieht (s. Abb. 6.43b). Durch einen Längsschnitt können die Längsausdehnungen der einzelnen Geometrieelemente erfasst werden, um das Volumen bestmöglich bestimmen zu können.

Aufgrund der konkaven Bereiche können Kurbelwangen nicht vollständig durch das Messprinzip der Schattenprojektion gemessen werden. Abbildung 6.44 zeigt exemplarisch eine Messung einer Kurbelwange mit dem Schattenprojektionssystem im Vergleich mit Solldaten dieser Geometrie.

Aus Abb. 6.44 geht hervor, dass die konkaven Bereiche der Kurbelwangengeometrie durch dieses Messverfahren falsch erfasst werden, da stets nur die Einhüllende der Geometrie gemessen wird. Somit werden auch das Volumen sowie der Volumenschwerpunkt

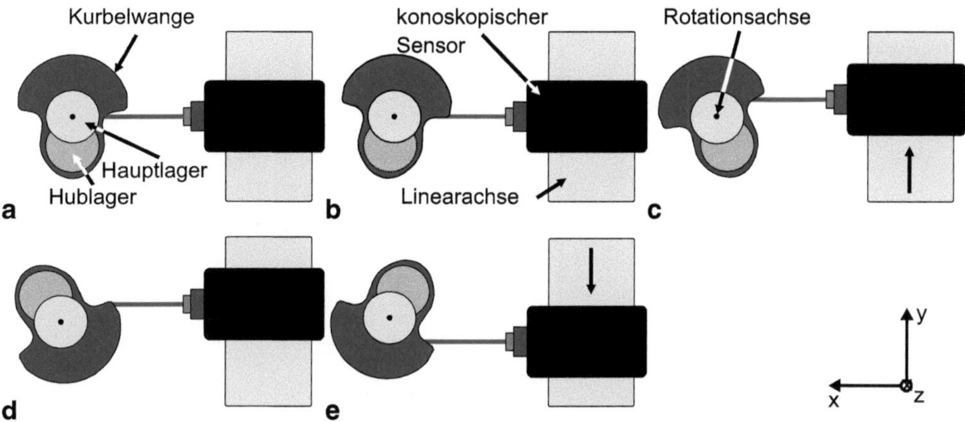

Abb. 6.45 Erfassung einer Kurbelwange mit dem konoskopischen Sensor

inkorrekt ermittelt. Für eine Erfassung der Kurbelwangengeometrie ist wiederum ein konoskopischer Sensor geeignet, welcher durch ein Dreiachs-Positioniersystem hochgenau zugestellt wird.

Eine vollständige Erfassung von Kurbelwangen kann jedoch durch eine einzige Messung mit dem konoskopischen Sensor nicht ausreichen, da Geometriebereiche mit einem Winkel > 85° gegenüber der Oberflächennormalen bzw. Hinterschnitte auftreten können. Durch zwei weitere Messpositionen des konoskopischen Sensors können jedoch auch diese Bereiche gemessen werden. In Abb. 6.45 ist die Erfassung von diesen schwer zu messenden Geometriebereichen mit dem konoskopischen Sensor an einer Kurbelwange gezeigt.

In der konventionellen Messposition, bei der die Ausrichtung der optischen Achse des Sensors rechtwinklig zur Rotationsachse liegt (s. Abb. 6.45a) wird ein Großteil der Kurbelwange erfasst. Jedoch sind beide Hinterschneidungen aufgrund zu steiler Kanten nicht messbar (s. Abb. 6.45b). Mit Hilfe der Linearachsen wird der konoskopische Sensor in eine weitere Messposition verfahren, wie in Abb. 6.45c zu sehen, in der eine der beiden Hinterschneidungen sehr gut erfassbar ist. In dieser Position ist die gegenüberliegende Hinterschneidung nicht detektierbar (s. Abb. 6.45d), sodass, wie in Abb. 6.45e dargestellt, eine dritte und letzte Position angefahren werden muss. In dieser Stellung kann nun die zweite Hinterschneidung gemessen werden. Mit Hilfe von Filtern werden die relevanten Messdaten aus den drei Messungen extrahiert und mittels einer Datenfusion zu einem gemeinsamen Datensatz zusammengefügt. Das Ergebnis der Messdatenfusion aus den drei Messungen ergibt einen kompletten Kurbelwangenschnitt, der exemplarisch in Abb. 6.46 dargestellt ist.

Die gekennzeichneten Bereiche zeigen die Messdaten aus den beiden zusätzlich durchgeführten Messungen. Die restlichen Datenpunkte stammen aus der Messung in der Messposition a aus Abb. 6.45.

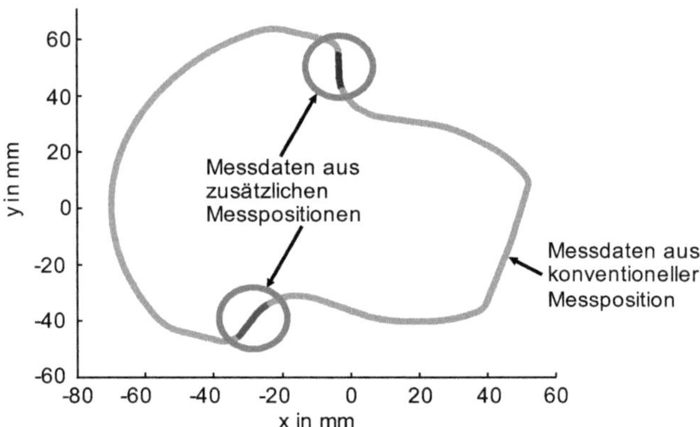

Abb. 6.46 Datenfusion von drei durchgeführten Messungen zur Erfassung der vollständigen Kurbelwangengeometrie

Die mit dem Schattenprojektionssystem gemessenen Rotationschnitte der Lagersitze bestehen aus einer Links- und einer Rechtskontur, die jeweils die ermittelte Kante (Radius) und den dazugehörigen Winkel beinhalten. Die Abstandsdaten des konoskopischen Sensors sind wiederum mit einem Drehwinkelsignal zu synchronisieren. Hierfür wird die bei der Ritzelwellenmessung erfolgreich eingesetzte Synchronisationseinheit genutzt, wobei in diesem Fall der erforderliche Winkel vom Drehwinkelgeber des Wellenmesssystems abgegriffen wird. Durch die Nutzung des gleichen Drehwinkelgebers von beiden Messsystemen können beide Erfassungskoordinatensysteme unmittelbar ineinander überführt werden. Es muss nur beachtet werden, dass ein fester Winkelversatz zwischen den Erfassungskoordinatensystemen beider Sensoren vorliegt, da der konoskopische Sensor die Messdaten an einer anderen Stelle aufnimmt als das Schattenprojektionssystem. In einem weiteren Schritt werden die Daten der unterschiedlichen Messsysteme miteinander fusioniert und die Daten liegen in einem gemeinsamen Koordinatensystem vor. Abbildung 6.47 zeigt exemplarisch einen kompletten Messdatensatz einer präzisionsgeschmiedeten Zweizylinderkurbelwelle.

Die Verifikation der aktiven Bauteilausrichtung erfolgt innerhalb einer Schleifmaschine und auf Basis der zuvor erarbeiteten Ergebnisse. Für das Ableiten erster Anforderungen hinsichtlich der Größe des Messsystems bietet es sich an, zunächst die physikalischen Abmessungen der Schleifmaschine auszumessen.

Weiterhin wird bei dem Schleifprozess viel Kühlschmiermittel eingesetzt und sehr feine Späne entstehen durch die Bearbeitung der Lagersitze. Somit müssen die optischen Sensoren vor diesen beiden Einflüssen geschützt werden. In Abb. 6.48 ist ein Konzept für die eingesetzte Pendelhubschleifmaschine zu sehen, bei dem die physikalischen Abmessungen berücksichtigt werden konnten.

Dargestellt ist das Messsystem, bestehend aus einem Schattenprojektionskopf und einem konoskopischen Sensor. Mit Hilfe von drei integrierten Linearachsen kann sowohl die Zustellung der Messtechnik zum Bauteil als auch das Verlassen des Arbeitsraums realisiert werden. Die Linearachsen hängen wiederum an einer Hilfskonstruktion, die zur Vermeidung von Schwingungen während der Messungen an einer Seite am Maschinenbett fixiert

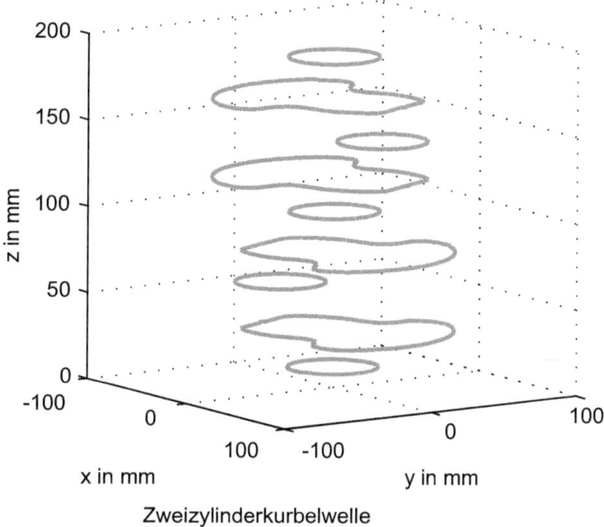

Abb. 6.47 Fusionierter Datensatz einer Zweizylinderkurbelwelle

ist. Die in Abb. 6.48 offene dargestellte Schutzumhausung wird mittels einer pneumatischen Schließplatte abgedichtet, sodass das Messsystem während der Bearbeitung vor Verunreinigungen geschützt ist. Mit Hilfe von zwei manuellen Verstelleinheiten an der Aufnahmekonstruktion wird das Messsystem bestmöglich zur Rotations- bzw. Bearbeitungsachse ausgerichtet. Die reale Umsetzung dieses prozessintegrierten Messsystems ist in Abb. 5.57 in Abschn. 5.3.4 gezeigt. Durch das Inline-Messsystem können somit vor der Bearbeitung die Geometrieelemente von Kurbelwellen erfasst werden.

Für die unwuchtrelevante Auswertung und aktive Ausrichtung der Kurbelwelle für die anschließende Hartfeinbearbeitung der Lagersitze durch den Schleifprozess ist eine Überprüfung des prozessintegrierten Messsystems erforderlich. Hierfür bietet sich der Einsatz von Zylindernormalen sowie präzisionsgeschmiedeten Zweizylinderkurbelwellen mit end-

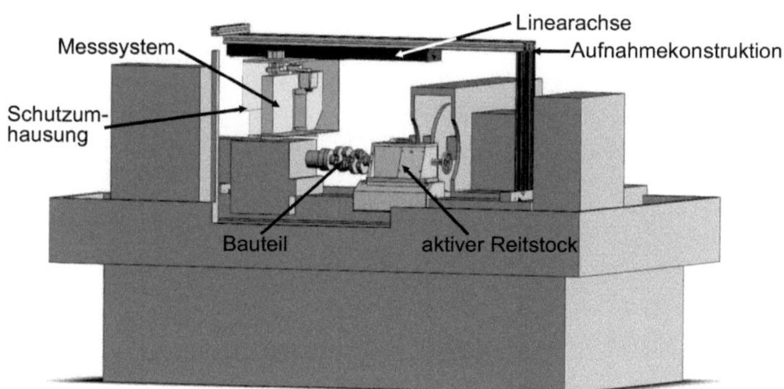

Abb. 6.48 Konzept zur Integration der Messtechnik in eine Pendelhubschleifmaschine

Tab. 6.6 Messung des Zylindernormals mit dem prozessintegrierten Messsystem

Angaben in mm	Referenz	Schattenprojektion	Konoskopischer Sensor
Durchmesser 1	50,010 ± 0,002	50,021 ± 0,002	50,012 ± 0,001
Durchmesser 2	79,999 ± 0,002	80,002 ± 0,002	80,007 ± 0,003
Durchmesser 3	140,000 ± 0,001	139,987 ± 0,002	140,011 ± 0,002
Durchmesser 4	100,10 ± 0,002	99,999 ± 0,003	99,996 ± 0,002
Durchmesser 5	55,005 ± 0,003	55,006 ± 0,002	54,997 ± 0,002

bearbeiteten Lagersitzen an. Exemplarisch wird die Funktion des Messsystems an zwei Messreihen gezeigt. Hierfür wird einerseits ein Zylindernormal mit fünf Durchmessern und andererseits endbearbeitete (geschliffene) Hublagersitze einer Kurbelwelle genutzt, deren geometrische Merkmale vorab mit DKD-kalibrierten Referenzsystemen ermittelt worden sind (DKD = Deutscher Kalibrier-Dienst). Tabelle 6.6 beinhaltet die Ergebnisse der Messungen des Zylindernormals (jeweils 25 Messungen).

Aus Tab. 6.6 geht hervor, dass auch innerhalb der Schleifmaschine eine hohe Reproduzierbarkeit bei den Messungen erreicht wird. Eine insgesamt maximale Abweichung von 14 µm gegenüber den Referenzwerten ist für die prozessintegrierte Messtechnik gering und somit sind die erfassten geometrischen Daten für die anschließende Auswertung ausreichend. Um ebenfalls die Messung exzentrisch liegender Geometrieelemente nachzuweisen, sind geschliffen Hublagersitze mit dem Schattenprojektionssystem erfasst und mit den taktil ermittelten Werten verglichen worden. Die Resultate sind in Tab. 6.7 zusammengefasst.

Auch hier zeigt sich die gute Einsetzbarkeit des Inlinemesssystems zur Erfassung der erforderlichen geometrischen Daten. Die Abweichungen von 5 µm bei der Durchmesserbestimmung und 6 µm bei der Rundheit sind sehr gering und innerhalb der Messunsicherheit des eingesetzten Sensors.

Mit Hilfe der oben beschriebenen Messsysteme können die Geometrieelemente der Kurbelwelle erfasst werden. Um anschließend eine aktive Bauteillagekorrektur in vier

Tab. 6.7 Messung des Zylindernormal mit prozessintegriertem Messsystem

Angaben in mm	Referenz	Schattenprojektion	Abweichung
Durchmesser Hublager 1	45,542 ± 0,002	45,547 ± 0,007	0,005
Durchmesser Hublager 2	45,478 ± 0,002	45,483 ± 0,001	0,006
Rundheit Hublager 1	0,003 ± 0,001	0,009 ± 0,007	0,005
Rundheit Hublager 1	0,003 ± 0,002	0,009 ± 0,001	0,005

Freiheitsgraden vor der Bearbeitung durchführen zu können, muss ebenfalls wieder ein Korrekturvektor (v_x, v_y, φ_x, φ_y) berechnet werden. Dieser beinhaltet die bestmögliche Position und Lage des Bauteils, in der einerseits die Endbearbeitbarkeit gewährleistet ist und andererseits das Bauteil nach der Bearbeitung eine möglichst minimale statische Unwucht aufweist. Hierfür ist eine Algorithmik realisiert worden, die eine unwuchtrelevante Einpassung anhand geometrischer Größen durchführt und eine volumetrische Analyse des Bauteils ermöglicht. Hierfür werden Inhalte von zwei Normen genutzt. Die Toleranzen der Bearbeitung der Lager sind allgemein in der ISO 1101 enthalten, die die erforderlichen Maß- und Formabweichungen beinhaltet. Hinsichtlich der Anforderungen der Auswuchtgüte von Rotoren in starrem Zustand enthält die DIN ISO 1940 Informationen über die Darstellung von Unwuchten. Weiterhin sind Kennwerte über zulässige Restunwuchten und Auswuchtgütestufen aufgeführt.

Die Zielfunktion $Q(\underline{a})$ für die unwuchtorientierte Einpassung ist folgendermaßen definiert worden:

$$Q(\underline{a}) = \Sigma_i \vec{s}_i(a) \frac{m_i}{m_{ges}} \overset{!}{\rightarrow} \min_{\underline{a}} \tag{6.18}$$

mit

si als x-,y-Koordinaten des Massenschwerpunkts des Geometrieelements, mi als Masse des Geometrieelements und mges als Gesamtmasse der Kurbelwelle. Der Parametervektor a beinhaltet die Transformationsparameter, mit denen der Abstand e des Gesamtbauteilschwerpunkts von der Drehachse minimiert wird. Durch diese Minimierung wird der Gesamtmassenschwerpunkt ermittelt, der den kleinsten Abstand zu der Rotationsachse der Kurbelwelle aufweist. Bei der Optimierung sind zwei Nebenbedingungen einzuhalten. Die erste Nebenbedingung fordert, dass eine Korrektur der Position durch Verkippen und Verschieben nur durchgeführt werden darf, wenn die endbearbeitete Sollgeometrie der Haupt- und Hublager innerhalb des gemessenen Profilschnitts liegt. Das bedeutet, dass das Materialaufmaß an allen Lagersitzen hinreichend groß sein muss, um eine Endbearbeitung durchführen zu können. Formal müssen die Abstände d_i zwischen dem Referenzelement und dem gemessenen Profilschnitt stets ≥ 0 sein. Die zweite Nebenbedingung ist die Einhaltung des Hubs. Dieses ist der Abstand zwischen der Rotationsachse der Kurbelwelle zum Hublager. Auch dieser muss eingehalten werden, um die Funktion der Kurbelwelle zu gewährleisten.

Der Algorithmik steht aufgrund der zuvor beschriebenen Messdatenaufnahme jeweils ein Profilschnitt pro Haupt- und Hublagersitz und pro Kurbelwange zur Verfügung. Für die Approximation der Massenschwerpunkte der Geometrieelemente werden in die erfassten geometrischen Daten kubische Splines gelegt. Durch den abschnittsweise funktionalen Zusammenhang kann somit der Flächenschwerpunkt ermittelt werden. Durch Multiplikation der Längsausdehnungen der einzelnen Geometrieelemente und einer homogenen Dichteverteilung können die Massen und die dazugehörigen Massenschwerpunkte approximiert werden. Da die statische Unwucht der endbearbeiteten Kurbelwelle minimiert

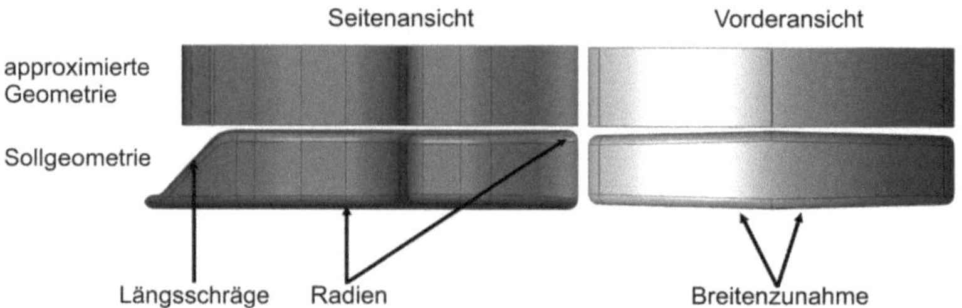

Abb. 6.49 Ursachen systematischer Abweichungen bei der Approximation des Volumens von Kurbelwangengeometrien

werden soll, werden die Schwerpunkte der Referenzelemente der Lagersitze für die Einpassung verwendet. Mit diesen einzelnen Massenschwerpunkten und den approximierten Massen wird der Gesamtmassenschwerpunkt errechnet. Innerhalb des Materialaufmaßes der Lager, welches durch die Messungen bekannt ist, wird ein Korrekturvektor ermittelt, der den Gesamtmassenschwerpunkt hinsichtlich seiner xy-Koordinate zur Rotationsachse minimiert. Während der Optimierung wird dabei durch die Einhaltung der Nebenbedingungen die Endbearbeitbarkeit der Lager gewährleistet. Als zusätzlicher Wert wird nach DIN ISO 1940 die Unwucht U der Kurbelwelle errechnet, indem der Abstand des Gesamtmassenschwerpunkts e mit der Gesamtmasse m_{ges} multipliziert wird:

$$\mathrm{U} = m_{ges} \cdot e. \tag{6.19}$$

Die umgesetzte Algorithmik ist mit umfangreichen Simulationen getestet worden. Durch simulierte Verkippungen, Exzentrizitäten und Materialaufmaßschwankungen konnte die grundsätzliche Eignung der entwickelten Algorithmen nachgewiesen werden. Die von der Auswertung ermittelten Korrekturvektoren beinhalten stets die durch die Simulation vorgegebenen Positions- und Lagekorrekturen.

Die geometrischen Daten der präzisionsgeschmiedeten Kurbelwellen eignen sich weiterhin für eine volumetrische Analyse. Hinsichtlich der Approximation des Volumens und des Volumenschwerpunkts treten bei der Kurbelwangengeometrie systematische Abweichungen auf, die vorab korrigiert werden müssen. Abbildung 6.49 visualisiert die Problematik.

Die Kurbelwangengeometrie verfügt über eine Längsschräge, Radien an den Kanten und eine Balligkeit (s. Kap. 2.1), welche aufgrund des linienhaften Profilschnitts nicht detektierbar sind. Daher kommt es zu einem Unterschied zwischen der approximierten Geometrie und der Sollgeometrie. Die dadurch entstehende Abweichung ist konstant und wird als systematische Abweichung berücksichtigt. Die anschließend durch die Algorithmik ermittelten Massen und statischen Unwuchten werden mit Referenzwerten verglichen. Diese sind einerseits mit einer DKD-kalibrierten Waage und andererseits von der Firma Schenck-Rotec GmbH mit einer klassischen Auswuchtmaschine ermittelt worden. Die Ergebnisse sind in Tab. 6.8 an zwei präzisionsgeschmiedeten Zweizylinderkurbelwellen gezeigt.

Tab. 6.8 Ergebnisse der volumetrischen Analyse mit geometrisch bestimmten Werten im Vergleich zu Referenzwerten

	Kurbelwelle 1		Kurbelwelle 2	
	Geometrisch	Referenz	Geometrisch	Referenz
Masse in g	8042,04 ± 2,7	8029,0 ± 0,1	8130,8 ± 1,8	8080,1 ± 0,1
Differenz in g	13,4		50,7	
Schwerpunktsexzentrizität in mm	0,605 ± 0,031	0,652 ± 0,001	0,213 ± 0,015	0,137 ± 0,001
Differenz in mm	− 0,048		0,076	
Statische Unwucht in gmm	4862,4 ± 250,9	5236,3 ± 11,2	1723,9 ± 116,5	1118,9 ± 6,5
Differenz in gmm	− 373,9		615,7	

Tabelle 6.8 zeigt, dass bei der Zweizylinderkurbelwelle die Massen maximal 51 g von den mit der Referenzwaage ermittelten Werten abweichen. Die bestimmten Schwerpunktsexzentrizitäten unterscheiden sich maximal um 76 µm von den Referenzwerten. Bei der statischen Unwucht betragen die Abweichungen − 374 gmm und 616 gmm. Ebenso sind die Messdaten mit der unwuchtrelevanten Algorithmik ausgewertet und Korrekturvektoren in vier Freiheitsgraden berechnet worden. Abbildung 6.50 visualisiert exemplarisch das Ergebnis der Einpassung.

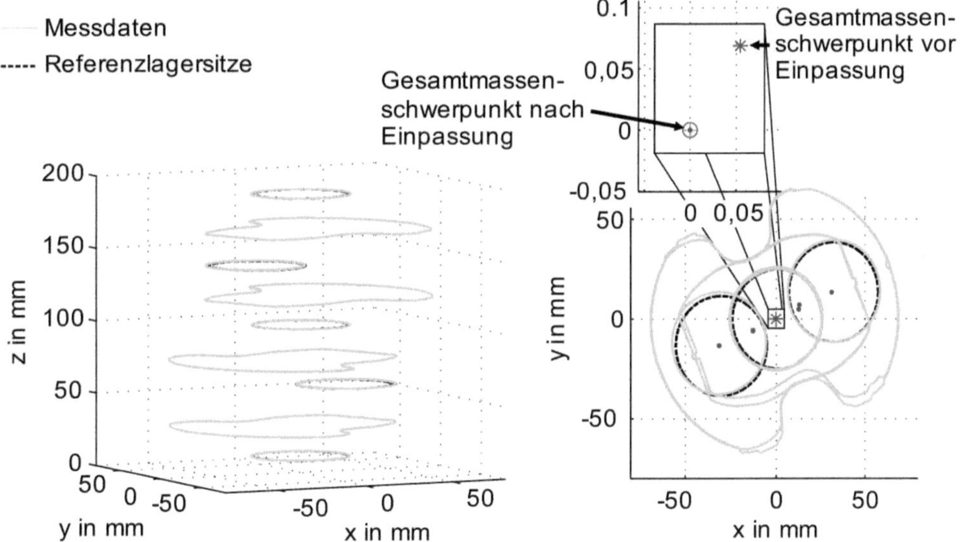

Abb. 6.50 Ergebnis der unwuchtorientierten Einpassung anhand geometrischer Daten

Bei der gemessenen Zweizylinderkurbelwelle kann der ermittelte Gesamtmassenschwerpunkt der endbearbeiteten Kurbelwelle durch eine vorherige geeignete translatorische und rotatorische Bewegung unter Einhaltung der Nebenbedingungen in Richtung der Rotationsachse verschoben werden, sodass die statische Unwucht weitestgehend eliminiert werden kann.

Zusammenfassen kann gesagt werden, dass sich die hier vorgestellten Mess- und Auswertestrategien für eine unwuchtorientierte Auswertung eignen. Durch die Umsetzung des ermittelten Korrekturvektors in vier Freiheitsgraden vor der Bearbeitung mittels geeigneter Aktorik (s. Abschn. 5.1.4), ist eine endbearbeitete Kurbelwelle mit geringer statischer Unwucht zu erwarten.

6.3 Online Prozessüberwachung und zerstörungsfreie Bauteilprüfung

Als Hochleistungsbauteile bezeichnet man Maschinenbauteile wie Wellen, Gestänge, Zahnräder, Ritzelwellen etc. die im Einsatz höchsten mechanischen, tribologischen, korrosiven und thermischen Belastungen dauerhaft ausgesetzt sind und diesen standhalten müssen. Die Herstellung dieser Bauteile erfolgt vorteilhaft im Schmiedeprozess mit anschließender Wärmebehandlung und mechanischer Endbearbeitung.

Die geforderte Betriebsfestigkeit und Zuverlässigkeit der Bauteile erfordern eine beanspruchungsgerechte Werkstoffwahl, die Einhaltung der Schmiedeparameter und der sich anschließenden Wärmebehandlung. Hierbei können durch Materialverwechslung, Störeinflüsse beim Umformvorgang und unzulässige Temperaturführung Werkstückdefekte auftreten, die zu fehlerhaften Bauteilen oder Ausschussteilen führen. Ein Monitoring des Gesamtprozesses vom Verhalten der Schmiedepresse als Funktion der Formgebung und Störeinflüsse, über die Prüfung der Bauteilqualität auf Fehlerfreiheit und beanspruchungsgerechte Gefügeausbildung, bis hin zur Aussage des Betriebsfestigkeitsverhaltens derartiger Schmiedebauteile ist Gegenstand der in diesem Kapitel beschriebenen Forschungsergebnisse.

6.3.1 Überwachung des Schmiedevorgangs

Auf den Umformprozess wirken alle relevanten Prozessfaktoren wie das Schmiedeverfahren, die Schmiedepresse, das Werkzeug, die Temperatur, das Material als auch auftretende Störgrößen ein. Die Störgrößen können materialbedingt, bedienerabhängig oder maschinenbedingt sein [Lin91, Gei93b, Beu91, Bra91, Doe98a, Doe98b, Str00]. Die bisher in der Umformtechnik eingesetzten prozessintegrierten Prüfverfahren befassen sich mit der Analyse messtechnisch erfasster Kenngrößen, durch die sich sowohl die Eigenschaften der

Maschine als auch des Umformvorgangs selbst beschreiben lassen. Die zur Prozessüberwachung während der Warmumformung eingesetzten Messverfahren bestimmen in der Regel physikalische Messgrößen wie die Kraft, den Weg, die Dehnung, die Temperatur und die Körperschallsignale sowie die geometrischen Kenngrößen [Sch02, Gei91a].

Zur Bestimmung von Relativbewegungen im Werkzeug und der Stellung zweier Werkzeuggesenke zueinander werden unterschiedliche Wegaufnehmer und Verlagerungsaufnehmer verwendet. Das sind Widerstands- und berührungslos arbeitende Induktions-, optische- und Wirbelstrom-Wegaufnehmer. Die Geschwindigkeit von Werkzeugteilen, wie z. B. des Stößels wird direkt mit Geschwindigkeitsaufnehmern, wie Tachogeneratoren, Induktions-Lineargeschwindigkeitsaufnehmer oder durch Frequenzmessungen bestimmt [Sch02]. Bauteilschwingungen und der Bauteil-Körperschall lassen sich durch die Auslenkung s, die Schwinggeschwindigkeit v oder durch die Beschleunigung a charakterisieren. Beschleunigungs- und Schwinggeschwindigkeitsaufnehmer sind elektromechanische Schwingungswandler. Das Ausgangssignal lässt sich elektronisch weiterverarbeiten und auswerten. Mit Hilfe von Dehnmessstreifen (DMS) werden Kraftmessungen durchgeführt [Sch02, Ter95, Kop10]. Zur Temperaturmessung in Schmiedewerkzeugen werden bevorzugt Strahlungspyrometer, Thermoelemente, Widerstandsthermometer und NTC-Widerstände eingesetzt. Die Möglichkeit, die Temperaturverteilung auf der Gesenkoberfläche und entsprechende Temperaturtrends während des laufenden Schmiedeprozesses direkt und online zu detektieren, ist von Behrens [Beh09c] mit Hilfe eines Systems – basierend auf dem Prinzip der IR-Thermografie – geprüft worden. Die Machbarkeitsstudie hat gezeigt, dass die IR-Thermografie zur Überwachung der Gesenkoberfläche hinsichtlich möglicher Werkstück- und Werkzeugschädigungen geeignet ist.

Mit Hilfe von optoelektronischen Sensoren und 3D-Laser-Messsystemen werden geometrische Kenngrößen ermittelt, die zur Überwachung der Werkzeugverlagerung im dynamischen Pressenbetrieb eingesetzt werden, oder die relevante Informationen über den Prozessablauf beinhalten [Lib11].

Für die automatische Kontrolle des Gesenkversatzes (Längenversatz, Seitenversatz, Drehversatz) und Kippung wurden Mehrfach-Sensorsysteme und ein Messwerterfassungssystem von Herbertz [Her08] entwickelt und erprobt, die eine kontinuierliche Kontrolle und Überwachung des Gesenkversatzes an Gesenkschmiedepressen ermöglicht. Am geeignetsten erscheinen für die automatische Versatzkontrolle Wirbelstromsensoren (berührungslose Messung) oder als indirekte Messmethode an Biegestäben applizierte Dehnmessstreifen (berührende Messung). Zur Bestimmung der Kippung sollen Magnetsensoren und Wirbelstromsensoren in Frage gestellt werden.

Im Rahmen der Arbeit von Behrens [Beh97a] wurde ein automatisierter Präzisionsschmiedeprozess zur Herstellung von geradverzahnten Zahnrädern mit integrierter Qualitätsprüfung entwickelt. Während der Umformung werden die Messgrößen wie Umformkraft, Anschlagkraft, Gestellkraft mit Hilfe von DMS, Ausstoßerkraft mit Piezo-Druckaufnehmern, Werkzeugtemperatur mit Thermoelementen und der Stößelweg mit einem induktiven Wegaufnehmer aufgenommen. Die Kenngrößen werden in einem Diagnosemodul mit abgespeicherten Grenzwerten verglichen. Es erfolgt eine regelbasierte

Analyse des vollständigen Datensatzes bestehend aus Masse, Temperatur, Kraft- und Wegdaten. Mit Hilfe dieses in die Anlage integrierten, rechnergestützten Messwerterfassungs- und Diagnosesystems sind aus der Analyse der relevanten Prozessparameter Rückschlüsse auf die Fertigungsqualität zu ziehen und fehlerhafte Teile auszuschleusen.

Erste Ansätze zur Erfassung von Einflüssen der Rohteiltemperatur, Presseneinstellung, Rohteilmasse und Schmierung auf den Schmiedeprozess mit Hilfe von hochfrequenten Körperschallaufnehmern Südmersen [Süd03] zeigen erfolgversprechende Ergebnisse. Die Körperschallanregungen während der einzelnen Stufen der Zahnradumformung werden hierbei durch zwei hochfrequente Körperschallaufnehmer bis 160 kHz am Unterstempel des Werkzeuges bzw. an der Matrize erfasst. Statistische Zeitkennwerte und kurzzeitgemittelte Spektren bieten die Möglichkeit, fundierte Aussagen über die Variation verschiedener Einflussgrößen anschaulich darzustellen.

Die Schallemissionsanalyse (AE) ist eine geeignete Prüftechnik, mit der auch mikrostrukturelle Veränderungen im Werkstoff, wie bei der Rissentstehung und dem Rissfortschritt im Bauteil, empfindlich nachgewiesen werden können. El-Galy Khalil [Elg11] hat versucht, die Schallemissionsanlyse in der Umformtechnik zu qualifizieren und als online-Überwachungssystem zu platzieren. In dieser Arbeit wurden Stauchversuche an Proben aus Magnesiumbasislegierungen und Aluminiumbasislegierungen durchgeführt. Die Stauchversuche zeigten, dass mit Hilfe der Schallemissionstechnik die Eigenarten der Umformung und Schadensentwicklung verfolgt werden können. Untersuchungen der Signalformen im Zeit- und Frequenzbereich zeigen, dass die charakteristischen AE-Muster sich mit bestimmten typischen Defekten wie der plastischen Deformation, Reibung und Rissbildung korrelieren lassen. Durch die Kombination vorhandener Kennfunktionen im Zeit- und Frequenzbereich wurde ein neuer Muster-Indikator für das Schmieden entwickelt und erfolgreich erprobt.

6.3.2 Überwachung und Qualitätsbewertung durch Körperschall- und Schallemissionsmesstechnik

Die Ansprüche an die Maß- und Formgenauigkeit beim Präzisionsschmieden stellen erhöhte Anforderungen an die Auslegung und Führung des Umformprozesses. Zur Prozessüberwachung und Prozessregelung kann die Schallemissions- und Körperschalltechnik verwendet werden. Dies setzt die Entwicklung einer Mess- und Analysetechnik zur Beurteilung der transienten Präzisionsschmiedevorgänge voraus, die im folgenden anhand von Beispielprozessen zur Herstellung von präzisionsgeschmiedeten Zahnrädern und Ritzelwellen vorgestellt wird.

Um Informationen über den Prozessablauf des Umformvorgangs, die Beanspruchung und das Verschleißverhalten der Werkzeuge sowie die Bauteilqualität zu gewinnen, ist das Ober- und Unterwerkzeug der Schmiedepresse mit Weg-, Körperschall- und Schallemissionsaufnehmern instrumentiert. Zielsetzung ist die Beurteilung von Einflussfaktoren wie der Temperatur, der Schmierung, Anwesenheit von Fremdkörpern, der Prozessein-

Abb. 6.51 Versuchsaufbau

stellungen und des Werkstoffs auf das Umformverhalten und die Qualitätsmerkmale präzisionsgeschmiedeter Hochleistungsbauteile im Prozessablauf. Im Verlauf des transienten Schmiedevorgangs soll die Weginstrumentierung eine eindeutige Zuordnung der Prozessinformation zum Schmiedeweg liefern. Die kontinuierliche Schallemissionsmesstechnik (AE) bietet hierbei unter Anwendung von Wavelet-Analysen neue Möglichkeiten, sehr kurzzeitige transiente Ereignisse beim Präzisionsschmieden in einem relevanten Prozessfenster, Zeit-Frequenzbereich zu erfassen und zu analysieren. Es wird ein Werkzeug zur frühzeitigen Schadenserkennung in hochbeanspruchten Bauteilen aber auch zur empfindlichen weg- und frequenzselektiven Überwachung und Bewertung der Fließ-, Reib- und Stauchvorgänge sowie von Schadensereignissen beim Präzisionsschmieden entwickelt.

6.3.2.1 Instrumentierung von Schmiedewerkzeugen mit Weg-, Körperschall- und Schallemissionssensorik

Das Präzisionsschmieden der Zahnräder erfolgt in einer energiegesteuerten Spindelpresse SPR 500 der Firma Lasco. Um Informationen über den Prozessablauf sowie die Beanspruchung und das Verschleißverhalten im Hinblick auf eine Werkzeug- und Prozessoptimierung zu bekommen, werden Schallemissions- und Körperschallmessungen während des Schmiedevorgangs eingesetzt (s. Abb. 6.51).

Zur Erfassung der Körperschallsignale wird eine modulare Mess- und Steuerungskarte PCI-BASEII der Firma BMC Messsysteme GmbH verwendet. Die analogen Ein-/Ausgangsmodule mit einer Auflösung von 16 Bit ermöglichen Summenabtastraten von bis zu 1000 kHz (max. Abtastrate pro Modul 500 kHz). Als Software zur Auswertung der Körperschallsignale wird das Programm NextView®4 verwendet.

Als Beschleunigungssensoren kommen zwei Universalaufnehmer vom Typ Brüel & Kjaer (B&K) 4344 und 4371 zum Einsatz, die auf der Oberseite der Matrize mechanisch befestigt sind. Diese Sensortypen haben ein nahezu lineares Übertragungsverhalten in Frequenzbereichen von 0,1 bis 25 kHz ($\pm$ 10 %) und von 0,1 bis 12,6 kHz ($\pm$ 10 %). Die Beschleunigungsaufnehmer haben Resonanzfrequenzen im Frequenzbereich von 125 und 42 kHz. Mit Hilfe eines Analogverstärkers mit integriertem Tiefpassfilter (125 kHz) werden die Signalpegel des verwendeten Sensors an die Eingangsstufe des verwendeten Datenerfassungs- und Datenanalysesystems angepasst.

Zur Erfassung und Analyse transienter Schallemissionssignale dient das AE-System AMSY-5 der Firma Vallen Systeme GmbH mit den AE-Signalprozessoren vom Typ ASIPP.

Als Schallemissionsaufnehmer kommt der Sensor-Typ WSα der Firma Physical Acoustics Corporation zum Einsatz. Der AE-Sensor hat eine hohe Empfindlichkeit und ein breites Frequenzspektrum, was eine notwendige Eigenschaft für die Waveform-Analyse darstellt.

Voraussetzung für die Erfassung der spezifischen Prozessinformation und deren Klassifikation ist eine synchrone Aufzeichnung des Schallemissionssignals mit den Wegsignalen der Spindelpresse. Dafür werden das Ober- und Unterwerkzeug mit potentiometrischen Wegaufnehmern KL 1000 und KL 250 der Firma Contelec mit Messbereichen von 100 und 25 mm instrumentiert. Die einzelnen Ereignisse des Umfomvorgangs, wie das Einfahren des Bolzen in das Rohteil und Gegenlager, Schließen des Werkzeugs, Einfedern des Werkzeugs, lassen sich deutlich mit Hilfe der Wegsignale einzelner Anregungen im Schallemissionssignal zuordnen (s. Abb. 6.52). Neben maschinen- und werkzeuginduzierten Anregungen zeigen sich in den Schallemissionssignalen ebenfalls Reibanteile verursacht durch eine Relativbewegung und Fließvorgänge des Rohlings in der Matrize.

6.3.2.2 Erfassung und Analyse transienter Schmiedevorgänge

Um den Reibungseinfluss auf den Umformprozess und die Bauteilqualität zu untersuchen, werden Zahnräder bei verändertem Schmierstoffanteil geschmiedet. Beim Umformen ohne Schmierstoff wird die Reibung zwischen Bauteil und Werkzeug maßgeblich durch die Zunderschicht auf dem Bauteil geprägt. Sobald jedoch Schmierstoff vorhanden ist, übernimmt dieser die Aufgabe der Trennschicht. Bei erneutem Verlust der Trennschicht sind die Zunderschichten infolge erhöhter Reibung von Nachteil auf das Fließ- und Umformverhalten des Bauteils im Werkzeug.

In Abb. 6.53 sind die Schallemissionssignale beim Präzisionsschmieden von Zahnrädern aus dem Werkstoff C60, bei einer Schmiedetemperatur von 1200 °C und einem Energieanteil 40 % im Zeit- und Frequenzbereich bei Variation der Schmierung dargestellt. Die Signalverläufe sind in vier prozessrelevante Zeitabschnitte (s. Abb. 6.53 oben, links) unterteilt: die Radformung I, den Kraftaufbau II, die Nabenformung III und Verzahnungsformung IV. Mit Hilfe der Wavelet-Transformation lassen sich transiente Signale gleichzeitig im Zeit- und Frequenzbereich betrachten. Den Diagrammen zufolge sind die Verluste der Nutzenergie ohne Schmierung im ersten und zweiten Zeitabschnitt größer, was zu einer schlechten Verzahnungsausformung im Zeitbereich IV mit größerer

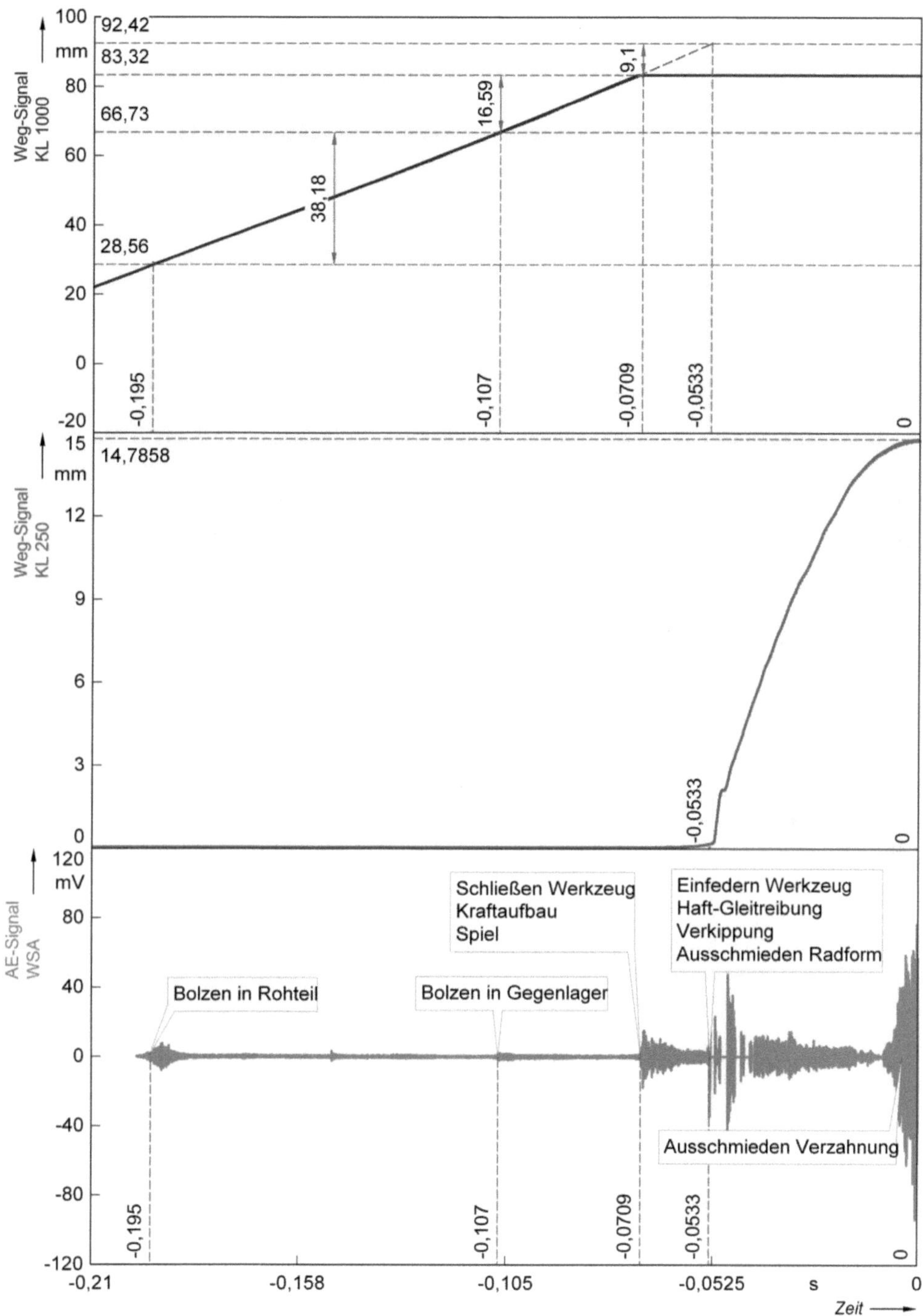

Abb. 6.52 Wegabhängige Schallemissionen beim Präzisionsschmieden von Zahnrädern

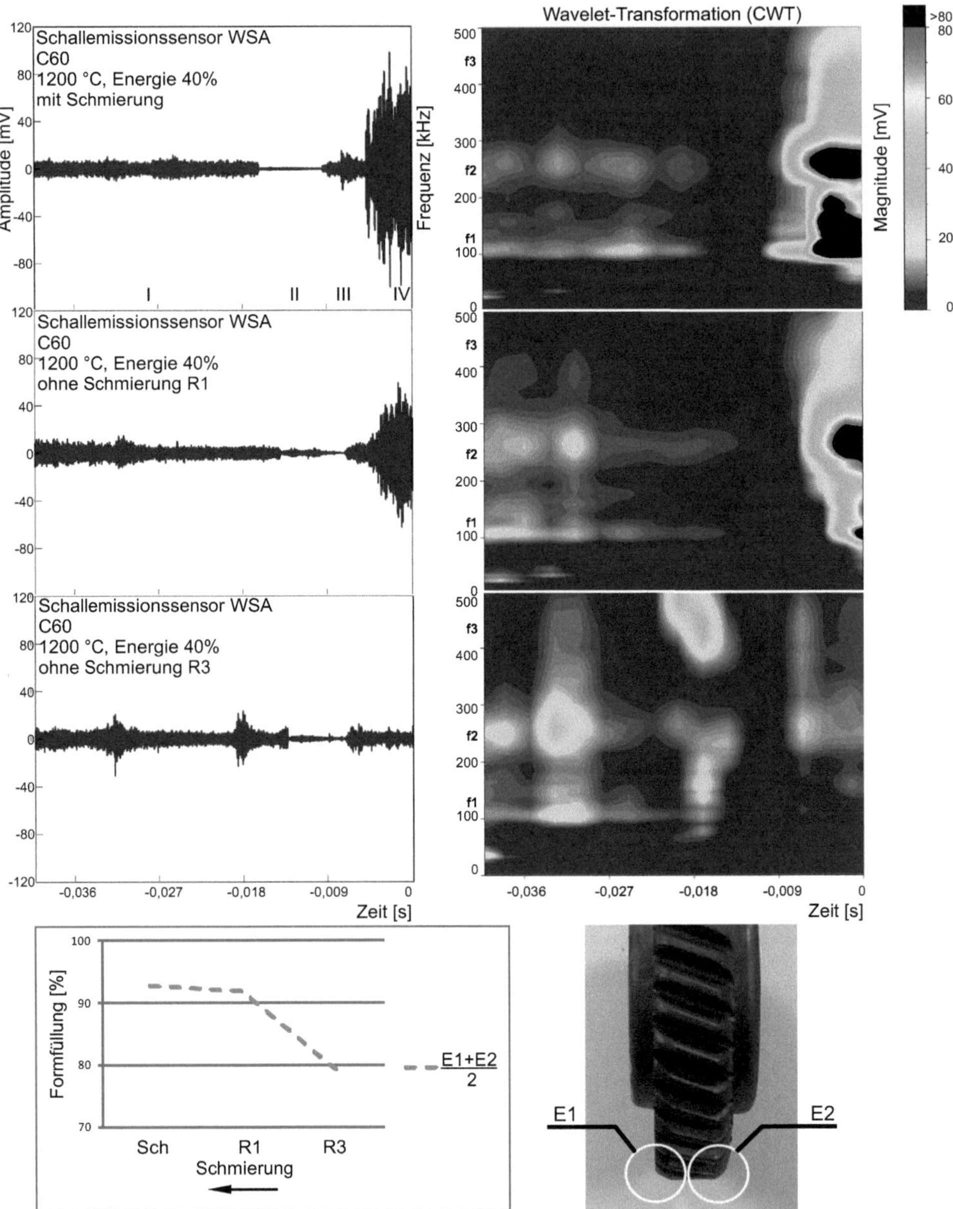

Abb. 6.53 Reibungseinfluss – Schallemissionssignale beim Präzisionsschmieden von Zahnrädern: *oben* mit Schmierung, *mitte* ohne Schmierung 1. Zyklus, *unten* ohne Schmierung 3. Zyklus

Zahnkantenverrundung führt. Bei der verwendeten Schallemissionsmesskette sind charakteristische Informationen im Frequenzbereich von 105, 260 und 450 kHz dominant, die sich in Abhängigkeit des Umformverhaltens über dem Umformweg in signifikanten Intensitäten ausbilden.

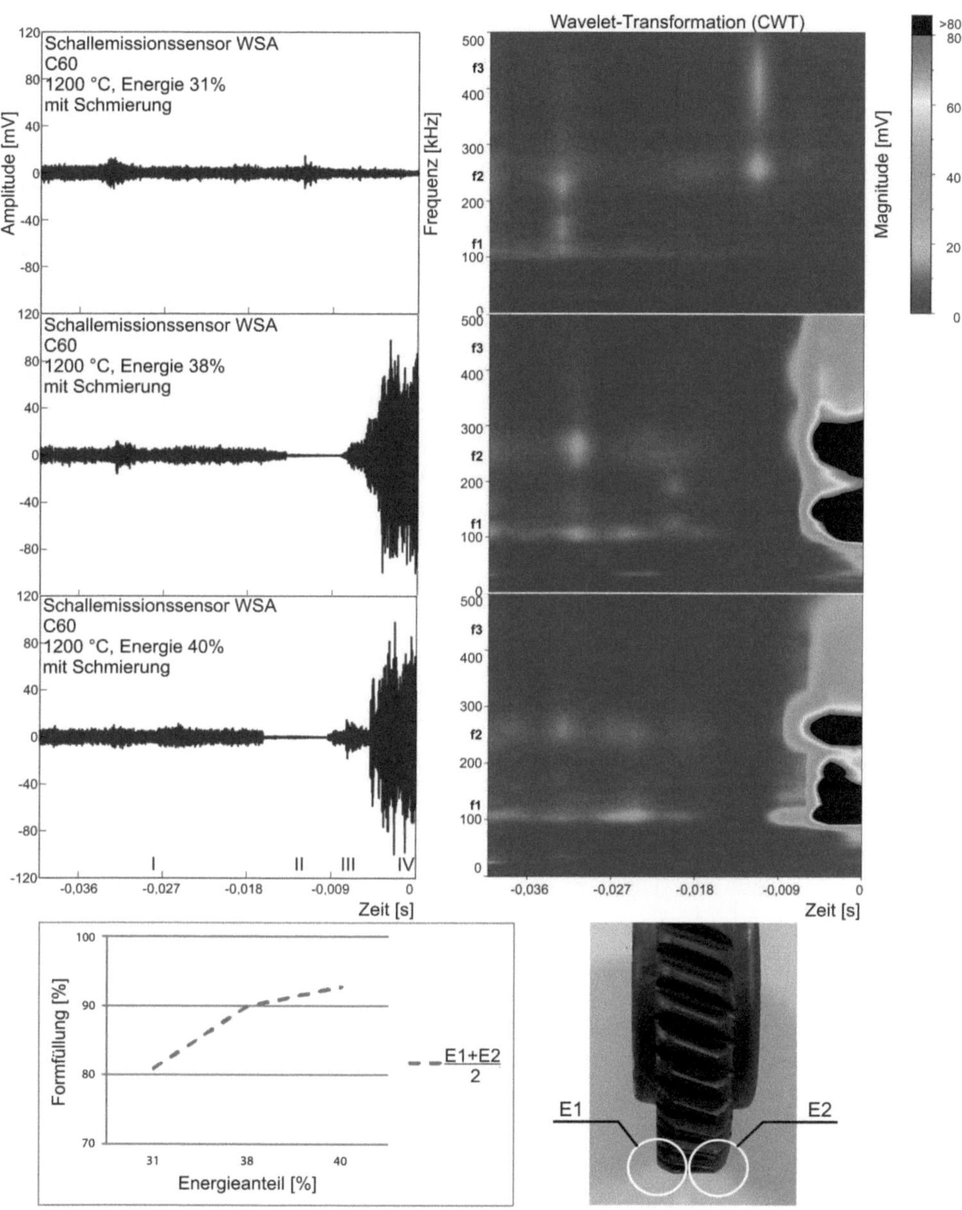

Abb. 6.54 Energieeinfluss – Schallemissionssignale beim Präzisionsschmieden von Zahnrädern

Die spezifische Kenngröße der arbeitsgebundenen Maschine, einer Spindelpresse, ist ihre rotatorische Energie, die zum Anfang der Umformoperation in der Maschine gespeichert ist. Zur Auswahl von geeigneten Parametereinstellungen der Spindelpresse werden die Zahnräder mit verschiedenen Energieanteilen geschmiedet. Exemplarisch sind einige Schallemissionssignale unter Variation der Spindelenergie in Abb. 6.54 dargestellt.

Mit steigendem Energieanteil bewirkt die erhöhte Nutzarbeit eine bessere Umformung des Rohteils und damit Ausformung des Rades und der Verzahnung. Die erhöhte Energieeinbringung und Ausformung des Zahnrades führt insbesondere in den Zeitabschnitten III und IV infolge der verstärkten Prägung zu starken Anregungen im Körperschall und Schallemissionsbereich (s. Abb. 6.54). Die Wavelet-Analyse der Schallemissionssignale bestätigt bei einem Energieanteil von 31 % eine nur schwache Anregung im Zeitabschnitt III und IV der Zahnradformung. Bei einem Energieanteil von 38 % ist im Zeitabschnitt III, IV eine deutlich höhere Intensität der Schallemissionen im Frequenzbereich 105 und 260 kHz, die bei einem Energieanteil von 40 % zeitversetzt und spektral in veränderter und bedämpfter Ausbildung auftritt.

Die Werkstücktemperatur bestimmt in besonderem Maße die Fließspannung und das Formänderungsvermögen. Zur Untersuchung des Einflusses der Schmiedetemperatur auf das Umformverhalten des Bauteils wird die Schmiedetemperatur von 1100 °C in Schritten von 50 °C erhöht. Eine Erhöhung der Schmiedetemperatur führt zu signifikanten Veränderungen im Prozess- und Schallemissions-Signalverlauf über dem Umformweg (s. Abb. 6.55 und 6.56). Infolge des durch die Temperaturerhöhung verbesserten Fließverhaltens sind zunehmend kontinuierliche Emissionen während der Bauteilformung und starke Emissionen während der Zahnformung zuerst im Frequenzbereich von 260 kHz und zunehmend im gesamten Spektralbereich ausgebildet.

Eine weitere Erhöhung der Schmiedetemperatur führt zu einer weiteren Verbesserung der Formfüllung und ist durch die signifikante Ausbildung systematischer Frequenzbänder von 105 und 260 kHz im Bereich der Bauteilprägung charakterisiert.

Die Kohlenstoffstähle C45 und C60 zeigen aufgrund einer vergleichbaren Legierungszusammensetzung und Gefügestruktur bei den jeweiligen Schmiedetemperaturen auch ein ähnliches Umformverhalten [Lan77] und dem entsprechend einen vergleichbaren Schallemissionssignalverlauf über dem Umformweg (s. Abb. 6.55 und 6.56). Stähle mit höherem Kohlenstoffgehalt erfordern niedrigere Umformtemperaturen, da die Fließspannung im Austenitbereich bei größerem Kohlenstoffgehalt aufgrund geringer Liquidus-Temperatur kleiner ist [Lan77, Spi09]. Folglich ergibt sich bei gleichen Rohteiltemperaturen eine gering verbesserte Zahnformfüllung der Bauteile aus dem Werkstoff C60 im Vergleich mit dem C45, was sich auch in den Schallemissionssignalen zeigt. Zur Erweiterung des Werkstoffspektrums und Untersuchung des Werkstoffeinflusses auf den Umformprozess wurden Bauteile aus dem Einsatzstahl 16MnCr5, Vergütungsstahl 42CrMo4 und Wälzlagerstahl 100Cr6 geschmiedet. Bei Erhöhung des Legierungsanteils im Stahl nimmt die Fließspannung zu, wodurch das Umformvermögen sich verringert. Aufgrund der Atomradien- und Schubmodulunterschiede erhöhen Molybdän, Mangan und Chrom mit zunehmendem Gehalt die Fließspannung [Lan77, Spi09]. Dieses erklärt das veränderte Umformverhalten dieser Stähle und die Besonderheiten in den Schallemissions- und Körperschallsignalverläufen, die sich deutlich von den Schallemissions- und Körperschallsignalen beim Schmieden von Kohlenstoffstählen unterscheiden (s. Abb. 6.57).

Die Abhängigkeit der Fließspannung und dem Umformverhalten des Werkstoffs und der Schmiedetemperatur sowie deren Auswirkungen auf das Körperschall- und Schallemis-

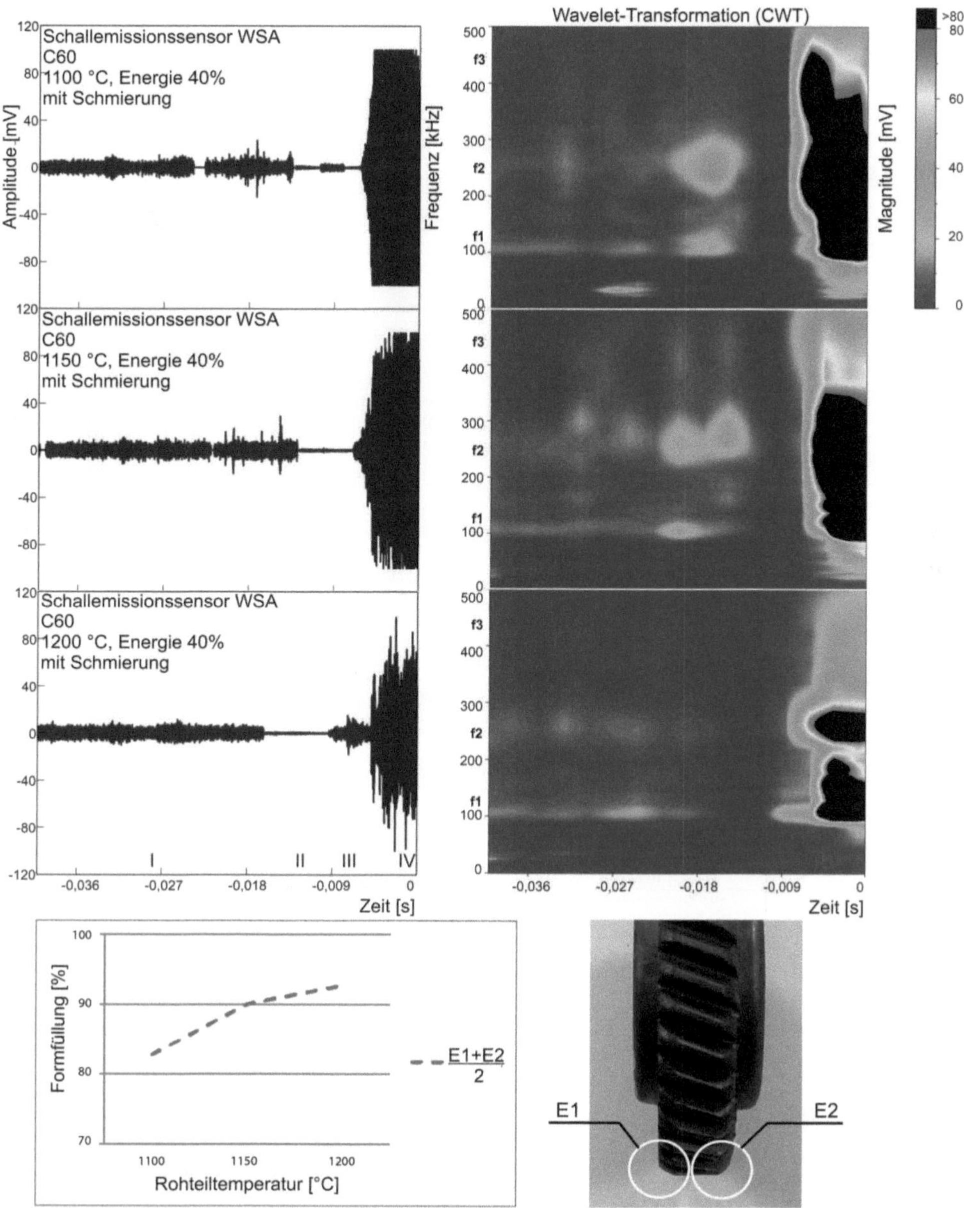

Abb. 6.55 Temperatureinfluss – Schallemissionssignale beim Präzisionsschmieden von Zahnrädern aus dem Kohlenstoffstahl C60

sionsverhalten während der Umformung können diese genutzt werden, um Abweichungen im Prozessablauf zu erkennen und Materialverwechselungen auszuschließen. Diese können durch Trendentwicklungen der Prozessparameter sowie durch Unregelmäßigkeiten

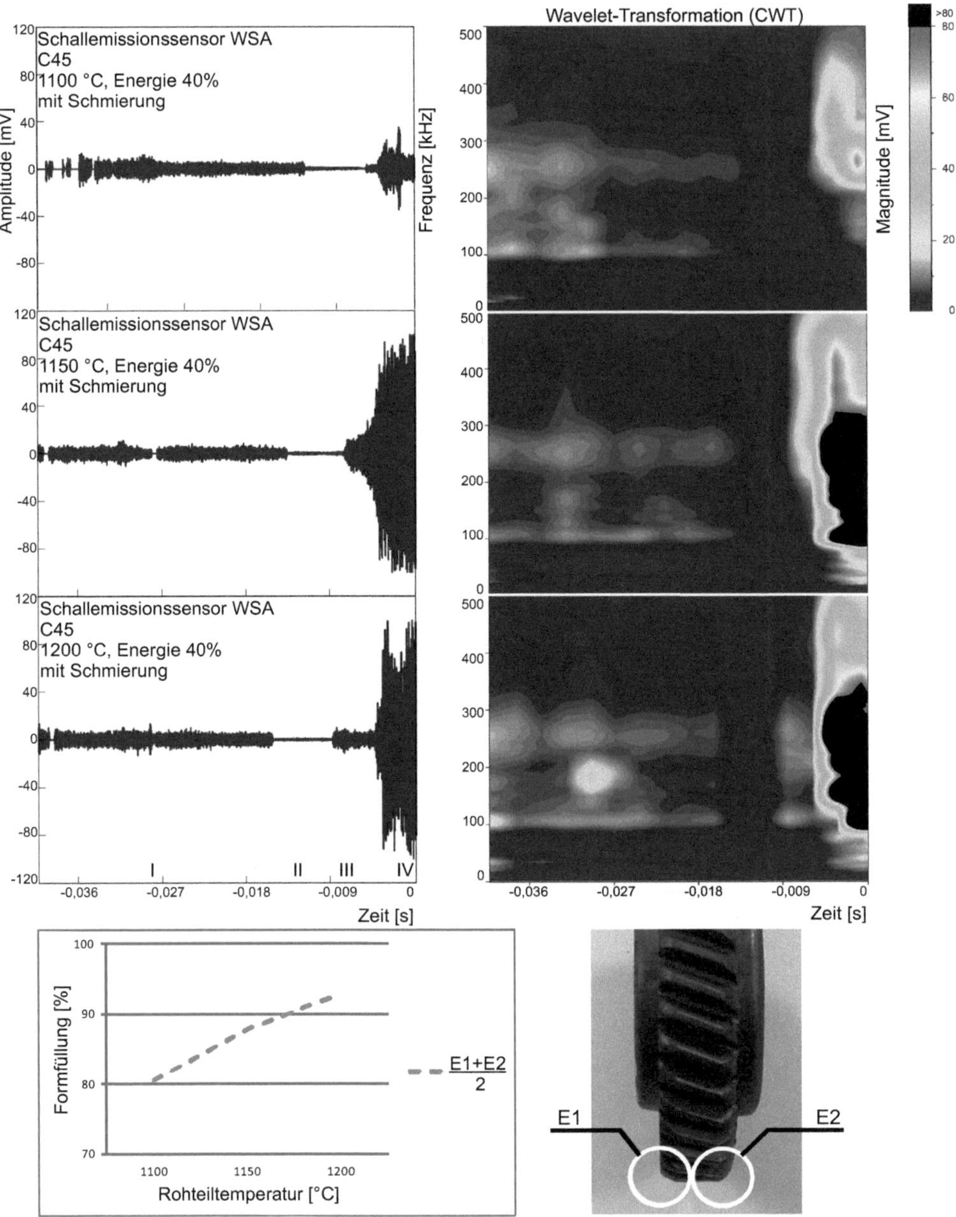

Abb. 6.56 Temperatureinfluss – Schallemissionssignale beim Präzisionsschmieden von Zahnrädern aus dem Kohlenstoffstahl C45

im Materialfluss beim Stahlhersteller, Zulieferer und Abnehmer, durch Lagerhaltung, beim Zuschnitt und in der Logistik des Eingangsmaterials zu Beginn der Prozesskette verursacht werden.

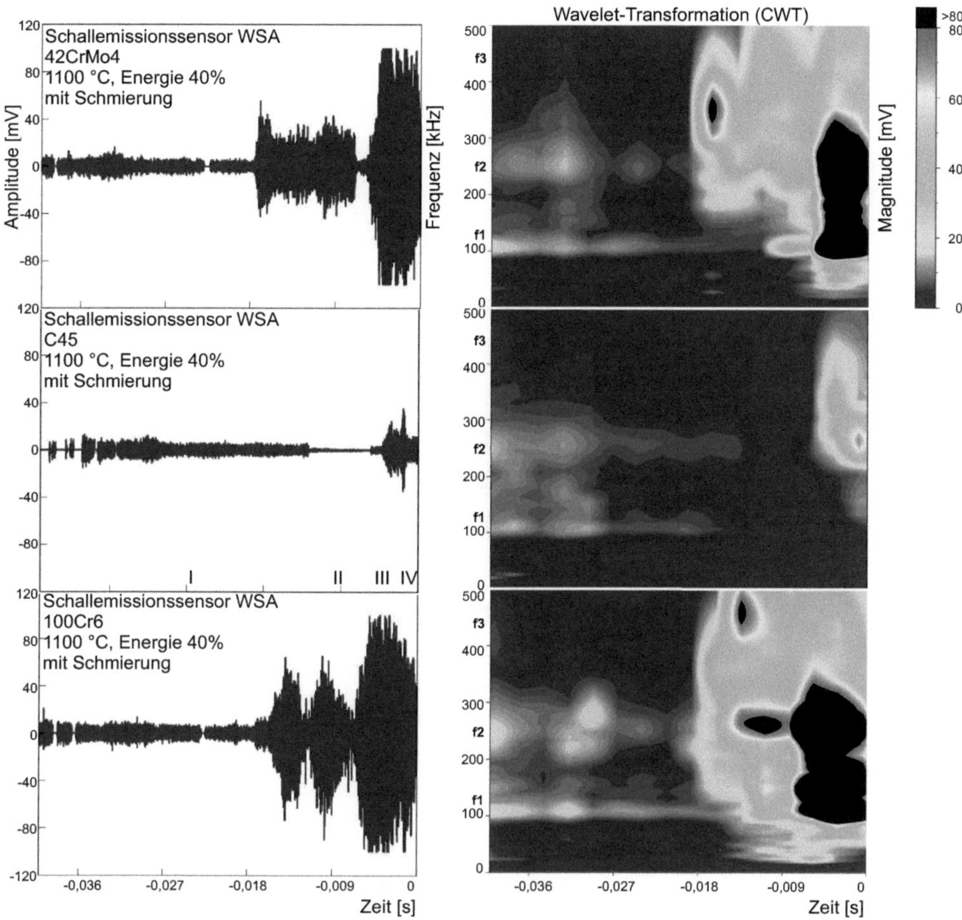

Abb. 6.57 Werkstoffeinfluss – Schallemissionssignale beim Präzisionsschmieden von Zahnrädern aus den Werkstoffen 42CrMo4, C45, 100Cr6

Reststücke an Glühkohle aus dem Glühofen, die mit dem Rohling in das Schmiedewerkzeug gelangen, bewirken, dass das Bauteil lokal nicht vollständig ausgeformt wird (s. Abb. 6.58). Unzureichende Gravurfüllungen durch das Werkstück sind unzulässige Schmiedefehler, die zu Ausschussteilen führen. Ein Zerbrechen von Glühkohlestücken im Werkzeug führt zu stark erhöhten Schallemissions- und Körperschallsignalen während der Umformung in einem weiten Frequenzbereich, die sich deutlich von dem Signalverlauf bei einem normalen Prozessablauf abheben. Auch hier bietet die Körperschall- und Schallemissionsanalyse Möglichkeiten, Unregelmäßigkeiten im Prozessablauf frühzeitig zu erkennen.

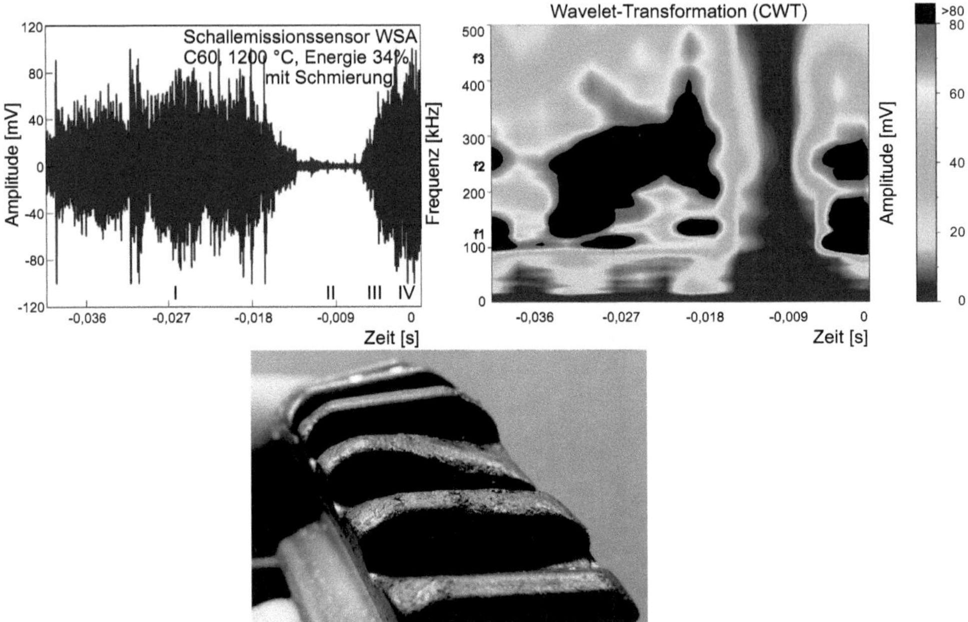

Abb. 6.58 Einfluss von Fremdkörpern im Werkzeug – Schallemissionssignale beim Präzisionsschmieden von Zahnrädern mit Glühkohle-Reststücken

6.3.2.3 Merkmalsextraktion, Klassifizierung und Bauteil-Qualitätsbewertung

Um die Signifikanz in den Körperschall- und Schallemissionssignalen über charakteristische Merkmale zur Prozessüberwachung und Bauteil Klassifizierung zu nutzen, werden die Signalverläufe aus den Wavelet-Transformationen bei charakteristischen Frequenzen analysiert. Als charakteristische Frequenzen, die signifikante Informationen über den Schmiedeprozess, die Formfüllung und Prozessstörungen beinhalten, werden im Körperschallbereich die Frequenzbänder von 30, 72 und 116 kHz sowie im Schallemissionsbereich von 105, 260 und 450 kHz betrachtet. Die bei den genannten Frequenzen und in den Zeitabschnitten I . . . IV über dem Umformweg berechneten Effektiv- und Spitzenwerte sind im Bezug zu den Werten beim Schmieden von Referenz-Gutteilen normiert. In der Tab. 6.9 sind die bei verschiedenen Umformbedingungen geschmiedeten Zahnräder zusammengestellt, dabei sind die Abweichungen der Körperschall- und AE-Koeffizientenvektoren von den Gutteil-Referenzvektoren im Bereich kleiner als 1,8 mit „+“ und im Bereich größer als 1,8 entsprechend mit „−“gekennzeichnet sind.

Als Referenz-Gutteile werden fehlerfreie Schmiedeteile mit einer Formfüllung von über 90 % betrachtet und der Mittelwert für jeden Sensor und Frequenzband in den vier Zeitabschnitten bestimmt. Die Einzelmesswerte liegen dabei in einem Toleranzband von $< \pm 50\,\%$ um den Mittelwert. Um Unregelmäßigkeiten im Prozessablauf frühzeitig messtechnisch zu erkennen, sollte bei einer vektoriellen Betrachtung aller drei Frequenzen die

Tab. 6.9 Umformbedingungen geschmiedeter Zahnräder

Zahnrad Nr.	Werkstoff	Rohteiltemperatur [°C]	Energie [%]	Körperschall-Koeffizientenvektor < 1,8			AE-Koeffizientenvektor < 1,8			Formfüllung [%]	Bemerkungen
				Zeitab. I	Zeitab. II	Zeitab. IV	Zeitab. I	Zeitab. II	Zeitab. IV		
15	C60	1200	31	+	–	–	–	–	–	81	
27	C60	1200	38	+	+	–	+	+	+	90	
21	C60	1200	40	+	+	+	+	+	+	93	
28	C60	1200	40	+	+	+	+	+	+	92	1.Prozesszyklus ohne Schmierung
30	C60	1200	40	+	+	–	–	–	–	79	3.Prozesszyklus ohne Schmierung
19	C60	1150	40	+	–	–	–	–	+	90	
24	C60	1100	40	–	–	–	–	–	+	79	
17	C60	1200	40	+	–	–	–	–	–	83	Schmiedefehler
31	C60	1200	40	+	–	–	–	–	+	89	Schmiedefehler
26	C60	1200	34	–	+	–	–	–	+	86	Schmiedefehler
25	C60	1200	29	–	+	–	–	–	–	84	Schmiedefehler
35	16MnCr5	1200	40	+	+	–	–	–	–	93	Materialverwechselung

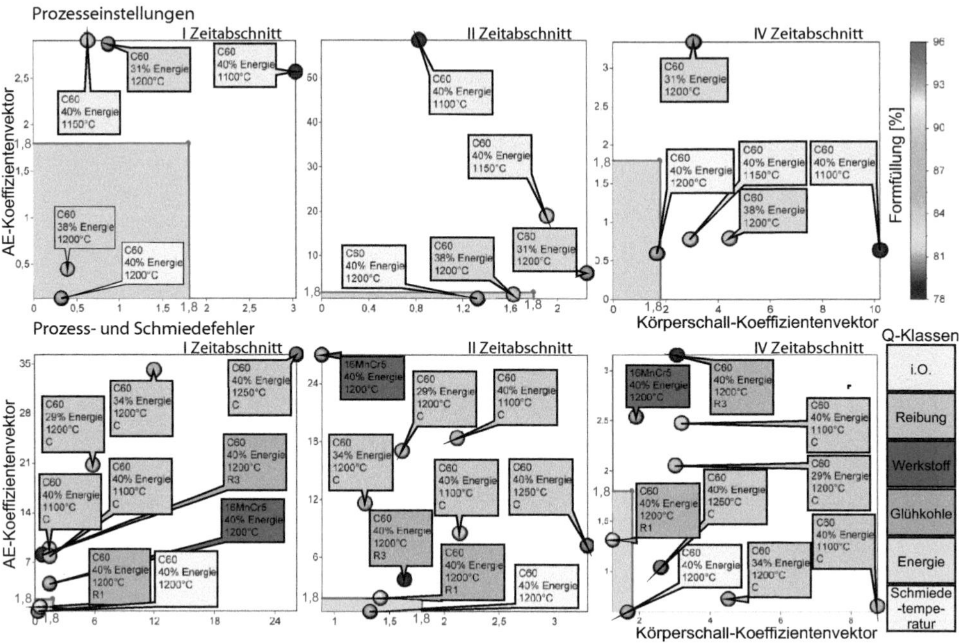

Abb. 6.59 Klassifizierung der Merkmale von Körperschall- und Schallemissionssignalen aus dem Schmiedeprozess

Abweichung um den vektoriellen Referenzwert für jeden Sensor in den vier Zeitabschnitten kleiner 1,8 sein.

Beim Präzisionsschmieden von Hochleistungsbauteilen ist hinsichtlich der Bauteilqualität die Formfüllung und insbesondere die Ausformung der Zähne ein wesentliches Qualitätsmerkmal. In Abhängigkeit der Prozessparameter und Materialeigenschaften sowie deren Einfluss auf das Umformprozess zeigen die Zahnräder aus dem Kohlenstoffstahl C60 bei einer Schmiedetemperatur von 1200 °C und einem Energieanteil von 40 % die beste Ausformung der Zähne.

Die Bauteile die unter Variation der Prozessparameter und die Bauteile die unter Prozessstörungen durch Materialverwechslung, anhaftende Glühkohle oder Ausfall der Schmierung geschmiedet werden, sind in zwei Gruppen einzuteilen (s. Abb. 6.59).

In der ersten Gruppe ist der Einfluss der Prozessparameter Schmiedetemperatur und Energieanteil auf die Bauteilqualität ersichtlich. In der zweiten Gruppe führen die verschiedenen Prozessstörungen zu Fehlerklassen die Möglichkeiten zur Bauteil-Klassifizierung und Prozesssteuerung bieten.

Zur Beurteilung der Bauteilqualität aus dem Körperschall- und Schallemissions-Signalverhalten ist der Umformweg, entsprechend den Formgebungsstufen, in vier Zeitbereiche unterteilt. Dabei werden die Körperschall- und Schallemissionen in den einzelnen Zeitabschnitten bei charakteristischen Frequenzen im Bezug zu den Emissionen beim Schmieden von Gutteilen betrachtet.

Das Kriterium zur Bewertung der Bauteilqualität im Vergleich mit den Referenz-Gutteilen ist dabei der vektorielle Abstand der Körperschall- und Schallemissionen in den einzelnen Zeitabschnitten zum Bezugs-Koordinatenursprung der Gutteile.

Eine Steigerung des Energieanteils und der Schmiedetemperatur verbessert die Ausformung der Zähne und minimiert den Abstand in allen Zeitabschnitten.

Die mit anhaftender Restglühkohle und im dritten Prozesszyklus ohne Schmierung geschmiedeten Zahnräder, lassen sich deutlich im ersten Zeitabschnitt von den geschmiedeten Gutteilen unterscheiden. Auch im zweiten Zeitabschnitt heben sich die mit Glühkohleresten und aus anderem Werkstoff geschmiedeten Teile deutlich aus dem Gutteilbereich ab. In der Emissionsverteilung ist der Zeitbereich III sehr schwach und wenig signifikant ausgebildet und damit nur wenig aussagekräftig. Eindeutig hingegen sind alle Gutteile im Zeitabschnitt IV von den fehlerbehaften Zahnrädern mit Schmiede- und Formfehlern zu unterscheiden. Reproduzierbar in das Cluster der Gutteile fallen alle Zahnräder, die aus dem Kohlenstoffstahl C60 bei einer Schmiedetemperatur von 1200 °C, einem Energieanteil von 40 %, mit und ohne Schmierung im ersten Zyklus geschmiedet werden.

Aufbauend auf diesen Forschungsergebnissen ist festzustellen, dass die kontinuierliche Körperschall- und Schallemissionsmesstechnik im Kombination mit der Wavelet-Analyse neue Ansätze bietet, sehr kurzzeitige transiente Vorgänge beim Präzisionsschmieden messtechnisch zu erfassen, zu analysieren und mit Hilfe der Clusteranalyse zu beurteilen. Damit ergeben sich allgemein neue Möglichkeiten zur empfindlichen Überwachung von transienten Fertigungsprozessen sowie der Schadensfrüherkennung und Qualitätsbewertung von Bauteilen in der Fertigungslinie.

6.3.3 Zerstörungsfreie Bauteilfehlerprüfung

Die Fehlerfreiheit von Bauteilen im Hinblick auf Volumenfehler und Werkstofftrennungen in der Bauteilstruktur und dem Mikrogefüge ist ein wichtiges Kriterium zur Bewertung der Bauteilqualität.

Im Bereich der zerstörungsfreien Bauteilfehlerprüfung gibt es entsprechend der Problemstellung und auf den Anwendungsfall ausgerichtet ein breites Spektrum zerstörungsfreier Prüftechniken. Dieses sind Magnetpulver- und Farbeindringverfahren zur Oberflächenrissprüfung, die Wirbelstromtechnik, Magnetstromfluss- und Thermographieverfahren, Ultraschall- und Durchstrahlungstechniken zur globalen Bauteil-Fehlerprüfung und Nachweis von Volumenfehler sowie die akustische Resonanzanalyse, Schwingungs- und Körperschallanalyse zur Prüfung von Bauteilstrukturen und Erkennung von Unregelmäßigkeiten im Bauteilverhalten von Anlagen [Deu06].

Zur Bewertung der Qualität präzisionsgeschmiedeter Bauteile hinsichtlich prozessspezifischer Bauteilfehler in der Prozesskette des SFB 489 mit integrierter Wärmebehandlung wurden zerstörungsfreie Prüftechniken auf ihre Eignung untersucht, technologisch weiter-

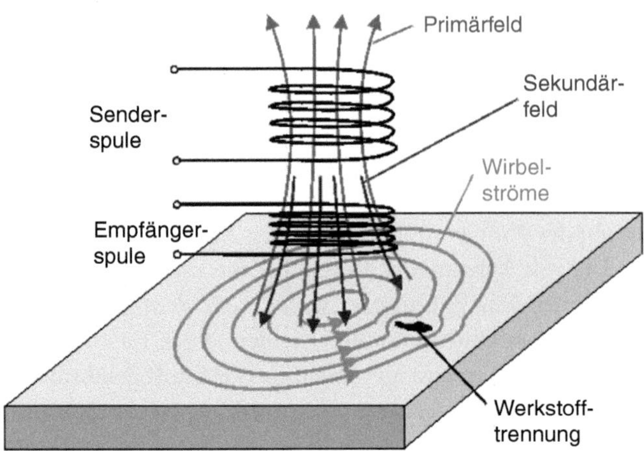

Abb. 6.60 Messprinzip der Wirbelstromtechnik zur Fehlerprüfung

entwickelt und hinsichtlich der Prüfaufgabe für den inline Einsatz qualifiziert. Relevante prozessbedingte Bauteilfehler in präzisionsgeschmiedeten Zahnrädern und Ritzelwellen sind Überschmiedungen, Fremdstelleinschlüsse, Formfehler sowie Härte- und Ermüdungsrisse unter Betriebsbeanspruchung. Ausgerichtet auf die Prüfaufgabe und den Anwendungsfall eignen sich insbesondere Wirbelstromtechniken zum empfindlichen lokalen Nachweis von Bauteilfehlern in Verzahnungs- und Wellenbereich in SCAN-Technik sowie die Impuls-Thermografie mit hochfrequenter induktiver Anregung zur schnellen bildgebenden Bauteil-Fehlerprüfung zur Integration in die Prozesskette.

6.3.3.1 Wirbelstromtechnik

Eine geeignete Prüftechnik zur Erfassung von Fehlstellen in der Bauteil-Randzone, wie Anrisse, Poren, Einschlüsse, Überschmiedungen ist die Wirbelstromtechnik [För54, Moo00a, Hep65, Moo06b, Bec98, Rei08f]. Sie basiert auf der Erzeugung eines magnetischen Wechselfeldes, dem Primärfeld, in einer Senderspule durch einen mittel- bis hochfrequenten Wechselstrom. Bedingt durch dieses magnetische Wechselfeld werden in elektrisch leitfähigen Werkstoffen entsprechend dem Induktionsgesetz Spannungen induziert die zur Ausbildung einer Wirbelstromverteilung im Prüfkörper führen. Dabei ist die Ausbildung und Verteilung der Wirbelströme im Prüfkörper abhängig von der Spulengeometrie, den Prüfparametern und den physikalischen Werkstoffeigenschaften des Bauteils. Ähnlich, wie in der Senderspule, wird durch den Wechselstrom der Wirbelstromverteilung im Bauteil ein Sekundärfeld generiert, das dem Primärfeld entgegenwirkt. In ferromagnetischen Werkstoffen kommt es durch das angelegte Primär-Wechselfeld neben der Wirbelstromverteilung auch zu Ummagnetisierungsvorgängen der Weiss'schen Bezirke in der Bauteil-Randzone und damit zu einem weiteren magnetischen Sekundärfeld welches ebenfalls dem Primärfeld überlagert ist. Die Wirkung des Sekundärfeldes als Messeffekt kann als Gegeninduktion über die Erregerspule oder zusätzliche Mess- oder Empfängerspulen erfasst werden. Fehlstellen in der Bauteil- Randzone, wie Risse, Poren oder Einschlüsse führen zu einer Störung der Wirbelstromverteilung und werden über Änderungen im Sekundärfeld nachgewiesen (s. Abb. 6.60).

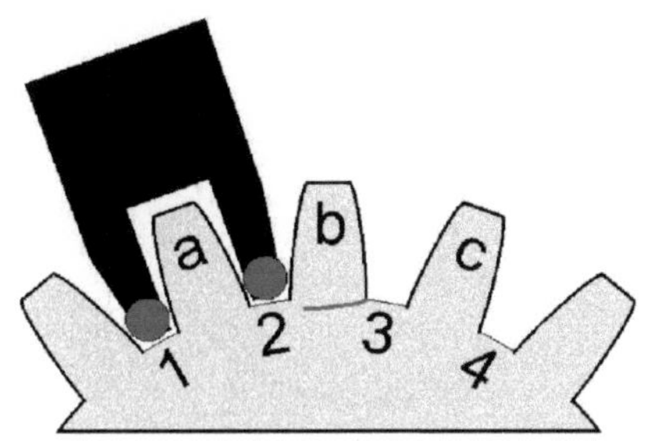

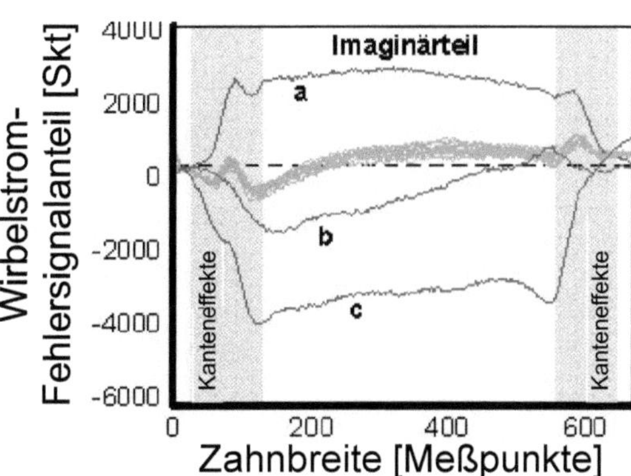

Abb. 6.61 Wirbelstrom-Fehlerprüfung im Verzahnungsbereich mit einer dem Zahnprofil und der Schrägverzahnung angepassten Differenzsonde

Infolge der ausgebildeten Wirbelstromverteilung und der Magnetisierungsvorgänge in der Bauteil- Randzone ist über die Gegeninduktion des Sekundärfeldes die Einwirktiefe des Pri-märfeldes im Bauteil begrenzt. Auch kommt es durch die Wirbelverteilung im Bauteil und das Sekundärfeld zur Generierung weiterer gegenläufiger Wirbelstromausbildung in größeren Bauteiltiefen, den sogenannten sekundären oder Fernfeld-Wirbelstromverteilungen [Sun00, Ath91a, Web02, Rei07e, Bec98, Rei08f].

Speziell zur empfindlichen Erfassung von Schmiedefehlern und Härterissen in der Verzahnung insbesondere im Zahnfußbereich war die Entwicklung einer an das Zahnprofil und die Schrägverzahnung angepassten Wirbelstrom-Differenzsonde erforderlich. Die Wirbelstromsonde umfasst einen Zahn und ist in Differenzanordnung so aufgebaut, dass beim Überfahren eines Zahnes in der Breite in SCAN-Technik Profilabweichungen und Kanteneffekte weitestgehend kompensiert werden.

Sie wird im Prüfzyklus in der Zahnlücke über die Zahnbreite verfahren. Bei fehlerfreien Zähnen ergibt sich ein charakteristischer Signalverlauf über der Zahnbreite, der sich von Zahn zu Zahn wiederholt. Eine Fehlerstelle im Verzahnungsbereich führt zu einer Verstimmung des Differenz-Sondensystems bei der Überfahrung der Einzelzähne a, b und c (s. Abb. 6.61 links), und den zugehörigen Signalverläufen über der Zahnbreite (s. Abb. 6.61 rechts). Anhand des Wirbelstrom-Fehleranteils können über die Zahnnummer und die Zahnbreitenposition Aussagen über die Fehlerposition im Verzahnungsbereich getroffen werden.

6.3.3.2 Impuls-Thermographie mit hochfrequenter induktiver Anregung

Eine neue Technologie zur flächigen Oberflächen-Fehlerprüfung profilierter Bauteile mit elektrisch leitfähigen und ferromagnetischen Werkstoffeigenschaften ist die Thermographie mit einer hochfrequenten induktiven Anregung der Bauteilrandzone [Zwe04, Bra05, Her99, Rie07, Car05, Vra08, Hei03, Bau05, Osw05, Rei08f]. Dieses ist ein bildgebendes Verfahren, was bei kurzzeitiger Anregung sehr schnell Informationen über die Ausbildung

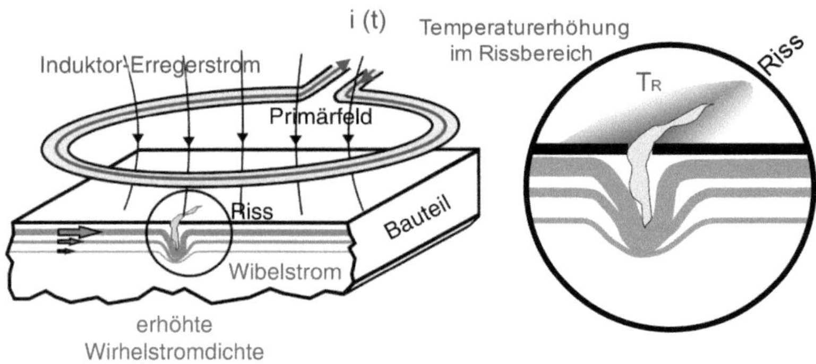

Abb. 6.62 Risserkennung bei hochfrequenter induktiver Bauteilanregung

und Verteilung von Randzonendefekten in der Fläche liefert. Ähnlich wie die Wirbelstromprüfung basiert auch diese Technik auf der induktiven Anregung hochfrequenter Wirbelströme und von Ummagnetisierungsvorgängen in der Bauteilrandzone. Defekte im Oberflächenbereich der Bauteile führen zu einer Störung der Wirbelstromverteilung in der Randzone in deren Folge es zu erhöhten Wirbelstromverlusten und einer lokalen Temperaturerhöhung im Defektbereich kommt. Die kurzzeitige Temperaturerhöhung im Defektbereich kann mit einer Thermographiekamera aufgenommen und über Bildanalyse zur schnellen Fehlererkennung und Fehlerbeschreibung genutzt werden [Wal01].

Zur kurzzeitigen induktiven Anregung der Bauteile dient ein leistungsstarker Hochfrequenz-Generator mit Schwingfrequenzen von 50 bis 850 kHz und Pulsdauern von $t_p \geq 50$ ms. Die Leistungsübertragung zum Bauteil erfolgt über einen Außenschwingkreis und einen wassergekühlten Induktor mit einer Windung und einem Innendurchmesser von $d_i = 23$ mm, der in einem Abstand von 1 bis 5 mm gegenüber dem Bauteil positioniert ist. Die verwendete Thermographiekamera hat einen Messbereich von − 20 bis 250 °C bei einer Temperaturempfindlichkeit von 0,12 °C im Spektralbereich von 7,5 bis 13 μm und ist in einem Abstand von ca. 250 bis 500 mm gegenüber dem Bauteil angeordnet (s. Abb. 6.62).

Entsprechend dem Induktor Erregerstrom und dem sich ausbildenden Primärfeld werden in der Bauteil-Randzone Wirbelströme generiert. Defekte wie Anrisse in der Randzone führen zu einer Störung der Wirbelstromverteilung wodurch es zu einer erhöhten Wirbelstromdichte mit hohen Wirbelstromverlusten und damit zu einer stärkeren Temperaturerhöhung im Rissbereich kommt. Diese Temperaturerhöhung im Defektbereich kann mit einer Thermographiekamera aufgenommen und über eine Bildanalyse zur schnellen Fehlererkennung und Fehlerbeschreibung genutzt werden.

6.3.3.3 Berechnung der Wirbelstromverteilung mit FEM

Zur Verifizierung der Wirbelstromverteilung im Rissbereich und zur Anpassung der Prüftechnik an die Prüfaufgabe erfolgten FEM- Simulationsberechnungen [Ber08b, Rei08f]. Vorgegeben wurde ein Anriss in der Randzone eines gehärteten ferromagnetischen Stahlbauteils mit einer relativen Permeabilität von $\mu_{rR} = 200$.

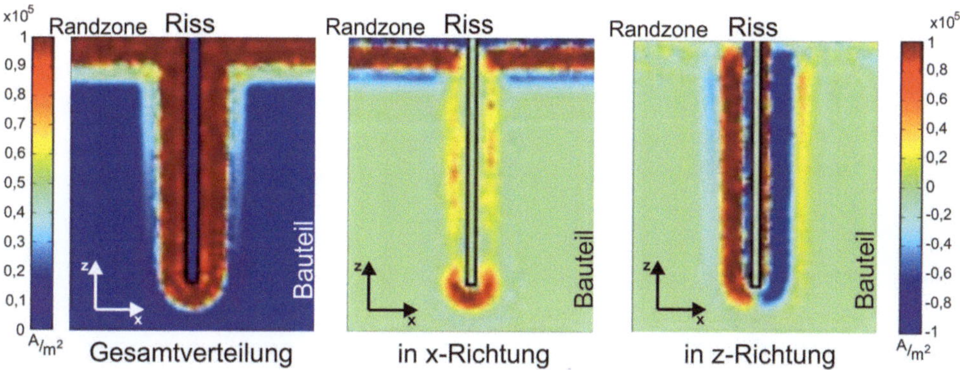

Abb. 6.63 Wirbelstromverteilung in der Bauteilrandzone und im Rissbereich

Bei einer vorgegebenen hohen Prüffrequenz von 400 kHz beträgt die Eindringtiefe der Wirbelströme nur $\sim 0{,}1$ mm und ist die Verteilung im ungestörten Bauteilbereich auf eine schmale Randzone beschränkt. Infolge der Materialtrennung im Rissbereich umfließen die im Bauteil induzierten Wirbelströme den Riss entlang der Rissflächen (s. Abb. 6.63). Aufgrund der dadurch im Rissbereich induzierten Spannungen, kommt es zu weiteren sekundären gegenläufigen Wirbelstromverteilungen riss- und bauteilseitig. Damit ist über FEM-Simulationsberechnungen ein Nachweis erbracht, dass bei ferromagnetischen Werkstoffen und hochfrequenter induktiver Bauteilanregung die Wirbelstromdichte, die Wirbelstromverluste und die Temperaturerhöhung im nahen Rissbereich stärker ausgebildet ist als in der ungestörten Bauteilrandzone, wodurch thermographisch eine Risserkennung und ein Rissnachweis ermöglicht wird [Rei08f].

6.3.3.4 Thermographische Nachweisempfindlichkeit und Abbildungsschärfe

Eine wichtige Aussage zur Beurteilung des Prüfablaufes und der thermographischen Abbildung eines Risses im Oberflächen-Temperaturfeld des Bauteils liefert der Temperaturverlauf über dem Riss. Dabei ist die erreichte Temperaturdifferenz zwischen dem Rissbereich und der fehlerfreien Bauteil-Randzone ein Maß für die Nachweisempfindlichkeit und die geometrische Halbwertsbreite der Temperaturerhöhung ein Maß für die Abbildungsschärfe des Risses im Oberflächen-Temperaturfeld.

6.3.3.5 Temperaturverlauf im Rissbereich und Zeitverhalten

Bei der induktiven Anregung und thermographischen Erfassung von Anrissen in der Bauteiloberfläche ist zum einen das generierte Temperaturfeld über dem Riss durch die Anregung, zum anderen aber auch das Zeitverhalten der Temperaturverteilung über dem Riss bis zum Messzeitpunkt von Bedeutung. Um dieses näher zu untersuchen ist in Abb. 6.65 der Temperaturverlauf über einem Riss nach erfolgter kurzzeitiger Anregungsdauer von 50 ms in drei Zeitschritten dargestellt.

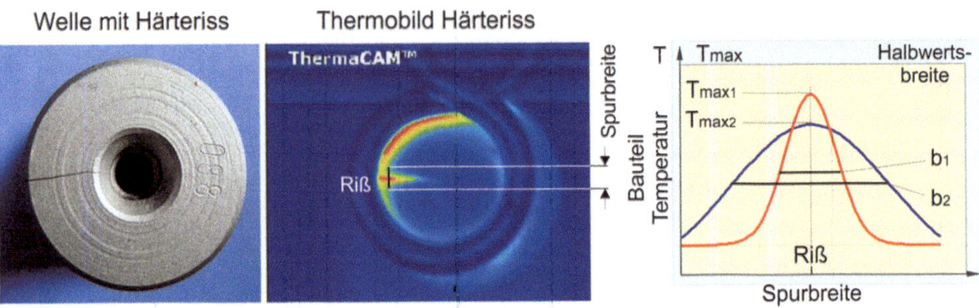

Abb. 6.64 Fehler-Nachweisempfindlichkeit und Abbildungsschärfe im Thermobild

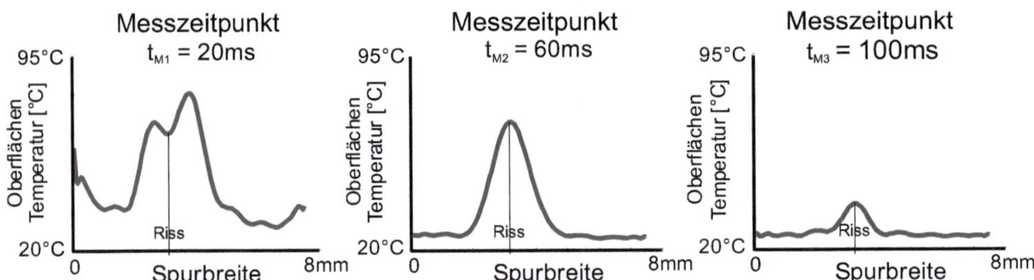

Abb. 6.65 Temperaturverlauf und Zeitverhalten im Rissbereich

Zu einem Messzeitpunkt von 20 ms nach erfolgter Anregung ist die Temperaturerhöhung im Rissbereich maximal und aufgrund der Anregung auch im fehlerfreien Oberflächenbereich leicht erhöht. Entsprechend der aufgezeigten Wirbelstromverteilung bilden sich rechts und links neben dem Riss zwei Temperaturmaxima mit einem Minimum im Rissbereich aus (s. Abb. 6.65). Durch Wärmeleitvorgänge sind zu einem späteren Messzeitpunkt von 60 ms nach erfolgter Anregung die Temperaturunterschiede im Rissbereich teilweise ausgeglichen, das Temperaturmaximum liegt im Rissbereich, und im Randzonenbereich neben dem Riss ist die Oberflächentemperatur auf Bauteiltemperatur abgefallen. Mit zunehmender Zeitdauer und fortschreitendem Temperaturausgleich nimmt auch die Maximaltemperatur im Rissbereich weiter ab. Die Abbildungsschärfe des Risses bleibt jedoch weitgehend erhalten, da der Temperaturausgleich im Wesentlichen aus der dünnen angeregten Randzone in den kälteren Bauteil-Kernbereich erfolgt [Rei08f].

6.3.3.6 Nachweis von Anrissen in der Randzone profilierter Hochleistungsbauteile

Die genannten Fehlerprüfungen wurden im Folgenden unter optimierten Prüfbedingungen zum Nachweis von natürlichen Härte- und Ermüdungsrissen, wie zum Nachweis von Schmiedefehlern in profilierten Hochleistungsbauteilen eingesetzt und durch die Wirbelstrom-Scantechnik ergänzt.

Abb. 6.66 Wirbelstromprüfung von Bauteil-Funktionsflächen in Scan-Technik

Die Wirbelstromprüfung in Scantechnik erfordert die Aufnahme des Bauteils und der Prüfsonde in einer Mehrachsen-Verfahreinheit zur exakten lokalen Positionierung und Ausrichtung der Sonde zum Prüfkörper sowie der gewünschten schrittweisen Abtastung der relevanten Bauteiloberfläche auf Fehlstellen (s. Abb. 6.66). Zur Anwendung kommen dabei an die Prüfaufgabe und Prüfbedingung angepasste Tastsonden in Absolut-, Differenz- und Multidifferenzanordnung.

Die Wirbelstrom-Scantechnik liefert eine bildhafte Darstellung der Fehlerverteilung und Fehlerausbildung in der Bauteil-Oberfläche. Sie erfordert jedoch einen erheblichen technischen und zeitlichen Prüfaufwand [Rei08f].

Der von der Stirnfläche der Ritzelwelle ausgehende Längsriss im Wellenschaft ist mit einer Wirbelstrom (WS)- Differenzsonde in einem Scan der Wellenoberfläche empfindlich nachweisbar. Anhand der Wirbelstrom- Signalamplituden des Differenzsignals über dem Riss ist erkennbar, dass die Risstiefe zum Rissauslauf hin, im Bereich der Längsposition von 35 mm, geringer ist (s. Abb. 6.67 oben).

Der Längsriss in der Ritzelwelle ist unter optimierten Prüfparametern auch mit der Thermographie nach kurzzeitiger hochfrequenter induktiver Anregung in seiner Ausbil-

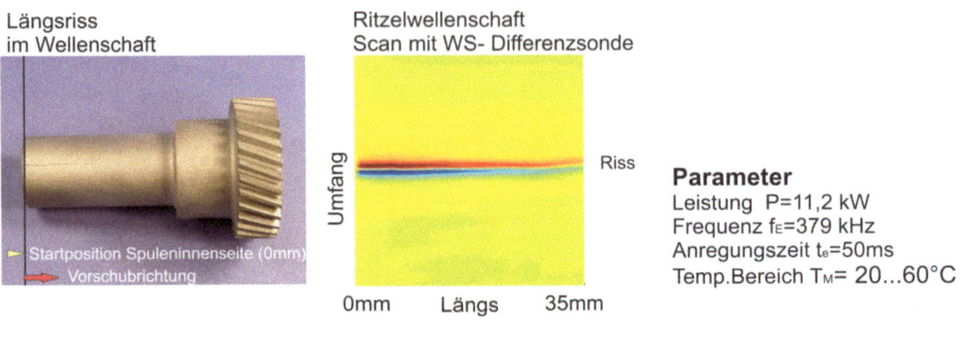

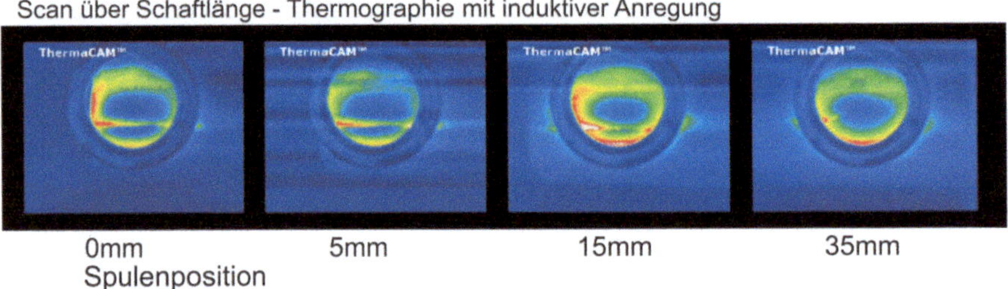

Abb. 6.67 Fehlerprüfung an einem Ritzelwellenschaft in SCAN-Technik (Längsriss)

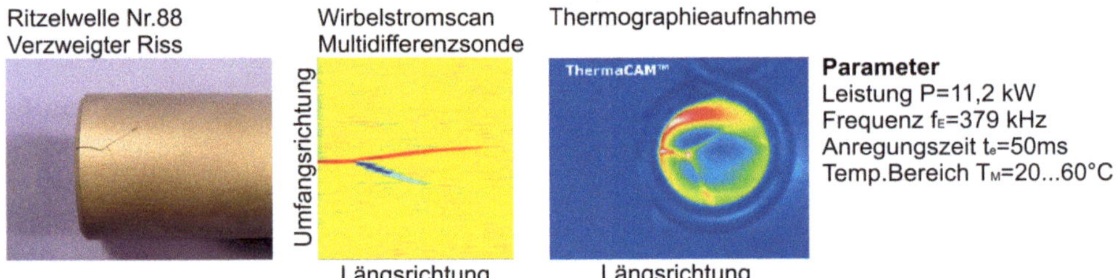

Abb. 6.68 Nachweis eines verzweigten Härterisses im Wellenschaft

dung nachweisbar. Bei einem Induktorabstand zum Bauteil von ca. 2 mm erfolgte der Rissnachweis leiternah im Innenbereich der Induktorspule. Zur Erfassung des Risses in seiner Gesamtlänge wurde der Induktor ausgehend vom Wellenanfang in Schrittweiten von 5 mm in Längsrichtung positioniert. Dabei ist auch die sehr feine Ausbildung der Materialtrennung im Rissendenbereich leiternah empfindlich nachweisbar (s. Abb. 6.67 unten). Eine Messung erfolgt direkt nach einer kurzzeitigen hochfrequenten induktiven Anregung der Bauteiloberfläche über 50 ms mit einer Bildfolgezeit von 40 ms. Bei diesen kurzen Anregungs- und Messzeiten sind Thermographieaufnahmen in Zeitabständen von ca. 100 ms realisierbar.

Auch ein in verschiedene Richtungen verzweigter Härteriss im Wellenschaft ist mit einer Wirbelstrom-Multidifferenzsonde und Thermographie nach kurzeitiger hochfrequenter induktiver Anregung in seiner Gesamtheit nachweisbar (s. Abb. 6.68). Dieses belegt, dass

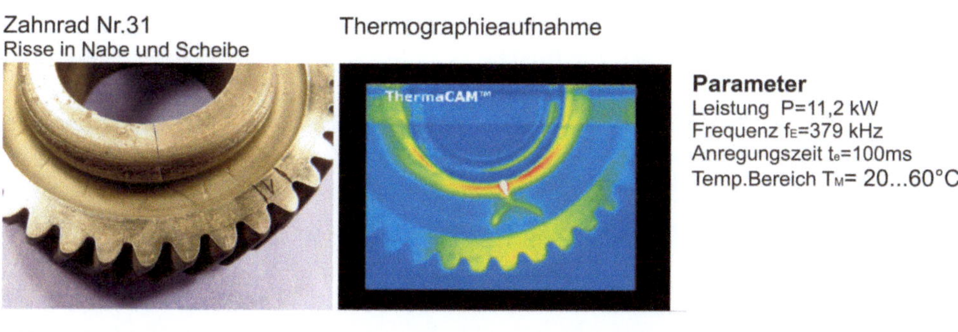

Abb. 6.69 Nachweis eines verzweigten Härterisses im Zahnrad Naben- und Scheibenbereich

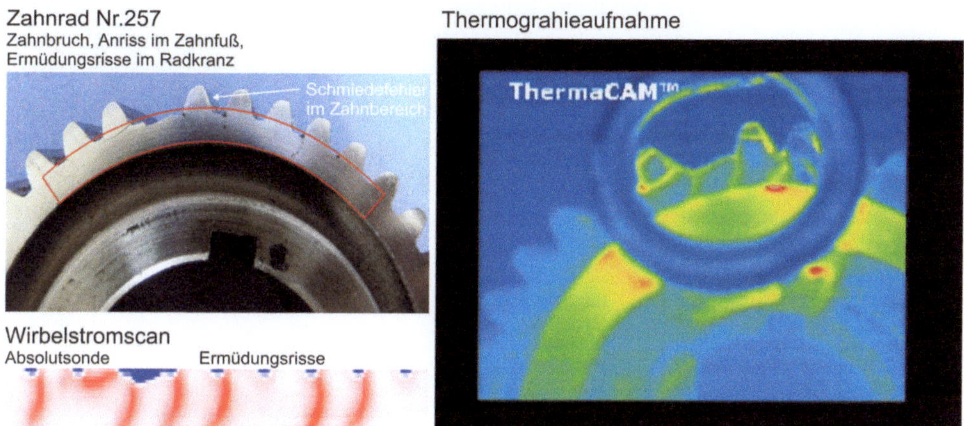

Abb. 6.70 Nachweis von Schmiedefehlern und Ermüdungsrissen im Verzahnungsbereich

sowohl die Multidifferenzsonde, wie auch das entwickelte Thermographieverfahren in allen Messrichtungen eine gewisse Nachweisempfindlichkeit für Oberflächenrisse besitzen.

Ein Nachweis von Anrissen und deren Verlauf in profilierten Bauteilen mit Wirbelstromtechnik erfordert den Einsatz eines an die Bauteiloberfläche angepassten Sensorarrays, oder eines Wirbelstrom-Prüfsystems in Scantechnik mit einer mehrachsigen Sensorführung, was mit einem hohen Prüfaufwand verbunden ist.

Deutliche Vorteile bietet hier die Anwendung der Thermographie mit hochfrequenter induktiver Anregung unter optimierten Prüfparametern. Bei einem Zahnrad mit einem verzweigten Härteriss im Naben- und Scheibenbereich wird dieser eindeutig in seinem Verlauf in der profilierten Bauteiloberfläche nachgewiesen (s. Abb. 6.69). Dabei erfolgt die Messung mit Aktivierung und Messzeit über eine Zeitdauer von weniger als 100 ms.

In Abb. 6.70 ist aufgezeigt, dass mit der Wirbelstrom-Scantechnik unter Verwendung einer empfindlichen hochauflösenden Absolutsonde, wie auch mit der induktiv angeregten Thermographie kleine Schmiedefehler und auch sehr feine Ermüdungsrisse im Zahnfuß- und im Randzonenbereich empfindlich nachgewiesen werden können [Rei08f].

6.3.4 Zerstörungsfreie Charakterisierung der Bauteil- und Randzoneneigenschaften

Die Fertigung von Bauteilen in einer verkürzten Prozesskette erfordert neben der Entwicklung neuer Werkstoffe, der Verfahrensoptimierung des Präzisionsschmiedens sowie der Hartfeinbearbeitung die Entwicklung einer verfahrensbegleitenden Überwachung der einzelnen Prozessschritte sowie zur Beurteilung der Bauteileigenschaften und der Bauteilqualität.

Neben der geforderten Fehlerprüfung werden die Bauteileigenschaften basierend auf dem Werkstoff und der Gefügeausbildung entscheidend durch die Werkstoffeigenschaften und den Werkstoffzustand im Bauteil und der Randzone geprägt. In der Prozesskette Präzisionsschmieden werden die Bauteileigenschaften durch den eingesetzten Werkstoff, das Präzisionsschmieden, die integrierte Wärmebehandlung und abschließende Hartfeinbearbeitung geprägt und sind durch die eingestellten Härte- und Festigkeitskennwerte, Zähigkeit und Duktilität sowie den Eigenspannungszustand charakterisiert. Es ist daher die Zielsetzung, über die Entwicklung und Integration geeigneter zerstörungsfreier Prüftechniken zur schnellen Erfassung und Charakterisierung des Bauteilzustandes und der Werkstoffeigenschaften unter industriellen Einsatzbedingungen im Hinblick auf die Steuerung und Regelung der Prozessparameter, zu einer Qualitätssicherung in der Prozesskette Präzisionsschmieden zu kommen.

6.3.4.1 Harmonischen Analyse von Wirbelstromsignalen zur zerstörungsfreien Materialcharakterisierung

Die Randschichteigenschaften von Bauteilen werden im Wesentlichen durch den Werkstoff, die Wärmebehandlung und die mechanische Bearbeitung des Randzonengefüges geprägt.

Elektromagnetische Prüftechniken nutzen existierende Zusammenhänge zwischen den mechanischen und physikalischen Eigenschaften metallischer Werkstoffe (s. Abb. 6.71). Als eine schnelle Prüftechnik zur Bestimmung von magnetischen Kennwerten hat sich das magnetinduktive Prüfverfahren der Harmonischen-Analyse von Wirbelstromsignalen bewährt, da die höheren Harmonischen der Prüffrequenz die Gefüge- und magnetischen Eigenschaften besser widerspiegeln als die Grundwelle [Klü08, Rei00a, Rei04b]. Diese Höherharmonischen beschreiben die Form der magnetischen Hysteresekurve, deren Nichtlinearität ihre Ursache in den magnetischen Eigenschaften des Werkstoffes hat. So wirken sich Änderungen des Gefügezustandes sowohl auf die mechanischen Eigenschaften, als auch auf die physikalischen Werkstoffeigenschaften, wie die elektrische Leitfähigkeit und Permeabilität, aus. Messtechnisch von Vorteil ist dabei eine bestehende Korrelation zwischen der mechanischen und der magnetischen Härte.

Eine neue Technologie zur zerstörungsfreien Charakterisierung von Werkstoffeigenschaften ist die Harmonischen Analyse von Wirbelstromsignalen. Bei der Harmonischen-Analyse von Wirbelstromsignalen wird durch einen sinusförmigen Wechselstrom in einer Erregerspule ein magnetisches Wechselfeld generiert, welches mit dem Werkstoff in Wech-

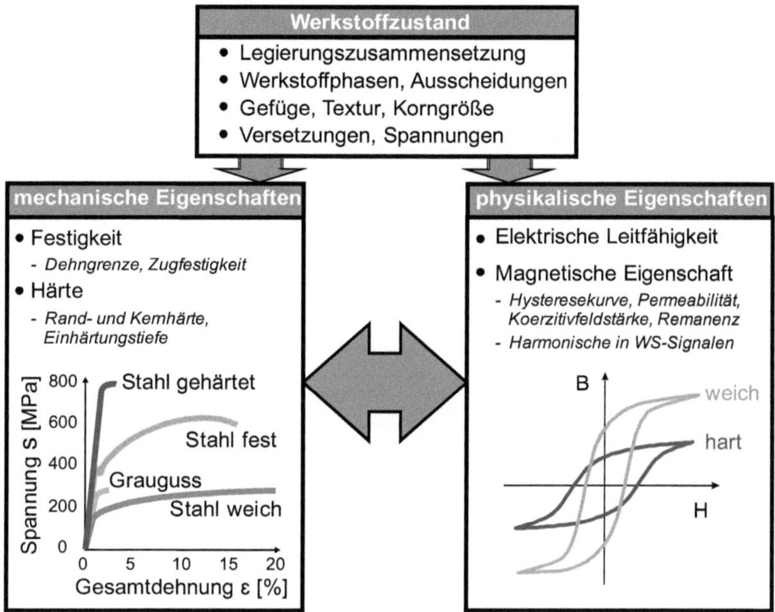

Abb. 6.71 Indirekte Bestimmung von Bauteileigenschaften

selwirkung tritt. Abhängig von der Prüffrequenz f, der Permeabilität μ, der elektrischen Leitfähigkeit σ und der Werkstückgeometrie bilden sich im Material Magnetisierungsvorgänge und Wirbelströme aus, welche zur Entstehung von magnetischen Sekundärfeldern führen (Abb. 6.72).

Die Überlagerung des aufgeprägten Primärfeldes mit den magnetischen Sekundärfeldern wird mit Hilfe von Empfängerspulen erfasst, wobei die induzierte Messspannung, bedingt durch den nichtlinearen Zusammenhang zwischen magnetischer Feldstärke H und magnetischer Flussdichte B, verzerrt wird.

Die aufgrund der durchlaufenen magnetischen Hysterese eingetretenen Feldverzerrungen führen zu Oberwellen im Messsignal, die mit Hilfe der Fast-Fourier-Transformation sehr schnell spektral analysiert werden können. Das Ergebnis dieser Transformation liefert Amplituden- und Phasenwerte bzw. Real- und Imaginärteile des komplexen Messsignals als Größen der im Messsignal enthaltenen Harmonischen. Dieses sind aufgrund des nichtlinearen Übertragungsverhaltens und der Achsensymetrie der magnetischen Hysterese ungeradzahlige vielfache Harmonische der Prüffrequenz. Durch die gezielte Erfassung und Bewertung höherharmonischer Messwerte von Wirbelstromsignalen kann die Änderung magnetischer Kennwerte in ferromagnetischen Werkstoffen, wie auch die Phasenumwandlung austenitischer Werkstoffe durch die Bildung von Ferrit, Martensit und Bainit empfindlich nachgewiesen werden [Abr73, Die76, Klü08, Sel03].

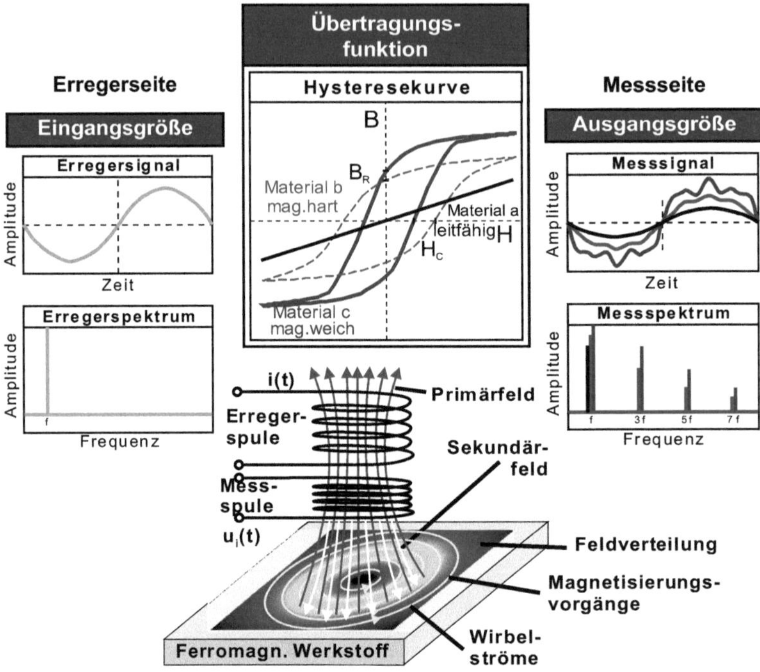

Abb. 6.72 Harmonischen-Analyse von Wirbelstromsignalen und Signaldarstellung

6.3.4.2 Anpassung der Prüftechnik an die Prüfaufgabe über FEM-Simulationsberechnungen

Eine geeignete Methode zur Anpassung und problemorientierten Optimierung einer Prüftechnik an die Prüfaufgabe ist die FEM-Simulation elektromagnetischer Felder, der Wirbelstromverteilung und des magnetischen Potenzials im Prüfkörper und Sensorbereich in Abhängigkeit der Prüfparameter und Werkstoffeigenschaften.

Zur Anpassung der Messtechnik an die Prüfaufgabe wurden Simulationsrechnungen durchgeführt, um über eine Bewertung der Feldverläufe und magnetischen Flussdichten in der Messspule, im Zahn und insbesondere im Bereich der Randzone zu einer optimierten Prüftechnik zu kommen. Basierend auf einer in der Simulationsrechnung verwendeten Anordnung von Senderspule und Zahnradsegment zeigen die Simulationsergebnisse anhand des Betrags der magnetischen Flussdichte sehr anschaulich den Verlauf der Feldlinien und die Ausbildung der magnetischen Flussdichte im Zahn in Abhängigkeit der Prüffrequenz (s. Abb. 6.73).

Dabei wurde im Zahn eine gehärtete Randschicht mit einer dementsprechend niedrigen relativen Permeabilität von $\mu_{rR} = 200$ und ein weicher Kern mit einer Permeabilität von $\mu_{rK} = 700$ vorgegeben. Die magnetische Flussdichte ist bei einer niedrigen Prüffrequenz von 50 Hz in der gehärteten Randschicht kaum ausgeprägt, während sie im weichen Kern des Zahns über der gesamten Zahnbreite recht konstant ist. Zur Zahnmitte hin nimmt die

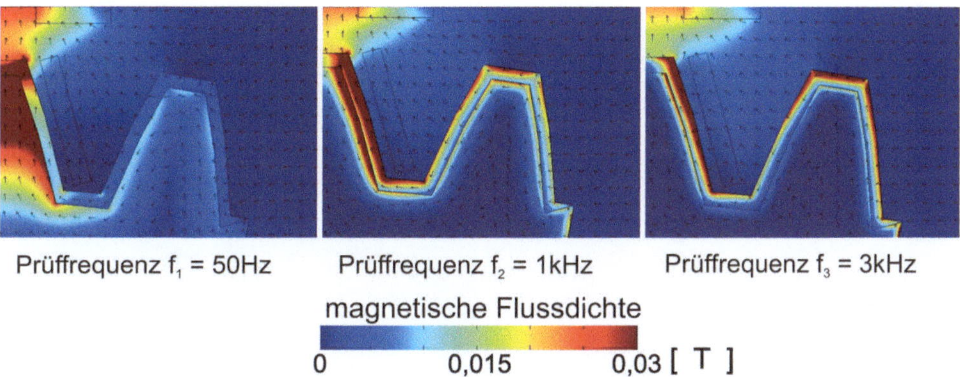

Abb. 6.73 FEM-Simulation der Prüfverhältnisse im Einzelzahnbereich

Flussdichte etwas geringeren Wert an und ist im breiten Zahnfußbereich entsprechend geringer. Mit zunehmender Prüffrequenz erfolgt eine starke Verdrängung der Flussdichte in den gehärteten Zahnflankenbereich, wobei die Flussdichte in der Randzone größere Werte annimmt. Bei hohen Prüffrequenzen von 3 kHz ist die magnetische Flussdichte im Zahnkernbereich sehr gering und in einer dünnen Randzone im Zahnflankenbereich über der Zahnhöhe relativ konstant. Basierend auf den Ergebnissen der Simulation der Feldverhältnisse im Zahn sind eine Einzelzahn-Messsonde und eine integrale Messsonde entwickelt worden.

6.3.4.3 Integrale zerstörungsfreie Härteprüfung

Bei der Herstellung von randzonegehärteten Bauteilen durch Präzisionsschmieden mit integrierter Wärmebehandlung kann es aufgrund von Variationen im Prozessablauf und Änderung der Prozessparameter zu Schwankungen mit unzulässigen Änderungen der Bauteileigenschaften kommen. Die Fertigung von Bauteilen mit spezifizierten Randzoneneigenschaften hinsichtlich der Randhärte und Einhärtungstiefe in engen Toleranzbändern erfordert daher eine prozessintegrierte Kontrolle und Regelung der Wärmebehandlung mittels Spraykühlung über eine schnelle und integrale Erfassung der Härtekennwerte im Verzahnungs- und Lagersitzbereich. Diesbezüglich wurden für Zahnräder, Ritzelwellen und Kurbelwellen basierend auf Simulationsergebnissen Niederfrequenz-Wirbelstrom Spulensysteme zur getrennten integralen Erfassung des Verzahnungs-, Schaft- und Lagerbereichs entwickelt. Diese sind als Durchlaufsonden konzipiert und umfassen jeweils den Verzahnungs- bzw. den Schaftbereich der Bauteile vollständig und ermöglichen so parametergesteuert eine integrale Erfassung und Bewertung der Zahnhärte bzw. der Schafthärte (s. Abb. 6.74).

Die entwickelte Mess- und Analysesoftware liefert unter Verwendung der Grundwelle sowie der 3. und 5. Harmonischen des Wirbelstromsignals mit Hilfe von Regressionsverfahren und Algorithmen zur Clusteranalyse eine Aussage über den Härtezustand der Verzahnung und des Schafts nach der integrierten Wärmebehandlung. Hierbei werden

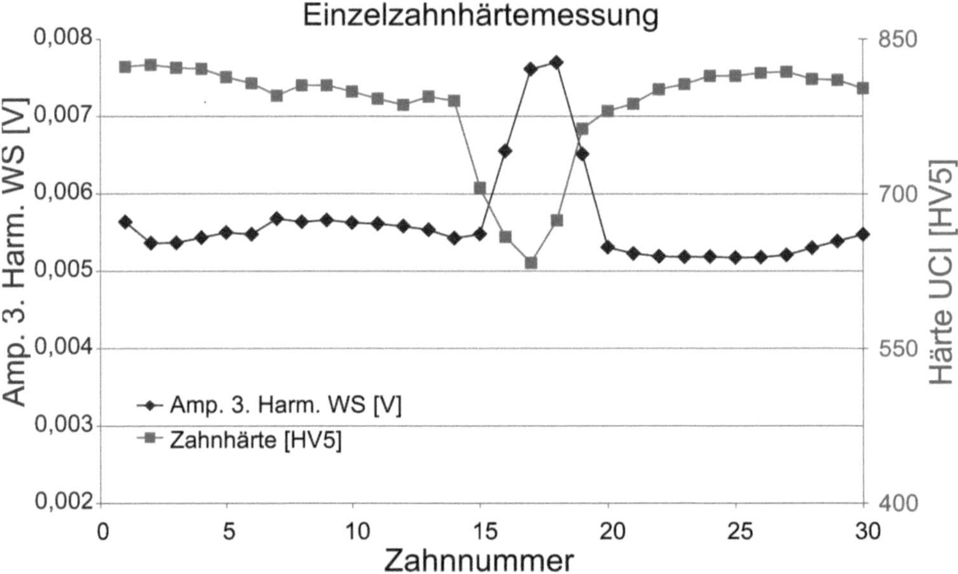

Abb. 6.74 Umfassende Wirbelstrom-Spulensysteme zur Materialcharakterisierung

durch die Definition eines Toleranzbereiches und mittels grüner, gelber und roter Balken in einem Diagramm zu gering, ausreichend und zu stark gehärtete Ritzelwellen klassifiziert. Diese Informationen werden an die integrierte Wärmebehandlung weitergegeben und ermöglichen, wenn notwendig, eine Korrektur einzelner Abkühlparameter entsprechend der Abkühlstrategie.

Neben der Bewertung der erzielten integralen Randhärte können lokale Störungen in der Wärmebehandlung, wie der Ausfall einer Düse des Sprayfeldes, das schräge Einlegen eines Zahnrads in das Sprayfeld und der Ausfall der Zahnrad-Drehvorrichtung im

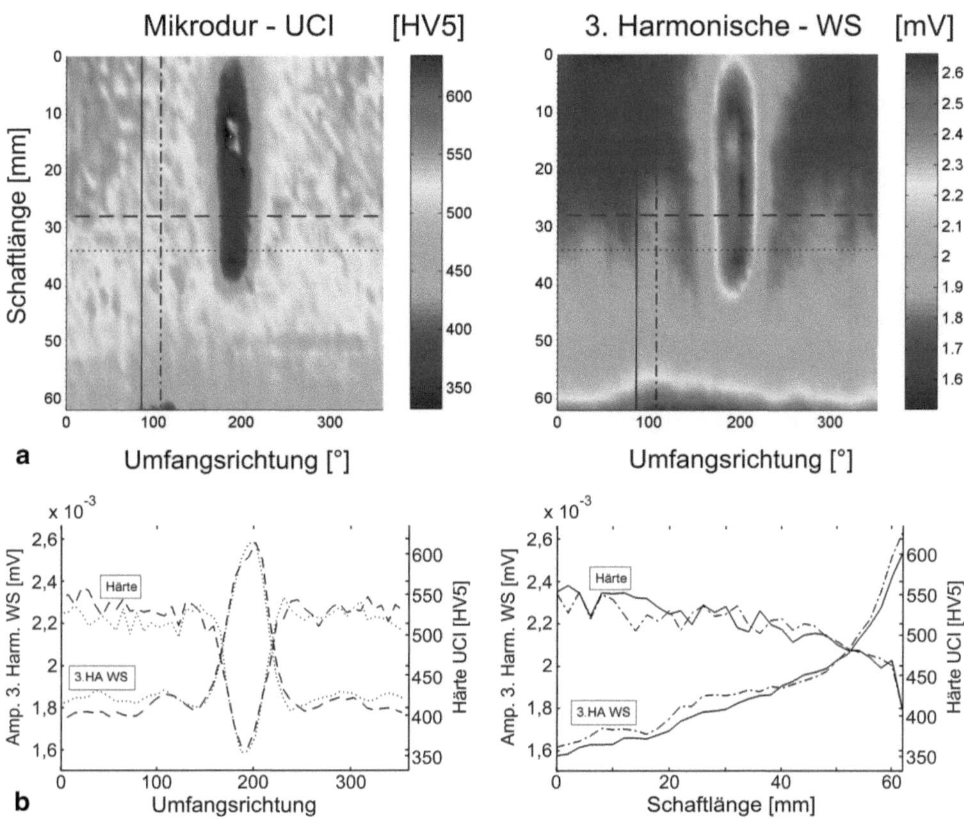

Abb. 6.75 Absenkung der Härtewerte und Harmonischen Messwerte im lokal angelassenen Ritzelwellenschaft

Sprayfeld durch eine anschließende lokale Härteprüfung anhand von Abweichungen und Unsymmetrien in den Harmonischen Messwerte über dem Verzahnungsumfang beurteilt werden (Abb. 6.75).

In Versuchsreihen wurden präzisionsgeschmiedete Ritzelwellen aus dem Werkstoff 42CrMo4 unter Variation der Prozessparameter im Sprayfeld gehärtet, um die angestrebten Randzoneneigenschaften einzustellen. Anschließend wurde die Härte zerstörungsfrei mit der Harmonischen Analyse von Wirbelstromsignalen und über eine Eindruck-Härtemessung mit dem Ultrasonic Contact Impedance Verfahren (UCI) [Kra91] bestimmt. Im Verzahnungsbereich der Ritzelwelle wurde mit Hilfe der mehrdimensionalen Regression durch die Verknüpfung von vier Messgrößen ein Korrelationskoeffizient von 96,1 % bei einer Standardabweichung von $\sigma = 19{,}5$ HV5 erreicht (s. Abb. 6.76 links). Bei der Bestimmung der Randhärte im Schaftbereich der Ritzelwelle wurde durch die Verknüpfung von drei Messgrößen ein Korrelationskoeffizient von 97,7 % bei einer Standardabweichung von $\sigma = 16{,}6$ HV5 erreicht (s. Abb. 6.76 rechts).

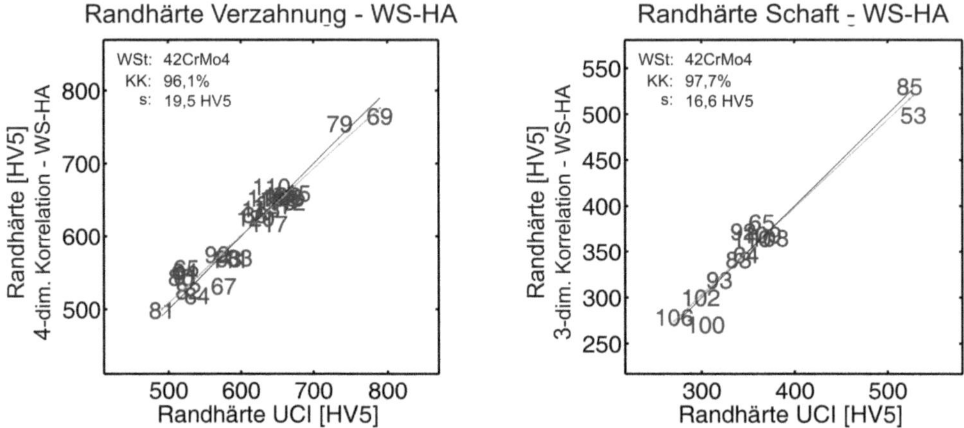

Abb. 6.76 Integrale Randhärtebestimmung – Ritzelwelle

Die Ergebnisse belegen, dass durch die gezielte Entwicklung einer zerstörungsfreien Prüftechnik basierend auf der Harmonischen-Analyse von Wirbelstromsignalen die integrale Bestimmung von Härtekennwerten im Verzahnungs- und Schaftbereich der Ritzelwelle nach der integrierten Wärmebehandlung prozessintegriert mit einer hohen Empfindlichkeit, Aussagesicherheit und Messgenauigkeit zu realisieren ist. Der Prozess kann automatisiert werden.

6.3.4.4 Bestimmung der Einhärtungstiefe

Neben der Randhärte ist ein weiteres wichtiges Qualitätsmerkmal bei randschichtgehärteten Bauteilen die Einhärtungstiefe im Bereich von Funktionsflächen zur Gewährleistung einer hohen Flankentragfähigkeit und Dauerfestigkeit unter Betriebsbedingungen. Die Bestimmung der Einhärtungstiefe erfolgt konventionell durch Zerschneiden des Prüfteils und anschließende Mikrohärteprüfung in zunehmendem Abstand vom Probenrand. Die Einhärtungstiefe ist dabei definiert als der Abstand vom Probenrand, an dem die Härte einen definierten Härtewert HSchwell unterschreitet. Die Wirbelstromprüfung bietet hier Möglichkeiten zur Bestimmung von Einhärtungstiefen [Ale96, Ber07a]. Es ist gelungen mit einer angepassten Einzelzahn-Messsonde über eine Variation der Prüfparameter anhand der magnetischen Flussdichte überwiegend den Kern- oder Randbereich des Bauteils messtechnisch zu erfassen, was auch Möglichkeiten zur Bewertung der Übergangszone bietet.

Die zerstörungsfreie Ermittlung der Einhärtungstiefe bei Zahnrädern erfolgte mit der Harmonischen-Analyse von Wirbelstromsignalen im Frequenzbereich von 100 bis 3,2 kHz. Die Verknüpfung mehrerer Messgrößen mit dem Verfahren der mehrdimensionalen linearen Regression ergibt dabei ein Messergebnis, das der Einsatzhärtungstiefe gegenübergestellt ist (s. Abb. 6.77). Der Korrelationskoeffizient einer vierdimensionalen Regression von Einzelmessgrößen aus der Harmonischen-Analyse von Wirbelstromsignalen und der

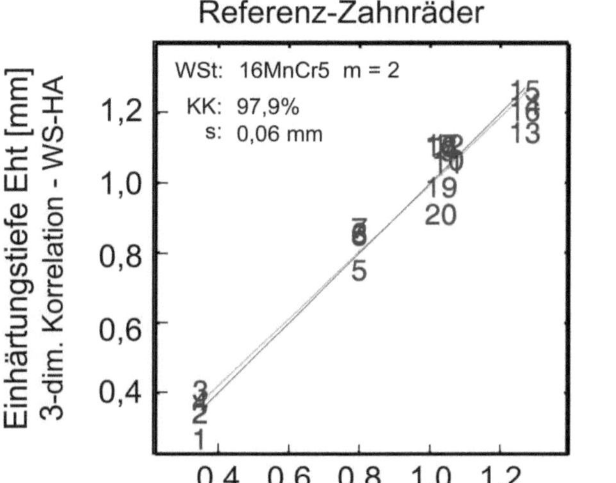

Abb. 6.77 Bestimmung der Einhärtungstiefe – Einzelzahnmessung

Einsatzhärtungstiefe gemäß Mikrohärteprüfung beträgt 97,9 % bei einer Standardabweichung von $\sigma = 0{,}06\,\text{mm}$. Damit ist die Einhärtungstiefe randschichtgehärteter Zahnräder zerstörungsfrei mit einer hohen Messgenauigkeit und Abweichung von weniger als 0,1 mm bestimmbar.

6.4 Betriebsfestigkeitsprüfung von Zahnrädern im Verzahnungsprüfstand

Einflüsse des Präzisionsschmiedens, der Wärmebehandlung und der Hartfeinbearbeitung auf die Qualität und Bauteileigenschaften sind nach der Endbearbeitung der präzisionsgeschmiedeten Bauteile zu beurteilen. Dieses erfordert eine Prüfung unter realistischen Betriebsbedingungen im Vergleich mit herkömmlich gefertigten Bauteilen, um mit diesen Ergebnissen das Bauteil, sowie die einzelnen Fertigungsschritte zu optimieren.

6.4.1 Umlauf-Belastungsprüfstand für Schrägverzahnungen

Neben einem Pulsatorversuchsstand zur Bestimmung der Schwell- und Scherfestigkeit von Verzahnungen, steht ein umlaufender Verspannungs-Getriebeversuchsstand mit variabler Antriebsdrehzahl, wählbarem Belastungsdrehmoment und einstellbarem Achsabstand zur Verfügung. Der Umlaufende Verzahnungsprüfstand dient der Erprobung

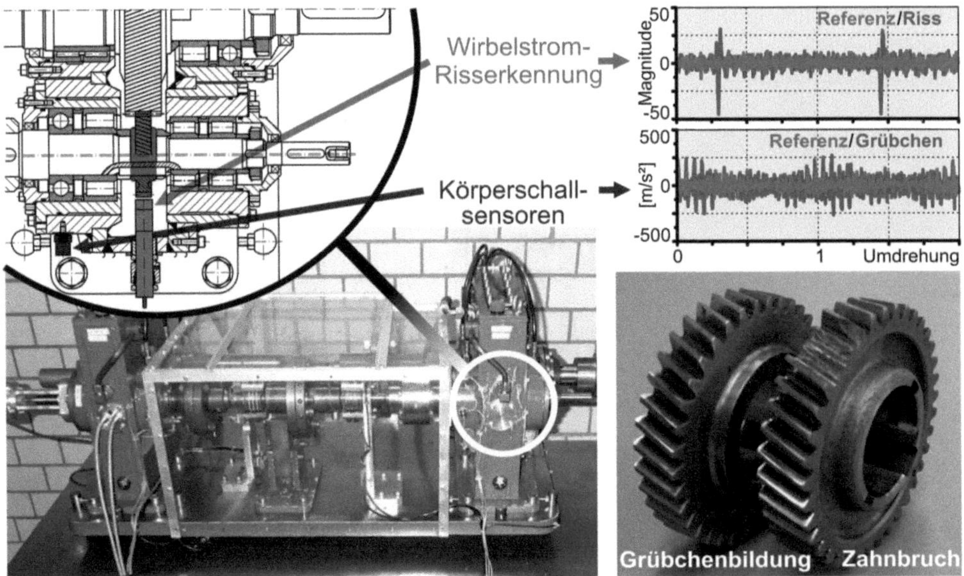

Abb. 6.78 Verzahnungsprüfstand und Sensorik

der Betriebsfestigkeit von grad- und schrägverzahnten Zahnrädern, sowie Ritzelwellen. Weiterhin ermöglicht er Untersuchungen zur Laufruhe in Abhängigkeit von Geometrieabweichungen, Oberflächenbeschaffenheit sowie der Entstehung und Entwicklung von Verzahnungsschäden und Verschleiß unter Belastung (Abb. 6.78).

Die vom Antrieb, den Lagerungen, den Strukturelementen und der Verzahnung generierten Schwingungen werden zusammen mit den aktuellen Betriebsdaten in einem mehrkanaligen Datenerfassungs- und -analysesystem aufgezeichnet und dokumentiert. Zur Erfüllung der Anforderungen an eine umfassende Schwingungs- und Körperschallanalyse ist die gezielte Instrumentierung der zu überwachenden Anlage notwendig. Anwendung finden Beschleunigungsaufnehmer und eine Wirbelstromsensorik, wobei eine Signalanalyse durch die bei rotierenden Maschinen bereits etablierten Auswerte- und Analyseverfahren im Zeit- und Frequenzbereich erfolgt [Tay00, Ran01a, Ran02b].

- Statistische Zeitkennwerte wie die Standardabweichung (STD), die Varianz, der Crest- und der Kurtosisfaktor β dienen der globalen integralen Beschreibung der Zeitsignalverläufe bzw. globaler Zusammenhänge durch den Korrelationsfaktor ρ,
- Spektralanalysen ermöglichen die Beschreibung der einzelnen Informationsinhalte entsprechend ihrer Frequenz und Phasenbeziehung (z. B. Unwucht (n), Zahneingriffsfrequenzen (ZE), Wälzlagerfrequenzen, Strukturresonanzen, breitbandige Reibanteile, etc.),
- Korrelationsanalysen ermöglichen die frequenzselektive Beschreibung gemeinsamer Informationsinhalte in unterschiedlichen Signalen und so die Lokalisierung von Anregungsquellen über die Berechnung der Kohärenz,

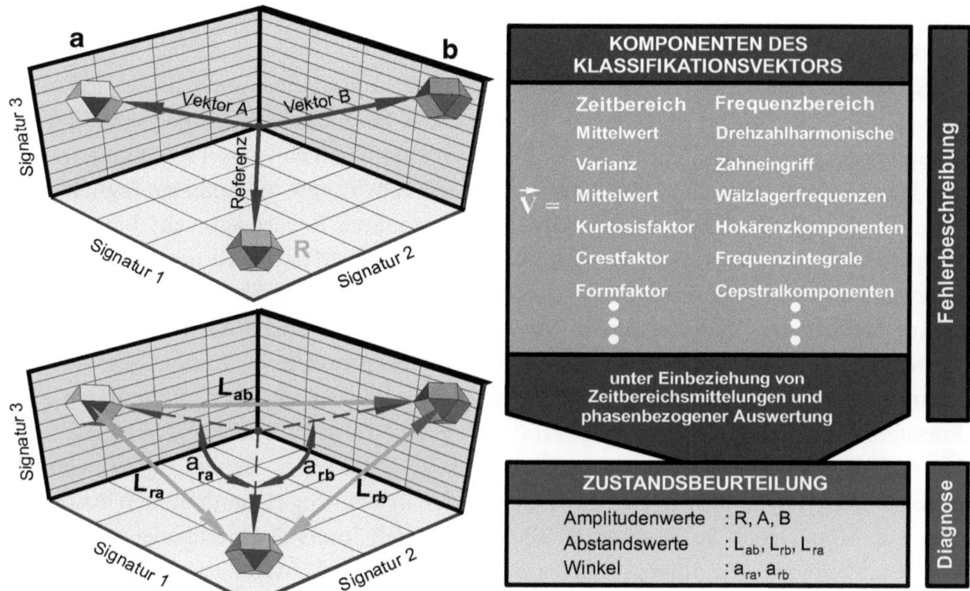

Abb. 6.79 Kennwertbezogene Fehlerbeschreibung und Klassifizierung

- Cepstral- und Hokärenzanalysen erlauben die Bestimmung periodischer Komponenten in den spektralen Kennfunktionen (z. B. Modulationsfrequenzen, harmonische Anregungen).
- Wavelet-Analysen eignen sich zur frequenzselektiven Betrachtung auch sehr kurzzeitig auftretender Informationsinhalte, die aufgrund der Mittelungscharakteristik in normalen FFT-basierten Kurzzeit-Analysen nicht aufzulösen sind.

Durch eine drehsynchrone Signaltriggerung und Signalabtastung unter Verwendung von inkrementalen Drehgebern lassen sich Zeitbereichsmittelungen durchführen und so drehperiodische Anregungen von stochastischen und allgemeinperiodischen Anteilen separieren. Besonders bei vielstufigen Getrieben und Mehrwellenanlagen findet auch die sogenannte phasenkonstante spektrale Auswertung Anwendung, welche einzelne Amplitudeninhalte entsprechend ihrer Frequenz- und Phasenbeziehung aufschlüsselt.

Stand der Technik ist die zuvor dargelegte Extraktion schadensbeschreibender Kenngrößen aus den Schwingungssignalen zur Bildung von Prototypenvektoren und Referenzmustern (s. Abb. 6.79), die dann im späteren Betrieb mit aktuellen Messvektoren verglichen werden und so Veränderungen im Betriebsverhalten direkt visualisieren. Als beschreibende Größen finden der Abstand, der Winkel und der Betrag zum Referenzvektor Verwendung. Stehen genügend Fehler- und Referenzmuster zur Verfügung, lassen sich über Klassifizierungsroutinen einzelne Betriebszustände und Fehler automatisiert zuordnen. Weiterhin besteht die Möglichkeit, durch einen Wichtungsvektor besonders signifikante Merkmale einzelner Betriebszustände hervorzuheben bzw. dominante Merkmale zu bedämpfen.

Neben der klassischen Frequenzbereichsanalyse kommt hier auch die relativ neue Wavelet-Transformation zum Einsatz. Die klassische Frequenzbereichsanalyse splittet anschaulich ein Zeitsignal in harmonische Einzelschwingungen auf, deren Amplitudenwerte das Frequenzspektrum charakterisieren. Dies ermöglicht eine zuverlässige Signalklassifizierung periodischer Signale respektive von stationären Rauschsignalen. Eine bessere Frequenzauflösung ist nur durch eine Vergrößerung der Messzeit zu erreichen. Im Fall kurzzeitiger transienter Prozesse, wo nicht nur die frequenzabhängige Signalintensität im betrachteten Zeitintervall im Vordergrund steht, sondern deren zeitabhängiges Verhalten oder wo aufgrund der Kurzzeitigkeit des auftretenden Ereignisses die Auflösung der FFT-Analyse nicht ausreicht, kommen sogenannte Wavelet-Analysen zum Einsatz. Während man bei der Spektralanalyse mit festen Zeitfenstern rechnet, wird bei der Wavelet-Analyse der sogenannte Wavelet-Level eines Signals für verschieden große Zeitfenster bestimmt, in Abhängigkeit der in dem Signal enthaltenen Anregungen. Die Möglichkeit, so in einem zeitlich begrenzten Intervall eine lokale Analyse der Frequenzkomponenten durchzuführen, ist der eigentliche Vorteil dieser Analysetechnik [New94a, New96b, Bla03, Mel03].

6.4.2 Online Schadensfrüherkennung von Verzahnungen unter Betriebsbedingungen

Zur Beurteilung der Bauteileigenschaften Laufruhe, Flankentragfähigkeit und Zahnfußfestigkeit hinsichtlich der Lebensdauer erfolgte eine Prüfung präzisionsgeschmiedeter Zahnräder unter Betriebsbedingungen im Vergleich mit konventionell gefertigten Bauteilen.

Hierzu wurde erstmals ein Verzahnungsprüfstand mit zwei Getrieben für schrägverzahnte Zahnradsätze am Institut für Werkstoffkunde Leibniz Universität Hannover entwickelt und aufgebaut. Die beiden Radsätze werden über die Wellen gegeneinander verspannt und die Verzahnung im Umlauf unter Belastung auf Flankentragfähigkeit und Zahnfußfestigkeit geprüft. Neben der Dauerfestigkeit und dem Bauteilversagen sind dabei Informationen über eine frühzeitige Schadenserkennung und Verfolgung der Schadensentwicklung unter hohen Betriebsbeanspruchungen von Interesse, um das Bauteilverhalten im Schadensfall hinsichtlich der Restlebensdauer besser beurteilen zu können.

Zur frühzeitigen Fehlererkennung, wie einer Rissinitiierung im Zahnfuß oder Grübchenausbildung im Zahnflankenbereich, dient eine an die Verzahnung angepasste Wirbelstromsensorik in Absolut- und T-Anordnung. Diese ermöglicht eine Überwachung der Verzahnung des Zahnrades und empfindliche Fehlererkennung unter hohen Beanspruchungen und relevanten Betriebsbedingungen [Sch07d, Sch08e] (s. Abb. 6.80).

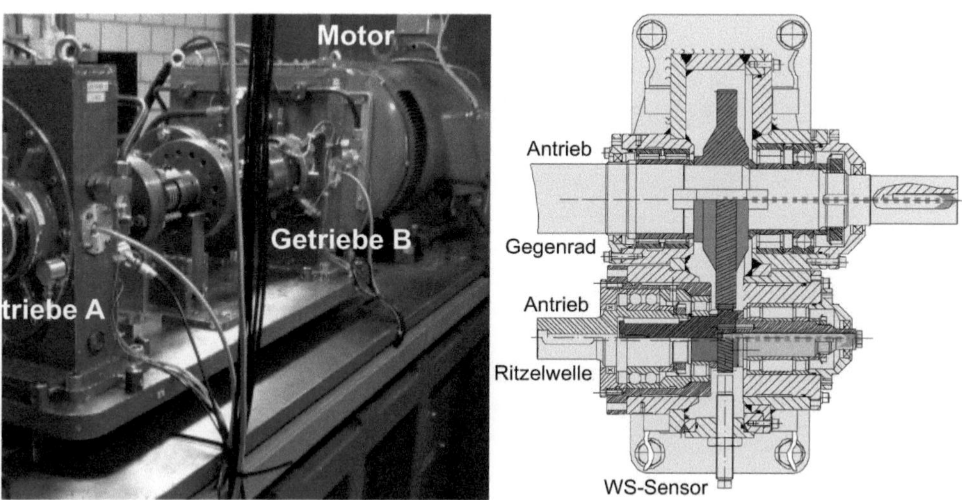

Abb. 6.80 Getriebeprüfstand zur Verzahnungsprüfung schrägverzahnter Zahnräder unter umlaufender Belastung

Der Wirbelstromsensor ist auf die umlaufende Verzahnung abgestimmt, so dass zum einem der Unrundlauf der Verzahnung und zum anderen Informationen der Einzelzähne im Signal erfasst werden.

Hohe Übertragungsmomente der Radsätze führen auch zu hohen Belastungsspannungen im Bereich der Zahnrad-Wellenverbindung. Dabei kann es ausgehend von einer eingebrachten Keilnut zu einem Anriss im Nabenbereich des Zahnrades kommen. Dieses führt mit zunehmendem Rissfortschritt zu einem stärkeren Unrundlauf des Zahnrades und der Verzahnung und ist anhand der Amplitudenänderung des Wirbelstromsignals über einer Wellenumdrehung nachweisbar (s. Abb. 6.81).

Ein Anriss im Zahnfußbereich eines Einzelzahnes führt lokal zu einer Störung der Wirbelstrom- und Feldverteilung und ist unter Umlaufbelastung anhand der Änderung der Wirbelstromsignalamplitude mit zunehmendem Rissfortschritt im geschädigten Verzahnungsbereich nachweisbar.

Im Gegensatz zur lokalen Schädigung der Verzahnung durch einen Anriss im Vorstadium zum Zahnbruch tritt Grübchen- oder Pittingbildung in Form von Ausbrüchen in Folge hoher Flächenpressungen im Zahnflankenbereich meist als ein über mehrere Zähne verteilter Schaden auf. Auch diese im Anfangsstadium sehr kleinen Ausbrüche in der Oberflächentopographie der Verzahnung sind von Einfluss auf die Wirbelstrom- und Feldverteilung insbesondere bei hohen Prüffrequenzen und geringen Eindringtiefen. Aufgrund der unregelmäßigen Ausbildung und Verteilung der Ausbrüche in den Zahnflanken führt dieses mit zunehmender Grübchenbildung zu starken lokalen Feldverzerrungen und damit zu einer unscharfen Abbildung der geschädigten Einzelzähne im Wirbelstrom-Sensorsignal über einer Wellenumdrehung.

Eine dreidimensionale Darstellung unterschiedlicher Schadensvektoren zeigt Abb. 6.82. Die Zeitsignale der Kennwerte sind mittels Körperschallsensoren am Getriebegehäuse

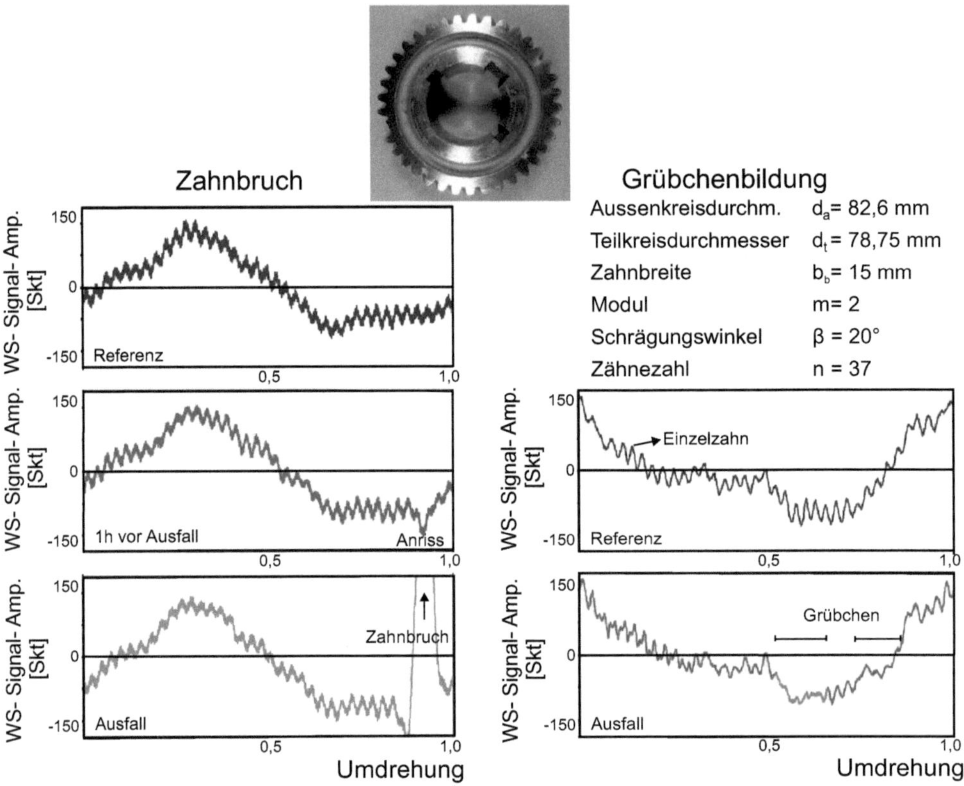

Abb. 6.81 Online Fehlerprüfung und Fehlerklassifizierung im Verzahnungsbereich unter Betriebsbedingungen

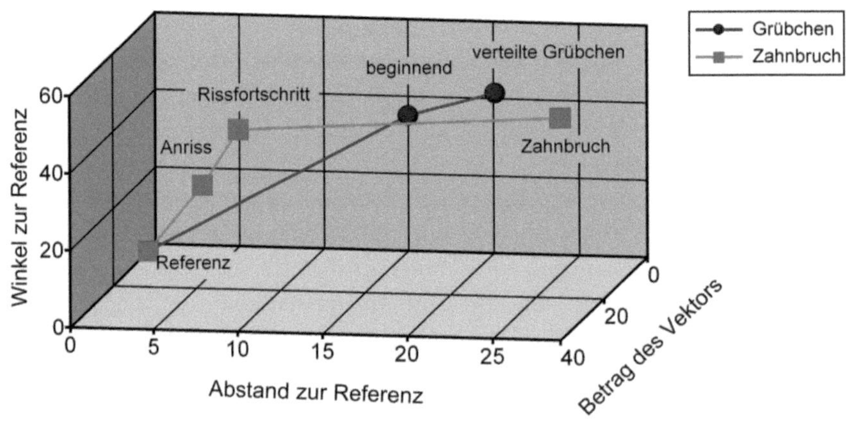

Abb. 6.82 Dreidimensionale Darstellung der Vektor-Klassifizierung

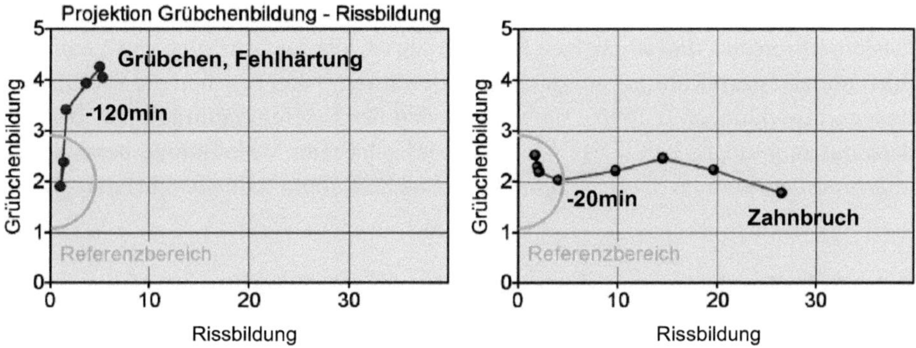

Abb. 6.83 Kennwertfelder Schadensdiagnose

aufgenommen. Aufgetragen sind die Signalklassen für Grübchenbildung und Zahnbruch, die sich deutlich voneinander unterscheiden. Bereits bei beginnender Grübchenbildung wandert der Schadensvektor aus dem Referenzbereich in den Bereich der Grübchenbildung und bleibt während der Schadensentwicklung bis zur verteilten Grübchenbildung dort.

Der Schadensvektor des Anrisses eines Zahns zeigt ein anderes Verhalten. Dieser wandert aus dem Referenzbereich über den Anriss und Rissfortschritt in eine andere Richtung aus. Der Übergang vom Rissfortschritt zum Zahnbruch führt zu einem drastisch veränderten Schwingungsverhalten und lässt den Vektor in eine andere Richtung wandern. Diese deutliche Unterscheidung zwischen Grübchenbildung und Anriss im Zahnfuß ist in erster Linie den aus der Wavelet-Transformation extrahierten Kennwerten zuzuschreiben.

Für eine statistische Absicherung der Messergebnisse, zur qualitativen und quantitativen Absicherung von Referenz- und Schadensmustern sind weitere Untersuchungen erforderlich. Parallel zum laufenden Betrieb, ohne in den Prozess selbst einzugreifen, lässt sich so eine umfangreiche akustische und schwingungsanalytische Datenbasis anlegen und mit den Betriebszuständen korrelieren.

Generell zeigt sich jedoch trotz des unterschiedlichen Verhaltens für beide Schäden ein Verlauf des Schadensvektors in ähnliche Richtung aufgrund der relativ großen Ähnlichkeit der beiden Schäden. Es handelt sich bei beiden Schäden um Verzahnungsschäden im Gegensatz z. B. zu Wälzlagerschäden, die aufgrund ihrer unterschiedlichen charakteristischen Frequenzen ein deutlich anderes Verhalten zeigen.

Eine eindeutigere Darstellung nur für Verzahnungsschäden lässt sich erreichen, wenn hauptsächlich Kennwerte betrachtet werden, die sich bei unterschiedlichen Verzahnungsschäden ebenfalls unterschiedlich verhalten. Zur anschaulichen Visualisierung der Kennwerte bietet sich eine Quasi-3D-Darstellung der Fälle Grübchenbildung und Zahnbruch an. Die Kennwerte werden für jeden speziellen Fall durch Aufsummieren zusammengefasst. Nachfolgend sind in Abb. 6.83 zwei Beispiele für sich entwickelnde Verzahnungsschäden dargestellt [Sch07d, Sch08e].

Der Vorhersagezeitraum hängt sowohl von dem auftretenden Schaden, als auch von der Materialauswahl, bzw. korrekten Herstellung des Zahnrads ab. Bei den geprüften Zahnrädern handelt es sich teilweise um Bauteile aus neuartigen Herstellungsverfahren, wie das Präzisionsschmieden, und neuartigen Härteverfahren, wie das Abkühlen von Vergütungsstählen mittels Spray-Kühlung aus der Schmiedewärme. Daher weichen die Zeiträume der Schadensentwicklungen teilweise stark von denen der Referenzzahnräder ab. Bei Zahnrädern mit zu geringer Randhärte oder bei durchgehärteter Verzahnung, bzw. zu hoher Einhärtungstiefe können die Schädigungsprozesse bedeutend schneller ablaufen.

6.4.3 Schallemissionsanalyse zur frühzeitigen Schadensanalyse

Die konventionelle Schwingungsanalyse erkennt einen Riss in einer Welle oder einem Zahnrad erst, wenn das Zahneingriffverhalten bereits gestört ist und sich dadurch das Schwingungsverhalten ändert. Sehr frühzeitige Informationen zur Schadensentwicklung unter Beanspruchung liefert eine Rissinitierung im Bereich von Inhomogenitäten und Fehlstellen im Werkstoff durch die Generierung von hochfrequenten Ultraschallimpulsen beim Auftreten von Versetzungen, Mikrorissen und Rissfortschritt im Gefüge. Neue Möglichkeiten zur Aufnahme hochfrequenter Ultraschallimpulse bieten empfindliche Schallemissionsaufnehmer mit abgestimmtem Resonanzverhalten im Frequenzbereich von 0,1 bis 10 MHz. Zur Übertragung von Ultraschallimpulsen in Getrieben ist ein möglichst kurzer und direkter Schallweg von Vorteil leistungsarme hochfrequente Informationen mit geringer Bedämpfung und ohne Reflektion an Bauteilverbindungen zu übertragen. Um dieses zu erreichen, wurden Schallemissionsaufnehmer sowohl mitrotierend an den Wellenenden der Getriebestufe, als auch am Gehäuse positioniert, um auftretende Schäden frühzeitig zu erfassen und eine Ortung bzw. Zuordnung zu einzelnen Bauteilen zu ermöglichen (s. Abb. 6.84).

Ein Aufnehmer befindet sich an der Ölleitung und ein weiterer direkt im Ölstrahl im Bereich des Zahneingriffs, um durch eine Ankopplung über den Ölstrahl Signalinformation im Verzahnungsbereich zu erfassen. Weiterhin ist ein Schallemissionsaufnehmer am freien Wellenende der Testwelle platziert. Der Sensor selbst sitzt am Wellenende, die Signale werden berührungslos induktiv an einen Empfänger übertragen.

6.4.4 Schallemissionsanalyse zur Detektion und Zuordnung von Verzahnungsschäden

Den Verlauf von üblichen Merkmalen der Schallemissionsanalyse über der Zeit für den ungestörten Referenzzustand nach dem Einlaufen der Versuchsanordnung sowie von der Rissinitiierung über den Rissfortschritt bis zum Ausfall und Abschalten des Versuchstandes zeigt Abb. 6.85. Zur Beschreibung der Schallemissionssignale ist hier das Merkmal „Anzahl der Hits pro Zeiteinheit" dargestellt, welches häufig zur Detektion von Schäden verwendet wird. Im oberen Teil von Abb. 6.85 ist die Anzahl der Hits während des Referenzzustandes sehr gering. Darunter ist die Rissinitiierung durch eine ansteigende Hitrate charakterisiert,

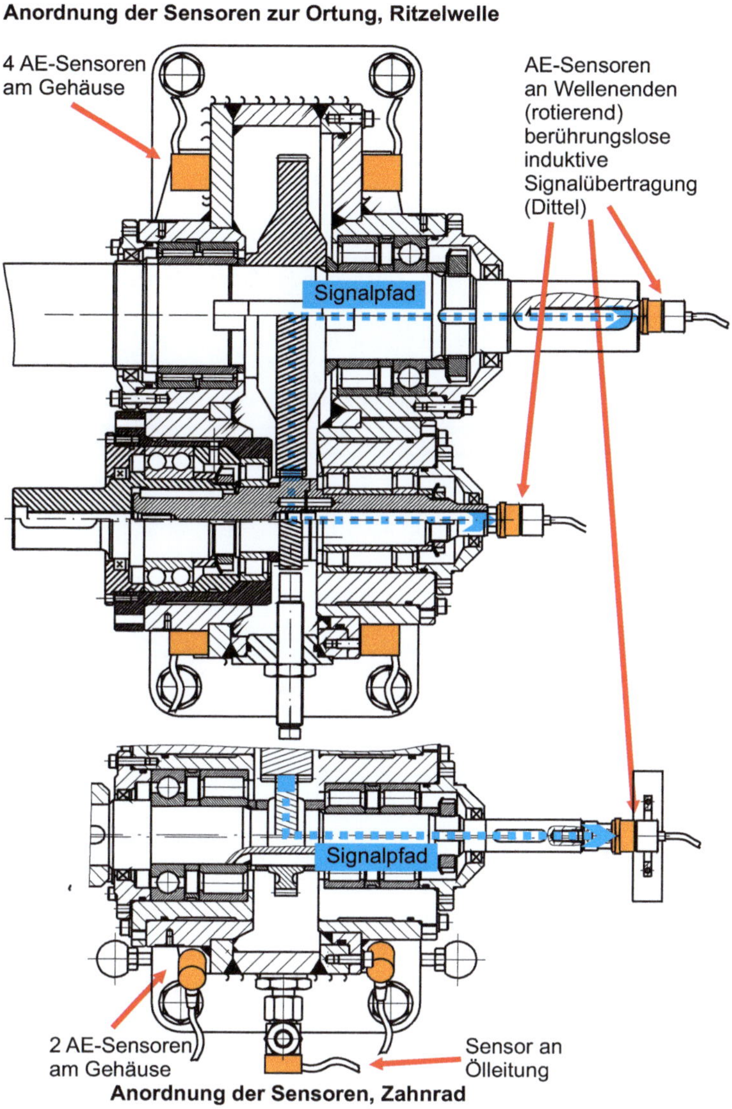

Abb. 6.84 Anordnung der AE-Sensoren am Getriebe

die durch das Öffnen und Schließen des Risses bzw. durch den Rissfortschritt während eines Lastwechsels beim Zahneingriff entsteht. Mit zunehmender Lastwechselzahl folgt der Zahnbruch, wobei in diesem Fall nur ein Teil des Zahnkopfes ausgebrochen ist und somit noch ein Weiterbetrieb des Prüfstands möglich war.

Ein weiteres Bespiel zur Detektion von Verzahnungsschäden zeigen die beiden unteren Diagramme in Abb. 6.85 in Form einer sich entwickelnden Grübchenbildung. Die

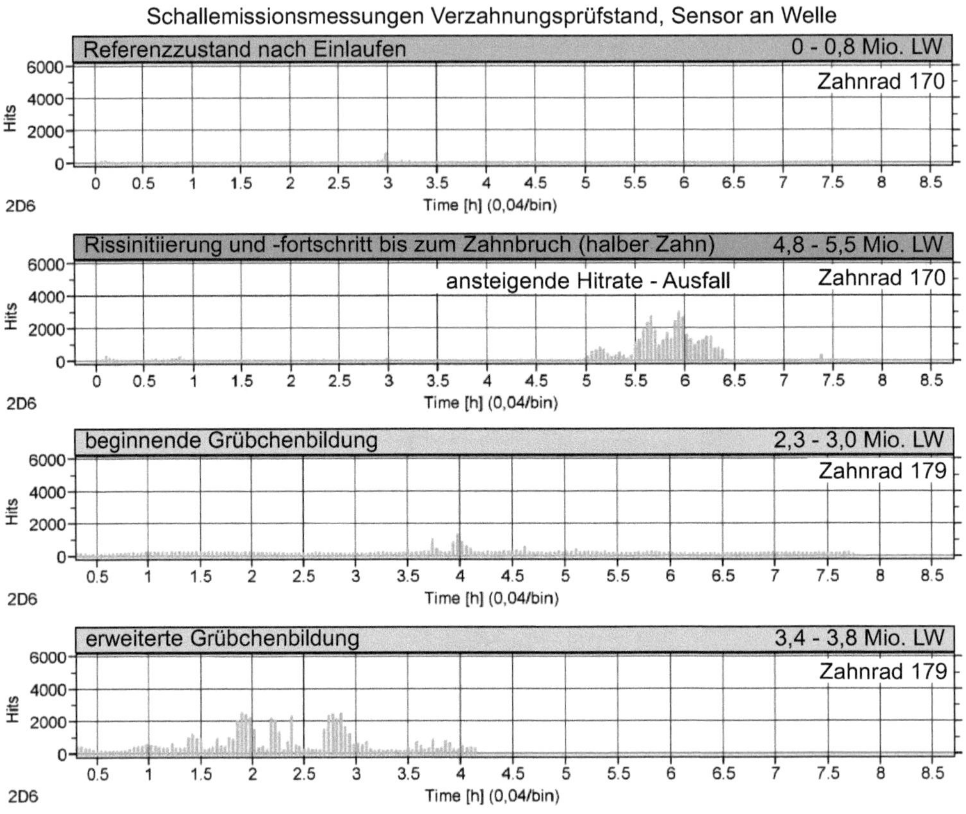

Abb. 6.85 AE-Daten – Referenzzustand, Rissentwicklung und Grübchenbildung

Schädigung, in diesem Fall eine einsetzende Grübchenbildung, ist im Gegensatz zum Referenzzustand oben im Bild durch einen Anstieg der Hits charakterisiert. Im Gegensatz zur Rissinitiierung mit Zahnbruch als Folge ist bei der Grübchenbildung der Anstieg der Hitrate gering und es zeigt sich ein eher schwellender Verlauf über der Zeit.

6.4.5 Charakterisierung von Schadensentwicklungen – Wavelet Analyse

Deutlichere Unterschiede zwischen der Entwicklung eines Risses und Grübchenbildung zeigen sich, in der Frequenz-Zeitdarstellung der transienten Schallemissionssignale.

Die Zeit-Frequenz-Signalanteile einer Rissentwicklung im Vergleich zum Referenzzustand sind in Abb. 6.86 oben dargestellt. Genutzt wird hier die Wavelet-Transformation mit dem Morlet-Wavelet als Mutter-Wavelet. Zu erkennen sind sowohl im Referenzzustand, als auch bei der Rissentwicklung erhöhte Amplituden bei ca. 100 kHz (einem Resonanzbereich des Sensors, bzw. der Messkette). Deutlich ist die Rissentwicklung durch sehr kurzzeitig auftretende Pulse mit Frequenzkomponenten von 200 bis 250 Hz zu erkennen.

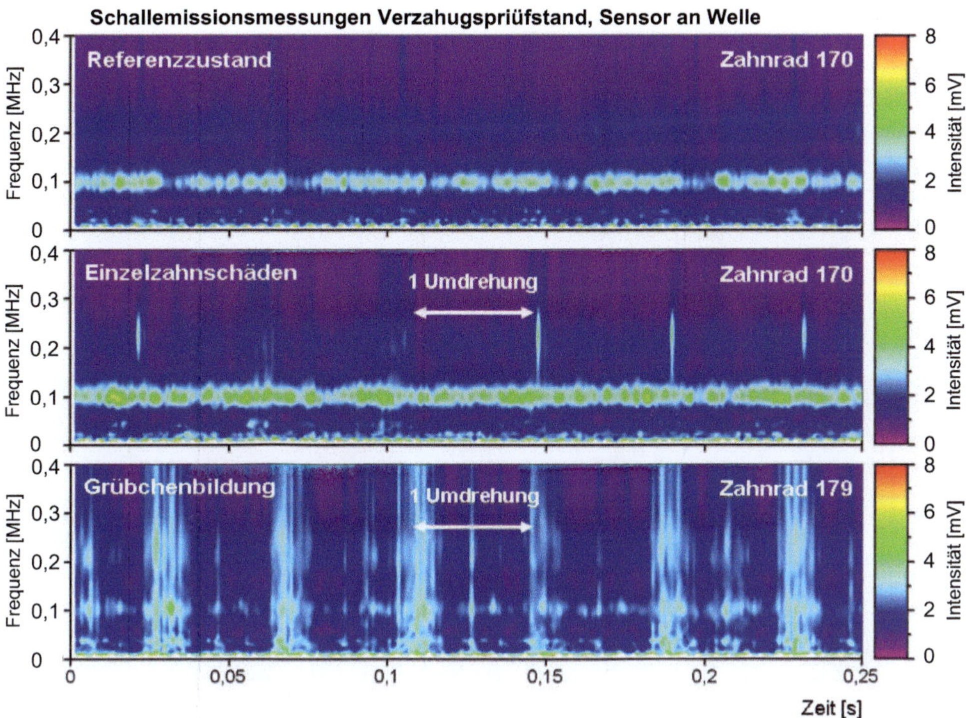

Abb. 6.86 Wavelet-Transformation – Referenzzustand, Rissentwicklung und Grübchenbildung

Diese erscheinen im Abstand von ca. 0,04 s, was der Drehfrequenz von 25 Hz entspricht. In Abb. 6.86 sind sechs Umdrehungen dargestellt und bei nahezu jeder Umdrehung erfolgt eine kurzzeitige Anregung bei 200 bis 250 kHz durch einen Rissfortschritt, wenn der geschädigte Zahn zum Eingriff kommt und belastet wird.

Das Signalverhalten bei einer Grübchenbildung ist unten in Abb. 6.86 dargestellt. Im gesamten Frequenzbereich bis ca. 400 kHz zeigt sich eine erhöhte deutlich breitbandigere Signalkomponente, wie bereits beim Rissfortschritt beschrieben, die jedoch hier über einen deutlich längeren Zeitraum bzw. mehrmals pro Umdrehung bei mehreren Zähnen auftritt, bedingt durch die Grübchenbildung bei mehreren Zähnen gleichzeitig. Bei Belastung der entsprechenden Zähne schreitet die Grübchenbildung fort und es treten Schallemissionen in einem breiten Frequenzbereich auf.

6.4.6 Ortung von schadensspezifischen Ereignissen

Bei den sehr hohen Abtastraten im Megahertzbereich lässt sich unter Verwendung von mehreren Sensoren durch Laufzeitanalysen eine Ortung der auftretenden Schallemissionen vornehmen. Bei ebenen Flächen breitet sich die Wellenfront einer elastischen Welle in

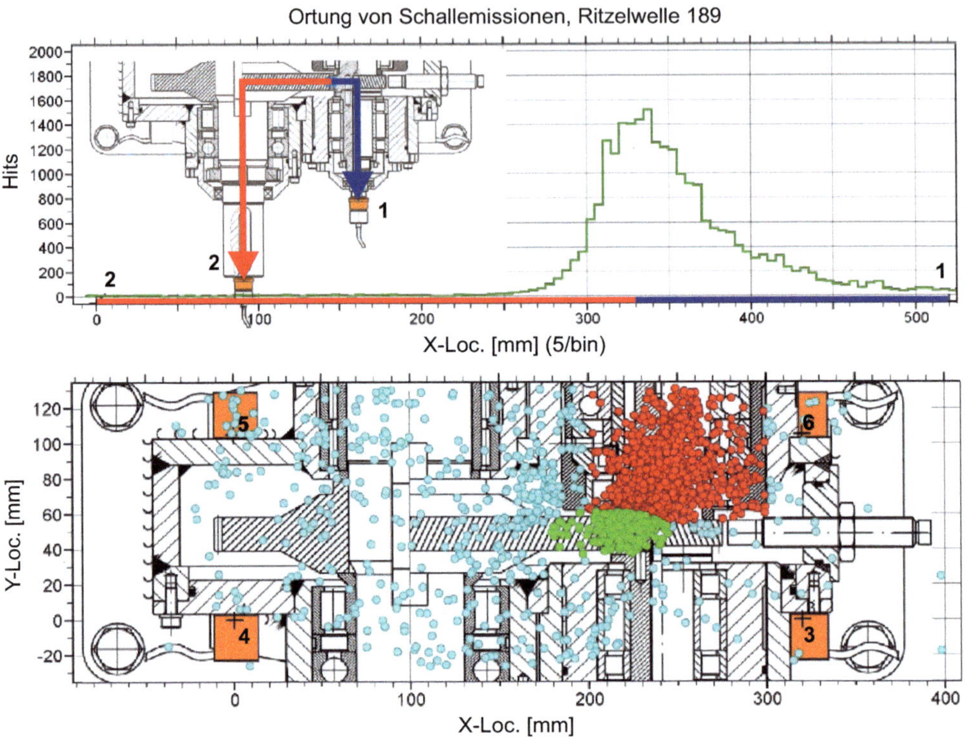

Abb. 6.87 Ortung von Schallemissionen im Getriebe

konzentrischen Kreisen, ausgehend von der Quelle, aus und kann durch mehrere Sensoren detektiert werden.

Zur Ortung von Schallemissionen innerhalb des Getriebes werden vier Sensoren an den Ecken des Getriebegehäuses in Höhe der Wellen angebracht (s. Abb. 6.87). Dadurch ist eine Ortung der Schallemissionsquellen innerhalb der Schnittebene des Getriebes möglich. Aufgrund der sehr guten Erfahrungen mit dem rotierenden Schallemissionsaufnehmer am Wellenende des Testzahnrades, wird ein zweiter rotierender Aufnehmer an der gegenüberliegenden Welle montiert, so dass eine lineare Ortung zwischen den beiden Wellensensoren möglich ist.

Die Ortung von Schallemissionsereignissen innerhalb des Getriebes ist in Abb. 6.87 dargestellt. Im oberen Teil ist die lineare Ortung zwischen den beiden Wellensensoren Sensor 1 und Sensor 2 dargestellt. Deutlich zeigt sich eine Verlagerung der maximalen Anzahl der Hits zu Sensor 1 in den Bereich des Zahneingriffs, ca. 300 bis 350 mm vom Sensor 2 entfernt, was der Entfernung des Zahneingriffs von diesem Sensor entspricht. Eine Ortung über die Sensoren am Getriebegehäuse zeigt ein ähnliches Ergebnis. Die Ortung mit den Sensoren 3 bis 6 zeigt eine Häufung von Schallemissionen im Verzahnungsbereich und im Bereich des Zylinderrollenlagers auf der Ritzelwelle. Die Schallemissionen im

Verzahnungsbereich sind hier sowohl durch den Zahneingriff selbst, als auch durch einen sich entwickelnden Zahnbruch bzw. Rissfortschritt bedingt. Bei den Schallemissionen im Lagerbereich handelt es sich um Setzungserscheinungen in den Passungen sowie ebenfalls verursacht, durch einen sich mitdrehenden Lagerring auf dem Lagersitz der Ritzelwelle durch den es zu Kontakt- und Reibemissionen kam.

6.4.7 Betriebsfestigkeit schrägverzahnter Zahnräder

Zur Beurteilung der Bauteileigenschaften Laufruhe, Flankentragfähigkeit und Zahnfußfestigkeit hinsichtlich der Lebensdauer erfolgte eine Prüfung präzisionsgeschmiedeter Zahnräder unter Betriebsbedingungen im Vergleich mit konventionell gefertigten Bauteilen.

Neben der Biegeschwellfestigkeit des Zahnfußes ist die Flankentragfähigkeit der Verzahnung eine weitere wichtige Grenzbelastung einer Verzahnung im Zusammenhang mit der Bauteillebensdauer, da eine zu hohe Flächenpressung an den Zahnflanken zu Grübchenbildung führt. Die Prüfung der präzisionsgeschmiedeten Zahnräder im Vergleich mit konventionell gefertigten Zahnrädern unterschiedlicher Einhärtungstiefen erfolgt durch eine Umlaufprüfung im Verzahnungsprüfstand unter realistischen Betriebsbedingungen. Neben der sich langsam entwickelnden Grübchenbildung, kann es auch ohne längere Vorwarnzeit zu Zahnbruch kommen. Ein bauteilangepasstes Mess- und Prüfsystem auf der Basis von Körperschall- und Wirbelstromsensorik ermöglicht eine frühzeitige Schadenserkennung sowie eine Verfolgung der Schadensentwicklung unter Belastung. Abweichungen im Betriebsverhalten zeigen sich in Schwingungskennwerten im Zeit- und Frequenzbereich.

6.4.8 Zulässige Dauerbelastungen der Verzahnung

Das maximal zulässige Drehmoment, bei dem eine Dauerfestigkeit für die vorhandene Zahnradgeometrie gewährleistet ist, wurde zunächst rechnerisch nach DIN 3960 ermittelt. Es zeigte sich, dass die zulässige Zahnfußspannung bei Verwendung des Werkstoffs 16MnCr5 bei dieser Schrägverzahnung mit den in Abb. 6.88 aufgeführten technischen Daten bei ca. 420 Nm, die zulässige Zahnflankenpressung bei einsatzgehärteter Verzahnung aber erst bei ca. 600 Nm überschritten wird. Diese Werte dienen auch als Anhaltspunkte für die Zahnräder aus 42CrMo4 und 100Cr6, die im Sprayfeld abgekühlt wurden, da für diese Werkstoffe in Kombination mit dem neuartigen Härteverfahren noch keine Kennwerte für die Nenndauerfestigkeiten gegenüber Zahnbruch und Grübchenbildung vorliegen.

Dauerversuche, bei denen die Belastung stufenweise erhöht wurde, bestätigten die Berechnung. Bei einem Drehmoment von 400 Nm sind einsatzgehärtete Zahnräder aus dem Einsatzstahl 16MnCr5 dauerfest. Während 10.000.000 Lastwechseln trat kein Schaden an der Verzahnung auf. Bei einem Belastungs-Drehmoment von 450 Nm kam es vermehrt zu

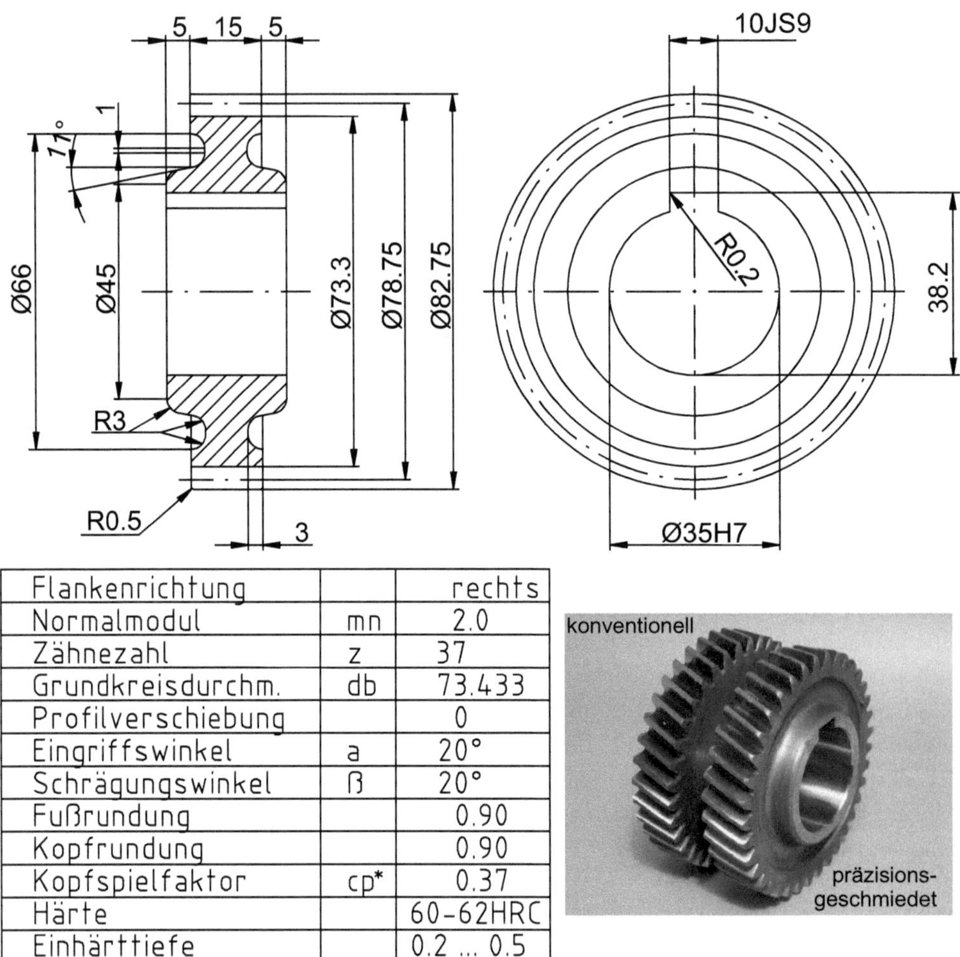

Flankenrichtung		rechts
Normalmodul	mn	2.0
Zähnezahl	z	37
Grundkreisdurchm.	db	73.433
Profilverschiebung		0
Eingriffswinkel	a	20°
Schrägungswinkel	ß	20°
Fußrundung		0.90
Kopfrundung		0.90
Kopfspielfaktor	cp*	0.37
Härte		60-62HRC
Einhärttiefe		0.2 ... 0.5

Abb. 6.88 Technische Daten der Verzahnung

Schäden an der Verzahnung. Hauptsächlich Zahnbruch sowie ein Brechen des gesamten Radkörpers ausgehend von der Passfedernut bei den präzisionsgeschmiedeten Zahnrädern aufgrund zu geringer Wandstärken im Bereich der Zahnradnabe waren die häufigsten Schadensfälle. Diese Fehlauslegung der Zahnradnabe wurde bei späteren Serien korrigiert.

Konventionell gefertigte Zahnräder mit einer Einhärtungstiefe von 0,5 mm fielen wegen Grübchenbildung im Bereich zu weicher Zähne aus. Diese Zahnradserie war jedoch vom Hersteller unbeabsichtigt fehlgehärtet worden. Ebenfalls eine sehr geringe Lebensdauer zeigten konventionell gefertigte Zahnräder mit einer sehr hohen Einhärtungstiefe von 1,1 mm, die aufgrund zu hoher Härte und geringer Duktilität im Zahnfußbereich durch Zahnbruch ausfielen. In Abb. 6.89 ist die Dauerbelastung und Schadensursache einzelner Zahnräder aufgezeigt. Betrachtet man die Zahnräder, die mit Radbruch ausgefallen sind

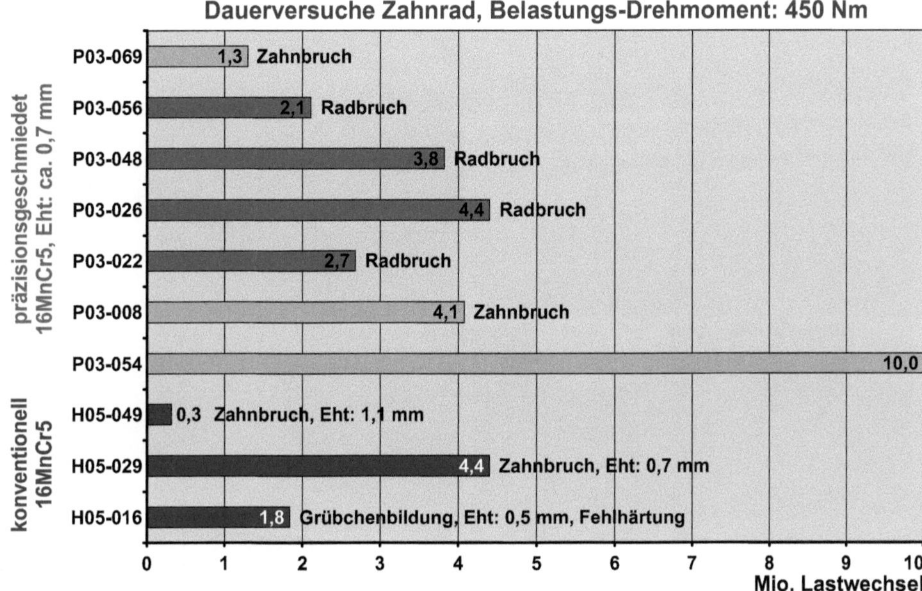

Abb. 6.89 Prüfung von Zahnrädern im umlaufenden Verzahnungsprüfstand

als Konstruktionsschäden, so zeigen die präzisionsgeschmiedeten Zahnräder einen Trend zu einer höheren Dauerbelastung und Lebensdauer der Verzahnung.

6.4.9 Zahnräder aus 42CrMo4 vergütet aus der Schmiedewärme

In einem ersten Ansatz wurden die präzisionsgeschmiedeten Zahnräder aus dem Vergütungsstahl 42CrMo4 aus der Schmiedewärme im Luft-Wasser-Sprayfeld abgeschreckt und mit der verbleibenden Restwärme angelassen. Diese direkt aus der Schmiedewärme vergüteten Zahnräder haben die zum Nachweis der Dauerfestigkeit auf Flankentragfähigkeit und Zahnfußfestigkeit angestrebten Belastungsmomente von 450 Nm und Lastwechsel von 10 Mio. nicht erreicht. Das beste Zahnrad in dieser Gruppe hat bei einem Lastmoment von 360 Nm eine Lastwechselzahl von 3,0 Mio. erreicht.

Die aus der Schmiedewärme vergüteten Zahnräder sind teilweise in der Randzone leicht entkohlt und bei Randhärtewerten unter 600 HV zu weich, was zu Randzonenverformungen, Graufleckigkeit und Grübchenbildung im Zahnflankenbereich wie auch Ermüdungsrissen im Zahnfluss und Zahnkranz führt (s. Abb. 6.90).

Eine weitere Schadensursache sind Schmiedefehler, insbesondere im Bereich des Zahnfußes oder der Zahnstirnfläche durch Überschmiedungen oder den Ausstoßvorgang des Zahnrades bei Gratbildung. Diese führen zu Materialtrennungen oder Materialdefiziten mit Kerbwirkung und unter Belastung zur Rissinitiierung. Mit hohen Werkstoffbeanspru-

Abb. 6.90 Zahnradschäden

Abb. 6.91 Zahnbruch durch einen Härteriss

chungen verbunden ist auch eine schroffe Abschreckung der Bauteile aus der Schmiedewärme unter Martensit-Starttemperatur in einem intensiven Wasser-Luft-Sprayfeld. Dabei treten in der Abschreckphase hohe Zugeigenspannungen in der Bauteilrandzone auf, durch die Härterisse entstehen können. Kerben oder Anrisse im Bauteil führen unter hohen Bauteilbeanspruchungen zum Rissfortschritt bis zum Bauteilversagen (s. Abb. 6.91).

6.4.10 Zahnräder aus 100Cr6 bainitisiert im Salzbad

Eine andere Variante zur Herstellung und Wärmebehandlung von Hochleistungsbauteilen mit einer hohen Härte und Festigkeit, auch unter dynamischen Beanspruchungen und Wälzbelastungen in Lagern und Zahnrädern, ist das Bainitisieren [Zoc92, Röh84, Vet02]. Ein bainitisches Gefüge hat gegenüber einem martensitischen gehärteten Gefüge eine etwas geringere Härte. Es zeichnet sich jedoch aus durch eine höhere Duktilität, geringen Verzug, hohe Druckeigenspannungen in der Bauteilrandzone und eine geringe Rissanfälligkeit unter Wälzbeanspruchung. Aufgrund der isothermen diffusionsbasierten Umwandlung werden beim Bainitisieren etwas längere Umwandlungszeiten benötigt.

Zur Untersuchung der bainitisierten Zahnräder aus dem Wälzlagerstahl 100Cr6 auf Dauerfestigkeit im Verzahnungsbereich wurden diese Zahnräder im Verzahnungsprüfstand unter umlaufender Belastung erprobt. Im Vergleich mit den aus der Schmiedewärme vergüteten Zahnrädern sind die bainitisierten Zahnräder, bis auf eine Ausnahme die bei einer Belastung von 360 Nm mit Zahnbruch ausgefallen ist, bei Belastungen von 400 und 440 Nm sowie Lastwechselzahlen von 2,6 und 11,3 Mio. gelaufen. Dieses entspricht annähernd dem Belastungsprofil präzisionsgeschmiedeter einsatzgehärteter Zahnräder. Damit ist auch für präzisionsgeschmiedete Zahnräder nachgewiesen, dass bei einem bainitischen Gefüge hohe Dauerfestigkeiten von Verzahnungen bezüglich der Flankentragfähigkeit und Zahnfußfestigkeit entsprechend dem Anforderungsprofil zu erreichen sind.

6.4.11 Zahnräder aus 42CrMo4 mit umwandlungsgesteuerter Wärmebehandlung aus der Schmiedewärme

Basierend auf den durchgeführten Betriebsfestigkeitsuntersuchungen und Bauteilprüfungen wurde eine neue Strategie zur Wärmebehandlung aus der Schmiedewärme im Luft-Wasser-Sprayfeld entwickelt.

Zielsetzung ist dabei, über eine umwandlungsgesteuerte Wärmebehandlung der präzisionsgeschmiedeten Bauteile aus der Schmiedewärme anforderungsgerecht ein Mischgefüge aus Bainit und Martensit einzustellen, um über eine Verbesserung der Härte-, Zähigkeits- und Wälzeigenschaften, wie auch von Verzug, Fehlerfreiheit und Eigenspannungsverteilung in der Randzone höhere Dauerfestigkeiten der Bauteile zu erreichen.

Hinsichtlich einer gezielten umwandlungsgesteuerten Wärmebehandlung aus der Schmiedewärme im Sprayfeld wurden Untersuchungen an präzisionsgeschmiedeten Zahnrädern aus dem Vergütungsstahl 42CrMo4 durchgeführt.

Umwandlungsgesteuerte Wärmebehandlung im Sprayfeld aus der Schmiedewärme in verschiedenen Stufen:

1. Abkühlung des Bauteils aus der Schmiedewärme
   Bauteiltemperaturen oberhalb A_{c3}

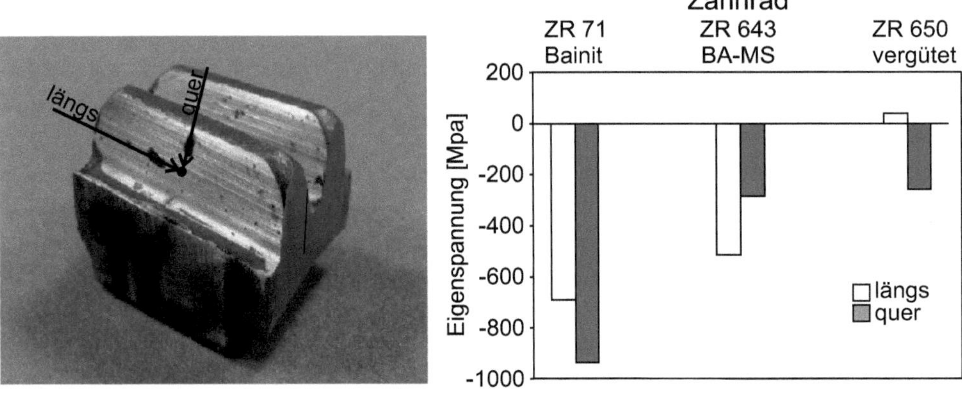

Abb. 6.92 Eigenspannungen in der Zahnflanke

2. moderate Bauteilabkühlung oberhalb Martensit-Starttemperatur
   Bainitbildung
3. halten der Bauteiltemperatur oberhalb Ms-Starttemperatur
   Bainitbildung
4. Abkühlung auf Raumtemperatur
   Martensitbildung

Die mit den bainitisierten Zahnrädern aus dem Werkstoff 100Cr6 in den Betriebsfestigkeitsprüfungen gewonnenen Erkenntnisse werden durch die präzisionsgeschmiedeten Zahnräder mit umwandlungsgesteuerter Wärmebehandlung aus 42CrMo4 weitgehend bestätigt.

Zahnräder mit geringen Randhärtewerten kleiner 600 HV5 und Festigkeiten fallen aufgrund von Werkstoffermüdung bei geringen Belastungsmomenten frühzeitig durch Zahnbruch, Radbruch oder Grübchenbildung aus. Drei Zahnräder zeigen aber mit zunehmenden Randhärten im Verzahnungsbereich von 575 bis 759 HV5 höhere Belastungsmomente von 350 und 400 Nm und werden mit Lastwechselzahlen von 13.3, 8.8 und 11.3 Mio. zum Durchläufer (Abb. 6.92).

Durch Härtemessung an den Einzelzähnen wird bestätigt, dass mit der Wasser-Luft-Spraykühlung über eine umwandlungsgesteuerte Wärmebehandlung des Werkstoffes 42CrMo4 ausreichend hohe Randhärtewerte bis 750 HV5 und eine gleichmäßige Verteilung über alle Einzelzähne am Umfang erreicht wird.

Von wesentlichem Einfluss auf die Dauerfestigkeit von Zahnrädern ist die Eigenspannungsverteilung in der Randzone. Diesbezüglich röntgenographisch durchgeführte Eigenspannungsmessungen im Bereich der Zahnflanke belegen, dass bei den vergüteten Bauteilen geringe Druckeigenspannungen oder gar Zugeigenspannungen auftreten, wodurch eine Rissinitiierung in der Randzone bei Belastung unterstützt wird. Wie schon genannt sind bei den bainitisierten Zahnrädern die Druckeigenspannungen mit -700

bis -900 MPa sehr stark ausgebildet. Aber auch bei der umwandlungsgesteuerten Umwandlung von Zahnrädern aus 42CrMo4 werden erhebliche Druckeigenspannungen im Bereich von 300 bis 500 MPa eingestellt. Anhand der durchgeführten Härte- und Eigenspannungsuntersuchungen werden die Ergebnisse der Dauerfestigkeitsuntersuchungen bestätigt.

Die durchgeführten Untersuchungen haben gezeigt, dass über eine umwandlungsgesteuerte Wärmebehandlung von Vergütungs- oder auch Kohlenstoffstählen aus der Schmiedewärme mit einer Wasser-Luft-Spraykühlung lokale Bauteileigenschaften mit einer hohen Härte, Festigkeit und auch Dauerfestigkeit einstellbar sind.

Literatur

[Abr73] Abrassart A (1973) Stressinduced $\gamma \rightarrow \alpha$' martensitic transformation in two carbon stainless steels application to trip steels. Metall Mater Trans 4:2205–2216

[Ale96] Alekseev VA, Krenev AN, Melder MV et al (1996) Checking the depth of case-hardening of steel on the basis of magnetic interference. Russ J Nondestruct Test 31(11):855–858

[And92] Andresen K, Kamp B, Ritter R (1992) Threedimensional surface deformation measurement by a grating method applied for crack tipps. Opt Eng 31:1499–1504

[Ath91a] Atherton DL, Klink O, Schmidt TR (1991) Remotefield eddy current responses to axial and circumferential slots in ferromagnetic pipe. Mater Eval 49(3):356–360

[Ath94b] Atherton DL, Czura W (1994) Finite element calculations for eddy current interactions with collinear slots. Mater Eval 52(1):96–100

[Bar92] Barber A (1992) Handbook of noise and vibration control, 6. Aufl. Elsevier advanced technology publications, UK, ISBN 1-85617-0799

[Bau05] Bauer N (2005) Maschinenintegriertes Winkelmesssystem für Rohrbiegemaschinen. Sensor Magazin 1:18–19

[Bau05] Baumann J (2005) Untersuchung zu aktiven thermographischen Prüfmethoden zur Absicherung von Hochleistungsfertigungsverfahren – Ergebnisse eines BMBF-Projektes. DGZfP-Jahrestagung 2005, Rostock, 02.–04. Mai

[Bec98] Becker R, Kröning M (1998) Wirbelstrom-Prüfungen mit großer Eindringtiefe. 24.MPA-Seminar. Stuttgart

[Beh97a] Behrens B-A (1997) Entwicklung eines automatisierten Präzisionsschmiedeprozesses mit integrierter Qualitätsprüfung. Fortschr.-Ber. VDI Reihe 2 Nr, 445. VDI, Düsseldorf

[Beh09b] Behrens B-A, Odening D, Gillhaus R et al (2009) Fertigungsintegrierte Messeinrichtung zur Lageerfassung präzisionsgeschmiedeter Ritzelwellen. UTF science 3

[Beh09c] Behrens B-A, Reuß Chr, Vieregge T (2009) Thermografie zur Gesenküberwachung. Schmiede J September:33–36

[Ben07] Benteler AG (2007) Inline Messtechnik, Auf den Mix kommt es an. QE – Quality Engineering 1-2:42–44

[Ber07a] Bernard M, Reimche W, Bach Fr-W (2007) Zerstörungsfreie Bestimmung von Härtekennwerten zur Qualitätssicherung von Hochleistungsbauteilen in der Fertigung. HTM Härterei-Technische Mitteilungen 62:265–273

[Ber08b] Bernard M, Reimche W, Scheer C et al (2008) Nachweis von Härterissen im Verzahnungsbereich von Zahnrädern mit Thermographie und Wirbelstromtechnik. DACH Jahrestagung 2008. St. Gallen, Schweiz

[Ber09d] Bernard M, Scheer Ch, Böhm V et al (2009) Non-destructive component testing for quality assurance in the manufacturing chain. Steel Res Int 8(12):916–928

[Beu91] Beuscher K (1991) Moderne Qualitätssicherung in der Gesenkschmiedeindustrie. Konferenz:. Neuere Entwicklungen in der Massivumformung., Stuttgart

[Bic05a] Bichmann S (2005) Optische Messverfahren, Maschinenintegrierte Lasermesstechnik in der Produktion. Tools 2:10–11

[Bic07b] Bichmann S (2007) Maschinenintegrierte optische Messtechnik zur Freiform-Geometrieerfassung auf Werkzeugmaschinen. RWTH, Aachen

[Bla03] Blatter C (2003) Wavelets. – Eine Einführung. Vieweg

[Boe11] Böhm V, Bruchwald O, Reimche W et al (2011) Acoustic process monitoring during transient precision forging of high strength components. Metall Min Ind 3(7):91–97

[Böt08] Böttner T (2008) Untersuchungen zur Messunsicherheit mit Hilfe eines virtuellen Streifenprojektionssystems. Universität Hannover

[Bra91] Brankamp K, Humpert R (1991) Über die Prozessbeherrschung zur mannlosen Produktion in der Blechbearbeitung. Blech Rohre Profile 38:140–143

[Bra05] Brauer N (2005) Untersuchungen zu aktiven thermographischen Prüfmethoden zur Absicherung von Hochleistungsfertigungsverfahren-Ergebnisse eines BMBF-Projektes. DGZfP-Jahrestagung 2005. Rostock

[Bre93] Breuckmann B (1993) Bildverarbeitung und optische Meßtechnik in der industriellen Praxis. In: Grundlagen der 3D-Meßtechnik. Farbbildanalyse, Holographie und Interferometrie mit zahlreichen praktischen Applikationen. Franzis-Verlag, München

[Brü97] Brüggemann K (1997) Methoden des Qualitätsmanagements beim Gesenkschmieden. In: Fortschr.-Ber. VDI Reihe 2 Nr. 432. VDI, Düsseldorf

[Bur02] Burke J, Bothe T, Osten W et al (2002) Reverse engineering by fringe projection. Proceedings of SPIE 4778:312–324

[Bus00] Buse K, Luennemann M (2000) 3D Imaging: wave front sensing utilizing a birefringent crystal. Phys Rev Lett 85(16):3385–3387

[Car05] Carl V, Zenzinger G (2005) Automatische Rissprüfung mit induktiv angeregter Thermographie. DGZfP-Jahrestagung. Rostock, 2.–4.Mai 2005

[Den11] Denkena B, Gümmer O, Gillhaus R et al (2011) Precise alignment of precision forged crankshafts in a grinding machine. In: Pro-ceedings of the euspen 11th International Conference 2:418–421

[Deu06] Deutsch V, Platte M, Schuster V et al (2006) Die Verfahren der ZfP. Castel-Verlag GmbH, Wuppertal

[Die76] Dietrich H, Heimann W, Strom H (1976) Einfluss der Kaltverformung auf die mechanischen und magnetischen Eigenschaften von nichtrostenden Stählen. TEW-Technische Berichte, 2(1):61–69

[Doe98a] Doege E, Hütte H, Kröff A et al (1998) Genauigkeit im Presswek – Teil I: Der überwachte Prozess. Blech Rohre Profile 45:46–51

[Doe98b] Doege E, Hütte H, Kröff A et al (1998) Genauigkeit im Presswerk – Teil II: Der simulierte und geregelte Prozess. Blech Rohre Profile 45:40–45

[Elg11] El-Galy Khalil IM (2011) Anwendung von akustischen Emissions- und Signalverarbeitungstechniken zur Online-Überwachung bei Schmiedeprozessen von Leichtmetallen. Universität, Hannover

[Fer07] Ferraq Y, Black D, Lagarde JM et al (2007) Use of a 3-D imaging technique for non-invasive monitoring of the depth of experimentally induced wounds. Skin Res Technol 13:399–405

[För54] Förster F, Stambke K (1954) Theoretische und experimentelle Grundlagen der zerstörungsfreien Werkstoffprüfung mit Wirbelstromverfahren. Metallkunde 45(4):166–178

[Fra98] Frankowski G, Reißner H (1998) Automatisierte Begutachtung von Zylinderkopfflächen. Werkst Betr 131:1026–1027

[Gei91a] Geiger R (1991) Prozessregelung und Prozessüberwachung in der Kaltumformung. In: Konferenz:. Neuere Entwicklungen in der Massivumformung., Stuttgart

[Gei93b] Geiger R (1993) Dynamische Qualitätssicherung in der Umformtechnik. Umformtechnik. Handbuch für Industrie und Wissenschaft, Bd 4 von Lange K. Springer-Verlag, Berlin

[Gil11a] Gillhaus R (2011) Inline-Messsysteme zur Erfassung präzisionsgeschmiedeter Hochleistungsbauteile. Universität Hannover

[Gil08b] Gillhaus R, Kästner M, Seewig J et al (2008) Sensorintegration zur Feinpositionierung von präzisionsgeschmiedeten Bauteilen. VDI Berichte 2011. Ludwigsburg

[Gil08c] Gillhaus R, Kästner M, Reithmeier E (2008) Optische Messsysteme zur Geometrieerfassung präzisionsgeschmiedeter Bauteile. Zweiter Workshop Optische Technologien. Hannover, S 164–166

[Gil08d] Gillhaus R, Kästner M, Seewig J et al (2008) 3D-Data acquisition, processing and analysis of gear shaft measurements using optical sensors. Coordinate measuring technique. Bielsko-Biela, Poland, S 270–278

[Gil09e] Gillhaus R, Kästner M, Haskamp K et al (2009) Analysis of unbalances of crank shafts using geometric data. Proceedings of the euspen 9th International Conference, San Sebastian, 2:287–290, 02.–05. June 2009

[Gil09f] Gillhaus R, Immel J, Kästner M et al (2009) Vier-Freiheitsgrad Feinpositioniersystem zur Ausrichtung von präzisionsgeschmie-deten Ritzelwellen. VDI Berichte 2067. Baden-Baden, S 335–338

[Gil10g] Gillhaus R, Pahlke A, Kästner M et al (2010) Messunsicherheitsbetrachtung optischer Abstandssensoren basierend auf der konoskopischen Holographie. In: Sensoren und Messsysteme 2010. Nürnberg, S 345–352

[Gil11h] Gillhaus R, Gümmer O, Kästner M et al (2011) Aktive Bauteilausrichtung, Optisches Inline-Messsystem optimiert Kurbelwellenbearbeitung. QZ – Qualität und Zuverlässigkeit 1:42–45

[Goc05a] Goch G (2005) Verzahnungsmesstechnik – Unverzichtbarer Bestandteil einer Schlüsseltechnologie. Ver-zahnungsmesstechnik – Praktische Anwendungen und neue Lösungen. In: VDI-Berichte, Bd 1880. VDI-Verlag, S 1–23

[Goc02b] Goch G, Günther A (2002) Future gear metrology: superficial description and inspection of flanks. In: VDI-Berichte, Bd 1665. VDI-Verlag, Düsseldorf, S 751–768

[Gra05] Gravel G (2005) Abweichungsanalyse an Verzahnungen – Ein Werkzeug zur Produkt- und Prozessoptimierung – Praktische Anwendungen und neue Lösungen. VDI-Berichte, Bd 1880. VDI-Verlag, S 77–89

[Gro05] Gross H, Singer W, Totzeck M (2005) Handbook of optical systems. Physical image formation 2. Wiley VCH, GmbH & Co., KGaA

[Haa04a] Haase R (2004) Besser und schneller fertigen – Numerische Korrektur von Zahnrädern. QZ – Qualität und Zuverlässigkeit 9:50–54

[Haa04b] Haase R (2004) Obtaining and processing of CMM data from gear wheel measure-ments. In: VIth International Scientific Conference – Coordinate Measuring Technique 2004. Bielsko-Biela, Poland, S 63–72

[Haa06c] Haase R (2006) Einrichtung zur schnellen Messung optisch kooperativer Zahnräder. Universität, Hannover

[Haa04d] Haase R, Seewig J, Reithmeier E (2004) Ausschuss erkennen – Zahnräder prüfbar entwerfen und fertigen. QZ – Qualität und Zuverlässigkeit 4:58–61

[Haa05e] Haase R, Seewig J, Reithmeier E (2005) Verbesserte Hartfeinbearbeitung von Zahnrädern. WT – Werkstattstechnik Online 6:447–452

[Haa06f] Haase R, Kästner M, Immel J et al (2006) Kürzere Prozessketten durch Feinpositioniersysteme. WT – Werkstattstechnik Online 96(5):252–256

[Haa07g] Haase R, Kästner M, Gillhaus R (2007) Auswuchten ade! Verkürzte Prozesskette zur Fertigung von Kurbelwellen. QZ – Qualität und Zuverlässigkeit 4:54–57

[Haa04] In-Process quality control in gear wheel manufacturing by the means of best-fit gear wheels, 8th International Symposium – Measurement and Quality Control in Production, Erlangen, VDI-Berichte, 12.–15.October 2004, 1860, S 401–408

[Hai02] Hain T, Eckhardt R, Kunzi-Rapp K et al (2002) Indications for optical shape measurements in orthopaedics and dermatology. Med Laser Appl 17:55–58

[Har04] Hartley RI, Zissermann A (2004) Multiple view geometry in computer vision, 2. Aufl, Cambridge University Press

[Has09a] Haskamp K, Kästner M, Reithmeier E (2009) A virtual telecentric fringe projection system. Proceedings of the Fringe 6th International Workshop on Advanced Optical Metrology. Stuttgart, S 576–579

[Has10b] Haskamp K, Kästner M, Reithmeier E (2010) Virtuelle Messgeräte als Tool zur Abschätzung von Messunsicherheiten, Vierter Workshop Optische Technologien. S 292–300

[Has10c] Haskamp K, Kästner M, Reithmeier E (2010) Modellbasierte Kalibrierung von Streifenprojektionssystemen mit telezentrischer Kamera. TM Technisches Messen 11:590–600

[Has11d] Haskamp K, Kästner M, Gillhaus R et al (2011) Messunsicherheitsanalyse mittels virtueller Streifenprojektionstechnik auf Grundlage von Polygonmodellen. TM Technisches Messen 2:60–68

[Has11e] Haskamp K, Kästner M, Reithmeier E (2011) Gegen die zitternde Hand: Multisensor-Assistenzsystem optimiert Messprozesse virtuell. QZ – Qualität und Zuverlässigkeit 3:56–57

[Has11f] Haskamp K, Kästner M, Reithmeier E (2011) Fast virtual shadow projection as part of a virtual multi-sensor assistance system. SPIE Optical Metrology. München, S 80830G

[Has11g] Haskamp K, Kästner M, Reithmeier E (2011) Accurate calibration of a fringe projection system by considering telecentricity. SPIE Optical Metrology. München, S 80821B

[Häu96] Häusler G, Karbacher S, Lampalzer R et al (1996) Kalibrierung einer 3D Video Kamera. 3. ABW-Workshop, Technische Akademie Esslingen

[Heh11] Hehenberger P (2011) Qualitätsmanagement in der Fertigung. Computerunterstützte Fertigung. Springer, Berlin, S 195–228

[Hei03] Heinrich W (2003) Automatisiertes. System zur thermographischen Prüfung von Gasturbinenschaufeln., DGZfP-Jahrestagung

[Hep65] Heptner H, Stroppe H (1965) Magnetische und magnetinduktive Werkstoffprüfung. Deutscher Verlag für Grundstoffindustrie, Leipzig

[Her99] Herschbach B (1999) Industrie-Thermografie. ZfP-Zeitung 68, 12(55)

[Her08] Herbertz R, Hermans H, Labs R (2008) Automatische Kontrolle und Überwachung des Gesenkversatzes an Gesenkschmiede-Hämmern und -Pressen. Schmiede J März 18–20

[Hof92] Hof A, Hanßen A, Küchel M et al (1992) Streifenprojektionsmethoden in der 3D-Messtechnik. VDI-Berichte, Bd 1006, S 67–80

[Hün03] Hünike U-D, Möller S (2003) Auswertung der statischen Magnetisierungskurve zur Kontrolle von Gefüge- und Behandlungzuständen bei Stählen. DGZfP-Jahrestagung 2003, Mainz, 26.–28. Mai

[Int95] International Organization for Standardization: guide to the expression of uncertainty in measurement, 1995

[Käs08a] Kästner M (2008) Optische Geometrieprüfung präzisionsgeschmiedeter Hochleistungsbauteile. Universität Hannover

[Käs05b] Kästner M, Meeß K, Seewig J et al (2005) Optische Geometrieerfassung von Zahnrädern. VDI-Berichte, Bd 1880. VDI-Verlag, Düsseldorf, S 155–163

[Käs05c] Kästner M, Meeß K, Seewig J et al (2005) Geometrieprüfung von Zahnrädern – Vergleich der Streifenprojektionstechnik mit taktilen Methoden. QE-Quality Engineering:18–19

[Käs05d] Kästner M, Krause C, Seewig J et al (2005) Optische Verzugsmessung bei der integrierten Wärmebehandlung präzisionsgeschmiedeter Bauteile. OWT 5:358–365

[Käs05e] Kästner M, Seewig J, Reithmeier E (2005) Calibration of an optical 3D triangulation sensor for the evaluation of precision-forged gear wheels. ISMTII (Huddersfield)

[Käs06f] Kästner M, Seewig J, Reithmeier E (2006) Fertigungsnahe Prüfung präzisionsgeschmiedeter Zahnräder – Geometriefehlern auf der Spur. QZ – Qualität und Zuverlässigkeit 10:64–67

[Kae07g] Kästner M, Gillhaus R, Seewig J et al (2007) Optische Multisen-sortechnik zur Geometrieerfassung präzisionsgeschmiedeter Bauteile. VDI-Tagung Optische Messtechnik technischer Oberflächen in der Praxis, VDI-Berichte 1996. Hannover, S 89–100, 09.–10.10.2007

[Käs07h] Kästner M, Seewig J, Frankowski G et al (2007) Optical 3D digitization and coordinate measurement of parts by means of DLP based projected fringe measuring technology. Coordinate Metrology Systems Conference 2007. Reno, USA

[Käs08i] Kästner M, Gillhaus G, Reithmeier E (2008) Optical measurement techniques for precision-forged highperformance pinion shafts. 7th international CTI symposium: innovative automative trans-missions 2:693–712

[Kae09j] Kästner M, Gillhaus R, Reithmeier E (2009) Geometry inspection of precision-forged crank shafts based on optical multisensor techniques. Coordinate Metrology Systems Conference (CMSC) 2009 – Louisville, Kentucky, USA

[Kef08] Keferstein CP, Dutschke W (2008) Fertigungsmesstechnik – Praxisorientierte Grundlagen. moderne Messverfahren, Teubner

[Kir97] Kirschner V, Schreiber W, Kowarschik R et al (1997) Self-calibrating shape measuring system based on fringe projection. Proceedings of SPIE, Bd 3102. S 5–13

[Kla06] Klasfauseweh U, Voth C (2006) Freiheit durch Baukastenprinzip. Vier Techniken in modulares Inline-Messsystem integriert. QZ – Qualität und Zuverlässigkeit 11:77–80

[Klü08] Klümper-Westkamp H, Vetterlein J, Lütjens J et al (2008) Bainite sensor – a new tool for process and quality control of the bainite transformation. HTM Z Werkst Wärmebeh Ferrtigung 63:3

[Klü10] Klümper-Westkamp H, Zoch H-W, Reimche W et al (2010) Wirtschaftlich Bainitisieren mit neuem Wirbelstrom-Messsystem. Gaswärme Int 59:6

[Kop10] Kopka Th, Schwer A (2010) 3D-Messung der Umformkräfte. Umformtechnik 1

[Kow99] Kowarschik R, Gerber J, Notni G et al (1999) Adaptive optical 3D-measurement with structured light. Proceedings of SPIE, Bd 3824. S 169–178

[Kra91] Krautkrämer GmbH & Co: Verfahren zur Härtemessung nach der Ultraschall-Kontakt-Impedanz-Methode. Internationale Patentklassifikation: G01N 3/40, 29/00, Internationale Veröffentlichungsnummer: WO 91/15747, Internationales Veröffentlichungsdatum: 17. Oktober 1991

[Kre91] Kreis T, Osten W (1991) Automatische Rekonstruktion von Phasenverteilungen aus Interferogrammen. TM Technisches Messen, 58:235–246

[Kre06] Krengel-Rothensee K, Hilbk-Kortenbruck F, Krauhausen M (2006) Hochpräzise Laser-Messtechnik zur 100 % Inline-Geometrieprüfung in der industriellen Industrie. VDI-Berichte 1945:59–74

[Kro97] Kromke A (1998) Koordinatenmesstechnik zur Prüfung und Qualitätsbewertung von Freiformflächen. Universität, Hannover

[Lan77] Lange K, Meyer-Nolkemper H (1977) Gesenkschmieden. Springer-Verlag, Berlin

[Lib11] Libralesso E, Vassena G, Sgrenzaroli M (2011) Dimensional control during forging: innovative 3D laser measuring system. 18th International Forgemasters Meeting 2011. Pittsburg

[Lin91] Linger P (1991) Qualitätssicherung und Arbeitsqualität. Berichte aus Forschung und Entwicklung in der Schmiedeindustrie. Industrieverband Deutscher Schmieden e, V, Hagen

[Mat94] Matek W, Muhs D, Wittel H et al (1994) Maschinenelemente. Vieweg

[Mee03a] Meeß K (2003) Optische Zahnradmesstechnik: Flächige Messung präzisionsgeschmiedeter Zahnräder. Eingeladener Gastvortrag, FVA (Forschungsvereinigung Antriebe)

[Mee05b] Meeß K (2005) Flächenhafte Messung optisch kooperativer Stirnräder am Beispiel präzisionsgeschmiedeter Verzahnungen. Universität, Hannover

[Mee02c] Meeß K, Bodschwinna H (2002) Zahn um Zahn – Messung an präzisionsgeschmiedeten Zahnrädern. QZ – Qualität und Zuverlässigkeit 8:824–826

[Mee04d] Meeß K, Seewig J (2004) Streifenprojektion in der Fertigungsmesstechnik am Beispiel präzisionsge-schmiedeter Zahnräder, 19. Optik-Kolloquium, ITO – Institut für technische Optik

[Mee04e] Meeß K, Kästner M, Böttner T et al (2004) Use of fringe projection in the testing of precision-forged gear wheels. VDI-Berichte, Bd 1860. VDI-Verlag, Düsseldorf, S 427–436

[Mee05f] Meeß K, Kästner M, Seewig, J et al (2006) Verringerung und Abschätzung der Messunsicherheit bei der optischen Verzahnungsmessung mit Streifenprojektionssystemen. TM Technisches Messen 11:603–610

[Mel03] Meltzer G, Nguyen PD (2003) Neue Verfahren für die Verzahnungsdiagnose. VDI-Berichte 1788, VDI-Schwingungstagung 2003. Magdeburg

[Mis00] Misiti M, Misiti Y, Oppenheim G et al (2000) Wavelet toolbox user's guide. Mathworks

[Moo00a] Mook G, Bauke H, Uchanin V (2000) Wirbelstromprüfung mit hohen Eindringtiefen. Theorie und Praxis. Jahrestagung der Gesellschaft für Zerstörungsfreie Prüfverfahren. ZfP im Übergang zum 3. JahrtausendInnsbruck 1:145–154

[Moo06b] Mook G, Feist W-D, Hinken J et al (2006) Detection and charakterization of magnetic anomalies in gas turbine disks. Proc. 9th Europ. Conf. On NTD, ECNDT 2006. Berlin, 25.–29.9.2006

[Nad96] Nadeborn W, Andrä P, Osten W (1996) A robust procedure for absolute phase measurement. Opt Lasers Engin 24:245–260

[Neu05] Neumann HJ (2005) Präzisionsmesstechnik in der Fertigung mit Koordinatenmessgeräten. In: Entwicklung. Normung, Grundlagen, Messunsicherheit, Anwendungserfahrung, Auswahlkriterien, Ausbildung. Ex-pert-Verlag

[Neu07] Neuschäfer-Rube U, Wendt K et al (2007) Optische Sensoren für die Koordinatenmesstechnik – Prinzipien und Prüfung. PTB-Mitteilungen 117(4):380–389

[New94a] Newland DE (1994) Wavelet theory and applications. University of Cambridge

[New96b] Newland DE (1996) Time frequency analysis by harmonic wavelets. University of Cambridge

[Nie89] Niemann G, Winter H (1989) Maschinenelemente, Bd 2. Getriebe allgemein, Zahnradgetriebe Grundlagen, Stirnradgetriebe. Springer

[Niv03a] Nivet J-M, Körner K, Droste U et al (2003) Depthscanning Fringe Projection Technique (DSFP) with a 3-D Calibration. Proceedings of SPIE, Bd 5144, S 443–450

[Niv04b] Nivet J-M, Schuster T, Körner K et al (2004) A new calibration scheme for threedimensional depthscanning fringe projection measurement method. Proceedings of SPIE, Bd 5457, S 334–343

[NN01a] N. N.: OPTIMET – Non-contact dimensional measurement. Standard Version 2. Optimet, Optical Metrology Ltd., 2001

[NN01b] N. N.: ConoProbe – True 3D Free-form absolute measurement with mm resolution. Optimet, Optical Metrology Ltd., 2001

[NN10] N. N.: In-process inspection. http://optimet.com/Applications.php. Version: 10 2010

[Nol08] Noll R, Krauhausen M (2008) Online Lasermesssysteme für die Stahl- und Automobilindustrie. VDI-Berichte 2011:3–12

[Osw05] Oswald-Tranta B, Wally G, O'Leary P (2005) Thermoinduktive Drahtinspektion für Oberflächenrisse. In: DGZfP-Jahrestagung 2005, 2.–4. Mai. DGZfP-Berichtsband 94-CD, Vortrag 59. Rostock

[Pen06] Peng T (2006) Algorithms and models for 3-D shape measurement using fringe projections. University of Maryland

[Pfe01a] Pfeifer T (2001) Fertigungsmesstechnik. Oldenbourg-Verlag

[Pfe97b] Pfeier T, Seharsich P (1997) System- und Kalibrierkonzepte für Mehrkamerasysteme mit aktiver Beleuch-tung, 4. ABW-Workshop, Technische Akademie Esslingen

[Pfe02c] Pfeifer T, Napierala A (2002) Entwicklung einer funktionsorientierten Bewertung modifizierter Zahnflankengeometrien. VDI-Berichte, Bd 1673

[Ran01a] Randall R (2001) Frequency analysis, application note. Verlag Brüel&Kjaer

[Ran02b] Randall R (2002) Cepstrum analysis and fault diagnosis, Application Note. Verlag Brüel&Kjaer

[Rei00a] Reimche W, Borsutzki M, Kroos J et al (2000) Magnetische und akustische Verfahren zur Materialcharakterisierung von Stahlblechen. Stahl Eisen 12:115–121

[Rei04b] Reimche W, Heutling B, Bach Fr-W et al (2004) Online-Materialcharakterisierung und Überwachung relevanter Bandeigenschaften von feuerverzinktem Stahlfeinblech im produktionsfluss mit einem Harmonischen-Messsystem. DGZfP-Jahrestagung., Salzburg

[Rei06c] Reimche W, Bernard M, Zwoch S et al (2006) Entwicklung und Qualifizierung einer prozessorientierten zerstörungsfreien Prüftechnik für Schweißnähte auf der Basis des Fernfeld-Wirbelstromverfahrens. Tagung Werkstoffprüfung. Bad Neuenahr, 7. und 8. Dezember 2006

[Rei07d] Reimche W, Scheer C, Bach Fr-W (2007) Frühzeitige Schadenserkennung an rotierenden Bauteilen mittels Schallemissionsanalyse und einer Wirbelstromtechnik unter Anwendung der Wavelet-Transformation. VDI-Schwingungstagung 2007 „Schwingungsüberwachung und Diagnose von Maschinen“. In: VDI-Berichte 1982. Würzburg

[Rei07e] Reimche W, Zwoch S, Bernard M et al (2007) Entwicklung und Qualifizierung einer Fernfeld-Wirbelstromtechnik zur Fehlerprüfung von Schweißnähten und dickwandigen Bauteilen. DGZfP Jahrestagung. Fürth, 14.–16. Mai 2007

[Rei08f] Reimche W, Bernard M, Bombosch S et al (2008) Nachweis von Anrissen in der Randzone von Hochleistungsbauteilen mit Wirbelstromtechnik und induktiv angeregter Thermografie. HTM J Heat Treatm Mat 63:5

[Rei12g] Reimche W, Böhm V, Bach Fr-W et al (2012) Zeitbereichsanalyse transienten Umformverhaltens zur Qualitätsbewertung beim Präzisionsschmieden von Hochleistungsbauteilen. DACH-Jahrestagung. Graz, Österreich, 17.–19. September 2012

[Rie07] Riegert G (2007) Induktions-Lockin-Thermographie. Universität, Stuttgart

[Röh84] Röhrig K (1984) Isothermes Umwandeln von Gusseisen mit Kugelgraphit in der Bainitstufe. Härterei-Technische Mitteilungen 39:41

[Ros99] Roskam R (1999) In-Prozess-Überwachung von Pressen der Blechverarbeitung. Universität, Hannover

[Sch95] Schmitt J, Creath K (1995) Extended averaging technique for derivation of error compensating algo-rithms in phase shifting interferometry. Appl Opt 34:3610–3619

[Sch98] Schönfeld H, Häusler G, Karbacher S (1998) Reverse engineering using optical 3D sensors. Proceedings of SPIE, Bd 3313, S 115–125

[Sch02] Schmidt V (2002) Ermittlung von Verfahrenskennwerten durch Messen. Umformtechnik. Handbuch für Industrie und Wissenschaft, Springer, Berlin

[Sch05a] Schreer O (2005) Stereosynthese und Bildanalyse. Springer, Berlin

[Sch05b] Scheer C, Bernard M, Reimche W et al (2005) Nondestructive determination of hardness values and dynamic load test of precision forged components. VDI-Conference „International Conference on Gears“. München, 14.–16. September

[Sch06c] Scheer C, Reimche W, Bach Fr-W (2006) Schwingungsdiagnostische Beurteilung des Lauf- und Verschleißverhaltens von präzisionsgeschmiedeten und konventionellen Zahnrädern im Vergleich. Tagung Werkstoffprüfung. Bad Neuenahr, 7. und 8. Dezember 2006

[Sch07d] Scheer C, Reimche W, Bach Fr-W (2007) Schwingungsdiagnostische Beurteilung des Lauf- und Verschleißverhaltens von präzisionsgeschmiedeten und konventionellen Zahnrädern im Vergleich. VDI-Schwingungstagung 2007 „Schwingungsüberwachung und Diagnose von Maschinen". VDI-Berichte 1982

[Sch08e] Scheer C, Reimche W, Bach Fr-W (2008) Klassifizierung von Getriebeschäden mit Schwingungsanalyse und Wirbelstromtechnik. DACH Jahrestagung 2008. St. Gallen, Schweiz

[Sch08a] Schmitt R, Damm E (2008) Prüfen und Messen im Takt. Wie Sie mit Inline-Messtechnik Ihre Wertschöpfung maximieren. QZ – Qualität und Zuverlässigkeit 9:57–59

[Sch08b] Schmitt R, Körfer F, Sawodny O et al (2008) Virtuelle Messgeräte: Definition und Stand der Technik. TM Technisches Messen 75:298–310

[Sel03] Sellger R (2003) Influence of strain rate on deformation behaviour, austenite structure and kinetics of the γ/α transformation of steels. Technical steel research series: Physical metallurgy (Report EUR 20581 EN). Luxemburg: Office for Official Publications of the European Communities.

[Sir85a] Sirat GY, Psaltis D (1985) Conoscopic holography. Opt Lett 10:4–6

[Sir88b] Sirat GY, Psaltis D (1988) Conoscopic holograms. Opt Commun 65:243–249

[Sir99c] Sirat YG, Vecht J, Malet Y (1999) Linear conoscopic holography. US Patent 5,953,137

[Sir10d] Sirat GY, Paz F, Agronik G et al (2010) Conoscopic systems and conoscopic holography. mecadserv1.technion.ac.il/public_html/IK05/Sirat_9375.pdf. Version:2010

[Spe07] Speckmann M (2007) Durchblick: Transparenz im Karosseriebau mit Inline-Messtechnik. Qual Engin 5:26–29

[Spi09] Spittel M, Spittel T (2009) 2 flow stress of steel, introduction and definitions. 2C1: metal forming data of ferrous alloys – deformation behaviour. Springer-Verlag, Berlin

[Sta90a] Stahs T, Wahl FM (1990) Fast and robust data acquisition in a low-cost environment. In: Close-Range Photogrammetry Meet Machine Vision Bd 5 ISPRS Commision V Symposium S 496–503

[Sta90b] Stahs T, Wahl F (1990) Oberflächenvermessung mit einem 3D-Robotersensor. Zeitschrift für Photo-grammetrie und Fernerkundung 6:190–202

[Str93a] Strutz T (1993) Ein genaues aktives Triangulationsverfahren zur Oberflächenvermessung., Magdeburg

[Str94b] Strutz T, Riechmann W, Stahs T (1994) Tiefendatengewinnung mit dem codierten Lichtansatz – Ein-satzmöglichkeiten in der Automobilindustrie. Jahrbuch für Optik und Feinmechanik 41:245–259. Fachverlag Schiele und Schön, Berlin

[Str00] Strache W (2000) Multisensorielle Überwachung des Stanzprozesses. VDI, Düsseldorf

[Süd03] Südmersen U (2003) Schwingungsanalysen zur vorbeugenden Instandhaltung von Maschinen und Anlagen. Anwendungsbeispiele aus Kraftwerks- und Produktionstechnik. 312. Arbeitskreissitzung DGZfP, Hannover

[Sun00] Sun YS, Ouang T, Udpa S (2000) Remote field eddy current testing. One of the potential solutions for detecting deeply embedded discontinuities in thick and multilayermetallic structures. Mater Eval 59(5):632–637

[Tay00] Taylor JI (2000) The gear analysis handbook: a practical guide for solving vibration problems in gears., VCI, ISBN-13: 978-0964051713

[Ter95] Terzyk Th (1995) Prozessüberwachung beim Gesenkschmieden mit Grat durch Auswertung prozessbedingter Signale. In: Fortschr.-Ber. VDI Reihe 2 Nr, 346. VDI-Verlag, Düsseldorf

[Tuz09] Tuzinsky W, Scheuerich R (2009) In-line dimensional measurement of long and flat products. MPT International(2):70–71

[Vah99] Vahaviolos SJ (1999) Acoustic emission:. standards and technology update., ASTM

[Val03] Vallen H (2003) Die Schallemissionsprüfung. Informationsschrift zur zerstörungsfreien Prüfung., Castell-Verlag

[Vet02] Vetters H (2002) Wälzelemente aus 100Cr6, bainitisch umwandeln oder martensitisch Härten. Härterei-Technische Mitteilungen 57(6):403–408

[Vra08] Vrana J (2008) Grundlagen und Anwendungen der aktiven Thermographie mit elektromagnetischer Anregung. Dissertation, Naturwissenschaftliche-Technische Fakultät III der Universität des Saarlandes, Saarbrücken

[Wah86] Wahl F M (1986) A coded light approach for depth map acquisition. Mustererkennung Bd 8 DAGM-Symposium. Springer, S 12–17

[Wal01] Wallrabe A (2001) Nachtsichttechnik, 1. Aufl, Vieweg

[Wan95] Wang WJ, McFadden PD (1995) Application of orthogonal wavelets to early gear damage detection. Mech Syst Signal Process 9(5):497–507

[Wan01] Wang QW, Ismail F, Golnaraghi F (2001) Assessment of gear damage monitoring techniques using vibration mesurements. Mech Syst Signal Process 15(5):905–922

[Web02] Weber W (2002) Zerstörungsfreie. Prüfung dickwandiger austenitischer Rohre und Rohrbögen mit fortschritt-licher Wirbelstromtechnik., Dissertation

[Wec99a] Weckenmann A, Gawande B (1999) Koordinatenmesstechnik – Flexible Messstrategien für Maß, Form und Lage, 1. Aufl. Karl Hanser, München

[Wec08b] Weckenmann A, Weickmann J, Hartmann W (2008) Multi-component fringe projection sensors: assistance system for short and rInspection processes, Metrology's Impact on Business NCSL. In-ternational Workshop and Symposium S 1–13

[Wec09c] Weckenmann A, Hartmann W, Weickmann J (2009) Model and simulation of fringe projection measurements as part of an assistance system for multicomponent fringe projection sensors. Proceedings of SPIE Bd 7102, S 71020N-1–71020N-12

[Wec09d] Weckenmann A, Bernstein J (2009) Optical bi-Sensorial measurement system for production control of extruded profiles. TM – Technisches Messen 7–8:369–373

[Wec09e] Weckenmann A, Bernstein J (2009) User interface for optical multi-sensorial measurements at extruded profiles. XiX IMEKO World Congress Fundamental and Applied Metrology. Lisbon, S 1871–1876

[Wei10a] Weickmann J (2010) Assistenzsystem für die Prüfung von Blechbauteilen mit Mehrkomponenten-Streifenprojektionssystemen unter Anwendung der virtuellen Rückdeformation. Universität, Erlangen-Nürnberg

[Wei10b] Weickmann J, Weckenmann A, Brenner PF (2010) Automatic, task-sensitive and simulation-based optimization of fringe projection measurements. Key Engin Mater 437:439–443

[Wen01] Wengler S (2001) Zahnflankenmodifikationen – Toleranzen und Messunsicherheiten bei der Beurteilung von Abweichungen an modifizierten Zahnflanken. FVA Abschlussbericht:621

[Wol02] Wolf T (2002) Schnelle absolute 3D-Messung, 7. ABW-Workshop, Technische Akademie Esslingen

[Zha06]Zhang S, Huang PS (2006) Novel method for structured light system calibration. Opt Engin 45:8360-1-8360-8

[Zoc92] Zoch H-W (1992) Wärmebehandlungsverfahren in der Wälzlagerfertigung. Härterei-Technische Mitteilunge 47:223

[Zwe04] Zweschper Th, Dillenz A, Mooser R (2004) Ultraschallangeregte Thermografie in der industriellen Anwendung. DACH-Jahrestagung. Salzburg, 14.–19.Mai

Normen, Richtlinien

DIN ISO 1101 Geometrische Produktspezifikation (GPS) – Geometrische Tolerierung – Tolerierung von Form, Richtung, Ort und Lauf, DIN Deutsches Institut für Normung e. V., Beuth, 2005

DIN ISO 1940 Mechanische Schwingungen – Anforderungen an die Auswuchtgüte von Rotoren in konstantem (starrem) Zustand – Teil 1: Festlegung und Nachprüfung der Unwuchttoleranz, DIN Deutsches Institut für Normung e. V., Beuth, 2004

DIN 3990 Begriffe und Bestimmungsgrößen für Stirnräder (Zylinderräder) und Stirnradpaare (Zylinderradpaare) mit Evolventenverzahnung, DIN Deutsches Institut für Normung e. V., Beuth, 1987

Logistische Erfassung, Steuerung und Bewertung 7

Jan Henjes, Marco Kennemann, Sven Baumgarten, Michael Grigutsch, Berend Denkena, Rouven Nickel und Peter Nyhuis

Inhaltsverzeichnis

7.1 Notwendigkeit einer Prozesskettenbetrachtung 432
7.2 Technologische Schnittstellen 435
7.2.1 Definition und Implementation technologischer Schnittstellen 435
7.2.2 Auslegung von Schmiedeprozessketten 440
7.2.3 Ganzheitliche Optimierung von Schmiedeprozessketten 443
7.3 Flexible Lieferketten 447
7.3.1 Bewertung von Logistikleistung und Prozesskosten in der Prozesskette zum Präzisionsschmieden 447
7.3.2 Risikobewertung und -monitoring 452
7.3.3 Werkzeugversorgung für den Schmiedeprozess 455
7.4 Logistische Kennlinien 462
7.4.1 Entwicklung logistischer Schmiedekennlinien 462
7.4.2 Logistische und monetäre Bewertung von Maßnahmen in der Produktion 466
7.4.3 Dynamisches Produktionscontrolling 471
Literatur 477

J. Henjes (✉) · B. Denkena
Institut für Fertigungstechnik und Werkzeugmaschinen, Leibniz Universität Hannover, An der Universität 2, 30823 Garbsen, Deutschland
E-Mail: henjes@ifw.uni-hannover.de

M. Kennemann
Institut für Fabrikanlagen und Logistik, Leibniz Universität Hannover, An der Universität 2, 30823, Garbsen, Deutschland

F.-W. Bach, K. Kerber (Hrsg.), *Prozesskette Präzisionsschmieden*,
DOI 10.1007/978-3-642-34664-4_7,

7.1 Notwendigkeit einer Prozesskettenbetrachtung

Der internationale Wettbewerb zwingt produzierende Unternehmen die eingesetzten Fertigungsverfahren ständig durch umfassende technische Bemühungen zu optimieren, um eine Steigerung der Produktivität und Wirtschaftlichkeit bei gleichzeitiger Erhöhung der Produktqualität zu erzielen. Die Entwicklung neuer Technologien allein reicht für eine erfolgreiche Positionierung im globalen Wettbewerb jedoch nicht mehr aus. Vielmehr müssen auch logistische Potenziale erschlossen werden, um die fertigungstechnischen Prozessketten (wie bspw. schmiedetechnische Prozesskette, s. Kap. 1) wirtschaftlich gestalten zu können. Signifikante Verbesserungen können dabei aber nur erzielt werden, wenn der gesamte Herstellungsprozess mit den vorhandenen Wechselwirkungen der einzelnen Teilprozesse untereinander bei der Optimierung berücksichtigt wird. Eine Optimierung einzelner Prozessschritte für sich resultiert hierbei nur in seltensten Fällen in einem Gesamtoptimum. Die Betrachtung der gesamten Prozesskette führt allerdings durch die Komplexität der einzelnen Prozesse und deren Wechselwirkungen zu neuen Herausforderungen. Diese Herausforderungen betreffen neben der Betrachtung notweniger Werkzeuge (z. B. Schmiedegesenke) auch die planungs- und steuerungstechnischen Anforderungen. Im Kontext des SFB 489 wurden daher unter anderem die drei folgenden Bereiche zur Optimierung der Fertigungs- und Logistikprozesse betrachtet:

- Präzisionsschmiede-Werkzeuge weisen durch ihre geschlossene Bauweise eine höhere Komplexität im Vergleich zu offenen konventionellen Werkzeugen auf und sind dadurch wesentlich verschleißanfälliger. Dies führt zu einer deutlich geringeren Standmenge (s. Kap. 3.1). Die Nutzung neuartiger Verstärkungsmechanismen an Schmiedegesenken durch z. B. Keramikeinsätze erhöhen zwar die Standmengen, führen jedoch im Werkzeugbau und der Aufarbeitung zu erhöhten Arbeitsaufwänden. Bei der Auftragserzeugung und der Fertigung sind daher sowohl die Standmengen als auch die logistischen Eigenschaften des Werkzeugkreislaufs zu berücksichtigen.
- Die Einstellung z. B. einer wirtschaftlichen Auftragslosgröße mit dem Ziel eines optimierten Werkzeugkreislaufs beeinflusst direkt die Auftragszeiten in der schmie-

S. Baumgarten
Institut für Integrierte Produktion Hannover gGmbH, Hollerithallee 6,
30419, Hannover, Deutschland

M. Grigutsch · P. Nyhuis
Insitut für Fabrikanlagen und Logistik, Leibniz Universität Hannover,
An der Universität 2, 30823 Garbsen, Deutschland

R. Nickel
Institut für Integrierte Produktion Hannover gGmbH, Hollerithallee 6,
Demminer Str. 6, 30419, 30916 Hannover, Isernhagen, Deutschland

detechnischen Prozesskette. Aus logistischer Sicht erfordert dies eine angepasste logistische Positionierung im Spannungsfeld der Zielgrößen Bestand, Durchlaufzeit, Auslastung und Termintreue. Die Struktur der Auftragszeitverteilung beeinflusst u. a. direkt den aus logistischer Sicht minimal an einem Arbeitssystem vorzuhaltenden Bestand. Um eine neue Positionierung durchzuführen, werden Maßnahmen wie z. B. der Einsatz zusätzlicher Kapazitäten oder eine Belastungsanpassung abgeleitet.
- Auch die Integration neuer und verbesserter Fertigungsverfahren wie beispielsweise das gratfreie Präzisionsschmieden mit integrierter Wärmebehandlung sind im Kontext einer optimal ausgelegten Prozesskette zu bewerten. Wechselwirkungen bei neu entwickelten Verfahren führen zu einer Beeinflussung der nachgelagerten Prozesse und können sich somit unter ganzheitlichen Gesichtspunkten negativ auswirken. Als ein Beispiel führt das gratfreie Präzisionsschmieden gegenüber dem konventionellen Schmieden mit Grat zu einem verringerten Schmiedeaufmaß, welches in der nachgelagerten Weich- und Hartbearbeitung die Prozesse beeinflussen. Daher sind, basierend auf den vorhandenen Wechselwirkungen und einer multikriteriellen Bewertung, die Prozesskette optimal zu gestalten und relevanten Prozessparameter zu bestimmen.

Die Ergebnisse der in Kap. 2 bis Kap. 6 vorgestellten technologischen Forschungsarbeiten bieten ein erhebliches Verbesserungspotenzial hinsichtlich produktionslogistischer Zielgrößen sowie zu ökonomischen Zielgrößen wie z. B. den Fertigungseinzelkosten. Eine Verkürzung der Durchlaufzeiten wird zum einen durch die Integration der Wärmebehandlung und zum anderen durch die Substitution der spanenden Weichbearbeitung im Rahmen der Präzisionsschmiedetechnik ermöglicht. Dazu haben weitere technologische Entwicklungen (z. B. die entwickelten Spann- und Positioniersysteme, s. Kap. 5) Einfluss auf Rüst- und Bearbeitungszeiten und somit auf die Auftragszeitstruktur. Durch innovative Prüfverfahren (s. Kap. 6) erfolgt eine zeitnahe Rückmeldung von Prozessparametern an die Fertigung. Diese erlaubt eine Reduzierung der Ausschussrate und trägt damit zu einer Erhöhung der Termintreue bei. Diese Beispiele zeigen die enge Vernetzung zwischen technologischen Innovationen und der Auswirkungen auf die logistische Leistungsfähigkeit der Prozesskette.

Zielsetzung der in diesem Kapitel vorgestellten logistische Erfassung, Steuerung und Bewertung von schmiedetechnischen Prozessketten ist daher, neuartige Prozessketten ganzheitlich unter Berücksichtigung der Anforderungen an Flexibilität, Störungsresistenz und Wirtschaftlichkeit zu gestalten und zu betreiben. Abbildung 7.1 zeigt hierbei die enge Verknüpfung der einzelnen Themenschwerpunkte (vgl. hierzu [Wri07, Hen09, Den10a]).

Das Meistern der oben genannten Herausforderungen ist Voraussetzung für einen erfolgreichen industriellen Einsatz der Technologien des SFB 489. Eigene Untersuchungen bei verschiedenen Schmiedeunternehmen haben ergeben, dass nur durch hohe Bestände an Fertigteilen eine relative zufriedenstellende Termintreue gegenüber dem Kunden erreicht wird. Jedoch hat sich in den untersuchten Betrieben gezeigt, dass lange Liegezeiten zwischen den einzelnen Fertigungsprozessen wie Umformung und Wärmebehandlung auftreten. Lange Durchlaufzeiten sowie eine hohe Kapitalbindung in der Fertigung sind die

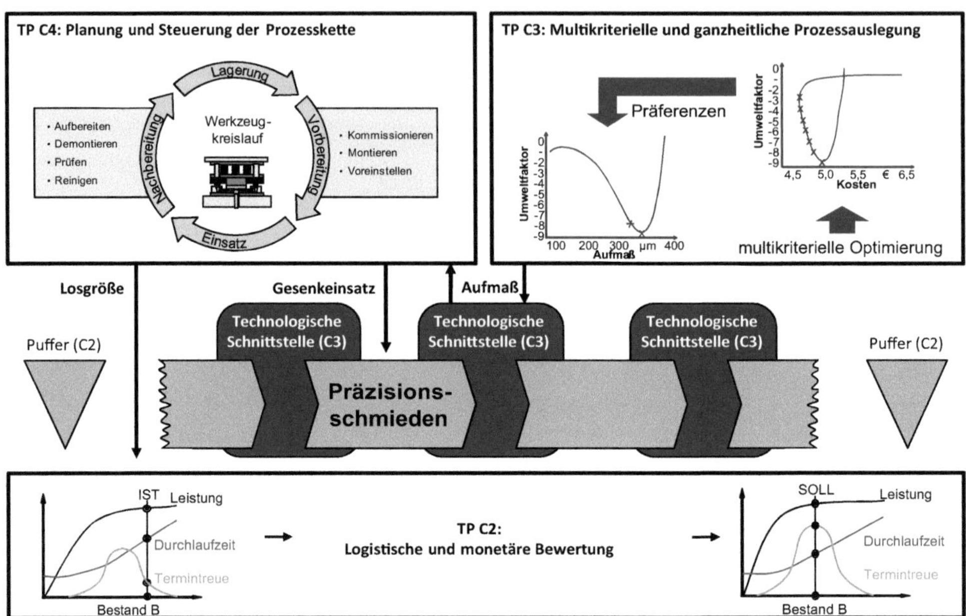

Abb. 7.1 Ganzheitliche Optimierung der Schmiedeprozesskette [Hen09]

Folge. Durch den Einsatz des Präzisionsschmiedens in der industriellen Praxis kann Wärmebehandlung nahtlos an den Umformprozess angegliedert werden – wodurch Liegezeiten entfallen. Die darüber hinaus gehende logistische Erfassung, Steuerung und Bewertung der gesamten Schmiedeprozesskette zeigen weitere Potenziale auf, die in den folgenden Abschnitten beschrieben werden. Bemerkenswert ist allerdings, dass den meisten Schmieden gegenwärtig grundsätzliche logistische Zusammenhänge und die logistischen Auswirkungen von Änderungen des technologischen Ablaufs nicht bekannt sind und somit Potenziale nicht genutzt werden. Neben verbesserten Planungsmethoden ist daher ein logistisches Monitoring erforderlich, das Schmieden dabei unterstützt, den Auftragserfüllungsprozess zu überwachen und systematisch zu verbessern.

Der Nutzen der erreichten Ergebnisse ist darüber hinaus für produzierende Unternehmen anderer Branchen von enormer Relevanz [Gri11]. So werden beispielsweise Erkenntnisse über die logistische und monetäre Bewertung von Maßnahmen in der Produktion im Rahmen eines von der Deutschen Forschungsgemeinschaft geförderten Transferprojekts auch für andere Branchen jenseits der Schmiedeindustrie zugänglich gemacht.

Die oben genannten Potenziale einer ganzheitlichen logistischen Erfassung, Steuerung und Bewertung der schmiedetechnischen Prozesskette werden in den folgenden Abschnitten detailliert beschrieben. In Kap. 7.2 wird die Fragestellung der ganzheitlichen Optimierung fertigungstechnischer Prozessketten behandelt. Es wird eine Methode vorgestellt, die eine Bestimmung optimaler Prozessparameter unter Berücksichtigung einer multikriteriellen Zielsetzung (z. B. ökonomische, logistische und ökologische Ziele) und unter dynamischer Rahmenbedingungen (z. B. Störungen und Toleranzen) ermöglicht.

In Kap. 7.3 werden Methoden und Werkzeuge für die Gestaltung, Planung und Steuerung sowie das Monitoring der überbetrieblichen Lieferkette für das Präzisionsschmieden vorgestellt. Der Betrachtungsgegenstand beinhaltete somit die Schnittstellen zu Lieferanten und Kunden sowie auch die innerbetriebliche Werkzeugversorgung.

Um den oben aufgezeigten Herausforderungen zu begegnen wird in Kap. 7.4 auf die Entwicklung eines integrierten Prozess- und Wirkmodells zur logistischen Beschreibung schmiedetechnischer Prozessketten eingegangen. Auf Basis der Kennlinientheorie nach Nyhuis [Nyh08b] wurden sowohl die logistischen Wirkzusammenhänge als auch monetäre Auswirkungen von Maßnahmen zur Verbesserung der Logistikleistung modelliert und anschließend der gesamte Ansatz in ein dynamisches Produktionscontrolling überführt.

7.2 Technologische Schnittstellen

7.2.1 Definition und Implementation technologischer Schnittstellen

Prozessketten zur Herstellung fertigungstechnischer Produkte wie z. B. die Prozesskette zur Herstellung präzisionsgeschmiedeter Hochleistungsbauteile stellen Systeme dar, welche aus mehreren Fertigungsprozessen verschiedener Art bestehen. Die wirtschaftliche Auslegung dieser Prozesse und Prozessketten stellt einen wichtigen Wettbewerbsfaktor dar. Auf Grund hoher Investitionskosten in Anlagen und Werkzeugen wird insbesondere hier eine optimale Auslegung der gesamten Prozesskette gefordert [Vda04]. Da die einzelnen Fertigungsprozesse zueinander in engen Wirkbeziehungen stehen können, die als ein dynamisches System mit einem zeitabhängigen Verhalten miteinander verknüpft sind, stellt eine ganzheitliche Prozesskettenoptimierung eine große Herausforderung dar.

Die Erreichung der Zielsetzung, die optimale Auslegung fertigungstechnischer Prozessketten, beruht auf der Auslegung technologischer Schnittstellen. Für die formale Beschreibung von Prozessketten und deren Bestandteile ist eine inhaltliche Abgrenzung der Begriffe „Prozess", „Prozesskettenelement" und „Prozesskette" erforderlich [Den11b]. Das in Abb. 7.2 dargestellte PEK-Modell gibt eine Übersicht über die im Folgenden verwendeten Begriffe.

Das PEK-Modell gliedert sich in drei Ebenen. Der Prozess (P) stellt hierbei die kleinste und damit unteilbare Einheit einer Prozesskette dar. Zu einem Prozess gehören Eingangs- und Ausgangsgrößen. Als Prozess wird beispielsweise eine Fertigungsoperation, wie das Erzeugen einer Bohrung mit einem Werkzeug, bezeichnet.

Das Prozesskettenelement (E) ist definiert als sequenzielle Aneinanderreihung einzelner Prozesse. Eine parallele Anordnung von Prozessen zu einem Prozesskettenelement ist nicht zulässig. Als Synonym für den Begriff Prozesskettenelement wird auch der Begriff Prozesselement verwendet. Ein Prozesselement stellt beispielsweise die Werkstückbearbei-

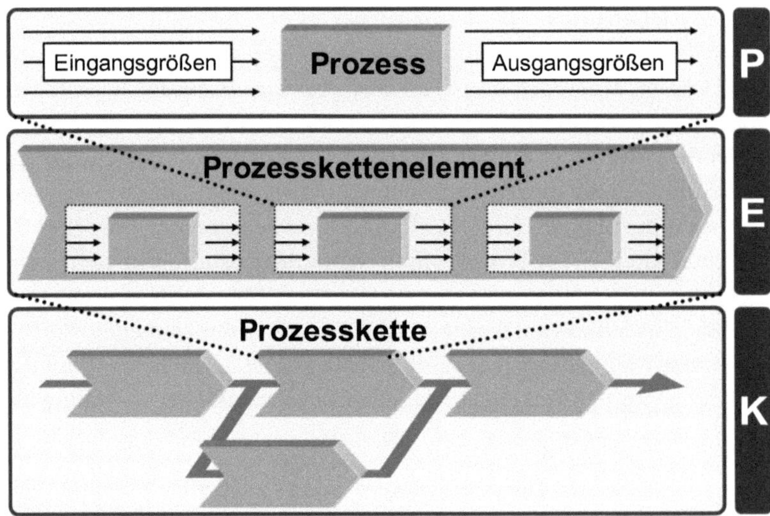

Abb. 7.2 Definition des Prozessbegriffes anhand des PEK-Modells

tung auf einer Maschine, wie das Schleifen aller Haupt- und Hublager einer Kurbelwelle, dar.

Ist zur Herstellung eines Produktes mehr als ein Prozesselement notwendig, wird deren Aneinanderreihen als Prozesskette (K) bezeichnet. Die einzelnen Prozesselemente werden entweder sequenziell, parallel oder in einer Mischform angeordnet. Somit lässt sich eine Prozesskette als eine geordnete Abfolge von Prozesselementen definieren, die das Ziel verfolgt, bestimmte Transformationsobjekte von einem Eingangszustand in einen entsprechenden Ausgangszustand zu überführen. Im Sinne der Fertigungstechnik sind Transformationsobjekte Roh- und Halbfertigteile, allgemein können es aber auch andere materielle und immaterielle Objekte wie Energien, Informationen oder Dienstleistungen sein.

Für die formale Beschreibung einer Prozesskette ist die Kenntnis der Übergabegrößen zwischen den Prozesselementen von Bedeutung. Die Übergabegrößen stellen gleichzeitig Ausgangs- und Eingangsgrößen zweier aufeinander folgender Prozesselemente (n) und (n + 1) dar. Beispiele für Übergabegrößen fertigungstechnischer Prozesse sind:

- Abmessungen und Aufmaß,
- Oberflächenbeschaffenheit oder
- Temperatur eines Bauteiles.

Die Gesamtheit der Übergabegrößen zwischen zwei Prozesselementen ist der Übergabezustand. In fertigungstechnischen Systemen wird dieser Zustand als technologische Schnittstelle bezeichnet. In Abb. 7.3 sind technologische Schnittstellen zwischen Pro-

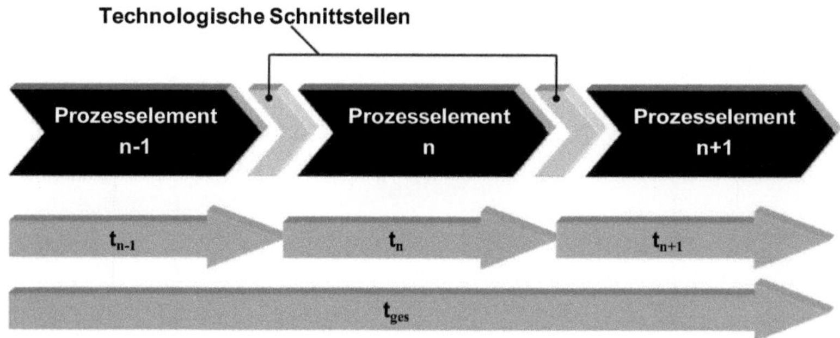

Abb. 7.3 Technologische Schnittstellen innerhalb einer Prozesskette

zesselement (n − 1) und Prozesselement (n) sowie zwischen Prozesselement (n) und Prozesselement (n + 1) dargestellt.

Prozesselemente werden im zeitlichen Zusammenhang abgebildet. Je Prozesselement fällt die Prozesszeit t_n an. Technologische Schnittstellen dagegen können lediglich einem Zeitpunkt zugewiesen werden. Ein entsprechendes Zeitintervall existiert nicht. Die Summe aller sequenziellen Prozesse einer Prozesskette ergibt die Gesamtzeit t_{ges}.

Zur Identifikation der Übergabegrößen in Fertigungsprozessen und der daraus resultierenden Bestimmung der technologischen Schnittstellen ist eine Prozessanalyse aller an der Fertigung beteiligter Prozesse notwendig. Im Rahmen des SFB wurden die Prozesse, wie in Kap. 1 beschrieben, analysiert. Die Quantifizierung der Wirkzusammenhänge innerhalb der Prozesselemente findet bei der Prozessmodellierung statt und ist in Abschn. 7.2.3 näher beschrieben.

Die Ein- und Ausgangsgrößen lassen sich in endogenen oder exogenen Größen untergliedern. Endogen heißt, sich aus der Anlage (System- und Stellgrößen) entwickelnd, nicht durch äußere Einflüsse bewirkt. Demgegenüber bedeutet exogen, aus äußeren Einflüssen (Störgrößen) entstanden, auf die das System keinen Einfluss besitzt, z. B. Hitze oder Staub (s. Abb. 7.4). Obwohl diese exogenen Größen das Systemverhalten beeinflussen können, sind diese in einer Prozesskettenoptimierung nur schwer zu berücksichtigen, da eine Quantifizierung dieser meist stochastischen Einflüsse kaum möglich ist.

Neben der reinen Identifikation der Übergabegrößen stellen die in der Prozesskette vorhandenen wechselseitigen Wirkbeziehungen eine wichtige Größe für die Optimierung dieser dar. Zur Aufnahme und Abbildung der technologischen Wechselwirkungen können bspw. Experteninterviews durchgeführt werden und die kausalen Zusammenhänge können in Form von Ursache-Wirkungs-Diagrammen ermittelt werden. Die ermittelten Zusammenhänge sind anschließend strukturiert darzustellen, wofür Beziehungsmatrizen verwendet werden. Im nächsten Schritt sind die funktionalen Abhängigkeiten zwischen den Fertigungsschritten zu ermitteln und qualitativ darzustellen. In Abb. 7.5 ist die Identifizierung technologischer Wechselwirkungen mit Beziehungsmatrizen exemplarisch dargestellt.

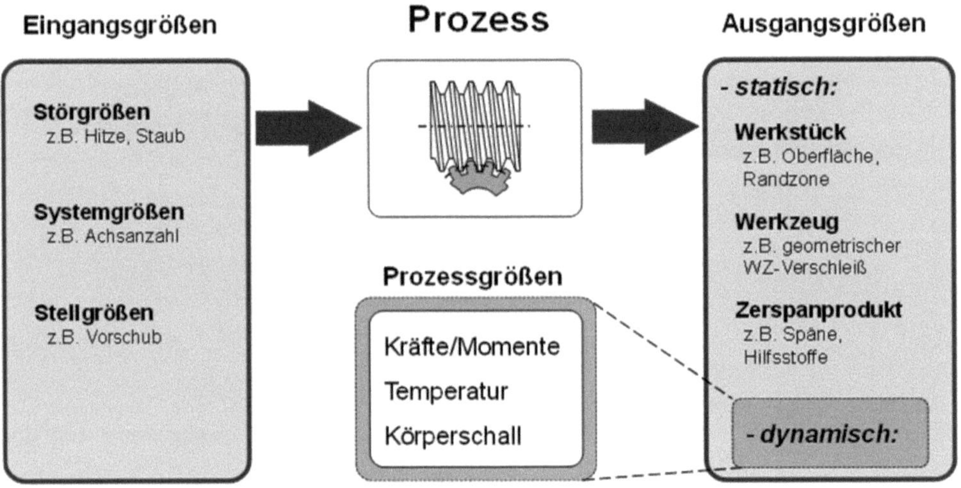

Abb. 7.4 Ein- und Ausgangsgrößen eines Prozesses

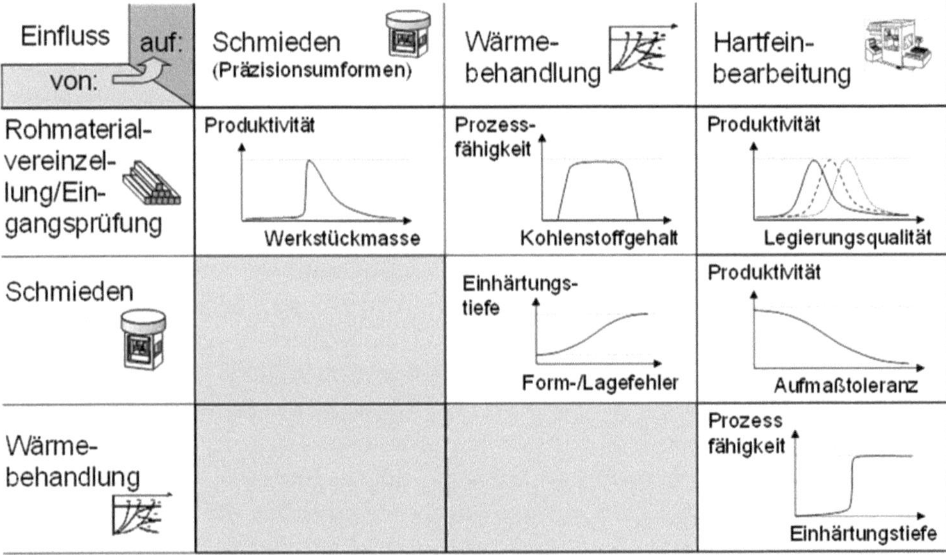

Abb. 7.5 Beziehungsmatrix zwischen Fertigungsprozessen

Die Auslegung der technologischen Schnittstellen, unter Berücksichtigung der zuvor aufgeführten Aspekte, gestaltet sich in komplexen Prozessketten aufwändig, da komplexe Wechselwirkungen unterschiedlicher Fertigungsprozesse Einfluss auf die Fertigungsergebnisse haben. Daher ist eine Methode entwickelt worden, die ein strukturiertes Vorgehen zur Auslegung technologischer Schnittstellen ermöglicht. Die DTI-Methode (Designing Technological Interfaces) gliedert sich dabei in vier aufeinander aufbauende Phasen.

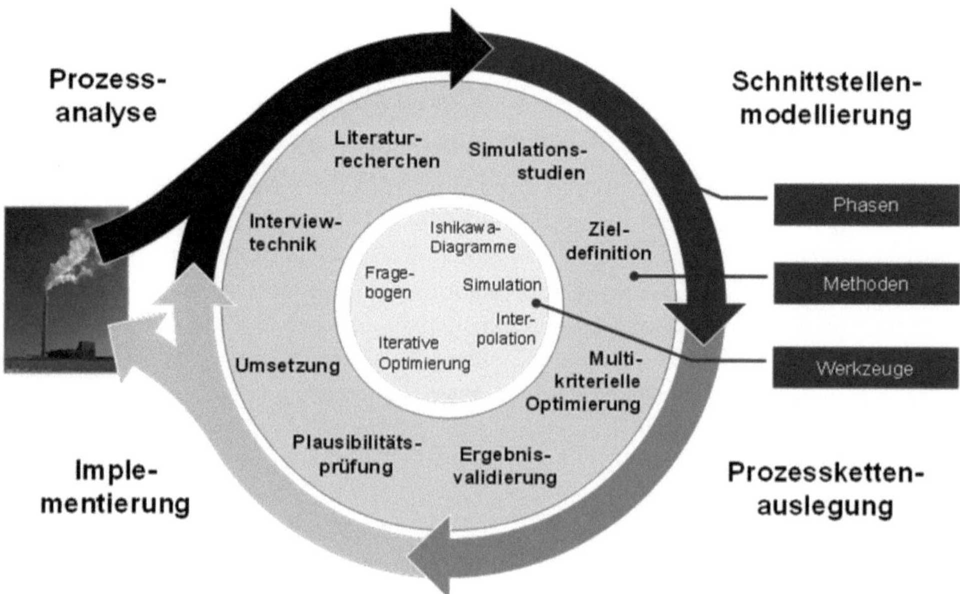

Abb. 7.6 DTI-Methode

In der Prozessanalyse (Phase 1) werden detailierte Informationen über Werkstückcharakteristika, Werkzeugmaschinen und Bearbeitungsprozesse erhoben und ausgewertet. Dabei werden bei der isolierten Betrachtung aller Prozesskettenelemente neben physikalischen Wirkzusammenhängen auch ökonomische Wirkmechanismen aufgenommen. Bei der Datenaufnahme wird auf Primäranalyseverfahren zurückgegriffen, die implizites Wissen abbilden. Darüber hinaus fließen empirische Daten sowie allgemeingültige Datenmodelle in die Analyse ein. Als Werkzeug zur Aufnahme impliziten Wissens werden Kausaldiagramme und Experteninterviews eingesetzt. Für die qualitativen und funktionalen Zusammenhänge von Prozessgrößen werden Korrelationsanalysen und Beziehungsmatrizen verwendet. Aufbauend auf den Prozessparametern einzelner Prozesskettenelemente sind vorhandene Wechselwirkungen zwischen Fertigungsprozessen entlang der Prozesskette zu identifizieren und analysieren. In qualitativen Beziehungsmatrizen lassen sich somit Abhängigkeiten einzelner Prozessschritte darstellen, die qualitative Abhängigkeiten der Prozesse über technologische Schnittstellen aufzeigen (s. Abb. 7.6).

Die Schnittstellenmodellierung (Phase 2) beinhaltet zwei Aspekte: Die Modellierung spezifischer Prozessmodelle zur Beschreibung der Fertigungsschritte innerhalb der gesamten Prozesskette und die Überführung dieser Prozessmodelle in allgemeingültige Prozessmodelle generische Prozessmodelle). Der zweite Aspekt ist notwendig, um sicherzustellen, dass sich die Ausgangsgrößen eines abgebildeten Prozesses mit den Eingangsgrößen nachfolgender Prozesse verknüpfen lassen. Eine derart modulare Vorgehensweise ist Voraussetzung für eine einfache Anpassungs- und Erweiterungsfähigkeit.

Zur Prozesskettenauslegung (Phase 3) werden die entwickelten Prozessmodelle einer diskretereignisorientierten Materialflusssimulation übergeben, die die Simulation diverser Betriebszustände der Referenzprozesskette unter Veränderung von Prozessparametern ermöglicht. Somit werden für alle Fertigungsprozesse technologische, ökonomische aber auch ökologische Werte erhoben. Ferner werden logistische Größen wie einzelne Bearbeitungszeiten, Durchlaufzeiten und Kapitalbindungskosten bestimmt. Im Zuge einer Auswertung der Simulationsdaten können die Wechselwirkungen innerhalb der Prozesskette quantifiziert werden, die ohne eine Simulationsumgebung nur unter erheblichem Aufwand in Feldversuchen ermittelt werden könnten. Unter der Berücksichtigung unterschiedlich gewichteter Zieldimensionen aus dem ökonomischen und ökologischen Bereich lassen sich nun Schnittstellenparameter bestimmen, welche die betrachtete Prozesskette unter ganzheitlichen Gesichtspunkten optimal parametrisiert.

In Phase 4, der Implementierung, wird das Optimierungskonzept umgesetzt. Ziel ist eine Evaluation der entwickelten Methoden und Werkzeuge zur ganzheitlichen Auslegung technologischer Schnittstellen. Für die Bauteile Zahnrad, Ritzelwelle und 2-Zylinder Kurbelwelle wurden die technologischen Prozessmodelle samt technologischer Schnittstellen aufgenommen. Bei der Durchführung der Optimierungsschritte an einer Prozesskette zur Herstellung schrägverzahnter Zahnräder konnte eine Reduzierung bei den Herstellkosten von ca. 10 % gegenüber einer lokal optimierten Prozesskette aufgezeigt werden.

7.2.2 Auslegung von Schmiedeprozessketten

Fertigungstechnische Prozesse werden in der Praxis häufig nur nach einem Kriterium ausgelegt. So ist es beispielsweise das Ziel, unter Einhaltung von Randvorgaben (z. B. das Erzielen einer Mindestoberflächenrauheit an einem Bauteil), die Fertigungszeit an einer Fertigungsanlage zu minimieren. Hierfür werden Prozessparameter wie Schnittgeschwindigkeit und Vorschub optimiert und Leerwege minimiert. Auch die Entwicklung der Werkzeuge und Werkzeugmaschinen verfolgt das Ziel, die Haupt- und Nebenzeiten zu reduzieren. Die Berücksichtigung weiterer Kriterien, wie beispielsweise der Fertigungskosten, erfolgt zumeist über kalkulatorische Größen (z. B. Maschinenstundensatz) und wird daher nicht direkt im Zielkriterium (z. B. Zeit) berücksichtigt.

Für eine Berücksichtigung unterschiedlicher Zielgrößen, ist jedoch eine multikriterielle Bewertung notwendig. Daher wird ein Verfahren zur Bewertung unterschiedlicher Zielkriterien in die Auslegung von Schmiedeprozessketten integriert. Die Entwicklungen der vergangenen Jahre haben gezeigt, dass eine rein monetäre Bewertung von Prozessen und Prozessketten nicht mehr ausreicht. Vielmehr sind auch technologische, ökologische und logistische Zielgrößen bei der optimalen Auslegung zu berücksichtigen. Hierbei besteht jedoch die Problematik, unterschiedliche Dimensionen verschiedener Kriterien miteinander zu vergleichen. Das Zielbaumverfahren bzw. die Nutzwertanalyse nach Zangemeister [Zan70] wurde auf die Zielsetzung des SFB adaptiert. Abbildung 7.7 stellt die vier Ebenen des Zielbaumverfahrens dar. Basierend auf einer Normierung der einzelnen Betrachtungs-

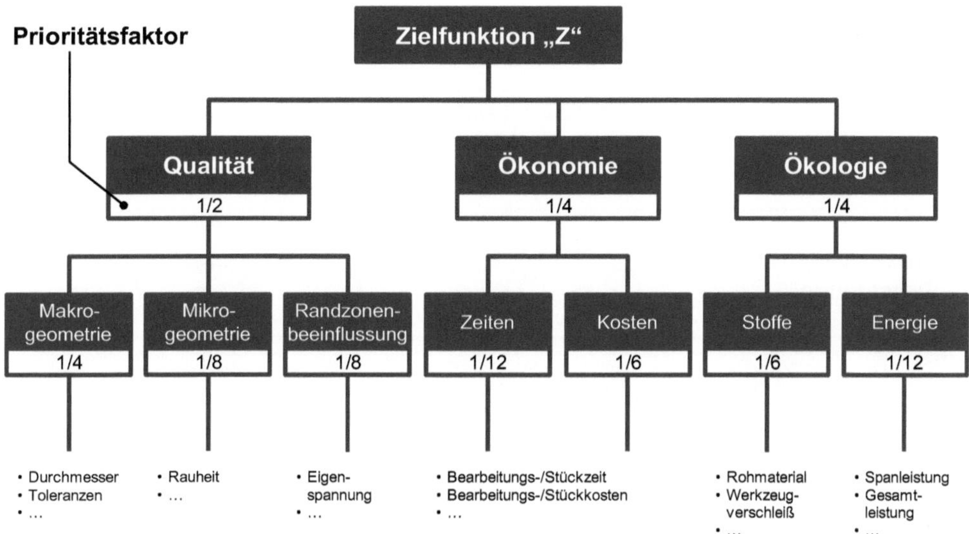

Abb. 7.7 Zielbaumverfahren

kriterien und deren Unterkriterien erfolgt eine subjektive Gewichtung der einzelnen Ziele. Dies geschieht auf Basis der Präferenzen bzw. der Zielsetzung des Anwenders. Hierdurch ist es möglich, eine nutzerindividuelle Berücksichtigung teilweise divergierender Zielgrößen zusammen zu fassen und für eine ganzheitliche Prozesskettenoptimierung zu nutzen. Die Normierung ist notwendig, um Größen unterschiedlicher Dimensionen miteinander vergleichen zu können (z. B. Oberflächenrauheit [μm] und Durchlaufzeit [s]). Wie in Abb. 7.7 zu erkennen, würden die makrogeometrischen Qualitätskriterien wie z. B. Durchmesser (Messgröße in Millimeter) zu 1/4 in die Gesamtwertung einer Prozesskette eingehen, wohingegen die Fertigungsstückkosten (Messgröße in Euro) zu 1/6 einfließen.

Für die Auslegung geeigneter Prozessketten unter Berücksichtigung multikriterieller Bewertungskriterien kann es zielführend sein, den Betrachtungsfokus nicht allein auf vorhandene Fertigungsanlagen und der damit vorgegeben Fertigungsprozesse und Technologien zu legen, sondern die Nutzung neuer/anderer Fertigungsanlagen zu prüfen. Verschiedenartige Fertigungsprozesse können bei Berücksichtigung der multikriteriellen Bewertungskriterien je nach Betriebspunkt (Wahl der Prozessparameter) besser bewertet sein, als der bisher eingesetzte Prozess. Eine ASI-Methode erlaubt, die systematische Auslegung fertigungstechnischer Prozessketten sicherzustellen (s. Abb. 7.8). Zur Auslegung optimaler Prozessketten können Prozesse adaptiert werden (Prozessparameter verändern), Prozesse durch andere substituiert werden oder Prozesse ineinander integriert werden.

Als Adaption bezeichnet man die Abstimmung aufeinander folgender Prozesse, wie z. B. die Rohteilherstellung durch Schmieden und die anschließende spanende Bearbeitung. In der Abb. 7.8 wird der Prozess B an die Prozesse A und C angepasst. Ein Beispiel für eine Substitution ist das Ersetzen eines Schleifprozesses durch das Hartdrehen. In Abb. 7.8

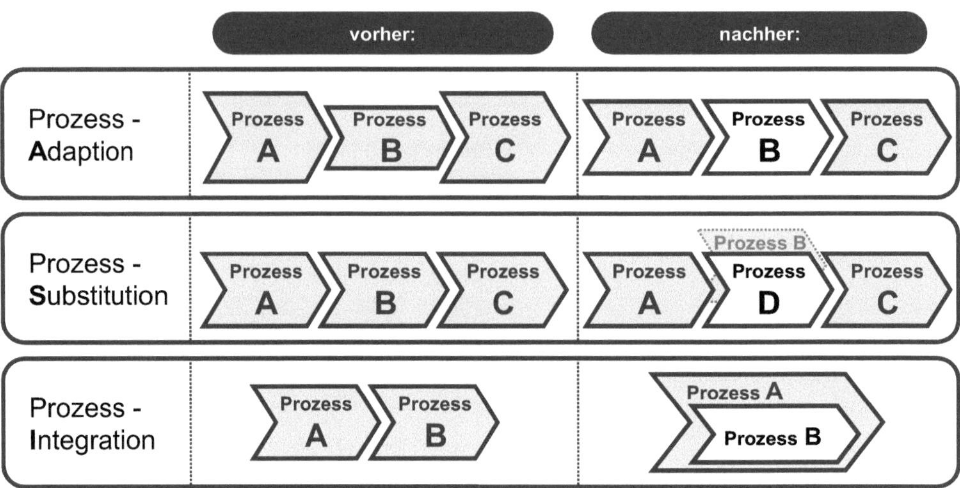

Abb. 7.8 ASI-Methode [Den11b]

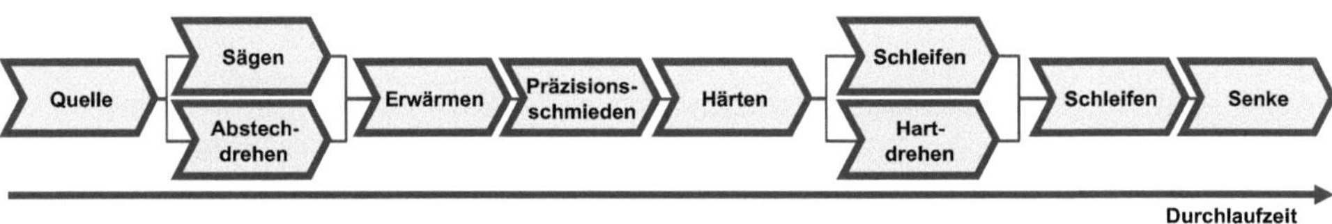

Abb. 7.9 Substituierende Prozesse im SFB

wird der Prozess B durch den weiterentwickelten Prozess D substituiert. Die Integration von Fertigungsstufen verkürzt die Arbeitsvorgangsfolge. Dies ist häufig mit direkten prozessbedingten Kosteneinsparungen oder indirekten, auf verkürzten Durchlaufzeiten und verringertem Steuerungsaufwand beruhenden Kosteneinsparungen verbunden. Als ein Beispiel für eine Prozessintegration kann die in den Schmiedeprozess aus der Restwärme integrierte Wärmebehandlung (s. Kap. 4.4) aufgeführt werden. In der Abb. 7.8 wird der Prozess B in den Ablauf des Fertigungsschrittes A integriert.

Basis für die Optimierung der Prozesskette zur Herstellung präzisionsgeschmiedeter Hochleistungsbauteile bildete die Identifizierung unterschiedlicher Prozesse, die substituierend eingesetzt werden können. Abbildung 7.9 zeigt eine Prozesskette, in der die Bauteilvereinzelung alternativ durch einen Dreh oder Sägeprozess und die Hartfeinbearbeitung alternativ durch einen Schleif- oder Hartdrehprozess durchgeführt werden kann. Die Bestimmung eines präferierten Fertigungsprozesses kann zu diesem Zeitpunkt noch nicht getroffen werden. Für eine Entscheidung ist es notwendig, die Wechselwirkungen der technologischen Schnittstellen auf und durch die substituierenden Prozesse zu quantifizieren. Dies wird im nachfolgenden Abschnitt näher beschrieben.

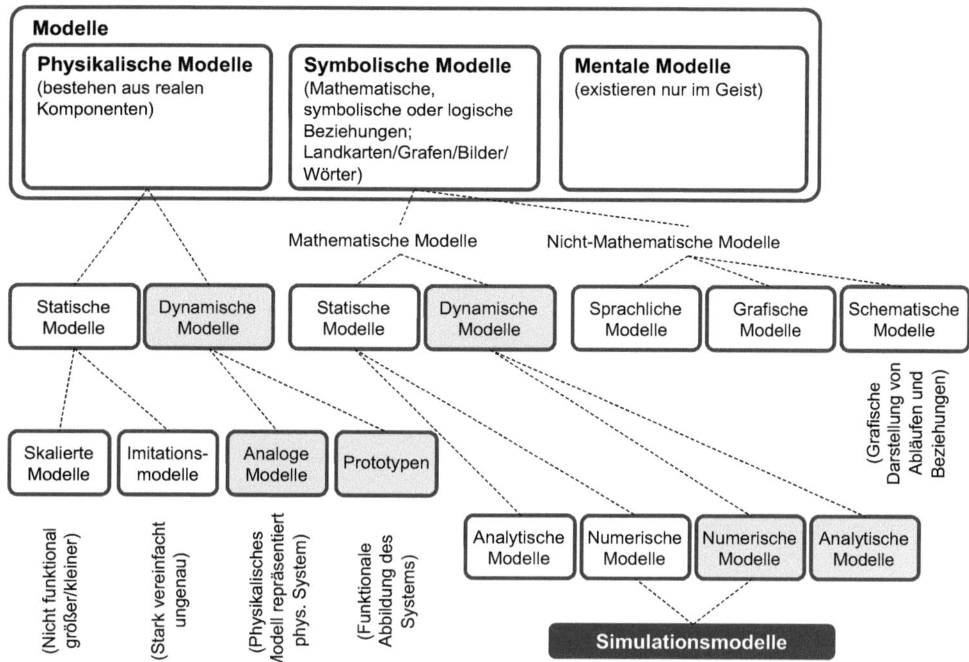

Abb. 7.10 Modellarten zur Untersuchung von Fertigungsprozessen [Bra08]

7.2.3 Ganzheitliche Optimierung von Schmiedeprozessketten

Die Auslegung einer optimalen Prozesskette bedarf der Bestimmung und Bewertung der Ergebnisgrößen, die sich aus der Wahl der Prozesskettenparameter ergeben. Dieses kann auf verschiedene Arten erfolgen:

- Interpolation der Ergebnisgrößen basierend auf Experimentaldaten,
- qualitative oder quantitative Schätzung der Ergebnisgrößen und
- Berechnung anhand mathematischer Modelle.

Die ersten beiden Vorgehensweisen stellen im Kontext komplexer Prozessketten keine zufriedenstellende Lösung dar. Bedingt durch komplexe und meist unbekannte oder nicht formal quantifizierbare Wechselwirkungen zwischen den einzelnen Prozessen der Prozesskette, ist eine systematische Betrachtung der einzelnen Prozesse notwendig, welche anschließend in einer Simulation genutzt werden kann. Eine Übersicht über verschiedene Arten von Modellen gibt Abb. 7.10.

Für die simulationsgestütze Auslegung optimaler Prozessketten ist es notwendig, unterschiedliche Prozessparameter variieren zu können. Bei komplexen Prozessketten kann es häufig vorkommen, dass Wechselwirkungen, also die gegenseitige Beeinflussung von Prozessen und einzelnen Prozessparametern, zu Beginn der Optimierungstätigkeiten gar nicht ausreichend bekannt sind. Daher wird der Ansatz der generischen Prozessmodelle gewählt. Diese beschreiben nach dem „Baukastenprinzip" aufgebaute formale Zusammenhänge zwischen Ein- und Ausgangsgrößen. Für jeden Prozess der Prozesskette (im SFB 489 bspw. Vereinzeln, Erhitzen, Schmieden etc.) wurden generische Prozessmodelle auf Basis von grundlegenden technischen und physikalischen Zusammenhängen aufgebaut. Ziel ist es, Zielgrößen bei der Prozesskettenauslegung, wie bspw. Durchlaufzeit oder Kosten, in Abhängigkeit von Prozessparametern, wie bspw. der Vorschubgeschwindigkeit oder der Schnitttiefe, quantifizierbar zu machen. Ein Beispiel für die Bestimmung der Hauptzeit beim Außenrunddrehen ist durch Gl. 7.1 dargestellt.

$$t_s = \underbrace{\underbrace{\left(\left(\underbrace{(d_w + 2 * a_w)}_{\mathrm{d_{weff}}} * \underbrace{\left(l_w - \frac{Br}{3}\right)}_{\mathrm{L}} * \underbrace{round\left(\frac{a_w}{a_e}\right)}_{\mathrm{i}} * \frac{\pi}{v_w * b * 1000}\right) * \underbrace{round\left(\frac{a_w}{a_e}\right)}_{\mathrm{i}}\right.}_{\mathrm{t_{ha}}} \left. + t_{neb}\right)}_{\mathrm{t_{ha}}} * \left(1 + \frac{t_{vert} + t_{erh}}{100}\right) \tag{7.1}$$

a_e = Arbeitseingriff (Zustellung je Hub = ap) [mm]
a_w = Aufmaß (mm)
b = Längsvorschub [mm/U]
Br = Schleifkörperbreite [mm]
d_w = Werkstückdurchmesser [mm]
d_{weff} = Effektiver Werkstückdurchmesser [mm]
i = Anzahl der Hübe [−]
L = Schleifweg [mm]
l_w = Werkstücklänge [mm]
t_{erh} = Erholzeit [%]
t_h = Hauptzeit [s]
t_{ha} = Hauptzeit [s]
t_{neb} = Nebenzeit [s]
t_s = Stückzeit [s]
t_{vert} = Verteilzeit [%]
v_w = Werkstückgeschwindigkeit [m/s]

Die Optimierung von Produktionssystemen stellt bei komplexen Zusammenhängen zwischen einzelnen Fertigungsschritten den Planer vor große Herausforderungen. Es sind Überlegungen anzustellen, welches die optimalen Parameter sein können, diese sind unter Berücksichtigung der Fertigungsanlagen auf Anwendbarkeit hin zu überprüfen und variierende Umweltbedingen müssen berücksichtigt werden.

Hier stellt die Simulation im Gegensatz zu der Durchführung von realen Experimenten eine heutzutage weit verbreitete Lösung dar. Die Vorteile einer simulationsgestützen Optimierung von Fertigungssystemen sind vornehmlich:

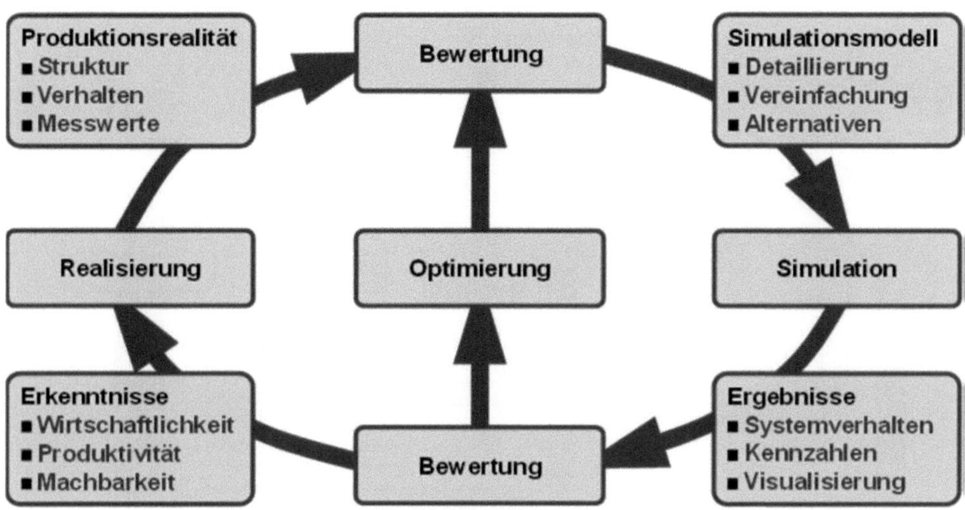

Abb. 7.11 Ablauf des Simulationseinsatzes [Bra08]

- Durch die Nachbildung in einer Simulation können komplexe Systeme analysiert werden, was durch analytische Lösungen kaum oder gar nicht möglich ist (bspw. Stochastik im System),
- Die zeitliche Veränderung des Systems kann in einer Simulation besser beobachtet und protokolliert werden, als im realen System,
- Es lassen sich mit geringem Aufwand umfangreiche Parameterstudien durchführen sowie
- Simulationsstudien sind meist zeit- und kostengünstiger als Experimente.

In vielen fällen sind Experimente am realen System zudem nicht möglich, da Experimente zu kurz oder zu lange dauern können, physikalische Restriktionen vorliegen oder das reale System nicht existiert.

Das systematische Vorgehen zum Einsatz von Simulationsmodellen ist in Abb. 7.11 dargestellt. Um die Simulation für eine Optimierung einzusetzen, müssen die Simulationsergebnisse bewertet werden. Die hierfür notwendigen Kenntnisse über das Systemverhalten werden dabei aus mehreren Simulationsläufen mit unterschiedlichen Modellparametern gewonnen.

Die entwickelte Methode zur ganzheitlichen Optimierung von Prozessketten durch die Positionierung technologischer Schnittstellen ermöglicht die optimale Fertigung von Produkten. Der Nutzen dieser Vorgehensweise wird vor allem in der Anwendung auf Serienfertigungen gesehen. Diese sind charakterisiert durch eine hohe Anzahl an gleichartigen Produkten, welche auf unveränderten Prozessen hergestellt werden. Ein besonderes Augenmerk bei der Serienfertigung wird auf die Prozessbeherrschung gelegt, da Abweichungen von Sollvorgaben (Fertigungstoleranzen etc.) die Verwendbarkeit der Zwischenprodukte stark einschränken und zu Ausschuss führen können.

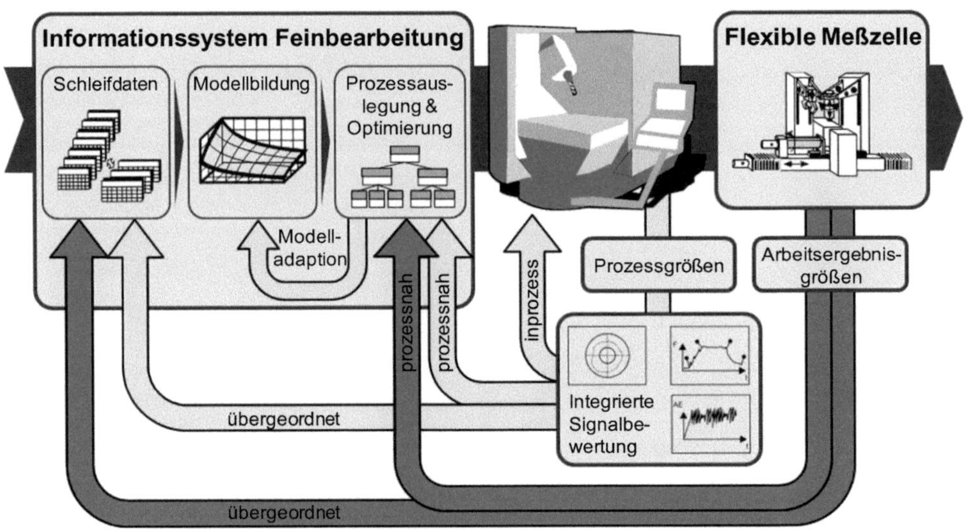

Abb. 7.12 Qualitätsregelkreise für Schleifprozesse

Zu untersuchen ist, welche Anforderungen an eine ganzheitliche Prozesskettenoptimierung zu stellen sind, die eine Berücksichtigung negativer Einflüsse (Fertigungstoleranzen und Prozessstörungen) ermöglicht. Dazu ist ein methodisches Vorgehen zur Aufnahme und Analyse dieser Einflussfaktoren entstanden. In modernen Fertigungsprozessen stehen eine Vielzahl an Erfassungskomponenten bereit, die eine Erfassung mittelbarer oder unmittelbarer Einflussfaktoren auf die Prozesskette erfassen. Diese werden heutzutage jedoch nicht für eine Optimierung der Prozesskette eingesetzt sondern sind beispielsweise unter Gesichtspunkten einer Prozessüberwachung zur Werkzeugbruchkontrolle oder Betriebsdatenerfassung zur logistischen Steuerung der Fertigungsanlagen genutzt.

Ziel war es daher, die Methode zur ganzheitlichen Optimierung von Prozessketten dahingehend zu erweitern, dass eine adaptive Prozesskettenoptimierung unter Berücksichtigung von Fertigungstoleranzen und Prozessstörungen möglich wird. Damit ist es möglich, beispielsweise Maßabweichungen in oder nach einem Fertigungsprozess zu erkennen und diese nach Möglichkeit in den nachfolgenden Fertigungsprozessen zu kompensieren. Hierdurch kann verhindert werden, dass derartige Abweichungen zu Ausschuss führen. Basierend auf der Ausgangssituation, dass eine Maßabweichung bei der Bauteilbearbeitung eingetreten ist, ist die Frage zu beantworten, welche(r) nachfolgende(n) Fertigungsprozess(e) eine Kompensation durchführen kann. Ebenso ist zu bestimmen, wie sich die daraus notwendigen neuen Prozessparameter (technologischen Schnittstellen) unter Berücksichtigung der Wechselwirkungen zwischen den noch zu durchlaufenden Prozessen auf die Prozesskette und die Bewertungskriterien einer optimalen Fertigung auswirken.

Abbildung 7.12 zeigt einen Regelkreis, der sich ergeben kann, wenn Prozessgrößen (Größen während der Bearbeitung) oder Arbeitsergebnisgrößen zur Regelung genutzt werden können. Heutige Verfahren wie beispielsweise die statistische Prozessregelung nutzen bereits Messgrößen zu einer Optimierung der betrachteten Prozesse. Nachteilig hierbei sind jedoch die Fokussierung auf einen einzelnen Fertigungsprozess (lokale Prozessoptimierung im Gegensatz zur Ganzheitlichen Prozesskettenoptimierung, s. Kap. 7.2.1) und die zeitliche Diskrepanz zwischen dem Auftreten und der Regelung zur Kompensation weiterer Abweichungen.

Durch die Integration von Messgrößen in die Methodik zur Optimierung von Prozessketten ist es nun möglich, adaptiv für jedes Bauteil eine optimale „Restprozesskette" zu bestimmen und somit zur Vermeidung von Ausschussteilen beizutragen. Als Restriktion beim industriellen Einsatz ist hier jedoch der notwendige Rechenaufwand anzuführen, der für eine möglichst echtzeitnahe Berechnung bauteilindividueller „Restprozessketten" nach jedem Prozessschritt durchzuführen ist.

7.3 Flexible Lieferketten

7.3.1 Bewertung von Logistikleistung und Prozesskosten in der Prozesskette zum Präzisionsschmieden

7.3.1.1 Monitoring der Logistikleistung

Das Monitoring beinhaltet die Messung und grafische Visualisierung sowohl der Logistikleistung als auch der Logistikkosten [Qua04b]. Für die Messung und Visualisierung der Logistikleistung werden Fortschrittszahlen-Diagramme verwendet [Rei03b]. Der erste Schritt des Monitorings ist die Festlegung von Kennzahlen zur logistischen Beschreibung der Prozesskette. Hierfür wurde im ersten Bewilligungszeitraum ein Kennzahlensystem erarbeitet. Die Zielgrößen der Prozesskette, die wiederum für die einzelnen Prozesselemente gelten, sind die hohe Auslastung, kurze Auftrags- bzw. Durchlaufzeiten, niedrige Bestände und eine hohe Lieferfähigkeit. Wie in Abb. 7.13 werden mithilfe von Fortschrittszahlen-Diagrammen sowohl die Ist-Werte der Logistikziele als auch Abweichungen der Ist- von den Soll-Werten ermittelt.

In Abb. 7.13a ist die Möglichkeit einer einfachen Bestandsführung dargestellt. Durch die Differenz der Ist-Fortschrittszahlen aufeinanderfolgender Zählpunkte lassen sich zu jedem Zeitpunkt die aktuellen Bestände in allen Prozesselementen ermitteln. Der Gesamtbestand in der ganzen Prozesskette gleicht der Summe der einzelnen Bestände. Darüber hinaus kann mit Hilfe der Fortschrittszahlen die Auftragsdurchlaufzeit ermittelt werden. Diese gleicht der Summe aller ressourcenbezogenen Durchlaufzeiten. Diese lassen sich aus den horizontalen Abständen zwischen den einzelnen Fortschrittszahlenkurven ermitteln. Des Weiteren wird aus dem Fortschrittszahlen-Diagramm die mittlere Leistung L_m der Prozesskette abgelesen. Langfristig gleicht diese der mittleren Leistung der einzelnen Prozesselemente, da die Prozesskette als getaktet angenommen wird. Die mittlere Leistung eines Prozesselements lässt sich durch Division der ausgebrachten Menge in einer Periode durch deren Länge der untersuchten Periode ermitteln.

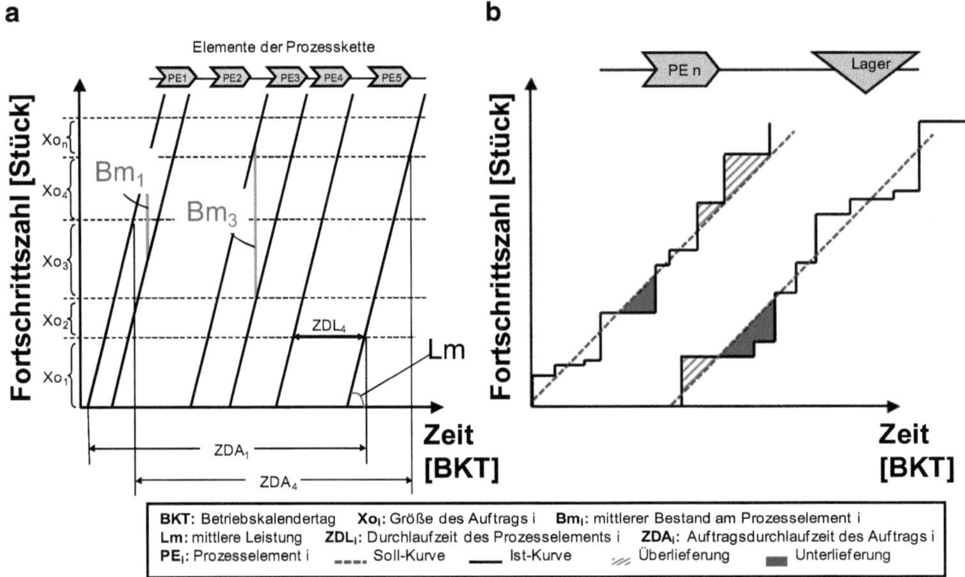

Abb. 7.13 Fortschrittszahlen zur Messung und Visualisierung der Logistikleistung. **a** Messung der Ist-Werte, **b** Durchführung von Soll-Ist-Vergleichen

Sind die Soll-Fortschrittszahlen festgelegt, so können Vergleiche von Soll- und Ist-Werten, wie in Abb. 7.13b dargestellt, vorgenommen werden. Dadurch werden Über- bzw. Unterlieferungen der verschiedenen Produktionsstufen bzw. Prozesselemente ermittelt. Wird der Soll-Ist-Vergleich am Ausgang eines Fertigproduktlagers durchgeführt, so kann die bewertet werden.

Eine wichtige, schmiedespezifische Kennzahl ist die Ausschussmenge bzw. Ausschussquote. Eine hohe Rate an Ausschussproduktion verlängert die Auftragsdurchlaufzeit. Deshalb ist ein kontinuierliches Monitoring dieser Kennzahl von großer Bedeutung. Mithilfe des Fortschrittszahlendiagramms kann auch die Ausschussquote nach der folgenden Formel ermittelt werden.

$$QA_{m,i} = \frac{A_i}{AB_i} \times 100 \tag{7.2}$$

QA_m: mittlere Ausschussquote [%]
A: produzierte Ausschussmenge [ME]
AB: produzierte Gesamtmenge [ME]
i: Index Prozesselement i

Voraussetzung für die hier vorgeschlagene Messung der Ausschussrate ist allerdings, dass eine Qualitätsprüfung unmittelbar nach einem durchführenden Prozess erfolgt. Im idealen Fall gleicht die Ausgangsmenge eines Prozesselements der Eingangsmenge des nachfolgenden. Im realen Betrieb werden jedoch bei einem nachfolgenden Prozesselement

Tab. 7.1 Detaillierung der Schmiedeprozesselemente in Teilprozesse

Hauptprozesselemente	Teilprozesselemente	Unterprozess
Produzieren	• Sägen • Erwärmen • Schmieden mit integrierter Wärmebehandlung • Qualität prüfen • Feinpositionieren • Hautfeinbearbeiten • Bauteil prüfen	• Rüsten der Maschine • Durchführung der Bearbeitung
Lagern	• Rohmaterial lagern • Schmiedeteil im Ausgangslager lagern • Schmiedeteil im Eingangslager lagern • Fertigteil lagern	• Teile einlagern • Teile kommissionieren • Und bereitstellen
Transportieren	• Transportieren von Schmiedeteilen	• Teile aufnehmen und abladen • Teile transportieren

Eingangsmengen zurückgemeldet, die kleiner als die Ausgangsmengen des vorherigen Prozesselements sind. Die Differenz zwischen beiden Mengen entspricht der angefallenen Ausschussmenge am vorhergehenden Prozesselement. Wird diese Menge durch die gesamtproduzierte Menge dividiert, ergibt sich die mittlere Ausschussquote QA_m [Oua04a].

7.3.1.2 Monitoring der Logistikkosten

Um nicht nur die Logistikleistung, sondern auch die Logistikeffizienz zu messen, werden die von der Logistik induzierten Kosten anhand einer Übertragung des Ansatzes der Prozesskostenrechnung ermittelt. Hierfür wurde basierend auf Kerner [Ker02] ein Kostenmodell aufgebaut, welches die mit der Durchführung der Teilprozesse des Schmiedes entstehenden Kostenarten den einzelnen Schmiedeprozesselementen zuordnet.

Der erste Schritt zur Erstellung des Kostenmodells ist die Festlegung der zu betrachtenden Prozesse. Der Betrachtungsumfang ist in diesem Fall die Prozesskette zum Präzisionsschmieden mit ihren einzelnen Prozesselementen. Die einzelnen Schmiedeprozesselemente werden aus den drei Haupt-Prozesselementen Produzieren, Transportieren und Lagern modelliert. In der Tab. 7.1 sind diese Prozesse in Teilprozesse detailliert gegliedert.

Anschließend werden die Kostentreiber identifiziert, die Kostenarten ermittelt und die Prozesskostensätze berechnet. Somit lassen sich die Logistikkosten jedes einzelnen Prozesselements und seiner Teilprozesse ermitteln. Die Summe der Kosten aller Prozesselemente ergibt die Logistikkosten der gesamten Schmiede-Prozesskette. Am Beispiel des Schmiedeprozesses „Schmieden mit integrierter Wärmebehandlung" wird dies im Folgenden genauer beschrieben. Abgebildet ist dieses Prozesselement mit dem Haupt-Prozesselement „Produzieren“.

Die wesentlichen Teilprozesse dieses Prozesses sind das Rüsten der Maschine sowie die Bearbeitung. Weitere Teilprozesse wie Reparatur und Wartung sowie Leitungsaufgaben werden hier nicht berücksichtigt, sondern als Gemeinkosten betrachtet, da sie durch logistische Maßnahmen nicht verändert werden können. Für Rüst- und Bearbeitungsprozesse liegen in der Regel detaillierte Zeitangaben in den Arbeitsplänen vor. Diese beiden Zeitgrößen werden als Kostentreiber definiert und die damit verbundenen Kostenarten ermittelt. Die wesentlichen Kostenarten beim Umrüsten sind Löhne zur Durchführung des Rüstvorgangs sowie Sachmittelkosten. Weil der Rüstvorgang beim Schmieden nicht vollständig parallel zu dem Prozess durchgeführt werden kann, resultiert dadurch eine Verminderung der verfügbaren Maschinenkapazität, so dass anstehende Aufträge aufgrund der begrenzten Kapazität nicht mehr bearbeitet werden können. In diesem Fall müsste mit Opportunitätskosten gerechnet werden. Im Rahmen dieses Projekts wird hingegen davon ausgegangen, dass die vorhandene Kapazität ausreichend ist, so dass keine Opportunitätskosten anzusetzen sind. Der Prozesskostensatz wird daher wie folgt berechnet.

$$PKS_R = \frac{K_{Lohn} + K_{Sach}}{T_{R,Plan}} \tag{7.3}$$

PKS_R: Prozesskostensatz Rüsten [€/Std]
K_{Lohn}: Lohnkosten pro Jahr [€]
K_{Sach}: Sachmittelkosten pro Jahr [€]
$T_{R,Plani}$: Planstundenzahl Rüsten pro Jahr [Std]

Für den Teilprozess Bearbeiten wird als Kostentreiber die Bearbeitungszeit (in diesem Beispiel die Schmiedezeit) festgelegt. Es wird hierbei zwischen fixen und variablen Bearbeitungskosten unterschieden. Energie-, Werkzeug- sowie Hilfs- und Betriebsstoffkosten werden als variable Kosten betrachtet. Ebenfalls die direkten Fertigungslöhne. Als Fixkosten dagegen werden Kosten für kalkulatorische Abschreibungen, Zinsen auf Anlagenvermögen, Raumkosten sowie Personalnebenkosten und Gehälter angesetzt [KiI93]. Somit ergeben sich zwei Prozesskostensätze für den Bearbeitungsvorgang:

$$PKS_{Sch,fix} = \frac{K_{Personal,fix} + K_{Sach,fix}}{T_{Sch,Plan}} \tag{7.4}$$

$$PKS_{Sch,\mathrm{var}} = \frac{K_{Lohn} + K_{Sach,\mathrm{var}}}{T_{Sch,Plan}} \tag{7.5}$$

$PKS_{Sch,fix}$: fixer Prozesskostensatz Schmieden [€/Std]
$PKS_{Sch,var}$: variabler Prozesskostensatz Schmieden [€/Std]
K_{Lohn}: Lohnkosten pro Jahr [€]
$K_{Personal,fix}$: fixe Personalkosten pro Jahr [€]

K_{Sach}: Sachmittelkosten pro Jahr [€]
$T_{Sch,Plani}$: Planstundenzahl Schmieden pro Jahr [Std]

Nach Errechnung der Prozesskostensätze erfolgt die Bestimmung der logistikinduzierten Kosten. Um den Vergleich zwischen alternativen logistischen Positionierungen zu ermöglichen, werden die Rüst- sowie Schmiedekosten bezogen auf eine Leistungsstunde errechnet. Die Höhe der Rüstkosten je Leistungsstunde wird durch den Prozesskostensatz des Rüstvorgangs sowie den Quotienten aus tatsächlich notwendigen Rüstzeiten und geplanten Rüstzeiten bestimmt:

$$KR_{LE} = PKS_R \times \frac{\sum_{i=1}^{n} t_{R,Ist}}{\sum_{i=1}^{n} t_{R,Plan}} \tag{7.6}$$

KR_{LE}: Rüstkosten je Leistungsstunde [€/Std]
PKS_R: Prozesskostensatz Rüsten [€/Std]
$t_{R,Ist}$: tatsächlich benötigte Rüstzeit (min)
$t_{R,Plan}$: geplante Rüstzeit (min)
n: Anzahl der Fertigungsaufträge

Die Schmiedekosten je Leistungsstunde ergeben sich aus der Summe der fixen variablen Schmiedekosten je Leistungsstunde:

$$KSch_{LE} = PKS_{Sch,\mathrm{var}} \times \frac{\sum_{i=1}^{n} t_{Sch,Ist}}{\sum_{i=1}^{n} t_{Sch,Plan}} + PKS_{Sch,fix} \times \frac{L_{\max}}{L_m(t)} \times \frac{KAP_{Ist}}{KAP_{Plan}} \tag{7.7}$$

$KSch_{LE}$: Schmiedekosten je Leistungsstunde [€/Std]
$PKS_{Sch,fix}$: fixer Prozesskostensatz Schmieden [€/Std]
$PKS_{Sch,var}$: variabler Prozesskostensatz Schmieden [€/Std]
$t_{Sch,Ist}$: tatsächlich benötigte Schmiedezeit (min)
$t_{Sch,Plan}$: geplante Schmiedezeit (min)
L_{max}: maximale Leistung [Std/BKT]
$L_m(t)$: mittlere Leistung [Std/BKT]
KAP_{Ist}: aktuell eingesetzte Kapazität [Std/BKT]
KAP_{Plan}: ursprünglich geplante Kapazität [Std/BKT]

Die variablen Schmiedekosten je Leistungsstunde sind von der Leistung der Schmiedeanlage unabhängig. Die fixen Schmiedekosten je Leistungseinheit sind hingegen vom gewählten logistischen Betriebspunkt abhängig. Der Grund hierfür ist, dass mit steigender Leistung der Schmiedeanlage die Fixkosten auf eine höhere Ausbringungsmenge (in Leistungsstunden) verteilt werden. Die am Prozesselement „Schmieden mit integrierter

Wärmebehandlung" anfallenden Logistikkosten ergeben sich abschließend aus der Summe der Rüst- und Schmiedekosten.

Die vorgestellten Überlegungen und Berechnungsansätze wurden zu einer Gesamtmethode zur Planung und Steuerung sowie zum Monitoring von Schmiedeprozessen zusammengeführt. Die Gesamtmethode wurde anschließend objektorientiert in einem Planungs- und einem Monitoring-Modul implementiert. Für die Validierung der Methode wurde das modular aufgebaute Simulationsmodell genutzt, das aus den drei durchführenden Modulen „Zulieferer", „Produzent" und „Kunde" besteht. Durch eine mit MS-Access aufgebaute Datenbank wurden die verschiedenen Module miteinander verbunden und zu einem „Simulationsbasierten System zum Monitoring und für die Planung und Steuerung von Lieferketten" (SiMPL) integriert [Oua04b].

7.3.2 Risikobewertung und -monitoring

7.3.2.1 Bedeutung des logistischen Risikomanagements in der Produktionsplanung und -steuerung

Eine hohe Reaktionsfähigkeit hinsichtlich Marktturbulenzen ist zu einem entscheidenden Erfolgsfaktor von Schmiedeunternehmen geworden. Charakteristisch für deren Produktion sind zum einen Eilaufträge, die Reihenfolgevertauschungen erzwingen. Zum anderen sind die Schmiedeaggregate meist mit großen Aufträgen belegt, so dass deren Flexibilität eingeschränkt ist. In diesem Zusammenhang gewinnt das logistische Risikomanagement in der Produktionsplanung und -steuerung (PPS) an Bedeutung. So kann durch eine frühzeitige Identifikation, Bewertung und Steuerung von logistischen Risiken (z. B. Nachfrageschwankungen, Lieferverzüge von Rohmaterialien) mit Maßnahmen (z. B. Anpassung von Plan-Parameter) reagiert und die Auftragsplanung angepasst werden.

Allgemein wird unter Risiko die Möglichkeit oder erhöhte Wahrscheinlichkeit des Eintritts eines als negativ bewerteten Ereignisses verstanden. Der Begriff Risiko wird außerdem als Streuung um einen Erwartungswert definiert. Dementsprechend werden sowohl positive Abweichungen (Chancen) als auch negative Abweichungen (Gefahren) berücksichtigt [Wie07c]. Die Aufgabe des Risikomanagements ist die systematische Handhabung der Risiken, um eine erfolgreiche Umsetzung der Unternehmensziele zu ermöglichen.

7.3.2.2 Risikomanagement auf Prozess- und Ressourcenebene

Ziel war es, das logistische Risikomanagement als Erweiterung der Querschnittsaufgabe „PPS-Controlling" in der PPS zu entwickeln. Wie in Abb. 7.14 dargestellt gliedert sich das logistische Risikomanagement in drei Phasen. Die erste Phase ist die Risiko-Identifikation, in der – abgeleitet aus den unternehmensspezifischen Zielgrößen – logistische Risiken identifiziert und in logistische Messgrößen überführt werden. Beispielsweise wird für die Quantifizierung des logistischen Risikos „niedrige Termintreue" die logistische Messgröße „relative Terminabweichung" definiert. Diese dient im Weiteren als Risikoindikator

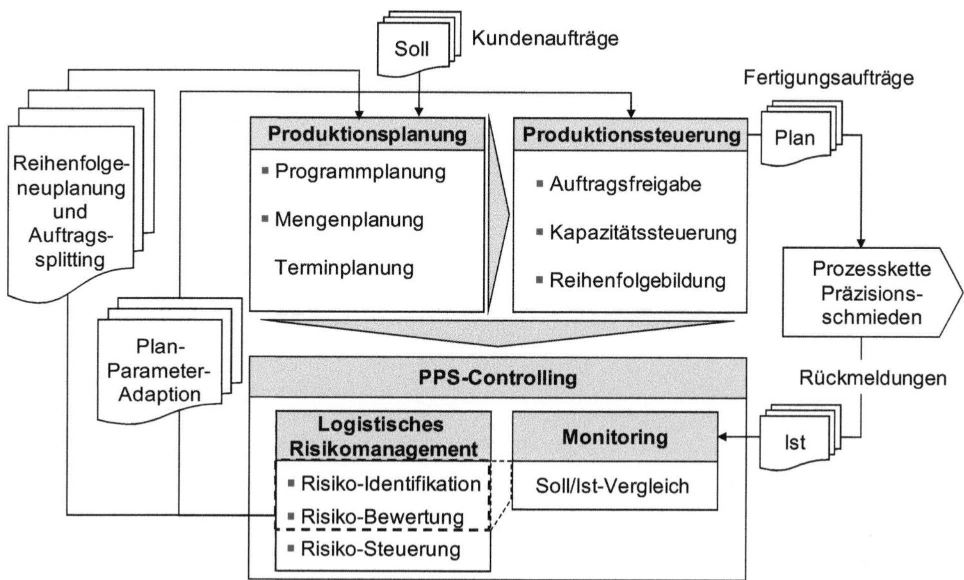

Abb. 7.14 Logistisches Risikomanagement als Bestandteil des PPS-Controllings

für die zweite Phase, die Risikobewertung. In der Risikosteuerung als dritte Phase werden Maßnahmen zur Abwendung oder Minimierung der Risiken abgeleitet. Diese können in der Produktionsplanung (z. B. Anpassung der Planauftragsdurchlaufzeit oder Planproduktionsmenge) oder in der Produktionssteuerung (z. B. Reihenfolgeneuplanung und Auftragssplitting) ansetzen.

Die Risiken für die Beschaffung, Produktion und Distribution in der Prozesskette sind zu identifizieren. In der Produktion müssen entsprechend die logistischen Risiken in der Prozesskette Präzisionsschmieden auf Prozess- sowie auf Ressourcenebene identifiziert werden. Auf Prozessebene werden hierzu die Prozessschritte anhand der Durchlaufzeitanteile Übergangs-, Rüst- und Bearbeitungszeit in einem Durchlaufelement modelliert [Nyh08a]. Anschließend wurden die Einflussfaktoren auf die Durchlaufelemente für jeden Prozessschritt identifiziert.

Auf Ressourcenebene beeinflussen die logistischen Risiken die maximal mögliche Leistung eines Arbeitssystems (z. B. der Presse). Sie treten in Form von Qualitäts- und Verfügbarkeitsverlusten auf. Kapazitätsmindernde Störungen können personal- (z. B. Krankheit) oder betriebsmittelbedingt (z. B. Maschinenausfälle) sein und bestimmen die maximal mögliche Leistung eines Arbeitssystems. Durch die höhere technologische Komplexität der Werkzeuge beim Präzisionsschmieden wurde auf den Risiken durch betriebsmittelbedingten Störungen der Fokus gelegt.

Zur Bewertung der logistischen Risiken beim Präzisionsschmieden können dazugehörige Risikoindikatoren definiert werden. Die Risiken werden anhand einer Ursache-Wirkungsanalyse identifiziert. Die Risikoindikatoren wurden basierend auf den Ein-

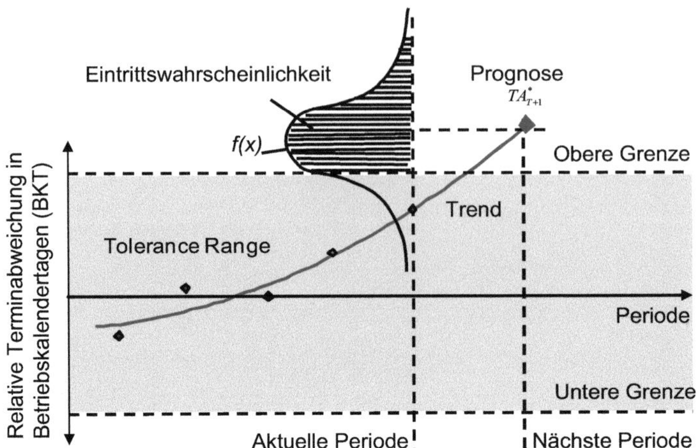

Abb. 7.15 Ermittlung der Eintrittswahrscheinlichkeit für das Risiko niedrige Termintreue anhand des Risikoindikators relative Terminabweichung

flussfaktoren für die Durchlaufelemente auf Prozessebene und der maximal möglichen Leistung der Presse identifiziert. Beispielsweise erhöhen sich die Rüstzeitanteile, wenn die Standmenge des Presswerkzeugs kleiner als die Auftragslose ist. Um dieses logistische Risiko zu bewerten wurde beispielsweise der Risikoindikator „Verhältnis der Losgröße zur Standmenge" definiert.

7.3.2.3 Quantitative Risikobewertung und Ableitung von Maßnahmen

Die Bewertung der identifizierten Risikoindikatoren erfolgt durch die Berechnung ihres Risikowerts, der sich als Produkt aus der Eintrittswahrscheinlichkeit und den wirtschaftlichen Folgen ergibt. Grundlage hierfür sind die Vergangenheitswerte der Risikoindikatoren. Sie werden ähnlich der aus dem Qualitätsmanagement bekannten Qualitätsregelkarte zur statistischen Prozesskontrolle in einer Logistik-Regelkarte visualisiert (s. Abb. 7.15). Der Toleranzbereich der betrachteten Logistikkennzahl in der Logistik-Regelkarte wird durch eine obere und eine untere Eingriffsgrenze (obere Grenze und untere Grenze) entsprechend einer logistischen Positionierung auf Arbeitssystemebene angegeben [Nyh08b]. In Abb. 7.15 entspricht der Toleranzbereich der relativen Terminabweichung auf der Logistik-Regelkarte den tolerierten Maß für die Durchlaufzeit.

Anhand der Vergangenheitswerte wird periodisch eine Trendfunktion für den jeweiligen Risikoindikator ermittelt, die einen Prognosewert für die nächste zu betrachtende Periode liefert. Hierzu wurden verschiedene Ansätze, wie lineare Funktionen, Funktionen höherer Ordnung und exponentielle Funktionen untersucht. Das im Rahmen des Projektes verwendete Verfahren der exponentiellen Glättung zweiter Ordnung nach Brown [Bro62] erfüllt zwei notwendige Anforderungen. Zum einen bietet es eine Ausgleichmöglichkeit bei sprunghafter Werteänderung und zum anderen können durch Gewichtung aktueller Datensätze bereits eingeleitete Maßnahmen berücksichtigt werden [Rei03a]. Weiterhin

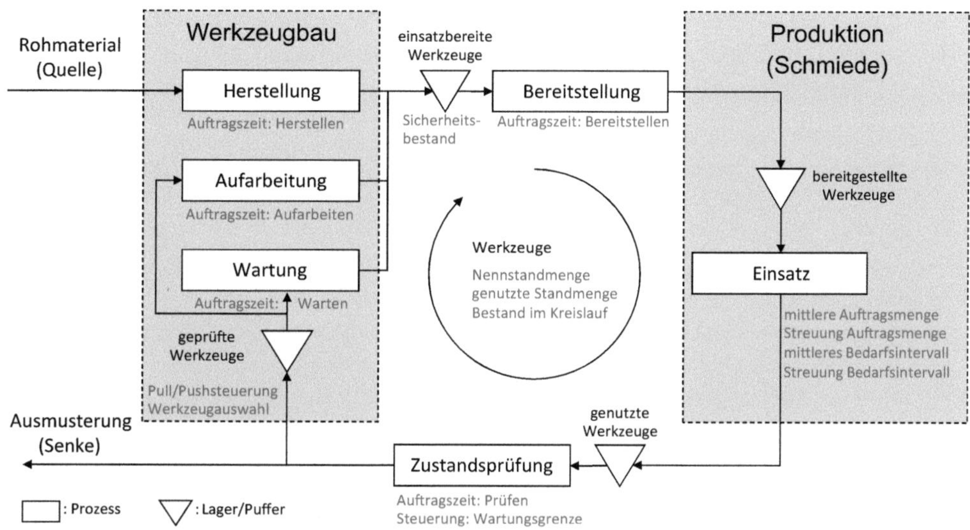

Abb. 7.16 Werkzeugkreislauf und Einflussfaktoren des logistischen Verhaltens

hat sich in vorangegangenen Forschungsarbeiten gezeigt, dass dieses Verfahren bereits erfolgreich bei der Materialbedarfsplanung sowie bei der Programm- und Absatzplanung in ERP-Systemen eingesetzt wird [Kan02, Rei03a].

Nachdem die logistischen Risiken bewertet und klassifiziert wurden, können Maßnahmen zur Minimierung des Risikowertes eingeleitet werden. Dabei muss der verfügbare Zeithorizont betrachtete werden. Für eine mittel- bis langfristigen Risiko-Behandlung werden Plan-Parameter angepasst. Die Plan-Parameter-Adaption kann z. B. die Parameter Sicherheitsbestand und Ausschussrate zur Bestimmung der Produktionsmenge in einer Planperiode umfassen. Des Weiteren können aber auch die arbeitssystemspezifischen Parameter mittlere Übergangszeit und verfügbare Kapazität zur Terminierung der Aufträge angepasst werden. Weiterhin werden Puffergrößen zwischen den Prozessschritten sowie die Größe der Teillose für die Prozesse Feinpositionierung und Hart-/Feinbearbeitung zur Leistungsabstimmung in der gesamten Prozesskette adaptiert. Die kurzfristige Risikosteuerung erfolgt dagegen zur Begegnung des logistischen Risikos „Eilauftrag" und umfasst eine Methode zur Reihenfolgeneuplanung sowie eine Methode zum Auftragssplitting. Diese Methoden sind in [Wie08d] und [Sel08] ausführlich beschrieben.

7.3.3 Werkzeugversorgung für den Schmiedeprozess

7.3.3.1 Beschreibung des Werkzeugkreislaufs und der Einflussgrößen

Da Umformwerkzeuge in der Regel mehrmals vor ihrer Ausmusterung eingesetzt werden, bewegen sie sich in Form eines Kreislaufs. Abbildung 7.16 zeigt den typischen Ablauf des Werkzeugkreislaufs in Schmiedeunternehmen und die Einflussfaktoren an den jeweiligen Punkten. Der Werkzeugkreislauf wurde im Rahmen einer projektinternen Umfrage bei 27 deutschen Schmiedeunternehmen aufgenommen. Ausgehend von Werkzeugbereitstellungsaufträgen werden einsatzbereite Werkzeuge aus dem Lager entnommen. Im Bereitstellungsprozess werden sie zu Werkzeugsätzen zusammengestellt und zu einem Bereitstellungsplatz in der Produktion transportiert. Beim Rüststart der jeweiligen Aufträge beginnt die Einsatzdauer der zugehörigen Werkzeugsätze. Der Einsatz endet mit dem Abrüsten der Werkzeuge. Anschließend wird der Zustand der Werkzeuge geprüft und deren Reststandmenge ermittelt. In der Zustandsprüfung wird auch entschieden, ob ein Werkzeug ausgemustert werden soll. Nach der Zustandsprüfung werden die Werkzeuge zwischengelagert und erst bei Bedarf durch den Werkzeugbau aufgearbeitet.

Im Werkzeugbau sind drei Bearbeitungsoptionen für jeden Werkzeugtyp vorgesehen. Zum einen werden neue Werkzeuge hergestellt. I. d. R. kompensiert die Werkzeugherstellung die Werkzeugausmusterung. Dies bedeutet, dass für jeden zu einem Produkt gehörenden Werkzeugtyp die Herstellungsrate (hergestellte Werkzeuge pro Zeit) der Ausmusterungsrate (ausgemusterte Werkzeuge pro Zeit) entspricht. Zum anderen werden bereits eingesetzte Werkzeuge in Abhängigkeit vom Abnutzungsgrad und vom vorliegenden Bedarf in der Produktion entweder gewartet oder aufgearbeitet. Die Wartung der Werkzeuge beschränkt sich auf die Reinigung der Werkzeuge (z. B. Entfernung von Zunderablagerungen von der Werkzeugoberfläche). Damit wird das Werkzeug mit der in der Zustandsprüfung ermittelten Reststandmenge für den nächsten Einsatz geplant. Durch die Aufarbeitung wird das Werkzeug repariert, sodass es für den nächsten Einsatz mit der kompletten Planstandmenge geplant werden kann. Die Aufarbeitung umfasst Reparaturarbeiten wie beispielsweise das „ASE"-Verfahren (Ausfugen, Schweißen, Erodieren). Die Dauer der Aufarbeitung richtet sich nach dem Zustand des Werkzeugs.

In der bereits erwähnten Umfrage wurden die am stärksten einflussnehmenden Faktoren der Werkzeugversorgung identifiziert. Die Mehrheit der befragten Schmiedeunternehmen sieht die Streuung der Standmenge als einen wichtigen Einflussfaktor. Werkzeuge in der Massivumformung sind einer großen Prozessunsicherheit während des Einsatzes (z. B. aufgrund von Temperaturschwankungen der Schmiedeteile und ungleichmäßigen manuellen Werkzeugschmierungen) und während der Bearbeitung im Werkzeugbau (z. B. Unsicherheit in der Wärmebehandlung der Werkzeuge) ausgesetzt. Durch die streuende Standmenge können Werkzeuge frühzeitig während der Bearbeitung eines Loses ausfallen. In dem Fall ist für die Schmiedeaufträge ein zusätzlicher Rüstaufwand mit einhergehenden längeren Liegezeiten notwendig.

Der zweite Haupteinflussfaktor stellt die Streuung der Auftragsmenge (= Losgröße) dar. Da ein Großteil der Schmiedeunternehmen Zulieferer der Automobilbranche sind, fertigen sie zunehmend nach Kundenaufträgen, sodass ihre Produktion und ihre Werkzeugversorgung stark schwankende Auftragsmengen bewältigen müssen. Schwankende Auftragsmengen führen einerseits zu einer schwankenden Anzahl an bereitzustellenden Werkzeugen. Andererseits versursacht die Auftragsmengenschwankung in der Produktion streuende Einsatzzeiten der Werkzeuge. Das führt wiederum dazu, dass der Zustand der Werkzeuge sich stark unterscheidet und somit auch die Durchlaufzeit im Werkzeugbau stark schwankt.

Die oben genannten Einflussfaktoren führen zu erhöhten Werkzeugbeständen sowie zu überdimensionierten Kapazitäten im Werkzeugbau. Um hohe Werkzeugbestände zu vermeiden und die Kapazitäten des Werkzeugbaus besser zu nutzen, nannten die befragten Unternehmen technische und organisatorische Maßnahmen. Technische Maßnahmen, z. B. die Beschichtung von Werkzeugen, sind kostenintensiv. Die im Rahmen des SFB untersuchten technischen Maßnahmen führen zwar zu einer erhöhten Standmenge, jedoch nehmen auch Aufarbeitungszeit und Kosten pro Werkzeug zu. Beispielsweise erhöht sich die Aufarbeitungszeit bei einem mit hochhartem Material beschichteten Werkzeug für Zahnräder aufgrund des Beizens (chemisches Abtragen der Schichten) um ca. 2 h. Erst nach dem Beizen kann die Kontur nachbearbeitet und neu beschichtet werden.

7.3.3.2 Losgrößenbestimmung unter Berücksichtigung der Werkzeugstandmenge

Die Losgrößenbestimmung wird in Schmiedeunternehmen überwiegend erfahrungsbasiert aufgrund von Schätzungen durchgeführt. Ein wesentlicher Grund hierfür liegt in den Vereinfachungen der existierenden Verfahren zur Losgrößenberechnung, die den Einfluss der Werkzeugstandmenge nicht berücksichtigen [Gru04]. Konventionelle Modelle zur Losgrößenbestimmung zielen auf das Minimum der losabhängigen Kosten ab, die sich aus Rüstkosten und Kapitalbindungskosten zusammensetzen [Gün07]. Zur Ermittlung der Rüstkosten wird ausschließlich die Anzahl der zu produzierenden Aufträge herangezogen, sodass zusätzliche Rüstvorgänge verursacht durch ausgeschöpfte Werkzeugstandmenge unberücksichtigt bleiben.

Im Rahmen des SFB wurden Verschleißuntersuchungen von Präzisionsschmiedewerkezeuge durchgeführt (s. Kap. 3.3). Mit Hilfe der Untersuchung war die Festlegung einer Schadensgrenze möglich, die als maximale Werkzeugstandmenge bis zur Entstehung von Ausschussteilen interpretiert wird. Die maximale Werkzeugstandmenge kann für die Ermittlung einer wirtschaftlichen Losgröße für Schmiedeprozesse berücksichtigt werden. Der entwickelte Ansatz unterstützt eine integrierte Werkzeuginstandsetzungs- und Produktionsplanung und wird nachfolgend beschrieben.

Für die Ermittlung einer wirtschaftlichen Losgröße für einstufige Schmiedeprozesse wurden die zusätzlich anfallenden Werkzeugwechselkosten bei der Verwendung mehrerer Werkzeuge pro Los berücksichtigt. Dabei wurde der von Andler entwickelte Ansatz zugrunde gelegt. Dieser Ansatz wird in der Literatur häufig beschrieben und wird heute vielfach als Planungshilfsmittel verwendet [u. a. [Gün07].

Zur Darstellung des Einflusses der Werkzeugstandmenge x_{WSM} auf die wirtschaftliche Losgröße werden die gesamten los- und standmengenabhängigen Kosten für den Best-Case beschrieben. Im Best-Case wird von einer vollständigen Synchronität zwischen den standmengenabhängigen Werkzeugwechseln und Auftragswechseln ausgegangen. Dieser Fall tritt ein, wenn die Losgröße einem ganzzahligen Teiler oder einem Vielfachen der Werkzeugstandmenge entspricht.

Die Rüstkosten (K_R) sind hier als Summe der Auftragswechselkosten (K_{AW}) und der standmengenabhängigen Werkzeugwechselkosten (K_{SWW}) definiert (s. Gl. 7.8). Die letzteren entstehen, wenn das Werkzeug während der Bearbeitung eines Auftrags aufgrund ausgeschöpfter Standmenge gewechselt wird.

$$K_R = K_{AW} + K_{SWW} \tag{7.8}$$

Im Best-Case sind die los- und standmengenabhängigen Kosten für zwei Bereiche zu ermitteln. Ist die Losgröße kleiner als die Werkzeugstandmenge, sind die standmengenabhängigen Werkzeugwechselkosten im Best-Case Null, da die Losgröße nur als ganzzahliger Teiler der Werkzeugstandmenge gewählt werden kann. Somit entsprechen die Rüstkosten $K_{R,Best}$ den Auftragswechselkosten K_{AW}. Ist die Losgröße größer als die Werkzeugstandmenge, entsprechen die Rüstkosten $K_{R,Best}$ der Summe aus den Auftragswechselkosten K_{AW} und standmengenabhängigen Werkzeugwechselkosten $K_{SWW,Best}$ gemäß Gl. 7.8. Hier kann die Losgröße nur als ein Vielfaches der Werkzeugstandmenge gewählt werden. Die los- und standmengenabhängigen Kosten lassen sich im Best-Case gemäß Gl. 7.8 berechnen.

$$K_{Best}(x) = \begin{cases} \dfrac{m * E_A}{x} + \dfrac{p * s * x}{200} & \text{für } x < x_{WSM}; \\ \dfrac{m * E_A}{x} + m * E_W * \left(\dfrac{1}{x_{WSM}} - \dfrac{1}{x}\right) + \dfrac{p * s * x}{200} & \text{für } x \geq x_{WSM} \end{cases} \tag{7.9}$$

$K_{SWW,Best}$: Standmengenabhängige Werkzeugwechselkosten im Best-Case [€]
p: Kapitalbindungssatz bezogen auf den Dispositionszeitraum [%]
$K_{R,Best}$: Rüstkosten im Best-Case [€]
m: Bedarf im Dispositionszeitraum [Stück]
$K_{Best}(x)$: Gesamte los- und standmengenabhängige Kosten im Best-Case [€]
EW: Werkzeugwechselkostensatz [€]
KAW(x): Auftragswechselkosten [€]
E_A: Auftragswechselkostensatz [€]
x_{WSM}: Werkzeugstandmenge [Stück]
s: Herstellkosten je Stück [€/Stück]
x: Losgröße [Stück]

Die kostenminimale Losgröße im Best-Case wird berechnet, indem die Gl. 7.9 nach x differenziert und zu null gesetzt wird (vgl. mit Gl. 7.10). Anhand von Gl. 7.10 ist zu erkennen, dass die Werkzeugstandmenge nur in einem Bereich begrenzt durch die standmengenunabhängigen Losgrößen $x_{0,min}$ und $x_{0,Andler}$ einen Einfluss auf die wirtschaftliche Losgröße hat. Dieser Bereich wird im Folgenden als standmengenorientiertes Losgrößenreduzierungspotential bezeichnet.

$$\frac{K_{Best}(x)}{dx} = 0 \Leftrightarrow x_{0,Best} = \begin{cases} \sqrt{\dfrac{200 * m * E_A}{p * s}} = x_{0,Andler} & \text{für } x_{WSM} \geq x_{0,Andler}; \\ x_{XWSM} & \text{für } x_{0,min} < x_{WSM} < x_{0,Andler}; \\ \sqrt{\dfrac{200 * m * (E_A - E_W)}{p * s}} = x_{0,min} & \text{für } x_{XWSM} \leq x_{0,min} \end{cases} \tag{7.10}$$

$K_{Best}(x)$: Gesamte los- und standmengen-abhängige Kosten im Best-Case [€]
$x_{0,Andler}$: Wirtschaftliche Losgröße nach Andler [Stück]
$x_{0,Best}$: Standmengenabhängige Wirtschaftliche Losgröße [Stück]
$x_{0,min}$: Kleinst wirtschaftliche Losgröße [Stück]
m: Bedarf im Dispositionszeitraum [Stück]
x_{WSM}: Werkzeugstandmenge [Stück]
s: Herstellkosten je Stück [€/Stück]
E_W: Werkzeugwechselkostensatz [€]
p: Kapitalbindungssatz bezogen auf den Dispositionszeitraum [%]
E_A: Auftragswechselkostensatz [€]
x: Losgröße [Stück]

Anhand der vorgestellten Ausführungen lässt sich eine einfache auch in der Praxis leicht anwendbare Regel zur Bestimmung einer wirtschaftlichen Losgröße für einen einstufigen Schmiedeprozess herleiten. Auf Basis der Gl. 7.10 kann das standmengenorientierte Losgrößenreduzierungspotential ermittelt werden. Dabei werden die Grenzen $x_{0,min}$ und $x_{0,Andler}$ ermittelt. Liegt die Werkzeugstandmenge in dem Bereich zwischen $x_{0,min}$ und $x_{0,Andler}$, soll die Werkzeugstandmenge als Fertigungslosgröße gewählt werden. Damit wird zusätzlich eine maximale Nutzung des Werkzeugs gewährleistet. Ist die Werkzeugstandmenge kleiner als $x_{0,min}$ oder größer $x_{0,Andler}$, soll die Fertigungslosgröße im Bereich zwischen $x_{0,min}$ und $x_{0,Andler}$ gewählt werden.

7.3.3.3 Kennzahl Bereitstellungsverzug zur Bewertung des Werkzeugkreislaufs

Das Ziel der organisatorischen Werkzeugverfügbarkeit ist die rechtzeitige Bereitstellung der Werkzeuge zum Bedarfstermin. Zur Beschreibung der organisatorischen Werkzeugverfügbarkeit hat Martens die Kennzahl des Servicegrads, welcher als Quotient der befriedigten Nachfragen und der Gesamtanzahl der Nachfragen im Bezugszeitraum definiert ist, vorgeschlagen [Mar92]. Der Servicegrad gibt jedoch nicht das zeitliche Ausmaß der Produktionsbeeinträchtigung wieder. Um die zeitliche Dimension fehlender Werkzeuge zu beschreiben, wurde daher die Kennzahl „mittlerer Bereitstellungsverzug“ entwickelt. Sie basiert auf der von Gläßner beschriebenen Kennzahl zum Lagerprozess „mittlerer Lieferverzug“ [Glä95]. Abbildung 7.17 zeigt Plan- und Ist-Abgangskurve des Kontrollblocks Bereitstellung. Die Fläche zwischen den Kurven, die sich aus der Anzahl der Werkzeuge und der Zeitverzögerung ergibt, bildet die Fehlmengenflächen. Diese Kurven können in Analogie auch mit den Standmengen anstatt der Anzahl der Werkzeuge gezeichnet werden.

Die Anzahl der für einen Produktionsauftrag bereitzustellenden Werkzeuge ist von der Auftragslosgröße und vom Zustand bzw. von den Standmengen der Werkzeuge abhängig. So können auch Produktionsaufträge gleicher Losgröße mit einer unterschiedlichen Werkzeuganzahl bearbeitet werden. Aus diesem Grund ist eine Berechnung des mittleren Bereitstellungsverzugs sowohl auf Basis der verspäteten Werkzeuge als auch auf Basis der Standmengen der verspäteten Werkzeuge im Kontrollblock Bereitstellung sinnvoll (Gl. 7.11). Dadurch ist eine Bewertung des Bereitstellungsverzugs in Abhängigkeit von

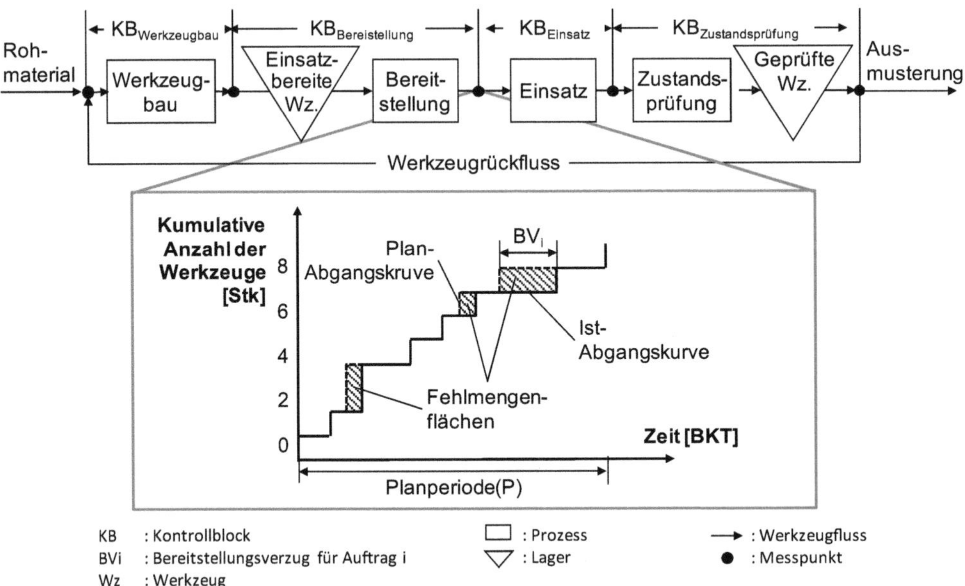

Abb. 7.17 Kontrollblöcke des Werkzeugkreislaufs und Darstellung des Werkzeugverzugs

der Größe der zu bedienenden Produktionsaufträge und gleichzeitig vom Zustand der bereitzustellenden Werkzeuge möglich.

$$BV_{m,WA} = \frac{\sum_{i=1}^{n} BV_i \cdot WA_i}{FZA_{WA,B,Plan}(P)} \quad \text{oder} \quad BV_{m,SM} = \frac{\sum_{i=1}^{n} BV_i \cdot SM_i}{FZA_{SM,B,Plan}(P)} \tag{7.11}$$

BV_m	mittlerer Bereitstellungsverzug [BKT]
BV_i	Bereitstellungsverzug für Auftrag i [BKT]
WA_i	Anzahl Werkzeuge, die für Auftrag i bereitgestellt werden [Werkzeuge]
SM_i	Summe der Standmengen, die für Auftrag i bereitgestellt werden [Stück]
$FZA_{B,Plan}(P)$	Plan-Fortschrittszahl für die Bereitstellung im Bezugszeitraum P [Stück]
n	Anzahl der Bereitstellungen im Bezugszeitraum [−]

Schmiedeunternehmen sind bestrebt den mittleren Bereitstellungsverzug zu senken. Jede verspätete Bereitstellung führt zu einer Verspätung der Auftragsfreigabe in der Produktion. Als Reaktion muss die Produktion mit längeren Durchlaufzeiten planen oder über eine hohe Kapazitätsflexibilität verfügen.

7.3.3.4 Simulationsgestützte Bewertung von standzeiterhöhenden Beschichtungsverfahren

Werkzeuge des Präzisionsschmiedens sind teurer und weisen eine geringere Standmenge auf als die des konventionellen Schmiedens. Das führt dazu, dass sie nach geringeren

Stückzahlen wieder instand gesetzt oder gewartet werden müssen. Durch technische Maßnahmen, z. B. Beschichten mit hochharten und temperaturbeständigen Deckschichten, kann eine Verschleißreduzierung um den Faktor 3,5 bis 5,5 erreicht werden (s. Kap. 3). Ein verminderter Verschleiß hat direkten Einfluss auf die Standmengen der Werkzeuge. Das in diesem Beitrag beschriebene Modell trägt dazu bei, die Wirtschaftlichkeit der neuen Technologien zu bewerten und somit die Einführung in die betriebliche Praxis zu erleichtern.

In einem ersten Schritt wurde mithilfe der Simulationsstudie ein prinzipieller Zusammenhang zwischen dem Bereitstellungsverzug und der Anzahl der Werkzeuge im Kreislauf aufgezeigt. Die Parameter für die Simulationsstudie basieren auf den Informationen der befragten Unternehmen und den Ergebnissen des Sonderforschungsbereiches. Der Zusammenhang zwischen den zwei Größen ist für Unternehmen interessant, die für bestimmte Produkte mehr als drei Werkzeuge je Werkzeugtyp einsetzen. Von den befragten Unternehmen gehören 25 % zu dieser Gruppe. In erster Linie betrifft dies die Serienfertigung.

Zur Ermittlung des Zusammenhangs zwischen der Anzahl der Werkzeuge im Kreislauf und dem mittleren Bereitstellungsverzug wurde angenommen, dass die Werkzeugstandmenge immer ein Vielfaches der Losgröße ist. Somit ist der positive Effekt, dass mit den beschichteten Werkzeugen größere Aufträge ohne zusätzliche standmengenbedingte Rüstvorgänge bearbeitet werden können, nicht in die Bewertung eingeflossen. Somit wird immer nur ein Werkzeug pro Auftrag gebraucht. Diese Annahme deckt sich mit den Unternehmensangaben. Nur 10 % der Unternehmen planen mit mehr als einem Rüstvorgang pro Auftrag. Außerdem wurden vorzeitige Stillstände (z. B. aufgrund eines schnelleren Werkzeugverschleißes), die zu einem zusätzlichen Rüstvorgang führen, in der Simulation nicht berücksichtigt.

Abbildung 7.18 zeigt die Ergebnisse der Simulationsstudie. Zwei unterschiedliche Bedarfsverhalten der Produktion wurden simuliert. Dafür wurde die Streuung des Bedarfsintervalls einmal auf 20 % und einmal auf 30 % gesetzt. Das bedeutet, ein mittleres Bedarfsintervall wurde angenommen (z. B. aller fünf Tage wird das Produkt aufgelegt). Die Standardabweichung beträgt dann 20 bzw. 30 % von fünf Tagen. Anschließend wurde das Verhalten mit zwei unterschiedlichen Werkzeugen verglichen. Das erste Werkzeug repräsentierte das konventionelle Werkzeug. Als Standmenge wurden 4000 Stück und die Aufarbeitungszeit mit 8 h eingestellt. Das zweite Werkzeug repräsentierte ein beschichtetes Werkzeug mit einer doppelt so hohen Standmenge. Die Aufarbeitungszeit ist hier aber 4 h höher, da jedes Mal die Schicht chemisch abgetragen (beizen) und nach der Aufarbeitung wieder eine neue Schicht aufgetragen werden muss.

Beim Vergleich der Kurvenverläufe kann festgestellt werden, dass die beschichteten Werkzeuge mit einer höheren Standmenge den Bereitstellungsverzug senken. Allerdings nimmt mit zunehmender Anzahl der Werkzeuge im Kreislauf die Verbesserung ab. Des Weiteren lässt sich feststellen, dass mit abnehmender Streuung des Bedarfsintervalls sich die mit beschichteten Werkzeugen erzielbaren logistischen Verbesserungen verringern.

Für die Auswahl der Werkzeuge und der standmengenerhöhenden Maßnahmen müssen zusätzlich die höheren Kosten für beschichtete Werkzeuge betrachtet werden. Die Unternehmen müssen sich die Frage stellen, ob die erreichbaren logistischen Verbesserun-

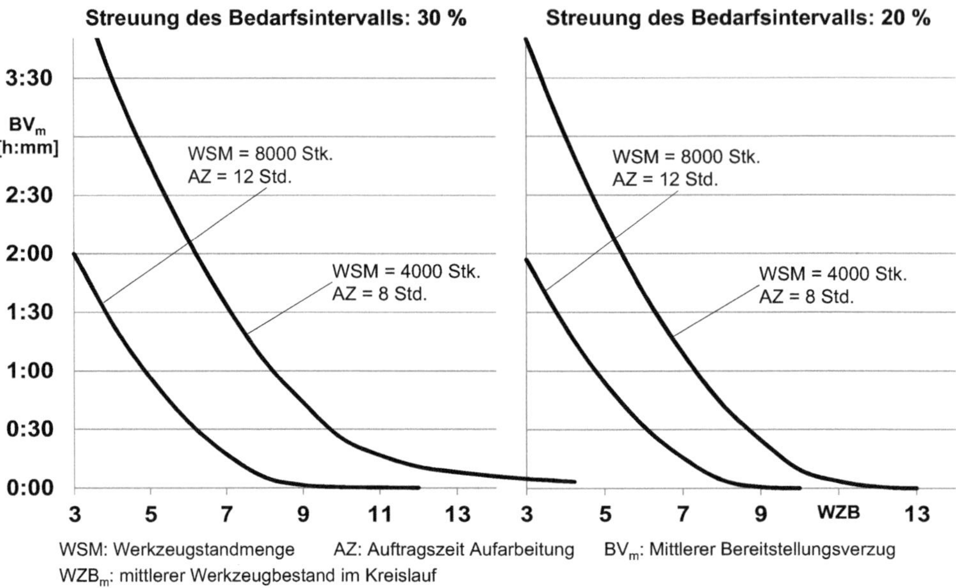

Abb. 7.18 Darstellung der Ergebnisse der Simulationsstudie

gen der Werkzeugversorgung die erhöhten Kosten rechtfertigten. Für die Verbesserung der Werkzeugversorgung müssen daher zusätzlich unternehmensindividuelle Kosten (z. B. für die Werkzeuge oder für die bereitgestellte Kapazität im Werkzeugbau) berücksichtigt werden.

7.4 Logistische Kennlinien

7.4.1 Entwicklung logistischer Schmiedekennlinien

Die logistische Leistungsfähigkeit stellt für Schmiedeunternehmen ein bedeutendes Differenzierungsmerkmal dar. So wurde bereits zu Beginn des Sonderforschungsbereichs erkannt, dass die deutsche Schmiedeindustrie als Zulieferer in der Automobilindustrie z. B. in erhöhtem Maße von den immer größer werdenden Ansprüchen an die Liefertreue betroffen ist [Hir01]. Zielsetzung ist daher ein integriertes Prozess- und Wirkmodell zur logistischen Beschreibung schmiedetechnischer Prozessketten auf Basis der Kennlinientheorie [Nyh08b], um erstmals eine logistische Positionierung zwischen den Zielgrößen Bestand, Durchlaufzeit, Auslastung und Termintreue vornehmen zu können. Zudem kann dieses Modell um die Möglichkeit einer monetären Bewertbarkeit von Maßnahmen zur Verbesserung der Logistikleistung und um die Beschreibung dynamischer Prozesszustände erweitert werden (vgl. hierzu [Wri07, Hen09, Den10a]).

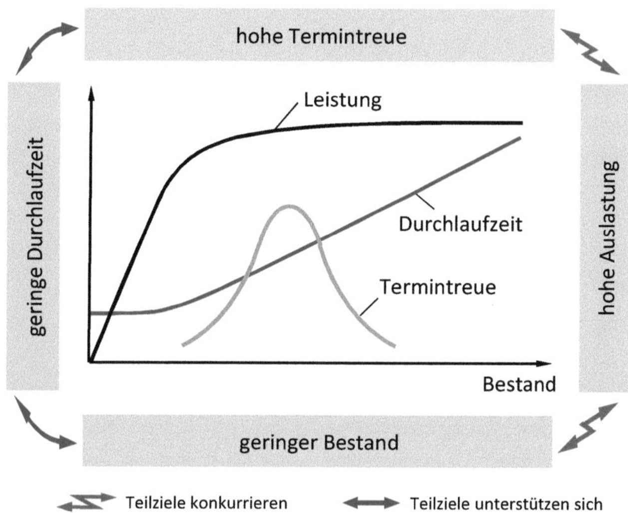

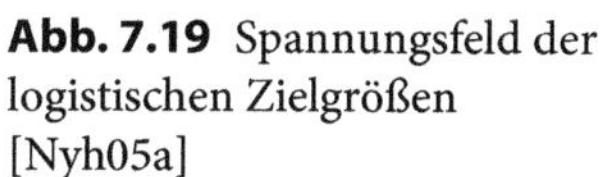
Abb. 7.19 Spannungsfeld der logistischen Zielgrößen [Nyh05a]

Das in der betrieblichen Praxis implementierte und mittlerweile anerkannte Konzept der logistischen Kennlinien basiert auf der quantitativen Beschreibung der funktionalen Zusammenhänge zwischen den logistischen Zielgrößen Durchlaufzeit, Bestand, Auslastung und Termintreue. Die Kennlinien sind geeignet, eine Positionierung im Spannungsfeld dieser Zielgrößen vorzunehmen, da Zielkonflikte anschaulich verdeutlicht und die Auswirkungen der Priorisierung klar ersichtlich werden (s. Abb. 7.19). Kennlinien können bei veränderten Rahmenbedingungen der Produktion erstellt und miteinander verglichen werden, um so die Wirkungen von Eingriffen in den Produktionsablauf unter logistischen Aspekten zu beurteilen.

7.4.1.1 Logistische Schmiedekennlinien für Produktionsprozesse

Da die logistischen Kennlinien vorrangig im Umfeld einer klassischen Werkstattfertigung ihr Anwendungsfeld finden [Nyh08b], war die Abbildung spezieller Ausprägungen von Produktionsprozessen, wie das in der Schmiedeindustrie angewendete One-Piece-Flow Prinzip nicht möglich. Aus diesem Grund wurde die bestehende Theorie der Logistischen Kennlinien an die logistischen Besonderheiten des One-Piece-Flow Prinzips adaptiert, so dass nun auch die logistische Positionierung derartiger Prozesse möglich ist. Das Prinzip des One-Piece-Flow beschreibt die Weitergabe einzelner Teile statt kompletter Lose zwischen Arbeitssystemen [Wie02a].

Ausgangspunkt der Erweiterung der logistischen Produktionskennlinien ist die Definition der Auftragszeit der nach dem One-Piece-Flow Prinzip verketteten Arbeitssysteme. Die Auftragszeit wird definiert als die Zeitdauer, die ein Auftrag vom Rüstbeginn beim ersten Arbeitssystem bis zur Abarbeitung des letzten Teils am letzten Arbeitssystem benötigt. Die vier einzelnen Arbeitssysteme (Scheren vor Rohmaterial, Erwärmen, Präzisionsschmieden, integrierte Wärmebehandlung) der schmiedetechnischen Prozesskette (vgl.

Kap. 1) werden zu einem einzigen Arbeitssystem zusammengefasst und als solches modelliert [Wie02a]. Diese Definition ermöglicht die Anwendung der Theorie der Logistischen Kennlinien auf One-Piece-Flow Prozesse. Die logistischen Produktionskennlinien für die Beschreibung der Wechselwirkungen von Bestand, Auslastung und Durchlaufzeit lassen sich mit der neu definierten Auftragszeit wie für eine Werkstattfertigung nach Nyhuis berechnen. Die Evaluation der logistischen Produktionskennlinien für One-Piece-Flow Prozesse wurde durch mehrere Simulationsexperimente basierend auf Rückmeldedaten von mehreren mittelständischen Schmiedeunternehmen durchgeführt. Die Ergebnisse zeigen eine hohe Qualität der nach diesem Ansatz ermittelten und simulierten logistischen Produktionskennlinien für One-Piece-Flow Prozesse [Wie03b].

7.4.1.2 Logistische Schmiedekennlinien für Produktionsbereiche

Neben der logistischen Beschreibung schmiedetechnischer Produktionsprozesse mittels Schmiedekennlinien wurden neue logistische Kennlinien für beliebig vernetzte schmiedetechnische Fertigungsbereiche, die z. B. einem Schmiedebereich mit anschließender Oberflächenbehandlung beschreiben, entwickelt. Die so genannten Bereichskennlinien bilden den Zusammenhang zwischen den Fertigungsbeständen und der Leistung des Gesamtsystems ab. Die hierfür neu entwickelte Berechnungsgleichung für den idealen Mindestbestand als eine der zentralen Kennzahlen in der Kennlinientheorie sowie die Berechnung der maximalen Leistung in Abhängigkeit des Engpassarbeitssystems ermöglichen eine Modellierung der Wirkzusammenhänge zwischen den in Abb. 7.19 skizzierten logistischen Zielgrößen Auslastung, Bestand und Durchlaufzeit für Fertigungsbereiche. Anhand einer solchen Kennlinie ist es möglich, modellgestützt logistische Engpasssysteme zu identifizieren, die jeweiligen Ursachen zu analysieren und die Ableitung von Maßnahmen zur Verbesserung der Logistikleistung zu unterstützen. Schneider konnte zeigen, dass die gefundene Approximationsgüte des Berechnungsansatzes für praktische Fragestellungen hinreichend ist [Sch04].

7.4.1.3 Erweiterung des integrierten Prozess- und Wirkmodells um die Termintreue

Basierend auf den logistischen Produktionskennlinien für die Modellierung der logistischen Zielgrößen Auslastung, Durchlaufzeit und Bestand wurde die für die ganzheitliche logistische Modellierung von One-Piece-Flow-Prozessen noch fehlende Terminkennlinie entwickelt. Hierfür wurde in drei Schritten mit Hilfe eines deduktiv-experimentellen Prozessmodells vorgegangen:

- Ableitung einer idealen Terminkennlinie für One-Piece-Flow Prozesse,
- Erweiterung des Modells zur Berücksichtigung realer Prozessabläufe sowie
- Evaluation der Terminkennlinie für One-Piece-Flow-Prozesse mit Hilfe der Simulation.

Im ersten Schritt wurde zur Reduzierung der Komplexität die Ableitung der Terminkennlinie unter idealen Prozessbedingungen wie z. B. keine Zugangsterminabweichung oder

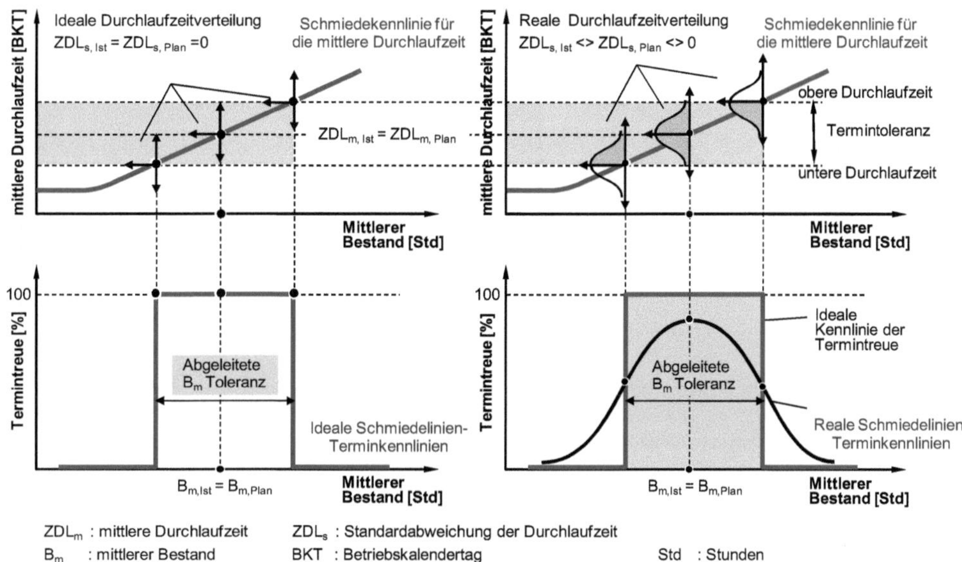

Abb. 7.20 Ableitung der idealen und realen Terminkennlinie für One-Piece-Flow-Prozesse [Nyh05a]

keine Streuung der Durchlaufzeiten durchgeführt (vgl. [Nyh05a]). Unter diesen idealen Prozessbedingungen ist die Termintreue nur von der relativen Terminabweichung abhängig, die sich aus der Differenz der Plan- und Ist-Durchlaufzeit ergibt. Zur Herleitung der idealen Terminkennlinie wird eine Plan-Durchlaufzeit definiert und mit Hilfe der logistischen Schmiedekennlinien der zugehörige Plan-Bestand bestimmt. Sofern die Plan- und Ist-Durchlaufzeit identisch sind und folglich der Plan-Bestand dem Ist-Bestand entspricht, beträgt die Termintreue 100 %. Unter diesen Voraussetzungen kann eine ideale Terminkennlinie erstellt werden (vgl. Abb. 7.20).

Beim Plan-Bestand erreicht die Termintreue 100 %, bei allen anderen Bestandswerten beträgt sie 0 %. In der Regel ist die Einhaltung der Plantermine zu 100 % nicht zu realisieren und unter wirtschaftlichen Gesichtspunkten auch nicht erstrebenswert. Aus diesem Grund wird in der Praxis eine Termintoleranz eingeführt, die definierte Terminabweichungen von den Planterminen zulässt. Dadurch entsteht ein toleranzbedingter Bereich der Terminkennlinie, in dem die Termintreue 100 % beträgt (s. Abb. 7.20). Außerhalb der Termintoleranz ist die Termintreue gleich null. Die zur Herleitung der idealen Terminkennlinie getroffene Annahme nicht streuender Durchlaufzeiten ist in der Praxis nicht erreichbar. Vielmehr streuen Durchlaufzeiten bei einer Bearbeitungsreihenfolge nach FIFO (**F**irst **I**n **F**irst **O**ut) annähernd normalverteilt [Yu01]. Unter Berücksichtigung der zulässigen Termintoleranz bewirkt diese Streuung der Durchlaufzeiten eine Verringerung der maximalen Termintreue. Ausgehend von diesem Maximalwert führt jede Abweichung vom Planbestand zu einer Reduzierung der Termintreue (s. Abb. 7.20), weil weniger Auf-

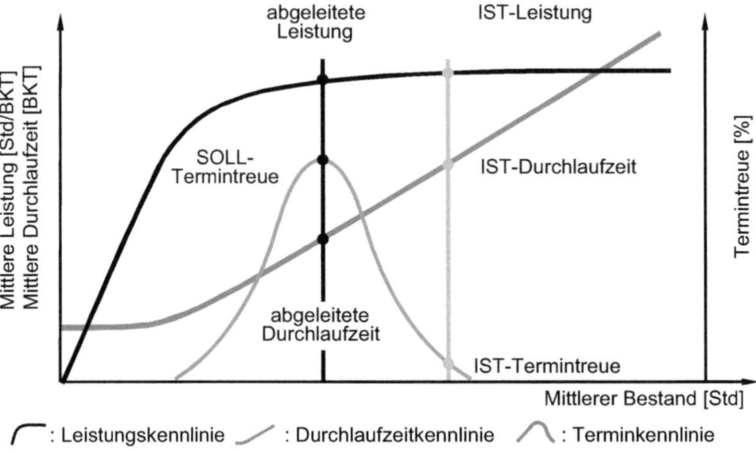

Abb. 7.21 Logistische Positionierung [Nyh05a]

tragsfertigstellungstermine innerhalb der Toleranzgrenzen liegen. Für die Berechnung der Termintreue lässt sich eine Näherungsgleichung ableiten, die die Termintreue als Funktion des Bestands unter der Annahme abbildet, dass die Durchlaufzeit normalverteilt ist [Yu01]. Die Gegenüberstellung der nach diesem Ansatz berechneten Terminkennlinie für One-Piece-Flow-Prozesse und der auf Realdaten basierenden Simulationsergebnisse weist eine hohe Approximationsgüte von 5 % auf [Nyh05a].

In der betrieblichen Praxis stellt der Widerspruch zwischen einer hohen Termintreue, kurzen Durchlaufzeiten und geringen Beständen einerseits und einer hohen Auslastung andererseits ein seit langem bekanntes Problem dar [Gut51]. Mit Hilfe der logistischen Produktionskennlinien und der entwickelten Terminkennlinie für One-Piece-Flow-Prozesse kann eine sogenannte logistische Positionierung aller logistischen Zielgrößen (vgl. Abb. 7.21) auch für Schmiedeprozesse vorgenommen werden. Eine logistische Positionierung ist die bewusste Festlegung eines Wertes einer produktionslogistischen Zielgröße und die Ableitung der Werte der übrigen logistischen Zielgrößen unter Berücksichtigung der vorhandenen Wirkzusammenhänge [Nyh08b].

7.4.2 Logistische und monetäre Bewertung von Maßnahmen in der Produktion

Um sich in einem immer komplexer und turbulenter werdenden Marktumfeld nachhaltig behaupten zu können, ist es für Schmiedeunternehmen wichtig, neben logistischen auch monetäre Zielgrößen sowie die enge Vernetzung beider zu betrachten. Hierfür sind Modelle erforderlich, die sowohl eine logistische als auch monetäre Bewertung von Maßnahmen in der Produktion ermöglichen. Die bisher in der Literatur beschriebenen Ansätze zur Entscheidungsunterstützung bei der Auswahl von Maßnahmen zur Verbesserung der

Produktionslogistik beruhen allein- auf der Betrachtung von Kosten [Nyh08c]. Die wirtschaftlichen Auswirkungen der logistischen Leistung, z. B. durch kürzere Durchlaufzeiten und dem damit möglichen, erzielbaren höheren Absatz, bleiben unberücksichtigt. Somit bleibt es bislang dem Anwender überlassen, zwischen logistischen und wirtschaftlichen Zielgrößen abzuwägen. Daher wurden die Wirkzusammenhänge zwischen Maßnahmen zur Verbesserung der Produktionslogistik und den durch sie induzierten Zahlungsströmen sowie eine Entscheidungslogik zur Beurteilung der Vorteilhaftigkeit von Maßnahmen und -bündeln für Schmiedeunternehmen entwickelt. Die modellgestützte Entscheidungslogik wurde anschließend in einen Software-Demonstrator implementiert.

7.4.2.1 Entwicklung eines monetären und logistischen Wirk- und Entscheidungsmodells

Zunächst wurden in einer umfangreichen Literaturrecherche Maßnahmen zur Verbesserung der Produktionslogistik gesammelt. Diese wurden um praktische Erfahrungen aus der industriellen Anwendung ergänzt. Schließlich wurde die Sammlung durch Maßnahmen komplementiert, die sich aus Entwicklungen des SFB 489 ergaben. Die Arbeiten im Rahmen des SFB 489 zielen in erster Linie auf eine Verkürzung der Prozesskette und auf die Weiterentwicklung von Fertigungstechnologien zur effizienteren Produktion von Schmiedeteilen. Die Ergebnisse der Forschungsarbeiten bieten ein erhebliches Verbesserungspotenzial hinsichtlich produktionslogistischer Zielgrößen, die insbesondere zu einer erheblichen Verkürzung der Durchlaufzeit führen können. Diese beruht zum einen auf der Integration der Wärmebehandlung und zum anderen auf der Substitution der spanenden Weichbearbeitung durch die Präzisionsschmiedetechnik. Dazu haben technologische Entwicklungen (z. B. die entwickelten Spann- und Positioniersysteme, s. Kap. 5) Einfluss auf Rüst- und Bearbeitungszeiten und somit auf die Auftragszeitstruktur. Durch innovative Prüfverfahren (s. Kap. 6) erfolgt eine zeitnahe Rückmeldung von Prozessparametern an die Fertigung. Diese erlaubt eine Reduzierung der Ausschussrate und trägt damit zu einer Erhöhung der Termintreue bei.

Sind die Reaktionen der schmiedetechnischen Prozesskette aus Veränderungen bekannt, bietet die Theorie der logistischen Schmiedekennlinien die Möglichkeit, die logistische Wirkung von Maßnahmen und Maßnahmenbündeln zu quantifizieren. Die Abb. 7.22 stellt die Bewertung einer Harmonisierung der Auftragszeiten dar (vgl. hierzu [Ken09a]). An den Schmiedekennlinien ist zu sehen, wie sich die logistischen Kenngrößen Leistung und Reichweite an einem Arbeitssystem bei Veränderung des Bestands verhalten.

7.4.2.2 EVA-Treiberbaum

Trotzdem stellen die Kennlinien noch keine Grundlage zur Ganzheitlichen Auswahl von Maßnahmen dar, weil logistische Ziele häufig durch unterschiedliche Maßnahmen oder -bündel vergleichbar beeinflusst werden können – monetär allerdings deutlich differierende Ergebnisse liefern. Damit auch in finanzieller Sicht eine Vergleichbarkeit möglich ist, wurde eine Entscheidungslogik entwickelt, um eine logistische und monetäre Bewertung von Maßnahmen zur Verbesserung der logistischen Leistungsfähigkeit zu ermöglichen.

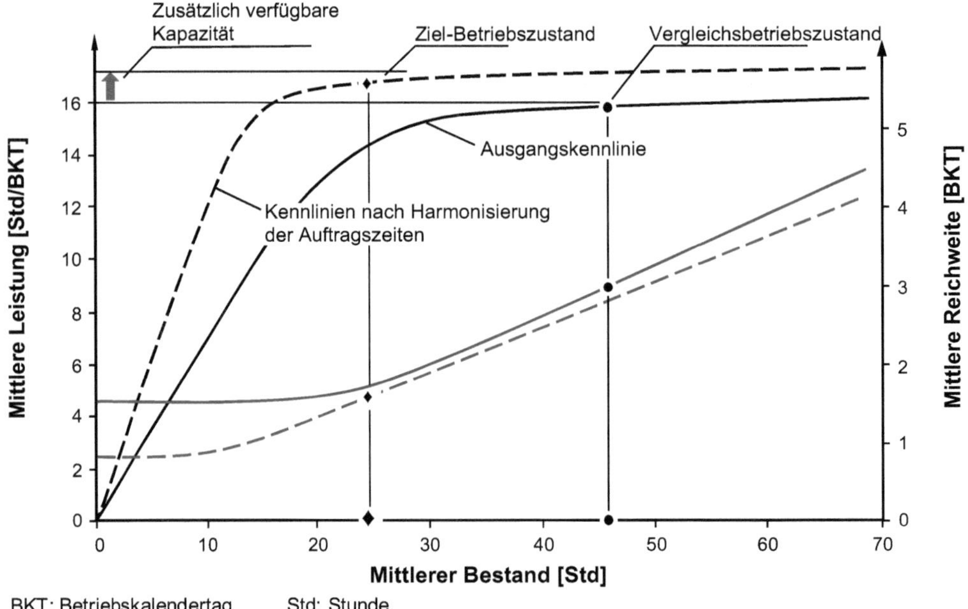

Abb. 7.22 Beispielhafte logistische Bewertung von Maßnahmen [Nyh08b]

Der Economic Value Added (EVA) als Residualgröße zwischen dem operativen Betriebsergebnis nach Steuern und Kapitalkosten ist ein geeignetes und vielfach in der Praxis und Forschung angewandtes Verfahren, um die Veränderung des Unternehmenswerts in Abhängigkeit strategischer Maßnahmen zu beschreiben [Fis03]. Um zu ermitteln, welche Größen in einem Projekt zur Wertsteigerung beitragen, bietet sich der Einsatz von Treiberbäumen an [Pfo04]. Mit ihnen lassen sich relevante Werttreiber, die einen hohen Einfluss auf den EVA haben, systematisch miteinander verknüpfen.

Abbildung 7.23 zeigt den für die Entscheidungslogik zugrunde liegenden Treiberbaum. Dabei sind die mittelbar durch logistische Maßnahmen beeinflussbaren Größen dunkelgrau und die unmittelbar beeinflussbaren Größen hellgrau dargestellt. Um die Vorteilhaftigkeit einer Maßnahme beschreiben zu können, gilt es insbesondere die Auswirkungen der unmittelbar durch Logistik beeinflussbaren Größen auf die mittelbaren Zielgrößen zu quantifizieren.

7.4.2.3 Absatz-Logistikleistungsfunktion

Problematisch ist dabei bspw. die monetäre Auswirkung von einer verbesserten Logistikleistung auf den Umsatz zu ermitteln. Im Rahmen des Projekts wurde der am Markt erzielbare Preis zunächst als konstant angenommen, da Schmiedeunternehmen in der Regel in langfristige Verträge eingebunden sind und ferner einem hohen Preisdruck unterliegen. Somit kann durch logistische Maßnahmen der Umsatz lediglich über die erbrachte Lieferzeit und Lieferleistung beeinflusst werden. Eine Reihe theoretischer und empirischer Untersuchun-

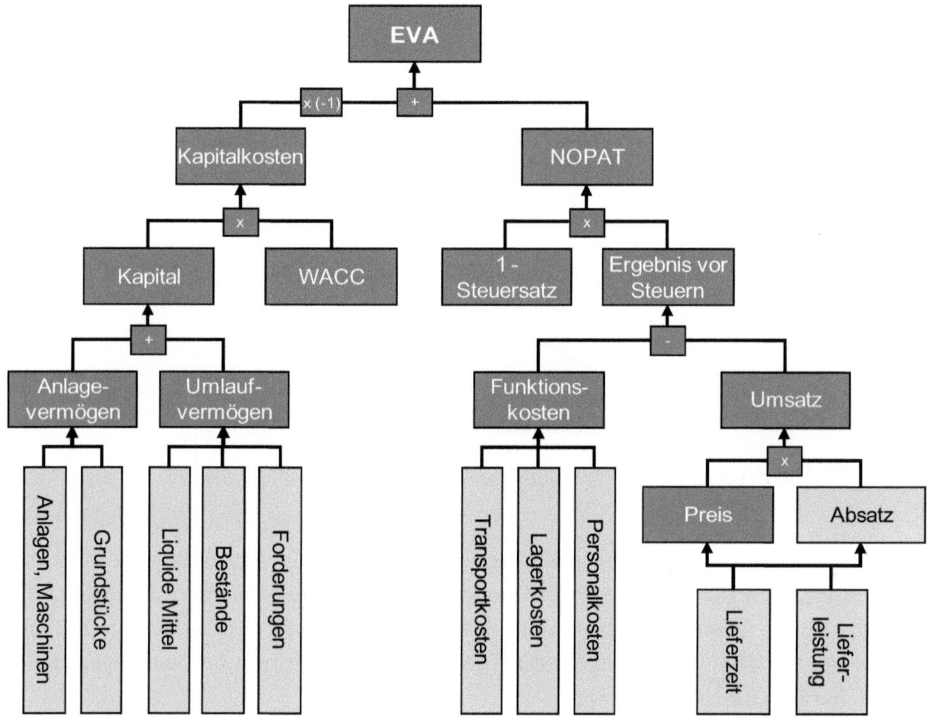

Abb. 7.23 EVA-Treiberbaum [Ken09a]

gen in der Literatur thematisieren den Verlauf der Absatz-Logistikleistungsfunktion. Die den Betrachtungen zugrunde liegende Hypothese über die Nachfragewirkung logistischer Leistung ist der in Abb. 7.24 dargestellte s-förmige Verlauf des Absatzes in Abhängigkeit von der Logistikleistung (vgl. dazu [Pfo04]). Diese Hypothese lässt sich aus dem Ertragsgesetz ableiten, nachdem die Nachfrage nach einem Produkt von dem Nutzen abhängt, der dem Produkt vom Kunden zugemessen wird. Durch eine Verbesserung des Logistikleistungsniveaus lässt sich der Kundennutzen des Produktangebots steigern.

Der Verlauf der Absatz-Logistikleistungsfunktion ist spezifisch und hängt von einer Reihe von Einflussfaktoren wie der Unternehmenssituation, der Wettbewerbssituation oder der Logistikleistung des Unternehmens und der Wettbewerber ab. Da lediglich eine auf Erfahrungswerten basierende Abschätzung des Kurvenverlaufes möglich ist, ist eine exakte und verlässliche Quantifizierung nicht zu erwarten. Es ist jedoch mit hinreichender Sicherheit möglich, die Mindeststeigerung des Absatzes durch eine Erhöhung der Logistikleistung zu quantifizieren. Sind bestimmte Annahmen, wie z. B. die Kenntnis zukünftiger Termintreue oder differierende Kundenanforderungen und Unternehmensleistungen er-

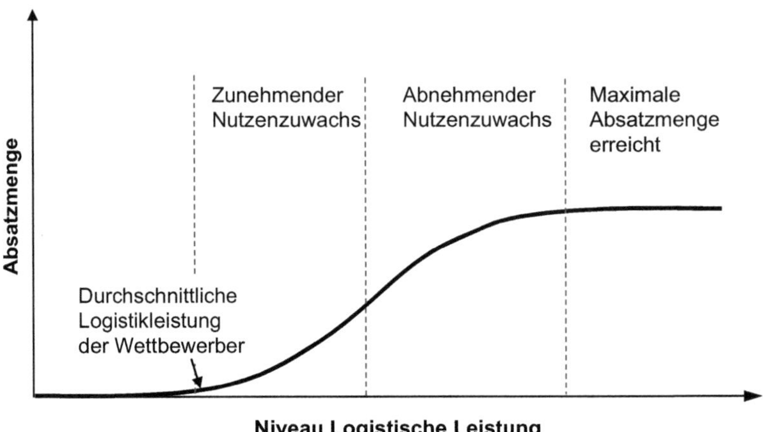

Abb. 7.24 Verlauf der Absatz-Lieferleistungsfunktion [Ken09a]

füllt, so lässt sich die mögliche Absatzsteigerung durch eine Differenzbildung der Werte der Summenfunktionen für die Kundennachfragen beim Unternehmen und den tatsächlich realisierten Absatz zu den verschiedenen Lieferzeiten ermitteln. Die so ermittelte Differenzkurve zeigt an, um wie viel das Unternehmen seinen Absatz mindestens steigern kann, wenn es seine Logistikleistung verbessert.

7.4.2.4 Erstellung eines Software-Demonstrators

Die beschriebene Entscheidungslogik auf Basis des EVA-Treiberbaums, der logistischen Schmiedekennlinien und der Transferfunktionen wurde abschließend in einen Software-Demonstrator implementiert. Das sogenannte **L**ogistik**I**nformations**S**ystem (LIS) unterstützt den Anwender, Maßnahmen zur Verbesserung der Produktionslogistik in der Schmiedeindustrie logistisch und monetär zu bewerten. Nach Einlesen der zur Berechnung der Schmiedekennlinien notwendigen Rückmeldedaten muss der Nutzer zunächst einige unternehmensspezifische Einstellungen vornehmen, um die Relevanz der Ergebnisse sicherzustellen. Der logistische IST- und SOLL-Zustand (nach Anwendung einer oder mehrerer Maßnahmen) werden auf Basis der im Abschn. 7.4.1 beschriebenen logistischen Kennlinien dargestellt. Die hinterlegten Maßnahmen, wie z. B. das Verstärken der Schmiedegesenke durch Nitrieren oder Keramikeinsätze, wurden in enger Kooperation mit den technischen Teilprojekten abgestimmt und im LIS implementiert. Die Maßnahmen und ihre logistischen Auswirkungen wirken auf den im System integrierten EVA Treiberbaum. Für den Anwender werden in einem Cockpit entscheidungsrelevante Daten übersichtlich dargestellt. So erhält der Nutzer nach einer Maßnahmenauswahl direkt einen Überblick über deren Vorteilhaftigkeit. Durch Aufstellen verschiedener Szenarien ist ein Vergleich alternativer Maßnahmen und Maßnahmenbündel möglich. Für den Fall logistisch gleichwertiger Szenarien bietet der EVA eine eindeutige Entscheidungsgrundlage [Ken09a].

7.4.3 Dynamisches Produktionscontrolling

Die Eingangs beschriebene immer größere Dynamik im Marktumfeld induziert gerade aus logistischer Hinsicht eine große Herausforderung für Schmiedeunternehmen. Der mittelwertbasierte und in Praxis und Theorie anerkannte Ansatz der logistischen Kennlinien [Nyh08b] stößt hingegen bei der Bewertung dynamischer Prozesszustände an Grenzen. Dynamische Einflüsse des Marktes oder strukturelle Veränderungen führen bspw. zu schwankenden Losgrößen bzw. Arbeitsinhalten, welches den Einsatz und die richtige Interpretation der logistischen Kennlinien erschwert. Um mittelwertbasiert eine hinreichend genaue logistische Positionierung im Spannungsfeld logistischer Zielgrößen wie Bestand, Auslastung, Durchlaufzeit und Termintreue vornehmen zu können, werden lange Analysezeiträume und eingeschwungene Prozesszustände vorausgesetzt (vgl. hierzu [Nyh08b]). Derartige Voraussetzungen können beim Vorliegen struktureller Veränderungen allerdings nicht erfüllt werden. Aus diesem Grund wurde ein Ansatz entwickelt, die Theorie der logistischen Kennlinien in ein dynamisches Produktionscontrolling zu überführen. Derzeit existieren keine Modelle, die ein kontinuierliches logistisches Controlling und eine Maßnahmenableitung zur logistischen Verbesserung erlauben [Ken10b]. Zur Weiterentwicklung der Theorie wurden zunächst minimal zulässige Analysezeiträume zur Anwendung der logistischen Kennlinien bei struktureller Stabilität sowie die durch die zugrunde liegenden Berechnungsvorschriften induzierte natürliche Streuung bestimmt. Anschließend wurden Ansätze zur Identifikation logistikrelevanter struktureller Veränderungen in der Prozesskette entwickelt und die bestehenden Controlling- und Entscheidungsmodelle für die Betrachtung dynamischer Prozesszustände erweitert. Die neuen Modelle und Ansätze sind abschließend in einen Software-Demonstrator implementiert worden.

7.4.3.1 Natürliche Streuung aufgrund diskreter Leistungsmessung

Dynamische Prozesszustände können auf natürliche Streuungen oder strukturelle Veränderungen zurückgeführt werden. Die natürliche Streuung beschreibt hierbei zufällige also nicht systematische Ursachen, die die Prozessstabilität beeinflussen. Zugrunde liegt hierbei die natürliche Streuung aufgrund diskreter Leistungsmessung. Anschaulich wird diese Streuung bei der Betrachtung eines Durchlaufdiagramms. Unter der Annahme, dass pro Arbeitsgang nur eine Rückmeldung erfolgt, entspricht die in einer Periode geleistete Arbeit der Summe der im Untersuchungszeitraum zurückgemeldeten Arbeitsinhalte, also dem Abgang. Dieses Rückmeldeverhalten ist als diskret zu bezeichnen, da nur vollständig fertiggestellte Aufträge zurückgemeldet werden. Dies impliziert zu Beginn und am Ende einer Periode potenzielle zufällige Rückmeldefehler (s. Abb. 7.25).

Es ist denkbar, dass gerade in der Schmiedeindustrie mit teils sehr langen einzelnen Auftragszeiten ein Arbeitsgang zum Ende einer Periode nicht vollständig fertiggestellt wird und somit die erbrachte Leistung erst in der Folgeperiode mit der Fertigstellung zurückgemeldet wird. Dies führt in der aktuellen Periode zu weniger Abgang als tatsächlich geleistet wurde. Analog verhält es sich mit zu Beginn der Periode, wenn sich bereits ein Auftrag in Bearbeitung befindet. Da bereits ein Teil der Arbeit in der Vorperiode erbracht

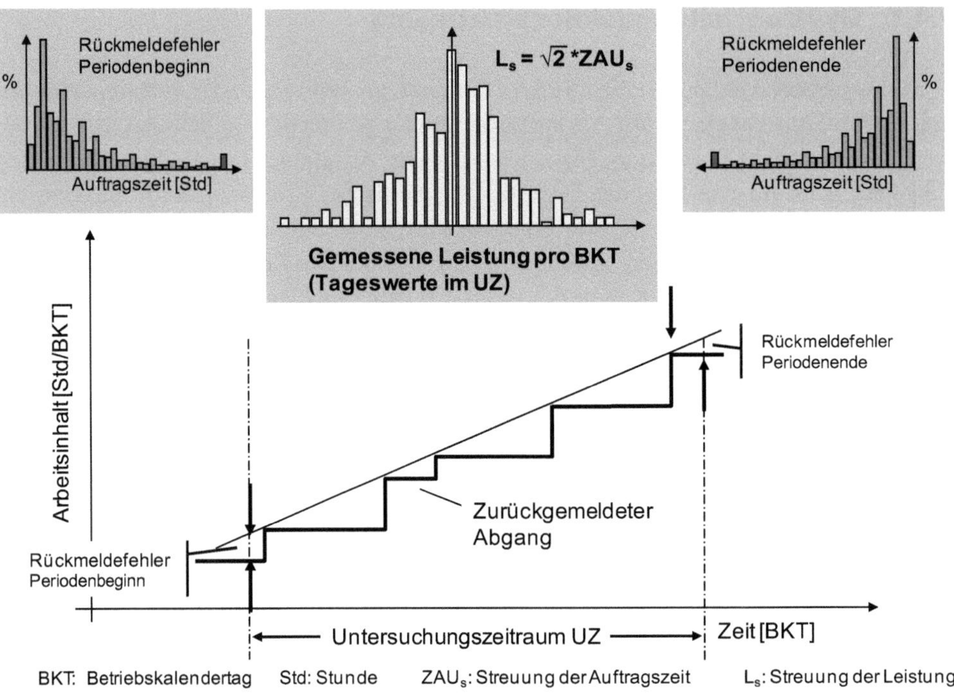

Abb. 7.25 Überlagerung von Rückmeldefehlern aufgrund diskreter Leistungsmessung

wurde, ist die rückgemeldete Leistung in dieser Periode höher als die tatsächlich erbrachte [Pen96, Lud95]. Bei der Betrachtung langer Untersuchungszeiträume kann diese natürliche Streuung weitestgehend vernachlässigt werden, da sich die Effekte zu Beginn und zum Ende der Periode weitestgehend kompensieren. Bei kurzen Untersuchungszeiträumen können diese Abbildungsunschärfen den Zu-, Abgang und somit den Bestand an einem Arbeitssystem jedoch maßgeblich beeinflussen. Analysen haben gezeigt, dass sich die natürliche Streuung der Belastung (Zugang) und Leistung (Abgang) eines Arbeitssystems durch die Streuung der Auftragszeiten beschreiben lässt. Durch Überlagerung zweier Einzelstreuungen zu Periodenbeginn und -ende ergibt sich damit für die Leistungs- und Belastungsstreuung der in Abb. 7.25 dargestellte Zusammenhang.

7.4.3.2 Berechnung minimal zulässiger Analysezeiträume

Neben der natürlichen Streuung wurden minimal zulässige Analysezeiträume für die Anwendung der logistischen Kennlinien bei struktureller Stabilität untersucht. Zur optimalen logistischen Positionierung werden in der Produktion eine Vielzahl von Kennzahlen wie bspw. Bestand und Durchlaufzeit erhoben. Viele Kennzahlen werden mittels statistischer Größen beschrieben. Der Mittelwert und die Streuung, die auch als Prozesslage und -streuung bezeichnet werden, sind dabei die zentralen statistischen Werte. Die Länge eines minimal zulässigen Analysezeitraums hängt direkt vom Umfang des zur

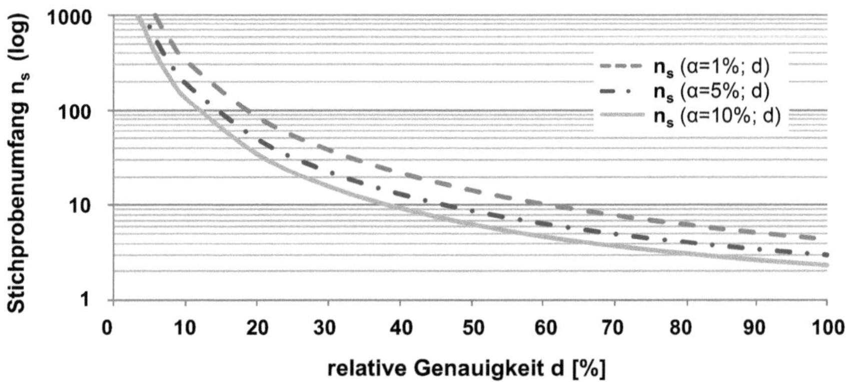

Abb. 7.26 Minimaler Stichprobenumfang n_s in Abhängigkeit der relativen Genauigkeit d und dem Signifikanzniveau

Schätzung notwendigen Stichprobenumfangs ab. Der Stichprobenumfang zur Schätzung der Prozessstreuung n_s wird hierbei durch ein vorzugebendes Signifikanzniveau a (Irrtumswahrscheinlichkeit) und eine relativen Genauigkeit d bestimmt. Die Genauigkeit d beschreibt hierbei die zulässige relative Abweichung vom erwarteten und gefundenen Wert. Wohlwissend, dass es bei dem hier verwendeten Begriffsverständnis der Genauigkeit anfänglich zu Missverständnissen kommen kann, halten die Autoren an der in der Statistik gebräuchlichen Definition nach Sachs [Sac04] fest.

Der funktionale Verlauf des minimalen Stichprobenumfangs n_s in Abhängigkeit der relativen Genauigkeit d ist für die Signifikanzniveaus 1, 5 und 10 % in Abb. 7.26 dargestellt. Es wird deutlich, dass für eine geringe zulässige relative Genauigkeit der notwendige Stichprobenumfang exponentiell wächst. Die Ermittlung des minimal notwendigen Stichprobenumfangs bzw. des Analysezeitraums zur Abschätzung des Mittelwerts muss separat betrachtet werden und hängt neben einer Genauigkeit, dem Signifikanzniveau auch von der Prozessstreuung der untersuchten Kennzahl ab (vgl. [Sac04]). Ein Software-Demonstrator ermöglicht eine Positionierung im Spannungsfeld zwischen hoher Abbildungsgenauigkeit und kurzen Analysezeiträumen.

7.4.3.3 Identifikation logistikrelevanter struktureller Veränderungen im Prozess

Um zu erkennen, wann eine neue logistische Positionierung erforderlich ist, müssen dynamische Prozesszustände, die nicht auf natürliche Streuung sondern auf strukturelle Veränderungen im Prozess zurückzuführen sind, zuverlässig und schnell identifiziert werden. Aus logistischer Sicht sind z. B. signifikante Änderungen in der Streuung oder dem Mittelwert der Auftragszeit von großer Bedeutung, da diese direkten Einfluss auf den idealen Mindestbestand und somit die Form der logistischen Kennlinien haben. Veränderungen der Auftragszeit können z. B. aus der Einstellung einer wirtschaftlichen Losgröße

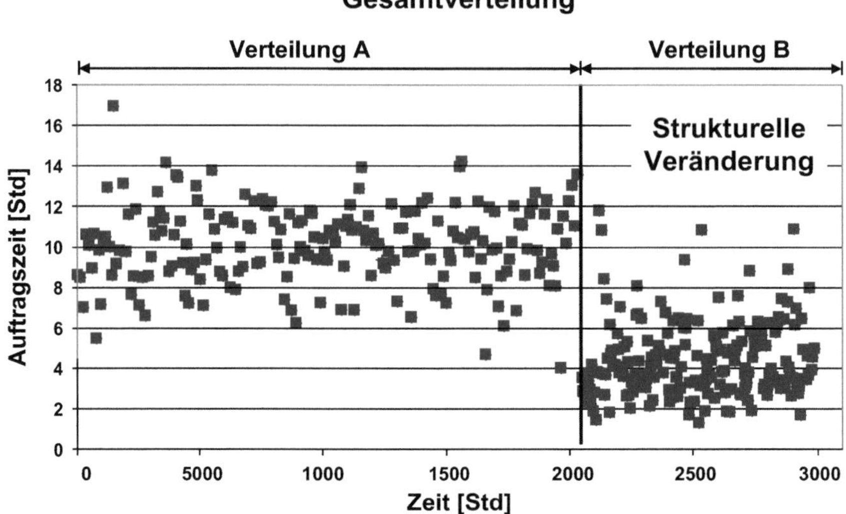

Abb. 7.27 Strukturelle Veränderung in der Auftragszeitstruktur [Ken10b]

vor dem Hintergrund optimierter Werkzeugstandzeiten resultieren. Anhand simulierter Auftragszeitverteilungen kann die Übertragbarkeit der Methodik der Qualitätsregelkarten sowie statistischer Zweistichprobentests auf die Überwachung der Auftragszeiten dargestellt werden. Da Auftragszeitverteilungen keinen starren Vorgaben bzw. Sollwerten unterliegen, konnten bestehende Ansätze der statistischen Qualitätskontrolle nicht direkt adaptiert werden. Ferner wurde eine neue Methode dynamischer Qualitätsregelkarten und dynamischer CUSUM-Regelkarten (CUMSUM: cumulated sum) entwickelt und hinsichtlich der Eignung zur Identifikation struktureller Veränderungen untersucht (vgl. hierzu [Ken10b, Ken11c]).

Die Abb. 7.27 zeigt eine annähernd normalverteilte Auftragszeitverteilung mit einer strukturellen Veränderung im Mittelwert. Ziel ist es, diese Veränderung möglichst reaktionsschnell und mit einer hohen Genauigkeit zu identifizieren. Diese konträren Ziele galt es, durch eine geeignete Parametrierung der Testverfahren in Einklang zu bringen.

Abbildung 7.28 zeigt hierzu die Anwendung der im Rahmen des Projekts neu entwickelten und auf den klassischen Qualitätsregelkarten von Shewart [She31] aufbauenden dynamischen Mittelwert-, Standardabweichungs- und CUSUM-Regelkarten (vgl. [Fae09]) auf dieses Simulationsszenario. Es wird deutlich, dass die strukturellen Veränderungen sicher und zeitnah durch das Durchbrechen der Warngrenzen angezeigt werden.

Über das vorgestellte Szenario hinaus wurde eine Vielzahl weiterer Auftragszeitverteilungen simuliert, die sich in der Stärke und Art der strukturellen Veränderung sowie der Verteilungsform unterscheiden. Hierbei konnte gezeigt werden, dass die im Projekt entwickelten Testverfahren zur Kontrolle und Überwachung der Auftragszeiten unter dynamischen Rahmenbedingungen sowohl auf normalverteilte als auch auf komplexe und

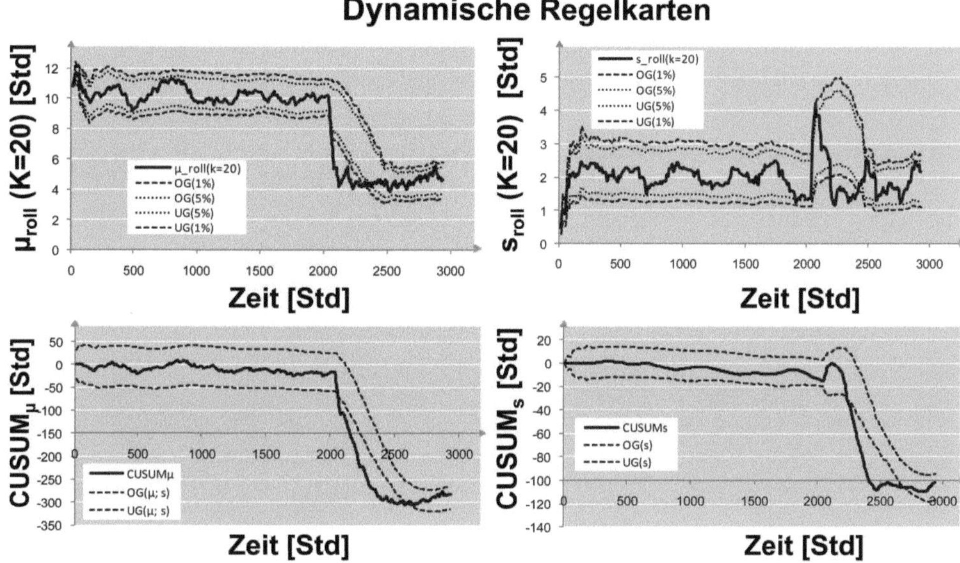

Abb. 7.28 Dynamische Mittelwert-, Standardabweichungs- und CUSUM-Regelkarte [Ken11c]

schiefe Verteilungsstrukturen erfolgreich angewendet wurden. Insbesondere rechtsschiefe Verteilungen mit einem langen Auslauf weisen hierbei eine hohe Praxisrelevanz auf [Nyh08b]. Derartig komplexe Strukturen können allerdings zu verzögerten Rückmeldungen oder zu einem unerwünschten Anstieg von Fehlwarnungen führen. Eine parallele Verwendung und Auswertung der unterschiedlichen Testverfahren kann diesem Effekt entgegenwirken. Die Anwendbarkeit der Verfahren auf weitere logistische Kennzahlen wie z. B. den Bestand ist ebenfalls gegeben.

7.4.3.4 Weiterentwicklung bestehender Controlling- und Entscheidungsmodelle

Neben der Betrachtung der Auftragszeitverteilung wurden weitere Kennzahlen entwickelt und untersucht, die bspw. Aussagen über die logistische Prozessstabilität oder Angemessenheit der am System vorgehaltenen Bestände an Aufträgen erlauben. In Kombination mit den Ansätzen zur Identifizierung struktureller Veränderungen sollen hierdurch eine schnelle und sichere Maßnahmenableitung zur Verbesserung der logistischen Leistungsfähigkeit ermöglicht werden. Die neuen Kennzahlen dynamischer relativer Bestand sowie die dynamische mittlere gewichtete Durchlaufzeit und dynamische mittlere Reichweite werden für das in Abb. 7.29 dargestellte Simulationsszenario rollierend berechnet. Das in Abb. 7.29 gezeigte Durchlaufdiagramm umfasst einen Untersuchungszeitraum von 325 Betriebskalendertagen (BKT) mit drei logistisch stabilen sogenannten „eingeschwungenen" Bereichen sowie zwei instabilen Übergangsbereichen mit strukturellen Veränderungen in der Belastung. Während in den stabilen Bereichen I, II und III der Zu- und Abgang

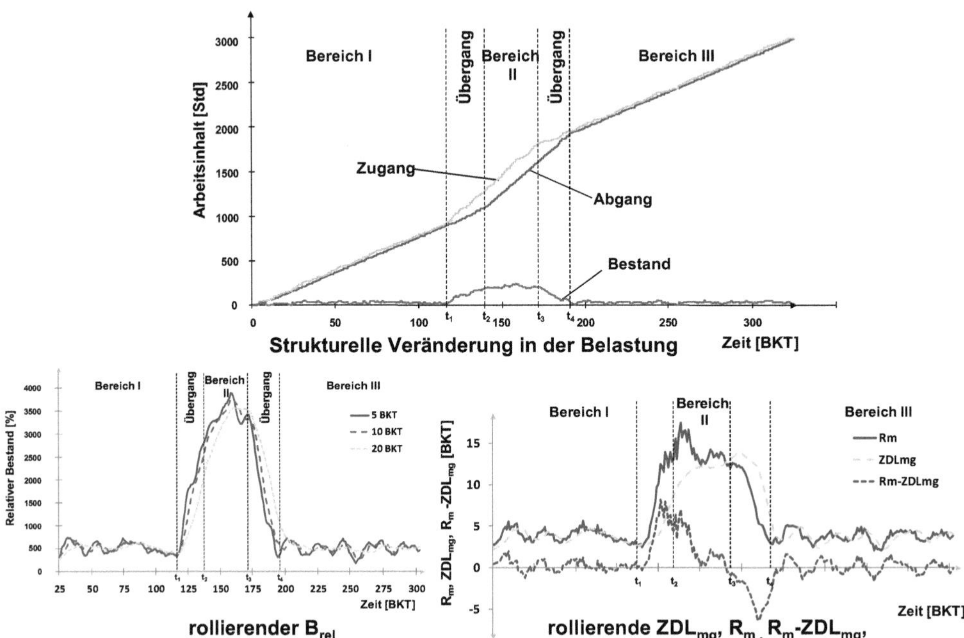

Abb. 7.29 Durchlaufdiagramm mit struktureller Belastungsänderung und den rollierend berechneten Kennzahlen B_{rel}, ZDL_{mg}, R_m und R_m-ZDL_{mg}

gut aufeinander abgestimmt sind, kommt es in den Übergangsbereichen zu Veränderungen in der Belastung auf die nach einer gewissen „Totzeit" mit einer Leistungs- bzw. Kapazitätsanpassung in den Zeitpunkten t_2 und t_4 reagiert wird.

Eine Kennzahl für die logistische Prozessstabilität ist die Differenz der rollierend berechneten mittleren gewichteten Durchlaufzeit ZDL_{mg} und der mittleren Reichweite R_m. Der Kennzahlenverlauf in Abb. 7.29 zeigt, dass R_m bei Veränderungen in der Belastung schneller als ZDL_{mg} reagiert und somit die Differenz der beiden Kennzahlen zu Beginn der beiden instabilen Übergangsbereiche von Null abweicht. Diese Kennzahl kann als Frühwarnindikator für eine Abweichung von der logistischen Prozessstabilität heran gezogen werden.

Die Bestandskennzahlen mittlerer Bestand B_m und idealer Mindestbestand BI_{min} sind essentiell für eine logistische Positionierung mittels Produktionskennlinien. Der sich aus dem Verhältnis von B_m zu BI_{min} ergebende relative Bestand B_{rel} ist ebenfalls eine wichtige Kennzahl zur frühzeitigen Beurteilung der Angemessenheit des aktuellen Bestandsniveaus an Aufträgen in der Produktion. Wie aus dem Kennzahlenverlauf in Abb. 7.29 ersichtlich wird, reagiert der dynamisch (d. h. rollierend) berechnete B_{rel} in den instabilen Übergangsbereichen sofort auf die strukturelle Veränderung in der Belastung. Bei Identifikation dieser Abweichung können sofort Maßnahmen zur Senkung des Bestandsniveaus wie z. B. eine Verringerung des Auftragszugangs oder eine Erhöhung der Kapazität abgeleitet werden. Der für die rollierende Berechnung von B_{rel} zugrunde liegende Zeitraum wurde hierbei exemplarisch für 5 BKT, 10 BKT und 20 BKT dargestellt. Es wird deutlich, dass bei einer geringeren der Berechnung zugrunde liegenden Zeitspanne die Sensitivität und Reaktionsschnelle der Kennzahl steigt. Längere zugrunde liegende Zeitspannen zeigen einen stabileren Kennzahlenverlauf, jedoch bei einem erkennbaren Zeitverzug. Die dynamische Berechnung der Kennzahlen sowie die Ansätze zur Identifikation struktureller Veränderungen wurden in einem auf Microsoft Excel basierten Software-Demonstrator implementiert und sind somit anwenderfreundlich nutzbar.

Zusammenfassend wurde im Kap. 7.4 gezeigt, wie sich die Theorie der „Logistischen Kennlinien" auf einzelne Schmiedeprozesses und ganze Fertigungsbereiche übertragen lässt. Neben der Bewertung logistischer Wirkzusammenhänge wurden auch monetäre Auswirkungen von Maßnahmen zur Verbesserung der Logistikleistung modelliert und der gesamte Ansatz in ein dynamisches Produktionscontrolling überführt.

Literatur

[Bra08] Brandes A (2008) Positionierung technologischer Schnittstellen. Beitrag zur ganzheitlichen Auslegung fertigungstechnischer Prozessketten. Universität Hannover

[Bro62] Brown RG (1962) Smoothing, forecasting and prediction. Prentice Hall, Englewood Cliffs

[Den10a] Denkena B, Nickel R, Nyhuis P (2010) Technologische und logistische Optimierung von Schmiedeprozessketten. ZWF 105(12):1069–1073

[Den11b] Denkena B, Tönshoff HK (2011) Spanen Grundlagen. Springer

[Fae09] Faes G (2009) SPC-Statistische Prozesskontrolle: Eine praktische Einführung in die statistische Prozesskontrolle und deren Nutzung. Books on Demand GmbH, Norderstedt

[Fis03] Fischer TM, Rödl K (2003) Strategische und wertorientierte Managementkonzepte in der Unternehmenspublizität – Analyse der DAX30-Geschäftsberichte in einer unternehmenskulturellen Perspektive. Z Int Kap Rechn 10(3):424–432

[Glä95] Gläßner J (1995) Modellgestütztes Controlling der beschaffungslogistischen Prozesskette. Fortschritt-Berichte VDI, Düsseldorf

[Gri11] Grigutsch M, Kennemann M, Nyhuis P (2011) Optimal measures in production – developing an universal decision supporter for evaluating measures in a production. World academy of science, engineering and technology, ICCESSE 2011, Nusa Dur 26–28th October, Proceedings vol 1. S 386–389

[Gru04] Grundmann S, Holtsch P, Röper M et al (2004) Bestandsmanagement in der Massivumformung. Umformtechnik 3:32–35

[Gün07] Günther H-O, Tempelmeier H (2007) Produktion und Logistik. 7. überarb. Aufl, Springer, Berlin

[Gut51] Gutenberg E (1951) Grundlagen der Betriebswirtschaftslehre Bd 1. Die Produktion. Springer, Berlin

[Hen09] Henjes J, Selaouti A, Kennemann M (2009) Wirtschaftliche Gestaltung von Schmiedeprozessketten. Product Manag 14(4):27–30

[Hir01] Hirschvogel M (2001) Schmiedetechnik in Europa und den USA – technischer oder kultureller Unterschied? Schmiede-J Sept 9:34–36

[Kan02] Kanitz F (2002) Kennzahlenbasierende Fehleridentifizierung in der Beschaffungslogistik. Hannover, Germany

[Ken09a] Kennemann M, Wriggers FS, Nyhuis P (2009) Economic production – identifying optimal economical and logistical measures. IEEE 16th international conference on industrial engineering and engineering management, Beijing, 21.–23. Oktober, IE&EM 2009 Proceedings, vol 1. S 434–437

[Ken10b] Kennemann M, Eickemeyer SC, Nyhuis P (2010) Dynamics in production processes – world academy of science, engineering and technology, international conference on mechnanical and industrial engineering, Singapore 25–27th August, (2010) Proceedings vol 1. S 486–490

[Ken11c] Kennemann M, Eickemeyer SC, Nyhuis P (2011) Dynamically monitoring production – methods for identifying structural changes relevant to logistics. World academy of science, engineering and technology, ICCESSE 2011 Nusa Dua 26–28th October, (2011) Proceedings vol 1. S 356–361

[Ker02] Kerner A (2002) Modellbasierte Beurteilung der Logistikleistung von Prozessketten. Universität Hannover, Germany

[KiI93] Kilger W (1993) Flexible Plankostenrechnung und Deckungsbeitragsrechnung, 10. Aufl. Gabler, Wiesbaden

[Lud95] Ludwig E (1995) Modellgestützte Diagnose logistischer Produktionsabläufe. In: Fortschritt-Berichte VDI, Reihe 2, Nr. 362. Universität, Hannover

[Mar92] Martens R (1992) Konzeption eines Informationssystems für das Werkzeugwesen. In:. VDI-Forschungsberichte., Düsseldorf

[Nyh05a] Nyhuis P, Vogel M (2005) Logistische Positionierung von One-piece flow Prozessen. ZWF 100(3):99–103

[Nyh08b] Nyhuis P, Wiendahl H-P (2008) Fundamentals of production logistics: theory, tools and applications. Springer, Berlin

[Nyh08c] Nyhuis P, Wriggers FS, Busse TD (2008) Bewertung strategischer Maßnahmen zur Gestaltung der Lieferkette. In: Gronau N (Hrsg) Wettbewerbsfähigkeit durch Arbeits- und Betriebsorganisation. GITO, Berlin, S 177–196

[Oua04a] Quali K, Reinsch S (2004) Logistic performance controlling – assessment and continuous improvement of processes applied on an example of a forging process. In: Processes oft he international conference on competitive manufacturing COMA'04, Progress in innovative manufacturing, 04–06. Februar. Stellenbosch, Südafrika

[Pen96] Penz T (1996) Wechselwirkungen technischer und logistischer Produktionsprozesse und ihre Auswirkungen auf das Qualitätsmanagement. In: Fortschritt-Berichte VDI, Reihe 20 Nr. 232. VDI Verlag, Düsseldorf

[Pfo04] Pfohl H-C (2004) Logistikmanagement – Konzeption und Funktionen, 2. Aufl. Springer, Berlin

[Rei03a] Reinsch S (2003) Kennzahlenbasierte Positionierung der Logistik von Lieferketten. Universität, Hannover

[Rei03b] Reinsch S, Quali K (2003) Neue Technologien resultieren in neuen logistischen Methoden. In: Proceedings of the 36th CIRP International Seminar on Manufacturing Systems. Saarbrücken 03–05.Juni

[Sac04] Sachs L (2004) Angewandte Statistik. Springer, Berlin

[Sch04] Schneider M (2004) Logistische Fertigungsbereichskennlinien. Fortschrittberichte VDI 2/647, Düsseldorf

[Sel08] Selaouti A, Nyhuis P, Nickel R (2008) Simulation-based plan-parameter adaptation, sequence replanning and order splitting for risk control within logistic risk management. EngOpt 2008 – International conference on engineering optimization Rio de Janeiro, Brazil, 1st–5th June 2008

[She31] Shewhart WA (1931) Economic control of quality of manufactured product. Asq Press, New York

[Vda04] VDA Verband der Automobilindustrie e. V., „Auto Jahresbericht", 2004, VDA. Frankfurt am Main

[Qua04b] Quali K, Nofen D, Reinisch S (2004) Simulation von Lieferketten - ungenutzte Potentiale. In: phi - Producktionstechnik Hannover informiert. Jahrgang 5(3):6–7

[Wie02a] Wiendahl H-P, von Cieminski G (2002) Logistic manufacturing cell operating curves – modelling the logistic behaviour of cellular manufacture. Production Eng IX(IX/2):137–142

[Wie03b] Wiendahl H-P, Schneider M, Lutz S et al (2003) Modelling the logistical performance of forging process chains by means of operating curves. Production Eng X(X/1):119–124

[Wie07c] Wiendahl H-P, Stürmann J, Selaouti A (2007) Risikobewertung als Bestandteil des operativen logistischen Risikomanagements. PPS Management 12(4):32–36

[Wie08d] Wiendahl H-P, Selaouti A, Nickel R (2008) Reihenfolgenneuplanung und Auftragssplitting im logistischen Risikomanagement. PPS Management 13(2):14–19

[Wri07] Wriggers FS, Busse TD, Rabinovitch A (2007) Ganzheitliche Gestaltung und Auslageung schmiedetechnischer Prozessketten. PPS Management 12(3):51–54

[Yu01] Yu K-W (2001) Terminkennlinie – Eine Beschreibungsmethodik für die Terminabweichung im Produktionsbereich. In: Fortschritts-Berichte VDI, Reihe 2, Nr. 576.; VDI-Verlag, Düsseldorf

[Zan70] Zangemeister C (1970) Nutzwertanalyse in der Systemtechnik: eine Methodik zur multidimensionalen Bewertung und Auswahl von Projektalternativen. Witteman-Verlag, München

MIX
Papier aus verantwortungsvollen Quellen
Paper from responsible sources
FSC® C105338

If you have any concerns about our products, you can contact us on
ProductSafety@springernature.com

In case Publisher is established outside the EU, the EU authorized representative is:
Springer Nature Customer Service Center GmbH
Europaplatz 3, 69115 Heidelberg, Germany

Printed by Libri Plureos GmbH
in Hamburg, Germany